도시 녹지공간에 대한 계획수립과 관리를 위한

도시 임학

都 市 林 學

제3판

도시 녹지공간에 대한 계획수립과 관리를 위한

도시 임학

都 市 林 學

Urban Forestry: Planning and Managing
Urban Greenspaces

제3판

Robert W. Miller
명예교수, 위스콘신대학교 스티븐스 포인트 캠퍼스

Richard J. Hauer
위스콘신대학교 스티븐스 포인트 캠퍼스

Les P. Werner
위스콘신대학교 스티븐스 포인트 캠퍼스

옮긴이 이 규 화
농학박사, 서울대학교 식물병원 외래임상의

BIOSCIENCE (주)바이오사이언스출판

이 도서의 국립중앙도서관 출판예정도서목록(CIP)은 서지정보유통지원시스템 홈페이지(http://seoji.nl.go.kr)와 국가자료공동목록시스템(http://www.nl.go.kr/kolisnet)에서 이용하실 수 있습니다.
(CIP제어번호: CIP2018023307)

도시 임학 제3판

초판 인쇄: 2018년 9월 1일
초판 발행: 2018년 9월 10일

지 은 이: Robert W. Miller, Richard J. Hauer, Les P. Werner
옮 긴 이: 이규화
발 행 인: 문정구
발 행 처: (주)바이오사이언스출판
본 사: 14040 경기도 안양시 동안구 전파로 107(호계동)
서울 사무소: 06569 서울특별시 서초구 도구로 115, 1층(방배동)
전 화: (02)581-4057~8 팩스: (02)581-4059
이 메 일: inquiry@biosciencepub.com
홈페이지: http://www.biobooks.co.kr
I S B N: 978-89-6824-081-2 93480
등록번호: 제22-3079호
값 30,000원

우리는 이 3판을 우리의 멘토면서 동료이자 친구인

밀러(Robert W. Miller) 박사에게 바친다.

Richard J. Hauer and Les P. Werner

목차
Contents

제 II 부
도시 식생의 평가와 가치

부록

머리말
Preface

교목과 관련 식생은 다양한 이유로 오래전부터 도시에 식재되어 왔다. 특별한 종교적 의미를 가진 고대 사원의 교목으로부터 최신 사무실용 건물 가까이에 설치된 식수분(植樹盆, planter)에 갇힌 교목에 이르기까지 우리는 도시의 삶을 자연과 함께하기 위해 노력해왔다. 이 책의 초판이 발행되기 앞서 2,30년 전부터, 개인과 사회는 자신의 지역사회 삶의 질을 향상시키기 위해 도시 식생에 대해 더 큰 관심을 갖기 시작했다. 이러한 관심이 지속되면서 도시의 교목과 숲을 관리하기 위한 전문가에 대한 수요도 증가하게 되었다.

교목을 비롯한 식생은 개발도상국이나 선진국, 가난한 사람들이나 부자들이 사는 지역에 있는 모든 지역사회(작은 농촌 마을에서 거대 광역도시에 이르기까지) 전반에 걸쳐 찾아볼 수 있다. 교목들은 도시 가로에 줄지어 서 있고, 주택의 마당과 빈 공간을 채우고 있고, 공장을 둘러싸고 있고, 대부분의 공원을 비롯한 녹지공간의 가장 지배적인 특징이 되고 있다. 교목들은 세심한 설계와 육성을 통해, 혹은 부실한 설계나 아무 설계 없이, 과거의 수풀 경관의 자투리로, 그리고 우발적이고 방치된 상태 등 다양한 형태로 도시에 존재한다. 많은 도시에서, 개인 주택의 교목 수는 공공 교목을 크게 초과한다. 이에 따라 우리는 도시 내부, 그리고 도시와 자연 사이의 에너지와 물질 연결을 이해하기 위해, 시골에서 볼 수 있는 것과 같이 도시도 생물적, 물리적, 화학적 작용을 하는 생태계로 보아야 한다.

이 교과서는 교목 군집과 다른 녹지공간의 관리에 특별히 관심을 가지고 도시 임학과 수목관리학을 공부하는 학생들에게 도움을 주기 위해 집필되었다. 또한 이 책은 시 임정관(林政官, forester), 그린벨트 관리자, 민간과 공익시설 수목관리자를 위한 참고서로의 목적도 있다. 도시 임학이 전문분야로서 계속 진화함에 따라 이번 개정판에는 많은 새로운 자료를 담았다. 세계화로 침입성 병해충이 국내 경관에 계속 유입되고 기후 변화로 도시환경이 식물과 동물에 더욱 적대적으로 바뀜에 따라, 도시 임업가와 수목관리자들 앞에는 많은 도전이 놓여 있다. 마찬가지로 기회 또한 많이 있다. 도시와 이들의 발달 과정은 환경적 과정과 연계되어 있기 때문에, 이처럼 매우 다재다능한 자원을 도시 체계에 통합시키기 위해서는 반드시 새로운 방법을 찾아내야 할 것이다.

이 책의 체계

이 책의 목적은 도시와 지역사회의 교목이나 숲 등과 같이 도시 생태계에 있는 여러 자연 요소를 어떻게 계획, 조성, 관리하는가를 알려주는 데 있다. 제1부는 도시에 교목이 필요한 이유와 이들을 이용하는 방법에 관해 고찰하고; 제2부는 도시 식생의 평가와 현황조사를 다루고; 제3부는 마지막으로 가장 광범위한 부분인 계획수립과 관리에 관해 기술한다. 계획수립과 관리는 공공 식생, 특히 가로수, 공원 식생, 수림화된 그린벨트에 유용하게 적용된다. 마찬가지로, 마지막 장에 기술되어 있는 바와 같이, 민간과 공익시설을 비롯한 개인이 소유하고 있는 식생의 관리에도 동일한 계획수립 및 관리 원리가 적용된다.

감사의 글

1판과 2판의 출간에서 많은 사람들의 신세를 진 것과 마찬가지로 이번에도 이들의 도움을 많이 받았다. 우리는 이 책의 개정에 관해 많은 제안을 해 준 플로리다대학교 Ed Gilman, 미네소타대학교 Gary Johnson, 홍콩대학교 C.J. Jim, PacifiCorp의 Randy Miller, 덴마크 Swedish University of Agricultural Sciences의 Thomas Randrup에게 감사한다.

이 책에 사용된 많은 자료를 제공해준 국제수목관리학회(ISA, International Society of Arboriculture), American Forests, 밀워키시, 플로리다대학교, 영국 수목관리협회(Arboricultural Association), Urban Forests and Urban Greening(학회지) 등에 감사를 전한다. 앞선 전판들에 건설적인 의견을 제시해주고 이번 출간의 준비를 격려해준 많은 시 임정관, 과학자, 수목관리자에게도 감사한다. 앞선 출간에서와 마찬가지로 우리 학생과 전문가 동료들도 여기에 새롭게 포함된 아이디어를 지속적으로 제공했다. 또한 이 책을 준비하는데 웨이브랜드 출판사의 Mr. Don Rosso와 MS. Diane Evans의 격려와 도움이 컸다.

옮긴이 머리말

Translator's Preface

2011년에 제2판(1996년 발간)을 번역 출간한 바 있는데, 옮기는 과정에서 느낀 아쉬움은 출간 후 시간이 경과되어 이 분야에 대한 최근 동향을 확인하기에 다소 미흡하다는 것이었다. 이러한 아쉬움은 최신의 개정판 출간을 기대하게 하였고, 때마침 제3판의 출간을 확인하게 되자 부족함을 잊고 또다시 용기를 내었다.

이번 개정판은 지난 제2판에서 충실히 다룬 도시 임학의 역사적인 흐름과 기본적인 방법론에 더하여 최근의 연구결과와 첨단 기술을 활용한 다양한 조사/분석 기법을 소개하고 있어서, 이 분야를 연구하는 사람들은 물론 해당 업무를 수행하는 사람들에게도 매우 유용한 참고서가 될 것으로 확신한다.

우리는 86 아시안게임과 88 올림픽게임을 준비하면서 대대적인 도시 미화 운동을 전개하였다. 이러한 노력으로 당시에는 물론 지금까지도 주변에 많은 나무를 심고 있지만 그 성과는 기대에 미치지 못한 것 같다. 성공적인 도시녹화를 위해서는 산림녹화를 성공시켰던 우리의 열정과 함께, 보다 최신의 체계적이고 과학적인 계획과 분석기법을 활용해야 하는데, 이 과정에서 이 책이 작은 도움이 되었으면 하는 것이 옮긴이의 바람이다.

아직 미성숙한 도시임학 분야 발전에 큰 힘이 될 수 있는 이 책의 출간을 수락해준 (주)바이오사이언스출판의 문정구 대표님께 감사의 말씀을 드린다. 그리고 나이는 학생을 제자로 받아들여 자상하게 지도해 주신 서울대학교 이경준 명예교수님께도 감사를 드리고, 변함없이 남편을 믿고 묵묵히 기다려주는 아내에게 이 책을 바친다.

2018년 8월

옮긴이 씀

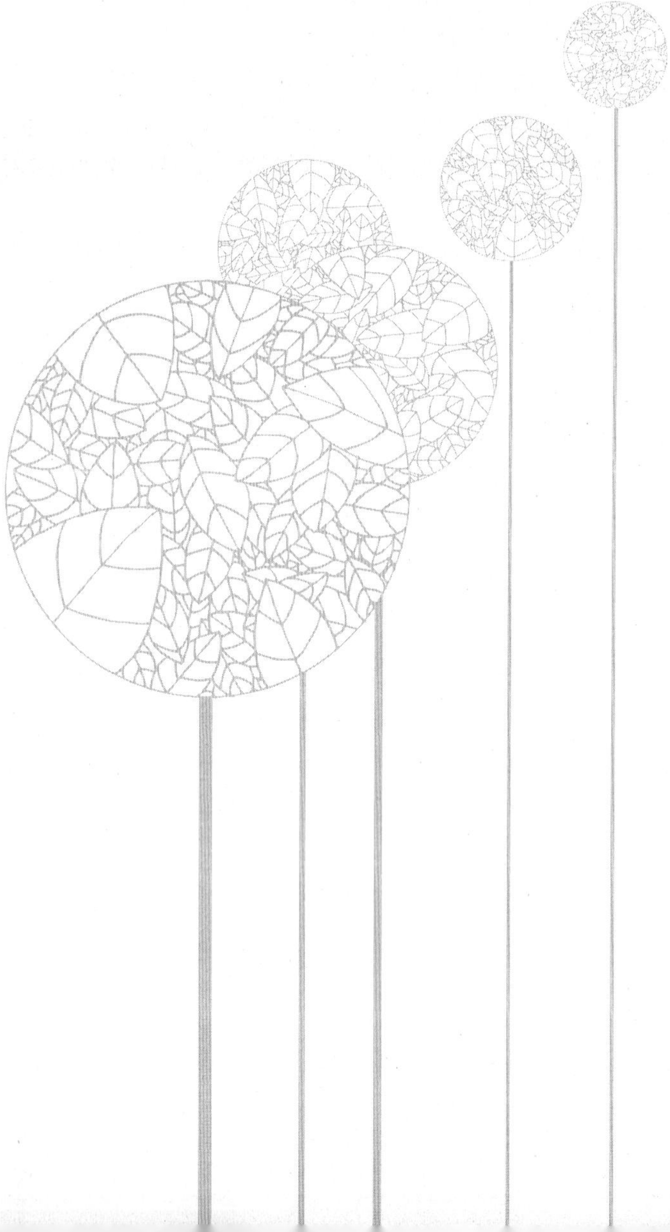

제I부
도시 임학 서론

제1장

도시 숲: 서론

캐나다 앨버타주 캘거리(Calgary)

먼저, 도시 숲(*urban forest*)이라는 단어가 어법상 모순되는 것처럼 보인다. 많은 사람들에게 숲은 도시화로 인해 사람으로부터 멀리 떨어진 격지(隔地, remote place)인 반면, 도시 지역은 주택, 상업 지역, 사무실, 기타 기반시설로 구성된 조성된 환경이다. 도시 거주자들이 교목과 다른 식물을 도시 지역의 일부라고 인식하고 있을지 모르지만, 이 도시 숲의 구조적인 요소(構造的要素, structural elements) (예, 수종, 직경 분포, 수령급, 수관 피복률, 기타 교목 군집 통계)가 시골 산림의 그것과 비슷하다고 바로 연계시키는 것은 다른 얘기다. 도시 임학의 전문성과 과학은 1960년대 이후 크게 확대되었지만, 도시 숲을 계획하고 관리하는 방법, 수목관리를 통한 수목 보호, 구축 환경(構築環境, built environment)에서의 설계 요소로서 식물의 이용 등에 관한 유산은 훨씬 더 오래되었다.

세 가지 변화가 도시 임학의 개념과 관계가 있는데, 이들 모두가 도시화 과정과 직접적으로 연계되어 있다. 첫째로, 점점 더 많은 사람들이 도시로 집중됨에 따라 도시의 중심이 확장되어 시골의 수림지(樹林地, woodland)와 맞닿게 되었다. 둘째로, 사회적 가치가 바뀌어 도시 삶을 반성하게 되고, 이러한 가치는 시골 지역의 관리에 강한 영향을 미쳤다. 셋째로, 도시화 진행은 도시 내, 도시-시골의 경계면, 시골 등의 산림에 있는 식생에 부정적인 영향을 미쳐왔고 계속 미치고 있다. 미국에서, 도시 확산(都市擴散, urban sprawl)은 주된 식생 피복이 산림인 시골지역에 대한 산림파괴(山林破壞, deforestation)의 주된 원인이다. 반면 농업이나 건조한 생태계가 지배적인 지역에서는, 도시의 확산이 교목 피복(喬木被覆, tree cover)을 높여준다는 것에 주목하는 것도 중요하다.

도시 숲과 이를 관리하기 위해 일하는 모든 과정을 완전히 이해하기 위해, 우리는 (1) 도시 숲이 무엇이고, (2) 도시 임업이 어떻게 진화되어 왔으며, (3) 도시 숲을 어떻게 관리할 것인가에 대해 살펴볼 필요가 있다.

도시 숲의 정의

도시 숲은 시골 환경의 작은 지역사회로부터 대도시 지역에 이르기까지 밀집된 인간 정착지 안과 주변의 모든 목본과 관련 식생의 총합으로 정의될 수 있다. 더 구체적으로는, 도시 숲은 가로수(街路樹, street tree), 주거지 교목, 공원 교목, 그린벨트(greenbelt) 식생의 총합이다. 이는 사용하지 않는 공공 및 개인 용지의 교목, 교통과 공익시설 통로(通路, corridor)의 교목, 유역 용지에 있는 산림을 포함한다. 이들 교목과 산림의 일부는 의도적으로 식재되어 이들 주인에 의해 세심하게 관리되는 반면, 다른 것들은 의도치 않은 토지 이용결정, 경제성, 지형에 따라 방치되고 있다. Moeller(1977)는 다소 길지만 처음으로 도시 숲을 다음과 같이 설명했다:

> 도시 숲은 줄지어 늘어선 가로수와 도시 공원의 교목 군집, 도시 사이의 그린벨트, 최종적으로는 도심에서 더 먼 산림도 포함하는 융통성 있는 개념이다. 도시 숲은 식생 및 소유자와 관계없이 도

> 시, 교외, 인접 토지에서 발견되는 관련 자연 자원으로 구성된 도시 생태계의 일부를 차지한다. 도시 숲에 의해 제공되는 편익의 구성은 도시에서 시골로의 기울기를 따라 이동함에 따라 변한다. 도시 숲의 한계는 지도상에 선으로 규정할 수 없다. 더욱 중요한 것은, 도시 숲은 숲이 도시 환경을 향상시키기 위해 기여할 수 있는 편익을 극대화하기 위한 연구 프로그램을 체계화하는 개념적인 틀을 제공한다.

미국 농무부(USDA) 산림청(2012)에 의하면, 도시 숲 교목 수관은 미국 본토(美國本土, conterminous United States) 도시 면적의 35.1%를 덮고 있고, 그 면적은 8.5백만 ha에 달한다. 이 지역에는 다음 지역을 포함한다:

> 줄지어 늘어선 가로수뿐만 아니라 주차장과 학교 운동장, 도심 공원과 강둑, 상업 및 산업 지역, 묘지, 고속도로 교차로 등의 교목도 포함한다. 또한 우리가 조심스럽게 키우는 난장이산딸나무로부터 가장 먼 교외 가로 끝에 있는 자연 산림의 거대한 참나무나 소나무에 이르기까지 모든 것을 포함한다(Clegg 1982).

미국 농무부 산림청(2013)의 도시와 지역사회 임업(Urban and Community Forestry) 웹사이트는 도시 숲을 보다 기능적인 관점에서 기술하고 있다:

> 이들은 깨끗한 공기와 물과 같은 환경적인 서비스를 제공하는 역동적인 생태계이다. 교목은 도시를 시원하게 하여 에너지를 절감하고; 공기의 질을 향상시키고; 장소의 질과 지역 경제를 강화시키고; 흘러가는 빗물을 감소시키고; 사회적인 연결을 향상시키고; 스마트 성장(smart growth)을 도와주고; 산책할 수 있는 지역사회를 창출한다.

도시 숲에 관한 거의 20여 가지 정의를 검토한 다음, Brown(2007)은 세 가지 공통점을 발견했다: 도시 숲은 지리적으로 위치되어 있고, 적당한 자원요소(resource element)를 가지고 있고, 사람이 포함되어 있다(**표 1-1**).

임업 분야의 발달

임업이라는 전문분야는 지구상 더 외딴 지역에서도 존재했던 오랜 전통을 가진 활동이다. 이는 항상 사회의 수요와 보조를 맞춰왔다. 예를 들면, 사람들이 시골의 농업사회로부터 도시의 산업사회로 이동하고 있을 때 임업가들은 시골 수림지에 대한 조림 시스템과 산림 관리계획을 개발하는 데 바빴다. 사실, 임산물에 대한 높은 수요를 창출하는 것은 바로 세계적인 도시화이며, 이는 산림의 과도한 개발로 이어지고 산림이 관리의 대상으로 전환되게 되었다.

북미의 임업은 20세기 동안 세 차례의 뚜렷한 단계를 통해 진화되었다: 전통적 임업(傳統的林業, classical forestry), 경제적 임업(經濟的林業, economic forestry), 그리고 생태계 관리(生態系管理, ecosystem management). 전통적 임업은 1900년경 유럽 조림 방법으로 훈련된 미국 임업가들에 의해 유럽으로부터 북미로 들여왔다. 산림관리에 대한 이러한 접근은 목재 자원으로서 기능적으로 운영되던 공공 토지에서 주로 나타났다. 임업가의 역할은 이들 자원의 수호자였다. 조림은 주로 공공 산림에서 실험적이고 시범적으로 수행된 데 비해 민간 산림은 노령림(老齡林, old growth)의 목재가 제거되고 있었다. 제2차 세계대전은 전쟁 물자를 공급하기 위해 엄청난 목재 수

표 1-1 도시 숲과 도시 임업 정의를 기술하기 위해 사용되는 편익의 범주와 속성

A. 사람(people)
- 도시(urban)
- 지역사회(community)
- 시(city)
- 마을(village)
- 읍(town)
- 교외(suburb)
- 지방정부(Local government)
- 인구 집중/밀도
- 문명사회(civilization)
- 사람들(people)
- 사람(man)

B. 지리적(geographical)
- 도시(urban)
- 도시화(urbanizing)
- 근교 도시(peri-urban)
- 교외/변두리(suburban/fringe)
- 인접지(adjacent land)
- 시골(rural)
- 모두(all)
- 시(city)
- 읍(town)
- 마을(village)
- 공공(public)
- 개인(private)
- 지역사회(community)
- 녹색 공간(green space)
- 공원/거리(park/street)
- 카운티(county)
- 지방자치단체(municipality)
- 광역도시(metropolitan)
- 인간의 환경(man's environment)
- 사회/도시 접경지(social/urban interface)
- 매립된(reclaimed)
- 모든 토지(all lands)
- 사는 지역(area we live)
- 도시 수림지(urban woodland)
- 유역(watershed)
- 붐비는 장소(populated place)
- 인구(population)
- 집중/밀도(concentration/density)

C. 편익(benefit)

1. 생태적/환경적(*ecologic/environment*)
- 야생동물(wildlife)
- CO_2 격리(CO_2 sequestration)
- 그늘(shade)
- 방풍(windbreak)
- 공기 여과(air filter)
- 소음 감축(noise reduction)
- 토양(soil)
- 눈부심(glare)
- 지자체 유역(municipal watershed)

2. 사회학적(*sociological*)
- 휴양(recreation)
- 문화적(cultural)
- 지역사회(community)
- 건강(health)
- 생리학적(physiological)
- 감각(sensory)
- 경관(landscape)
- 관상(ornament)
- 공학(engineering)
- 건축적(architectural)
- 정신적(psychological)

3. 경제적(*economic*)
- 재활용(recycling)
- 개선(ameliorating)
- 심미적(aesthetic)
- 쾌적함(amenity)
- 방풍(windbreak)
- 에너지(energy)
- 부동산(real estate)
- 음식(food)
- 목제품(wood products)

D. 자원(resource)
- 숲(forest)
- 교목(tree)
- 관목(shrub)
- 잔디(lawn/turf)
- 물(water)
- 토양(soil)
- 야생동물(wildlife)
- 도시 식물/목본식생(urban plants/woody vegetation)

E. 일어나는 활동(activity occurring)
- 계획수립(planning)
- 관리(management)
- 육성(cultivation)
- 보호/보존(protection/conservation)
- 유지관리(maintenance/care)
- 설계(design)
- 향상(improvement)
- 조성(establishment)
- 무엇이든(anything)
- 활용(utilization)
- 현명한 이용(wise uses)

F. 주변 학문(science surrounding)
- 직업적(professional)
- 전문화된(specialized)
- 예술(art)
- 교과/실무(discipline/practice)
- 체계적(systematic)
- 과학(science)
- 기술(technology)

출처: Brown 2007.

요를 창출하여, 전쟁이 끝날 무렵에는 개인 노령림 목재 재고는 거의 소진되었다. 공공 산림은 전후 몇 년 동안 점진적인 목재 공급의 감소가 예상되었고, 이로 인해 경제적 임업의 시대가 시작되었다.

이 시기 동안, 현장과 학구적인 임업가는 전통적인 임업 기술에 경제적 분석(經濟的分析, economic analysis)을 적용하는 사례가 증가하고, 다른 자원적 고려보다 경제성을 자주 선택하게 되었다. 공유지(公有地, public land)에서의 벌채가 가속화되고, 유능한 조림은 높은 수확과 만족스러운 갱신(更新, regeneration)을 보장하는 기술을 행하는 것이었다. 그러나 1960년대 후반경 공중은 다른 생각을 가지고 있어서, 임업 분야는 특히 공유지에서의 목재 관리 정책에 대해 공중의 격렬한 비판을 받게 되었다.

이들 비판의 일부는 근거가 부족하였지만, 부분적으로는 분명히 타당성이 있었다. 이러한 공중의 압력에 대응하여 임업 분야는 1990년대에 임업의 새로운 단계인 생태계 관리로 들어서게 되었다(Zipperer 2008). 생태계 관리는 경제성에도 관심이 있지만, 생물다양성(生物多樣性, biodiversity), 미학(美學, aesthetic), 야생동물 서식지(棲息地, habitat), 유역(流域, watershed) 보호, 휴양(休養, recreation), 토양 보호 등과 같은 조림의 다른 면에 관심이 있다. 관리에 대한 종합적인 접근은 광범위하게 정의된 경관으로 시작되고, 이 경관에서 서로 다른 서식지 유형의 공간적이고 시간적인 배치를 고려한다. 생태계 관리는 초점이 더 많은 교목 종(種, species)에서 생태계로 옮아가는 것이다(Zipperer 2008). 최종 결과는 지속 가능 산림, 관리되는 지역과 보존지 모두로 구성된 종합적인 생태계, 생산성과 다양성의 순손실(純損失, net loss)이 발생하지 않는 기능 등이다. 오늘날 생태계 관리는 정부 기관의 경계를 넘어 공유지(公有地, public land)에 실시되고 있고, 민간 토지의 산림 관리에 대한 영향력을 높여가고 있다.

임업가들은 생태계 관리 지지자들과 소통하고 있기 때문에, 임업 분야는 시골지역의 공중 요구에 순응할 수 있을 뿐만 아니라, 도시 지역에서의 환경 문제를 해결하는 데 기여할 수 있을 것이다. 이에 따라 임업의 분화된 지류는 환경 임학(環境林學, environmental forestry)이라고 불리게 되었고 이는 도시 임학(都市林學, urban forestry)으로 진화하였다. 이제 임업가들은 다음 두 가지 사실을 인식하게 되었다: 자신들은 도시 거주자를 상대해야 한다는 것과, 산림 관리 정책을 명령하던 정치적 세력 기반(勢力基盤, power base)이 도시로 옮아갔다는 것. 조림(造林, silviculture)이 산림 관리자의 특권으로 유지되기 위해서는 공중의 수용이 필요했다(Nyland 2007).

1970년 설립된 미국 농무부 산림청 산하 핀초트 환경임학연구원(The Pinchot Institute for Environmental Forestry Research)은 환경 임학을 다음과 같이 정의하였다:

> 환경 임학은 광역도시 지역과 주변의 산림 식생의 유형과 무형 가치에 대한 인간의 요구 및 이와 관련된 것을 다루는 자원 관리의 측면을 포함한다. 이러한 조림된 식생은, 도시 공원 환경으로부터 거대도시(Megapolis) 전반에 걸쳐 거대하고, 불규칙하게 퍼져 있는 도시 복합체에 산재해 있는 시골지역의 그린벨트와 수림지에 이르기까지, 폭넓은 조림 환경을 포함한다(Pinchot Institute 1973).

도시 임학의 정의

미국에서 임업가와 수목관리자들이 1800년대 후반 이후 도시 교목과 숲을 관리해왔지만, 도시 임학이 임학 분야 내에서 하나의 영역으로 인정된 것은 1970년대였다(Richard 2005). Jorgensen

(1970)은 도시 임학의 첫 정의를 구체화했는데, 그는 다음과 같이 제안했다:

> 도시 임학은 임학의 한 전문 분야로서, 도시 사회의 생리적, 사회적, 경제적 안녕을 위해 교목이 현재와 잠재적인 기여가 가능하도록 이들을 육성하고 관리하는 것을 목적으로 한다. 이들 기여에는 환경에 대한 전반적인 개선 효과와 함께 휴양과 일반적인 쾌적성 가치가 포함된다.

또한 Jorgensen(1970)은 도시 임학은 "순전히 도시 교목들이나 단일 교목 관리만을 다루는 것이 아니고 도시 주민에 의해 영향을 받고 활용되는 전 지역에서의 교목 관리(tree management)를 다룬다"고 믿었다. 1974년 Jorgensen은 도시 임학에 대한 자신의 정의를 수정하여, 목적에서 육성과 관리 대상으로 기존의 교목에 숲(forest)을 추가시켰다.

미국임업가협회(Society of American Foresters)는 1972년 도시임학 실무그룹(Urban Forestry Working Group)을 설치했는데, 이 그룹은 도시 임학의 정의를 다음과 같이 제안했다:

> 도시 임학은 교목이 도시 사회의 생리적, 사회적, 경제적 안녕에 현재와 잠재적인 기여를 하도록 육성하고 관리하는 것을 목적으로 하는 임학의 한 전문 분야이다. 이 기능의 본질은 도시 환경에 있는 교목과 관련 식물의 역할에 관해 도시 대중을 교육시키도록 설계된 포괄적인 프로그램이다. 이러한 광범위한 관점에서, 도시 임학은 지자체 유역, 야생동물 서식지, 야외 휴양 기회, 경관 설계, 지자체 폐기물의 재활용, 전반적인 교목 관리, 원재료로서의 목섬유(木纖維, wood fiber)의 미래 생산 등을 포함하는 복합 관리 시스템(multi-managerial system)을 포괄한다(Society of American Foresters 1974).

Stewart(1974)는 도시 임학에 대한 정의를 더 간단하게 내렸는데, "도시 임학은 인구가 집중되기 쉬운 지역에 기본적인 숲 관리 원칙을 적용하는 것"이라고 말했다. Carlozzi(1971)는 도시 사회에서의 "모든 임학은 도시 임학이다"라고 간단하게 말한다. Harris 등(2004)은 도시 임학을 "도시와 도시 접경지에 식재되고 자연적으로 발생하는 교목의 관리"로 정의한다. 이들 정의와 설명은 도시 숲은 도시, 교외, 도시/시골 접경의 토지 이용을 포함하는 넓은 범위를 다루며, 이 도시 숲의 관리는 도시 지역 주민에게 엄청난 가치를 제공한다.

Konijnendijk 등(2006)은 북미와 유럽에서 발달한 도시 임학을 정의하고 비교하였다(**표 1-2**). 북미의 도시 임학은 전통적인 임학과 수목관리학 모두에 뿌리를 두고 있는 데 비해, 유럽의 도시 임학은 도시 외곽의 "소도시(town)" 숲에 시행된 전통적인 임학과 시내 도시 공원의 관리에 의해 더 많은 영향을 받았다. 도시 임학이라는 용어는 빠르게는 1894년 미국에서 처음으로 사용되었지만, 1960년대 말까지는 실제로 널리 사용되지 않았다. 유럽에서는, 이 용어가 유럽과학기술협력(COST, European Cooperation in Science and Technology)이 COST Action E12인 "도시 숲과 교목(Urban Forests and Trees)"에 관한 보고서를 발간하는 1990년대 중반까지 널리 사용되지 않았다.

Brown(2007)은 58개 도시 임학 정의의 내용 분석을 통해 도시 임학은 사람(people), 지리(地理, geography), 편익(便益, benefit), 자원(資源, resource), 활동(活動, activity), 과학(科學, science)과 관련된 6개 범주로 요약될 수 있다는 것을 발견하였다.

도시 임업 관련 공공 기관

도시 임업 분야는 20세기를 통해 발전했고 공중의 관점도 생태계 관리 운동으로 옮아갔기 때문에, 연방, 주, 지방 기관은 전문가나 일반인이나 다같이 변하는 가치, 관행, 목표를 반영하는

표 1-2 북미와 유럽의 도시 임학과 관련된 개념의 기원과 정의 비교

	북미	유럽
기원(起源, *origin*)		
첫 소개	1894년에 첫 언급; 1960년대와 1970년대에 급속히 발전함.	1980년대 동안 독립적(학술적)인 분야로 주된 발전; 북미로부터 각색.
중요한 역사적 뿌리	녹음수 전통과 교목 관리감독 제도(tree warden scheme).	마을 임업; 오랜 역사를 가진 공원과 정원 설계.
중요한 추진력(推進力, driving force)	도시 교목에 대한 해충 및 병과 싸울 필요성.	좀 더 통합적인 접근을 위한 탐색.
정의(定義, *definition*)		
도시 임업(즉, 도시 숲)의 영역	시골 정착지의 작은 지역사회로부터 광역 도시 지역에 이르기까지 밀집된 인간 거주지 안과 주변의 모든 목본과 관련 식생. 전통적으로 가로수에 초점.	"광의"의 정의는 북미와 비슷함. "협의"의 정의는 도심 내와 가까운 수림지(쾌적성 가치를 위해 관리됨)에 초점; 마을 임업 전통에 기반을 둠.
다학문적(多學問的, multidisciplinary) 특성	고도로 다학문적임. 수목관리자들은 유럽보다 뛰어난 상태 유지.	고도로 다학문적임. 임업가는 마을 임업 관점에서 중요한 역할을 해 옴.
다기능성(multifunctionality)	도시 임업은 복합적인 상품과 서비스 제공. 환경적인 서비스에 관한 관심이 증가하고 있음(예, 대기오염 감축, 기후 조절).	도시 임업은 복합적인 상품과 서비스 제공. 사회적인 서비스에 우선을 두어 옴(예, 휴양, 건강).
위치(位置, *location*)		
"도시(urban)"의 정의	도시는 매우 넓게 정의되어 옴. 도시 안, 주변, 가까운 지역이 도시 임업에 포함됨.	도시는 매우 넓게 정의되어 옴. 전통적으로 근교도시(peri-urban)의 수림지역에 주로 관심.
연관 용어(*related terms*)		
발생한 연관 용어	지역사회 임업(community forestry) 사용이 증가하고 있으며, 가끔 도시 임업(urban forestry)과 같이 사용됨.	지역사회 임업(community forestry)은 덜 사용됨. 녹색 기반(greenstructure) 등과 연계. 도시 수림지(urban woodland)와 이웃 수목(neighborwood) 같은 용어가 사용되기 시작함.

출처: Konijnendijk, C.C., R.M. Richard, A.Kenney, & T.B. Randrup. 2006. "Defining Urban Forestry—A Comparative Perspective of North America and Europe". *Urban Forestry and Urban Greening* 4(3–4):93–103. (Elsevier의 허락을 받아 전재함).

정책과 법률을 시행하기 시작했다. 마찬가지로, 민간 부문의 토지 관리자도 공공 기관의 지도에 따라 자신의 토지 이용 관행의 많은 부분을 바꾸어 숲 생태계의 더 나은 관리에 관한 공중의 관심을 반영하였다.

예를 들면, 1967년 6월, 휴양과 자연미에 관한 시민위원회(Citizens Committee on Recreation and Natural Beauty)는 기술적인 도움, 훈련, 연구를 제공할 수 있도록 농무부 산림청이 도시

와 지역사회 임업 프로그램을 작성할 것을 대통령에게 권고하였다(Archibald 1973). 1968년 야외휴양국(Bureau of Outdoor Recreation)은 지역사회에 교육과 훈련 지원을 제공하는 도시 임업 제안을 내놓았다. 그러나 이는 1971년 플로리다 출신 하원의원 사익스(Sikes)가 하원에 도시 임업법(Urban Forestry Act)을 제출하기 전까지는 실현되지 못했다. 이 법은 1972년 5월 5일 통과되었고, 협력적 임업지원법 1950(Cooperative Forestry Assistance Act of 1950)으로 개정되었으며, 그 내용은 다음과 같다:

> SECTION 1: 농무장관은, 임지(林地, forest land)의 다목적 이용(多目的利用, multiple use) 관리와 환경 보호와 향상, 임산 제품의 수확, 판매, 가공, 도시 지역, 지역사회, 오픈 스페이스의 교목과 관목의 조성에 대하여, 개인 토지소유자, 산림 운영자, 목재 가공자, 공공 기관에 기술적인 서비스를 제공하기 위해, 몇몇 주(state), 준주(Territory), 속령(possession)의 주 임정관이나 적절한 공무원과 협력할 권한을 가진다. 이러한 모든 기술 서비스는 장관과 주, 준주, 속령의 주 임정관이나 적절한 공무원 간에 사전에 합의된 계획에 따라 각 주, 준주, 속령에 제공되어야 한다. 이 법의 규정과 주, 준주, 속령이 합의한 계획은 이 법에 기술된 유형의 서비스를 제공하는 민간 기관과 개인을 활용하는 것을 장려하는 방식으로 수행되어야 한다.

사익스 법이 통과됨에 따라 많은 주가 도시 임업 프로그램에 관한 규정이 포함된 자신들의 협력적 임업법(cooperative forestry law)을 수정했다. 1971년 플로리다주 의회는 카운티 임업법(County Forestry Law)을 수정하여, "교목과 관련 식생 군집의 올바른 이용을 통해 매력적이고 건강한 환경을 창출하는 것을 도와줌으로써 도시와 근교 지역의 아름다움을 향상시키기 위해"를 추가했다. 이러한 개정은 카운티와 시 정부가 도시 임업 지원을 위해 플로리다 임업국과 계약적인 합의에 들어가는 것을 허용했다(Harrell 1978).

협력적 임업지원법은, 농무부 장관에게 재정적이고 기술적인 지원을 주 임정관에게 제공할 수 있는 권한을 부여함으로써 연방정부의 도시 임업에 대한 책임을 확대하기 위해 1978년에 다시 개정되었다. 도시와 지역사회 임업 지원을 제공하기 위해 3.5백만 달러의 예산 배분이 이루어졌다. 연방정부 측의 도시 임업에 대한 약속은 거의 10년 동안 변하지 않았지만, 1984년에는 지역사회 임업 지원이 1.5백만 달러 수준으로 감소하였다(Casey & Miller 1988; Hauer 등 2008). 연방정부에 의한 도시 임업에 대한 더 큰 약속은 1990년 농업법(Farm Bill) 부분인데, 이는 협력적 임원지원법의 개정과 함께,

- 주와 함께 보조금과 기술 지원을 관리할 수 있는 농무부 산림청의 권한을 확대하였고,
- 기금을 1990년 2.7백만 달러에서 2012년에 31.3백만 달러로 인상했으며,
- 농무부 장관이 지명한 15인으로 구성된 도시와 지역사회 임업 자문위원회(Urban and Community Forestry Advisory Council)를 설치했다.

이 법률하에서, 각 주는 보조금과 기술지원을 받을 자격을 갖추기 위해 주기관 및 지방 정부와 협력할 도시와 지역사회 임업프로그램 조정관(調整官, coordinator)을 임명하고, 자원봉사자/동반자 관계를 실시하며, 5개년 전략 계획을 수립하고, 주 도시 임업 자문위원회를 구성할 것을 요구받았다.

도시 임업 관련 기타 공공 기관

주와 연방 도시 임업 프로그램 외에 카운티(county)와 지방 정부, 주립대학을 포함한 많은 추가적인 공공 기관이 도시 임업에 관여하고 있다. 카운티 수준에서는, 도시 식생 관리 노력은 주로 공원과 그린벨트 지역에 중점을 두고 있다. 그러나 어떤 경우에는 카운티가 공유지에 대한 관리를 초월한다. 예를 들면, 플로리다주 사라소타(Sarasota) 카운티는 개인 소유 재산에 있는 숲을 포함하여 자신의 지역사회 숲을 구성하고 있는 수많은 교목과 환경을 보호하고, 보존하고, 육성하고, 유지관리할 수 있도록 규정된 카운티의 도시 임업 프로그램을 운영하고 있다.

모든 미국 주정부는 도시와 지역사회 임업 프로그램에 적극적으로 참여하고 있다(Hauer & Johnson 2008). 이러한 참여에는 연방 도시 임업 보조금 지급 조건인 주 조정관, 교육 프로그램에 대한 후원, 지역사회에 대한 주의 기술적 재정적 지원 등이 있다. 1970년대 말과 1980년대 초의 미네소타 녹음수 프로그램(Shade Tree Program)은 지역사회에 대한 기술적, 재정적 지원이 어떻게 느릅나무시듦병(Dutch elm disease, *Ophiostoma ulmi*) 문제를 관리하는가를 선도하고 실증하였다. 이 프로그램이 중요한 것은 이 프로그램이 지역사회로 하여금 미국느릅나무가 지배하는 도시 숲 군집을 보다 다양한 교목 군집으로 질서정연하게 탈바꿈하기 위한 전략을 개발하는 데 도움을 주었기 때문이다. 이 프로그램을 통해 제공된 자금은 제거, 병 방제, 재식재를 지원하는 데 사용되었다. 미네소타 녹음수 프로그램과 다른 주와 500개가 넘는 지자체에서의 협력적인 노력은 (1) 수목 손실 감소(일부 소도시의 연간 15%가 넘는 고사율이 보다 관리 가능한 연간 교목 손실 2~3%로)와, (2) 도시 숲 관리계획 개발, 교목 현황조사(現況調査, inventory), 재식재 노력, 공인 교목 점검 프로그램 등으로 이어졌다(Haskett 1982; Hauer 2005).

광범위한 분야 학문의 대학 관계자와 교수들도 도시 숲 계획수립과 관리에 기여하고 있다. 예를 들면, 식물병리학자와 곤충학자들이 정기적으로 도시 식생과 관련된 병해충 문제를 진단하고 치료하는 데 도움을 주고 있다. 또한 대학의 유전학자(遺傳學者, geneticist)들은 도시 지역에 사용하기 위해 새롭거나 향상된 교목과 목본식물(木本植物, woody plant)의 변종을 개발한다. 대학의 지리정보 전문가는 도시 숲의 이해와 관리 및 관련 과정을 향상시키는 컴퓨터 응용프로그램(application)을 개발하고 있다.

도시 숲 평가

도시 숲의 구조(현재 존재하는 교목의 수, 교목의 크기와 나이, 잠재적인 식재 위치)에 대한 평가는 도시 숲 자원을 관리하는 데 필요한 중요한 자료를 제공한다. 1974년 숲과 방목지 재생가능 자원 계획법(RPA, Forest and Rangeland Renewable Resources Planning Act)이 통과되었는데, 이는 미국 농무부 산림청이 미국의 숲과 방목지에 관한 모든 재생 가능한 자원을 주기적으로 보고할 것을 요구한다. RPA 평가에는 숲, 방목지, 야생동물(野生動物, wildlife)과 어류, 생물 다양성, 물, 아외 휴양, 미개지(未開地, wilderness), 도시 숲, 기후변화가 이들 자원에 미치는 영향에 대한 분석이 포함된다. 2010년 평가에 의하면, 미국 본토 도시 지역에 걸친 교목 수관 피복(樹冠被覆, canopy cover)은 35.1%이고(USDA Forest Service 2012), 도시 지역의 교목은 38억 그루에 달했다(Nowak 등 2010). 더 넓은 광역 도시 지역에는 약 744억 그루의 교목이 존재하며 수관 피복률은

33.4%이다(Dwyer 등 2000). Nowak & Greenfield(2012a)는 미국 본토 도시 교목 수관의 구성비는 34.2%로 시골 숲 수관 피복과 비슷하다는 것을 발견하였다.

지자체 가로 프로그램에 대한 전국 조사에 의하면 미국에는 적어도 60백만 그루의 시 소유 가로수가 있고, 추가로 교목을 식재할 수 있는 빈 공간이 60백만 곳 더 있는 것으로 나타났다(Kielbaso 1990; Kielbaso 등 1988). 이 조사는 도시 교목 10그루 중 1그루는 가로수라고 추정하였다. 많은 지역 도시 숲 연구는 도시 숲 개체수와 이들의 보상가치(補償價值, compensatory value)를 수량화하였다(Nowak 2008). 예를 들면, Nowak 등(2010)은 미국 본토의 도시 숲 가치를 2조 4천억 달러라고 추정하였다.

지역적인 관점에서, 시카고 시는 3.6백만 그루의 교목을 가지고 있고 이들이 시의 17.2%를 덮는 수관을 창출하고 있는데, 이들 중 약 50만 그루가 공원도로(公園道路, parkway) 교목이다. 시카고 교목의 구조적인 가치는 23억 달러로 추정된다(Chicago Trees Initiative 2013; City of Chicago, Bureau of Forestry 2013). Allen 등(2009)에 의하면 이들 중 20%만 시에 의해 관리되고 80%는 개인 시민에 의해 관리된다고 한다. 시카고와 주변 교외인 Cook 카운티와 DuPage 카운티에 있는 교목은 50.8백만 그루로 추정된다(McPherson 등 1994).

도시 숲의 생태

오늘날의 도시 숲은 단순한 교목 이상으로 생각된다. 도시 숲은 분명히 교목이 중요한 구성요소인 도시 생태계의 일부지만, 도시에는 비수림지(非樹林地, nonforest)인 습지와 초본이나 관목으로 덮인 부지로부터 자연적인 산림, 성숙한 공원, 도로변의 선발된 품종, 경관이 조성된 개인 소유지에 이르기까지 매우 다양한 다른 식생이 발견될 수 있다. 한 개척적인 회의에서, Waggoner & Ovington(1962)은 일찍이 사람은 교외 숲 형상화에 중요한 역할을 하고, 이러한 숲이 어떻게 사회에 중요한 생태적 역할을 제공할 수 있는가에 대한 합의 구축에 관해 발표하였다. 또한 도시 숲은 인간 환경의 일부이면서 한 덩어리이고, DeGraaf(1974)에 의하면, 숲은 도시 내 매우 다양한 야생동물의 서식지를 제공한다. 도시를 인간의 서식지(구조물, 식생, 다른 동물 종으로 구성된)라는 생각은 생태계라는 개념으로 이어진다. 이러한 개념에 기반을 둔 도시 생태계는 생물적 생태(자연과학)와 인간 생태(사회과학) 요소들의 혼합으로 정의된다. Smith(1971)는 도시 생태에는 다음과 같은 것이 포함된다고 했다:

> 기후, 식생, 그리고 동물 생활의 자연적 과정, 인간이 만든 환경과 이들의 상호작용, 자연 환경적인 면과 직접 연계된 것으로 보이는 인간의 행태적, 생리적, 발달상의 과정, 도시 환경 창출에 자연적인 요소가 포함되는데 영향을 주는 가치체계(價値體系, value system).

근대 도시 숲 생태계 연구와 평가의 기초를 형성하는 많은 개척적인 아이디어가 Rowntree (1984)와 여러 학자들에 의해 제기되었다. 이들의 도시 생태계에 대한 정의에서, Moll and Petit (1994)는 "시(city)는 수많은 종의 식물과 동물의 생태계이고, 도시 숲과 도시 생태계는 이들 시의 내부와 주변 지역이다"라고 말했다. 이들은 비생물적 구성요소를 가로와 건물, 바위와 지형으로 기술하고, 도시 생태계에 대한 완전한 이해를 위해서는 자연과 인간에 의한 물질 순환(物質循環, material cycling)과 에너지 흐름(energy flow) 모두에 대한 기술을 포함해야 한다고 말한다.

Rowntree(1998)는 도시 숲 생태계의 핵심 요소를 구조와 기능이라고 생각하고, 구조와 기능을 설명하기 위해 수관 피복(樹冠被覆, canopy cover)과 종 구성(species composition)을 사용한다. 그는 나아가 도시 숲 생태계의 동적인 본성을 완전히 설명하고 이해하기 위해서는 경계, 모자이크, 구배(勾配, gradient)와 연결(連結, linkage), 시간 경과에 따른 이들의 변화를 이용할 것을 권고한다. 그러므로 오늘날의 도시 생태계는 정해진 도시 지역 내의 사회적, 생태적, 물리적 요소를 모두 포함한다(Zipperer 2008). 국립과학재단(National Science Foundation)이 투자한 볼티모어 생태계 연구(Baltimore Ecosystem Study)는 도시 생태를 조사하고 환경이 어떻게 기능을 축적하고 시간에 따라 변화하는가를 장기적으로 연구하는 한 사례이다(Pickett 등 2008).

토지 이용과 도시 숲

도시 숲의 개념은 하늘에서 도시를 볼 때 가장 잘 이해된다. 예를 들면 미국 동부에서, 시는 숲으로 둘러싸여 임관(林冠, forest canopy) 아래에서 거의 사라질 위험에 처한 것처럼 보인다. 주

그림 1-1 강수량이 적당하지만 농사를 짓기에는 한계적인 지역의 시를 숲이 에워싸고 있다. (사진: Kevin M. Lawton 제공.)

변 숲을 완전히 제거하는 도시 확산과 개발 대신, 새로운 주택과 업무 구역은 남은 교목을 보존하고 건설로 인한 교목 손실을 재식재하는 데 많은 노력을 기울이고 있다(**그림 1-1**). 개방된 토지에 건설된 지구는 어린 나무로 빠르게 채워지고; 기하학적 선들은 머지않아 교목 수관의 자연적인 윤곽선 아래로 사라진다. 농사를 짓거나 건조한 지역에서, 지평선에 교목이 있다는 것은 인간의 정착지가 있다는 신호인 경우가 많다(**그림 1-2**). 상업과 산업지구를 제외하고, 주거지와 공원 교목과 저개발 토지의 교목이 거의 연속된 녹색 덮개를 형성하기 때문에 시는 가끔 숲속에 위치한 것처럼 보인다.

도시 숲의 밀도(단위 면적당 교목의 수)는 토지 이용의 패턴에 따라 차이가 많다(**그림 1-3**). 시의 안쪽과 주변의 토지 이용은 시의 중심으로부터 바깥으로 구별이 가능한 4가지 지구로 나눌 수 있다: 도회(都會, urban), 교외(郊外, suburban), 준교외(準郊外, exurban), 시골(rural). 도회 지구는 상업지구, 오래된 산업부지, 높거나 중간 밀도의 주거 이웃으로 구성된다. 일반적으로, 이 지구는 교목의 수가 가장 적고 공원과 오픈 스페이스에 할애된 토지의 구성비가 가장 낮다. 많은 경

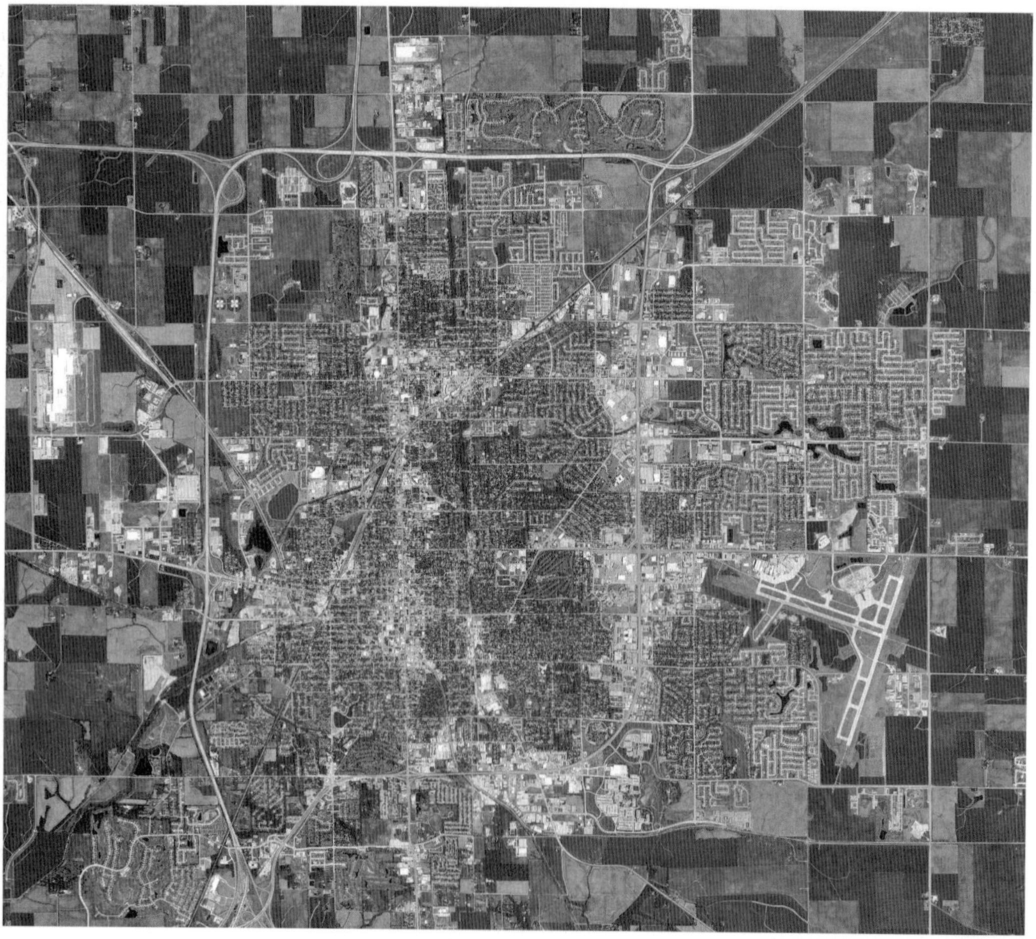

그림 1-2 농사를 짓거나 건조한 지역은 주거지 지역사회를 제외하고, 대개 교목과 숲이 없다. (사진: Kevin M. Lawton 제공.)

그림 1-3 산림 지역과 농업/건조 지역의 토지 이용과 도시 숲. (Miller 1994에서 전재.)

우, 도회 지구는 가장 오래되고 가장 쇠퇴하는 식생을 가지고 있을 것이다. 교목 밀도의 변화는 자연적인 갱신과 인위적인 식재에 따라 지역별로 차이가 많을 것이다. 로스앤젤레스의 도시 숲 변화에 관한 시계열(時系列, time-series) 연구에서, 공유지와 사유지의 교목 밀도는 1920년 이후 샌페르난도 밸리(San Fernando Valley)와 로스앤젤레스 분지(盆地, basin)에서 선형으로 증가해왔다(Gillespie 등 2012). 할리우드(Hollywood)는, 교목 밀도가 1940년대에 절정이었다. Heynen 등(2006)에 의하면, 사회경세적 지위, 민족성(民族性, ethnicity), 건물 소유자 부재 등이 교목 밀도와 관련성이 있었다.

교외지구의 토지는 주로 저밀도 주택용으로 사용되고, 나머지 토지는 상점가(商店街, shopping center), 새로운 산업단지, 운송 통로 등으로 할애된다. 도회지구와 비교하면, 교외지구는 전형적으로 더 많은 교목, 공원, 기타 오픈 스페이스에 대한 삼새력과 함께 교목이 자랄 수 있는 공간이 더 많다. 교외지구 식생은, 특히 습한 비농업지역에서는, 잔류 교목과 숲, 그리고 새로이 개발된 지역의 보다 최근에 조성된 식생들로 구성된다.

준교외지구는 교외와 비도회 지역의 경계에 위치한다. 이 지역도 근교도시 숲(peri-urban forest), 미개발-도회 경계, 도회-시골 경계로 불린다. 가끔, 이 지구는 취미 농장(hobby farm), 자투리 농지와 수풀로 된 토지, 투기용으로 보유한 토지, 일반적으로 교외지구에서는 허가되지 않는 복합 상업용 토지 등이 있다. 산림 지역에서는, 이 토지의 대부분이 수목으로 찬 반면, 건조하거나 농업 지역에서는, 교목이 거의 없거나 있어도 몇 그루 되지 않을 것이다. 도회가 계속 성장함에 따라 이 토지는 교외 토지 이용으로 전환될 것이다. 산림 지역에서는 교목의 수가 감소하는 데 비해 비산림 지역에서는 교목의 수가 증가할 것이다. 예를 들면, 캘리포니아주 오클랜드(Oakland)는 1850년대 도시화가 되기 전에는 교목 피복이 2%에 불과했으나, 1990년대에는 그 구성비가 경관의 19%로 상승하였다(Nowak 1993). 도시 옆의 시골지구는 시간이 가면서 준교외 토지 이용으로 전환되고, 식생 변화는 준교외의 패턴과 비슷하게 따라갈 것이다.

토지 이용과 지리적인 요소가 교목 밀도에 영향을 주지만 시 내부의 밀도는 크게 다르다. Nowak & Greenfield(2012b)는 미국의 도시 교목 피복은 애틀랜타의 53.9%에서 덴버의 9.6%까지 폭넓은 범위를 가진다고 보고하였다. Nowak 등(1996)은 가장 높은 교목 피복을 보인 곳은 항상 공터, 공원, 주거지역이라고 보고한다. 일반적으로 가로수는 시 지역에서 10그루 중 1그루 정도를 차지하고 있지만, 시카고 가로수는 밀도가 높은 1~3가구 거주지에서 4그루 중 한 그루를 차지하고 있다(Nowak 등 1996).

Rowntree(1984)는 세 가지 요소가 전반적인 도시 숲 구조(urban forest structure)를 결정한다고 주장한다: 도시 형태(都市形態, urban morphology), 자연적 요소(natural factors), 관리(management). 도시 형태는 식생에 대한 공간을 제공하고 이는 우리가 지역사회를 어떻게 건설하는가에 의해 결정된다. 자연적 요소는 기후, 토양, 지형과 같은 특성으로 무엇이 어디에 자랄 것인가를 통제한다. 관리는 도시 경관에 어떤 종과 생태계를 포함시키고 관리할 것인가를 결정하는 것이다. McPherson(1998)은 도시 숲 구조를 이용하여 지역사회 임업 프로그램의 유효성과 지역사회 환경의 질을 평가하기 위해 교목 수관, 교목 건강, 추가적인 수관 잠재력을 수량화하였다.

도시 숲 관리

도시 숲이 모든 목본과 관련 식생의 총합이라면, 도시 숲 관리(urban forest management) (또는 도시 임업/urban forestry)는 이 자원을 육성하고 돌보는 것이다. 미국 농무부 산림청(1990)은 도시 숲 관리를 "생활의 질을 높이기 위해 지역사회의 숲 자원을 계획하고 관리하는 것이다. 그 과정에서 도시 숲에 관한 포괄적인 관리계획을 개발하기 위해 해당 지역사회의 경제적, 환경적, 정치적, 사회적 가치를 통합한다"라고 정의한다. 지속가능 도시 교목 자원은 중요한 관리 목표지만, 도시 숲은 복수의 개인과 공공 소유권 전반에 걸쳐 존재하기 때문에 달성하는 것이 까다롭다(Dwyer 등 2003). 개인 토지 소유자는 자신의 경관을 형상화하는데 커다란 운신의 폭과 영향력을 가지고 있지만, 공유지(公有地, public land)는 관리에 영향을 주는 복수의 공공기관이 있다(Clark 등 1997). 일례로, 시카고 가로수 군집은 시의 임업국(Bureau of Forestry)에 의해 유지관리되는 데 비해, 시 공원에 있는 8,100에이커가 넘는 녹지공간은 시카고 공원국(Chicago Park District)에 의해 관리된다. 카운티 수준에서는, 쿡(Cook) 카운티(2013)의 숲 보존국(Forest Preserve District)이 시카고 시내와 주변의 68,000에이커가 넘는 지역을 주로 휴양을 위해 관리한다. Stewart(1974)도 도시 거주자들의 강력한 휴양 압력 때문에 일리노이와 인접 주의 주 및 국립 산림과 공원과 같은 지역을 도시 숲 관리 대상에 포함시킨다.

도시 지역 내와 주변의 공공 교목과 공유지의 관리는 도시 임업의 일부지만, 미국에서 공적으로 소유된 교목과 숲은 전형적으로 도시 숲의 10%에 불과하다(Moll & Kollin 1993). 나머지 90%의 도시 숲은 주택 마당, 식림지, 산업용지, 회사 공원과 같은 개인 소유지에 있다. 이들 교목은 이들 소유자나 소유자의 대리인에 의해 관리되거나 전혀 관리되지 않는다. 이것은 개인 시민과 공공기관 모두에 서비스를 제공하는 민간 수목관리자, 경관 관리자, 조경공사업체, 자문 임업가, 기타 전문가의 영역이다. 한마디로 말하면, 도시 숲의 구조, 구성, 유지관리는 공공기관보다 개인이나 민간 사업자의 영향력이 훨씬 크다.

수목관리학 도시 임학

도시 숲이 식생과 도시 개발의 복잡한 모자이크이듯이, 도시 숲 관리도 경관과 서로 상호작용하는 수많은 분야로 구성된 모자이크이다. 도시 숲을 얘기할 때 가장 자주 언급되는 두 분야가 수목관리학(樹木管理學, arboriculture)과 도시 임학이다. 조경학(造景學, landscape architecture), 원예학(園藝學, horticulture), 임학(林學, forestry), 휴양(休養, recreation), 토지 이용 계획 수립(land use planning), 잔디관리(turf management), 야생동물관리(wildlife management) 등과 같은 다른 분야도 도시 숲에 영향을 미치며, 이 장을 통해 고찰된다.

Harris 등(2004)은 수목관리학을 "교목의 선택(selection), 식재(planting), 돌봄(care)과 관련된" 것으로 정의한다. Helms(1998)는 수목관리학을 "비산림 환경에 있는 교목과 목본 식생의 식재, 돌봄, 과학적 육성"으로 정의한다. 국제수목관리학회(ISA, International Society of Arboriculture 2011)는 "경관의 교목과 다른 목본식물의 관리에 관한 실무와 연구"라고 수목관리학을 정의한다. 수목관리학은 식품과 미적인 목적을 위해 식물을 재배하는 원예학의 전반적인 분야에 속하는 하나의 특수한 분야이다.

지금까지 정의된 바와 같이 수목관리학과 도시 임학은 개별 교목 수준에서 분명하게 분리되는 것처럼 보인다. 수목관리학은 교목(喬木, tree)을 기본적인 관리 단위(管理單位, management unit)로 취급하는 데 비해, 도시 임학은 임분(林分, stand)을 기본적인 관리 단위로 취급한다. Andersen(1978)은 이 개념을 지지하면서 다음과 같이 말한다: "간단히 말해서 수목관리학은 개별 교목을 다루고, 도시 임학은 교목 군집에 역점을 둔다." 그러나 1978년의 협력적 임업법(Cooperative Forestry Act)은 도시 임업을 다음과 같이 정의한다: "도시 임업은 시, 교외, 소도시 내에서 개별적으로, 작은 군집으로, 또는 산림 환경하에서 교목과 관련 식생을 계획하고, 육성하고, 보호하고, 관리하는 것을 의미한다."

이 정의에는 개별 교목이 포함되어 있고, 이러한 관점에서는 도시 임학과 수목관리학은 하나가 된다. Nobles(1980)는 이 주제에 대해 다음과 같이 정리한다: "도시 임학은 수목관리학을 보완할 수 있고 보완해야 한다." 나아가 그는 다음과 같이 말한다: "우리들 중 많은 사람들은 도시 임학이 수목관리학 이상이라고 생각한다. 우리는 이 두 용어가 같은 의미라고 생각하지는 않는다. 수목관리학은 도시 임학의 중요한 기능, 아마 가장 중요한 기능이다."

숲 연속체

개념적으로 다양한 임업 분야가 숲과 어떻게 상호작용하는가를 이해하는 접근방법의 하나는 시골 경관이 한쪽 끝에 그리고 도시 중심이 다른 쪽 끝에 존재하는 연속체(連續體, continuum)를 오르내리면서 각 분야의 관련 수준을 생각해보는 것이다(**그림 1-4**). 예를 들면 수목관리학은 도시와 교외 경관에 있는 개별 교목에 주된 영향을 주고, 준교외 지구에서는 너 낮은 역할을 수행한다. 휴양 분야는 숲 연속체의 모든 지역에 관여한다(예, 도회 지구의 지역사회 휴양과 시골 지구의 미개발지 휴양). 전통적으로 야외 휴양은 도시를 떠나 시골의 한적함을 추구하는 사람들의 목표였

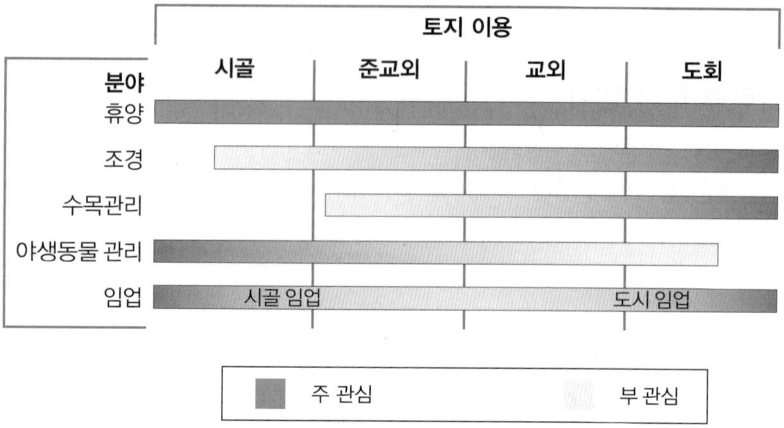

그림 1-4 숲 연속체에 대한 다양한 자원 분야의 상호 관계. (Miller 1994에서 전재.)

다. 그러나 Dewyer(1982)는, 이 연속체의 도시 쪽 끝에서는, 시골 지역에 대한 접근이 제한된 도시 거주자들에게는 도시 숲이 엄청나게 중요하다고 생각한다. 조경가(造景家, landscape architect)는 일차적인 설계자로서, 그리고 도시계획가와 건축가에 이차적인 영향을 미치는 사람으로서 도시 경관에서 가장 중요하다. 반면 이 연속체의 시골 끝에서 조경가는 휴양지 설계와 공유지의 목재 관리에는 관여하지만 전반적으로 수풀의 시골 경관에는 주된 영향을 미치지 못한다. 야생동물 관리는 역사적으로 시골 야생동물 군집 관리에 관심을 가진다. 과거 몇십 년 동안, 야생동물 담당 기관과 관리자들은 도시 야생동물 군집에 점점 더 관여하게 되었고, 주로 도시 유권자들을 위해 시골 지역의 자연을 파괴하지 않는 야생동물 관리에 노력을 기울여왔다.

앞서 살펴본 바와 같이, 임업 분야는 도시 식생에 점점 더 많이 관여하게 되었다. 연속체의 도시 끝에서, 도시 임업가는 공원, 그린벨트, 도시 가로에 있는 교목 군집을 관리한다. 수목관리는 개별적인 기준으로 교목을 관리하고, 도시 임업은 교목 군집을 관리한다. 개별 교목이 교목 군집에 존재하기 때문에, 가장 집약적인 수준에서 도시 임업은 개별 교목을 다루어야 한다. 개별 교목 수준에 대해서는, 수목관리와 도시 임업은 동의어이다. 이들은 가로수 군집과 그린벨트 숲 관리처럼 교목의 군집을 다룰 때에만 분리된다.

시골 임업과 도시 임업

숲 연속체의 시골 쪽 끝은 시골 임업과 도시 임업 사이의 구분이 없는 시골 임업이다. 도시 사회에서는 도시 가치(都市價値, urban value)가 우리의 집단 가치체계에 스며들어 있기 때문에 도시 임업과 시골 임업 사이의 구분이 있을 수 없다. Rhodes(1971)에 의하면, "자원과 환경 관리의 미래 진로는 도시 거주자들이 자신들의 입법기관을 통해 주로 결정될 것이다." Caldwell(1971)도 이를 지지하면서 추가하기를 "숲에 대해 생태지향적인 시민의 1차적인 관심은 생물권(生物圈, biosphere)에서의 이들 위치이며, 경제적인 면에서의 위치는 중요하지만 2차적인 고려사항이다." 시골 숲은 도시민을 위해 관리되며, 시골 숲 임정관은 목섬유(木纖維, wood fiber)를 넘어서는 도시적 가치와 요구를 자세히 알아야 한다. 도시 임업과 도시 임업가는 도시민에게 이러한 연결을 제공하고 의사소통은 양방향이어야 한다. 숲 관리자의 목적이 사회의 목적과 동떨어지는 것을 방지하는 유일한 수단은 개방된 의사소통 통로를 유지하는 것이다. 도시 숲과 시골 숲의 경계는, 특히 사람들이 쾌적성 가치를 위해 시골 숲 안과 호수 주위에 영구적 및 계절적인 집을 지음에 따라 희미해져 가고 있다(Dwyer & Childs 2004). 도시 지역이 시골 지역으로 더욱 확장되어감에 따라 시골 숲은 영향을 받을 것이다. Nowak 등(2005)은 미국의 도시 지역은 이제 전체 미국의 3.1%를 차지하고 있다고 보고한다. 도시 확장으로 도시 숲 관리와 관련된 높아가는 위협에는 산불 관리, 침입종(侵入種, invasive species), 관리되지 않는 야외 휴양, 산림파편화(山林破片化, forest fragmentation), 증가하는 이해당사자(利害當事者, stakeholder) 등이 있다.

도시 임업은 실제로 도시 지역의 삶의 질을 향상시킨다. 우리는 고도의 기술사회(技術社會, technological society)에 살고 있고, 앞으로 계속 도시 환경에 살 것이고, 도시들은 인구가 수백만에 이르는 거대 도시일 수도, 수천에 불과한 작은 도시일 수도 있을 것이다. 우리는 모든 면에서 우리의 지역사회를 향상시키려고 노력하고 있고, 미학은 이 향상 노력에서 중요한 역할을 한다. 도시 식생을 다루는 도시 임업과 기타 분야는 미학에서 핵심적인 역할을 하고, 다른 삶의 질 문제에서도 핵심적인 역할을 한다. Caldwell(1971)은 교목과 기타 식생이 도시의 오픈 스페이스 회복과 보존에 중요한 요소가 될 것이라고 생각한다. DeGraaf(1974)는 다음과 같이 말했다: "도시 임업과 야생동물 관리가 사람들에게 직업, 자아존중(自我尊重, self-respect), 안전, 건강을 제공하는 종합적인 노력의 일부가 되면, 도시 거주자들은 아마 교목과 야생동물에 대해 더 큰 존경심을 가질 것이다." 많은 도시 거주자들은 아직 자신이 토지와 토지의 자원과의 연계성에 대한 이해가 부족하고, 생태계의 역동적인 본질에 관해 막연히 짐작만 하고 있을 뿐이다. 자원 분야는, 도시 거주자들이 자원관리가 이들의 삶과 안녕에 기여하는 역할을 이해하게 되면, 도시 거주자들에게 생태와 생태계 관리의 기본적인 이해를 제공해야 한다. 끝으로, Dana(1971)는 "물리적 환경과 사회적 환경의 향상은, 이 진전에서 중요한 부분을 담당하고 있는 교목 및 숲과 같이, 함께 나아갈 것을 분명히 하라"고 주장한다.

지자체 임업

지자체 임업은 지역사회의 공유지에 있는 교목 및 관련 식생의 육싱, 보호, 유시관리로 성의될 수 있을 것이다. 여기에는 공중 안전 문제와 관련이 있고 해당 지역사회 전반에 걸쳐 식생을 위험하게 만드는 병해충 발생을 방제하기 위한 노력이 필요한 개인 식생을 포함한다. 예를 들면, 지역사회 교목 조례(喬木條例, tree ordinance)는 지자체 임정관에게 개인 교목이 안온방해(安穩妨害, nuisance)라고 선언하고 해충, 병, 위험을 초래하는 상황을 완화시킬 수 있도록 강제할 수 있는 법적인 권한을 부여한다. 시 임업부서는 독립적인 프로그램으로, 또는 공원휴양 부서와 같은 큰 조직의 일부로 존재할 것이다.

Miller & Bate(1978)는 위스콘신주의 경우, 인구 10,000명을 초과하는 시는 (1) 도시 임업 계획, (2) 평균보다 더 높은 일인당 소득, (3) 더 많은 수의 지자체 소유 교목, (4) 느릅나무시듦병(Dutch elm disease) 문제 등을 가지고 있을 가능성이 높다는 것을 발견하였다. 30년 후에, 느릅나무시듦병이 많은 지자체에서 자연스럽게 끝나가는 것을 제외하면, 비슷한 경향이 위스콘신주에서 지속되고 있다(Hauer & Tutton 2009). 많은 지자체가 잘 수립된 지자체 교목관리 프로그램을 가지고 있지만 아직도 많은 지자체가 그렇지 못하다. 1986년 Kielbaso 등(1988)이 실시한 미국의 지자체 도시임업 프로그램 조사에 의하면, 응답자의 39%만이 어떤 형태의 공공 교목에 대한 체계적인 교목 관리계획을 시행하고 있는 것으로 나타났으며, 이는 1980년 인구 2,500명 이상의 소도시에 대해 실시한 비슷한 조사에서 응답자의 50%가 이 계획을 가지고 있다는 것으로부터 감소한 것이다. 유사하게, 응답자의 38%만이 어느 정도 확신을 가지고 자신의 관할하에 있는 교목의 수를 알고 있었고, 17%만 도시임업관리계획을 가지고 있었다. Hauer(2005)는 2002년 인구 100명 이상의 지역사회 42%가 도시임업 활동을 보여주고 있는 것으로 알려졌는데, 이는 1997년의 28%와 1987년의 7%에서 증가한 것이다. 펜실베이니아주의 도시임업 프로그램에 관한 비슷한 조사에서 Reeder & Gerhold(1993)는 응답한 지역사회의 28%만이 가로수 현황조사 자료를 가지고 있었고, 48%가 매년 50그루 미만을 식재했고, 제거 여부에 대한 체계적인 조사를 하는 곳은 40%라는 것을 발견했다. 이들 지제체는 자신들의 예산 중 61%를 가로수에, 26%를 공원수목에 지출했다.

그린벨트 임업과 그린웨이

그린벨트 임업은 오픈 스페이스, 휴양 기회, 기타 환경적인 쾌적성을 제공하는 것이 일차적인 목적인 도시 내와 부근의 숲과 기타 식생 군집을 관리하는 것이라고 정의된다. 그린웨이(greenway; greenbelt와 parkway에서 유래된 용어)는 그린벨트와 비슷하지만 선형이고 지역사회를 관통하거나 그 사이를 통하는 경향이 있다. 그린웨이는 가끔 자연적인 통로를 따라가거나 공공 통행로(right-of-way) 토지로 전환된다. 그린벨트 숲은 목섬유 생산에 사용될 수도 있지만, 대부분의 경우, 이는 위에 나열된 기능의 중요성에 비해 이차적이다. 그린벨트 토지는 공적으로 소유되고 있거나 지역권(地役權, easement)이나 지구계획(地區計劃, zoning)을 통해 공적인 통제를 받을 수 있다. 이들 토지는 일반적으로 상대적으로 균일한 부지에 비슷한 식생으로 구성된 군집으로 정의되는 전형적인 관리 단위로 생태계 수준에서 관리된다. 그린웨이는 가끔 휴양, 보행자 하이킹, 사이클링 용으로 사용되며, 도시와 교외 개발로부터 보호지나 경작지를 지키는 완충 역할을 할 수 있다(Benedict & McMahon 2006).

앞서 언급한 바와 같이, 쿡 카운티 숲 보존국(2013)은 시카고 광역도시 지역의 그린벨트 숲 68,000에이커 이상을 관리한다(**그림 1-5**). 이 토지는 "현재와 미래의 교육, 즐거움, 휴양을 위해 자연 상태로, 자연적인 장관, 귀중한 대초원, 숲, 습지, 강, 개울, 기타 모든 관련된 야생동물이 있는 경관을 보유한 공공 오픈 스페이스를 보호하고 보존하기 위해" 지켜지고 있다.

오픈 스페이스는 계획된 단위개발(planned unit development)에서도 보존된다. 이 토지는 공공신탁(public trust)으로 유지되고 집 소유자 연합이나 이들의 대리인에 의해 관리된다. 다른 오픈 스페이스는 개인 토지에 대한 지역권에 의해 유지되고, 이 지역권은 토지 소유자에 의해 특정 식생 유형이 유지관리되도록 위임할 수도 있다. 용도지역제는 때로는 농지와 임지, 희귀 및 멸종위기종(滅種危機種, endangered species)을 보호하기 위해 사용되기도 한다.

녹색 산업

녹색 산업(綠色産業, green industry)은 식생 조성, 유지관리, 제거를 상업적으로 제공하는 개인과 조직으로 구성된다. 여기에는 상업적 수목관리자(commercial arborist), 자문 도시 임업가

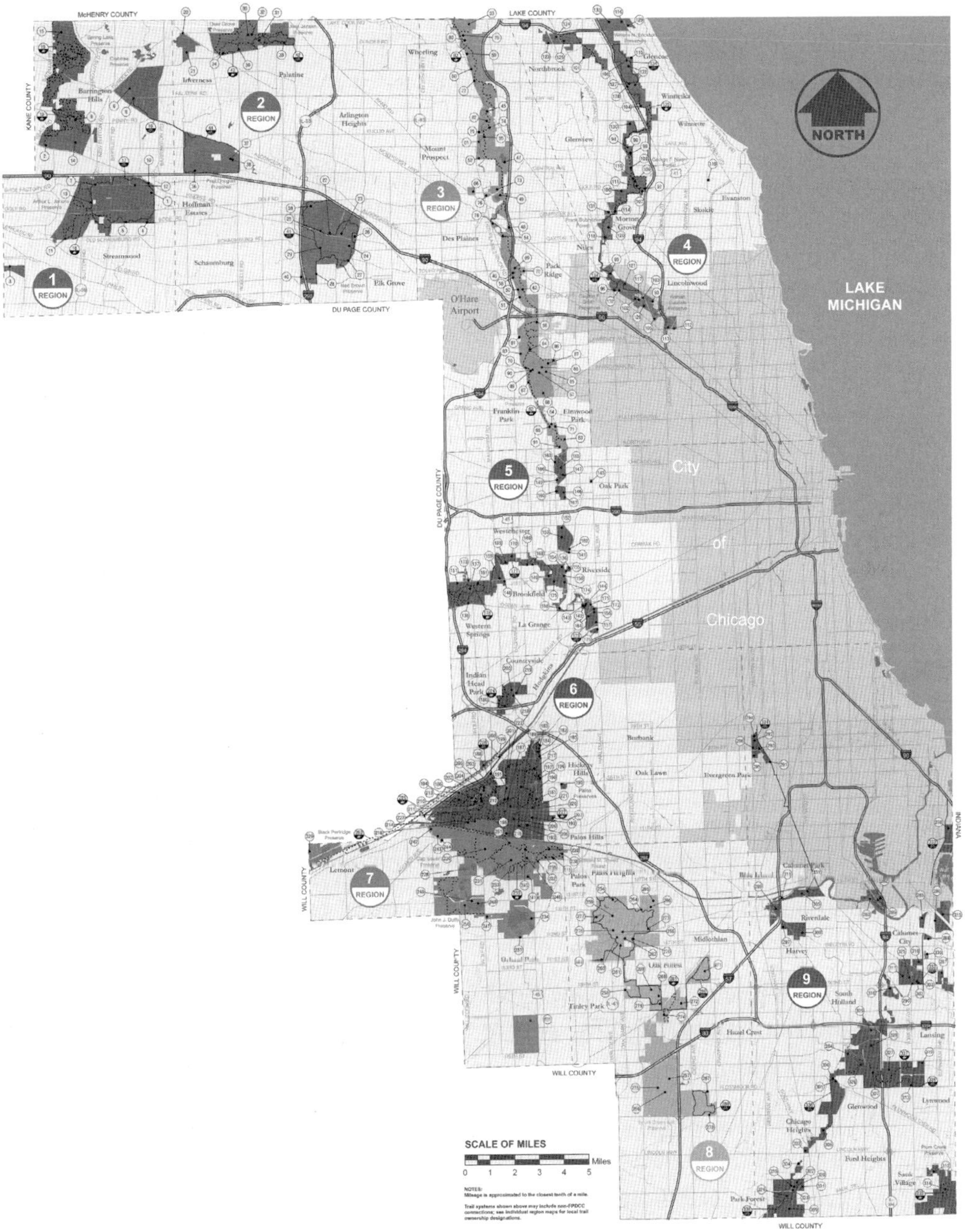

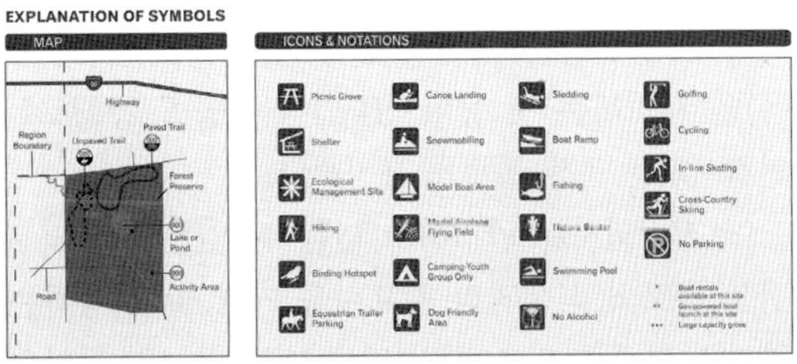

그림 1-5 일리노이주 쿡(Cook) 카운티의 숲 보존국(Forest Preserve District)은 시카고 광역도시 지역 전반에 걸쳐 숲 벨트를 제공한다.

(consulting urban forester), 경관 시공자(landscape contractor), 조경가(landscape architects), 상업적인 농장(nursery), 교목/관목/잔디 관리회사 등이 있다. 다음 고찰에서 이들 각 참여자들을 분리된 존재로 취급하지만, 이들 산업이 제공하는 서비스는 적지 않게 겹칠 수 있다는 것을 기억하는 것이 중요하다.

상업적 수목관리는 상업적으로 개별 교목과 기타 목본식물을 관리하는 것이다. 고객에는 개인과 공공의 식생 소유자가 모두 포함되며, 서비스는 교목과 기타 목본식물의 식재, 보호, 유지관리, 제거 등이다. 상업적 수목관리자는 주로 주거, 상업, 산업, 공공 단체의 교목관리에 종사한다. 그러나 공공 기관도 가끔 식생관리(植生管理, vegetation management) 서비스를 제공하는 민간회사와 계약을 체결한다. 작은 지역사회는 특히 주로 공공 교목의 전정과 제거를 위해 상업적 수목관리자와 서비스 계약을 체결할 가능성이 높다.

자문 도시 임업가는 도시 임업 관리계획의 개발에 참여하는 서비스를 제공한다. 전형적으로, 이러한 현상은 양호한 공공 관리를 제공하고 싶지만 전임 공무원이 도시 임업 프로그램을 지원할 정도로 크지 않은 소규모 지역사회에서 나타난다. 이 서비스에는 가로수 현황조사, 가로수 기본계획, 공원 관리계획, 교목 조례 작성, 계약 서비스에 대한 표준 개발 등이 있다.

조경가와 조경 시공자는 도시 환경에서의 지형, 식생, 구조에 대한 설계와 조성을 담당한다. 민간 농장은 조경 시공자, 집 주인, 공공 기관을 위한 식물 재료를 재배한다. 교목, 관목, 잔디를 돌보는 회사는 주거, 상업, 산업 고객을 위한 시비와 병해충 관리와 같은 유지관리 서비스를 제공한다.

공익사업 임업

공익사업 공공 통행로(right-of-way)는 미국 전반에 걸쳐 존재하고 도시의 중심을 관통한다. 이들 통로에는 먼 거리에 전기를 보낼 수 있도록 설계된 대형 송전탑에 설치된 고압 송전선(送電線, transmission line)이 설치되어 있고, 이들 송전선은 고객에게 전기 서비스를 제공하는 배전선(配電線, distribution line)에 연결된다. 이들 공공 통행로의 유지관리는 서비스 제공자가 관리해야 할 지역이 너무 넓기 때문에 부담이 엄청나다. 예를 들면, 캐나다 온타리오(Ontario)의 가장 큰 전기 공급자인 하이드로 원(Hydro One)은 약 29,000 km의 송전선과 122,000 km의 배전선을 소유하고 관리하면서 1.3백만 고객에게 서비스를 제공한다(Hydro One 2013). 북미 송전 시스템(35 kV 이상)은 직선거리로 약 724,000 km에 걸쳐 있다. 이들 고압 통행로의 폭이 30~90 m인 것을 고려하면, 이에 해당하는 총 면적은 3.5~4.5백만 헥타르로 추정된다(Goodfellow 2012).

미국의 공익사업은 식생관리에 약 30억 달러를 쓴다(Goodfellow & Peterson 2011). 들판을 횡단하는 통로에 있는 식생은 전기선에 대한 접근과 선로 정리를 위해 관리되어야 한다. 이를 위한 작업에는 송전선에 방해가 되는 것을 방지하기 위해 이들 통로에서 발견되는 식생(잔디와/나 관목 군집과 같은)을 유지관리하는 것과 전기가 흐르는 선과 접촉할 가능성이 있는 식생(교목 같은)을 제거하는 것 등이 있다. 이들 공공 통행로는 또한 외곽의 녹지를 도시의 오픈 스페이스에 연결시키는 녹색 통로를 제공한다.

전기회사는 안전하고 믿을 수 있는 전력의 송전과 배전을 제공해주도록 요청받고 있다. 송전선 통로의 식생관리 중요성을 가장 잘 설명하는 사건은 2003년 8월 14일 발생한 미국 북동부와 캐나다 동부의 50백만 명에 대해 약 4일 동안의 정전(停電, power outage) 사태이다. Howland

(2004)는 “이 블랙아웃(blackout, 대규모 정전)은 세 고압 송전선이 단락(短絡, short circuit; 합선)되고 이들 선이 너무 가까이에 있었던 교목과 접촉하면서 서비스가 중단되었다”라고 보고하였다.

이러한 거대한 사건에 대응하여, 특정한 관리 목적에 근거하여 식물 군집을 관리하기 위해 종합적 식생관리(綜合的植生管理, IVM/integrated vegetation management)를 실행하게 되었다. 이는 다음과 같이 정의하고 있다:

> 구체적인 목적을 달성하기 위해 양립 가능 식생과 불가능 식생을 구분하고, 행동 문턱값(action threshold)을 고려하고, 방제 방법을 평가한 다음 선택된 방제방법(防除方法, control method)을 실행하는 식물 군집을 관리하는 체계. 방제방법은 효과, 환경 영향, 부지 특성, 안전, 안정성과 경제성에 기반을 둔다(Miller 2007).

지역사회에서의 배전선은 일반적으로 가로와 좁은 길을 따라 연결되기 때문에 전선과 공공 및 개인 교목 사이에 접촉이 발생할 가능성이 있다. 공공의 안전과 서비스의 신뢰를 위해서는 배전선에 방해가 되는 교목을 전정하거나 제거할 필요가 있다.

세계의 도시 임업

도시 임업은 국제적인 노력이다. 다음 장에서 살펴보는 바와 같이, 지역사회에 교목을 식재하는 것은 인간의 최초 영구 정착과 함께 시작되었다. 전 세계를 통하여 선진국과 개발도상국의 도시 거주자들은 교목을 자신들 지역사회의 일부로 포함시키기 위한 노력을 확대해 가고 있다. 중국의 베이징은 숲 피복이 1949년 3.2%였는데, 이 녹지 공간 피복을 26.9%로 확대시켜왔다(Profous 1992). Ning 등(2008)이 실시한 중국 센양(瀋陽, shenyang)에 대한 최근 조사에 의하면 숲 피복의 7.85%가 가장 최근에 식재된 어린 교목으로 구성되어 있다고 보고했다. 원격탐사(遠隔探查, remote sensing)와 식재 기록을 이용한 아일랜드 더블린(Dublin)에 대한 현황조사는 이 도시에 2백만 그루가 넘는 교목이 있는 것으로 추정하였다(Boylan 1992).

멕시코시티는 심각한 환경의 질적 저하(environmental degradation)를 경험하고 있는(Caballero 1986) 세계에서 상대적 인구밀도(人口密度, population density)가 가장 높은 곳 중의 하나이다. 1994년 멕시코시티의 가로수 현황조사에 의하면, 더 많은 교목을 식재하기 위한 노력에도 불구하고, 계획 수립과 이에 수반하는 돌봄과 유지관리가 이러한 노력에 미치지 못하여, 9개 수종이 식재된 교목의 72% 이상을 차지하였다(Chacalo 등 1994). 다른 수단 중에는, 중앙과 시 정부 모두 도심의 오래된 교목 유지관리, 신도시 지역사회에 가로수와 공원수 식재, 시 외곽에 있는 저소득 거주지에 녹지와 공원 조성 노력 등과 같은 시의 환경 여건(環境與件, environmental condition)을 향상시키기 위한 도시 임업 관련 노력을 늘려왔다.

중앙 정부는 도시 임업 증진에 대한 참여를 늘리고 있다. 수십 년 동안, 중국 정부는 숲 피복 면적을 확대하기 위한 국가적인 노력에 힘을 써왔다. 이러한 노력에는 도시 내, 수로를 따라, 그린벨트, 지역사회와 농장 주위 등에 대한 교목 식재, 도로변 식재를 통한 숲과 도시의 연결 등이 있다(Yang 1995). 캐나다의 경우, 인구의 80%가 도시 지역에 살고 있다. 온타리오 지방의 도시 주민에 대한 조사에서 이들은 도시 숲을 매우 중요하다고 생각하며, 이들의 올바른 관리와 보존에 관심을 보이고 있는 것으로 나타났다. 이 조사에 근거하여, Kenney(2003)는 캐나다의 국가 차원의 도시 임업 발전 노력을 제안한다.

스웨덴은 도시 임업을 장려했지만 최근 조사에 의하면 대부분의 지방 담당 기관들이 계획된 방법대로 자신들의 교목 자원을 관리하지 않는 것으로 나타났다.

> 응답자의 28%만이 가로수와 공원수의 수량에 대한 정확한 기록을 가지고 있었고; 지방 기관의 41%가 별도의 교목 전략 문서를 가지고 있었으며; 44%가 자신들의 수목 프로그램에 전산화된 관리 시스템을 사용하였고; 46%가 공중이 교목 프로그램에 참여하고 있었다(Saretok 2006).

도시 임학 교육

도시 숲 관리에 관여하고 있는 전문가들에 대한 교육은 현장 경험에서 얻는 경우로부터 보다 진전된 대학 학위에 이르기까지 다양하다. 형식적인 교육 수준에서는, 학위가 전형적으로 수목관리학, 도시 임학, 경관 원예학, 임학 등으로 수여된다. 도시 임학과 수목관리학에서의 보다 높은 전문적인 경력에 도움을 주기 위해, 어떤 전문 조직은 인정(認定, accreditation), 자격제도(資格制度, certification), 계속 교육 프로그램 등을 제공한다(예, 미국임업가협회(Society of American Foresters)와 국제수목관리학회(International Society of Arboriculture)). McPherson(1984)의 조사에 의하면 잠재적인 고용주들은 수목관리자는 적어도 2년, 도시 임업가는 적어도 4년의 학문적 훈련(academic training)을 받아야 한다고 생각하고 있는 것으로 나타났다. 두 경우 모두, 응답자들은 고용에 앞서 최소 6개월의 현장 경험이 매우 바람직하다고 지적했다. 또한 그는 고용주들의 경우 수목관리자는 기본적인 수목관리 기술에 대해 훈련이 잘 되어 있고, 도시 임업가는 전통적인 수목관리 기술과 함께 수종 선정, 식물 재료, 공중 관계, 예산 편성 등에 충분한 능력을 가지고 있기를 기대하고 있는 것으로 나타났다. Elmendorf 등(2005)과 Wiseman 등(2011) 두 연구는 교목 식재, 교목 전정, 병해충 피해, 수목 선정, 교목과 토양의 관계, 교목의 구조와 부후와 같은 기술이 중요하다고 상당히 일치된 결론을 내리고 있다. 유럽에서는, 도시 임학이 교육 프로그램 중에서 확장되고 있는 분야로서, 이는 통합적인 수준이라기보다 한 학과 내의 교육 프로그램의 일부로 가르쳐지고 있으며, 도시 녹색 구조물에 관한 모든 요소의 교육을 담당한다(Andersen 등 2002).

비공식적 교육은 근무 중과 전문적인 조직에서 받을 수 있을 것이다. 이런 역할을 수행하는 조직은 다음과 같다:

- 미국자문수목관리자협회(American Society of Consulting Arborists, http://www.asca-consultants.org)
- 영국 수목관리협회(Arboricultural Association, http://www.trees.org.uk)
- 미국 수목관리 연구/교육아카데미(Arboricultural Research & Education Academy, http://area.isa-arbor.com)
- 유럽 수목관리위원회(European Arboricultural Council, http://www.eac-arboriculture.com)
- 국제수목관리학회(International Society of Arboriculture, http://www.isa-arbor.com)
- 미국 자자체 수목관리자협회(Society of Municipal Arborists, http://www.urban-forestry.com)
- 미국 수목관리산업협회(Tree Care Industry Association, http://tcia.org)
- 미국 송전선수목관리자협회(Utility Arborists Association, http://www.utilityarborist.org)

또한 도시 식생관리에 관심을 가진 조직은 다음과 같다:

- 미국곤충학회(American Entomological Society, http://darwin.ansp.org/hosted/aes)
- 미국산림학회(American Forests, http://www.americanforests.org)
- 미국원예협회(AmericanHort, http://americanhort.org)
- 미국식물병리학회(American Phytopathological Society, http://www.apsnet.org)
- 미국계획협회(American Planning Association, http://www.planning.org)
- 미국공공정원협회(American Public Gardens Association, http://www.publicgardens.org)
- 미국원예학회(American Society of Horticultural Science, http://www.ashs.org)
- 미국조경가협회(American Society of Landscape Architects, http://www.asla.org)
- 전국경관전문가협회(National Association of Landscape Professionals, http://landscapeprofessionals.org)
- 미국임업가협회(Society of American Foresters, http://www.safnet.org)

인용 문헌

Allen, J., S. Mioduszewski, K. Pachikov, & S. Reshamwala. 2009. "Chicago's Urban Forest: Research and Opportunity Identification" (http://illinoisurbanwood.org/documents/Chicago_Urban_Wood_Report_v13.pdf).

Andersen F., C. C. Konijnendijk, & T. B. Randrup. 2002. "Higher Education on Urban Forestry in Europe: An Overview." *Forestry* 75(5):501–511.

Andresen, J. W. 1978. "Urban Foresters and Planners as Managers." In Proceedings, National Urban Forestry Conference (pp. 152–155). Washington, DC: American Forestry Association.

Archibald, P. L. 1973. "Urban and Community Forestry—Past and Present." In Proceedings, National Urban Forestry Conference (pp. 4–9), Syracuse, New York. New York: SUNY.

Benedict, M. A., & E. T. McMahon. 2006. *Green Infrastructure: Linking Landscapes and Communities*. Washington, DC: Island Press.

Boylan, C. 1992. "Trees of Dublin." *Arboricultural Journal* 16(4):327–341.

Brown, J. 2007. Wisconsin Statewide Urban Forest Assessment: Development and Implementation. MS Thesis, University of Wisconsin–Stevens Point.

Caballero, M. 1986. "Urban Forestry Activities in Mexico." *Journal of Arboriculture* 12(10):251–256.

Caldwell, L. K. 1971. "Social and Political Trends Affecting Environmental Forestry Programs." Symposium on Trees and Forests in an Urbanizing Environment (Plann. Res. Dev. Ser. No. 17, pp. 151–155). Amherst: University of Massachusetts.

Carlozzi, C. A. 1971. "Forestry, Ecology, and Urbanization." Symposium on Trees and Forests in an Urbanizing Environment (Plann. Res. Dev. Ser. No. 17, pp. 97–100). Amherst: University of Massachusetts.

Casey, C. J., & R. W. Miller. 1988. "State Government in Community Forestry: A Survey." *Journal of Arboriculture* 14(6):141–144.

Chacalo, A., A. Aldama, & J. Grabinsky. 1994. "Street Tree inventory in Mexico City." *Journal of Arboriculture* 20(4):222–226.

Chicago Trees Initiative. 2013. "Chicago's Urban Forest—Did You Know?" (http://www.chicagotrees.net/our-urban-forest/).

City of Chicago, Bureau of Forestry. 2013. "What We Do" (http://www.cityofchicago.org/city/en/depts/streets/provdrs/forestry.html).

Clark, J. R., N. P. Matheny, G. Cross, & D. V. Wake. 1997. "A Model of Urban Forest Sustainability." *Journal of Arboriculture* 23:17–30.

Clegg, D. 1982. "Urban and Community Forestry—The Delivery." In Proceedings, Second National Urban Forestry Conference (pp. 13–17). Washington, DC: American Forestry Association.

Cooperative Forestry Assistance Act. 1978. P.L. 95-313. H.R. 11777, 95th Congress.

Dana, S. T. 1971. "The Challenge." Symposium on Trees and Forests in an Urbanizing Environment (Plann. Res. Dev. Ser. No. 17, pp. 165–168). Amherst: University of Massachusetts.

DeGraaf, R. M. 1974. "Wildlife Considerations in Metropolitan Environments." *Forestry Issues in Urban America* (pp. 97–102). In Proceedings, National Convention of the Society of American Foresters.

Dwyer, J. F. 1982. "Challenges in Managing Urban Forest Recreation Resources." In Proceedings, Second National Urban Forestry Conference (pp. 152–156). Washington, DC: American Forestry Association.

Dwyer, J. F., & G. M. Childs. 2004. "Movement of People across the Landscape: A Blurring of Distinctions between Areas, Interests, and Issues Affecting Natural Resource Management." *Landscape and Urban Planning* 69:153–164.

Dwyer, J. F., D. J. Nowak, & M. H. Noble. 2003. "Sustaining Urban Forests." *Journal of Arboriculture* 29:49–55.

Dwyer, J. F., D. J. Nowak, M. H. Noble, & S. S. Sisinni. 2000. *Connecting People with Ecosystems in the 21st Century: An Assessment of Our Nation's Urban Forests* (Gen. Tech. Rep. PNW-GTR-490). Portland, OR: USDA Forest Service, Pacific Northwest Research Station.

Elmendorf, W., T. Watson, & S. Lily. 2005. "Arboriculture and Urban Forestry Education in the United States: Results of an Educators Survey." *Journal of Arboriculture* 31(3):138–149.

Forest Preserve District of Cook County. 2013, July. "Mission and Vision" (http://fpdcc.com/about/mission-vision).

Gillespie, T. W., S. Pincetl, S. Brossard, J. Smith, S. Saatchi, D. Pataki, & J. Saphores. 2012. "A Time Series of Urban Forestry in Los Angeles." *Urban Ecosystems* 15(1):233–246.

Goodfellow, J. 2012, June. "Setting a Standard of Excellence in IVM." *Transmission & Distribution World*, pp. 27–31.

Goodfellow, J., & W. Peterson. 2011, June. "Trees and Reliability." *Transmission & Distribution World*, pp. 25–29.

Harrell, J. B. 1978. "Florida's Urban Forestry Program." *Journal of Aboriculture* 4(9):202–207.

Harris, R. W., J. R. Clark, & N. P. Matheny. 2004. *Arboriculture: Integrated Management of Landscape Trees, Shrubs, and Vines* (4th ed.). Englewood Cliffs, NJ: Prentice Hall.

Haskett, R. 1982. "A Case Study, Minnesota's Shade Tree Program." In B. O. Parks, F. A. Fear, M. T. Lambur, and G. A. Simmons (eds.), *Urban and Suburban Trees: Pest Problems, Needs, Prospects, and Solutions* (pp. 104–106). In Proceedings of a Conference Held at Michigan State University, East Lansing, Michigan.

Hauer, R. J. 2005. Urban Forestry and Urban Forest Capacity: Defining Capacity and Models of Capacity Building. Doctoral Dissertation. University of Minnesota, Saint Paul.

Hauer, R. J., & G. R. Johnson. 2008. "Approaches within the 50 United States to Meeting Federal Requirements for Urban and Community Forestry Assistance Programs." *Arboriculture & Urban Forestry* 34(5):280–289.

Hauer, R. J., & D. Tutton. 2009. "Trees in Your Community: Results from a 2008 Questionnaire for the Urban Forestry Program, Wisconsin Department of Natural Resources, Division of Forestry." College of Natural Resources, University of Wisconsin–Stevens Point.

Hauer, R. J., C. J. Widerstrand, & R. W. Miller. 2008. "Advancement in State Government Involvement in Urban and Community Forestry in the 50 United States: Changes in Program Status from 1986 to 2002." *Arboriculture & Urban Forestry* 34(1):5–12.

Helms, J. (ed.). 1998. *The Dictionary of Forestry.* Washington, DC: Society of American Foresters.

Heynen, N., H. A. Perkins, & P. Roy. 2006. "The Political Ecology of Uneven Urban Green Space: The Impact of Political Economy on Race and Ethnicity in Producing Environmental Inequality in Milwaukee." *Urban Affairs Review* 42:3.

Howland, R. 2004. "How the Great Blackout Led to a Greener Business." *Tree Care Industry* 15(3):64–67.

Hydro One. 2013, July. "Vegetation Management" (http://www.hydroone.com/OurCommitment/Environment/Pages/Vegetation.aspx).

International Society of Arboriculture. 2011. *Glossary of Arboricultural Terms.* Champaign, IL: International Society of Arboriculture.

Jorgensen, E. 1970. "Urban Forestry in Canada." In Proceedings, 46th International Shade Tree Conference (pp. 43a–51a). International Society of Arboriculture, Urbana, Illinois.

Jorgensen, E. 1974, September. "Towards an Urban Forestry Concept." Paper Presented at the Tenth Commonwealth Forestry Conference, Oxford and Aberdeen, Britain. Ottawa, Canada, Forestry Service.

Kenney, W. A. 2003. "A Strategy for Canada's Urban Forests." *The Forestry Chronicle* 79(4):785–789.

Kielbaso, J. J. 1990. "Trends and Issues in City Forests." *Journal of Arboriculture* 16(3):69–76.

Kielbaso, J. J., B. Beauchamp, L. Larison, & C. Randall. 1988. "Trends in Urban Forestry Management." *Baseline Data Report* 20(1). Washington, DC: International City Management Association.

Konijnendijk, C. C., R. M. Ricard, A. Kenney, & T. B. Randrup. 2006. "Defining Urban Forestry—A Comparative Perspective of North America and Europe." *Urban Forestry and Urban Greening* 4(3–4):93–103.

McPherson, E. G. 1984. "Employer Perspectives on Arboricultural Education." *Journal of Arboriculture* 10(5):137–141.

McPherson, E. G. 1998. "Structure and Sustainability of Sacramento's Urban Forest." *Journal of Arboriculture* 24(4):174–190.

McPherson, E. G., D. J. Nowak, & R. A. Rowntree (eds.). 1994. *Chicago's Urban Forest Ecosystem: Results of the Chicago Urban Forest Climate Project* (Gen. Tech. Rep. NE-186). Radnor, PA: USDA Forest Service, Northeast Forest Experiment Station.

Miller, R. H. 2007. *Best Management Practices: Integrated Vegetation Management.* Champaign, IL: International Society of Arboriculture.

Miller, R. W. 1994. Introduction to Urban and Community Forestry: An Independent Study Course by Correspondence. Department of Individual Study, University of Florida, Gainesville.

Miller, R. W., & T. R. Bate. 1978. "National Implications of an Urban Forestry Survey in Wisconsin." *Journal of Arboriculture* 4(6):125–127.

Moeller, G. H. 1977. "The Pinchot Institute: Toward Managing Our Urban Forest Resources." *Journal of Arboriculture* 3(10):181–186.

Moll, G., & C. Kollin. 1993. "A New Way to See Our City Forests." *American Forests* 99(9–10):29–31.

Moll, G., & J. Petit. 1994. "The Urban Ecosystem: Putting Nature Back in the Picture." *Urban Forests* 14(5):8–15.

Ning, Z. H., X. Y. He, C. F. Liu, & K. K. Abdollahi. 2008. "Assessing Urban Forest Structure and Health in Shenyang, China." *Arboriculture & Urban Forestry* 34(6):379–385.

Nobles, B. 1980. "Urban Forestry/Arboriculture Program." *Journal of Arboriculture* 6(2):53–56.

Nowak, D. J. 1993. "Historical Vegetation Change in Oakland and Its Implications for Urban Forest Management." *Journal of Arboriculture* 19(5):313–319.

Nowak, D. J. 2008. "Assessing Urban Forest Structure: Summary and Conclusions." *Arboriculture & Urban Forestry* 34(6):391–392.

Nowak, D. J., & E. J. Greenfield. 2012a. "Tree and Impervious Cover in the United States."

Landscape and Urban Planning 107(1):21–30.

Nowak, D. J., & E. J. Greenfield. 2012b. "Tree and Impervious Cover Change in the United States." *Urban Forestry & Urban Greening* 11:21–30.

Nowak, D. J., R. A. Rowntree, E. G. McPherson, S. M. Sisinni, E. R. Kerkmann, & J. C. Stevens. 1996. "Measuring and Analyzing Urban Tree Cover." *Landscape and Urban Planning* 36:49–57.

Nowak, D. J., S. M. Stein, P. B. Randler, E. J. Greenfield, S. J. Comas, M. A. Carr, & R. J. Alig. 2010. *Sustaining America's Urban Trees and Forests: A Forests on the Edge Report* (Gen. Tech. Rep. NRS-62). Newtown Square, PA: USDA Forest Service, Northern Research Station.

Nowak, D. J., J. T. Walton, J. F. Dwyer, L. G. Kaya, & S. Myeong. 2005. "The Increasing Influence of Urban Environments on US Forest Management." *Journal of Forestry* 103(8):377–382.

Nyland, R. D. 2007. *Silviculture: Concepts and Applications* (2nd ed.). Long Grove, IL: Waveland Press.

Pickett, S. T. A., M. L. Cadenasso, J. M. Grove, P. M. Groffman, L. E. Band, C. G. Boone, W. R. Burch, S. B. Grimmond, J. Hom, J. C. Jenkins, N. L. Law, C. H. Nilon, R. V. Pouyat, K. Szlavecz, P. S. Warren, & M. Wilson. 2008. "Beyond Urban Legends: An Emerging Framework of Urban Ecology, as Illustrated by The Baltimore Ecosystem Study." *Bioscience* 58(2):139–150.

Pinchot Institute. 1973. *The Pinchot System for Environmental Forestry Studies* (Gen. Tech. Rep. NE-2). Washington, DC: USDA Forest Service.

Profous, G. V. 1992. "Trees and Urban Forestry in Beijing, China." *Journal of Arboriculture* 18(3):145–153.

Reeder, E. C., & H. D. Gerhold. 1993. "Municipal Tree Programs in Pennsylvania." *Journal of Arboriculture* 19(1):12–19.

Rhodes, A. D. 1971. "Research Needs in Urban-Related Environmental Forestry." Symposium on Trees and Forests in an Urbanizing Environment (Plann. Res. Dev. Ser. No. 17, pp. 157–163). Amherst: University of Massachusetts.

Ricard, R. M. 2005. "Shade Trees and Tree Wardens: Revising the History of Urban Forestry." *Journal of Forestry* 103(5):230–233.

Rowntree, R. A. 1984. "Ecology of the Urban Forest—Introduction to Part I." *Urban Ecology* 8:1–11.

Rowntree, R. A. 1998. "Urban Forest Ecology: Conceptual Points of Departure." *Journal of Arboriculture* 24(2): 62–71.

Saretok, L. 2006. *A Survey of Urban Forestry in Sweden*. Lancashire, England: Myerscough College.

Smith, F. E. 1971. "Trees and Urban Ecology." In Proceedings, Symposium on the Role of Trees in the South's Urban Environment (pp. 1–5). Athens: University of Georgia.

Society of American Foresters, Urban Forestry Working Group. 1974. *The Directory of Urban Foresters*. Bethesda, MD: Society of American Foresters.

Stewart, C. A. 1974. "Management and Utilization of Urban Forests." *Forestry Issues in Urban America* (pp. 85–91). In Proceedings, National Convention of the Society of American Foresters.

USDA Forest Service. 1990. *Urban Forestry Five-Year Plan: 1990 through 1994*. Newtown Square, PA: Northeastern Area, State and Private Forestry.

USDA Forest Service. 2012. *Future of America's Forest and Rangelands: Forest Service 2010 Resources Planning Act Assessment* (Gen. Tech. Rep. WO-87). Washington, DC: USDA Forest Service.

USDA Forest Service. 2013, July. "Urban and Community Forestry" (http://www.fs.fed.us/ucf).

Waggoner, P. E., & J. D. Ovington. 1962, March 26–28. In Proceedings, Lockwood Conference on the Suburban Forest and Ecology, New Haven, Connecticut. The Connecticut Agricultural Experiment Station, Bulletin 652.

Wiseman, P. E., J. W. Hoffman, S. D. Day, & T. L. Clements. 2011. "A Syllabus-Based Review of Collegiate Arboriculture Course Content in the United States." *Arboriculture & Urban Forestry* 37(2):51–59.

Yang, S. 1995. Personal communication. Institute for Applied Ecology, Shenyang, China.

Zipperer, W. C. 2008. "Applying Ecosystem Management to Urban Forestry." In M. M. Carreiro, Y. Song, & J. Wu (eds.), *Ecology, Planning, and Management of Urban Forests* (pp. 97–108). New York: Springer.

제2장

도시의 진화와 도시 임업

오리건주 포틀랜드(Portland)

도시 발달이 식생과 기타 자연 시스템(natural system)에 미치는 영향을 완전히 이해하기 위해서는, (1) 도시화의 역사와 이것이 노시 경관의 발달 패턴에 어떻게 영향을 미쳤는지, (2) 도시 거주자들이 시골 경관과 어떤 상호작용을 했는지, (3) 도시 삶의 미래를 어떻게 예측할 수 있는가를 이해하는 것이 중요하다. 이 장에서는, 이들 요소의 첫 번째 사항에 대해 살펴보고, 나머지 두 요소는 뒤이은 장에서 고찰될 것이다.

도시 역사 개요

농업혁명

인류학자(人類學者, anthropologist)들은 현생인류(*Homo sapiens sapiens*)가 40,000년에서 200,000년 사이에 현재의 형태로 존재했다고 추정한다. 하나의 종으로서 우리는 생존을 위한 삶의 대부분을 유목의 수렵자와 채집자로서 보냈다. 이에 따라 우리는 농업이 발달하지 않은 약 15,000년 전에는 영구적인 정착지를 개발하지 못했다. 우리 역사 대부분의 기간 동안, 확대된 가족과 작은 무리 또는 사회적 단위인 부족(部族, tribe)으로 소수가 넓은 지역에 걸쳐 분산되어 있었다. 우리는 우리의 지능으로 생존했고, 생태계는 우리의 수를 조절했다. 우리는 아직 어느 정도 크기로 우리의 환경을 구체화하지 못했다(Mumford 1961).

농업에 대한 초기 시도는 10,000년에서 15,000년 전에 중동(中東, Middle East)과 북아프리카(North Africa)에서 일어났다. 티그리스(Tigris), 유프라테스(Euphrates), 인더스(Indus), 나일(Nile)강의 둑을 따라 인류는 비옥한 충적토(沖積土, alluvial soil)에서 농작물을 재배하기 시작했다. 이 땅은 강으로부터 얕은 도랑을 통해 쉽게 관수할 수 있었고 매년 홍수에 의해 비옥하게 되었다(Mumford 1961). 이와 같은 시기에, 현재의 멕시코에서는 스쿼시(squash, 일종의 호박), 옥수수, 콩이 순화되고 키워지고 있었고; 중국에서는 쌀, 기장, 섬유작물(纖維作物, fiber crop)이 생산되었다.

영구적인 정착이 가능할 정도로 충분한 양의 식량이 생산되었기 때문에, 초기 농업의 즉각적인 영향은 유랑생활의 종말이었다. 이로 인해 작은 마을이 건설되었고 사회적인 상호작용은 더 복잡하게 되었다. 이들 초기 정착의 정치적인 구조는 힘이 가장 센 사람이 정한 규칙에 근거하였다. 마을 간에 경쟁이 커지기 시작했고, 마을이 보유한 비축 식량은 다른 정착지 거주자나 유목 집단에게는 매력적이었다. 자신들을 보호하기 위한 성벽이 건설되고 지속적인 전쟁 위협은 방어를 위한 군대의 필요성을 유발하여 통치자의 힘을 강화시키게 되었다. 시간이 지남에 따라 마을은 작은 도시로 확대되고, 전쟁을 통해 도시 국가(都市國家, city-state)들은 통합되어 제국을 형성하였다(Gallion & Eisner 1975).

농업은 다방면에 영향을 미쳤다. 농기구의 발달과 동물의 사육으로, 각 농가는 자신들이 필요한 것보다 조금 더 많이 생산할 수 있었다. 이 잉여는 일부 가족 구성원이 농사와는 다른 일을 할 수 있게 했다. 손재주(craftsmanship)와 야금(冶金, metallurgy)이 향상되고, 재배 혁명이 가속화되었다. 드디어 집필과 사건의 기록이 발달하고, 도시 간 교역(상품과 지식 모두)이 시작되었으며, 바퀴와 항해와 같은 기술적인 혁신은 운송 능력을 향상시켰다(Gallion & Eisner 1975).

고대도시

이집트 문명(Egyptian civilization)은 피라미드(pyramid)와 기타 기념물(記念物, monument)의 건설과 함께 기원전 3000년경 절정에 달했다. 이집트인의 정주지(定住地, settlement)는 이들 기념물의 장대함을 전혀 반영하지 못했고, 도리어 초기 이집트 시민과 노예들은 허름한 숙소에서 산 것으로 보인다. 성벽이 마을을 둘러싸고 집은 안뜰(inner court)을 가진 몇 개의 작은 방으로 되어 있었다. 이들 집은 접근과 하수구 역할을 하는 좁은 길을 따라 직사각형 구역 안에 배치되었다(**그림 2-1**).

중동에서는, 일련의 초기 문명이 티그리스강과 유프라테스강을 따라 발생했다. 이집트와 마찬가지로, 지배자를 위해 궁전과 사원이 건설된 데 비해 대부분의 사람들은 2~3층 건물의 혼잡한 숙소에서 살았다. 성벽으로 에워싸인 도시인 바빌론(Babylon)은 해자(垓子, moat)가 둘러싸고 있었고, 도시 식생을 사용한 최초의 기록인 공중정원(Hanging Garden)을 품고 있었다(**그림 2-2**).

유럽에서는, 기원전 2,500년부터 기원전 1,400년까지 에게 문명(Aegean civilization)이 에게해(Aegean Sea)의 섬들에서 번성했다. 섬에 대한 접근의 어려움이 침략자들로부터 적절한 보호를 해주었기 때문에 도시는 성벽이 없이 건설될 수 있었다. 지배자의 궁전은 공중에게 개방되었고, 공중이 모이는 장소와 시장의 역할을 했다. 에게해 도시들은 매력적이었고, 섬의 기복이 심한 지형(rugged terrain)이 조화롭게 건설되었다.

고전시대(Hellenic Age) 고대 그리스 도시들은 민주적인

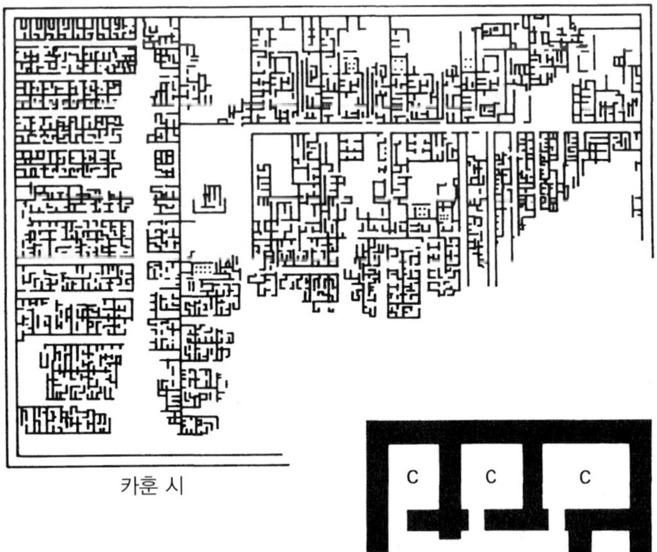

카훈 시

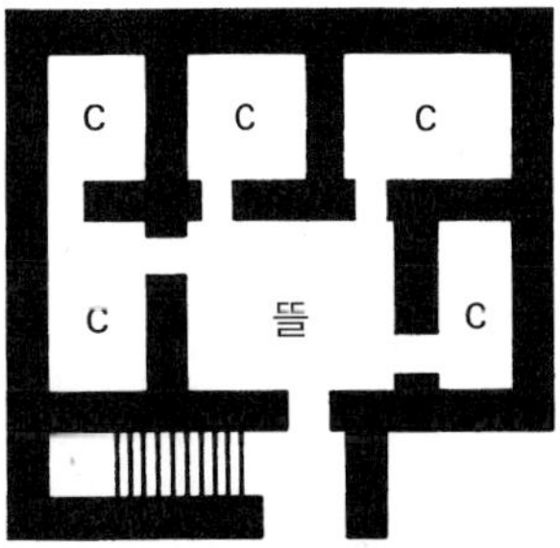

이집트인의 집 구조

그림 2-1 이집트 카훈(Kahun) 시는 기원전 3,000년경 일라훈(Illahun) 피라미드를 건설하기 위해 동원되었던 노예와 상인들을 위해 건설되었다. 집은 개방된 뜰 둘레에 작은 방을 붙여놓은 것이며, 침실과 거실은 지붕 위에 있었다(Gallion & Eisner 1975).

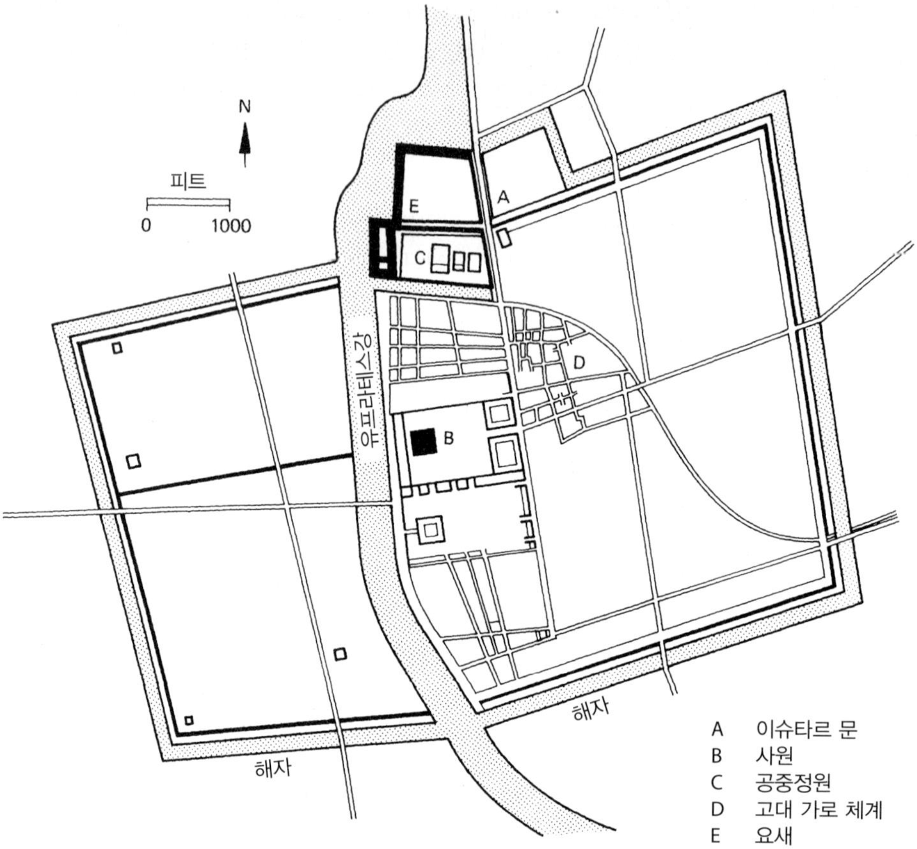

그림 2-2 기원전 6세기까지 바빌론은 다양한 계급이 사는 직사각형 가로 시스템과 공중정원을 비롯한 기념물들로 구성된 커다란 도시로 성장하였다(Gallion & Eisner 1975).

삶의 방식(way of life)이 발달했음을 보여준다. 이 시기는 기원전 1,200년부터 기원전 338년까지 지속되었고, 기원전 400년경 절정에 달했다. 아테네시는 많은 사원, 공공건물, 공공 시장, 정치적 집회 장소 등으로 구성된 그리스 문화(Greece culture)가 이룬 최고 수준을 보여준다. 아테네의 자유 시민(自由市民, free citizen)은 자신들의 정부에 대한 의무를 수용했고, 검소하게 살았으며, 자신들의 공공 사원과 건물을 자랑스럽게 생각했다(**그림 2-3**).

펠로폰네소스 전쟁(Peloponnesian Wars, 431~404 BC)과 정치적 부패로 인해 약화된 아테네는, 결국 알렉산더 대왕(Alexander the Great)의 군대에 굴복했다. 그러나 그리스 문화는 흡수되거나 사라지지 않고 자신들의 정복자에게 확산되어 헬레니즘 문명(Hellenistic civilization)을 탄생시켰다. 지중해(地中海, Mediterranean) 지역 전반에 걸쳐 그리스 건축과 사상은 알렉산드리아(Alexandria), 시라쿠사(Syracuse), 페르가몬(Pergamon)과 같은 대도시 발달에 영향을 주었다. 이들 도시에는 많은 공공건물과 기념물, 지배자와 부유층을 위한 정교한 집들이 있었다. 그러나 민주주의는 중단되고 가장 힘센 사람에 의해 지배되었다. 이 헬레니즘 문화는 기원전 338년부터 기원전 146년까지 지속되었다.

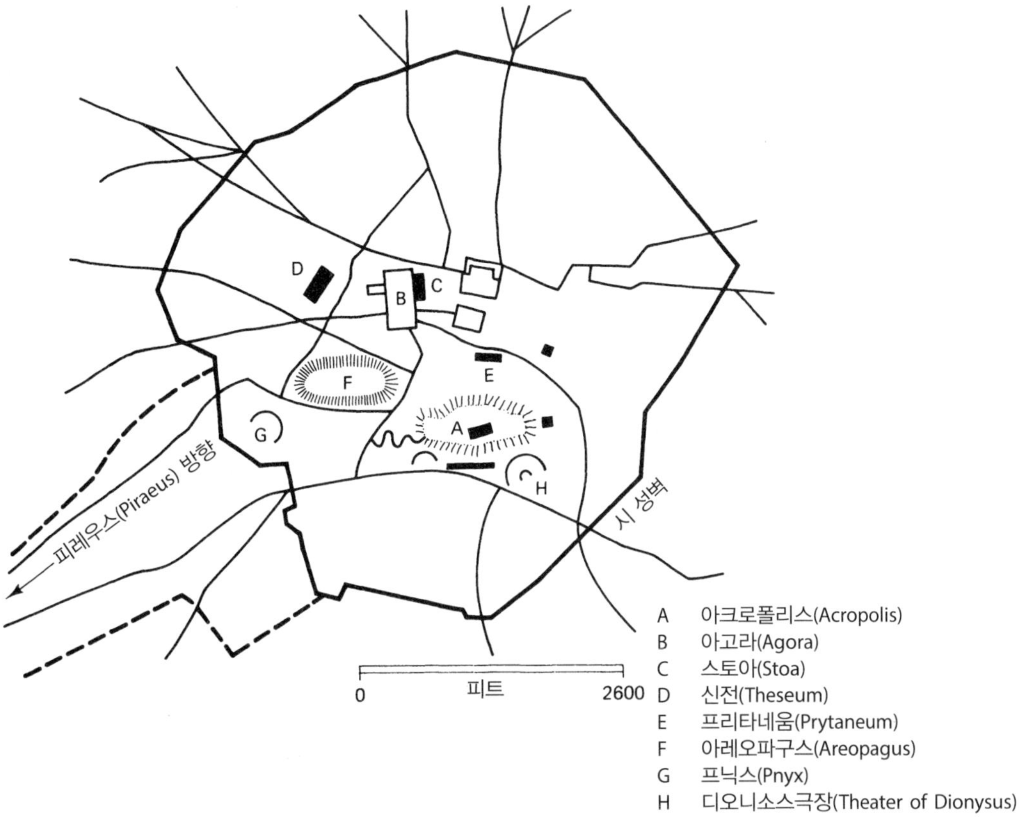

그림 2-3 기원전 400년경의 고대 아테네(Gallion & Eisner 1975).

헬레니즘 시대에 새로운 도시가 건설되고 있는 동안, 로마(Rome)가 기원전 300년에서 기원전 200년 사이에 하나의 문명으로 나타나기 시작했다. 로마 제국은 결국 대부분의 유럽과 지중해 지역을 정복했고, 로마 역시 그리스 문화와 건축의 많은 부분을 받아들였다. 로마의 도시들은 많은 공학적인 발전으로 그고 부유히게 성장했다. 고속도로, 수로(水路, aqueduct), 하수구(下水溝, sewer)가 거대 도시에 제공되었고, 엄청난 크기의 기념물과 공공건물이 건설되었다. 그러나 로마의 도시들은 점점 혼잡하게 되었고, 제국의 부는 도시 개량보다는 지도자를 위한 기념비 건설에 낭비되었다. 부유층 사람들은 도시로부터 화려한 별장(別莊, villa)으로 이사를 나갔지만 대부분의 사람들은 불결한 도시에서 살았다(Gallion & Eisner 1975).

문명은 고대 지구의 다른 쪽에서도 성장하고 쇠퇴했다. 아즈텍(Aztecs), 잉카(Incas), 마야(Mayans)가 미주 대륙에서 농업과 대도시 중심을 발달시켰다. 마찬가지로 아시아의 많은 지역에서도 문명이 제국과 도시 중심을 키우고 발달시켰다. 중국에서는 장안(長安, Chang'an)을 수도로 한 당나라(唐-, Tang dynasty; 서기 618~907)가 일반적으로 중국 문명의 정점으로 간주된다(**그림 2-4**). 당나라는 방대한 영도와 거대한 인구(약 5천만 명)를 바탕으로, 아시아 내부와 비단길(Silk Road)을 따라 많은 돈을 벌 수 있는 교역로를 지배할 수 있었다(Ebrey 1999). 또한 당나라는 한국, 일본, 월남 등과 같은 주변 국가에 강력한 문화적인 영향력을 행사했다.

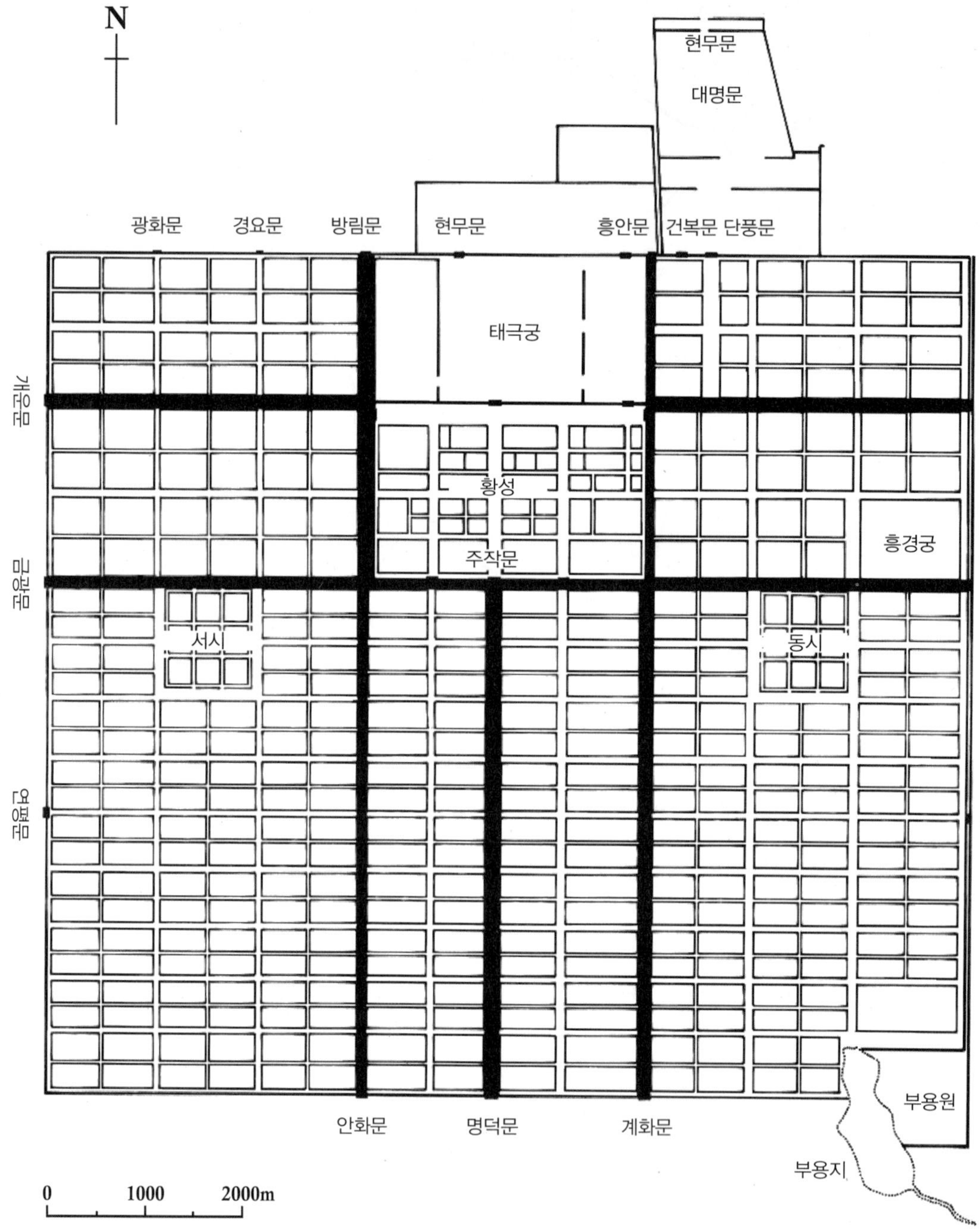

그림 2-4 당나라 시대 장안 시가지 복원도(Xiong 2000).

암흑시대

서기 500년에 이르러 로마 제국은 자신의 폭정과 부패의 무게로 무너지고 있었다. 서구문명의 전반적인 쇠퇴와 함께 암흑시대(暗黑時代, dark age)가 유럽에 퍼졌다. 중앙에 집중된 권력과 법의 강제력 약화로 도시 인구가 시골로 분산되어 도시는 크기와 영향력에서 위축되었다. 지속적인 도시국가(都市國家, city-state) 제도 대신 봉건제(封建制, feudal system)가 발달하여, 소작농(小作農, peasant)들이 영주(領主, lord)나 군주(君主, master) 주위에 모여 작은 지역사회를 형성하였다. 일부 소작농은 자유로웠지만 대부분은 영주에 대한 농노(農奴, serf)가 되어 영주의 땅에서 일하기 위해 영주에게 소작료를 지급하였다. 대신 영주는 침략으로부터 이들을 방어하고 해자 둘레에 보호 성벽을 제공하였다. 봉건제가 점점 더 포악해지자 시에서의 도시 생활이 다시 매력적이 되었고, 1100년경에는 스스로 재건된 도시 사이에 교역이 시작되었다(Gallion & Eisner 1975).

중세 도시

유럽이 암흑시대로부터 벗어남에 따라, 도시 생활은 상당히 향상되었다. 장인(匠人, craftsman)과 상인은 길드(guild)를 형성하여 경제력과 정치력을 두고 귀족에 도전하였다. 전형적인 중세 도시(Medieval town)는 성벽으로 둘러싸여 있고 성(城, castle), 시장, 교회를 포함하고 있었다. 나머지 도시들은 대개 상점과 개인 주거지로 이루어졌다. 중세 도시들은 작았고 여기 사는 사람들은 쉽게 시골에 접근할 수 있었다.

중세 도시에서의 생활은 쾌적하고 다채로웠다. 시장은 사람들로 가득 찼고 축제가 자주 열렸다. 도시의 물리적인 모습은 수수하게 아름다웠다. 이들 도시의 위치는 주로 자신들을 방어할 수 있는지에 따라 결정되었다. 전략적인 이유 때문에 언덕 꼭대기나 쉽게 방어할 수 있는 곳이 선택되었지만, 이들 지역은 또한 미적으로 보기 좋은 도시 배치를 제공하였고 건물은 경관 형성과 조화롭게 건설되었다. 가로는 좁았고, 집은 연결되었으며, 집 뒤의 작은 뜰은 정원과 가축을 위한 공간을 제공했다(**그림 2-5**).

중세시대

중상주의(重商主義, mercantilism)의 발달은 중세 도시의 종말을 가져왔다. 유럽의 도시 수는 중세시대(中世時代, Middle Age) 동안 급격하게 증가하였지만, 대부분의 도시는 성벽이 에워싸고 있어서 작게 유지되었다. 그러나 14세기에는 플로렌스(Florence)의 인구가 30,000명에 이르고 파리(Paris)는 240,000명으로 성장하였다.

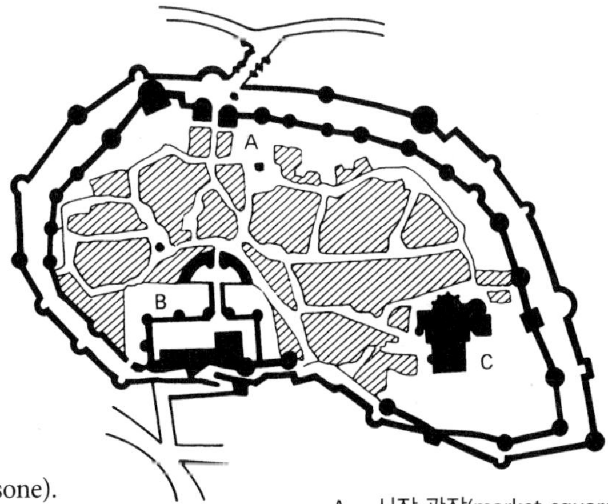

그림 2-5 13세기경 중세 도시 카르카손(Carcassone). 다른 중세 도시처럼 카르카손은 보호를 위해 성벽으로 둘러싸여 있다(Gallion & Eisner 1975).

A 시장 광장(market square)
B 성(castle)
C 생 나제르(St. Nazaire) 성당

봉건영주와 길드의 힘은 쇠락하는 반면, 상인과 토지 소유자의 힘은 강해졌다. 도시들은 번잡해졌고, 정원 공간은 건물로 바뀌었다. 더 많은 사람들이 도시 성벽 뒤로 밀려듦에 따라 주택에 2층이 추가되고 다른 건물은 길 위로 뻗어 나오게 되었다. 주민들의 삶의 질은 과도한 혼잡과 불량한 하수구 설비로 인해 악화되었다. 흑사병(黑死病, plague)이 유럽 전역을 휩쓸면서 번잡한 도시에서 사는 사람들에게 가중한 부담을 안겨 주었다.

14세기에 화약이 들어오면서 더 큰 군대와 도시 주위에 더 강한 요새의 필요성이 대두되었다. 새롭고, 더 강하며, 더 정교한 요새가 건설되었는데, 이들은 대부분의 도시 거주자들이 시골로 접근하는 것을 효과적으로 차단했다. 시 성벽 인접 지역은 보호를 위해 깨끗하게 정리되어 "중간지대(no-man's land)"가 되었다(Gallion & Eisner 1975).

르네상스 시대

힘이 군주(君主, monarch)에로 통합되고 장거리포(長距離砲, long-range artillery)가 발달되면서 성벽으로 둘러싸인 도시의 종말이 예견되기 시작했다. 예술과 과학이 확대되고 유럽 도시에 기념비적 건축물을 도입하려는 욕구가 팽배했다. 장벽이 제거되자 도시는 빠르게 확대되었고, 바로크 시대(baroque period)에는 정원, 공원 오픈 스페이스가 관행이었다. 부자들을 위한 새로운 집이 지어졌고, 넓은 가로수길(avenue)은 새로운 성당과 공공건물에 대한 접근을 용이하게 했다(**그림 2-6**). 도시에 대한 이러한 변화에도 불구하고 대부분의 주민들은 가난하고 비참한 여건에서 살았다(Gallion & Eisner 1975).

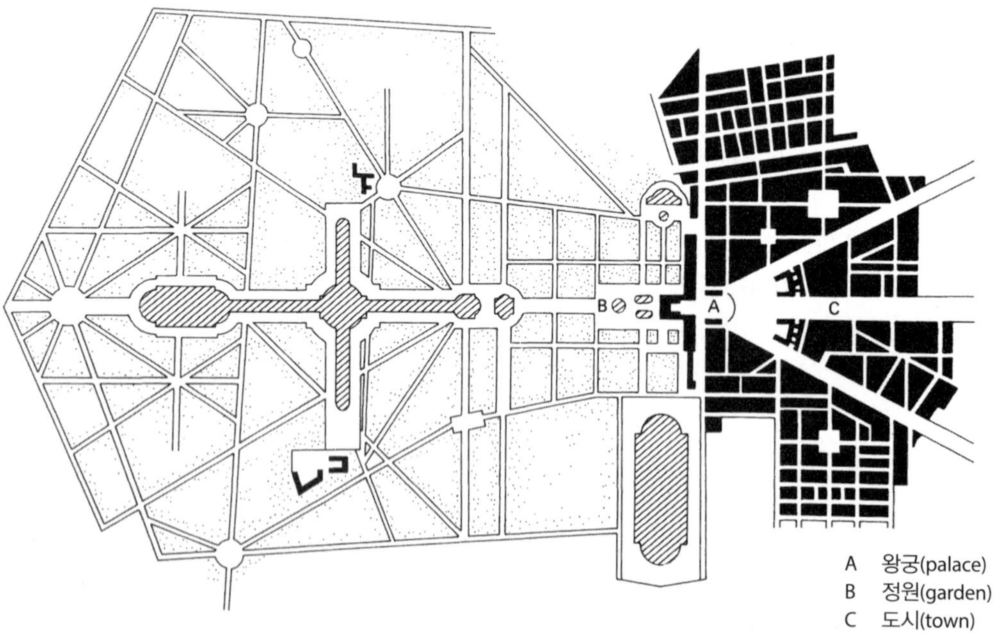

그림 2-6 바로크식 도시인 베르사유(Versailles)는 18세기 다른 유럽 도시의 모델이 되었다(Gallion & Eisner 1975).

초기의 미국 촌락

신세계(新世界, the New World)로의 식민지 확대로 북아메리카(North America) 동해안을 따라 작은 정착촌(定着村, settlement)이 생겼다. 뉴잉글랜드(New England)의 초기 마을은 마을 공유지(town common), 마을 사무소(town hall), 상업지구, 마을 주변 토지를 경작하는 이민자들의 집으로 구성되었다. 이들 정착촌은 대부분이 요새 없이 건설되었고 주로 상업중심지 역할을 했다(Gallion & Eisner 1975).

산업혁명

산업혁명(產業革命, Industrial Revolution) 이전에는 대부분의 유럽 인구는 부유한 토지 소유자의 땅을 경작하는 소작농(小作農, tenant farmer)으로 구성되어 있었다. 분명하게도, 일부 도시 중심이 커졌지만 농업은 도시 인구의 대부분을 먹여 살리기에 충분한 식량을 생산하지 못했다. 식량을 재배하고 가공하기 위한 주된 에너지원은 사람과 동물의 근육이었고, 부분적으로 수력과 풍력이 이용되었다.

르네상스 시대 이후 과학의 거대한 자각이 대부분의 유럽에 걸쳐 일어났다. 과학적 발견의 속도는 가속화되었고, 새로운 지식은 급속한 기술 발전에 연료를 공급했다. 18세기 중엽에는, 발전된 금속학(金屬學, metallurgy)과 증기기관(蒸氣機關, steam engine)은 산업혁명을 선도하였다.

공장은 값싼 상품을 대량으로 생산했고, 증기 기관차(蒸氣機關車, locomotive)는 원재료(原材料, raw materials)와 최종 상품을 이동시켰으며, 농업은 기계화되었고, 공중 보건(公衆保健, public health)과 위생(衛生, sanitation)의 향상은 도시가 더 많은 인구를 수용할 수 있게 했다. 농업의 기계화는 농업 경제의 노동에 대한 수요를 감소시킨 반면, 도시의 새로운 공장은 산업 기계를 운전하기 위해 노동력을 요구하게 되었다. 시골은 인구가 감소하는 데 비해 도시 중심은 적절한 서비스를 제공하기 위한 도시 기반시설(都市基盤施設, urban infrastructure) 능력보다 더 빠른 속도로 인구가 증가하였다. 도시는 초만원이 되었으며, 음울하고, 산업 폐기물로 오염되었다. 인류 역사상 처음으로 많은 인구가 자연으로부터 떨어져서 살았다(**그림 2-7**).

그림 2-7 19세기 산업도시 모습 (Hardie 1950).

산업혁명이 미국에 도달하는데 약 100년이 걸렸다. 1850년, 대부분의 미국인은 농부였고, 도시에 사는 인구는 20% 미만이었다. 1920년 인구의 50%가 도시에 살았고, 이들은 과거의 농부 가족과 새로이 도착한 이민자들로 구성되었다. 오늘날, 인구의 3% 미만이 식량 생산에 종사하고 있고, 80%가 넘는 미국인이 기능적으로 도시인으로 분류될 수 있다.

미국 도시의 공간적 발달

교통(交通, transportation)은 도시의 입지와 도시 내 토지이용의 공간적 양식(樣式, pattern) 모두에서 핵심이다. 신세계에서의 식민지 정착 시기에 주된 교통수단(mode of transportation)은 물이었다. 마을은 자연적인 항구와 항해 가능한 수로(水路, waterway)를 따라 자리 잡았다. 육상교통은 보행과 말이나 마차를 타는 것으로 제한되었다. 그래서 마을과 도시는 사람들이 상점과 직장에 가까운 곳에 살면서 밀집되었다. 도시는 작았고 길은 좁았으며, 주민들은 주위를 둘러싸고 있는 시골에 쉽게 접근할 수 있었다(**그림 2-8A**).

19세기 중반 산업혁명의 유입은 미국의 도시에 유럽 도시에서 발견되었던 것과 같은 과밀과 공해 문제를 유발하였다. 그러나 미국에서는, 도시들을 연결시키는 철로와 트롤리(trolley)가 새로이 출현한 엘리트 산업 계층(産業階層, industrial class)에게 산업화로 인한 불결함과 공해로부터 새로운 교외의 더 살기 좋은 곳으로 탈출할 수 있는 수단을 제공했다. 도심은 공장과 이주 노동자를 위한 관련 주택으로 가득 찼다. 교외 지역사회는 철도 노선을 따라 역을 중심으로 나타났고, 트롤리 통로를 따라 사람이 사는 띠(strand)가 발달하였다(**그림 2-8B**).

교외 난개발(亂開發, sprawl)의 첫 파도는 1920년대에 도시에 대한 부정적인 사회 태도(social attitude)가 확산되면서 발생했다. 독신가족(獨身家族, single family) 거주와 오픈 스페이스 요구가 중산층(中產層, middle class)의 사회적인 규범이었다. 사람들은 기차역과 트롤리 노선에서 도보권(徒步圈, walking distance)에 살았기 때문에, 교외 지역사회의 크기는 제한되었다.

1920년대 미국 도시의 공간적인 양식은 인구가 조밀한 큰 도시 마디(node)를 작고 인구 밀도가 낮은 교외 마디가 둘러싸고 있는 형태였다. 이들 마디는 트롤리 노선을 따라 사람이 사는 띠에 의해 연결되었다. 마디와 띠 사이는 수림지와 농장으로 된 시골이 있고 이들 모두는 새로운 교외 거주자와 일부 도시 거주자의 접근 가능 범위 내에 있었다(**그림 2-8C**).

제2차 세계대전(World War II)이 끝나갈 무렵, 자동차가 미국 도시의 모습을 바꾸기 시작했다. 전쟁에서 돌아온 수백만 명의 군인들이 결혼, 구직, 교외 주택에서의 정착 등의 기회를 찾았다. 제2차 세계대전 후의 분양 토지(分讓土地, subdivision)는 자동차 덕분에 오래되고 고정된 대중교통(大衆交通, mass transportation) 노선에 더 이상 얽매이지 않았다. 오래된 교통 통로 사이에 위치한 실질적인 녹지공간은 도심에 쉽게(자동차로) 접근할 수 있는 거리 안에 있었다. 따라서 개발업자들이 주택용 토지를 찾기 시작하면서 새로운 분양 토지는 이들 지역으로 빠르게 퍼져갔다. 토지 수요가 가격을 상승시키고, 건축업자는 더 싼 땅을 찾아 도심으로부터 더 멀리 나감에 따라, 이러한 개발은 전형적으로 전 경관에 걸쳐 소위 사방치기 놀이 패턴(hopscotch pattern, 두 사각형을 모자이크 형태로 붙이는 것—역자 주)이 발생한다. 결국, 남은 오픈 스페이스는 더 많은 주택, 상점가, 새로운 공장으로 채워졌다(**그림 2-8D**).

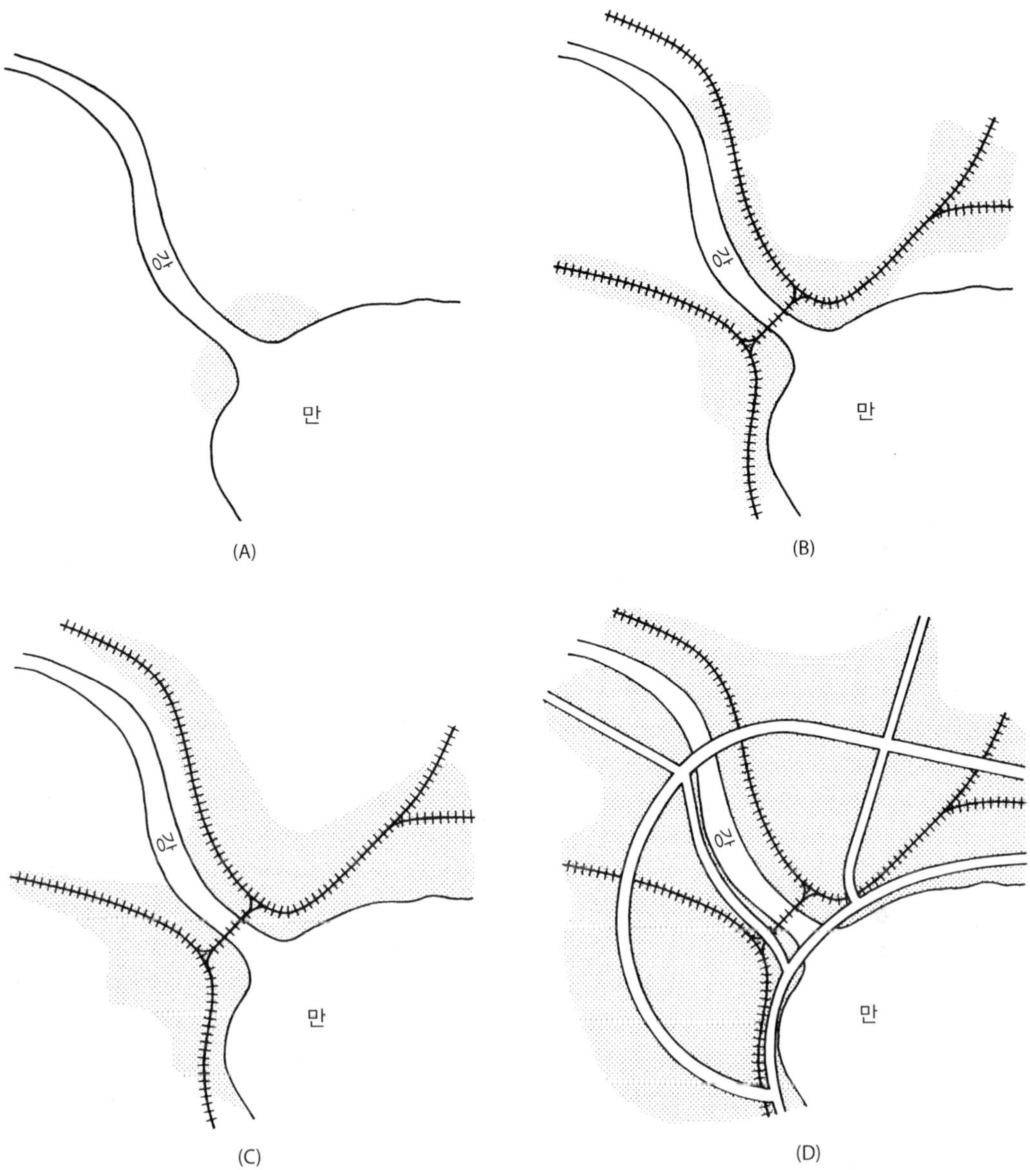

그림 2-8 미국 도시의 진화는 교통수단에 의해 크게 영향을 받았다. (A) 식민지 도시들은 도보와 말을 이용한 이동의 편의를 위해 밀집되었고, 수로나 만에 위치했다. (B) 산업혁명은 철도와 트롤리 길을 따라 도시가 마디(node)와 띠(strand) 형태로 확산되었다. (C) 자동차는 기동성을 더욱 향상시켜 마디와 띠 사이의 오픈 스페이스가 채워지기 시작했다. (D) 교통 체증을 완화하기 위해 건설된 프리웨이(freeway)는 사실상 미국 인구를 고밀도 도시 거주지에서 저밀도 교외 주택으로 이동시키는 것을 촉진하였다.

개인용 이동수단이 매력적이었고, 새롭고 밀도가 낮은 개발지에는 대중교통 서비스가 원활하지 못하였기 때문에 새로운 교외 거주자들은 대중교통을 버리고 자동차를 이용했다. 1950년대 중반에는 대부분의 미국 도시에서 교통 혼잡이 위기 수준에 이르렀다.

프리웨이 도시

1956년, 미국 의회는 미국 내 방대한 주간(州間, interstate) 고속도로 시스템의 건설을 승인했다. 최초 계획은 국가 방위를 목적으로 전국에 걸쳐 36,000마일의 프리웨이(freeway)를 건설하는 것이었다. 이 고속도로의 원래 의도는 도시를 관통하는 것이 아니라 접근하는 것이었다. 한편 교통 혼잡과 싸우고 있던 도시 정부는 그 문제를 해결하기에는 재정적으로 어려움이 많았다. 이에 따라 도시 지역구와 도시화된 주 출신의 의회 구성원들은 연방이 지원하도록 압력을 가하였고, 의회는 주간 시스템을 도심까지 연장하는데 연방 자금을 사용할 수 있도록 승인했다.

불행하게도, 도시의 주간 고속도로의 효용은 예기치 못한 결과를 가져왔다. 사실, 이 도로가 도시 중심으로의 접근을 용이하게 했지만, 이로 인한 이동의 용이와 속도는 더 많은 사람들이 교외로 떠나는 것을 촉진시키기도 했다. 이렇게 쉽게 접근할 수 있는 도시에서의 경제적인 기회가 늘어남에 따라 남부와 다른 나라 출신의 저소득 소수자들이 도심으로 이주하였다. 인종적 편견(racial prejudice)은 백인들의 교외로의 탈출을 가속화시켰고, 이로 인한 부동산 가치 하락은 도시 정부를 파산시켰다. 도시가 붕괴하는 동안 교외는 번성하였다.

미국의 인구가 늘어남에 따라, 교외의 주택단지도 더 크게 늘어났다. 도시의 고밀도 주택으로부터 교외의 저밀도 주택으로의 변화는 전례를 찾아보기 어려울 정도의 난개발을 초래하였다. 매사추세츠주 스프링필드(Springfield)에서, 표준 광역도시 통계지구(標準大都市統計地區, SMSA/Standard Metropolitan Statistical Area)의 인구가 1950년부터 1965년까지 18%가 증가하였다. 같은 기간 동안, 도시 목적을 위해 이용된 토지의 면적이 136%나 증가하였다(Lindsay 1972). 위스콘신주(밀워키 SMSA 포함)의 남동지역 7개 카운티는 인구가 1950년부터 1970년까지 42% 증가한 반면, 도시 용도로 할애된 토지는 216% 증가하였다(League of Women Voters of Wisconsin 1975).

비슷한 연구에서, LaGro(1994)는 뉴욕주 남동지역 비 대도시 카운티에 대한 지리정보분석을 통한 토지 이용에서, 도시용으로 결정된 토지는 1968년 6.7%에서 1985년에는 17.8%로 증가하였다. 이러한 도시 토지이용의 증가는 인구증가보다 8배 더 빠른 것이었다. "도시 패치(patch, 분리된 거주 집단—역자 주) 또는 연속된 도시 지역의 수는 936개에서 829개로 감소한 반면, 도시 패치의 크기는 9.4헥타르에서 25.4헥타르로 증가하였다."

교외에서 오픈 스페이스가 사라지게 되자 교외 거주자는 자신의 뜰에 가지고 있는 것에 만족해야 했다. 최소의 토지 이용 계획이 실행되었고, 항상 그랬듯이 계획은 너무 부족하고 너무 늦었다. 교외 거주자들은 적어도 시골로 도피할 수 있는 기회가 있었지만, 도심 거주자들은 자연으로부터 사실상 단절되는 결과를 가져왔다. 도시 내 또는 인근의 남은 녹지공간은 사라지거나 사회의 바람직하지 못한 요소로 버려졌고, 교외 공원으로의 대중교통은 사실상 존재하지 않았다.

첨단기술 정보화 시대

1960년대 중후반과 1970년대 초, 미국 도시들은 쇠퇴기의 바닥에 도달했다. 부자들은 시 정부가 감소하는 재산세(財産稅, property tax) 수입에 연명하도록 내버려둔 채 도심을 버리고 교외로 나갔다. 인종간의 불평등(racial inequality)으로 인해 촉발된 폭동(暴動, riot)으로 대도시 중심에서 많은 사람이 죽었다. 도시의 중심은 그 특징을 감소하는 인구, 열악한 교통, 오염, 높아가는 소음 수준, 황폐화된 이웃, 범죄, 파산된 지자체 정부 등으로 묘사할 수 있었다.

연방정부는 제2차 세계대전 이후 도시의 주택과 상업 중심지를 향상시키기 위해 많은 프로그램을 추진했지만 이들 프로그램이 상황을 개선시키기보다 오히려 악화시킬 것이라고 주장하는 사람들뿐이었다. 너무나 빈번하게도, 좋은 주택은 나쁜 주택과 마찬가지로 파괴되었고, 저소득 주택 프로젝트는 가난한 사람들의 인구밀도를 높여 사회문제를 악화시켰다.

당분간, 도시 계획가들은 서로 인접한 도시들이 합쳐져서 거대한 도시 집단이 되기 전에는 교외의 난개발은 멈추지 않을 것이라고 예측했다. 이에 따라 보스턴으로부터 워싱턴 DC까지의 도시 통로는 Bos-Wash로, 시카고에서 피츠버그까지는 Chi-Pitts로, 샌디에이고에서 샌프란시스코까지는 San-San으로 각각 명명되었다. 이들 지역은 전체가 도시화되어 교통 통로 연결이 완료된 것처럼 보였지만, 이 통로 바깥에는 개발되지 않은 토지가 남아 있었다. 예를 들면, 1970년 당시 Bos-Wash의 북동쪽 끝이 포함된 남부 뉴잉글랜드는 도시가 9%이고 65%가 산림으로 남아 있었다(Smith 1970).

도시 지역 내에서 예상된 시들의 연결은 현실화되지 않았고 앞으로도 그렇게 되지 않을 것으로 보인다. 그 이유는 1950년대 말과 1960년대 초에 시작된 사회경제적 변화에 근거를 두고 있다. 미국은 20세기 전반 동안 산업국가로서의 정점에 도달했다. 1956년, 처음으로 화이트칼라(white collar) 직업의 노동자 수가 블루칼라(blue collar) 작업자 수를 초과하였다. 이후 30년 동안, 고용은 화이트칼라 직업으로의 전환이 느리지만 가속화되었고, 노동자의 대부분은 경공업적인 고용에 종사했다(Naisbitt 1984). 자동화와 컴퓨터 도입과 같은 기술적인 혁신은 블루칼라 노동자의 수요는 감소시키고 화이트칼라 노동자에 대한 수요는 증가시키는 결과를 가져왔다. 오늘날, 새로운 정보와 첨단 기술에 의존하는 산업은 더 이상 대도시 중심의 기반시설에 얽매일 필요가 없이, 작은 도시와 주변의 교외에서 운영하고 자신들이 필요한 모든 자산에 접근할 수 있다. 비슷한 경향은 서유럽의 여러 곳에서 빌생했다. 예를 들면, 독일에서는 많은 대도시, 특히 제조 중심지의 인구밀도가 도심(都心, urban core) 내에서 감소하는 것을 경험했다. 이러한 감소는 전례 없는 도시 난개발 기간과 일치하였다.

미국 도시의 미래

미국 통계국(美國統計局, US Census Bureau 2012)에 의하면, “두 유형의 도시 지역이 있다: 인구 50,000명 이상의 ‘도시화 지역(urbanized area)’과 최저 2,500명에서 50,000명 미만의 ‘도시 클러스터(urban cluster)’. 전국적으로 486개의 도시화 지역과 3,078개의 도시 클러스터가 있다.

프리웨이의 교통 혼잡 증가는 많은 거주자들이 교외에 살면서 도시에서 일하는 것과 관련된 통근비용을 재평가하게 되었다. 구조가 튼튼한 주택이 있는 오래된 도시 주택 지구는 시내로의 회귀를 탐색하는 사람들에 의해 새롭게 수리되고 있다. 교외로 이사했던 회사의 본사는 처음 생각했던 것보다 다른 회사의 본사 가까이 인접하여 위치하는 것이 더 바람직하다는 것을 알게 되었다. 공공과 개인 자본은 다시 도심에 투자되고 있고, 이러한 추세는 계속될 것이다.

그렇다면 미래의 미국 도시는 어떤 모습일까? 무엇보다도 미래의 미국 도시는, 도시 지역이 훨씬 더 클 것이라는 것 외, 아마도 오늘날의 도시와 매우 흡사할 것으로 보인다. 사람들이 근무지에 더 가까이에 있고 싶어 하고 도시의 편리성을 추구하기 때문에 중산층의 오래되고 새로운 도시 거주지로의 역류는 지속될 것이다. 이는 세금 부과기준이 되는 부동산 가격이 상승하기 때문에 도시 정부의 재정 상태를 개선시킬 것이다.

많은 산업이 산업화의 초기 단계에 있는 지구상의 다른 지역으로 옮아감에 따라 도시 고용의 특성이 바뀌었다. 대중교통은 새로운 고소득 도시 거주자들이 더 좋은 서비스를 요구하기 때문에 향상될 가능성이 높다. 저밀도 교외 삶으로 인한 비용이 계속 증가하여 교외의 매력이 감소하기 때문에 교외 성장은 쇠퇴할 가능성이 있다.

미국 도시의 부활은 더 높은 도시의 쾌적성 요구를 가져올 것이다. 이들 중에는 더 많은 오픈 스페이스, 공원, 더 매력적인 도시 경관에 대한 요구가 높아질 것이다. 오늘날, 도시 식생은 도시 거주자들에 의해 존중되고, 이들 식생의 관리는 도시 정부가 높은 우선순위를 부여할 것이다. 더 푸른 도시, 녹색 인프라(green infrastructure), 지속가능성(持續可能性, sustainability), 환경의 질(environmental quality)과 같은 개념이 도시 삶의 쾌적성으로 고려되는 것에 커다란 영향을 미치고 있다.

교외의 낮은 인구밀도는 주민들이 개인적인 경관을 조성하기에 충분한 공간을 제공한다. 이 식생이 나이가 들어감에 따라, 성숙한 경관을 유지 관리하기 위한 서비스 수요가 증가할 것이다. 남은 개인 오픈 스페이스가 다른 용도로 개발됨에 따라 공공 기관은 공적인 공간에 더 많은 관심을 갖게 될 것이다. 토지 필지들이 완전히 구매되거나 지역권이나 지구계획에 의해 보호됨에 따라 오픈 스페이스의 보존은 더 높은 우선순위가 주어질 것이다.

지속가능성과 기후 변화

예상되는 인구 증가와 함께 미국 도시의 난개발은 토지 이용의 위기를 초래했다. "광역도시(metropolitan)"라고 생각되는 도시의 인구 비율은 1960년과 1990년 사이에 65.9%에서 80%로 증가했다(Haeuber 1999). 이와 같은 기간 동안, 도심의 인구는 154.2% 증가한 반면, 교외는 71.1% 증가했다(Platt 1996). 2000년에서 2050년 사이 도시 면적은 3.1%에서 8.1%로 증가할 것으로 예상되는데, 이는 몬태나(Montana)주보다 더 넓은 면적이다. 이러한 성장은 약 118,300 km^2(45,676제곱마일)의 임지를 파괴할 것이며, 이는 펜실베이니아(Pennsylvania)주 면적과 같은 크기다(Nowak & Walton 2005).

과거와 앞으로의 성장은 좀 더 나은 토지 이용 계획 수립의 필요성과 더 지속가능한 도시를 조성할 필요성을 더욱 절박하게 만든다. 스마트 성장(Smart Growth) 발의는 더 효율적인 토지 이용, 더 나은 난개발 관리, 도시의 보다 높은 지속성 등을 위해 많은 주에서 채택되었다(Haeuber 1999). 제8장에서 토지이용 계획을 광범위하게 다룰 예정이다.

확실히 기후변화(氣候變化, climate change)는 탄소 배출을 완화하기 위해, 변화하는 기후에 당면하여, 수종 선정 과정과 같은 도시 식생의 필요성과 목적에 영향을 줄 것이다. Nowak & Crane(2002)은 미국 내 도시 교목은 매년 22.8백만 톤의 탄소를 격리시키고, 총 7.7억 톤의 탄소를 저장할 것이라고 추정하였다. 도시 열섬(熱-, heat island)의 온도를 낮추는 교목과 기타 식생의 능력은 또한 건물과 주택을 냉각시키는 데 필요한 에너지 수요를 감소시켜 탄소 배출을 줄인다.

다른 나라 도시의 공간적 발달

유럽 도시

유럽 도시들은 산업화와 난개발 압력에 대해 미국 도시와 다르게 반응했다. 초기 과도한 산업화 이후, 영국의 도시들은 도시 주위에 그린벨트 설치, 토지 이용 규제, 도심 바깥의 위성 지역사회 개발 등으로 토지 이용과 크기를 통제하는 데 강력한 노력을 기울였다. 이들 새로운 지역사회의 대부분은 처음에는 주거, 상업, 산업용으로 개발 가능한 토지를 가진 자급자족(self-sufficient)이 가능하도록 설계되었다. 산업화가 유럽 전역으로 확산됨에 따라 비슷한 도시 개발 패턴이 발생했다. 유럽 도시들은 토지를 효과적으로 이용하는 경향이 있어서, 대량수송(大量輸送, mass transit)을 활용하고 토지 이용과 도시 개발에 대한 강한 통제를 실시했다. 이에 따라 도심의 크기가 제한되었고, 도시 주민들이 그린벨트 숲과 다른 미개발 토지에 접근할 수 있게 했다. 그러나 서유럽의 일부, 예를 들면 독일의 경우, 많은 대도시는 20세기 후반과 21세기에 접어드는 동안에 도심 내 인구밀도가 감소하는 것을 경험했다. 이러한 감소는 역사적으로 토지이용의 경직적인 통제 시스템이었던 도시 난개발이 전례 없이 일어난 시기와 일치한다.

아시아 도시

인도는 경제와 인구가 급속하게 팽창함에 따라 도시는 도시 지역에서 직업을 찾는 시골 사람들로 넘치게 되었다. 중산층의 증가도 미국의 교외 성장과 다르지 않게 주택 개발에 대한 수요를 증가시켰다. 인도 남부 카르나타카주의 방갈로르(Bangalore)는 빠른 성장을 경험하면서 교목의 70% 이상이 직경 15 cm 미만인 상대적으로 어린 도시 숲을 가지고 있다(Sudha & Ravindranath 2000).

중국의 정책 입안자와 과학자들은 도시 임업이 중국의 도시에서 생활과 작업 여건을 향상시키는 중요한 전략으로 보았다. 2003년 *Journal of Chinese Urban Forestry*라는 연구 저널을 만들었고, 현재 몇몇 중국 대학교가 도시 임학에 관한 교육 프로그램을 제시하고 있다(Jiang 2003). 아마도, 수목관리와 도시 숲 관리에 관한 연구와 업무는 도시 인구가 빠르고 진례 없이 증가하는 곳에서는 전문분야로 계속 성장할 것이다. 중국의 인구 억제 정책은 전반적인 인구 증가를 크게 감소시켰지만 시골로부터 도시로의 이동은, 특히 정부가 국내 이주 통제를 완화함에 따라, 과거 몇십 년에 걸쳐 빠른 도시 성장으로 이어졌다.

중국과 동남아시아는 1950년 이래 빠른 도시화를 경험했다. 이 지역의 도시화율(총 인구 대비 도시인구 비율)은 1950년 16.1%에서 2005년 44.7%로 상승했다. 이 율은 2025년까지 59.6%, 2050년까지 74.3%에 이를 것으로 예상된다. 이 숫자는 중국과 동남아시아가 농촌 사회에서 도시 사회로 전환되는 단계에 있음을 나타낸다(Oizumi 2009).

가까운 과거에 상하이와 방콕과 같은 주요 도시들은 생산성이 높은 저임금 노동의 대량 잉여와 외국으로부터의 자본 투자와 같은 경제 발전에 도움이 되는 환경을 조성했다. 이제 이들 주요 도시들은 주변 지역을 포함하는 "광역경제권(mega-region)"으로 진화하고 있다. 이들은 또한 점점 금융과 전기통신(電氣通信, telecommunication)과 같은 서비스 산업에 특화되고 있다. 그러나 전국적인 출생률 하락과 시골 지역의 고령인구 증가로, 생산연령인구(productive age population)의 증가율이 감소할 것으로 예상되고, 이는 경제적인 생산성을 감소시키고 노령 인구를 부양하기 위한 정부의 지출을 증가시킬 것이다(Oizumi 2009).

중남미

지금의 멕시코시티(Mexico City)는 매우 다른 두 문명에 의해 발달되었다: 처음에는 인구 약 300,000명을 가진 아즈텍(Aztec) 문명의 수도였고(Deloya 1993), 뒤이어 뉴스페인(New Spain)이라고 불리는 스페인 식민지 수도로 깅제로 덜바꿈되었다. 두 문명은 공원, 성원, 교복이 늘어선 대로(boulevard)로 가득 찬 도시 경관을 발달시켰고, 이러한 전통은 1824년 멕시코가 독립이 되고 난 후에도 계속되었다. 멕시코의 수도인 오늘날의 멕시코시티 상황은 20백만 이상의 인구를 가진 대도시이다(Baumgardner 등 2012). 20세기 후반 동안의 급속한 인구증가는 이 도시 내 녹색공간의 크기를 총 광역지역의 2.2%로 감소시켰다. 부유한 주민들을 위한 토지 개발계획에는 녹색공간이 포함되었지만, 가난한 사람들의 교외는 공원이나 가로수를 거의 담고 있지 않았다. 멕시코시티 거대도시의 근교 도시(近郊都市, peri-urban) 숲은 대기오염물질인 일산화탄소(CO), 오존(O_3), 미세먼지(PM10)를 각각 0.02%, 1%, 2% 감소시킴으로써 대기 질(大氣質, air quality)을 향상시킨다(Baumgardner 등 2012).

라틴아메리카는 세계에서 가장 도시화된 지역이다(Rodgers 등 2011). 이 지역은 21세기 초에 총 인구의 3/4이 넘는 사람이 도시에 살고 있는 데 비해, 아프리카와 아시아는 2000년에 인구의 36%와 37%만이 도시 거주자였다. 이들 지역의 동시대 도시 여건은 산업화와 시골 지역의 자본주의적 생산양식(capitalist mode of production)의 도입 등 20세기 발전의 결과 바로 그것이다. 중남미, 특히 도시 지역이 빠르게 확대되는 곳에서는 도시 임업과 수목관리 분야가 확대되는 매우 좋은 기회가 되었다.

개발도상국의 도시

인구 증가율은 대부분의 개발도상국(開發途上國, developing country), 특히 시골 지역에서 매우 높다. 시골 지역에서 적절한 경제적인 기회가 없으면, 잉여 인구는 스스로를 부양할 수단을 찾지 못하기 때문에 결국 도심으로 이주한다. 세계적으로 개발도상국의 많은 도시들은 지금 도시 외곽에 불법 거주자 집단을 이루고 있는 새로운 거주자들로 인해 엄청난 인구를 부양하고 있다. 이들 새로운 집단들은 종종 충분한 물, 하수 처리시설, 기타 기본적인 도시 서비스를 받지 못하고, 일반적으로 공원이나 기타 녹색 공간을 위한 땅이 거의 없다. 오늘날, 세계적으로 도시를 둘러싸고 있는 외곽의 개발되지 않은 지역에 사는 사람이 약 10억 명에 이른다. 이들 중 9.3억 명인 거의 대부분은 개발도상국에 살고 있으며, 이들은 도시 인구의 42%를 차지하고 있다. 최빈국(LDCs, Least Developed Countries)의 도시 지역에는 슬럼 거주자(slum dweller)가 전체 인구의 78%를 차지한다. 슬럼 거주자의 비율은 사하라 사막 이남의 아프리카(sub-Saharan Africa; 도시 인구의 72%)와 남아시아(Southern Asia; 59%)에서 특히 높다(UN-Habitat 2007).

대부분 선진국에 한정되었던 20세기 초의 도시화와는 달리, 지금은 최빈국에서 도시화율이 가장 빠르게 진행되고 있고, 나머지 개발도상국이 뒤를 잇고 있다(UN-Habitat 2011).

그림 2-9 고대 이집트에서 이식을 위한 교목의 운반(Hennebo 1979).

도시 교목의 역사

교목의 초기 이용

교목은 아마 도시가 처음 발달하면서부터 도시의 일부가 되어왔을 것이다. 농업으로 인해 처음으로 영구적으로 정착하게 되었기 때문에, 식량을 위해 재배되는 교목을 포함하여 순화된(domesticated) 식물이 공동체의 일부가 되는 것은 당연하다. 초기 이집트인들은 이미 4,000년 이전에 흙이 부착된 근분으로 이식되는 교목을 묘사했다(Chadwick 1971, **그림 2-9**). 교목은 그늘과 아름다움으로 평가되었고, 성직자와 통치자를 위한 신전과 궁전 주변의 정원에 식재되었다. 이러한 용도와 함께, 대부분의 교목은 이들의 실용적 가치(實用的價値, utilitarian value; 과실)와 아름다움으로 선택되었을 가능성이 높다. 바빌론의 공중정원은 수많은 고대 문헌에 기술되어 있다(그림 2-2). 13세기 중국에서는, 쿠빌라이 칸(Kublai Khan)이 그늘과 겨울철 눈이 도로를 뒤덮을 때 도로를 표시할 수 있도록 베이징 시내와 주변의 모든 공공도로를 따라 교목을 식재할 것을 명령했다(Profous 1992). 그러나 통치자의 정원과 사원의 운동장을 제외하면, 고대도시에 교목이 풍성했을 가능성은 낮다.

마야, 잉카, 아즈텍 문명은 기념비적 건축물을 가진 대도시를 건설했고, 이들은 이들 도시를 농업과 혼농임업(混農林業, agroforestry) 시스템으로 부양하였다. 콜럼버스 이전 아메리카(Pre-Columbian America)의 그림과 서술에 의하면, 많은 북미 원주민(Native American) 부족들이 교목이 식재된 광범위한 정원을 포함한 광대한 농업 공동체를 발달시켰다는 것을 알 수 있다.

유럽 경관

초기 유럽인들은 농작물을 키우고, 방대한 유럽의 숲에서 사냥과 채집을 했는데, 이들 숲과 개별 교목들은 기독교 이전(Pre-Christian)의 신성한 종교와 의식의 일부가 되었다. 교목숭배(喬木崇拜, tree cults) 집단은 신성한 교목이 있는 성림(聖林, sacred grove)을 숭배했고, 켈트(Celtic) 문자는 특정한 교목의 이름을 딴 글자들이 있었다. 성림과 성수(聖樹, sacred tree)는 초기 기독교 교회에 우상숭배(偶像崇拜, paganism)의 상징으로 생각되어, 가끔 기독교(Christianity)의 이름으로

그림 2-10 독일 슈투트가르트(Stuttgart)의 로젠슈타인(Rosenstein) 공원 산책로(allée)의 경계를 짓기 위해 런던버즘나무(*Platanus* × *acerifolia*)가 사용되었다. (사진: L. Werner 제공.)

파괴되기에 이르렀다(Coder 1999). 유럽의 숲은 학대받는 사람들과 범법자들을 위한 도피처를 제공한 오랜 역사를 가지고 있다. 부자들을 약탈하기 위해 셔우드 숲(Sherwood Forest)에 잠복하여 기다리는 로빈 후드(Robin Hood)와 그의 부하들에 관한 이야기를 생각해보라.

중세(中世, Middle Age) 동안 유럽의 도시들은 지배층의 개인 정원에 일부 교목과 다른 식물들이 있었지만, 이들은 관상(觀賞, ornament) 목적보다는 주로 실용적인 목적(과일 결실과 같은)을 위해 식재되었다. 16세기 중 이탈리아의 르네상스(renaissance)로 도시 주변에 빌라(villa)가 처음으로 개발되었다. 이들 빌라에는 산책과 휴양을 위한 담에 둘러싸인 정원과 앨레이(allée)라고 불리는 교목이 늘어선 보도가 있었다. 이 빌라 개념은 곧바로 프랑스와 스페인으로 전파되었다. 17세기에는 이 산책로가 시골로부터 도시로 옮아왔다(**그림 2-10**). 일부 작은 도시에는, 교목 산책로가 토성(土城, earthwork fortification)의 정상을 따라 공공 산책로로 조성되었고, 상류층들은 궁도(弓道, archery)와 볼링(bowling)과 같은 여가 활동을 위해 도시 내부와 가까운 곳에 교목 산책로를 개발하기 시작했다. 보행자와 차량통행(vehicular traffic) 모두를 위한 교목 산책로가 프랑스 도시의 성에 조성되었다. 파리에서의 최초 식재는 그랑불바르(Grand Boulevart)라고 불리는 성채(城寨, bulwark)에서 행해졌고, 이후 이는 그랜드 불러바드(Grand Boulevard)로 알려지게 되었다(Lawrence 1993). 오늘날 우리는 교목이 늘어선 가로를 가끔 'landscaped medians boulevard'(조경된 중앙분리대가 있는 대로)라고 부른다.

이러한 교목 식재는 이들 교목을 관리하기 위한 수목관리 기술의 초기 발달로 이어졌다. Gerhold & Frank(2002)는 오늘날 우리가 알고 있는 수목관리학이 1400년에서 1800년 사이에 영국에서 나타났다고 보고한다. 1578년 출판된 James Lyte는 그의 책 *Dodens*에서 수목관리자(arborist)라는 용어를 사용하고 있다. 1597년 출판된 William Lawson의 *A New Orchard and Garden*은 식재, 전정, 시비, 상처 치료, 공동 충전에 관해 기술하고 있다(Gerhold & Frank 2002).

귀족(貴族, aristocrat)들의 인기 있는 취미는 이 산책로(allée)를 통해 마차를 타는 것이었다. 영국과 유럽 대륙에서는 잔디밭 경기인 펠멜(pall mall; 크로케(croquet)와 골프의 원조)을 앨레이(allées) 아래에서 즐겼다. 이탈리아에서는 앨레이가 로마로 이어지는 도로를 따라 조성되었다. 도시가 확대됨에 따라 시골의 앨레이는 새로운 도로계획의 일부로 포함되기도 했다(Lawrence 1993).

네덜란드에서는 앨레이 교목이 운하(運河, canal)와 이와 인접한 가로를 따라 식재되었다. 암스테르담 확장 계획에 의하면 각 표준 건물 폭마다 한 그루의 교목을 식재할 것을 요구한다. 런던에서는, 거주자에 의해 배타적으로 이용되는 새로운 주택에 의해 둘러싸인 격리된 광장에는 교목과 잔디가 식재되었다. 그러나 17세기 말경까지는 유럽에서 교목과 조경된 공간은 주로 상류층에 의해 사용되었고 아직 도시에는 드물었다. 크고 조경된 공원은 주로 상류층을 위해 런던 변두리에 건설되었지만 유럽 전역에 걸쳐 하류층은 공원과 정원에 접근하지 못했고, 가끔 입장료나 부적절한 의상 때문에 외면당했다(Lawrence 1993).

18세기에는 성장하는 상인과 전문가층이 귀족과 같은 쾌적성을 요구하고 있었다. 사업가들은 교목과 오픈 스페이스가 부동산의 시장 가치에 보탬이 된다는 것을 인식하고 점차 주거지를 건설하는데 이들 쾌적성을 추가하기 시작했다. 런던의 새로운 상류층 주택 건설업자는 교목, 관목, 잔디가 완비된 개인 광장을 갖추는 것이 필요하다는 것을 알게 되었다. 새롭고 더 큰 단지 개발에는 마찻길과 교목이 늘어선 대로가 포함되었다. 공원이 긴장 완화와 명상을 위해 이용됨에 따라 휴양은 더욱 소극적인 취미가 되었다. 개인 정원이 유행했고 남의 이목을 끄는 중요한 패션거리로 여겨졌다. 대부분의 공원과 정원이 개인 소유였지만, 대륙에는 일부 공공 광장과 대규모 공공 공원이 건설되고 있었다. 이용하기 위해 요금을 내야 하는 상업적인 "유원지(遊園地, pleasure garden)"도 유행했다(Lawrence 1993).

19세기에는 장거리포에 의해 쓸모없게 된 도시 장벽이 제거되었다. 공원과 산책로가 이들 장벽을 대체하기도 했다. 휴양 도시의 인기가 높아지고 이들에 대한 판매촉진의 일환으로 광범위하게 경관이 조성되었다. 나폴레옹(Napoleon)은 자신이 정복한 도시에 산책로와 식수대로(植樹大路, boulevard)를 건설했지만, 영국은 기하학적인 바로크 정원(baroque garden)과 달리 공원에 자연적인 경관을 도입하였다. 영국 기술자들은 도시 가로와 하수시설의 설계를 크게 향상시켰다. 파리인들은 영국 설계를 채택하고 가로 경관에 교목을 추가하였다. 영국 하원(下院, House of Commons)은 하류층이 이용 가능한 공원의 필요성을 언급하면서, "하층민을 위해 마련된 일부 공개된 장소(open place)가 이들이 질 낮고 저하된 즐거움으로부터 탈출하는 데 도움이 될 것이라고 확신한다"고 말했다(Lawrence 1993). 의원들은 공공 공원에 대한 접근이 하류층에 대한 문명화 효과가 있다고 느꼈고, 그래서 더 많은 공원이 건설되고 이들 공원에 대한 하류층의 접근이 허용되었다. 비슷한 방법으로, 대부분의 유럽에 걸쳐 도시에 더 많은 공원이 건설되었다.

프랑스에서는, 사냥할 때 사격 시합(射擊試合, shooting game)용 숲의 빈터로부터 방사상(放射狀)으로 퍼지는(radiating) 넓은 통로를 가진 바로크 정원이 사냥터에서 처음으로 개발되었다(Zube 1971). 교목이 늘어선 이들 통로는 18세기 마을과 소도시 설계에 영향을 미치게 되었고, 결국에는 워싱턴 DC의 방사상 가로 패턴을 탄생시켰다(**그림 2-11**).

나폴레옹 3세(Napoleon III)와 도시 계획가(civic planner) 조르주외젠 오스만(Georges-Eugéne Haussman)은 1850년대와 1860년대에 기존 도시에 교목이 늘어선 식수대로의 방사상 가로 패턴을 강제하고, 공공 공원, 광장, 기념물, 정원 등을 건설하는 방법으로 파리를 변형시켰다. 새로운 넓은 식수대로는 축제와 폭동이 발생할 때 도시 주민들이 더 잘 접근할 수 있도록 설계되었다. 유럽의 모든 도시들은 파리의 혁신 설계를 채택하여 더 많은 식수대로, 교목이 늘어선 가로, 공원을 추가하였다. 교목과 공공 공원이 완비된 유럽의 도시 설계 영향은 유럽인 정착지와 식민지를 통해, 그리고 유럽형 건축의 폭넓은 채택을 통해 세계의 많은 지역으로 퍼져나갔다(Lawrence 1993; Zube 1971).

19세기 영국에서는 "낭만적 조경"(romantic landscape)과 산업혁명으로 인해 새로이 출현한 부유한 사업가를 위한 외딴 교외 주택이 나타났다. 도시가 산업화되고, 지저분해지고, 오염됨에 따

그림 2-11 워싱턴 DC의 도시계획은 유럽에서 개발된 방사상 가로 패턴에 의해 강하게 영향을 받았다. (Gallion & Eisner 1975.)

그림 2-12 바로크 정원. (사진: R. W. Miller 제공.)

라, 부유층들은 새로운 교외 지역으로 이사를 갔다. 개별 주택의 커다란 공원, 작은 정원, 교목이 늘어선 주거지 가로는 새로운 주택단지에서는 흔한 일이 되었다. 바로크 정원이 과거 경관의 전형이었다면(**그림 2-12**), 낭만적 경관은 완전히 격식에 얽매이지 않고, 경관에서 식물과 구조물의 "자연적"(natural) 배치로 구성되어 있었다. 이의 가장 이상적인 감각은, 낭만적 경관이 도시와 함께 자연으로부터 최선이라고 생각되는 것이 혼합되어 구현되었다.

유럽의 도시 식생(都市植生, urban vegetation) 관리는 초기의 정원 설계, 산책로(allée), 수목관리, 공원, 가로수 등으로 거슬러 올라가는 오랜 역사를 가지고 있다. 더 전통적인 임업적 관점에서, 임입가가 수행한 소도시 임업은 도시와 소도시의 외곽에 있는 숲을 관리했다. 초기 소도시에서는 숲이 주로 목재 공급원과 다른 산림 제품을 위해 이용되었다. 그러나 20세기 후반에 이르러서는 이들 숲의 환경적 사회적 편익이 더욱 중요해졌다. 유럽의 도시 임학은 1980년대에 전통적인 임학과 관상 원예학(觀賞園藝學, ornamental horticulture) 및 수목관리학(樹木管理學, arboriculture) 같은 도시 공원 분야의 가교 역할을 하는 새로운 학문 분야로 나타났다.

미국 경관

식민지 마을과 도시. 북미의 교목과 숲은 개척자와 이민자로서의 미국 문화의 일부로 깊이 자리 잡고 있다. 유럽인들은 동부 해안의 숲이 압도하는 광대한 경관을 마주했다. 정착민들은 내륙으로 이동하면서 농사를 위해 개간하고 숲이 제공하는 가장 좋은 나무를 활용하면서 숲을 낭만적으로 묘사하기도 파괴하기도 했다. 또한 정착민들은 유럽의 도시 가치(都市價値, urban value)를 도입하여 이를 자신들이 도시를 건설할 때 적용했다.

1646년에는 이미 매사추세츠만(Massachusetts Bay) 식민지의 보스턴과 럭스버리(Roxbury) 간 도로는 여행자에게 그늘을 제공하는 교목이 줄지어 서 있었다(Zube 1971). 뉴잉글랜드(New England)의 초기 식민지 마을은 마을 녹지 주변에 건설되었다. 이 녹지의 기능은 아름다움과는 관계가 없었지만 공격을 받을 때 시민군을 소집하고 가축을 지키는 장소로 활용되었다. 교목과 잔디

그림 2-13 뉴잉글랜드 소도시의 마을 녹지. (사진: Leena Robinson/Shutterstok.com 제공.)

를 마을 녹지에 조성한 것은 18세기 후반 이후였다(**그림 2-13**). 이때까지 남부 뉴잉글랜드의 2/3가 농사를 위해 개간되어 교목이 없는 경관과 마을의 황량한 모습에 대한 우려가 표출되었다. 이후 19세기에 걸쳐 마을 녹지에는 교목이 식재되었고, 가로는 교목이 줄지어 늘어섰고, 묘지에도 교목이 식재되었고, 공원은 경관이 조성되었다(Favretti 1982). 녹음수에 대한 인기가 높아지자 보험회사는, 마음이 내키지는 않았지만, 1784년 교목이 가까이에 있는 주택에 대해서는 보험에 가입하도록 강제했다(Zube 1971).

한편, 1682년 William Penn이 필라델피아(Philadelphia)를 설계했는데, 이 도시에는 교목으로 가득 찬 5~10에이커의 오픈 스페이스 5개가 포함되었다. 이들 공원은 오늘날까지 존재하고 있다(Zube 1971).

산업혁명 이후. 산업혁명에 이어, 미국인들은 자신들의 새로운 정체성(正體性, identity)을 창조하고자 했다. 토마스 제퍼슨(Thomas Jefferson)은 "견고한 자영 농민(sturdy yeoman farmers)"이 다스리는 국가를 믿었고 도시 거주자를 다소 의심을 가지고 보았다. 이러한 태도는 대중에 의해 환영을 받았고, 도시 설계에 자연을 반영시키는 초기 시도와 자연을 도덕적 덕(moral virtue)의 원천으로 인식하는 데 영향을 미쳤다(Schmitt 1973).

도시 식생에 관한 초기 입법 사례는 미시건과 미시시피에서 발견되었다. 1807년 미시건 자치령(Territory of Michigan)의 법령은 디트로이트(Detroit)시의 식수대로에 교목을 식재할 것과 광장을 설치하고 교목을 식재할 것을 명시했다. 미시시피주의 수도를 선정하는 일을 맡은 위원회는 1821년 새로운 주도(州都, state capital)에서는 한 블록 건너마다 자생 식생으로 채우거나 교목으로 된 작은 숲을 식재할 것을 권고했다. 이 위원회는 이렇게 하면 보다 건강한 환경을 제공하고, 목재로 건설된 도시에서 보다 쉽게 화재를 예방할 수 있을 것이라고 생각했다(Zube 1971).

식목일

교목 식재는 19세기 말에 전국적인 관심이 되었다. 식목일(植木日, Arbor Day)은 1872년 네브래스카(Nebraska)에서 처음 관찰되었고, 네브래스카 농무부의 모턴(J. Sterling Morton)에 의해 시작되었다. 네브래스카의 첫 식목일에는 백만 그루 이상이 식재되었다(Zube 1971). 식목일 행사는 다른 주로 확산되었고, 4월마다 교목 식재 행사가 거행되어 시, 교외, 농장, 숲 등에 수백만 그루의 교목이 식재되고 있다. 오늘날 30개국 이상에서 봄, 특히 3월과 4월에 식목일 행사를 거행하고 있다.

3대 경관 운동

19세기 미국은 미국의 도시 외관과 도시 임업에 대한 미국인의 개념에 강한 영향을 미친 세 가지 경관 운동을 펼쳤다: 도시 공원 운동(city parks movement), 낭만적 경관 운동(romantic landscape movement), 도시 미화 운동(city beautiful movement).

도시 공원 운동. 옴스테드(Frederick Law Olmstead)는 도시 공원 운동의 창시자로 불리고 있고 뉴욕시의 센트럴 파크(Central Park)로 잘 알려져 있다(**그림 2-14**). 19세기 중반까지 뉴욕은 새로운 유럽 이민자로 가득 찼고, 이들은 대부분 불결한 곳에서 살았으며 자연으로부터 격리되었다. 옴스테드는 자연을 도시 안으로 가져올 필요성을 느꼈고, 이는 "충분한 지표면 계획과 충분한 수의 교목을 가진 단순하고, 넓고, 개방된 공간"이라고 생각했다(Gardescu 1971). 그가 상상하고 창출한 공원은 미국의 시골을 닮은 자연적인 경관이었으며, 이 비전(vision)은 옴스테드의 선도 하에 확산되어 전국적으로 도시공원 시스템에 영향을 미쳤다.

낭만적 경관 운동. 산업화는 19세기 중반에 미국의 도시에 도달했다. 도시는 성장했고 빠르게 도시화되었으며, 이로 인해 유럽에서 낭만적 경관이 탄생되는 것과 같은 여건이 되었다. 새로이 나

그림 2-14 뉴욕의 센트럴 파크는 처음 조성되었을 때에는 도시 변두리였다.

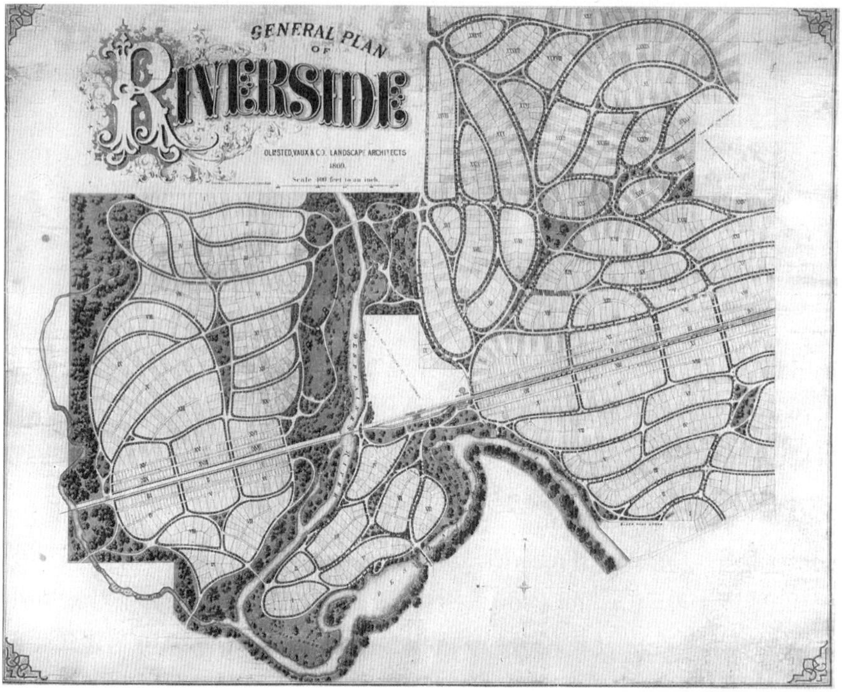

그림 2-15 시카고 교외의 일리노이주 리버사이드(Riverside)는 옴스테드(Frederick Law Olmstead)에 의해 설계된 완전히 계획된 지역사회이다. (사진: The Frederick Law Olmstead Society of Riverside 제공.)

타난 부유한 산업가와 공장 관리자들은 도시의 지저분하고 유해한 환경에서 탈출하기 위해 통근 철로와 트롤리 노선을 따라 교외 지역사회를 건설했다. 옴스테드는 전국에 걸쳐 새로운 교외 지역사회를 설계하는 이러한 운동에 도움이 되었다.

출현하는 중산층과 상류층을 위한 교외는 낭만적 경관 정신에 따라 도시의 변두리에 우후죽순처럼 생겨났다. 가로는 곡선으로 배치되고 집은 경사가 완만한 나무가 우거진 필지에 건설되었다. 뉴저지의 르웰린 파크(Llewellyn Park), 볼티모어의 롤랜드 파크(Roland Park), 펜실베이니아의 리들리 파크(Ridley Park), 일리노이의 레이크 포리스트 앤드 리버사이드(Lake Forest and Riverside; **그림 2-15**) 등과 같은 지역사회가 19세기 후반에 설계되었고, 20세기 교외의 모델 역할을 했다. 그러나 1930년대 이후 대중 주택 공급(mass housing)이 대세가 되면서, 토지는 더 작은 필지로 세분되고, 건설에 순응하기 위해 기존의 교목은 제거된 후 대체되지 않았다(Zube 1971). 이러한 추세는 주택 구매자가 나무가 우거진 필지에 더 높은 프리미엄을 부여하기 시작하는 1960년대 후반까지 바뀌지 않았다.

도시 미화 운동. 19세기 말 미국사람들은 크리스토퍼 콜럼버스(Christopher Columbus)가 신세계(新世界, the New World)에 상륙한 지 400주년을 기념하는1893년 시카고·콜럼버스 박람회(Columbian Exposition)를 관람했다. 박람회장은 마차와 보행자를 위한 교목이 늘어선 공원길, 조경된 공원과 넓은 길, 그리스와 로마풍으로 설계된 기념비적 건축물 등으로 눈길을 끌었다. 대륙간 철도 시스템은 방문객들을 북미 전역으로부터 박람회장으로 데려와서, 이들에게 자신이 사는 곳에서 경험한 것과는 완전히 다른 도시생활을 경험할 기회를 제공했다. 19세기 말경 미국의 도시는 완전히 산업화되어 불편하고 지저분한 공간이 되었다. 그 박람회에 참가할 여유가 있는 사람들은 산업과 시민의 지도자였으며, 이들 중 많은 사람들이 시카고에서 자신들이 경험한 것과 비슷하게 자신들의 지역사회를 변화시킬 사명—도시미화(City Beautiful) 창조—을 가지고 귀향하였다.

3대 경관운동의 정점. 지금 미국의 도시를 가보면 19세기 3대 경관운동의 증거를 많이 볼 수 있을 것이다. 낭만적 경관을 가진 교외의 단독 주택은 난개발 문제 배후의 추진력(推進力, driving force)이지만, 이는 또한 교외의 도시 임업가에게 기회를 제공하고 있다. 우리가 도시 오픈 스페이스의 크기 확대를 추구함에 따라, 옴스테드의 도시 공원에 대한 비전은 대부분 도시의 공원 시스템을 지배하고 있다. 도시 미화운동으로 인한 가로수와 공원도로(公園道路, parkway)는 경관들에 걸쳐 도시 숲을 창출하고, 그리스와 로마 건축은 종종 오래된 박물관, 시민 센터, 콘서트홀(concert hall)의 주제가 된다.

20세기의 도시 임학

20세기에는 미국 전역에 걸쳐 도시 공원 시스템과 교목 식재 프로그램에 큰 발전이 있었다. 대도시 중에는 도시 가로와 공원에 필요한 교목을 생산하기 위해 자신의 농장을 개발하는 도시도 있었다. 지방자치 정부는 자신들의 지역사회 식생을 설계하고, 식재하고, 돌보기 위해 임업가, 조경가, 원예가, 수목관리자, 기타 관련 전문가를 고용했다. 대부분의 대도시와 많은 중규모 지자체는 가로수와 공원수의 식재와 관리를 위한 시 임업 프로그램을 제정했다. 밀워키시의 도시 임업 프로그램은 1926년에 시작됐고, 도시 가로에 교목을 식재하고 유지 관리하는 것을 목적으로 하고 있다.

1920년대와 1930년대에, 교목을 이용한 주택 차양(住宅遮陽, home shading), 특히 저녁이 더운 여름에 정면 현관에 대한 차양은 집을 냉각시키는 중요한 도구였다. 미국 농무부는 도시 교목의 선택, 육성, 이식, 돌봄과 관련된 수많은 회보를 발간했다. 대공황(大恐慌, Great Depression) 기간 중에, 취로사업청(Works Progress Administration)과 시민구조기구(Civilian Conservation Corps) 같은 정부기관이 실업자를 고용하기 위해 창설되었고, 이들이 미국 전반에 걸쳐 지역사회에 공원을 조성하고 교목을 식재하였다. “도시 임업(urban forestry)”이라는 용어가 아직 널리 사용되지는 않았지만, 우리가 알고 있는 도시 임업은 번성하고 있었다.

제2차 세계대전이 끝나면서 미국의 도시 숲과 도시 임업은 쇠퇴하기 시작했다. 교외 난개발로 중산층과 시의 과세기반(課稅基盤, tax base)이 도심으로부터 빠져나가자 임업에 대한 예산 삭감이 뒤따랐다. 교외의 주택 필지는 개인이 교목을 키우기에 충분할 정도로 컸기 때문에 자신들의 가로를 따라 공공 교목을 식재할 필요성이 거의 없었다. 주택의 냉방장치 가용성도 안락함을 위해 집에 그늘을 지울 필요성도 감소시켰다. 느릅나무시듦병(Dutch elm disease, *Ophiostoma ulmi*)의 전파는 수 마일의 가로가 미국느릅나무(*Ulmus americana*)에 의한 피복을 상실하면서, 도시 숲에 결정타를 날렸다. 그러나 흔히 있는 일처럼, 느릅나무 상실은 이 병이 주변 지역사회를 나지화(裸地化)함에 따라 도시 임업을 부활시키는 씨앗도 동시에 가져왔다. 경제적으로 가장 침체된 도시마저도, 교목 피복의 상실은 자신들의 가로에 나무를 다시 심고자 하는 열망을 불러일으켰다.

또한 1960년대 몇 가지 사건으로 인해 도시 임업이 하나의 전문분야로, 그리고 하나의 학문적인 분야로 나타나게 되었다. 베트남 전쟁과 인종 차별폐지(人種差別廢止, racial desegregation)와 함께 일어난 행동주의(行動主義, activism)가 환경으로 확산되었다. 다양한 환경적인 사안 중에서 공중들은 산림 경영, 특히 공공 토지에 시행된 것에 점점 비판적이기 시작했다. 노령림(老齡林, old growth forest)의 제거, 개벌(皆伐, clear-cutting), 시골 경관의 전반적인 미적 저하는 임업 분야에 대한 폭넓은 불만으로 이어졌다. 전문적인 임업가는 다양한 방법으로 이들 비판에 반응했는데, 이들 중 하나가 대부분의 미국인이 살고 있는 도시에서의 도시 임업의 장려였다(Miller 2004).

미국 농무부 산림청은 연구 기금을 제공하고 지자체의 도시 임업을 도와줄 수 있도록 주 임업 기관에 자금을 제공하는 방법으로 도시 임업을 받아들였다. 미국의 정치적인 세력 기반(勢力基盤, power base)이 시골에서 도시로 전환되었고, 주와 연방의 임업 기관은 이들의 관심에 부응할 필요성을 인식했다. "도시 임업(urban forestry)"이라는 용어를 사용하여 최초로 보고서를 발간한 사람은 1970년 요르겐센(Jorgensen)이며, 이후 미국과 캐나다에서 많은 학회가 도시 임학을 다루기 시작했다. 도시 임학은 1970년대 초에 몇몇 대학교에서 학문적인 분야로 나타났다(Miller 2004).

1980년대 로널드 레이건(Ronald Reagan)의 신연방주의(新聯邦主義, new federalism)는 연방 수준의 도시 임업 노력이 거의 중단되는 사태를 가져왔다. 그러나 1970년대의 추진력은 시민 단체와 전국적인 보존 단체인 미국산림협회(American Forests)에 의해 1980년대에도 계속 이어졌다. 1988년 선거에서 대통령이 된 부시(George H. W. Bush)는 교목 식재와 도시 임업을 강력하게 지원함에 따라 연방 수준에서의 노력이 재개되었다. 미국 농무부 산림청은 의회가 도시와 지역사회 임업을 지원하고 도시 임학 연구 자금을 조성할 수 있도록 주에게 주는 기금을 조성함으로써 도시 임업에 다시 등장하였다(Hauer 등 2008; Miller 2004).

북미에서 도시 임학은 임학뿐만 아니라 수목관리학(樹木管理學, arboriculture) 분야로부터도 진화했다. 이 책의 정의에는 개인과 공공 부지에 대한 개별 수목 관리, 가로수와 같은 교목 군집의 관리, 공원 식생 관리, 주변 숲의 관리를 모두 포함한다. 우리는 공공과 개인 토지 모두의 모든 도시 임업에 관심이 있다. 유럽과 달리, 미국은 도시 인근과 둘레에 공공 숲(public forest)이라는 개념의 "도시 숲(urban forest)"이 거의 없기 때문에, 우리는 우리 지역사회 내부와 주변의 모든 식생을 포함한다(Konijnendijk 1997).

결론

지구상 인구의 절반 이상이 도시에 살고 있는 상황에서, 도시 임학이 세계적인 도시화와 관련된 새로운 사안으로 떠오르는 것을 피할 수 없다. 도시 인구는 예측할 수 있는 미래에도 증가를 지속할 것이다. 선진국의 경험과 비슷하게, 세계의 더 많은 주민은 자연과 단절되고 인공적인 구조물에 의해 주도되는 세상에 살고 있다는 것을 알게 될 것이다. 도시 임업의 역할은 지구 인구의 절반 이상이 사는 곳에 식생을 제공하고 관리하며, 이들이 자연으로 돌아갈 수 있도록 연결시켜주는 것이다. 도시 가치가 점점 세계를 지배함에 따라, 이들 가치는 점점 시골 숲과 다른 경관의 관리를 지배할 것이다. 도시 임학은 도시 생태계의 복잡성과 이 시스템에 살고 있는 사람들의 복잡성을 보다 잘 이해할 필요가 있다. 우리는 자연이 인간에게 무슨 의미인가를 더 잘 이해하고 이러한 이해를 바탕으로 사람에 대한 교육을 구체화할 필요가 있다. 우리는 도시 거주자들을 이해하고 교육시킬 필요가 있고, 또한 우리는 이들이 우리를 이해하고 교육시키게 할 필요가 있다.

인용 문헌

Baumgardner, D., S. Varela, F. Escobedo, A. Chacalo, & C. Ochoa. 2012. "The Role of a Peri-Urban Forest on Air Quality Improvement in the Mexico City Megalopolis." *Environmental Pollution* 163:174–183.

Chadwick, L. C. 1971. "3000 Years of Arboriculture: Past, Present and the Future." *Arborists News* 36(6):73–78.

Coder, K. D. 1999. "Cultural History of Humans and Trees." *Arborist News* 8(2):53–56.

Deloya, M. C. 1993. "Urban Forestry in Mexico City." *Unasylva* 44:28–32.

Ebrey, P. B. 1999. *The Cambridge Illustrated History of China*. Cambridge: Cambridge University Press.

Favretti, R. J. 1982. "The Ornamentation of New England Towns 1750–1850." *Journal of Garden History* 2(4):323–342.

Gallion, A. B., & S. Eisner. 1975. *The Urban Pattern—City Planning and Design*. New York: Van Nostrand Reinhold Company.

Gardescu, P. 1971. "A Landscape Architect's View of Better Trees for Urban Spaces." *Better Trees for Metropolitan Landscapes* (Gen. Tech. Rep. NE-22, pp. 135–142). Washington, DC: USDA Forest Service.

Gerhold, H. D., & S. A. Frank. 2002. *Our Heritage of Community Trees*. Mechanicsburg: Pennsylvania Urban and Community Forestry Council.

Haeuber, R. 1999. "Sprawl Tales: Maryland's Smart Growth Initiative and the Evolution of Growth Management." *Urban Ecosystems* 3:131–147.

Hardie, D. W. F. 1950. *A History of the Chemical Industry in Widens*. London: Imperial Chemical Industries Ltd.

Hauer, R. J., C. J. Widerstrand, & R. W. Miller. 2008. "Advancement in State Government Involvement in Urban and Community Forestry in the 50 United States: Changes in Program Status from 1986 to 2002." *Arboriculture & Urban Forestry* 34(1):5–12.

Hennebo, D. 1979. *Entwicklung des Stadtgrüns von der Antike bis in die Zeit des Absolutismus*. Hanover/Berlin: Patzer-Verlag.

Jiang, Z. 2003. "Urban Forest Development and Ecologically Sound Urban Development." *Journal of Chinese Urban Forestry* 1:4–11.

Jorgensen, E. 1970. *Urban Forestry in Canada*. Shade Tree Research Laboratory, Faculty of Forestry, University of Toronto, Canada.

Konijnendijk, C. C. 1997. "A Short History of Urban Forestry in Europe." *Journal of Arboriculture* 23(1):31–39.

Konijnendijk, C. C., R. M. Richard, A. Kenney, & T. B. Randrup. 2006. "Defining Urban Forestry—A Comparative Perspective of North America and Europe." *Urban Forestry & Urban Greening* 4(3–4):93–103.

LaGro, J. A., Jr. 1994. "Population Growth Beyond the Urban Fringe: Implications for Rural Land Use Policy." *Landscape and Urban Planning* 28:143–158.

Lawrence, H. W. 1993. "The Neoclassical Origins of Modern Urban Forests." *Forest and Conservation History* 37:26–36.

League of Women Voters of Wisconsin. 1975. *Wisconsin's Land Facts and Issues*. Madison: League of Women Voters of Wisconsin.

Lindsay, B. E. 1972. The Influence of Selected Variables on Land Values in the Rural-Urban Interface. MS thesis, University of Massachusetts, Amherst.

Miller, R. W. 2004. "Urban Forestry: History and Introduction." In C. C. Konijnendijk, Jasper

Schipperijn, and Karen K. Hoyer (eds.), *Forestry Serving Urbanised Societies* (IUFRO World Series Vol. 14, pp. 17–23). Selected Papers from the Conference Held in Copenhagen, Denmark, from 27 to 30 August 2002. Vienna: IUFRO Headquarters.

Mumford, L. 1961. *The City in History.* New York: Harcourt Brace & World.

Naisbitt, B. E. 1984. *Megatrends.* New York: Warner Books.

Nowak, D. J., & D. E. Crane. 2002. "Carbon Storage and Sequestration by Urban Trees in the USA." *Environmental Pollution* 116:381–389.

Nowak, D. J., & J. T. Walton. 2005. "Projected Urban Growth (2000–2050) and Its Estimated Impact on the US Forest Resource." *Journal of Forestry* 103(12):383–389.

Oizumi, K. 2009. "Evolution from Mega-Cities to Mega-Regions in China and Southeast Asia." *RIM: Pacific Business and Industries* IX(31):2–24.

Platt, R. H. 1996. *Land Use and Society: Geography, Law, and Public Policy.* Washington, DC: Island Press.

Profous, G. V. 1992. "Trees and Urban Forestry in Beijing, China." *Journal of Arboriculture* 18(3):145–153.

Rodgers, D., J. Beall, & R. Kanbur. 2011. *Latin American Urban Development into the 21st Century: Towards a Renewed Perspective on the City.* Helsinki, Finland: UNU-WIDER.

Schmitt, P. J. 1973. "Back to Nature." In A. B. Callow Jr. (ed.), *American Urban History* (pp. 454–468). New York: Oxford University Press.

Smith, D. M. 1970. "Adapting Forestry to Megapolitan Southern New England." *Journal of Forestry* 67:372–377.

Sudha, P., & N. H. Ravindranath. 2000. "A Study of Bangalore Urban Forest." *Landscape and Urban Planning* 47:47–63.

UN-Habitat. 2007. *Global Report on Human Settlements: Enhancing Urban Safety and Security* (http://www.unhabitat.org/downloads/docs/GRHS.2007.Key.pdf).

UN-Habitat. 2011. *Global Report on Human Settlements: Cities and Climate Change.* Chapter 1 (http://www.unhabitat.org/downloads/docs/GRHS2011-1.pdf).

US Census Bureau. 2012. "Growth in Urban Population Outpaces Rest of Nation" (http://www.census.gov/newsroom/releases/archives/2010_census/cb12-50.html).

Xiong, V. C. 2000. *Sui-Tang Chang'an (583–904): A Study in the Urban History of Medieval China.* Ann Arbor: Center for Chinese Studies, University of Michigan.

Zube, E. H. 1971. "Trees and Woodlands in the Design of the Urban Environment." Trees and Forests in an Urbanizing Environment (Plann. Res. Dev. Ser. No. 17, pp. 145–150). Amherst: University of Massachusetts.

제3장

도시 사회의 사회적 요구와 가치

뉴욕주 뉴욕시 하이라인 공원(High Line Park)

인간의 태도와 가치는 고정되어 있지 않고 그런 적도 없다. 주어진 일습의 문화적 가치는 일정 기간 지속하겠지만, 역사는 변화가, 특히 현대에는, 예외라기보다 규칙이라는 것을 보여 왔다. 문화적 가치는 서로와, 다른 문화와, 우리의 물리적 환경과의 상호작용을 지배한다. 우리의 물리적 환경과의 관계에 대한 지각(知覺, *perception*)도 우리의 문화적 가치에 의해 영향을 받는다. 이 장에서 우리는 자연에 대한 인간의 관계, 이의 역사적인 진화, 현재 일어나고 있는 변화를 다룬다. 또한 이러한 변화가 도시 교목, 숲, 오픈 스페이스와 관련된 사회적 요구와 가치에 어떤 영향을 미치는가를 살펴본다.

자연과의 관계 진화

인류 역사의 흐름은 느린 가운데에서도 자연에서의 삶으로부터 도시에서의 삶으로의 전환을 가속화시키고 있는 것으로 특징지을 수 있을 것이다. 이러한 전환이 일어남에 따라, 인간은 새로운 발견과 새로운 경제적인 상호작용 방식에 적응하기 위해 자신과 자연과의 관계를 지속적으로 재정립했다. 수렵채집사회(狩獵採集社會, hunting and gathering society)에서는 자연에 대한 자신의 완전한 의존을 이해하고 자연법칙의 위반으로 인한 영향을 인식하면서 살았다. 신(神, deities)은 자연에서 찾았고, 종교는 자연법칙이라고 여기는 것에 기반을 두었다. 개인은 자연에서 태어나서 자연에서 먹을 것을 얻고 결국은 자연의 부름을 받는다(Toeffler 1980). 고대인들은 자연과 문화가 밀접하게 연결되어 있다고 생각했다. "기도, 음악, 춤, 놀이와 일 등과 같은 매일매일의 활동은 원래 자연계와 우리의 관계를 얘기하는 신성한 의식에 함께 엮여 있었다"(Berry 1993). 브라질 아마존 열대우림에서 사는 카야포(Kayapo) 사람들은 자연계를 온전하게 보전하기 위해 춤을 추는데, 이는 자신들이 춤을 추지 않으면 자연이 파괴된다고 믿고 있기 때문이다(Berry 1993).

농업혁명(農業革命, agricultural revolution)은 우리 자신이 살아가는 방법을 바꾸었고, 우리의 자연과의 관계를 영원히 바꾸어 놓았다. 생존을 위한 식량을 더 이상 생태계에서 발견되는 것에 의존하지 않게 되었다. 인간은 식량을 재배하고, 유목 생활을 그만두고 영구적인 주거지에 정착할 수 있었다. 그러나 자연을 다룰 수 있는 능력의 한계는 인간과 자연의 관계를 제정립할 필요가 생겼다. 신은 더 이상 바위, 나무, 동물 등에 존재할 수 없었는데, 이들은 작물을 재배하기 위해 옮겨지거나 파괴되어야 했기 때문이다. 신은 다른 어떤 곳으로 옮아갔고 이는 필요에 자연을 따라 바꿀 수 있는 자유를 제공했다. 비가 너무 적게 오거나, 너무 많은 비, 해충, 기타 문제의 주체들은 인간의 자연에 대한 의존성을 끊임없이 일깨워 주었다. 농경사회(農耕社會, agrarian society)는 자연의 리듬, 즉 대개 자연계에 의해 강요되는 매년과 매일의 과업에 따라 살았다(Toeffler 1980).

산업화는 자연과 우리의 관계를 또 다시 재정립해야 하는 새로운 경제를 제기했다. Toeffler (1980)는 인간이 산업혁명(産業革命, Industrial Revolution)으로 인한 과잉을 받아들이는 데 필요한 세 가지 믿음을 기술한다.

1. 자연과의 전쟁
2. 사회적인 진화론(Darwinism)
3. 진보 원칙(the progress principle)

자연을 대단위로 개발하기 위해서는, 자연에 대한 의존은 없다고 가정하고, 사실 종(種, species)에 대한 생존 전쟁을 선포할 필요가 있다. 이러한 부류의 생각이 산림을 벌채하거나 불태우고, 광물을 채굴하기 위해 언덕을 파괴하고, 인간과 산업 폐기물을 자연계에 내다버리는 자유를 제공했다.

사회적인 진화론은 가장 적합한 개인과/이나 사회의 생존과 모든 열등한 개인이나 문화의 종속과/이나 배제로 정의된다. 인간의 역사는 한 문화가 다른 문화에 의해 배제되는 사례로 가득 차 있지만, 사회적인 진화론은 산업화된 국가에 의한 지구적인 자원 개발과 진전에 방해가 되는 모든 것을 제거하는 데 대한 "과학적" 정당성을 제공한다.

모든 진보는 옳고 클수록 더 좋다는 믿음은 진보원칙의 근거이다. 만약 작은 도시가 특정한 어메니티(amenity)를 제공한다면, 더 큰 도시는 더 많은 것을 제공할 것이다. 만약 강에 건설한 댐(dam)이 물의 저장과 홍수 조절을 제공한다면, 일련의 댐은 그 강을 더욱 향상시킬 것이다. 인간의 수가 늘어나면 경제성장이 가능하여 지속적인 인구 팽창은 세계 경제를 더욱 향상시킬 것이다.

우리는 21세기에 살고 있기 때문에, 우리는 여전히 200년도 넘은 산업혁명 초기에 개발된 신념체계(信念體系, belief system)의 일부를 가지고 있다. 그러나 기술과 세계화는 우리의 문화적 가치의 일부가 되고 있고, 문화적인 변화는 다른 사회경제적 시스템과 우리의 자연과의 관계에 대한 독특한 관념을 반영할 것이다.

오늘날의 인간 환경

많은 종은 기온, 습도, 햇빛, 공기 이동, 공간 구조, 사회 질서에서의 최적 조건을 확보하기 위해 자신의 물리적 환경을 적극적으로 변화시킨다. 이러한 목적은 서식지, 은신처, 군집, 벌집 등의 건설을 통해 달성한다. 인간이라는 종의 경우, 물리적인 환경의 개조는 자신들의 집, 작업장, 운송 시스템에서 최고의 발전에 이르렀다. 사람들은 기후가 조절되는 주택에서 살고, 공기가 조절되는 사무실과 공장에서 일하며, 실내 경기장에서 스스로 즐기고, 개인적인 미기후로 둘러싸인 상태에서 돌아다닌다(Poole 1971).

도시 사회에 사는 어린이들의 사회화는, 여러 가지 일 중에서, 이들이 조절된 환경에서 살아가기 위한 준비를 하도록 자연계로부터 멀리 격리시키는 것이다. 어린이들은 자신 주변의 세계에 대한 강한 호기심을 가지고 있다. 우연한 관찰을 통해 이들은 자연계 사물의 위, 아래, 주변을 살피고, 맛보고, 접촉하고, 냄새 맡고, 지켜본다(**그림 3-1**). 부모와 다른 어른들은 어린이들에게 너무 자주 자연에서의 실질적이고 예상되는 위험에 대해 경고한다. 어린이들은 더러워지는데 대해 질책을 받고, 올라가지 말라는 얘기를 듣고, 곤충이나 두꺼비와 식물들을 건드리지 말라고 경고를 받음으로써 일반적으로 자연계에 대해 조심스럽게(무서워하지 않으면) 된다.

그림 3-1 어린이들은 자연계와의 친밀감을 가지고 있어서 이들은 매 순간 자연에 몰두한다. (사진: R.W. Miller 제공.)

자연계로부터 어린이들을 격리시키는 과정이 이들의 도시 삶을 준비하는 데 도움이 될 수도 있지만, 또한 이들이 자신의 삶을 통해 안고 갈 자연에 대한 부정적인 가치를 유발할 수도 있다. 자연에 대한 부정적인 가치가 부모로부터 어린이에게 전수되는 것은 산업화 시대(생존을 위해 자연과 전쟁 중이던 시대) 출발점에서 받아들여진 신념 체계 때문일 수도 있다:

Sinton(1971)은 도시 사회가 자연에 대해 가지고 있는 사회적인 태도를 가치의 연속체(continuum of values)로 설명했다. 이러한 태도는 다음과 같은 네 유형의 범주로 나뉠 수 있다: 자연에 대한 사랑과 의존, 자연에서의 기분 전환(氣分轉換, renewal), 순화된(tamed) 자연, 자연 혐오. 사랑과 의존의 태도는 도시화된 세상에는 드물다. 이러한 태도를 가진 사람들은 자연에 빠져 살아야 하며, 자연으로부터 생계를 꾸려가야 하고, 자연과 괴리된 육체적인 죽음은 정서적으로 고통스러울 수 있다. 이 태도는 세상에 남겨진 몇 안 되는 수렵채집사회의 가치를 가장 잘 반영하고 있고, 이들 소수의 개인들은 세상의 야생지역에서 살기 위해 도시를 떠난다.

많은 도시 거주자들은 자연과의 접촉을 통해 기분을 전환하는 두 번째 태도를 나타낸다. 이들의 생활 대부분은 도시에서의 일을 위해 도시 지역에서 보내지만 자연과의 주기적인 접촉을 통해 자신을 정신적으로 회복시킨다. 이러한 기분 전환 활동에는 배낭여행, 크로스컨트리 스키타기(cross country skiing), 카누 타기, 기타 자신이 스스로를 자연계에 몰입시킬 수 있는 일 등이 있다(**그림 3-2**). 도시 숲 설계는 자연에서의 기분 전환에 대한 이들의 일상적인 요구를 충족시키기 위해 자연계를 인간 사회로 가지고 온다.

세 번째 태도인 순화된 자연은 자연과의 간헐적인 접촉은 괜찮다고 느끼지만, 자연적인 조건은 아니다. 이러한 가치를 가진 사람들은 자기의 정원을 순화된 자연의 일부들로 둘러싸고, 사람들이 붐비는 캠프장에 주차된 캠프용 트레일러(campers)에서 야영하며(**그림 3-3**), 화려한 휴가별장(休暇別莊, vacation home)을 짓고, 동력설비를 갖춘 야외 휴양활동을 즐기지만, 뚜렷이 식별되는 길을 벗어나면 극도로 불안하게 느낀다.

그림 3-2 일부 도시 거주자들은 자연과의 친밀한 접촉을 통해 휴식을 즐긴다. (사진: R.W. Miller 제공.)

그림 3-3 편의시설이 잘 갖추어진 캠핑장은 많은 도시 거주자들에게 자연과의 충분한 접촉을 제공한다. (사진: R.W. Miller 제공.)

그림 3-4 대부분의 도시 거주자들이 경관의 교목이나 다른 자연적인 모습들에 분명한 선호를 보이는 반면, 일부는 자연이 거의 없는 환경에 만족한다. (사진: Andrew F. Kazmierski/Shutterstock.com 제공.)

네 번째 가치인 자연 혐오를 가진 개인들은 자연에 관해 조금도 마음을 쓸 수가 없어서 아파트에서 살고 도시에서 휴식을 취하는 것이 매우 편안하다(**그림 3-4**). 이들은 넓은 아스팔트 지역에 대해 전혀 불쾌하지 않지만, 안전하고 조경이 잘 된 도시 공원에서 가끔 산책을 즐길 수도 있다.

도시 거주자와 시골 거주자 사이에는 자연 환경에 대한 자신들의 견해에 차이가 존재한다. Brush & More(1976)는 시골, 교외, 시내 어린이들에게 "교목(喬木, tree)이 자신에게 무슨 의미인가?"라는 질문을 던진 연구 결과를 발표했다. 시골과 교외 어린이들은 교목을 노는 장소로 보는 경향이 있는 데 비해, 시내 어린이들은 교목을 건설 자재로서의 목재 공급원으로 생각했다. 이들은 시내의 교목 결핍이 어린이들로 하여금 교목을 환경적인 서비스, 휴양, 미학적인 공급원으로 보지 못하도록 하고 있다고 결론지었다.

교목과 숲에 관련된 폭넓은 가치는 인구 전반에 걸쳐 존재한다. 이들 가치의 범위는 자연에 대한 고도의 관심으로부터 전혀 어떤 관심도 갖지 않는 것에 이르고, 시골 사회로부터 도시 사회로 전환하는 과정과 관련된 전반적인 사회 가치와 연결되어 있을 수도 있다. 그러나 도시 사회가 지속적으로 진화함에 따라, 사회 가치는 새로운 지식과 자연에 대한 우리의 관계를 보는 새로운 방식에 적응하기 위해 바뀔 것이라고 예상할 수 있다.

변화하는 가치

대부분의 사람들에게는 자연에 대한 요구가 어떤 형태로든 존재한다. 인간은 대부분의 존재를 수렵, 채집, 그리고/또는 식량 재배로 보낸 종이기 때문에, 산업혁명이 시작된 이후 200년 만에 자신을 정신적으로 자연으로부터 완전히 이탈할 수 있었다는 것은 의문스럽다. 교외로의 탈출에 대한 이유 중 하나는 자연에 가까이 가고자 하는 욕망이었다. 세계에서 가장 크게 도시화가 된 시기에 자연에 대한 새로운 관심이 있다. 자연에 관한 책의 확산, 실내용 화초에 대한 관심, 정교한 야외 캠핑 장비의 출하, 환경운동(環境運動, environmental movement) 등은 모두 산업화의 정점에 뒤이어 나타났다.

사람들이 식물에 부여하는 중요성은 이들이 잔디와 정원 조성에 얼마나 많은 시간과 돈을 쓰는가를 통해 나타난다. 전국정원협회(National Gardening Association; 2013)가 매년 수집하는 자료에 의하면 70%가 넘는 가정이 손수 하는(DIY, do-it-yourself) 잔디와 정원 활동을 통해 자연과 시간을 보내고 있다고 한다. 2013년에는 소매 잔디와 정원용품 구입에 300억 달러를 썼다. 2006년 조사에 의하면, 사람들이 잔디와 경관에 대한 전문적인 서비스를 고용하는데 447억 달러를 썼다고 한다(Butterfield 2007). 또한 사람들은 정기적으로 공공 정원도 방문한다. 2010년에, 시카고 식물원(Chicago Botanic Garden)에는 904,864명이 방문했고, 미국 전체로는 매년 70백만 명이 공공 정원을 방문한다(Bonvissuto, 일자 불명).

Yi-Fu Tuan(1974)은 그의 저서 *Topophilia*(장소애)에서 도시화 과정을 통해 인간 사회의 가치가 야생으로 전환하는 것을 기술했다. Tuan은 최초의 도시들은 사원과 기타 종교적인 기념물에 둘러싸인 중심에 위치하였고, 도시 설계는 문명의 우주에 대한 인식을 따랐다. 지구의 사물들은 지하세계와 자연의 불완전과 관련이 있는 반면, 도시들은 자신의 천국에 있는 신들의 완전함을 복제하기 위해 시도되었다. 도시는 신을 나타내었다: 질서, 완전함, 안전, 길들여진 자연. 반면, 야생은 세속을 나타내었다: 무질서, 두려움, 길들여지지 않음. 오늘날 많은 사람들이 같은 속성이 여전히 적용된다고 주장하지만, 그렇지 않는 경우도 많다.

Özgüner & Kendle(2006)은 20세기 마지막 20년 동안 자연에 대한 태도에서 급속한 변화가 있었다고 말했는데, 이는 일반 공중 내에서와 조경 전문가 사이에서의 자연에 대한 더 큰 인식이 반영된 것이다. 이러한 인식의 전환은 이러한 변화에 부응하기 위해 더욱 자연주의적인 경관 설계의 통합으로 이어졌다. 영국 셰필드(Sheffield)의 현장 기반 질문을 사용하여, 저자들은 공중이 형식적인 도시 녹지 공간과 자연주의적인 도시 녹지 공간의 차이를 구분할 수 있고, 이들을 모두 평가할 수 있다는 것을 발견하였다. 이 질문에 대한 응답자들은 자연 공원(natural park)은 형식적인 공원과 다르고 조성된 경관과도 다르다고 이해하고 있었다. 더욱이 그들은 형식적인 경관이 더 안전하다고 느끼지만 자연적인 경관에서 더 큰 해방감(解放感, sense of freedom)을 가지며, 둘 모두가 필요하다고 인식하고 있었다(Özgüner & Kendle 2006).

정신적 가치

우리 자신을 자연으로부터 격리시키는 것이 현명하지 않을 것이라는 전제에 대한 추가적인 지지는 Talbott 등(1978)의 연구에서 나온다. 이 연구자들은 정신병원에서 화초를 도입한 이후에 사회적인 상호작용, 음식물 소비, 식당에서 보내는 시간 등이 모두 증가하였다는 것을 발견했다. 시카고 인근의 모턴 수목원(Morton Arboretum)의 이용자들은 방문 후에 회상되는 가장 공통적인 느낌은 평화로움, 조용함, 고요함, 평온함이었다고 보고하였다(Schroeder 1986). 또 다른 연구에서, Ulrich(1978)는 도시와 농촌 경관의 다양한 경치를 묘사한 일련의 슬라이드를 보여주고 보는 사람들의 알파(alpha) 뇌파를 기록하였다(알파파는 인간의 각성 이완[覺醒弛緩, wakeful relaxation]의 징후임). Ulrich는 슬라이드에 녹색 식물과 물의 비율이 높을수록 실험자들에게서 더 큰 이완이 관찰되었다는 것을 확인하였다.

도시 숲과 공원도 조성된 환경으로부터 탈출하고 싶은 도시 거주자들을 위한 사생활 피난처로서의 편익도 제공한다. Hammitt(2002)는 오하이오주 클리블랜드(Cleveland)의 공원 네 곳에 대한 방문자를 조사한 결과 은둔을 제공하는, 특히 이들은 근처에 흐르는 물이 있는 숲이 울창한 환경을 가진 공간에 끌린다는 것을 발견했다. 방문자들은 자신들이 집이나 작업 환경에서 발견할 수 있는 것보다 도시 공원과 숲에서 더 많은 사적인 공간을 발견한다고 보고하였다.

인간에 대한 자연의 소급적인 편익에 대한 증거는 일부 있다. Hartig 등(1987)은 다음 활동을 이용하여 사람들의 스트레스 해소에 관해 연구했다: (1) 교목이 있는 자연적인 지역에서의 40분 동안 걷기, (2) 도시 환경에서의 40분 동안 걷기, (3) 음악 듣기, (4) 긴장을 풀기 위해 독서하기. 결과는 자연적인 지역을 걸은 참가자들이 다른 활동에 참여한 사람들보다 더 긍정적인 분위기의 느낌을 보고했다는 것이다.

수술 후 회복하는 병원 환자들을, 창문으로 작은 규모의 교목 임분이 보이는 그룹과 벽돌 벽이 보이는 비슷한 그룹을 비교하였다(Ulrich 1984). 벽을 보는 환자보다 "교목을 보는 한자들이 유의하게 수술 후 입원 기간이 짧았고, 간호사 기록에 훨씬 적은 부정적인 평가가 있었고, 계속적인 두통이나 메스꺼움과 같은 사소한 수술 후 합병증에 대한 점수도 훨씬 낮은 경향을 보였다."

도시 식생과 사회 생태계 사이의 관계에 관한 시카고 시내에서의 연구에서는 "이웃 간의 더 강한 유대, 더 큰 안전감과 적응력, 야외 공간에서의 더 높은 어린이 감시, 어린이들 놀이의 더 건강한 방식, 이웃 공동 공간의 더 많은 이용, 더 적은 무례함, 더 적은 도난 범죄, 더 적은 폭력 범죄" 등이 나타났다(Kuo 2003). 조경이 불충분한 황량한 지역에서는 이웃 간에 사회적인 상호작용이 부족한 무인 지대(no man's land)가 되었다. 별도의 연구에서, Kuo & Sullivan(2001)은 경관이 시내 주택 건설 프로젝트에서의 공격성과 폭력성에 미치는 영향을 보고했다. 경관 조성이 안 된 건물의 거주자는 교목과 잔디로 둘러싸인 건물에 거주하는 사람들보다 폭력성과 공격성 수준이 더 높았다고 보고했다. 또한 경관 조성이 없는 건물의 거주자에서 정신적인 피로 수준이 더 높았다.

자연의 존재는 스트레스를 낮추고 긴장 완화를 촉진한다(Grahn & Stigsdotter 2003). 가로수가 더 많은 지역에 사는 어린이들은 어린 시절 천식(asthma) 비율이 더 낮은 것으로 나타났다(Lovasi 등 2008). Wells(2000)는 새로운 환경으로 이사하기 전과 후의 저소득 어린이들의 인지기능(認知機能, cognitive function)을 측정했다. 그녀는 녹색 정도(다른 방에서 볼 때 자연 대 건축 환경의 비율)가 가장 많이 향상된 새로운 집의 어린이들이 가장 높은 인지기능을 가지는 경향이 있고 ADD와 ADHD 증상이 감소하는 것을 발견하였다. 도시 숲은 사람들이 통제된 주의피로(DAF, directed attention fatigue)와 관련된 업무로부터 회복하는 데 도움이 되는 회복적인 환경을 제공한다(Kaplan & Kaplan 1989). 도시 녹화는 사람들과 지역사회에 활력을 주는 수단을 제공하고 성취감(sense of accomplishment)을 주기도 하지만, 이는 주어진 결과와 직결되지는 않는다

(Westphal 2004).

E. O. Wilson(1992)은 삶의 휴식에 대한 우리의 잠재의식적인 연결을 설명하기 위해 **녹색갈증**(綠色渴症, *biophilia*)이라는 단어를 사용하고, 이것이 인간 진화의 기본이라고 전제한다. 바이오필리아는 우리의 진화론적 선조의 생존 가치가 된 자연 세계의 요소들에 부정적인 반응과 긍정적인 반응 모두와 관련이 있다. 예를 들면, 몇 가지 공통적인 공포를 나타내는 이름인 거미, 뱀, 늑대, 그리고 폐쇄된 공간 등이 있고, 이들에 대해 인간은 보편적인 두려움을 가지고 있는 것 같다. 이들 종과 환경은 가끔 인간에게 위험하기 때문에, 이들을 피하는 것이 생존 가치(生存價值, survival value)이다. 마찬가지로 주어진 여건에서, 대부분의 인간은 사바나 같은 공원을 내려다볼 수 있는 물가의 돌출부에 사는 것을 선호한다. 우리의 진화적 과거(evolutionary past)에서, 이러한 위치는 식량과 물을 얻기 위해 그리고 사냥감과 적을 감시하기 위한 생존 가치를 가지고 있었다. 교외의 잔디와 녹음수는 일종의 사바나이며, 우리는 물가의 재산에 대해 할증가격(割增價格, premium price)을 지불하는 데 주저하지 않는다(Wilson 1992).

일반적으로 대부분의 사람들에게 어느 정도 자연과의 접촉이 필요하다는 것을 알고 있지만, 정보/첨단기술 혁명의 결과로 인해 발생하는 가치의 전환도 있다. 이러한 가치의 전환은 인간의 자연과의 관계에 대한 개념 변화를 포함하여 다양한 형태를 취하고 있다. 우리가 생물권(生物圈, biosphere)에 대한 의존성을 더 많이 알게 됨에 따라, 우리 자신을 다르게 설득시키기 위해 노력함에도 불구하고, 우리는 우리가 개발한 기술이 생활 시스템(living systems)에 미칠 잠재적인 영향에 더 조심하게 된다. 우리는 자신을 독립적인 존재라기보다 시스템의 일부로 보기 시작하고 있다. 우리의 도시는 여러 생태계로 구성되어 있고 이들은 서로 접촉하고 생물권에 의해 지지되고 있다. 과학의 구조는 문제 해결에 선형적으로 접근하는 것으로부터 새로운 발견과 이로 인한 기술들의 사회적 그리고 과학적인 분기를 모두 고려하는 생태적 또는 전체론적(全體論的, holistic) 접근으로 바뀌어가고 있다(Ferguson 1980).

물리적 가치

도시 숲은 걸어서 갈 수 있고, 그 속에서 걸을 수 있고, 소극적으로는 앉을 수 있는 장소이다. 공원, 근무지, 상업지역, 학교, 다른 위치에 대한 근접성은 활동적인 생활양식을 촉진시키는 데 중요하다. 사람들은 자신이 있는 위치에서 몇 블록 이내에 있는 공원에는 차를 몰고 가기보다 걸어서 또는 자전거를 타고 갈 가능성이 높다. 거리가 늘어남에 따라 방문 빈도는 감소한다(Grahn & Stigsdotter 2003). 한 연구에서, 등교하는 학생의 절반 가까이가 학교와 자신의 집 사이 거리가 1마일 이내이면 적극적으로 걷거나 자전거를 타고 다녔다(Martin 등 2007). Larsen(2009)도 어린이들이 학교에 걸어가거나 자전거를 타고 갈 가능성은 짧은 거리, 가로수의 존재와 정(+)의 관계가 있다는 것을 발견하였다. 걷기를 좋아하는 젊은 남성이 여성보다 1.5배 많았다. 도시계획과정은 걷기와 자전거 타기를 방해하는 장애물을 만들어 내거나 이러한 형태의 교통수단과 휴양을 조장하거나 둘 중 하나이다. 가로수는 사람들을 자신들의 여행 형태에 연결시켜주는 하나의 중요한 부분인 것 같다. 공공장소로 인도하는 가로와 보도를 따라 교목과 다른 식생을 조화시키면 이들의 이용을 증가시켜서 인간의 건강을 증진시킨다.

사회적 요구, 가치, 그리고 도시 임학

사회적인 가치가 우리의 자연에 대한 관계 인식이 더욱 전체론적으로 전환됨에 따라, 우리의 기대도 도시 생활양식을 자연적인 요소로 보완하고자 하는 욕망이 더 큰 방향으로 전환될 것이다. 도시 임학의 개념은 도시 지역 안과 주변의 개별 교목과 교목 군락이나 생태계를 조성하고 유지 관리하는 것이다. 도시에 목본 식생을 조성하고 유지 관리하기 위해서는, 교목과 이와 관련된 식생이 도시 거주자들에게 무엇을 의미하는가를 이해할 필요가 있다. Lipkis & Lipkis(1990)는 *The Simple Act of Planting a Tree*(교목을 식재하는 단순한 행동)라는 자신들의 책에서, "우리가 혼자 또는 같이 교목을 심고 가꾸면 평화, 아름다움, 안전, 기쁨, 순박함, 배려, 그리고 만족이라는 내부 공간을 만들어가기 시작한다"라고 말한다.

Appleyard(1978)는 교목의 많은 의미를 세 가지 범주로 분류한다: 감각적(sensory), 도구적(instrumental), 상징적(symbolic). 경관에서의 감각적 특징으로서, 교목은 도시 경관의 거친 윤곽과 대조적으로, 자연적인 형태, 장식, 향기, 소리와 시각적인 차폐로 인식된다. 도시 교목의 도구적인 기능은 그늘, 피난처, 환경적인 보호, 휴양, 과일, 그리고 제한적이지만 목재를 제공하는 것이다. 교목은 도시 경치에서 자연의 상징으로서 그리고 특정한 지역이나 이웃과 연계되면, 그 자체 또는 집단의 상징으로서의 역할을 한다. 반대의 경우도 가능한데, 교목의 가치를 다른 사람들에게 제공하고 싶어 하는 외부인에 의해 식재되거나, 사회적인 상징으로 가난한 사람들의 집단 거주지를 개량한다는 구실로 저소득 지역에 식재되면 해당 지역 거주자들에게는 이질적인 상징이 될 수 있다(**그림 3-5**).

그림 3-5 도심 교목은 이웃의 참여 없이 식재되는 경우, 부자들의 이질적인 상징으로 작용할 수도 있다. (사진: Maisna/ Shutterstock.com 제공.)

Getz, Karow, Kielbaso(1982)가 실시한 디트로이트(Detroit) 시내 거주자들의 교목 선호에 관한 연구에 의하면, 거주자의 2/3가 공원과 거주지 가로의 교목에 더 많은 돈을 써야 한다고 느끼고 있는 것으로 나타났다. 나아가, 거주자들은 주차장이나 산업지역 차폐용 교목보다도 가로수에 더 높은 우선순위를 두고 있었다. 도시 공원에서 원하는 특성이 무엇인가에 대한 질문에 대해, 응답자들은 교목과 이들이 제공하는 그늘에 가장 높은 우선순위를 부여했다.

도시 교목 식재의 사회학에 관련된 연구 결과에 대한 보고에서, Ames(1980)는 이로 인한 편익이 인근 교목을 더 많이 조성하는 것보다 크다는 것을 발견하였다. 캘리포니아 오클랜드(Oakland) 시에서 저소득 지역에 가로수를 식재하는 프로그램에 참가한 거주자들은 향상된 공동체 의식(共同體意識, sense of community), 자신들의 이웃에 대한 더 나은 이해, 자신들의 환경에 대한 더 큰 통제를 느끼게 되었다.

위스콘신(Wisconsin)시에서 주택 건설을 위해 나무가 우거진 부지를 구매한 사람들은 교목과 다른 식생의 존재, 시골 같은 분위기, 그리고 필지의 재판매 가치가 이러한 부지를 선택하는데 고려되는 가장 중요한 특징이었다고 지적했다. 이들 주택 소유자들은, 부동산 가치, 그늘, 원하는 야생동물의 유인에 대한 기여와 같은 다른 특징을 인식하면서도, 자신의 식생에 대해 부여하는 주된 가치는 아름다움(aesthetic)이었다(Vander Weit & Miller 1986).

Driver & Rosenthal(1978)은, 도시 거주자들에 의한 도시 숲과 이와 관련된 녹색 공간의 인지된 정신적 편익을 묘사하기 위한 실험적인 연구를 위한 조사에서, 다음 사항을 중요한 기능으로 요약하였다:

- 더 나은 자부심(自負心, sense of self-worth)을 위한 기술과 능력의 개발, 적용, 시험;
- 육체적으로 건강을 유지하기 위한 운동;
- 육체적으로 정신적으로 모두에 대한 휴식;
- 가까운 친구, 그리고 더 나은 사회적인 장소 의식(sense of social place)을 개발하기 위해 다른 사람들과의 교제;
- 자존감(自尊感, self-esteem)을 높이기 위한 사회적 인정(social recognition) 확보;
- 가족 연대감과 결속에 대한 감정 향상;
- 다른 사람을, 특히 어린이들의 성장, 학습, 개발을 지도하는 데 도움을 주기 위해 가르치고 선도;
- 개인적, 사회적 가치에 대한 반성;
- 더 체계화되어 있는 가정과 작업 환경에 비해 자유롭고, 독립적이고 더 자신 있는 느낌;
- 정신적으로 성장.

도시 거주자들은 다양한 이유로 도시의 교목, 공원, 숲을 원한다. 인간은 자연계로부터 진화한 종이고 자연과의 부분적인 접촉 없이는 살아가기 어렵다는 것을 발견한다. 우리의 삶의 방식이 더욱 도시화됨에 따라, 자연과의 접촉에 대한 요구가 감소하기보다는 증가할 것이다. 이 욕구는 도시에서의 생활의 질을 향상시키고 싶어 함에 따라 도시 교목과 숲의 어메니티에 대한 수요가 증가하는 것으로 나타날 것이다.

인용 문헌

Ames, R. G. 1980. "The Sociology of Urban Tree Planting." *Journal of Arboriculture* 6(5):120–123.

Appleyard, D. 1978. "Urban Trees, Urban Forests: What Do They Mean?" In Proceedings, National Urban Forestry Conference (ESF Pub. 80-003, pp. 138–155). Syracuse, NY: SUNY.

Berry, R. 1993. "Nature and Culture: Building Community from the Ground Up." In Proceedings, National Urban Forestry Conference (pp. 226–228). Washington, DC: American Forests.

Bonvissuto, D. n.d. "Stop and Smell the Flowers at Gardens across the Country" (http://www.hgtvgardens.com/travel/quick-and-dirty-stop-and-smell-the-flowers-at-gardens-across-the-country).

Brush, R. O., & T. A. More. 1976. "Some Psychological and Social Aspects of Trees in the City." Better Trees for Metropolitan Landscapes (Gen. Tech. Rep. NE-22, pp. 25–29). Washington, DC: USDA Forest Service.

Butterfield, B. 2007. "Homeowners Spend a Record $45 Billion on Lawn and Landscape Services." Burlington, VT: National Gardening Association.

Driver, B. L., & D. Rosenthal. 1978. "Social Benefits of Urban Forests and Related Green Spaces in Cities." In Proceedings, National Urban Forestry Conference (ESF Pub. 80-003, pp. 98–103). Syracuse, NY: SUNY.

Ferguson, M. 1980. *The Aquarian Conspiracy.* Los Angeles: Jeremy P. Tarcher.

Getz, D. A., A. Karow, & J. J. Kielbaso. 1982. "Innercity Preferences for Trees and Urban Forestry Programs." *Journal of Arboriculture* 8(10):258–263.

Grahn, P., & U. A. Stigsdotter. 2003. "Landscape Planning and Stress." *Urban Forestry & Urban Greening* 2:001–018.

Hammitt, W. E. 2002. "Urban Forests as Refuges." *Journal of Arboriculture* 28(1):19–26.

Hartig, T., M. Mang, & G. W. Evans. 1987. "Perspectives on Wilderness: Testing the Theory of Restorative Environments." Paper presented at the Fourth World Wilderness Conference, Estes Park, Colorado.

Kaplan, R., & Kaplan, S. 1989. *The Experience of Nature: A Psychological Approach.* Cambridge: Cambridge University Press.

Kuo, F. E. 2003. "The Role of Arboriculture in Healthy Social Ecology." *Journal of Arboriculture* 29(3):148–155.

Kuo, F. E., & W. C. Sullivan. 2001. "Aggression and Violence in the Inner City: Effects of Environment via Mental Fatigue." *Environment and Behavior* 33(4):543–571.

Larsen, K., J. Gilliland, P. Hess, P. Tucker, J. Irwin, & M. He. 2009. "The Influence of the Physical Environment and Sociodemographic Characteristics on Children's Mode of Travel to and from School." *American Journal of Public Health* 99(3):520–526.

Lipkis, A., & K. Lipkis. 1990. *The Simple Act of Planting a Tree.* Los Angeles: Jeremy P. Tarcher.

Lovasi, G. S., J. W. Quinn, K. M. Neckerman, M. S. Perzanowski, & A. Rundle. 2008. "Children Living in Areas with More Street Trees Have Lower Prevalence of Asthma." *Journal of Epidemiology & Community Health* 62(7):647–649.

Martin, S. L., S. M. Lee, & R. Lowry. 2007. "National Prevalence and Correlates of Walking and Bicycling to School." *American Journal of Preventive Medicine* 33(2):98–105.

National Gardening Association. 2013. "Garden Market Research." Burlington, VT: National Gardening Association.

Özgüner, H., & A. D. Kendle. 2006. "Public Attitudes towards Naturalistic versus Designed Landscapes in the City of Sheffield (UK)." *Landscape and Urban Planning* 74:139–157.

Poole, W. R. 1971. "Social Comforts of Trees to an Urbanizing Environment." Trees and Forests in an Urbanizing Environment (Plann. Res. Dev. Ser. No. 17, pp. 77–78). Amherst: University of Massachusetts.

Schroeder, H. W. 1986. "Psychological Value of Urban Trees: Measurement, Meaning and

Imagination." In Proceedings, Third National Urban Forestry Conference (pp. 55–60). Washington, DC: American Forests.

Sinton, J. 1971. "The Social Value of Trees and Forests for Recreation and Enjoyment of Wildlife." Trees and Forests in an Urbanizing Environment (Plann. Res. Dev. Ser. No. 17, pp. 71–76). Amherst: University of Massachusetts.

Talbott, J. A., D. Stern, J. Ross, & C. Gillen. 1978. "Flowering Plants as a Therapeutic/Environmental Agent in a Psychiatric Hospital." *HortScience* 11(4):365–366.

Toeffler, A. 1980. *The Third Wave.* New York: Bantam Books.

Tuan, Yi-Fu. 1974. *Topophilia.* Englewood Cliffs, NJ: Prentice Hall.

Ulrich, R. S. 1978. "Psycho-Physiological Effects of Nature vs. Urban Scenes." Report prepared for National Council of Building Residences, Stockholm, Sweden.

Ulrich, R. S. 1984. "View Through a Window May Influence Recovery from Surgery." *Science* 224:420–421.

Vander Weit, W., & R. W. Miller. 1986. "The Wooded Lot: Homeowner and Builder Knowledge and Perception." *Journal of Arboriculture* 12(5):129–134.

Wells, N. M. 2000. "At Home with Nature: Effects of 'Greenness' on Children's Cognitive Functioning." *Environment & Behavior* 32(6):775–795.

Westphal, L. M. 2004. "Urban Greening and Social Benefits: A Study of Empowerment Outcomes." *Arboriculture & Urban Forestry* 29(3):137–147.

Wilson, E. O. 1992. *The Diversity of Life.* Cambridge: Harvard University Press.

제4장

도시 식생의 기능적 이용과 설계

일리노이주 시카고

'형태는 기능을 따른다(Form follows function)'는 미국의 건축가 루이 설리반(Louis Sullivan)이 설계의 순서를 강조하기 위해 만든 설계 원칙(設計原則, design principle)이다. 이 원칙은 설계의 아름다움보다 프로젝트의 의도된 목적이 처음부터 무엇이 설계되고 건설되어야 하는가에 대한 방향을 잡아야 한다는 것을 제시한다. 설리반의 설계 개념은 미학이 중요하지 않다고 말하지 않았고, 도리어 이 설계가 기능적인 필요에 대한 해법이라는 것을 의미한다. 궁극적으로 미학과 장식은 설계 과정에서 뒤따르게 된다. 식물도 기능을 지지하기 위해 자신의 구조를 최적화한다. 효과적인 방법으로 기능을 최적화하기 위해 진화한 것들은 더욱 경쟁적이고 생존할 가능성이 더 높다. 이러한 과정 동안, 식물은 미학적으로 보기 좋은 다양한 형태, 질감, 그리고 색깔을 발달시킨다.

도시 숲(urban forest) 설계는 도시 환경에 미학적으로 그리고 기능적으로 기여하기 위해 식물의 형태, 질감, 색깔을 이용할 수 있다. 도시 임업가는 도시 식생의 기능성을 평가하는 데 비해, 공중의 주된 관심은 대부분의 경우 미학일 것이라는 것을 기억하는 것은 중요하다. 조성된 환경의 일부로서의 도시 숲은 이들 환경과 충돌하고 가치를 손상시키기보다 살기 좋고 지속가능한 장소들을 보완해야 한다. 이처럼 도시 숲은 공원에서의 녹색 기반시설(基盤施設, infrastructure)로서, 개인 거주 단지와 상업지역 및 산업 단지에 안겨 있는 가로수로서, 녹색 통로를 통한 지역 간 연결로서, 교목으로부터 편익을 얻는 모든 장소에서 중요한 설계 요소이다.

도시 교목과 관련 식생은 도시 환경에서 수많은 편익과 기능을 가진 설계 요소들이다. 지속가능한 도시 숲은 확인된 사람들의 요구를 충족시키는 설계로부터 출발한다. 잘못된 설계, 계획 수립 미흡, 부적절한 관리는 도시 숲으로부터 더 큰 법적 책임을 유발하는 예상치 못한 일만 증가시킨다. 설계 단계에서의 계획수립은 유지 관리 요구와 이러한 요구를 충족시킬 수 있는 능력을 고려해야 한다. 이로 인한 편익은 범위가 명확한 것(집에 그늘 제공)으로부터 분명하지 않는 것(생태적인 서비스)에 이르고, 도시 생활 여건의 향상을 위한 기회(향상된 거주성[居住性, livability]과 상업)를 제공한다. 구축 환경과 도시 숲의 설계는 동시에 일어나야 한다. 이렇게 하면 지속가능성으로 이어질 가능성이 높고 조성된 환경과의 충돌과 그리고 사람과의 충돌을 최소화할 것이다. 예를 들면, 교통을 위한 공공 통행로(公共通行路, right-of-way)와 교목, 공익시설을 설계할 때 우리는 이 설계에서 해당 교목들의 생물학적 요구를 고려해야 한다(**그림 4-1**).

도시 식생의 건축적이고 미학적인 이용은 무관심한 관찰자에게 조차도 눈에 잘 띈다. 그러므로 도시 경관과 구조를 설계하는 동안, 식생과 때로는 지형(地形, landform)을 책임지고 있는 전문가를, 나중에 생각할 일이 아닌 이상적으로는 일찍이, 이 과정에 참여시켜야 한다. Turner(2006)는 그린웨이(greenway, 큰 공원을 연결하는 보행자 · 자전거 전용 도로; 산책로) 개념을 통해 설계자가 녹색 인프라(green infrastructure)를 포함시키는 데 가용한 다양한 기회를 제시한다(**그림 4-2**). 이들에는 다음과 같은 것이 있다:

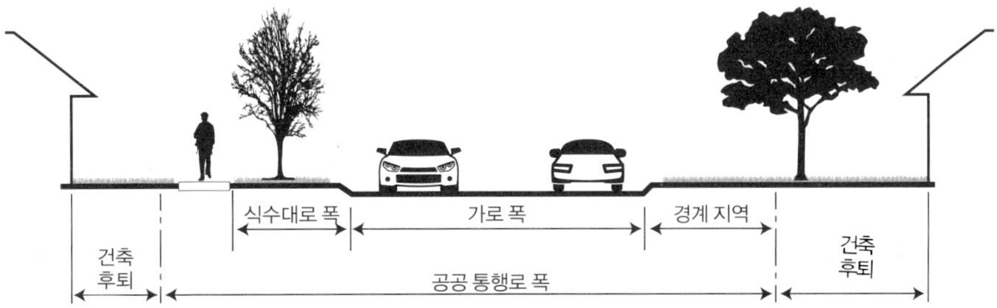

그림 4-1 구축 환경은 구축 환경의 범위와 잠재적인 수명에 근거한 설계 사양 같은 많은 요소를 포함한다. (Simon & Johnson 2008 제공.)

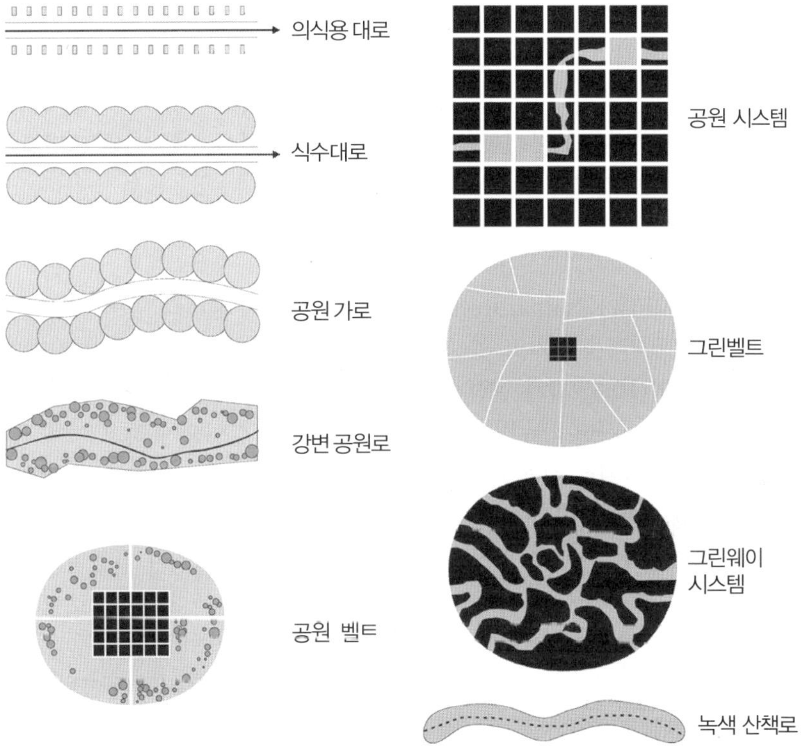

그림 4-2 도시 숲은 가로로부터 구축 환경을 에워싸고 연결하면서 연장되어 있다. (Elsevier의 허락을 받아 Turner 2006. "Greenway Planning in Britain: Recent Work and Future plans." *Landscape and Urban Planning* 76(1–4):240–251에서 전재함.)

- 의식용 대로(儀式用大路, ceremonial avenue)—고대 이집트에서 발견된 것처럼;
- 가로수가 식재된 식수대로(boulevard)—이러한 형태는 원래 요새화된 도시의 성채를 산책하는 기능을 했지만, 나중에는 교목이 줄지어 늘어선 가로가 되었다;
- 공원노로(parkway)—휴식용 통행과 휴양을 위해 계획된 지역; 이는 강의 둑을 따라 발견될 수도 있다;
- 공원 벨트(park belt)—전체 도시의 휴양 요구를 위해 정착지의 둘레에 위치한다;

- 그린벨트(greenbelt)—도시 난개발을 통제하기 위해 활용되는 계획된 지역;
- 그린웨이 시스템(greenway system)—전체 도시의 휴양 요구를 위한 장소;
- 녹색 산책로(green trail)—도시와 시골지역에 있는 계획된 휴양용 길.

잘 계획되고 집행된 설계는 야생동물을 관찰하고 행복감(sense of wellbeing)을 회복하는 것과 같은 야외 휴양기회를 포함한 많은 중요한 성과를 가져온다. 이외 사업장에 고객을 유인하고, 지역사회에 생태적인 서비스와 녹색산업 내 가시적인 고용을 제공하는 것과 같은 경제적인 기여를 할 수도 있을 것이다.

도시 식생의 편익, 부담, 가능성

도시 임업가의 역할은 도시 숲의 가치를 높이는 계획을 수립하는 것 이상이다. 도시 식생이 특정한 상황에서 발생할 수 있는 법적인 책임을 최소화하는 것도 도시 임업가의 임무이다. 이를 올바르게 수행하면, 도시 숲은 계획되고 관리된 식생의 일생 동안 이와 관련된 비용 이상으로 그 도시에 가치를 산출할 것이다.

도시 교목의 편익

도시 교목(都市喬木, urban trees)은 사회적, 경제적, 생태적 편익을 통해 사회에 상당한 기여를 할 수 있는 잠재력을 가지고 있다(McPherson & Simpson 2002). 오늘날의 지자체 임정관은 생태계 기능이 지역사회를 위해 점점 더 중요한 목표와 행동이 될 것이라고 파악하고 있다(Young 2010). 따라서 설계는 어떤 기능적인 편익을 원하는가를 설명해야 하고 이를 극대화하기 위해 시도되어야 한다. 마찬가지로 설계 단계에서 식생의 무작위 배치나 비판적 사고(批判的思考, critical thinking)의 결여는 잠재적인 편익을 감소시킬 것이다.

이러한 고려를 넘어서, 도시 식생은 도시 생태계에서 여러 가지 공학적인 기능을 수행한다. 예를 들면, 교목과 숲은 도시의 미기후(微氣候, microclimate)를 조절함으로써 인간의 안락함과 실내 에너지 비용에 영향을 미친다. 많은 곳에서, 에너지를 절약하기 위해서는 여름에는 주택의 동쪽과 서쪽 면에 그늘을 지우고, 겨울철 몇 달 동안은 태양열을 받을 수 있도록 할 필요가 있다. 잘못된 위치에 식재된 교목은 이들 에너지 절약 편익을 감소시킬 수 있지만, 빗물 차단, 대기 오염물질 감축, 미학적인 가치와 같은 다른 편익은 여전히 생산할 수 있다.

식생이 특정 대기 오염물질을 감축하는 것으로 나타났지만, 때로는 이들 오염물질에 의해 피해가 지속될 수 있다. 원하지 않음 소리(소음)는 밀도가 높은 교목과 관목의 차폐에 의해 줄어든다. 인위적인 조명과 함께 윤이 나고 밝은색의 표면은 사람에게 성가신 것이 될 수 있는데, 도시 식생은 이 문제를 해결하는 데 도움이 될 수 있다. 공사와 과도한 이용은 도시 토양을 바람과 물에 의한 침식(浸蝕, erosion) 피해에 노출시킨다. 보행자 통행 패턴 통제와 함께 적절한 식생 유형과 지표 포장의 활용은 침식 문제를 상당히 줄여줄 수 있다. 도시의 그린벨트와 숲은 지자체와 산업체로부터 나오는 처리된 폐수(廢水, wastewater)를 부분적으로 정화시키는 것으로 나타났다. 마지막으로, 교목은 도로의 내용연수(耐用年數, service life)를 늘리는 교통 정온화(traffic calming)를 위한 교통시스템(transportation system)의 중요한 일부이고, 바람에 날리고 쌓이는 눈의 영향을 줄여주는 살아 있는 방설책(防雪柵, snow fence) 역할도 한다.

도시 교목의 부담

도시 숲이 제공하는 편익 못지않게, 도시 교목에 의해 부담도 발생할 수 있다. 교목은 폭풍이 불 때 부러져서 재산상의 피해, 사람에 대한 상해나 죽음을 유발할 수 있다. 위치를 잘 못 잡은 교목은 교차로를 막고 서서 자동차 사고를 일으키는 요인이 될 수 있다. 어떤 교목의 열매는 보행자의 이동을 방해하거나 직접적으로 사람이 넘어지는 사고를 유발할 수 있다. 알제리에서는 식물의 꽃가루가 민감한 사람에게 영향을 준다. 침입성 식물(侵入性植物, invasive plants)의 확산은 일부 원예용 도입으로부터 유래되어 기존 생태계에 부정적인 영향을 미친다. 도시 임업가의 목표는 이러한 법적 책임을 최소화하고 도시 숲으로부터의 편익을 극대화하는 것이다.

도시 숲의 부담은 비용으로 설명될 수 있다. 이들 비용을 정확하게 반영시키는 것은 어려울 수 있다. 교목으로부터 발생하는 재산상의 피해와 상해로 인한 책임은 심각하게 될 가능성이 있다(Hauer & Johnson 2003). 다행히도 매우 소수의 사람들이 도시 교목에 의해 목숨을 잃거나 상처를 입지만, 실제로 문제가 발생하면, 결과는 비극적이고 보상 방안을 강구해야 할 것이다. 도시 숲 알레르기 물질의 건강과 경제적인 영향은 계속 논의되고 있지만, 추정되는 효과의 가치를 제공하는 경험적 자료(經驗的資料, empirical data)는 제한적이다. 낙엽 잔해 제거를 위한 청소비용도 지자체의 일상적인 비용이다. 불투성 지표면 위에 축적되도록 방치된 낙엽으로부터 나오는 침출수(浸出水, leachate)는 수체(水體, body of water)의 표면으로 흘러가는 빗물과 관련된 영양분 적재(營養分積載, nutrient loading)의 중요한 공급원이 될 수 있다.

McPherson & Peper(1996)는 교목에 의한 기반시설 피해 비용의 사례를 제공한다. 교목으로 인한 보도 손상과 수선비용은 교목당 연간 $3.01이며, 보차도경계석과 배수구 수선비용은 교목당 $1.14였다. 폭풍 피해와 복구비용도 상당할 수 있는데, 이는 폭풍의 강도에 따라 다를 수 있다. 허리케인과 얼음 폭풍은 연간 수억 달러의 손실을 초래하고 도시에 교목 잔해를 축적시켰다(Escobedo 등 2009; Hauer 등 2006: Hauer 등 2011). 효과적인 도시 숲 관리는 도시 교목과 기타 식생의 편익과 함께 이러한 부담을 고려해야 한다.

도시 숲의 편익 생산 가능성

도시 숲의 모든 편익과 비용을 설명하는 것은 쉬운 일이 아니다. 식재, 유지관리, 제거와 같은 일부 비용은 쉽게 확인할 수 있다. 그러나 생태적인 기능과 같은 다른 것은 더욱 어려울 수 있다. 최대의 편익을 위한 최적화는 달성하기 어렵고 폭풍과 병해충 문제와 같은 예측할 수 없는 사건에 달렸다(McPherson 2003; Nowak & Dwyer 2007). i-Tree 시스템은 많은 과학자들에 의한 도시 숲의 비용과 편익에 대한 수십 년의 연구 결과를 통합한 도구이다(http://www.itreetools.org). 이 시스템은 가로, 공원, 상업 및 산업 지역의 교목 군집은 물론 전체 도시 숲 전반에 대한 순 편익(純便益, net benefit)의 계산을 가능하게 한다. 도시 숲에 대해 가치를 부여하는 일은 양면성을 가지는데, 먼저 정책 입안자로 하여금 편익이 실제로 존재한다는 신념을 가지게 하고, 다음으로 이 편익을 있는 그대로 인식하기 위한 정책을 만들어내는 것이다.

사람들은 오랫동안 녹색 인프라에 가치를 부여해왔다. 1970년 실시한 여론조사에서 나타난 바와 같이, 조사 응답자의 95%가 "내 주위의 녹색 잔디와 교목"을 자신의 물리적인 환경의 중요한 일부로 올려놓았다(Hooper 1970). 이 조사 결과에 대한 보고에서, Hooper(1970)는 "미국사람들은 거의 제퍼슨 풍경(Jefferson picture)을 자신의 동경으로 가지고 있다. 즉, 푸른 잔디와 교목, 친절한 이웃, 교회, 학교와 가까운 상점들." 1981년 녹색 산업이 전례 없는 성장을 보이고 *Wall Street Journal*에 의해 최고의 성장 산업 중 하나로 인정됨에 따라 매력적인 경관에 대한 흥미가 주민의 주된 관심사인 것으로 인식되었다. 경관 서비스 분야는 1987년 150억 달러로 평가되었고, 연평균 성장률이 11%에 달해 2001년에는 거의 400억 달러에 이르렀다. 이러한 관심은 민간과 공공 분야 모두에서 매력적인 경관에 대한 수요가 증가하면서 21세기에도 지속되었다. 2002년, 교목 판매와 교목 관리 서비스의 경제적 효과는 145억 달러로 평가되었는데, 도시 임업에 적합한 교목 생산으로부터의 경제적 효과가 46억 달러, 교목 관리 서비스의 가치가 99억 달러였다. 교목 관리 서비스는 미국 내 경관 서비스 분야의 27.1%를 차지하였다. 전반적으로, 미국의 녹색 산업은 총 1,752.6억 달러로 평가된다(Hodges 등 2011). 또 다른 연구는 수목관리 분야가 약 82,000업체로부터 90억 달러의 총수입(總收入, gross receipts)을 유발한 것으로 추정하였다(O'Bryan 등 2007).

설계 원칙

훌륭한 설계가 무작위의 우연한 일에서 발생하는 경우는 드물다. 좋은 설계는 해당 프로젝트의 확인된 필요와 요구로부터 정교하게 만들어진다. 부지 조사와 고객 면담은 설계의 기반이 되는 자료를 수집하는 두 가지 방법이다. 부지 여건과 사람들의 요구를 거의 고려하지 않은 상태에서 서둘러 설계를 진행하면 해당 설계가 일찍이 제거되거나 지속가능성이 낮을 위험이 따르게 된다. 지속가능성(持續可能性, sustainability)은 정해진 기간에 걸쳐 사회적 요구를 충족하는 설계를 창출하고, 한정된 규모의 자원이라는 경제적 제약하에서 생태적 편익을 이상적으로 산출하는 것을 의미한다. 설계 목적은 사전에 확인된 기능적인 요구, 선발된 식물의 심미적 가능성, 그리고 좋은 설계로 유도하는 설계 원칙에 기반을 두어야 한다. Pederson & Mugus(2006)는 지속가능한 설계에 대한 절차를 제시한다: 기능적인 목표가 먼저 제시되어야 하고, 다음으로 유지될 수 있고 환경적으로 건전한 설계가 뒤따라야 한다. 최종적으로 설계에 고려되어야 하는 것은 해당 설계의 비용 효과성(費用效果性, cost effectiveness)과 어떻게 시각적으로 보기 좋은 디자인을 잘 만들어내느냐 하는 것이다.

설계 목적

도시 풍경에 식생(植生, vegetation)을 도입하는 것은 매력적인 경관을 조성하기 위한 엄청나게 주의 깊은 계획 수립에 의해 이루어져야 한다. 그러나 식생은 자연적이거나 자연적인 천이(遷移, succession), 우연한 계획 수립, 또는 전혀 계획이 없이도 도입될 수 있다. 도시 조성에서 식생을 포함하라는 요구는 반드시 모든 식생이 바람직하거나 심미적으로 보기 좋아야 한다는 것을 의미하는 것은 아니다. 너무나 빈번하게, 도시 경관들이 일부 식생은 없는 것보다 낫다고 생각될 정도로 불량하게 또는 아무 생각 없이 설계되어 있다. 경관의 올바른 계획수립은 경관을 변경하는 의사결정을 할 때 절대로 무시되어서는 안 되는 전문가들인 조경가(造景家, landscape architect),

경관 설계자, 도시 임업가, 토지 이용 계획자들의 영역이다. 식생 관리자가 경관 이용과 설계의 기본적인 개념을 이해하는 것은 조경가와 계획수립자와의 의사소통을 위해 중요하다.

식생의 건축적 미학적 이용은 두 가지 서로 다른 접근으로 구성된다. Robinette(1972)는 건축적인 이용을 "식물이 단독으로 또는 군집으로 다양한 높이와 밀도의 벽, 덮개(canopy), 바닥을 형성한다; 이들이 건축적인 특성이다"라고 정의하였다. 그는 나아가 사생활을 보호하고 바람직하지 않은 조망을 차폐함으로써 인간에게 안락한 경관을 조성하는 데 중요한 것으로 식물 재료의 건축적 이용을 정의하였다. 식물은 서로 다른 형태, 색깔, 질감을 가지고 있다. 또한 식물은 서로 다른 크기, 밀도, 생장 속도를 가지고 있다. 설계의 요소로서, 이들 속성은 설계와 완전한 경관을 강화하기 위해 구조와 지형과 혼합된다. 식물은 보는 사람의 시야를 유도하고, 큰 공간을 분할하고, 해당 환경에서의 중요한 요소의 윤곽을 명확히 한다. 이들은 경관의 틀을 만들고 경관 특성을 위한 전경(前景, foreground)과 배경(背景, background)을 제공하기 위해 사용될 수 있다(Robinette 1972).

건축적인 관점에서 볼 때, 식물은 공간을 점유하고 한정하고 싶어 한다. 설계의 범위는 식물로부터 경관, 숲, 그리고 그 이상으로 나아간다.

미학적인 이용도, 개별 식물이 자신의 심미적인 특성을 가지고 있는 물체라는 것을 제외하면 비슷하다. Robinette(1972)는 미학은 식생 이용에 있어서 일차적인 결정요소라고 믿고, 나아가 "식물은, 표본이든 토피아리든 분재든 바람에 의해 변형되었든, 관심을 창출하는 조각품으로서 효과적이다"라고 말했다. 식생은 바람직한 경관 특성에 대한 심미적인 배경막(背景幕, backdrop)을 형성하여 그렇지 않으면 부조화스러운 구조물과 토지 이용으로 구성될 도시 경관에서 조화를 창출하는 데 사용될 수 있다. 식생은 구축 환경을 자연적인 세계로 조화시키는 역할을 한다. 또한 식생은 경관에 심미적인 관심을 추가하는 새와 다른 야생동물을 유인한다. 식생은 계절, 하루의 시간, 기후 여건에 따라 다른 분위기를 창출한다. 식물은 자신의 소리, 냄새, 느낌을 가지고 있고, 이들 요소는 도시 거주자들이 도시 생활의 소음 속에서 너무 쉽게 잊어버릴 수 있는 이들의 일부와 접촉할 수 있게 한다(Robinette 1972).

Appleyard(1978)는 도시 교목의 수많은 가시적이고 감각적인 기능을 기술한다. 자연적인 존재로서의 교목은 개별 교목의 형태로 또는 식생의 군집으로서 자연을 도시 환경에 도입한다. 형태가 만들어진 관상수인 교목은 자연에서 발견되지 않는 형태로 조각되고 선정된다. 향(香, incense)과 음악으로서의 교목은 도시의 냄새와 대조적으로 자신의 냄새를 풍기고, 바람이 자신의 잎과 부딪치고 새가 자신의 수관에서 노래함으로써 자연적인 소리를 만들어낸다. 자연적인 장벽으로서의 교목은 볼썽사납고 때로는 필요한 도시 활동에 대한 칸막이나 가시적인 여과기 역할을 한다. 색깔과 형태에서 건물과 거친 질감에 대해 신선한 대비로서의 교목은 보기에 좋고 실내 생활과의 대비를 제공한다.

마지막으로, 도시생활에 대한 위협으로서의 교목은 도시 형태와 건축을 찬양하고 교목이 도시의 형태를 희미하게 하고 표지판과 인공적인 조명, 기타 도시 경관의 세부 모습을 덮어서 방해를 받는다고 생각하는 사람들이 갖는 관점이다. Owens(1971)는 교목을 선택하고 식재할 때 다음과 같은 근본적인 원칙에 근거할 것을 제안한다:

1. 자연적인 수림지(樹林地, woodland)에 있는 것을 제외하고, 모든 교목은 하나의 강조 포인트

(accent point)임을 기억하라.

2. 해당 교목이 위치할 경관과 규모에 정확하게 적합한 크기의 교목을 선택하라.
3. 어떤 교목도 다른 교목의 영향권을 침해하도록 않도록 하라.

경관의 설계와 미학적 요소들로서, 교목과 다른 식생은 설계 원칙과 해당 지역의 이용 목적을 고려한 구체적인 계획에 따라서 조성되어야 한다. 설계 원칙은 이들 요소를 포함하고, 구성하고, 배열하는 윤곽의 개념과 함께 식물의 형태, 질감, 색깔을 사용하고 고려한다. 식생의 배열은 단순성, 균형, 초점 집중(focalization), 통일성, 조화, 그리고 리듬(rhythm)까지도 고려한다(Ingels 2009).

도시 지역의 식재된 경관은 자신의 아름다움을 창출하며, 이를 관리하는 사람은 기존의 식생을 교란시키거나 식물 천이가 자신의 과정을 따라 가도록 내버려둠으로써 이들의 효과를 조작할 수 있다. 더 넓은 개방된 경관과 마주치면, 선택 대안은 다음과 같다: 현재 상태 그대로 두거나, 표본(標本, specimen)으로서 새로운 식물을 도입하거나, 식생을 벽, 천장, 바닥으로 활용하여 더 작은 단위로 해당 지역을 세분한다. 식수대로(植樹大路, boulevard)와 가로(街路, street)에 대한 식재는 관리의 경제성에 의해 강제된 설계 원칙을 따라야 한다. 가로수는 구축 환경에서 매우 높게 평가되는 요소로서, 교목은 인지된 성가심(annoyance)을 훨씬 초과하는 긍정적인 영향을 준다고 주민들이 보고한다(Schroeder 등 2006). 가장 높게 평가된 가로수 편익은 다음과 같다: 보기 좋다, 자연을 더 가까이 가져온다, 정원/뜰, 집의 외관을 향상시킨다, 가을 단풍. 일반적인 교목의 쓰레기인 낙엽과 수액 방울은 일반적인 성가심이다. 모든 사람이 도시 교목에 대해 동일한 기호와 요구를 가지고 있지 않다는 것을 잊어서는 안 된다(Kirkpatrick 등 2012). 모든 도시 식생의 계획수립에는 미학적인 고려, 지정된 용도, 관리 제약 등이 고려되어야 한다.

설계의 범위와 식재 밀도

새로운 경관 설계를 할 때 인접한 지역을 고려하는 것이 중요하다. 토지 소유자들은 식생과 경관 선호에 대해 서로 다르고 충돌하는 관점을 가지고 있을 수 있다. 그러므로 설계 범위(設計範圍, design scale)는 식물 수준으로부터 경관, 지역사회, 그리고 그 이상으로 확대된다. 좋은 설계를 만들어내기 위해 설계자는 (1) 사물들이 어떻게 연결되어 있는가를 고려하고, (2) 오픈 스페이스를 통합하고, (3) 순환을 위해 통로를 사용하고, (4) 가장자리를 나타내는 것과 같은 시각적 단서(視覺的端緖, visual cues)로 식생을 활용할 수 있다(Bell 등 2005). 도시 경관은 생장과 고사, 그리고 새로운 식물의 도입으로 시간에 따라 공간이 변화하는 역동적이다. 이러한 현실은 설계에 대한 심각한 도전일 뿐만 아니라 새로운 개념이나 기존의 개념을 갱신하는 데 대한 기회를 창출하기도 한다. 예를 들면, 미네소타주 미니아폴리스(Minneapolis)시의 Victory Memorial Parkway는 1921년에 조성되었고, 제1차 세계대전(World War 1)의 참전용사를 기리기 위해 미국느릅나무(*Ulmus americana*)를 식재했다. 그러나 지금은 원래 교목의 많은 부분이 자기 수명의 끝을 향해 접근하고 있고, 이에 따라 오늘날의 경관에 적합한 새로운 종으로 대체 식재하기 위한 계획이 수립되어 있다. 설계자가 대체적인 경관을 개발할 수 있었지만, 대체 교목으로 서양팽나무(*Celtis occidentalis*)가 사용될 예정인데, 이는 이 수종이 공원도로의 원래 설계요소를 연속시켜 줄 수 있기 때문이다

(Ingraham and Associates 2004).

사람들은 식생의 크기, 공원과 숲 내의 밀도, 기타 교목의 속성 등에 대해 자신의 선호가 서로 다르다. Yang 등(2009)은 캘리포니아주 버클리(Berkeley)시에 대한 녹색조망지수(green view index)를 개발하였는데, 이는 대형 교목, 교목과 보는 사람과의 거리, 수관 피복, 다른 식생의 존재 등이 시각적인 아름다움의 좋은 예측변수(豫測變數, predictor)임을 보여주었다. 사람들은 나무가 거의 없거나 조밀한 것보다 적당한 밀도의 숲을 선호하는 경향이 있었다(Schroeder & Green 1985). Bjerke 등(2006)은 숲 선호는 나이, 교육, 자연 환경에 대한 개인적인 관심 수준에 의해 영향을 받는다는 사실을 발견했다. 일반적으로, 조밀한 식재 밀도를 선호하는 사람들은 중년(中年, middle age), 높은 교육 수준, 자연 환경에 관한 개인적인 관심에 따라 증가하는 경향이 있었다. Brush 등(2000)도 마찬가지로 사람들은 경관 선호에 대한 자신들의 견해에 차이가 있었는데, 자신의 토지관리 배경이 사람들의 선호가 다른 중요한 이유였다. 이들의 연구에서 농부를 제외한 모든 그룹이 농장보다 더 즐거운 것으로 숲을 꼽았으며, 도시 가장자리가 그 다음이었다. 농부들은 농장 유형의 환경을 숲보다 더 즐거운 것으로 꼽았다. 반대로, 벌목꾼들은 농장 풍경보다 산림 풍경에 더 호감이 간다고 했다. 농업경제학, 원예학, 사회과학에 등록하고 있는 젊은 성인들은 야생동물학 전공 학생들에 비해 깔끔하고 잘 관리된 환경을 선호하는 경향이 더 강했고, 야생동물 전공자들은 좀 더 자연에 가까운 환경을 더 선호했다(Zheng 등 2011).

지역사회 고려

도시 숲은 인간의 육체적 정신적 건강에 중대한 영향을 미친다(제3장). 이러한 가치에 추가하여, 도시 숲은 지역사회의 경제적 가치를 증대시키고, 휴양을 위한 장소를 제공하고, 도시 공간을 우리와 공유할 수 있도록 바람직하거나 바람직하지 않은 야생동물 모두를 유인한다. 이러한 주제는 새로운 것이 아니고 식생을 사회에 통합하고자 하는 인간의 관심과 적용은 수천 년 전으로 거슬러 올라간다(제2장). 도시 숲과 자연 환경은 걷고, 자전거를 타고, 앉고, 답사할 장소를 제공한다. 이러한 기분 전환적인 환경은 보다 힘든 일로부터 사람의 마음을 멀리 격리시키고, 사람들이 만날 수 있는 공간을 창출하고, 육체적인 활동을 위한 목석시를 제공함으로써 인간의 건강을 증진시킨다(Grahn & Stigsdotter 2010; Kaplan & Kaplan 1989). 녹지 공간은 사람들에게 장소와 공동체 소속감을 준다(Arnberger & Eder 2012). 이는 스트레스로부터 회복감(回復感, recuperative sense)을 제공한다(Adevi & Lieberg 2012). 어린이와 청소년들은 녹색이 많은 지역에서 비만 발생률이 더 낮았다(Bell 등 2005). 인간의 임신 결과까지도 더 큰 교목 수관 피복에 의해 영향을 받을 수 있다. 도시 교목에 대한 접근이 더 많으면 스트레스 수준이 떨어지는 것으로 나타났고, 이는 조산(早産, preterm birth)과 저체중아(低體重兒, gestational age) 출산의 가능성을 줄일 수 있는 원인 중 하나이다(Donovan 등 2011). 따라서 도시 식생은 사람들이 자신의 시간 중 많은 부분을 사용하고 가끔 자신의 스트레스 수준을 낮추는 활동에 참여하는 환경의 중요한 부분이다.

경제적 기여

도시 교목은 시간이 지나면서 가치가 상승하는 자산이다. 교목이 더 커짐에 따라 이들이 편익을 생산할 잠재력은 증가한다(McPherson 2003). National Tree Benefit Calculator(http://www.

treebenefits.com)와 i-Tree Tools(http://www.itreetools.org)와 같은 소프트웨어는 해당 교목의 크기, 종, 지리적인 위치를 기반으로 교목의 연간 편익의 추정치를 산출한다. 대교목의 편익 생산능력이 더 크지만 모든 부지가 대교목에 적합한 것은 아니다. 지상의 공익시설, 특정 부지의 불충분한 토양 부피, 좁은 녹지대(綠地帶, tree lawn)는 수종 선택을 어렵게 만든다. 소교목이 대교목보다 더 작은 편익을 산출할 것이라는 것을 알고 있음에도 불구하고, 이러한 부지에는 작은 크기로 성숙하는 소교목을 배치하는 것이 하나의 해결책이다. Urban(2008)은 대교목의 토양 부피 요구를 충족시키는 교목 생장 환경을 조성하는 몇 가지 방법을 제시한다.

교목과 다른 식생을 상업지구(商業地區, commercial district)에 조화시키는 것은 경제적인 활동을 늘리기 위해 Wolf(2004)에 의해 제시되었다. 사람들은 식생이 조성되지 않은 부지에 비해 경관이 조성된 지역에서 더 오래 머물고, 더 먼 곳에서 오고, 더 많은 돈을 쓰는 경향이 있다(Wolf 2005). 업무지역(業務地域, business area) 연구에서 사람들은 교목이 없거나 식생이 성긴 경관보다 식생이 조성된 곳을 선호하였다(**그림 4-3**). 쇼핑객들은 식생 조성이 더 잘된 지역을 더 선호한 반면, 사업주들은 식생에 신경을 쓰는 것으로 나타났다. 기반시설에 대한 피해, 상점과 유도표시(directional sign) 가림, 식생과 야외 식당 탁자 사이의 공간 경쟁, 교목에서 나오는 쓰레기와 열매, 식재와 유지관리를 위한 비용이 상업지역의 설계와 계획수립 단계에서 지적되어야 하는 걱정들이다.

휴양과 야생동물

공간은 직접적인 관찰이나 활동에 참여를 통해 즐길 수 있도록 조경가에 의해 설계되는데,

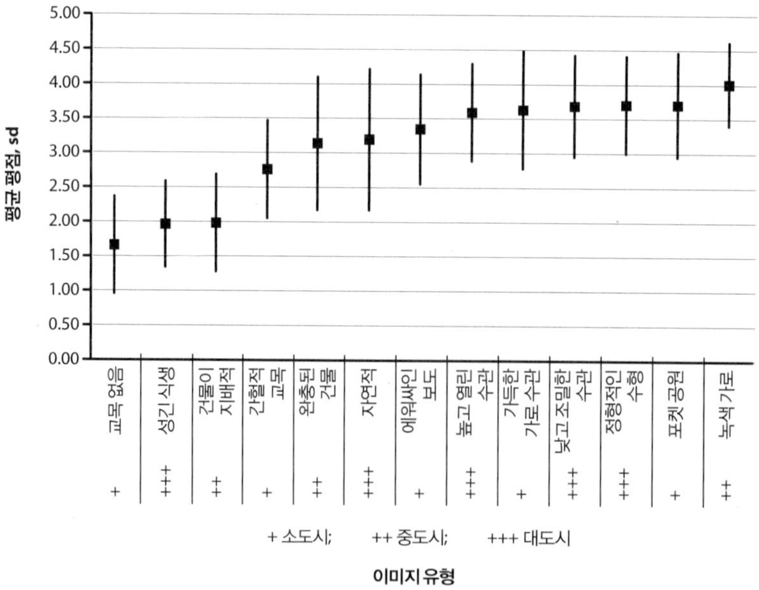

그림 4-3 사람들은 구축 환경에서 교목이 없거나 성긴 식생보다 교목 및 기타 식생이 있는 것을 선호한다. (Wolf, K. 2005. Business District Streetscapes, Trees, and Consumer Response. *Journal of Forestry* 103(8):396–400. 미국임업가협회의 허락을 받아 전재함.)

해당 경관은 공간의 경계를 정하고 휴양적인 목적을 위한 환경을 제공한다(**그림 4-4**). 이들 만들어진 공간은 사람들이 모이고 쉴 수 있는 실외 장소를 제공한다.

도시 주민들이 해당 도시의 경계를 넘어 실외 휴양 체험을 추구한다는 사실은 많이 보고되었다. 그러나 많은 도시 주민들은 도시 숲에서 보내는 시간과 비교해 볼 때 자기 도시 밖의 숲을 이용하는 기회는 빈도가 낮았다. Dwyer(1982)는 도시 숲이 많은 도시 주민들에게, 특히 나이 지긋한 사람들, 장애인들, 아주 어린아이들, 가난한 사람들에게, 자신들의 숲 관련 경험의 대부분을 제공한다고 믿었다. 이러한 생각은 Grahn & Stigsdotter(2003)의 연구에 의해 지지되고 있는데, 이들은 사람들이 자신들의 집 가까이에 있는 녹색공간에서 더 많은 시간을 보내고 이곳을 더 자주 찾는다는 것을 발견하였다. Dwyer(1982)는 도시 숲 휴양자원 관리를 "도시 숲 자원의 위치, 특성, 이용에 관한 의사결정을 하고 이를 수행하는데" 참여하는 것이라고 정의하였다.

도시 밖 시골 숲으로의 교통관련 비용이 증가함에 따라 앞으로는 도시 숲에서의 휴양이 더욱 매력적이 될 것이다. 도시 내 생활의 질을 향상시키기 위한 전반적인 노력의 일부로서, 이러한 경향은 도시 주민의 즐거움을 위해 더 많고 더 높은 질의 녹색공간을 확보하는 데 자극제가 될 것이다. 많은 사람들이 자신의 휴양에 대한 선호를 바꾸고 있기 때문에 수변(水邊, waterfront), 새로운 교통수단 개발, 버려진 철로와 기타 공공 통행로(通行路, right-of-way), 새로운 주거단지 개발(住居團地開發, residential development), 도시 공원의 재정비, 도시 이웃 구성의 변화 등이 휴양활동에 필요한 공간을 더 많이 제공한다(Dwyer 1982). 건강과 육체적인 신체단련(fitness)에 대한 관심이 증가되면서 스포츠 활동을 위한 운동장과 함께 걷기, 스키타기, 달리기, 자전거 타기를 위한 소로(小路, trail)를 요구하는 도시 숲 이용자가 크게 늘어났다(**그림 4-5**). 물론, 모든 이용자들이 이러한 종류의 활동을 원하는 것은 아니기 때문에 도시 숲 관리자는 서로 다른 관심을 가진 다

그림 4-4 잘 설계된 도시 공원은 다양한 활동을 위한 공간을 제공한다. (사진: R. Hauer 제공.)

그림 4-5 활동적인 휴양은 도시 공원에서 넓은 면적이 필요하다. (Patrick Huebgen; http://en.wikipedia.org/wiki/File:Centralpark.png.)

양한 사람들을 위한 공간을 제공해야 한다. 도심 거주자들은 그린벨트에 관한 기대가 교외 거주자들과 다를 수 있다. 시카고 시내 거주자들은 사회적 상호작용(社會的相互作用, social interaction)을 위해 집중적으로 개발되고 관리되는 공원을 선호하는 데 비해(**그림 4-6**), 교외의 주민들은 사람의 간섭이 없는 자연적이고 개발되지 않은 부지를 선호하고 있는 것으로 나타났다(Dwyer 1982).

교목 및 관련된 식생은 위에 언급된 활동을 위한 환경을 제공하지만, 또한 이들은 그 자체로 휴양적인 즐거움을 제공한다. 색상, 형태, 소리, 질감, 냄새, 맛, 접촉 등으로서의 교목은 도시

그림 4-6 도시 공원 설계에 의해 소극적인 사회적 상호작용이 조장된다. (사진: R. Hauer 제공.)

거주자들에게 다른 환경에서 찾아볼 수 없는 기쁨을 제공하고 있는 것이 틀림없다. 또한 교목은 그렇지 않으면 도시의 이질적인 환경에서 생존할 수 없는 수많은 야생동물(野生動物, wildlife)에게 서식지를 제공한다. 교목은 감각적인 자극제를 제공하지만, 기어 다니고, 걷고, 나르는 물체의 움직임은 부족하다. 도시의 야생동물은 이러한 움직임을 제공하고 도시에는 많은 포유류(哺乳類, mammal), 새, 곤충, 파충류(爬蟲類, reptile), 양서류(兩棲類, amphibian) 등이 있다.

북아메리카 도시에서 가장 흔한 야생 포유류는 아마 회색큰다람쥐(gray squirrel)일 것이다. 다음으로 흔한 포유류로는 사슴, 토끼, 스컹크, 생쥐, 시궁쥐(Norway rat), 얼룩다람쥐(chipmunk), 두더지(mole), 뾰족뒤쥐(shrew), 박쥐, 코요테 등이다(Franklin 1982). Williamson(1973)은 워싱턴 D.C.에 사는 풍부한 조류군(bird life)을 발견했지만, 풍성한 교외와 도심 사이에는 종의 구성에 차이가 있었다. 교외 주변에는 홍관조(cardinal), 울새(robin), 흉내지빠귀(mocking bird)와 같은 자생종이 더 많은 반면, 도심 주변에는 비둘기, 찌르레기(starling), 집참새(house sparrow)와 같은 외래종이 포함되어 있었다. 이러한 차이는 교외 주변에는 식생이 풍부한 반면 도심 주변에는 식생이 부족한 것과 관련이 있었다. McKinney(2008)는 105편의 논문을 검토한 결과 극한적인 도시화로 새와 비조류(非鳥類, non-avian; 양서류, 파충류, 포유류, 무척추동물)의 종 풍부도(種豊富度, species richness)가 하락하는 경향이 있다는 것을 발견하였다. 적절한 도시화는 종 풍부도에 상이한 영향을 미쳤는데, 일부 그룹은 풍부도가 증가하였다.

도시 주민들은 도시의 조류 서식에 대해 크게 고마워한다. 2011년 탐조가(探鳥家, birder)들은 여행비용으로 약 150억 달러, 장비 구입비로 260억 달러를 지출했다(US Fish & Wildlife Service 2013). 약 46.7백만 명의 사람들이 집 주변과 여행으로 새를 관찰했는데, 집 주변 야생동물 관찰자들의 91%가 광역도시(廣域都市, metropolitan) 지역에 살았다. 2011년 자신의 집 주변 야생동물에게 먹이를 주는 52.8백만 명 중에서, 95%(50.2백만 명)가 야생 조류에게 먹이를 주었다(US Fish & Wildlife Service 2012). 불행하게도 이러한 관행은 도시 야생동물이 성가신 존재로 만드는 데에도 기여한다. 동물에게 먹이를 주는 것은 동물들이 자신의 먹잇감(food source)에 가까이 머물도록 조장할 뿐만 아니라 이들의 숫자를 조절하는 포식(捕食, predation)의 위험을 낮추는 결과를 가져온다. 예를 들면, 과거 25년 동안 캐나다 거위 개체 수는 증가되어 왔다. 오늘날, 거위 개체 수는 광역도시와 교외지역에서 거위 조절에 대한 요구가 일반화된 수준으로 증가하였다. 새들이 자신들 주위를 볼 수 있는 능력과 함께 물 가까이에 잔디밭을 조성하는 설계는 거위의 개체 수가 사회의 요구를 초과하는 수준으로 늘어나는 데 기여했다. 불리한 서식지 조성과 거위 개체 수를 감소시키기 위해 물가에 키가 큰 식생을 도입하고 작은 식생을 회피하는 방법이 활용되어 왔다(Clark 2007). 야생동물과 인간의 충돌도 사슴의 잎 뜯어먹기(browsing)와 자동차와의 충돌, 새 둥지 짓기와 배설물 낙하, 비버의 교목 손상과 물길 막기, 새의 비행기와의 충돌 등의 형태로 나타난다. 이러한 문제의 일부는 바람직한 경관 설계나 이들의 영향을 최소화하기 위해 개발된 관리 전략에 의해 경감될 수 있다. 어떤 경우에는, 이러한 문제를 피할 수 없는 현실로 받아드릴 필요가 있을 것이다.

도시 내 야생동물은 가용한 서식지가 있다는 것을 반영하고 도시 생태계의 상태를 나타낸다. 생태학자들은 시스템의 안정성 측정치로 다양성을 사용하는데, 낮은 다양성은 낮은 안정성을 나타낸다. 식생의 풍부, 유형, 분포 면에서 다양한 도시는 다양한 야생동물 군집에 대한 서식지와 우리에게 보다 안정적인 환경을 제공할 것이다. 야생동물은 우리가 도시에서 제공하는 서식지를 이용할 것이고, 우리는 우리 생활의 질을 향상시키기 위해 야생동물을 활용한다.

환경적 이용

주어진 위치의 기후는 세 수준으로 나타낼 수 있을 것이다: 대(macro)기후, 중(meso)기후, 미(micro)기후. 대기후(大氣候, macroclimate)는 가끔 수백 평방마일을 포함하는 넓은 지역에 대한 전반적인 기후로, 강우(량, 분포, 평균), 기온(최고, 최저, 평균), 바람(평균 방향과 속도)과 같은 지표로 나타낸다. 중기후(中氣候, mesoclimate)는 수십 평방마일을 포함하는 더 작은 지역을 나타내고, 지형적인 특성, 수체(水體, body of water), 기타 영향에 의해 유발되는 효과 때문에 발생하는 대기후로부터의 변이를 설명한다. 미기후(微氣候, microclimate)는 더 작은 지역으로, 수백 평방피트 지역과 수십 피트 높이의 변이로 구성된다(Heisler & Herrington 1976). 이러한 지역적인 차이는 주로 토양 유형(土壤類型, soil type), 식물 피복, 구조물 등과 같은 지표면의 변이 때문이다. 도시는 대기후에 영향을 미치지 못하며, 교목도 마찬가지다. 교목 및 다른 식생은 3가지 방식으로 도시의 중/미기후에 영향을 미친다: 인간의 안락함, 건물 에너지 비용, 도시 열섬.

인간의 안락함

4가지 요소가 인간의 안락함에 영향을 미친다: 일사(日射, solar radiation), 기류(氣流, air movement), 기온(氣溫, air temperature), 습도(濕度, humidity)와 강수(降水, precipitation). 개별 교목, 교목 군집, 다른 식생, 지형, 구조물 등과 결합된 교목은 이들 요소에 다양한 수준의 영향을 미칠 것이다(Robinette 1972).

일사. 일사는 긍정적인 면과 부정적인 면 모두에서 인간의 안락함에 영향을 미친다. 태양으로부터의 적외선(赤外線, infrared radiation)은 피부나 옷에 비치면 직접적으로 인체를 가열시키고, 다른 물체로부터 반사되거나 재방사(再放射, reradiate)되면 간접적으로 인체를 데운다. 식생은 과도한 가열을 유발할 때에는 일사를 차단하도록, 그리고 반대의 영향이 필요할 때에는 방해되지 않도록 설계되어야 한다. 일사의 차단자(遮斷者, interceptor)로서의 식물은 두 가지 역할을 한다: 첫째는 이들이 일사가 주변 표면에 비치는 것을 막고, 둘째는 일부 태양 에너지를 광합성(光合成, photosynthesis)을 통해 화학 결합(化學結合, chemical bond)으로 전환시킨다(Robinette 1972).

식물은 필요한 장소에 그늘을 제공함으로써 직접적으로, 그리고 태양 에너지를 반사하거나 재방사하는 표면을 가림으로써 간접적으로 태양 에너지를 차단하기 위해 사용할 수도 있다(**그림 4-7**). 온

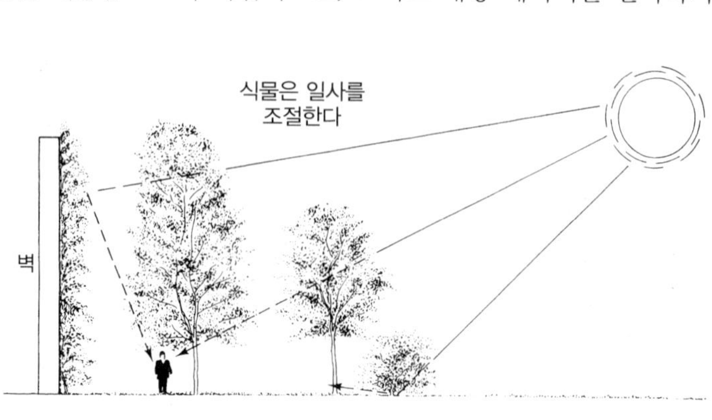

그림 4-7 식물은 원하지 않는 일사를 가로채고, 여과하고, 막기 위해 이용될 수 있다.

대 기후(溫帶氣候, temperate climate)에서, 교목은 일사가 바람직하지 않은 기간 동안 그늘을 제공하고, 일사가 필요할 때에는 일부 에너지의 통과를 허용한다. 개별 교목 기준으로 볼 때, 그늘을 제공함으로써 인간의 안락함에 영향을 미치는 것은 태양 에너지를 막기 때문이지 교목이 제공하는 그늘이 대기 온도를 낮추었기 때문은 아니다. 그러므로 대기온도가 햇빛으로부터 몇 피트 떨어진 곳과 동일함에도 불구하고 사람은 그늘에서 더 시원하게 느낀다(Robinette 1972). Heisler & Herrington(1976)은 적외선 조절이 교목이 인간의 안락함에 영향을 미치는 데 작동하는 가장 중요한 기능이며, 조밀한 잎을 가진 원주형(圓柱形, columnar) 교목의 변종(變種, variety)이 이러한 파장(波長, wavelength)을 차단하는 데 가장 효과적이라고 보고한다. 교목은 들어오는 일사의 90% 이상을 감소시킬 수 있다(Heisler 1986, 1989).

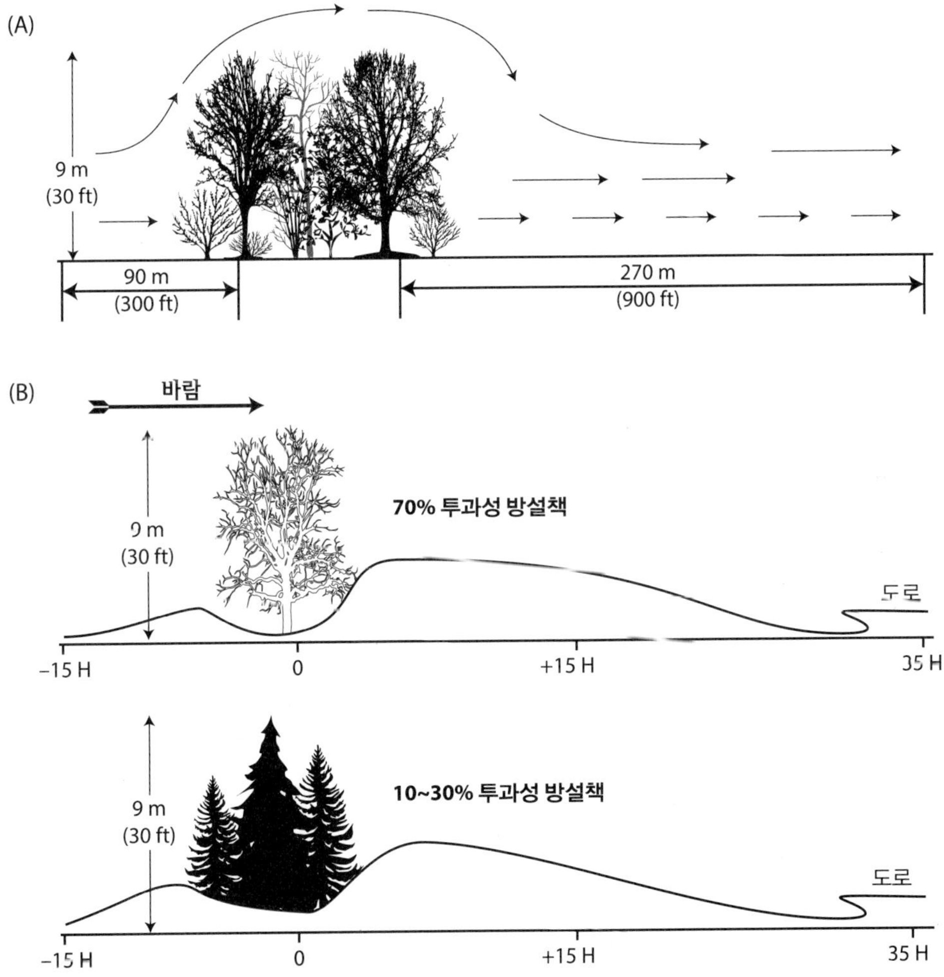

그림 4-8 식물은 원하지 않는 바람을 차단하는 역할을 한다. (A) 높이 9 m(30피트)의 방풍림은 풍상측(風上側, upwind)에서 식생 높이의 약 10배 또는 90 m(300피트) 거리에서, 풍하측(風下側, downwind)에서 식생 높이의 30배 또는 270 m(900피트) 거리에서 풍속에 영향을 미친다. (B) 9 m 높이의 살아있는 방설책(snow fence)은 대부분의 눈이 수고의 15배 이내에서 쌓이도록 한다. (Josiah & Majeski 1999에서 전재.)

기류. 일사와 마찬가지로, 바람도 인간의 안락함에 긍정적이거나 부정적인 영향을 미칠 수 있다. 움직이는 공기는 여름에는 증발하는 땀(evaporating perspiration)에 의해 피부 표면을 시원하게 하고, 겨울에는 몸에 의해 데워진 공기를 찬 공기로 빠르게 대체함으로써 피부를 냉각시킨다. 식물은 방해, 유도, 굴절, 여과 등으로 공기의 움직임을 조작하는 데 사용될 수 있다(Robinette 1972).

방해(妨害, obstruction)는 주풍(主風, prevailing wind)에 대해 90° 각도로 조밀한 식재를 배치함으로써 원하지 않는 바람을 차단하기 위해 사용하는 것이다(**그림 4-8**). 이러한 장벽은 한 줄의 교목이나 여러 줄의 교목과 관목(灌木, shrub)으로 구성될 수 있다. 풍속(風速, air speed)에 미치는 효과는 식재의 밀도, 보호되는 부지와 식재지와의 거리, 식생의 높이에 의해 결정된다. 교목과 가장 높은 밀도를 가진 내음성(耐陰性, shade-tolerant) 수종인 관목의 결합은 가장 효과적인 장벽을 제공한다. 식생은 방풍(防風, windbreak) 기능을 제공하기 위해 지형이나 구조물과 결합될 수도 있다. 여름에는 낙엽성과 상록성 수종 모두 장벽을 제공하기 위해 사용될 수 있지만, 겨울에는 상록수가 분명히 최선이다(Robinette 1972).

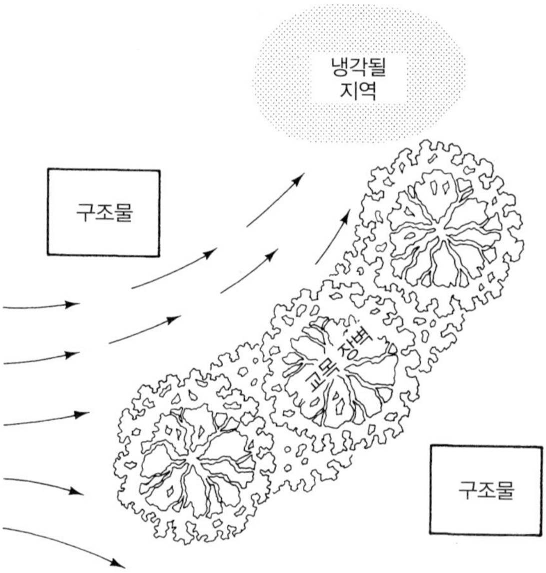

그림 4-9 식물은 기류를 유도하고 가속화시키기 위해 사용될 수 있다.

바람직한 바람은 여름철 동안 최고의 냉각을 제공할 수 있도록 식생을 이용하여 유도할 수 있다. 이 경우, 식생의 벽은 공기를 최고의 냉각이 필요한 부지로 유도하기 위해 사용된다. 바람은 식생의 이용으로 가속화되어 기류를 압축시킴으로써 소용돌이

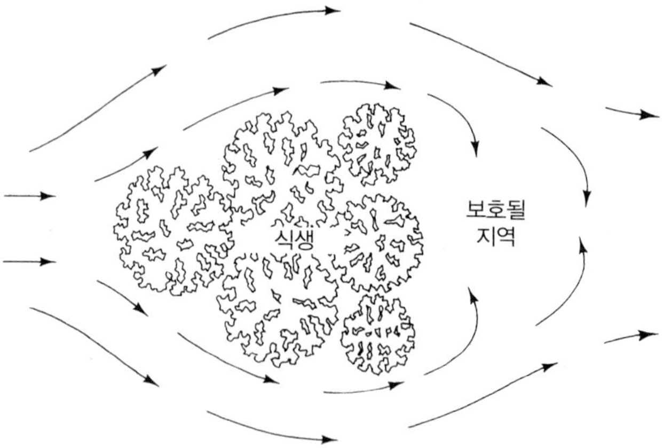

그림 4-10 식생에 의해 굴절된 바람.

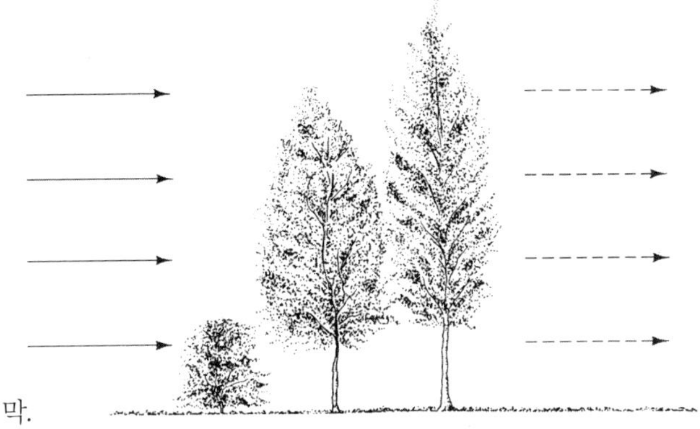

그림 4-11 바람 여과용으로서의 식생 막.

(vortex) 효과를 창출한다(**그림 4-9**). 공기의 흐름을 유도하기 위한 식생 이용에는 전반적인 경관 설계에 지형과 구조물을 포함할 수 있다(Robinette 1972).

식생 벽은 바람을 특정한 지역으로부터 멀리 굴절(屈折, deflect)시키기 위해 사용된다(**그림 4-10**). 이는 식생을 방벽으로 사용하는 것과 비슷한데, 공기를 완전히 차단하기보다 바람직하지 않은 장소로부터 멀리 유도하는 것이 다르다. 이러한 접근은 기존의 경관 특성 때문에 방벽 설치가 어렵거나 설계의 목적이 바람을 원하지 않는 곳으로부터 원하는 곳으로 멀리 유도하는 것일 때 활용된다(Robinette 1972).

마지막으로, 바람이 필요하지만 너무 강한 바람이 필요한 것은 아닐 때 여과(濾過, filtration)를 통해 풍속을 낮추도록 방풍림을 설계할 수 있다(**그림 4-11**). 이 경우에는, 양수(陽樹, shade-intolerant species)의 느슨한 배치가 가장 효과적일 것이다. 양수의 잎은 조밀하지 않아서 공기의 흐름을 늦추지만 차단하지는 않을 것이다(Robinette 1972).

기온. 도시 교목이 기온(氣溫, air temperature)에 미치는 영향에 관해서는 많은 의문이 제기되어 왔다. 이는 산림의 임분(林分, stand)이 인접한 개방된 지역과 비교하면 극단적인 기온 변화를 완화시키고, 도시의 숲과 공원, 교외 지역사회가 도시 중심보다 더 시원하다는 것으로 잘 정리된다. Heisler & Herrington(1976)은, 뉴욕주 시러큐스시에 대한 일련의 연구 결과, 시 가로에 존재하는 교목이 구획(block)의 기온에 대해 주목할 만한 효과가 없다는 것을 발견했다고 보고한다. 그러나 Souch & Souch(1993)는 도시 교목 수관 아래에서 이른 오후에 0.7~1.3°C(1.3~2.3°F) 정도의 통계적으로 유의한 냉각 효과를 발견했고, Parker(1989)는 플로리다주 마이애미시의 대교목 수관 아래에서 여름에 평균 3.6°C(6.5°F)의 기온 하락을 보고했다. Bowler 등(2010)의 메타분석(-分析, meta-analysis)에 의하면 주변의 도시 기온과 비교하면 공원에서 기온이 전반적으로 1°C(1.8°F) 하락하였다. 이들은 이처럼 차이가 크지 않은 것은 공원의 찬 공기와 주변 도시 지역의 더운 공기의 이류(移流, advection; 대기의 수평이동) 때문이라고 생각했다. 열 덩어리(thermal mass, 즉 바위, 콘크리트, 건물)에 그늘을 지워서 이들이 받는 가열 수준을 낮추고, 이것이 증산(蒸散, transpiration)으로부터의 증발냉각(蒸發冷却, evaporative cooling)과 결합하면 결과는 기온을 5°C(9°F)까지 낮추게 된다(Akbari 등 1992). Armson 등(2012)은 교목의 그늘이 지표면 온도를 5~7°C(9~12.6°F)까지 낮춘다는 비슷한 효과를 발견하였다. 따라서 교목 식재가 도시 환경의 온도를 조절하는 한 가지 방법이다. 교목의 기온 조절 능력의 잠재적인 결과는 식재 가능한 장소와 양(陽, positive)의 관계가 있다. 이와 같이, Hall 등(2012)은 고밀도 거주지에 교목을 식재하면 교목 수관에 의한 지면 피복 비율을 2.8~5.3% 높일 수 있고, 이는 지표면 최고 온도를 0.5~2.3°C (0.9~4.1°F) 낮출 수 있다는 것을 확인했다.

습도와 강수. 여름철 상대습도(相對濕度, relative humidity)는 개활지에 비해 산림 임분 안이 더 높다. 위에 언급한 뉴욕주 시러큐스시에서의 같은 연구도 상대습도를 고려했다. 교목이 많은 가로와 교목이 거의 없는 가로를 비교한 결과 상대습도에 대한 주목할 만한 영향은 발견되지 않았다 (Heisler & Herrington 1976).

인간의 안락함에 영향을 미치는 강우에 대한 교목의 영향은 폭우가 내리는 동안 이를 차단하거나 임시 피난처를 제공하는 것 중 하나이다. 토양 습도를 고려하면 교목이 강수의 관점에서 더욱 중요한 역할을 한다. 구과수목(毬果樹木, coniferous) 임분의 잎은 연간 강수량의 약 40% 가로채서 증발시켜 대기로 되돌아가도록 할 것이다. 활엽수(闊葉樹, hardwood) 임분은 강수가 지면에 닿기 전에 연간 강수량의 20%를 가로챈다. 이는 도시 숲의 목적이 물 생산량을 늘리는 것이라면 유역(流域, watershed) 지역에 활엽수림을 조성하는 것이 더 바람직할 것이다. 침엽수림은 강수량이 과도한 지역에 더 적합할 것이다(Robinette 1972). 캘리포니아주 산타모니카(Santa Monica) 시의 강우 차단 효과는 낙엽이 진 기간 중에는 낮기 때문에 겨울보다 여름철이 더 컸다(Xiao & McPherson 2003).

건물 에너지 비용

교목 및 기타 식생은 건물의 에너지 비용에 중대한 영향을 미친다. 난방과 냉방 비용은 식생의 적절한 이용에 의해 절감될 수도 부주의한 배치로 증가될 수도 있다. 전반적인 주택 에너지 절약(-節約, energy conservation)은 올바른 경관조성을 통해 실현될 수 있다. McPherson & Rowntree (1993)는 컴퓨터 시뮬레이션을 사용하여 주거지역에 올바르게 배치된 7.7 m(25피트) 단독 교목에 의해 절감되는 에너지를 추정하였다. 이들은 난방과 냉방비용이 가구당 8~12% 절감되었다는 것을 확인했다.

시카고 도시 숲 기후 프로젝트(Chicago Urban Forest Climate Project)에서, McPherson 등 (1997)은 교목 피복을 10% 올리면 난방과 냉방비용을 5~10% 절감시킬 수 있다는 것을 발견했다. 에너지 절약, 빗물 유출 회피, 대개 오염 개선, CO_2 흡수, 분진 물질 가로채기 등이 모두 교목의 기능적 가치에 추가되었다. 이 경우, 교목 피복이 증가하면 제공되는 편익/비용 비율은 2.83이었다. 도시교목의 올바른 선택과 배치는 화석연료(化石燃料, fossil fuel)에 대한 의존을 줄이는 데 중요한 역할을 하는데, 이는 실제로 도시의 남쪽 편에 식재된 교목은 냉각으로부터 절감되는 비용을 초과하는 난방비용 증가를 초래했다.

Donovan & Burty(2009)는 캘리포니아주 새크라멘토(Sacramento)에서, 여름철에 건물의 북쪽 편에 있는 교목이 전기 사용을 1.5% 증가시켰고, 서쪽과 남쪽 편에 있는 교목은 전기 사용을 5.2% 감소시켰다. 거주용 주택의 서쪽 편에 식재된 교목은 냉방비용 감소를 통한 절감으로 최고의 순 효과를 제공했다. 이들은 주택으로 둘러싸인 단지에 전략적으로 교목을 배치하면 탄소 배출

표 4-1 교목 밀도와 잠재적인 일사 감소 비율, 그리고 연간 에너지 절감

		측정된 바람 감소 (노출대비 %)		추정된 평균 일사 감소		연간 에너지 절감		
교목 밀도	교목 피복	열[a]	AC[b]	열[a]	AC[b]	매디슨	솔트 레이크	투손
없음	0	22	22	10	8	—	—	—
낮음	24	44	54	15	22	2	4	6
중간	67	60	67	25	40	8	12	20
높음	77	66	75	30	50	9	17	23

[a] 열은 난방 계절인 겨울에 감소된 것을 나타낸다.
[b] AC는 에어컨 계절인 여름에 감소된 것을 나타낸다.

출처: Heisler 1989.

(炭素排出, carbon emission)을 31% 절감할 수 있다고 추정했다. 이와 유사하게 Heisler(1989)도 미국 북동부에서 녹음수(綠陰樹, shade tree)에 의한 일사와 풍속 감소를 통한 가정 에너지 절감을 발견하였다(**표 4-1**).

덥고 맑은 기후에서 여름철 그늘은 에너지 절감을 위해 가장 효과적인 반면, 추운 날씨에는 풍속을 감소시키고 수동적인 일사 취득(日射取得, solar gain)이 상당한 절감을 가져온다. Heisler(1989)는 주거지 주변 전반에 흩어져 있는 교목이 풍속을 줄이는 하나의 커다란 방풍막 효과가 있다고 주장한다. 또한 그는 중간 크기의 설탕단풍나무(*Acer saccharum*)와 다른 낙엽수의 일사 차단을 측정한 결과 여름철에는 일사의 80%, 겨울철에는 40%를 차단한다는 것을 발견하였다.

북반구(北半球, Northern Hemisphere)의 추운 기후에서 최대의 에너지 절약을 위해, Sand(1993)는 다음과 같이 할 것을 권고한다; 주택의 서쪽과 동쪽 편에 낙엽수 식재, 남쪽 편에는 교목을 식재하지 않고, 북쪽과 서쪽에 방풍림 조성, 공기 조화기(空氣調和機, air conditioner)를 그늘

그림 4-12 주로 서쪽과 북서쪽으로부터 겨울바람이 불어오는 북반구의 온대기후에 대한 최적 경관 개념(Heisler 1986).

지게 하기 위한 식재, 지역사회에 걸친 교목 피복의 전반적인 제고. **그림 4-12**가 북반구 기후에서 가정 에너지 절감을 위한 이상적인 경관을 보여주고 있다.

태양광발전시스템(PV/photovoltaic system)의 사소한 그늘짐까지도 전기 에너지 생산에 심각한 감소를 초래할 수 있다는 것을 고려하면 일사의 접근과 차단은 중요하다. 건축구조(建築構造, building construction)와 단열(斷熱, insulation) 수준도 에너지 사용의 중요한 결정 요소들로서, 더 좋은 단열 기술과 제품은 에너지 사용을 감소시킨다(Laverne & Lewis 1996). 교목이 항상 에너지 사용을 줄이기 위한 가장 성공적인 전략이라고 확인된 것은 아니다. 잘 단열된 주택, 에너지 보존 측정, 에너지 효율도 중요하며, 어떤 경우에는 이들이 에너지 사용을 줄이기 위한 가장 성공적인 전략일 수도 있다(Nelson 등 2012). 에너지를 절감하기 위한 경관 조성에 관한 참고문헌은 Meerow & Black(2003)을 참고하라.

난방. 주택과 다른 건물들은 세 가지 기작(機作, mechanism)을 통해 열을 잃거나 얻는다: 공기 침입, 열전도, 복사투과. 잘 설계된 경관은 이 세 기작 모두에 의해 열을 잃거나 얻는 것을 감소시키고, 주택의 매력도도 높일 것이다. 잘 설계된 주택도 난방과 냉방 요구를 줄이는 이러한 자연적인 에너지 흐름을 설명한다.

공기 침입(空氣侵入, air infiltration)은 두 힘에 의해 결정된다: 바람, 따뜻한 내부 온도와 찬 외부 온도로 인한 압력차(壓力差, pressure difference). 바람은 건물의 풍상측(風上側, windside)에 높은 압력을, 풍하측(風下側, leeside)에 낮은 압력을 만든다. 따라서 외부 공기는 풍상측의 문, 창문 주위와 벽에 있는 틈을 통해 들어오고 내부 공기는 건물의 풍하측에서 비슷한 방식으로 빠져나간다. 따뜻한 공기는 주택 내에서 상향력(上向力, upward force)을 발휘하여 위쪽 벽과 천장을 통해 공기를 밀어내고, 이는 낮은 벽과 바닥을 통해 들어온 찬 공기에 의해 대체된다. 춥고 바람이 부는 날에는, 침입이 건물 열 손실의 50%까지 그 원인을 제공할 수 있다. 건물 주변의 올바른 식생 배치가 바람의 속도(速度, velocity)를 줄여 침입을 현저하게 감소시킬 수 있다(Dewalle 1978). Heisler(1990)는 교목이 없는 이웃에 비해 지상 2 m(6.6피트)의 식생이 있으면 바람의 속도를 겨울에는 60% 여름에는 67% 감소시킨다는 것을 발견했다.

열전도(熱電導, heat conduction)는 고체를 통해 따뜻한 표면에서 찬 표면으로 열에너지가 이동함으로써 발생한다. 열전도는 표면 간의 온도 차이가 클수록 더 빠르게 진행된다. 집에서, 전도는 벽, 천장, 바닥, 문, 창문을 통한 열 손실을 초래한다. 정체된 공기층은 가장 좋은 건물 단열 물질이기 때문에 단열은 공기를 가두어 움직이지 못하도록 하기 위해 설계된다. 외벽에 가까운 식생층은 공기를 가두어 열이 움직이는 속도를 늦춤으로써 외부 표면에 대한 단열 효과가 있는 경계층을 형성한다(DeWalle 1978). 이러한 과정은 반대로 바깥 기온이 더 따뜻하면 건물의 온도가 올라가는 것을 늦추게 된다.

복사투과(輻射透過, radiation transmission)는 창문을 통해 일어난다. 창문으로 들어오는 일사는 내부 표면을 데워서 겨울철에 난방비용을 줄이게 된다. 그러나 식생으로 이러한 일사를 차단하면 태양광 복사투과를 차단하기 때문에 난방비용이 증가할 것이다. 실내로부터 창문을 통한 복사는 열 손실을 초래하고 외부의 식생은 이러한 손실에 영향을 미치지 않을 것이다(DeWalle 1978).

요약하면, 식생은 건물의 난방비용에 중대한 영향을 미칠 수 있다. 방풍막은 부지의 바람 세기와 구조물이 얼마나 밀폐되어 있느냐에 따라 주택 난방비용을 4~22% 절감할 수 있는 것으로 나타났다. 다른 한편, 겨울에 주택에 그늘을 지우는 식생은 난방비용을 증가시킬 수 있다(DeWalle 1978).

냉방. 교목 및 다른 식생은 공기조화장치가 없는 건물을 더욱 안락하게 만들고 공기조화장치가 있는 구조물의 에너지 수요를 줄임으로써 여름철 내부 온도에 영향을 미친다. 태양 에너지는 두 가지 기작에 의해 건물을 가열한다: 내부 표면을 데우는 창문을 통한 방사, 또는 벽을 통한 전도. 교목은 여름철 태양 에너지를 90%까지 차단하여 내부 온도를 상당 수준 낮추는 역할을 할 것이다(Youngberg 1983). 캘리포니아에서 서쪽 편의 적정한 밀도의 유칼리나무들에 의해 오후에 그늘이 지거나 한 그루의 고무나무에 의해 해당 구조물이 완전히 그늘지면, 공기조화장치가 가동되지 않는 주택의 내부 온도가 여름 동안 11.2°C(20°F)나 더 시원한 것으로 나타났다(Deering 1956). DeWalle(1978)은 여름철 그늘 조성을 통해 이동주택(移動住宅, mobile home)의 냉방비용을 60%까지 줄일 수 있다고 보고했고, Parker(1983)는 플로리다에서 교목이 주택 냉방비용을 50%까지 줄인다는 것을 발견했다.

태양 에너지와 교목. 소극적 및 적극적 태양 에너지 시스템 모두 주거, 상업, 산업 구조물에 더 많이 보급되고 있고, 이러한 경향은 전통적인 에너지원(energy source)이 더욱 비싸짐에 따라 지속될 것이다. 많은 주와 국가는 태양 에너지에 대한 부동산 주인의 권리를 보호하기 위한 일조법(日照法, solar access law)을 통과시켰거나 고려하고 있다. 일조법은 일반적으로 두 가지 문제에 관심을 가진다: 구조물에 의한 재산의 그늘짐과 교목에 의한 그늘짐. 낙엽수도 겨울철에 태양 에너지를 25~60% 정도 차단할 수 있다(Youngberg 1983). Thayer & Maeda(1985)는 컴퓨터 모형화

그림 4-13 계획된 일조 주택지구의 성목 피복(Thayer & Maeda 1985).

(模型化, modeling)를 통해 태양열집열판(solar collector)이 설치된 주택의 남쪽 편에 늘어선 낙엽수가 가장 더운 기후에서 실질적인 에너지 벌금을 부과한다는 것을 확인하고 태양열집열판 사용이 확산되어 있거나 증가하고 있는 지역사회는 교목 식재 정책을 재검토할 것을 권고한다. 또한 이들은, **그림 4-13**에 묘사된 바와 같이, 일조 주택지구(日照住宅地區, solar access neighborhood)를 위해 성목(成木, mature tree) 피복 계획을 수립할 것을 제안했다.

도시 중기후: 도시 열섬

도시는 가끔 도시 중심의 기온이 가장 높은 도시 열섬(熱-, heat island)이라고 불린다(**그림 4-14**). 이것은 주로 교외와 그 바깥과 비교하면 도시 중심의 식생이 더 적기 때문이다. 건물, 아스팔트, 콘크리트가 일사를 흡수한 다음 대기를 가열시키는 장파복사(長波輻射, longwave radiation)를 방출한다. 또한 도시는 엄청난 양의 에너지를 사용하고 폐열(廢熱, waste heat)의 형태로 열에

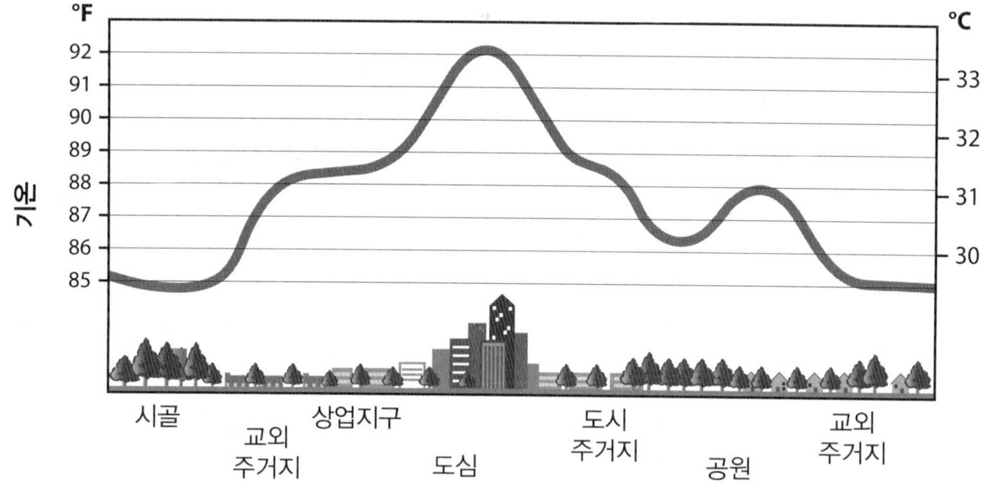

그림 4-14 전형적인 도시 열섬 윤곽의 스케치. 가상의 광역도시 지역의 열섬 윤곽을 보여주는 이 그래프는 기온 변화가 개발과 교목의 밀도와 서로 관련이 있음을 보여준다(US Environmental Protection Agency 2003).

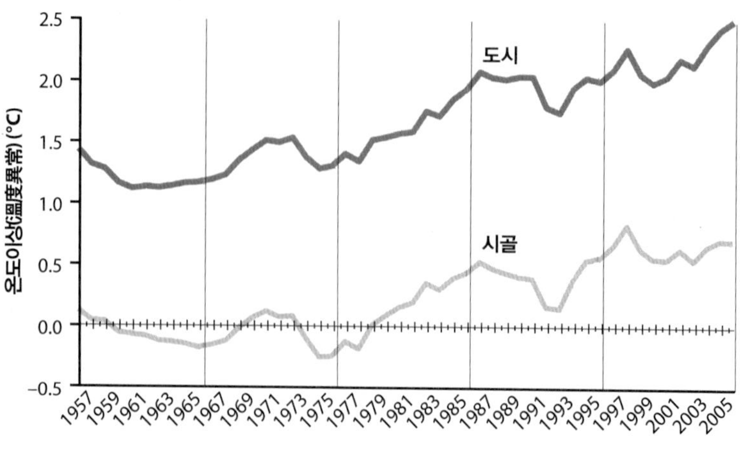

그림 4-15 1957~2006년 동안 미국 50대 도시의 도시 지역과 시골 지역 간 기온 차이. (저자의 허락을 받아 전재: Stone, B., Jr. 2009. "Land Use as Climate Mitigation." *Environmental Science & Technology* 43 (24):9052–9056. ⓒ American Chemical Society.)

너지를 방출함으로써 더욱 도시 열섬을 가중시킨다. Akbari 등(1992)은 컴퓨터 시뮬레이션을 이용하여 캘리포니아주 새크라멘토(Sacramento)시와 애리조나주 피닉스(Phoenix)시가 교목 피복률을 25% 높이면 7월의 오후 2시 기온을 3.3~5.6°C(6~10°F) 낮출 수 있을 것이라고 예측했다. **그림 4-15**는 미국의 50대 광역도시의 시골 지역과 도시 지역 사이의 기온 상승 차이를 보여준다(Stone 2009). Chen & Jim(2008)은 몇몇 논문을 검토한 결과 도시 지역이 주위의 시골 지역에 비해 온대지방에서는 평균 0.5~1.5°C(0.9~2.7°F), 열대지방에서는 3°C(5.4°F) 더 따뜻하다는 것을 발견했다.

독일 슈투트가르트(Stuttgart)를 에워싸고 있는 수림지대(樹林地帶, forest belt)는 도시 열섬의 기온보다 훨씬 더 시원한 여름 기온을 보인다. 도시 중심에 걸친 열은 주위의 수림지대로부터 더 시원한 공기를 끌어들여 시내 지역을 냉각시키는 것이 확인되었다. 슈투트가르트 외곽 숲에 대한 수림지 관리자는 적외선 항공사진(赤外線航空寫眞, infrared aerial photography)을 통해 실증하였고, 이 정보를 도시 난개발(亂開發, sprawl)에 의한 이들 숲의 잠식을 저지하기 위해 이용한다(Miller 1983).

보존과 배출 감축

대기 과학자들은 대기 중 이산화탄소(二酸化炭素, carbon dioxide)의 축적이 지구적 기후 변화의 구동력(驅動力, driving force)이라는 우려를 나타내었다. 이 이산화탄소의 대부분은 건물을 난방하고 냉방하기 위해 화석연료(化石燃料, fossil fuel)를 연소시키면서 방출된다. 도시에 더 많은 교목과 식생을 식재하면 난방과 냉방을 위해 필요한 에너지의 양을 줄이고, 이산화탄소를 생물질(生物質, biomass)로 격리시킴으로써 탄소 배출을 감소시킬 수 있다. 교목 흡수를 통해 CO_2 배출을 줄이기 위해 많은 광역도시 지역에서 "백만 그루 교목 심기"(million trees) 운동이 일어나고 있다(Morani 등 2011). 교목과 식생에 의해 제공되는 그늘로부터의 직접적인 에너지 절감은 도시지역의 탄소 배출을 약 1.5~5% 정도 줄일 수 있다(US Environmental Protection Agency 2008). 시카고는 약 716,000톤의 탄소를 저장하고 있는 3.6백만 그루의 교목을 가지고 있고, 그 가치는 14.8백만 달러로 평가된다. 또한 이들 교목은 매년 약 25,200톤의 탄소와 754톤의 대기 오염물질을 제거한다(Chicago Trees Initiative 2013). 또한 교목은 전기 생산을 위한 화석연료 연소를 감소시킴으로써 발전소에서의 CO_2 배출을 줄인다.

공학적 이용

대기오염 감축

대기오염(大氣汚染, air pollution)에 대한 연구와 조절은 기상학(氣象學, meteorology), 기후학(氣候學, climatology), 유기 및 무기화학(有機/無機化學, organic and inorganic chemistry)이 관련되는 매우 복잡한 과학이다. 대기권(大氣圈, atmosphere)은 지구가 약 46억 년 전에 형성된 이후 화산폭발과 산불과 같은 자연적인 공급원으로부터 오염물질(汚染物質, contaminant)을 받아들여 왔다. 대기권과 생물권(生物圈, biosphere)에서의 자연 작용(自然作用, natural process)은 희석(稀釋, dilution), 강수(降水, precipitation), 여과(濾過, filtration), 화학반응(化學反應, chemical reaction) 등을 통해 오염물질을 줄이고 제거한다. 대기오염이 우려로 바뀌는 것은 인간의 활동이 오염물질을 제거하거나 줄이는 자연 작용의 능력을 초과할 때이다. 대기오염 문제를 해결하는 데는 정치적, 경제적, 생태적, 사회학적, 과학적 고려가 필요하다.

대기권과 생물권 내부의 작용이 오염물질을 제거하기 때문에, 이들 작용이 전반적인 대기오염 문제를 해결하는 데 도움을 줄 수 있다. 그러나 모든 것에는 비용이 따른다는 것에 유의해야 한다. 자연 작용에 과도하게 의존하면 생물권에 피해를 초래하여 궁극적으로는 현재와 미래 세대에 원하지 않는, 때로는 예상하지 못하는 비용이 부과될 것이다. 이러한 문제의 사례가 산성비(酸性-, acid rain)이다. 대기권은 강수를 통해 산(酸, acid)을 스스로 씻어내고 생물권은 이들 산을 화학적으로 중화시킨다. 궁극적인 비용은 생태계 피해나 붕괴와 우리의 인공 구조물에 대한 구조적인 손상이다.

산림 생태계는 다른 조절 수단과 연계하여 대기권으로부터 오염물질을 씻어내는 데 도움을 준다. 교목은 기공을 통해 기체 형태의 물질을 흡수하고 잎 표면을 통해 미립자 형태의 물질을 가로챔으로써 대기오염을 완화하고(ameliorate) 격리한다(Smith 1990). 오염물질의 농축, 기상 상태, 건강한 잎 표면이 오염 제거에 영향을 미친다(Nowak & Dwyer 2007). 식생이 대기오염을 감축시키기 위해 어떻게 활용될 수 있는가를 이해하기 위해서는 대기오염의 주된 구성 성분이 무엇인지, 개별 식물이 이러한 구성 성분과 어떻게 반응하는지, 산림 생태계가 도시 기단(氣團, air mass)과 어떻게 반응하는지, 어떤 교목 수종이 오염된 기단에 가장 잘 적응하는지 등에 대해 고찰할 필요가 있다.

대기오염의 화학적 성질은 매우 복잡하고 이들의 원천 공급원과 대기 중의 반응에 의해 만들어지는 화합물로부터 파생되는 수백 종의 화합물이 관련되어 있다. 이를 단순화하면, 다음 개요가 대기오염의 주된 구성 성분을 보여준다(Smith & Dochinger 1976):

I. 미립자(微粒子, particulate)
  A. 고체(무기와 유기)
  B. 액체(연무질/煙霧質, aerosol)

II. 기체
  A. 1차(대기권으로 직접 방출된)
    1. 무기물
      a. 산화물(질소, 황, 탄소)
      b. 할로겐(불소/弗素, fluorine; 염소/鹽素, chlorine)
      c. 기타(황화수소, 암모니아)
    2. 유기물
      a. 탄화수소(炭化水素, hydrocarbons)
      b. 알데하이드(aldehydes)
      c. 머캡탄(mercaptans)
  B. 2차(대기권에서 합성된)

1. 오존(ozone)
2. 질산과산화아세틸(PAN, Peroxyacetyl nitrate)

대기권에서 이들 오염물질의 농도는 생산되는 양, 지역적인 기후, 그날그날의 기상 변이에 따라 다르다. 일반적으로 대부분의 도시 기단은 고질적으로 오염되어 있다. 대기오염 문제는 오랜 기간 도시에 걸쳐 오염물질을 가두는 기온역전(氣溫逆轉, air inversion; 찬 공기 위의 더운 공기)과 도시 밖으로 이동하여 시골 지역을 오염시키는 오염된 도시 기단에 의해 더욱 심각해진다.

도시 식생은 대기 오염물질과 상호작용하여 위에 나열된 오염물질 중 많은 것을 상당히 감소시키는 것으로 나타났다. 다음은 목본식물이 도시 대기오염에 미치는 영향을 조사한 연구를 요약한 것이다.

미립자(微粒子, particulate). 미립자는 고체와 연무질 모두 3가지 기작을 통해 식물에 의해 제거된다: 중력(重力, gravity)의 영향으로 인한 침전(沈澱, sedimentation), 와류(渦流, eddy current)의 영향으로 인한 감입(嵌入, impaction), 강수의 영향으로 인한 퇴적(堆積, deposition). 식물에 의해 풍속(風速, wind velocity)이 느려지면, 무거운 입자는 중력의 영향으로 가라앉게 된다. 공기의 흐름이 식물 조직 주위를 통과하기 위해 나누어짐에 따라 미립자는 식물 표면에 충격을 준다. 강수가 이들 미립자를 식물의 표면으로부터 씻어냄에 따라 이들 미립자의 궁극적인 흡수원은 토양이 된다(Smith 1978).

질소산화물(窒素酸化物, nitrogen oxides). 질소산화물(NO, NO_2)은 잎에 흡수되어 식물에 의해 질소의 일부로 활용됨으로써 제거되는 것으로 확인되었다(Smith & Dochinger 1976).

이산화황(二酸化黃, sulfur dioxide). 일부 SO_2가 감소되고 이용되지만, Lampadius(1963)는 목본식물에 의해 제거되는 양은 대기 농도와 비교하면 무시할 정도이고, 많은 종은 노출되면 잎에 피해를 입는다고 보고하였다.

일산화탄소(一酸化炭素, carbon monoxide). 목본식물에 의한 CO 일부 감소가 조사자들에 의해 보고되었다(Smith 1978).

할로겐(halogens). 염소와 불소 모두 목본식물에 의해 감소되는데, 염소가 훨씬 더 많이 제거된다. 많은 종의 식물은 할로겐 피해에 감수성이다(Smith 1978).

황화수소(黃化水素, hydrogen sulfide). H_2S 농도에 의한 목본식물의 영향에 대해 보고된 것이 없다.

암모니아(ammonia). 암모니아가 질소를 함유하고 있기 때문에 식물은 일부 암모니아를 흡수하여 이용한다(Smith 1978; Smith & Dochinger 1976).

탄화수소(hydrocarbon), 알데하이드(aldehydes), 머캡탄(mercaptans). 이들 기체 농도에 의한 목본식물의 영향에 대해 보고된 것이 없다.

오존(ozone). 오존은 빠른 속도로 대기로부터 제거되는 것으로 확인되었다. Smith & Dochinger(1976)는 "이론적으로 산림은 약 1시간 안에 대기 O_3 함량의 약 1/8을 제거할 수 있다"라고 말했다. 그러나 오존은 반응성(反應性, reactive)이기 때문에, 많은 종에 대해 잎을

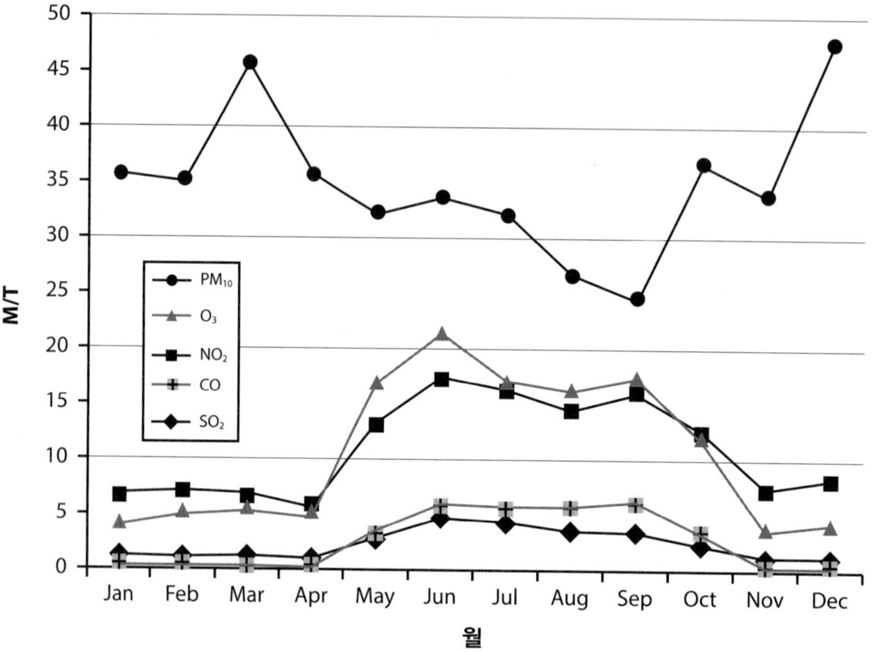

그림 4-16 태국 방콕 대기 오염물질 감소의 계절적 변화(Intasen 2014).

손상시킬 수 있는 능력을 가지고 있다.

PAN. PAN은 햇빛이 있는 상태에서 탄화수소와 질소 산화물이 반응한 결과로 대기에서 형성된다. 낮은 수준의 PAN은 목본식물에 의해 감축되지만, PAN은 반응성 물질이기 때문에 높은 농도에서는 잎을 손상시킬 것이다(Smith & Dochinger 1976).

1991년 여름, Cook and DuPage 카운티(시카고시와 서부 교외 지역)의 도시 숲은 매일 평균 1.2톤의 일산화탄소, 3.7톤의 이산화황(二酸化黃, sulfur dioxide), 4.2톤의 이산화질소(二酸化窒素, nitrogen dioxide), 10.8톤의 오존, 8.9톤의 10마이크론보다 작은 미립물질을 제거했다(Nowak 1994). 계절적으로는, 도시 교목에 의한 공해 제거는 여름철 동안 정점에 달하고, 겨울철 동안 가장 낮다(**그림 4-16**). 또한 큰 교목일수록 직경이 작은 교목보다 뚜렷하게 더 큰 효과를 보인다(Nowak 1994).

DeSanto 등(1976), McCurdy(1978), Smith(1978) 모두 숲 아래의 토양이 대기 오염물질을 줄이는 데 중요하다고 지적한다. 토양 자신은 화학적인 반응과 직접적인 퇴적을 통해 일부 오염물질을 중화시킨다. 또한 토양은 위에 있는 식생에 의해 여과된 대부분의 오염물질에 대한 궁극적인 흡수원이다.

Smith(1978)는, 대기오염을 줄이는데 있어서 식물의 유효성에 관해 발표된 논문에 대한 논평(論評, review)에서, 대기 오염물질의 여과를 위한 이상적인 "교목과 숲"에 관해 다음과 같은 일반화를 제안했다:

1. 미립자 제거를 위해서는, 면적 대비 원주(圓周, circumference)의 비율과 부피 대비 표면의

비율이 높은 종과 잎 표면이 거친 종이 선호되어야 한다.

2. 침엽수종과 풍부한 가지와 잔가지 구조를 가진 낙엽수종이 겨울철 동안 미립자 제거 기능을 제공한다.
3. 기체성 오염물질 제거를 위해서는, 도시 환경에 저항성이 높은 수종이 선호되어야 한다. 이들 수종은 최고의 대사율(代謝率, metabolic rate)로 기공(氣孔, stomatal) 개방 가능성이 가장 높다. 특히 건조에 저항성이 높은 수종을 선호하는 것이 결정적이다.
4. 상대적으로 넓은 자연지역 만이 도시 지역에서의 대기 질을 향상시키는데 유의한 잠재력을 가진다. 그린벨트의 최소 폭은 약 150 m(500피트) 이지만 지역적인 여건에 따라 차이가 크다.
5. 도시 숲 밀도와 구조가 오염물질 제거 능력에 영향을 미친다. 나머지는 층화된 숲(stratified forest)과 기단 이동에 대한 숲의 불투수성에 의해 결정된다. 토양, 초본, 관목, 교목층으로 다층화된 숲(多層化-, multilayered forest)은 층화되지 않은 숲보다 오염물질 제거에 더 효율적이다. 그러나 가장자리 층들이 중첩되고 조밀하면, 해당 교목의 임분은 기단을 위로 올려 넘어가게 하여 상대적으로 제거에 비효과적일 것이다. 적절한 구조와 밀도를 유지하기 위해 주의 깊은 숲 조성 작업이 필요할 것이다.
6. 침엽수와 낙엽수의 혼합 식재는 한 수종에 가해지는 불리한 환경, 해충이나 병적인 스트레스로 인한 급격한 기능 상실에 대비하는 최대의 보험을 제공한다.

DeSanto 등(1976)은 대기오염을 줄이는 데 있어서의 그린벨트 효과를 연구하는데 추가적인 의견과 권고를 제시하였다. 이들은 초본 종이 목본 종보다 더 많은 기체성 오염물질을 흡수하고 산림 임관의 위쪽 부분이 하층보다 더 많은 오염물질을 제거한다는 것을 발견하였다. 나아가 DeSanto 등(1976)은 기체성 오염물질에는 중간 밀도의 식생 벨트가 가장 좋고, 미립자를 제거하기 위해서는 조밀한 식생이 최선이라고 권고하였다.

오염 저항성에 대한 올바른 수종 선정은 여러 고려사항 중에서 대기와 토양 오염에 대한 종의 저항성이 중요하다. Davis & Gerhold(1976)는 가장 심각한 두 가지 도시 대기 오염물질인 이산화황과 오존으로 인한 피해에 대한 상대적인 민감성을 기준으로 일반적인 관상수종 목록을 제시하였다(**표 4-2**와 **표 4-3**). 이들은 식물 육종가들이 도시 식재에 적합한 새로운 품종(品種, cultivar)을 개발할 때 오염 저항성을 고려할 것을 권고한다.

같은 종 내의 품종들이 대기 오염물질에 대해 서로 다른 수준의 저항성을 나타낸다. Smith & Brennan(1984)은 오존 피해에 대한 미국주엽나무(*Gleditsia triacanthos* var. *inermis*) 다섯 품종의 저항성을 연구했다. 이들 품종 중에서 'Imperial'의 저항성이 가장 높았고, 다음으로 'Sunburst', 'Skyline', 'Shademaster'이 뒤를 이었다고 보고했다.

해빙염(解氷鹽, deicing salt)은 토양에 축적되어 탈수(脫水, desiccation)를 통해, 그리고 잎, 눈, 잔가지 등에 붙은 염수 분무(鹽水噴霧, salt spray)를 통해 교목에 피해를 줄 수 있다. 해빙염에 대한 수종별 저항성은 다양하다(Johnson & Sucoff 2000). Saebø 등(2005)은 다음 세 가지 기준을 사용하여 교목을 선택할 것을 권고한다: (1) 부지의 환경적인 여건에 대한 적응성, (2) 해당 교목의 기능, (3) 낮은 증식, 생산, 조성, 관리 비용. 더 큰 표현형적응성(表現型適應性, phenotypic plasticity)

표 4-2 이산화황에 대한 교목의 상대적인 감수성

구분	종	
민감	*Acer negundo var. interius* (마니토바단풍) *Amelanchier alnifolia* (채진목) *Betula alleghaniensis* (황자작나무) *Betula papyrifera* (종이자작나무) *Betula pendula* (자작나무) *Betula populifolia* (백자작나무) *Fraxinus pennsylvanica* (붉은물푸레) *Larix occidentalis* (서양잎갈나무) *Pinus banksiana* (방크스소나무)	*Pinus resinosa* (레지노사소나무) *Pinus strobus* (스트로브잣나무) *Populus grandidentata* (큰이사시나무) *Populus nigra* 'Italica' (양버들) *Populus tremuloides* (미국사시나무) *Rhus typhina* (티피나옻나무) *Salix nigra* (흑버들) *Sorbus sitchensis* (시트카마가목) *Ulmus parvifolia* (참느릅나무)
중간	*Abies balsamea* (발삼전나무) *Abies grandis* (그랜드전나무) *Acer glabrum* (글라브룸단풍) *Acer negundo* (네군도단풍) *Acer rubrum* (적단풍) *Alnus tenuifolia* (얇은잎오리나무) *Betula occidentalis* (적자작나무) *Picea engelmannii* (엥겔만스프러스) *Picea glauca* (글라우카가문비) *Pinus contorta* (로지폴소나무) *Pinus monticola* (몬티콜라잣나무) *Pinus nigra* (유럽곰솔) *Pinus ponderosa* (폰데로사소나무)	*Populus angustifolia* (좁은잎미루나무) *Populus balsamifera* (발삼포플러) *Populus deltoides* (미루나무) *Populus trichocarpa* (검은사시나무) *Prunus armeniaca* (살구나무) *Prunus virginiana* (초크체리) *Pseudotsuga menziesii* (미송) *Quercus alba* (미국참나무) *Sorbus aucuparia* (마가목) *Syringa vulgaris* (라일락) *Tilia americana* (미국피나무) *Tsuga heterophylla* (이엽솔송) *Ulmis americana* (미국느릅나무)
저항	*Abies amabilis* (미국전나무) *Abies concolor* (흰전나무) *Acer platanoides* (노르웨이단풍) *Acer saccharinum* (은단풍) *Acer rubrum* (적단풍) *Crataegus douglasii* (흑산사나무) *Ginkgo biolba* (은행나무) *Juniperus occidentalis* (시에라향나무) *Juniperus osteosperma* (유타향나무) *Juniperus scopulorum* (록키산향나무) *Picea pungens* (풍겐스가문비)	*Pinus edulis* (미국잣나무) *Pinus flexilis* (림버소나무) *Platanus x acerifolia* (런던버즘나무) *Populus x canadensis* (캐나다포플러) *Quercus gamgelii* (감벨참나무) *Quercus palustris* (대왕참나무) *Querecus rubra* (루브라참나무) *Rhus glabra* (미국옻나무) *Thuja occidentalis* (서양측백나무) *Thuja plicata* (웨스턴측백나무) *Tilia cordata* (작은잎피나무)

출처: Davis & Gerhold 1976.

을 가진 식물도 다양한 부지 여건에 대해 더 큰 적응 잠재력을 가진다.

오염물질의 궁극적인 흡수원은 교목 아래의 토양과 숲과 토양을 통해 침투하는 물이라는 사실을 다시 한 번 강조하는 것이 중요하다. 일부 오염물질은 산림 생태계와 상호작용을 통해 독성이 없게 되지만 다른 것은 그렇지 않을 수 있다. 산림 생태계로 유입된 많은 오염물질은 상당한 기간 동안 존속할 것이다. 도시 숲이 대기오염 문제를 해결하는 데 도움을 주겠지만 오염물질의 발생원에서 이들을 통제하기 위한 노력에 비하면 부분적일 뿐이다.

표 4-3 오존에 대한 교목의 상대적인 감수성

구분	종	
민감	*Ailanthus altissima* (가중나무) *Amelanchier alnifolia* (채진목) *Fraxinus americana* (미국물푸레) *Fraxinus pennsylvanica* (붉은물푸레) *Gleditsia triacanthos* (미국주엽나무) *Juglans regia* (호두나무) *Larix decidua* (유럽낙엽송) *Liriodendron tulipifera* (백합나무) *Pinus banksiana* (방크스소나무) *Pinus coulteri* (콜테리소나무) *Pinus jeffreyi* (제프리소나무) *Pinus nigra* (유럽곰솔)	*Pinus ponderosa* (폰데로사소나무) *Pinus radiata* (라디아타소나무) *Pinus taeda* (테다소나무) *Pinus virginiana* (버지니아소나무) *Platanus occidentalis* (양버즘나무) *Populus maximowiczii x trichocarpa* (황철사시나무) *Populus tremuloides* (미국사시나무) *Quercus alba* (미국참나무) *Quercus gamgelii* (감벨참나무) *Sorbus aucuparia* (마가목) *Syringa x chinensis* (라일락)
중간	*Acer negundo* (네군도단풍) *Cercis canadensis* (캐나다박태기) *Larix leptolepis* (낙엽송) *Libocedrus decurrens* (인센스시더) *Liquidambar styraciflua* (미국풍나무) *Pinus attenuata* (놉콘소나무) *Pinus contorta* (로지폴소나무) *Pinus echinata* (단엽송) *Pinus elliottii* (슬래시소나무) *Pinus lambertiana* (슈가파인)	*Pinus rigida* (리기다소나무) *Pinus strobus* (스트로브잣나무) *Pinus sylvestris* (구주소나무) *Pinus torreyana* (토레이소나무) *Quercus coccinea* (스칼렛참나무) *Quercus palustris* (대왕참나무) *Quercus velutina* (흑참나무) *Syringa vulgaris* (라일락) *Ulmus parvifolia* (참느릅나무)
저항	*Abies balsamea* (발삼전나무) *Abies concolor* (흰전나무) *Acer grandidentatum* (캐년단풍) *Acer platanoides* (노르웨이단풍) *Acer rubrum* (적단풍) *Acer saccharum* (설탕단풍) *Betula pendula* (자작나무) *Cornus florida* (미국산딸나무) *Fagus sylvatica* (유럽너도밤나무) *Ilex opaca* (미국호랑가시나무) *Juglans nigra* (흑호두나무) *Juniperus occidentalis* (시에라향나무) *Nyssa sylvatica* (니사나무) *Persea americana* (아보카도) *Picea abies* (독일가문비나무) *Picea glauca* (글라우카가문비)	*Picea pungens* (풍겐스가문비) *Pinus resinosa* (레지노사소나무) *Pinus sabiniana* (회송/灰松) *Pseudotsuga menziesii* (미송) *Pyrus communis* (서양배나무) *Quercus imbricaria* (쉉글참나무) *Quercus macrocarpa* (버오크) *Quercus robur* (영국참나무) *Querecus rubra* (루브라참나무) *Robinia pseudoacacia* (아까시나무) *Sequoia sempervirens* (레드우드) *Sequoiadendron giganteum* (자이언트세콰이어) *Thuja occidentalis* (서양측백나무) *Tilia americana* (미국피나무) *Tilia cordata* (작은잎피나무) *Tsuga canadensis* (캐나다솔송)

출처: Davis & Gerhold 1976.

소음 조절

원하지 않는 소리 또는 소음(騷音, noise)은 최초 도시가 생긴 이후 도시 생활의 일부가 되어

왔다. 고대 로마의 네로(Nero) 황제는 자갈로 포장된 가로(cobbled street)에서의 말발굽과 나무로 만든 바퀴로 인한 과도한 소음 때문에 밤에는 말이 끄는 수레의 이동을 금지하는 법을 통과시켰다. 지상, 공중, 수상 교통 서비스가 도시에서 매일 24시간 제공되기 때문에 현대 도시에서는 문제가 훨씬 심각하다. 도시의 건설 공사, 복구 작업, 유지관리 공사와 같은 다른 소음도 시끄러운 소리에 추가된다. 연구자들은 강렬하고 지속적인 소음은 정신적인 장애를 초래하고 사회생활에 위협이 된다고 주장한다. 식생은 소음을 물리적으로(소리의 강도를 줄임으로써) 정신적으로(소음 유발자에 대한 조망을 차단함으로써) 소음 문제를 줄일 수 있다.

소리는 일반적으로 고체, 액체, 또는 기체의 진동(振動, vibration)이나 동요(動搖, disturbance)로 발생하여 일련의 압력파(壓力波, pressure wave)로 대기를 통해 통과한다. 소리는, 이를 흡수하거나 이의 방향을 바꾸는 물체에 부딪치지 않으면, 자신의 발생원으로부터 원형으로 퍼진

표 4-4 전형적인 소음원의 음압(音壓, sound pressure) 수준

소음원	음압 수준(dBA)	거리(m)	거리(ft)
속삭임	25~40	1.5	5
주거지의 밤	35~45		
대형 변압기	48~55	61.0	200
자동차			
< 56 kph (35 mph)	62~72	7.6	25
> 56 kph (35 mph)	70~78	7.6	25
가속(加速, accelerating)	82~88		
소음기를 단 트럭			
< 56 kph (35 mph)	74~78	15.2	50
> 56 kph (35 mph)	80~85	15.2	50
가속(加速, accelerating)	82~90	15.2	50
4% 오르막	85~88	15.2	50
소음기 없는 트럭(4% 오르막)	93~100	15.2	50
모터사이클			
< 56 kph (35 mph)	75~83	6.1	20
가속(加速, accelerating)	90~97	7.6	25
땅고르는 스크레이퍼(scraper)	80~92	15.2	50
콘크리트 믹서(concrete mixer)	75~88	15.2	50
파일 드라이버(pile driver)	95~105	15.2	50
공기압축기(空氣壓縮機, air compressor)	75~85	15.2	50
착암기(鑿岩機, rock drill)	81~98	15.2	50
잔디깎는 기계	68	15.2	50
화물열차(3,000마력 디젤, 30~40 mph)	85~95	30.5	100
고속 터보열차(turbo train)	100	30.5	100
캔 제조공장	52~65		
정유공장(精油工場, oil refinery)	51~68		

출처: Reethof & McDaniel 1978.

다. 소리의 강도(-強度, sound intensity)는 데시벨(decibel, dB)로 측정되는데, 사람이 들을 수 있는 문턱값(0 dB)에서 시작하여 로그 스케일(logarithmic scale)로 증가한다. 예를 들면, 10 dB는 0 dB보다 10배, 20 dB은 0 dB보다 100배, 30 dB은 0 dB보다 1,000배 더 크다(**표 4-4**). 잎이 바스락거리는 것(20 dB), 전통적인 연설(60 dB), 공기 착암기(100 dB), 제트 엔진(140 dB) 등과 같이 소음원에 따라 다양한 소리의 강도는 참을 수 있는 것으로부터 피해를 주는 수준까지 차이가 크다(Bucor 2006). 음파(音波, sound wave)의 주파수(周波數, frequency)는 파동(波動, wave)의 피크 사이 거리를 측정한 것이다. 고주파(高周波, high frequency; 짧은 파장)는 고음을, 저주파(긴 파장)는 저음을 발생시킨다.

소리 감쇠(減衰, sound attenuation)는 음원(音源, sound source)과 수신자(受信者, receiver) 사이의 소리 강도(sound intensity)가 감소하는 것이다(Fang & Ling 2003). 정상적인 감쇠는 소리 에너지가 공기분자를 진동시키기에 충분한 에너지가 남아 있지 않을 때까지 거리에 따라 소진됨에 따라 발생한다. 이러한 유형의 감쇠는 원의 표면은 반지름 1 단위가 증가하면 4배의 비율로 증가하기 때문에 거리의 제곱과 같은 비율로 발생한다. 과도한 감쇠는 소음의 감소가 정상적인 감쇠를 초과해서 일어날 때 발생하는데, 이에는 다섯 가지 유형의 기작이 있다: 흡수(吸收, absorption), 편향(偏向, deflection), 반사(反射, reflection), 굴절(屈折, refraction), 마스킹(masking). 흡수는 소리 에너지가 어떤 다른 물체에 전가되었을 때 발생한다. 편향은 소리의 방향이 바뀔 때 일어나고, 반사는 소리가 자신의 발생원으로 되튀어 돌아올 때 발생한다. 굴절은 음파가 물체의 주위를 통과하면서 방산(放散, dissipation)됨에 따라 음파가 휘는 것이다. 마스킹은 감쇠가 아니라 원하지 않는 소리를 인간의 귀에 듣기 좋은 소리로 덮어 감추는 것이라고 할 수 있다(Robinette 1972).

경관에서의 식물과 다른 물체는 상당한 감쇠자로서의 역할을 할 수 있다. Bucor(2006)는 소음이나 소리 전파(傳播, propagation)에 영향을 미치는 중요한 요소로 교목의 존재, 토양 표면, 지피식생, 지형(地形, topography), 기상적인 요소를 들었다. 교목과 관목에 붙어 있는 잎, 잔가지, 가지가 소리 에너지를 흡수하고, 잔디와 초본 식생도 마찬가지 역할을 할 것이다. 식물은 저주파보다 인간에게 가장 성가신 일부 주파수를 포함한 고주파를 더 많이 흡수하는 것으로 확인되었다. 인간의 청각은 고주파에 더 민감하기 때문에 식물은 추가적으로 감각적인 편익을 제공한다. 교목에 의한 장벽은 소리를 원하지 않는 지역으로부터 멀리 비껴가게 하고, 음원에 직각으로 설치하면 이들은 소리를 음원으로 되돌아가도록 반사시킬 것이다. 소리가 식생 장벽을 통과하여 식물 구조물 주위로 휘어지면 굴절이 발생하여 소리 에너지의 방산(放散, dissipation)을 초래한다(Robinette 1972).

교목 벨트는 상대적인 감쇠와 교목 벨트의 폭, 길이, 높이 사이의 긍정적인 상관관계를 통해 소리에 영향을 미친다(Fang & Ling 2003). 식생을 통한 가시성은 소리 감쇠와 양(陽, positive)의 관계에 있어서, 가시거리가 5 m(16피트) 줄어들면 소리는 6~10 dB 줄어든다. Cook(1978)은 폭 30 m(98피트), 높이 15 m(49피트)의 교목 벨트가 고속도로 소음을 6~8 dB 정도 줄이는 것은 흔한 일이지만 10 dB까지는 줄여줄 수 있다고 보고했다. Mao 등(1993)도 여러 줄로 식재된 가로수가 비슷한 6~8 dB의 소음 감소 효과가 있다는 것을 확인했다. 데시벨은 대수 척도이기 때문에, 이것은 소리 에너지가 거의 50% 감소하는 것에 해당한다. Fang & Ling(2003)은 세 그룹(**그림 4-17**)으로 분류된 35개 교목의 벨트를 이용하여 3~10 dBA를 줄일 수 있다는 것을 확인했다(dBA는 인간의 청각을 감안하여 보정된 데시벨인데, 이는 인간은 실재로 발생하는 증가율보다 더 낮

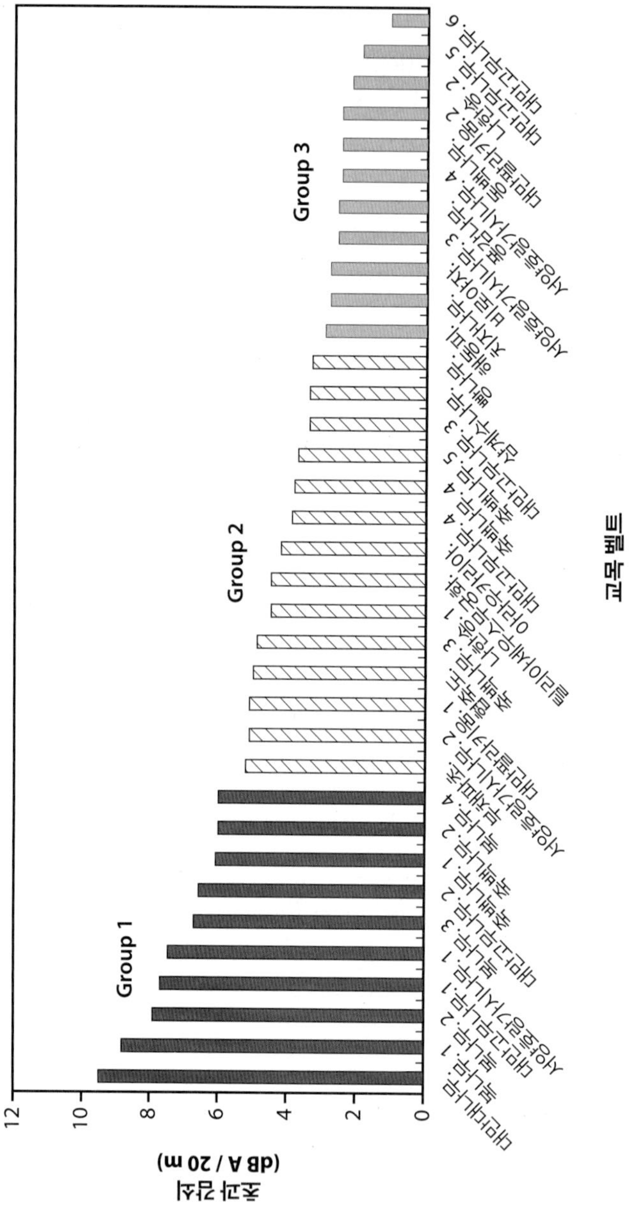

그림 4-17 교목 벨트를 이용한 소리 감쇠. (Elsevier의 허락을 받아 Fang, C.F., & D.L. Ling. 2003. "Investigation of the Noise Reduction Provided by Tree Belts." *Landscape and Urban Planning* 63(4):187–195에서 전재.)

은 율로 소리 증가를 인식한다는 것이다). 폭 30 m(98피트)의 벨트는 땅값이 엄청나게 비싼 도시에서는 비현실적이다. 그러나 Reethof & McDaniel(1978)은 좁고 조밀한 교목 벨트가 3~5 dBA를 낮춤으로써 효과적인 소음 장벽을 제공한다고 보고하였다. 좁고 사방이 막힌 곳에서는, 지형 및 고형의 장벽과 함께 교목을 비롯한 다른 식생이 원하지 않는 고속도로 소음을 유의하게 감소시킬 수 있다. 지형과 결합된 교목은 6~15 dBA의 감소 효과를 나타낸 데 비해 고형의 장벽과 결합된 교목(**그림 4-18**)은 소음 수준을 5~8 dBA 감소시켰다(Cook 1978). 식생을 이용하면 단단한 벽의 크기를 경감시키고 줄일 수도 있다(Bucor 2006). 식생은 경관에 다양성을 추가하고 단단한 벽이

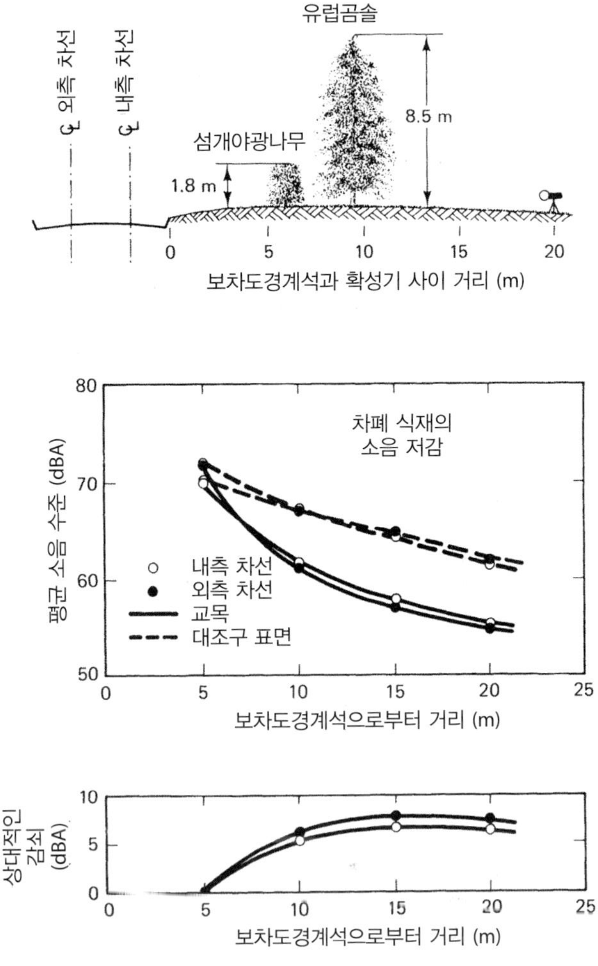

그림 4-18 벽과 결합하여 교목과 관목을 이용한 추가적인 소리 감쇠(Cook 1978).

나타내는 선형적인 외관을 효과적으로 줄일 수 있다.

식물에 의한 소리 마스킹은 원하지 않는 소음을 바람직한 소리로 덮는 것이나. 예를 들면, 은행과 분주한 사무실에 끌어들인 음악은 사무기기와 사람들의 대화로 인해 유발되는 소음을 덮는 역할을 한다. 식생은 바람이 잎과 가지를 흔들거나 식생이 제공하는 먹이와 은신처에 의해 유인된 새들이 지저귐과 같은 자신의 소리를 만든다. 인간은 보다 바람직한 소리보다 우선적으로 원하지 않는 소음을 걸러내는 능력을 가지고 있어서 도시의 소음보다 자연의 소리에 선택적으로 귀를 기울일 것이다(Robinette 1972).

소리에 대한 인간의 지각도 중요하다(Anderson 등 1984; Bucor 2006). 사람들은 계기 상의 측정에서는 거의 감소가 없음에도 불구하고 성긴 울타리 너머의 소음이 유의하게 줄어들었다고 보고했다. 때로는 원하지 않는 소음원을 시야에서 형식적으로 차단해도 해당 부지의 정적에 대한 사람들의 인식을 바꾸어 놓았다. 사람들은 자신의 예상에 따라 소음 수준에 대한 인내력도 달랐다. 사람들은 자신들이 이를 예상했으면 높은 수준의 소음에 더 잘 견디고 이를 예상하지 못했으면 잘 못 견디는 것으로 나타났다(Anderson 등 1984).

눈부심과 반사 감축

건물과 도로는 특징적으로 평탄하고 밝은색의 표면을 가지고 있다. 이는 자연 및 인공조명과 함께 도시 지역에서 심각한 눈부심과 반사 문제로 이어진다. 눈부심은 일차 광원(光源, light source)과 이를 강화하는 대기의 방해로 구성된다. 예를 들면 맑은 날의 밝게 빛나는 햇빛은 눈부심의 근원이지만, 얇은 구름층을 통해 여과된 햇빛은 더 강한 광원이 될 수도 있다. 반사는 광선(光線, light ray)이 일차 광원으로부터 원하지 않는 곳으로 되튀는 것이다(Robinette 1972).

눈부심과 반사를 조절하는 것은 식생을 이용하여 달성할 수 있다. 원하지 않는 광원이 확인되면, 식생을 사용하여 해당 광원을 여과하거나 가리거나, 또는 해당 빛을 반사하는 표면을 덮을 수 있다. 눈부심과 반사를 조절하기 위한 설계를 할 때에는 원하지 않는 광원과 식생이 하루와 계절적인 시간에 따라 어떻게 변하는지, 식생의 크기와 형태 그리고 시간이 지남에 따라 밀도가 어떻게 변하는지를 고려하는 것이 중요하다. 식생은 원하지 않는 빛과 눈부심을 조절하기 위해 그 자체로 또는 방벽이나 지형과 결합하여 사용될 수 있다(Robinette 1972).

침식 방지

도시 지역에서의 토양 침식(土壤浸蝕, soil erosion)은 종종 심각한 문제이다. 도시 토양은 건설, 방치, 또는 공공 휴양과 집합장소에서의 지표면 남용 때문에 대기로 침식시키는 힘에 노출되어 있다. 또한 건물, 가로, 공원 지구로 덮인 지표면은 수분침투(水分浸透, water infiltration)에 비투과성이어서 지표수를 노출된 토양으로 집중시킨다. 토양 침식은 심각한 수질오염(水質汚染, water pollution)과 필수적인 도시 수로(水路, waterway)의 막힘(siltation)을 초래한다. 토양 침식을 방지하는 것에는 건설 중에 토양과 수로를 보호하는 법적 조치(legislative action)와 식생이 조성된 표면과 공공적으로 이용되는 지역에 대한 적절한 관리가 있다. 교목의 수관은 지면을 때리는 빗방울의 에너지를 감소시킴으로써 토양 침식을 감소시킨다.

관리자들은 이용의 강도에 따라 지표면에 적합한 식생이나 비식생 피복을 선택해야 한다. 피복이 사용에 잘 견디고 있는지, 표면이 수리를 해야 하는지, 휴식이 필요한지, 더 잘 견디는 표면으로 변경해야 하는지를 확인하기 위해서는 이들 표면에 대한 빈번한 점검을 해야 한다. 침투는 토양 표면에 대한 유기물 첨가, 잔디의 천공(穿孔, perforation), 지표 유거수를 위한 자갈 배수 시스템, 고이용 지역과 주차장에 다공성 포장 불럭 사용 등을 통해 향상시킬 수 있다.

보행자 통행 조절은 과도한 이용과 이로 인한 침식으로부터 식생이 조성된 지표면을 보호하기 위해 필요할 것이다. 식물은 보행자를 기존 통로에 관심을 가지지 않고 한 곳에서 다른 곳으로 유도하도록 시선을 차단하기 위해 사용될 수 있다. 또한 식생은 보행 통행에 대한 장벽이 되어 사람들을 경관으로 유도하기 위해 식재될 수도 있다(Robinette 1972).

도시 수문과 빗물 관리

도시 지역으로부터의 빗물 유출수(流出水, runoff)는 산림, 초원(草原, grassland), 또는 농장으로 덮인 시골 지역으로부터의 유출수보다 더 크다. 가로, 지붕, 주차장, 답압된 토양, 기타 불투수성 표면은 모두 수분 침투를 감소시키거나 방해함으로써 유출을 증대시킨다. 도심은 종종 교외보다 식생이 더 적고 불투수성 표면이 더 많아서, 더 심각한 유출수 문제를 유발한다. 빗물 유출수는 국지적 및 하류 범람, 하도(河道, stream channel)의 연마에 기여하고, 주된 수질오염원으로 확인되어 왔다. 많은 지역사회가 빗물과 하수를 결합한 시스템을 가지고 있는데, 이는 유출수가 많을 때에는 불충분한 하수처리로 이어지는 문제가 있고, 수질 표준을 충족하고자 한다면 처리 시설의 막대한 확장이 필요하게 된다.

도시 교목 및 기타 식생은 두 가지 방법으로 유출수 감축에 기여할 수 있다: 수관 아래의 토양 침투율(浸透率, infiltration rate) 제고와 잎, 잔가지, 가지에 의한 빗물 가로채기. 이에 따라 수관에 의해 피복된 총면적과 빗물 유출이나 방출의 감소 사이에는 정의 상관관계가 있다. 뿌리 생장과 분해는 수분 침투 능력을 증대시킨다.

강우차단(降雨遮斷, rainfall interception)은 기상적인 요소(예, 강수 빈도, 양, 지속 기간, 강도, 증발률(蒸發率 evaporation rate)), 산림 구조(예, 교목 수종, 크기, 밀도), 교목의 구조(예, 잎 발생 기간, 잎과 줄기의 표면적, 수관 공극 분율[canopy gap fraction], 표면 정체 저장능력, 기타 도시 숲 강우를 가로챌 수 있는 능력)에 영향을 미치는 모든 요소에 의해 영향을 받는다(Xiao & McPherson 2003). 도시 교목 수관은 규모가 작은 폭우에 대해 가장 큰 차단효과를 제공하는데, 이러한 작은 폭우는 규모가 큰 폭우보다 더 자주 발생한다(Xiao 등 1998). 여름철 폭우 동안, Xiao 등(1998)은 약 2시간의 강우 상황에 대한 모의실험에서 도시 숲의 수관이 2.3 mm(0.09인치)의 강우에서 포화되는 것을 발견했다. 배나무(브래드포드콩배나무, *Pyrus calleryana* 'Bradford')와 코르크참나무(*Quercus suber*)의 수관저장능력은 각각 1 mm(0.04인치)와 2 mm(0.08인치)였다(Xiao 등 2000). Sanders(1986)와 Lormand(1988)는 도시 교목에 의한 빗물의 가로챔과 증발을 연구하여 도시 교목 수관은 빗물 유출을 4~6% 감소시키고 수관 피복을 늘리면 유출을 더 많이 줄일 수 있다고 보고했다. Xiao 등(1998)은 캘리포니아주 새크라멘토시의 도시 교목 수간이 빗물 유출을 11% 감소시켰다는 것을 확인했다. 캘리포니아주 산타모니카시에서는, 연간 강수의 27.3%가 차단되었다(Xiao & McPherson 2003). 결과적으로, 도시 숲의 홍수 조절 기능은 오염물질 세척 감축을 통한 수질 유지보다 덜 중요하다. 유출수와 범람을 줄이는 데는 습지(濕地, wetland)가 특히 효과적이고 많은 지자체가 이러한 목적을 위해 이를 복원하고 있다.

도시 폐수

도시 폐수(都市廢水, urban wastewater)의 정화는 수로를 오염으로부터 보호하기 위해 설계된 수많은 연방 법률에 의해 강제되어 왔다. 수질오염(水質汚染, water pollution) 관리와 관련된 비용이 높을 뿐만 아니라(점점 더 높아지고 있고), 깨끗한 물에 대한 사회적인 요구가 증가하고 기존의 수원(水源, water source)에 대한 세금부과와 새로운 공급원에 대한 수요가 나타나고 있다. 도시 숲은 부분적으로 처리된 도시 폐수를 정화하고 도시 급수(給水, water supply) 대수층(帶水層, aquifer)을 함양함으로써 이들 문제를 완화시키는 데 도움을 줄 수 있다.

1962년, 펜실베이니아주 스테이트 칼리지(State College)시의 지역사회는 많은 지자체가 당면한 두 가지 문제에 직면했다. 자신의 지역사회 상수도는 수요를 충족하기에 부적합했고, 하수처리시설은 지방하천을 오염시키고 있었다. 이 지자체는 유역(流域, watershed) 부지를 추가적으로 구입하거나 자신들의 하수처리시설을 3차 처리로 향상시키는 대신, 펜실베이니아 주립대학의 학제(學際, interdisciplinary; 여러 학문 분야가 관련된) 과학자 팀과 협력하여 자신들의 2차 처리된 하수 유출수를 지자체 유역 부지에 관수하는 데 사용하기로 결정했다.

Sopper & Kerr(1978)는, 16년 동안을 모니터링한 다음, 부분적으로 처리된 하수를 유역에 적용하는 것이 지하수를 오염시키지 않았고 해당 물의 90%가 대수층으로 되돌아왔다고 보고했다. 이 폐수는 세 산림 생태계에 주당 2.5~5 cm(1~2인치)의 적용률로 살포되었고, 지하수는 질산태질소(窒酸態窒素, nitrate-nitrogen)에 대한 모니터링이 이루어졌다. 레지노사소나무(*Pinus resinosa*)와 글라우카가문비(*Picea glauca*) 임분에 대한 적용률은 주당 5 cm(2인치) 아래로 유지되었고, 지하수의 질산염(窒酸鹽, nitrate)은 10 mg/L(미국의 음료수(飮料水, drinking water)에 대한 연방 기준) 아래에서 유지되었다. 혼합 활엽수림은 지하수의 질산염 함량이 10 mg/L를 초과하지 않도록 유지하기 위해 적용률을 주당 2.5 cm(1인치) 이하로 유지했다. 세 생태계 모두에서 교목 생장은 증가했고, 야생동물은 더욱 풍부하게 되었고, 토양 내 질소 수준은 증가하였다. 이들 생태계는 결과적인 교목 실생묘의 감소와 초본 생장의 증가로 스트레스를 받게 되었다. 중금속(重金屬, heavy metal)을 모니터링했지만 토양, 식물, 야생동물 모두에서 심각한 오염은 탐지되지 않았다(Sopper & Kerr 1978).

앞선 보고서에서, Sopper(1972)는 부분적으로 처리된 지역사회 폐수를 처분할 산림 부지를 선정할 때 고려해야 하는 일련의 권고 사항을 제시했다. 다음은 그의 권고를 요약한 것이다.

1. 토양은 폐수 적용을 수용할 수 있는 충분한 침투(浸透, infiltration)능력과 투수(透水, percolation)능력을 가지고 있어야 한다.
2. 토양은 화학적 흡수능력(chemical-absorptive capacity)과 수분 보유력(水分保有力, water-retention capacity)을 가지고 있어야 하고, 식생 피복(植生被覆, vegetative cover)이 이용할 수 있도록 용해된 무기물을 일시적으로 보유할 수 있을 정도로 지하수까지의 깊이가 충분해야 한다.
3. 해당 부지는 기복(起伏, relief)이 낮고, 식생으로 피복되어 있고, 특히 겨울 동안 지표 유출을 막고 최소화할 수 있는 지표면 유기물을 가지고 있어야 한다.
4. 후속적인 지하수 저장의 변화를 수용하기 위해서는 충분한 능력과 상당히 깊은 지하수면(地下水面, water table)을 가진 지하수 대수층이 있어야 한다.

도시 수림지는 부분적으로 처리된 폐수에 대해 살아 있는 여과기 역할을 할 수 있는 능력을 가지고 있음이 확인되었고, 이제 많은 지자체가 부분적으로 처리된 하수를 인근 산림과 경작지에 관수하고 있다. 지자체 처리공장에서 나오는 침전물(沈澱物, sludge)은 도시 근처의 농장에 대한 토양 개량제로, 그리고 광산 폐기물(mine spoil)의 매립용으로 사용되고 있다. 시카고시에서 나오는 지자체 침전물은 가축사료(家畜飼料, livestock feed)용으로 키우는 작물에 슬러리(slurry) 형태로 살포되고, 식재에 앞서 개량제로서 석탄광산 폐기물에 경운 혼합된다.

살아 있는 방설책

눈이 많이 내리는 기후에서는, 종종 높게 날리거나(blowing) 낮게 날리는(drifting) 눈 때문에 위험한 통행환경이 되어 도로가 막히게 된다. 미네소타주의 경우, 눈으로 인한 교통사고 사망자와 도로에서 눈을 제거하는 비용이 1996년과 1997년 혹독한 겨울 동안 2억 달러가 넘었다(Gullickson 등 1999). 안전하고 깨끗한 도로가 주는 편익보다 눈 관리 설계로 인한 비용이 덜 든다면 눈이 도로에 높거나 낮게 휘날리는 것을 방지하는 것이 예산을 절약할 수 있을 것이다. 눈 관리 설계에는 목재 울타리 설치, 노반(路盤, road bed) 높이기, 높거나 낮은 눈 날림을 줄이기 위한 교목 및 다른 식생의 식재 등과 같은 구조적인 장벽 설치 등이 있다. Gullickson 등(1999)에 의하면, 이들 방법 중에서 식생을 이용하는 방법의 비용/편익 비율이 2:1에서 36:1의 범위로 평균 17:1을 나타내어 바람직하다고 보고하였다.

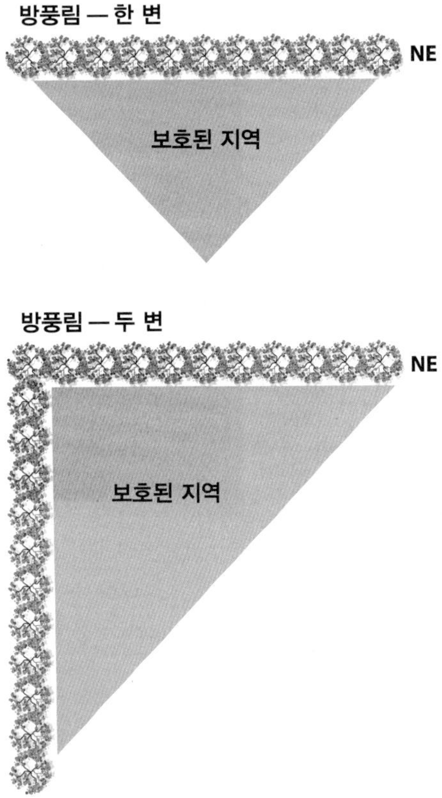

그림 4-19 방풍림의 풍하측에 대한 보호된 지역(Gullickson 등 1999).

살아 있는 방설책(living snow fence)은 기능적으로 바람의 방향을 다른 곳으로 돌리고 풍속을 변화시킨다(Gullickson 등 1999). 이는 다시 눈을 차단하고 보호되는 지역을 만들어 냄으로써 눈이 경관을 가로질러 운반되는 것을 변화시킨다(**그림 4-19**). 대부분의 적설(積雪, snow accumulation)은 바람이 불어가는 방향(downwind)으로 수고(H)의 약 10배에서 발생하며, 전반적으로는 35배에 이르기까지 적설이 발생한다. 바람의 흐름 패턴은 구조물 높이 1~3배 거리 이내에서 강한 소용돌이를 이루면서 변화한다(**그림 4-20**). 3~8배 거리 사이는 난기류의 웨이크 존(wake zone, 압력이 매우 낮은 지역)이다. 정상적인 바람 흐름이 재개되는 것은 높이의 8~12배 거리이고, 완전히 정상화되는 것은 살아 있는 방설책으로부터 바람 부는 방향으로 높이의 약 12~16배 거리에서 발생한다.

살아 있는 방설책의 올바른 위치와 크기는 이것이 올바르게 기능하는 데 결정적인 영향을 미친다(Gullickson 등 1999). 방설책 설계와 눈의 이동을 계산하는 것은 다음에 대한 이해가 필요하다:

1. 주풍의 방향—위로 날리는 눈의 평균적인 방향,
2. 취송거리(吹送距離, fetch distance)—눈이 가로질러 이동하는 바람이 불어오는(upwind) 면적과,
3. 눈이 쌓이는 기간 동안의 평균적인 강설량—일일 평균 기온이 결빙 온도 이하인 시간 동안의 강설.

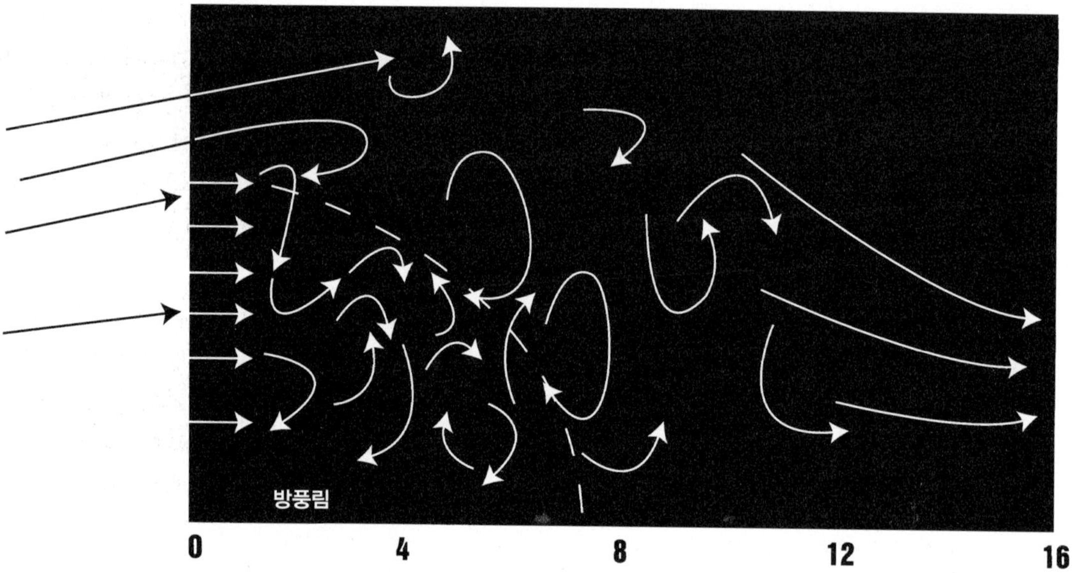

그림 4-20 방풍림으로부터의 거리의 함수인 바람 교란의 변화. 이 그림에서 거리는 방풍림의 수고를 해당 숫자로 곱한 것이다(Gullickson 등 1999).

마지막으로 적설 능력을 계산할 때 방설책의 간극, 높이, 식생 열 사이의 거리를 고려하는데, 높이가 적정 능력을 결정하는 유력한 요소이다. 높이가 1피트 추가될 때마다 적설은 4배까지 증가한다.

인용 문헌

Adevi, A. A., & M. Lieberg. 2012. "Stress Rehabilitation Through Garden Therapy: A Caregiver Perspective on Factors Considered Most Essential to the Recovery Process." *Urban Forestry & Urban Greening* 11(1):51–58.

Akbari, H., S. Davis, S. Dorsano, J. Huang, & S. Winnett. 1992. *Cooling Our Communities: A Guidebook on Tree Planting and Light-Colored Surfacing*. Washington, DC: Environmental Protection Agency.

Anderson, L. M., B. E. Mulligan, & L. S. Goodman. 1984. "Effects of Vegetation on Human Response to Sound." *Journal of Arboriculture* 10(2):45–49.

Appleyard, D. 1978. "Urban Trees, Urban Forests: What Do They Mean?" In Proceedings, First National Urban Forestry Conference (ESF Pub. 80-003, pp. 138–155). Syracuse, NY: SUNY.

Armson, D., P. Stringer, & A. R. Ennos. 2012. "The Effect of Tree Shade and Grass on Surface and Globe Temperatures in an Urban Area." *Urban Forestry & Urban Greening* 11(3):245–255.

Arnberger, A., & R. Eder. 2012. "The Influence of Green Space on Community Attachment of Urban and Suburban Residents." *Urban Forestry & Urban Greening* 11(1):41–49.

Bell, S., D. Blom, M. Rautamäki, C. Castel-Branco, A. Simson, & I. A. Olsen. 2005. "Design of Urban Forests." In C. Konijnendijk, K. Nilsson, T. Randrup, and J. Schipperijn (eds.), *Urban Forests and Trees* (pp. 149–186). Berlin: Springer.

Bjerke, T., T. Østdahl, C. Thrane, & E. Strumse. 2006. "Vegetation Density of Urban Parks and

Perceived Appropriateness for Recreation." *Urban Forestry & Urban Greening* 5(1):35–44.

Bowler, D. E., L. Buyung-Ali, T. M. Knight, & A. S. Pullin. 2010. "Urban Greening to Cool Town and Cities: A Systematic Review of the Empirical Evidence." *Landscape and Urban Planning* 97(3):147–155.

Brush, R., R. E. Chenoweth, & T. Barman. 2000. "Group Differences in the Enjoyability of Driving Through Rural Landscapes." *Landscape and Urban Planning* 47(1):39–45.

Bucor, V. 2006. *Urban Forest Acoustics*. Berlin: Springer.

Chen, W. Y., & C. Y. Jim. 2008. "Assessment and Valuation of the Ecosystem Services Provided by Urban Forests." In M. M. Carreiro, Y. Song, and J. Wu (eds.), *Ecology, Planning, and Management of Urban Forests* (pp. 53–83). New York: Springer.

Chicago Trees Initiative. 2013. "Chicago's Urban Forest—Did You Know?" (http://www.chicagotrees.net/our-urban-forest/).

Clark, K. E. 2007. "Attracting and Managing for Wildlife." In J. E. Kuser (ed.), *Handbook of Urban and Community Forestry in the Northeast*. New York: Kluwer Academic/Plenum Publishers.

Cook, D. I. 1978. "Trees, Solid Barriers, and Combinations: Alternatives for Noise Control." In Proceedings, First National Urban Forestry Conference (ESF Pub. 80-003, pp. 330–334). Syracuse, NY: SUNY.

Davis, D. D., & H. D. Gerhold. 1976. "Selection of Trees for Tolerance of Air Pollutants." *Better Trees for Metropolitan Landscapes* (Gen. Tech. Rep. NE-22, pp. 61–66). Washington, DC: USDA Forest Service.

Deering, R. B. 1956. "Effect of Living Shade on House Temperatures." *Journal of Forestry* 54(6):399–400.

DeSanto, R. S., R. A. Glaser, W. P. McMillen, K. A. MacGregor, & J. A. Miller. 1976. *Open Space as an Air Resource Management Measure*, Vol. 2, Design Criteria (EPA-450/3-76-028b). Washington, DC: US Environmental Protection Agency.

DeWalle, D. R. 1978. "Manipulating Urban Vegetation for Residential Energy Conservation." In Proceedings, First National Urban Forestry Conference (ESF Pub. 80-003, pp. 267–283). Syracuse, NY: SUNY.

Donovan, G. H., & D. Butry. 2009. "The Value of Shade: Estimating the Effect of Urban Trees on Summertime Electricity Use." *Energy and Buildings* 41(6):662–668.

Donovan, G. H., Y. L. Michael, D. T. Butry, A. D. Sullivan, & J. M. Chase. 2011. "Urban Trees and the Risk of Poor Birth Outcomes." *Health & Place* 17(1):390–393.

Dwyer, J. F. 1982. "Challenges in Managing Urban Forest Recreation Resources." In Proceedings, Second National Urban Forestry Conference (pp. 152–156). Washington, DC: American Forests.

Escobedo, F., C. Luley, J. Bond, C. Staudhammer, & C. Bartel. 2009. "A Hurricane Debris and Damage Assessment for Florida Urban Forests." *Arboriculture & Urban Forestry* 35(2):100–106.

Fang, C. F., & D. L. Ling. 2003. "Investigation of the Noise Reduction Provided by Tree Belts." *Landscape and Urban Planning* 63(4):187–195.

Franklin, T. M. 1982. "Managing the Urban Forest for Wildlife." In Proceedings, Second National Urban Forestry Conference (pp. 145–151). Washington, DC: American Forests.

Grahn, P., & U. A. Stigsdotter. 2003. "Landscape Planning and Stress." *Urban Forestry & Urban Greening* 2(1):1–18.

Grahn, P., & U. A. Stigsdotter. 2010. "The Relation Between Perceived Sensory Dimensions of Urban Green Space and Stress Restoration." *Landscape and Urban Planning* 94(3–4):264–275.

Gullickson, D., S. J. Josiah, & P. Flynn. 1999. "Catching the Snow with Living Snow Fences" (MI-7311-S). University of Minnesota Extension.

Hall, J. M., J. F. Handley, & A. R. Ennos. 2012. "The Potential of Tree Planting to Climate-Proof High Density Residential Areas in Manchester, UK." *Landscape and Urban Planning* 104(3–4):410–417.

Hauer, R. J., J. O. Dawson, & L. P. Werner. 2006. *Trees and Ice Storms: The Development of Ice Storm-Resistant Urban Tree Populations* (2nd ed., Joint Publication 06-1). College of Natural Resources, University of Wisconsin–Stevens Point and the Department of Natural Resources and Environmental Sciences and the Office of Continuing Education, University of Illinois at Urbana–Champaign.

Hauer, R. J., A. J. Hauer, D. R. Hartel, & J. R. Johnson. 2011. "Rapid Assessment of Tree Debris Following Urban Forest Ice Storms." *Arboriculture & Urban Forestry* 37(5):236–246.

Hauer, R. J., & G. R. Johnson. 2003. "Tree Risk Management." In J. Pokorny (ed.), *Urban Tree Risk Management: A Community Guide to Program Design and Implementation* (NA-TP-03-03, pp. 5–10). Washington, DC: USDA Forest Service.

Heisler, G. M. 1986. "Energy Savings with Trees." *Journal of Arboriculture* 12(5):113–125.

Heisler, G. M. 1989. "Tree Plantings that Save Energy." In Proceedings, Fourth Urban Forestry Conference (pp. 58–62). Washington, DC: American Forests.

Heisler, G. M. 1990. "Mean Wind Speed Below Building Height in Residential Neighborhoods with Different Tree Densities." *ASHRAE Transactions* 96(1):1389–1396.

Heisler, G. M., & L. P. Herrington. 1976. "Selection of Trees for Modifying Metropolitan Climates." *Better Trees for Metropolitan Landscapes* (Gen. Tech. Rep. NE-22, pp. 31–37). Washington, DC: USDA Forest Service.

Hodges, A. W., C. R. Hall, & M. A. Palma. 2011. *Economic Contributions of the Green Industry in the United States, 2007* (Southern Cooperative Series Bulletin 413). Southern Association of Agricultural Experiment Directors and the Green Industry Research Consortium.

Hooper, B. 1970. "The Real Challenge Has Just Begun." *Life* 68(1):102–106.

Ingels, J. E. 2009. *Landscaping Principles and Practices* (7th ed.). Clifton Park, NY: Delmar.

Ingraham and Associates. 2004. Victory Memorial Parkway Regional Park Master Plan (http://www.minneapolisparks.org/documents/design/victory_parkway/Master_Plan.pdf).

Intasen, M. 2014. Urban Forest Assessment in Bangkok, Thailand. MS thesis. University of Wisconsin, Stevens Point.

Johnson, G. R., & E. Sucoff. 2000. "Minimizing De-Icing Salt Injury to Trees" (WW-01413-GO). University of Minnesota Extension.

Josiah, S., & J. Majeski. 1999. *Living Snow Fences.* University of Minnesota Extension Service.

Kaplan, R., & S. Kaplan. 1989. *The Experience of Nature: A Psychological Approach.* Cambridge: Cambridge University Press.

Kirkpatrick, J. B., A. Davison, & G. D. Daniels. 2012. "Resident Attitudes Towards Trees Influence the Planting and Removal of Different Types of Trees in Eastern Australian Cities." *Landscape and Urban Planning* 107(2):147–158.

Lampadius, F. 1963. "The Air-Hygienic Significance of the Forest and Its Modification by Smoke Damage." *Angewandte Meterology* 4:248–249.

Laverne, R. J., & G. M. Lewis. 1996. "The Effect of Vegetation on Residential Energy Use in Ann Arbor, Michigan." *Journal of Arboriculture* 22(5):234–243.

Lormand, J. R. 1988. The Effects of Urban Vegetation on Stormwater Runoff in Arid Environments. MS thesis. University of Arizona, Tucson.

Mao, L. S., Y. Gao, & W. Q. Sun. 1993. "Influences of Street Tree Systems on Summer Micro-Climate and Noise Attenuation in Nanjing City, China." *Arboriculture Journal* 17(4):239–251.

McCurdy, T. 1978. "Open Space as an Air Resource Management Strategy." In Proceedings, First National Urban Forestry Conference (ESF Pub. 80-003, pp. 306–320). Syracuse, NY: SUNY.

McKinney, M. L. 2008. "Effects of Urbanization on Species Richness: A Review of Plants and Animals." *Urban Ecosystems* 11:161–176.

McPherson, E. G. 2003. "A Benefit-Cost Analysis of Ten Street Tree Species in Modesto, California, U.S." *Journal of Arboriculture* 29(1):1–8.

McPherson, E. G., D. Nowak, G. Heisler, S. Grimmond, C. Souch, R. Grant, & R. Rowntree. 1997. "Quantifying Urban Forest Structure, Function, and Value: The Chicago Urban Forest Climate Project." *Urban Ecosystems* 1:49–61.

McPherson, E. G., & P. J. Peper. 1996. "Costs of Street Tree Damage to Infrastructure." *Arboricultural Journal* 20:143–160.

McPherson, E. G., & R. A. Rowntree. 1993. "Energy Conservation Potential of Urban Tree Planting." *Journal of Arboriculture* 19(6):321–331.

McPherson, E. G., & J. R. Simpson. 2002. "A Comparison of Municipal Forest Benefits and Costs in Modesto and Santa Monica, California, USA." *Urban Forestry & Urban Greening* 2(1):61–74.

Meerow, A.W., & R. J. Black. 2003. "Landscaping to Conserve Energy: Annotated Bibliography" (EES44). University of Florida Extension.

Miller, R. W. 1983. "Multiple Use Urban Forest Management in the Federal Republic of Germany." Management of Outlying Forests for Metropolitan Populations (pp. 21–24). Man and the Biosphere Seminar, Milwaukee, Wisconsin.

Morani, A., D. J. Nowak, S. Hirabayashi, & C. Calfapietra. 2011. "How to Select the Best Tree Planting Locations to Enhance Air Pollution Removal in the MillionTreesNYC Initiative." *Environmental Pollution* 159(5):1040–1047.

Nelson, C., M. R. McHale, & M. N. Peterson. 2012. "Influences of Landscape and Lifestyle on Home Energy Consumption." *Urban Ecosystems* 15(4):773–793.

Nowak, D. J. 1994. "Air Pollution Removal by Chicago's Urban Forest." In E. G. McPherson, D. J. Nowak, and R. A. Rowntree (eds.), *Chicago's Urban Forest Ecosystem: Results of the Chicago Urban Forest Climate Project* (Gen. Tech. Rep. NE-186). Radnor, PA: USDA Forest Service, Northeast Forest Experiment Station.

Nowak, D. J., & J. F. Dwyer. 2007. "Understanding the Benefits and Costs of Urban Forest Ecosystems." In J. E. Kuser (ed.), *Handbook of Urban and Community Forestry in the Northeast.* New York: Kluwer Academic/Plenum Publishers.

O'Bryan, C. M., T. J. Straka, S. R. Templeton, & J. D. Caldwell. 2007. "Economic Patterns in U.S. Arboriculture." *Arboriculture & Urban Forestry* 33(4):292–299.

Owens, H. 1971. "Selecting Trees for Environmental Capability and Aesthetic Appeal." In Proceedings, Symposium on the Role of Trees in the South's Urban Environment (pp. 63–65). Athens: University of Georgia.

Parker, J. 1983. "Do Energy Conserving Landscapes Work?" *Landscape Architecture* 72:89–90.

Parker, J. R. 1989. "The Impact of Vegetation on Air Conditioning Consumption." In Proceedings, Workshop on Saving Energy and Reducing Atmospheric Pollution by Controlling Summer Heat Islands (pp. 45–52). Berkeley: University of California.

Pederson, B., & B. Mugus. 2006. "Sustainability and Landscape Design." Sustainable Urban Landscape Information Series, University of Minnesota (http://www.sustland.umn.edu).

Reethof, G., & O. H. McDaniel. 1978. "Acoustics and the Urban Forest." In Proceedings, First National Urban Forestry Conference (ESF Pub. 80-003, pp. 321–329). Syracuse, NY: SUNY.

Robinette, G. O. 1972. *Plants, People and Environmental Quality: A Study of Plants and Their Environmental Functions.* Washington, DC: US Department of the Interior, National Park Service.

Saebø, A., Ž. Borzan, C. Ducatillion, A. Hatzistathis, T. Lagerström, J. Supuka, J. L. García-Valdecantos, F. Rego, & J. Van Slycken. 2005. "The Selection of Plant Materials for Street Trees, Park Trees and Urban Woodland." In C. Konijnendijk, K. Nilsson, T. Randrup, and J. Schipperijn (eds.), *Urban Forest and Trees* (pp. 257–280). Berlin: Springer.

Sand, P. 1993. "Design and Species Selection to Reduce Urban Heat Island and Conserve Energy." In Proceedings, Sixth National Urban Forestry Conference (pp. 148–151). Washington, DC: American Forests.

Sanders, R. A. 1986. "Urban Vegetation Impacts on the Hydrology of Dayton, Ohio." *Urban Ecology* 9(3–4):361–376.

Schroeder, H., J. Flannigan, & R. Coles. 2006. "Residents' Attitudes Toward Street Trees in the UK and U.S. Communities." *Arboriculture & Urban Forestry* 32(5):236–246.

Schroeder, H. W., & T. L. Green. 1985. "Public Preference for Tree Density in Municipal Parks." *Journal of Arboriculture* 11(9):272–277.

Simons, K., & G. R. Johnson. 2008. The Road to a Thoughtful Street Tree Master Plan: A Practical Guide to Systematic Planning and Design (http://www.myminnesotawoods.umn.edu/wp-content/uploads/2008/12/Street-Tree-Manual.REVISED_20082.pdf).

Smith, G. C., & F. G. Brennan. 1984. "Response of Honeylocust Cultivars to Air Pollution Stress in an Urban Environment." *Journal of Arboriculture* 10(11):289–293.

Smith, W. H. 1978. "Urban Vegetation and Air Quality." In Proceedings, First National Urban Forestry Conference (ESF Pub. 80-003, pp. 284–305). Syracuse, NY: SUNY.

Smith, W. H. 1990. *Air Pollution and Forests: Interactions between Air Contaminants and Forest Ecosystems.* New York: Springer-Verlag.

Smith, W. H., & S. Dochinger. 1976. "Capability of Metropolitan Trees to Reduce Atmospheric Contaminants." *Better Trees for Metropolitan Landscapes* (Gen. Tech. Rep. NE-22, pp. 49–59). Washington, DC: USDA Forest Service.

Sopper, W. E. 1972. "Effects of Trees and Forests in Neutralizing Waste." *Trees and Forests in an Urbanizing Environment* (Plann. Res. Dev. Ser. No. 17, pp. 43–57). Amherst: University of Massachusetts.

Sopper, W. E., & S. N. Kerr. 1978. "Potential Use of Forest Land for Recycling Municipal Waste Water and Sludge." In Proceedings, First National Urban Forestry Conference (ESF Pub. 80-003, pp. 392–409). Syracuse, NY: SUNY.

Souch, C. A., & C. Souch. 1993. "The Effect of Trees on Summertime Below Canopy Urban Climates: A Case Study Bloomington, Indiana." *Journal of Arboriculture* 19(5):303–312.

Stone, B., Jr. 2009. "Land Use as Climate Mitigation." *Environmental Science & Technology* 43(24):9052–9056.

Thayer, R. L., & B. T. Maeda. 1985. "Measuring Tree Impact on Solar Performance: A Five Year Computer Modeling Study." *Journal of Arboriculture* 11(1):1–12.

Turner, T. 2006. "Greenway Planning in Britain: Recent Work and Future Plans." *Landscape and Urban Planning* 76(1–4):240–251.

Urban, J. 2008. *Up By Roots: Healthy Soils and Trees in the Built Environment.* Champaign, IL: International Society of Arboriculture.

US Environmental Protection Agency. 2003. *Cooling Summertime Temperatures: Strategies to Reduce Urban Heat Islands* (Publication Number 430-F-03-014). Washington, DC: US Environmental Protection Agency.

US Environmental Protection Agency. 2008, October. *Reducing Urban Heat Islands: Compendium of Strategies. Trees and Vegetation*. Washington, DC: US Environmental Protection Agency.

US Fish & Wildlife Service. 2012, December. *2011 National Survey of Fishing, Hunting, and Wildlife-Associated Recreation.* Washington, DC: US Fish & Wildlife Service.

US Fish & Wildlife Service. 2013, December. *Birding in the United States: A Demographic and Economic Analysis* (Addendum to the 2011 National Survey of Fishing, Hunting, and Wildlife-Associated Recreation, Report 2011-1). Washington, DC: US Fish & Wildlife Service.

Williamson, R. D. 1973. "Bird—and People—Neighborhoods." *Natural History* 82(9):55–57.

Wolf, K. L. 2004. "Trees and Business District Preferences: A Case Study of Athens, Georgia US." *Journal of Arboriculture* 30(6):336–346.

Wolf, K. L. 2005. "Business District Streetscapes, Trees and Consumer Response." *Journal of Forestry* 103(8):396–400.

Xiao, Q., & E. G. McPherson. 2003. "Rainfall Interception by Santa Monica's Municipal Urban Forest." *Urban Ecosystems* 6:291–302.

Xiao, Q., E. G. McPherson, J. R. Simpson, & S. L. Ustin. 1998. "Rainfall Interception by Sacramento's Urban Forest." *Journal of Arboriculture* 24(4):235–244.

Xiao, Q., E. G. McPherson, S. L. Ustin, M. E. Grismer, & J. R. Simpson. 2000. "Winter Rainfall Interception by Two Mature Open-Grown Trees in Davis, California." *Hydrological Processes* 14:763–784.

Yang, J., L. Zhao, J. McBride, & P. Gong. 2009. "Can You See Green? Assessing the Visibility of Urban Forests in Cities." *Landscape and Urban Planning* 91:97–104.

Young, R. F. 2010. "Managing Municipal Green Space for Ecosystem Services." *Urban Forestry & Urban Greening* 9(4):313–321.

Youngberg, R. J. 1983. "Shading Effects of Deciduous Trees." *Journal of Arboriculture* 9(11):295–297.

Zheng, B., Y. Zhang, & J. Chen. 2011. "Preference to Home Landscape: Wilderness or Neatness?" *Landscape and Urban Planning* 99(1):1–8.

제II부

도시 식생의 평가와 가치

제5장

도시 식생의 가치

일본 교토

도시 거주자들은 도시 교목과 기타 도시 식생에 높은 가치를 부여한다. 1989년 사우스 캐롤라이나주 찰스턴(Charleston)시가 허리케인 휴고(Hugo)에 의해 폐허가 된 후, 주민들에게 그 폭풍에 의해 피해를 받은 자신들 지역사회의 가장 중대한 특징이 무엇인가를 물었다. 30%가 넘는 주민이 가장 심각한 손실로 도시 숲에 대한 피해라고 확인하였다(Hull 1992). 스웨덴에서는, 도시 거주자들이 도시 가장자리 산림이 인간의 웰빙(well-being)에 필수적이라고 생각한다(Eriksson 등 2012). 앞의 장들에서, 도시 교목과 관련된 사회적인 요구와 가치, 식생의 중요한 아름다움과 기상학적 및 공학적 이용에 관해 고찰했다. 이러한 기능적인 가치는 이들이 생산하는 사회적인 편익으로부터 발생한다. 보상적 가치(報償的價値, compensatory value; 교목의 손실을 보상하기 위한 금액)는 교목 가치를 사정(査定, appraise)하는 또 다른 방법이다. 모든 이용은 도시 식생에 가치를 부여하고 이러한 가치는 경제적 및 법률적 용어로 설명될 수 있다. 경제적 가치와 법률적 가치는 밀접하게 연결되어 있어서 많은 경우, 법률적인 가치를 규명하는데 경제적인 방법론이 이용된다.

경제적 가치

도시 식생의 경제적 가치(經濟的價値, economic value)는 다양한 접근에 의해 확인될 수 있는데, 이 모든 것들은 지자체 수목관리와 상업적 수목관리 모두와 관련이 있다. 교목은 개별적으로 또는 수림지(樹林地, woodland)와 숲에서 집단적으로 평가될 수 있고, 이들의 잔해(殘骸, residue)를 기준으로, 때로는 자신의 목재 가치를 기준으로 평가될 수도 있다. 가치 평가는 합리적이어야 하고, 의도된 이용의 맥락에서 평가되어야 하며, 가능하면 시장 가치를 반영해야 한다. 많은 연구는 교목의 부동산 가치에 대한 기여 비율을 언급한다(Tyrväinen & Miettinen 2000; Wolf 2007). 부동산의 가치는 교목의 유형, 수량, 크기, 이들의 위치와 상태, 고정된 부동산과 기타 물리적 개량, 기본 토지의 가치, 기타 요소(예, 학교와 공원과의 거리) 등을 포함한 몇 가지 요소에 근거한다. 도시 식생의 가치 평가와 관련된 또 다른 시도는 부동산 소유자에 대한 내재가치(內在價値, intrinsic value)와 사회에 대한 외재적 가치(外在的價値, extrinsic value)를 수량화하는 것이다.

개별 수목

공공 교목과 개인 교목 모두 가치는 다양한 방법을 이용하여 확인될 수 있다. 앞서 고찰한 바와 같이, 교목의 가치는 자산이라고 여겨지기 때문에 교목의 가치는 해당 교목이 가지고 있는 부담과 함께 잠재적인 편익에 의해 결정되어야 한다. 교목의 가치는 이의 보존비용, 대체 비용, 재산 가치에 대한 기여와 함께 유지관리 비용, 이의 목재 제품이나 잔해의 가치에 의해 결정될 수 있다.

시의 자산(city assets). 시 정부는 자신들이 평가한 가치에 근거하여 모든 시 소유의 자산에 대한 기록을 유지한다. 시 소유의 교목도 때로는 이러한 방법으로 가치가 부여되는데, 이 가치는 시 교목에 투자되는 비용에 근거한다. 그러나 시 교목은, 일반적으로 시간이 경과하면서 가치가 떨어지는 다른 시 자산과 비교하면 독특하여, 교목은 시간이 지남에 따라 가치가 상승한다. Dressel(1963)에 의하면, "가로수는 시가 소유하고 있는 가장 값비싼 자산 6개 중 하나이며, 달러 금액에서 학교, 가로, 하수도, 상수도에 투자하는 것보다 크게 떨어지지 않다"고 한다. 시 교목의 가치를 결정하는 첫 연구 중 하나에서, Kielbaso(1974)는 평균 $343의 자산 가치를 보고했다. 보고된 가치는 시 임정관(市林政官, city forester)이 시 소유의 가로수 한 그루당 $71에서 $500 범위로 추정한 것에 근거하였다. 이처럼 가치의 폭이 넓은 것은 지자체 간에 교목 구조가 다르거나 가치평가 절차의 표준이 결여된 것을 반영한다고 볼 수 있으며, 이에 따라 시 교목에 대해 주관적으로 보고된 가치를 자신 있게 사용하는 데 어려움이 있다. 이후 보고된 평균 가치는 1986년에 $525로 상승하였다(Kielbaso 1990). Nowak 등(2002)은 48개 미국 본토 주에서 2000년 기준 모든 공공 및 개인 도시 교목이 교목당 $630의 보상가치(補償價値, compensatory value)를 가지고 있다고 추정했다. 2010년에는 개별 교목이 약 $835의 가치가 있었다(Nowak 2014). 모든 도시 교목은 집합적으로 부동산 가치에 가산이 되고 소유권과 관계없이 지역사회의 자산이다.

가로수는 인접한 부동산의 가치를 높여준다. Donovan & Butry(2010)는 주택 앞에 있는 가로수가 주택 판매가격을 $8,870, 또는 오리건주 포틀랜드(Portland)의 주택 중앙값인 $259,000에 대해 3.4%를 높여준다는 것을 발견하였다. 연구 결과는 실재 매매가격에 근거하고 있으며, 연구자들은 다양한 교목 요소, 주택 변수, 주변 특성을 고려한 다중회귀모형(多重回歸模型, multiple regression model)을 사용하였다. 가로수가 있는 집이 더 빨리 팔려서 시장잔류시간(市場殘留時間, time on market)이 평균 1.7일 짧았다. 이 가치는 시와 개인 토지 소유자가 이들 교목을 유지관리하기 위해 매년 지출하는 비용보다 3.3배 높았다. 도시 교목의 가치는 해당 자산을 유지관리하는 비용도 고려해야 한다. Treiman & Gartner(2006)는 미주리주 세인트루이스(St. Louis)와 캔자스시티(Kansas City) 주민을 대상으로 공공 교목에 대해 비용을 부담할 지역과 이들의 자발성을 연구하였다. 이들은 대부분의 사람들이 지역사회 교목을 유지관리하는 데 필요한 교목 기금(tree fund)을 조성하기 위해 가구당 연간 $14~16의 세금을 부담하는 것을 지지하고 있다는 것을 확인했다.

유지관리 비용. 교목 가치평가에 대한 또 다른 접근은 교목 군집에 대한 일생 동안의 투자를 고려하는 것이다. 평생 비용은 세 분야로 세분할 수 있다: 조성, 주기적인 유지관리, 제거. 교목에 대한 초기 투자는 식재 묘목을 키우거나 구매하거나 식재하는 것, 이식으로부터 완전히 회복시키기 위한 관수(灌水, watering), 지주목 설치(支柱木設置, staking), 멀칭(mulching), 사소한 교정 전정(矯正剪定, corrective pruning), 토양 개량(土壤改良, soil amendment) 등의 활동과 관련되어 있다. 성장 단계와 성숙 단계 동안의 주기적인 유지관리 비용은 전형적으로 전정, 시비, 병이나 해충 방제, 구조적인 보강 시스템, 폭풍 피해 회복과 청소 등으로 구성된다. 결국, 교목은 죽거나, 교목 위험 문턱값을 넘어서거나, 다른 토지 이용과 충돌하게 되면 제거되어야 한다.

예를 들어, 직경 5 cm(2인치) 적단풍(*Acer rubrum*) 교목 한 그루를 $300의 비용을 들여 식재하고, 수명 40년 동안 7회에 걸쳐 총 $350의 전정을 실시하며, 마지막으로 $425을 들여 제거하고 그루터기를 갈아 없앴다면 해당 교목에 투자한 금액은 $1,075이 될 것이다(**표 5-1**). 만약 개별 작업에 이자율 6%가 적용되었다면, 교목은 $4,490의 미래 가치를 가질 것이다. McPherson, Simpson,

표 5-1 40년 동안의 교목 관리 비용과 미래 가치 종합

	교목 관리 비용 (할인이자율 적용 전)			교목 관리 비용 (6% 할인이자율 적용 시)		
연차	**식재**	**전정**	**제거**	**식재**	**전정**	**제거**
0	$300			$3,086		
5		$15			$115	
10		25			144	
15		38			163	
20		50			160	
25		62			149	
30		74			133	
35		86			115	
40			$425			$425
합계			**$1,075**			**$4,490**

Peper, Gardner 등(2007)의 방법을 사용하면 40년에 걸친 이 교목에 대한 총 순편익(純便益, net benefit)은 약 $2,030이 된다.

유지관리 비용으로 교목 평가에 접근하는 것은 분명히 두 가지 문제가 있다. 첫째, 광범위한 유지관리가 필요한 교목 수종이 더 높은 가치로 평가될 것인데, 이는 저 유지관리 수종을 식재하고자 하는 시 임정관의 요구에 역행한다. 두 번째 문제는 기본적으로 복잡한 이해관계와 관련이 있다. 교목은 오랜 기간 살아가기 때문에, 이들의 가치가 비합리적으로 높은 수준까지 상승할 수 있다.

편익/비용 접근. 비용/편익(benefit/cost) 접근은 교목의 가치와 해당 교목의 일생에 걸쳐 이 가치를 유지하는 데 필요한 비용을 비교한다. 순편익은 기능적 가치(에너지 절감, 대기 질 향상, CO_2 감축, 빗물 감축)와 기타 가치(아름다움과 인간 건강)에서 도시 교목의 안전과 매력을 유지하기 위한 비용을 차감하여 산출한다(McPhenson 등 1999; McPherson, Simpson, Peper, Maco 등 2007). 이 접근은 개별 교목에 이용될 수 있고, 가끔 이 가치는 도시 교목 군집을 위해 합산된다(McPherson 2003).

미국에서의 몇몇 연구에서는 도시 교목 군집에 대한 B/C 비율이 1을 초과한다는 것을 발견하였다(McPherson 2005). 예를 들면, 캘리포니아주 버클리(Berkeley)시의 B/C 비율은 1.37이었고 노스다코타주 비스마르크(Bismark)시는 3.09였다. 이는 비스마르크에서는 $1을 지출할 때마다 편익 $3.09이 발생한다는 것을 의미한다. 포르투갈 리스본 가로수의 B/C 비율은 4.48이다(Soares 등 2011). 캘리포니아주 데이비스(Davis)시의 가로수 군집은 B/C 비율이 3.8인 것으로 나타났다(Maco & McPherson 2003). 이 연구에 사용된 접근 방법은 '도시 숲 관리자를 위한 가로수 자원평가 도구'(STRATUM, Street Tree Resource Assessment Tool for Urban Forest Managers)로 구체화되었는데, STRATUM은 i-Tree의 가로수 모듈을 만들기 위해 채택되었다.

할인된 회수기간(回收期間, payback period)은 교목의 가치를 수량화하는 또 다른 방법인데,

현재까지의 모든 편익과 비용은 동일하다는 가정에 기초한다. 시카고의 경우, 다양한 지역에서 할인된 회수기간이 9~18년 정도 될 것으로 예측되었다(McPherson 등 1997).

목재 제품 또는 잔존물. 산림 제품으로서의 목재는 사회에 대해 가치를 가지기 때문에, 다른 용도로 더 이상 필요하지 않으면, 시 교목은 산림 제품으로서 일정한 가치를 가질 수 있다. 이 가치는 도시 관리자와 계획수립가의 의사결정 과정에 영향을 미칠 수 있는 고려사항이기 때문에, 가용한 도시 목재와 잔존물의 양을 추정하는 일이 중요하다는 것은 새삼스러운 일이 아니다. Foster(1965)는 보스턴의 가로수에서 매년 236 m^3(100,000 보드피트/board feet)의 목재가 자라고 있다고 추정하고, 이를 매년 지속가능한 규모로 수확할 수 있다고 제안하였다. Kielbaso(1974)는 $17/$m^3$($40/천 보드피트)의 가치, 또는 매년 $4,000의 수익과 모든 미래 수익에 대해 6%의 할인율(割引率, discount rate)을 추정하였다.

이러한 접근의 문제점은 공중이 교목의 목재 용량 때문에 건강한 가로수의 절단을 허용할 가능성이 극히 희박하고, 가로수가 제거되어야 할 정도로 쇠락했을 때에는 목제품 산업을 위한 잠재적인 원재료 공급원으로서의 가치가 거의 없을 정도로 목재의 질이 저하되어 있다는 것이다. MacFarlane(2007)은 미시간주 남동부 아래쪽 13개 카운티 지역에서 죽거나 죽어가는 교목으로부터 매년 16,000 m^3(6.7백만 보드피트)의 제재목 품질의 목재를 얻을 수 있다고 보수적으로 예측했다. 흥미롭게도, 또한 MacFarlane(2007)은 도시에서 자란 교목의 목재 질이 산림에서 자란 교목에 필적한다고 보고했다. 도시 교목은 대개 무작위적인 교목 죽음으로 벌채가 가능하게 되는데, 이는 여러 곳으로부터 목제품 생산을 위해 적합한 양의 교목을 수집해야 하는 수송 문제가 있음을 의미한다. 이에 대한 예외로는 폭풍, 느릅나무시듦병(*Ophiostoma ulmi*; *O. novi-ulmi*), 호리비단벌레(emerald ash borer, *Agrilus planipennis*)와 같은 재해적인 사건이 있을 수 있다.

가로수의 목섬유(木纖維, wood fiber)로서의 가치를 어메니티(amenity)적인 것과 비교해보면, 드물게 베니어 생산이 가능한 통나무의 경우를 제외하고, 사실상 도시 교목을 평가하는 모든 접근은 목재 가치보다 더 높은 가치를 나타낼 것이다. 가로수를 성공적으로 목재 제품으로 생산하는 문제는 산림 제품을 수익성 있게 생산하는 것이 아닌 일부 시장 가치가 있는 교목 잔존물의 문제가 될 가능성이 높다. Sherrill(2003)은 도시 제재목 수확을 위한 전망과 방법, 그리고 쓸모 있는 제재목을 만드는 과정에 관한 세부 사항을 제공한다.

미국에서 도시 교목과 기타 경관 식생으로부터 매년 153백만 m^3(200백만 세제곱야드)의 잔해가 발생한다(Bratkovich 2001). 이 물량은 도시 목재가 약 9백만 m^3(38억 보드피트)의 자재를 산출할 잠재력을 가지고 있고, 이는 연간 미국 활엽수 사용량의 약 30%에 상당한다(Bratkovich 2001; Whitter 등 1995). Bratkovich 등(2008)은 매년 도시 교목 제거 물량이 14.5에서 34.5백만 생(生)MT(16~38백만 생ST) 정도로 추정된다고 집계하였다. 미네소타주 미니아폴리스/세인트폴(Minneapolis/St. Paul)의 느릅나무 폐목재의 처리에 관한 고찰에서, DeVoto(1979)는 "우리의 교목 잔해는 잔해에 불과하지 제품이 아니라는 것을 분명하게 이해해야 한다. 이는 처리하는데 엄청난 비용이 드는 일로서, 우리의 관심은 단순히 가장 경제적인 처리 방법을 찾는 것이어야 한다"라고 말했다. 오하이오주의 신시내티(Cincinnati)시는 자신들의 도시 교목 잔해를 완전히 활용하기 위한 시도를 한다. 재재목과 베니어 생산 가능 수간은 저장한 후 가장 높은 입찰자에게 판매하였다.

저질의 목재는 끈으로 묶어 땔감(firewood)으로 팔거나 트럭 단위로 목재 칩으로 팔았다(Bratkovich 2001). LaRue(1982)에 의하면 오하이오주 데이턴(Dayton)에서는 목제품을 파는 것이 매립(埋立, landfilling)보다 경제적이며, 통나무와 땔감 판매로 얻은 수입은 도시 숲 관리 장비를 사는 데 사용하고 있다고 보고하였다. Cesa 등(2003)에 의하면, 제거된 가로수를 제재목으로 판매하는 데 있어서의 핵심은 다음과 같다:

1. 지역 제재소 위치 확인,
2. 이들의 제재목 요구조건을 알기 위해 제재소와 공동 작업,
3. 판매되는 제재목은 금속과 기타 이물질이 없다는 것을 확실히 할 것,
4. 판매 가능한 양이 축적될 때까지 제재목을 저장,
5. 이러한 개념을 시도하기에 충분한 유연성과 지속성.

위스콘신주 워소(Wausau)시는 몇몇 펄프공장과 제재소를 접촉하여 도시 교목 잔해를 파는 데 이러한 시장을 활용하고 있다(Bratkovich 2001). 한 번 판매에서, 시는 펄프 목재를 지역 제지공장에 보내는 트럭 운송비의 4배에 해당하는 금액을 받았다. 이 수입은 교목 제거 비용을 충당하는데 도움이 되었다. 워소 카운티의 몇 차례 심각한 폭풍이 지나간 후, 카운티 내 공원에서 발견된 쓰러진 교목이 $78,000에 판매되었다. Bratkovich(2001)는 목재 잔해를 화목, 펄프, 제재목, 목재 칩, 기타 제품으로 판매함으로써 수입원으로 전환시킨 다른 자자체와 민간 기업의 사례를 소개한다.

경관에서 나오는 잔해는 고체 폐기물의 주된 공급원으로 인식되어 많은 주와 나라의 정부는 재활용법(再活用法, recycling legislation)의 일부에서 이러한 쓰레기 매립을 금지하게 되었다. 예를 들면, 일리노이주 어배너(Urbana)시에서 나오는 경관 폐기물이 해당 지자체에서 발생하는 총 폐기물량의 35%에 해당하는 것으로 나타났다(Darling 1989). 이에 따라, 해당 시는 수분이 많은 물질은 퇴비로 만들어 정원 멀칭 재료로 판매하고, 목재 칩은 경관 적용을 위해 판매했다. 비용이 수입을 초과했지만 이 물질들은 더 이상 매립이 허용되지 않고 있다. Loggens(1978)는, 목재는 올바르게 연소시키면 청청 연소 물질이고 재와 유황 함량이 낮기 때문에, 목재가 가지고 있는 에너지 용량을 이용하기 위해 연소시킬 것을 제안한다. 텍사스주 휴스턴(Houston)에서는 개인 교목관리 회사에 의해 발생되는 교목 잔해를 매립하지 않고 칩으로 만들어 연료로 판매했다. 비용과 재무적인 수입을 분석한 결과 에너지를 절감하는 것이 매립하는 것보다 경제적으로 보다 매력적인 대안인 것으로 나타났다(Murphey 등 1980).

도시 교목 잔해는 전기와 열에너지로 전환시킬 수 있다. 미네소타주 세인트폴(St. Paul)의 지역 에너지 회사는 열병합발전소(熱併合發電所, combined heat and power plant)의 연료로 도시 교목 잔해의 대부분을 포함하여 목재 폐기물을 사용한다(Burns 2006). 다양한 발생원으로부터 225~275천 MT(250~300천 ST)의 목재가 세인트폴 도심에 열원(熱源, heat source)과 25메가와트의 전기를 공급하기 위해 사용된다(**그림 5-1**). 미국 본토 내에서, 이론적으로 57개의 또 다른 비슷한 크기의 발전소가 바이오에너지를 이용하여 1,400메가와트의 전기를 생산하는 것이 가능하다(Bratkovich 등 2008).

교목 잔해로 만든 칩(chip)도 조경에서 지표면 멀칭 자재로 사용될 수 있다. Walker(1979)는

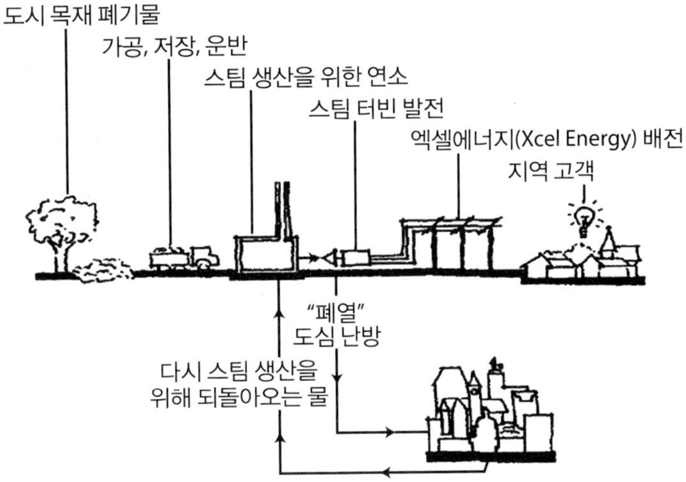

그림 5-1 목재에 저장된 에너지를 열병합발전을 통해 전기와 열에너지로 전환하는 데는 여러 단계를 거치고 "목재 폐기물"을 "사용가능" 에너지 제품으로 전환하기 위한 과정이 필요하다. (Burns, M., & J. Guillemette. 2009, March 19. "Heating Saint Paul with Wood." In Fueling the Future: The Role of Woody and Agriculture Biomass for Energy Workshop. University of Minnesota Extension에서 전재)

솔잎(pine straw)에 비해 목재 칩(wood chip)이 더 싸고, 더 오래 가고, 가연성이 낮고, 토양 수분을 더 잘 유지한다는 것을 확인했다. 목재 칩으로 멀칭된 지역은 다른 멀칭 자재로 피복된 지역만큼 매력적인 것으로 평가되었다. 목재 칩을 지표면에 적용하는 것만으로 시비가 필요 없었다. 노스다코타주 비스마르크(Bismarck)시는 목재 칩을 m^3 당 약 $10($12.50/세제곱피트)에 판매한다(Bratkovich 2001). 1년의 목재 칩 판매를 통한 수입은 $24,000짜리 파쇄기(chipper) 구매가격을 충당하기에 충분했다. 일리노이주 엘진(Elgin)은 공짜로 이웃에 멀칭 자재를 제공하는 Got Mulch 운동을 시작했다. 이 프로그램은 해당 자재를 시로부터 약 한 시간 거리에 있는 현재의 처리 지역까지 트럭으로 운반하는 것과 관련된 비용을 줄여주었다.

교목/경관 감정인 협의회(CTLA)의 가치 평가. 오늘날 북미에서 교목과 경관식물 평가에 가장 널리 사용되고 있는 방법은 교목/경관 감정인 협의회(CTLA, Council of Tree and Landscape Appraisers)에 의해 작성되고 국제수목관리학회(ISA, International Society of Arboriculture)에 의해 발간한 식물평가지침(*Guide for Plant Appraisal*)에 기술되어 있다. 이 시스템은 녹음수(綠陰樹, shade tree)의 가치를 결정하는 방법을 개발하기 위해 전국녹음수회의(National Shade Tree Conference, 뒤에 ISA로 이름이 바뀜)가 전국수목관리자협회(National Arborist Association, 수목관리산업협회[TCIA, Tree Care Industry Association]의 전신)와 1947년 공동 위원회를 설립하면서 시작되었다. 기본적인 방법은 1951년에 수락되었고 책자는 전국녹음수회의가 녹음수가치평가(Shade Tree Evaluation)라는 제목으로 1957년 출판했다. 개정판은 동 회의가 1965년과 1970년에 발간하였다.

1975년 CTLA가 구성되어 녹음수가치평가를 개정하고 재구성하기 시작하였으며 6차례 개정을 거쳐 오늘날의 식물평가지침이 되었다. CTLA는 북미 녹색 산업, 임업 및 토지 평가 기구에서 위원회가 지명한 대표자들로 구성된 이들 기구의 컨소시엄(consortium)이다. 이들 대표를 통해 CTLA는 가치평가 지침과 함께 가치평가 과정을 수행하는 방법을 제시한다. CTLA에는 미국자문수목관리자협회(American Society of Consulting Arborists), 미국조경가협회(American Society of Landscape Architects), 미국원예협회(AmericanHort, 과거 American Nursery and Landscape

Association), 전국조경업협회(National Association of Landscape Professionals, 과거 Professional Landcare Network), 미국자문임업가협회(Association of Consulting Foresters of America), ISA 그리고 TCIA에서 지명된 대표자들로 구성되어 있다. 여러 해에 걸쳐 이 시스템의 수정이 이루어졌고, 감정인들은 현지의 적절한 방법론을 사용하고 자신들의 평가 역량을 유지하는 것이 필수적이다(Cullen 2005).

이 지침의 9판에는 경관 식생을 평가하기 위한 세 가지 잠재적인 방법으로 비용(cost), 수입(income), 시장 접근(market approach)을 제시하고 있다(CTLA 2000). 이들 접근 중에서, 수입 접근이 가장 제한적인데 이는 수입을 창출하는 상황에 있는 식생의 가치를 평가할 때에만 적용할 수 있다. 시장 접근은 재산에 식생이 없을 경우의 차이를 조정한 다음 식생에 대한 가치에 근거하여 비교 재산을 판매하는 데 사용한다. 비용 접근은 가장 널리 사용되는 방법으로, 수선비용(修繕費用, repair cost), 치료비용(治療費用, cure cost), 대체비용(代替費用, replacement cost)이나 비용을 도출하기 위한 수간공식방법(樹幹公式方法, trunk formula method)을 이용하여 가치를 계산한다.

수선비용, 치료비용, 대체비용 방법은 이들 비용이 해당 경관을 손실 이전에 존재하던 상태와 걸맞게 회복시킨다는 것에 기초한 평가이다. 수선비용에는 식물과 경관, 수풀로 된 지역이 이들의 이전 상태로 회복되도록 원예적, 수목관리적, 조림적 처리를 적용하는 것이 포함된다. 치료비용은 해당 재산이 원래와 같은 적절하게 비슷한 상태로 되돌아가는데 필요한 수선, 대체, 회복의 결합이다.

대체비용 방법은 손상된 경관을 비슷한 크기의 관목, 덩굴식물, 생울타리 식물, 해당 지역에서 흔히 구할 수 있는 이식 가능한 크기의 교목으로 회복시키는 것과 관련된 가치이다. 대체비용은 상실된 식물과 같은 종(또는 비슷한 종)을 조성하기 위한 비용이다. 이 가치는 상실된 종과 대체되는 식물의 종, 손상되거나 상실될 당시 해당 식물의 상태, 손상되거나 상실된 식물의 위치에 따라 조정될 수 있다(Bloch 2002). 식물과 그루터기 제거도 피해 평가에 가산될 수 있다. 너무 커서 적합한 대체를 찾을 수 없는 관목, 덩굴식물, 생울타리 식물인 경우, 조성된 비용은 상태와 위치에 대한 조정을 한 다음 지금 대체된 식물이 평가되는 식물의 크기에 이를 때까지 걸리는 연수에 대해 현재의 이자율을 곱하여 산출한다.

수간공식 방법은 너무 커서 이식으로 대체될 수 없는 교목의 가치를 평가하기 위해 사용한다. 이 가치는 흔히 구할 수 있는 가장 큰 이식 가능한 표준목을 구매하는 비용, 식재 비용(installation cost), 손상된 교목과 대체되는 교목 간의 단면적(斷面績, cross-sectional area) 차이에 부여된 가치에 근거한다. 평가되는 교목의 가치를 도출하기 위해 단위교목비용(單位喬木費用, unit tree cost)이 사용된다. 단위교목비용을 계산하기 위해, 도매가격(또는 적용 가능한 다른 가격)을 이용하여 대체교목비용을 이식 교목의 단면적(제곱인치 또는 제곱센티미터)으로 나눈다. 다음 이 가치를 수간면적 증가(수간면적 증가 = 평가되는 교목 면적 − 이식되는 교목 면적)로 곱하고 기본적인 교목 비용을 도출하기 위해 여기에 조성된(installed) 교목 비용을 더한다. 사정된 가치(査定-價値, appraised value)는 종, 상태(狀態, condition), 위치 요소(位置要素, location factor)를 감안하여 조정된다. 사정된 가치를 계산하는 데 사용되는 공식의 예는 아래와 같다.

사정된 가치 = 기본 교목 비용 × 종 % × 상태 % × 위치 %

기본 교목 비용 = 수간 면적 증가 × 단위교목비용 + 조성된 비용

수간 면적 증가 = 사정되는 교목의 면적 - 이식되는 교목의 면적
위치 = (장소 % + 기여 % + 배치 %)/3

수간공식 방법은 직경이 30인치(75 cm)를 넘는 교목을 과대평가할 수 있기 때문에 이보다 더 큰 교목에는 조정된 수간면적이 사용된다(**그림 5-2**).

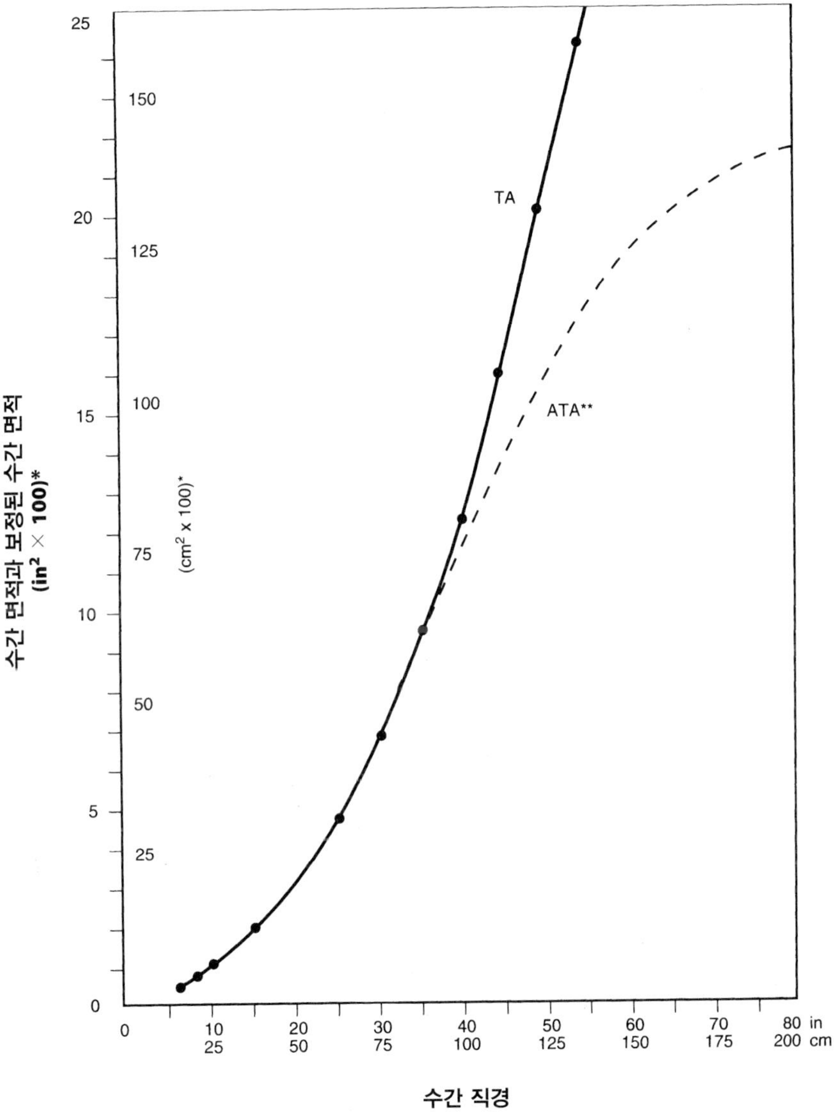

그림 5-2 곡선 TA는 직경이 증가함에 따른 수간 면적의 증가를 나타낸다. 곡선 ATA는 75 cm(30인치)를 초과하는 수간 직경에서의 보정된 수간 면적 증가율을 보여준다(CTLA 1992).

* 지상 1.37 m(4.5피트)에서 이루어진 측정치.

** 수간 직경 75 cm(30인치)를 초과하는 교목에 합리적일 것으로 생각되는 보정된 수간 면적(ATA) 값은 곡선 ATA에서 얻을 수 있다. 곡선 ATA 값을 나타내기 위해 이차방정식(二次方程式, quadratic equation)으로 계산되었다.

표 5-2 식물 종과 품종의 등급 부여에서 고려하는 요소[a]

기후 적응성
1. 내한성(耐寒性, cold hardiness)
2. 서리 내성(frost tolerance)
3. 내건성(耐乾性, drought tolerance)
4. 폭풍: 얼음, 눈, 바람에 대한 내성

생장 특성
1. 불리한 여건에 대한 내성
2. 활력
3. 구조적인 강도
4. 기대수명(期待壽命, life expectancy)
5. 전정 요구도

토양 적응성
1. 구조와 토성
2. 배수
3. 수분 부족 또는 과잉
4. 산성과 알칼리성
5. 양분 결핍 또는 과잉

저항성 또는 내성
1. 병
2. 해충
3. 대기 오염

[a] 가능하면 주 또는 지역적인 등급평가 목록도 참고하라.

출처: CTLA 2000.

수간공식 방법은 야자수에는 적용할 수 없는데, 이는 야자수가 외떡잎식물(monocot)로 생장과 함께 직경이 증가하지 않기 때문이다. 그러나 야자수는 나이가 들면서 키가 커지기 때문에 CTLA는 기본 가치를 결정할 때 뚜렷하거나 갈색 수간 높이(잎사귀가 없는)를 사용할 것을 권고한다. 지역적인 지침과 대체비용 방법은 야자수 평가에 다른 접근을 제시한다.

종 요소(種要素, species factor) 또는 등급은 5%에서 100%까지 평가하는 백분율에 근거하는데, 종종 5~10% 간격으로 표시된다. CTLA(2000)는 표본목에 종 조정요소(species adjustment factor)를 부여할 때 다음 요소를 고려할 것을 권장한다: 기후 적응성, 생장 특성, 토양 적응성, 해충과 병에 대한 저항성이나 내성(**표 5-2**). 종의 등급을 설정하는 것은 감정인에 의해 이루어지는데, 감정인은 ISA의 지역 지부의 권고에 의존할 수 있다. 미네소타 수목관리협회는 평가된 지역에서 생장할 수 있는 식물의 고유 생존력에 근거하고 있는 종 등급평가 시스템을 개발했다(Simons 2009). 4개 범주(내구성, 수명, 구조적 통합성[構造的統合性, structural integrity], 생물적 내성[biotic tolerance])가 활용되고 각 범주는 비중에 따라 중요성 가치가 부여된다. 궁극적으로, 감정인은 해당 식물의 특성과 해당 부지에서의 생장 적합성에 근거하여 종 백분율 등급을 결정해야 한다.

상태 요소(狀態要素, condition factor) 또는 등급은 0에서 100%까지의 백분율 등급으로 일반적으로 5~10% 단위의 증분으로 표시된다(**표 5-3**). 교목 상태는 5개 분야에 대한 구조적 통합성(構造的統合性, structural integrity)과 식물 건강에 근거한다: 뿌리, 수간, 골격지(骨格枝, scaffold branch), 작은 가지, 잔가지, 잎과 눈. 구조적인 통합성은 뿌리, 수간, 골격지에 대한 식물의 잠재적인 안정성만을 측정한다. 식물 건강은 생물적 유기체, 무생물적 장애, 기계적인 손상에 의해 떨어지는 해당 식물의 전반적인 활력(活力, vitality)을 고려한다. 식물 건강 등급은 모두 5개 상태 요소로 열거된다. 각 구조 또는 건강 등급은 1에서 4까지의 가능한 점수 척도로 매겨진다. 이렇게 매겨진 등급은 합해져서 총 가능점수(32)로 나누어 상태 백분율을 도출한다. 100%의 값이 부여된 표본은 고려 대상 종의 완벽한 표본이라고 가정한다. 이때 우리는 완벽한 표본은 극히 소수이고,

표 5-3 식물 상태 판단 지침

평가 체계

뚜렷한 문제없음	= 4
사소한 문제	= 3
중요한 문제	= 2
심각한 문제	= 1

요소 1: 뿌리[a] (근원 점검은 보증되어야 함)

뿌리 고착
근원의 건전성
기계적인 상처
옥죄거나 꺾인 뿌리
답압 또는 침수된 뿌리
유독 가스와 농약 병징
해충이나 병의 존재
버섯

______ + ______ = ______
구조 + 건강 = 소계
(1~4) (1~4) (2~8)

요소 2: 수간[a]

건전한 수피와 목재
공동
직립하는 수간(양호한 초살)
기계적 또는 불에 의한 상처
균열(상렬 등)
솟아오르거나 함몰된 부위
해충이나 병의 존재

______ + ______ = ______
구조 + 건강 = 소계
(1~4) (1~4) (2~8)

요소 3: 골격지[a]

강한 부착
수간보다 가는 직경
수직적인 가지 분포
매몰된 수피 없음
부후와 공동 없음
잘 전정되고, 심각한 두절 없음
양호한 비율(초살, 가지를 따라 측면 초살)
상처 유합
죽은 목재나 화재 손상 비율
부후, 해충, 병의 존재

______ + ______ = ______
구조 + 건강 = 소계
(1~4) (1~4) (2~8)

요소 4: 가는 가지와 잔가지[b]

당년 신초의 활력, 3~5년 전 신초와 비교
수관 전반을 통해 잘 분포된
종을 기준으로 정상적인 모습의 눈과 크기
약하거나 죽은 잔가지의 존재
해충이나 병의 존재

소계 (1~4): ______

요소 5: 잎과/이나 눈[b]

정상적인 모습(크기와 색깔)
영양 결핍
제초제, 농약, 또는 오염 피해 증상
시들거나 죽은 잎
해충이나 병의 존재

소계 (1~4): ______

(계속)

표 5-3 식물 상태 판단 지침

다섯 가지 **요소**에 대한 소계의 합계(8~32)	________
상태 등급(25–100)을 계산하기 위해 소계 합계를 32로 나눈 후 100을 곱함:	________
총 점수[c]	

총 점수	상태	등급
29~32	탁월	90~100
22~28	양호	70~89
16~22	보통	50~69
8~16	불량	25~49
0~8	매우 불량	0~24

[a] 구조와 건강 항목은 모두 뿌리, 수간, 골격지에 대해 등급이 부여된다.
[b] 가는 가지와 잔가지, 잎과/이나 눈은 건강에 대해서만 등급이 부여된다.
[c] 지나친 구조적인 결함을 가진 교목은 어메니티 가치를 평가해서는 안 된다. 총 점수 범위는 8~32이다. 총 점수가 8 미만은 불가능하지만, 이 범위는 어메니티 가치가 거의 또는 전혀 없는 매우 불량하거나 죽은 교목을 가리킨다.

출처: CTLA 2000.

적절한 상태 등급을 부여하기 위해서는 식물 평가에 대한 풍부한 경험이 필요하다는 것을 알아야 한다.

위치 요소(位置要素, location factor)는 해당 식물의 가치에 식물의 위치가 미치는 영향을 반영하기 위해 해당 지침의 1975년 평가 방법에 추가되었다. 경관식물을 해당 부동산 가치에 높은 비중을 차지하는 것으로 평가하는 것은 비현실적이다. $100,000 가치의 토지 한 필지가 $70,000로 평가되는 교목 한 그루를 가질 수는 없을 것이다. 교목 군집 내의 교목 한 그루는 일반적으로 독립된 한 그루의 경관 교목보다 가치가 낮을 것이고, 시골 도로변 교목은 일반적으로 도시의 식수대로(boulevard) 교목보다 가치가 낮을 것이다. 차폐, 소음 감축, 기후 조절, 공기 정화와 같은 다른 어메니티를 제공하는 식생이나, 역사적 또는 다른 의미를 가진 식물들은 그렇지 않은 다른 식물보다 더 높은 위치 요소가 부여되어야 한다. 위치 가치는 다음과 같이 부여된 가치의 평균으로 산출된다:

부지(10~100%): 해당 지역에서의 다른 지역 대비 해당 부동산의 질
기여(0~100%): 해당 식물의 기능적 및 미적 기여
배치(0~100%): 기능적 및 미적 기여를 제공하는 데 있어서의 유효성

경관 식물의 올바른 평가를 위해서는 평가되는 종이나 품종과 관련된 구조와 기능에 관한 광범위한 지식, 지역적인 부동산 가치의 이해, 다년간의 실무 경험이 필요하다는 사실이 강조되어야 한다. 이러한 실무적인 핵심 지식에 더하여, 감정인은 윤리적이어야 하고 가치 평가가 법의학적인 사실에 근거해야 한다. 신뢰성은 결정된 가치가 합리적이고 공정하다는 공중의 인식을 위해 매우 중요하다(Ingram 2007). 법원은 손해배상 청구 소송에서 평가에 대한 합리성 검정(合理性

표 5-4 CTLA 수간공식평가방법을 이용한 교목 가치계산 사례

예: 개방 경관에서 자라는 직경 28인치의 적참나무(*Quercus rubra*)의 평가된 가치를 구하라. 직경 3.5인치 적참나무의 대체 교목 비용(도매 비용)은 $275이고, 대체 교목 조성비용은 $550이다. 종과 상태 등급은 각각 90%와 80%이다. 위치에 대한 부지, 기여, 배치 등급은 각각 90%, 80%, 70%이다.

수간공식 방법

현장 조사	
1. **종**	적참나무
2. **상태**	80%
3. **수간 둘레**(*c*) 또는 **직경**(*d*)	28인치
4. **위치** = (부지 + 기여 + 배치)/3 (90% + 80% + 70%)/3	80%
지역 식물 평가 위원회, 감정인이 개발하거나 조정된 정보	
5. **종 등급**	90%
6. **대체 교목 크기** 직경	3.5인치
수간 면적(TA_R)	10제곱인치
7. **대체 교목 비용** (**비용**을 결정하기 위해 지역 정보 참조)	$275
8. **조성 비용**	$550
9. **조성된 교목 비용**(#7 + #8)	$825
10. **단위교목비용**(#7/#6) (선택된 비용을 사용하기 위해 지역 정보 참조)	$28/제곱인치
현장과 지역적인 정보를 이용하여 감정인에 의한 계산	
11. **평가된 수간 면적**(TA_A 또는 ATA_A; 그림 5-2 참조) c^2(#3) × 0.08 또는 d^2(#3) × 0.7854 =	615제곱인치
12. **평가된 교목 수간 증분**(TA_{INCR}) TA_A 또는 ATA_A(#11) − TA_R(#6) 615인치^2 − 10인치^2 =	605제곱인치
13. **기본 교목 비용** TA_{INCR}(#12) × 단위교목비용(#10) + 조성된 교목비용(#9) 605인치^2 × $28/인치^2 + $825 =	$17,765
14. **평가된 가치** **기본 교목비용**(#13) × **종 등급**(#5) × **상태**(#2) × **위치**(#4) $17,765 × 90% × 80% × 80% =	$10,233
15. **평가된 가치**가 $5,000 이상이면 $100 단위로 반올림, $5,000 미만이면 $10 단위로 반올림	
16. **평가된 가치**(#14)	$10,200

출처: CTLA 2000에서 전재.

표 5-5 개별 교목에 어메니티 가치를 부여하기 위한 Helliwell 시스템 방법

요소	점수[a]									
	0	0.5	1	2	3	4	5	6	7	8
i. 교목의 크기(m^2)	< 2	2~5	5~10	10~20	20~30	30~50	50~100	100~150	150~200	200 <
ii. 시각적 어메니티 기대 지속기간	2년 미만		2~5년	5~40년	40~100년	100년 초과				
iii. 경관에서의 위치 중요성	없음	매우 적음	적음	보통	상당	매우 큼				
iv. 다른 교목의 존재		수림지	많음	보통	적음	없음				
v. 경관 설정과의 관계	없음	약함	약간	보통	매우	특별				
vi. 수형		빈약	보통	양호						

[a] 점수는 서로 곱한 다음 총 점수(최대 4,096)에 합의된 환산계수(2015년 현재 £30.84임)를 곱한다. 현재 가격은 www.trees.org.uk를 참고하라.

출처: Arboricultural Association. 2008. *Visual Amenity Valuation of Trees and Woodlands (The Helliwell System)* (Guidance Note 4). Ampfield House(Taylor & Francis, Ltd.)의 허락을 받아서 전재함.

檢定, reasonableness test)을 확립하고 있으며, 피해에 대한 다각적인 측정은 배심원들로 하여금 공정하고 정당한 화해 결정을 달성할 수 있게 한다(CTLA 2000; Merullo & Valentine 1992). 미국 내 일부 주 재판관할에서는, 법원이 소송 사건에서 경관 식물의 가치를 결정하는 데 수간공식 방법을 수용하지 않는다.

요약하면, CTLA 평가방법은 수입, 시장, 비용 접근 방법을 이용하여 경관 식물에 대해 평가된 가치를 결정한다. 대체 비용과 수간공식 방법은 가장 흔히 사용된다. 기본 수목 비용은 최대 가치이고 종, 상태, 위치에 대한 백분율 요소를 곱합으로써 조정된다. **표 5-4**는 수간공식 방법을 사용하여 교목의 가치를 계산하는 하나의 예를 보여준다.

헬리웰(Helliwell) 시스템. 1967년 영국에서, D.R. Helliwell은 교목의 에메니티 가치를 기반으로 하는 교목 가치평가 방법을 제안했다. 현재 영국 수목관리협회(Arboricultural Association 2008)가 발간한 이 방법은 해당 교목(크기, 생존기간, 수형)과 이를 둘러싸고 있는 환경(중요성, 교목 피복, 적합성)을 나타내는 6개 요소에 대해 점수를 부여하는 시스템을 사용하여 교목의 가치를 계산한다. 이 가치는 각 요소에 대한 점수를 곱하여 해당 교목의 총 점수가 되는 공식에 근거한다(**표 5-5**). 이 점수는 다시 한 그루의 교목이나 다수 교목의 어메니티 가치를 얻기 위해 적절한 금전적인 환산계수(換算係數, conversion factor)를 곱하여 화폐가치(貨幣價値, currency value)로 변환된다. 2015년 1월 현재 영국에서의 금전적인 환산계수는 개별 교목은 £30.84이고 수림지에 대해서는 £123.36이다(Arboricultural Association 2015). 다음은 Helliwell 시스템의 계산 방법

과 해당 가치의 변수들이다:

평가된 가치 = 교목 크기 × 기대 수명 × 경관에서의 중요성 ×
다른 교목의 존재 × 경관 설정과의 관계 × 수형 ×
금전적 환산계수

만약 어떤 교목이 앞의 6개 요소 중 하나에서 점수를 얻지 못하면 그 교목은 0의 가치가 부여될 것이다(Agricultural Association 2008). CTLA 접근 방법과 유사하게, Helliwell 시스템으로부터 도출된 어메니티 가치도 합리적인 검정을 통과해야 한다(Royal Institution of Chartered Surveyors 2010).

기타 가치평가 공식 방법. 미국에서 고안된 CTLA 접근과 영국에서 만들어진 Helliwell 시스템에 더하여, 다른 나라에서도 교목 가치평가 시스템이 채택되었다. 예를 들면, 뉴질랜드의 표준 교목 가치평가 방법(STEM, Standard Tree Evaluation Method), 호주에서 시작된 Burnley 방법, 스페인의 Norma Granda 방법, Danish 모델(VAT03) 등이 기타 공식 기반 방법들이다(**표 5-6**). Watson (2002)이 이들 시스템을 비교해 본 결과 감정인들 간에 서로 다른 가치와 변이가 발생하여, 역사적으로 공식 기반 시스템에 대한 우려가 존재한다. 그러나 개별 시스템은 널리 사용되고 있고 이들 각각의 국가 법정에 제출되어 교목 가치 평가 사례로 받아들여지고 있다. Grande-Ortiz 등(2012)는 이들 가치평가 시스템을 검토한 결과 CTLA의 요소 모델과 남미에서 시험된 Contato 혼합 모델이 가장 높은 수준의 적용성(適用性, applicability)을 보였다. Randrup(2005)은 Danish 모델을 검토한 결과 이 모델의 결과가 이전 모델보다 10배가 높았지만, 다른 현재 모델들보다 여전히 낮았다.

보전(保全, preservation) 비용. 교목 가치평가에 대한 상이한 접근으로 건설 공사 중에 교목 보전 비용을 고려하는 것이 있다. 주택 건설을 위해 수풀 지역을 개발할 때, 구조물, 진입로, 공익시설을 위한 공간을 확보하기 위해 일부 또는 모든 교목이 제거된다. 매사추세츠주 애머스트(Amherst)의 새로운 주택 건설에 대한 Lash(1977)의 연구에 의하면, 건축업자는 건설에 앞서 전체 단지의 교목을 제거하는데 단지당 평균 $1,000의 비용이 소요되고, 남겨지는 교목을 보전하는 데 단지당 평균 $1,700의 비용이 소요된다고 보고했다. 이 경우 교목 보전 비용은 단지당 $700이었다. 건축업자는 비용이 증가하게 된 것은 보전될 교목에 대한 자문을 받기 위해 컨설턴트를 고용하고 건설 공사에 앞서 보호 울타리를 쳐야 하기 때문이라고 보고했다. 건설업자는 숲으로 된 단지에 지은 집을 얼마나 빨리 그리고 더 높은 가격으로 팔 수 있는가를 기준으로 한 비용을 고려하면 이 투자가 가치가 있다고 믿었다.

조지아주 애선스(Athens)와 애틀랜타(Atlanta)에서의 비슷한 연구에서, 주택업자는 전체 단지를 개벌(皆伐, clearing)하는 것과 비교해서 교목을 보전하는 것과 관련된 비용을 더 낮게 보고했다(Seila & Anderson 1984). 이들 연구자들은 이 결과가 애머스트 연구와 다른 것은 애틀랜타와 애선스의 건축업자가 보전해야 하는 교목을 선정하기 위해 특별한 노력을 기울이지 않았거나 건설공사 중에 이들을 보호하지 않았기 때문이라고 믿었다. 애머스트 연구에서처럼, 건축업자는 남겨지는 교목이 자신들의 주택을 더 빨리 파는 데 도움을 줄 것이라고 믿었다.

표 5-6 도시 교목의 가치 평가 방법 요약

방법론	방법	지표				변수			금전적 가치		
		종	건강/ 미의 상태	위치	기타	수령	수간	수관	비용	이자율	가격
매개변수	Todesco	○	○	○	○		흉고 단면적				시장
	스위스	○	○	○			크기				
	프랑스	○	○	○			둘레		대체		
	이탈리아		○	○			둘레				농장
	CTLA	○	○	○			면적				시장
	핀란드	○	○	○			면적				
	FEM	○	○	○	○	○	수고, DBH	수관폭			시장
혼합	ICONA	○	○	○	○	○	DBH				농장
	Norma	○	○	○	○		둘레				
	Granada										
	STEM		○		○	○			식재, 유지관리		
	Contato	○	○	○	○	○		면적	식재, 유지관리	○	농장
자본화	제거					○			제거, 유지관리		시장
	유지관리	○				○			식재	○	시장

출처: Grande-Ortiz 등 2012.

부동산 가치. 교목이 부동산 가치에 기여한다는 기록은 여러 곳에서 찾아볼 수 있다. 교목이 부동산 가치를 높이는 데 미치는 영향을 보고한 연구들에 의하면 그 범위가 0에서부터 37%로 매우 넓다(Orland 등 1992; Sander 등 2010; Wolf 2007). 부동산 가치를 높이는 것과 상관관계가 있는 요소들로는 교목의 수량, 이들의 크기와 상태, 해당 부동산이 개발되었는지 여부, 녹지와 오픈 스페이스에 대한 근접성 등이 있다. 개발되지 않은 교목이 있는 필지는 개발되지 않은 교목이 없는 필지보다 18~37% 정도 더 비쌌다(Wolf 2007). 개발된 부동산에서는 증가 비율이 거의 0에서 15%였다. 녹색 공간 가까이에 있는 주거용 부동산에 대해서는, 이들 공간이 집 가까이에 있거나 약 0.4 km(1/4 마일) 이내에 있으면, 사람들은 기꺼이 10~32%까지 더 지불한다. Anderson & Cordell(1988)은 교목이 주거용 부동산의 가치를 3.5~4.5% 높인다고 보고했는데, 이는 주로 중간목(中間木, intermediate tree)에서 더 큰 교목인 경우였다. 경관이 훌륭하게 조성된 부동산은 다른 부동산보다 판매가격이 평균 4~5% 더 높게 형성됐다(Henry 1994). 중간 또는 그 이하로 평가된 경관은 경관이 양호한 것으로 평가된 주택에 비해 판매가격이 8~10% 감소할 수 있다.

Payne & Strom(1975)은 매사추세츠주의 미개발된 노지(露地, open land)의 복제 모델을 만들고, 이를 다양한 교목 피복량으로 사진을 입혔다. 이 사진들을 전문적인 부동산 감정인들에게 보여주고 해당 구획의 시장가치를 평가하도록 요청했다. 그 결과 감정인들은 노지는 평균 $607/ha($1,500/에이커)로 평가한 반면, 2/3가 교목의 덮인 구획은 $830/ha($2,050/에이커)로 평가하여, 교목이 있는 구획의 가격이 27% 높았다. Torsnes(2002)는 교외 산림과 경계를 이루고 있는 주거단지는 더 멀리 떨어진 단지보다 가격이 19~35% 더 높았다. 또 다른 연구에서, Payne(1973)은 다양한 수준의 교목이 존재하는 필지에 있는 비슷한 집의 그림을 부동산 중개업자와 최근 집을 구매한 사람들에게 보여주었다. 이들에게 시장 가격을 추정해주도록 요청했는데, 두 집단 모두 교목이 있는 필지에 있는 집에 평균 7% 더 높게 평가했고, 어떤 필지는 15%나 높았다. 첫 교목이 가치를 가장 많이 높였는데, 평균 $34,000 부동산 가치에 평균 $300(0.88%) 정도 되었다. 추가적인 교목도 가치를 추가로 높였지만, 그 비율은 축소되었다. 예를 들면 0.2헥타르(1/2에이커) 필지에 10번째 교목은 가치를 $200 추가했고, 20번째 교목은 가치를 $100 추가했으며, 29번째 교목은 더 이상 가치를 높이지 못했다. 교목을 29그루보다 더 많이 추가하면 실질적으로 해당 부동산의 가치를 감소시켰다. 이는 해당 부동산이 너무 조밀하게 조림된 것처럼 보이기 때문일 가능성이 있다. 헥타르 기준으로 교목의 수량을 추론해보면, 에이커당 교목 23.5그루(헥타르당 교목 58그루)인데, 이는 Schroeder & Green(1985)이 확인한 최대 매력도인 에이커당 교목 22.3그루(헥타르당 교목 55그루)와 비슷하다.

Morales(1980)는 코네티컷주 맨체스터(Manchester)의 교외 주택 가격에 영향을 미치는 14개 변수를, 교목 피복의 존재 여부를 포함하여, 관찰하였다. 이들 자료를 다중회귀분석(重多回歸分析, multiple regression analysis)한 결과, 이 연구 대상지역의 주택 판매가격에 영향을 미치는 중요한 변수 7개를 발견했다. 성숙된 교목 피복의 존재는 중요도에서 6위에 자리 잡았으며, 주택 판매가격에 평균 $2,686(6%) 기여했다. 비슷한 연구에서, Morales 등(1983)은 다중회귀분석을 이용하여 뉴욕 주 그리스(Greece)의 주택 판매가격을 예측했다. 이 연구에서, 교목 피복이 있는 필지의 주택은 교목이 없는 필지에 있는 주택보다 평균 $9,500(15%) 더 높게 팔렸다. 비교를 위해, 이들은 연구 대상 구획에 있는 교목을 평가하기 위해 CTLA 방법을 사용했다. 이들은 교목 가치를 필지당 평균 $6,000 정도 된다고 결정했는데, 이는 부동산 가치에서의 실제 차이보다 $3,500 적은 금액이다. 이들은 차이가 발생하는 것이 세 가지 요소에 기인한다고 믿었다: (1) 교목이 개발된 필지에 추가한 가치가 건설업자(建設業者, contractor) 입장에서 현실화되고, (2) 교목이 식재된 연구 대상 필지의 위치가 측면 도로(側面道路, frontage road)에서 멀리 떨어져 있고, (3) 남겨진 교목에 대한 공사 중 손상이 전체 필지를 평가할 때 나타나지 않은 점인데, 교목을 개별적으로 평가하면 알아챌 수 있다.

Martin 등(1989)은 비슷한 연구를 텍사스주 오스틴(Austin) 지역에서 실시했지만, 교목의 존재를 보다 단순하게 이용했으며, 이들은 교목을 수량과 "필지에 있는 교목의 평균 직경을 곱한 건강한 교목 당량수(當量數, equivalent number) (교목의 수량 × 평균 상태)"를 이용하는 CTLA 상태 등급으로 수량화하는 것을 시도했다. 주택 가치는 평가된 가치를 예측하기 위한 교목 변수에 더하여 12개 변수를 이용한 회귀분석에 의한 세금 감정평가에 근거하였다. 해당 연구에서 주택 가치는 $30,000에서 $600,000까지 다양하였다. 예측 모델은 교목이 주거지 부동산 가치에 평균 19%를 기여한다고 확인했다. 같은 부동산에 대한 교목 가치를 확인하기 위해 CTLA 공식을 사용했는데, 부동산 가치의 13%가 교목에 기인하는 것으로 추정되었다.

교목이 추가되었을 때 부동산 가치가 모든 상황에서 증가되지 않을 수 있다. Orland 등(1992)은 주거지 부동산 가치에 대한 가로수의 인지된 가치(perceived value)를 연구하였다. 이미지에 가로수를 추가하기 위해 시각 편집 소프트웨어(visual editing software)를 사용하였다. 연구에 참가한 사람들에게 이미지의 인지된 매력도와 부동산 가치를 평가해주도록 요구했다. 덜 비싼 주택에 대한 교목 추가는 부동산 가치에 거의 또는 전혀 영향을 주지 못했다. 그러나 소교목과 중교목은 좀 더 비싼 부동산의 가치에 도움이 되었다. 매력적인 경관 조성은 높은 매력도와 높은 부동산 가치에 기여하는 중요한 요소로 연구 참가자들에 의해 자주 언급되었다. 반대로 식생이 거의 없거나 무성한 경관은 낮은 금전적 가치와 낮은 매력도로 나타났다. 이 연구는 이들 인지와 실재 시장 판매를 연결시킬 수 없었다.

지역사회에 수관 피복(樹冠被覆, canopy cover)을 추가하는 것은 많은 교목 식재 옹호자, 지역사회, 주의 도시와 지역사회 임업 기관, 비영리 조직 등에 의해 지지된다(McPherson 등 2009). Sander 등(2010)은 특성감안 부동산 가격모형(hedonic property price model)을 이용하여 미니애폴리스/세인트폴(Minneapolis/St. Paul) 광역도시 지역의 도시 교목 피복의 가치와 부동산 가치와의 관계를 조사하였다. 약 100 m(328피트) 이내에 수관 피복이 10% 증가할 때마다 부동산 가치가 $1,371(0.48%) 증가하는 것으로 추정되었다. 수관 피복은 2001 National Land Cover Database를 사용하여 예측했는데, 이는 수관 피복률을 과소평가하는 경향이 있다. 연구자들은 이로 인해 이 연구에서 수관 피복이 부동산 가치에 미치는 영향을 과소평가하여, 보수적인 예측이 되었다고 주장했다.

도시 숲 가치. 교목 가치는 보상적이고 기능적인 방법을 통해 집합적으로 합해진다. Nowak (1993)은 CTLA 평가 방법을 이용하여 캘리포니아주 오클랜드(Oakland)시에 대한 도시 숲의 보상가치(補償價値, compensatory value)를 계산했다. 교목 수관 피복은 21%였고 그 가치는 385.7

백만 달러로 추정되었다. 주거지 부동산에 있는 교목은 226백만 달러인 반면 가로수는 9.9백만 달러를 차지하였다. Helliwell 시스템 가치평가 접근이 Dolwin & Goss(1993)에 의해 영국 켄트의 턴브릿지 웰즈(Turnbridge Wells) 보로(borough)의 어메니티 교목 평가에 적용되었다. 이들은 해당 지역사회의 교목 15,000그루의 가치를 18백만 파운드, 교목당 £1,200으로 예측하였다. 범위를 넓혀서, Nowak 등(2002)은 미국 본토 48개 주에 2,400백만 달러의 가치가 있는 38억 그루의 도시 교목이 있다고 예측했다. 2010년에는 이것이 49억 그루에 4,100억 달러의 가치로 증가하였다(Nowak 2014). 가치 증가의 일부는 도시 면적이 23.7 ha에서 27.4 ha로 15.6% 증가한 데 기인한다. 도시 면적의 비례적인 증가는 5억 그루의 교목 순증가를 가져오는 결과가 되었다.

McPherson(1994)은 기능적인 접근인 편익/비용 분석을 시카고시의 교목 식재와 관리에 적용했다. 비용은 식재, 전정, 제거, 폐기물 처리, 기반시설 수선, 소송, 점검, 프로그램 관리 등이다. 편익은 에너지 절감, 대기 질 향상, 이산화탄소 격리 및 회피, 빗물 유출 회피 및 발전소에 사용, CTLA 교목 가치평가 등을 통해 산출되었다. CTLA 방법을 이용하여 계산된 교목 가치에는 환경적인 편익이 포함되어 있기 때문에, 이중 산입을 피하기 위해 처음 다섯 가지 편익은 CTLA 가치에서 차감되었다. 할인율(割引率, discount rate) 7%를 적용하여 계산된 편익/비용 비율은 3.5%(주거지 식재)에서 2.1%(주차장 식재)로 나타났으며, 할인된 회수기간(回收期間, payback period)은 9년에서 15년이었다.

이때 이후 미국에서는 도시 교목의 편익과 비용을 정확하게 수량화하기 위해 지역적인 지침이 개발되었다(McPherson 등 2005; McPherson 등 2010; McPherson, Simpson, Peper, Gardner 등 2007; McPherson, Simpson, Peper, Maco 등 2007). 에너지 절감, 대기 질 향상, 이산화탄소 감축, 빗물 유출수 감축, 기타 일반적인 편익에 대한 지침이 개발되고 도시 숲을 지역적으로 관리하는 데 중요한 참고 사항으로서의 역할을 하고 있다. 소프트웨어 프로그램인 i-Tree는 최종 이용자가 구체적인 교목 속성을 입력하면 도시 숲 생태계 분석을 통해 가로수 수준과 모든 도시 지역에 걸친 도시 숲의 기능적인 가치를 산출하는 것이 가능하다.

도시 수림지

도시 지역의 수림지(樹林地, forestland)는 다양한 공공과 개인이 소유권을 가지고 있다. 관리자가 해당 토지에 대해 경제적인 가치를 부여하는 경우, 해당 토지의 가치가 식생적인 피복보다 훨씬 더 높음에도 불구하고, 특히 해당 토지가 다른 용도로 사용될 잠재력을 가지고 있을 경우, 이들은 식생의 가치를 고려할 필요가 있다. Miller 등(1978)은 1952년부터 1971년까지 매사추세츠주 두 도심 근처의 토지와 목재 가치 변화를 연구했다. 이들은 토지 가치가 목재 가치보다 훨씬 빠르게 상승했다는 것을 발견하고 도시 지역에서 목재를 생산하기 위해 토지를 소유하는 것은, 토지 기대나 순 현재가치 계산을 사용해서 분석하면, 열등한 투자라고 주장했다. 다시 말하면, 자라는 교목으로부터 얻는 수입이 도시 지역의 수풀지역을 소유하는 것과 관련된 비용을 정당화하지 못할 것이다. 그러나 여전히 숲과 다른 식물 군집이 임산물(林産物, forest product)을 포함하여 도시에서 가치를 가지고 있는 것은 사실이다. 다음 고찰은 도시 숲의 목재, 대안(代案, alternative) 및 어메니티 가치와 관련된 것이다.

목재 가치. 토지 가치는 도시 지역에서 높지만, 교목이 임산물로서의 가치가 거의 없거나 전혀 없다는 것을 의미하지 않는다. 앞에 언급된 매사추세츠주의 토지와 목재에 관한 연구에서, 연구자들은 연구 지역 중 일부 토지는 고가의 목재 임분(林分, stand), 특히 스트로브잣나무(*Pinus strobus*) 임분을 보유하고 있다고 보고한다. 이들 구획 중 많은 부분을 도시 거주자들이 투기나 휴양을 위해 소유하고 있었으며, 만약 산림관리인이 토지 소유자의 욕구와 가치에 민감했다면 이들 토지가 목재 생산을 위해 관리될 수도 있었다. 이러한 경우와 마찬가지로, 투기꾼(speculator)은 기존 식생을 장래의 주택지에 대한 잠재적인 경관 교목으로 남겨두도록 조언할 가능성이 있고, 개발업자는 건설 중에 제거된 목재를 판매하는 데 도움을 줄 것이다. 휴양(休養, recreation) 목적의 소유자는 목재 수확이 소유 비용을 충당하는 데 도움이 되는 수입을 제공할 것이라는 조언을 들을 수 있다. 이러한 소유자를 위한 관리계획은 가벼운 벌채, 야생동물 서식지 향상, 향상된 아름다움 등이 강조될 것이다.

미국과 캐나다의 공공 도시 숲은 대부분의 경우 목재 생산을 위해 관리되지 않는다. 그러나 유럽의 도시 숲에서는 국내 목재 공급이 훨씬 제한적이기 때문에 목재 수확이 일반적이다. 예를 들면, 독일의 숲은 국내 목재 수요의 약 2/3만 공급하고 나머지 1/3은 다른 나라로부터 수입한다. 다양한 수요를 충족하기 위해 모든 산림은 실질적으로 목재 생산을 포함하는 복합적인 용도로 관리된다. Holscher(1971)는 독일 프랑크푸르트(Frankfurt)의 도시 숲이, 1927년 이후 이들 숲의 주된 용도가 휴양으로 되어 있음에도 불구하고, 매년 헥타르당 1.29 m^3(1,350보드피트/에이커,년)의 목재를 생산한다고 보고했다. 독일 도시 숲에서 목재 판매로 얻는 수입은 모든 숲 관리 활동에 대한 비용을 충당하는 데 도움이 된다. 어떤 지역의 경우, 도시 숲에서의 목재 판매와 공익시설 지역권(地役權, easement)으로부터 얻는 직접적인 경제적인 수입이 헥타르당 €300로, 이는 안내소(案內所, information center), 6개 대형 숲속 놀이터, 감독자와 직원, 쓰레기 수집 등에 들어가는 총비용 헥타르당 €1,100에 충당된다(Jestaedt 2008). 따라서 목재 판매는 사람들을 위한 도시 녹색 공간과 활동을 제공하는 것과 관련된 비용을 줄이는 데 중요한 일부로 사용되고 있다. 스위스 취리히(Zurich)의 도시 숲은 매년 3,540 m^3(1.5백만 보드피트)의 목재를 생산하여 약 $80,000의 연간 수입을 제공한다(Holscher 1971). Tyrväinen & Väänänen(1998)은 핀란드 요엔수(Joensuu)의 숲을 휴양용으로 유지하기 위해 자발적으로 지불할 수 있는 금액이 현재 목재 가치보다 7.3배나 높다고 추정하였다. 휴양을 위해 도시 숲을 이용하는 것이 목재 경영과 수확을 배제하는 것이 아니다. 목재와 휴양 모두를 위해 숲을 관리하면 충돌을 해결하거나 최소화하는 전략을 요구하는 숲 이용자들 사이에 마찰을 야기할 수 있다(Wilkes-Allemann 등 2015).

아름다움과 관리 비용은 산림지역으로부터 목제품을 수확할 때 고려되는 두 가지 중요한 사항이다(Eriksson 등 2012; Rydberg & Falck 2000). 산림은 시간이 지남에 따라 자연적으로 진화한다. 몇 가지 예를 들어보면, 이들은 종 구성, 교목 크기, 축적 수준, 투과시키는 햇빛의 양, 회복력(回復力, resiliency) 등에서 변화한다. 임업가는 수 세기 동안 조림을 통한 목적을 달성하기 위해 숲을 조작해왔다(도시 숲에서의 조림 개념에 관해 더 많은 정보가 필요하면 제14장을 참조하라). 수목으로 덮인 지역을 적극적으로 관리하기 위한 의사결정에 관리비용과 아름다움을 포함하는 것은 수용 가능한 교목 제거와 교목 제품으로부터의 금전적인 수입으로 나타난다. 이것이 올바르게 이루어지면, 숲은 경치의 매력도를 높일 수 있다. 조밀하게 축적된 숲이 가끔 대교목이 있는 좀 더 개방된 숲보다 미적으로 덜 매력적인 경우도 있다(Bjerke 등 2006). 간벌(間伐, thinning)이 매력도를 증대시키고 무생물적 스트레스, 해충, 병에 대한 감수성을 낮출 수 있다. 또한 간벌된 숲은 재앙적인 산불이 발생할 가능성이 더 낮을 수 있다.

대안 가치(代案價値, alternative value). 도시 지역에 있는 토지는 수요가 많기 때문에, 해당 토지가 물리적으로 개발될 수 있다면, 도시 지역의 수림지는 수많은 대안적인 용도가 존재한다. 기회가 있을 때 다른 용도로 개발되지 않은 토지는 기회비용(機會費用, opportunity cost)이 존재하는데, 이는 과거의 수입과 이자 부담을 포함한다. 공공 수림지의 경우, 도시 주민들은 이 토지를 대안적인 용도에 제공하기보다 도시 내 공원이나 오픈 스페이스와 관련된 기회비용을 부담할 것을 요구할 것이고, 이는 대안적인 용도에 대한 의사 결정을 좌우할 것이다. 다른 용도로 판매된 공공 토지는 일자리, 세금, 증가된 경제적인 개발의 형태로 해당 지역사회에 수입을 발생시킬 것이다. 녹색 공간을 선호한다는 것은 교목으로 덮인 토지가 건물로 덮인 같은 토지보다 지역사회에 더 가치가 있다는 것으로 해석될 수 있다. 그러나 해당 토지와 이의 식생의 가치는 이를 대안적인 용도로 팔지 않음으로 인해 포기한 수입으로 추정할 수 있을 뿐이다.

매사추세츠주 린(Lynn)시의 2,000에이커 면적의 수림지인 Lynn Woods는 주로 휴양지로 사용되고 있고, 4개 지자체의 상수도 공급 저수지에 위치해 있다. 1950년대 후반에 Lynn Woods 일부를 주간 고속도로(州間高速道路, interstate highway)의 접근로로 사용하자는 제안이 있었다. 시의 경제적인 기반이 쇠락하는 것을 우려하는 린시의 많은 사람들은 공사 일자리와 자신의 도시에 대한 보다 나은 접근을 포함하여 지역사회에 대한 즉각적인 경제적 편익을 고려하였고, 이들은 도시가 새로운 산업에 더 매력적으로 되기를 희망했다. 반면 다른 주민들은 고속도로 개발에 해당 토지의 일부를 잃는 것을 원하지 않았고, 이로 인해 린우드의 운명을 건 10년 동안의 싸움이 발발했다. 1972년 매사추세츠 주지사는, 공원을 침범하는 대안이 있었기 때문에, 최종적으로 린우드를 고속도로 위치에서 제외했다. 린우드는 경제적인 편익을 가져오는 고속도로 접근로보다 숲을 유지하는 것이 해당 지역사회에 더 가치 있다고 생각했기 때문에 보전되었다(Gordon & Lambrix 1973).

개발업자의 분양 포인트로서 그리고 지역 조례(條例, ordinance)에 의한 강제의 의해 다양한 새로운 개발에 공공 오픈 스페이스가 창출되고 있다. 토지의 상당한 부분이 공공 오픈 스페이스에 제공되고 주택 소유자 단체에 의해 관리되는 주택 개발을 조사해본 결과, Strong(1982)은 주민들이 이 오픈 스페이스를 보전하고 유지관리하기 위해 평균 매년 $220을 지불할 용의가 있다고 보고했다. 최근 핀란드에서는, 연구 응답자의 절반이 수림지의 개발을 피하기 위해 매월 $19.23에서 $53.56을 지불할 용의가 있었다(Tyrväinen 2001). 또한 이들 동일한 주민들은 이들 토지의 휴양적인 측면에 가치를 부여하고 대안인 수목이 있는 지역을 가지지 못한 것보다 이 어메니티를 위해 매월 $10.92~$13.78을 흔쾌히 지불했다.

어메니티 가치. 사람들이 도시 지역의 내부와 가장자리에 있는 숲에 대해 가지고 있는 가치와 믿음은 시간이 경과함에 따라 증가해왔다(Eriksson 등 2012). 대안 가치는 지역사회의 수림지에 부여하는 어메니티 가치(amenity value)를 설명하는 한 방법이다. 그러나 대안 가치(代案價値, alternative value)는 토지가치로부터 식생가치(植生價値, vegetation value)를 분리하지 않는다. Dwyer

표 5-7 수림지에 대한 어메니티 가치를 부여하는 방법

요소	점수[a]				
	0.5	1	2	3	4
i. 수림지의 크기		매우 작음	작음	중간	큼
ii. 경관에서의 위치	매우 격리됨	격리됨	보이지만, 두드러지지 않음	두드러짐	매우 두드러짐
iii. 찾는 사람	매우 적음	적음	보통	많음	매우 많음
iv. 주변에 다른 교목과 수림지의 존재	75% 이상 수목이 있는 주변 지역	25% 이상 수목이 있는 주변 지역	5~25% 수목이 있는 주변 지역	1~5% 수목이 있는 주변 지역	1% 미만 수목이 있는 주변 지역
v. 수림지 구성과 구조	기하학적 줄무늬로 조림, 또는 시각적으로 교란된 수림지	동령의 어린 수림지	성숙 또는 이령의 수림지 또는 방목 숲(wood pasture)	성숙 또는 이령의 수림지 또는 노거수가 있는 방목 숲	
vi. 적합성	겨우 수용 가능	수용 가능	양호한 편	양호	탁월

[a] 점수는 모두 곱해지고 총 점수(최대 3,072)는 합의된 환산계수(2015년 현재 £123.36)를 곱한다. 현재 가격은 www.trees.org.uk 참조.

출처: Arboricultural Association. 2008. *Visual Amenity Valuation of Trees and Woodlands(The Helliwell System)* (Guidance Note 4). Ampfield House(Taylor & Francis, Ltd.)의 허락을 얻어 전재함.

등(1989)은 시카고 지역에 있는 휴양 지역의 교목과 숲의 가치를 확인하고자 했다. 공원과 보호림(保護林, forest preserve) 이용자들에게 수익자 부담금(user fee)을 포함한 다양한 특성의 가상의 휴양지에 대한 한 쌍의 지문을 주고 이를 선택하도록 요구했다. 이들은 응답자들의 대부분이 교목이 거의 없는 장소와 비교하여 수목으로 덮여 있고 일부는 개방된 잔디밭이 있는 지역을 방문할 때마다 추가로 $1.60을 지불할 용의가 있음을 확인했다.

수목평가지침(*Guide for Plant Appraisal*, CTLA 2000)은 주로 개별 경관식물을 다루고 있지만 위치 요소 부분에서 산림 교목도 포함한다. 이 지침은 목재 경영하에 있는 지역이 아니라 주로 아름다움이나 어메니티 기능을 제공하는 개방된 산림과 숲에 있는 교목에 사용되도록 되어 있다. 교목은 임산물과 어메니티 교목으로 동시에 평가될 수 없고 둘 중 하나로 평가되어야 한다. 예를 들면, 휴양 목적으로 소유되고 있는 시골 산림에 있는 교목은 이들이 임산물로 관리되고 있지 않으면 CTLA 방법을 이용하여 평가될 수 있다.

영국에서, 어메니티 숲을 평가하는 Helliwell 시스템은 개별 교목을 위해 개발된 것과 비슷하게 점수 시스템을 사용한다. 이 시스템은 6개 요소 각각에 0.5점에서 4점까지 부여한다. 이들 점수는 모두 곱하여 가치 단위(價値單位, value unit)를 산출한다(**표 5-7**). 산출된 가치 단위는 금전적 환산계수를 곱하는데, 2015년 1월 현재 환산계수는 개별 교목은 £30.84, 수

림지는 £123.36이다.

법률적 가치

경관 수목의 경제적 가치는 여러 가지 이유로 유용하다. 그러나 대개의 경우, 식생의 가치 평가는 법률적인 목적을 위해 경제적인 가치를 확인한다. 이들 가치는 보험금 청구(保險金請求, insurance claim)를 위해, 미국 국세청(IRS, Internal Revenue Service)에 의해, 그리고 소송에서 이용된다.

보험

개인과 사업용 재산에 대한 보험증권(保險證券, insurance policy)은 식생과 재산에 대한 손실이나 피해의 일부를 충당하겠지만, 이 보험적용 범위는 항상 그 범위가 제한되어 있다. 적용범위는 세 가지 분야로 나눈다: 부동산(不動産, real property)에 대한 피해, 잔해를 제거하는 비용, 재산으로서 해당 교목의 손실. 대부분의 미국 주택 소유자의 보험증권은 미국보험회사협회(ISO, Insurance Services Office, Inc.)의 Homeowners 2011 프로그램과 산업표준 Homeowners-3 양식을 사용한다. 주거지 구내에 있는 교목, 관목, 또는 잔디에 대한 손실이 보상되고, 다음 재해에 대해 보험에 가입할 수 있다: 화재나 벼락, 폭발, 폭동이나 시민 소요(市民騷擾, civil commotion), 항공기, 주거지의 주민에 의해 소유되지 않거나 운전되지 않은 차량, 반달리즘(vandalism)이나 악의적인 해악, 또는 도둑.

다시 말하면, 손실은 해당 교목 자체에 미치는 인식 가능하고 불시의 사건으로 인한 우발손실(偶發損失, casualty loss)이어야 한다. 대부분의 주에서 해당 식물을 대체하기 위한 보상은 수목당 최대 $500로 제한되어 있으며, 총 지급액은 해당 보험담보범위의 5%를 초과하지 못한다. 대부분의 보험증권은 공제 조항(控除條項, deductible clause)이 있기 때문에 주택 소유자는 손실의 일부를 부담한다(즉, 공제 금액만큼).

주택종합보험(Homeowner's Policy)은 전형적으로 해충이나 병에 의한 손실과 바람으로 인한 피해는 제외된다. 그러나 부동산 구조물이 강풍에 넘어진 교목에 의해 피해를 입으면, 해당 구조물은 보험적용을 받지만 해당 교목 자체는 적용되지 않는다. 부동산에 대한 피해가 어떤 교목 때문에 발생한다면, 잔해 제거는 보상을 받지만 총 $1,000 한도 내에서 교목당 $500로 제한된다. 진입로나 장애인 접근 경사로를 막고 있는 교목을 제거하는 것도 적용될 수 있지만 마당에 쓰러져 있는 교목에 대해서는 적용되지 않는다. 일부 보험회사는 다른 교목 보상을 위해 사고 이전 가치를 확정하는 사전 평가 조항이 있는 별도의 증권을 작성하기도 한다(Blotch 2002).

주택종합보험은 법적 책임도 부담하기 때문에, 어떤 사람의 교목이 다른 사람의 재산에 피해를 주면, 피해는 교목 소유자 보험의 책임 한계 범위 내에서 지급될 것이다. 전형적으로, 다른 부동산의 교목에 의해 어떤 부동산에 초래된 피해는 공제 금액이 있으면 이를 제외하고 보상될 것이다. 교정되지 않은 알려진 교목 결함이 있고, 나중에 넘어져서 이웃 재산에 피해를 입힌 경우, 이웃의 보험회사는 책임 있는 당사자의 보험회사로부터 대위변제(代位辨濟, subrogation)를 통해 손실을 회복하기를 원할 수 있다.

소송은 또 다른 당사자의 식생에 대한 피해를 포함할 수 있고, 보험회사는 법원이 이들에게 지불하도록 명령하는 것을 지급하게 된다. 이 금액은 자주 CTLA 방법을 사용한 평가에 근거하며, 때로는 원고(原告, plaintiff) 쪽의 통증이나 고통에 대한 보상도 포함된다.

국세청

미국 국세청(IRS, Internal Revenue Service)은 경관 식물의 손실을 과세소득(課稅所得, taxable income)에서 공제할 수 있는 재해손실(災害損失, casualty loss)로 인식한다(IRS 2014). IRS는 재해손실을 "불시(不時, sudden)의, 예측하지 못한(unexpected), 흔치않은(unusual) 확인 가능한 사태로 인한 재산상의 피해, 파손, 또는 손실"로 정의한다. **불시의** 사태는 점진적이거나 진행성이 아닌 완전히 순간적인 것이고; **예측하지 못한** 사태는 평상시에는 예상하지 못하고 의도하지 않은 것이고; **흔치않은** 사태는 날마다 일어나지 않고 자신이 관련된 활동의 전형적이 아닌 것이다. 경관 식물과 관련된 재해손실에는 바람, 홍수, 폭풍, 지진, 화재, 사고, 반달리즘, 공해(흔치않은 확인 가능한 사태인 경우)에 의한 피해가 있다. 해충, 병, 또는 유사 해충으로 인한 관목, 교목, 기타 식물의 파손이나 피해는 만약 이들이 점진적이면 공제되지 않을 수도 있다. 그러나 딱정벌레(beetle)나 다른 해충에 의한 불시의, 예측하지 못한, 또는 흔치않은 감염으로 인한 손실은 재해손실로 공제될 수도 있다. 세법은 변하기 때문에 공제를 청구하기 전에 세법 전문가와 상의하는 것이 좋을 것이다.

개인 재산. 미국 연방 세법은 개인 재산의 재해손실을 해당 재산의 조정된 기준이나 공정시장가액(公正市場價額, FMV/fair market value)의 변화 중 낮은 금액이라고 규정하고 있다. 재산의 기준(basis of property)은 이 기준을 증가시키는 구매 가격과 개선을 포함한 투자와, 이 기준을 감소시키는 감가상각과 이전의 재해손실이다. FMV의 변화는 해당 사태 직전과 직후의 손실에 근거한다. 평가는 재해손실을 증명하는 일반적인 수단이다. IRS는 CTLA의 수간 공식 방식이나 재해손실을 예측하는 다른 공식을 수용하지 않는다(Bloch 2002; CTLA 2000). FMV의 감소를 확인하기보다, 대안으로 다른 수단(경관을 원래의 상태로 회복하기 위한 비용처럼)이 손실을 측정하는 데 사용될 수 있다. 피해를 입거나 파손된 교목을 제거하기 위해, 손상된 교목을 보전하기 위한 교정작업을 수행하기 위해, 해당 재산을 원래의 상태로 회복시키기 위한 재식재를 위해 등으로 지출된 돈은 손실의 척도로 적합할 것이다.

재해 공제는 보험 보상(있다면)과 $100이 차감된다. 공제는 해당 손실이 발생한 해의 부동산 소유자의 조정된 총 수입의 10%를 초과해야 한다(양식 1040, 양식 4684, 필요하면 다른 양식의 Schedule A 참조). **표 5-8**은 세금 목적의 재해 공제 사례이다. 납세자는 평가서나 회복하고 복구하기 위해 지출한 돈에 대한 기록의 형태로 손실에 대한 증빙을 가지고 있어야 하고, 피해에 대한 사진을 찍어두도록 권고된다. 평가를 위한 수수료와 사진 형태의 서류를 위한 비용은, 재해손실이 아닌, Schedule A(양식 1040)에 세금을 결정하는 비용으로 기타 공제에서 공제된다.

사업용 재산. 사업용으로 사용되는 재산에 대한 손실은 일반적으로 원인과 관계없이 공제할 수 있다. 손실은 공정시장가액에 의한 손실보다는 각 품목에 대한 평가에 의해 결정되며, 여기에 경관식물이 포함된다. 농장, 공동묘지, 공공 수목원과 입장료가 부과되는 정원과 마찬가지로 일반적

표 5-8 미국 국세청이 규정한 녹음수 2그루의 재해손실 계산

재해 전 평가된 공정시장가액	$160,000
재해 후 평가된 공정시장가액	−155,000
가치 손실	5,000
보험 조정 차감	−1,000
변상 후의 조정된 손실	4,000
$100 규정 차감	−100
$100 규정 후 손실	3,900
AGI[a] $29,500의 10% 차감	−2,950
재해손실 공제	**$ 950**

[a] AGI = 조정된 총 수입(adjusted gross income). AGI는 신고자의 납세의무에 따라 차이가 있다. 이 사례에서는, 납세자의 AGI가 $29,500이다.

출처: IRS 2014.

인 사업 재산도 이 범주에 포함된다. 사업용 재산에 대한 재해손실은 해당 손실에서 보험 보상과 잔존가액(殘存價額, salvage value)을 차감하여 결정된다.

조세재판소의 판결. IRS는 입법과 조세재판소(Tax Court)의 판결에 근거하여 세법을 지속적으로 변경하고 있다는 것을 명심해야 한다. 다음은 이들이 경관 식물에 적용하는 미국 조세재판소의 판례(判例, seminal ruling) 사례들이다:

1. *Graham*(청원인) *vs.* 국세청상(Commissioner, 피청원인) (1960). 눈, 얼음, 진눈개비(sleet)는 전에 없이 심각하거나 격렬한 형태인 경우 재해가 될 수 있었다.
2. *Appleman vs.* 국세청장(1964). 교목의 점진적인 악화로 인한 미국느릅나무의 사부(篩部, phloem) 괴사 손실에 대한 재해 손실은 부인되었다.
3. *Nelson vs.* 국세청장(1968). 남방 소나무좀(southern pine beetle)의 집단 공격은 사태의 돌연성(突然性, suddenness) 때문에 재해가 되었다.
4. *Miller vs.* 국세청장(1970). 그릇된 정지(整地, grading)와 봄 해빙(spring thaw) 기후에 의해 초래된 뿌리 질식(窒息,, suffocation) 때문에 상실된 해당 교목에 대한 재해손실은, 이러한 상태가 그와 같은 지리적인 지역에서는 예상되었기 때문에, 부인되었다.
5. *Smithgall vs.* 국세청장(1980). 남방 소나무좀에 의해 죽은 주거지의 관상용 소나무는 해당 지역에 대해서는 유행병(流行病, epidemic)이고 비정상적이었다.
6. *McKean* vs. 국세청장(1981). 두줄참나무하늘소(two-lined chestnut borer)에 의한 100년 된 블랙오크(black oak) 손실은 해당 시테의 돌연성 때문에 재해손실 $15,000이 성립되었다.
7. *Maher vs.* 국세청장(1981). “고사성 황화병(lethal yellow)”으로 인한 코코넛야자 22그루의 손실은 일상적이고 재해로 여기지 않는다.

소송

대부분의 경우, 교목과 기타 식생에 관한 소송(訴訟, litigation)은 관습법(慣習法, Common law)이나 비법정 청구(非法定請求, nonstatutory claim)가 된다. 이 손해배상 청구에서 수목관리 전문가나 도시 임업가는 피고(被告, defendant)나 법정의 전문가 증인(專門家證人, expert witness) 중 하나로 법정에 설 것이다. 가장 흔한 청구는 과실(過失, negligence), 무단침입(trespass), 재산전환(conversion)과 같은 불법 행위(不法行爲, tort) 범주(계약이 없는 권리 침해/civil wrong), 또는 계약위반(breach of contract)에 해당한다(DiSanto 1982). 여기서는 미국에서 발생한 사례를 기준으로 한 교목법률(喬木法律, tree law)을 다룬다. Dunster & Murry(1997)에 의해 제시된 캐나다 법률과 같이, 다른 나라의 교목법률은 전문가의 조언을 구해야 한다. 더욱이, 성문법(成文法, statutory law)과 판례법(判例法, case law)은 시간이 지나면서 변하기 때문에 직업적인 법률 전문가의 자문을 받을 것을 권고한다.

불법행위. 과실(過失, negligence)은 어떤 사람이 상대방에게 합리적으로 또는 주의 깊게 행동하지 못하여 발생하는 피해이다. 과실에 대해 법원이 지급판결을 하기 위해서는 3가지 요소가 존재해야 한다. 첫째, 피고(被告, defendant) 측에 원고(原告, plaintiff)를 피해로부터 보호해야 하는 의무가 존재해야 한다; 둘째, 해당 피고가 이러한 의무를 수행하지 못하고; 셋째, 피고의 불이행으로 피해가 발생해야 한다(Borst 1982).

토지 소유자는 자신의 부동산에서 자라는 교목의 안전에 관해 합리적인 수분 관리를 수행할 것으로 기대된다. 법원은 토지 소유자가, 이들이 위험한 상태를 알지 못했다고 하더라도, 자신의 이웃 사람이나 재산에 대한 피해를 예방하기 위한 일반적인 주의 의무(duty of common prudence)를 진다고 판결했다. 이는 토지 소유자가 위험이 존재하는지를 확인하기 위해 자신의 교목을 점검하기 위한 합리적인 돌봄과 노력을 수행할 의무가 있음을 의미한다(Merullo & Valentine 1992). 시골 토지 소유자들은 역사적으로 도시 토지 소유자들보다 다소 낮은 수준의 교목에 관한 책임을 부담해왔지만, 최근 법원 결정은 시골 고속도로를 따라 존재하는 교목의 안전과 관련된 시골 토지소유자의 책임을 높여오고 있다(Merullo 1994; Merullo 2007). 토지 소유자는 인력(人力, human agency)에 의한 간섭 없이 자연의 힘인 자연성장 행위(act of natural growth)나 불가항력(不可抗力, act of God)에 대해서는 책임이 없다(Merullo 2007).

인접한 부동산 소유자들은 가끔 부동산 경계 가까이 또는 선상에서 자라는 접경(接境, borderline) 또는 경계선(境界線, boundary line) 교목을 두고 분쟁에 휩싸이게 된다. 어떤 교목의 수간이 인접한 부동산의 공유(共有, common) 경계선상에 있다면, 많은 주에서 해당 교목은 양 당사자에게 속한다(Bloch 2007; Merullo & valentine 1992; Stamen 1997). 이 경우 해당 교목은 공동재산으로 공동으로 소유되기 때문에 두 당사자들은 전정(剪定, pruning)과 제거를 비롯한 해당 교목에 영향을 줄 수 있는 어떤 행위도 합의해야 한다. 마찬가지로 양 당사자들은 해당 교목에 의해 유발된 어떤 피해에 대해서도 책임이 있다. 접경 교목(接境喬木, *border line* tree)은 경계선 가까이에서 자라고 있고 가지와 뿌리가 경계선 너머로 뻗어 있는 교목으로, 해당 수간이 위치한 부동산을 소유하고 있는 토지 소유자의 독점적인 재산이다. 매사추세츠주나 관습법 방식에서는 인접한 부동산 소유자(경감자/輕減者, abater)는 자력구제(自力救濟, *self-help*) 권리가 있어서 자신의 부동산으로 뻗어 있는 가지와 뿌리를 전정할 수 있다(Bloch 2007; Merullo & Valentine 1992). 캘리포니아 방식 또는 "**합리적 자력구제**(*self-help nice*)"는 경감자가 해당 교목의 건강과 안전이 손상되지 않도록 합리적으로 행동해야 한다고 평결했다(Pihlaja & Stromme 2002). 해당 교목을 실제로 소유하고 있는 부동산 소유자는 해당 교목이 단지 불편함보다 안온방해(安穩妨害, nuisance) 상태에 있으면 법원의 결정에 의해 행동을 강제할 수 있는 더 큰 법적 구제(法的救濟, legal recourse)를 가진다. 매사추세츠주 법을 따르는 주에서는, 자력구제는 유일하고 완전한 구제(exclusive remedy)이기 때문에 침입하고 있는 뿌리나 가지가 안온방해가 되지 않으면 법원이 개입하지 않을 것이다(Merullo 2007; Pihlaja & Stromme 2002).

교목에 관한 소송은 가끔 어떤 사람이 교목에 대한 피해나 손실을 다른 당사자로부터 보상을 받고자 할 때 일어난다. 법원이 보상을 위해 교목의 가치를 평가하는 방법은 4가지가 있다(Merullo 1994):

1. 부동산 가치의 감가상각
2. 대체 비용
3. 해당 교목 자체의 가치
4. 소유자에 대한 아름다움, 안락함, 또는 편의성 손실

대부분의 경우, 손실은 해당 부동산의 시장가치 손실이나 CTLA 방법을 이용한 개별 식물의 평가에 근거한다. 일부 주는 행위가 의도적이고 악의적인 경우 상실된 교목과 기타 수목에 대해 평가된 가치의 2~3배에 해당하는 법정손해배상(法定損害賠償, statutory damages)을 허용한다(Merullo 2007).

무단침입(無斷侵入, trespass)은 다른 토지에 권한이 없는 진입 또는 다른 사람의 부동산을 권한 없이 사용하거나 방해하는 것으로 정의된다(DiSanto 1982). 무단침입은 의도적이든 아니든 관계없이 두 사례 모두 불법이다(Bloch 2007). 무단침입은 장비와 사람에 의한 물리적인 진입뿐만 아니라 농약 비산, 먼지, 과노한 소리에 대힌 안온방해 불만도 포함된다.

재산 전환(財産轉換, conversion)은 다른 사람의 개인적인 재산이 도용되었을 때 발생한다. 이러한 사례는 교목이나 다른 식물이 관여된 많은 경우에 발생할 수 있다. 예를 들면, 어떤 부동산에서 소유자가 남겨둘 것으로 기대하는 목재를 제거하여 사용하거나 판매하는 행위, 잘못된 조사로 인해 다른 부동산으로부터 목재를 제거하는 것 등이다.

계약위반. 계약위반(契約違反, breach of contract)은 한쪽 당사자가 합의된 대로 이행하지 못할 때 발생한다(DiSanto 1982). 이는 수행된 서비스와 이 서비스에 대한 대금 지급을 모두 포함한다. 서비스 계약은 이행을 위해 특정의 수락된 기준을 의미하며 이러한 기준을 충족시키지 못하면 계약위반이 성립된다.

많은 관할구역(管轄區域, jurisdiction)은 불법행위나 계약위반에 관한 법규(法規, statute)를 가지고 있고 추가적인 처벌을 가한다. 해당 행위가 불공정 행위(不公正行爲, unfair practice)나 기만적 행위(欺瞞的行爲, deceptive practice)로 성립되면, 법규는 피해의 2배에 변호사 비용을 가산하는 것과 같은 추가적인 처벌을 규정할 수 있다. 어떤 관할구역은 관상수(觀賞樹, ornamental tree), 과수, 목재용 교목을 전문적으로 다루는 특별법을 가지고 있어서 이들이 비슷한 처벌을 규정하고 있다(DiSanto 1982).

전문가 증언. 자문 수목관리자와 도시 임업가는 가끔 소송 중인 사건에 전문가 증인 역할을 하도록 요구받는다. 이는 일반적으로 식생에 대한 피해의 사정이나 공판절차(公判節次, trial proceedings) 중에 증언을 하기 위해서이다. 재판 절차에서, 증인은 자신이 인식하고 있는 사실 대로 증언할 뿐이다. 전문가 증인은 일반인들이 가지고 있지 않은 지식을 가지고 있어야 하고 믿을 만한 충분한 기술을 가지고 있어야 한다. 전문가 증인은 자신의 전문성 분야를 벗어나서 증언하지 않을 것이다. 전문가 증인으로서 역할을 수행하기 위한 합의는 계약이기 때문에 전문가 증인이 자신의 전문 영역의 표준에 도달될 정도로 수행하지 못하면 계약 위반 행위에 해당한다. CTLA(2000) 지침은 전문가 증인은 자신의 전문성 수준 이내에 국한되어야 하고; 수락하는 사건 이내에서 선택적이어야 하며; 이들의 증언은 연구와 학습에 기반을 둔 해당 사건의 사실에 근거해야 하고; 대변자(代辯者, advocate)가 아닌 "내 생각에는(in my opinion)"이라고 말하면서 대답해야 한다.

법과 지자체 임업

미국에는 지방자치단체(municipality)가 존재하는데 이는 해당 주가 설립허가서(state corporate charter)를 발급하여 인정해주기 때문이다. 또한 주 정부는 설립 허가를 내 준 지자체의 활동을 규정하는 법률을 통과시킬 수 있으며, 이 법률들은 허용적인 법률 형태이거나 강제적인 의무의 형태일 수 있다. 도시 교목에 관해서는, 어떤 주는 지자체가 선택하면 지자체가 공공 교목과 개인 교목을 통제하도록 허가해 주는 반면, 다른 주는 지자체가 통제할 것을 요구한다. 예를 들면, 뉴잉글랜드(New England) 주들의 교목감시인법(tree warden law)은 일찍이 1896년 공공 교목의 관리를 법제화한 첫 사례 중 하나였다(Richard 2005). 이는 소송에서 중요한데, 예를 들어 주 법률이 어떤 지자체에 공공 교목의 관리를 허용하고 해당 지자체가 그렇게 하지 않을 것을 선택하면, 해당 지자체는 공공 부지에 있는 교목에 의해 유발되는 피해에 대해 책임을 질 가능성이 더 낮을 것이다. 반면에, 주 법률에 지자체가 공공 교목을 유지관리해야 한다고 규정하고 있고 지자체가 이를 이행하지 않으면, 공공 교목에 의해 상해가 발생한 경우 해당 지자체에 책임이 있다고 평결될 가능성이 더 높을 것이다. 일반적으로, 지자체는 공공 부지와 도로변에 있는 교목을 관리할 책임이 있다(Merullo & Valentine 1992). 그러나 모든 경우에 지자체가 공공 교목에 대한 책임을 수용하면, 지자체는 이들 교목에 의해 유발된 상해에 책임을 진다. 또한 주 법률은 지자체가 공공 통행로를 방해나 위험이 없도록 유지관리할 것을 요구하고 있는데, 이는 공공 통행로 안이나 가까이에서 자라는 식생을 포함한다. 공공 교목을 구체적으로 다루는 법령이 없더라도, 지자체는 스스로 공공에 위해를 가할 수 있는 공공 통행로에서 자라는 모든 식생에 대해 관심을 가져야 한다(Borst 1982).

어떤 주와 국가 정부는 주나 지자체에 대한 소송제기를 금지하는 "주권면책(主權免責, sovereign immunity)"법을 가지고 있다. 이 면책은 고용인이 자신의 의무를 수행하는 과정에서 이들에 의해 유발된 것으로 주장하는 상해에 대해 소송을 당하는 것을 보호하지는 못한다. 많은 주는 최근 주권면책 법률을 폐기해왔고 이러한 추세는 앞으로도 계속될 가능성이 높다. 이러한 면책에도 불구하고 지자체나 주의 고용인들은 자신의 책임을 수행하는 과정에서 다른 사람들에게 입힌 상해에 대해서는 책임이 있다는 것을 이해하는 것이 중요하다. 벌금은 일반적으로 정부가 지불하겠지만 재판에 서야하는 것은 개인이다.

지자체는 과실에 대한 불법행위에 연루될 가능성이 매우 높다. 예를 들면, 가로를 안전하게 유지하기 위해 합리적인 관리를 위해 노력하는 것이 지자체의 의무이다. 만약 파손되어 상해를 입힐 가능성이 높은 교목들에 대해 지자체의 임정관이 주기적으로 확인하고 경감시키기 위한 합리적인 신중성(reasonable prudence)을 다하지 못하면, 해당 시는 책임을 질 수 있다. 이러한 문제는 원고가 해당 시가 중대한 교목 위험을 인지할 의무가 있는데 그렇게 하지 않았다거나, 시가 해당 교목의 위험을 인지했지만 이를 바로잡기 위해 아무 조치도 취하지 않았다고 주장하는 경우에 발생한다. 교차로에서 시계를 막고 있는 교목과 파손 위험이 높은 교목이 위험을 부담할 수 있는 사례가 될 수 있다(Bloch 2007; Merullo & Valentine 1992; Stamen 1997).

많은 지자체가 느릅나무시듦병(*Ophiostoma ulmi*)과 다른 병의 방제와 관련된 조례(條例, ordinance)를 가지고 있다. 전형적으로 이들 조례는 시의 임정관에게 병의 존재를 점검하기 위해 개인 부지에 들어갈 수 있는 권리를 부여한다. 그러나 병을 점검하기 위해 개인 부지에 들어가는 것은 수색을 의미하는데, 부동산 주인이 수색영장(搜索令狀, search warrant) 없이 진입하는 것을 거절하면 이 영장이 필요하다(Borst 1982). 어떤 주, 예를 들어 미네소타주는 지역 교목 점검자에게 다양한 해충과 병 문제에 관해 개인 교목을 점검하고 감염된 교목을 폐기할 권한을 구체적으로 부여하는 주 법률을 제정했다.

법과 공익사업 임업

공익사업(公益事業, utility) 회사는 신뢰할 수 있는 서비스(예, 교목에 의해 유발된 단전을 예방하기 위해)와 공공의 안전(제1장 참조)을 위하여 자신들의 선로 가까이나 아래에서 자라는 식생을 관리할 책임이 있다. 2003년 미국 북동부의 대정전(大停電, blackout) 사태의 결과에 따라, 미국 의회는 연방 에너지 규제 위원회(FERC, Federal Energy Regulatory Commission)에게 국가의 광역전기시스템(BPS, bulk-power system)에 대한 강제적인 신뢰성 표준(mandatory reliability standards)을 검토, 승인하고, 집행하는 권한을 부여하는 에너지정책법-2005(Energy Policy Act of 2005)를 통과시켰다. 이들 표준은 대형, 주간(interstate) 송전설비(送電設備, transmission facility)(200kV 이상)와 제한되고 광역전기시스템의 신뢰성에 결정적인 것으로 확인된 더 낮은 전압의 설비에 적용될 식생관리표준을 포함하고 있다.

이들 표준의 일부가 식생관리 신뢰성 표준(Vegetation Management Reliability Standard, FAC-003)인데, 이는 서비스의 신뢰성과 공공 안전을 확보하기 위해 항상 유지관리되어야 하는 교목과 공공 통행로 송전선 사이의 최소 여유 공간을 규정하고 있다. 이 표준은 송전회사가 자신의 식생관리(예, 전정, 제초제, 또는 교목 제거)를 어떻게 수행해야 하는가를 명시하지는 않았지만, 공익사업 회사는 공공 통행로의 송전선 안이나 인접한 교목이나 식생과의 접촉으로 인해 발생할 수 있는 단전(斷電, electricity outage)을 최소화하기 위해 자신들의 식생 관리계획을 운영해야 한다고 명시하고 있다. 궁극적으로, 공익사업 회사는 최소 정리 거리와 관리 실무를 결정하기 위해 주와 지자체의 요구사항과 법률, 적용되는 안전 규정(安全規定, safety code), 개인 토지 소유자와의 공공 통행로 합의에 명시된 모든 제한과 의무를 준수해야 한다(Merullo & valentine 1992). 공익사업 회사는 때로는 개인 교목을 과도하게 제거하고 가지를 잘라내어 토지 소유자에 의해 소송을 당한다. 분쟁은 자신의 토지에 있는 교목이 과도한 유지관리로 인해 피해를 입었을 때 토지 소유자가 자신의 교목이 손상되었다고 생각하고 소송을 하고자 할 때 발생한다. Merullo(1994)는 송전선 전정의 책임을 고찰하고 다음과 같이 언급했다:

> 토지 소유자의 교목에 대한 제거와 가지 절단의 책임이 공익사업 회사 측에 있는가를 확인하기 위해서는 일정한 절차가 뒤따라야 하는 것 같다. 첫 단계는 공익사업 회사가 이러한 교목을 제거하거나 가지를 절단할 권한이 있는가를 확인하는 것이다. 만약 이러한 권한이 있다면, 다음으로 이루어져야 할 확인은 공익사업 회사가 토지 소유자의 토지에 들어가는 것을 허용하는 토지 소유자의 구내에 대한 지역권((地役權, easement)이 존재하는지 여부이다. 이러한 지역권이 실제로 존재한다는 것을 확인한 후에, 법원은 지역권에 따라 공익사업 회사에 의한 의도된 토지 이용이 부동산 소유자의 토지에 추가적인 부담을 주었는지를 살펴볼 것이다. 이를 확인하는 과정에서, 법원은 제시된 진입이 비합리적인지를 살펴볼 것이다.

만약 공익사업 회사가 교목을 전정하고 제거할 수 있는 권한이 있고 이들이 토지 소유자의 재산에 피해를 유발하지 않았으면, 토지 소유자는 자신의 교목에 대한 금전적인 피해를 회복할 수 없을 것이다(Merullo & Valentine 1992).

법과 민간 서비스

도시 식생을 취급하고 있는 민간 수목관리자와 다른 개인 기업은 위에 언급한 바와 같이 다양한 유형의 소송에 시달린다. 민간 수목관리자에게 제기되는 흔한 불만은 계약 위반에 관한 것이다. 서비스를 수행하기 위한 모든 합의는 구두든 서면이든 법적인 계약을 의미한다. 교목과 다른 경관 식물의 올바른 관리를 위한 표준이 존재한다. 교목 관리의 소비자는 수행될 작업은 전문적인 표준에 의해 수행될 것이라는 묵시적 담보(默示的擔保, implied warranty)를 가지고 있어서 그릇된 관리는 계약위반이 된다. 이 작업은 다만 평균적인 수준으로 수행될 필요가 있고, 이보다 낮은 것은 표준 이하이고 계약 위반으로 생각될 수 있다. DiSanto(1982)는 계약 위반 소송에 대한 방어 방안으로 다음을 제안했다:

1. 계약이 존재한 적이 없으면 위반도 없다.
2. 소송이 제기되기 전에 계약이 종료되었다.
3. 계약 조건들이 이행되었다.
4. 계약 조건들이 소송을 배제시켰다.
5. 예상되는 성과가 실행 불가능하거나 불가능했고, 계약 자체가 불합리하였다.

과실도 민간 수목관리자들에게 제기되는 또 다른 빈번한 불만이다. 전형적으로, 손해배상 요구는 의무를 수행하는 과정에서 입는 재산상의 피해나 개인적인 상처에 대한 것이다. DiSanto (1982)는 과실에 대한 배상 요구에 대해 다음과 같은 기본적인 방어 방법을 제시한다.

1. 손상을 초래한 작업이나 행위에 책임이 없는 사람을 청구인(請求人, claimant)이 피고(defendant)로 지명했다.
2. 피고가 과실이 있지만 청구인이 피고보다 더 많은 과실이 있다.

3. 청구인은 위험을 알았지만(분명한 경고나 주변의 환경으로부터) 해당 피해 위험을 감수했다.
4. 피고는 합리적인 선량한 관리자가 취할 모든 조치를 취했고, 해당 피해는 이러한 노력에도 불구하고 발생했거나 합리적으로 예견할 수 없는 형태로 발생했다.

과실은 6개 부분을 통해 입증되거나 증명되어야 한다:

1. 어떤 사람에게 주어진 의무가 있다.
2. 이 의무에 대한 위반이 있다.
3. 어떤 사람이 피해를 입었다(개인적인 상처나 재산상의 피해).
4. 손상이 해당 위반의 직접적인 결과였다.
5. 이로 인한 손해가 있어야 한다.
6. 사건이 예측 가능하다.

무단 침입은 수목관리자가 들어갈 수 있도록 허가되지 않은 토지에 있는 교목을 제거하거나 이 교목에 대한 작업을 수행할 때 문제가 된다. 이 권한이 없는 진입은 엉뚱한 위치에 있는 교목에서 일하는 것만큼이나 순진한 것이다. 배상책임은 고객이 경계선 교목이나 자신의 재산에 있지 않은 교목에 대한 작업을 요구할 때 발생할 수 있다. 이상적으로는, 회사가 토지 소유자가 해당 교목을 실질적으로 소유하고 있다는 것을 확인하고 해당 고객이 해당 교목을 소유하고 있다는 것을 서면으로 확인하도록 해야 한다. 나아가, 회사는 인접 부동산 소유자가 자신은 공동 부분을 갖고 있지 않고 부동산 경계에 대해 동의한다는 것을 확인해야 한다. 선량한 관리자로서의 단계를 밟는 것이 무단 침입 책임을 피할 수 있는 훌륭한 첫 방어책이다.

인용 문헌

Anderson, L. M., & H. K. Cordell. 1988. "Influence of Trees on Residential Property Values in Athens, Georgia (U.S.A.): A Survey Based on Actual Sales Prices." *Landscape and Urban Planning* 15(1–2):153–164.

Arboricultural Association. 2008. *Visual Amenity Valuation of Trees and Woodlands (The Helliwell System)* (Guidance Note 4). Ampfield, Romsey, Hampshire, UK: Ampfield House.

Aboricultural Association. 2015. "Helliwell System and How Much Is a Point?" Retrieved February 12, 2015 (http://www.trees.org.uk/faqs/Helliwell-system-and-how-much-is-a-point).

Bjerke, T., T. Østdahl, C. Thrane, & E. Strumse. 2006. "Vegetation Density of Urban Parks and Perceived Appropriateness for Recreation." *Urban Forestry & Urban Greening* 5(1):35–44.

Bloch, L. 2002. "How Much Is This Tree Worth . . . and Why Do We Need to Know?" *Tree Care Industry* 13(6):28–32.

Bloch, L. 2007. *Tree Law Cases in the USA* (2nd ed.). Potomac, MD: Bloch Consulting Group.

Borst, B. V. 1982. "Trees and the Law." *Journal of Arboriculture* 8(10):271–276.

Bratkovich, S. M. 2001. *Utilizing Municipal Trees: Ideas from Across the Country* (NA-TP-06-01). Washington, DC: USDA Forest Service.

Bratkovich, S. M., J. Bowyer, K. Fernholz, & A. Lindburg. 2008. *Urban Tree Utilization and Why it Matters.* Minneapolis: Dovetail Partners, Inc.

Burns, M. 2006. Heating Saint Paul with Wood Waste. Presentation at Smallwood 2006, Richmond, Virginia, May 16–18 (http://www.forestprod.org/smallwood06burns.pdf).

Cesa, E. T., E. A. Lempicki, & J. H. Knotts. 2003. *Recycling Municipal Trees: A Guide for Market-*

ing Sawlogs from Street Tree Removals in Municipalities. Morgantown, WV: USDA Forest Service, Northeastern Area State & Private Forestry, Forest Resources Management.

Council of Tree and Landscape Appraisers (CTLA). 2000. *Guide for Plant Appraisal* (9th ed.). Champaign, IL: International Society of Arboriculture.

Cullen, S. 2005. "Tree Appraisal: Chronology of North American Industry Guidance." *Journal of Arboriculture* 31(4):157–162.

Darling, J. S. 1989. "Landscape Waste: An Urban Problem or Community Resource?" *Journal of Arboriculture* 15(8):198–200.

DeVoto, D. F. 1979. "Paper from Municipal Trees." *Urban Waste Wood Utilization* (Gen. Tech. Rep. SE-16, pp. 52–61). Washington, DC: USDA Forest Service.

DiSanto, E. 1982. "Branches of the Law: Trees and Litigation." *Journal of Arboriculture* 8(1):7–12.

Dolwin, J. A., & C. L. Goss. 1993. "Evaluation of Amenity Trees Mainly in Private Ownership within the Borough of Tunbridge Wells." *Arboricultural Journal* 17(4):301–308.

Donovan, G. H., & D. T. Butry. 2010. "Trees in the City: Valuing Street Trees in Portland, OR." *Landscape and Urban Planning* 94(2):77–83.

Dressel, K. 1963. "Street and Park Tree Evaluation." In Proceedings, Midwestern Shade Tree Conference 18:105–112.

Dunster, J. A., & S. M. Murray. 1997. *Arboriculture and the Law in Canada*. Savoy, IL: International Society of Arboriculture.

Dwyer, J. F., H. W. Schroeder, J. J. Louviere, & D. H. Anderson. 1989. "Urbanites' Willingness to Pay for Trees and Forests in Recreation Areas." *Journal of Arboriculture* 15(10):247–252.

Eriksson, L., A. Nordlund, O. Olsson, & K. Westin. 2012. "Beliefs About Urban Fringe Forests Among Urban Residents in Sweden." *Urban Forestry & Urban Greening* 11(3):321–328.

Foster, C. 1965. "Forestry in Megalopolis." In Proceedings, Society of American Foresters, pp. 65–67.

Gordon, B., & T. G. Lambrix. 1973. "The Battle of Lynn Woods." *Natural History* 82(9):76–81.

Grande-Ortiz, M. A., E. Ayuga-Téllez, & M. L. Contato-Carol. 2012. "Methods of Tree Appraisal: A Review of Their Features and Application Possibilities." *Arboriculture & Urban Forestry* 38(4):130–140.

Helliwell, D. R. 1967. "The Amenity Value of Trees and Woodlands." *Journal of Aboricultural Association* 1:128–131.

Henry, M. S. 1994. "The Contribution of Landscaping to the Price of Single Family Houses: A Study of Home Sales in Greenville, South Carolina." *Journal of Environmental Horticulture* 12(2):65–70

Holscher, C. E. 1971. "European Experience in Integrated Management of Urban and Suburban Woodlands." *Trees and Forests in an Urbanizing Environment* (Plann. Res. Dev. Ser. No. 17, pp. 133–142). Amherst: University of Massachusetts.

Hull, R. B., IV. 1992. "How the Public Values Urban Forests." *Journal of Arboriculture* 18(2):98–101.

Ingram, J. B. 2007. "Tree Appraisal: The Goal is Equity." In J. E. Kuser (ed.), *Handbook of Urban and Community Forestry in the Northeast* (pp. 323–347). New York: Kluwer Academic/Plenum Publishers.

Internal Revenue Service (IRS). 2014. *Casualties, Disasters, and Thefts* (Publication 547). Washington, DC: Department of the Treasury.

Jestaedt, M. 2008. "Experiences in the Management of Urban Recreational Forests in Germany." In M. M. Carreiro, Y. Song, and J. Wu (eds.), *Ecology, Planning, and Management of Urban Forests: International Perspectives* (pp. 301–311). New York: Springer.

Kielbaso, J. J. 1974. "Economic Values of Urban Trees." In Proceedings, Urban Forestry Conference (pp. 30–52). Stevens Point: University of Wisconsin.

Kielbaso, J. J. 1990. "Trends and Issues in City Forests." *Journal of Arboriculture* 16(3):69–76.

LaRue, G. 1982. "Utilization of the Urban Tree: Dayton Case Study." In Proceedings, National Urban Forestry Conference (pp. 179–181). Washington, DC: American Forestry Association.

Lash, J. 1977. The Cost of Preserving or Establishing Trees in Housing Development. Unpublished report. Amherst, MA: USDA Forest Service.

Loggens, T. J. 1978. "Urban Waste Wood: Debit or Credit." In Proceedings, National Urban Forestry Conference (ESF Pub. 80-003, pp. 194–204). Syracuse, NY: SUNY.

MacFarlane, D. W. 2007. "Quantifying Urban Saw Timber Abundance and Quality in Southeastern Lower Michigan, U.S." *Arboriculture & Urban Forestry* 33(4):253–263.

Maco, S. E., & E. G. McPherson. 2003. "A Practical Approach to Assessing Structure, Function, and Value of Street Tree Populations in Small Communities." *Journal of Arboriculture* 29(2):84–97.

Martin, C. W., R. C. Maggio, & D. N. Appel. 1989. "The Contributory Value of Trees to Residential Property in the Austin, Texas Metropolitan Area." *Journal of Arboriculture* 15(3):72–76.

McPherson, E. G. 1994. "Benefits and Costs of Tree Planting and Care in Chicago." In E. G. McPherson, D. J. Nowak, and R. A. Rowntree (eds.), *Chicago's Urban Forest Ecosystem: Results of the Chicago Urban Forest Climate Project* (Gen. Tech. Rep. NE-186). Radnor, PA: USDA Forest Service.

McPherson, E. G. 2003. "A Benefit–Cost Analysis of Ten Street Tree Species in Modesto, California, U.S." *Journal of Arboriculture* 29(1):1–8.

McPherson, E. G., D. Nowak, G. Heisler, S. Grimmond, C. Souch, R. Grant, & R. Rowntree. 1997. "Quantifying Urban Forest Structure, Function, and Value: The Chicago Urban Forest Climate Project." *Urban Ecosystems* 1(1):49–61.

McPherson, E. G., J. R. Simpson, P. J. Peper, A. M. N. Crowell, & Q. Xiao. 2010. *Northern California Community Tree Guide: Benefits, Costs, and Strategic Planting* (PSW-GTR-228). Washington, DC: USDA Forest Service.

McPherson, E. G., J. R. Simpson, P. J. Peper, S. L. Gardner, K. E. Vargas, & Q. Xiao. 2007. *Northeast Community Tree Guide: Benefits, Costs, and Strategic Planting* (PSW-GTR-202). Washington, DC: USDA Forest Service.

McPherson, E. G., J. R. Simpson, P. J. Peper, S. E. Maco, S. L. Gardner, S. K. Cozad, & Q. Xiao. 2007. *Midwest Community Tree Guide: Benefits, Costs, and Strategic Planting* (NA-TP-05-05). Washington, DC: USDA Forest Service.

McPherson, E. G., J. R. Simpson, P. J. Peper, S. E. Maco, & Q. Xiao. 2005. "Municipal Forest Benefits and Costs in Five US Cities." *Journal of Forestry* 103(8):411–416.

McPherson, E. G., J. R. Simpson, P. J. Peper, & Q. Xiao. 1999. "Benefit-Cost Analysis of Modesto's Municipal Urban Forest." *Journal of Forestry* 25(5):235–248.

McPherson, E. G., J. R. Simpson, Q. Xiao, & C. Wu. 2009. "Million Trees Los Angeles Canopy Cover and Benefit Assessment." *Landscape and Urban Planning* 99(1):40–50.

Merullo, V. D. 1994. "Common Law Branches off into New Directions." *Journal of Arboriculture* 20(6):341–343.

Merullo, V. D. 2007. "Arboriculture Law in the Northeast." In J. E. Kuser (ed.), *Handbook of Urban and Community Forestry in the Northeast* (pp. 47–62). New York: Kluwer Academic/Plenum Publishers.

Merullo, V. D., & M. J. Valentine. 1992. *Arboriculture & the Law.* Champaign, IL: International Society of Arboriculture.

Miller, R. W., R. S. Bond, & B. R. Payne. 1978. "Land and Timber Values in an Urban Region." *Journal of Forestry* 76(3):165–166.

Morales, D. J. 1980. "The Contribution of Trees to Residential Property Values." *Journal of Forestry* 6(11):305–308.

Morales, D. J., F. R. Micha, & R. L. Weber. 1983. "Two Methods of Valuating Trees on Residential Sites." *Journal of Forestry* 9(1):21–24.

Murphey, W. K., J. G. Massey, & A. Sumrall. 1980. "Converting Urban Tree Maintenance Residue to Energy." *Journal of Arboriculture* 6(4):85–88.

Nowak, D. J. 1993. "Compensatory Value of an Urban Forest: An Application of the Tree-Value Formula." *Journal of Arboriculture* 19(3):173–177.

Nowak, D. J. 2014, November 5–6. U.S. Urban Forest Statistics. Presentation at Arbor Day Foundation Partners in Community Forestry Conference. Charlotte, North Carolina.

Nowak, D. J., D. E. Crane, & J. F. Dwyer. 2002. "Compensatory Value of Urban Trees in the United States." *Journal of Arboriculture* 28(4):194–199.

Orland, B., J. Vining, & A. Ebreo. 1992. "The Effect of Street Trees on Perceived Values of Residential Property." *Environment and Behavior* 24(3):298–325.

Payne, B. R., & S. Strom. 1975. "The Contribution of Trees to the Appraised Value of Unimproved Residential Land." *Valuation* 22(2):36–45.

Payne, H. 1973. "The Twenty-Nine Tree Home Improvement Plan." *Natural History* 82:411–413.

Pihlaja, S., & L. Stromme. 2002. "In the Shade of a Tree: Analyzing the Tree-Related Legal Problem." *Bench & Bar of Minnesota* 59(3):unnumbered.

Randrup, T. B. 2005. "Development of a Danish Model for Plant Appraisal." *Journal of Arboriculture* 31(3):114–123.

Ricard, R. M. 2005. "Shade Trees and Tree Wardens: Revising the History of Urban Forestry." *Journal of Forestry* 103(5):230–233.

Royal Institution of Chartered Surveyors (RICS). 2010. *The Valuation of Trees for Amenity and Related Non-Timber Uses.* RICS Guidance Note (1st ed.). Coventry, UK: Royal Institution of Chartered Surveyors.

Rydberg, D., & J. Falck. 2000. "Urban Forestry in Sweden from a Silvicultural Perspective: A Review." *Landscape and Urban Planning* 47(1–2):1–18.

Sander, H., S. Polasky, & R. G. Haight. 2010. "The Value of Urban Tree Cover: A Hedonic Property Price Model in Ramsey and Dakota Counties, Minnesota, USA." *Ecological Economics* 69(8):1646–1656.

Schroeder, H. W., & T. L. Green. 1985. "Public Preference for Tree Density in Municipal Parks." *Journal of Arboriculture* 11(9):272–277.

Seila, A. F., & L. M. Anderson. 1984. *Estimation of Tree Preservation Costs on Urban Residential Lots in Metropolitan Atlanta* (Paper No. 48, p. 7). Research Division, Georgia Forestry Commission.

Sherrill, S. 2003. *Harvesting Urban Timber: A Complete Guide.* Fresno, CA: Linden Publishing.

Simons, K. 2009. Minnesota Supplement to the *Guide for Plant Appraisal* with Regional Tree Appraisal Factors. Minnesota Society of Arboriculture (http://msa-live.org/wp-content/uploads/2013/08/mn_plant_appraisal_supplement-1.pdf. 24 pp).

Soares, A. L., F. C. Rego, E. G. McPherson, J. R. Simpson, P. J. Peper, & Q. Xiao. 2011. "Benefits and Costs of Street Trees in Lisbon, Portugal." *Urban Forestry & Urban Greening* 10(2):69–78.

Stamen, R. S. 1997. California Arboriculture Law. Riverside, CA: The Law Offices of Randall S. Stamen.

Strong, A. 1982. Making Urban Forestry a Part of the County and City Planning Process. Unpublished paper. Sec. National Urban Forestry Conference.

Thorsnes, P. 2002. "The Value of a Suburban Forest Preserve: Estimates from Sales of Vacant Residential Building Lots." *Land Economics* 78(3):426–441.

Treiman, T., & J. Gartner. 2006. "Are Residents Willing to Pay for Their Community Forests? Results of a Contingent Valuation Survey in Missouri, USA." *Urban Studies* 43(9):1537–1547.

Tyrväinen, L. 2001. "Economic Valuation of Urban Forest Benefits in Finland." *Journal of Environmental Management* 62(1):75–92.

Tyrväinen, L., & A. Miettinen. 2000. "Property Prices and Urban Forest Amenities." *Journal of Environmental Economics and Management* 39(2):205–223.

Tyrväinen, L., & H. Väänänen. 1998. "The Economic Value of Urban Forest Amenities: An Application of the Contingent Valuation Method." *Landscape and Urban Planning* 43(1–3):105–118.

Walker, D. 1979. "Mulch from Limb and Trunk Debris." *Urban Waste Wood Utilization* (Gen. Tech. Rep. SE-16, pp. 62–65). Washington, DC: USDA Forest Service.

Watson, G. W. 2002. "Comparing Formula Methods of Tree Appraisal." *Journal of Arboriculture*

28(1):11–18.

Whittier, J., D. Rue, & S. Haase. 1995. "Urban Tree Residues: Results of the First National Inventory." *Journal of Arboriculture* 21(2):57–62.

Wilkes-Allemann, J., M. Pütz, C. Hirschi, & C. Fischer. 2015. "Conflict Situations and Response Strategies in Urban Forests in Switzerland." *Scandinavian Journal of Forest Research* (DOI:10.1080/02827581.2014.1002217).

Wolf, K. L. 2007. "City Trees and Property Values." *Arborist News* 16(4):34–36.

제6장

가로수 현황조사와 평가

오하이오주 클리블랜드

지자체 임정관(林政官, forester)은 도시 식생의 육성과 관리와 관련된 수많은 책임을 지고 있지만, 대부분의 지자체에서 자신들의 주된 책임은 시 소유의 가로수(街路樹, street tree)를 돌보는 것이다. 가로수는 공공 통행로(right-of-way), 일반적으로 보도(步道, sidewalk)와 보차도경계석(步車道境界石, curb) 사이에서 자라는 공적으로 소유된 교목으로 정의된다. 여기에 예외적인 것은 식수대로(boulevard)의 중앙 분리대에 자라는 교목, 보도와 보차도경계석이 없는 가로의 공공 통행로 안에 식재된 교목, 교목 식재가 가능한 제한된 공공 통행로가 있는 가로에 대해 설정된 특별한 지역권(地役權, easement)에 의해 개인 부동산에 식재된 교목 등이 있다. Kielbaso(1989, 2008)는 미국의 도시를 대상으로 하는 전국 조사에 대한 결과에서, 시 임정관은 가로수 관리에 자신의 예산 중 평균 61%를, 공원 교목에 26%, 기타 공공장소(예, 공공건물과 운동장, 양묘장, 공동묘지)에 13%를 각각 지출한다고 보고했다. 같은 조사에서 응답자의 38%만이 자신이 관리 하에 있는 가로수의 수를 어느 정도 정확하게 알고 있었다.

가로수 관리는 세 가지 주된 기능이 포함되어 있다: 식재, 유지관리, 그리고 제거. 식재는 식재가 필요한 부지의 확인, 그 부지에 적합한 종을 선정하고 식재하는 것, 그리고 관수(灌水, watering)와 시비(施肥, fertilization)와 같은 식재 후의 육성 활동도 포함된다. 전정이 주된 유지관리 활동이며, 교목 지지 시스템, 병과 해충 방제, 피해 보수, 토양 개량, 관수, 시비도 행해진다. 관리에는 재산 피해나 인간에 대한 상해와 사망 위험을 줄이기 위해 보수가 필요한 교목의 위치를 확인하는 것도 포함된다. 결국 모든 살아 있는 유기체는 죽기 때문에 가로수에 대해서는 위해한 상황이 전개되기 전에 즉시 제거될 필요가 있다. 이러한 다양한 관리 활동에 대한 일정계획 수립은 지자체의 편익을 극대화하고 공중의 불편이나 위험을 최소화하기 위해 우선순위를 기준으로 이루어질 것이다.

시 소유의 교목에 대한 계획을 수립하고 관리하기 위해서는, 임정관은 프로그램 목표와 주민의 요구를 반영한 관리 의사결정을 하기 위해 교목 현황조사(現況調査, inventory) 자료를 사용한다. 1994년 실시한 전국 조사에 의하면, 응답한 지자체의 78%가 현황조사에 예산을 지출했다(Tschantz & Sacamano 1994). 교목 현황조사는 1990년대 초 이후 유타주에서는 두 배 이상, 캘리포니아주에서 약 45%까지 늘어났다(Kuhns 등 2005). 이처럼 가로수 현황조사가 증가한 것은 1990년대 초 이후 이용 가능한 연방과 주의 지자체 임업에 대한 기술적인 지원과 보조금 증가에 그 원인이 있을 가능성이 높다(Hauer 등 2008; Hauer 등 2011).

현황조사의 필요성

모든 자원의 관리는 해당 자원의 현황조사로부터 시작되는데, 도시 숲 관리도 예외가 아니다. Bassett(1978)는 현황조사는 관리되어야 하는 자원의 현재 기록을 제공하기 위해; 유지관리 과업에 대한 계획 수립, 일정계획 작성, 모니터를 하기 위해; 관리 의사결정 특히 예산을 수립할 때 도움을 주기 위해 필수적이다. 또한 현황조사는 도시 교목 군집의 장기적인 평가와 모니터링의 출발점이다(Baker 1993; Cumming 등 2008; McPHerson 1993; Nowak 등 2008).

가로수 현황조사는 측정되는 속성(屬性, attribute)이 복잡하거나 비용이 많이 들어갈 필요는 없지만, 적어도 관리자가 지능형관리 의사결정(知能形管理意思決定, Intelligent management decision)이 가능한 일정 수준의 정보는 제공해야 한다. 개별 속성은 해당 교목의 특징을 나타내기 위해 사용되는 자료 항목과 해당 교목과 관련된 관리 요구에 따라 정의된다. 지리정보시스템(地理情報-/GIS, geographic information system)에서는, 개별 속성은 위치의 비공간적 특성(nonspatial characteristic)을 설명하기 위해 사용되어 명목적(名目的, nominal)이거나, 서수적(序數的, ordinal)이거나 구간적(區間的, interval)일 수 있다(Bolstad 2008). 명목적인 속성은 설명적이지만 순서나 등급 개념이 약하기 때문에, 교목 현황조사에서는 이를 필지의 소유자, 토양 유형을 설명하고, 디지털 영상을 제공하며, 언제 활동이 일어나는지 등을 보여주기 위해 이용한다. 서수적 속성은 교목의 크기나 순서, 우수, 양호, 보통, 불량, 고사나 건조 등과 같은 등급에 관한 정보를 제공한다. 구간적 속성은 순서와 수고, 수간 직경, 교목의 화폐적인 가치 등과 같은 절대적인 차이에 대한 정보를 가지고 있다.

가로수 현황조사 시스템을 수립하는 데는 다른 이유도 있다. Gerhold 등(1987)은 교목 현황조사가 공중에게 교목 자원을 교목의 수량과 가치 관점에서 설명하는 뉴스 기사로 공중관계에 사용될 수도 있다고 주장한다. Smiley & Baker(1988)는 현황조사를 작업효율을 제고시키기 위해 사용될 수 있다고 보고하고, 교목 자원과 관련된 현황조사 정보를 지자체 교목의 가치에 관해 공중과 정책 수립자를 교육시키는 데 사용할 것을 권고한다(**그림 6-1**). 현황조사는 호리비단벌레

그림 6-1 전시된 현황조사된 교목의 가치. (사진: USDA Forestry Service Jill Johnson 제공.)

(Emerald ash borer, *Agrilus planipennis*) 대응계획을 수립하기 위해 지자체나 주 내에 얼마나 많은 도시 물푸레나무류(*Fraxinus* spp.)가 있는가를 확인하는 것과 같은 특별한 요구를 충족시킬 수도 있다(Ball 등 2007; VanNatta 등 2012).

현황조사의 필요성은 지자체의 크기, 원하는 서비스의 수준, 잠재적인 식생 문제 등에 따라 다양하다. 어떤 임업 프로그램은 2~3개의 교목 속성을 단순하게 예측하는 것만으로도 잘 작동되는 반면, 다른 지자체는 컴퓨터를 이용해야 할 정도로 정교한 현황조사 시스템이 필요할 수도 있다. 각 지자체는 서로 다른 공공교목 관리 필요성을 가지고 있다. 가장 효율적인 현황조사 시스템은 맞춤이거나 해당 지자체의 특정한 요구에 적합한 것이다. 유타주에서는, 인구가 10,000명 이상인 지자제는 거의 75%가 부분적이거나 전수 현황조사 시스템을 가지고 있는데 비해, 인구 500명 이하의 지자체는 10% 정도만이 이를 가지고 있었다(Kuhns 등 2005). Schroeder 등(2003)도 일리노이주에서 소규모 지자체(인구 2,500명 이하)는 일부인 12%가 현황조사 시스템을 가지고 있는 데 비해, 인구 25,000명 이상의 대규모 지자체에서는 그 비율이 50% 이상으로 증가하는 것을 발견했다.

교목 현황조사에 의존하는 자자체 임업 프로그램은 가로수 군집을 기술하는 정보에 의해 작동한다. 이 정보는 정기적인 표본이나 조사에 근거를 둔 주기적인 경험을 통해 시 임정관이나 다른 고용인에 의해 취득된 지식의 형태로 존재하거나 작업이 수행됨에 따라 갱신되는 컴퓨터 요약으로부터 얻어질 수 있다. 수집된 정보가 관리 목적(目的, goal)과 목표(目標, objective)를 충족시키는데 적합한 한 이러한 정보를 확보하는 방법을 바꿀 필요는 없다.

프로그램 분석과 필요성 결정

교목 현황조사 필요성을 결정할 때에는 최고책임자는 두 가지 요소를 고려해야 한다: 지자체가 원하는 서비스와 이러한 서비스를 제공하기 위해 필요한 정보. 이 두 요소는 임업 프로그램의 목적과 목표의 일부이기도 하며, 이들은 관리의 우선순위와 시 임정관의 책임을 결정하기도 한다. 이들 요소는 직위분석(職位分析, position analysis)과 함께 임업 프로그램의 분석을 통해서 평가될 수 있다. 이들 분석은 점진적인 것으로, 해당 교목 군집을 관리하는 데 필요한 정보량을 포함하여 관리의 우선순위를 확인할 수 있도록 비용이 덜 들어가는 예비적인 정보를 제공할 수 있게 설계되어야 한다.

Ziesemer(1978)는 시 임정관에게 현황조사 시행을 결정하기 전에 이것이 필요한지를 자문해 볼 것을 조언하고, 이의 필요성을 확인하기 위한 예비 프로그램 분석을 수행할 것을 권고한다. 다음은 그의 프로그램 분석 권고를 요약한 것이다.

1. 지금 어느 정도의 작업이 필요한가?
2. 가용한 식재 공간이 많이 있는가, 또는 가로수가 완벽 식재(完璧植栽, full stocking)에 근접하는가?
3. 전정은 계획된 일정을 기준으로 수행하는가, 아니면 요청에 의해 수행하는가?
4. 교목과 그루터기 제거 결정은 어떻게 이루어지는가?
5. 우선순위는 교목 필요를 기반으로 정해지는가, 아니면 다른 고려요인이 있는가?
6. 작업은 어떻게 일정계획이 수립되고 부여되는가?

7. 현재 우선순위에 반영된 기존 요구가 얼마나 정확한가?
8. 작업량 추정이 해당 교목 군집의 실질적인 요구와 일치하는가 아니면 모순이 있는가?
9. 공중은 현재 수준의 서비스에 만족하는가, 아니면 수많은 불만이 있는가?
10. 서비스는 주기적으로 수행되는가, 아니면 요청에 의해 수행되는가; 요청에 의해 수행된다면, 대응하기까지 얼마나 걸리는가?

일단 이들 질문에 대한 답이 나오면, 시 임정관은 관리 목표와 연계하여 현재 제공되는 서비스의 수준과, 부족한 부분이 있다면 무엇인가에 대한 추정을 하게 될 것이다. 언급된 목표와 지금의 결과 사이에 불일치가 있다면, 관리자는 자신들의 의사결정 근거로 부정확하거나 부적절한 정보를 사용해온 것이다. 이들 불일치가 반드시 전체 시스템의 정밀점검 필요성을 가리키는 것이 아니고, 해당 정보 시스템을 향상시킬 필요성만을 지적할 수도 있다.

Ziesemer(1978)는 모든 수준과 개별 직책에서 의사결정을 하는데 어떤 정보가 필요한가를 확인하기 위해 흐름도(flowchart)를 만들어서 자신의 프로그램을 객관적으로 분석할 것을 제안한다(**그림 6-2**). 관리자들은 (1) 각 직책에 의해 수행되어야 하는 직무, (2) 각 책임을 성공적으로 완수하기 위해 이루어져야 하는 의사결정, (3) 합리적인 의사결정을 가능하게 하기 위해 필요한 정보(**그림 6-3**).

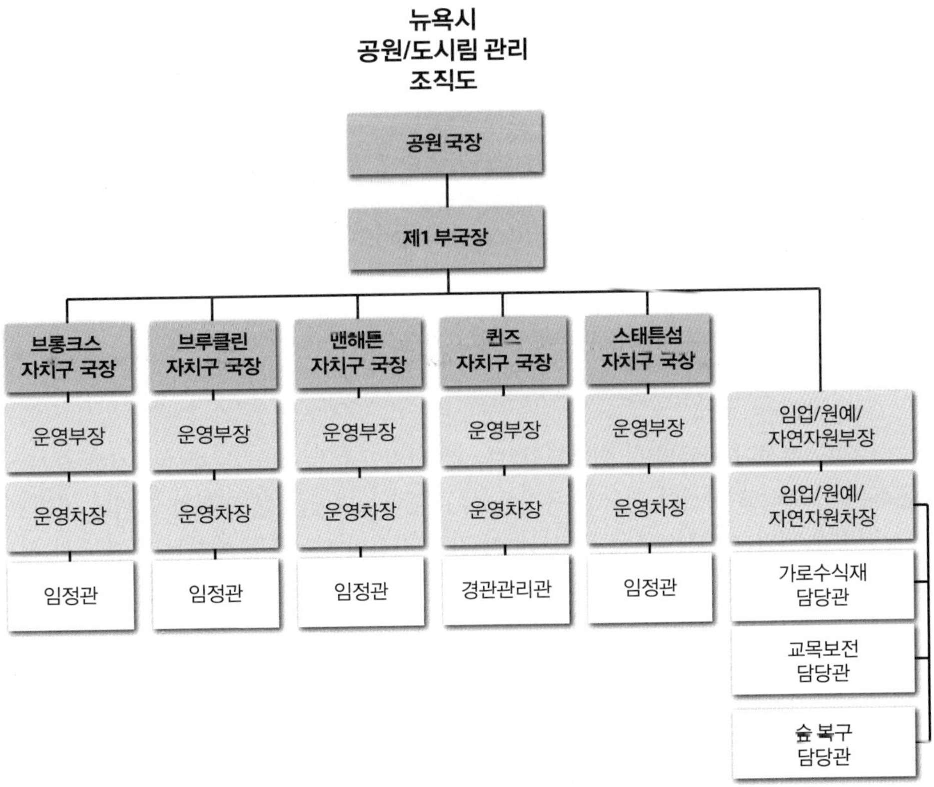

그림 6-2 뉴욕시 공원/휴양국 도시 숲 관리 조직도. (뉴욕시 공원/휴양국 Danielle Gift 제공.)

직위 분석 (담당 국장)		
직무	**의사결정**	**정보**
• 프로그램의 개발과 시행 지시 • 프로그램 우선순위 설정	• 교목의 물리적 요구가 충족되고 있는가? • 해충/병의 방제가 보장되는가? • 진행되고 있는 프로그램이 일정을 지키고 있는가? • 서비스 요청이 지체 없이 처리되고 있는가?	• 교목의 크기, 종, 상태, 위치 • 식재지의 위치와 수량 • 진행되고 있는 프로그램의 상황 • 요청 서비스의 수와 범주별 현황 • 요청 서비스의 회전율과 범주별 현황

- **모든 프로그램의 상황에 대한 인지를 유지한다.**
- **교목의 상태에 대한 인지를 유지한다.**
- **예산 편성에 대해 지시한다.**

직위 분석 (작업 반장)		
직무	**의사결정**	**정보**
• 작업자와 장비에 대한 일정계획 수립	• 작업자가 올바르게 지시를 받고 있는가? • 작업이 지시된 교목에서 수행되고 있는가? • 작업자가 작업을 올바르게 수행하고 있는가? • 언제 다음 작업장으로 이동하는가? • 언제 일정 계획을 변경할 것인가?	• 당일 작업장의 주소 • 각 주소에서 작업이 필요한 교목의 확인; 크기, 종, 위치 • 개별 작업에 대해 수행해야 하는 작업

- **작업자가 확립된 표준에 따라 모든 작업을 수행한다는 것을 분명히 한다.**
- **국의 규칙과 규정을 집행한다.**
- **기록과 보고를 완료한다.**

그림 6-3 표본 직위 분석. 가로수 현황조사로부터 요구되는 정보를 결정하기 위한 담당 국장과 작업반장 직위의 부분적인 3단계 분석(Ziesemer 1978).

일단 분석이 완료되면, 최고책임자는 각 직위와 이들 직위가 자신이 정한 우선순위와 잘 부응하는지, 그리고 자신이 언급한 목적을 잘 수행하는지에 대한 명확한 그림을 가지고 있어야 한다. 이렇게 되면 최고책임자는 관리자들이 각자 자신의 임무를 수행하는 데 필요한 정보를 제공하고 있는가를 확인하기 위해 기존의 정보 시스템을 평가할 수 있다. 다음은 이러한 절차에서 발생하는 전형적인 결과물이다.

1. 기존 정보 시스템이 해당 임업 프로그램의 요구를 충족하고 있다; 그러므로 변경이 불필요하다.
2. 기존 정보 시스템이 부분적으로 부적합하여 일부에 대한 정밀검사가 필요하다.
3. 기존 시스템이 완전히 부적합하여 새로운 시스템을 실행할 필요가 있다.

이러한 절차는 프로그램을 개발하는 데 적용될 수도 있다. 어떤 지자체가 새로운 임업 프로그램이 필요하다고 판단되면, 최고책임자는 3단계에 걸쳐 이의 개발을 추진해야 한다. 첫째, 시 임정관이 예비 관리 목적과 목표를 설정할 필요가 있다. 둘째, 설정된 목적과 목표를 이행하기 위해 필요한 자료를 제공하기 위한 정보 시스템이 개발되어야 한다. 마지막으로, 시 임정관은 자신들의 목적과 목표를 충족하는가를 확실히 하기 위해 해당 프로그램을 평가해야 한다.

현황조사의 목적과 구성 요소

양호한 가로수 관리계획의 주된 목적은 가로수로부터의 공공 편익(公共便益, public benefit)을 극대화하고 이러한 편익을 달성하는데 필요한 공공 비용(公共費用, public expense)을 최소화하는 것이어야 한다. 평가는 이를 위한 일부이며, 응답에 대비한 질문을 구성하고, 현재 상태에 대한 분석을 수행하며, 교목 군집의 비용과 편익을 확인하고, 평가가가 완료된 후에는 관리 활동의 결과로 도시 교목 군집이 어떻게 변하는가를 모니터링하는 과정이다. Maco & McPherson(2003)은 관리 활동을 모형화한 가로수 군집의 구조, 기능, 가치를 평가하는 시스템을 설명하였다.

일단 현황조사의 필요성이 설정되면, 다음 과업은 현황조사 시스템을 선정하거나 설계하는 것이다. 이는 관리자의 의사결정을 도와주기 위한 필수적인 정보를 제공한다는 전반적인 목표 하에 시작되어야 한다. Ziesemer(1978)가 기술한 분석 기술은 어떤 정보가 누구에 의해, 언제, 왜 필요한가에 대한 지침을 제공한다. 이를 기준으로 현황조사는 이러한 정보가 적시에 합리적인 비용으로 제공될 수 있도록 설계되어야 한다. Nowak(2008)은 효과적인 도시 숲 평가를 수행하기 위해 임정관은 다음 몇 가지 질문에 대답할 것을 제안한다:

1. 검토 지역이 어디인가? 특정 지역 내 전체 도시 숲(모든 교목)인가, 아니면 가로수나 공원수 군집뿐인가?
2. 모든 교목을 측정할 것인가(전수 현황조사), 아니면 표본 추출 절차가 활용될 것인가?
3. 수집되는 자료가 항공영상(航空映像, aerial photography)인가, 지상 자료인가?
4. 어떤 항목을 측정할 것인가?

자료 수십 표준을 확정하는 것도 현장 자료를 수집하기 전에 중요한데, 이는 자료의 정확도와 정밀도에 관한 것이다. 더욱이 교목 현황조사를 수행할 때 고려되어야 하는 몇 가지 불문율(不文律, cardinal rule)은 다음과 같다:

1. 자원은 한정되어 있다.
2. 모든 정보를 수집할 수 없다.
3. 자료를 수집하기 전에 질문을 먼저 작성하라.
4. 사전에 자료 수집 시스템을 개발하고 시험하라.
5. 필요하면 다른 사람과 상의하라.

현황조사에서 어떤 정보가 수집되어야 하는가에 대한 논의에 들어가기 전에, 일시적인 정보와 보다 영속적인 속성의 정보를 구분하는 것이 중요하다. 예를 들면, 교목의 종에 대한 동정은 특정 교목의 전정 요구를 기술하는 것보다 더 영속성이 있는 정보를 제공한다. 수종은 해당 교목이 그곳에 있는 한 변하지 않고 유지될 것이지만, 전정 요구는 다음 계획된 유지관리 활동으로 변할 것이다. 이러한 구분은 채택되는 현황조사 시스템의 유형과 관련이 있다. 만약 현황조사가 때때로 또는 간헐적으로 시행된다면, 어디가 전정 요구도가 가장 높은 곳인가와 같은 일시적인 정보를 확인하는 것이 도움이 될 것이다. 만약 현황조사가 유지관리와 교목 기록을 유지하기 위해 사용되고 지속적으로 새로운 자료로 갱신된다면 유지관리 일자와 내용이 더 중요할 것이다.

다음의 현황조사 속성과 기록에 대한 고찰은, 더 정교한 현황조사 시스템이 더 광범위한 기록을 유지할 것이라는 가정하에, 시 임정관이 현황조사 시스템을 설계하고 선정할 때 선택하는 목록을 제공하는 데 도움이 될 것이다. 이들 속성들은 네 가지 일반적인 범주로 나눌 수 있다: 시간과 인사 기록, 부지 기술자, 교목 기술자, 유지관리 기록.

시간과 인사 기록

시간과 인사 기록(time and personnel record)에는 기록을 한 일자, 기록을 작성한 사람, 유지관리 활동을 수행한 사람 등이 포함된다. 일자에 대한 기록은 교목의 이력이 언제 변경되었는지 또는 언제 해당 교목의 수명과/이나 특정한 일련의 부지 상태에 대한 적응성에 관해 종이나 품종을 평가했는가를 확인할 때 활용된다. 일자는 유지관리를 입증하는 데 중요하고, 교목에 의해 유발된 피해가 소송으로 발전된다면 고소에 대한 대응으로 사용될 수 있다. 기록을 한 사람과 해당 유지관리나 서비스를 요구한 사람의 확인은 유지관리를 입증하고, 개인적인 업적을 평가하고, 계약상의 서비스를 평가하기 위해 사용될 수 있다. 시간과 인사 기록은 과업을 완수하는 데 걸린 시간과 제13장에서 자세히 다룰 관련 업적 측정을 추적하는 데에도 유용하다.

부지 기술자

부지 기술자(敷地記述子, site descriptor)에는 해당 교목의 위치나 식재 부지, 녹지대(보도와 보차도경계석 사이의 식재 띠)의 폭, 가공 전선(架空電線, overhead conductor)이나 기타 공익시설의 존재와 높이, 보도 손상, 토양, 관수 필요성, 토지 이용, 오염 문제 등이 포함된다. 교목의 존재 여부, 해당 부지가 비어 있는 경우 권고되는 수종, 식재 우선순위 등도 부지 정보에 포함될 수 있다.

부지 위치는 수많은 변수로 기술될 수 있다. Sacksteder & Gerhold(1979)는 가로수 위치를 기술할 때 독립적으로 또는 연계하여 사용되는 공통적인 변수의 목록을 다음과 같이 제시한다:

- 지역, 구역, 지구 번호
- 가로 이름
- 주소, 주택 번호, 번지
- 블록 번호
- 교차로로부터의 거리
- 가장 가까운 전신주 번호
- 주소 내 또는 블록 내 일련 번호
- 다양한 종류의 좌표
- 가로나 보차도경계석으로부터의 거리

- 꼬리표 번호
- 지도 번호
- 지리정보시스템

많은 지자체는 가로수 군집을 주택 지구, 정치적인 구역, 사방 반 마일 구역(quarter section)의 경계선을 따라 더 작은 관리 단위로 세분한다(미국 공유지 조사(US Public Land Survey)를 기준으로 사방 반 마일 구역은 64.75헥타르 또는 160에이커임) (**그림 6-4**). 일부 지자체는 현장 집계

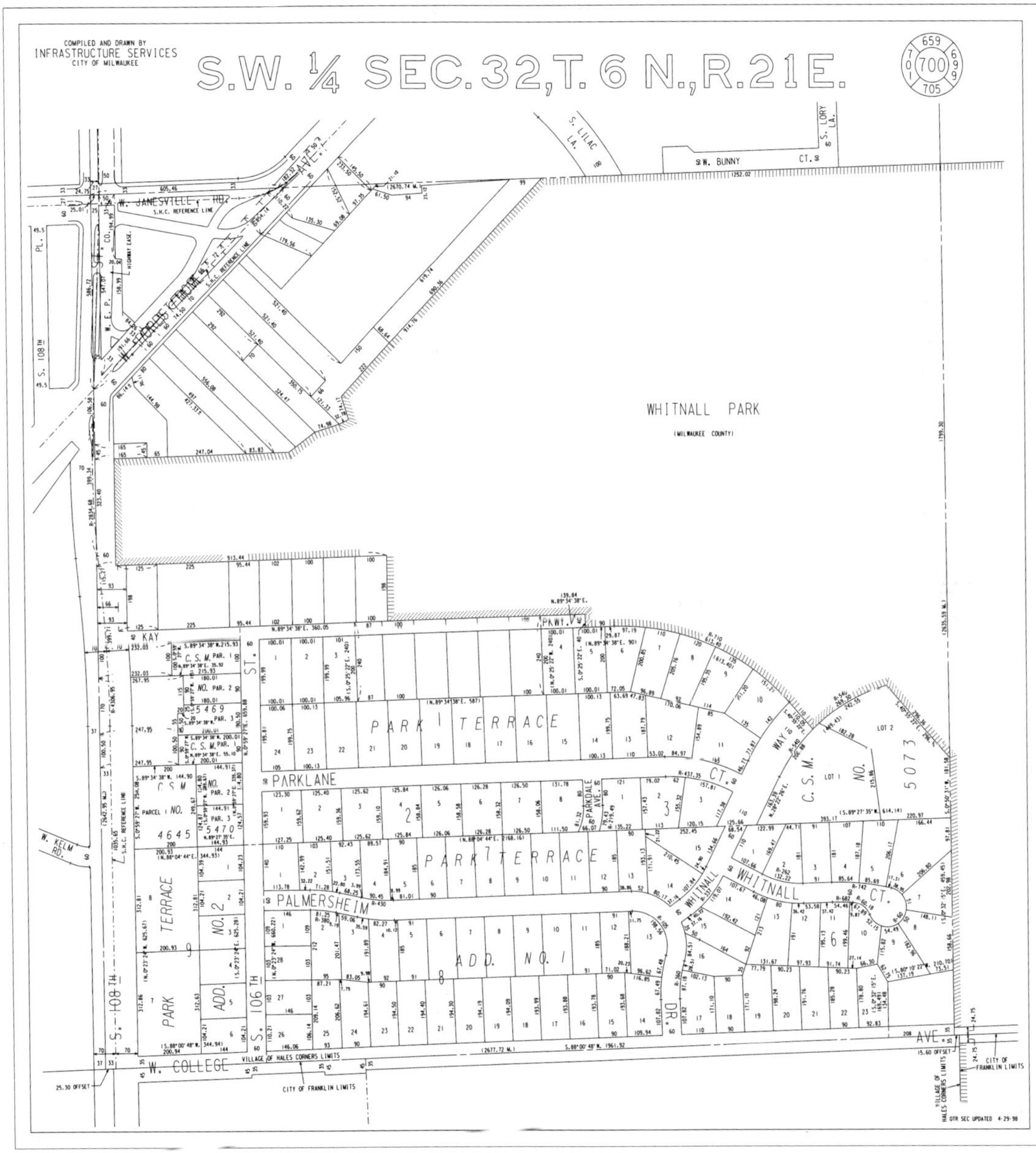

그림 6-4 사방 반 마일 구역으로 세분된 위스콘신주 밀워키 시의 일부.

조사의 종합을 기반으로 한 정보를 체계화한 교목 위치를 관리 단위로 사용한다. 컴퓨터화된 현황조사를 가지고 있는 지자체는 자료 접근과 작업 단위별 자료 요약을 생성하기 위해 도로 구획을 작업 단위로 쉽게 세분할 수 있다.

현황조사를 시작하기 전에 교목의 위치를 확정하는 방법을 결정하는 데 시간을 유익하게 사용해야 한다. 교목 위치를 정하는 가장 보편적인 방법은 구획(區劃, block)과 일련번호 또는 주소와 일련번호에 기반을 둔 것이다. 도로 주소를 교목이나 잠재적인 교목 식재 부지(빈 공간)에 연계하는 것은 흔한 위치 속성이다. 한 가지 단점은 한 장소(하나의 집이나 사업장 주소와 같이)에 여러 그루의 교목이 존재할 수 있다는 것이다. 이에 대한 한 가지 해결방안은 북쪽에서 남쪽으로 또는 동쪽에서 서쪽으로와 같이 기본방향(基本方向, cardinal direction)으로부터 일련번호를 부여하는 것이다(**그림 6-5**). 주소 시스템을 이용하는 또 다른 단점은 주소가 다른 도로로 되어 있는 모서리 필지(-垈地, corner lot)에 있는 교목을 어떻게 기록하는가이다. Bell 등(2007)은 가장 흔한 주소 실수가 모서리 필지나 미식재 필지에 대한 주소를 추정하는 것과 관련되어 있다는 것을 발견했으며, 이는 총 주소의 3.7%에 달했다. 이를 해결하기 위해 개발된 다양한 방법 중에는 해당 교목을 가장 가까운 주소에 배정하거나 모서리 주위의 실질적인 도로 주소에 배정하는 것 등이 있다(그림 6-5). 어떤 컴퓨터화된 현황조사 시스템은 두 도로에 걸친 모서리 부지에 있는 개별 교목의 위치를 확인하는 데 도움을 주기 위해 작업 단위별 모서리 파일을 유지한다. 수치 정사 사진(數値正射寫眞, digital orthophoto)에 표시되거나 위성 위치 확인 시스템(GPS, global positioning

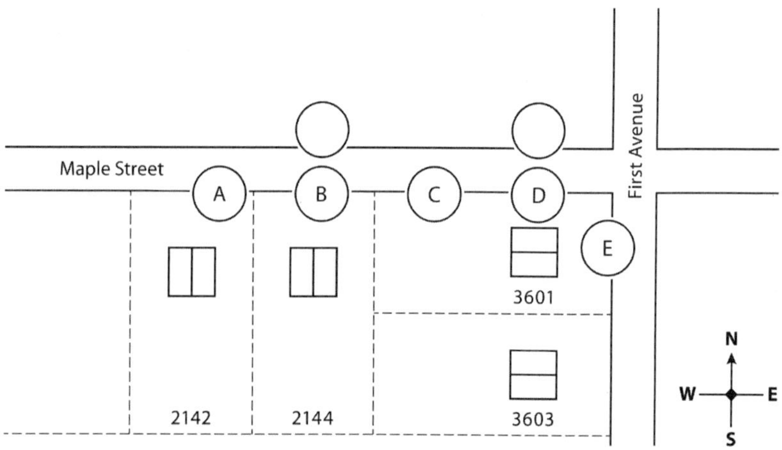

인접 주소가 부여된 모서리 필지의 교목

교목	주소	교목 번호
A	2142 Maple Street	1
B	2144 Maple Street	3
C	2144 Maple Street	2
D	2144 Maple Street	1
E	3601 First Avenue	1

모서리 주소가 부여된 모서리 필지의 교목

교목	주소	교목 번호
A	2142 Maple Street	1
B	2144 Maple Street	1
C	3601 First Avenue	3
D	3601 First Avenue	2
E	3601 First Avenue	1

그림 6-5 가로수에 도로 주소를 부여하는 두 가지 방법.

system) 좌표를 통해 확인된 공간적으로 확인된 교목은 모서리 대지 교목 위치와 관련된 문제를 극복하는 데 도움을 준다(Kane & Ryan 1998).

GIS와 연계된 컴퓨터화된 교목 현황조사 시스템은 교목 위치 지도를 생성할 수 있다. 이제 많은 지자체가 GIS에서 도시를 그려내는 정보인 도로, 공적으로 소유하고 있는 공익시설, 토지 이용, 센서스 정보 등과 같은 정보의 "층"(層, layer)으로 이루어진 지도제작시스템(mapping system)을 유지하고 있다. 각 층은 독립적인 지도를 생성할 수도 있고, 보다 복잡한 지도를 만들기 위해 층들을 결합(덧씌우기)할 수 있다. 교목 위치와 정보는 GIS 시스템에 분리된 층으로 또는 기존 층(시 소유의 기반시설을 기술하는 층과 같은)의 일부로 자리 잡을 수 있다. 교목 위치 속성은 도로 주소별로, 필지별로, 모서리로부터의 거리에 따라, 항공사진으로, 수치 정사 사진으로 GIS 파일에 입력될 것이다. GPS는 위성 시스템을 통한 지상의 어떤 지점의 위치를 지정하는 배낭(背囊, back-pack)이나 휴대용 장치를 이용하는데, 이 정보는 쉽게 GIS로 변환할 수 있다.

녹지대(綠地帶, tree lawn)의 폭, 토양 자료, 건물까지의 거리와 건물에 대한 방위각(方位角, azimuth), 가공 전선의 높이, 다른 공익시설의 존재와 위치 등은 개별의 잠재적이거나 실재 교목 위치에 대한 구조적인 제약에 관한 기술적인 정보를 제공한다(**그림 6-6**). 이러한 자료들은 주어진 부지에 특정한 수종을 선택할 때, 특히 식재 교목의 궁극적인 크기와 생장속도와 관련하여, 중요하다. 이들 자료로부터 유지관리 비용을 추정하거나 예상할 수 있는데, 예를 들면 송전선의 높이와 현존하는 수종을 기반으로 전정 비용을, 녹지대의 폭과 현존하는 해당 교목의 생장 속도와 뿌리를 뻗는 습성을 기반으로 보도(步道, sidewalk)와 보차도경계석 수선을 예상하는 것이다.

보도 손상은 가변적인 성질의 정보이지만, 교목 현황조사를 수행할 때 수집해야 하는 중요

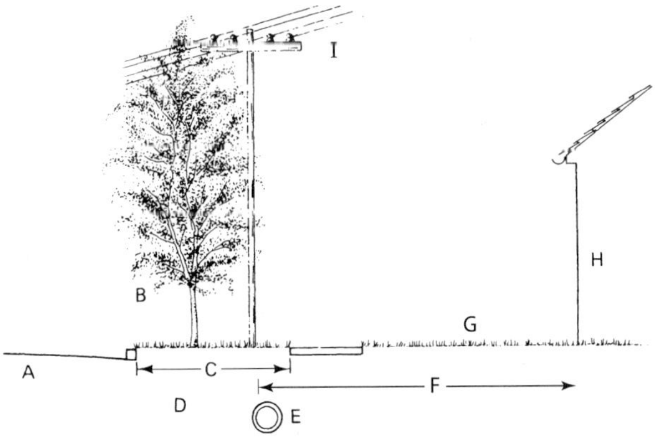

A 도로 폭이나 교통 부하
B 오염 문제(예, 해빙염, 오존 등)
C 녹지대 폭
D 토양 유형
E 지하 공익시설
F 건물과의 거리
G 토지 이용
H 구조물에 의한 제약
I 가공 전선의 존재와 높이

그림 6-6 가로수 현황조사에서 중요할 수 있는 부지 기술자.

한 정보일 수 있다. 이들 자료를 통해 수종과 상관관계가 있을 수 있는 빈번한 보도 유지관리 문제를 초래하는 수종을 확인할 수 있다. 이는 많은 지자체가 부동산 소유자에게 보도 수선비용을 청구하고, 공공 수목에 의한 과도한 보도 손상이 시 임업부서의 공중관계에 문제를 야기할 수 있다는 것을 인식하기 위해 중요하다. 그러나 대부분의 지자체에서는 시의 시설관리부(施設管理部, Engineering Department)가 보도 손상에 대한 정기적인 현황조사를 수행하기 때문에, 교목 현황조사 직원이 이들 자료를 수집할 필요는 없을 것이다.

토양 자료는 일부 지자체, 특히 여건이 매우 다양하거나 광범위한 식재 프로그램이 수행되고 있는 경우, 수집하는 것이 중요할 수 있다. 토양 pH, 토성, 유기물, 답압이 수종 선택을 안내하는 데 도움을 주기 위해 중요하다. 토양 자료와 함께, 부지의 수분 제한(해당 부지에 물이 스며들지 못하게 하는 표면과 같은), 과도하게 배수되는 토양, 건조 지역은 진상이 확인되어야 한다. 이러한 위치에는 수분 제한이나 관개에 견딜 수 있는 적절한 수종을 선택하는 것이 해당 부지의 제약을 극복하는 해결방안이다. 토지 이용 자료는 어디에 식재를 집중할 것인지, 또는 주어진 위치에 적절한 종이나 품종(品種, cultivar)을 언제 선택할 것인가와 같은 관리 우선순위를 부여할 때 유용할 수 있다. 공해(公害, pollution) 자료는 고질적인 대기 오염이 존재하는 곳이나 과도한 해빙염이 토양의 염분 문제를 야기하는 곳과 같은 문제 지역에 대한 수종을 선택하는 데 도움이 될 것이다.

현황조사는 식재 요구와 수종 권고를 확인하는 효율적인 수단이다. 어떤 지자체는 가로수 사이의 간격을 명시하는 교목 조례(喬木條例, tree ordinance)를 가지고 있는데, 이들 표준은 빈 식재 공간의 위치를 결정하는 데 활용될 수 있다. 빈 식재공간을 발견하면 이는 장래 식재를 위한 잠재적인 식지 부지로 인지되어야 하고, 그 부지에 대한 종이나 크기 등급이 추천되어야 한다. 어떤 부지는 다른 곳보다 더 높은 식재 우선순위가 부여될 수도 있고, 이들 우선순위는 현황조사 중에 부여될 수 있다. 예를 들면, 개인 부지나 공공 부지에서의 경쟁적인 식생은 잠재적인 식재 부지에 대한 그늘 문제를 야기할 수 있어서, 이러한 곳에는 식재 요구를 고려할 때 낮은 우선순위 등급이 주어져야 한다.

수목 기술자

수목에 대한 기술자(記述子, descriptor)에는 일반적으로 다섯 범주로 구분된다: 종이나 품종, 크기, 상태, 가치, 관리 요구. 관리 요구는 일시적이고 궁극적으로는 유지관리 활동으로 귀결되기 때문에 이는 유지관리 기록에서 고찰될 것이다. 자료가 기록되는 방법은 사용자와 소프트웨어 현황조사 프로그램에 따라 다양하다(Andreu 등 2009; Olig & Miller 1997).

수종이나 품종. 수종은 보통명(普通名, common name)이나 학명(學名, scientific name)으로 동정되고, 나아가 품종 수준까지 기술될 수 있다. 교목 현황조사에서 학명과 보통명 중 어느 것을 사용하는 것이 바람직한가에 대해 많은 토의가 있다. 과학적인 명명법(命名法, nomenclature)이 보통명의 지역적인 다양성으로 인한 문제를 제거하지만, 작업 책임자와 다른 사람들은 이를 사용하기 꺼릴 수 있다. 대부분의 현황조사는 종에 대해 특정한 코딩 시스템(coding system)을 사용하기 때문에, Barker(1983)는 학명에 근거한 표준화된 연상 기호 코드(聯想記號-, mnemonic code)를 개발하고, 이들 코드를 사용하면 가끔 보통명으로 인해 야기되는 혼란을 제거하고 다양한 현황조사의 교목 자료 파일을 쉽게 통합할 수 있어서 현장 여건에 따라 다양한 종과 품종의 생장현황을 평가할 수 있다고 주장한다. PLANTS 데이터베이스(http://plants.usda.gov/)에서 사용하는 코딩 시스템은 식물을 속(屬, genus)의 처음 두 글자와 뒤이어 오는 종(種, species)의 두 글자로 확인한다. 예를 들면, GYDI는 *Gymnocladus dioicus*(켄터키커피나무)의 코드이다. 같은 속에서 첫 두 글자가 같은 종이 있으면, 이들은 숫자로 더 자세히 구분한다. QUMA는 *Quercus* × *macnabiana* Sudw. (*sinuata* × *stellata*) (맥납참나무)용으로 사용되기 때문에 *Quercus macrocarpa* Michx.(버오크)의 코드는 QUMA2를 사용한다. 품종을 위한 글자는 이 코드에 더 추가될 수 있다. i-Tree 시스템은 PLANTS 파일을 기반으로 지역적인 위치에 따라 집단화된 10,000종 이상의 코드를 가지고 있다. 코드를 사용하는 데 요란한 논쟁이 있고 이들은 현황조사 시스템을 실행할 때 고려되어야 하지만, 궁극적으로 이에 대한 의사결정은 지역적인 요구와 여건에 대한 시 임정관의 이해에 기반을 두고 이루어져야 한다.

교목 크기. 직경(直徑, diameter), 수고(樹高, height), 수관 폭(樹冠幅, crown width), 생물량(生物量, biomass)은 현황조사에서 대부분 가로수의 크기를 나타내기 위해 사용되는 속성들이다. 첫 세 속성은 직접 측정되고, 생물량은 직경이나 직경과 수고 측정치를 기반으로 추정된다. 유지관리 비용이 종종 교목 직경과 관련되어 있기 때문에(예, 전정과 제거 입찰은 일반적으로 교목 직경에 기반한다), 교목 직경은 가장 흔히 사용되는 측정치이다. 직경을 측정하는 위치는 교목의 크기별로, 그리고 국가별로 다양하다. 유럽 대륙과 캐나다에서는 교목의 직경을 1.3 m(4.27피트) 높이에서 측정한다. 미국에서는 직경을 대교목에 대해서는 지상 1.37 m(4.5피트)에서 센티미터나 인치로 측정하지만, 소교목에 대해서는 더 낮은 곳에서 측정될 수도 있다. 이식 가능한 크기의 교목은 종종 1.37 m보다 아래에서 측정된다. 재배수목에 대한 미국 표준인 ANSI Z60.1-2004 *American Standard for Nursery Stock*은 미국원예협회(AmericanHort) (2004)에 의해 발행되는데, 여기서는 굵기(caliper, 줄기 직경)를 직경 10 cm(4인치) 이하의 교목에 대해서는 지상 15 cm(6인치)에서, 이보다 더 큰 이식 가능한 교목에 대해서는 지상 30 cm(12인치)에서 각각 측정하도록 규정하고 있다. CTLA(2000)는 교목 평가를 수행할 때 이들 지침을 따르고 있나(제5장 참조).

현황조사 시스템에서 직경급(直徑級, diameter class)이 자주 사용되는데, 2.5 cm 간격으로부터 교목 직경의 전체 범위를 작게는 3~4개 급에서 많게는 10개 이상의 급으로 구분한다. 적절한 직경급 범위를 설정하는 것은 자료를 사용하는 지자체의 관리 요구와 교목 군집의 크기에 달려 있다. 교목에 대한 직경 측정은 직경테이프(直徑-, diameter tape), 목측(木測, ocular estimation), 윤척(輪尺, caliper), 순찰자 막대(cruiser stick) 등에 의해 이루어질 수 있다(**그림 6-7**). 기존 현황조사는 주로 크기 측정을 위해 실시한 교목 직경에 의존하며, 때로는 특별한 관리 문제를 건의하거나 도시 숲 생태계의 기능적인 편익을 수량화하기 위해 실시한 측정을 사용하기도 한다.

교목의 수고는 항상 측정되는 것은 아닌데, 해당 교목이 송전선 아래에서 자라고 있으면 수고 측정이 향후 전정 요구도를 추정하기 위한 수단이 될 수도 있다. 대부분의 경우, 선로 정리는 시 당국보다 담당 전력회사에 의해 유지관리된다. 교목 수관 높이와 폭은 도시 숲 군집의 기능적인 가치를 추정하기 위한 하나의 속성으로 사용된다. 필요한 경우, 이 측정은 육안으로 지상에서 추정되거나 경사계(傾斜計, clinometer), 애브니경사계(-傾斜計, Abney level), 고도계(高度計,

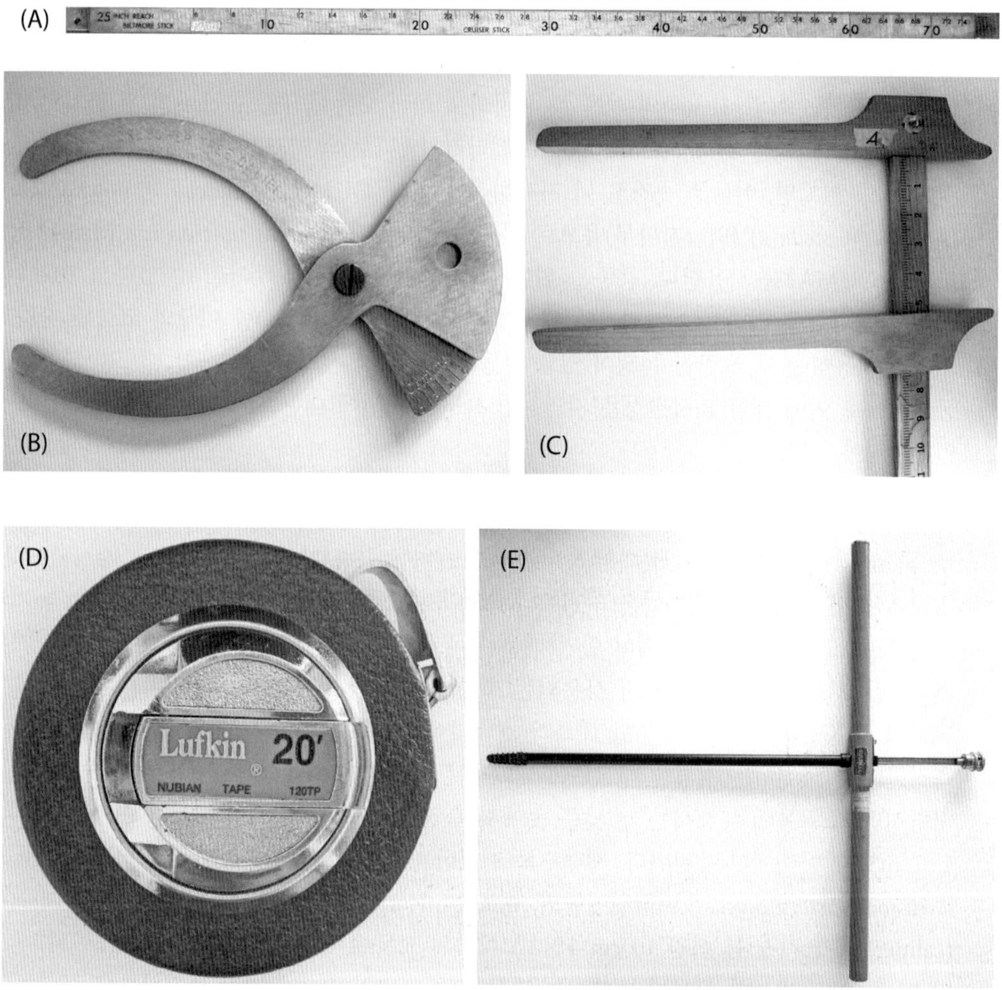

그림 6-7 교목의 직경을 측정하기 위해 사용되는 기구들. (A) 64 cm(25인치)짜리 빌트모어 스틱, (B) 농장용 직경자, (C) 교목 직경자, (D) 직경 테이프, (E) 생장추. (사진: R. Hauer 제공.)

altimeter), 거리계(距離計, range finder), 측고계(測高計, hypsometer) 등과 같은 기구를 사용하여 추정된다(**그림 6-8**). 직경 측정에서와 같이, 수고도 직접 측정된 수치로 기록되거나 수고급(樹高級, height class) 간격으로 기록될 수 있다.

수관 폭의 측정은 지자체의 수관 피복량과 도시 교목 수관과 관련된 편익을 추정하는 데 관심이 있는 경우에 이루어질 수 있다. 이 측정은 일반적으로 수간으로부터 수관의 반경이나 한 쪽으로부터 하나 이상의 방향에서의 다른 쪽까지의 수관 직경을 천천히 걸으면서 이루어진다. 가끔 수관의 가장 넓은 곳과 가장 좁은 곳의 평균이 계산되기도 한다. 이는 기하학적으로 원에 가까운 수관에 잘 적용된다. 수관은 자랄수록 비대칭이 되기 때문에 면적 측정이 왜곡된다. Maco & McPherson(2002)은 가로수의 수관 피복을 추정하기 위해 단순한 삼각함수(三角函數, trigonometric function)를 사용하는 접근법을 개발했다. 수관 추정이 전체 도시 숲에 대해 필요한 경우, 제7장에

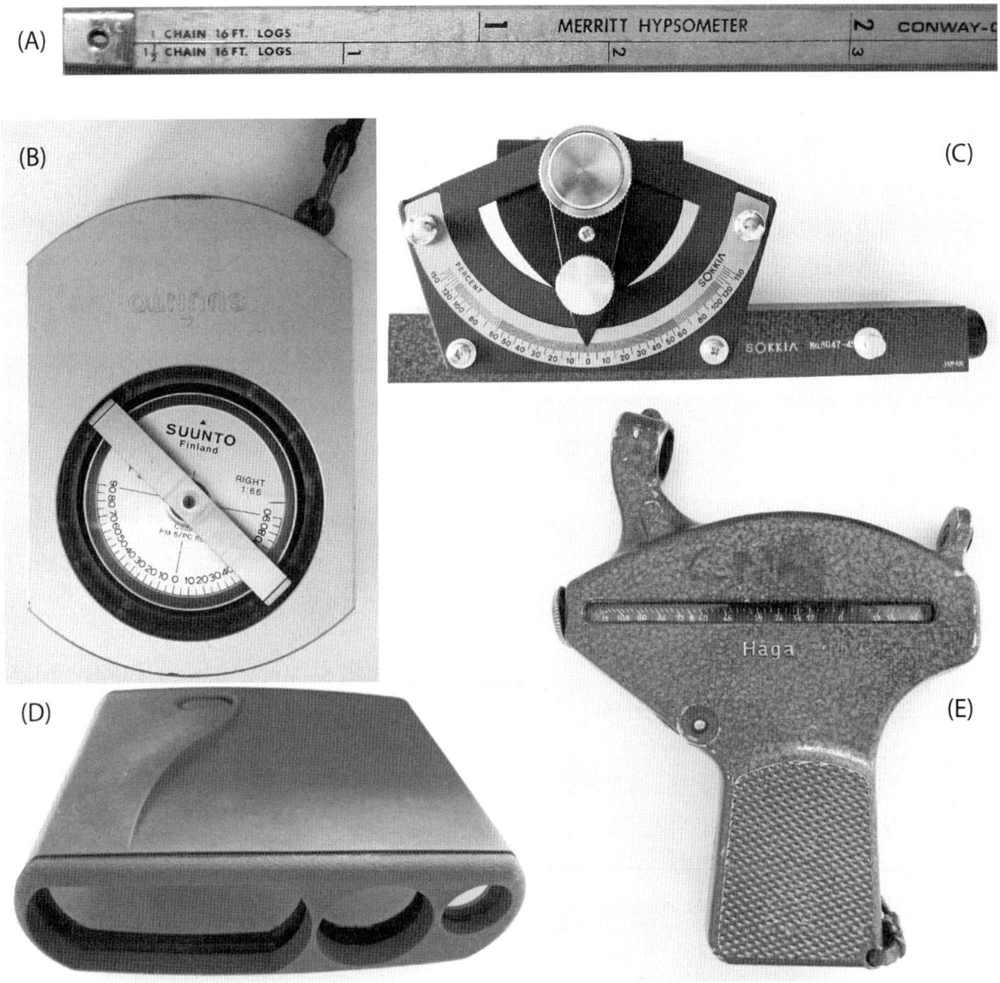

그림 6-8 교목의 수고를 측정하기 위해 사용되는 기구들. (A) Merritt 측고계, (B) 경사계, (C) 에브니경사계, (D) 거리계, (E) 고도계. (사진: R. Hauer 제공.)

설명된 기술인 항공사진을 이용한 수관분석을 수행하는 것이 더 효과적일 수 있다.

교목 수관의 치수(직경, 지상으로부터 수관까지의 거리, 수관 높이 등)는 환경적인 편익을 수량화하는 도시 숲 생태계 연구를 위해 중요한 측정치들이다. 이상적으로는, 두세 개의 속성(예, 직경과 수종)만으로 도시 교목 군집의 생리적인 단계와 환경적인 기능을 적절하게 나타낼 수 있다면 좋을 것이다. Jutras 등(2009)은 흉고직경(胸高直徑, DBH/diameter at breast height), 수관 직경, 수고, 수관 부피, 교목 속성들(DBH, 수관 직경, 수고)의 연간 생장, 생장/DBH 비율(수관 직경, 수관 부피, 수고)가 모두 중요하고, 다변량 모델(多變量-, multivariate model)에서 이들 측정치 중 어느 하나라도 배제되면 교목 생장을 예측하는 능력이 현저하게 떨어진다는 것을 발견했다.

교목의 생물량을 계산할 때 교목 직경만으로 또는 교목 직경과 수고를 동시에 사용한다. 생물량 추정은 처분할 필요가 있는 폐목재의 양을 확인하고 싶거나 목제품에 대한 시장이 존재하는 경우에 중요하다. 이들 목제품은 연료나 멀칭용 칩에서부터 때로는 단판용 원목(單板用原木, veneer log)에 이르기까지 매우 다양하다. 직경과 수고에 근거한 부피 추정은 산림 교목의 표준 재적표(材積表, volume table)에 의해 이루어질 수 있다. McHale 등(2009)은 도시 생물량 계산식과 산림 교목으로부터 도출한 상대 성장 측정식(allometric equation)에 의한 계산식을 비교한 결과를 발표했는데, 변이가 60%에서 300%까지 넓은 것으로 나타났다. 한 장소에서의 도시 교목 수종에 대한 재적 계산식은 일반적으로 생물량을 정확히 예측하는데 도움이 된다(McHale 등 2009; Pillsbury 1998). 도시에서 생장하는 교목에 대한 특정한 관계는 더할 나위 없이 더 나은 예측결과를 제시할 것이다. Churack 등(1994)은 교목 직경과 전정에서 발생하는 목재량 사이에 선형(線形, linear)의 상관관계가 있다는 것을 발견하였다. 4개 수종을 결합한 계산식은 다음과 같다:

X = 교목 직경,
Y = 목재 무게인 경우,

$$Y_{kg} = -29.24 + 51.89(X_{cm})$$

또는

$$Y_{lb} = -64.46 + 20.43(X_{인치})$$

교목 직경이 교목의 구조와 기능에 대해 가지는 상대 성장 관계(allometric relationship)를 사용하는 도시 숲 추정은 생물량, 탄소 저장, 물 저장, 미립자 가로채기, 대기오염 개선 등을 추정하는 데 중요하다.

교목 상태. 교목 상태의 평가에는 일반적으로 교목의 활력, 건강, 손상에 대한 약간의 기술이 포함된다. 교목 상태는 백분율 등급을 부여할 수도 있고, CTLA(2000)의 가치평가 시스템을 사용한 가로수 군집의 가치를 계산하는 현황조사 시스템에 상태 급(狀態級, condition class)으로 사용될 수 있다. 그 외 상태에 대한 기술에는 건강이나 활력(탁월, 양호, 보통, 나쁨, 죽음), 손상(해충, 병, 기계적), 구조적인 건전성 등이 있다. 미국 산림청의 산림 조사 및 분석(FIA, Forest Inventory and Analysis) 프로그램과 i-Tree 시스템에 의한 수관 등급부여 절차는 수관 상실과 수관 가지마름의 비율을 추정하는 수단을 제공한다(USDA Forest Service 2011). 수관의 외관은 구조적인 건전성과 분리되어 평가되어야 한다. 어떤 교목은 건강하게 보이는 수관을 가지고 있어도 여전히 구조적으로 약할 수 있다. 미국 농무부 산림청은 교목의 결함에 근거한 교목의 파손 위험을 평가하는 시스템을 가지고 있다. 등급 부여는 부후, 죽은 교목이나 교목 부위, 목재의 균열, 매몰된 수피, 수간 기울, 뿌리 문제, 궤양 등에 근거한다(Pokorny 2003). Matheny & Clark(1994)는 교목 위험을 보다 집중적으로 평가할 수 있는 시스템을 제공한다. 미국의 국제수목관리학회(ISA)는 자신의 최적관리실무(最適管理實務, BMP/Best Management Practices) 시리즈의 하나로 출판물인 교목 위험 평가(*tree risk assessment*)를 제공하고 있다(Smiley 등 2011).

교목 가치. 교목 현황조사는 도시 교목 군집의 가치를 확인하는 중요한 방법이다. 제5장의 방법들은 이를 수행하는 많은 다른 방법들을 망라하고 있다. 일반적으로 교목의 종, 크기, 상태, 위치가 교목 가치를 결정하는 요인으로 고려된다. 어떤 교목이 사고, 부주의, 또는 악의적인 행동으로 인해 피해를 입게 되면 개별 교목의 가치가 중요하게 된다. 가치가 설정되면, 교목 가치의 상실을 회복하기 위한 시도가 쉬워진다. 전체 교목 군집의 가치는 해당 자원의 가치를 설정하기 위해 중요하다.

유지관리 기록

유지관리 요구와 유지관리 기록에 관한 교목 기술자는 같은 사물에 대해 두 가지 다른 관찰 방법이 있다. 교목 기술자로 사용될 때에는 유지관리 요구가 매우 쉽게 변할 수 있는 일시적인 정보이기 때문에, 현황조사 자료를 빠르게 쓸모없게 만든다. 이러한 유형의 정보는 특정의 관리 요구를 확실하게 하기 위한 정기적인 현황조사를 수행할 때에만 사용되어야 한다. 다른 한편, 지속적으로 경신되는 현황조사 시스템을 사용하는 경우에는, 현황조사 내에 영구적인 기록으로서 유지관리 활동을 기록하면 개별 교목, 종, 품종, 또는 부지 상태에 관한 중요한 정보를 제공할 수 있다. 일반적으로, 교목 유지관리 기록은 활동이 일어난 날짜와 식재, 시비, 관수, 전정, 멀칭, 토양 개량, 수간을 옥죄는 뿌리 치료, 구조적인 지지 시스템, 해충과 병의 방제, 서비스 요청, 불만, 궁극적으로는 제거에 관한 비용이나 시간에 관한 정보를 포함할 수 있다.

유지관리 요구가 정기적인 현황조사에 일시적인 정보로 기록되는 경우, 언제 어느 정도의 작업이 필요한가에 대한 추정이 기재되어야 한다. 어떤 교목은 전정이 즉시, 가까운 장래에, 또는 다음 계획된 전정 윤번(輪番, rotation) 동안 필요하다와 같이 기록될 수 있다. 피해 수선을 위한 요구도 비슷한 방식으로 기록될 수 있고, 제거에 관한 권고도 같다. 해충이나 병 문제는 동정을 한 다음 적절한 방제가 권고될 것이다.

경신

현황조사는 정기적이거나 정례적인 작업 일상의 일부로 경신(更新, updating)될 수 있다. 정기적인 현황조사는 지자체의 일부나 또는 전체에 대한 재현황조사(再現況調査, reinventory)로 구분된다. 지자체 일부에 대한 재현황조사는 일반적으로 매년 사전에 결정된 주기로 재현황조사 할 개별 관리 단위를 대상으로 실시된다. 특정 지정된 시점에서 보면 현황조사 대상이 되는 부분은 현황조사 주기와 동일하게 시간이 지났을 것이다. 전체 도시의 주기적인 현황조사는 주기적인 기준으로 전체 교목 군집에 대한 현재의 정보를 제공하지만, 이 정보는 다음 현황조사를 할 때까지 점진적으로 진부화될 것이다. 이 방법도 담당 부서의 예산에 매우 높은 주기적인 비용 부담을 주게 되는데, 이러한 항목은 예산 심사에서 제외되는 경우도 종종 있다. Baker(1993)는, 위치 자료가 이미 수집되고 경신되어 왔기 때문에, 지속적인 현황조사가 새로이 현황조사를 실시하는 것보다 비용이 덜 든다고 주장한다.

지속적인 기준으로 현황조사를 경신하면 교목 군집에 대해 가장 최신의 정보를 제공하지만, 이는 모든 작업이 시 직원에 의해 수행되고, 작업 책임자가 개별 교목 서비스의 상태를 반영할 수 있도록 정확한 자료를 기록하도록 훈련되어 있다는 가정이 전제가 된다. 이는 또한 사무실 직원이 훈련되어 있고 현황조사 파일을 경신할 수 있는 시간을 가지고 있다고 가정한다. 다양한 자료 수집 하드웨어 시스템(예, 휴대용 컴퓨터, 랩톱/lap top, 태블릿/tablet, 슬레이트/slate PC)이 현장에 있는 동안이나 현장 입력 자료와 주 데이터베이스의 동기화(同期化, synchronization)를 통해 현황조사를 전자적으로 경신할 수 있다. 이러한 방법으로 지속적인 경신이 일상적인 작업의 일부가 되고, 현황조사가 연간 예산의 일부가 되고 있다. 따라서 예산 항목의 하나로서, 현황조사는 기존 사무처리 시스템을 유지관리하는 비용이 되고, 자료 수집활동은 교목 유지관리의 일부가 된다. 그러나 이러한 시스템을 처음 채택할 때에는, 시동(始動, startup) 비용이 필요하고 여기에는 직원들이 해당 시스템을 정확하고 효과적으로 사용할 수 있도록 훈련하는 비용도 포함되어야 한다. 더욱이 컴퓨터 기술이 변화함에 따라 향상과 더 새로운 기술을 도입하기 위한 계속적인 투자가 필요할 것이다.

현황조사의 유형

앞서 가로수 현황조사에 포함될 속성을 언급한 것은 시 임정관이 개발하거나 지역 요구에 적합한 시스템을 선정하기 위한 메뉴를 제공하는데 그 목적이 있다. 유용성이 한계적이거나 필요 없는 정보를 수집하는 것은 임업부서 인력 관점에서는 시간과 돈의 낭비이다. 이 장의 앞쪽에서 개관한 바 있는 다음 절차에 의해, 관리자는 가로수를 효과적으로 관리하기 위해 필수적인 속성과 이러한 속성을 기술할 자료를 어떻게 수집하기 시작할 것인가를 높은 수준의 확신을 가지고 확인하게 될 것이다. Ziesemer(1978)에 의하면, 가로수 현황조사는 3단계로 이루어진다: 계획수립(planning), 구현(具現, implementation), 가동(稼動, operational). 계획수립은 관리에 필요한 교목 군집의 속성을 선택하고 이들 속성을 기술하는 자료를 어떻게 획득할 것인가를 결정하는 것이다. 구현은 자료의 최초 수집과 시 직원이나 컨설턴트에 의해 교목 군집에 대한 쓸모 있는 요약으로 변형하는 것이다. 수집되고 변형된 정보가 계획수립과 관리 활동에 도움을 주기 위해 사용되고 현황조사 유지관리와 경신이 전반적인 가로수 관리 프로그램의 일부가 되면 해당 현황조사는 가동 단계가 되는 것이다.

현황조사 시스템의 유형은 대개 정확도와 정밀도에 대한 요구와 해당 자료 사용 간의 상관관계에 달렸다. 현황조사는 교목 군집을 완전히 평가할 수도 표본을 평가할 수도 있다. 자료는 종이로 또는 컴퓨터 정보 시스템을 통해 수집될 수 있다. 이 중 하나를 선택하는 것은 현황조사에 대한 요구를 지원하기 위해 사용되는 목적과 목표에 따라 결정된다.

Sacksteder & Gerhold(1979)는 가로수 현황조사 시스템을 "도시 교목에 관한 자료를 획득하고 이를 사용 가능한 정보로 체계화하는 방법"이라고 정의한다. 나아가 이들은 자료(資料, data)와 정보(情報, information)를 구분하고, 자료는 관리 정보를 제공하기 위해 총계, 평균, 백분율, 도표, 교차집계(交叉集計, cross tabulation) 등으로 통합되기 전에는 크게 유용하지 않을 수 있는 개별적인 관찰이라고 지적한다. 교차집계의 한 예는 성과를 평가하기 위해 수종별로 교목의 상태 등급을 수량화하는 것이다. 자료 수집 표준(예, 상세성과 정확성)에 대한 지표(指標, parameter)를 설정하는 것은 현황조사를 시작하기 전에 취해야 할 중요한 조치이다.

현황조사의 정확도와 정밀도

교목 현황조사 시스템은 계획수립 단계 동안 제시된 자료 표준(資料標準, data standards)이 있어야 한다. 표준은 품질관리(品質管理, quality control)의 중요한 부분이고, 여기에는 직원 훈련, 교목을 측정하는 방법과 위치, 상태 등급부여 시스템, 수종 동정, 자료 입력과 확인, 수집된 자료의 주기적인 점검, 현장 작업자를 위한 편람(便覽, reference guide) 등이 포함된다. 미국 농무부 산림청(USDA Forest Service), 국제임업연구기관연합(IUFRO, International Union of Forest Research Organizations), 국제수목관리학회(ISA, International Society of Arboriculture)와 같은 조직들은 자료 수집과 기록을 위한 표준화된 방법을 개발하고 다듬기 위해 도시임업자료표준(Urban Forestry Data Standards)과 협력하고 있다(Nowak 2008). 정확도와 정밀도는 표준을 충족시키는가를 평가하는 두 방법이다. 정확도는 하나의 표준으로 수집된 자료가 참값(true value)에 얼마나 근접하는가를 의미한다. 정밀도는 몇 차례 수행한 개별 측정이 얼마나 서로 근접하는가를 나타낸다. 정확도와 정밀도는 모두 중요하며, 이들을 같이 사용하면 표준을 만들어낸다: 예를 들면, 교목의 직경 측정은 매번(정밀도) 참값(정확도) 95%의 3% 이내여야 한다.

수종 동정은 매번 95% 정확해야 하는 것이 표준이다. 이는 100그루 교목 중에서 95그루를 올바르게 동정해야 한다는 것을 의미한다. 나머지 교목은 잘못 동정하거나 미상으로 분류될 것이다. 이것은 최저 표준이고, 100% 수종 동정 정확도가 이상적이지만 항상 가능한 것은 아니다. 예를 들면, Bell 등(2007)은 지자체의 자원봉사단원들과 마스터가드너(Master Gardener)는 교목에 대해 매번 98.8% 수준으로 정확하게 수종을 동정했다고 보고했다. 가장 흔한 오류는 속(屬, genera) 내의 부정확한 종 동정이었다. 현황조사에 앞서 8시간의 훈련을 받은 매사추세츠주 브루클린(Brookline)의 지자체 자원봉사자들은 매번 속을 94% 정도, 종을 80% 정도 정확하게 동정했다(Bloniarz & Ryan 1996).

구간 자료(interval data)는 측정 단위가 작을수록 참값 증가에 더 가깝게 될 가능성이 높아진다. 길이 단위(cm 또는 인치)의 1/100인 직경 테이프는 1/10에 가깝거나 측정단위 자체로 된 것에 비해 더 정확한 측정이 가능하게 할 것이다. 단위의 1/100에 가까운 측정을 하는 것은 연구 프로젝드를 위해서는 필요할 수 있지만, 관리 목표를 달성하는 데는 더 넓은 직경 급으로 측정하는 것이 바람직할 것이다.

교목 현황조사는 모든 교목을 전수 조사하거나 군집의 지표를 추정하기 위해 군집의 표본을 조사하기도 하는데, 전수 조사는 표본 조사보다 더 정밀할 것이다(Nowak 2008). 다음의 고찰은 이들의 사용과 자료 정리를 통해 유용한 정보를 제공하는 능력에 관하여 각각의 일반적인 현황조사 유형을 설명한다.

전수조사

전수조사(全數調査, complete survey; 100% 조사)는 지자체 내의 모든 교목을 대상으로 하는 것으로 엄청난 량의 유용한 정보를 제공할 수 있다. 전형적으로 특정한 지역에서 수행되고, 공공 교목이나 소규모 개인 토지로만 한정된다. 개인과 공공 토지에 있는 전체 도시 숲의 수량화는 다음 항에서 고찰될 표본추출 방법(標本抽出方法, sampling method)에 의해 수행된다. 개별 교목을 하나하나 조사하는 것보다 표본추출 방법이 도시 숲을 수량화하는 데 더 낮은 비용이 소요된다. 교목의 전수조사를 정당화하기 위해서는 개별 교목을 알거나 교목 정보를 개별 교목에 연계시킬 필요가 있는 것과 같은 불가피한 이유가 반드시 필요하다.

가로수 현황조사는 가장 흔한 공공 교목 조사이다. 기타 공공 부지(예, 공원, 공동묘지, 시청

건물 주위)에 대한 교목 정보를 수집하는 것도 목적과 목표에 따라 중요할 수 있다. 조사는 작은 지자체에서는 시 전체로, 더 큰 시에서는 작업단위별로 수행될 수 있다. **그림 6-9**는 현존하는 수종, 수종별 크기 계급(size class), 수종과 크기 계급별 상태, 식재 가능한 공간의 수에 관한 정보를 제공하기 위해 설계된 검수조사서(檢數調査書, tally sheet)를 보여주고 있다. 종 다양성(種多樣性, species diversity)이 확인될 수 있고, 직경 분포가 종에 걸쳐서 합계될 수 있고, 개별 종에 대한 평균 직경이 계산될 수 있고, 식재할 종의 권고가 가능하다. 숫자 가치(고사 = 0, 불량 = 0.25, 보통

현황조사 데이터 용지

작업자 성명 Smith/Jones: 작업 단위 3

일자 10월 16일

	직경				상태				빈 공간*
수종	0–6	7–12	13–18	19 +	수종	수종	수종	수종	
참나무	⊠ ⊠	⊠ ⊠	⊠ ∵	⊠ ·	⊠ ⊠	⊠ ⊠ ∷	⊠ :	□	⊠ ∵
삼나무									
참느릅나무									
적단풍									

참나무 64그루

양호 20, 보통 24, 불량 12, 고사 8; 작업 단위 내 13그루 더 식재 가능. 평균 직경은 9인치.

*교목 간격 표준에 의해 결정됨.

그림 6-9 한 수종에 대한 자료가 기록된 가로수 검수조사서(Miller 1994).

= 0.50, 양호 = 0.75, 우수 = 1.0과 같은)를 상태 등급(고사, 불량, 보통, 양호, 우수와 같은) 대신에 부여하거나 사용할 수 있다. 종의 생장을 비교하기 위해 평균 상태를 계산할 수도 있고, CTLA 공식에 있는 상태 등급을 사용하여 가로수 군집의 가치를 계산할 수도 있다. 작업 단위별로 정보가 수집되면, 이들 결과는 비교될 수 있고, 작업 단위별로 관리 우선순위가 정해질 수 있다. 가로수 조사는 별도의 과업으로 수행될 수 있고, 시 직원들이 개별 작업단위에서 교목 유지관리 작업을 집행하면서 수행될 수도 있다.

표본조사

현황조사 절차로서의 표본추출은 오랫동안 시골의 산림에 적용되어 왔고, 이 방법은 가로수 집단을 설명하기 위해서도 사용되어 왔다. 자료정리(資料整理, data reduction) 수단의 하나로, 표본추출은 당연히 측정된 속성의 추정된 개요와 평균을 제공한다. 표본 추출된 가로수 집단은 예상 가능한 수준의 확실성을 가지고 있고, 신뢰구간(信賴區間, confidence interval)이 표시된 집단의 추정치를 보고해야 한다. 일반적으로 표본의 크기가 클수록 신뢰구간이 작아진다. 마찬가지로 표본의 크기가 작을수록 신뢰구간은 커진다.

신뢰구간은 표본평균(標本平均, sample mean)을 둘러싸고 있는 값의 범위이다. 표본평균은 단순히 해당 표본이 추출된 집단의 추정치이다. 신뢰구간을 구성하는 상한 값(upper value)과 하한 값(lower value)은 추가적으로 표본 추출을 하면 이 범위의 값 안에 속하는 표본평균이 발생할 확률을 의미한다. 신뢰구간은 백분율로 표시되는데, 예를 들면 측정된 직경은 평균 25.4 cm(10인치)이고 95% 신뢰수준에서 표본오차 ±0.25 cm처럼. 표준편차(標準偏差, standard deviation)는 표본평균을 둘러싸고 있는 변산도(變散度, variability) 측정치이다. 일반적으로 표준편차는 모집단 평균을 추정하기 위해 사용되는 표본의 크기가 커지면 감소할 것이다. 표준화된 측정(standardized measure)으로, 1 표준편차는 이 범위 내에 측정치의 약 68%가 있고, 2 표준편차는 95%, 3 표준편차는 평균값의 양쪽에서 측정치의 99%를 포함한다.

표본추출의 요구는 때로는 필요에 따라 결정된다. 예를 들면, 1975년 시카고 시는 시 구획(city block, 사방이 가로로 둘러싸인 도시의 구획)당 평균 1그루씩 매년 총 28,000그루의 교목을 제거함으로써 교목 처분 문제를 안고 있었다. 이 정도 규모의 처분 문제에 당면함에 따라, 시 임업 관리들은 목섬유(木纖維, wood fiber) 판매를 시도하기로 결정하였고, 이에 따라 잠재적인 부피 추정이 필요하게 되었다(Geiger 1977). 이러한 목표를 충족시키기 위해 개발된 현황조사 시스템은 집단이 동질적이고 뚜렷한 경계선을 정할 수 있다고 가정하였다. 세 관리지역이 결정되었고, 표본추출은 무작위(無作爲, random)였고, 각각 4 ha(두 시 구획이나 이와 동등한 크기)의 하부격자(subgrid)를 사용하였다. 교목이 식재된 하부격자(격자 당 최소 3그루의 교목이 있는 것과 같이 정의된)만 측정되었으며, 이 결과 시는 67%가 "식재되어 있다"는 것이 확인되었다(**그림 6-10**). 또한 이 시스템은 가로수 집단의 전반적인 상태와 종의 바람직한 분포에 관한 정보도 일부 제공하였다(**그림 6-11**). Geiger(1977)는 이 시스템에 대한 검토에서, 수목이 식재된 하부격자만 측정하는 경우, 1 표준편차에서 5%의 전반적인 표본오차(標本誤差, sampling error)를 기준으로 시카고 시 전체에 걸쳐 172개 소구역(field plot)에서 목섬유를 생산할 수 있다는 믿을만한 예측치를 얻을 수 있었다.

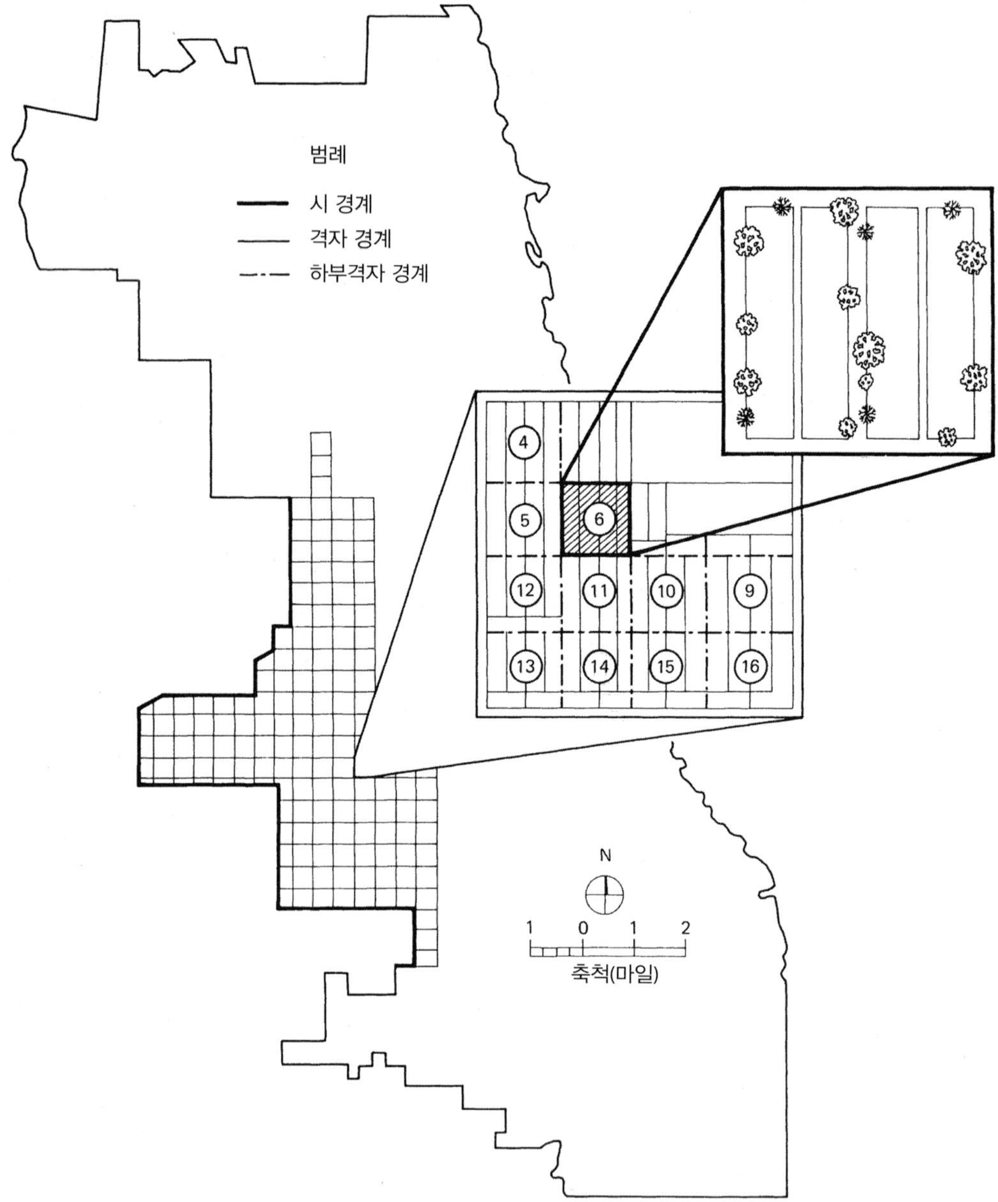

그림 6-10 가로수 모집단을 현황조사 하기 위해 일리노이주 시카고에서 사용된 하부격자 표본추출 시스템(Geiger 1977).

무작위, 계통(系統, systematic), 군집(群集, cluster), 층화(層化, stratified)와 같은 표본추출 방법은 모집단을 추정하기 위한 구체적인 접근들이다. 사용되는 특정 방법은 도시 숲의 구조와 토지 이용에 따라 다르다. 더 중요한 관리 연관성(management implication)을 가진 표본추출 속성에 기반을 둔 가로수 현황조사 시스템을 Mohai 등(1976)이 개발하고 Valentine 등(1978)이 검정하였다. 이들은 가장 흔히 나타나는 수종으로 된 선정된 가로에 대해 가로 군집과 계통 표본을 사용하

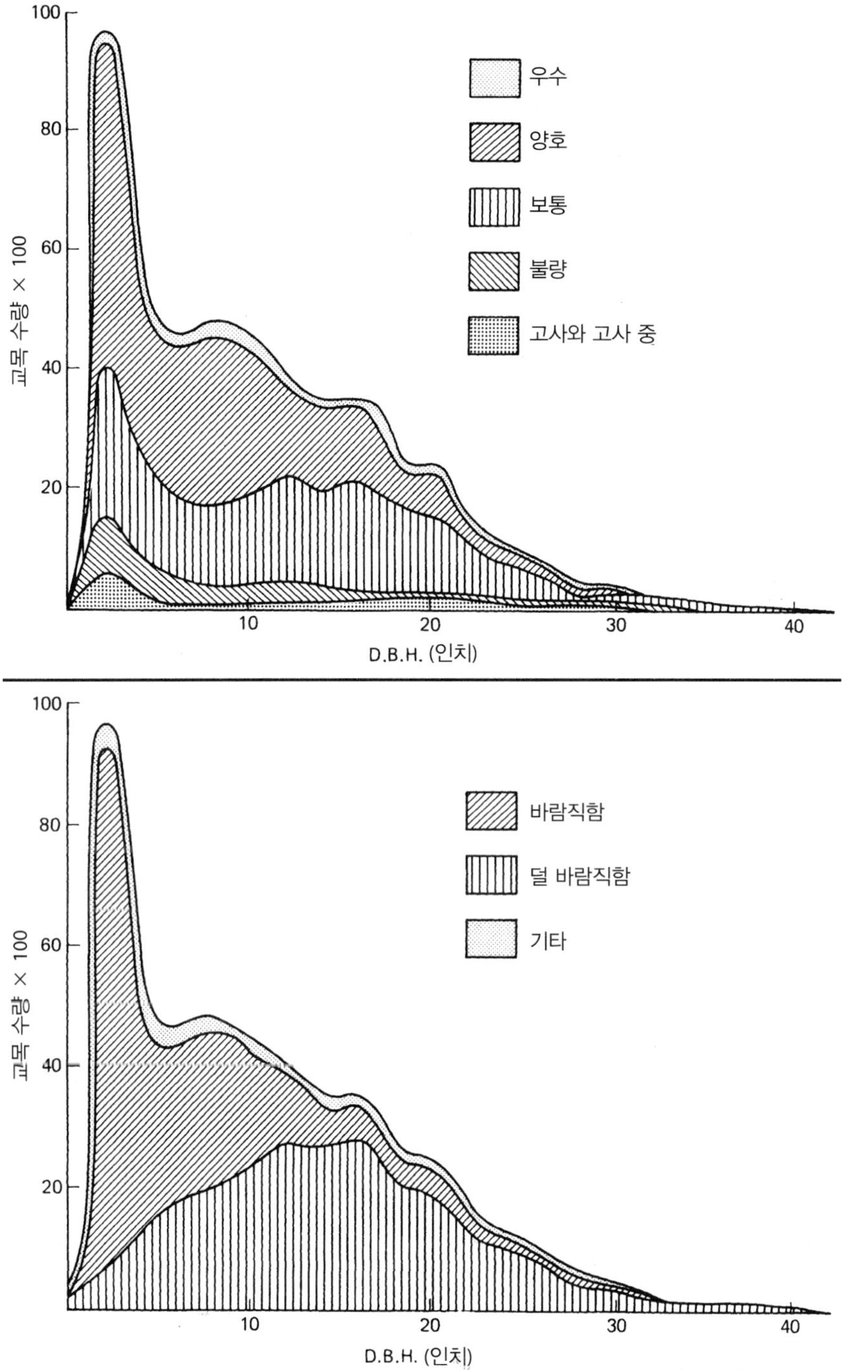

그림 6-11 일리노이주 시카고의 가로수 현황조사 자료로부터 생성된 상태와 수종 바람직성 그래프(Geiger 1977).

여 군집과 계통 표본추출을 결합할 것을 권고한다. 표본 변수로 교목 직경을 사용한 결과, 이들은 이 속성을 표본 평균을 둘러싸고 있는 95% 신뢰구간의 상한과 하한 범위 내에서 정확하게 예측할 수 있었다. 수많은 군집과 계통 표본의 결합에 근거하여, 이들은 표본추출에 기반을 둔 가로수 현황조사를 수행하는데 대한 구체적인 지침을 다음과 같이 권고한다.

1. 표본 집단의 크기(*n*)는 수종당 약 100그루는 되어야 한다.
2. 무작위로 선택된 조사가 이루어질 가로의 수(*m*)는 적어도 50개는 되어야 하지만, 100개를 초과할 필요는 없다.
3. 2~3개 시 구획에 해당하는 길이는 각 가로에 대해 조사되어야 한다.
4. 수종당 표본추출 간격(*k*)은 표본 집단 크기 100이 되도록 그 빈도에 기반을 두어야 한다.

나아가 이들은 이 표본추출 절차가 기존 교목 문제의 범위를 예측하거나 잠재적인 병해충 감염을 예상하는 능력과 같은 추가적인 관리 편익을 가지고 있다고 주장한다.

Jaenson 등(1992)은 90%에서 2 표준편차에 상당하는 교목 정보를 얻기 위해 2,000에서 2,300그루의 표본을 이용하는 현황조사 방법을 개발했다. 지자체는 3개의 지구 유형으로 층화된다: 직선형 주거지(RR, rectilinear residential), 곡선형 주거지(CR, curvilinear residential), 도심(DT, downtown). RR 지구는 표준 시 구획을 가지고 있고, CR 지구는 곡선의 가로와 복주머니형(cul-de-sac)을 가지고 있고, DT 지구는 표준 시 구획과 같지만 교목 군집과 가끔 높은 교목 고사율과 같은 상이한 특성을 가지고 있다. 대부분의 도시는 이러한 세 범주에 잘 맞을 가능성이 높으나 어떤 도시의 특성은 다른 범주가 필요할 수도 있다. 예를 들면, Chen & Jim(2008)은 중국 난징을 5개 표본 지역으로 층화하였다: 근린 주거지역(RN, residential neighborhood), 도로변(RS, roadside), 공장지대(FT, factory), 관청지구(IT, institution), 정원 공원지역(GP, garden-park).

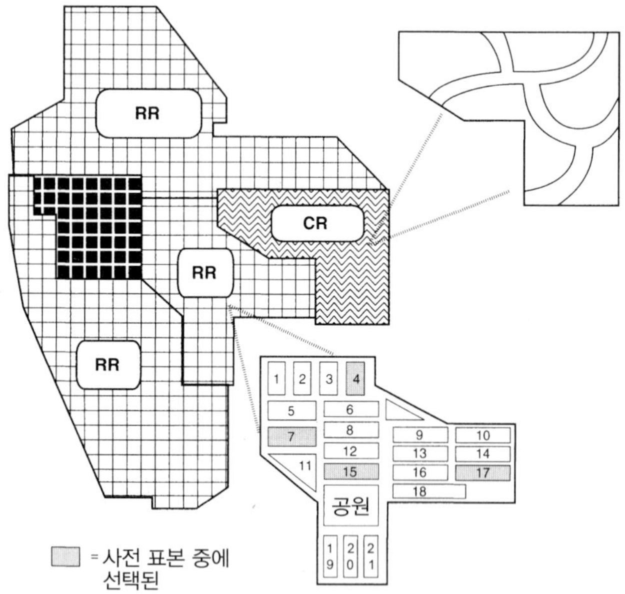

그림 6-12 표본추출을 위해 소구역으로 세분된 구역 유형의 사례(Jaenson 등 1992).

층화 표본은 표본 단위당 평균 교목 수에 기반을 두기 때문에, 시 구획은 크기가 같을 필요가 없지만 가능하면 이들이 같으면 좋다. 다음으로 지구 유형은 표본추출을 위해 소구역(小區域, subarea) 블록이나 가로 분절(street segment)로 세분된다(**그림 6-12**). 이들 소구역은 범위가 20에서 500 표본 단위(RR과 DT의 블록과 CR의 가로 분절)에 이를 수도 있다. 각 표본추출 단위는 단위 내에서는 동질성(同質性, homogeneity)을 가지고 있고, 단위 사이에는 이질성(異質性, heterogeneity)이 나타나는 경향이 있다. CR 지구의 가로 분절의 길이는 RR 지구의 평균 블록 지표를 이용하여 결정된다. 모든 블록과 분절은 소구역별로 번호가 부여되고 사전 표본은 소구역당 무작위로 선택된 표본 20%(4~10 표본추출 단위)까지 사용한다. 자료 수집은 도보나 자동차로 이루어질 수 있다. 소구역(블록이나 가로 분절)당 교목 수를 추정하기 위해 소구역당 교목의 평균 수량을 소구역의 사전 표본 수를 곱한다. 다음으로 2,000에서 2,300그루의 교목이 소구역별로 분포되고, 블록과 가로 분절은 다시 무작위로 선발된다. 교목 자료는 수집되고, 소구역별로 확장되고, 교목의 총수와 수종별 수량으로 요약된다.

이 방법은 교목 5,571주에서 113,000그루에 달하는 범위의 가로수 집단을 가진 4개 지역사회에 일관된 결과를 제공한다(Jaenson 등 1992). 시카고시에 이 시스템을 적용한 결과 교목 450,058주로 추정되는 표본을 산출했는데, 이는 1995년 실시한 교목에 대한 전수 조사보다 1% 낮은 수준이었다(Blome 등 1995). 이 표본을 이용한 결과 교목 80,000그루 전정으로부터 발생하는 연간 목재 잔해가 6,284 MT(6,928 ST)인 것으로 나타났는데, 이는 Churack 등(1994)에 의해 개발된 모델을 사용하여 계산하였다.

캘리포니아주 새크라멘토 카운티 도시 숲의 구조와 지속가능성은 무작위로 설정된 675개의 10 × 10 m(33 × 33피트) 조사구(調査區, plot)를 통해 추정되었다(McPherson 1998). 표본 조사구는 미국 통계 단위 집합체(US census block group)의 경계를 따라 71개 소구역 평가 지구(sub-RADs, subregional assessment districts) 내에 위치하였다. 처음에는 항공사진을 이용하여 사진당 최소 300 격자점(格子點, grid point, lattice point)으로부터 토지 이용과 토지 피복을 분류하였다. 샘플의 크기는 95% 신뢰 수준을 가진 평균 수관 피복 내에서 적어도 5%의 정확도를 가지도록 설정하였다. 나아가 이 단계에서 가용 생장 공간(可用生長空間, AGS/available growing space)과 수관 수용 수준(樹冠受容水準, CSL/canopy stocking level)을 설정하였다. 토지이용 유형당 조사구 숫자는 해당 유형의 추정된 교목 피복에 비례하여 결정했다. 이 연구에서, 해당 카운티에 약 6백만 그루의 교목(표준오차 = 639,000그루)이 존재하는 것으로 추정되었다. Nowak 등(2008)은 교목의 수량, 수종, 엽 면적 지수(葉面積指數, leaf area index), 교목 크기, 기타 교목 속성을 보고하기 위해 사용된 14개 도시 생태계 평가 결과를 제출한다(**표 6-1**).

인디애나주 방갈로르(Bangalore)에서는 가로수의 다양성, 구성, 분포를 추정하기 위해 선상 통계법(線狀統計法, transect method)이 사용되었다(Nagendra & Gopal 2010). 도시가 1 km^2 격자로 분할되었다. 표본은 격자를 하나 걸러 선택하여 추출하였고, 전체 지도로 표시된 지역 내에 200 m 횡단선(transect)을 무작위로 위치시켰다. 가로를 층화하기 위해 도로 폭은 세 가지로 구분되었다. 주거지역은 좁은 도로가 흔한데 비해 상업지역은 더 넓은 도로와 연계되어 있을 가능성이 더 높았다.

표본추출에 의한 도시 교목 현황조사는 차창조사(車窓調査, windshield survey)를 통해 속성을 추정하거나 목재 부피와 평균 교목 직경처럼 특별한 자료를 제공하기 위한 표본추출 기술과 같이 다양한 적용분야가 있다. 이는 교목 상태, 수종의 빈도, 전체 집단이나 전체 집단의 부분들에 대한 관리 요구와 같은 다른 속성에 대한 추정도 가능하다. 예를 들면, 멕시코시티의 가로수 표본이 수종 다양성이 낮고, 많은 식재가 부적절한 곳에 위치해 있고, 전반적인 유지관리 수준이 너무

표 6-1 UFORE 모델을 이용한 14개 도시의 교목 변수 추정치

도시	교목 수량		교목 밀도	교목 피복		연도	표본유형	조사구 수
	합계	SE	(그루/ha)[a]	(%)	LAI[b]			
Atlanta, GA[c]	9,415,000	749,000	275.8	36.7	2.2	1997	SR	205
Baltimore, MD[d]	2,571,000	494,000	122.9	21.0	1.3	2004	SR	200
Boston, MA[c]	1,183,000	109,000	82.9	22.3	1.0	1996	SR	217
Casper, WY[e]	123,000	16,000	22.5	8.9	0.3	2006	RG	234
Freehold, NJ[f]	48,000	6,000	94.6	34.4	1.6	1998	SR	144
Jersey City, NJ[f]	136,000	22,000	35.5	11.5	0.4	1998	SR	220
Minneapolis, MN[g]	979,000	165,000	64.7	26.4	1.0	2004	RG	110
Moorestown, NJ[f]	583,000	53,000	153.4	28.0	1.7	2000	SR	206
New York, NY[c]	5,212,000	719,000	65.2	20.9	0.9	1996	SR	206
Philadelphia, PA[c]	2,113,000	211,000	61.9	15.7	0.8	1996	SR	210
San Francisco, CA[e]	668,000	98,000	55.7	11.9	0.4	2004	RG	194
Syracuse, NY[d]	876,000	119,000	134.7	23.1	1.2	2001	SR	197
Washington, DC[h]	1,928,000	224,000	121.1	28.6	1.0	2004	RG	201
Woodbridge, NJ[f]	986,000	97,000	164.3	29.5	1.6	2000	SR	215

LAI = 엽면적지수, SE = 표준오차, SR = 층화 무작위, RG = 무작위 격자

[a] (그루/에이커)로 환산하기 위해 (그루/ha)를 2.471로 나눈다.
[b] 총 교목 엽면적을 총 도시 면적으로 나누어 산출.
[c] ACRT, Inc.에 의해 수집된 자료.
[d] USDA 산림청에 의해 수집된 자료.
[e] 시 직원에 의해 수집된 자료.
[f] 뉴저지 환경보호국에 의해 수집된 자료.
[g] Davey Resource Group에 의해 수집된 자료.
[h] Casey Trees Endowment Fund와 국립공원청(National Park Service)에 의해 수집된 자료.

출처: Nowak 등 2008.

낮다는 것을 보여주었다(Chacalo 등 1994). 표본추출은 지속적으로 경신할 필요는 없지만, 새로운 현황조사 정보의 필요성이 제기되면 주기적으로 실시할 필요가 있다.

차창조사

차창조사(車窓調査, windshield survey)는 한 사람이나 한 무리의 사람들이 어떤 교통수단(자동차, 자전거, 항공기)을 이용하여 교목 옆을 지나가면서 관찰하고 자료를 기록하는 것을 의미한다. 조사 기술의 하나인 차창조사는 교목들을 조사하기 위한 최소한의 기초를 제공한다. 이는 수집된 정보가 정해진 작업 범위 내에서의 관리 의사결정을 하는 데 충분한 정보를 제공한다면 수용 가능한 방법이다. 차창조사를 통한 교목 현황조사는 수종, 직경, 상태 등에 대한 자료를 수집하기 위해 사용될 수 있다. 예를 들면, 목측(目測, ocular estimation)을 통한 수간 직경 확인은 특정 교목을 특정 직경 그룹으로 판정하는 것은 가능할 것이다. 마찬가지로 교목의 상태와 수종 동정에도 적용할 수 있는데, 이는 감정인의 기술에 달렸다. 차창조사의 한계는 감정인이 교목의 모든 면을 볼 수 없다는 것이다. 차창조사를 통한 현황조사는 걸어서 하는 현황조사보다 빠르지만, 수집되는 자료의 질이 관리 현안에 대해 대답을 주기에 충분해야 한다.

첫 현황조사는 움직이는 자동차에서 3~5명의 조사자에 의해 수행된다. 현황조사를 수행하는 사람은 해당 현황조사에서 사용되는 속성을 추정할 수 있도록 임정관으로부터 훈련을 받는다. 이러한 유형의 현황조사에서는, 운전자는 건너편 도로에 있는 교목 자료를 보고하고, 조수석(助手席, front passenger seat)에 앉은 사람은 자신 쪽 도로에 있는 교목 자료를 보고한다. 뒷자리에는 한 또는 두 사람이 앉아서 보고되는 대로 자료를 기록한다. 특별한 자료를 기록하고 시 가로 지도에서의 진행을 기록하기 위해 추가적인 인원이 현황조사 직원과 동행할 수도 있다.

하나의 사례로, 느릅나무시듦병(Dutch elm disease, *Ophiostoma ulmi*; *O. novi-ulmi*)이나 참나무시듦병(oak wilt, *Ceratocystis fagacerum*)에 대한 교목 모니터링은 종종 자동차를 이용하여 수행된다. 병에 대한 조사는 조사자가 수관에서의 시듦 흔적을 찾는 것이 목적이다. 생육기(生育期, growing season) 중에는 병징(病徵, disease symptom)을 보이는 병든 교목을 탐지해 내는 것은 쉽나. 조사사는 해낭 교목이 선상하지 않게 보이면 해당 교목에 가까이 접근하여 더 자세한 조사를 할 수 있다. 이러한 유형의 조사가 가지는 한계는 나무가 우거진 구역이나 도로나 통로에서 쉽게 볼 수 없는 교목들을 대상으로 하는 것이다. 항공기를 이용하는 것도 또 다른 접근인데, 조종사 외에 1~2명이 동승하여 지도에 명백한 병해충 피해 발생 위치를 지도에 표시한 후 나중에 이들 지역을 지상에서 조사한다.

1970년대에, 캔자스주의 지자체 임업 프로그램(Community Forestry Program)이 지자체를 위해 차창 교목 현황조사 지원 프로그램을 실행했다. 인구 2,500명 미만의 지자체는 모든 교목이 기록되었고, 인구 2,500에서 10,000명 사이 지자체는 두 가로마다 한 가로씩 조사되었다. 더 큰 도시는 보통 이들 가로의 25%에서 50% 사이의 가로가 조사되었다. **표 6-2**는 차창조사를 통해 조사된 캔자스 주 워터빌(Waterville)의 가로수 군집의 요약을 보여준다(Atchison 1978).

일단 자료가 수집되고 나면, 임정관은 이들을 사용 가능한 형식으로 정리함으로서 절차를 완료한다. 교목의 상태는 현황조사 중에 추정되기 때문에 가로수 군집의 가치는 CTLA 방법을 사용하여 추정될 수 있다. 주의해야 할 것은, 많은 현황조사 시스템이 교목의 가치를 계산하기 위해 사

표 6-2 차창조사 기법을 이용하여 현황조사 된 가로수 요약

수종	교목 수량	평균 수령	평균 직경 (인치)	교목의 상태 비율				전체 구성비	가치
				양호	보통	불량	고사/고사 중		
팽나무	403	80	16	77	15	8	0	30	$306,280
미국느릅나무	244	80	18	56	23	11	10	18	141,240
참느릅나무	167	40	13	53	30	16	1	12	47,762
은단풍	124	10	4	87	7	3	3	9	6,696
붉은물푸레	65	40	12	65	22	13	0	5	37,050
흑단풍나무	38	15	4	97	3	0	0	0	4,294
양버들	35	15	10	97	0	0	3	3	4,318
흑호두나무	34	30	8	50	26	20	4	2	6,154
미국주엽나무	24	30	9	79	15	6	0	2	10,880
잡종 느릅나무	28	15	5	100	0	0	0	2	1,960
과수	25	10	4	76	12	12	0	2	1,975
버즘나무	21	25	8	81	10	9	0	2	4,557
대왕참나무	18	35	10	83	11	6	0	1	10,170
소나무류	14	60	12	64	36	0	0	1	6,846
적삼목	14	60	10	36	21	43	0	1	3,948
미루나무	15	5	3	93	0	7	0	1	450
뽕나무	12	60	17	25	33	42	0	1	3,924
기타[a]	67							5	20,227
합계	**1,348**								**$618,731**

[a] 박태기나무, 살구나무, 러시아올리브, 켄터키커피나무, 영국참나무, 버(bur)오크, 피나무, 개오동나무, 꽃아그배, 감나무, 은백양, 적참나무, 칠엽수, 히코리, 모감주나무, 풍나무, 가중나무, 아까시나무, 버드나무.

출처: Atchison 1978.

용되는데, 이들 가치는 전체 가로수 군집의 가치를 추정하기 위해서만 사용되고 개별 교목의 가치를 평가하기 위해 사용되는 것은 아니라는 것이다. 제5장에서 살펴본 바와 같이, 교목 평가는 어려운 과제이고 경험이 많은 수목관리 전문가에 의해서만 수행되어야 한다.

Rooney 등(2005)은 도로를 따라 늘어선 교목의 위해(危害, hazard)를 확인하는데 차창조사의 신뢰성을 시험하였다. 차창조사를 통해 교목 결함을 확인하는 능력이 전통적인 도보 점검과 대비하여 시험되었다. 조사는 잎이 떨어진 후에, 그리고 조사자는 해당 도시에 익숙한 사람이 모는 픽업이나 SUV를 타고 수행했다. 조사자는 교목 결함을 확인할 수 있도록 훈련되었고, 국제수목관

리학회(ISA) 자격을 소유한 수목관리자였다. 수정된 USDA 산림청의 교목 위험 등급부여 시스템(tree-risk rating system; 3~12점)이 사용되었고, 교목 자료는 개인용 정보 단말기(PDA, personal digital assistant)에 수집되었다. 총 1,116그루의 교목을 조사 완료하는데 72시간(3.9분/그루)이 걸렸다. 도보 조사와 비교해 볼 때, 차창조사에서는 낮은 위험의 교목보다 높은 위험의 교목이 더 잘 동정되었다. 차창조사에서 가장 높은 위험 교목(10~12점)의 약 11%를 놓쳤고, 그 다음으로 낮은 범주에서는 해당 교목의 21%가 발견되지 않았다.

차창조사는 시정 조치(是正措置, corrective action)가 필요한 교목을 확인함으로써 지역사회가 위험에 노출되는 것을 줄일 수 있다. 다른 더 집중적인 조사와 연계하면, 위험에 대한 노출을 더욱 줄일 수 있을 것이다. 지역사회가 교목 위험 평가 수행과 관련하여 선택할 수 있는 대안은 몇 가지가 있다: (1) 아무것도 하지 않기, (2) 도보 점검 이용, (3) 차창조사 이용, (4) 두 방법 결합 이용(Rooney 등 2005). 어떤 대안을 수행할 것인가는 가용한 자원, 더 높은 수준의 위험을 수용할 수 있는 의향, 교목 위험 현황조사를 완료할 수 있는 능력 등을 숙고하여 결정한다.

정보관리 시스템

자료 수집과 이의 체계화는 간단한 시스템으로부터 복잡한 시스템에 이르기까지 폭이 넓다. 몇 안 되는 교목이면 쉽게 기억하거나 종이에 정리할 수 있을 것이다. 교목 장부도 지면이나 휴대용 야외 컴퓨터로 쉽게 완료할 수 있을 것이다. 현황조사의 복잡도가 커질수록 컴퓨터화된 현황조사의 필요성도 증가한다. 궁극적으로, 사용되는 시스템은 해당 교목 현황조사를 완성하기 위한 효과성(效果性, effectiveness)과 효율성(效率性, efficiency), 그리고 관리자의 목적과 목표에 기반을 두고 선정되어야 한다.

지필 기반 현황조사

종이에 자료를 수집하는 것은 간단하고, 하기 쉽고, 교목 현황조사 자료를 저장하는 고전적인 방법이었다. 교목 기록은 쉽게 종이에 할 수 있다. 교목 자료 파일은 개별 교목의 위치를 기록하고 해당 지역사회에 있는 개별 교목을 기술하는 파일 시스템을 유지한다. 경신(更新, updating)은 교목이 추가되거나 군집으로부터 제외됨에 따라 손으로 행해지지만, 관리를 위해 현재의 정보를 제공하기 위해서는 주기적으로 전체적인 재 현황조사가 필수적이다. 유지관리 기록은 교목 자료 카드에 계속 기록되겠지만, 개별 유지관리 활동이 기록되는 경우 지속적인 경신은 시간 낭비이다. 교목이 너무 많지 않으면 교목 자료 파일이 단순하고 사용하기 쉽지만, 관리 목적 상 교목 군집의 요약이 필요한 경우 자료 정리에 시간이 아주 오래 걸린다.

컴퓨터 현황조사 프로그램

어떤 시 임정관은 상업적인 데이터베이스 소프트웨어를 사용하여 그들 자신의 현황조사 프로그램을 개발하는데, 이는 시간 낭비이고 비용이 더 든다는 것을 알 수 있을 것이다. 교목 현황조사 데이터베이스를 개발하기 위해서는 풍부한 데이터베이스 개발 기술이 필요하다. 이제 상업적으로 가용한 다양한 가로수 현황조사 프로그램이 있다(Andreu 등 2009; Olig & Miller 1997). Smiley(1989)는 13개 상업적인 프로그램을 검토한 후 상업적인 프로그램이 자신의 요구에 적합하다면 맞춤 프로그램을 개발하는 것보다 기존의 프로그램을 구매하는 것이 더 싸다고 주장한다. 그는 소프트웨어 시스템을 선택할 때 구매자가 평가해야 할 여섯 가지 기능을 나열한다.

1. **교목 자료 파일**(tree data file). 해당 시스템은 쉽게 접근할 수 있어서 새로운 교목이 추가되고, 제거되는 교목 정보가 경신될 수 있도록 교목 자료가 관리되어야 한다.
2. **작업 이력 파일**(work history file). 작업 기록은 활동, 해당 작업을 수행하는 데 걸린 시간, 장비, 날짜, 작업자별로 정리되어야 한다.
3. **서비스 요구 파일**(service request file). 시민으로부터의 교목 서비스 요구, 대응 날짜, 해당 요구에 대응하여 수행된 활동 등이 기록되어야 한다.
4. **자료 요약**(data summary). 해당 시스템은 계획수립과 관리 목적을 위해, 그리고 보고와 예산 요구 준비를 위해 해당 자료를 요약할 수 있는 능력을 가지고 있어야 한다.
5. **교목 목록**(tree list). 즉각적인 제거나 줄당김(cabling)의 필요성이 확인된 교목과 같이 서비스가 필요한 교목에 대해 작업지시서(work order)가 발행될 수 있다.
6. **컴퓨터 지도제작**(computer mapping). 지도를 생성하고 교목의 위치를 보여줄 수 있는 능력은 점점 더 유용하게 되고 있는 유익한 특성이다.

새로운 현황조사 시스템이 계속 개발됨에 따라, 교목 관리에 도움을 주는 용량이 늘어나고 있다. Wagar & Smiley(1990)는 증가하는 용량 순으로 다음 능력을 기술한다.

1. **기록을 검색하고, 보여주고, 검토하기**(retrieving, displaying, reviewing). 기록은 주소별로 유지 관리되어야 하는데, 이는 특히 집 주인의 요구에 응대하고 특정한 교목에 대한 작업 기록을 위해 유용하기 때문이다.
2. **작업지시서 생성**. 작업지시서는 특정 지역에 대한 작업 요구나 집 주인의 요청이나 불만에 대한 응대를 위한 목록을 제공한다.
3. **교목 가치 계산**. 교목의 직경과 상태는 해당 도시의 교목 가치를 계산하는 데 사용될 수 있고, 이 정보는 예산을 요구할 때 유용하다.
4. **기록 요약**. 이는 교목 군집을 교목의 수, 평균 직경, 수종 구성, 상태, 가치, 전체 도시와 개별 작업 단위에 대한 작업 요약 등에 관해 기술하는 능력이다.
5. **교목 위치에 대한 지도제작**. 이는 Google Earth, ArcMap, MapInfo, AutoCad Map 등과 같은 시스템이나 GIS에 교목 위치 입력 등을 이용하여 교목의 위치에 대한 지도를 보여주는 능력이다.
6. **그래프 생성**. 정보를 그래프로 보여주는 것은 수종 구성, 직경 분포, 교목 상태 등과 같은 교목 군집 속성을 파이형 도표(-圖表, pie chart), 막대그래프(bar graph)나 기타 표시 형태로 보여주는 것이다.

7. **비용 추적.** 작업 기록은 수종, 작업자, 장비, 관리 대안 등을 비교하기 위해 비용별로 요약할 수 있다.
8. **향후 작업 부하 예측.** 수종별과 직경별 현재 비용에 대한 기록은 계획 수립 목적상 향후 작업 부하를 예측하기 위해 사용될 수 있다.

위에 언급된 기능에 추가하여, Andreu 등(2009)은 최신 교목 현황조사 프로그램은 웹 기반의 연결과 자료 저장 능력, 현장 기기를 사무실 네트워크와 동시화하는 능력, 데이터베이스에 전자 이미지와 도표를 첨부할 수 있는 능력을 가지고 있어야 한다고 주장한다.

컴퓨터 시스템은 소프트웨어와 하드웨어에 대한 초기 구매, 지술 지원, 자료 수집과 입력, 이러한 시스템에 있는 정보의 지속적인 유지관리 등의 비용이 동반된다. 오늘날 도시 임업가는 이미 자신의 책상에 컴퓨터를 가지고 있고, 자료를 수집하는데 2~3백에서 2~3천 달러 정도 나가는 특수한 현장 컴퓨터가 유용할 수 있다. 약 10,000달러의 기본 프로그램 비용에 상업적인 소프트웨어 비용이 1,000달러까지 추가될 수 있다(Andreu 등 2009). 또한 어떤 프로그램은 연간 라이선스 계약(licensing agreement) 형태로 판매되어, 기술 지원 비용이 추가될 수도 있다. 지자체에 적합한 프로그램을 선정할 때에는, 어떤 정보가 정말로 필요한지를 결정하고 이들 요구를 충족시키는 시스템을 확보하는 것이 중요하다. 임업 프로그램이 확대됨에 따라 확장될 수 있고 자료를 다른 공통 데이터베이스 체제로 송출할 수 있는 능력을 가진 시스템을 구매하는 것도 좋은 생각이다. 현황조사 소프트웨어의 프로그램과 능력에 관한 추가적인 정보는 Andreu 등(2009)을 참고하라.

컴퓨터 현황조사 구현. 상업적으로 가용한 교목 현황조사 프로그램이 수없이 많이 있듯이, 지자체가 시스템을 구현할 수 있는 방법도 많이 있다. 상업적 패키지(package)에는 사용자가 소프트웨어를 구입하여 해당 시스템을 설치하는 것으로부터 판매자가 소프트웨어 설치와 자료 수집, 입력, 초기 처리를 해주는 패키지까지 다양하다. 자문 수목관리자(consulting arborist)와 도시임업가(都市林業家, urban forester)는 지자체에 대해 현황조사 서비스와 함께 해당 현황조사에 기반을 둔 관리계획을 제공한다. 지자체가 어떤 접근방법을 선택하든, 시스템을 사용할 사람에 대한 훈련을 포함한 해당 시스템을 유지하는 데 필요할 비용에 대한 예산 편성이 필요할 것이다.

자료 수집 및 경신. 가로수 현황조사를 위한 전통적인 자료 수집 방법은 야장(野帳, field data sheet)에 정보를 수집한 후 이 자료를 손으로 컴퓨터에 옮기는 것이었다. 휴대용 자료 수집 장치와 야외 컴퓨터는 자료를 수작업으로 컴퓨터에 이송하는 작업을 불필요하게 하여 상당한 비용 절감을 가져왔다. 이러한 장비들은 비싸지 않고, 가볍고, 내구성이 있고, 프로그램이 가능하다. 어떤 장비는 정보를 검정할 수 있도록 프로그램되어 있고, 장착된 GPS 수신기, GPS 수신기의 외부 연결 포트(port), 확장 카드(expansion card)를 가진 장비도 있다. 많은 장비가 자료를 직접 또는 무선으로 사무실 컴퓨터로 보낼 수 있어서 오류의 위험을 더욱 줄여주고 있다. 이러한 장비는 현장 자료 수집 시간을 30% 정도 줄일 수 있다. 소프트웨어 시스템은 들어갈 때 자판으로 입력하는 대신 드롭다운 메뉴(dropdown menu)를 사용하도록 구축되어 있는데, 이는 자료 수집 과정의 속도를 더욱 빠르게 하는 기술혁신이다.

컴퓨터에서의 현황조사 경신은 주기적인 재현황조사(再現況調査, reinventory)나 일상적인 작업 과정의 일부로서 수행될 수 있다. 만약 시가 가로수를 시 직원을 통해 정기적으로 유지관리하고 있다면, 경신은 해당 교목이 유지관리 서비스를 받을 때마다 교목 정보를 기록하는 작업 책임자의 일이 될 것이다. 이들 자료는 현장 컴퓨터나 수기로 기록되고 해당 현황조사는 나중에 경신될 것이다. 가로수와 관련된 서비스 요청과 불만은 사무실 직원에 의해 자료 입력 스크린을 통해 기록되어 교목 이력 파일의 일부가 될 것이다.

컴퓨터 현황조사 비용. 컴퓨터화된 현황조사 시스템의 비용에는 해당 현황조사 프로그램의 설계나 구입, 현장 자료 수집, 데이터베이스로의 자료 전송, 자료 검정, 자료 처리, 보고서 생성, 파일 경신 등이 있다. 이들 비용은 컴퓨터와 소프트웨어의 유형, 교목당 수집되는 자료의 양, 해당 자료를 수집하는 방법 등에 따라 차이가 많을 것이다(예, 야장 대비 휴대용 컴퓨터). Buchanan (1991)은 교목 현황조사 비용을 교목당 $1~$2로, 경험이 많은 도시 임업 현황조사 기술자는 하루에 200~400그루의 교목을 현황조사 할 수 있다고 추정했다. Wood(1999)는 컨설턴트는 교목 한 그루당 $0.50~$3.00을 청구한다고 말했다. 현재 교목 현황조사 자료를 수집하는 비용은 교목 한 그루당 약 $2~$5 정도 소요된다.

일단 적절한 컴퓨터 하드웨어와 소프트웨어가 선정되고 나면, 자료 처리 비용은 어느 정도 고정된 상태가 유지될 것이다. 그러나 자료 수집 비용은 수집되는 자료의 양, 교목 밀도, 현황조사 직원의 조직, 지식, 훈련에 따라 차이가 매우 크다. 교목당 자료의 양과 교목 밀도는 자료 수집 전에 정해지는 데 비해, 직원의 조직, 지식, 훈련은 시 임정관의 책임이고 자료 수집 비용에 실질적인 영향을 미칠 것이다. 많은 경우, 최초 현황조사나 재현황조사는 그 목적으로 특별히 고용된 직원에 의해 수행된다. 최고(아직 미완성인 부분이 있지만)의 인력이 고용되어야 하는데, 수목관리학, 도시 임업, 또는 관련 분야를 전공한 학생이 좋은 선택인데, 이들은 해당 전문 분야에 대해 드러난 관심을 가지고 있기 때문이다. 작업자는 지역적인 상황에 가장 효과적인 방식으로 조직화되어야 하는데, 한 사람은 해당 운영에 책임이 있는 사람이 배정되어야 한다. 이 사람의 임무는 계획 수립, 조직화, 작업 부여, 품질 관리, 모든 가로를 효율적인 방법으로 볼 수 있는 지도를 유지관리하는 것 등이다. 자료 요약과 보고는 이들의 데이터베이스에 달려 있기 때문에 자신의 일을 가능한 한 정확하게 수행하도록 작업자를 잘 교육시키고 동기 부여하는 것이 필수적이다.

Sacksteder & Gerhold(1979)는 자신들이 검토한 다양한 시스템에 대한 현황조사 작업자의 크기는 인원수에서 1~4명 범위였다고 보고한다. 이들이 수행한 여러 중서부 도시에서의 현황조사 경험에 의하면 최초 현황조사나 재현황조사를 위한 자료 수집의 가장 효율적인 방법은 1인 작업자를 사용하는 것으로 나타났다. 혼자 일하는 개인이 작업자의 일부로 일할 때보다 더 생산적인데, 이는 두 사람 이상이 같이 일하면 교목 특성에 관해 토론하는 경향이 있기 때문이다. 해당 가로의 반대편을 현황조사 하더라도 빠른 사람이 늦은 사람을 기다리는 경향이 있고, 이런 상황은 가로의 한 쪽이 다른 쪽보다 더 많은 교목을 가지고 있을 때 쉽게 발생할 수 있다. 덩치가 크고 천천히 움직이는 작업자들은 집 주인의 주의를 끌 가능성이 높고, 집주인들은 자신의 경관 조성에 관해 작업자와 의논하고 싶어 하는 경우가 있기 때문에 현황조사 진행을 상당해 지연시키게 된다. 현황조사 작업자의 규모는 판단에 따라 조정되어야 하는데, 시의 어떤 구역에서는 작업자의 안전이 문제가 될 수 있어서 작업자 당 추가로 한 사람 이상이 강제될 수 있다.

현황조사의 의사결정 용도

현황조사를 일반적인 관리에 이용하는 것은 이 장의 처음에 논의되었고 제10장에서 자세히 살펴볼 예정이다. 최근 몇 년 동안 현황조사가 적용된 특수한 용도는 여러 가지가 있다.

수많은 교목 현황조사 시스템이 교목의 가치를 계산하고, 교목 관리를 책임지고 있는 부서를 위한 자금조달을 하는 데 유용한 도표를 제공하고 있다. 제5장에서 고찰된 CTLA와 i-Tree 접근 방법이 교목의 가치를 계산하는 두 가지 대표적인 방법이다. 대부분의 사람들이 교목에 특정 가치를 부여하는 데 동의하지만 이러한 가치를 금전적인 단위로 표시하는 것은 꺼린다. 만약 이 사람들에게 가로수의 가치를 보여주고 이들 교목이 부동산 가치에 기여하는 것을 인식하게 하면, 이들은 도시 임업 부서의 노력을 지지할 가능성이 더 높을 것이다. 시 정부가 사용하는 대부분의 운영 자금은 부동산세에서 나오고, 가치가 높게 평가된 부동산은 지자체 운영을 위한 수입을 더 많이 발생시킬 것이며, 이는 선출직 공무원이 알아야 하는 사실이다. 여러분은 다른 지자체 부서도 시도로, 하수도, 급수간선(給水幹線, water main), 가로등 등의 화폐적인 가치를 알도록 하여, 이들 편의시설의 가치를 유지관리하기 위해 얼마나 많은 비용이 들어가는지를 인지하도록 해야 한다. 지자체의 다른 편의시설은 모두 시간이 흘러가면서 가치가 하락하는 데 반해, 교목만은 예외로 가치가 증가한다.

Chan & Cartwright(1979)는 캘리포니아주 새크라멘토시의 현황조사 시스템을 개발했는데, 전반적인 교목 건강을 나타내고, 특히 난쟁이겨우살이(dwarf mistletoe) 감염의 심각성을 구분하였다. 이들은 피해야 하는 수종 확인, 수종 특유의 문제 분석, 우려스러운 곳의 위치, 현황조사를 하는 동안의 병해충 모니터링 등을 통해 종합적병해충관리(IPM, integrated pest management) 전략을 개발하는데 현황조사 시스템을 이용할 것을 보고한다. Miller & Sylvester(1979)는 3개 위스콘신 지자체에 있는 잔여 미국느릅나무(*Ulmus americana*)의 위치를 확인하고 이들을 대체할 때 어떤 수종을 사용할 것인가를 결정하는데 UW/SP URBAN FOREST 현황조사 시스템을 위해 수집된 현황조사 자료를 사용하였다. Basset(1978)는 미시간주 Ann Arbor에서 줄기를 옥죄는 뿌리를 연구하고 종과 품종의 생장실적을 평가하는 데 현황조사를 사용했다고 보고한다.

Miller & Marano(1986)는 관리 시뮬레이션과 훈련 목적을 위해 교목 현황조사 자료를 사용하도록 설계된 가로수 컴퓨터 시뮬레이션인 URBAN FOREST를 개발했다. 20년에 걸쳐 4가지 수준의 느릅나무시듦병(*Ophiostoma ulmi*) 방제를 모의실험하기 위해 위스콘신주 내 3개 지자체의 현황조사 자료가 사용되었다(Miller & Schuman 1981). 결과는, 시간 경과를 고려한 교목 가치와 방제 비용을 비교하면, 증가되는 교목 가치가 모든 경우에서 비용을 초과함으로써 방제노력의 강도가 강할수록 가로수 군집의 미래 가치는 더 높은 것으로 나타났다. 호주 캔버라(Canberra)의 시 관리자들은 자신들의 도시 숲을 관리하기 위해 DISMUT(Decision Information System for Managing Urban trees)를 개발하였다(Banks & Brack 2003). 이는 3가지 요소로 구성되어 있다: 현황조사 속성을 저장하는 교목 데이터베이스, 교목을 육성하고 교목의 건강을 변화시키기 위한 모델링 시스템(modeling system), 보고와 분석 시스템. DISMUT는 시간이 경과함에 따라 변하는 가로경관(街路景觀, streetscape)을 보여주고 교목 분류군(分類群, taxon)과 관련된 잠재하고 있는 미래 문제를 확인하는 데 유용하다. 이에 의하면 사이프러스(*Cupressus*)류가 다른 분류군보다 비율적으로 제거될 가능성이 더 큰 것으로 나타났다. 또한 DISMUT는 생장과 산출 모델을 창출하고 이의 유효성을 확인하는 데 도움을 준다. Brack(2005)에 의한 추적 연구에서 생장 모델은 잘 작동하는 데 비해, 교목 건강 예측은 이전의 예측을 15% 과대 예측하였는데, 이는 10년에 걸친 가뭄의 결과로 발생되었을 가능성이 있다. i-Tree 시스템은 도시 숲의 가치, 구조, 기능을 평가하는 일련의 도구를 제공한다. 이는 오늘 존재하는 것에 대한 스냅사진(snapshot)을 제공한다. 이는 또한 교목의 속성을 수집하고 저장하고 해당 교목 군집을 요약하는 시스템으로서도 활용될 수 있다. VanNatta 등(2012)은 의사 결정자가 서로 다른 관리 접근방법을 평가할 수 있도록 호리비단벌레(emerald ash borer, *Agrilus planipennis*) 계획수립 모델을 개발했다. 이 모델을 통한 발견은 순 편익이 더 크다면 화학적 방제를 통해 물푸레나무를 보존할 것을 제안한다. 경제적으로는 방제를 하지 않는 것이 예방적인 제거와 대체보다 유리하였으며, 다음으로 대체 없이 예방적인 제거를 하는 것이 뒤를 이었다.

가로수 현황조사 그 자체는 가로수 군집의 현재 상태를 기술한다면 정적인 정보를 보여준다. 그러나 해당 현황조사에 빈 곳과 이에 대한 식재 우선순위를 부여하면, 현재의 군집을 나타낼 뿐만 아니라 향후의 관리에 관해 필요한 것이 무엇인가를 기술하고 있기 때문에 현황조사가 더욱 동적인 특성을 띠기 시작한다. 가로수 현황조사의 가장 중요한 측면은 아마도 교목 군집이 과거에 어떠했고, 현재는 어떠하며, 앞으로는 어떻게 될 것인가에 대한 기초선(基礎線, baseline)을 설정하기 위해서 지속적이거나 주기적으로 현황조사를 수행해야 한다는 것을 보여주는 것이다. 시 임정관이 차창조사나 샘플조사를 통해 주기적인 현황조사를 수행하든, 모든 교목을 기록하고 계속적으로 경신하는 컴퓨터화된 현황조사를 사용하든, 현황조사는 시간의 흐름에 따라 교목 군집에 대한 동적인 분석을 통해 건전한 관리 기반을 형성할 것이다.

인용 문헌

AmericanHort. 2014. *American Standard for Nursery Stock* (ANSI Z60.1-2014). Columbus, OH: AmericanHort.

Andreu, M. G., E. M. Brown, M. H. Friedman, R. J. Northrop, & M. E. Thornhill. 2009. *Comparison of Urban Forest Inventory & Management Software Systems* (IFAS Ext. Pub. FOR226). Gainesville: University of Florida.

Atchison, F. 1978. "Community Forestry Inventories in Kansas." In Proceedings, National Urban Forestry Conference (ESF Pub. 80-003, pp. 767–773). Syracuse, NY: SUNY.

Baker, F. A. 1993. "Monitoring the Urban Forest: Case Studies and Evaluations." *Environmental Monitoring and Assessment* 26:153–163.

Ball, J., S. Mason, A. Kiesz, D. McCormick, & C. Brown. 2007. "Assessing the Hazard of Emerald Ash Borer and Other Exotic Stressors to Community Forests." *Arboriculture & Urban Forestry* 33(5):350–359.

Banks, J. C. G., & C. L. Brack. 2003. "Canberra's Urban Forest: Evolution and Planning for Future Landscapes." *Urban Forestry & Urban Greening* 1:151–160.

Barker, P. A. 1983. "Microcomputer Data Bases for Data Management in Urban Forestry." *Journal of Arboriculture* 9(11):298–300.

Bassett, J. B. 1978. "Vegetation Inventories: Need and Uses." In Proceedings, National Urban Forestry Conference (ESF Pub. 80-003, pp. 632–644). Syracuse, NY: SUNY.

Blome, P., R. Johnson, & J. J. McCarthy. 1995. *The State of Chicago's Street Trees: A Random Sample*

Inventory. A Report Conducted by the Vanguard Management Group for the City of Chicago.

Bloniarz, D. V., & H. D. P. Ryan III. 1996. "The Use of Volunteer Initiatives in Conducting Urban Forest Resource Inventories." *Journal of Arboriculture* 22(2):75–82.

Bolstad, P. 2008. *GIS Fundamentals: A First Text on Geographic Information Systems* (3rd ed.). White Bear Lake, MN: Eider Press.

Brack, C. L. 2005. "Updating Urban Forest Inventories: An Example of the DISMUT Model." *Urban Forestry & Urban Greening* 5:189–194.

Buchanan, E. L. 1991. "Who Should Conduct Street Tree Inventories." In Proceedings, Fifth National Urban Forestry Conference (pp. 155–158). Washington, DC: American Forests.

Chacalo, A., A. Aldama, & J. Grabinsky. 1994. "Street Tree Inventory in Mexico City." *Journal of Arboriculture* 20(4):222–226.

Chan, F. J., & G. Cartwright. 1979. "Tree Management Aided by Computer." *Journal of Arboriculture* 5(1):16–20.

Chen, S. S., & C. Y. Jim. 2008. "The Urban Forest of Nanjing City." In M. M. Carreiro, Y. Song, and J. Wu (eds.), *Ecology, Planning, and Management of Urban Forests* (pp. 259–278). New York: Springer.

Churack, P. L., R. W. Miller, K. Ottman, & C. Koval. 1994. "Relationship Between Street Tree Diameter Growth and Projected Pruning and Waste Wood Management Costs." *Journal of Arboriculture* 20(4):231–236.

Council of Tree and Landscape Appraisers (CTLA). 2000. *Guide for Plant Appraisal* (9th ed.). Champaign, IL: International Society of Arboriculture.

Cumming, A. B., D. B. Twardus, & D. J. Nowak. 2008. "Urban Forest Health Monitoring: Large-Scale Assessments in the United States." *Arboriculture & Urban Forestry* 34(6):341–346.

Geiger, J. R. 1977. "A Sampling Technique to Inventory the Urban Forest." In Proceedings, Urban Forestry Workshop (pp. 50–62). Stevens Point, College of Natural Resources, University of Wisconsin.

Gerhold, H. D., K. C. Steiner, & C. J. Sacksteder. 1987. "Management Information Systems for Urban Trees." *Journal of Arboriculture* 13(10):243–249.

Hauer, R. J., G. R. Johnson, & M. I. Kilgore. 2011. "Local Outcomes of Federal and State Urban & Community Forestry Programs." *Arboriculture & Urban Forestry* 37(4):152–159.

Hauer, R. J., C. J. Widstrand, & R. W. Miller. 2008. "Advancement in State Government Involvement in Urban and Community Forestry in the 50 United States: Changes in Program Status from 1986 to 2002." *Arboriculture & Urban Forestry* 34(1):5–12.

Jaenson, R., N. Bassuk, S. Schwager, & D. Headley. 1992. "A Statistical Method for the Accurate and Rapid Sampling of Urban Street Tree Populations." *Journal of Arboriculture* 18(4):171–183.

Jutras, P., S. O. Prasher, & P. Dutilleul. 2009. "Identification of Significant Street Tree Inventory Parameters Using Multivariate Statistical Analyses." *Arboriculture & Urban Forestry* 35(2):53–62.

Kane, B., & D. P. Ryan III. 1998. "Locating Trees Using a Geographic Information System and the Global Positioning System." *Journal of Arboriculture* 24(3):135–143.

Kielbaso, J. J. 1989. "City Tree Care Programs." In G. Moll and S. Ebenreck (eds.), *Shading Our Cities* (pp. 35–46). Washington, DC: Island Press.

Kielbaso, J. J. 2008. "Management of Forests in the United States." In M. M. Carreiro, Y. Song, and J. Wu (eds.), *Ecology, Planning, and Management of Urban Forests* (pp. 240–258). New York: Springer.

Kuhns, M. R., B. Lee, & D. K. Reiter. 2005. "Characteristics of Urban Forestry Programs in Utah, U.S." *Journal of Arboriculture* 31(6):285–295.

Maco, S. E., & E. G. McPherson. 2002. "Assessing Canopy Cover over Streets and Sidewalks in Street Tree Populations." *Journal of Arboriculture* 29(2):270–276.

Maco, S. E., & E. G. McPherson. 2003. "A Practical Approach to Assessing Structure, Function, and Value of Street Tree Populations in Small Communities." *Journal of Arboriculture* 29(2):84–97.

Matheny, N. P., & J. R. Clark. 1994. *A Photographic Guide to the Evaluation of Hazard Trees in Urban Areas.* Champaign, IL: International Society of Arboriculture.

McHale, M. R., I. C. Burke, M. A. Lefsky, P. J. Peper, & E. G. McPherson. 2009. "Urban Forest Biomass Estimates: Is It Important to Use Allometric Relationships Developed Specifically for Urban Trees?" *Urban Ecosystems* 12:95–113.

McPherson, E. G. 1993. "Monitoring Urban Forest Health." *Environmental Monitoring and Assessment* 26:165–174.

McPherson, E. G. 1998. "Structure and Sustainability of Sacramento's Urban Forest." *Journal of Arboriculture* 2(4):174–190.

Miller, R. W. 1994. Introduction to Urban and Community Forestry: An Independent Study Course by Correspondence. Gainesville, Department of Independent Study, University of Florida.

Miller, R. W., & M. S. Marano. 1986, June 30–July 2. "URBAN FOREST: A Street Tree Management Simulation." In Proceedings, Forestry Microcomputer Software Symposium (pp. 659–670). Morgantown, West Virginia.

Miller, R. W., & S. P. Schuman. 1981, October 5–9. "Economic Impact of Dutch Elm Disease Control as Determined by Computer Simulation." In Proceedings, Dutch Elm Disease Symposium Workshop (pp. 325–344). Winnipeg, Manitoba Department of Natural Resources.

Miller, R. W., & W. A. Sylvester. 1979. "Report on the Use of UW/SP URBAN FOREST Computer Inventory Program as Part of the Dutch Elm Disease Demonstration Project in Wisconsin." Wisconsin Dutch Elm Disease Demonstration Project 1979 Accomplishment Report (pp. 65–67). Madison: Wisconsin Department of Natural Resources.

Mohai, P., L. Smith, F. Valentine, W. Stiteler, T. Elias, & R. Westfall. 1976. "Structure of Urban Street Tree Populations and Sampling Designs for Estimating Their Parameters." In Proceedings, First Conference of the Metropolitan Tree Improvement Alliance (pp. 28–43).

Nagendra, H., & D. Gopal. 2010. "Street Trees in Bangalore: Density, Diversity, Composition, and Distribution." *Urban Forestry & Urban Greening* 9(2):129–137.

Nowak, D. J. 2008. "Assessing Urban Forest Structure: Summary and Conclusions." *Arboriculture & Urban Forestry* 34(6):391–392.

Nowak, D. J., D. E. Crane, J. C. Stevens, R. E. Hoehn, J. T. Walton, & J. Bond. 2008. "A Ground-Based Method of Assessing Urban Forest Structure and Ecosystem Services." *Arboriculture & Urban Forestry* 34(6):386–390.

Olig, G. A., & R. W. Miller. 1997. "A Guide to Street Tree Inventory Software" (Misc. Pub. MISC-NA-0). Newton Square, PA: USDA Forest Service, Northern Area State & Private Forestry.

Pillsbury, N. H., J. L. Reimer, & R. P. Thompson. 1998. "Tree Volume Equations for Fifteen Urban Species in California" (Tech. Rpt. No. 7). San Luis Obispo: California Polytechnic State University.

Pokorny, J. D. 2003. "Urban Tree Risk Management: A Community Guide to Program Design and Implementation" (NA-TP-03-03). St. Paul, MN: USDA Forest Service, Northeastern Area State & Private Forestry.

Rooney, C. J., H. D. P. Ryan, D. V. Bloniarz, & B. C. P. Kane. 2005. "The Reliability of a Windshield Survey to Locate Hazards in Roadside Trees." *Journal of Arboriculture* 31(2):89–94.

Sacksteder, C. J., & H. D. Gerhold. 1979. "A Guide to Urban Tree Inventory Systems." School of Forest Resources Research Paper #43, Pennsylvania State University.

Schroeder, H. W., T. L. Green, & T. J. Howe. 2003. "Community Tree Programs in Illinois, U.S.: A Statewide Survey and Assessment." *Journal of Arboriculture* 29(4):218–225.

Smiley, E. T. 1989. "Computer Software for Urban Forest Management: A Buyers Guide." In

G. Moll and S. Ebenreck (eds.), *Shading Our Cities* (pp. 288–293). Washington, DC: Island Press.

Smiley, E. T., & F. A. Baker. 1988. "Options in Street Tree Inventories." *Journal of Arboriculture* 14(2):36–42.

Smiley, E. T., N. Matheny, & S. Lilly. 2011. *Tree Risk Assessment.* Champaign, IL: International Society of Arboriculture.

Tschantz, B. A., & P. L. Sacamano. 1994. *Municipal Tree Management in the United States.* Kent, OH: Davey Tree Expert Company.

USDA Forest Service. 2011, October. Phase 3 Field Guide—Crowns: Measurements and Sampling, Version 5.1.

Valentine, F. A., R. D. Westfall, & P. D. Manion. 1978. "Street Tree Assessment by a Survey Sampling Procedure." *Journal of Arboriculture* 4(3):49–57.

VanNatta, A. R., R. H. Hauer, & N. M. Schuettpelz. 2012. "Economic Analysis of Emerald Ash Borer (Coleoptera: Buprestidae) Management Options." *Journal of Economic Entomology* 105(1):196–206.

Wagar, J. A., & E. T. Smiley. 1990. "Computer Assisted Management of Urban Trees." *Journal of Arboriculture* 16(8):209–215.

Wood, J. P. 1999. Tree Inventories and GIS in Urban Forestry. MS Thesis, Virginia Polytechnic Institute and State University, Blacksburg, VA.

Ziesemer, D. A. 1978. "Determining Needs for Street Tree Inventories." *Journal of Arboriculture* 4(9):208–213.

제7장

도시 숲, 수관 피복, 지역 생태계 평가

코네티컷주 하트퍼드시

시 임정관의 주된 관심은 가로수 현황조사이지만, 도시 지역에 있는 다른 자연자원에 대한 현황조사도 가끔 필요하다. 시 임정관의 책무는 지자체에 따라 다양하여 가로수에 한정되기도 하고 공공은 물론 개인 식생 모두에 대해 폭넓은 책임을 지기도 한다. 어떤 지자체에서는 시 임정관이 자연자원이나 생물학을 전공한 유일한 공무원이어서 분명히 교목 관리와 관련된 현황조사 범위를 초월하는 다른 현황조사를 도와주거나 수행하도록 요구받을 수도 있다. 민간 수목관리 전문가(arborist), 개인 및 공공 운동장 감독자, 공익시설 수목관리자(utility arborist), 경관 유지관리 계약자 등과 같은 다른 식생 관리자들도 작업 계획수립과 일정계획수립의 기준으로 활용하기 위해 현황조사가 필요할 수 있다.

가로수 현황조사에서와 마찬가지로, 식생 관리자는 관리 의사결정을 위한 데이터베이스에 포함될 가장 중요한 교목의 속성을 선택하는 데 신중해야 한다. 일단 현황조사 속성이 선정되면, 자료수집 방법이 결정된다. 이는 관리상의 요구, 해당 군집의 변수, 현황조사를 위해 쓸 수 있는 자금 등에 따라 샘플추출 또는 전체 군집 측정(100% 현황조사)으로 진행될 수 있다. 폭넓은 다양한 기술을 사용할 수 있고, 이들 중 일부는 이 장에서 구체적인 사례 제시와 함께 자세히 살펴볼 것이다. 식생과 다른 자원 현황조사 절차는 각 사안별로 다양하고 복잡한 설명이 필요하다. 이 장의 제목을 보면 이들 기술의 많은 부분을 독자에게 소개하는 것처럼 보이지만 모두를 다루겠다는 의미는 아니다.

가로수 현황조사에서와 마찬가지로, 관리계획 수립과 의사결정은 해당 자원의 현재 상태뿐만 아니라 시간적 관점(temporal perspective; 미래 추정이나 과거에 대한 이해와 같은)에서 해당 자원을 이해할 필요가 있다. 자원에 관한 공간 정보(空間情報, spatial information)도 의사결정의 전후 관계에 따라서는 중요하다. 주기적인 현황조사는 생태계의 미래에 관한 추론을 이끌어 낼 수 있는 기초선을 설정해준다. 관리자가 지금 최선의 관리 의사결정을 할 수 있게 하여 미래를 구체화하게 하는 것은 바로 해당 생태계의 미래에 대한 이러한 기대이다.

이 장에서는, 일반적인 관점에서 식생 현황조사를 살펴보고, 다음으로 도시 환경에 대한 구체적인 적용을 다룬다. 다른 자연자원 현황조사에 대한 고찰은 대부분의 지자체가 이미 활용 중인 것을 기술하고, 구체적인 정보를 얻을 수 있는 기술도 고찰할 것이다.

도시 숲 평가 도구와 기술

도시에서 시골 지역까지의 토지 피복(土地被覆, land cover)에 대한 묘사는 의사결정을 위한 귀중한 자원 정보로 이어진다. 토지 피복에 대한 지도 제작은 광범위한 일련의 불투수 지표면(impervious surface), 건물, 토지 이용 분류, 수체(水體, water body), 토양, 식생, 기타 관심 있는 자원 특색에 대한 윤곽을 그리는 과정이다. 범위를 더욱 좁혀서, 피복 유형에 대한 지도 제작에는 우세한 식생 군집을 나타내도록 설계된 여러 가지 기술이 적용된다. 대부분의 경우, 이 과정은 일차적으로 항공이나 위성사진으로부터 우세한 식물 군집을 확인하는 것으로부터 시작된다. 이렇게 원거리에서 인식된 자료는 평가의 신뢰성을 보장하기 위해 지상 점검이 뒤따른다.

지상 조사(地上調査, ground survey)는 먼 거리에서 감지된 이미지에서는 쉽게 식별하기 어려운 상층(上層 overstory) 수종의 구성과 같은 추가적인 정보를 입수하거나 산림 구조 변수(예, 직경, 수종 구성, 건강)를 기술하기 위해 사용될 수 있다(Nowak 2008). 최근의 이미지가 없으면, 몇 가지 지상 조사 방법을 통해 식생지도를 작성할 수 있다. 보다 정교한 생태적인 토지 분류 시스템이 가용하고, 여기에는 지형(地形, landform), 식생, 토양, 물에 관한 정보도 포함될 수 있다.

일반적으로, 이 기술들은 잔여 식생과 공공 및 개인의 오픈 스페이스 토지에 있는 식생을 조사하기 위해 사용된다. 이 장의 뒤에 기술될 구체적인 현황조사 상황은 여기서 설명되는 기술과 관련이 있다.

원격감지기술(遠隔感知技術, remote sensing technology)은 지구의 표면을 묘사하는 다양한 공중 정보 수집방법을 사용하여 풍부한 공간 정보 공급원을 제공한다(Bolstad 2008; Jensen & Hardin 2005; Ward & Johnson 2007). 휴대용 필름 사진기가 장착된 비행기에서 찍은 항공사진은 지금까지 지속되어 온 전통적인 접근이었다. 디지털 사진기가 필름 사진기를 압도하고 해당 이미지를 직접 기록함으로써 필름을 디지털 형식으로 전환시키는 단계가 불필요한 편의를 제공한다. 위성은 1970년대 개발된 이후 점점 자료를 수집하는 중요한 원천이 되어 오고 있다. 레이저 레이더(LiDAR, light detection and ranging)의 사용은 고도와 교목 피복 지도를 개발하기 위한 최근의 그리고 유망한 레이저 기반 시스템이다. 원격감지기술은 지속적으로 다듬어지고 향상되어서, 관리자가 도시 숲 속성을 더 높은 수준의 정밀성과 정확성으로 추정할 수 있게 만들 것이다.

항공사진과 이미지

사진측량(寫眞測量, photogrammetry)은 지도를 작성하고 지형, 식생, 수체, 재배적인 활동의 특성을 기술하기 위해 항공사진이나 이미지를 측정하는 것이라고 정의한다. 항공 이미지는 해당 경관의 밴티지 포인트(vantage point), 영구적인 기록, 입체적인 관점을 제공하기 때문에 자연자원 현황조사에 자주 사용된다. 세계 대부분의 지역에 대해 국가 지도 시리즈가 존재한다. 한 예로, 미국 지질조사국(Geologic Survey)의 1:24,000 축척 사각형 지도를 연결하면 중요한 세부적인 국가 지도를 형성한다(Bolstad 2008). 항공 이미지는 식생 조사를 위해 매우 유용한데, 특히 특정한 필름 형태나 디지털 감지기를 사용하면 더욱 그러하다. 사진기는 반사된 전자기에너지(電磁氣-, electromagnetic energy)를 기록한다. 이 에너지는, 태양에서 오든 다른 에너지원에서 오든, 전자기 흐름을 따라 정점(頂點, peak) 사이의 거리가 다양한 독특한 파장(波長, wavelength)을 가지고 있다(Bolstad 2008). 가시광선(可視光線, visible light)의 파장은 400에서 700 nm 사이에 있고, 근적외선(近赤外線, near infrared light)은 700에서 1,100 nm 사이에 있다.

가시적인 흑백이나 칼라로 기록된 필름은 서로 다른 피복 유형 사이의 구별이 거의 없는 "보통"으로 보이는 경관을 제공할 것이다. 그러나 적외선 흑백이나 컬러 필름은 특정 식생 유형, 특히 침엽수와 활엽수 사이의 강한 대비를 보여줄 것이다. 적외선 흑백 필름도 물과 습지를 가시 스펙트럼(visible spectrum) 필름보다 더 어둡게 기록할 것이다. 사진을 찍는 시점에 따라 뚜렷하게 차이가 나는 경관의 모습을 보여줄 것이다. 낙엽수가 잎이 완전히 전개되어 있을 때 찍은 사진은 식생 대비가 강조되는 반면, 잎이 없는 사진은 지세, 지형(地形, topography), 기반시설에 관한 정보를 가장 잘 제공할 것이다.

디지털 카메라(digital camera)는 전자기 에너지가 기록된 이미지로 전환되는 점에서는 필름 카메라와 비슷하게 작동한다. 필름 카메라는 이미지를 필름 노출을 통해 이미지를 기록하고 에너지의 강도가 후속적인 화학적 반응을 유발한다. 디지털 카메라는 수많은 화소(畵素, pixel)를 통과하여 흐르는 전류(電流, electrical current)를 통하여 이미지를 저장한다. 전하(電荷, electrical charge)의 세기는 카메라에 의해 감지된 빛 에너지의 강도에 해당하여 이것이 이미지로 조정되고 변환된다. 오늘날 많은 디지털 카메라는 필름의 해상도(解像度, resolution)에 필적하거나 능가하고 있다.

미국 지질조사국은 국내 많은 지역에 대한 주기적인 항공 조사를 위해 다른 기관들과 계약을 맺는다. 이들 이미지는 요금을 내면 일반인들도 이용할 수 있다. 많은 디지털 자료가 점점 매우 적은 비용으로 또는 무료로 이용할 수 있게 되고 있다. 또한 다양한 공공기관과 개인 조직들이 항공 조사 작업에 대한 계약을 체결하고, 이들 이미지는 언제나 구입할 수 있다. 지자체 정부는 종종 계획 수립과 설계 목적을 위해 주기적인 항공 작업 계약을 체결하는 데 비해, 주 농업담당 부서는 작물 패턴과 수확을 추정하기 위해 매년 항공 조사를 실시하는데, 지자체 상공을 통과하는 동안 카메라가 작동되고 있는 상태를 유지하여 도시 항공 이미지의 연간 공급원이 되기도 한다.

입체 사진. 입체 사진(立體寫眞, stereoscopic photograph)은 이미지를 겹칠 때 나타나며 고도 차이를 확인하기 위해 사용하는 방법이다. 항공 이미지는 일반적으로 적어도 60% 종중복(縱重複, endlap)과 25% 횡중복(橫重複, sidelap)으로 중첩 인쇄되는 비행 패턴에서 촬영된다. 이러한 중첩은 해석하는 사람이 입체경(立體鏡, stereoscope)을 통해 동시에 두 이미지를 볼 수 있게 하여 해당 경관의 과장된 수직적인 관점을 제공한다. 이러한 과장된 관점은 중요한 지형을 쉽게 확인할 수 있게 해주고 크기와 나이를 기준으로 식생 유형을 구분하는 데 도움을 준다.

축척. 지도의 눈금을 볼 때, 여러분이 실제로 보고 있는 것은 분수축척(分數縮尺/RF, representative fraction)이다. 분수축척은 측정 단위(센티미터, 인치, 피트)의 비율로 나타낸다. 예를 들면, 지도상의 1 cm는 지구의 표면에서는 250,000 cm를 나타낸다(또는 1:250,000).

항공 이미지에 대한 축척을 생성하기 위해서는, 첫 변수는 지역 위의 카메라 높이에 의해 결정된다. 항공기가 비행 중에 정밀한 고도를 유지할 수 없어서 지상 고도에서 변이가 존재하기 때문에, 이미지의 RF는 근사치이며, 정확한 축척은 항공 RF와 함께 사각형 지도나 알려진 축척을 가진 다른 지도를 이용하여 결정되어야 한다. 이는 지도와 이미지 모두에 분명한 두 지점을 선정한 다음 각각에 대한 두 지점 사이의 거리를 정밀하게 측정하는 방법으로 수행한다. 사진상에서 측정된 거리는 지도상의 실제 지상 거리로 나눈다. 분자(分子, numerator)와 분모(分母, denominator) 모두는 단위가 같아야 하고 분수는 분자가 1이 되도록 약분되어야 한다. 그러므로 항공 RF는 다음과 같다.

$$\text{RF} = \frac{\text{사진상의 거리}}{\text{지상의 거리}}$$

표 7-1 항공사진을 위한 분수 축척 계산

지도

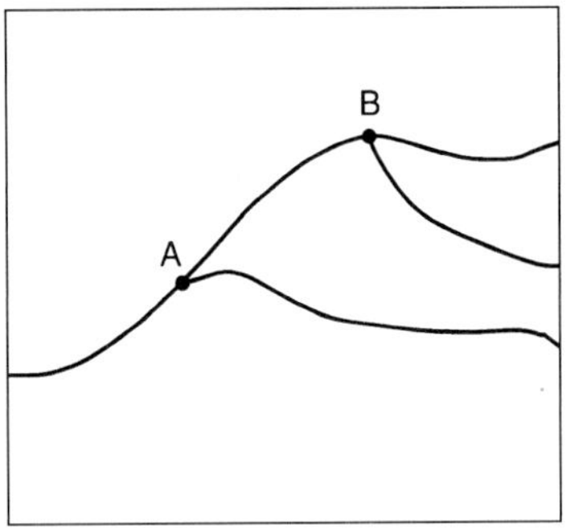

A에서 B까지 거리 = 3.81 cm
지도 RF = 1:63,360
지도 축척 1 cm = 633.6 m
A에서 B까지 실제 지도 거리 = 2,414 m
(3.81×633.6 = 2,414 m)
2,414×100 = 241,400 cm

항공사진

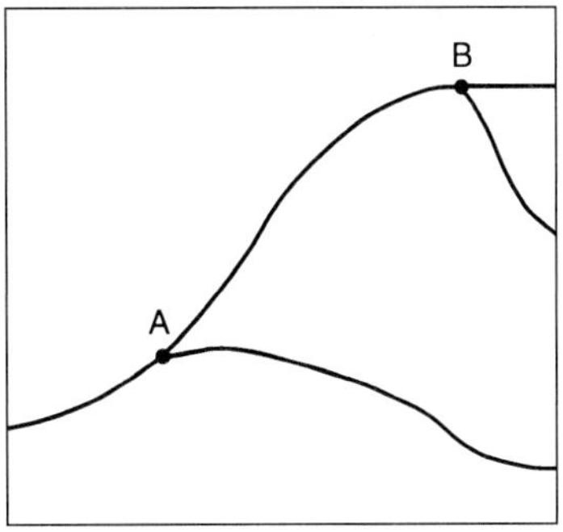

A에서 B까지 거리 = 5.72 cm

$$\text{RF} = \frac{\text{사진상의 거리}}{\text{지상의 거리}}$$

$$= \frac{5.72}{241,400}$$

$$= \frac{1}{42,203} \text{ 또는 } 1:42,403$$

1:42,403에서 1:42,203

표 7-1은 하나의 사례이다. 일단 이미지의 정확한 분수축척이 결정되면, 사진상의 정보는 식생 지도 제작용 지도 축척과 일치하게 될 것이다.

피복 유형. 항공 이미지의 사진판독(寫眞判讀, photo-interpretation)은 도로, 건물, 토지 이용, 식생과 같은 서로 다른 토지 피복 특성을 분류하는 과정이다. 판독은 각 특성들의 크기, 형태, 색깔, 밝기, 질감, 상대적 및 절대적 위치를 근거로 한다(Bolstad 2008). 사진을 판독하기에 앞서, 최소 지도제작 단위(minimum mapping unit)와 일습의 기술 범위(記述範圍, descriptive category)를 정의할 필요가 있다. 항공 이미지에 대한 피복 유형 판독은 지역에 따라 다를 수 있지만, 대부분의 지역에 공통적인 일반적인 패턴이 있다. 이들 식생 패턴은 두 가지 일반적인 범주(範疇, category)로 나누어진다: 벌채된 고지(高地, upland)와 관목으로 덮인 고지나 습지와 같은 숲이 없는 지역과; 활엽수와 침엽수, 침엽수 소택지(沼澤地, bog)와 같은 산림 지역. 다음의 이들 피복 유형에 대한 기술은 흑백의 적외선 이미지에 적용된다.

A. 비산림 지역
   1. 벌채된 고지: 고운 질감, 에워싼 교목에 의한 그늘, 뚜렷하게 낮은, 때로는 바위의 노두(露頭, outcrop)가 보임
   2. 경운된 벌판: 뚜렷한 고랑이나 줄뿌림 작물
   3. 관목으로 덮인 고지: 거친 질감, 에워싼 교목에 의한 그늘, 에워싼 교목보다 더 낮음
   4. 노출된 물: 검고 반질반질함

5. 소택지와 늪: 반질반질하고 평탄함: 지표수가 있으면 검게 보임

B. 산림 지역
   1. 활엽수: 밝은 명암
      a. 동령(同齡, even age): 반질하고/획일적, 그늘이 거의 또는 전혀 없음
      b. 이령(異齡, uneven age): 거친 질감, 더 큰 수관에 의한 그늘이 있음
   2. 침엽수: 어두운 명암(일반적으로 동령림)
      a. 침엽수 조림지: 가끔 뚜렷한 줄, 특히 어린 조림지에서
      b. 침엽수 소택지: 어둡고, 평평하고, 가끔 성긴 피복(소택지의 중심을 향해 성기게 됨)

그림 7-1은 미국의 북부 온대지방에서 촬영된 항공 이미지에서 쉽게 식별할 수 있는 몇 가지 피복 유형을 보여준다. 항공 이미지는 해당 지역 내의 보다 구체적인 피복 유형을 확인하기 위해 이용될 수 있다. 이들 피복 유형의 설명은 주(州, state)나 지역 산림과 계획수립 부서에서 얻을 수 있다.

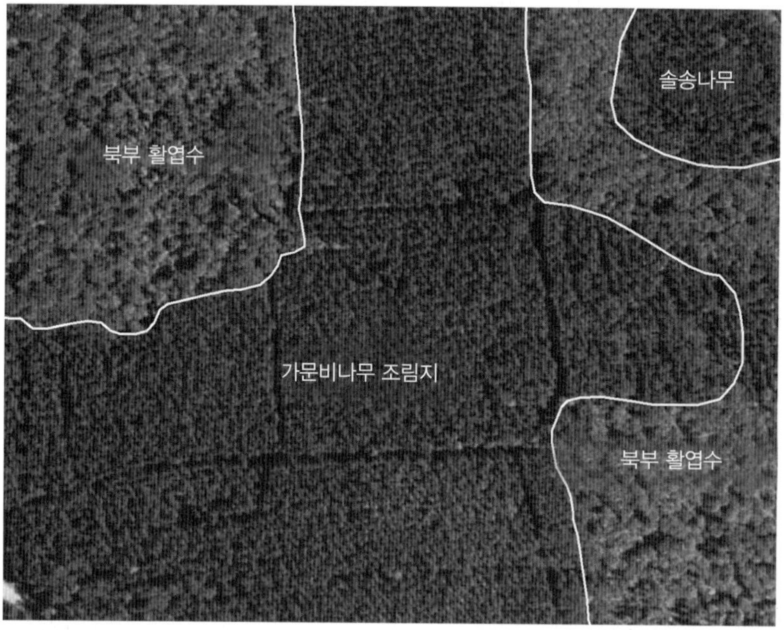

그림 7-1 미국 북동부의 항공사진에서 확인된 피복 유형.

면적 추정. 일단 예비적인 피복 유형 지도가 만들어지면, 다양한 식생 군집과 지형에 의해 피복된 면적이 측정될 수 있다. 이 정보는 관리계획 수행과 목표의 달성 여부를 확인하기 위해 분석할 수 있다. 분석을 수행하는 가장 간단한 방법은 **그림 7-2**에서 보여주는 바와 같이 점 격자(點格子, dot-grid)를 사용하는 것이다. 이미지에 점 격자를 적용하기 위해서는 많은 점 격자가 대부분의 지도와 항공 이미지에서 볼 수 있는 일반적인 분수 축척을 위한 면적 환산표가 있어야 한다. 그러나 서로 다른 축척을 가진 지도를 사용하거나 환산표 없이 점 격자를 사용하면, 해당 지도나 사진 축척을 이용하여 면적을 계산하는 것은 쉬운 일이다. 간단하게 표시된 해당 지도나 사진의

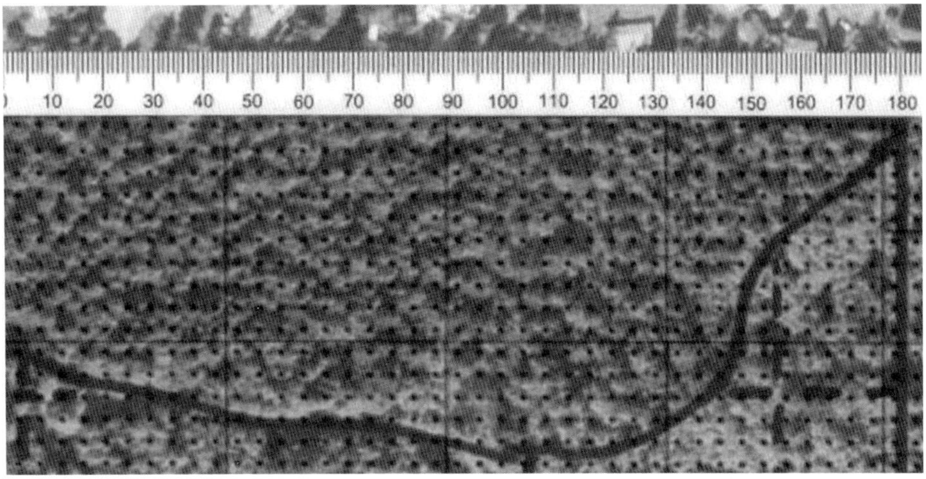

그림 7-2 이 사진에서 개별 점은 0.0081 ha(0.02에이커)를 나타낸다. 이 산림 임분은 477개의 점을 포함하고 있으므로 3.85 ha(9.54에이커)의 면적을 덮고 있다(Zobrist 등 2012).

분수 축척을 사용하여 점 격자에 있는 사각형의 면적을 구한 다음 이 면적을 해당 지역에 있는 점의 수로 나누어라. 그러면 이들 센 개별 점의 수가 해당 지도나 사진에 대한 토지 면적을 나타낼 것이다.

점 격자를 올바르게 사용하기 위해서는 격자를 해당 지도나 사진에 세 번 떨어뜨려서 매번 면적을 추정한 다음, 이에 대한 평균을 계산해야 한다. 해당 시스템을 가장 정확하게 사용하기 위해서는 피복 유형 경계선에 떨어지는 점은 하나 걸러 셈에 넣어야 한다. 그림 7-2는 항공사진 인쇄에 나타난 피복 유형의 면적을 결정하기 위해 사용된 점 격자를 보여준다. 디지털화된 이미지에서 분류된 토지 면적을 이용하면, 피복 유형이 확인되어 있고 속성표(屬性表, attribute table)가 작성되어 있으면, GIS(geographical information system)에서 즉시 계산할 수 있다(Nowak 등 1996). 어쨌든 사진 판독이나 GIS 분석은 면적을 계산할 필요가 있는 특성(예, 수관, 수체, 도로, 건물 등)을 결정해야 한다. 평균적인 경과 시간의 폭을 이용하면 예비 조사를 위한 대략적인 면적을 추정할 수 있지만 집중적으로 관리된 토지에서는 정확도가 떨어진다.

위성 이미지

여러 면에서 위성 이미지(satellite image)의 의도된 용도는 항공 이미지의 용도와 비슷하다. 관심을 가진 하나 또는 일련의 특성에 대한 자료가 수집되고 그 자료는 위치를 설명하기 위해 사용된다. 위성 이미지는 일련의 광감성(光感性, photosensitive) 탐지기나 감지기가 장착된 스캐너(scanner)를 통해 수집된 반사되거나 방출된 전자기 에너지의 최종 산물이다(Ward & Johnson 2007). 반사된 에너지의 강도와 감지된 파장(波長, wavelength)은 전자적으로 저장된다. 이 자료는 나중에 이미지를 생성하는 특수한 처리 소프트웨어로 해석된다.

1970년대 이래 몇 개의 위성 시스템이 배치되어 왔고, 각각은 더 낮은 고도의 항공 이미지와 비교하여 원격탐사(遠隔探査, remote sensing)의 장점과 단점을 가지고 있다. 위성은 지구 표면으로부터 600 km(370마일) 이상 높이에서 비행할 수 있는 이점이 있는데, 이는 거의 완벽한 수직 배향(垂直配向 vertical orientation)을 제공한다(Bolstad 2008). 자료는 크기가 1 m 미만으로부터 1 km 이상에 이르기까지 다양한 해상도의 래스터 셀(raster cell) 내에 기록된다. 격자의 크기가 클수록 이미지는 거칠어진다. 해상도도 한 이미지에 얼마나 큰 크기의 지구 표면 면적을 담을 수 있는가에 영향을 미친다.

첫 랜드샛(Landsat) 위성이 1972년 발사되고 뒤이어 발사된 랜드샛을 대체하는 일곱 위성이 15 m(49피트)에서 120 m(394피트) 사이의 다양한 셀 해상도를 가지고 한 면이 185 km(110마일)에 걸친 이미지를 생성하고 있다. 훨씬 더 높은 미터와 미터 미만(sub-meter) 이미지의 해상도는 한 면이 약 10 km(6마일)인 더 작은 토지 면적을 다룬다. QuickBird(60 cm에서 2.4 m), IKONOS(1~2 m), OrbView/GeoEye(0.25~4 m), SPOT(Satellites Pour l'Obervation de la Terre; 2.5~20 m) 위성들도 고해상도 이미지를 기록한다(Walton 등 2008; Ward & Johnson 2007).

더 높은 해상도를 얻기 위해서는 이미지당 토지 표시 크기를 더 작게 하는 비용을 치러야 하는데, 이는 지역과 국가적인 규모에서 면적당 지도를 더 비싸게 만든다. 성긴 해상도인 랜드샛(Landsat; 15~120 m), ASTER(Advanced Spaceborne Thermal Emission and Reflection Radiometer; 15~90 m), MODIS(moderate resolution imaging spectroradiometer; 250 m~1 km)와 같은 위성들은 더 넓은 토지 면적을 표시하기 때문에 단위 면적당 비용이 더 적다. 이러한 상충관계(相衝關係, trade off)는 이미지 비용/공간 해상도와 필요한 범위/현황조사 사이에서 발생한다.

라이다(LiDAR)

라이다(LiDAR, light detection and ranging)는 지표면 속성을 탐지하기 위해 레이저 빛을 사용하는 공중 시스템이다. 레이저 빛의 파동(波動, pulse)이 지구 표면으로 보내지고 감지기가 반사 에너지와 산란 에너지(scattered energy)를 탐지한다(Ward & Johnson 2007). 파동을 보낸 이후의 시간과 해당 에너지의 복귀 강도를 사용하여 10 cm(4인치) 미만의 지상 해상도로 지표 고도, 교목 수관 형태, 넓은 지역에 걸친 기반시설 특성을 작도한다(Bolstad 2008; USDA Forest Service 2011). 고정밀(高精密, high precision) GPS와 결합되면, 2~3 cm 이내의 수직 및 수평 측정을 추정하는 것이 가능하다. 목재 부피, 흉고단면적(胸高斷面積, basal area), 생물량 추정 등과 같은 임업에 대한 적용이 LiDAR로 가능하게 되었다(Ward & Johnson 2007).

지리정보시스템(GIS)과 위성위치확인시스템(GPS)

제6장에서 다룬 가로수 현황조사에 GIS와 GPS를 이용한 응용은 다른 장소에 있는 식생의 지도를 만드는 데 비슷하게 사용된다. 필요한 정확도와 정밀 요구도는 자료를 수집하기 전에 제시되어야 한다. 공간적인 자료는 GPS로 1 m 미만이나 더 성긴 수준으로 수집될 수 있다. 해당 정보의 최종 용도가 한 점이나 다각형(多角形, polygon)이 얼마나 정확할 필요가 있는가를 결정한다. 그 대신, 어떤 속성의 공간적인 위치(예, 교목 위치)는 야전 컴퓨터에 적재된 GIS의 정사 사진(正射寫眞, orthophoto)으로부터 수집될 수 있다. 해당 속성은 점으로 인식되고 이 공간적인 위치는 다른 속성(예, 교목 직경과 수종)과 연계된다. GIS와 GPS의 응용은 이 장의 마지막에 더 자세히 다룰 것이다.

지상 현황조사

지상 현황조사(地上現況調査, ground survey)는 세 가지 일반적인 기능을 제공한다: 원격 탐사된 자료로부터 만들어진 지도를 입증하기, 이들 지도로부터 추가적인 정보를 수집하기, 또는 최근 공중 자료가 없는 경우 예비 현황조사 도구 역할하기. 항공 이미지는 당시 주어진 지점에서의 지상 정보에 대한 정확한 그림을 기록하지만, 식물 군집 내에서는 재배 및 자연 사건으로 인해, 특히 도시 지역에서는, 시간이 경과함에 따라 많은 변화가 일어날 수 있다. 해당 이미지들이 2~3년 정도 지난 것이라면 이러한 변화를 기록하기 위해 지상 확인이 필요하다. 전반적인 식생 지도는 항공 이미지로부터 만들 수 있지만, 지상 조사는 현존하는 종의 구체적인 기술을 제공하기 위해, 그리고 산림으로 덮인 지역에서는 하층 식생의 명세를 제공하기 위해 필요하다. Walton 등(2008)은 무작위 표본 지점을 이용한 정확성 평가로서 모든 디지털 이미지 분류의 현실화(現實化, ground-truthing)를 권고한다. 항공 이미지가 없는 경우, 지상 현황조사가 식생 현황조사를 확보하는 유일한 수단이다.

식생 현황조사를 위한 공통적인 기법은 아래에 제시되어 있다. 이들 방법 중 몇 가지는 현황조사의 표본 크기나 신뢰성을 결정하기 위해 통계적 분석이 필요할 수 있다. 구체적인 통계검정(統計檢定, statistical test)은 여기서 설명하지 않기 때문에, 여러분은 다양한 통계와 생물측정 참고서를 참고하여 이에 대한 추가적인 정보를 얻기 바란다.

식생, 토양, 물, 공기, 동물, 인간의 사회경제, 기타 생물 다양성 지표 등이 도시 생태계 분석에 중요한 자료들이다(Alberti 등 2003; Foresman 등 1997). 북미의 구체적인 산림 피복 유형에 대한 분류와 설명은 미국임업가협회(Society of American Foresters)에서 얻을 수 있다(Eyre 1980). 미국 어류야생동물청(Fish & Wildlife Service) (Cowardin 등 1979)은 많은 주 정부 기관이 습지 보호 프로젝트에 참여하도록 하기 위해 습지와 심해(深海, deep water) 서식지에 대한 국가 습지 현황조사(National Wetland Inventory) 분류 시스템을 개발하였다. 숲이 없는 지역에서는 지역 자원기관과 대학으로부터 다양한 목초지(prairie), 사바나(savanna), 사막 지역의 분류에 관한 정보를 얻을 수 있을 것이다. 세계적으로 많은 정부 기관이 서류와 디지털 형식으로 토양 유형 지도를 제공한다. 예를 들면, 미국의 자연자원보호청(NRCS, Natural Resources Conservation Service), 호주 토양자원정보시스템(ASRIS, Australian Soil Resource Information System), 영국의 국립토양자원연구소(NSRI, National Soil Resources Institute), 캐나다의 국립토양데이터베이스(NSDB, National Soil DataBase), 한국의 국립농업과학기술원(NIAST, National Institute of Agricultural Science and Technology) 등이 있다.

피복 유형 지도제작 접근. 피복 유형 지도제작(cover type mapping)은 주요 식생과 이의 시간 경과에 따른 변화의 공간적 시간적 관점을 보여주기 위해 사용된다(Foresman 등 1997). 취급 범위는 꽤 넓거나(예, 산림, 농경지, 물모지, 습지, 도시) 훨씬 구체적일 수 있다. 세계적으로 많은 시스템이 가동 중이고 이들의 세부적인 수준도 다양하다. 도시 임업가에게는, 항상 지배적인 식생 유형이 가장 큰 관심이다. 조사에서 설명할 피복 유형을 선택하는 것은 관리 요구에 따라, 식생의 주된 차이 사이의 일반적인 구별로부터 각 식생 군집의 자세한 현황조사에 이르기까지 다양할 것이다. 넓은 지역에 걸친 토지 피복 자료 확보에 도전하는 것은 수집에 비용이 많이 들 수 있다(Bolstad

2008). 따라서 자료의 질과 비용 사이에 종종 상충관계가 발생한다.

Graham(1945)은 피복 유형 지도제작의 표준화를 주장한 초기 제안자였다. Graham의 피복유형 시스템은 사용하기 쉬운 접근 중 하나이고 산림 임분이나 더 높은 수준에서 상당히 정확한 식생 현황조사를 제공할 것이다. Miller(2007)는 이 시스템을 자세히 다루었다. 주 수준의 토지 피복유형은 가끔 피복유형 지도제작으로 이어진다. 미네소타 토지피복 분류 시스템(MLCCS, Minnesota Land Cover Classification System)은 자연/준자연 또는 재배적인 피복유형으로 구분되는 5개 계층 수준(階層水準, hierarchical level)으로 구성된다. 자연/준자연 분류는 국가식생분류시스템(NVCS, National Vegetation Classification System)의 level 1에서 3과 미네소타 자연 유산(Minnesota Natural Heritage)의 식생군집 유형 level 4와 5를 사용한다.

Level 1	일반적인 생장 패턴(예, 산림[山林, forest], 수림지[樹林地, woodland], 관목지대[shrubland])
Level 2	식생 유형(예, 낙엽수, 침엽수, 초지, 활엽초본/forb)
Level 3	토양 수문(예, 고지대/upland, 계절적으로 침수, 포화)
Level 4 & 5	식물 종 구성(예, 범람원/floodplain 숲, 사초류가 풍부한 늪지, 방크스소나무가 많은 불모지)

MLCCS 재배지 분류 시스템은 조성/식생 패턴과 수분 침투에 불투수성인 지역을 확인하기 위해 피복 유형을 분류하였다.

Level 1	개발(build-up) 요소의 존재(즉, 개발 vs. 경작된 토지)
Level 2	지배적인 식생(예, 교목, 관목, 초본)
Level 3	식물 유형(예, 낙엽수, 침엽수)
Level 4	불투수성 표면의 비율이나 토양 수문
Level 5	특수한 식물 종

재배적인 분류는 토지 피복 현황조사를 위해 토지 이용(예, 주거지, 상업지, 산업용지)보다 식생의 토지 피복을 사용하는데, 이는 자원관리자와 계획수립가가 유용한 토지 평가를 가능하게 한다. 생태단위의 국가적 계층 체계(National Hierarchical Framework of Ecological Units) (이 장의 뒤에 고찰될 것임)는 국지적에서 지역적 수준으로, 지역적에서 국가적 수준으로 피복을 분류하는 용인된 접근방법이다(Avers 등 1993; Bailey 1995; McNab 등 2005).

미국의 토지 특성에 대한 지도를 제작하기 위한 노력의 일환으로 다중해상도 토지특성(MRLC, multi-resolution land characteristics) 컨소시엄이라는 한 무리의 연방기관을 구성했다. 1992년과 2001년의 국가 토지피복 데이터베이스(NLCD, National Land Cover Database)가 이들의 작업 결과물들이다(Homer 등 2004). 가장 최근의 NLCD2001(Jin 등 2013)은 미국 대륙 48개주에 걸쳐 30 m(98피트) 공간 해상도(空間解象度, spatial resolution)에 16 등급 토지피복 분류체계를 적용하였다. NLCD는 토지 피복 유형과 교목 수관 자료의 공급원으로 쉽게 활용할 수 있다(Greenfield 등 2009). 30 m 해상도의 NLCD의 한계는 사진으로 판독한 값과 비교해 보면 도시 교목 피복은 평균 9.7%, 불투수 면적(不透水面積, impervious area)은 다소 낮은 1.4% 정도 과소평가된다는 것이다(Nowak & Greenfield 2010). 이들은 이 자료들이 이차적으로 추정되는 생물량과 빗물 차단량의 과소평가로 이어질 수 있다고 경고한다.

선상측정. 선상법(線狀法, line transect method)은 주로 식물 피복이나 한 종이 지자체 내에서 차지하고 있는 면적 비율을 확인하기 위해 사용된다. 표본추출 단위는 길이와 높이만 있는 수직면(垂直面, vertical plane)으로 시각화될 것이다. 자신의 구조 일부가 이 면과 교차하는 모든 식물은 조사되고 교차하는 길이가 기록된다(**그림 7-3**). 표본추출에서 선의 위치와 길이는 무작위성이 적용될 것이다. 다음으로 종에 대한 피도(被度, cover)와 상대피도(相對被度, relative cover)는 다음과 같이 계산된다.

$$\text{피도} = \frac{\text{식물 종이 교차하는 총 길이}}{\text{횡단선의 총 길이}}$$

$$\text{상대 피도} = \frac{\text{한 종의 교차하는 총 길이}}{\text{모든 종의 교차하는 총 길이}} \times 100$$

만약 종의 상대도수(相對度數, relative frequency)만 필요하다면, 교차하는 길이가 아닌 종별로 교차하는 수를 세어보면 된다. 선상법은 주로 산림 피복 유형에서 관목과 초본층의 피도를 추정하고 목초지, 습지, 기타 비 신람 생태계에 대한 현황조사를 위해 사용된다. 해당 현황조사의 신뢰성은 주어진 종의 도수나 각 횡단선의 종 군집에 대한 변이계수(變異係數, coefficient of variation) 분석을 통해 통계적으로 검정될 수 있다.

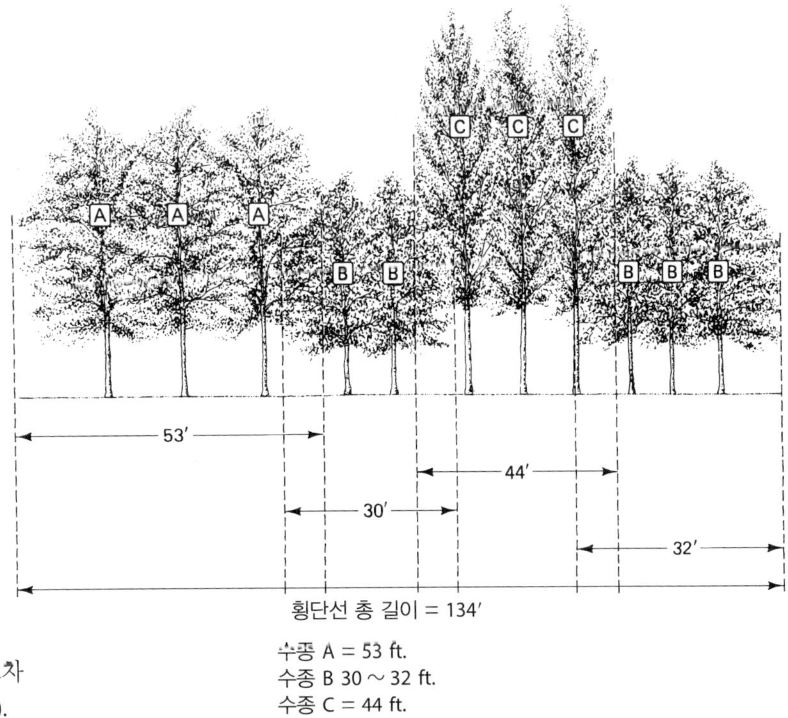

그림 7-3 횡단선에 교차하는 3종의 교목(A, B, C).

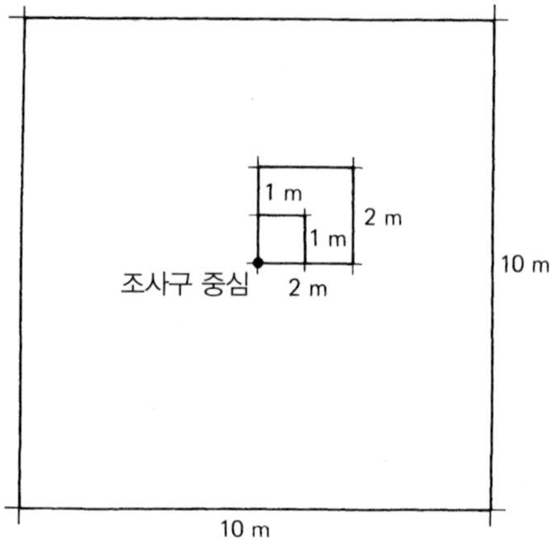

방형구 크기 = 10 m × 10 m = 0.01 ha 또는 0.025에이커
2 m × 2 m = 0.0004 ha 또는 0.001에이커
1 m × 1 m = 0.0001 ha 또는 0.00025에이커

그림 7-4 상층 식생(10 × 10 m), 관목층(2 × 2 m), 초본층(1 × 1 m)에 대한 표본추출 방형구 크기.

방형구 표본추출. 방형구 조사법(方形區調査法, quadrat sampling method)은 주어진 크기의 면적 내에 있는 모든 개체를 종별로 조사한다. 방형구 표본추출은 정사각형 모양에 국한되지 않고 알려진 크기의 직사각형과 원형 소구획도 흔히 사용된다. 이 방법은 산림의 상층(上層, overstory), 관목층 또는 임상(林床, forest floor)의 초본 생장은 물론 비 산림지역의 식물 군집에 대한 표본 추출을 위해 사용될 수도 있다. 방법론은 동일하지만 소구획의 크기는 표본추출될 층(層, stratum)에 따라 다양할 수 있다. 산림 생태계의 경우에는, 점진적으로 더 작은 방형구에서 추출된 상층, 관목층, 지피 등을 가진 부작위 또는 계통적으로 사전 선택된 위치에서 결합 조사(結合調査, combination survey)가 수행된다. 미국에서 흔히 사용되는 방형구 크기는 교목은 100 m^2(1/40에이커) (33 × 33피트), 어린 교목과 관목은 4 m^2(1/1000에이커) (6.6 × 6.6피트), 초본 생육지는 1 m^2(1/4000에이커) (3.3 × 3.3피트)이다(**그림 7-4**). 일단 조사가 완료되면, 다음 공식들을 이용하여 밀도(密度, density), 상대밀도(相對密度, relative density), 빈도(頻度, frequency), 상대빈도(相對頻度, relative frequency), 총 유기체 수(풍부도/豊富度, total number of organisms, richness) 등을 계산할 수 있다.

$$\text{밀도} = \frac{\text{해당 종의 개체수}}{\text{모든 방형구의 총 면적}}$$

$$\text{상대밀도(\%)} = \frac{\text{해당 종의 밀도}}{\text{모든 종의 총 밀도}} \times 100$$

$$\text{빈도} = \frac{\text{해당 종이 포함된 방형구 수}}{\text{방형구 총 수}}$$

$$\text{상대빈도(\%)} = \frac{\text{해당 종의 빈도}}{\text{모든 종의 총 빈도}} \times 100$$

$$\text{풍부도} = \text{모든 종의 총 수}$$

표 7-2 조사구 크기가 조사 변수에 미치는 효과

조사구 크기(ha)	시간(분)		조사구 수		조사구당 교목 수			잔여 교목의 수		
	평균	표준오차	평균	표준오차	평균	표준오차	범위	추정치[a]	표준오차	상대표준오차
0.017(1/24에이커)	61.8	7.4	1.9	0.1	2.6	1.1	0~27	429,998	178,366	41.5
0.04(1/10에이커)	84.1	9.9	2.8	0.2	4.6	1.3	0~33	316,968	90,708	28.6
0.067(1/6에이커)	106.1	14.0	3.1	0.2	6.5	1.5	0~34	266,922	61,220	22.8

[a] 100개의 1/10에이커(0.04 ha) 조사구를 기준으로 추정된 수는 교목 251,000그루(표준오차 = 35,000)임.

출처: Nowak, Walton 등 2008.

표준오차와 변이계수는 해당 표본의 주어진 종이나 종 군집에 대한 빈도 변산도(頻度變散度, frequency variability) 분석을 통해 현황조사의 통계적 신뢰성을 확인하기 위해 사용될 수 있다. 또 다른 통계적 신뢰성 검정은 다음 공식을 이용한 상대표준오차(相對標準誤差, RSE/relative standard error)이다:

$$\text{상대표준오차} = \frac{\text{표준오차}}{\text{추정치}} \times 100$$

Nowak & Walton 등(2008)은 표본 방형구가 10개면 54.1% RSE이지만, 100개가 되면 17.1% RSE로 떨어지고 표본이 200개로 증가하면 다시 12.1% RSE로 하락한다는 것을 발견했다. 2인 1조로 14주 동안의 야외 조사 기간 중에 0.04 ha(1/10에이커) 크기의 방형구 약 200개를 표본조사 할 수 있다. 표본의 크기를 200개 이상으로 늘리면 정밀도가 향상되는 것은 확실하지만, 얻는 것은 표본 조사구를 늘림으로 인해 증가하는 비용에 비해 상대적으로 미미할 것이다. 조사구의 크기도 클수록 오차를 줄이기 때문에 정확도에 영향을 미치지만, 표본 조사에 더 긴 시간이 걸린다(**표 7-2**).

i-Tree(연도 미상) 모델은 특정 지역에 대한 도시 숲 구조와 환경의 영향을 추정하기 위해 표본 조사구를 사용하는데, 지역은 지역사회, 공원, 또는 기타 제한된 프로젝트 구역일 수 있다. 원형 조사구가 사용되거나 크기가 다른 조사구도 선택되지만 일반적인 크기는 0.067 ha(1/6에이커)나 0.04 ha(1/10에이커)이다. 조사구의 크기가 커짐에 따라 자료의 정확도도 높아지지만 조사구를 측정하기 위해 필요한 시간도 늘어난다(Nowak, Walton 등 2008). 조사구는 격자 패턴에 무작위로 위치하거나 계통적으로 자리 잡는다. 무작위 조사구 생성기(random plot generator)는 프로그램의 일종으로, 비층화되거나 층화된 표본 모두를 생성하는 데 유용하다. 표본을 토지 피복(예, 단독 주택지구, 상업지구, 산업지구)별로 층화하는 것은 토지 피복의 상대적인 면적을 기준으로 조사구의 수를 비례적으로 배분하는 것이다. 도시 숲에 있는 교목의 수는 가끔 토지 이용별로 차이가 있기 때문에, 층화(세분)는 모집단의 표본 추정의 신뢰도를 높일 수 있다. i-Tree Eco 모델은 잠재적인 토지 이용 범주를 총 14개로 구분하고 있는데, 대부분이 지자체에서는 일반적으로 5~10개 층(토지 이용)이 존재한다. 각 층(토지 이용) 내에는 최소 20개의 표본 조사구가 권고된다.

점추출법. 점추출법(點抽出法, point sampling)은 임업가가 살아 있는 목재의 부피를 확인하기 위해 임분재적조사(林分材積調査, timber cruise)를 할 때 흔히 사용하는 기술이다. 도시 숲을 관리하거나 지도를 제작할 때에는 목재의 부피가 관심의 대상이 아닐지 모르지만, 이 기술은 임분 밀도와 우세한 상층 수종에 대한 상대적인 종 생물량을 빠르고 믿을 만하게 추적하는 데 도움이 될 것이다. 이 기술은 변반경(變半徑, variable radius) 조사구 추출법이라고도 불린다.

점추출법은 DBH에서의 수간 단면적인 흉고 단면적(胸高斷面積, basal area, m^2/ha 또는 ft^2/에이커)을 확인하기 위해 분광기(分光器, prism)나 각도 게이지(angle gauge)를 사용한다. 알려진 크기의 시선을 단(段)을 짓도록 분광기를 설계된 정밀한 각도로 깎는다. 표본 지점으로부터 흉고 높이에서 분광기를 통해 교목의 수간을 보면, 해당 분광기는 해당 수간의 단편을 중심축에서 분리할 것이다. 만약 분리된 것이 해당 수간의 직경 바깥에 위치하면, 해당 교목은 기록되지 않는다. 그러나 분리된 수간이 해당 수간의 직경을 벗어나지 않으면, 해당 교목은 "범위 내(in)" 교목으로 기록된다(**그림 7-5**). 이 분광기의 각도가 흉고 단면적 계수(BAF, basal area factor)를 제공하고, 바로 이 수가 현장 관측을 흉고 단면적 추정치로 환산한다. 표본점(標本點, sample point)에서 기록된 "범위 내" 교목의 수를 BAF(전형적으로 2.296 m^2/ha 또는 10 ft^2/에이커)로 곱하면 흉고 단면적 추정치가 산출된다. 다수의 표본점으로부터 산출된 흉고 단면적 추정치는 평균하여 한 구역 내의 전반적인 흉고 단면적을 결정할 수 있다. 합리적인 흉고 단면적 추정치(즉, 90% 신뢰 구간)

그림 7-5 산림 임분의 흉고 단면적을 결정할 때 쓰는 교목의 분광기 모습. (A) 범위 내 교목으로 기록. (B) 경계 교목은 기록 여부를 결정하기 위해 조사구 중앙에서 측정되어야 한다. (C) 범위 밖 교목은 기록되지 않는다. (Drew Stephenson, http://wikipedia.org/wiki/Wedge_prism.)

표 7-4 USDA 산림청의 국가 생태단위 계층

계획수립과 분석 규모	생태 단위	목적, 목표, 일반적인 용도	일반적인 크기 범위
생태지역			
지구적	Domain	모델링과 샘플링, 전략적인 계획수립과 평가, 국제적인 계획수립 등 광범위한 적용 가능	2,600,000~26,000 km^2 (1,000,000s~10,000s mi^2)
대륙적	Division		
지역적	Province		
아구(亞區, subregion)	Section Subsection	전략적, 다중 산림, 주 단위, 복합 기관 분석과 평가	2,600~26 km^2 (1,000s~10s mi^2)
경관(landscape)	Land type association	산림이나 지역 단위 계획수립과 유역 분석	400~40 ha (1,000s~100s 에이커)
토지 단위(land unit)	Land type Land type phase	프로젝트와 관리 지역 계획수립과 분석	40~ < 4 ha (100s~<10에이커)

출처: Avers 등 1993.

층 식물이 산림 상층보다 훨씬 더 빠르게 후기 천이 군집으로 진행되기 때문이다. 다음으로 개별 서식지 유형에 대해 천이 경향이 기술되고 관리 대안이 논의된다. **그림 7-6**은 세 가지 특정 서식지 유형에서의 천이 경향에 대한 사례이다. 이와 같은 시스템은 도시 지역에 있는 자연 산림 군집을 분류하는데 쉽게 사용될 수 있다.

전 세계의 도시 숲은 광범위한 생태 및 기후 지역에 걸쳐 있어서, 이는 도시 숲 구조와 기능을 모델링하고 지역적으로 적합한 식물을 선정하는데 중요한 요소들이다. McPherson(2010)은 i-Tree Streets를 위해 미국 내 16개 기후대(氣候帶, climate zone)를 개발하고 기후대별 기준이 되는 교목 생장, 일반적인 교목 수종, 편익과 비용 자료 등을 기술한다. 기후대 내 기준 도시는 해당 기후대 내의 도시 숲 편익을 모델링하는 데 필요한 적어도 일차근사치(一次近似値, first-order approximation)를 제공한다. 이러한 접근방법은 i-Tree 모델을 아시아, 유럽, 캐나다, 호주 등의 도시로 확대하는 데 도움을 준다(McPherson 2010). Johnson & Himanga(2009)는 미네소타주의 도시 숲에 대한 식물 선정 적합성에 대한 근거로 생태지역(生態地域, ecoregion) 접근방법을 채택했다. 미네소타주 내에 총 6개 생태지역이 생성되었고, 각 생태지역 내에는 해당 지역에 대한 식물 적합성 등급을 부여하기 위해 더 작은 분류가 사용되었다.

도시 숲과 피복 유형 현황조사

도시 식생 피복 유형에 대한 현황조사는 개발된 토지와 개발되지 않은 토지 모두를 포함하며, 공공 소유와 민간 소유에도 적용될 수 있다. 여기서는 범위가 넓은 두 범주인 교목 피복 평가와 경관 현황조사에 대해 고찰하며, 이들 모두는 앞에서 설명된 기법을 사용한다.

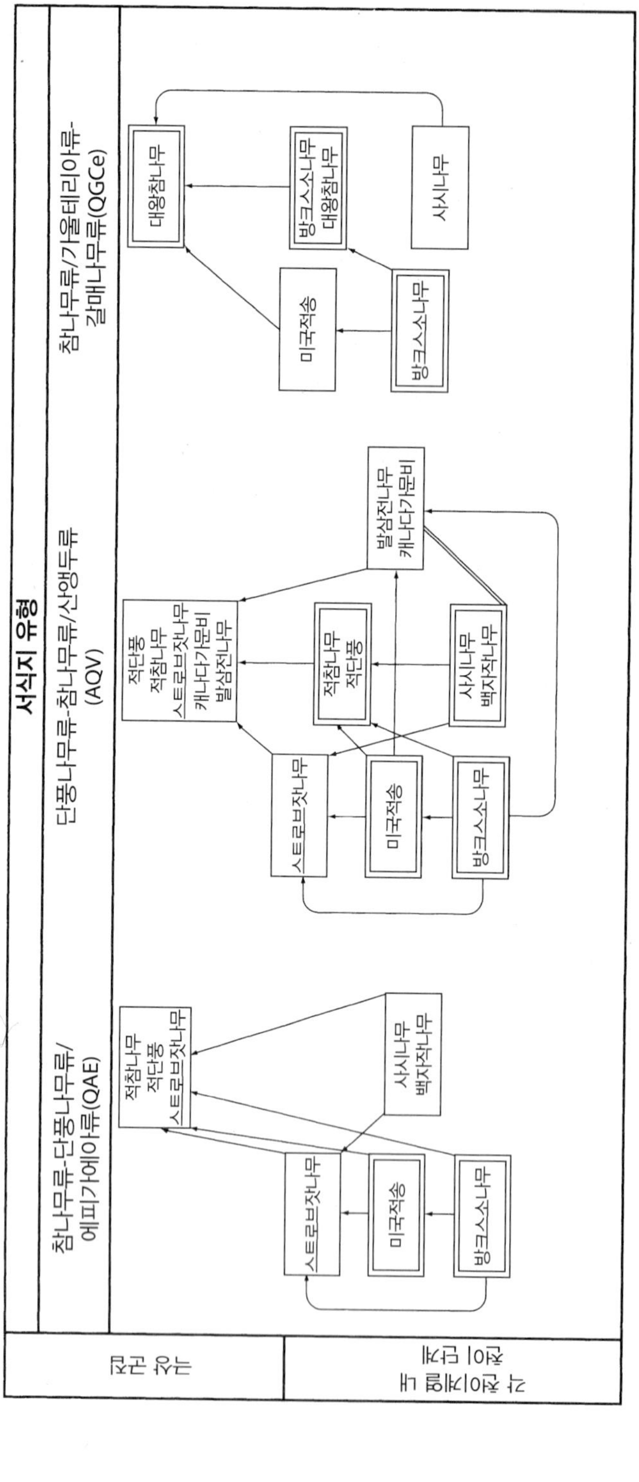

그림 7-6 북부 위스콘신주의 건조/척박한 서식지 유형에서의 일반적인 천이 단계와 개연성 있는 천이 경로(Kotar 등 2002).

교목 피복 평가

도시 교목 피복(UTC, urban tree canopy) 또는 교목 수관 피복(TCC, tree canopy cover) 평가는 개발된 지역에서의 교목 피복을 묘사하고, 특정 교목 수종의 분포나 교목 문제의 위치를 확인하는 것과 같은 특별한 기능을 위해 항공과 위성 이미지를 사용한다(USDA Forest Service 2011). 가장 유용하기 위해, 항공사진과 위성 이미지는 최근 것이어야 하고, 연중 그리고 당일 최적의 시간에 유용한 축척을 제공하는 높이에서 촬영되어야 한다. 이러한 서비스를 제공하기 위해 민간 기업이 고용될 수 있는데, 정상적인 운전 환경하에서 그 비용은 추가적인 자금조달이 필요할 가능성이 높다. 그러나 엄격한 수직과 수평, 고도에 대한 조절이 필요하지 않으면, 임차한 항공기에서 디지털 사진기를 이용하여 이러한 예비 피복 분석을 위한 정보를 확보할 수도 있을 것이다. 이 장의 앞쪽과 제6장에서 설명한 바와 같이 다른 목적으로 촬영된 이미지도 사용할 수 있다.

UTC를 추정하는 데는 모델링, 시각적 추정, 수관 피복 척도(crown cover scale), 횡단선, 점 격자, 주사법(走査法, scanning method) 등 몇 가지 접근방법이 있다(Heynen & Lindsey 2003; Lowry 등 2012; Nowak & Lear 2009; Nowak 등 1996). 모델링은 해당 지역의 사회적, 물리적 속성에 기반을 둔 교목 피복의 통계적 예측이 수반된다(Heynen & Lindsey 2003; Iverson & Cook 2001). 시각적 추정은 항공사진을 보고 교목 피복이 해당 이미지의 어느 정도를 차지하고 있는가를 추정하는 것이다. 이러한 간편한 접근방법은 점 격자 가치의 5~10% 이내에 들어오는 평균 추정치를 제공할 수 있다(UTC 연구실 실습에서 학생들의 관찰에 의한 예측을 기준으로). 비교를 위해서는 평정척도(評定尺度, rating scale)가 도움이 된다(**그림 7-7**). 수관 피복 축척을 이용하는 방법은 이미지 위에 정해진 크기의 다각형을 놓고 다각형 내의 현저한 지표 특성이나 그 특성의 비율을 분류하는 것이다. 횡단선 방법은 도시 숲 연구 지역을 가로지르는 정해지거나 임의의 길이의 줄을 사용한다. 교목 피복을 가로지르는 줄의 길이를 줄의 총 길이로 나누어 교목 피복 비율을 산출한다. 주사법은 UTC를 예측하는 가장 정밀한 방법이 될 수 있으나, 이 방법은 교목 피복을 디지털화하거나 투사(透寫, trace)해야 하기 때문에 노동 집약적이다. 점 격자법은 지도 위를 덮어씌울 아세테이트나 GIS에서 보정된 정사 사진(正射寫眞, orthophto) 위에 놓을 디지털화된 점 격자를 사용한다. 적용 사례는 다음에서 다룬다.

도시 지역에 대한 전반적인 교목 피복 평가는 도시 임업 프로그램을 시작하는 지자체에서는

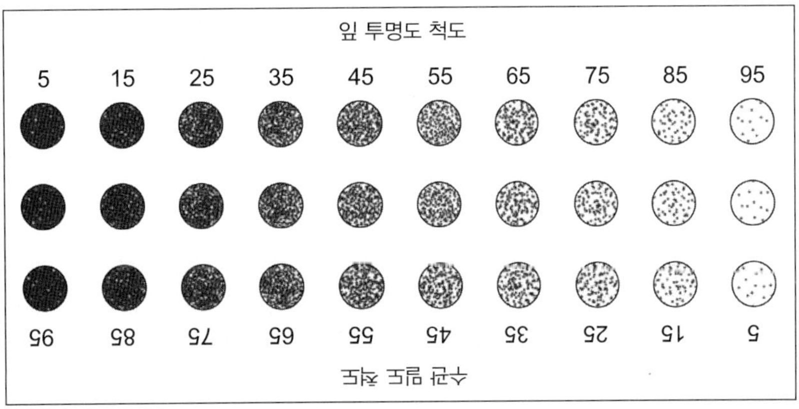

그림 7-7 시각 추정을 통해 수관 피복을 추정하기 위해 사용된 평정척도.

예비적인 계획수립 도구로서의 역할을 한다(Theobald 1978). 하나의 평가 기법으로 기존의 사진에 점 격자를 이용한다(**그림 7-8**). 교목 수관에 포함된 점을 기록하고 다음 공식을 이용하여 지역사회나 이웃에 대한 수관 피복 비율을 계산한다.

$$\text{수관 피복 비율(\%)} = \frac{\text{교목수관에 면한 점의 수}}{\text{점의 총수}} \times 100$$

수관 피복 비율은 디지털 항공사진 위의 임의의 점(random point)을 투영함으로써 확인될 수 있다. 해당 점의 중심은 UTC를 추정하기 위해 사용된다. 점 100개의 표본은 약 1시간이 소요되고, 수관 피복 비율 30%로 추정되는 표준오차 4.6%의 예측치가 산출될 것이다(Nowak & Lear 2009). 표본의 점을 1,000개로 늘리면 표준오차(동일한 30% 수관 피복 가정)가 1.4%로 떨어지고 작업을 완료하는데 약 하루가 걸릴 것이다. 따라서 항공사진을 이용하면 낮은 비용으로 지자체의 수관 피복에 대한 합리적인 추정이 가능하다. 분류에 대한 오류를 최소화하기 위해서는 훈련과 품질관리가 중요하다.

교목 피복 분석은 지역사회의 전반적인 수관 피복 비율과 교목 피복의 분포를 확인하는 데 사용될 수 있다(Nowak 등 1996; Theobald 1978). 이는 의사결정을 하는 사람이 도시 숲의 범위를 이해하는데, 그리고 도시 교목의 편익이 공간적으로 어디서 발생하는가를 이해하는 데 도움을 주어 UTC를 도시 자연자원 계획수립에 통합시킨다(Locke 등 2010; Walton 등 2008). 지자체의 일부가 즉각적인 주목이 필요하다고 생각하기에 앞서 주의를 기울일 필요가 있는데, 이는 해당 지역이 아직 상당한 수관 피복을 제공할 수 없는 어린 교목이 많이 있을 수 있기 때문이다. 사진 판독에만 근거하여 결론을 내리기에 앞서 피복 분석에 이은 지상 검정은 필수적이다. LiDAR를 이용한 UTC 추정은 가끔 소교목을 놓치는 과거의 추정보다 더 정확하다(USDA Forest Service 2011). LiDAR를 이용하여 UTC 추정한 결과 교목 수관을 가리는 건물의 그늘로 인해 처음 10%였던 추정치가 두 배로 늘어났다(**그림 7-9**). 수관 피복 비율은 수관 피복 비율 목표 달성을 향한 과정을 측정하는 기준 역할을 한다. Sung(2012)은 텍사스주 레이크웨이(Lakeway)시의 지역 교목 보호정책의 효과를 평가하기 위해 LiDAR를 사용했고, 그 교목보호규정이 효과적이라는 것을 확인했다. Kenney 등(2011)은 목표 달성을 향한 과정을 평가하기 위해 상대 수관 피복(相對樹冠被覆, relative canopy cover)을 제안한다.

$$\text{상대 수관 피복} = \frac{\text{수관 피복}}{\text{잠재적 수관 피복}} \times 100$$

요약하면, UTC 분석은, 가끔 관리 지역별로 구분되기도 하는데, 현재의 피복 수준을 설명하고, 관리계획수립에 지침이 되는 피복 지도를 작성할 수 있게 한다. McPherson 등(2011)은 캘리포니아주 로스앤젤레스시에 얼마나 많은 교목 식재지가 있는가를 추정하기 위해 UTC 분석을 사용하였다. 그 결과 이들은 백만 그루 LA 발안(Million Trees LA Initiative)을 위한 1.3백만 곳의 식재 가능 지역과 함께 2.5백만 그루의 잠재적인 교목 식재지를 확인하였다. Locke 등(2010)은 뉴욕시의 백만 그루 뉴욕시 운동(MillionTreesNYC Campaign)을 위한 교목 식재 위치 우선순위 부여를 위해 GIS 모델을 사용하였다. 이들은 모델 개발의 광범위한 파라미터(parameter)로 요구(교

그림 7-8 점 격자를 이용한 도시 교목 피복분석. 수관 피복 비율은 미리 정해진 지역에 대한 교목 수관에 위에 놓인 점의 수를 해당 지역 점의 총 수로 나누어 결정된다. (Technical Forestry Services의 Connie Head 제공.)

그림 7-9 UTC를 추정하기 위해 사용된 LiDAR 이미지. (University of Vermont의 Jarlath O'Neil-Dunne 제공.)

목이 특정 지역사회 문제를 충족시킬 수 있는 능력)와 적합성(생물물리적 제약과 계획의 목표)을 사용하였다. Poracsky & Lackner(2004)는 오리건주 포틀랜드(Portland)시의 1972년에서 2002년 사이 수관 피복의 변화 여부를 확인하기 위해 수관 피복 분석을 사용하였다. 이들은 수관 피복이 1972년(25.1%)에서 1991년(25.5%), 2002년(26.3%)으로 조금씩 증가한 것을 발견하였다. 흥미롭게도, 가로수는 포틀랜드시 연구지역에서 수량으로는 전체 교목의 3.4%를 차지하였으나 피복은 17.2%에 달하였다(Poracsky & Lackner 2004). Google Earth 영상(映像, imagery)의 사진판독을 이용한 결과, Nowak & greenfield(2012)는 미국대륙 48개 주의 전체 교목 수관 피복은 34.2%(SE = 0.2%)였는데 비해, 도시와 집단거주지역의 수관 피복률은 35.1%(SE = 0.4%)라는 것을 발견하였다. 불투수성 지표면은 전체 지역(2.4%, SE = 0.1)보다 도시와 집단거주지역(17.5%, SE = 0.3)이 훨씬 높았다.

천연 적외선 항공 이미지를 사용하면 교목 수관 건강도도 평가할 수 있다. 건강한 잎은 적외선 에너지를 더 많이 반사하기 때문에, 건강한 수목은 붉게 나타나는 데 비해, 건강하지 않은 수목은 천연색 적외선 필름에 자홍색(magenta), 보라색(purple) 또는 녹색으로 나타난다. 수목의 잎은 자신이 가지고 있는 해면엽육조직(海綿葉肉組織, spongy mesophyll)의 양에 비례하여 적외선 에너지를 반사한다(Jensen & Hardin 2005). 수분 스트레스를 받고 있는 수목은 활력이 낮은 해면엽육조직을 가지고 있고, 따라서 반사되는 적외선 복사도 더 낮다. 이러한 색상 차이는 농작물과 상업적인 산림에서 해충과 병 피해를 탐지하기 위해 활발하게 이용되어 왔다. Howe & Harker(1977)는 일리노이주 다우너스그로브(Downers Grove)에서 녹음수 쇠락을 탐지하기 위해 천연색 적외선 이미지를 이용하였다. 이를 위해 7월의 늦은 아침에 헬리콥터를 이용하여 다양한 높이에서 천연색 35 mm 적외선 사진을 찍었다. 건강한 미국참나무(*Quercus alba*)는 강한 적색을 보인 데 비해 황화된 참나무는 뚜렷하게 분홍색이었다. 관리자들은 쇠락하고 있는 교목은 천연색 적외선 필름에서 탐지할 수 있었지만, 스트레스를 받고 있는 교목은 정상적인 가시적 쇠락 증상이 있기 전에는 확실하게 확인할 수 없었다. Hargrave(2001)는 저고도 디지털 사진을 이용하였고, 이를 통해 녹색 분광 파장(分光波長, spectral wavelength)을 이용하여 참나무의 공사 피해 스트레스를 탐지할 수 있었다. 지상에서 볼 때, 모든 교목은 시각적으로 비슷하게 보였다. 잎의 스트레스 증거를 디지털적으로 탐지하는 능력은 해당 스트레스의 원인을 반전시키기 위한 수목관리적인 처치를 더 빨리 적용하게 만든다.

교목의 수종을 동정하기 위해 다양한 지상, 공중, 원격 탐사 접근방법이 활용될 수 있다. Rodgers & Harris(1983)는 텍사스주의 5개 도시에서 피칸(*Carya illinoensis*) 교목의 수관 피복을 조사하기 위해 천연색 적외선 필름을 사용하였다. 호리비단벌레(emerald ash borer, *Agrilus planipennis*) 피해를 대비하기 위한 물푸레나무류(*Fraxinus* spp.) 교목 현황조사가 초분광영상(Hyperspectral Imaging)과 LiDAR를 사용하여 수행되었는데, 이들은 물푸레나무 위치 지도를 지리공간적으로(geospatially) 제작하기 위해 GIS에서 결합하였다(Souci 등 2009). 이 접근법은 위스콘신주 밀워키(Milwaukee)시의 교목 피복 중에서 물푸레나무가 차지하는 비중이 16%로 추정하였다(Souci 등 2009). 초분광영상은 400에서 2,500 nm까지의 파장 내에서 224개 인접 분광 채널로부터 자료를 수집한다(Ward & Johnson 2007; Xiao 등 2004). 수종의 특징을 가려내기 위해 수많

그림 7-10 호리비단벌레 위험 평가와 준비 계획수립을 위해 위스콘신주 밀워키에서의 1 m 초분광 원격탐사 분석과 이미지 분류를 통해 작성된 물푸레나무류 위치에 대한 결과적인 GIS 기반 지도. (Plan-It Geo, LLC의 Ian Hanou 제공.)

은 분광대(分光帶, spectral band)가 사용되고 있다(**그림 7-10**). Xiao 등(2004)은 교목 수종에 대한 지도를 제작하기 위해 3.5 m 해상도 AVIRIS 자료를 사용하였다. 교목 유형의 지도제작에는 정확도가 94%였으나 교목 수종 수준에서는 정확도가 70%로 떨어졌다.

경관 현황조사

사유지와 공유지 모두에서 수행되고 있는 일반적인 경관 현황조사(landscape inventory)는 자연 생태계(잔여 식물군집이나 교란된 지역의 초기 천이 군집)의 피복 유형 지도로부터 개별 수목의 위치를 확인하고, 지도를 제작하며, 기술하는 것에 이르기까지 그 범위가 넓다. 일반적인 피복 유형 지도제작은 앞서 기술한 기법을 사용하겠지만, 보다 집중적인 현황조사는 특정한 수목의 위치를 표시하기 위해 격자 시스템, 항공 이미지, 평판(平板, plane-table) 지도, 또는 컴퓨터 지원 설계(CAD, computer-aided design)나 GPS를 사용한다. 여기서의 논의는 공공 공원과 산림, 개인 경관, 공공 통행로(通行路, right-of-way), 또는 도시 생태계 전체의 현황조사를 위해 사용되는 이들 다양한 도구를 고려한다.

공원과 산림. 식생은 주의 깊게 조성되고 유지관리되는 경관 수목으로부터 진짜 산림 생태계에 이르기까지 연속적으로 존재하기 때문에, 생태계 유형을 기준으로 공원과 산림을 구분하는 것은 어렵다. 여기서는 논의를 위해, 공원지역을 잔디가 지배적인 가운데 목질의 경관 식물이 산재해 있는 개방된 토지로 정의한다. 또한 공원지역은 더 집중적인 관리가 요구되는 것으로 정의된다. 산림지역(山林地域, forestland)은 비산림 피복 유형을 포함하여 자연적인 식생 군집이고, 덜 집중적인 관리를 받는다. 유럽에서는 수림지(樹林地, woodland)라는 용어를 사용하는데, 이는 산림지역과 동의어로, 숲과 기타 자연적인 숲, 조림지, 과수원, 소형 수목을 포함한 수목으로 덮인 지역으로 구성되어 있다(Randrup 등 2005).

공원 현황조사는 일반적으로 숲 현황조사보다 집중도가 더 높은데, 가끔 모든 목본식물을 기록하기도 한다. 많은 산림지역 표본추출 절차(예, 비층화 또는 층화 무작위 표본추출과 계통추출)가 공원지역 교목 구조에 관한 현황조사와 전반적인 명세를 작성하는 데 사용될 수 있다. 대부분의 경우, 수목 위치 시스템이 현황조사에 포함되는데, 이는 교목에 꼬리표를 달고 종이 지도에 위치를 표시하는 것으로부터 GIS나 GPS로 컴퓨터 지도를 작성하는 것에 이르기까지 폭이 넓을 것이다. 대부분의 경관에서, 고정밀(미터 이하/submeter의 정확성) 수신기로 확보된 GPS 위치는 교목의 위치를 확인하고 표시하는 믿을 수 있는 방법이 될 것이다. 또한 교목은 정사사진(orthophoto)과 전자 자료수집 도구(예, PDA, 태블릿 PC, 슬레이트 PC)를 이용하여 위치가 표시될 수 있을 것이다. 교목의 공간적인 위치는 현황조사 된 해당 교목을 정사 사진상의 수관 위치와 결합시키는 첨필(尖筆, stylus)을 사용하여 선택된다. 지도상의 큰 표본의 위치를 정하는데 항공사진이 유용할 수 있는데, 이들을 수종별로 동정하고 다른 관리 정보를 수집하기 위해서는 지상 조사가 뒤따라야 한다. 경관 수목은 나침판과 보측(步測, pacing), 트랜싯(transit)과 연쇄화(連鎖化, chaining), 삼각측량(三角測量, triangulation), 평판 위의 교차에 의한 지도제작 등과 같은 일반적인 지도제작 기법을 사용하여 지도 위에 표시할 수도 있다. 수평과 수직 좌표(座標, coordinate)에 의해 표시된 일련의 셀(cell)을 생성하기 위해 격자 시스템이 사용되어 왔다. 격자가 완성되면 각 셀이 현황조사되어, 수목의 목록이 작성되고, 자료는 셀을 나타내는 좌표별로 저장된다.

수목 속성을 설명하는 지표와 재배적인 요구사항은 관리 목적에 근거하여 선정된다. Green(1984)은 지도에 위치를 표시하고 이에 따라 교목의 번호를 부여하는 시스템을 설명하고, 이 숫자들은 알루미늄 꼬리표로 현장에 있는 교목에 부착된다. 각 교목은 종이나 품종별로, 측정된 수고와 직경별로, 평가된 상대 등급별로 확인된다. 1984년 발간된 이후 Green에 의해 수정된 다음 7개 상태 등급이 각 교목의 크기와 상대적인 건강의 특징을 묘사하는 데 사용된다.

등급 1.0: 새로 식재된; 활착되지는 않았지만 오랫동안 살아갈 것으로 예상되는.

등급 1.5: 새로 식재된; 활착되지 않았지만 조기 고사를 방지하기 위한 치료가 필요할 수 있는 문제가 있는.

등급 1.9: 새로이 식재된; 죽거나 거의 죽은, 회복이 어려운.

등급 2.0: 활착된 교목; 성목 크기는 아니지만 오랫동안 살아갈 것으로 예상되는.

등급 2.5: 활착된 교목; 성목 크기는 아니지만 조기 고사를 방지하기 위한 치료가 필요할 수 있는 문제가 있는.

등급 3.0: 성숙된 교목: 적어도 20년은 살아갈 것으로 예상되는.

등급 3.5: 성숙된 교목; 조기 고사를 방지하기 위한 치료가 필요할 수 있는 문제가 있는. 3.5로 평가된 모든 핵심 또는 표준 교목은 시비, 전정, 보강 시스템, 뿌리 관리, 멀칭, 기타 수목관리적인 치료와 같은 수목 건강관리가 강력하게 고려되어야 한다.

등급 4.0: 성숙된 교목; 어떤 치료에도 불구하고 20년 이내에 죽을 것으로 예상되는 문제가 있는. 특정 환경하에서 수명 연장을 위해 치료가 필요하다.

등급 4.5: 죽음이 너무 가까워서 치료가 권고되지 않고 시간과 돈의 낭비라고 생각되는 성숙된 교목. 안전상의 이유로 즉각적인 제거가 언제나 필요한 것은 아니다. 4.5로 평가된 어린 교목은 해당 위치에 부적합한 수종으로 여겨지고(예, 비술나무[*Ulmus pumila*], 뽕나무류[*Morus* spp.], 네군도단풍[*Acer negundo*]), 이들이 너무 크기 전에 제거할 것을 권고한다.

등급 5.0: 죽거나 거의 죽어서 안전상의 이유로 즉각적인 제거가 권고되는 성숙한 교목.

등급 6.0: 그루터기; 과거에 현황조사 된 제거된 교목의 위치.

등급 7.0: 식재 가능한 장소; 장래 교목을 위한 위치.

Kelsey & Hootman(1988)은 일리노이주 에번스턴(Evanston)에 있는 Northwestern 대학교의 참나무(*Quercus* spp.) 숲을 현황조사 하기 위해 Green의 현황조사 시스템을 사용하였다. 그 숲은 쇠락 상태에 있는 것으로 보이는 나무가 많은 정착 이전의 참나무류 사바나(savana)이다. 해당 현황조사는 상층은 여전히 참나무류가 우세하지만 하층은 단풍나무류(*Acer* spp.)가 우세하였다. 쇠락하는 상충 교목의 60%는 황백화(黃白化, chlorosis)에 시달리는 참나무류로, 개입이 없으면 그 숲은 15년 안에 더 이상 참나무류가 우세하지 않을 것이라는 결론에 도달하였다. 동시에 진행된 토양 현황조사는 알칼리성이 증가하는 것으로 나타났고, 교란이 기여요인(寄與要因, contributing factor)이었다. 현황조사 결과로 토양 산성화(酸性化, acidification)와 하층에 참나무 식재 프로그램이 권고되었다.

구분된 공원 현황조사 시스템이 관리 요구를 충족시키고 장래의 계획수립과 이용을 위한 정보를 제공하는 방법으로 개발될 수 있다. 효율적이고 효과적인 관리를 위해서는 교목의 위치를 표시할 수 있어야 한다. GPS, 좌표와 격자 시스템, 알려진 위치로부터의 거리와 방향 등을 포함한 몇 가지 접근 방법이 교목의 위치를 표시하기 위해 개발되었다. Myers & McCurdy(1976)는 자신들이 개발한 시스템을 기술하였는데, 이는 좌표 눈금이 있는 지도에 공원의 경계를 그리고 경관 특징을 표시하는 것이다. 자동적으로 이들의 속성과 함께 교목의 위치가 고정된 위치로부터 방향(방위각[方位角, azimuth]과 방위[方位, bearing])과 거리를 기준으로 지도에 표시될 수 있다. 이들 자료가 시스템에 입력되면, 시스템이 수종 상징(象徵, symbol)으로 지도에 그 특성을 그림으로 나타내고 위치를 표시한다. 교목 현황조사를 위해 사용하는 경우, 4가지 특성(特性, characteristics)(수종, 크기, 나이, 상태)의 각 특징이 측정되고 기록될 수 있다. 일단 이들 특징이 지도에 표시되면, 이는 계획수립 목적을 위해 경관 특성을 더하거나 변경시키는 데 사용될 수 있다.

1982년, 뉴욕시의 센트럴 파크(Central Park)에서 교목 조사가 수행되었다. 그 조사는 16명의 자원봉사자가 교목을 종이 지도에 표시하고 교목 속성을 컴퓨터화된 현황조사 시스템에 기록

하는 데 여름 한 철이 걸렸다. 그 조사는 크기, 수종, 상태와 같은 교목 특성을 기술하고; 토양 상태와 같은 환경적인 특성을 포함하고; 교목을 4.65 m^2(50 ft^2) 격자 시스템에 표시하였다. 컴퓨터 프로그램이 모든 교목의 위치와 이들의 관리 요구를 제공하였다. 자료 정리를 통해 수종 요약, 교목 속성의 윤곽, 유지관리 요구와 상태, 특정한 해충과 병 문제가 있는 교목의 목록 등이 생성되었다(Weinstein 1983). 2008년 경신된 최근의 교목 조사는 교목의 위치를 표시하기 위해 GPS를 사용하였고, 지상 속성을 표시하기 위해 정사 사진과 다른 기본 지도(基本地圖, base map)가 ArcPad에 적재(積載/올리기, loading)되었다(Koppel 2008). 교목 수종, 직경, 상태, 수고, 수관 폭, 대략적인 나이가 기록되었다. 2008년 조사는 완료하는데 4명의 작업자가 6주밖에 걸리지 않았다. 이 공원 교목 현황조사는 침입종(侵入種, invasive species)의 감소 흔적을 추적하고, 1873년 공원의 완공까지 거슬러 올라가는 백 년 된 교목을 추적하고, 궁극적으로는 교목 유지관리 요구에 대한 계획을 계속 수립하는 데 사용되었다.

McPherson 등(1985)은 좌표 격자 시스템을 사용하여 공원 교목의 위치를 표시하는 공원 교목 현황조사 시스템을 개발하였다. 교목은 격자 좌표에 의해 기술된 미리 정해진 셀에 표시된다. 이들 위치 자료는 해당 시스템에 현황조사 자료를 저장할 때 교목 위치를 나타내는 데 사용된다. 또한 그 현황조사는, 수종 요약, 해당 공원의 수종 구성, 교목의 상태와 가치, 전반적인 유지관리 요구, 직경급별 관리 요구, 개별 기록, 수종 기록, 교목 이력 기록 등을 기술하는 컴퓨터 보고서와 함께, 21개 교목 속성을 나타낸다.

도시 지역 식생과 생태계 조사. 전체 도시 숲과 다른 자연 생태계를 현황조사 하는 시스템은 쉽게 구할 수 있다. 책임자가 더 작은 수목 지구를 조사하고자 한다면, 항공 이미지에 표시된 예비 피복유형 지도를 사용한 다음 앞서 설명한 기법을 이용하여 더 자세한 지상 조사를 수행할 수 있을 것이다. 특별히 유용한 것 중에는 전체 도시 숲이나 도시 숲의 부분에서의 숲 구조를 추정하기 위해 도시 환경에 표본 조사구를 설정하는 것이다. 이렇게 하면 이들 생태계의 1회성 도시 숲 평가나 주기적인 재현황조사가 가능하여 지속적인 모니터링을 위한 기초자료를 제공한다. 과도한 이용과 함께 도시 지역에서의 대기와 기타 오염문제는 자연 생태계에 극심한 영향을 미친다. 다양한 층에서 종의 빈도와 상대빈도를 모니터링하면 가끔 임박한 문제의 조기 탐지가 가능하여 시정조치(是正措置, corrective action)를 취할 시간을 확보할 수 있을 것이다.

Nowak(1994)은 3,350 km^2(1,292 mi^2)에 상당하는 면적의 시카고 지역(Cook과 DuPage 카운티)에 대한 도시 숲 현황조사를 위해 표본추출 시스템을 사용하였다. 해당 지역을 추정된 교목 피복별로 층화한 다음, 652개의 무작위로 배치한 표본 조사구를 각 층 내의 추정치를 기준으로 비례하여 배분하였다. 그는 이 조사에서 두 카운티 지역 내에 50.8백만 그루의 교목이 있는 것으로 추정했고, 이들 중에서 약 4.1백만 그루(SE = 0.6)가 시카고시에 있는 것으로 나타났다. 시카고 시의 경우 가로수가 총 모집단의 10%를 차지하고 있었으나, 두 카운티에서는 가로수가 총 모집단의 2.0%에 불과하였다. 그러나 총 엽표면적(葉表面的, leaf surface area)에서는 가로수가 총 모집단보다 높았는데, 시카고는 24%, 전체 지역은 9.5%를 차지하였다. 시카고 도시 숲에 대한 2007년 평가에서 1991년 추정된 교목의 통계 범위 내에 있었던 교목 3.6백만 그루(SE = 0.3)를 확인하였다(Nowak 등 2009). 그러나 공공 공원도로(公園道路, parkway)는 1991년(422,000그루)에 비해 현재

(550,000그루)가 더 풍부한 것으로 나타났다. 이러한 20여 년 동안의 30% 증가는 중요한 공공 자원으로 교목에 우선순위를 부여한 Richard M. Daley 시장의 영향일 가능성이 높다. 현재 도시 숲은 23억 달러의 구조적인 가치를 가지고 있다.

몇몇 주 파트너와 함께, 미국 농무부 산림청은 주 전체 규모의 도시 숲 구조, 기능, 건강을 모니터할 수 있는 방법을 개발하였다. 이에 대한 예비연구(豫備硏究, pilot study)가 숲 현황조사/분석(FIA, Forest Inventory and Analysis) 프로그램과 숲 건강 모니터링(FHM, Forest Health Monitoring) 프로그램의 자료 수집 표준에 기반을 둔 프로토콜(protocol)을 사용하여 5개 주(인디애나, 위스콘신, 뉴저지, 테네시, 콜로라도)에서 실시되었다. 결과는 도시 숲 건강 모니터링 자료 수집과 분석이 실현 가능하고 전국적으로 수행될 수 있다는 것을 보여주었다(Cumming 등 2008). 수집된 자료는 도시 숲 지속가능성, 생태계 서비스, 기본적인 도시 숲 자료(종 구성, 엽면적, 엽 생물량, 엽면적 지수, 교목 생물량), 목재 생물량과 경제성 등의 변화를 추정하고 도시 숲의 장기적인 변화를 모니터하기 위해 사용된다. 영구 조사구나 완전 표본(complete sample)을 사용하는 국지적인 도시 숲 생태계 연구는 앞으로의 도시 숲 변화를 수량화하여 평가할 수 있는 장(場)을 마련하게 되었다.

민간 경관. 민간 토지의 식생 현황조사는 정부 기관과 민간 업체 모두에 의해 수행된다. 국지적 및 지역적인 계획수립 기관은 도시 주변에 있는 미개발 토지에 대해 이들 토지가 개발에 적합한지를 확인하기 위해, 개발로 인해 어디에 명백한 위험(범람원이나 불안정한 하층 식생층)이 제기되는지를 규명하기 위해, 공원과 오픈 스페이스나 환경 보호를 위해, 그리고 적합한 토지를 확인하기 위해 현황조사를 실시한다. 시 임정관은 자원 전문가로서 토지 이용 계획수립을 위한 조사에 참여할 수 있고, 이들은 위에 언급하거나 다음과 같은 특별한 상황에 따라 개인 토지에 대한 현황조사를 수행할 필요성을 발견할 수도 있다: 느릅나무시듦병(Dutch elm disease; *Ophiostoma ulmi, O. novi-ulmi*) 방제 프로그램의 일환으로 민간 느릅나무에 대해, 참나무시듦병(*Ceratocystis fagacerum*) 관리를 위해 민간 참나무에 대해, 호리비단벌레(*Agrilus planipennis*)와 관련된 민간 물푸레나무에 대한 위치 확인을 위해, 또는 유리알락하늘소(*Anoplophora glabripennis*)의 박멸 노력 대상인 감염된 교목의 탐지를 위해.

밀도와 공간 배열을 확인하기 위해 선정된 수종의 조사는 가끔 해충과 병 방제 프로그램의 중요한 요소가 된다. 어떤 문제가 있는 공공 교목에 대한 방제 노력은 방제가 민간 식생에도 적용되지 않으면 효과적이지 않을 것이다. 감수성(感受性, susceptible) 수종에 대한 현황조사는 일반적으로 공공 재산을 대상으로 수행되지만, 민간 재산에 들어갈 필요도 있는데, 지역이나 주의 법에 의해 조사자에게 공공의 편익을 위해 민간 토지에 진입할 수 있는 권한이 부여되어 있지 않으면 이를 위한 허가를 얻을 필요가 있을 수 있다. 감수성 수종은 위치별로 기록되어야 하고, 기주 수종의 집중도는 방제 노력의 기반을 제공할 수 있도록 지도에 표시되어야 한다.

앞서 언급한 바와 같이, 교목 피복 분석은 전반적인 교목 피복에 대한 평가를 제공하지만, 민간과 공공 교목 간, 또는 수종 간(특별한 상황에서는 예외) 차이를 쉽게 구분할 수 없다. 그러나 피복 분석과 연계된 지상 조사는 이러한 정보를 제공할 수 있다. 구획 자료와 교목 피복 계층(階層, layer)을 결합한 GIS는 해당 피복이 어떤 토지 이용에 위치하는가에 대한 분석을 용이하게 할 것이다. 많은 도시의 인근에는 이웃/주택의 나이, 개발 유형, 집주인의 소득, 주택 밀도, 교육 수준, 지역사회 단체 활동, 때로는 종족적 특성을 기준으로 예상 가능한 상층 피복을 가지고 있다(Conway 등 2011; Heynen & Lindsey 2003; Iverson & Cook 2001; Kendal 등 2012; Lowry 등 2012). 어떤 도시 인근에는 성숙한 느릅나무 군집이 있을 수 있고, 다른 인근은 단풍나무나 참나무가 우점할 것이다. 수풀 지역 내의 새로운 구획은 가끔 자생종(自生種, native species)으로 된 상층을 유지하는 데 비해, 노지(露地, open field)에 위치한 구획에 조성된 도시 숲은 지역 농장에서 구할 수 있는 수종으로 구성될 것이다. R.W. Miller(미발표 자료)가 수행한 위스콘신주 스티븐스 포인트(Stevens Point)의 교목 피복 조사는 개발된 지역에서 세 가지의 뚜렷한 피복 유형을 보여주었다. 해당 지자체의 가장 오래된 인근지역은 미국느릅나무(*Ulmus americana*)로 피복되어 있었다. 1940년부터 1960년까지 개발된 구획은 대부분 단풍나무류(*Acer* spp.)로 피복되어 있었고, 1960년 이후에 개발된 구획은 해당 지역의 주된 수림지 피복을 구성하고 있는 수목 중에서 잔류된 것으로 보이는 참나무류(*Quercus* spp.)와 소나무류(*Pinus* spp.) 수관으로 피복되어 있었다.

개발 전 조사는 토지이용 계획수립의 중요한 요소이고, 잔류 식생과 다른 경관 어메니티(amenity)의 보존에 도움이 된다. McHarg(1969)는 그의 저서 *Design with Nature*에서 개발에 앞서 개발과정에 영향을 미치는 중요한 자원을 확인하고 각 자원의 기술적 속성(記述的屬性, descriptive attribute)에 상대적인 가치를 부여하는 자원 현황조사 기법을 기술하고 있다. 다음으로 이들 가치는 각 자원에 대한 중첩(重疊, overlay)으로 지도 위에 올려지고, 개발에 대해 증가하는 제약은 증가하는 그늘의 강도로 나타나게 된다. 합체된 중첩들에 의해 지도에 누적된 그늘 효과는 보호되어야 할 지역과 개발에 가장 적합한 지역을 구분해 줄 것이다. McHarg가 사용했던 이러한 방법들은 대부분 오늘날 GIS로 쉽게 할 수 있다.

이상적으로, 빠르게 도시화되는 시골에서는 예비 토지 이용계획수립을 위한 자원정보를 제공하기 위해 이들 전체(공공토지와 민간 토지 모두)에 대해 현황조사가 실시된다. 그 다음 이 정보는 개발의 지침과 고유의 생태계 보존을 위해, 그리고 공공과 민간 재산의 관리를 향상시키기 위해 사용된다. GIS와 CAD 지도가 종종 교목의 위치를 기록하고 수풀지역과 조성된 환경에서의 공사를 위한 계획수립 과정에 도움을 주기 위해 사용된다. 자원 정보를 이용하면 공사 규정 준수에 관한 모니터링이 용이해진다. 예를 들면, Landry & Pu(2010)가 플로리다주 탬파(Tampa)시의 교목 보호 조례가 교목 피복의 증가로 이어졌는가를 평가하고 확인하기 위해 IKONOS 영상을 사용하였다. Barrick(2012)은 CAD 계층(layer)을 개발하고 이를 현장 기술자, 건축가, 기타 건설 프로젝트에 참여하고 있는 사람들에게 제공하는 것이 교목 보존 목표가 설계 과정에 포함되는 중요한 단계라는 것을 발견하였다(**그림 7-11**). 관계되는 전문가와 업계의 언어로 말하고 표현하는 것을 배우는 것이 교목 보존을 공사계획에 통합시키는 중요한 부분이다.

Allen(1978)은 개발에 앞서 개인 토지에 사용하기 위해 개발된 컴퓨터화된 교목 현황조사 시스템을 소개했다. 지정된 지역에서 직경 12.7 cm(5인치) 이상인 모든 교목을 현황조사 한다. 교목은 지상 610 m(2,000피트)에서 촬영한 항공사진에 위치가 표시되고, 현황조사는 교목 인식 번호, 수종, 직경, 생물적-미적 교목의 질(biological-aesthetic tree quality)을 기록하기 위해 지상에서 수행되었다. 생물적-미적 교목의 질은 공사 교란에 대해 예상되는 생존을 기준으로 한 등급으로, 높음, 중간, 낮음으로 부여되었다. 교목 위치 좌표는 디지털화 되고, 자료는 컴퓨터에 저장되었

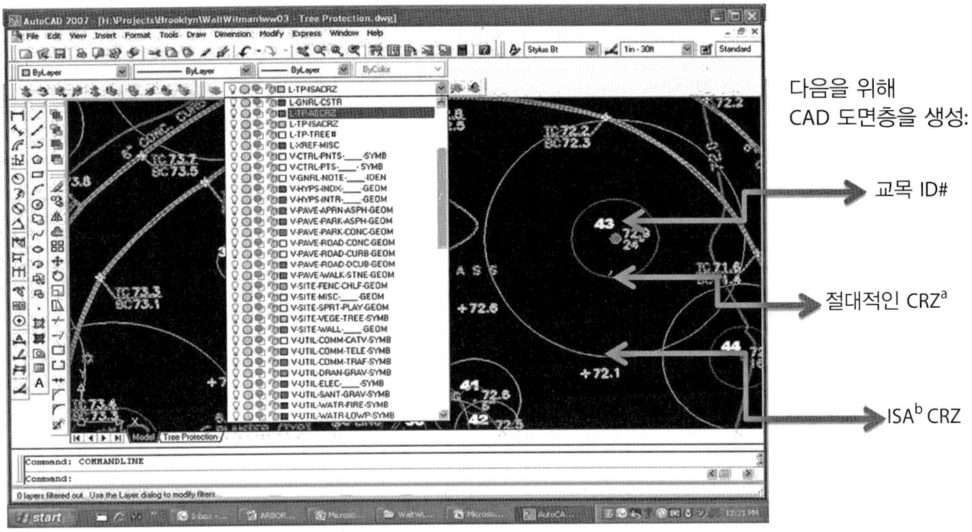

[a] 임계뿌리구역(臨界-區域, critical root zone)
[b] 국제수목관리학회(International Society of Arboriculture)

그림 7-11 교목 계층을 공사 계획수립 과정에 통합시키기 위해 사용된 CAD 도면. (뉴욕시 공원/휴양국 Jeremy Barrick 제공.)

다. 이들 자료는 생존 기회를 나타내는 작도 코드(plotting code)와 함께 원하는 크기로 지도에 표시될 수 있다. 이런 유형의 지도는 어떤 교목을 보존하고 어떤 교목을 제거할 것인가를 결정하는 계발계획을 설계할 때 사용된다. Allen은 이 시스템이 항공사진에 이미 개별 교목이 자리 잡고 있는 개방된 수림지 상황에 가장 잘 적용된다고 보고한다. GPS를 활용할 수 있게 됨에 따라 이 현징 좌표를 이용하는 것보다 훨씬 적은 비용으로 이 시스템을 사용할 수 있게 되었다.

민간 수목관리전문가와 경관 유지관리 회사들은, 특히 이들이 계속적인 계약에 의해 서비스를 제공하는 경우에, 고객 부지에 대한 현황조사가 유용하다는 것을 알게 될 것이다. 대규모의 산업용과 상업용 부지에 대한 현황조사는 위에 언급된 여러 가지 기법을 사용하여 수행될 수 있다. 이보다 작은 구획은 서로 다른 크기와 형태의 부지에 적용될 수 있는 미리 인쇄된 격자를 사용하여 경계를 표시하고 구조, 경관 특징, 적절한 크기로 개별 수목을 위치시키는 방법으로 지도를 제작할 수 있을 것이다(**그림 7-12**). 이제 주거지의 현황조사 지도와 현장 정보를 휴대용 현장 컴퓨터에 입력하고 이를 사무실에 있는 데이터베이스로 전송할 수 있는 민간 수목관리자용 컴퓨터 소프트웨어가 가용하게 되었다. 이 데이터베이스는 집 주인과 현장 작업자에 대해 작업지시를 위한 보고서를 생성하는 데 사용될 수 있다.

송전선로는, 좁기는 하지만, 도시 지역 토지의 중요한 지역에 추가할 수 있다. 송전선로에 대한 식생관리(植生管理, vegetation management)가 현황조사 시스템으로 향상될 수 있는데, 이들 시스템은 일반적으로 두 범주, 식물군락(植物群落, plant community)과 개별 교목으로 구분된다. 식물군락 현황조사는 보통 비산림 생태계의 유지관리가 일차적인 관리 목표인 송전선로(送電線路, transmission line) 아래를 대상으로 한다. 위에 언급된 여러 가지 시스템이 이러한 유형의 현황

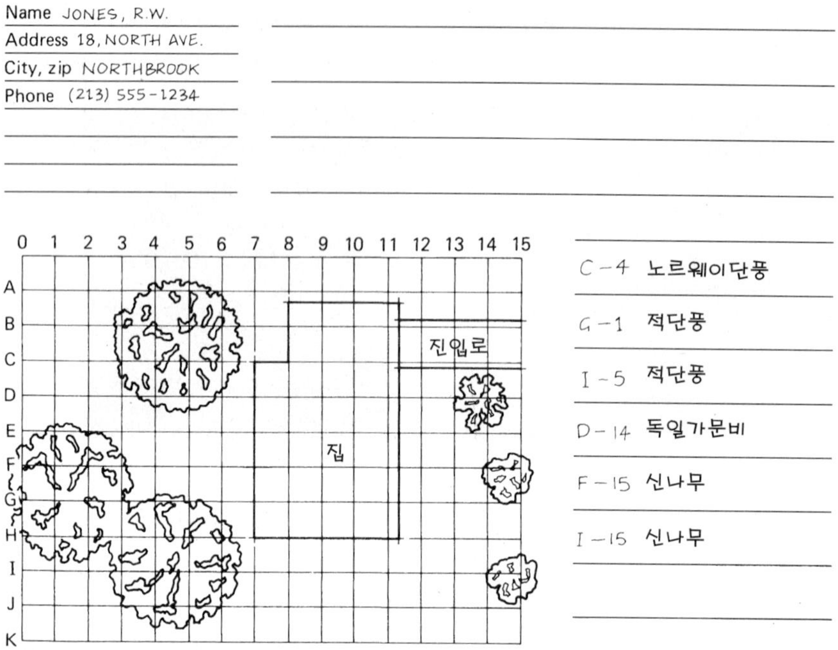

그림 7-12 민간 수목관리전문가에 의해 개발된 현황조사 격자 시스템(위스콘신 뉴 베를린의 Buckley Tree Service).

조사를 위해 사용될 수 있고, 특히 항공이미지를 많이 사용한다. 배전 선로(配電線路, distribution line) 정리(整理, clearance)는 공공 통행로 노선에 있는 교목을 전정하는 방법으로 유지관리되고, 이들 교목은 개별적으로 또는 관리 단위별로 집단적으로 현황조사 될 수 있다. 이들 자료는 계약자로부터의 입찰을 수락하고 송전선로 작업자를 사용할 때 정리 비용을 예측하는 데 유용할 것이다. 송전선로에 대한 LiDAR 측정은 전정 주기 사이의 잠재적인 핫 스팟(hot spot)을 인지하고 표시하기 위해 그리고 교목의 생장에 기반을 둔 전정 주기를 조정하기 위해 송전선로와 교목의 수고를 분류하는 고도 지도(高度地圖, elevation map)를 생성하는 데 큰 도움을 줄 수 있다.

도시 자연자원 현황조사

위에 언급된 여러 가지 현황조사 시스템은 식생 외 다른 자연자원(自然資源, natural resource)도 통합시킬 수 있다. 때로는 이들 자원을 기술하는 정보는 계획수립 관청, 다른 기관에서 쉽게 구할 수 있고, 필요에 따라 현황조사를 할 수도 있다. 다음의 고찰은 이들 자원과/이나 기법의 일부를 설명한다.

토양 조사

아마 지역 자원정보 중에서 가장 유용한 자료 중의 하나가 토양 조사(土壤調査, soil survey)일 것이다. 지역 토양에 대한 지도가 제작되어 있을 뿐만 아니라 해당 토양에 대한 기술은 경사, 지하수위(地下水位, water table), 각 토양 유형(土壤類型, soil type)의 공사 수용능력(工事收容能

力, engineering capacity)에 관한 정보를 포함하고 있다. 토양 조사는 또한 다양한 토양 유형에서 발견되는 자연 식물군락(植物群落, plant community)에 관한 정보와 도시 지역에 식재할 수 있는 특정한 토양에 적응된 교목 수종에 대한 목록도 포함하고 있다. 개별 토양 유형에 대한 잠재적인 사용처는 농업, 임업, 휴양, 야생동물, 건설 등이다. USDA 자연자원보호청(National Resources Conservation Service)의 Web Soil Survey(WSS)는 관심 있는 개발지역에 관한 토양 조사 자료를 지도로 제작할 수 있는 손쉬운 접속(接續, interface)을 제공한다. 이를 이용하면 맞춤형 토양 자원 보고서가 PDF 파일의 형태나 GIS로 가져갈 수 있는 형상파일(形象-, shape file)의 형태로 생성되고 저장된다.

범람원

범람원(汎濫原, floodplain)은 대부분의 도시 전반에 걸쳐 존재하고 주기적인 범람 피해를 입기 쉬운 개천과 강에 인접한 토지로 규정된다. 미국 육군 공병대(US Army Corps of Engineers)는 범람의 통계적인 빈도(즉, 20년 주기 범람원, 50년 주기 범람원, 100년 주기 범람원 등)에 따라 대부분의 범람원을 확인하고 지도로 제작하였다. 이들 지도는 지역과 주의 계획수립 관청에서 구할 수 있고 도시 자연자원 현황조사를 수행할 때 훌륭한 정보 공급원이 된다. 대부분의 지자체에서, 개발되지 않은 범람원은 개발이 제한된 지역이므로, 그린웨이(greenway)와 오픈 스페이스 시스템의 중요한 일부가 되고 있다.

수변 조사

수변지역(水邊地域, riparian area)은 도시 지역에서 특별한 관심 지역 중 하나이다. 이들은 야생동물을 위한 다양한 서식지, 분산되어 있는 숲을 연결해주는 통로, 수질(水質, water quality)과 수상서식지(水上棲息地, aquatic habitats)의 보호, 휴양 기회 등을 제공한다(Henson Jones 1993). 수변 조사에서는, 첫 단계가 적절한 지도나 지도 소프트웨어를 이용하여 전체 유역(流域, watershed)의 윤곽을 그리는 것이며, 그 다음 해당 유역 내 다양한 피복 유형을 확인한다. 도시 지역에서 대부분의 유역은 도시 개발로 채워져 있겠지만, 수변식생은 가끔 범람원, 호안(湖岸, lakeshore), 개울 제방 등에 남아 있다. 이 식생은 피복 유형에 따라 지도에 표시되고 분류될 수 있고, 수질 보호를 위해 관리될 수도 있다. 경계지역(境界地域, peripheral area)에서는, 개발 중에 수질을 보호하고, 개발이 완료된 후에는 야생동물의 서식지와 휴양을 제공하기 위해 수변 조사가 필수적이다. Cappiella 등(2005)은 유역에서의 교목 평가와 계획수립에 관한 훌륭한 시발체(始發體, primer)를 제공한다.

미관 조사

미학(美學, aesthetics)은 산림 벌채 계획수립, 토지 이용 배분, 도시 설계 의사결정에서 중요성이 점차 증가하고 있다. 미관 조사(美觀調査, aesthetic survey)는 일반적으로 해당 부지의 시각적인 질(visual quality)을 강조하는 자원관리계획의 수행에 도움이 되도록 이루어진다(Bell 2004). 1960년대 USDA 산림청이 수행한 초기 작업은 제안된 활동과 관리 노력이 주어진 지역의 경치에 미치는 영향을 확인하기 위한 분석도구인 시각관리시스템(VMS, visual management system)의 발달로 이어졌다. 1995년, USDA 산림청은 경치관리시스템(SMS, Scenery Management System)이라고 불리는 VMS의 개정판(改訂版, updated version)을 소개했다. SMS의 구조는 주로 "자연스럽게 보이는" 경치를 강조하도록 되어 있지만, 또한 경치에 영향을 미치는 인공물(人工物, cultural features)과 공공 토지의 시설물과 관련된 긍정적인 가치를 인정한다.

제4장에서 살펴본 바와 같이, 기본적인 경관 설계 원칙(예, 형태, 색상, 질감, 선)은 지도에 표시될 경관 가치나 시각적 질을 생성하기 위한 기본을 형성한다. Sheppard(2004)는 시각적 경관 평가를 개발하기 위한 요소로 시각적 질, 보는 사람의 감수성(感受性, sensitivity), 경관 소화 능력(景觀消化能力, visual absorption capacity), 경관 의미(landscape meanings)를 제시한다. 경관 소화 능력은 경관의 변화를 흡수하고 시각적 특성을 유지하는 경관의 능력을 측정하는 것이다. 일반적으로, 경관에 대한 변화는 가파른 경사와 획일적인 지표 패턴을 가진 산림지역을 따라 더 뚜렷하게 나타난다.

플로리다 임업국(Florida Division of Forestry 1973)에서 개발한 초기 작업은 경관의 미적 질을 현황조사 하기 위한 2개 부분 조사를 언급한다. 이 시스템의 첫째 부분은 건물과 기타 구조물을 포함한 3차원적 부지 특성에 대한 기술을 다룬다. 이들 부지 특성은 다음과 같이 6종류의 지형(地形, landform)으로 구분된다:

1. 평지 또는 완만하게 경사지거나 구릉지,
2. 경사가 더 급한 언덕이 뒤에 있는 경사지,
3. 계곡이나 골짜기 부지,
4. 원형의 분지(amphitheater)나 부채꼴 부지,
5. 사발형(bowl-shaped) 부지,
6. 산마루나 언덕 꼭대기 부지.

건물과 인공물은 다섯 가지 형태로 해당 부지에 추가된다:

1. 도시 질감,
2. 녹지(綠地, green area),
3. 순환 시설(循環施設, circulation facility),
4. 포장된 오픈 스페이스,
5. 개별적으로 뚜렷한 건물 집단.

미관 조사의 두 번째 부분은 조망을 위한 중요한 통로와 좋은 위치를 확인하고 기록한다. 다음으로 이들 위치를 해당 시가 어떻게 인지(파노라마/panorama, 스카이라인/skyline, 비스타/vista, 도시 오픈 스페이스와 같이)하는가에 관해서, 그리고 움직임에 있어서의 개인적인 경험을 통해 기술한다. 미학적으로 보기에 좋은 전망과 눈에 거슬리는 경관은 구분되어야 하고, 이들 자료는 개발에 지침을 제공하며, 오픈 스페이스 자원을 확인하고, 도시 경관을 향상시키거나 차폐하기 위해 사용된다.

Gobster(1993)는 도시 공원에 대한 시각적 질 평가를 위한 방법을 고안해냈다. 시카고에서,

링컨공원(Lincoln Park)은 다섯 가지 경관구역으로 분할되었다: 연안/물, 개발지(developed), 개방지(open), 공식적인(formal) 공간, 수림지(treed). 각 지구 내에 사진촬영장소(photo point)를 설정하고, 공원 이용자들과 다른 집단들에게 10점 척도를 이용하여 이들의 경관미(景觀美, scenic beauty)에 근거하여 슬라이드를 평가하도록 요청하였다. 이를 통해 평가된 경관미 가치는 낮음에서 매우 높음에 걸친 4가지 가치 척도를 이용하여 지도에 표시하였다. 이 방법은 경관 가치가 가장 높은 지역과 시각적인 완화가 필요한 지역을 확인하였고, 사용자들의 공원 경험을 향상시키기 위한 시각적 관리전략을 제시하였다. 사람들은 직경이 가는 줄기보다 직경이 굵은 수간을 더 선호했고, 또한 수관에 의해 둘러싸인 것을 선호했다(Bjerke 등 2006; Buhyoff 등 1984; Lien & Buhyoff 1986; Schroeder & Green 1985; Thompson 등 1999; Yang 등 2009).

야생동물 서식지

야생동물(野生動物, wildlife) 군집은 보통 가용한 서식지에 대한 응답이다. 개별 야생동물 종의 군집을 예측할 수 있는 기법은 다양하지만, 이들 기법은 뒤에서 다루지 않을 예정이다. 이들 방법에 관한 자세한 설명은 *Techniques for Wildlife Investigations and Management*(Braun 2005)와 *Ecology and Field Biology*(Smith & Smith 2000)를 참고하기 바란다.

야생동물 서식지 현황조사를 위해 사용할 수 있는 여러 가지 기법들은 이 장의 앞에서 다룬 식생 피복 유형 지도제작 방법과 비슷하다. Matthews & Miller(1980)는 뉴욕주의 도시 야생동물 서식지를 현황조사하기 위해 사용되는 시스템을 개발했다. 이들의 방법은 미국 상무부의 인구조사 표준지역(census tract) 정보와 함께 토지 이용과 자연자원 현황조사, 중요한 서식지에 대한 보고서, 습지 현황조사, 조석습지(潮汐濕地t, tidal wetland) 지도, 최근 항공 이미지와 같은 주 정부에 의해 제공된 정보를 가지고 시작한다. 이 정보는 다음 절차에 의해 통합된다:

1. 인구조사 표준지역에 대한 윤곽을 표시하고, 인구조사 표준지역 지도를 기본도로 바꾼다.
2. 각 인구조사 표준지역에 대해 데이터 시트(data sheet)를 작성한다.
3. 식생 피복 유형, 자연 지역, 구획별 도시 토지 이용을 확인하기 위해 각 인구조사 표준지역의 항공 이미지를 판독한다. 한 구획(區劃, block)은 도로, 철도, 개울, 기타 경관 요소에 의해 경계가 지워진 명확한 토지 덩어리이다.
4. 피복 유형은 식물의 특성과 각 구획 내 구조물을 둘러싸고 있는 토지에 따라 구분된다. 기본도에 개별 또는 혼합된 피복 유형이 구획별로 부여된다.
5. 토지 이용은 27개 범주를 사용하여 항공 이미지로부터 확인되어 기본도에 표시된다.

자료와 이러한 유형의 현황조사를 위해 작성된 지도는 서식지 가용성(可用性, availability)을 확인함으로써 도시 야생동물 프로그램을 위한 기반(基盤, groundwork)을 제공한다. 나아가 이 정보와 이에 의한 데이터베이스는 도시 계획수립가, 지구계획위원회(zoning board), 토지개발업자, 도시 설계 전반에 야생동물을 포함시키기를 열망하는 도시 거주자 등에 의해 사용될 수 있다(Matthews 등 1988).

지리정보시스템

역사적으로, 지리정보(地理情報, geographic information)는 일반적으로 직물(織物, fabric)이나 종이 지도에 기록되고 유지관리되었다. 오늘날 이러한 정보는 GIS와 CAD에 의해 전자적으로 저장되고, 유지관리되며, 활용되고 있다. 이들 시스템은 사용자가 지리정보에 접속하고 저장할 수 있게 할 뿐만 아니라 지리적이나 공간적 정보를 신속하게 조작하고, 분석하고, 보여줄 수 있게 한다. GIS에 있는 지리정보는 일반적으로 도로, 공익시설, 토지이용, 지형, 토양, 수문(水文, hydrology), 호수와 하천, 식생, 인구조사 표준지역 정보와 같은 층(層, layer)에 저장되어 있다. 사용자는 층을 결합하여 새로운 지도를 생성하거나, 한 자료 층으로부터 특정한 정보를 추출하여 이를 또 다른 층에 추가할 수 있다. GIS는 식물 천이를 통한 식생 변화와 같이 시간 경과에 따른 변화를 모델화하거나 예측하는 데 사용된다. GIS 지도에 있는 정보는 전통적인 지도를 경신하는 것보다 훨씬 더 빨리 경신할 수 있고, 강력한 현장 컴퓨터가 현장에서 자료를 보여주고 편집하는 데 매우 유용하다(Bolstad 2008; Ward & Johnson 2007).

GIS 정보는 다양한 공급원으로부터 제공될 수 있다. 예를 들면, 미국 지질조사국(Geological Survey)은 많은 지도 정보를 디지털 형식으로 제공하고 인쇄물(hard copy)은 쉽게 GIS로 옮겨진다. 미국 통계국(Census Bureau)은 위상학적 통합 지형공간암호화 및 참조 시스템(TIGAR, Topologically Integrated Geographic Encoding and Referencing system)을 통해 도로, 철도, 인구조사 표준지역과 구획, 정치 지역(政治地域, political area), 위도와 경도, 형상 명칭(刑象名稱, feature name), 분류 기호에 관해 가용한 디지털 정보를 가지고 있다(Congalton & green 1992). TIGAR 파일은 지리적인 장소를 공간적으로 잘라내는 것을 용이하게 하기 위해 i-Tree 시스템과 통합될 수 있다. 항공사진으로부터의 원격탐사(remote sensing) 정보도, 위성 영상과 디지털 이미지, 항공 영상 등이 할 수 있는 것과 마찬가지로, 디지털로 스캔되어 GIS로 지리 좌표화될 수 있다(Bolstad 2008; Lachowski 등 1992).

도시 임업에 GIS 적용

많은 지자체는 GIS에 인구조사 표준지역, 토지 이용, 지구 지정, 공익시설, 범람원 등과 같은 정보를 가지고 있다. 시 임정관은 이 시스템에서 식생(가로수, 수관 밀도, 피복 유형), 토양, 습지, 중요한 서식지를 포함한 자연자원 자료 층을 개발하거나 접속할 기회가 있다.

미시간주 앤아버(Ann Arbor)시는 가로수를 현황조사 하기 위해 지상 기반 조사를, 그리고 습지, 식림지, 수관 피복에 대한 지도를 제작하고 지속적인 도시 숲 현황조사 조사구를 설정하기 위해 천연색 적외선 항공사진을 사용하였다. 습지와 식림지(植林地, woodlot)는 지도로 제작되어 별도의 GIS 층으로 스캔되었고, 도시 교목 수관은 에너지 절감에 관해 평가되었으며 또 다른 GIS 층에 자리를 잡았다. 습지와 식림지 층은 향후 습지와 식림지 보호조례의 기초로서의 역할을 하고, 교목 수관 평가 층은 지자체에서 더 많은 교목을 식재하면 에너지를 절감할 수 있는 지역을 확인하기 위해 사용되었다(Laverne 1993).

메릴랜드주 볼티모어시는 토지 이용, 식생 피복, 하천, 유역, 토양, 도로, 인구조사 표준지역 정보가 있는 층의 생물물리적 및 사회경제적 정보와 관련된 GIS를 사용하였다. 이 시스템에서 생성된 지도는 하천과 그린웨이 통로의 관리와 보전, 산림 분할에 의해 위협받는 중요한 조류 서식지 확인, 교목 생존율이 낮은 지역의 확인, 토양과 경사에 기반을 둔 적합한 식재 수종 선정 등을 포함한 다양한 용도에 사용되고 있다(Grove & Hohmann 1992).

위스콘신주 스티븐스 포인트시에서 시내와 시 주변의 모든 식생을 포함하는 GIS 층이 작성되었다. 개발된 지역은 수관 피복률별로 지도에 표시된 데 비해 미개발 지역의 식생은 항공사진을 이용하여 피복 유형별로 지도에 표시되었다. 이들 자료는 GIS에 이전되어 광역 토지 이용과 오픈스페이스 계획수립에 사용되었다(Dwyer & Miller 1999).

테네시주에서는, GIS가 도시 내 수관 피복을 계산하기 위해 사용되었다. 이 경우, 수관 피복은 지자체 내에서 발생하는 도시 숲 관리 수준에 대한 대용물로서 역할을 했다. 조사자들은 포괄적인 도시임업 프로그램을 가진 지자체가 약간 더 높은 도시 교목 피복을 가지고 있다는 것을 발견하였다(Bridges 2008).

교목 수관의 평가는 뉴욕에서 수행되었다. LiDAR 자료를 처리하고 이를 GIS 내에 통합시켜서 수관 피복 지도를 생성했다. 그 LiDAR 자료는 건물 그늘로 인해 교목 수관이 과소평가되는 항공 영상 평가의 한계를 극복하는 데 도움이 되었다. 이 연구는 교목 수관이 총 토지면적의 21%를 피복하고 있었고, 뉴욕 토지면적의 43%가 주택 교목에 의해 추가로 피복될 가능성이 있다는 것을 발견하였다. 교목 식재 우선순위에 대한 권고도 제시되었다(Locke 등 2010).

도시 숲과 자연자원 현황조사의 의사결정 용도

도시 숲 구조를 기술하는 자료는 의사결정에 유용하다. 몇 가지 생태적 측정치가 사용가능하지만 종종 도시 숲을 설명할 때에는 사용되지 않는다. 가장 간단한 것은 종의 총수를 합계한 종 풍부도(種豊富度, species richness)이다. McPherson & Rowntree(1989)는 수량과 크기 면에서 개별 교목 수종의 중요성을 기술하였다. 교목의 전반적인 중요치(重要値, importance value)는 상대빈도(相對頻度, relative abundance)와 상대 우점도(相對優占度, relative dominance)에 의해 계산될 수 있다.

$$\text{상대 빈도} = \frac{\text{수종 X의 개체 수}}{\text{모든 수종의 총 개체 수}} \times 100$$

$$\text{상대 우점도} = \frac{\text{수종 X의 흉고 단면적}}{\text{모든 수종의 흉고 단면적}} \times 100$$

흉고 단면적(胸高斷面積, basal area)은 DBH에서의 수간 면적이다. 중요치는 한 종의 비례적인 수(풍부도)와 크기(우점도) 모두를 고려한다. 비례적인 흉고 단면적이 더 큰 수종은 잠재적인 생태 기여도가 더 크기 때문에 더 높은 중요치를 가질 것이다. 마찬가지로, 한 수종의 개체 수가 증가할수록 기여 잠재력이 증가할 것이다.

Simpson의 다양성 지수는 종 다양성을 설명하는 데 유용한데, 종 풍부도(종의 수)와 종 균등도(種均等度, species evenness) (종 풍부도와 유사) 모두를 포함한다.

$$\text{Simpson 지수} = \frac{\sum_{i=1}^{R} n_i(n_i - 1)}{N(N - 1)}$$

단, $n_i = i$ 번째 집단의 개체 수

N = 모집단 또는 모집단에서 추출된 표본의 개체 총수

Simpson 지수가 작을수록 다양성은 더 크다는 것을 의미한다. 종종 역(逆, inverse)의 Simpson 지수가 값이 증가할수록 다양성 수준이 더 높다는 것을 나타내기 때문에 Simpson 지수보다 더 이해하기 쉽다.

$$\text{역의 Simpson 지수} = \frac{1}{\text{Simpson 지수}}$$

Sun(1992)은 역의 Simpson 지수를 적용한 것을 보여주었는데, 값이 영국은 4.4에서 8.4 사이에, 미국은 5.0에서 20.1 사이에, 다른 3개국은 6.0에서 12.7 사이로 나타났다. Subburayalu & Sydnor(2012)는 어떤 지역의 환경적인 편익, 병해충 취약성, 수종 적응성을 설명하기 위해 가중 Simpson 지수를 개발했다.

Shannon 다양성 지수(종종 Shannon-Wiener 지수라고도 불림)는 집단 내의 다양성을 측정하는 또 다른 방법이다(McPherson & Rowntree 1989). 일반적인 공식은 다음과 같다:

$$H = -\sum_{i=1}^{R}(p_i)(\log 2p_i)$$

단, H = 관찰된 종 다양성

R = 종의 수

p_i = i 번째 종에 속하는 총 표본의 비율

log = 일반적으로 사용되는 자연 대수의 로그(log) 스케일

숫자가 클수록 군집의 다양성은 더 높다. 해당 군집에 한 종만 존재한다면 Shannon–Wiener 지수 = 0이 될 것이다. 계산된 지수의 상한값은 사용되는 로그 스케일과 해당 군집의 다양성에 따라 차이가 클 것이다. 자연 대수에서는 일반적으로 값이 1.5에서 3.5까지이다. Nowak(1993)은 캘리포니아주 오클랜드 종 다양성의 역사적인 변화를 평가하였다. 종 다양성은 1850년 1.9에서 1988년 5.1로 증가하였고, 종 풍부도는 10에서 350으로 변화하였다. McPherson & Rowntree(1989)는 22개 미국 시의 경우 평균이 2.7이며, 범위는 2.1에서 3.9였다고 보고하였다. Chen & Jim(2008)은 중국 난징의 도시 숲은 4.58의 종 다양성을 가지고 있다는 것을 확인하였다. 또한 이들은 전 세계에 걸친 다른 연구에서 Shannon 다양성 지수가 1.0에서 7.0 사이라고 보고하였다.

도시 숲의 기능은 도시 숲의 구조에 의해 예측된다(제4장 참조). 엽면적(葉面積, leaf area)은 기능을 수량화하기 위한 중요한 속성이고, 밀도와 지수 측정을 통한 엽면적 추정은 전통적으로 지상 표본추출 방법을 통해 생성된다(Kenny 2008). Nowak(1996)은 교목 직경과 수관의 크기에 기반을 둔 엽면적과 잎 생물량을 추정하는 등식을 개발했다. i-Tree 소프트웨어 시스템은 해당 프로그램 안에 엽면적과 잎 생물량 등식을 포함하고 있어서 엽면적 지수를 계산한다(Nowak, Crane 등 2008). 원격탐사를 통해 인디애나주 테라 호트(Terra Haute)시의 엽면적 지수를 추정한 결과 지상 표본추출에 비해 다소 높게 나타났다(Jensen & Hardin 2005). 엽면적 지수를 추정할 때 원격탐사를 사용하면 지상 표본추출보다 비용을 절감할 수 있다.

도시의 생태적 분석. 도시 숲 자원에 대한 현황조사와 경제적 가치를 부여하기 위한 생태적 접근

방법을 사용하는 시스템이 환경보호단체인 American Forest의 CITYgreen을 통해, 그리고 i-Tree 개발로 이어진 USDA 산림청의 연구를 통해 개발되었다(McPherson 2010; Moll 등 1995; Nowak, Crane 등 2008). 자연계(自然界, natural system)의 가치는 일반적으로 토지이용 계획수립과 개발 과정에 포함되지 않는데, 이는 주로 사람이 자연을 개발의 장애물로 여겨지거나 이들 시스템의 기능에 대해 수량화할 수 있는 가치를 부여하기 어렵기 때문이다. 그러나 숲과 기타 자연계가 생태계이듯이 도시 지역도 인간 주거를 위해 구축된 환경을 포함하고 있는 생태계이다. 다른 모든 생태계에서에서 이루어지는 것과 꼭 같이 도시 생태계에서도 물질 순환(物質循環, material cycling)과 에너지 흐름(energy flow)과 같은 자연적인 과정이 발생한다. 교목, 숲, 기타 자연 시스템은 도시지역의 주변과 내부에서 매우 중요한 생태적인 기능을 수행한다.

도시 열섬(제4장에서 다룸)은 건축물이 식생을 대체하면서 발생한 것으로, 더 높은 기온과 더 높은 기온과 연계된 대기오염의 악화로 이어진다. 또한 도시 열섬은 더 높은 공기 조절 비용, 더 높은 대기오염 방제 비용, 증가된 대기오염으로 인한 공중 건강에 대한 비용 증가 등을 야기한다. 마찬가지로 포장과 지붕 면적 증가와 식생 면적의 감소로 인해 시골 지역으로부터 도시화된 정도에 따라 빗물의 유출이 증가한다. 증가된 유거수는 이들이 운반하는 오염물질로 인해 수중 생태계에 축적되는 오염부하(汚染負荷, pollution load)를 증가시키고, 방류되기 전에 해당 지자체는 많은 비용을 들여 이들을 빗물에서 제거하기 위한 처리를 해야 할 것이다. 도시 지역은 자연적인 양분순환(養分循環, nutrient cycling)을 크게 방해하여 양분이 도시 폐기물 부하와 이와 관련된 비용을 추가시키는 요인의 하나가 되고 있다. 이들 비용의 상당 부분은 도시 식생의 이용 증대와 가능한 한 많은 자연계 기능을 유지하는 토지이용 계획수립을 통해 줄일 수 있다(Moll 등 1995).

CITYgreen과 i-Tree는 도시 숲의 기능적 가치를 추정하기 위해 사용될 수 있는 소프트웨어 도구들이다. 이들 도구는 개발, 해충과 병 문제, 관리 활동 등이 도시 숲 생태계가 제공하는 자연적인 편익에 얼마나 영향을 미치는가를 보여주는 데에도 사용할 수 있다. 교목과 자연 생태계를 제거하거나 보존하는 것에 대한 편익/비용을 계산할 수 있고, 이는 개발된 경관에서 이들의 생태적 기능을 위해 교목과 자연 생태계를 보호하고 보존하는 데 강력한 유인을 제공할 것이다. 계획수립가는 생태계의 경제적인 편익을 이용하여, 교목과 다른 식물, 그리고 전반적인 경관의 자연 생태계 보존과 내포(內包, inclusion)를 통해, 도시개발에서 자연의 생태적 과정을 활용할 것을 강력하게 주장할 수 있을 것이다(i-Tree, 일자 미상; Moll 등 1995; Nowak, Crane 등 2008).

인용 문헌

Alberti, M., J. M. Marzluff, E. Shulenberger, G. Bradley, C. Ryan, & C. Zumbrunnen. 2003. "Integrating Humans into Ecology: Opportunities and Challenges for Studying Urban Ecosystems." *Bioscience* 53(12):1169–1179.

Allen, M. S. 1978. "Creating an Urban Tree Environment in New Residential Communities: An Adaptation of the Computer to Suburban Tree Management." In Proceedings, North America's Forests: Gateway to Opportunity (pp. 477–483). Society of American Foresters.

Avers, P. E., D. T. Cleland, W. H. McNab, M. E. Jensen, R. G. Bailey, T. K. King, & M. E. Goudey. 1993. Summary, National Hierarchical Framework of Ecological Units. Washington, DC: Ecomap, USDA Forest Service.

Bailey, R. G. 1995. *Description of the Ecoregions of the United States* (2nd ed.) (Misc. Publ. No. 1391, rev.). Washington, DC: USDA Forest Service.

Barrick, J. 2012. Personal communication. Deputy Chief of Forestry, Horticulture, & Natural Resources, New York, New York.

Bell, S. 2004. *Elements of Visual Design in the Landscape* (2nd ed.). New York: Routledge.

Bjerke, T., T. Østdahl, C. Thrane, & E. Strumse. 2006. "Vegetation Density of Urban Parks and Perceived Appropriateness for Recreation." *Urban Forestry & Urban Greening* 5(1):35–44.

Bolstad, P. 2008. *GIS Fundamentals: A First Text on Geographic Information Systems* (3rd ed.). White Bear Lake, MN: Eider Press.

Braun, C., ed. 2005. *Techniques for Wildlife Investigations and Management* (6th ed.). Washington, DC: Wildlife Society.

Breckle, S., H. Walter, & G. Lawlor. 2002. *Walter's Vegetation of the Earth*. Berlin: Springer-Verlag.

Bridges, C. A. 2008. "Applying Spatial Analysis Techniques to Assess Tennessee Urban Forests." *Southern Journal of Applied Forestry* 32(4):184–186.

Buhyoff, G. J., L. J. Gauthier, & J. D. Wellman. 1984. "Predicting Scenic Quality for Urban Forests Using Vegetation Measurements." *Forest Science* 30(1):71–82.

Cappiella, K., T. Schueler, & T. Wright. 2005. "Urban Watershed Forestry Manual Part 1: Methods for Increasing Forest Cover in a Watershed" (NA-TP 04-05). Newtown Square, PA: USDA Forest Service, Northeastern Area, State and Private Forestry.

Chen, S. S., & C. Y. Jim. 2008. "The Urban Forest of Nanjing City: Key Characteristics and Management Assessment." In M. M. Carreiro, Y. Song, and J. Wu (eds.), *Ecology, Planning, and Management of Urban Forests* (pp. 259–278). New York: Springer.

Congalton, R. G., & K. Green. 1992. "The ABCs of GIS." *Journal of Forestry* 90(11):13–20.

Conway, T. M., T. Shakeel, & J. Attallha. 2011. "Community Groups and Urban Forestry Activity: Drivers of Uneven Canopy Cover?" *Landscape and Urban Planning* 101(4):321–329.

Cowardin, L. M., V. Carter, F. C. Golet, & E. T. LaRoe. 1979. "Classification of Wetlands and Deepwater Habitats of the United States" (FWX/OBS-79/31). Washington, DC: US Fish and Wildlife Service. Version 04DEC1998 (http://www.npwrc.usgs.gov/resource/wetlands/classwet/index.htm).

Cumming, A. B., D. B. Twardus, & D. J. Nowak. 2008. "Urban Forest Health Monitoring: Large-Scale Assessments in the United States." *Arboriculture & Urban Forestry* 34(6):341–346.

Daubenmire, R. 1980. "The Scientific Basis for a Classification System in Land-Use Allocation." In Proceedings, The Scientific and Technical Basis for Land Classifications (pp. 7–10), Society of American Foresters.

Dwyer, M. C., & R. W. Miller. 1999. "Using GIS to Assess Urban Tree Canopy Benefits and Surrounding Greenspace Distributions." *Journal of Arboriculture* 25(2):102–107.

Eyre, F. H., ed. 1980. *Forest Cover Types of the United States and Canada*. Washington, DC: Society of American Foresters.

Florida Division of Forestry. 1973. *Urban Forestry Handbook*. Tallahassee: Florida Division of Forestry.

Foresman, T. W., S. T. S. Pickett, & W. C. Zipperer. 1997. "Methods for Spatial and Temporal Land Use and Land Cover Assessment for Urban Ecosystems and Application in the Greater Baltimore–Chesapeake Region." *Urban Ecosystems* 1(4):201–216.

Gobster, P. H. 1993. "Managing Visual Quality in Big Diverse Urban Parks: A Case Study of Chicago's Lincoln Park." *Managing Urban and High-Use Recreation Settings* (Gen. Tech. Rep. NC-163, pp. 33–40). Minneapolis: USDA Forest Service.

Graham, S. A. 1945. "Ecological Classification of Cover Types." *Journal of Wildlife Management* 9:182–190.

Green, T. L. 1984. "Maintaining and Preserving Wooded Parks." *Journal of Arboriculture* 10(7):193–197.

Greenfield, E. J., D. J. Nowak, & J. T. Walton. 2009. "Assessment of 2001 NLCD Percent Tree and Impervious Cover Estimates." *Photogrammetric Engineering and Remote Sensing* 75(11):1279–1286.

Grove, M., & M. Hohmann. 1992. "Social Forestry and GIS." *Journal of Forestry* 90(12):10–15.

Hargrave, J. R. 2001. The Use of Low-Altitude Digital Photography and the Green Spectral Wavelength to Detect Stress in Trees. MS Thesis. University of Minnesota.

Hendee, J. C., C. P. Dawson, & W. F. Sharpe. 2012. *Introduction to Forests and Renewable Resources* (8th ed.). Long Grove, IL: Waveland Press.

Henson-Jones, L. 1993. "Riparian Reforestation: Restoration Goals." In Proceedings, Sixth National Urban Forestry Conference (pp. 217–220), Washington, DC, American Forestry Association.

Heynen, N. C., & G. Lindsey. 2003. "Correlates of Urban Forest Canopy Cover: Implications for Local Public Works." *Public Works Management and Policy* 8(1):33–47.

Homer, C., C. Huang, L. Yang, B. Wylie, & M. Coan. 2004. "Development of a 2001 National Landcover Database for the United States." *Photogrammetric Engineering and Remote Sensing* 70(7):829–840.

Howe, V. K., & G. R. Harker. 1977. "Infrared Photography in the Detection of Shade Tree Decline." In Proceedings, Midwest Chapter, International Shade Tree Conference (pp. 40–44).

i-Tree. n.d. i-Tree Eco User's Manual. Version 5.0. http://www.itreetools.org/resources/manuals

Iverson, L. R., & E. A. Cook. 2001. "Urban Forest Cover of the Chicago Region and Its Relation to Household Density and Income." *Urban Ecosystems* 4(2):105–124.

Jensen, R. R., & P. J. Hardin. 2005. "Estimating Urban Leaf Area Using Field Measurements and Satellite Remote Sensing Data." *Journal of Arboriculture* 31(1):21–27.

Jin, S., L. Yang, P. Danielson, C. Homer, J. Fry, & G. Xian. 2013. "A Comprehensive Change Detection Method for Updating the National Land Cover Database to Circa 2011." *Remote Sensing of Environment* 132:159–175.

Johnson, G., & K. Himanga. 2009. "Recommended Trees for Southwest Minnesota. An Ecosystem Approach." University of Minnesota, Minnesota Extension Service (WW-6575). http://www.extension.umn.edu/distribution/naturalresources/DD6575.html

Kelsey, P. D., & R. G. Hootman. 1988. "Soil and Tree Resource Inventories for Campus Landscapes." *Journal of Arboriculture* 14(10):243–249.

Kendal, D., N. S. G. Williams, & K. J. H. Williams. 2012. "Drivers of Diversity and Tree Cover in Gardens, Parks, and Streetscapes in an Australian City." *Urban Forestry & Urban Greening* 11(3):257–265.

Kenney, W. A. 2008. "Potential Leaf Area Index Analyses for the City of Toronto's Urban Forest." In M. M. Carreiro, Y. Song, and J. Wu (eds.), *Ecology, Planning, and Management of Urban Forests* (pp. 336–345). New York: Springer.

Kenney, W. A., P. J. E. van Wassenaer, & A. L. Satel. 2011. "Criteria and Indicators for Strategic Urban Forest Planning and Management." *Arboriculture & Urban Forestry* 37(3):108–117.

Koppel, L. 2008, April 6. "A Newfangled Way to Count the Trees in the Park." *New York Times.*

Kotar, J., T. L. Burger, & J. A. Kovach. 2002. *Field Guide to Habitat Types of Northern Wisconsin* (2nd ed.). Department of Forestry, University of Wisconsin–Madison and Wisconsin Department of Natural Resources, Madison.

Lachowski, H., P. Maus, & B. Platt. 1992. "Integrating Remote Sensing with GIS." *Journal of Forestry* 90(12):16–21.

Landry, S., & R. Pu. 2010. "The Impact of Land Development Regulation on Residential Tree Cover: An Empirical Evaluation Using High-Resolution IKONOS Imagery." *Landscape and Urban Planning* 94(2):94–104.

Laverne, R. J. 1993. "Mapping the Complete Urban Forest." In Proceedings, Sixth National Urban Forest Conference (pp. 172–175). Washington, DC: American Forests.

Lien, J. N., & G. J. Buhyoff. 1986. "Extension of Visual Quality Models for Urban Forests." *Journal of Environmental Management* 22(3):245–254.

Locke, D. H., J. M. Grove, J. W. T. Lu, A. Troy, J. P. M. O'Neil-Dunne, & B. D. Beck. 2010. "Prioritizing Preferable Locations for Increasing Urban Tree Canopy in New York City." *Cities and the Environment* 3(1):1–18.

Lowry, J. H., M. E. Baker, & D. Ramsey. 2012. "Determinants of Urban Tree Canopy in Residential Neighborhoods: Household Characteristics, Urban Form, and the Geophysical Landscape." *Urban Ecosystems* 15(1):247–266.

Matthews, M. J., & R. L. Miller. 1980. "New York State's Urban Wildlife Habitat Inventory." Transaction (pp. 11–18), Northeast Section Wildlife Society.

Matthews, M. J., S. O'Connor, & R. S. Cole. 1988. "Database for the New York State Urban Wildlife Habitat Inventory." *Landscape and Urban Planning* 15(1–2):23–37.

McHarg, I. L. 1969. *Design with Nature.* Garden City, NY: Doubleday & Company.

McNab, W. H., D. T. Cleland, J. A. Freeouf, J. E. Keys, Jr., G. J. Nowacki, C. A. Carpenter, comps. 2005. Description of Ecological Subregions: Sections of the Conterminous United States [CD-ROM]. Washington, DC: USDA Forest Service.

McPherson, E. G. 2010. "Selecting Reference Cities for i-Tree Streets." *Arboriculture & Urban Forestry* 36(5):230–240.

McPherson, E. G., J. McCarter, & F. Baker. 1985. "A Microcomputer-Based Park Tree Inventory System." *Journal of Arboriculture* 11(6):177–181.

McPherson, E. G., & R. A. Rowntree. 1989. "Using Structural Measures to Compare Twenty-Two U.S. Street Populations." *Landscape Journal* 8(1):13–23.

McPherson, E. G., J. R. Simpson, Q. Xiao, & C. Wu. 2011. "Million Trees Los Angeles Canopy Cover and Benefit Assessment." *Landscape and Urban Planning* 99(1):40–50.

Miller, R. W. 2007. *Urban Forestry: Planning and Managing Urban Greenspaces* (2nd ed.). Long Grove, IL: Waveland Press.

Moll, G., J. Mahon, & L. Mallet. 1995. "Urban Ecological Analysis: A New Public Policy Tool." *Urban Ecology* 1.

Myers, C. C., & D. R. McCurdy. 1976. "Computer Mapping in the Urban Forest." *Trees and Forests for Human Settlements* (IUFRO P1.05, pp. 15–26). Ontario: University of Toronto, Canada.

Nowak, D. J. 1993. "Historical Vegetation Change in Oakland and Its Implications for Urban Forest Management." *Journal of Arboriculture* 19(5):313–319.

Nowak, D. J. 1994. "Urban Forest Structure: The State of Chicago's Urban Forest." In E. G. McPherson, D. J. Nowak, and R. A. Rowntree (eds.), *Chicago's Urban Forest Ecosystem: Results of the Chicago Urban Forest Climate Project* (Gen. Tech. Rep. NE-186). Radnor, PA: USDA Forest Service.

Nowak, D. J. 1996. "Estimating Leaf Area and Leaf Biomass of Open-Grown Deciduous Trees." *Forest Science* 42(4):504–507.

Nowak, D. J. 2008. "Assessing Urban Forest Structure: Summary and Conclusions." *Arboriculture & Urban Forestry* 34(6):391–392.

Nowak, D. J., D. E. Crane, J. C. Stevens, R. E. Hoehn, J. T. Walton, & J. Bond. 2008. "A Ground-Based Method of Assessing Urban Forest Structure and Ecosystem Services." *Arboriculture & Urban Forestry* 34(6):347–358.

Nowak, D. J., & E. J. Greenfield. 2010. "Evaluating the National Land Cover Database Tree Canopy and Impervious Cover Estimates across the Conterminous United States: A Comparison with Photo-Interpreted Estimates." *Environmental Management* 46(3):378–390.

Nowak, D. J., & E. J. Greenfield. 2012. "Tree and Impervious Cover in the United States." *Landscape and Urban Planning* 107(1):21–30.

Nowak, D. J., R. E. Hoehn III, D. E. Crane, J. C. Stevens, & C. L. Fisher. 2009. "Assessing Urban Forest Effects and Values" (Res. Bull. NRS-37). Newton Square, PA: USDA Forest Service.

Nowak, D. J., & M. Lear. 2009. "Briefing Paper: Assessing Urban Forest Canopy Cover: A Primer for State Foresters." A Briefing Paper Prepared by the Urban and Community Forestry Committee of the National Association of State Foresters.

Nowak, D. J., R. A. Rowntree, E. G. McPherson, S. S. Sisinni, E. R. Kerkman, & J. C. Stevens. 1996. "Measuring and Analyzing Urban Tree Cover." *Landscape and Urban Planning* 36(1):49–57.

Nowak, D. J., J. T. Walton, J. C. Stevens, D. E. Crane, & R. E. Hoehn. 2008. "Effect of Plot and Sample Size on Timing and Precision of Urban Forest Assessments." *Arboriculture & Urban Forestry* 34(6):386–390.

Poracsky, J., & D. Banis. 2005. *Street Trees in the Urban Forest Canopy: Portland, Oregon*. Center for Spatial Analysis and Research. Geography Department, Portland State University.

Poracsky, J., & M. Lackner. 2004. *Urban Forest Canopy Cover in Portland, OR, 1972–2002: Final Report*. Cartographic Center, Geography Department, Portland State University.

Randrup, T. B., C. Konijnendijk, M. K. Dobbertin, & R. Prüller. 2005. "The Concept of Urban Forestry in Europe." In C. Konijnendijk, K. Nilsson, T. Randrup, and J. Schipperijn (eds.), *Urban Forest and Trees* (pp. 9–21). Berlin: Springer.

Reutebuch, S. E., H. E. Andersen, & R. J. McGaughey. 2005. "Light Detection and Ranging (LIDAR): An Emerging Tool for Multiple Resource Inventory." *Journal of Forestry* 109(6):286–292.

Rodgers, L. C., & M. Harris. 1983. "Remote Sensing of Pecan Tree in Five Texas Cities." *Journal of Arboriculture* 9(8):208–213.

Schroeder, H. W., & T. L. Green. 1985. "Public Preference for Tree Density in Municipal Parks." *Journal of Arboriculture* 11(9):272–277.

Sheppard, S. R. J. 2004. "Visual Analysis of Forest Landscapes." In J. Evans and J. Younguist (eds.), *Encyclopedia of Forest Sciences* (pp. 440–450). Oxford, UK: Elsevier.

Smith, R. L., & T. M. Smith. 2000. *Ecology and Field Biology* (6th ed.). New York: Pearson.

Souci, J. S., I. Hanou, & D. Puchalski. 2009. "High-Resolution Remote Sensing Image Analysis for Early Detection and Response Planning for Emerald Ash Borer." *Photogrammetric Engineering and Remote Sensing* 75(8):905–909.

Subburayalu, S., & T. D. Sydnor. 2012. "Assessing Street Tree Diversity in Four Ohio Communities Using the Weighted Simpson Index." *Landscape and Urban Planning* 106(1):44–50.

Sun, W. Q. 1992. "Quantifying Species Diversity of Streetside Trees in Our Cities." *Journal of Arboriculture* 18(2):91–93.

Sung, C. Y. 2012. "Evaluating the Efficacy of a Local Tree Protection Policy Using LiDAR Remote Sensing Data." *Landscape and Urban Planning* 104(1):19–25.

Theobald, W. F. 1978. "Urban Forestry Inventories in South Florida: Need for and Uses." In Proceedings, National Urban Forestry Conference (ESF Pub. 80-003, pp. 756–766). Syracuse, NY: SUNY.

Thompson, R., R. Hanna, J. Noel, & D. Piirto. 1999. "Valuation of Tree Aesthetics on Small Urban-Interface Properties." *Journal of Arboriculture* 25(5):225–234.

USDA Forest Service. 2011. "Urban Tree Canopy Analysis Helps Urban Planners with Tree Planting Campaigns." North Research Station Research Review, No. 13 (Summer).

Walton, J. T., D. J. Nowak, & E. J. Greenfield. 2008. "Assessing Urban Forest Canopy Cover Using Airborne or Satellite Imagery." *Arboriculture & Urban Forestry* 34(6):334–340.

Ward, K. T., & G. R. Johnson. 2007. "Geospatial Methods Provide Timely and Comprehensive Urban Forest Information." *Urban Forestry & Urban Greening* 6(1):15–22.

Weinstein, G. 1983. "The Central Park Tree Inventory: A Management Model." *Journal of Arboriculture* 9(10):259–262.

Yang, J., L. Zhao, J. McBride, & P. Gong. 2009. "Can You See Green? Assessing the Visibility of Urban Forests in Cities." *Landscape and Urban Planning* 91:97–104.

Xiao, Q., S. L. Ustin, & E. G. McPherson. 2004. "Using AVIRIS Data and Multiple-Masking Techniques to Map Urban Forest Tree Species." *International Journal of Remote Sensing* 25(24):5637–5654.

Zobrist, K. W., D. P. Hanley, A. T. Grotta, & C. Schnepf. 2012, March. *Basic Forest Inventory Techniques for Family Forest Owners* (Pacific Northwest Extension Publication 630). Pullman: Washington State University.

제III부

도시 식생의 계획수립과 관리

제8장

정책, 계획수립, 그리고 도시 임업

말레이시아 쿠알라룸푸르

어떤 면에서는, 정책(政策, policy)과 계획수립은 미래의 요구를 예측하여 행동의 과정을 생각해내고 이들이 일어나도록 하기 위한 기작(機作, mechanism)을 시행하는 것에 불과하다. 미래에 대한 예측은 현재 흐름의 분석에 기반을 두고 현재를 넘어선 시간의 특정한 기간에 대해 이들 흐름을 투영해보는 것이다. 미래를 예측하는 것은 불확실한 일이고 틀릴 위험은 투영되는 기간의 길이와 함께 증가한다. 잘못된 투영과 관련된 위험에도 불구하고, 우리는 계획을 하지 않을 수 없다. 우리의 현재 문제의 많은 부분은 과거에 문제를 예측하기 위한 시도를 하지 않은 것과 직접적인 관계가 있다.

정책은 예상되는 결과를 얻기 위한 계획을 수립하기 위해 우선순위를 부여하는 것으로, 가끔 행정 부서 수준이나 정치적인 수준에서 개발된다. 계획수립은 관리할 활동을 계획함으로써 정책을 진행시킨다. 도시 숲 계획수립은 여러 서로 다른 전문분야를 대표하는 개인들의 전문성을 끌어내는 학제(學際, interdisciplinary)적 노력이다. 계획수립 책임자는 이 계획을 개발하는 데 필요한 이들 분야를 확인하고 이들의 노력을 조정한다. 과거의 흐름을 분석하고 서로 다른 계획에 근거하여 일련의 미래 시나리오를 개발한다. 다음으로 향후 활동과정은 민간부문(民間部門, private sector)의 책임자나 공공부문(公共部門, public sector)의 책임자 또는 선출된 공무원에 의해 결정된다. 마지막으로, 계획의 예상되는 결과가 확인되고, 실제 결과를 평가하기 위해 자료가 수집되고, 필요에 따라 수립된 최초 계획을 변경하게 된다. 계획수립 과정에 지역사회의 참여를 장려하면 해당 지역사회의 요구를 충족시키는 이상적인 미래의 목적(目的, goal), 목표(目標, objective), 전략(戰略, strategy)으로 이어질 것이다.

지자체 임정관은 두 수준에서 계획수립에 참여하는데, 하나는 전반적인 지자체 계획수립의 자원 전문가로서, 다른 하나는 지자체 임업 프로그램에 대한 계획을 개발하는 관리자로서이다. 지역사회 수준에서, 지자체 임정관은 식생, 식물 군집, 전반적인 자연자원에 관한 자신들의 지식에 근거하여 토지이용 계획수립에 필요한 전문성을 제공한다. 지자체 임정관은 도시 숲 관리자로서 하루하루 기준으로 도시 숲 자원을 다루는 단기 관리계획과 해당 지자체의 지속적인 도시 숲 어메니티를 확보하기 위한 장기적인 관리계획을 수립해야 한다. 이 장에서는 기본적인 계획수립 과정을 기술하고, 이 과정을 토지이용 계획수립에 연계시키고, 이 과정에서 도시 임업가의 기여에 관해 고찰한다. 다음으로 지자체 임업에 대한 단기와 장기 관리계획을 개발하는 도구의 하나로서 이 계획수립 과정을 고찰한다.

계획수립 과정

효과적인 도구가 되기 위해서는, 계획수립은 새로운 자료에 개방되어 있고 목적과 목표에 변화가 있는 계속 진행되고 있는 과정이어야 한다. 기본 계획수립 모델은 세 가지 질문을 던지고 환

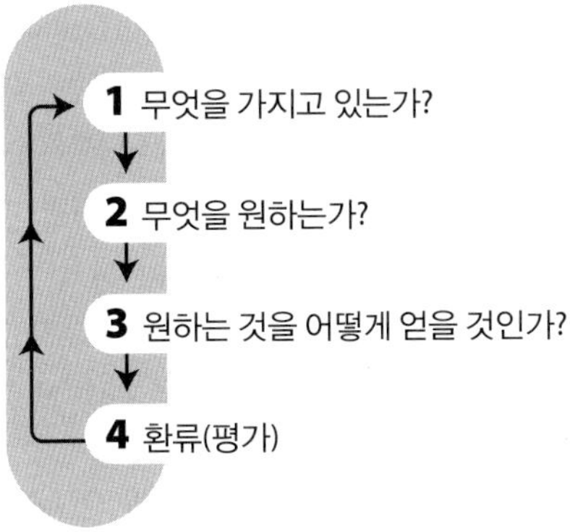

그림 8-1 기본적인 계획수립 모델

류(평가)고리(feedback/evaluation loop)를 포함한다(**그림 8-1**). 여기서 고찰되는 계획수립 모델은 지자체의 계획수립 관점에서 제시되지만, 민간부문의 계획수립 도구로도 활용될 수 있다.

무엇을 가지고 있는가?

계획수립의 첫 번째 단계는 기초 자료(基礎資料, baseline data)를 확정하는 것이다. 기준 자료를 수집하기 위해 사용되는 방법은 시간이 흘러도 시종일관해야 하고 건전하고 정확한 자료를 필요로 하는 요구를 반영해야 한다. 이들 자료는 전적으로 종적(장기적인 변화 과정을 다룬)이어야 하는데, 다시 말하면 이들은 가까운 과거와 현재 상황을 설명하고 현재 상황이 유지되면 미래를 예측하는 데 도움을 줄 수 있는 변수들이다. 따라서 계획수립 과정 중에, 기준자료는 계획수립자들이 향후 계획과 목적의 방향을 제시하는 데 도움을 줄 수 있는 비교를 하기 위해 사용할 수 있다. 예를 들면, 소위 도시계획수립가들은 자신의 지자체 인구 증가를 추정하고 싶어 한다. 해당 도시의 인구가 40,000명이고 지난 10년 동안 매년 평균 2%의 속도로 증가해왔다면, 앞으로 다양한 관점에서 인구 규모를 추정하는 것은 쉬운 일이다. 그러나 이것은 지자체 인구 증가에 영향을 미치는 다른 모든 요소들이 일정하게 유지될 것이라고 가정한 것으로, 이는 우리가 미래에 대한 인구 추계(人口推計, population estimates)를 예측하고자 하는 시도에 점점 더 위험한 가정이 된다. 지역사회 내에 대규모의 새로운 공장 입주(또는 대규모 사업체의 상실)와 같은 요소들은 인구 증가를 예측하는 것을 어렵게 만들 것임에 틀림없다. 그러나 지자체 인구 변화를 예측하지 않아서 세금을 과도하게 부과하거나 학교, 상수도, 하수 처리와 같은 공공 서비스가 충분히 이용되지 않게 되는 것은 더 큰 위험이다.

무엇을 원하는가?

지자체 계획수립에서, "무엇을 원하는가?"라는 질문에 대한 답변은 상당히 복잡한 일이 된다. 이익집단(利益集團, interest group)들은 자신들이 달성하고자 하는 구체적이고 겨냥하고 있는 목적을 가지고 있고, 이들은 가끔 단체 간의 충돌로 이어질 수 있다. 이와 관련해서는 위에서 고찰한 지자체 성장 사례를 고려하라. 해당 도시의 상업회의소(商業會議所, chamber of commerce)는 연간 2%의 인구증가는 해당 지자체를 유지하기에 너무 낮다고 생각하여 공무원들에게 일자리(job opportunity)와 세수를 늘리기 위해 해당 지역에 새로운 사업체를 유치하도록 요청할 수도 있다.

반면, 지역 보존(地域保存, local conservation) 단체는 연간 2%의 인구증가가 너무 높다고 생각하고 더 낮은 증가를 조장하는 공공정책을 제안할 수도 있다. 궁극적으로 공공정책 결정은 반대되는 관점을 고려하여 미래의 계획수립에 대한 합의에 도달하도록 수립되어야 한다.

다른 한편, 사실 우리가 가지고 있는 것이 우리가 원하는 것일 수 있는데, 그렇다면 공공정책을 통해 방향을 바꿀 필요가 없기 때문에 계획수립 과정은 완료된다. 그렇다고 이것이 계획수립을 그만둔다는 것을 의미하지 않는데, 왜냐하면 계획수립은 결과가 지자체의 가치를 충족시키는가에 대한 정보를 수집하고 평가하는 시스템을 확립하도록 설계된 진행형 과정이기 때문이다.

원하는 것을 어떻게 얻을 것인가?

일단 미래의 목적에 관해 합의에 도달하면, 이러한 목적이 달성될 수 있도록 하는 절차를 수립해야 한다. 공공 계획수립에서 이러한 목적에 도달하는 것은 의사결정, 공보 자료(公報資料, public information)와 교육, 법률 제정 등이 이에 속한다. 법률 제정은 입법권(立法權, power of police), 과세권(課稅權, power to tax), 수용권(收用權, power of eminent domain)에 의해 주어지는 권리와 같이 행정부에 의한 행위와 행정부의 관여가 필요할 수 있다. 이들 계획수립과 관련된 세 가지 권한은 이 장의 뒤에서 자세히 고찰될 것이다.

환류

계획수립은 하나의 과정이고, 자기교정(自己矯正, self correcting)을 위해 환류(還流, feed-back) 시스템에 해당하는 평가 과정이 있어야 하는 과정이다. 예를 들면, 제정된 공공정책이 유효한지를 확인하기 위해, 우리는 이들 정책의 결과로 우리가 가지고 있는 것을 다시 평가해야 한다. 만약 새로운 평가를 통해 해당 정책이 유효하다는 것이 확인되면, 진행 중인 과정의 일환으로 우리가 원하는 것을 재평가해야 한다. 지자체의 가치가 변할 수 있고, 정책의 결과가 전혀 우리가 원하는 것이 아닐 수 있고, 새로운 요소가 환경에 개입되어 모든 것을 변화시킬 수도 있다.

토지 이용 계획

공공 수준에서의 계획수립은 포괄적인 지자체 계획수립의 전반적인 영향력 하에 놓인다. 포괄적인 계획수립은 공중에 대한 현재와 미래의 사회적, 생태적, 경제적 웰빙(wel-being)이라는 목표를 실현시킬 수 있도록 설계된 과정이다. 또한 포괄적 계획수립은 교통(交通, transportation), 경제, 건강관리, 하수 처리, 상수도, 토지이용 계획수립 노력 등을 통합한다.

토지이용 계획수립은 다양한 용도로 개발되는 토지의 위치 및 규모와 관련이 있다. 이러한 토지이용 계획수립 과정은 성장과 변화로 인한 토지이용 충돌을 최소화하고, 토지를 산업, 상업, 주거, 보존, 농업과 같은 용도에 배분함으로써 인간의 편익을 극대화하기 위해 노력한다. 포괄적인 토지이용 계획수립에 앞서, 지자체는 건강, 안전, 복지, 영성(靈性, spirituality) 등의 이유로 형태와 강도를 다양화하는 계획을 수립해왔다(Elmendorf & Luloff 1999). 토지이용은 주로 생태적, 경제적, 사회적 결정요소(決定要素, determinant)들의 상호작용에 의해 결정된다. 즉, 이들을 어떻게 통합하고 실행하느냐가 계획을 수립하는 사람들이 당면하는 도전이다. 공중의 이해와 정부의 권력도 토지이용 계획수립에 영향을 미친다.

생태적 결정요소

계획수립자들은 생태계(生態系, ecosystem) 개념을 지자체 계획수립과 개발에 점점 더 많이 반영시키고 있다(제7장 참조). 자연자원은 지역사회에서 중요한 생태적 기능을 가진다. 자연자원과 이들의 관련된 생태적 기능에 대한 개념을 토지이용 계획수립 과정에 포함시키면 도시를 더 살기 좋게 만들 뿐만 아니라 공해를 줄이고 지자체 운영비용을 감소시키며 오픈 스페이스를 제공한다. 범람원의 계획된 용도와 결합된 저류지((貯溜池, retention)나 빗물 침투를 위한 부지 건설은 유의하게 변화된 지표수(地表水, surface water) 흐름으로 인해 홍수와 수질오염(水質汚染, water pollution)을 감소시킬 수 있다. 적합한 교목을 선정하여 식재하면 식생은 대기오염(大氣汚染, air pollution)을 개선하는 역할을 잘 수행한다. 올바른 위치와 크기의 교목은 그늘과 공기 흐름의 변경을 통해 건물의 에너지 사용을 감소시킬 수 있다. 계획수립 과정에 녹색공간을 포함하고 배치하면 도시 식생의 생태적 편익을 더욱 최적화시킬 수 있다.

McPherson(1989)은 계획수립을 할 때 교목과 다른 식생을 포함시키고 또한 도시 경관이 지역 환경과 조화시킬 것을 권고한다. 애리조나주 투손(Tucson)은 사막에 위치하고 있지만, 처음 경관조성 계획수립부터 잔디, 녹음수, 기타 물이 필요한 식물을 포함시켰다. 그러나 최근 몇 년 동안, 물 절약(water conservation)에 관한 관심이 높아지면서 내건성(耐乾性, drought tolerant) 있는 교목과 식물을 사용하는 내건조경(耐乾造景, xeric landscaping)으로 완전히 전환하게 되었다. 자갈, 바위, 기타 무생물 자재도 주요 조경 자재로 사용된다. 불행히도, 제4장에 기술된 것과 같은 도시 숲 편익은 이러한 무생물 자재로는 얻을 수 없다. Martin 등(2003)은 조경활동에 제한을 가하는 CC&R(covenants, codes and restrictions)이 있는 지역 자치회(community association)는 이들의 소유부지에 교목과 잔디 피복은 적은 반면 관목과 지피식물(地皮植物, ground cover)은 더 많은 것을 발견하였다.

경제적 결정요소

토지이용 배분은 주로 경제적인 결정요소나 이들의 시장가격에 의해 결정된다. 역사적으로, 생산적인 토지는 경작되었고, 생산성이 낮은 토지에는 가축을 방목하였으며, 생산성이 더 낮은 토지는 목재 공급용으로 이용되거나 전혀 이용되지 않았다. 그리고 지역사회의 위치는 교통(물)에 대한 접근이나 방어능력에 의해 결정되었다.

지역사회 내에서, 집은 근무지(勤務地, place of employment)와 집 근처에 개설되는 상점 가까이에 지어졌다. 토지의 "최고와 최선의 이용"은 가장 높은 수입을 산출하는 데 사용하는 것이다. 종종 도시 토지는 농지(農地, farmland)보다 가치가 더 높고, 농지는 임지(林地, forestland)보다 가치가 더 높다. 토지이용의 변경은 일반적으로 낮은 용도에서 높은 용도로 개발하는 것으로, 농지를 주택지로, 주택지를 상업이나 산업용지로 전환하는 것이 바람직하다고 생각했다. 과거에는, 개발의 재무분석(財務分析, financial analysis)은 토지를 주거용, 산업용, 상업용으로 개발함으로써 얻는 가치에 관심이 높았다. 그러나 오늘날에는, 지자체 계획수립을 할 때 기능을 수행하는 부분인 도시 생태계로서의 자연자원 가치도 재무분석에 포함되어야 할 것이다.

사회적 결정요소

사회적 결정요소는 경제적 및 생태적 결정요소와 상호작용하고, 어느 정도 토지이용 패턴에 영향을 미친다. 사람들은 비슷한 관심과 배경을 가진 다른 사람들과 이웃하며 모여 사는 경향이 있다. 미국에서는, 초기 개별 이민자 물결이 종종 동일한 민족적 배경(ethnic background)을 가진 사람들과 같은 지역사회나 이웃으로 정착했다. 동질적인 이웃은 자신들이 온 나라의 다른 지역으로부터의 연속적인 이민자 물결을 유발했고, 자신들의 주거지를 향상시켰으며, 시간이 지남에 따라 더욱 부유한 지역으로 옮아가게 되었다. 외부로부터의 격리도 일부 지역사회의 민족적 특성에 영향을 미쳤는데, 이는 이 지역이 주택이 있는 유일한 지역이었기 때문이다.

인지된 사회적 가치와 규범(規範, norm)도 토지이용 패턴에 영향을 미친다. 제2차 세계대전(World War II) 이후 미국에서 일어난 도시에서 교외로의 대탈출은 늘어난 소득뿐만 아니라 어쨌든 교외에서의 생활이 더 좋다는 생각에 기반을 두었다. 이러한 대탈출은 남부의 시골에서 북부의 도시로 이주하는 흑인에 대한 인종적 편견(人種的偏見, racial prejudice)에 의해서도 가속화되었다. 역으로, 지금은 많은 교외 거주자들이 부활하고 있는 도심으로 되돌아가고 있다. 궁극적으로 사람들은 기본 욕구가 충족되고 원하는 어메니티를 누릴 수 있는 곳에 살고 싶어 한다.

인구 밀도가 낮고 토지가 충분한 한 일반적으로 경제적 및 사회적 결정요소가 토지를 적합한 용도로 배분할 것이다. 토지이용에 대한 계획의 필요성이 중요해지는 것은 충돌이 발생할 때이다. 초기 도시들은 규모가 작았고 사람들은 자기의 직장과 가게에 걸어서 가야 했다. 그러나 산업화와 빠른 인구증가로, 다양한 용도로 토지를 배분하는 데 충돌이 발생하게 되었다. 더욱이 자발적인 민족적 이웃을 창출한 사회적 결정요소는 도시들의 다양성과 이해관계를 유발했지만, 강제적인 인종차별은 인구 일부의 시민권(市民權, civil right)을 침해하였다.

시골 지역에서는 상점가(商店街, shopping center)와 획지분할(劃地分割, subdivision)에 의한 절대 농지의 침범으로 충돌이 일어났다. 근대 농장과 시골 주택은 반드시 좋은 이웃은 아니었는데, 이는 새로운 주민들은 농장의 소음과 악취에 불만을 제기하는 반면 농부들은 치솟은 부동산 가치와 이로 인한 높은 재산세 때문에 자신의 토지를 팔 수밖에 없게 되었다.

공익

공중의 전반적인 건강, 안전, 복지에 영향을 미치는 토지이용 배분과 다른 문제에 관한 충돌이 발생하면, 해당 정부는 공익(公益, public interest)을 우선하게 된다. 공익에서의 토지이용 계획수립은 토지이용 충돌을 해결하기 위해 산업 도시에서 시작되었으며, 이후 교외 난개발(亂開發, sprawl)에 이어 많은 시골 지역으로 확산되었다. 처음에는, 공익이 지구계획과 공중보건법(公衆保健法, public health code)과 같은 통제와 관련이 있었지만 지금은 해당 지역사회의 거주적합성(居住適合性, livability)을 극대화하는 것도 포함하고 있다. 일반적으로, 토지이용 결정요소로서의 공익에는 안전, 건강, 편의, 경제, 어메니티 등이 포함된다. 도시 임업가는 밀도 조절, 편의, 위해(危害, hazard), 오염 저감, 어메니티, 주민 참여(住民參與, human engagement)에 관여함으로써 이들 모든 분야에서의 토지이용 계획수립 노력에 기여할 수 있다(Campbell & Wiesen 2009).

밀도 조절은 단위 면적당 허용되는 사람의 수를 조절하는 것으로 주택 건설에 영향을 미친다. 커다란 구획에 대한 고립된 주택건설은 스펙트럼 끝의 낮은 밀도를 나타내고, 높게 솟은 아파트는 가장 높은 밀도를 보인다. 밀도는 가용한 오픈 스페이스에 대해 주어진 면적에 사는 사람의 비율을 나타내기도 한다. 계획된 자자체는 높은 밀도의 주택이 있을지 모르지만 자자체 전반을 통해 풍부한 공공 오픈 스페이스를 보유하고 있다. 반면 거리를 두고 지어진 단독주택으로 된 교외는 공공 오픈 스페이스가 거의 없거나 전혀 없을 것이다.

토지이용의 한 요소인 편의성은 계획수립에 상점의 위치나 교통 통로와 같이 많은 사항을 포함하고 있다. 도시 임업가의 경우, 편의성은 밀도와 관련이 있고, 주거와 관련하여 공원과 기타 오픈 스페이스의 위치를 고려한다. 새로운 개발지역에서 휴양과 오픈 스페이스를 위한 적절한 부지를 확인하는 것은 전반적인 도시 식생 관리계획에서 도시 임업의 중요한 기능이다. 또한 개발에 앞서 희귀(稀貴, rare) 및 멸종 위기종(滅種危機種, endangered species)과 생태계의 위치, 확인, 보호도 도시 임업가의 중요한 기능일 수 있다.

범람원과 침수되기 쉬운 지역에 주택을 개발하는 것과 관련된 공공 위험(公共危險, public hazard)은 토지이용의 조절을 통해 피할 수 있다. 주기적인 홍수와 관련된 생태계와 토양은 홍수 위험 지도가 없는 경우 식생 군집의 분석을 통해 확인할 수 있다. 다른 위험으로는 건물이나 정화조(淨化槽, septic tank) 설치에 부적합한 토양과 건설하기에 불안정한 지층(地層, geological strata) 등이 있다.

다양한 오염원((汚染源, pollution source)으로 인한 위험은 대부분의 도시에서 공중 건강에 위협을 가하고 있다. 토지이용 계획수립은 다양한 유형의 오염 충격을 최소할 수 있도록 공간 배열(空間配列, spatial arrangement)을 하여 토지이용을 배분할 수 있다. 제4장에서 고찰한 바와 같이, 도시 식생은 이들 위험의 일부를 감축시키는 데 상당한 기여를 할 수 있다. 올바른 위치의 숲지대(forest belt)는 대기와 소음 공해를 줄여줄 수 있고, 준교외(準郊外, exurban) 산림은 최종적인 도시 폐수 처리와 지하수 함양(涵養, recharge)에 활용될 수 있을 것이다. 수질 오염은 침식을 조절하고 지표 유출(流出, runoff)을 약화시키는 역할을 할 수 있도록 도시 식생을 사용함으로써 더욱 감축시킬 수 있다.

어메니티(amenity)는 우리가 일하고, 생활하고, 기분을 전환하는 환경의 질을 의미한다. 도로, 공원, 오픈 스페이스, 지역사회 전반에 걸쳐 존재하는 교목을 비롯한 식생이 제공하는 삶의 질(quality of life)에 대한 기여는 제4장에 잘 정리되어 있다. 이러한 식생의 도입과 보호를 위한 계획수립은 식생의 절대적인 양과 식생의 공간적인 배열 모두에서 토지이용 계획수립 과정에 크게 기여한다.

도시 녹색공간의 설계와 관리에 대한 주민 참여는 도시 생태계의 장기적 지속가능성(持續可能性, sustainability)에 매우 중요하다(Campbell & Wiesen 2009). 공동 관리(共同管理, shared governance)에 대한 시민의 지식과 이용에 대한 이해는 계획수립 과정에 필수적이다. 공원 내, 도로변, 정원 내, 그리고 다른 위치에 대한 대규모 교목 식재 노력(뉴욕시의 인간 건강을 위한 백만 그루 교목 식재 운동과 같은)은 성공을 위해 주민의 참여가 필요하다. 역사적 관점에서 보면, 도시공원 토지 1,000헥타르(2,500에이커) 개발과 백만 그루 교목 시재하기 시민 건강 운동이 1870년대 시카고에서 일어났다. 이는 당시 이러한 노력으로 시카고 거주자들의 건강이 향상될 것이라고 주장했다(Martensen 2009).

표 8-1 경관 조례의 기술적인 구성요소

1. 가로(마당) 조경과 식재
   a. 정면
   b. 측면
   c. 후면
   d. 모퉁이
2. 오픈 스페이스 식재
3. 토지이용 완충지대
4. 주차장 차폐와 경내 식재
5. 식재 수목의 관수
6. 조경된 지역의 보호
7. 조망(교통 방해, 식물을 이용한 차폐)
8. 식재 수목의 유지관리
9. 가시삼각형(可視三角形, sight triangle)
10. 쓰레기와 급전시설 차폐
11. 식물 재료의 크기, 승인된 수종
12. 조명
13. 중앙분리대, 가로변, 공공 통행로
14. 정지(整地)와 배수
15. 교목 보전과 보호
16. 서식지 보호와 자생식물 보존

출처: Abbey 1998.

정부의 권력

계획수립 과정에서 확인된 계획수립의 목적을 달성하기 위해, 공공 정책은 정부의 세 가지 권력을 사용하여 구체화된다: (1) 입법권(power to police), (2) 과세권(power to tax), (3) 수용권(收用權, power of eminent domain).

입법권. 입법권은 보상 없이 취득할 수 있는 권리를 포함하여 사회나 개인을 보호하기 위하여 법률을 사용하는 것이다. 토지이용 계획수립의 경우, 연방과 주의 법률, 그리고 더 하위 지역의 조례와 지구계획 규정은 입법권을 사용한다. 토지이용을 규제하기 위한 입법권의 사용은 미국에서 200년의 법률심사(法律審査, judicial review)와 법률제정의 역사를 가지고 있다(Elmendorf 2007). Abbey(1998)는 미국 전역에 걸쳐 사용되는 지역의 경관조례에 대한 참고자료를 제공한다(**표 8-1**). 입법권은 아니지만, 협약(協約, covenant)은 개발에서 토지 소유자의 재산에 요구조건과 제약을 가할 때 사용되는 구속력 있는 법적 합의이다. 건축기준(建築基準, building code)과 산업표준(産業標準, industry standard)도 건물과 부지 설계를 통하여 토지개발에 영향을 미친다.

연방과 주 법률은 입법 절차를 통해 제정된다. 1991년 메릴랜드 산림 보존법(Maryland Forest Conservation Act of 1991)은 토지 개발과 산림 임분(林分, stand)의 개발을 규제하기 위해 사용된 주 법률의 한 사례이다(Galvin 등 2000). 지역 교목 보존 조례는 건설공사 중에 교목 제거를 규제하기 위해 사용되는 또 다른 방법이다(Despot & Gerhold 2003). 법률과 조례의 구체적인 내용은 다양하지만, 최종 결과는 교목을 보전하거나 교목 식재를 통해 교목 제거를 완화시키는 것이다. 이들 규제하는 방법의 유효성(有效性, effectiveness)을 감지하는 것은 개인별로 차이가 있을 것이다. 건축업자들은 보존하는 교목에 대한 교육과 기술지원보다 조례를 덜 중요하다고 생각하는데 비해, 수목관리자와 설계자는 조례가 효과적일 수 있다고 주장한다(Despot & Gerhold 2003).

분필 조례(分筆條例, subdivision ordinance)는 물리적인 배치, 도로 표준, 공익시설 서비스, 자연 자원, 공공 오픈 스페이스 편입 등을 포함하여 세분된 구획의 설계에 영향력을 행사한다. 어떤 경우에는, 개발업자가 공원이나 오픈 스페이스용의 다른 토지를 구매하고 지자체에 이에 대한 기금을 납부함으로써 모든 토지를 개발할 수도 있다. 또 다른 경우에는, 개발업자가 공공 오픈 스페이스용으로 토지를 할애해야 한다. 캔자스주 토피카(Topeka)시는 개발업자에게 주민 1,000명당 2헥타르(5에이커)를 할애할 것을 요구한다(Benedict & McMahon 2006).

분필 조례도 보도와 보차도경계석 사이 공간의 폭을 규제함으로써 공공 가로수에 대해 적당한 공간을 제공하기 위해 사용될 수 있다. 성목의 크기가 작은 교목은 폭이 4피트면 자라는데 충분하겠지만, 해당 지역사회에 상당한 생태적인 기여를 하는 대교목(大喬木, large tree)은 식재 띠(planting strip) 폭이 적어도 2.5 m(8피트)는 되어야 이상적일 것이다. 넓은 식재 공간은 교목 뿌리에 의한 보도와 보차도경계석을 수선하는 데 필요한 장래의 비용도 줄여줄 것이다. 식재 공간이 더 넓으면 공사 중에 교목 피해를 줄일 수 있고 태풍으로 인한 교목 파손도 줄일 수 있다(Hauer 등 1994; Johnson 2003; Koeser 등 2013).

지구계획 규정(地區計劃規定, zoning regulation)은 토지를 다른 용도 지구로 분할하고 개발에 관한 표준을 설정함으로써 토지이용을 통제한다. 전형적으로 지구계획 조례는 필지의 용도, 구획의 크기, 밀도, 가로와 토지 경계선 후퇴(後退, setback), 건축물 크기 등을 규제한다. 지구계획의 개념은 토지 소유자 입장에서는 자신의 토지 이용에 가해진 제한으로 여기지만, 이들은 인접 필지에 가해진 동일한 제약의 존재로 인해 보호된다는 것이다.

지구계획은 개발지구와 개발로부터 보호하기를 원하는 습지, 산림, 농지와 같은 지역을 구분하는 데 사용될 수 있다. 정부기관은 보호지구에 대한 지역권(地役權, easement)을 이용하여 토지 소유자로부터 공개적으로 개발권(開發權, development right)을 사들일 수 있다. 개발권은, 양도가능 개발권(TDR, transferable development right)으로 알려진 절차에 따라, 개발업자는 개발지구로 지정된 지역의 토지를 개발할 권리를 구매할 수도 있다. 예를 들면, 메릴랜드주 몽고메리(Montgomery) 카운티는 개발로부터 농지를 보호하기 위해 양도가능 개발권을 사용한다(Schwab 1993). 해당 부지의 영구적인 보존을 위해 은행 운영자에게 서식지 크레디트(credit)를 제공함으로써 자연자원 가치를 지닌 토지를 보호하기 위해 보존과 경감 뱅킹(banking)을 사용한다(Benedict & McMahon 2006). 개발자는 은행 운영자로부터 크레디트를 구매하여 개발이 환경에 미치는 영향의 결과에 대한 보상 요구를 법적으로 충족시키기 위해 이를 사용할 수 있다. 소비자들은 오픈스페이스가 중요하고 매력적이라고 말하고 있는 데 비해, 많은 개발업자들은 보존 구획(保存區劃, conservation subdivision) 설계에 관심을 가지고 있고 소비자들이 오픈 스페이스에 무관심하고 이에 대한 보상을 꺼린다고 생각한다(Bowman & Thompson 2009). 계획수립자는 보존구획 설계를 공식화할 때 이러한 관점을 고려하여 거주자들의 의견을 확보해야 한다.

중복지정지구(重複指定地區, overlay zone)는 지하수(地下水, groundwater)와 홍수방지(洪水防止, flood protection)로부터 야생동물 서식지 보호와 미학적 향상에 이르기까지 넓은 범위에 이르는 이유 때문에 환경적으로나 미학적으로 민감하다고 인식된 지역들이다. 중복지정지구는 몇 개의 서로 다른 지구계획 지역에 걸쳐 있을 수 있고 환경적 또는 미학적 자원을 보호하도록 설계된 개발에 제약을 가할 수도 있다. 또한 중복지정지구는 다른 요구를 충족시키고 있는 도시숲 자원을 보호하기 위해 사용될 수도 있다. 예를 들면, 대수층 충전지역(帶水層充填地域, aquifer recharge areas) 위에서의 주택 밀도와 농사(農事, agricultural practice)를 제약함으로써 용수 공급을 보호하기 위해 지정된 지하수 보호지구는 자연지역이 개발되는 것도 보호한다(Benedict & McMahon 2006; Schwab 1993).

온타리오주 오크빌(Oakville)시의 도시 계획은 다섯 가지 환경적인 토지이용 지정이나 지구를 인정한다. 이들은 (1) 주요한 개울과 골짜기, (2) 고품질의 고지대 임지, (3) 저품질 임지, (4) 지역적, 생물적으로 민감한 지역, (5) 수변 보호지역으로 구성되어 있다. 이들 지역은 주로 토지 개발업자들이 공원 부지를 기부함으로써 확보된다. 공원 기부를 통해 전반적인 환경적 토지이용 지정 지구 확보가 어려울 경우, 개발자는 건설 공사 중에 지구 내 교목 피복을 보전하고 보호할 것을 요구받는다(McNeil 1991).

지구계획이 도시에서는 잘 수용되지만 준교외와 시골 지역에서는 때로는 논란이 많을 수도 있다. 건강과 안전 목적(즉, 범람원, 부적격 토양 등)을 위한 공익 때문에 토지 개발을 금지하는 지구계획은 법원의 강력한 지지를 받고 있다(Abbey 1998; Elmendorf 2007). 오픈 스페이스와 미학적 목적으로 토지를 보존하기 위한 지구계획 조례는 법원이 해당 지역사회의 이해 범위 내에 들어간다고 해석해왔다(Abbey 1998). Berman v. Parker(1954) 사건에서, 판사 Douglas는 다음과 같이 말했다:

> 공공복리(公共福利, public welfare)의 개념은 넓고 포괄적이다. 이것이 나타내는 가치는 정신적이면서 물리적이고, 심미적이면서 금전적이다. 이는 해당 지역사회가 아름다우면서 건강하고, 넓으면서도 깨끗하고, 균형이 잡혀 있으면서도 주의 깊게 관리되도록 하기 위한 입법권의 범위 내에 있다.

오픈 스페이스와 미학을 위한 지구계획은 다른 나라에서도 법원의 재판에서 인정되어 왔으며, 특히 토지 소유권이 사회적인 책임을 부담한다고 해석되는 경우에는 더욱 그러하다.

이제 많은 지자체가 집단 주택건설(cluster housing)을 허용하는 지구계획 조례를 가지고 있다. 개발 지역 내의 전반적인 밀도가 지역사회 표준을 초과하지 않고 절감된 토지가 공공 오픈 스페이스로 활용된다면 표준 필지보다 더 작은 필지에 대한 주택건설도 허가해준다(**그림 8-2**). 집단 주택건설은 아직 일반적으로 단독세대주택(single-family dwelling unit)과 같은 특정한 토지이용에 한해서 허가된다. 많은 개발자들은 대규모 개발에서 다양한 주택을 공급하고 싶어 하지만 정해진 유형만을 공급하도록 되어 있는 지구계획에 의해 제약을 받고 있다. 부지의 자연적 또는 농업적인 상태를 50~90% 보전하는 것이 집단 개발에서 전형적이다. 펜실베이니아주 벅스(Bucks) 카운티의 Farmview 개발에서는 해당 토지의 약 55%가, 일리노이주 그레이스레이크(Grayslake)의 Prairie

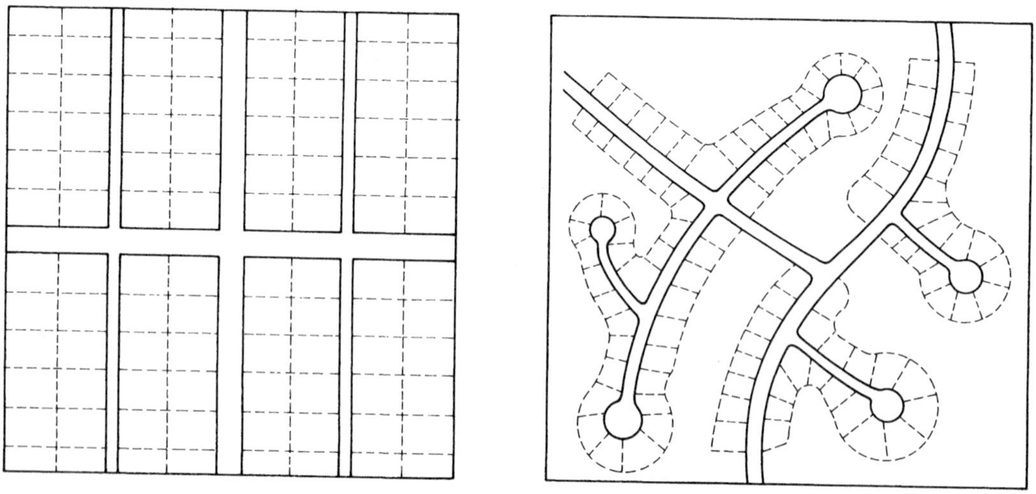

표준 격자 주택개발　　　　집단 주택개발

그림 8-2 격자와 집단 주택개발의 예. 두 지역은 크기가 같고 96개의 주택필지를 가지고 있다. 집단 주택 부지는 오픈 스페이스를 50% 가지고 있다.

Crossing 개발에서는 해당 면적의 60% 이상이 이러한 집단 개발에서 개발되지 않은 오픈 스페이스로 보존되었다(Benedict & McMahon 2006). 이제 일부 지자체는 자신들의 지구계획 조례에 대한 계획된 도시개발(PCD, planned community development) 수정조항을 가지고 있어서 개발자가 서로 다른 주택 선택권, 상업지역, 더 많은 오픈 스페이스, 경관에 대한 더 큰 감성을 제공할 수 있도록 더 많은 자유를 허용하고 있다. PCD에서는, 해당 계획이 기능에 근거하여 수용되면, 전체 구획에 대한 총 주택 수를 제외한 모든 지구계획의 적용이 면제된다(**그림 8-3**).

미국의 교외 개발과 난개발은 토지와 자원을 낭비하고, 지역사회 중심에 대한 고려가 부족하다는 비판을 받아왔다. 토지이용 계획수립과 개발의 추세를 요약하는 논문에서, Adler(1995)는 분필 조례가 더 작은 필지, 저 좁은 도로, 혼합된 주택 유형, 대교목이 식재된 도로변 등을 강제할 것을 주장하였다. 또한 도심지(都心地, town center), 구멍가게(corner store), 더 많은 공공 오픈 스페이스, 대중교통(大衆交通, mass transit), 더 낮은 강도의 가로등, 난개발을 제한하는 명확한 경계 설정 등이 권고되었다. 오리건주 포틀랜드(Portland)의 계획수립자들은 1970년대 후반 24개 지자체를 아우르고 모든 인구증가를 흡수할 수 있는 경관이 지정된 132 ha(325제곱마일)의 토지 주위로 도시 지역임을 표시하는 경계선을 그었다. 시행 20년 후 평균 단독주택 필지의 크기가 1,200 m^2 (13,000 ft^2)에서 800 m^2(8,500 ft^2)으로 축소되었다. 1990년에서 2040년 사이 포틀랜드 지역의 인구는 77% 증가할 것으로 예상되지만, 주거지 개발을 위해 사용된 면적은 6%만 증가할 것으로 예

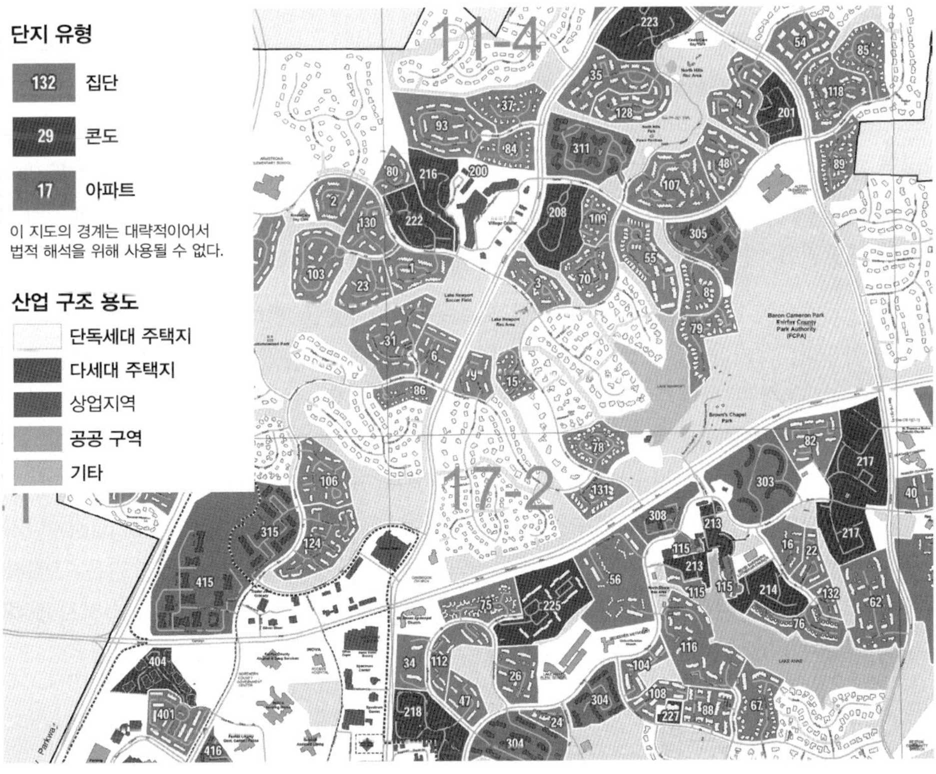

그림 8-3 버지니아주 레스턴(Reston)은 아파트, 타운하우스, 단독주택을 포함한 다양한 주택 선택권이 허용된 계획도시이다. (버지니아 페어팩스 카운티 계획수립/지구계획국 제공.)

상되고 있다(Adler 1995). 지자체에 포함될 추가적인 공간은 매년 검토되는데, 2010년에는 약 162 ha(400제곱마일)이었다(Metro 2011).

일조권(日照權, solar access)법과 조례는 태양에너지 활용시스템(solar energy system)의 햇빛 직접 접근에 대해 법적인 명확화를 제공한다(Kettles 2008). 태양에너지 활용시스템(열과 광발전)이 효율적으로 운전되기 위해서는 햇빛에 직접 접근해야 하기 때문에, 그늘진 태양에너지 수집기(solar collector)는 문제를 유발한다. 미국에는 개인에게 햇빛에 대해 권리를 부여하는 관습법(慣習法, Common law)이 없다. 따라서 주 법률, 지자체 조례, 지역권 등이 토지 소유자에게 햇빛에 접근하는 권리와 기대를 규정하는 데 사용된다. 햇빛 통로 안으로 자라는 교목은 인접한 부지 사이에서 발생하는 공동의 문제(common problem)이다. 몇몇 재판의 경우는 햇빛 통로 안으로 자라는 교목은 이웃이 자신의 부지를 합법적으로 사용하는 것을 방해하는 안온방해(安穩妨害, nuisance)라고 판결했다. 태양에너지 활용시스템이 설치되고 난 후에 교목이 식재된 경우에는, 구제방법은 해당 교목을 제거하거나 햇빛 접근이 가능하도록 전정을 하는 것이다. 만약 태양에너지 활용시스템이 교목으로 인해 햇빛에 직접적으로 접근할 수 없는 곳에 설치되었다면, 햇빛 접근에 대한 기대가 비합리적이므로 제거나 전정이 요구되지 않는다.

과세권. 토지이용은 조세제도에 의해 장려되는 방향으로 또는 불이익을 당하는 방향으로 모두 영향을 받는다. 재산세(財産稅, property tax)는 토지의 평가된 가치나 시장가치에 근거하여 부과된다. 인접한 부지가 개발되면 토지 가치와 재산세가 상승하기 때문에 조세제도가 도시 주변의 1급 농지를 보존하는 데 문제를 유발하고 있으며, 때로는 농부가 팔 수밖에 없도록 만든다. 어떤 주는 토지 주인이 자신의 토지를 개발하지 않기로 합의하면 현재 이용을 기준으로 세금을 납부하는 것을 허용하고, 만약 소유자가 그 합의를 위반하면 벌금을 물도록 하는 법률을 시행하고 있다. 다른 주는 도시 지역 근처의 일급 농지에 대해 높은 재산세를 상쇄할 수 있는 소득세액공제(所得稅額控除, income tax credit)를 제공한다. 부동산세는 때로는 오픈 스페이스를 매입하거나 토지에 대한 개발권을 매입하기 위한 자금을 조성하기 위해 사용되기도 한다.

수용권. 미국에서의 경우처럼 어떤 정부는 공적인 이용을 위해 개인 재산을 취득할 수 있는 권리를 가진다. 그러나 이때 해당 재산 소유자에게 이에 대한 공정한 시장가치(公正市場價値, fair market value)를 보상해주어야 한다. 만약 부동산 소유자가 매각을 거절하면, 해당 부지를 취득하기 위해 수용절차(收用節次, condemnation proceeding)를 활용할 수 있는데, 보상을 위한 공정 시장가치는 법원이 결정한다. 수용권은 공공재(公共材, public good)를 위해 필요한 재산에 대해 개발권이나 지역권을 취득할 때에도 사용할 수 있다. 공중을 위한 공원(public park)은 가끔 완전히 구매하여 취득하는 데 비해, 오픈 스페이스와 그린벨트는 지역권이나 개발권을 구매하여 보존한다. 수용권은 공공재를 위해 민간부문에서도 활용될 수 있는데, 전력회사가 송전선에 대한 지역권을 취득하기 위해 토지를 수용하는 것이 좋은 예이다.

오픈 스페이스 계획수립

과거에는 토지이용 계획수립이 주로 다양한 용도로 토지를 할당하고 배치하는 것과 관련이 있었다. 오픈 스페이스와 공원부지는 두 가지 기준에 의해 구분된다: 위치와 가용성(可用性,

availability). 첫 번째 기준은 과거나 현재 모두 도시 녹색공간의 계획수립에서 중요한 고려사항이다. 오픈 스페이스 부지는 사회적 형평성(社會的衡平性, social equity)으로 이어지는 공유된 공간 체험(空間體驗, spatial experience)을 통해 인구의 대부분이 여기에 접근할 수 있는 위치에 있어야 한다(Elmendorf 2007). Kürsten(1993)은 지역사회의 모든 주민이 도보로 15분 이내에 자연과 접촉할 수 있도록 배치할 것을 권고하고 공원과 오픈스페이스 위치를 계획할 때 이 거리를 기준으로 할 것을 제안한다. 기꺼이 걷겠다는 마음은 일반적으로 걸어서 10분 정도 걸리는 거리인 0.8 km(0.5마일)이며, 이후 급격하게 떨어지기 때문에 이상적으로는 이 거리가 더 짧아져야 한다. 버스와 다른 대중교통의 정거장은 걸어서 0.4 km(0.25마일) 이내에 위치해야 한다.

도시 지역의 토지 가치는 대개 위치에 의해 결정된다. 산업, 상업, 주택용으로 불편한 곳에 위치한 토지는 휴양을 위해서도 불편할 가능성이 높을 것이다. 위치는 두 번째 기준인 가용성과 관련이 있다. 가용성은 분명히 오픈 스페이스 부지를 확보하는 데도 중요하지만 휴양용으로 부적합한 토지를 포함하기도 한다. 아직 건설되지 않은 도시 지역의 토지는 부지 문제 때문에 건설에 부적합할 가능성이 높고, 이러한 제약은 휴양시설을 개발하는 데에도 영향을 미칠 수 있다.

오픈 스페이스와 공원 시스템에 포함되는 토지는 이의 위치, 가용성, 적합성(適合性, suitability)에 근거하여 선정되어야 한다. 모든 오픈 스페이스 토지가 집중적인 휴양용으로 사용될 수 있는 것이 아니고 그렇게 되어서도 안 된다. 개발에 부적합한 토지는 야생동물 서식지, 홍수 완충지, 오염물질 흡수원(汚染物質吸收源, pollution sink)으로, 또는 심미적으로 높은 가치를 가지고 있을 수도 있어서, 이러한 목적을 위해 확인되고 보존되어야 한다. 개발 잠재력이 높은 다른 토지도 높은 휴양이나 환경적인 가치를 가지고 있을 수 있고, 이들 토지의 이용은 장기적인 공익(公益, public benefit)을 근거로 결정되어야 한다. 토지용도를 결정하는 기준은 경제적, 사회적, 환경적 요소를 고려해야 한다. 도시 임업가와 다른 자연자원 전문가들은 자연계(natural system)의 분석에 관한 자신의 전문성을 이용하여 토지이용 계획수립 과정에 중요한 기여를 할 수 있다.

도시 임업가는 도시와 지역적인 계획수립에서 활약할 확고한 역할이 있다. Schafer & Moeller(1979)는, 도시 임업을 도시 계획수립과 개발에 통합하기 위한 고찰에서, 도시 임업가는 이들 계획수립 과정에 참여하여 다음 사항들을 개발해야 한다고 주장한다:

1. 도시 숲 관리와 보호 절차를 좀 더 포괄적인 도시계획수립 절차에 통합시키기 위한 전략;
2. 도시 임업 관리 의사결정에 공공의 참여를 보장하는 정보교환시스템(information exchange system)과 방법;
3. 기술과 사회 변화가 향후 도시 임업 프로그램에 미치는 영향을 평가하기 위해 이들 변화를 모니터링할 수 있는 시스템;
4. 도시 숲 관리기술을 자연적이고 생태적인 과정을 강조하는 지역사회 계획수립 시스템으로 통합하는 방법.

도시 임업가의 토지이용 계획수립 참여는 여러 수준에서 일어나고 있다. 지자체 임정관은 가끔 도시와 지역 계획수립 기관에 고문 자격으로 일하면서 자연자원 문제에 대해 전문성을 제공하고 있다. 어떤 카운티와 주의 임업기관은 지방 정부와 개인 부문에서 고문으로 일할 도시 임업가를 고용하기도 한다. 자문 도시 임업가(consulting urban forester)는 공공과 민간 부문 모두에서 부지와 생태계 분석에 관한 토지이용 계획수립을 지원하는 일을 한다. 컨설턴트도 도시 숲 관리계획을 개발하는 지역사회에 대해 서비스를 제공한다.

성공적인 도시 임업 프로그램 개발은 선량한 의도(good intention)만으로 부족하다(Schwab 2009). 도시 숲 계획수립은 지역사회 계획수립의 중요한 부분이다. Schwab(2009)는 다음과 같은 여섯 가지 도시 임업 계획수립 원칙을 제시한다:

1. 교목 조례(喬木條例, tree ordinance)를 개발관련 규정에 통합시키고 다른 규정과의 일관성을 확보하라;
2. 조례를 작성하기 위해 개발업자, 환경보호론자, 기타 이해관계자들과 협업하라;
3. 계획된 단위개발(PUD, planned unit development) 규정에는 도시 임업 평가 점검표나 지침이 포함되어야 한다;
4. 조례에는 집행인에 대한 조항이 포함되어야 한다;
5. 자원에 대한 적응관리(適應管理, adaptive management) 접근을 취하라;
6. 교목의 장기적 유지관리 계획을 수립하라.

토지이용 계획수립에서의 도시 임업에 대한 사례는 메릴랜드주에서 찾아볼 수 있다. 볼티모어-워싱턴 DC 광역도시 지역의 남쪽에 있는 카운티들은 팽창하는 도시 인구로 인해 강한 개발압력을 받고 있었다. 메릴랜드주 자연자원임업부와 이들 카운티의 급속한 도시화로 인한 충격을 우려하는 다른 주 기관들은 가치 있는 숲 식생을 보존하기 위한 프로그램을 개발했다. 이 프로그램은 주거지에 대한 교목 보전, 숲 차폐(forest screen)와 완충대(緩衝帶, buffer strip)의 보전, 휴양지역의 산림 보전, 미래의 목재 생산을 위한 일급 임야(prime forestland) 보전에 관심을 가진다.

주의 도시 임업가들은 카운티의 기본계획(基本計劃, master plan), 지구계획 조례, 하위 분야 규정을 개발할 때 카운티 계획수립가들을 도와준다. 또한 이들은 부지 분석과 교목과 오픈 스페이스 보전에 관해 개발자들에게 도움을 준다. 정보/교육은 도시 임업 지원(都市林業支援, urban forestry assistance) 프로그램의 중요한 요소이다. 공중과 공무원들에게 통제되지 않는 난개발의 결과를 인식하게 하고, 이 과정을 통제하는 데 사용할 수 있는 계획수립 도구를 알려준다. 개발 중에 교목을 보전하는 것과 관련된 문헌과 도시 식재에 적합한 수종을 알려주는 문헌도 구할 수 있다(Galvin 등 2000; Moll 1978).

계획된 지지체는 이들의 바로 그 구상으로부터 오픈 스페이스를 포함시킬 선택권을 가진다. 개발에 앞서 모든 부지에 대한 분석이 이루어질 수 있고, 이를 바탕으로 토지이용 계획은 오픈 스페이스에 가장 적합한 지역을 반영할 수 있다. 버지니아주 레스턴은 1960년에 세워진 완전히 계획된 지자체이다(**그림 8-4**). 약 60,000명의 인구를 가진 이 지자체는 이제 525 ha(1,300에이커)가 넘는 오픈 스페이스, 89 km(55마일)의 통행로, 운동장, 정원 부지(garden plot), 29 ha(72에이커)의 자연보존센터(nature center)를 가지고 있다. 이 지역은 민간 비영리 서비스 법인인 레스턴협회(Reston Association)에 의해 관리되고 있다. 이 협회의 목적은 주민에서 최상(最上, best)의 생활환경을 제공하는 것으로, "최상"은 "장기적으로 가장 생산적인 식생의 생장과 주위의 토지이용과

그림 8-4 버지니아주 레스턴(Reston)은 계획된 지역사회와 풍부한 그린벨트, 공원, 기타 오픈 스페이스를 결합한다. (버지니아 페어팩스 카운티의 계획수립/지구계획부 제공.)

공존할 수 있는 야생동물을 제공하는 건강한 생태계"로 정의하고 있다(Ziminski 1982).

도시 오픈 스페이스 계획수립의 다양성

생물적 다양성을 보호하기 위한 많은 노력이 시골 토지에 초점을 맞추었지만, 도시 그린벨트와 다른 오픈 스페이스의 토지가 생물다양성(生物多樣性, biodiversity)을 보호하고 향상시키는 데 기여할 수 있나. 도시화가 확신되면 전형적으로 위기에 처한 서식지가 상실되고, 자연시스템이 쉽게 파괴되고, 도입된 외래종들이 공간을 두고 자생종과 경쟁함에 따라 자생종 풍부도(自生種豊富度, native species richness)가 하락하는 결과를 가져온다(McKinney 2008; Porter 등 2003). 극단적인 도시화에서는 종 풍부도가 하락하지만, 적절하게 도시화된 지역에서는 비자생(非自生, non-native) 식물의 도입으로 인해 가끔 식물 풍부도가 증가하기도 한다. 경관은 도시용으로 개발되기 때문에, 어떤 종(늑대류나 큰 고양이류와 같은)은 인간과 공존할 수 없기 때문에 일부 종의 손실은 불가피하다. 이처럼 다른 종의 군집도 개발로 인해 서식지를 잃음에 따라 수가 감소할 것이다. 일부 종, 특히 적응력이 높고 보다 일반적인 서식지를 요구하는 종이나 산림 가장자리를 따라 잘 살아가는 종들은 도시화로 인해 혜택을 입을 수도 있다. 그러나 높은 다양성은 오픈 스페이스의 주의 깊은 계획수립과 보존생물학(保存生物學, conservation biology)의 원리에 대한 이해를 통해 보호될 수 있다. 종 다양성은 건설된 환경 내에서 다양하고 궁극적으로는 유기체가 요구하는 서식지의 크기, 유형, 질에 달렸다(Porter 등 2003).

보존생물학은 생물적 다양성을 보존하는 과학으로 광범위하게 정의된다. 이와는 달리, 생태복원(生態復元, ecosystem restoration)은 서식지의 구조와 기능을 회복하거나 향상시키는 과학이다. Anderson(1993)은 다양성을 보호하기 위해서는 흩어져 있는 작은 지역보다 큰 자연 서식지를 권고한다. 작은 구획은 일부 종이 필요로 하는 행동권(行動圈, home range)을 충족시키지 못할 수 있고, 가장자리를 창출하는 효과는 다른 종의 서식지를 감소시킬 수 있다. 조각난 서식지는 일부 종을 유전적으로 고립시켜 결국 존속가능집단(存續可能集團, viable population)의 감소로 이어질 수 있다. 자생적인 생태계의 덩어리들은 이들을 식생 통로로 연결함으로써 다양성을 보호하는 데 더욱 효과적으로 만들 수 있다. 또한 연결 통로(連結通路, connecting corridor)는 인간에게 더욱 유용하게 만든다. 녹색 기반시설(綠色基盤施設, green infrastructure)에는 중심(中心, hub)과 연결(連結, link)이 있다. 중심은 자연적인 식생이 있는 큰 녹색 공간(영역)이고, 연결은 중심들 사이를 연결하는 그린웨이(greenway; 선형)이다.

식생 통로가 그린웨이라고 불리는 경우가 많고, 종종 공원과 다른 오픈 스페이스를 연결하는데 사용된다(Fábos 2004; Turner 2006). 그린웨이는 전형적으로 인간이 이용할 수 있는 오솔길(trail)을 포함하고 있지만 야생동물도 이용할 수 있다. 레일즈 투 트레일즈(Rails to Trails) 프로그램은 철로가 버려짐에 따라 이를 구입하여 다양한 용도의 오솔길로 개발한다. 송전선 통로도 생태계 간 그리고 시골과 도시 지역 간의 서식지 통로를 제공한다. 무엇보다도 생물적이고 휴양적인 관점에서 가장 중요한 통로는 개울, 강, 기타 수생 시스템(aquatic system)을 따라간다. 많은 지역사회가 개울의 제방과 수변(水邊, waterfront)을 복원하고, 범람원을 개발로부터 보호하고, 많은 도시 물길(waterway)을 따라 토지를 구매하여 서식지를 복원하고 있다(Brown 1989). 위스콘신주 스티븐스 포인트의 일단의 시민들은 지역에 대한 계획을 수립하고 4개 지자체를 일주하는 42 km(26마일)의 오솔길 체계(trail system)를 개발했다. 이 Green Circle Trail은 공원을 이용하고 연결하며, 강 시스템을 따라가고, 공공과 개인 토지 모두를 통과한다. 이 오솔길의 개발 자금은 지방정부, 개인 기부금, 주 정부 보조금으로 충당되었다(**그림 8-5**).

Schaefer & Brown(1992)은 야생동물을 보호하는 데 필요한 육지 생태계 중에서 강 통로(river corridor)가 가장 중요하다고 한다. 일반적으로 이 통로가 가장 효과적이기 위해서는, 개발의 계획수립 단계에서 최선으로 수행된 과정에 의해, 범람원과 함께 육상 서식지의 일부가 모두 보호되어야 한다. 이 통로의 폭을 결정하기 위해서는, 이들은 해당 통로에 서식하는 종의 목록을 작성하고 각 종이 필요로 하는 서식지를 확인할 것을 권고한다. 다음으로 해당 통로에 서식하는 각 종의 공간 요구량은 이들의 행동권 크기를 통해 결정하고, 이들의 행동권 크기는 해당 통로의 이상적인 폭을 결정하는 데 사용된다. 더 큰 서식지 구획을 연결하는 통로는 통로 안에 사는 종에게는 적절한 서식지를 제공하고 더 큰 서식지가 필요한 종에게는 이 통로를 자신의 행동권을 확대하는 데 사용할 수 있는 최선의 상황을 제공한다(그림 4-2 참조). 통로 가장자리를 따라 존재하는 완충지대(緩衝地帶, buffer)는 주변효과(周邊效果, edge effect)에 의해 부정적인 영향을 받는 종의 추가적인 보호를 제공한다.

야생동물 중 일부 종은 계획적인 오픈 스페이스의 도입을 통해 좀 더 개발된 경관에 유인될 수 있다. Stout(1995)는 위스콘신 남동부 도시, 교외, 시골에서의 붉은꼬리말똥가리(*Buteo jamai-*

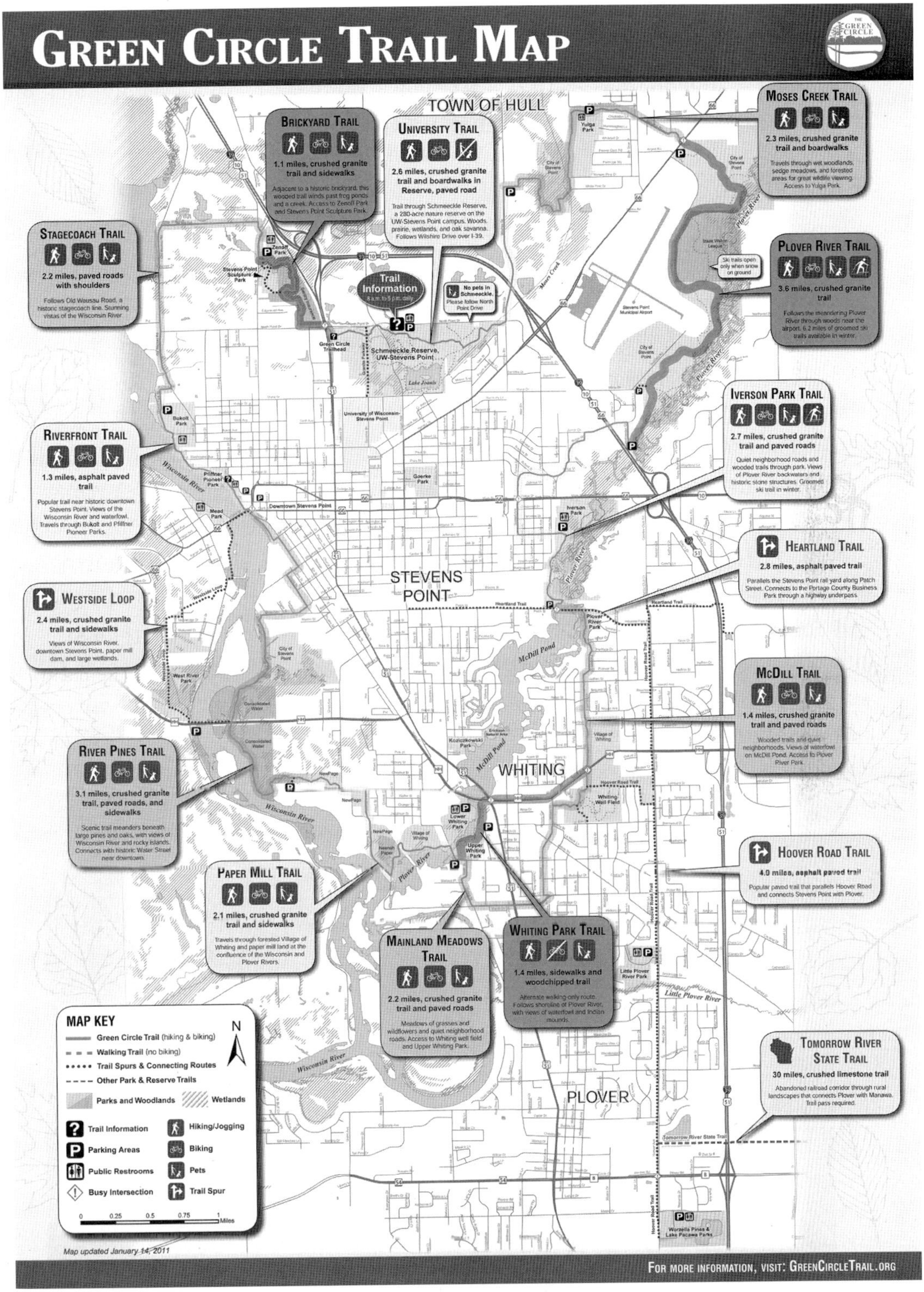

그림 8-5 위스콘신주 스티븐스 포인트 주위의 Green Circle Trail 시스템(http://greencircletrail.org).

censis)의 서식지 요구 크기를 연구했다. 그는 이 매의 적절한 서식지를 제공하기 위해서는 40%가 수목이고 60%가 초본으로 피복된 자연 서식지 내에 있는 도시 지역의 16%를 남겨둘 것을 권고한다. 이상적인 둥지 영역(nesting site)으로 필요한 면적은 수목으로 된 약 9 ha(22에이커)이다. 어떤 종이든, 생물학적 요구도는 종의 번성에 중요한 부분이다.

도시 그린벨트

도시 지역에 있는 오픈 스페이스는 유아용 놀이터(tot-lot)로부터 넓은 면적의 미개발 토지에 이르기까지 크기가 다양할 수 있다. 그린벨트(greenbelt)의 개념은 도시의 둘레에 미개발된 토지의 벨트를 설정하여 도시 스스로를 한정할 것을 제안하는 것으로 한 단계 더 나아간 오픈 스페이스라고 생각할 수 있다. Ebenezer Howard는 1800년대 후반에 과도한 산업혁명에 대응하여 영국에서 전원도시(田園都市, garden city) 개념을 제창하였다. 그는 인구 30,000에서 50,000명 정도의 새로운 도시를 건설하고, 각 도시는 지역 인구를 부양할 수 있는 산업을 가질 것을 제안했다. 이들 도시는 도시 면적 1 ha당 그린벨트 5 ha(12에이커) 비율로 미개발 토지로 된 그린벨트로 둘러싸이도록 되어 있었다. 비록 영국에서 몇 개의 전원도시밖에 건설되지 않았지만, 그린벨트 개념은 광범위한 수용을 끌어내어 유럽 전체를 통해 많은 도시들이 자신들의 주변에 그린벨트를 조성하였다. 전원도시 개념은 Walter Burley Griffin과 Marion Mahony Griffin에 영향을 주어 1910년대 초 이들의 호주 캔버라(Canberra) 계획도시 설계에 반영되었다. 자연적인 식생과 식재된 식생은 중요한 설계 요소가 되었고, 캔버라의 "숲의 수도(Bush Capital)"라는 이름에 반영되었다(**그림 8-6**).

프랑크푸르트(Frankfurt), 슈투트가르트(Stuttgart), 뮌헨(Munich), 뉘른베르크(Nuremberg), 쾰른(Cologne)을 비롯한 독일의 많은 주요 도시들은 주변에 그린벨트와 산림을 가지고 있다(schabel 1980). 중앙정부는 전국에 걸쳐 자연지역과 경관 어메니티 보호를 보장하기 위해 1975년 연방

그림 8-6 호주의 캔버라(Canberra)는 계획도시이다. (사진: R. Hauer 제공.)

자연보호법(Federal Nature Protection Act)을 통과시켰고, 마지막으로 2002년에 개정했다(von Haaren & Reich 2006). 이 법은 특히 도시 그린벨트와 산림에 있는 개인 토지가 개발되는 것을 막는데 많은 활약을 해왔다. 이 법의 핵심이 되는 조항 몇 개를 소개하면 다음과 같다(Bundesministerium 1976).

1. 자연 보호와 경관 관리 목표를 달성하기 위해, 경관 프로그램, 지침, 계획이 수립되어야 하고 적용 가능한 부분은 주, 지방, 지자체의 토지이용 계획수립에 활용되어야 한다.
2. 자연과 경관에 대한 불필요한 잠식은 피해야 하고 불가피한 피해는 책임 있는 당사자에 의해 벌충되어야 한다.
3. 부동산 소유자나 부동산 사용권한을 위임받은 사람들은, 자신의 부동산에 대한 유지와 관리에 대하여, 자연 보호와 경관 관리를 부담할 것을 요구받는 특정한 여건하에 놓일 수 있다.
4. 특정한 지역이 자연 보호 지역, 자연 공원, 천연기념물, 보호되는 경관 특징으로 지정될 수 있고, 이에 따라 보호되고, 관리되고, 개발될 수 있다.
5. 야생의 식물과 동물, 그리고 이들의 서식지는 필요하면 국제적인 협력을 통해 보호되고 보존되어야 한다.
6. 통로와 공공 도로를 경유한 농지, 산지, 유휴지에 대한 공적인 접근은 기본적인 권리(basic right)이다.

이 법의 많은 조항 중에서, 도시 그린벨트를 보호하기 위해 경관 보호가 가장 자주 사용되는 것 중 하나이다. 토지는 (1) 환경의 건강을 보장하거나 회복하기 위해, (2) 경관의 독특함이나 아름다움 때문에, (3) 해당 토지의 휴양을 위한 중요성 때문에 경관 보호 지역에 포함된다. 경관 보호 지구 내에서는, 해당 지역의 특성을 바꾸는 어떠한 행위도 금지된다. 경관 보호 지역 내 부동산 소유자에게 토지이용 제한에 대한 어떠한 보상도 주어지지 않는다(Bundesministerium 1976).

유럽은 오래전부터 정부가 토지용도배분(土地用途配分, land use allocation)에 개입해 왔고, 그린벨트를 포함한 개인 토지에 대한 개발 제한을 널리 받아들이고 있다. 그러나 북미(北美, North America)는 정부가 개인의 토지에 제약을 거의 가하지 않는 토지 소유권에 관한 강한 전통을 가지고 있다. 토지이용을 배분하는데 경제적 결정요소는 과거에도 현재에도 주된 요소이다. 도시 계획수립자들이 오랫동안 북미 도시 주위에 그린벨트를 장려하고 있음에도 불구하고, 도시 주변에 있는 토지가 비싸서 매입을 할 수 없기 때문에 그린벨트를 가지고 있는 도시는 거의 없다. 개인 토지의 개발에 대한 제약은 역사적으로 토지 가치를 취득한다고 주장하는 법원에 의해 판결되어 왔다. 지금까지 허가된 개발 제약에 대한 유일한 예외는 개발로 인해 공적인 위험이 유발되는 경우이다. 그러나 이러한 문제는, 최근의 법원 판결이 점점 공적인 위험에 대한 해석이 좀 더 관대해지고 선량한 토지이용 계획수립에 대한 법원의 지지가 더욱 강화됨에 따라 변화하고 있다.

캐나다 오타와시 주변의 그린벨트 조성은 북미에서 이러한 개념이 점점 더 많이 수용되고 있다는 것을 반영하고 있지만, 토지이용을 제약하기 위한 시도와 관련된 문제를 잘 보여주고 있다고 할 수 있다. 1950년에 작성된 국가 수도에 관한 계획(Plan for the National Capital)은 궁극적으로 인구 500,000명을 수용하기에 충분한 크기에 해당하는 면적의 경계를 정하기 위해 이 도시

그림 8-7 캐나다 온타리오 주 오타와(Ottawa) 주위의 그린벨트(어두운 지역)와 공원부지(흰색 다각형). (오타와 시, http://www.maps.ottawa.ca.)

의 남쪽 둘레 주위에 폭 4 km(2.5마일)의 그린벨트를 조성할 것을 권고했다(**그림 8-7**). 오타와는 20,000 ha(50,000에이커) 그린벨트 안쪽과 바깥쪽에 사는 인구가 870,000명에 이름에 따라 계획인구(計劃人口, design population)를 초과했다. 처음에는 개발을 제한하는데 지구계획을 활용하고 그린벨트가 지역사회의 이익을 위한 것이기 때문에 재무적인 손실에 보상을 하지 않을 계획이었다. 그러나 보상 없이 지구계획을 적용하는 데 대한 공중의 저항이 너무 강해 1958년 캐나다 정부는 공적으로 소유되지 않은 모든 잔여 토지는 구매를 통해, 필요한 경우 수용권을 이용하여 취득하기로 결정했다. 이 그린벨트의 목적 중 일부는 다음과 같다(McDonald & Cole 1978):

1. 접근 고속도로를 따라 대상개발(帶狀開發, ribbon development)을 포함하여 수도 주변에서의 더 이상의 무계획적인 도시 난개발을 방지함으로써, 인접한 농사 지역이 통제되지 않는 개발에 의해 잠식되는 것으로부터 보호하기 위해.
2. 중심지역에 대한 건설이 완료된 후 정부와 공공 단체를 위한 미래 건물용으로 적합한 예비부지 확보를 보장함으로써 장기적인 국가 수도 계획수립 요구를 충족시키기 위해.
3. 합리적인 비용으로 행정 서비스를 제공할 수 있는 지역으로 집중적인 건물 개발을 제한함으로써 수도의 성장에 대한 실질적이고 경제적인 제한을 가하기 위해.

도시 숲 관리계획 수립

이 계획수립 과정은 관리의 필수적인 부분이다. 도시 숲이 많은 지자체에서 제한적인 계획이나 전혀 계획 없이 개발되어 왔다하더라도, 도시 숲 계획수립과 관리는 사회적으로 요구되는 도시 교목 군집에 대한 행동방침(行動方針, course of action)을 설정한다(Storm 2007). 관리에는 자원 기반에 대한 현황조사, 목적과 목표의 개발, 목적과 목표를 충족시키기 위한 특정한 프로그램의 실행, 전체 관리계획에 대한 주기적인 평가(환류) 등이 포함된다. 참여적인 방법과 협약을 통한 공중으로부터의 의견수렴은 관리계획 개발 과정의 일부가 되어야 한다. McPherson & Johnson (1982)은 지자체 임업 계획수립과 유사한 4단계로 이루어진 접근 방법을 제시한다: 기초 작업(foundation building), 자료 수집, 분석과 평가, 실행—이들 과정을 통한 환류. 도시 숲 관리는 단일 교목 관리로부터 도시 생태계 관리로 진화되어 왔으며, 최근에는 개념에서 그리고 실무를 통해 지속가능성 관점(paradigm)으로 진화되고 있다(Zipperer 2008).

Clark 등(1997)은 세 가지 구성요소에 대한 도시 숲 지속가능성 모델을 수립하였다: (1) 식생자원, (2) 강한 지자체 체제, (3) 자원에 대한 적절한 관리. 도시 숲 지속가능성을 위해서는 자금조달, 인력 확보, 평가 도구, 기존 교목의 보호, 수종과 부지 선정, 교목 관리의 표준, 시민 안전을 포함한 시 전체에 대한 관리계획이 필요하다. 또한 도시 전반의 관리계획을 실행하고 결과를 평가하기 위해서는 평가 도구가 필요하다. 지속가능한 도시 숲에 대한 또 다른 계획수립과 관리 접근 방법이 Dwyer 등(2003)에 의해 개발되었다. 이 방법의 주요 특징은 다음과 같다:

1. **사회적인 환경**—지자체 주민, 조직, 그리고 정부기관의 관심, 태도, 가치.
2. **관리의 목적과 목표**—지역사회가 유지하기를 원하는 도시 숲의 편익과 기능.
3. **수단**—바람직한 도시 숲 편익을 유지하기 위해 필요하다고 확인된 구체적인 식생 구조와/나 관리 프로그램.
4. **관리 결과물**—관리 프로그램에 의한 결과로서의 도시 숲 구조, 상태, 이용.
5. **정보**—자원의 특성에 관한 정보, 식생 구조와 편익 간의 관계, 관리 기술, 도시 숲 건강, 모니터링 기술 등을 제공하는 현황조사 자료, 통계, 조사 결과, 연구.

Randrup 등(2005)은 유럽에서 수행한 자신들의 작업을 근거로 도시 임업 모델을 만들었다. 여기에는 행위자(行爲者, actor), 활동(活動, activity), 관점(觀點, aspect) 등이 포함된다(**그림 8-8**). 행위자에는 민간 시민, 이용자 그룹, 외주업자, 공무원, 시공자, 정치가 등이 있다. 활동에는 도시 숲 자원에 대한 계획수립, 설계, 건설 등이 속한다. 모델의 관점에는 지속가능한 자연자원 관리의 통합적인 요소인 경제, 문화/역사, 환경, 사회적 구성요소 등이 포함된다. Benedict & McMahon (2006)은 녹색 인프라를 개발하기 위한 7단계 관리전략을 제시한다:

1. 이해관계자 집단을 형성하고,
2. 자연자원에 대한 현황조사를 수행하고,
3. 측정 가능하고 결과 기준의 목적과 이를 달성하기 위한 전략을 확인하고,
4. 목적을 충족시키기 위한 방안을 평가하고,
5. 적절한 관리 방안을 선택하여 집행하고,
6. 관리 방안의 결과물을 모니터하고,

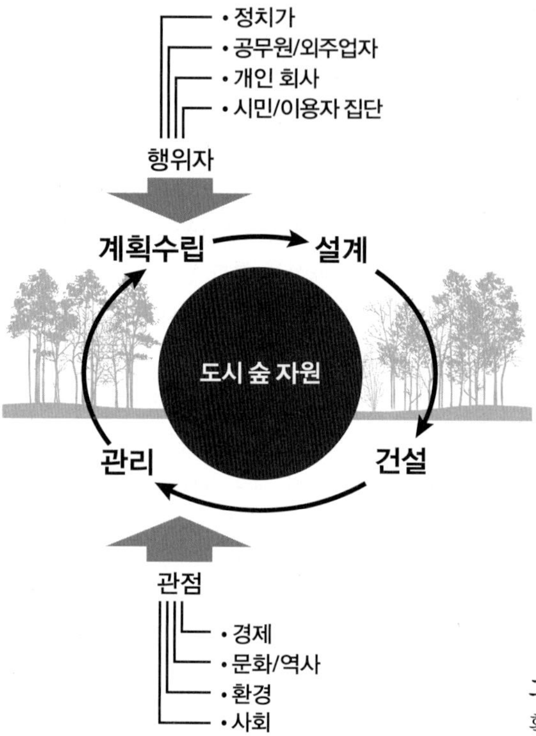

그림 8-8 행위자, 활동, 관점을 포함한 도시 임업계획 수립모델의 한 예. (Randrup 등 2005에서 전재.)

7. 정보를 관리 전략에 환류한다.

관리계획수립은 시간범위(時間範圍, time horizon)의 두 유형인 단기와 장기(短期/長期, short and long term)에서 일어난다. 단기 계획수립은 인력과 장비를 가장 효율적으로 사용하기 위한 것과 같이 하루하루의 관리 활동을 다루는 방법을 개발하는 것이다. 여기에는 작업 활동의 일정계획 수립, 장비 유지관리, 감독, 보고서 작성, 기록 유지, 위기 상황에 대처하기 위한 행동 계획 등이 포함된다. 장기 관리계획수립은 해당 조직의 전반적인 목적과 목표를 설정하고, 이들 목적의 우선순위를 정하고, 이를 달성하기 위한 행동계획을 수립하는 것이다. 관리계획수립은 목적이 충족되지 않거나 목적이 환류에 의해 재정립되는 경우에 비상대책(非常對策, contingency plan)을 제공한다. 실행된 관리계획에서 나오는 결과에는 불확실성이 존재한다. 적응관리(適應管理, adaptive management)는 계획된 기간 동안 결과물의 주기적인 평가를 이용하여 불확실성에 대응하고 필요에 따라 해당 계획을 조정한다(Dwyer 등 2003). 또한 관리계획 수립과정은 도시 생태계의 역동적인 성질과 변화에 영향을 미치는 흐름을 인식해야 한다(Zipperer 2008).

공공부문에서, 관리계획수립은 산림으로 된 그린벨트와 휴양지역에 있는 공원 같은 식생에 대한 관리계획 개발, 가로수 기본계획과 필요하면 민간 식생을 다룰 수 있는 계획을 수립하는 것이 포함될 것이다. 민간부문에서, 자문 도시임업가와 수목관리자는 소유자의 대리인으로 고용되는 경우 민간인이 소유하고 있는 식생에 대한 관리계획은 물론, 계약에 따라 공공 식생에 대해 비슷한 관리계획도 개발한다.

도시 식생에 대한 관리목적을 개발할 때 가끔 당면하는 문제는 자연과 인간 생태계에서 부닥치는 다양성이다. Byrne(1978)은 해당 군집의 층화(層化, stratification)를 통해 다양성 문제를 다룰 것을 권고한다. 분명히, 공원, 숲, 가로수에 대해 서로 다른 관리계획이 필요할 것이고, 가로수 군집에 대해서는 피복, 수종, 연령 구조, 주민의 특성을 기준으로 층화시킬 필요도 있을 것이다. 각 층은 관리 요구가 서로 다르기 때문에 관리계획도 달라야 한다. 전반적인 관리계획은 관리에 필요한 자원의 배분을 통해 이들 층을 통합할 것이다.

결론

이 책의 나머지 장들은 도시 숲 자원을 관리와 관련된 서로 다른 관점을 다룬다. 일단 현황조사가 수행되고 목적이 설정되고 나면, 도시 임업은 관리를 위한 도구를 제공하기 위해 조례를 이용한다. 다음 장에서, 우리는 도시 식생을 다루는 다양한 조례와 이들 조례가 도시 식생관리계획수립에 어떻게 적용되는가에 대해 살펴볼 것이다. 이어지는 장에서는 가로수 군집을 계획하고 관리하는 것, 공원과 오픈 스페이스, 상업과 송전선 수목관리, 전반적인 프로그램과 관련된 집행과 관리 등에 대한 세부내용을 다룬다. 직원의 훈련과 감독에 대해 고찰하고, 공중관계(公衆關係, public relation)의 필요성과 기법을 개략적으로 살펴볼 예정이다.

인용 문헌

Abbey, B. 1998. *U.S. Landscape Ordinances: An Annotated Reference Handbook*. New York: John Wiley & Sons.

Adler, J. 1995, May 15. "Bye-Bye Suburban Dream." *Newsweek*, pp. 40–53.

Anderson, E. M. 1993. "Conservation Biology and the Urban Forest." In Proceedings, Sixth National Urban Forestry Conference (pp. 234–237). Washington, DC: American Forestry Association.

Benedict, M. A., & E. T. McMahon. 2006. *Green Infrastructure: Linking Landscapes and Communities*. Washington, DC: Island Press.

Berman v. Parker (1954) 348 US 26. Opinion, Justice Douglas.

Bowman, T., & J. Thompson. 2009. "Barriers to Implementation of Low-Impact and Conservation Subdivision Design: Developer Perceptions and Resident Demand." *Landscape and Urban Planning* 92(2):96–105.

Brown, C. N. 1989. "Greenways: Urban Forestry's Best Friend." In Proceedings, Fourth National Urban Forestry Conference (pp. 181–186). Washington, DC: American Forestry Association.

Bundesministerium für Ernährung, Landwirtschaft und Forsten. 1976. Bundesnaturschutzgesetz. Coburg, Germany: Neue Presse GmbH.

Byrne, J. G. 1978. "A Planners Viewpoint on the Urban Forestry Effort." In Proceedings, National Urban Forestry Conference (ESF Pub. 80-003, pp. 672–675). Syracuse, NY: SUNY.

Campbell, L., & Wiesen, A. 2009. "Introduction." In L. Campbell and A. Wiesen (eds.), *Restorative Commons: Creating Health and Well-Being through Urban Landscapes* (Gen. Tech. Rep. NRS-P-39, pp. 11–23). Newtown Square, PA: USDA Forest Service, Northern Research Station

Clark, J. R., N. P. Matheny, G. Cross, & V. Wake. 1997. "A Model of Urban Forest Sustainability." *Journal of Arboriculture* 23(1):17–30.

Despot, D., & H. Gerhold. 2003. "Preserving Trees in Construction Projects: Indentifying Incentives and Barriers." *Journal of Arboriculture* 29(5):267–280.

Dwyer, J. F., D. J. Nowak, & M. H. Noble. 2003. "Sustaining Urban Forests." *Journal of Arboriculture* 29(1):49–55.

Elmendorf, W. F. 2007. "Using Comprehensive Planning to Conserve the Natural Environment." In J. E. Kuser (ed.), *Handbook of Urban and Community Forestry in the Northeast* (pp. 79–98). New York: Kluwer Academic/Plenum Publishers.

Elmendorf, W. F., & A. E. Luloff. 1999. "Using Ecosystem-Based and Traditional Land-Use Planning to Conserve Greenspace." *Journal of Arboriculture* 25(5):264–273.

Fábos, J. G. 2004. "Greenway Planning in the United States: Its Origins and Recent Case Studies." *Landscape and Urban Planning* 68(2–3):321–342.

Galvin, M. F., B. Wilson, & M. Honeczy. 2000. "Maryland's Forest Conservation Act: A Process for Urban Greenspace Protection During the Development Process." *Journal of Arboriculture* 26(5):275–280.

Hauer, R. J., R. W. Miller, & D. M. Ouimet. 1994. "Street Tree Decline and Construction Damage." *Journal of Arboriculture* 20(2):94–97.

Johnson, G. R. 2003. "Stress on the Streets: Assaulting and Saving Urban Trees." *Tree Care Industry* 14(3):8–14.

Kettles, C. 2008. "A Comprehensive Review of Solar Access Law in the United States: Suggested Standards for a Model Statute and Ordinance." Florida Solar Energy Research and Education.

Koeser, A., R. Hauer, K. Norris, & R. Krouse. 2013. "Factors Influencing Long-Term Street Tree Survival in Milwaukee, WI, USA." *Urban Forestry & Urban Greening* 12(4):562–568.

Kürsten, E. 1993. "Landscape Ecology of Urban Forest Corridors." In Proceedings, Sixth National Urban Forestry Conference (pp. 242–243). Washington, DC: American Forestry Association.

Martensen, R. 2009. "Landscape Designers, Doctors, and the Making of Healthy Urban Spaces in 19th Century America." In L. Campbell and A. Wiesen (eds.), *Restorative Commons: Creating Health and Well-Being through Urban Landscapes* (Gen. Tech. Rep. NRS-P-39, pp. 27–37). Newtown Square, PA: USDA Forest Service, Northern Research Station.

Martin, C. A., K. A. Peterson, & L. B. Stabler. 2003. "Residential Landscaping in Phoenix, Arizona, U.S.: Practices and Preferences Relative to Covenants, Codes, and Restrictions." *Journal of Arboriculture* 29(1):9–17.

McDonald, D. L., & J. W. P. Cole. 1978. *Urban Greenbelts*. Ottawa: National Capital Commission.

McKinney, M. L. 2008. "Effects of Urbanization on Species Richness: A Review of Plants and Animals." *Urban Ecosystems* 11(2):161–176.

McNeil, J. 1991. "Sustainable Development in the Urban Forest." *Journal of Arboriculture* 17(4):94–97.

McPherson, E. G. 1989. "Creating an Ecological Landscape." In Proceedings, Fourth National Urban Forestry Conference (pp. 63–67). Washington, DC: American Forestry Association.

McPherson, E. G., & C. W. Johnson. 1982. "A Community Forestry Manual and Case Study." In Proceedings, Second National Urban Forestry Conference (pp. 325–333). Washington, DC: American Forestry Association.

Metro. 2011. Urban Growth Boundary. Accessed 11/25/2011 (http://www.oregonmetro.gov/index.cfm/go/by.web/id=277).

Moll, G. A. 1978. "Urban Forest Planning." *Journal of Arboriculture* 4(9):213–215.

Porter, E. E., B. R. Forschner, & R. B. Blair. 2003. "Woody Vegetation and Canopy Fragmentation Along a Forest-to-Urban Gradient." *Urban Ecosystems* 5:131–151.

Randrup, T. B., C. Konijnendijk, M. K. Dobbertin, & R. Prüller. 2005. "The Concept of Urban Forestry in Europe." In C. Konijnendijk, K. Nilsson, T. Randrup, and J. Schipperijn (eds.), *Urban Forest and Trees* (pp. 9–21). Berlin: Springer.

Schabel, H. G. 1980. "Urban Forestry in Germany." *Journal of Arboriculture* 6(11):281–286.

Schaefer, J. M., & M. T. Brown. 1992. "Designing and Protecting River Corridors for Wildlife." *Rivers* 3(1):14–26.

Schafer, E. L., & G. H. Moeller. 1979. "Urban Forestry: Its Scope and Complexity." *Journal of Arboriculture* 5(9):206–209.

Schwab, J. 1993. "Planning for the Urban Forest." In Proceedings, Sixth National Urban Forestry Conference (pp. 254–256). Washington, DC: American Forestry Association.

Schwab, J. 2009. "The Principles of an Effective Urban Forestry Program." In J. Schwab (ed.), *Planning the Urban Forest: Ecology, Economy, and Community Development* (pp. 25–41). Chicago: APA Planning Advisory Service.

Stout, W. E. 1995. An Urban, Suburban, Rural Red-Tailed Hawk Nesting Habitat Comparison in Southeast Wisconsin. MS Thesis, University of Wisconsin–Stevens Point.

Strom, S. 2007. "Urban and Community Forestry: Planning and Design." In J. E. Kuser (ed.), *Handbook of Urban and Community Forestry in the Northeast* (pp. 99–117). New York: Kluwer Academic/Plenum Publishers.

Turner, T. 2006. "Greenway Planning in Britain: Recent Work and Future Plans." *Landscape and Urban Planning* 76(1–4):240–251.

von Haaren, C., & M. Reich. 2006. "The German Way to Greenways and Habitat Networks." *Landscape and Urban Planning* 76(1):7–22.

Ziminski, A. 1982. "Reston Homeowners Association Open Space Management and Development." In Proceedings, Second National Urban Forestry Conference (pp. 71–77). Washington, DC: American Forestry Association.

Zipperer, W. C. 2008. "Applying Ecosystem Management to Urban Forestry." In M. M. Carreiro, Y. Song, and J. Wu (eds.), *Ecology, Planning, and Management of Urban Forests* (pp. 97–108). New York: Springer.

제9장

식생 조례

싱가포르

도시 지역과 구축된 환경은 공공과 개인이 소유한 식생(植生, vegetation)으로 구성된 매우 복잡한 모자이크 형태를 취하고 있다. 이 식생의 조성, 보호, 관리는 개인 토지 소유자의 의사결정과 공적 법규에 의해 영향을 받는다. 이 장에서는 공공 토지에 있는 식생의 조성과 관리; 개인 토지에 있는 식생의 보호, 보존, 관리; 경관조성과 차폐를 위한 요구사항 등과 명확하게 관련이 있는 조례와 법규를 다룬다. 식생 법규는 지자체, 카운티, 주, 국가, 국제적 법률적 구조에 의해 명시된 바와 같이 조례(條例, ordinance), 규칙(規則, code), 법률(法律, law)의 형태를 띤다. 이들은 직접적으로 식생을 규제하거나 토지이용, 개발, 건설을 규제하는 법규에 의해 간접적으로 규제할 수도 있다.

지자체 임업 프로그램

지자체 임업 프로그램은 도시 임업(都市林業, urban forestry)에 대한 지자체의 관심을 반영한 형태로 존재하고 조례에 의해 구체화되어 운영된다. 그러나 지자체 임업 조례(林業條例, forestry ordinance)의 통과는 복잡한 문제일 수 있다. Weber(1982)는 지자체 임업 조례는 "수목관리전문가, 부동산 중개업자, 개발업자, 시장(市長, mayor), 주택 소유자, 건설업자, 양묘업자, 원예 교사, 공익시설 기술자, 시 검사(city attorney), 시의회(市議會, city council) 의원, 도시 임업가, 공공사업 관리자, 기타 많은 사람들"의 일자리와 재산에 영향을 미칠 수 있다고 주장한다. 이처럼 다양한 집단이 도시 임업 조례에 이해관계가 있기 때문에, 그는 조례를 도입하기에 앞서 광범위한 지역사회의 지지 기반을 확보할 것을 권고한다. 모든 지자체가 다른데, 이들은 네 가지 분야에서 차이가 있다: 자연(기후, 토양 등), 민족적 전통, 정치적 경제적 환경, 법적 체계. 지역사회에 가장 잘 맞고 승인될 가능성이 가장 높은 임업 조례가 되기 위해서는 이들 네 가지 요소에 대한 철저한 이해를 바탕으로 작성되어야 한다(Weber 1982). 조례는 도시 식생을 관리하기 위한 강력한 법적인 구조를 제공하고 새로운 상황이 변화를 초래하기 때문에 시간이 흘러감에 따라 진화한다(Grey 1996).

지자체에 조례가 존재할 가능성은 지역사회의 인구 구성, 도시 임업 프로그램의 발전 정도, 조례에 대한 요구나 인식된 요구 등 몇 가지 요소를 기준으로 예측할 수 있다. Stevenson 등(2008)은 펜실베이니아주에서 도시 임업 프로그램을 유지하고 있는 지자체의 87%가 조례를 가지고 있는 데 비해 이 프로그램이 없는 지자체는 35%만이 조례를 가지고 있다는 것을 발견했다. 또한 인구 20,000명 이상의 지자체 80% 이상이 조례를 가지고 있는 데 비해 인구 2,500명 미만의 소규모 지자체는 45%만 조례가 있었다(Stevenson 등 2008). 마찬가지로 유타주와 일리노이주에서도, 작은 도시의 1/3 정도가 조례를 가지고 있는 데 비해 인구 10,000명 이상의 도시들은 80% 이상이 조례를 가지고 있었다(Kuhns 등 2005; Schroeder 등 2003) (**표 9-1**). 일리노이주에서 주민의 평균 소득과 교육 수준이 높은 지자체는 현재 존재하는 지자체 교목에 대한 유지관리와 보호에 초점을

표 9-1 일리노이주의 응답한 지자체들이 자신들의 가로수 조례에 규정하고 있는 다양한 조항들의 비율

	지자체 크기(1,000명)							
교목 조례 조항	**< 2.5**	**2.5~5**	**5~10**	**10~25**	**25~50**	**50~100**	**> 100**	**평균[a]**
권장 수종 목록	45	77	81	79	84	86	80	73
교목 식재용 부지 요구사항	70	84	92	84	87	93	80	83
개인 부지의 병든 교목 제거	30	40	61	60	74	75	60	54
개인 부지의 위험한 교목 제거	36	37	66	60	70	73	80	55

[a] 모든 지자체에 대한 구성비.

출처: Schroeder 등 2003.

둔 조례를 가지고 있을 가능성이 높았다(Dickerson 등 2001). 소득과 교육 수준이 낮은 시민들로 구성된 지자체의 조례들은 지역사회의 아름다움과 안전에 더 치중된 조례를 가지고 있었다.

임업 조례가 효과적이기 위해서는 세 가지 기능을 가지고 있어야 한다: 권한을 위양하고, 책임 한계를 규정하며, 관리를 위한 최소한의 표준을 설정(Grey 1996). 임업 프로그램을 수행하기 위한 권한이 시 또는 지방 정부의 특정 단위에게 주어져야 한다. 이를 기반으로 조례는 해당 조례의 각 규정을 수행하는 개인이나 기관에게 권한을 부여해야 하고, 공공의 안전과 편의를 제공할 수 있도록 관리 표준을 설정해야 한다(Grey 1978, 1996). 조례는 지자체의 지지를 받아야 하고, 종합적인 관리 전략의 일부가 되어야 하고, 명확하게 기술된 목적이 있어야 하고, 유연해야 한다(Swiecki & Bernhardt 2001).

도시 식생을 다루는 조례가 새로운 것은 아니다(Zhang 등 2009). 미국에서, 수목이 있는 구획의 보존과 교목 식재를 요구하는 조례와 법률은 1600년대로 거슬러 올라간다(Gerhold & Frank 2002). 어떤 지자체의 조례는 특정한 식물을 공해(公害, public nuisance)로 지정하고 해당 지자체 내에 이들의 식재를 금지하는 것으로 시작되었다. 도시들이 산업혁명 이후 미화 노력(美化勞力, beautification effort)에 착수함에 따라, 공공 통행로와 공원에 대한 교목의 식재와 유지관리를 요구하는 추가적인 교목 조례가 통과되었다. 북미에서는, 뒤이어 느릅나무시듦병(Dutch elm disease, *Ophiostoma ulmi*)이 들어왔고, 이로 인해 도시 교목 군집이 황폐화됨에 따라 이러한 문제를 다루도록 설계된 조례의 제정을 초래하였다. 급속한 도시 개발을 경험하고 자생 식생의 빠른 손실을 우려하는 일부 지자체는 개발 중에는 식생을 보호하고 건설 후에는 적절한 경관 조성 수단을 요구하는 조례를 제정하였다. 주차장, 산업 활동, 교통 통로 등과 같은 눈에 거슬리는 토지 이용의 시각적인 영향을 완화하기 위해 차폐 조례(遮蔽條例, screening ordinance)도 승인되어 사용되고 있다.

오늘날 도시 식생을 다루기 위한 지자체의 조례는 매우 다양하다. 조례를 가진 도시의 비율과 조례를 개발하기 위해 가용한 기술적인 도움의 규모가 과거 수십 년 동안 증가해 왔다(Hauer 등 2008; Ries 등 2007; Zhang 등 2009). Perry(1978)는 그의 연구 과정에 60개 미국 도시에게 교목 조례 사본을 요구했다. 51개 도시에서 응답이 왔고 이들의 조례를 권한에 관한 조항과 권한의

범위를 기준으로 분류했다. 그는 90%가 넘는 도시가 공공 토지를 보호하는 조례를 가지고 있다는 것을 발견했다. 20%만이 공공 토지에 대한 병해충을 방제하고, 개인 교목에 대한 공공의 안전문제를 지적하고, 주차장에 대한 경관 표준을 제정하는 일부 권한을 부여했다. 또한 7%는 새로운 개발에서 녹색 공간 기부를 요구했고, 2%만이 공사 중에 환경보호를 규정한 조례를 가지고 있었다. 오늘날, 많은 지자체가 다양한 이유로 도시 식생을 규제하고 있다. Zhang 등(2009)은 앨라배마주 100개 지자체의 조례를 분석한 결과, 대부분이 교목 위원회 설치, 교목 식재 규정, 공공 토지에 있는 교목의 제거와 대체, 공공 교목 보호와 관리, 교목 수종 선정, 공공 및 개인 부지에 있는 죽은 교목 제거 등을 공통적으로 규정하고 있다는 것을 발견하였다.

식생 조례에 관한 다음의 고찰은 이를 일반적인 용어로 기술한다. 조례가 특정한 지자체에서 작동하기 위해서는, 지역적인 요구를 충족할 수 있도록 맞춤으로 제정되어야 한다. 조례의 각 유형은 독립적인 것처럼 보이지만, 실제로는 많은 지자체가 아래에 기술된 몇 가지의 요소들을 통합한 조례를 가지게 될 것이다. 식생 조례의 정확한 진화는 지역적으로 다를 수 있지만, 이들 조례는 이들의 대략적인 역사적 발달 순서에 따라 나열되어 있다.

바람직하지 않은 식생

많은 조례는 도시 식생과 이들의 바람직하지 않은 요소를 다룬다. 교목들은 재산상의 피해를 유발하고, 공익 서비스를 방해하고, 공공 안전 위험을 제기하고, 교차로를 가로막고, 열매와 기타 교목 부위로 인해 공해를 유발하고, 원하지 않는 곤충이나 야생동물을 유인한다. 교목, 관목(灌木, shrub), 초본식물은 아름다움과 재산 가치에 부정적인 영향을 미칠 수 있고, 어떤 사람에게는 알레르기 반응을 일으킬 수 있으며, 심각한 화재 위험을 제기할 수 있다. 예를 들면, 플로리다주 임업국(Division of Forestry, 2010)은 "규제를 이용한 접근은 위험이 높은 지역과 공공이나 문화적으로 야생동물 위험에 대한 언급을 꺼리는 곳에서는 특히 도움이 된다"라고 주장한다. 교목 위험 관리도 중요한 도시 임업 문제이며, 지자체 조례는 모든 지역의 교목에 대해 수용 가능한 수준의 위험 수준을 넘고 있는 교목의 수를 어떻게 줄일 것인가를 고려해야 한다(Hauer & Johnson 2003). 사고 발생 가능성과 잠재적인 결과의 심각성에 의해 위험이 결정된다(Smiley 등 2011). 위험이나 위험한 교목은 상해, 손상, 파괴의 위험 수준이 수용불가능하게 될 때 발생한다.

도시 임업가는 도시 식생의 긍정적인 측면을 생각하는데 익숙해 있어서 똑같은 식생이 법적 책임이 될 수도 있고 유해물(有害物, pest)로 분류될 수도 있다는 것을 쉽게 잊는다. Nosse(1982)는 유해물을 걱정, 성가심, 불안을 유발하는 모든 것으로 정의하고, 도시 교목의 잠재적인 치명적 성질에 대해 다음과 같은 평가를 제시한다.

1. **교통안전.** 수령 10년이 되면 가로수의 가지는 공공 통행로 안으로 뻗기 시작할 것이다. 15년이 되면 교목은 교통 표지판을 가리기 시작하고; 25년이 되면 가로수 불빛이 약해질 것이며; 40년이 되면 해당 교목이 신호등을 가릴 것이다.
2. **보도와 보차도경계석의 구조적인 건전성.** 교목의 뿌리 시스템이 보도(步道, sidewalk)와 보차도경계석을 들어 올리고 파손시킬 수 있다. 식재된 수종이 그렇지 않을 것이라고 추정되더라도, 100년 만에 부는 강풍에 교목의 10%가 뿌리째 뽑혀 보도를 들어 올릴 가능성이 있을 것

이다.

3. **배수 시스템.** 낙엽이 빗물받이(rain gutter)와 배수 시스템을 막고, 배수 웅덩이(catch basin)를 메워서 빗물 배수 능력을 10%까지 감소시킬 수 있다.
4. **재산 피해.** 일단 교목의 나이가 25년을 넘으면, 이들이 구조적으로 파손되면 상당한 재산상 피해를 가할 수 있는 위협이 된다.
5. **유인적 안온방해(attractive nuisance).** 교목은 해충과 병을 유인하고, 가지가 나무 낮으면 어린이들이 올라가고 싶도록 유혹한다.
6. **전기와 통신 시스템.** 수령 15년이 되면, 교목은 일반적으로 송전선과 통신선 안으로 자라게 된다. 빠르게 자라는 수종은 서비스가 중단되는 문제를 줄이기 위해 매년 전정할 필요가 있을 수도 있다.
7. **에너지 영향.** 교목은 태양 에너지를 차단하고 눈이 녹는 것을 늦추고, 소용돌이를 유발하도록 배치하면 풍속(風速, wind velocity)을 가속화시킨다.
8. **교목 제거.** 모든 교목은 죽는데, 이들이 위험하게 되면 제거해야 한다. 전선이나 주택 위로 자라는 성목을 제거할 때에는 훈련된 인력, 특별한 장비의 도움을 받아야 하고 비용이 들어간다.

이들 교목의 법적 책임(法的責任, liability)을 최소화하기 위해서는, 지역사회 교목에 대한 올바른 계획, 식재, 관리가 중요하다.

법적 책임 면에서의 도시 교목과 다른 식생의 법적 가치는 제5장에서 고찰되었다. 도시 식생과 관련된 잠재적인 문제로 인해, 주와 지자체는 시민의 건강, 안전, 복지 등을 보호하기 위해 교목과 다른 식생에 대해 법적인 통제가 가능하도록 제정된 법률을 가지고 있다. 화재위험(火災危險, fire hazard)과 통행로 방해와 관련된 공공안전(公共安全, public safety) 조례와 마찬가지로, 꽃가루(pollen)가 피부염(dermatitis)이나 알레르기 반응을 일으키는 식물을 통제하는 공중보건법(公衆保健法, public health law)이 법원에 의해 수용되어 왔다(Widrlechner 1981).

공공복지(general welfare)에는 도시 식생과 관련된 수많은 문제가 존재한다. 캐나다엉겅퀴(*Cirsium arvense*), 털부처꽃(*Lythrum salicaria*), 유럽갈매나무(*Rhamnus cathartica*), 오리갈매나무(*Frangula alnus*) 등과 같이 유독한 식물을 통제하는 법률은 지자체에서 일반적이다. 유해 잡초(有害雜草, noxious weed) 조례는 가끔 식재를 금지하거나 제한하는 주 법률이나 카운티 지시로 시작한다. 미루나무(*Populus deltoides*)처럼 열매를 많이 맺는 교목을 금지하거나 잡초 방제, 수용 가능한 수목의 높이, 잔디 깎기, 경관 유지관리에 특정한 표준을 요구함으로써 재산상의 가치를 보호하기 위해 이러한 조항이 지역적인 조례에 포함될 수도 있다. 이러한 유형의 조례들이 폭넓게 확산되어 있지만, 때로는 법원으로부터 지지를 받지 못한다. 이는 특히 자연 생태계 조성과 같은 대안적인 형태의 경관 조성이 이용되는 경우에 그러하다(Rappaport & Horn 1998). 어떤 지자체는 대안적인 경관 조성을 허용하기 위해 자신들의 유해 잡초 조례에 예외를 두고 있다(Widrlechner 1981). 어떤 의미에서는, 일단 대안적인 경관조성으로 간주된 것은 여러 가지 다른 전통적인 경관 유형의 하나로서 표준 관행이 되고 있다. Rappaport & Horn(1998)은 자연적인 경관조성을 용이하게 하기 위한 경관 조례(景觀條例, landscape ordinance) 작성에 관한 지침을 다음과 같이 제안한다:

1. 이 조례는 자신의 경관 조성을 선택할 수 있는 주민들의 기본권(基本權, fundamental rights)을 보호해야 한다.
2. 이 조례는 모든 주민에게 평등하게 적용해야 한다.
3. 모든 제약은 공중 위행, 안전, 복지의 보호와 관련된 합리적인 기반을 가져야 한다.
4. 이 조례는 순응을 법률로 정하거나 주민들이 자신들의 이웃의 경관에 대해 통제권을 행사하는 것을 허용해서는 안 된다.
5. 이 조례는 신청서, 의향서(意向書, statement intent)나 관리계획의 제출을 요구해서도 안 되고, 합법적인 자연 경관조성에 종사하고자 하는 주민에 대해 검토나 승인 수수료가 부과되어서도 안 된다.
6. 자연적인 경관 조성자를 괴롭히는 것을 피하기 위해, 이 조례를 집행할 해당 도시의 "잡초 책임자(weed commissioner)"는 허용된 자연 경관에서 자라는 잡초와 허용되지 않는 생장을 구분할 수 있도록 훈련되어야 한다.
7. 이 조례의 집행은 개인들이 자신의 권리에 대한 정당한 판결을 받을 권리를 보장하는 적법절차(適法節次, due process of law)를 통해 수행되어야 한다.
8. 이 조례는 고도의 관리가 필요한(high-maintenance) 단일재배적 경관(單一栽培的景觀, monocultural landscape)의 확산과 경관 관리에서 유독한 농약의 무분별한 사용에 의해 유발되는 환경적인 열화(劣化, degradation)로 인한 문제를 적극적으로 경고해야 한다. 이는 다양성의 보전과 회복, 생물학적으로 안정된 자연 식물 군집, 환경적으로 건전한 실무 등을 장려하는 것이 좋다.

Nassauer(2011)는 중요한 육성 규범(育成規範, cultural norm)으로 경관에서의 관리 외관(appearance of care)을 꼽는다. 사람들은, 다음과 같이 뚜렷한 특성을 가진 자연스럽게 보이는 경관을 정말로 좋아하며, 이것이 관리의 실마리가 될 수 있다:

1. 정돈과 질서(쓰레기가 없고, 다른 물건들은 치워놓고, 잡초가 없는),
2. 잘 수선된 구조물(예, 페인트가 잘 칠해져 있고, 부서진 곳이 없는),
3. 서로 다른 구획 유형의 가시적이고 분명한 가장자리(정원, 수확된 들판, 생태 복원, 자생 생태계의 조각을 포함하여),
4. 울타리, 특히 택지 사이나 다른 질감을 가진 소구획 사이,
5. 깎아 다듬어진 교목과 생울타리 또는 직선으로 늘어선 수목,
6. 부지 중에서 가장 공개적으로 볼 수 있는 지역에 해당하는 부분만이라도 깎아 놓은 잔디,
7. 형형색색의 꽃들,

8. 새 집(bird box)과 잔디 장식(lawn ornament),
9. 해당 지역을 누가 차지하고 있는가를 확인하거나 거기서 일어나고 있는 생태적 기능, 특히 서식지 기능을 알려주는 표시판.

사람들의 문화적 규범(文化的規範, cultural norm)이 자신들의 경관 선호에 영향을 미치는데, 선호 범위는 전통적인 깔끔하게 손질된 부지로부터 좀 더 생태적으로 혁신적인 설계에 이르기까지 폭이 넓다(Nassauer 등 2009). 이웃의 규범도 서로 다른 경관 설계 대안에 대한 개인의 선호에 크게 영향을 미친다. 따라서 이웃의 참여를 요청하고 작업을 같이하는 것이 비전통적 경관 설계의 수용을 성공시킬 수 있는 가능성을 높여줄 것이다.

식물 병과 해충의 감염 확산을 방제하기 위한 공공복지 법령은 세 가지 범주로 나눈다. 첫째는 병이나 해충이 안온방해(安穩妨害, nuisance)라고 선언하고 처리나 폐기를 통해 해충이 꾀거나 병든 식물 또는 중간 기주(中間寄主, alternate host)를 방제하도록 지시한다. 법령의 두 번째 그룹은 특정 기관에 일반적인 식물 병과 해충 감염을 발견하고 방제하는 권한을 부여한다. 세 번째 법령 유형은 지방 정부가 특별한 병해충 방제 지구를 지정할 수 있도록 한다. 느릅나무시듦병(*Ophiostoma ulmi*), 참나무시듦병(*Ceratocystis fagacearum*), 호리비단벌레(*Agrilus planipennis*) 등의 문제와 같이 널리 발생함에 따라 이들을 방제하는 것은 처음 두 범주에 속한다: 즉, 지자체가 병들거나 해충이 꾄 교목을 제거함으로써 치료하거나 위생관리(衛生管理, sanitation)를 하고, 병을 발견하고 방제하는 권한을 가진다(VanNatta 등 2012; Widrlechner 1981).

느릅나무시듦병. 지자체의 느릅나무시듦병 방제는 주로 점검과 위생관리 프로그램을 통해 수행된다. 지자체 피고용인들은 개인의 느릅나무에 대한 관할권을 부여받고, 병든 교목을 조사하기 위해 트리패스(tree pass)가 허용되었다. 공공 교목은 해당 병이 진단되면 제거하고, 개인 교목은 고발되어 제거 명령이 내려진다. 전형적인 느릅나무시듦병 조례는 아래에 나열된 조항의 모두 또는 일부를 포함할 것이다.

Section 1: 공공 안온방해 선언. 느릅나무시듦병 곰팡이에 감염되었거나 느릅나무좀(elm bark beetle)이 조금이라고 짐복하고 있는 살아 있거나 시 있는 느릅나무 수목이나 일부, 수피가 제거되지 않았거나 느릅나무좀을 효과적으로 구제하는 살충제가 살포되지 않은 통나무, 가지, 그루터기, 장작, 기타 느릅나무 자재를 포함한 죽은 느릅나무 수목이나 일부는 공공 안온방해로 선언된다.

Section 2: 안온방해 금지. 어떤 개인, 기업, 조직도 이 조례의 Section 1에서 공공 안온방해로 규정된 것을 해당 시 내 자신이 소유하거나 통재하고 있는 부지에 남겨두도록 허용되지 않는다.

Section 3: 점검. 녹음수 위원회(Shade Tree Board)는 이 조례의 Section 1에서 규정한 어떤 공공 안온방해가 존재하는가를 확인하기 위해 적어도 매년 2회 정도 해당 시 내의 모든 부지와 장소를 점검하거나 점검되도록 조치해야 하고, 느릅나무시듦병 곰팡이에 감염되었다고 보고되거나 의심되는 모든 느릅나무나 느릅나무좀이 기생한다고 보고되거나 의심되는 느릅나무 수피를 가진 모든 자재에 대해 점검하거나 점검되도록 조치해야 한다.

녹음수 위원회는 이 조례의 모든 규정을 수행할 목적으로 모든 합리적인 시간에 부지에 들어갈 수 있는 권한을 가져야 한다.

Section 4: 느릅나무시듦병 안온방해 완화. 공공 재산에서 발견된 이 조례에서 규정된 모든 공공 안온방해는 농약이 뿌려지거나, 제거되거나, 불에 태워지거나, 기타 느릅나무시듦병 곰팡이의 확산을 방지할 수 있는 방법으로 처분되어야 한다. 이 조례에서 규정된 모든 공공 안온방해가 개인 재산에서 발견된 경우, 녹음수 위원회는 주인을 확인할 수 있는 경우, 해당 부동산 주인에게 서면으로 해당 안온방해를 통지일자로부터 30일 이내에 통지서에 지시한 대로 완화 조치를 취하도록 통보해야 한다. 만약 해당 부동산 주인이 지정한 제한 시간 안에 통지를 이행하지 않는 경우, 녹음수 위원회는 해당 안온방해가 완화되도록 조치를 취한 다음 발생한 비용을 해당 부동산 소유자에게 청구해야 한다.

Section 5: 느릅나무 목재 운반 금지. 어떤 개인, 기업, 조직도 녹음수 위원회의 서면 허가 없이 수피가 붙은 어떤 느릅나무 목재나 자재도 해당 시 내에서 운반해서는 안 된다.

Section 6: 녹음수 위원회나 이의 대리인의 방해 금지. 어떤 개인, 기업, 조직도 녹음수 위원회나 이의 대리인 또는 시의 피고용인이 이 조례에 의해 부여된 의무를 수행하고 있는 동안에 이들을 막거나, 지연시키거나, 방해해서는 안 된다.

Section 7: 처벌. 이 조례의 어떤 규정도 위반한 모든 개인, 기업, 조직은 유죄 판결에 따라 기소 비용과 함께 $________ 초과 $________ 미만의 벌금을 물어야 하고, 이러한 벌금과 비용을 납부하지 못할 경우에는 90일을 초과하지 않는 범위 내에서 부과된 벌금과 비용을 납부할 때까지 카운티 교도소에 감금되어야 한다.

호리비단벌레. 북미에서의 호리비단벌레 관리는 느릅나무시듦병 관리와 비슷한 점이 많다. 이 두 병해충의 생태는 다르지만, 과거 병해충 문제로부터의 규제적이고 관리적인 접근을 통해 배운 교훈은 많은 중요한 해결방안을 제시한다(VanNatte 등 2012). 많은 지자체는 이미 해충과 병 문제를 관리하기 위해 현재 사용하고 있는 권한을 가지고 있다(부록 A 참조). 호리비단벌레 관리를 위해 이 권한을 경신하는 것이 중요하다. 궁극적으로, 해당 조례에서 부여된 권한은 점검과 완화를 위해 개인 부동산에 대한 충분한 접근을 허용해야 한다. 해결방안은 호리비단벌레의 재정적인 비용과 교목의 손실을 관리하고, 시간의 흐름에 따라 이러한 비용을 분산시키는 접근방법을 개발하는 것으로부터 시작될 수 있다. 2003년 현재, 미시간주 블룸필드 타운십(Bloomfield township)의 호리비단벌레 결의안은 다음과 같이 언급한다:

> 블룸필드 타운십의 교목, 식림지(植林地, woodlot), 그린벨트, 자연적인 지역과 공공 통행로는 보존할 필요가 있는 가치 있고 귀중한 자산이다; 그리고
>
> 다양한 물푸레나무류(*Fraxinus* spp.)와 변종(變種, variety)은 이 지역의 자연적 및 시골 산림 환경의 중요한 구성요소로서, 일부 지역에서는 우점수종(優占樹種, dominant tree species)의 50%를 차지하고 있다; 그리고
>
> 블룸필드 타운십은 일반적으로 호리비단벌레(*Agrilus planipennis*)라고 알려진 해충에 의해 유발된 치명적인 쇠락이 우리 시의 물푸레나무 군집에 위협이라는 사실에 우려를 표한다. 그릇된 관

행은 해충의 활동과 교목 손실을 증대시키는데 기여하여, 주거지에서든, 상업지역에서든, 공공 통행로나 공공 토지에서든 설정된 구역을 넘어 더 큰 경제적인 손실로 나타날 수 있다. 그러므로 호리비단벌레를 예방하고 방제하기 위한 시도는 바람직하고 신중해야 한다.

그러나 호리비단벌레를 다루는 모든 조례는 해당 조례의 배경이 되는 목적을 달성하기 위한 법적인 힘을 규정하고 있어야 한다.

지자체 교목 조례

지자체 교목 조례의 목적은 공공 교목에 대한 지자체의 권한을 표현하고, 지자체 피고용인과 대리인에 대한 책임을 부여하고, 유지와 관리 표준을 설정하고, 개인 교목에 대한 안온방해 조건을 정의하는 것이다(Grey 1996). 전형적인 지자체 조례는 아래에 나열된 목록에 있는 제목 중 일부 또는 전부를 포함할 것이다(Grey 1996; Swiecki & Bernhardt 2001). 이 항에서는 각 제목 다음에 각 제목이 일반적으로 포함해야 하는 것을 간단히 설명한다. 보다 자세한 사례는 부록 B의 완전한 지자체 교목 조례에서 확인할 수 있다.

1. **목적**: 조례의 간단한 설명과 필요한 이유를 포함한다.
2. **용어 정의**: 조례에 있는 법적 기술적 용어의 정의를 제공한다.
3. **녹음수 위원회 설치**: 녹음수 위원회를 만들고 이의 구성원을 기술하거나 공원 위원회나 다른 기관에 해당 프로그램에 대한 의무를 부과한다.
4. **지자체 수목관리자 또는 임정관**: 해당 시 임정관의 교육적 경험적 자격을 기술한다.
5. **직무**: 공공 식생의 관리, 개인의 안온방해의 취급, 해당 조례의 규정을 집행하는 것과 관련된 시 임정관 직무의 윤곽을 제시한다.
6. **권한**. 시 임정관에게 조례에 기술된 바와 같이 허가에 의해 수행된 모든 작업을 감독하고, 발급되는 허가에 합리적인 조건을 첨부하는 권한을 부여한다. 또한 시 임정관은 해당 지자체의 가로수 기본계획을 개발할 권한과 책임이 부여된다.
7. **허가**: 시 임정관이나 허가를 받은 시 임정관의 대리인이 아닌 어떤 사람에 의한 공공 식생의 식재, 유지관리, 제거를 금지하고, 허가에 대한 요금 명세표의 목록이나 참고 자료를 제공한다.
8. **유지관리**: 공공 교목의 식재, 유지관리, 제거에 대한 표준을 설정하고, 대체 정책을 수립한다. 녹지대(綠地帶, tree lawn)의 폭과 기타 부지 제약을 기준으로 간격 확보 표준, 모서리 후퇴, 성목의 크기 제한 등을 기술할 수도 있다.
9. **장애물**: 개인 교목의 소유자는 보도에서는 높이 3 m(10피트)까지, 가로에서는 높이 3.7 m(12피트)까지, 트럭 통행로에는 높이 4.9 m(16피트)까지 각각 가지가 없는 상태를 유지하고, 도로 표지판과 가로등을 가리지 않도록 유지해야 한다.
10. **안온방해와 정죄(定罪, condemnation)**: 병이나 해충 문제, 도시 이용을 위해 바람직하지 않은 특성, 공공 안전에 위협이 되는 것 등을 근거로 안온방해 교목을 정의하고; 시 임정관에게

안온방해 교목을 정죄할 권한을 부여한다. 해당 지자체에 식재가 금지된 교목 목록이 포함될 수도 있다.

11. **공공 교목의 학대**: 공공 교목의 훼손이나 다른 학대를 금지한다.
12. **교목의 보호**: 공사나 기타 이들을 손상시킬 수 있는 활동 중에는 공공 교목의 보호를 요구한다.
13. **방해**: 직무를 수행 중인 시 임정관을 방해하는 것을 금지한다.
14. **이의 신청**: 조례 위반에 대해 발행된 소환(召喚, citation)에 이의를 신청하기 위해 따라야 할 기작(mechanism)과 절차를 제공한다.
15. **벌칙**: 해당 조례의 규정을 준수하지 못한데 대한 벌칙을 규정한다.
16. **가분성(可分性, severability)**: 법원이 조례의 어느 부분이나 하위 부분의 무효를 선언하더라도 전체 조례가 무효가 되는 것을 방지하기 위해 사용된다.

지자체의 교목 조례 작성은 세심한 주의를 가지고 수행해야 한다. 시 임정관이나 수목관리자의 위치를 적합하게 정의하지 않고, 그리고 이 조항을 수행할 수 있는 권한을 부여하지 않는 조례는 효과적이지 못할 것이다. 조례는 공공 교목의 유지관리에 관한 최소한의 표준을 설정해야 하고 도시 임업 프로그램에 대한 지역사회의 지지를 반영해야 한다. 반면, 조례는 시 임정관이 관리 의사결정을 하는데 재량권이 부여될 수 있도록 유연해야 한다. 예를 들면, 조례가 가로에 식재되는데 수용 가능한 수종 목록을 제시할 수 있지만, 해당 목록의 수정이 허용되도록 개방적(open ended)이어야 한다. 참고자료인 교목조례 개발과 평가 지침(*Guideline for Developing and Evaluating Tree Ordinances*)은 국제수목관리학회(ISA, International Society of Arboriculture)에서 구할 수 있다(Swiecki & Bernhardt 2001).

인증, 자격, 면허. 자격증(資格證, credential)은 어떤 사람이 해당 전문 분야 내에서 일정한 수준의 전문성을 가지고 있다는 것을 뜻한다. 사람들은 훈련과 경험을 통해 자신의 자격증을 취득한다. 수목관리 분야와 도시 임업 분야의 공식적인 훈련 시스템이 존재하고 개인을 평가하기 위해 사용되며 제시된 전문성에 근거하여 자격증을 수여한다. 인증(認證, certification)과 자격(資格, qualification)은 두 종류의 다른 제도이다(Ryan 2012). 일반적으로, 자격 제도는 정해진 일습(一襲, set)의 학습 결과를 확인하는 시험을 이용하고 훈련이 필수적인 구성요소이다. 자격은 일생 동안 또는 정해진 유효 기간 동안 유효하다. 영국, 호주, 뉴질랜드를 포함한 몇 나라가 현재 자격제도 체계를 가지고 있다. 자격의 특성을 정의하는 것은 다양하다.

인증은 광범위한 수준의 지식을 평가하고 특정한 훈련 프로그램과 별개이며, 인증 소지자는 주기적으로 해당 인증을 갱신한다. 이는 국제수목관리학회(ISA)가 ASTM International E2659-09 표준하에서 자신의 프로그램을 개발하고 있다.

ISA는 직업적인 경험과 교목 생물학과 수목 관리의 기초지식을 다루는 필기시험 통과를 기준으로 수목관리자(樹木管理者, arborist) 인증을 수여한다. 2015년 현재, ISA 인증 수목관리자, ISA 인증 교목 작업자, 고소작업차 전문가, 등목 전문가, 지자체 전문가, 이사회 인증 명장 수목관리자 등의 인증 소지자가 전 세계에 30,000명이 넘는다. 일부 지자체는 자신들의 지자체 교목 조례에 시 교목에 대한 작업을 수행하는 모든 외주업자는 인증을 받은 수목관리자이거나 ISA가 운영하는 것과 같은 또 다른 인증을 소지하도록 요구하는 조항을 가지고 있다.

많은 지자체가 자신의 시 경계 내에 있는 상업적인 교목 작업을 수행하는 수목관리자를 규제하거나 면허를 발급하고 있다. 많은 지자체는 고용되는 개인이나 회사가 수수료를 지불하고/거나 보험 증빙을 제공할 것을 요구한다. 일부 지방정부는 교목 작업을 수행할 수 있는 역량에 대한 더 높은 입증을 요구한다. 노스다코타(North Dakota)주 비스마르크(Bismarck)시는 상업 수목관리자 면허를 요구하는데, 이는 수목관리자 인증 시험을 통과하고, 일반책임보험(一般責任保險, general liability insurance) 증명을 제시하며, 해당 시험을 치르기 위한 수수료 $75을 지급하고 나서야 발급된다. ISA의 인증된 수목관리자 자격 소지자는 이 시험을 칠 필요가 없다. 또한 상업 수목관리자는 해당 면허를 유효하게 유지하기 위해서는 매년 $75을 지불해야 한다. 미네소타주 미니애폴리스(Minneapolis)시는 교목 서비스 외주업자를 규제하고, 해당 회사 피고용인 중 적어도 한 사람은 수목관리자 인증을 가지고 있거나 도시 임학이나 수목관리학 학사 학위를 보유할 것을 요구한다. 또한 외주업자는 수목 작업에 앞서 서면 견적을 제공하고, 미니애폴리스 면허 사본을 제시하고, 보험을 유지해야 한다.

일부 주는 손실보상(損失補償, compensation)을 위해 수목관리 작업을 수행하기 위한 요구조건으로 수목관리자 면허를 요구한다. 코네티컷(Connecticut)주가 1919년 수목관리자 면허를 위한 법률을 통과시킨 최초의 주이다. 메인(Maine)주는 고용을 위해서는 보험 증빙과 수목관리 작업 수행을 위한 필기시험 통과를 요구한다. 현재의 ISA 인증 수목관리와 다른 주로부터 면허를 받은 사람은 시험요구에서 예외이다. 면허를 받은 수목관리자의 직접적인 감독하에 있으면, 면허가 없는 사람도 고용되어 수목관리 작업을 수행할 수도 있다. 코네티컷주의 주 수목관리자 면허는 필기시험, 수목 동정 시험, 구술시험 통과를 요구한다. 로드아일랜드(Rhode Island)주는 수목관리의 모든 단계에 대한 표준 수목관리자 면허 시험이나 송전선로 정리 작업을 수행할 능력을 부여하는 보다 제한된 송선선 수목관리자 면허 시험을 통과할 것을 요구한다. 메릴랜드주이 면허를 받은 교목 전문가들은 여덟 가지 질문 중에서 이 특정 인증을 유지하는 것의 중요성을 가장 높게 평가했다(Galvin & Becker 1998). 주의 면허 요구사항과 함께 규정 위반에 대한 벌칙과 강제도 중요하다. Galvin(2006)은 메릴랜드 전화번호부에 광고를 하고 있는 수목관리 회사의 거의 70%가 이 주에서 면허를 받지 않았다는 것을 발견했다.

미국과 캐나다에서 특정 농약을 적용하기 위해서는 적용자에 대해 인증과 훈련이 필요하다. 국가 표준은 제한된 용도의 농약과 상업용 적용을 안전하게 사용하고 적용할 수 있는 지식과 능력을 평가하기 위한 과정을 설정한다. 협력적인 대외지원(cooperative extension), 대학교, 동업자 조직 등과 같은 파트너 프로그램(partner program)이 농약 법률과 규정을 관리하는 일을 수행하는 주요 기관과 협력하여 농약 적용자에 대한 훈련과 재인증을 제공한다.

교목 지킴이와 인증된 교목 점검자. 미국의 북동부 몇 주는 교목 지킴이(tree warden)가 공공 교목을 감시하도록 요구하거나 감시할 수 있게 한다(Richard 2005). 교목 지킴이 법은 교목 피해에 대한 결과로서 1986년 매사추세츠주로 거슬러 올라간다. 교목 지킴이는 유급 직원이거나 자원봉사자들이다. 유급 직원을 가진 지자체는 조례, 교목 현황조사, 관리계획을 가지고 있고, Tree City

USA(미국 Arbor Day 재단이 1976년부터 시행하고 있는 프로그램으로 공공 교목의 관리/확산을 잘 하는 지자체에 주어지는 지위—역자 주) 지위에 도달해 있고, 죽고 위험한 교목을 제거하는 데 초점을 두기보다 예방적인 교목 작업에 더 큰 중요성을 부여하고 있을 가능성이 높았다(Rines 등 2010). 미네소타주는 인증 교목 점검자(CTI, Certified Tree Inspector) 프로그램을 운영하고 있는데, 이는 강제성이 없는 프로그램이지만 많은 지자체가 CTI가 병해충에 걸린 교목을 점검하고 판정할 것을 요구하는 지역 조례를 가지고 있다. CTI가 되기 위해서는 규제하고 있는 병해충 관리, 기본적인 교목 동정, 법령과 규정을 범위로 하는 시험을 통과해야 한다. 이 자격은 승인된 계속 교육에 참여함으로써 매년 재인증을 받는데, 이를 통해 도시 숲 관리와 수목관리 분야의 교목에 대한 교양을 넓히게 된다.

식생 보호

많은 지자체가 교목, 숲, 희귀식물, 생태계를 보호하기 위한 조례를 제정했다. 이들 조례는 토지 개발자와 건축주가 개발과 공사 중에 교목을 보호할 것을 요구하는 것으로부터 허가 없이 지자체 내 어떤 교목의 제거도 금지하도록 설계된 조례에 이르기까지 폭이 매우 넓다. Duerksen & Richman(1993)은, 1984년에는 미국 전역을 통해 교목 보호 조례를 가진 지자체가 100개 미만이었으나 1989년에는 캘리포니아주에서만 80개가 넘었다고 보고하면서, 교목과 수림지 보호 조례를 주된 환경적이고 계획수립의 문제로 간주하였다. 빠른 성장을 경험한 지자체가 특히 이러한 성장의 강한 가시적인 영향으로 인해 식생 보호 조례를 제정하는 경향이 높았다. 식생 보호는 이러한 목적으로 제정된 조례에 의해 구체적으로 명령되거나 다른 토지이용 활동을 규제하는 조례의 규정으로 존재할 수 있다. 식생 조례는 다른 자연자원과 생태계 계획 내에 통합될 수도 있다. 예를 들면, 도시 식생과 수질의 중요성을 연계시키기 위해 도시 숲 피복과 유역 계획수립을 연결할 것을 주장한다.

교목 보호 조례

교목 보호 조례(tree protection ordinance)는 주로 토지 개발 중에 기존의 교목과 기타 식생을 보호하도록 설계되어 있다. 이 조례는 카운티와 지방 정부의 입법권에 속하며, 집행을 위해 용어 정의, 절차, 처벌, 이의 신청 등을 규정함으로써 교목의 제거를 규제한다(Swiecki & Bernhardt 2001). 교목 보호 조례에 대해 파악된 요구는 집단별로 차이가 많다. 수목관리자와 설계자들은 이를 교목 보존을 촉진시킬 유용한 수단으로 보는 데 비해, 건축주는 이를 어느 정도 유용한 것으로 본다(Despot & Gerhold 2003). 부록 C는 아래에 기술된 조항의 일부 또는 전부를 포함하는 교목 보호 조례의 사례를 제공한다.

1. 사실 확인(fact finding): 지자체의 건강한 환경과 기타 어메니티를 제공하는 데 있어서 교목의 중요성과 기능을 기술하고; 해당 조례의 목적을 규정한다.
2. 용어 정의: 해당 조례에 적용되는 용어를 정의한다.
3. 집행: 해당 조례를 담당할 정치적 하부기관(political subdivision)을 확인하고 해당 조례의 집

행에 필요한 권한을 부여한다.

4. **적용성(applicability)**: 해당 조례가 적용될 부동산의 유형을 규정하고 필지 크기를 명시할 수도 있다.
5. **허가**: 제거할 때 허가를 요구하고, 허가 요구사항, 수수료, 부지 계획 적용 검토 절차 등을 규정한다.
6. **교목 보호**: 공사 중에 준수해야 하는 교목 보호 절차의 윤곽을 제시한다.
7. **재배치 또는 대체**: 가능하다면 개발 중에 교목을 옮기거나 부지 크기 사양에 근거하여 제거된 교목을 대체할 것을 요구한다.
8. **예외**: 농업용 개벌(皆伐, clearing), 농장, 조림, 안온방해 교목이나 수종, 긴급 사태 시에 주어진다.
9. **이의 신청**: 토지 소유자나 개발자가 해당 조례의 규정에 이의를 신청할 수 있는 수단을 제공한다.
10. **처벌**: 해당 조례의 규정을 준수하지 못했을 경우의 처벌을 명시한다.

개발 중에 추가적인 보호를 위해 교목 보호 조례에 다른 조항을 추가할 수도 있다. Robson (1983)은 교목 보호 수단을 명시할 뿐만 아니라 공사 활동을 건축 활동 지역, 즉 "건축 가능 공간(building envelope)"으로 제약하는 일리노이주 레이크 포레스트(Lake Forest)가 채택한 교목 보존 조례를 소개한다. 이 지역은 모든 건물의 기초 벽(基礎壁, foundation wall)으로부터 6 m(20피트), 인공구조물 표면의 가장자리로부터 1.5 m(5피트)를 초과할 수 없다(**그림 9-1**). 이는 정지작업, 굴착, 자재의 저장, 공사 접근, 주 건물과 풀장과 테니스장을 포함한 부속 건물(付屬建物, accessory building) 건축 등의 개발 활동이 일어날 수 있는 부지 내의 일부로 정의하고 있다(City of Lake Forest 2010). 기초 공사 중 발생한 토양은 저장했다가 건축 가능 공간의 되메우기에만 사용하고 남는 것은 부지로부터 제거되어야 한다. 건축 가능 공간 바깥에서는 중장비 사용이 허용되지 않는다. 또한 이 조례는 1.2 m(4피트) 높이의 교목 보호 울타리를 세우고 모든 공사가 완료될 때까지 유지할 것을 요구한다. 부지 청소에는 손 톱(manual saw), 체인톱, 그루터기 마쇄기(stump grinder)만으로 제한된다(불도저는 허용되지 않는다). 공익시설이 설치된 곳은 표시를 해야 하고, 직경 20 cm(8인치) 이상의 교목 또는 직경이 이의 절반인 교목 군집에 대해 물질적 손상(物質的損傷, material damage)을 입힐 가능성이 있으면,

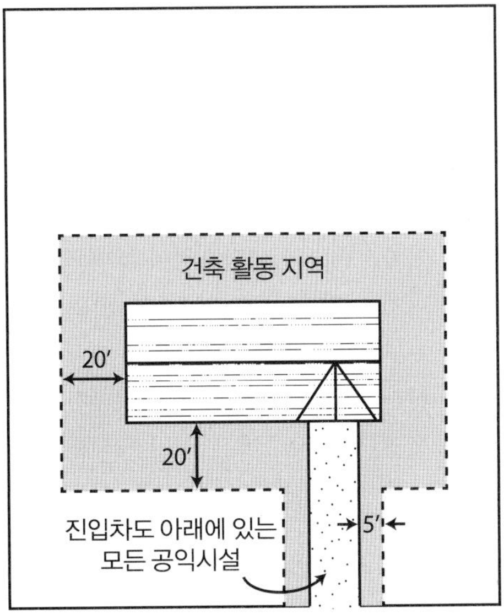

그림 9-1 일리노이주 레이크 포레스트의 교목 보호 조례가 묘사한 건축 활동 지역(건축 가능 지역).

오거(auger)를 사용할 것을 요구한다. 교목 보존 조례를 준수하지 않으면 위반이 발생하는 날마다 일당 $500까지의 벌금이 부과될 수 있다.

대부분의 교목 보호 조례가 개발 중에 교목을 보호할 것을 명령하고 있지만, 개인 부동산에 있는 교목을 포함하여 모든 교목을 보호하고 있는 지자체의 수가 점점 늘어나고 있다. 이러한 환경하에서, 지자체 내의 모든 교목은, 이들이 지자체 내의 사회적 환경적 기능을 수행하고 있기 때문에, 공공 자산으로 간주되고 있다(앞에서 기술한 바와 같이). 일리노이주 하일랜드 파크(Highland Park)는 시 당국이 "공공 및 민간 부지에 있는 교목의 무분별한 파괴"에 대해 부분적인 통제력을 행사하기 위해 1991년 이러한 조례를 제정하였다. 이 조례는 지자체에 있는 단일 수간 교목의 경우 지상 1.4 m(4.5피트)에서의 직경이 20 cm(8인치)를 초과하거나 복수의 수간을 가진 교목의 합산 직경이 38 cm(15인치)를 초과하는 모든 보호되고(protected), 핵심(核心, key) 또는 유산 교목(遺産喬木, heritage tree)은 제거할 때 허가를 받을 것을 요구한다. 교목이 죽었거나 죽어가고 있고, 병들거나 위험할 때, 제거하는 것이 바람직한 임업 관행과 일치할 때, 또는 제거가 시 임정관의 전문적인 판단에 의해 적절하다고 생각될 때 허가서가 발급될 수 있을 것이다(City of Highland Park 2010).

특수 교목

교목은 특별한 교목, 유산 교목, 표본목(標本木, specimen tree)으로 많은 장소에서 보호된다. 크기, 수종, 수령, 역사적인 의의, 기타 특별한 특성 등이 특수 교목 보호의 공통된 요소들이다. 중국 베이징은 건물보다 키가 크거나 100년이 넘은 모든 교목은 베이징경관정원연구원(Beijing Institute of Landscape and Gardening)의 통보와 베이징 임업국의 승인 없이 제거하는 것을 금지하고 있다(Profous 1992). 캘리포니아주 사우전드 오크스(Thousand Oaks) 지자체는 참나무류(*Quercus* spp.) 보호에 집중하고 있는 데 비해, 텍사스주 오스틴(Austin)은 둘레가 150 cm(60인치)를 넘는 모든 교목의 제거는 허가를 요구한다. 플로리다주 탬파(Tampa)는 "장대한(grand)" 교목을 보호하기 위해 수종과 크기 특성을 결합하고 있다. 예를 들어, 장대한 교목이 되기 위해서는 낙우송(*Taxodium distichum*)은 200점이 되어야 하는데; 둘레 2.5 cm(1인치)당 1점이 부여되고, 높이 0.3 m(1피트)당 1점이 부여되고, 평균 수관 폭 0.3 m(1피트)당 1점이 부여된다. 플로리다 주 새니벨 아일랜드(Sanibel Island)는 개발 구역 바깥의 모든 자생 식생을 보호하고 새로운 경관조성에는 자생 식물만 사용하도록 요구한다. 버지니아주 알렉산드리아(Alexandria)는 "유명한 역사적 사건과 관련이 있는 교목은 모두" 보호한다(Duerksen & Richman 1993). 시애틀시(2007)는 유산 교목 지정 프로그램을 도입했는데, 이 프로그램에 포함되기 위해서는 해당 교목 주인의 승인이 필요하다. 대상 교목은 다음 네 가지 범주 중 하나에 속해야 한다:

1. **표본(標本, specimen)**: 예외적인 크기, 수형 또는 희귀성이 있는 교목.
2. **역사성**: 해당 수목의 나이, 역사적 구조(structure)나 지구(district)와의 연관성이나 기여, 또는 유명한 사람이나 역사적인 사건과의 관련성 때문에 알려진 교목.
3. **랜드마크(landmark)**: 어떤 지역사회의 랜드마크인 교목.

4. 무리(collection): 작은 숲, 대로, 기타 식재지에 있는 교목들.

1947년 도시와 농촌 계획수립 법(Town and Country Planning Act)이 영국의 어메니티 교목을 보호하기 위한 과정과 규정을 처음 도입하였다. 지역 계획수립 기관은 동의 없이 제안된 교목에 대한 파괴적인 수단을 금지하기 위해 교목 보존 명령(TPO, Tree Preservation Order)을 내릴 수 있다(Department for Communities and Local Government 2000, 2009). TPO에 의해 보호를 받기 위해서는, 어메니티 교목은 "분명하고 상당한 어메니티 가치가 있어야 하고 합리적인 정도의 공공 편익을 유발해야 한다. 그리고 해당 교목은, 다른 예외적인 교목이 이 명령에 포함될 수 있지만, 도로나 보도 등과 같은 공적인 장소로부터 전체나 부분을 볼 수 있어야 한다"(O'Callaghan 1991).

희귀종과 생태계

희귀 및 멸종위기종과 이들의 서식지는 미국 법에 의해 확인되고 보호된다. 일부 주와 지방 정부는 지역적으로 멸종위기종과 생태계를 보호하도록 설계된 비슷한 법령을 가지고 있다. 플로리다주는 지자체가 "환경적으로 위험에 처한" 토지(EEL, environmentally endangered lands)의 보호를 위한 절차를 채택하는 것을 허락하는 법률을 통과시켰다. 1979년 플로리다 마이애미-데이드(Miami-Dade) 카운티는 맹그로브 숲, 활엽수 해먹과 교목섬(hardwood hammocks and tree islands), 송림지대(pineland), 습지, 사이프러스 숲을 포함하고 있는 지역을 보호하기 위한 조례를 만들었다.

EEL 프로그램에서, 마이애미-데이드 카운티에서 위험에 처한 토지를 2 ha(5에이커) 이상 소유하고 있는 사람들은 10년 동안 카운티와 자발적인 협약에 들어가게 되고 자신의 토지는 시장 가치가 아닌 현재 용도에 따라 세금을 납부하게 된다. 해당 투지 소유자는 계약 기간 동안 현재의 상태로 해당 토지를 유지해야 한다. 만약 해당 토지 소유자가 계약 조건을 위반하면, 유예된 모든 세금과 이에 적용 가능한 이자를 더한 금액을 카운티에 납부해야 한다. 1990년 이래 7,400 ha(18,350에이커)가 넘는 EEL이 추가되었다(Miami-Dade County 2013).

교목 학대

지자체들은 자신들의 교목 조례에 공공 교목의 유지관리와 전정을 규제하는 규정을 가지고 있고, 어떤 지자체는 개인 교목의 일부 또는 전부에 대한 처리를 규제한다. 금지된 행위(prohibited activity)에는 교목에 직접 또는 가까이에 유해 물질을 붓거나, 못, 나사, 기타 수목에 유해한 쇰쇠로 표지판을 붙이는 것 등이다. 교목 학대 조례(喬木虐待條例, tree abuse ordinance)는 가지터기(stub)를 남겨두는 전정, 제거되지 않을 교목에 등반 박차(拍車, spur)를 사용하는 것, 평절(平切, flush) 전정을 하는 것, 가지와 잎을 과도하게 제거하는 것, 교목을 두절(頭切, topping)하는 것과 같은 다양한 그릇된 교목 관리 관행을 다룰 수 있다. 교목 학대 조례는 일반적으로 가장 심각한 교목에 대한 학대로 두절에 초점을 맞춘다. 두절은 해당 교목 특히 성목의 크기를 급격하게 줄이기 위해 교목의 상단이나 주된 주지(主枝, leader)를 잘라내는 것이다. 절단은 일반적으로 마디 사이에서 일어난다. 이러한 관행은 해당 교목이 구조적으로 약한 수관으로 재성장하게 하고, 해당

그림 9-2 심각한 가뭄 때문에 수관의 줄기가 고사하면서 위험이 높아 제거되는 호주 캔버라에 있는 유칼리나무(*Eucalyptus* spp.). (사진: R. Hauer 제공.)

교목 속으로 엄청난 부후를 불러들인다. 시간이 지남에 따라 이들 교목은 지자체의 심각한 교목 위험이 되기 때문에, 이는 이러한 관행을 규제하는 빌미를 제공한다. 다른 모든 위험과 같이(**그림 9-2**), 교목 위험 관리는 안전에 대한 인지(perception of safety)와 수용 가능한 위험 수준의 설정을 필요로 한다(Hauer & Johnson 2003; Smiley 등 2011). 두절은 당년 생장을 제거함으로써 교목을 특정한 크기로 유지하기 위해 매년 전정을 하는 수용 가능한 관행인 두목작업(頭木作業, pollarding)과 혼동해서는 안 된다.

플로리다주 앨라추아(Alachua) 카운티는 모든 공공기관과 공익사업자들은 공공 교목과 개인 교목을 전정할 때 모두 교목 관리 작업에 관한 미국 국가표준원의 표준(American National Standards Institute standards for tree care operations)을 준수할 것을 요구한다(ANSI A300[Part 1]). 캘리포니아 주 사우전드 오크스(Thousand Oaks)는 참나무류(*Quercus* spp.)의 살아 있는 어떤 조직에 대해서도 전정하는 것을 금지하는 데 비해, 캘리포니아주 샌 후안 카피스트라노(San Juan Capistrano) 조례는 여행자 이용 상업지역(商業地域, commercial zone) 내 또는 경관 고속도로나 드라이브 길로부터 150 m(500피트) 이내의 주거지역에 사는 모든 사람들이 교목을 두절하는 것을 금지한다(Duerksen & Richman 1993; Swiecki & Bernhardt 2001). 영국에서 TPO에 의해 보호되고 있는 교목은 학대를 받지 않을 것이며, 학대를 하여 위반한 사람은 상당한 벌금을 물어야 한다(Department for Communities and Local Government 2000; O'Callaghan 1991).

공익시설 배치

상수도, 하수도, 가스, 전기, 전화, TV 케이블과 같은 공익시설의 지하 설치는 교목의 뿌리에 심각한 피해를 줄 수 있다. 전선과 배관은 일반적으로 공적 소유권(公的所有權, public ownership)이 있는 보도와 녹지대(綠地帶, tree lawn) 아래에 배치한다. 역사적으로 표준적이고 가장 비용이 덜 드는 설치 방법은 도랑을 판 후 되메우는 것인데, 이로 인해 교목의 뿌리가 절단된다. 이제는 반드시 이렇게 할 필요가 없다. 터널 뚫기(tunneling)가 노출된 도랑을 파지 않고 공익시설을 지하에 설치할 수 있는 하나의 대안이고, 이에 따라 교목 뿌리 피해를 최소화하게 된다. 터널 뚫기는 방향성(directional) 시추(試錐, boring) 또는 굴착(掘鑿, augering) 장비를 이용하여 수행한다. 에어

표 9-2 도랑 파기와 시추의 경제성 비교

교목 중요성 관련 항목	도랑파기	시추	차이
기본 사업비용	$ 320,000	$ 320,000	$ 0
시추 비용	$ 0	$ 32,000	$ −32,000
교목 고사율	44%	0%	44%
교목 제거 및 대체 비용	$ 29,000	$ 0	$ 29,000
실제 직접 사업비용	$ 349,000	$ 352,000	$ −3,000
교목 가치 손실	$ 137,000	$ 0	$ 137,000
시추로 인한 총 절감액			$ 134,000

출처: Morell 1984와 Watson 1995에서 전재.

나이프(air knife)나 에어스페이드(air spade) 같은 공기 굴착장비와 수작업 굴착도 교목 아래에 터널을 뚫는 데 사용될 수 있다. 역사적으로 터널을 뚫는 것은 도랑을 파는 것보다 비용이 더 많이 들어간다. 그러나 Kringer(2012)는 위스콘신주 밀워키에서 도랑을 파서 공익시설을 설치하는 것이 시추보다 더 많은 비용이 들었다고 보고했다. 많은 경우, 교목 가까이를 따라 도랑을 파면 쇠락이 시작되어 해당 작업이 있은 지 몇 년 후에 교목이 고사하는 경우가 빈번하다(Hauer 등 1994; Koeser 등 2013).

Morell(1984)은 일리노이주 파크 리지(Park Ridge)에서 녹지대에 급수간선(給水幹線, water main)을 위해 도랑을 굴착한 지 약 10년 후에 교목의 가지 마름(die-back)과 고사를 조사하였다. 한 빈의 실시에 교목의 44%가 고사하였고, 또 다른 설치로 25%를 잃었다. 도랑 파기가 처음에는 비용이 덜 드는 것처럼 보이지만, Morell(1984)과 Watson(1995)은, 도랑 파기에 의한 공사로 인해 고사된 교목을 제거하고 다시 식재하는 비용을 감안하면, 시추 방법의 총 공사비용이 도랑 파기와 비슷하다는 것을 발견하였다. 죽은 교목의 가치까지 감안하면 도랑 파기 비용이 시추보다 35%($134,000) 더 컸다(**표 9-2**).

일리노이주 북동부의 다른 시 임정관들과 함께, Morell(1984)은 굴착(터널 뚫기) 조례(augering/tunneling ordinance)를 위한 시방서(示方書, specification)를 개발했고, 이 결과 많은 지자체에서 채택했다. 이 조례는 최소 굴착 깊이를 0.6 m(2피트)로 설정하고 교목 가까이에서의 도랑파기를 금지시켰다(**표 9-3**, **그림 9-3**). 교목의 뿌리 반경은 공사 중에 피해를 받지 않도록 해당 교목으로부터 적절한 거리를 두고 설정하는 것으로 이를 통해 교목 보호 구역을 지정하는데 매우 중요하다(Johnson 등 2003). 활력이 떨어지고 나이가 들어감에 따라 최소 거리가 수간 직경 1 cm당 0.06 m × 0.18 m(1인치당 0.5피트 × 1.5피트)만큼 늘어난다(Harris 등 2004; Koeser 등 2013)(**그림 9-4**).

토지분할 규제

계획수립 조례는 오픈 스페이스와 공원 부지를 보전하는 것과 관련이 있기 때문에 제8장에

표 9-3 일리노이 북동부에서 개발된 굴착 조례 시방서

교목 직경(DBH)		교목 표면으로부터의 굴착 거리	
cm	인치	m	피트
0~5	0~2	0.3	1
8~10	3~4	0.6	2
13~23	5~9	1.5	5
25~36	10~14	3.0	10
38~48	15~19	3.7	12
48 초과	19 초과	4.6	15

출처: Morell 1984.

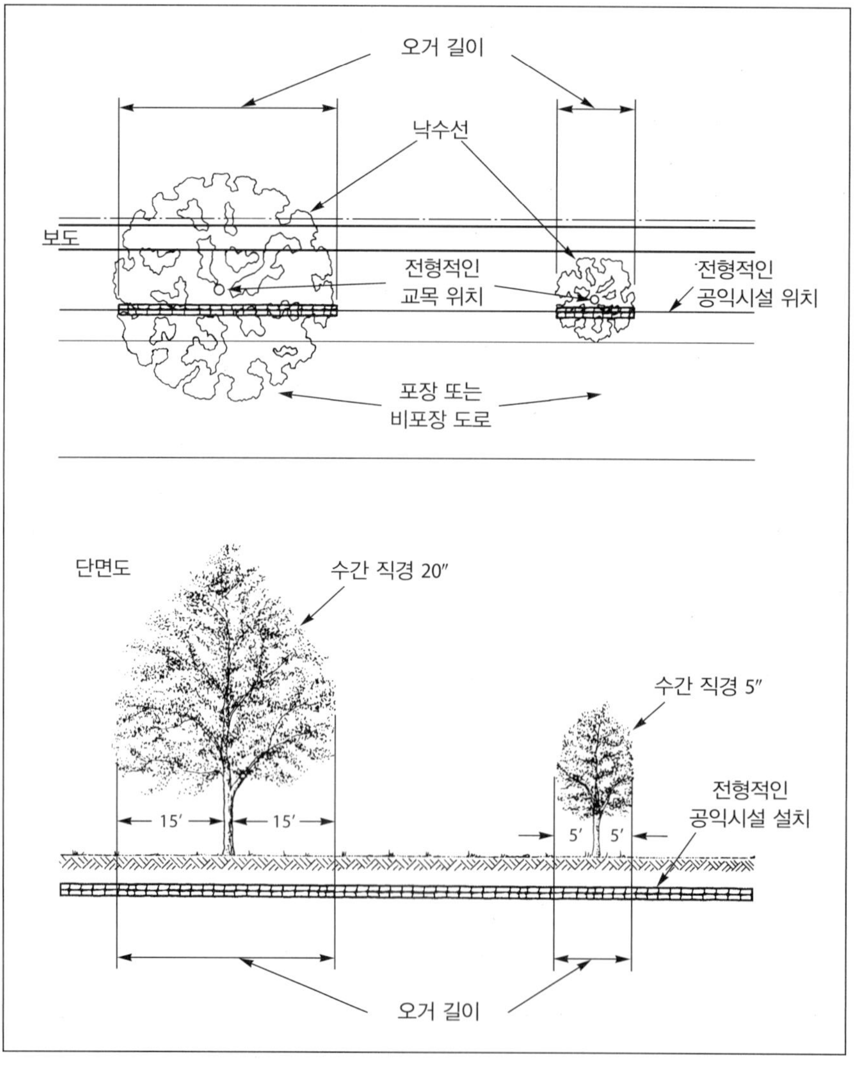

그림 9-3 북동부 일리노이 지자체에서 사용되는 공원도로 굴착 시방서(Morell 1984).

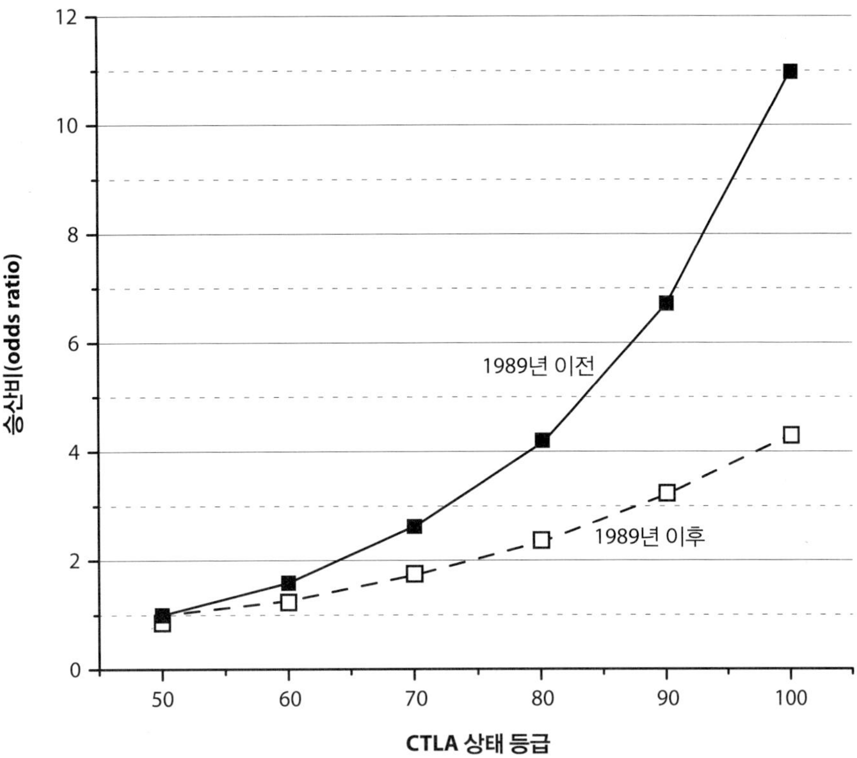

그림 9-4 1989년 이전과 1989년 이후의 CTLA 상태 등급에 따라 증가된 생존 승산(勝算, odds). 모든 값은 기본 수준인 50%와 비교하였다. (Elsevier의 허락을 받아 Koeser, A., R. Hauer, K. Norris, and R. Krouse. 2013. "Factors Influencing Long-Term Street Tree Survival in Milwaukee, WI, USA." *Urban Forestry & Urban Greening* 12(4).562–568에서 전재함.)

서 고찰하고 있다. 그러나 일부 용도지역조례(用途地域條例, zoning ordinance)와 분필 주례(分筆條例, subdivision ordinance)는 식생 보전과 경관 계획수립에 관한 조항이 포함되어 있다. 이제 많은 계층의 정부가 농경지, 습지, 기타 개발로부터 환경적으로 민감한 지역을 보호하도록 설계된 용도지역지구를 가지고 있다. 이들 조례는 전반적인 도시 녹지공간 계획에 중대한 기여를 할 수 있다.

수변(水邊, shoreline)과 관련된 식생은 일부 주에서 특별한 용도지역지구로 보호된다. 위스콘신주에 있는 지방정부는 수변 개발을 규제하는 데 있어서 최소한의 사항을 충족시킬 것을 요구받는다. 기타 요구사항 중에서, 이들 조례는 하수구를 설치하지 않은 필지에 대해 필지 최소 폭 30 m(100피트), 물로부터 22.5 m(75피트) 후퇴, 건축업자나 주택 소유자에 의한 수변 식생 30% 이상 제거 금지 등을 명시한다(Wisconsin Department of Natural Resources 2012). 위스콘신주 그린베이(Green Bay)시의 토지분할조례는 연못, 개울, 호수, 유동(流動, flowage), 습지 등을 따라 이러한 물에 대한 공중의 접근이 가능하도록 하고 개인 수변 소유자와 공공의 물 이용자 사이에 완충지대를 만들기 위해 적당한 면적을 유보하는 데 충분한 고려(due consideration)를 하도록 명시하고 있다.

수림지 보호

전체 수림지(樹林地, woodland)가 토지 개발에서 보호되는 경향이 점점 증가하고 있다. 일리노이주 레이크(Lake) 카운티는 부지의 성숙한 수림지 70%를 오픈 스페이스로 보호할 것을 요구한다. 성숙한 수림지는 0.2 ha(20,000제곱피트) 이상의 면적을 덮고 있고, 직경 40 cm(16인치) 이상 된 교목의 수관에 의해 적어도 50%가 피복되어 있거나 직경 40 cm(16인치) 개별 교목 5그루 이상으로 된 숲이 있어야 한다. 적어도 피복의 50%를 점유하고 있고 직경이 적어도 7.5 cm(3인치)에서 40 cm(16인치)에 이르는 어린 수림지도 오픈 스페이스로 보호된다(Duerksen & Richman 1993; Lake County Board 2010).

1985년부터 1990년까지 개발로 매년 4,000 ha(10,000에이커)의 수림지를 잃는다는 우려가 1991년 메릴랜드주로 하여금 숲 보전법(Forest Conservation Act)을 제정하도록 했다. 0.37 ha(40,000제곱피트) 이상의 토지 단위에 대해 정지작업을 하는 프로젝트는 이 법을 따르도록 요구하는데, 규정 중에는 토지 개발 중에 교목을 보존하거나 식재할 것을 요구한다(Galvin 등 2000). 이 법은 토지 이용과 숲 피복에 의해 규정된 여섯 가지 숲 보전 문턱값(FCT, forest conservation thresholds)을 설정하고 있다:

1. 농업/자원 지역 50% 숲
2. 중밀도 주거지 25% 숲
3. 제도적 개발 20% 숲
4. 고밀도 주거지 20% 숲
5. 다목적용/계획된 개발 15% 숲
6. 상업 및 산업용 15% 숲

이들 적용되는 FCT를 초과하는 지역은 제거되는 면적 0.4 ha(1에이커)당 0.1 ha(0.25에이커)를 식재해야 하고, 적용되는 FCT 이하의 지역은 제거되는 면적 0.4 ha(1에이커)당 0.8 ha(2에이커)를 식재해야 한다. 추가적으로, 농업/자원 지역과 산림피복이 20% 미만인 중밀도 주거지는 개발될 때 해당 지역 면적의 20%까지 조림을 해야 한다. 다른 토지이용 지역은 개발될 때 교목 피복률 15%까지 조림해야 한다(Piotrowski 1991). 메릴랜드주 프린스조지(Prince George) 카운티는 개발 밀도에 연계된 수림지 보존 조례를 이용한다. 저밀도 주거지는 50%까지, 중밀도는 20%까지, 고밀도는 10%까지의 수림지 보존을 요구한다. 조지아주 풀턴(Fulton) 카운티는 주택 개발을 할 때 ha당 8 "단위(單位, unit)"(에이커당 20단위)의 교목을 요구한다. 대교목(大喬木, large tree)은 소교목(小喬木, small tree)보다 높은 단위 가치가 부여된다. 만약 개발업자가 기존 교목의 보존을 통해 최소 요구 수준을 충족시키지 못하면, 이를 준수하기 위해 교목을 식재해야 한다(Duerksen & Richman 1993; Fulton County 2003).

독일의 연방자연보존법(Federal Nature Conservation Act)은 제8장에서 토지이용 계획수립에 적용하는 것에 관해 고찰하였다. 이 법은 자연 보존 지역, 경관 보호 지역, 생물권보전지역(生物圈保全地域, biosphere reserve), 국립공원, 자연공원 등을 지정함으로써 식생 보호를 가능하게 한다(Heugel 등 2010). 영국에서는, 지정된 보존지역에 있는 교목은 보호되는데, 이들은 특정한 구조적 또는 역사적 의미를 가진 것으로 정의되며, 여기에는 이 지역에 있는 직경이 15 cm(6인치)를 초과하는 교목이 포함된다. 보호되는 모든 교목은 제거되거나 어떤 식으로 변경되기 전에 지역 계획수립 기관으로부터 허가를 받아야 한다(Department for Communities and Local Government 2000; O'Callaghan 1991).

통로

고속도로와 강 통로(通路, corridor)를 따라 생장하는 식생도 조례에 의해 보호될 수 있다. 텍사스주 오스틴(Austin)은 구릉지대(丘陵地帶, hill country)의 도로로부터 30.5 m(100피트) 이내의 식생 제거를 금지하는 구릉지대 조례(Hill Country Ordinance)를 제정했는데, 예외가 인정되는 경우는 부지와 공익시설에 접근하는 경우와 완충지대가 인접 부지의 20%를 초과하는 경우이다. 조지아주 풀턴 카운티는 채터후치강(Chattahoochee River)과 이 강 지류의 제방으로부터 10.7 m(35피트) 이내의 모든 교목을 보호할 것을 요구한다(Duerksen & Richman 1993; Fulton County 2003).

경관 조례

일부 지자체는 개발업자와 건축업자에게 특정한 경관 요구사항을 가지고 있다. 일리노이주 알링턴 하이츠(Arlington Heights)는 지역 내 모든 공사에 대해 경관 계획(景觀計劃, landscape plan)을 제출할 것을 요구한다. 이 계획은 건축허가서가 발급되기 전에 계획/지역사회개발국(Planning & Community Development Department)에 의해 검토되고 승인되어야 한다(Page 1983; Village of Arlington Heights 1991). 일리노이주 레이크 포레스트(Lake Forest)의 교목 보존과 조경 조례는 한 그루가 DBH 20 cm(8인치) 이상인 경우 또는 DBH 10 cm(4인치) 이상으로 6그루 이상이 군집을 이루는 기존 교목이 있는 부지에 대한 분할과 계획된 개발에서는 교목 조사를 해야 한다. 이 조사는 각 교목의 위치, 크기, 수종, 상태를 기록해야 한다. 또한 이 조례는 제거될 교목을 표시해야 하고, 해당 분할에 새로이 식재될 모든 식물 재료의 위치를 계획에 표시할 것을 요구한다. 필지 분할자(subdivider)는 시의 시방서에 따라 가로수를 식재해야 한다(City of Lake Forest 2010; Robson 1983). 이 시는 개인 소유자의 재산권과 전반적인 지역사회의 건강, 안전, 복지 등의 이해관계 사이의 균형을 확보할 수 있도록 교목 보존 조례를 개발했다.

일리노이주 시카고시는 새로운 건물이 건설되거나, 오래된 건물이 증축 또는 개축(改築, rehabilitation)되거나, 4대 이상의 주차장이 건설되거나 개축되는 경우, 가로수를 심을 것을 요구한다. 직선의 가로 정면 7.6 m(25피트)당 6 cm(2.5인치)의 녹음수 1그루를 식재해야 한다. 단독 가구와 2가구 및 3가구 주택은, 녹지대 폭이 2.7 m(9피트)인 가로와 마찬가지로, 이 조례의 예외가 된다(City of Chicago 2000).

차폐 조례

차폐 조례(遮蔽條例, screening ordinance)는 주로 노외 주차(路外駐車, off-street parking)에 적용된다. 이 조례는 일반적으로 주차장 둘레에 구조적 및/또는 식생 차폐에 대한 표준을 설정하고, 주차장 내 식생 섬(island of vegetation)의 조성을 요구할 수도 있다. 차폐 조례는 일반적으로 단독과 2가구 거주 단위 구역을 제외한 모든 토지이용 범주의 노외 주차에 적용된다. 규제되는 대상(예, 주차장, 짐 싣는 곳, 폐기물 저장소)을 차폐하는 데 중요한 요소는 미학이고, 이는 식재, 흙더미, 구조적인 벽, 규제되는 대상의 허용 가능한 물리적인 크기 등을 통해 달성된다(Wolf 2004). 많은 전통적인 법규들이 완충, 차폐, 주변 식재; 주차장 내부 조경; 식생량; 다양한 경관 요구를 통해 규제하고 있다. Wolf(2004)는 이러한 유형의 법규를 준수하기 위한 혁신적인 방법 몇 가지를 제안하고 있는데, 이들은 주차 수요와 주차 공간 수의 평가; 주차장의 탄력적인 외형 허용; 교목 보존과 유지의 통합; 수관 피복과 그늘의 고려; 식재 시방서 바로잡기; 구축 환경(構築環境, built environment)을 쾌적하게 만들고 이를 자연계(自然界, natural world)와 조화를 이루도록 빗물 관리를 통합하는 것 등이다.

일리노이주의 파크 리지(Park Ridge) 조례는 10대 이상의 주차 공간을 가진 주차장은 "각 가장자리와 이계선(裏界線, rear lot line)을 따라 높이 1.2 m(4피트) 이상의 울타리나 벽과 함께 최소 폭 1.2 m(4피트)의 식재 띠"로 차폐할 것을 요구한다. 포장 면적 560 m^2(6,000제곱피트)까지 140 m^2(1,500제곱피트)당 직경이 최소 7.5 cm(3인치)인 교목 1그루를 주차장 내에 식재해야 한다. 최초 560 m^2(6,000제곱피트)를 초과하면 추가되는 280 m^2(3,000제곱피트)마다 비슷한 크기

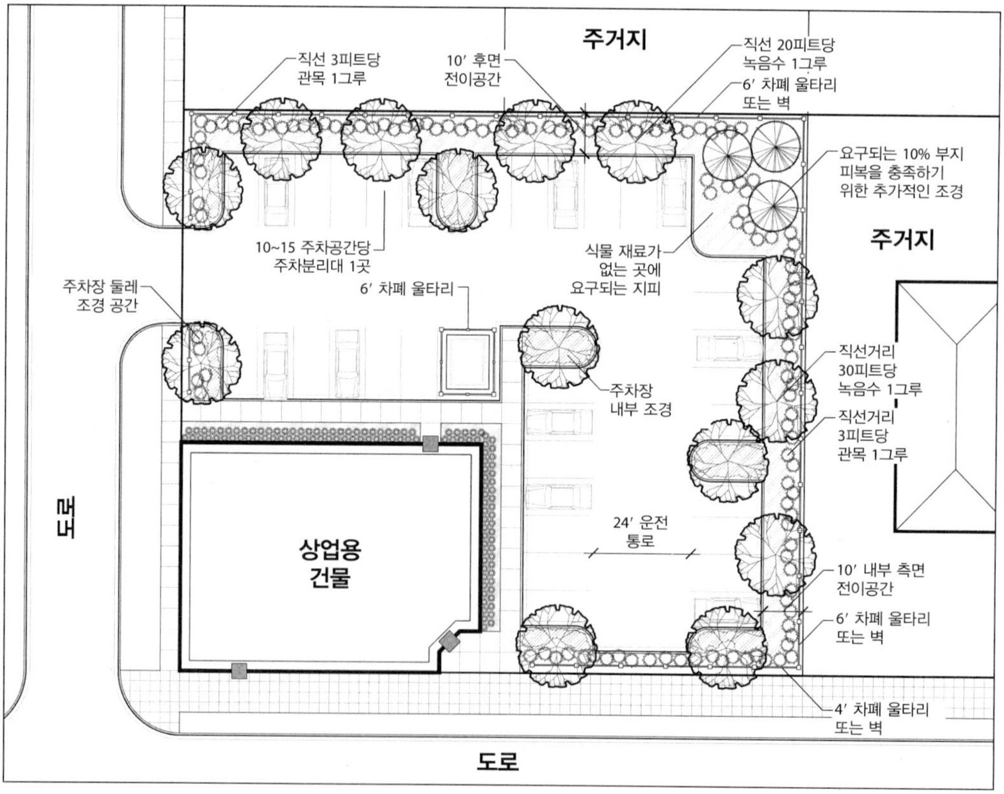

그림 9-5 일리노이주 파크 리지(Park Ridge)시에 적용되는 조경과 차폐 요구사항(City of Park Ridge, 일자 미상).

의 교목을 식재해야 한다. 건축업자는 시 임정관의 허가를 받기 위해 식재된 교목 수종과 지피(地皮, ground cover)를 기술한 계획을 제출해야 한다. 이후 부동산 소유자는 울타리와 식생을 유지관리 해야 하고, 건축업자의 보증기간 이후 죽은 교목을 대체할 의무를 진다(City of Park Ridge, 일자 미상; Morell 1983). 쓰레기 처리/저장 지역, 짐 싣는 곳, 야외 저장 및 전시장, 드라이브 스루(drive through)에 대해서는 추가적인 차폐 요구가 적용될 수 있다(**그림 9-5**).

미네소타주 브레이너드(Brainerd)시는 비슷한 주차장 차폐 요구사항을 가지고 있고, 추가로 특정한 용도지역 지구 사이에 차폐를 요구한다. 이 조례는 경관 차폐의 유형을 기술하고 지정된 토지이용 사이에 어떤 유형이 사용되어야 하는가를 권고한다. 부록 D에 브레이너드시의 조례 전문이 실려 있다.

에너지 절약

제4, 7, 8장에서 도시 교목, 숲, 기타 식물이 겨울에 풍속을 낮추고 여름에 도시 열섬(heat island)을 완화시킴으로써 에너지를 절감하는 데 기여하고 있다는 것을 고찰하였다(**그림 9-6**). Patterson(1992)은 이러한 식생들이 도시 열섬 효과를 감소시키는 것과 관련이 있기 때문에 교목조례를 개정하여 에너지 절감 조항을 포함시킬 것을 제안한다. 일리노이주 파크 리지시는 "식물재료의 배치는 해당 개발의 에너지 소비 요구를 감소시킬 수 있도록 설계되어야 한다. 또한 조경

그림 9-6 매사추세츠주 보스턴의 광장에서 도시 열섬을 완화시키기 위해 햇빛을 반사하여 지표면이 더워지는 것을 감소시키도록 밝은색 지표면을 사용한다. (사진: R. Hauer 제공.)

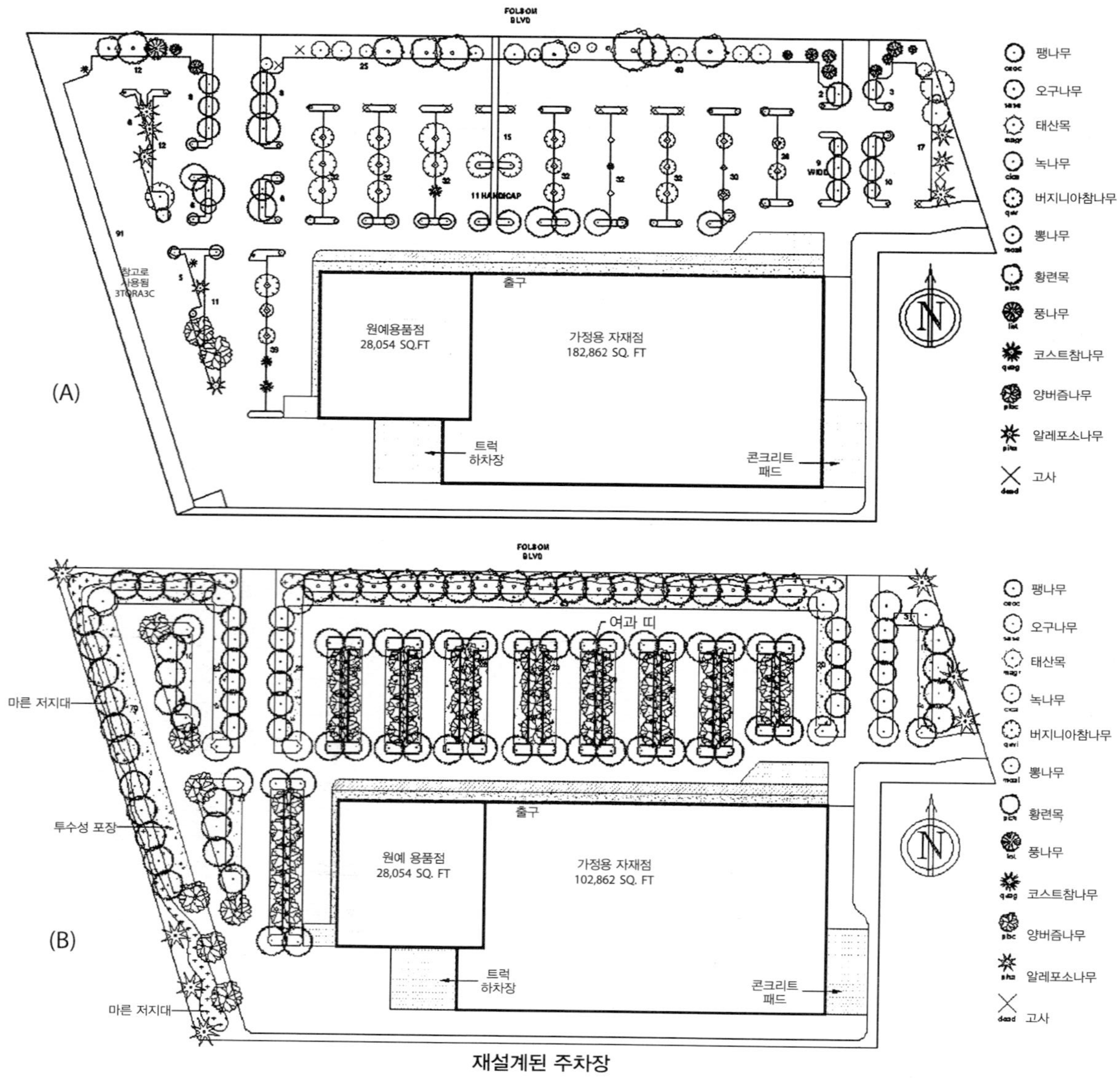

그림 9-7 (A) 현재의 주차장 설계 계획. (B) 계획된 그늘을 58%로 높이기 위해 개발된 주차장 재설계 계획. (Elsevier의 허락을 얻어 McPherson, E.G. 2001. "Sacramento's Parking Lot Shading Ordinance: Environmental and Economic Costs of Compliance." *Landscape and Urban Planning* 57(2):105–123에서 전재함.)

설계는 LEED(Leadership in Energy and Environmental Design) 정책과 설계 표준을 고려하고 실행하기 위한 노력을 기울여야 한다"라고 요구하고, 나아가 이러한 목표를 달성하기 위한 일부 지침도 제공한다(City of Park Ridge, 일자 미상). 이러한 규정들은 민간 부동산 소유자들로 하여금 창문, 냉난방 장치, 지붕, 벽, 기타 핵심 지역이 그늘지도록 교목을 식재하는 것을 장려할 수 있다.

주차장과 다른 포장된 지표면에 대한 교목 수관 피복 요구는 열 축적(熱蓄積, heat buildup)과 지역사회 에너지 비용을 절감시킬 것이다(McPherson 2001). 캘리포니아주 새크라멘토(Sacramento)는 주차장이 개발된 후 15년 이내에 포장된 면적의 50%가 그늘지도록 할 것을 요구한다. McPherson(2001)은 이 요구사항을 충족시키기 위해 새크라멘토에서 사용되고 있는 이 관행에 대한 점검을 실시했는데, 결과는 그늘진 면적이 포장 면적의 27%에 불과할 것이라고 예측하였다. 50% 목표를 달성하기 위해 McPherson이 제안한 방법은 다음과 같다: 제안된 교목으로부터 잠재적인 그늘을 정확하게 반영하기 위한 계획을 승인할 때에는 더욱 세심한 검토가 필요하고, 교목의 정확한 선정과 이용을 강화하기 위해 부지 평가를 수행하고, 교목 생장을 지원하는 토양 용량을 증대시키도록 주차 공간을 재설계하고, 식재 후의 교목 관리를 강화해야 한다(**그림 9-7**). 이에 따라 새크라멘토시(2003)는 주차장 소유자가 50% 녹음 요구를 달성하는 데 도움을 주기 위해 식재, 유지관리, 보호, 제거된 교목의 대체에 관한 표준과 지침을 제공하고 있다.

개발업자는 토지를 개발할 때 구체적인 양의 피복을 유지할 것과, 밝은색의 건축 자재를 사용할 것과, 에너지 절감이 극대화되도록 교목을 식재할 것 등을 요구받을 수 있다. 경관과 개발 계획 승인은 부분적으로 에너지 절감을 최적화하는 데 기반을 둔다. 시 도로에 대한 교목 식재는 지상과 지하에 적합한 공간이 존재하는 경우 성목의 수관이 넓은 교목을 사용하는 것이 좋다. 또한 에너지 절감 조례는 교목과 기타 식생이 집열기(集熱器, solar collector)에 그늘을 지움으로써 에너지 절감에 역행할 수 있다는 사실을 인식해야 한다. 일조권 규정은 에너지 절감 조례의 필요한 부분이다.

인용 문헌

Bloomfield Township, Michigan. 2003. Emerald Ash Borer Resolution (http://www.bloomfieldtwp.org/services/Clerk/Ordinances/EmeraldAshBorerResolution.asp).

Cappiella, K., T. Schueler, & T. Wright. 2005 *Urban Watershed Forestry Manual Part 1: Methods for Increasing Forest Cover in a Watershed* (NA-TP 04-05). Newtown Square, PA: USDA Forest Service, Northeastern Area, State and Private Forestry.

City of Chicago. 2000. Guide to the Chicago Landscape Ordinance. Chicago, Illinois.

City of Highland Park. 2010. City of Highland Park Urban Forest Master Plan. Highland Park, Illinois.

City of Lake Forest. 2010. Tree Preservation and Landscaping Ordinance. Code of Ordinances, Chapter 42: Trees. Lake Forest, Illinois.

City of Park Ridge. n.d. Zoning Ordinance. Section 13. Landscaping and Screening. Park Ridge, Illinois.

City of Sacramento. 2003. Parking Lot Tree Shading Design and Maintenance Guidelines. Sacramento, California.

City of Seattle. 2007. Urban Forest Management Plan. Seattle, Washington.

Department for Communities and Local Government. 2000. Tree Preservation Orders: A Guide to the Law and Good Practice. Bressenden Place, London: Department for Communities and Local Government.

Department for Communities and Local Government. 2009, May. Tree Preservation Orders: A Guide to the Law and Good Practice. Addendum. Bressenden Place, London: Department for Communities and Local Government.

Despot, D., & H. Gerhold. 2003. "Preserving Trees in Construction Projects: Identifying Incentives and Barriers." *Journal of Arboriculture* 29(5):267–280.

Dickerson, S. D., J. W. Groninger, & J. C. Mangun. 2001. "Influences of Community Characteristics on Municipal Tree Ordinances in Illinois, U.S." *Journal of Arboriculture* 27(6):318–325.

Duerksen, C. J., & S. Richman. 1993. *Tree Conservation Ordinances* (Rep. No. 446). Chicago: American Planning Association.

Florida Division of Forestry. 2010. *Wildfire Risk Reduction in Florida: Home, Neighborhood, and Community Best Practices.* Tallahassee: Florida Department of Agriculture and Consumer Services, Division of Forestry.

Fulton County. 2003. Fulton County Tree Preservation Ordinance and Administrative Guidelines. Fulton County, Georgia (http://fultoncountyga.gov/fcpcsd-permits-a-plan-review/ordinances-a-regulations-ecd).

Galvin, M. F. 2006. "Certain Characteristics of Unlicensed Tree Expert Companies Advertising in Maryland, U.S." *Arboriculture & Urban Forestry* 32(6):271–276.

Galvin, M. F., & P. Becker. 1998. "A Survey of Licensed Tree Experts in Maryland." *Journal of Arboriculture* 24(1):35–41.

Galvin, M. F., B. Wilson, & M. Honeczy. 2000. "Maryland's Forest Conservation Act: A Process for Urban Greenspace Protection During the Development Process." *Journal of Arboriculture* 26(5):275–280.

Gerhold, H. D., & S. A. Frank. 2002. *Our Heritage of Community Trees.* Mechanicsburg: Pennsylvania Urban and Community Forestry Council.

Grey, G. W. 1978. "Tree Ordinances and Related Policy." In Proceedings, National Urban Forestry Conference (ESF Pub. 80-003, pp. 627–631). Syracuse, NY: SUNY.

Grey, G. W. 1996. *The Urban Forest: Comprehensive Management.* New York: John Wiley and Sons.

Harris, R. W., J. R. Clark, & N. P. Matheny. 2004. *Arboriculture: Integrated Management of Landscape Trees, Shrubs, and Vines* (4th ed.). Upper Saddle River, NJ: Prentice Hall.

Hauer, R. J., & G. R. Johnson. 2003. "Tree Risk Management." In J. Pokorny (ed.), *Urban Tree Risk Management: A Community Guide to Program Design and Implementation* (NA-TP-03-03, pp. 5–10). St. Paul, MN: USDA Forest Service.

Hauer, R. J., R. W. Miller, & D. M. Ouimet. 1994. "Street Tree Decline and Construction Damage." *Journal of Arboriculture* 20(2):94–97.

Hauer, R. J., C. J. Widstrand, & R. W. Miller. 2008. "Advancement in State Government Involvement in Urban and Community Forestry in the 50 United States: Changes in Program Status from 1986 to 2002." *Arboriculture & Urban Forestry* 34(1):5–12.

Heugel, M., J. Hügel, S. Lütkes, J. Schulz, & M. Wilke. 2010. New Federal Nature Conservation Act. Berlin, Germany: Federal Ministry for the Environment, Nature Conservation and Nuclear Safety.

Johnson, G. R., R. J. Hauer, & J. D. Pokorny. 2003. "Prevention of Hazardous Tree Defects." In J. Pokorny (ed.), *Urban Tree Risk Management: A Community Guide to Program Design and Implementation* (NA-TP-03-03, pp. 117–142). St. Paul, MN: USDA Forest Service.

Koeser, A., R. Hauer, K. Norris, & R. Krouse. 2013. "Factors Influencing Long-Term Street Tree Survival in Milwaukee, WI, USA." *Urban Forestry & Urban Greening* 12(4):562–568.

Kringer, J. 2012, March 21. Personal communication. Roseville, Minnesota.

Kuhns, M. R., B. Lee, & D. K. Reiter. 2005. "Characteristics of Urban Forestry Programs in

Utah, U.S." *Journal of Arboriculture* 31(6):285–295.

Lake County Board. 2010. Unified Development Ordinance. Lake County, Illinois.

McPherson, E. G. 2001. "Sacramento's Parking Lot Shading Ordinance: Environmental and Economic Costs of Compliance." *Landscape and Urban Planning* 57(2):105–123.

Miami–Dade County. 2013, July. Environmentally Endangered Lands Program. Miami–Dade County, Florida

Morell, J. D. 1983. "Municipal Ordinances' Relation to Trees: Screening and Landscape Ordinance." *Journal of Arboriculture* 9(5):120–136.

Morell, J. D. 1984. "Parkway Tree Augering Specifications." *Journal of Arboriculture* 10(5):129–132.

Nassauer, J. I. 2011. "Care and Stewardship: From Home to Planet." *Landscape and Urban Planning* 100(4):321–323.

Nassauer, J. I., Z. Wang, & E. Dayrell. 2009. "What Will the Neighbors Think? Cultural Norms and Ecological Design." *Landscape and Urban Planning* 92(3–4):282–292.

Nosse, R. A. 1982. "Is Management Recognizing That the Urban Forest Can Be a Pest?" In B. O. Parks, F. A. Fear, M. T. Lambur, and G. A. Simmons (eds.), Proceedings, Urban and Suburban Trees: Pest Problems, Needs, Prospects, and Solutions (pp. 241–244). East Lansing: Michigan State University.

O'Callaghan, D. P. 1991. "Legal Protection for Trees in Britain and Ireland." *Journal of Arboriculture* 17(11):306–312.

Page, E. 1983. "Municipal Ordinances' Relation to Trees: The Tree Ordinance in Arlington Heights." *Journal of Arboriculture* 9(5):128–136.

Patterson, F. 1992. "Ordinances." In L. Akbari, S. Davis, S. Dorsano, J. Huang, and S. Winnett (eds.), *Cooling Our Communities: A Guidebook on Tree Planting and Light-Colored Surfacing* (pp. 111–128). Washington, DC: US Environmental Protection Agency.

Perry, T. O. 1978. "Constraints to the Effectiveness of Urban Forestry Programs." In Proceedings, National Urban Forestry Conference (ESF Pub. 80-003, pp. 652–660). Syracuse, NY: SUNY.

Piotrowski, G. 1991. "Maryland's Forest Conservation Act of 1991." In Proceedings, Fifth National Urban Forestry Conference (pp. 114–117). Washington, DC: American Forestry Association.

Profous, G. V. 1992. "Trees and Urban Forestry in Beijing, China." *Journal of Arboriculture* 18(3):145–153.

Rappaport, B., & B. Horn. 1998. "Weeding Out Bad Vegetation Control Ordinances." *Restoration and Management Notes* 16(1):51–58.

Ricard, R. M. 2005. "Shade Trees and Tree Wardens: Revising the History of Urban Forestry." *Journal of Forestry* 103(5):230–233.

Ries, P. D., A. S. Reed, & S. J. Kresse. 2007. "The Impact of Statewide Urban Forestry Programs: A Survey of Cities in Oregon, U.S." *Arboriculture & Urban Forestry* 33(3):168–175.

Rines, D., B. Kane, H. D. Ryan, & D. B. Kittredge. 2010. "Urban Forestry Priorities of Massachusetts (USA) Tree Wardens." *Urban Forestry & Urban Greening* 9(4):295–301.

Robson, H. 1983. "Municipal Ordinances; Relation to Trees: Tree Preservation." *Journal of Arboriculture* 9(5):128–136.

Ryan, M. 2012. "Qualifications, Certifications, and International Recognition of Credentials." *Arborist News* 21(4):11–12.

Schroeder, H. W., T. L. Green, & T. J. Howe. 2003. "Community Tree Programs in Illinois, U.S.: A Statewide Survey and Assessment." *Journal of Arboriculture* 29(4):218–225.

Smiley, E. T., N. Matheny, & S. Lilly. 2011. *Tree Risk Assessment*. Champaign, IL: International Society of Arboriculture.

Stevenson, T. R., H. D. Gerhold, & W. F. Elmendorf. 2008. "Attitudes of Municipal Officials Toward Street Tree Programs in Pennsylvania, U.S." *Arboriculture & Urban Forestry*

34(3):144–151.

Swiecki, T. J., & E. A. Bernhardt. 2001. *Guidelines for Developing and Evaluating Tree Ordinances.* Champaign, IL: International Society of Arboriculture.

VanNatta, A. R., R. H. Hauer, & N. M. Schuettpelz. 2012. "Economic Analysis of Emerald Ash Borer (Coleoptera: Buprestidae) Management Options." *Journal of Economic Entomology* 105(1):196–206.

Village of Arlington Heights. 1991. Requirements for Landscape Approval. Arlington Heights, Illinois.

Watson, G. W. 1995. "Tree Root Damage from Utility Trenching." In G. W. Watson and D. Neely (eds.), *Trees & Building Sites.* Proceedings of an International Conference Held in the Interest of Developing a Scientific Basis for Managing Trees in Proximity to Buildings (pp. 33–41). Savoy, IL: International Society of Arboriculture.

Weber, C. C. 1982. "Developing a Successful Urban Tree Ordinance." In Proceedings, Second National Urban Forestry Conference (pp. 227–232). Washington, DC: American Forestry Association.

Widrlechner, M. 1981. "Legal Controls for Undesirable Vegetation." *Journal of Arboriculture* 7(6):145–151.

Wisconsin Department of Natural Resources. 2012, July. Chapter NR 115, Wisconsin's Shoreland Protection Program. Wisconsin Administrative Register No. 678.

Wolf, K. 2004. *Trees, Parking and Green Law: Strategies for Sustainability.* Stone Mountain: Georgia Forestry Commission, Urban and Community Forestry.

Zhang, Y., B. Zheng, B. Allen, N. Letson, & J. L. Sibley. 2009. "Tree Ordinances as Public Policy and Participation Tools: Development in Alabama." *Arboriculture & Urban Forestry* 35(3):165–171.

제10장

도시 숲 관리:
가로수 계획수립

플로리다주 마이애미비치

지자체 임업 프로그램(municipal forestry program)은 이들의 책임 관점에서 매우 다양하다. 이들 책임에는 지자체 가로수(街路樹, street tree) 관리, 공원과 그린벨트 식생의 관리, 공공 안전과 복지를 도모하기 위해 개인 식생을 규제하는 것 등이 있다. 대부분의 지자체 임업 프로그램은 공공 통행로에 식재된 가로수 관리를 이들의 주된 책임으로 하고 있다. Tschanta & Sacamano(1994)가 실시한 미국의 지자체 임업 프로그램에 대한 조사에 의하면, 교목 관리 활동을 위해 배정된 재원의 57%가 가로수를 위해 쓰였고, 나머지 교목 관리 재원의 대부분은 공원 교목과 기타 공공 운동장에 있는 교목에 사용되었다.

지자체 임업과 관련된 중요한 책임은, 특히 도로를 따라 적합한 교목 식재 위치를 확인하는 것이다. 많은 용어가 가로수의 위치를 나타내기 위해 흔히 사용되고 있는데, 가장 많이 사용하는 용어가 tree lawn, lawn extension, tree terrace, planting strips, boulevard 등이다. 미국에서는, 이들 토지의 띠(strip)는 주로 보도와 가로 사이에 놓여 있지만, 때로는 보도와 개인 부지 사이 또는 차선(車線, traffic lane) 사이 중앙분리대(中央分離帶, median strip)에 위치하고 있다(**그림 10-1**). 많은 도시에서 보도와 가로 사이에 있는 토지 띠의 초기 기능은 비포장 도로, 가끔은 진흙 길로부터 보행자를 보호하기 위한 완충지대를 제공하는 것이었다. 나중에 인접한 부동한 주인이나 시 당국에 의해 교목이 추가되었고, 이들이 공공 통행로에 위치함으로써 시 정부가 종종 이들 교목에 대한 책임을 지기도 했다. 가로가 포장되기 시작한지 오랜 시간이 지났지만, 이들 띠는 여전히 추운 지방에서는 눈을 치우기 위해, 교목이 식재되었을 때의 이들의 미적인 가치 때문에, 그리고 지상과 지하 공익시설을 설치하기 위한 장소로서 필수적이라고 생각되고 있다. 최근에는 가로 식재 띠(street terrace)와 교목이 폭우로 인한 빗물을 완화시키는 효과를 제공하는 중요한 요소가 되었다.

1990년 Kielbaso & Cotrone은 미국의 도시 임업 프로그램 상황을 확인하기 위해 320개 시를 표본으로 추출하였다. 그 당시, 이들의 조사에 의하면 미국에는 6천만 그루의 가로수가 있는

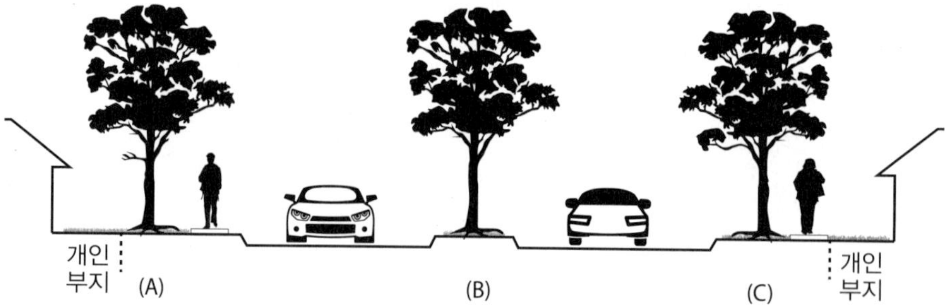

그림 10-1 공공 통행로에 위치한 교목들. (A) 보도와 개인 부지 사이. (B) 중앙 분리대 안. (C) 보차도경계석과 보도 사이.

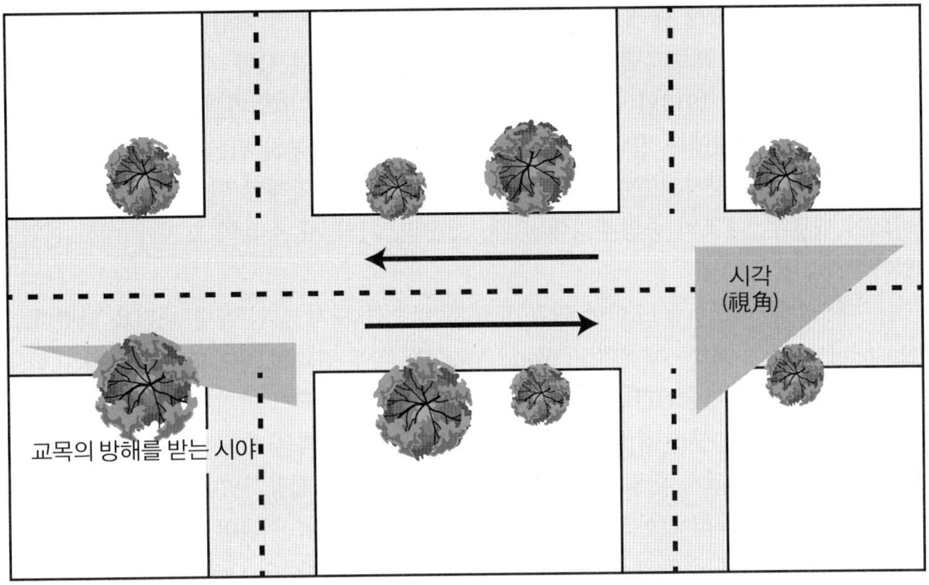

그림 10-2 가로수의 배치와 간격은 도로 교차로에서의 시계에 영향을 미칠 수 있다.

것으로 나타났고, 이는 1마일(1.6 km)당 평균 102그루에 해당하였다. Kielbaso & Cotrone 연구의 의도하지 않았던 결과는 아마 지자체 내에 잠재적인 가로수 수에 대한 최초의 추정을 제공함으로써 도시 임업 계획수립가가 늘어난 도로 거리를 어떻게 활용할 것인가를 보여주는 것이었다. 예를 들면, 보통 시의 가로변 교목 사이 간격은 12에서 15 m(40에서 50피트)이다. 포장된 도로 1마일을 교목 재식 간격으로 나누면, 도로 양쪽이 완벽하게 식재된다고 가정하면, 마일당 341~425그루(km당 212~264그루)가 된다. 그러나 일반적으로 교차로와 진입도로에서의 적절한 시계 통로(視界通路, visibility corridor)를 제공하기 위해서는 포장된 도로 마일당 가로수 수량이 더 줄어들 수밖에 없다(**그림 10-2**). 또한 관련된 기반시설(공익시설)과 인접 부지와의 충돌, 단순히 교목을 식재할 공간이 없는 가로로 인해 교목이 식재될 수 없는 녹지대 내 부지가 있다.

이러한 요소를 감안하면, 미네소타주 미니아폴리스(Minneapolis)시는 1,600 km(1,078마일)의 도로에 198,600그루, 마일당 184그루의 가로수를 식재함으로써 완벽 식재(full stocking)에 근접하고 있는 것으로 보인다(Sievert 2011). 따라서 지자체의 가로수 완벽 식재는 가로 마일당 약 140에서 180그루(km당 87~112그루)가 될 가능성이 높다. 관찰된 값의 범위는 대개 식재되는 교목의 성목 크기와 이로 인해 필수적으로 요구되는 간격, 교통 통로의 물리적인 설계, 그리고 관련된 개발에 의해 결정된다.

도시 임업 프로그램의 부침

미국의 지자체 임업 프로그램은 19세기 말에서 20세기 초까지의 도시 미화(city beautification) 시대 이후 많은 도시에서 성행하였다. 주택 필지의 크기는 작았고, 많은 사람들이 아파트에 살았으며, 교목을 식재할 수 있는 몇 안 되는 장소 중 하나가 녹지대(綠地帶, tree lawn)였다. 지자체는 자신들의 모습에 대해 스스로 자부심을 가졌는데, 이의 핵심적인 속성이 가로수 개체 수였다. 지자체의 임업 프로그램은 20세기 전반기 동안 공중의 강한 지지를 받았다. 예를 들면, 위스콘신주 밀워키시는 1918년 공원국장 관할 아래에 첫 도시 임업가를 지명하였고, 1년 후에 법률이 통과되었고, 1937년에는 밀워키의 공원 시스템이 카운티 공원 위원회(County Park Commission)로 이관되었다. 공공사업(公共事業, public work) 행정관 아래에 임업국(Bureau of Forestry)이 설치되어 가로수, 대로의 중앙분리대 식재, 소공원, 기타 시 소유의 토지에 대한 관할권이 부여되었다.

대도시와 소도시를 포함한 많은 도시가 비슷한 도시 임업 개발 패턴을 따랐다. 그러나 Bartenstein(1982)은 제2차 세계대전(World War II) 후에 결과적으로 도시 임업에 대한 지지를 희석시키는 두 사건을 기술한다. 에어컨(air conditioning)은 도시 미기후(微氣候, microclimate)를 조절하는 교목의 중요성을 감소시켰고, 자동차는 도시 거주자들에게 개인적인 녹색공간을 제공하는 넓은 택지가 있는 교외 환경으로 탈출할 수 있는 수단을 제공하였다. 도시 교목 군집을 약화시키는 데 기여한 또 다른 활동으로는 도시 재개발, 도로 확장, 주택의 부재 소유(不在所有, absentee ownership), 지자체 정부의 안전에 관한 염려, 느릅나무시듦병(*Ophiostoma ulmi*)과 같은 전염병 등이 있다. 많은 지자체 관리들은 가로수를 자산(資産, asset)이 아닌 부채(負債, liability)라는 인식이 더 강하게 되었다.

도시 교목 프로그램 문제를 더욱 복잡하게 만든 것은, 많은 지자체의 새로운 분할에서 주택 필지는 더 커졌음에도 불구하고 가로수를 위한 공간은 더 작게 남겨둔 것이었다. 1976년, Barker는 유타주 지자체들의 조례가 요구하는 녹지대의 폭은 전반적으로 1 m(3피트)이었는데, 이는 1900년(3.5 m/12피트) 이전에 관찰된 것보다 약 75%나 감소한 것이라고 보고했다. 어느 정도 예측할 수 있었던 것은, 교목 식재지 폭의 축소는 뿌리 발달로 인해 보도와 보차도경계석(步車道境界石, curb)이 들뜸으로써 이들 회색 기반시설과 충돌하는 교목의 수가 증가하게 되었고, 이는 시 행정가와 시민들 사이에는 가로수가 부채라는 인식이 확산되는데 기여했을 것이다. 이러한 문제를 피하기 위해, 일부 지자체는 작은 크기에서 성숙되는 천천히 자라는 수종만을 식재하도록 결정했다. 이는 실용적이긴 하지만, 이러한 해결 방안은 공중의 선호와 모순되어 궁극적으로는 도시 숲으로부터 발생하는 환경적인 편익의 수준에 부정적인 영향을 미칠 것이다. 하나의 사례로, Kalmbach & Kielbaso(1979)는 5개 도시의 주민들은 대교목을 선호한다는 조사 결과를 보고했다. Maco & McPherson(2002)은 도시 숲으로부터 발생하는 환경적인 편익의 수준은 수관 면적(樹冠面積, canopy area)과 정적 상관관계(正的相關關係, positive relationship)에 있다는 것을 실증하였다.

지자체 임업 프로그램 예산

가로수에 대해 부정적으로 작용하는 이들 모든 요소들을 고려하면, 예산 감축과 경기침체(景氣沈滯, economic downturn) 기간 동안 많은 시의 임업 프로그램이 불균형적으로 고통을 받았다는 사실은 놀랄 일이 아니다. 재원이 줄어든 기간 동안 서비스를 유지할 수 있었던 지자체 임업 프로그램의 힘은 다음 세 가지 요소 덕분이라고 할 수 있다: 재정위기(財政危機, fiscal crisis)의 심각성, 양질의 관리, 지지를 보내는 유권자. 불행하게도, 어떤 지자체에서는 재정위기가 너무 심각하고/거나 장기간 지속되어 양질의 관리 관행과 지지를 보내는 유권자들에도 불구하고 도시 임업 활동은 심각하게 삭감되거나 제거되기까지 했다.

소액과/또는 감소하는 예산은 미국에서 역사적으로 많은 도시 임업 프로그램을 괴롭혀왔다. 예를 들면, 1986년부터 1994년 사이 교목 관리를 위한 지자체 예산의 평균 구성비는 0.49%에서 0.31%로 감소하였다(Tschantz & Sacamano 1994). 뉴저지주의 지자체 교목 관리에 대한 조사에서, Tate(1984)는 조사에 응한 시 임정관의 3/4이 자신들의 지자체에 대한 적절한 교목 관리를 제공하는데 주된 문제가 재원조달이라고 느끼고 있음을 확인하였다. 불행하게도 재원조달에 대한 이러한 우려는 21세기 초까지 지속된 것으로 보인다. 2010년 일리노이주의 226개 지자체에 대한 조사에서, 응답자들 중 거의 80%가 도시 임업 활동을 지원하기 위해 가용한 재원이 부족하다고 생각하고 있었다(Sass 등 2010). 비슷하게도, 캘리포니아주의 도시 임업 프로그램의 현황에 관한 보고서는 1998년부터 2003년 사이에 임업 예산이 감소한 경우와 임업 예산이 증가한 경우의 비율이 3 : 1로 감소한 경우가 더 높았다고 지적하였다(Thompson 2006). 도시 임업 재원조달에 대한 상당한 삭감과 장기적인 삭감은 많은 지자체로 하여금 체계적이고 예방적인(systematic and proactive) 관리에서 반응적인(reactive) 관리 전략으로 전환하도록 강요한다.

도시 숲 관리 프로그램의 성공요인과 실패요인

효과적인 계획수립은 도시 숲이 지자체 내 삶의 질을 유지하는 데 기여하는 역할에 대한 공통적인 비전(vision)을 반영한 실용적인 목적과 목표, 그리고 견고하고 효율적인 관리 활동의 개발로 이어진다. 임업 활동이 오랜 시간에 걸쳐 유지되고 있는 지자체는 양질의 관리 관행을 채택하고, 이러한 서비스를 효과적이고 효율적인 방법으로 전달하며, 적극적으로 관여하고, 정보와 교육 프로그램을 통해 공중의 지원을 유지하기 위해 꾸준히 노력을 기울인다. Nighswonger(1982)는 성공적인 지자체 임업 프로그램이 되기 위해서는 비용 효율적이고, 지자체 내 주민을 참여시키며, 지자체의 자긍심을 자극하고, 잘 계획되고, 교육적이어야 한다고 기술한다.

도시 숲의 효과적인 관리는 적어도 두 가지 일반적인 시간 단위(time frame)에서 운영된다: 단기(短期/short term, 위기관리를 포함하여 계절적 및 일일 활동으로 구성됨)와 장기(長期/long term, 도시 임업 프로그램에 대한 지자체의 비전을 실현하는 데 필요한 목적과 목표를 달성하기 위해 활동에 대한 우선순위를 부여하고 지자체 재원을 확약하는 것).

위기관리

너무도 빈번하게, 도시 숲이 위기 기반(危機基盤, crisis basis)으로 관리되어, 매일의 활동이 장기적인 목표를 향해 일하기보다 당면 업무에 반응하는 데 집중된다. 분명히, 위기관리(危機管理, risk management)는 해당 직무가 그날그날 기준으로 수행되지만, 장기적으로 볼 때 이러한 활동이 관리의 목적을 충족시키고 도시 숲으로부터 발생될 수 있는 잠재적인 환경적 편익을 극대화할 수 있는가에 대해서는 의문이다. 위기는 요구사항이 많고 즉시 해결해야 하며, 관리자의 시간을 길게 요구할 수 있다. 그러나 위기 상황을 해결하기 위해 너무 많은 시간을 소비한다는 것은 다음과 같은 문제가 있음을 가리킨다:

- 잘못 정의된 관리 전략(예, 목적이나 연간 목표가 결핍되어 있다),
- 비효과적인 관리자(예, 부하에게 충분한 권한/책임을 위양하지 않는 경우),
- 재원이 부족하거나 인원이 부족한 프로그램(예, 계획된 작업이 제 시간에 수행될 수 없다),
- 교육을 제대로 받지 못한 관리자와/나 작업자.

이들 항목 중에서 후자는 어느 정도 흥미로우며 지역 수준에서의 프로그램 계획수립에서 종종 간과되는 요소이다. 예를 들면, Treiman & Gartner(2004)는 미주리(Missouri)주의 지자체 임업 프로그램을 조사하고, 응답 지자체의 7%만이 자신들의 도시 숲을 관리하기 위해 학위를 가진 임정관을 고용했다고 보고했다. 비슷하게, Hauer & Tutton(2009)은 위스콘신주에서 도시 교목을 책임지고 있는 지자체 공무원의 47%가 해당 직무와 관련된 정상적인 교육이나 훈련을 받지 않았다고 보고했다. 십중팔구, 이들 훈련되지 않거나 불충분하게 훈련된 공무원들은 도시 임업 작업이 자신의 연간 활동에서 차지하는 비율이 낮은 소규모 지자체에 집중되어 있을 가능성이 높을 것이다(Green 등 2002). Elmendorf 등(2003)은 펜실베이니아주의 지자체 관리자와 녹음수 위원회 구성원의 조사에서 응답자의 71%가 인증된 수목관리자(certified arborist)가 지자체 교목 관리 작업을 수행하도록 하는 것이 중요하다고 평가했다. 유감스럽게도 실제로 인증된 수목관리자가 해당 작업을 수행하는 데 활용되고 있다고 보고한 응답자는 25%에 불과했다. 교육을 받은 작업자와 교육을 받지 못한 작업자 사이에 존재하는 기술과 실적의 격차는 즉각적인 주의를 요구하는 교목 관련 사고의 빈도를 증대시키는 결과를 가져오기 때문에, 자원을 장기 관리 목적을 달성하는 것으로부터 다른 데로 전용하게 만들 것이다. 펜실베이니아주 연구에 참여한 사람들은 숙련되고 교육을 받은 작업자의 편익을 인식하게 되었다; 이들 숙련과 교육은 모두 지자체 임업 활동의 장기적인 지속가능성에 매우 중요하다(Elmendorf 등 2003).

가로수를 위기관리 전략으로 전환하는 것과 관련된 경제적인 비용을 확인하기 위한 시도에서, Callahan & Bunger(1976)는 중서부에 위치한 한 대규모 시(인구 1,000,000명)의 도시 임업 프로그램에 대한 연구를 수행했다. 해당 시는 네 가지 설정된 관리 목표를 가지고 있었다:

1. 공원과 가로수 관리를 체계화한다.
2. 시의 교목과 다른 목본식물의 질을 향상시킨다.
3. 조림적, 생태적, 예산상, 도시 계획 고려에 의해 부여된 제약 내에서 쾌적한 도시 환경을 창출하고 유지하는 데 도움을 준다.
4. 시의 도시 임업 프로그램의 궁극적인 비용을 감축하고/거나 안정시킨다.

이러한 목표를 충족시키기 위해, 관리 시스템은 가로수에 대한 서비스를 인접한 토지 소유자의 요청에 의해 제공하는 것으로 되어 있다. 요청이 접수되면, 임업 담당자가 해당 부지를 방문하고 해당 작업은 서비스를 위해 A, B, C로 우선순위 등급이 매겨진다. A등급이나 최우선 순위 작업은 일일작업일정계획(一日作業日程計劃, daily work schedule)을 수립하였다. B등급 작업은 A등급 작업에 가까이 있으면 서비스를 제공하고, C등급 작업은 서비스 제공에 몇 개월에서 2년이 걸렸다. Callahan & Bunger(1976)는 이 시스템을 위기관리를 위해 효율적이고 반응적이라고 설명했으나, 전반적인 관리 시스템으로 사용하는 경우 비효율적이고 비용이 많이 들었다. 이들은 다음과 같이 권고한다:

> 반응적인 대응 시스템에 대한 대안은 관리 원칙을 설정하고 말썽을 일으킬 가능성이 있는 교목을 제거하고, 더 나은 교목의 주기적인 예방적 유지관리를 수행하고, 단인 재배를 미학적으로 보기 좋은 환경적으로 내성이 있는 교목의 혼합으로 대체함으로써 도시 숲을 규제하는 것이다.

이러한 방식으로 규제하면 해당 임업 프로그램의 첫 세 가지 목적은 충족시키겠지만, 15년 동안 5백만 달러의 추가 비용이 발생한다. 반응적인 시스템은 일반적으로 임업 프로그램에 대한 고질적인 재원 부족의 결과이지만, 불행하게도 너무 흔하다.

도시 임업 프로그램에 대한 장기적, 예방적 계획수립

도시 임업 프로그램의 방향을 주로 위기 기반으로 관리되는 것으로부터 예방적(豫防的, pro-active)이고 장기적인 기반의 프로그램으로 전환하는 것은 상대적으로 단순한 두 단계 과정을 허용하면 달성할 수 있다. 첫 단계는 프로그램을 장기적으로 관리할 수 있는 능력을 제한하고 있는 요소들을 확인하는 것이다. 앞서 언급한 바와 같이, 몇 가지 요소가 관여되어 있을 수 있기 때문에, 모든 수준의 작업에 걸쳐 조사가 확대되어야 한다. 두 번째 단계는 이들 제약 요소의 영향을 제거하거나 줄이는 전략을 개발하는 것이다. 예를 들면, 21세기 초반에 위스콘신주 커노샤(Kenosha) 시의 임업 작업은 대부분 반응적인 형태로 수행되고 있었다. 이 시의 임정관은 장기적인 관리를 불가능하게 하는 배후의 주된 원인이 재원조달의 부족임을 확인하였다. 명백한 해결방안과 목적은 재정적인 지원을 확보하는 것이었는데, 어려운 부분은 목표를 달성하기 위한 전략과 일련의 행동을 개발하는 것이었다. 시 임정관에 의해 채택된 전략들 중 하나는 다른 지자체들이 자신들의 프로그램에 배분되는 재원과 제공되는 서비스를 평가하고 비교하기 위해 주변 25개 지자체를 조사하는 것이었다. 다음으로 커노샤 임정관은, 도시 숲을 물리적으로 관리할 수 있는 자신들의 내부 능력을 향상시킬 수 있도록, 비교 가능한 수준으로 재정 지원을 시 의회에 요구하는 청원에 성공하기 위해 이 정보를 사용하였다. 동시에 시 임정관은 잠재적인 위기 상황을 줄이기 위한 일상적인 유지관리 프로그램을 수립하였다(Nelson 2012).

비교분석(比較分析, comparative analysis)은 도시 숲 관리자가 자신의 프로그램에 대한 지지와 재원조달을 증대시킬 수 있는 여러 가능한 기작(機作, mechanism) 중 하나일 뿐이다. 대부분의 경우, 도시 숲 관리에 대한 재원을 실질적이고 지속적으로 늘리기 위해서는 창조적인 사고, 외부의 동반자 관계, 도시 숲 관리에 배분된 재원이 전체 지자체에 편익을 주도록 효과적/효율적인 방향으로 사용될 것이라는 것을 약속하고 보여줄 필요가 있을 것이다.

공중의 태도와 관리

최근 몇십 년 동안 많은 지자체의 임업 프로그램이 후퇴하고 있음에도 불구하고, 공중은 가로수 관리 프로그램에 대해 높은 관심을 가지고 있다. 임업 프로그램이 도시 식생에 적용됨에 따른 사회적 욕구(社會的欲求, social needs) (제3장)는 가로수 관리 프로그램과 직접적으로 연결된다. 1979년, Kalmbach & Kielbaso는 미시간주 2개 지자체에서 교목이 있는 도시 경관과 없는 도시 경관의 사진에 대한 개인적인 태도를 확인하기 위해 의미분화기술(意味分化技術, semantic differential technique)을 사용하였다. 이들은 교목의 존재가 보는 사람들의 마음속 도시 경관을 향상시킨다는 것을 발견하였다(**그림 10-3**). 또한 사람들은 주거지 주변에 소교목에 비해 수고 7.5 m가 넘는 대교목을 선호한다는 것을 확인하였다. 이러한 발견은 뒤에 앨라배마(Alabama) 주민에 대한 조사에서 지지되었는데(Zhang 등 2007), 이 조사에서 저자들은 비슷한 넓은 수관을 가진 대교목을 선호한다고 보고하였다.

오하이오주에서 수행된 비슷한 연구에서, Schroeder & Cannon(1982)은 물체(예, 식생)에 의해 점유된 지역별 또는 물체(예, 자동차)의 빈도별 가로 경관의 사진에서 물체의 시각적인 부각을 측정하였다. 대학생과 지역 주민들에게 이들 경관의 매력도를 10점 척도로 사진들을 평가해 달라고 요청했다. 이의 회귀분석(回歸分析, regression analysis; 응답 변이의 60% 설명)에 의하면 사람

그림 10-3 두 미시간시의 교목 유무 사진에 대한 복합적 의미분화비교(Kalmbach & Kielbaso 1979).

들은 가로수가 가로의 매력도에 가장 중요한 영향을 미치는 것으로 생각하고 있었다. 뒤이은 조사에서 Schroeder & Cannon(1987)은 집 앞에 있는 개인 소유 교목도 가로 풍경을 향상시키고, 마당에 교목이 거의 없거나 전혀 없는 곳에서는 가로수가 가장 중요하다는 것을 발견하였다. 이들은 시 임정관이 가장 큰 시각적인 충격을 주기 위해 개인 부지에 교목이 거의 없거나 전혀 없는 경우 나무를 심는데 집중할 것을 권고한다.

복합적인 사진 이미지와 계획 스케치로 된 서로 다른 세 가지 가로 경관을 사용하여, Wolf (2005)는 가로경관이 소비자 인식(消費者認識, consumer perception), 충성 행동(忠誠行動, patronage behavior), 가격정책 평가(pricing valuation)에 미치는 영향을 평가하기 위해 미국 전체에 걸쳐 인구가 100,000명을 넘는 7개 도시의 도심 업무지구(業務地區, business district)에 사는 주민을 조사하였다(**그림 10-4**). 저자는 교목과 다른 녹색을 포함하고 있는 가로 경관이 업무지구의 매력도를 제고시켰고, 소비자를 더 자주 해당 업무지구에 유인하였으며, 그곳에 있는 동안 더

그림 10-4 가로 경관이 소비자 인식, 충성도, 가격정책에 미치는 영향을 평가하기 위해 사용한 사진 이미지. 이미지 아래에 표시된 값은 선호도 평균과 (표준 편차)이다. (Wolf, K. 2005. "Business District Streetscapes, Trees, and Consumer Response." *Journal of Forestry* 103(8):396–400. Society of American Foresters의 허가를 받아 전재함.)

많은 시간을 소비하도록 했다고 보고했다. 또한 소비자들은 구매한 개별 제품에 대해 조금 더 높은 가격을 기꺼이 지불하였다. 이러한 발견들은 확실히 지역사회 내 교목의 경제적 가치를 보여주는 것으로 사업주(事業主, business owner)들을 도시 임업 계획수립과 관리 의사결정에 좀 더 직접적으로 참여하도록 하는 데 사용해야 할 것이다.

Schroeder & Appelt(1985)는 중서부에 있는 지자체의 도시 임업 프로그램에 대한 공중의 태도를 확인하기 위해 우편 조사(郵便調査, mail survey)를 사용하였다. 이 조사의 결과에 의하면, 대부분의 응답자들은 교목이 자신들의 지자체에 중요하며, 임업 프로그램에 만족하고 있고, 공공 교목 서비스, 특히 식재와 제거에 높은 우선순위를 두고 있는 것으로 나타났다. 저자들은 이 정보가 임업 부서의 서비스를 축소시키는 예산 삭감에 대항하여 싸우는 데 매우 유용할 것이라고 생각했다.

Hager 등(1980)은 가로수 정책과 프로그램을 평가하기 위해 오하이오주의 인구 13,000명에서 82,000명 사이의 도시 14개에 대해 연구했다. 조사 대상 지자체의 가로수에 대한 공중의 관심은 무관심으로부터 강한 관심에 이르기까지 폭이 넓었으며, 이는 그대로 조례와 교목 군집의 질에 반영되어 있었다. 오래전에 수립되어 적절하게 재원이 조달되는 가로수 프로그램을 가진 도시는 수종의 다양성이 더 높고, 더 건강한 교목, 더 일관되고 더 높은 교목 밀도, 이령(異齡, uneven age)의 크기 계급(size class) 분포를 가지고 있는 것으로 나타났다. 최근 수립된 가로수 프로그램을 가지고 있거나 없는 도시들은 수종의 수가 더 적고, 덜 건강한 교목, 더 적은 수의 교목, 덜 일관된 교목 밀도, 대체 식재가 없었음을 나타내는 쇠락하고 있는 동령(同齡, even-aged)의 교목 군집을 하고 있는 경향이 있었다.

공중의 지지를 통한 성공적 프로그램

성공적인 도시 임업 프로그램의 핵심은 양호한 관리에 대한 공중의 강력한 지지이다. 그러나 공중의 지지(public support)라는 개념은 최근에 새로운 의미를 가지게 되었다는 것에 유의해야 한다. 역사적으로 임업 프로그램에 대한 강력한 공중의 지지는 지자체 재원의 배분과 지출로 이어졌다. 그러나 심각한 예산 삭감과 은퇴 후에 주요 직원을 고용하거나 대체하는 것이 어려워진 지방 단위 정부의 무능은 많은 지자체로 하여금 도시 임업 프로그램을 후원하기 위한 시 자금조달의 구조를 외부에서 찾아보도록 강요했다.

위스콘신주 내에서 두 지자체가 강력한 공중 지지의 가치를 간단하게 보여주고 있는데, 분야는 서로 다르다. 위스콘신주 밀워키시는 느릅나무시듦병(*Ophiostoma ulmi*)과 최근 몇십 년 동안의 재정 위기라는 시련을 견디어낸 대표적인 도시 임업 프로그램을 가지고 있다. 임업국(Division of Forestry)은 지자체 내에서 고도의 노출적인 태도를 유지하고 강력한 지역사회의 지지를 끌어내는 수많은 프로그램과 사업에 참여하고 있다. 예를 들면, 시 단위의 식목일(Arbor Day) 프로그램, 도심 상인들과의 협력적인 식재 프로그램, 최우수목(champion tree) 경연대회, 식수대로(植樹大路, boulevard)에 화단 유지, 전 시민이 참여하는 축제와 축하행사에 참여 등이다. 이러한 프로그램을 진행하는 동안 임업국의 가시성은 임업 프로그램 전반에 대한 지자체의 가치를 유발하고 과시함으로써 재정적인 지지를 이끌어냈다. 단기적으로 임업 프로그램은 위기 상황과 서비스 요청, 일일 관리와 유지관리 필요에 반응적일 수 있다. 하지만 장기적인 기준으로, 이 프로그램은 (1) 수종과 영급이 다양한 교목 군집으로 된 완벽 식재, (2) 예정된 전정과 기타 서비스를 통한 적절한 유지관리, (3) 대체 식재가 뒤따르는 문제 교목의 즉각적인 제거 등 자신들의 목적을 충족할 수 있도록 관리되어야 한다.

위스콘신주 오슈코시(Oshkosh)시는 다른 시나리오와 당면한다. 악화된 기반시설과 추락하는 과세표준(課稅標準, tax base)은 모든 지자체 부서에 걸쳐 심각한 예산 삭감으로 이어졌다. 임업국의 예산은 위기 완화가 관리의 유일한 실행 가능한 일이었다. 표준적인 자금조달 방법으로는 당시 상황을 해결하는 데 필요한 재원을 확보할 수 없다는 것을 인식하게 되자, 오슈코시시는 오슈쿠시 지역사회 재단(Oshkosh Area Community Foundation)과 협력하였다. 이 협력관계를 통해 관심 지역을 확인하고 향상 노력에 대한 우선순위를 부여하기 위해 시 전반에 대한 핵심 그룹과 온라인(online) 조사를 이용하였다. 시 임정관은 참여자의 약 90%가 도시 미화를 우선순위가 높은 사업으로 평가했다고 보고했고, 이는 도시 임업 작업에 필요한 외부 재정 지원을 확보하기 위한 Taking Root Fund(뿌리 내리기 기금)의 창설로 이어졌다(Sturm 2011). 이에 따라 시의 임업 프로그램은 외부의 재정적인 지원으로 활력을 되찾았고, 이는 교목 식재 노력과 일상적인 작업 수행 능력, 장기적인 관리 작업의 부활로 나타났다. 협력관계에 대한 심각한 경고는 외부 자금이 도시 임업 프로그램에 대한 지자체의 투자를 대체하지도 대체할 수도 없다는 것에 유의해야 한다. 유사한 시민의 자발적인 참여는 세계적으로 지자체를 부활시키는 인기 있는 방법이 되었고(예, imagine Calgary, imagineDurban 등), 앞으로도 도시 임업 노력에 도움을 줄 것임에 틀림없다.

도시 임업에 대한 공중의 태도, 지자체 임업 노력을 재정적으로 지원하고자 하는 자발성, 공공/개인 간 협력관계로부터 얻을 수 있는 잠재적인 경제적 편익을 확인하는 연구에 의하면 성공적인 도시 임업 프로그램의 창출은 모두 건전한 계획수립과 효과적인 관리에 기반을 둔다는 것을 보여준다.

도시 숲 계획수립 모델

기본적인 계획수립 절차는 4단계로 구성된다(제8장 참조). 이들은 다음과 같다:

1. 무엇을 가지고 있는가? (평가, 현황조사)
2. 무엇을 원하는가? (비전, 목적)
3. 원하는 것을 어떻게 얻을 것인가? (목표, 필요, 행동, 관리계획)
4. 환류 (원하는 것을 얻고 있는 것을 어떻게 확인하는가)

이 과정은 도시 식생 자원의 전반적인 관리를 명확하게 전달하기 위해 설계된 계획수립 모델의 기본으로서의 역할을 제공하기 위해 채택된다(**그림 10-5**). 이어지는 고찰은 도시 숲 계획수립 모델을 도시 임업 계획을 개발하는 것과 연계하여 설명한다. 이 모델은 이어지는 장에서 공원, 그린벨트, 개인, 기타 도시 식생에 대한 관리계획을 개발하는 기준으로도 사용된다.

무엇을 가지고 있는가?

전략적인 도시 숲 관리계획을 개발하기 위해서는 도시 숲과 이 자원을 관리할 수 있는 능력에 대한 철저한 평가가 필요하다. 앞서 언급한 바와 같이, 이러한 과정을 통해 확보한 정보는 행정

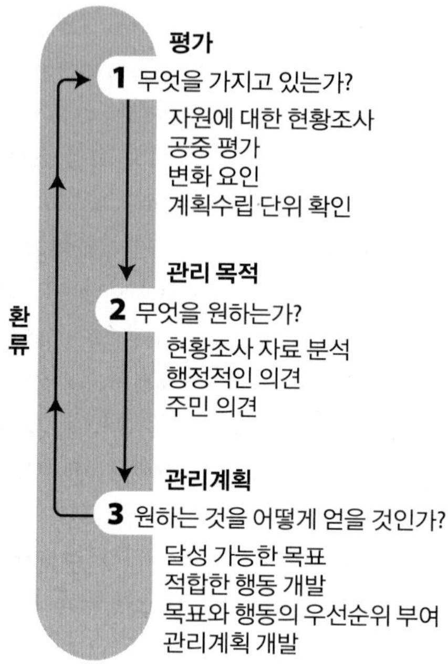

그림 10-5 도시 숲 계획수립 모델.

적인 구조나 정책의 요구, 괴리, 취약성을 확인하여 달성 가능한 목표를 설정하고 과정을 평가할 수 있는 기준을 제공하는 데 도움을 줄 것이다. 계획수립 모델의 평가 부문에서 고려되어야 하는 항목들은 다음과 같다:

- 계획수립 단위(planning unit)의 확인
- 계획수립 단위 내에 대한 식생 현황조사
- 내부적으로 자원을 관리할 수 있는 능력에 대한 평가
- 도시 숲에 대한 공중의 지식과 태도에 대한 평가
- 계획수립 단위 내 변화 요인(變化要因, agent of change)의 확인.

계획수립 단위. 계획수립 단위는 가로수 군집, 특정 공원과 경관, 전체 공원 시스템, 또는 지자체의 전체 식생 자원과 같은 목표로 하는 식생 자원의 기반을 나타낸다. 토지이용의 다양한 특성(예, 공원, 상업, 산업, 주거 등), 토양과 지형의 고유한 이질성(異質性, heterogeneity)과 함께, 면적이 넓은 지자체의 지리적인 범위는 가끔 식생을 더 작은 관리 단위로 분할할 것을 요구한다. 예를 들면, 미네소타주 미니애폴리스시는 5개의 특유한 서비스 지역으로 구분된다(**그림 10-6**). 더 작고 동질적인 관리 단위는 관리 활동의 실행과 타이밍(timing)에서 효율성을 제공하는 경향이 있다. 앞서 언급한 바와 같이, 개별적인 관리 단위를 결정하는 독특한 특성은 연간 관리 활동에서 약간의 차이를 보일 수 있다. 그러나 모든 관리 단위에서의 모든 관리 활동은 전략과 가로수 관리 목적과 일관성을 갖는 것이 무엇보다 중요하다.

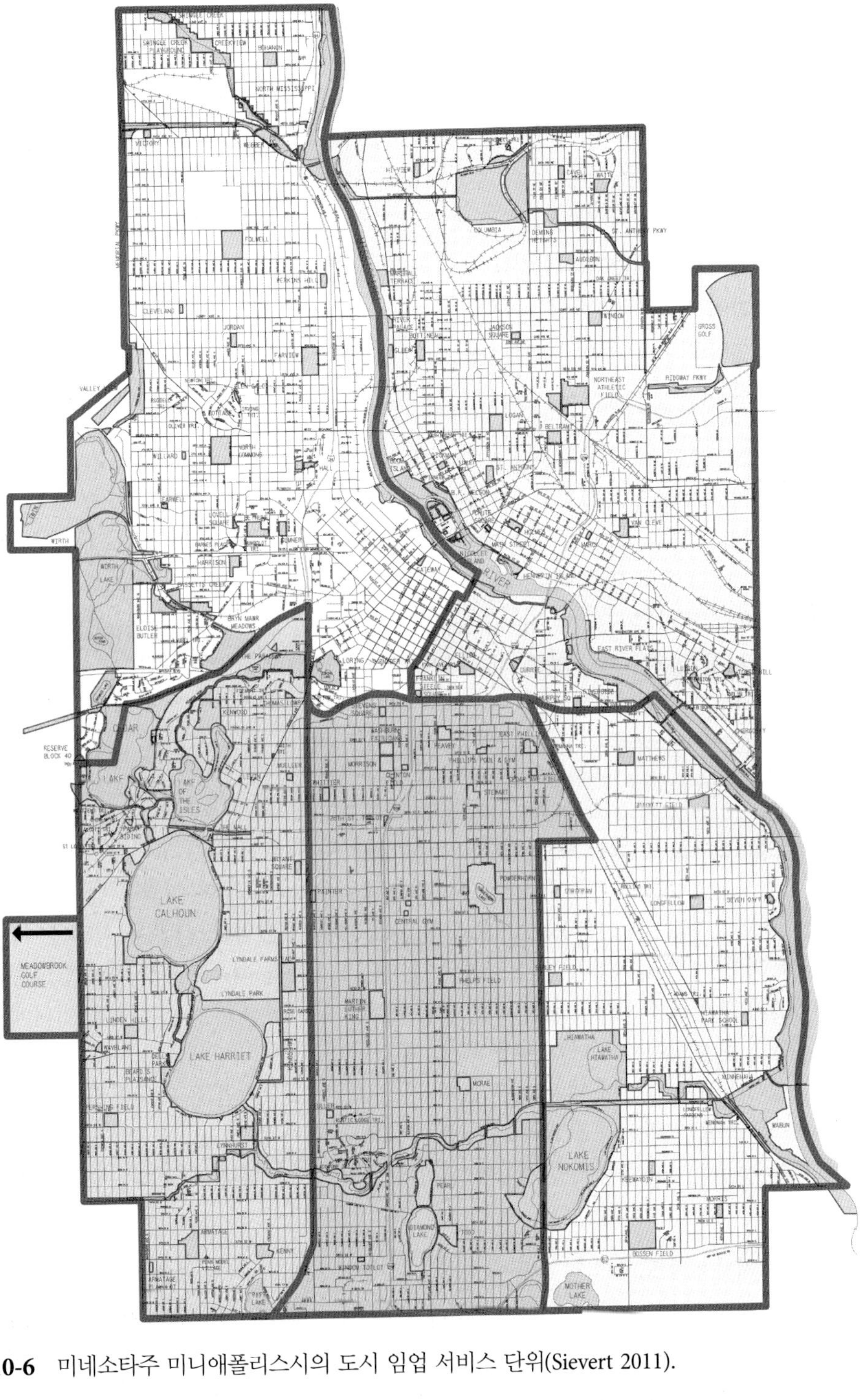

그림 10-6 미네소타주 미니애폴리스시의 도시 임업 서비스 단위(Sievert 2011).

식생 평가. 일단 계획수립 단위가 확인되면, 제7장에서 언급된 것과 같은 시스템을 이용하여 식생 현황조사가 수행된다. 이 현황조사에는 과거 관리 활동에 대한 재검토와 (가능하다면) 재원의 동적인 성질을 기술하는 기초 정보를 개발하기 위한 현황조사가 포함된다. 도시 임업 관리계획 개발에 필수적인 최소한의 정보는 다음과 같은 것이 있다:

1. 얼마나 많은 교목이 있는가?
2. 이들은 얼마나 큰가?
3. 어떤 종류의 교목이 있는가?
4. 이들 교목의 상태는 어떠한가?
5. 빈 공간이 얼마나 많이 있는가?
6. 매년 얼마나 많은 교목이 제거되는가?
7. 매년 얼마나 많은 교목이 식재되는가?

이러한 정보를 제공하는 현황조사는 관리자가 교목 식재, 전정, 제거에 대한 관리 대안과 이와 관련된 예산 추정을 개발하고 평가하는 것을 가능하게 할 것이다. 가로수 군집의 구성이나 다양성을 이해하는 것은 외부 요인에 의한 손상으로부터의 변화에 저항할 수 있는 교목군집의 능력을 평가하는 데 도움이 될 것이다. 빈 공간의 수, 연간 제거, 매년 식재되는 교목의 수는 현재 가로수 완벽 식재 수준의 측도(測度, measure)를 제공하고 가로수 군집의 궤적(軌跡, trajectory; 예, 증가 또는 감소)을 평가하거나 해당 지자체가 최대 완벽 식재가 가능할 것인가 가능하다면 언제쯤 예상할 수 있는가를 예측하는 데 사용될 수 있다. 전정과 제거 비용은 교목의 크기와 관련이 있다. 따라서 직경급별 입목(立木, standing tree)의 수를 정리한 정보는 이들 비용의 향후 예측을 하는 데 사용될 수 있다.

해당 자원을 관리할 수 있는 내부 역량. 도시 숲과 자연 숲 간의 두드러진 실질적인 차이는 도시 숲 특히 가로수에서는 천연갱신(天然更新, natural regeneration)이 어렵고 인간의 활동을 통해 천연갱신 과정이 차단된다. 다시 말하면, 도시 숲은 계획된 숲이다. 교목은 식재된 후, 환경적인 편익을 극대화하기 위해 위험과 이와 관련된 유지관리 비용을 최소화하기 위해 결국은 제거되어 대체된다. 불행하게도, 지자체들은 이러한 관리 서비스를 제공하고 이들 자원을 어디에 배분할 것인가를 결정하는 능력에서 차이가 매우 크다. 예를 들면, 많은 지자체들이 자신들의 도시 임업 예산을 불균형하게 교목 식재에 많은 돈을 쓴다. 이로 인해, 일상적인 유지관리에 너무 적은 예산이 배정된다. 그러므로 계획수립 모델의 평가 요소에 해당 지자체의 도시 숲 자원을 관리할 수 있는 능력에 대한 세부적이고 종합적인 평가가 포함되는 것이 중요하다. 여기에는 다음 사항이 포함되어야 한다:

- 해당 지자체의 도시 임업 활동에 대한 재정적인 지원의 현재 수준에 대한 평가,
- 도시 숲 자원을 관리할 수 있는 권한에 대한 평가(예, 조례) (제8장 참조),
- 행정 구조와 정책 수립 과정에 대한 평가,
- 채용되는 직원의 수준과 관련된 교육적인 배경(educational background)에 대한 평가,

- 요구되는 작업을 수행하는 데 필요한 장비에 대한 평가.

이러한 평가를 통해 수집된 정보는 해당 자원을 효과적으로 관리할 수 있는 해당 지자체 능력의 강점과 약점을 확인하는 데 활용된다. 해당 자원을 관리할 수 있는 내부 능력의 확인된 격차나 부족한 부분은 실질적이고 현실성 있는 방법으로 제시되어야 한다. 예를 들면, 지자체의 총 연간 임업(예, 식재, 전정, 제거 등) 예산이 $3,500인데, 관리의 계획수립 목표로 모든 가로수를 5년마다 유지관리 전정을 하도록 요구하는 것은 비현실적일 것이다. 그럼에도 불구하고, 관리계획이 해당 지자체가 이들 자원을 관리할 수 있는 실질적인 능력을 반영하지 않은 목적과 목표를 포함하고 있거나(예, 해당 지자체가 훈련된 직원을 가지고 있지 않거나 목적을 달성하기 위해 훈련된 사람에게 접근하지 않는 경우) 비용이 너무 많이 들어 목적과 목표를 착수할 수 없기 때문에(예, 해당 지자체가 늘어난 비용을 감당할 수 있는 충분한 수준의 재원을 재분배하거나 확보할 수 없는 경우) 실행되지 못하는 경우가 너무 많다.

공중의 지식과 태도. 공중의 도시 숲에 대한 태도, 인식, 지식에 관한 이해는 현실적인 관리 목적과 실행 가능한 관리계획을 만드는 데 필수적이다. 이러한 정보는 녹음수나 공원 위원회 구성원, 선출된 공무원, 지역사회 지도자, 서비스 조직과의 토론을 통해, 또는 공중의 태도, 인식, 지식에 관한 직접 조사에 의해 확보될 수 있다. 조사의 경우 다음 사항을 확인할 수 있도록 설계된 질문 형식을 취할 수 있다:

1. 가로, 공원, 휴양지역에 있는 지자체 식생의 질에 관한 공중의 인식,
2. 공공 식생에 대한 공중의 태도,
3. 올바른 식생 유지관리에 관한 공중의 지식,
4. 공공 식생 관리에 대한 공중의 만족도,
5. 도시 숲이 제공하는 편익에 관한 공중의 인식,
6. 환경의 질을 관리하는 데 있어서 도시 임업의 역할에 관한 공중의 지식.

변화 요인. 지자체의 식생 자원은 정적이 아닌, 관리 전략, 공공 정책, 행정 구조, 가용한 자원(이들은 시간이 경과함에 따라 향상될 수도, 그대로 유지될 수도, 악화되기도 하고 그렇지 않을 수도 있다)에 달려 있는 동적 시스템(dynamic system)이다. 식생에 직접적인 영향을 미칠 수 있는 요인들이나 해당 자원을 관리할 수 있는 지자체의 능력은 해당 프로그램이나 자원에 미칠 수 있는 잠재적인 영향에 관해 확인되고 평가되어야 한다. 변화 요인은 환경적(environmental), 공공적(public), 사적(私的, private)으로 분류될 수 있다.

- **환경적.** 변화의 환경적 요인에는 해당 교목 자원의 상당한 부분(즉, 5% 이상)을 현재 위태롭게 하고 있거나 위태롭게 할 가능성이 있는 생물적(生物的, biotic; 예, 해충과 병) 및 무생물적(無生物的, abiotic; 예, 기후 변화, 강한 폭풍) 위협 등이 있다.
- **공적.** 변화의 공적 요인에는 기존의 식생 조례, 선출된 공무원, 공공 공익시설, 가로와 위생부서, 공원이나 교목 위원회, 교육 기관, 계획수립 부서, 주와 연방 기관 등이 있다.

- **사적.** 변화의 사적 요인에는 지역사회 재단과 기타 자선단체, 뉴스 매체, 공공 서비스 조직, 민간 공익업체, 상업회의소, 토지 개발자, 건축업자, 업계 단체(業界團體, business association), 녹색산업 등이 있다.

무엇을 원하는가?

지자체가 자신의 도시 숲이 어떻게 보이기를 원하는가, 그리고 어떻게 관리되기를 원하는가에 대한 정의는 가끔 비전 선언문(vision statement)과 목적(目的, goal)의 형태를 취한다.

비전 선언문. 전형적으로, 비전 선언문은 도시 숲이 해당 지역사회의 사회적, 경제적, 환경적 웰빙에 중요한 역할을 한다는 것과 도시 숲 잠재력의 완전한 실현은 건전한 관리를 통해서만 달성될 수 있다는 것을 인식한다는 것에 대한 선언문이다. 아래 비전 선언문은 Portland Parks & Recreation(2003)의 도시임업관리계획(Urban Forestry Management Plan)에서 인용한 것이다.

> 도시 숲은 우리 시 주위의 교목과 더 작은 식물, 야생동물, 관련된 유기체, 토양, 물, 공기와 사람으로 구성된 복합 시스템(complex system)이다. 도시 숲은 우리를 둘러싸고 있고 우리의 일상생활의 질에 기여한다. 이는 향상된 대기 질과 수질로부터 난방과 냉방 비용 절감, 미학적으로 보기 좋은 주변, 재판매 가치 상승에 이르기까지 폭넓은 환경적, 정신적, 경제적 편익을 제공한다. 이는 물고기와 야생동물 서식지를 회복하기 위해 우리의 노력에 필수적이고 휴양과 원기회복에 헤아릴 수 없는 기회를 제공한다....
>
> 포틀랜드 도시 숲에 있는 수십만 그루 교목의 미학적이고 영감적(靈感的, inspirational) 가치는 막대하다. 우리는 이러한 자원을 현재와 미래의 주민들이 이의 편익을 향유할 수 있도록 관리하고 돌보아야 한다.

도시 임업 목적. 목적은 우리가 장기적으로 달성하고 싶은 것을 기술한다. 따라서 목적은 비전과 평가와 현황조사에서 얻은 자료와 일치되어야 한다. 목적은 측정 가능한 목표(目標, objective)와 행동의 개발이 가능하도록 명확하게 기술된다는 면에서 비전 선언문과 다르다. 많은 지자체에서, 이들이 언급한 도시 임업의 목적은 지자체 범위의 기획문서(企劃文書, planning document) 내부에 깊이 자리 잡을 것이다. 예를 들면, 가로수로부터의 공공 편익을 극대화시킨다는 도시 임업 목적은 환경적인 지속가능성이라는 지자체 전체의 목적과 양립할 수 있다. 목적이 효과적이기 위해서는 지자체 내의 외적인 이해당사자들에 의해 수용되고 지지될 필요가 있다. 그러므로 지자체의 도시 임업 목적을 개발하는 사람은 도시 숲 자원에 관한 공중의 태도, 인식, 지식에 관한 이해를 하고 있어야 한다. 앞서 지적한 바와 같이, 공론의 장(public forum)과/이나 온라인 조사가 이러한 관점을 얻는 데 소중한 도구가 될 수 있다.

가로수의 일생은 가로수에 대한 계획을 수립하고, 식재하고, 유지관리하고, 최종적으로 해당 지자체의 부채가 되기 전에 다른 것으로 대체하는 것으로 구성되어 있다. 따라서 도시 임업의 목적은 다음 사항이 가능하도록 설정되어야 한다:

1. 가로수로부터의 공공 편익 극대화,
2. 이러한 편익을 성취하는데 공공 비용을 최소화,

3. 가로수와 관련된 공공 위험을 최소화.

원하는 것을 어떻게 얻을 것인가?

계획수립 과정의 다음 단계는 도시 숲 평가로부터 얻은 자료를 선언된 목적과 통합하는 것이다. 이는 구체적인 목적을 규정하고, 필요를 확인하고, 해당 지자체가 목적 달성을 향해 움직이도록 세부적인 행동(行動, action)을 개발하고, 가로수 관리 계획을 개발하기 위한 체계를 수립한다. **그림 10-7**은 이러한 계획수립 과정을 묘사하는 단계적인 흐름도이다.

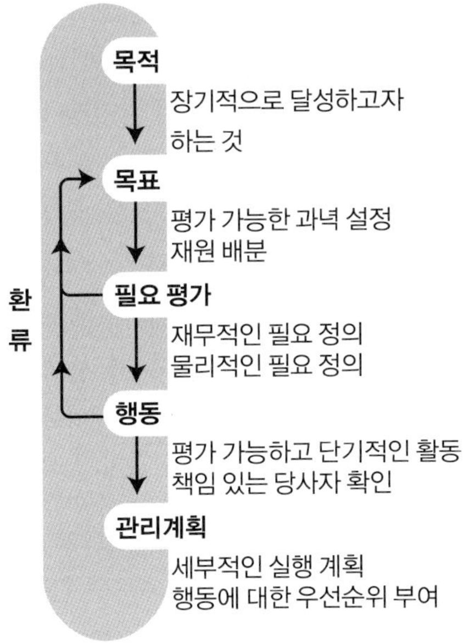

그림 10-7 계획수립 과정에서 "원하는 것을 어떻게 얻을 것인가?"라는 질문에 대답하기 위해 요구되는 위계적인 단계들.

목표. 때로는 전략(戰略, strategy)으로 불리기도 하는 계획수립 목표의 핵심은 지자체가 재원을 어떻게 배분할 것인가에 대한 방향을 제시하는 것이다. 이는 다음 사례에서 잘 보여준다. 어떤 지자체가 다음 해의 도시 임업 관리계획을 수립한다고 하자. 이들은 다음 사항을 결정할 것이다:

목적: 가로수로부터의 공공 편익 극대화.

목표: 수관 피복을 10년 안에 10% 증대.

이 예에서 보는 바와 같이, 해당 지자체는 수관 피복과 환경적 편익 사이에 정의 상관관계가 있음을 인식했고, 이들의 목적을 달성하기 위해 가로의 녹지대 빈 공간을 채우는데 기꺼이 재원을 할애한다. 일반적으로, 하나의 목적을 충족시키기 위해 여러 가지 목표가 필요하다. 예를 들면, 가로수로부터의 위험을 최소화하는 목적은 식재, 전정, 제거와 관련된 목표를 포함할 것이다. 반대로 하나의 목표가 여러 가지 목적을 달성하는데 사용될 수도 있다.

효과적인 목표에는 세 가지 요소가 있다. 첫째로 평가(즉, 측정)가 가능하도록 표현되는 것이다. 둘째로 목표는 과녁(貫革, target)을 정해야 한다. 셋째로 목표는 선언된 과녁이 충족되는 시기를 정해야 한다. 앞의 예에서, 선언된 목적과 목표는 효과적이다. 목표는 측정가능하고(10% 증가된 수관 피복률), 과녁이 정해져 있고(수관 피복률 10% 증가), 시기(10년 내)가 설정되어 있다.

결핍 평가. 자원 평가는 도시 숲과 이를 효과적으로 관리할 수 있는 해당 지자체의 능력에 대한 현재의 상황을 기술한다. 선언된 목적과 목표는 지자체가 자신의 도시 숲이 어떻게 보이기를 원하는가와 희망하는 결과를 달성하기 위해 재원을 어떻게 배분할 것인가에 관한 지자체의 욕구를 규정한다. 현재 상태로 도시 숲을 관리하는 데 필요한 자원 요구량과 원하는 상태를 위해 필요한 자원 요구량의 차이를 결핍(缺乏, need)이라고 부른다. 필요한 재정적 및 물리적 재원을 약속하고 확보할 수 있는 지자체의 능력 관점에서 결핍한 것에 대한 목록을 생성하고 이를 평가하는 것은 효과적인 계획수립에서 매우 중요한 요소이다. 결핍을 충족시키기 위해 필요한 재원에 가치를 부여하는 것은 지자체에 선언된 목적과 목표의 실현가능성을 평가할 수 있는 최종적인 기회를 제공한다. 재원 요구량이 너무 커거나 선언된 기한 내에 충족될 수 없으면, 해당 지자체는 목표를 충족할 수 있는 자신들의 능력을 좀 더 잘 반영하기 위해 선언된 목표를 재조정하는 것이 좋다. 불행하게도, 결핍 평가가 계획수립 과정에서 간과되는 측면이 너무 많아서 많은 도시 임업 관리계획이 실행되는 것을 막고 있다.

행동. 행동은 지자체가 선언된 목표를 설정된 기한 내에 달성하고 관련 재원 수요를 충족시키기 위해 취해야 하는 단계를 상세히 열거한다. 목표와 마찬가지로, 특정한 행동이 여러 목표에 적용될 수도 있고, 가끔은 하나의 목표를 달성하기 위해 여러 행동이 요구될 것이다. 행동은 일반적으로 훨씬 짧은 기간에 걸쳐 있고 쉽게 평가된다. 예를 들면:

목적: 가로수로부터의 공공 편익 극대화.

목표: 10년 내 가로수 완벽 식재 달성.

행동: 향후 10년 동안 매년 기존 빈 공간의 10%에 식재.

행동: 빈 공간에 식재하는 데 도움을 줄 수 있는 추가적인 자금을 확보하기 위해 외부 이해관계자들과 협력.

행동: 고품질 교목의 적절한 공급을 보장하기 위해 지역 농장과 계약체결.

책무성(責務性, accountability)을 제고하기 위해, 많은 관리계획이 선언된 행동을 완료하는 책임이 있는 개인, 부서, 기관을 지정할 것이다.

관리계획. 관리계획(管理計劃, management plan)을 생성하기에 앞서, 누가 이 과정에 참여할 것인가, 해당 계획을 개발하는데 이들이 수행할 역할은 무엇인가, 이들 개인은 개발의 어느 단계에 참여하게 될 것인가, 해당 계획은 어떻게 실행될 것인가, 그리고 이 문서에 대한 공중의 인식과 지지는 어떻게 개발할 것인가 등에 대한 생각이 필요하다(Wisconsin Department of Natural Resources 2011).

관리계획의 대상이 되는 기간은 다른 관리계획을 성공적으로 수행한 지자체의 경험과 도시 숲 자원의 본질과 같은 요소들에 따라 다양하다. Lobel(1983)은 도시 임업 계획의 목적은, 시골 숲 관리에서 시행되는 것과 같이, 관리될 교목의 수명(壽命, life span)을 고려할 것을 권고한다. 그러나 이것이 모든 지자체가 수용 가능한 것은 아닐 수 있다. 일반적으로 개발된 계획이 지자체의 첫 번째 도시 임업 관리계획이고, 변화 요인(즉, 행정 지원)이 변하기 쉽고 빠르게 돌아가거나, 이전의 계획이 전혀 수행되지 않았거나 완료되지 않았을 경우에는 더 짧아야(즉, 5년에서 8년) 한다.

계획수립 과정은 지자체 내 도시 숲에 대한 비전을 창출하고, 일련의 수용된 목적을 설정하고 이들 목적을 달성하기 위한 목표와 행동을 개발한다. 관리계획은 해당 지자체가 정해진 기간 내에 목표와 행동을 어떻게 수행할 것인가를 상세하게 기술한다. **표 10-1**은 Wisconsin Department of Natural Resources(2011)가 활용하는 도시 임업 관리계획의 개요에 대한 사례이다. 계획수립 과정에서 확인된 목표와 행동이 관리 기간의 첫해 동안이나 해당 계획이 수행됨에 따라 이

표 10-1 도시 임업 관리계획의 개요 예

I. 요약
II. 의도와 범위 소개
III. 현황조사 요약과 분석
IV. 행정과 공중 인식 필요 평가
V. 목적
VI. 목표/전략, 행동
VII. 예산이 수반된 실행 일정계획
VIII. 예산 정당성(첨부될 수 있음)
IX. 평가 방법
X. 부록
   a. 현황조사 서류(예, 자료 요약)
   b. 관리 지구 등이 표시된 지자체 지도
   c. 관련 조례
   d. 공익시설 지도
   e. 기술 및 안전 표준
   f. 수종 목록
   g. 장비와 차량 등급
   h. 공급자 목록
   I. 폭풍 관리계획 등

출처: Wisconsin Department of Natural Resources 2011.

어지는 해 동안에 수행되지 않은 가능성이 높다. 그러므로 관리계획의 주된 목적 중 하나는 목표와 행동에 우선순위를 부여하는 것이다. 전반적인 우신순위 과정을 용이하게 하기 위해, 특정 과업 내에서의 우신순위를 부여하거나 작업계획서(working policy statement)를 개발하는 것이 도움이 될 것이다. 예를 들면,

1. **우선순위가 부여된 식재 계획.** 해당 지자체에 대한 최적의 교목 피복을 제공하기 위해 작업 단위별, 토지 이용별, 가로별, 부지별 식재 우선순위를 개발한다.
2. **우선순위가 부여된 유지관리계획.** 가장 높은 우선순위가 부여될 관리활동을 미리 결정한다. 교목 식재에는 비용이 많이 들고, 적절한 식재 후 관리(예, 관수, 전정 등)가 생존율을 획기적으로 높일 수 있다. 단순히 교목 식재의 우선순위가 높다는 이유 때문에, 위에 언급한 이들 식재 후 관리활동을 그만두는 것은 장기적으로 비용 효과적이지 않을 수 있다. 가치가 높은 군집을 유지하고 위험을 줄이기 위해서는 주기적인 전정이 필요하다. 선출된 공무원들은 일반적으로 식재의 즉각적인 가시적 영향 때문에 유지관리보다 식재를 선호하지만, 많은 교목을 식재함으로써 이들은 적절하게 돌볼 수 있는 충분한 자금을 확보하지 못하는 것보다 교목을 덜 심고 유지관리를 하는 것이 더 좋다. 또한 유행성 병해충으로부터의 수용 가능한 피

해 수준이 설정되면, 이러한 병해충을 방제하는 것이 우선순위가 높을 수 있다.

3. **제거와 대체 정책**. 교목 제거는 두 요소에 근거한다: 잠재적인 위험, 그리고 가치 대비 유지관리 비용. 교목에 의해 유발된 피해는 심각한 법적책임 문제를 일으키기 때문에(제5장), 위험이 높은 교목의 제거는 어떤 다른 교목 관리 프로그램보다 최우선이 되어야 한다. 유지관리 대비 해당 교목의 가치가 하락할 때에는 교목의 제거가 더 어려운 결정이며, 세심한 분석과 양호한 공중 관계를 요구하는 일이다. 대체 정책(代替政策, replacement policy)은 예상되는 생존 기회, 제거 이유, 전반적인 식재계획에 기반을 두는 것이 좋다. 대체 기간을 설정하고 시행하면 해당 지자체가 최대 식재 유지를 보장할 것이다.
4. **수종별 및 수령구조별 다양성**. 지자체 전반에 걸친 수종 다양성은 많은 지자체가 느릅나무시듦병(*Ophiostoma ulmi*) 때문에 경험한 것과 같은 재앙적인 손실로부터 보호하는 데 도움이 될 것이다. 서로 다른 영급(齡級, age class)은 외부 교란에 덜 민감하기 때문에 수령 다양성은 교목 피복의 시간적인 연속성(連續性, continuity)을 제공한다. 대체에 이은 통상적인 교목 감모(減耗, attrition)는 영급의 다양성 범주를 충족시키는 폭넓은 교목 수령을 만들어낼 것이다. 가로수 군집의 연령 분포는 빈도와 직경급(直徑級, diameter class)을 그래프로 나타냄으로써 확인될 것이다. 시간이 경과함에 따라 각 연령 세대(age cohort)에 대한 교목 손실이 꾸준하게 그리고 점점 더 많이 발생한다면, 결과는 역 J형(reverse J-shaped) 곡선이 될 것이고, 이는 전령(全齡, all age)의 군집을 나타낸다(**그림 10-8A**). 반면, 종 형태를 하는 가로수 연령 분포는(**그림 10-8B**) 교목의 나이가 대부분 같다는 것을 나타내고 제거된 것이 대체되지 않는 감소하는 군집의 징후이다.
5. **정보 교육 프로그램**. 전체 관리과정을 통해 공중 참여와 공중 교육은 높은 우선순위를 유지해야 한다. 공중은 시 임정관이 무엇을 왜 하고 있는지를 아는 것이 좋고, 시 임정관은 지역사회의 욕구와 가치에 관해 잘 알고 있어야 한다. 성공적인 지자체 임업 프로그램은 지역사회의 지지를 받아야 한다.
6. **변화를 활성화시켜라**. 각 관리 목적에 대해, 그 목적에 영향을 미치는 기존과 잠재적인 변화

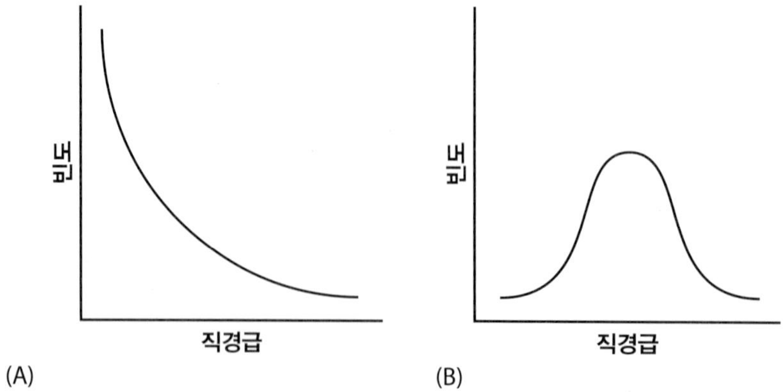

그림 10-8 가로수 군집의 연령 분포. (A) 전령 군집. (B) 동령 군집.

요인은 현황조사를 통해 확인하고 기술해야 한다. 관리 목적을 달성하기 위해, 시 임정관은 긍정적인 자세로 변화 요인을 활성화시켜야 한다.

환류

환류(還流, feedback)는 관리계획수립을 지역사회나 고객의 요구와 변화에 반응하는 지속적인 과정(ongoing process)이 되도록 한다. 여기에는 관리계획의 영향을 확인하기 위해 자원기반(資源基盤, resource base)에 대한 재현황조사를 실시하고, 공중의 요구를 재사정(再査定, reassessment)하며, 행동이 적절하고 목표가 달성되었는가를 확인하기 위해 해당 계획을 재평가하는 것 등이 포함된다(Lobel 1983). 특정 목표와/나 행동이 달성되지 못하면, 관리자는 목적을 달성하기 위한 목표/행동의 적합성(適合性, appropriateness)을 평가하는 것이 중요하다. 만약 목표/행동이 선언된 목적을 성공적으로 달성하는 데 여전히 중대한 요소가 된다면, 관리자는 이들을 성공적으로 완료할 수 없는 지자체의 무능력에 대한 원인을 확인하고 이를 가능한 한 최대한 교정해야 한다. 환류는 관리 시스템을 공중이나 고객의 가치 변화, 새로운 관리 기술, 자원기반의 변화 등에 개방되고 민감한 상태를 유지하도록 해준다. 또한 이는 원하는 것을 얻고 있는가를 알 수 있는 방법이다.

관리계획에 고려할 사항

관리계획에 대한 지속적인 고찰은 성공적인 프로그램으로부터 얻는 교훈을 끌어내고 성공적인 가로수 관리 프로그램을 계획하고 집행하기 위해 사용되는 기술을 설명한다. 이는 교목 감모, 외주 대 자체 서비스, 일정계획 수립, 지자체 경계를 초월하는 계획수립을 포함하는 가로수 관리계획의 개발에 반영된다.

교목 감모

매년 손실은 모든 교목 군집에서 자연적이고 예상되는 결과이다. 그렇다고 이러한 사실이 교목 손실이 완전히 통제 불가능하다는 것을 의미하지는 않는다. 예를 들면, Nowak 등(2004)은 메릴랜드주 볼티모어의 도시 교목 고사율(枯死率, mortality rate)이 관련된 토지이용, 교목 직경, 수종, 교목 건강(상태)에 의해 영향을 받는다는 것을 관찰하였다. 이러한 영향을 고려하면, 교목 감모(喬木減耗, tree attrition)가 사실 어느 정도는 계획되고 관리될 수 있는 것처럼 보인다. 교목 손실률(연간 교목 수)과 대체에 관련된 지자체의 결정은 도시 숲으로부터 얻는 장래의 환경적인 편익에 강한 영향을 미칠 뿐만 아니라 연간 관리 활동에도 분명히 영향을 미칠 것이다. 그러므로 교목 감모에 대한 광범위한 이해가 효과적인 장기 관리계획을 개발하는 데 선행조건이다. 그러나 교목 감모에 대한 계획을 수립하고 관리하기 위해서는 건전한 기록유지(record keeping) 실행에 대한 약속이 필요하다. 연간 식재, 교목 유지관리 활동, 교목 제거에 관한 자세한 기록은 지자체에 교목 감모의 추세와 감모에 영향을 미치는 요소들을 평가하고, 궁극적으로 달성 가능한 목적과 목표를 생성하는 데 필요한 많은 정보를 제공할 것이다.

교목 감모는 평균 수명(壽命, lifespan)이나 중앙 수명으로 나타낼 수 있다. 평균 수명을 사용하기 위해서는 교목 군집에 있는 개별 교목이 얼마나 오래 사는가를 알고 난 다음 그 군집의 평균 수명을 확인해야 한다. 예를 들면, Polanin(1991)은 평균 수명을 확인하기 위해 뉴저지주 저지시티(Jersey City)의 런던버즘나무(*Platanus* × *acerifolia*)와 노르웨이단풍(*Acer platanoides*)에 대한 제거 외주계약 기록과 식재 기록을 조사하였다. 이들 수종은 해당 시 교목의 55%를 차지하였다. 런던버즘나무 교목은 평균 수명이 39년이었고, 노르웨이단풍은 평균 수명이 48년이었다. 그러나 Polanin은 이 계산에서 평균 수명을 유의하게 낮출 수 있는 식재 후 고사를 포함하지 않았다. 도시 교목 폐기와/나 생존을 조사한 11개 연구에 대한 통합적 메타분석(CIM, comprehensive meta-analysis)에서, Roman & Scatena(2011)는 식재 고사율을 포함한 가로수의 평균 예상 수명은 19년에서 28년 사이였다고 보고했다.

중앙 수명(中央壽命, median life span)은 교목 군집에서 해당 교목들의 절반이 얼마나 오래 사는가를 나타낸다. 예를 들면, 200그루의 군집에 대한 중앙 수명이 25년이라는 것은 25년 안에 해당 교목들 중에서 100그루는 그 군집으로부터 사라지게 되고 100그루는 남아 있을 것이라는 것을 의미한다. 해당 시가 교목을 제거하면서 대체한다고 가정하면, 중앙 수명은 제거율을 사용하여 쉽게 계산할 수 있다. 미네소타주 미니애폴리스시는 200,000그루의 가로수 군집을 가지고 있고, 2009년부터 2011년까지 매년 평균 5,000그루를 제거했다(Sievert 2011). 이러한 제거율을 기준으로 제거된 모든 교목이 대체된다고 가정하면, 전체 교목 군집을 대체하는데 40년이 걸릴 것이다(200,000그루/5,000그루, 년). 그러므로 미니애폴리스의 가로수 중앙 수명은 20년(40/2)이 된다. 흥미롭게도, Roman & Scatena(2011)는 자신들의 메타분석에서 이들 군집의 반감기(半減期, half life)를 20년이라고 예측했다. 이 사례에서의 군집 반감기는 원 군집의 50%가 죽는 시점(時點, point in time)으로 정의하고 있다.

교목 고사율은 교목 군집이 나이가 들어감에 따라 변하기 때문에 일반적으로 중앙 수명은 교목 군집에 대한 평균 수명과는 다를 것이다. Nowak 등(1990)은 캘리포니아 주 2개 지자체를 통과하는 식수대로에 새로 식재된 교목의 2년 후 고사율이 34%라고 보고했다. 또한 이들은 당시의 논문을 종합 검토하고 식재 손실이 1년 후 3%에서 6~10년 후 99.5%에 이르기까지 범위가 넓다고 보고했다. Miller & Miller(1991)는 임업 프로그램이 잘 수립되어 있고 재원 조달도 잘 되는 미네소타주 3개 지자체에서의 식재 고사율을 조사했다. 3개 지자체 모두에서 첫해 고사율이 가장 높았고, 이후 감소하여 4년차에는 정상적인 감모율 1% 미만에 도달하였다. 4년 후의 생존율은 3개 지자체 모두에서 75%였고, 식재 감모의 50%는 첫해에 발생했다. 예를 들면, 수령 대신 직경급을 사용하면, 고사율은 직경 7.6 cm(3인치) 미만의 교목에서 높고, 더 큰 직경급으로 전환되는 교목에서는 더 낮으며, 이후 매우 크고/나이든 교목은 더 높은 경향이 있다. **그림 10-9**는 메릴랜드주 볼티모어의 2년에 걸친 직경급별 교목제거를 도표로 나타낸 것으로, 이들이 다항회귀선(多項回歸線, polynomial regression line)과 일치하고 있음을 알 수 있다. 따라서 Roman & Scatena (2011)는 가로수 군집의 연간 고사율은 3.5~5.1% 사이라고 말했다. 식재와 제거에 관한 역사적인 기록이 없는 경우에는, 이러한 연간 고사율에 대한 값의 범위가 교목 감모에 관한 계획을 수립할 때 근사치(近似値, first approximation)로 활용할 수 있을 것이다.

위의 계산과 모의실험(模擬實驗, simulation)은 교목의 감모가 지자체 교목에서 꽤 빠르게 회전하고 있고, 우리가 생각하고 있는 전통적인 산림 교목 순환보다 확실히 더 높은 것을 보여준

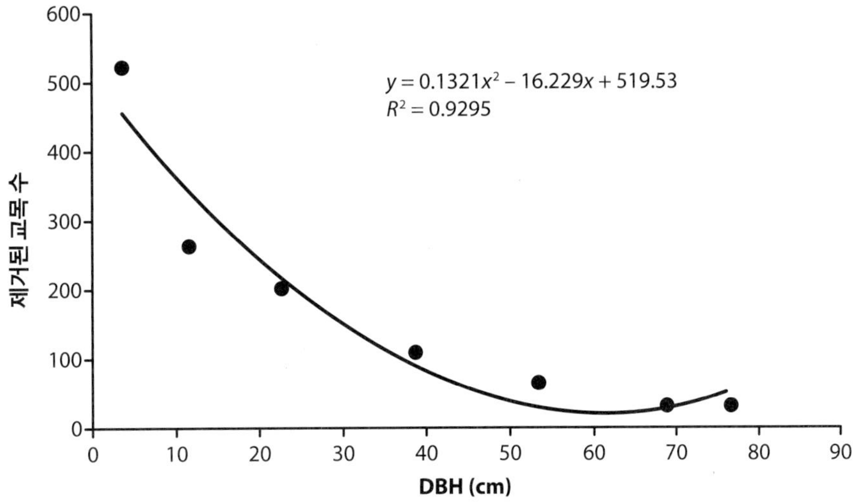

그림 10-9 1999~2001년 사이 메릴랜드주 볼티모어의 직경급별 교목 제거에 대한 다항회기. (Elsevier의 허락을 받아 Nowak, D.J., M. Kuroda, and D.E. Crane. 2004. "Tree Mortality Rates and Tree Population Projections in Baltimore, Maryland, USA." *Urban Forestry & Urban Greening* 2:139–147에서 전재.)

다. 그러나 목재용 산림 교목의 윤번령(輪番齡, rotation age)과 도시 가로에 있는 교목의 회전은 서로 비교하지 않는 것이 좋다. 새로이 갱신된 임분(林分, forest stand)은 최종 수확을 앞둔 임분보다 훨씬 많은 교목을 가지고 있을 것이다. 자연적으로 갱신된 임분에 있는 산림 교목의 중앙 수명은, 생장 공간을 두고 치열하게 경쟁하기 때문에, 도시 교목의 중앙 수명보다 훨씬 짧을 가능성이 높다.

외주 대 자체 유지관리

지자체의 서비스는 전형적으로 세 가지 방법 중 하나로 제공된다: 내부적으로(자체적), 외부적으로(계약에 의해), 또는 결합하여(자체 + 외주). 미국 도시에서는 외부 기관이나 사업체를 이용하여 지자체 서비스를 제공하는 것이 일반적이다. 테네시대학교의 Center for Business and Economic Research(2006) 보고서에 의하면, 미국 시의 약 80%가 어느 정도 수준의 서비스 외부발주(外部發注, outsourcing)를 활용하고 있는 것으로 나타났다. 세수 흐름의 감소에 대처해야 하는 지자체들은 비용을 절감하거나 효율을 높이기 위한 수단으로 외부발주를 고려해야 하기 때문에 이러한 추세는 앞으로도 지속될 것으로 보인다. 건전한 지자체 관리의 모든 분야에서와 마찬가지로, 도시 임업 관련 서비스를 자체 또는 외부 계약 둘 중 어느 방법을 통해 수행할 것인가를 결정할 때에는 사려 깊은 계획수립이 필요하다.

지자체 교목 관리는 지자체 교목에 대한 계획수립, 식재, 유지관리, 제거, 대체로 구성된다. 여기에는 일반적으로 세 가지 유형의 서비스가 가용하다: 운영(運營, management) 서비스, 조성(造成, establishment) 서비스, 유지관리(維持管理, maintenance) 서비스. 운영 서비스에는 현황조사 수행, 교목 조례 작성, 해당 지자체의 관리 계획 개발 등이 있다. 조성 서비스에는 식재 설계,

농장 재배 수목 제공, 교목 식재 등이 있다. 유지관리 서비스에는 수관 전정, 회복, 병해충 방제, 교목 제거, 그루터기 제거, 폐목재 처분 등이 있다.

계약으로 제공되는 서비스의 양은 지역적인 사고방식과 상태에 따라 전혀 하지 않는 것으로부터 사실상 모든 교목의 관리 활동에 이르기까지 폭이 매우 넓다. Robson(1984)은 시카고 주변 8개 교외 지자체의 도시 임업 프로그램에 대한 연구를 수행하여 6개 관리 활동 영역에서의 계약에 의한 서비스와 자체 서비스를 비교하였다. 그는 8개 지자체 모두 가로수 전반에 대한 서비스를 제공하고 있었는데, 제거와 식재는 대부분 계약에 의해 수행되었다. 뉴저지주의 시 임업 프로그램에 대한 비슷한 조사에서, Tate(1984)는 계약에 의한 서비스는 응답자의 70%가 활용하고 있었는데, 상위 3개 계약 항목은 제거(69%), 식재(63%), 전정(53%)이었다. 1994년 미국에서 교목 관리 비용의 21%가 계약 서비스에 지출되었고, 응답자의 절반 이상이 자신들은 계약보다 자체 작업을 선호한다고 말했다(Tschantz & Sacamano 1994).

의사 결정할 때 고려해야 하는 요소. 지자체가 외부 계약을 고려할 것인가 그리고 그렇게 한다면 어떤 서비스를 계약할 것인가에 대한 의사결정은 대개 (1) 세입 지출의 제약과 외부인에 의해 제공되는 서비스의 상대적인 비용, (2) 특정 서비스에 대한 요구 수준, (3) 요구의 관점에서 서비스를 제공하는 내부 능력, (4) 해당 서비스를 수행하는 데 필요한 기술적인 전문성, (5) 능숙하고 훈련된 외부 인력의 활용가능성 등에 의해 결정된다(Angerer 2011; Ferris & Graddy 1986).

수목관리 서비스에 대한 계약 체결 여부를 결정할 때 비용이 중요한 고려사항이다. Tate(1993)는, 외주업자들은 계약 입찰의 경쟁적인 본성으로 인해 자신의 직원들에게 지자체 공무원과 같은 수준의 복리후생(福利厚生, fringe benefit)을 제공하지 못하기 때문에, 교목 관리 서비스를 위해 내부 직원을 활용하는 것보다 외주 계약이 더 싸다는 것을 느꼈다. 또한 시 공무원들은 노동조합에 가입되어 있는데, 이는 어떤 경우에 내부적으로 더 높은 임금으로 해당 작업을 수행함으로써 관련 비용을 끌어올릴 수 있다.

만약 외주업자가 지자체 직원들보다 더 낮은 비용으로 고품질의 전문적인 서비스를 제공할 수 있다면, 선량한 책임자는 외부 외주업자를 고용하는 것이 지자체의 최선이라고 제안할 가능성이 높다. 그러나 핵심은 작업의 질이다. 어떤 경우에는, 교목 관련 서비스의 외부 계약체결을 통해 확보한 잠재적인 비용 절감이 작업의 질 저하에 의해 상쇄될 수도 있는데, 이는 심각한 반작용을 유발할 수 있다. 예를 들면, 그릇된 교목 식재와/나 전정은 해당 교목의 조기 고사와 환경적인 편익 수준의 저하로 이어질 수 있다. 최악의 경우에는, 서툰 작업은 해당 교목의 구조적인 통합성을 저하시켜 파손 위험과 지자체의 배상 책임을 증대시키는 결과를 가져올 수 있다. 그러므로 시 임정관은 시 계약을 따내는데 관심이 있는 지자체 내 민간 기업이 건전하고 수용할 수 있는 수목관리 작업을 활용하여 원하는 서비스를 제공할 능력이 있는지 여부를 확인하여야 한다. 단순히 시 계약을 최저 입찰자에게 낙찰하는 것은 공공 교목에 대한 만족할 만한 작업으로 이어지지 않을 수 있다. 따라서 작업의 최소 표준을 설정하고, 시 임정관이 수준 이하의 작업을 한다는 평판을 가진 기업을 입찰에서 배제할 수 있는 권한을 가지고 있고 계속적인 수준 이하의 작업에 대해 계약을 조기에 종료시킬 수 있는 권한이 있다는 내용과 함께, 이를 계약에 명시해야 한다. 작업의 질이 산업 표준을 충족시키고 시기적절하게 완료되는 것을 보장하기 위해, 어떤 지자체는 외부 외주업자로부터 계약체결과 동등한 가치를 가진 계약 이행 보증서(契約履行保證書, performance bond)의 제출을 요구한다. 계약 이행 보증서는 만약 외주업자가 계약서에 명시된 작업을 완료할 수 없을 경우 지자체가 재정적인 손실을 입지 않도록 보장해준다.

서비스를 외주에 의할 것인지 아니면 내부 직원에 의할 것인지에 영향을 주는 세 가지 또 다른 요소는 지자체의 규모, 특정한 문제, 장비 비용 등이다. 규모가 큰 지자체는 더 큰 작업부하(作業負荷, work load)를 가지고 있어서, 지역의 민간 기업이 수십만 그루의 교목을 관리하는 계약을 수행할 인력이나 장비를 보유하고 있지 못할 수도 있다. 따라서 일반적으로 규모가 큰 지자체는 내부 직원을 유지하는데, 이들의 활동은 더 작고 가끔은 특정한 작업에 대해서는 외부의 계약을 통해 도움을 받는다. 재앙적인 사태가 발생할 때를 대비하여 지자체의 승인을 받아서 내부 직원을 도와줄 수 있는 쉽게 활용할 수 있는 외부 협력자의 목록을 가지고 있는 것이 특히 중요하다. 폭풍우(暴風雨, wind storm)나 얼음폭풍(ice storm)이 불 때에는, 교목 피해와 이로 인한 폐기물의 양이 시 공무원이 이 문제를 제때 처리할 수 있는 능력을 초과할 수 있다. 재앙적인 사태 동안 외부 회사와의 계약 체결은 복구 처리를 용이하게 하고, 해당 지자체가 긴요한 서비스(화재와 응급의료 대응과 같은)를 시기적절하게 유지하거나 복구할 수 있는 여유를 가질 수 있게 한다. 끝으로, 몇천 그루의 교목을 가진 소도시는 교목 전정과 제거 작업을 위한 버킷 트럭(bucket truck), 파쇄기(chipper), 그루터기 마쇄기(stump grinder) 등의 구입을 정당화할 수 있을 가능성은 없지만, 이러한 장비는 이들 작업을 수행하기 위해 필요하다. 특정한 서비스(예, 그루터기 마쇄)에 대해 예상되는 연간 수요가 작거나 잦지 않다면, 필요한 장비를 보유하고 있는 외부 협력자와 계약을 체결하는 것이 더 비용 효율적일 수 있다.

고려할 수 있는 마지막 요소는 교목 관리를 넘어서 시 작업인력의 전반적인 관리에 관한 문제이다. 어떤 지자체는 직원으로부터 최대의 생산성을 확보하기 위해 계절에 따라 직원을 이 부서에서 저 부서로 이동시킨다. 같은 직원이 봄이나 가을에는 교목을 식재하고, 여름에는 공원 설비를 유지관리하고, 겨울 몇 달 동안에는 눈을 치우고 시 장비를 정비할 수 있다. 시 임정관은 계약을 통한 교목 서비스를 권고할 것인지 여부를 결정하기에 앞서 전반적인 지자체 서비스를 자세히 살펴보아야 한다. 시 당국으로서는 지자체 직원을 해고하는 것보다 입찰 공고를 하지 않는 것이 덜 고통스럽기 때문에, 예산을 삭감해야 하는 시기에는 계약이 유혹적인 표적(tempting target)이 된다는 사실에 유의하는 것도 중요하다.

제안요청서. 교목 계약의 법적인 의미는 제5장에서 살펴보았다. 그러나 계약이 체결되기 전에 잠재적인 외주업자를 찾아야 한다. 입찰자를 찾는 가장 공정한 방법은 해당 부서가 제안요청서(提案要請書, RFP/request for proposal)를 발표하는 것이다. Hoefer(1982)는 시 교목 작업에 대한 입찰에 관심이 있는 외주업자에게 다음과 같은 정보를 제공할 것을 권고한다:

1. 입찰 요청 부서
2. 해당 입찰을 제출할 곳
3. 제안서 제출 만기일
4. 예약금(豫約金, earnest money) 또는 입찰보증금(入札保證金, bid deposit)

5. 있다면, 계약이행 보증 요구
6. 있다면, 수목관리자(樹木管理者, arborist) 면허 또는 자격 요건
7. 보험 조건
8. 입찰서 작성 방법(즉, 교목별, 직경별, 전체 등)
9. 불이행 시 벌금
10. 수급인(受給人, contractee)에 대한 면책(免責, liability disclaimer)
11. 입찰의 일부 또는 전부에 대해 거절할 권리를 부여한다는 조항
12. 입찰 전 회합이 있다면 일자, 시간, 장소
13. 차별 철폐 및 동등 기회(affirmative action and equal opportunity) 요구
14. 지지체가 법적으로 요구하는 기타 조항

교목 작업에 대한 입찰에 전형적으로 사용되는 입찰 유형에는 세 가지가 있다: 단위(單位, unit), 시간과 자재(time and material), 정액(定額, lump sum). 단위 입찰은 식재 계약의 교목당 비용이나, 전정이나 제거 계약의 직경급별 비용과 같이 단위당 가격을 기준으로 한다. 시간과 자재 입찰은 시간당 비용에 사용된 자재비용을 더한 것을 기준으로 한다. 정액 입찰은 주어진 수의 교목을 전정하거나 식재하는 것과 같이 전체 과업을 수행하기 위한 단일 입찰이다. Tate(1986)는 시간과 자재 방식이 지자체는 외주업자를 더 잘 통제할 수 있고 외주업자는 입찰에서 더 경쟁적일 수 있기 때문에 도시 임업 프로그램에 가장 좋은 제도라고 생각하고 있다. 뉴욕시의 지자체 임업 계약 작업을 처음에는 단위 가격을 사용하여 수행했지만, 나중에는 낮은 비용, 높은 효율성, 더 큰 관리 유연성 때문에 시간과 자재 방식으로 변경했다(Lough 1991).

계약 체결. 시 임정관과 민간 수목관리자는 계약에 대해 협상하기 전에 개별 주 법령(state statute)에 기술된 바와 같이 미국통일상법전(Uniform Commercial Code)을 알고 따라야 한다. 계약 자체는 다섯 가지 공통적인 부분을 가지고 있다: 문서의 이름(document name), 서언(序言, introductory remarks), 전문(前文, recital), 시행 규정(operational provisions), 맺는말(closing) (Hoefer 1982).

- **문서의 이름.** 전형적인 계약 명은 ". . .를 위한 합의서(Agreement for . . .)"로 시작하고 뒤에 수행될 작업의 내용이 적시된다. 지자체 교목 계약 제목의 한 예는 "시 교목 전정을 위한 합의서(Agreement for Pruning City Trees)" 또는 "시 교목 제거를 위한 합의서(Agreement for the Removal of City Trees)" 등이다.
- **서언.** 이 항은 계약을 체결하는 당사자의 이름, 날짜, 합의 내용을 기술한다.
- **전문.** 전문은 "Whereas" 조항으로 해당 계약의 유효성을 보장하기 위해 사용된다.
- **시행 규정.** 계약서의 이 항은 수행되어야 할 일, 시작일자와 만료일자, 검사 절차, 작업 과정, 안전 수칙, 수행 작업 표준, 비용청구 절차, 불이행에 대한 벌칙 등을 기술한다. 미국국가표

준원(ANSI, The American National Standards Institute)은 여러 가지 교목 관리 작업에 대한 표준을 개발하고, 계약서에 이들 표준을 사용할 것을 권고한다.

- **맺는말.** 맺는말은 당사자가 해당 계약의 내용에 합의하여 계약서가 서명되는 곳이다.

일정계획수립

과업 배당과 장비 할당과 같은 일일 관리 활동에 대한 일정계획수립과 수행을 위한 계획된 시스템이 개발되어 개별 직원에게 전달되어야 한다. 온대지방에서는, 그 해의 계절이 가끔 매일의 현장 관리 활동을 결정한다. 이들 계절적인 일정표 내에서 이를 기준으로 주 및 일일 활동 일정이 정해진다. 예를 들면, 겨울철에는 일일 활동이 일상적인 유지관리 전정에 집중될 수 있다(**그림 10-10**). 이상적으로는, 일일 활동의 대부분은 해당 프로그램의 목표와 장기적인 목적을 달성하는 데 필요한 활동과 일치하거나, 위기 상황이 발생하면 이에 대처하는 활동이 될 것이다. 효율을 높이기 위해, 위기 상황은 위기의 내재적인 위험 수준에 상응하도록 우선순위를 부여하고 대처하는 것이 좋다. 예를 들면, 번잡한 간선도로 위로 굵은 가지가 부러졌다는 보고는 공중의 안전에 대해 높은 위험이 있기 때문에 즉시 조치해야 한다. 반대로, 공원 수풀에 있는 빈번하게 이용되지 않는 오솔길을 따라 식재된 교목의 죽은 가지는 공중의 안전에 대한 위험이 낮기 때문에 나중에 또는 앞으로 있을 해당 지역 내 작업 일정에 포함시킬 수도 있다.

Activity	J	F	M	A	M	J	J	A	S	O	N	D
교목 식재				X	X	X			X	X		
교목 전정	X	X	X				X	X	X		X	X
교목 제거	X	X	X				X	X	X		X	X
교목 관수							X	X	X			
위험 점검	X	X					X					
병해충 방제				X	X	X	X	X	X			

그림 10-10 작업 계획수립과 일정계획수립에 도움을 주기 위한 도시 임업 관리 활동 달력의 예.

행정구역을 초월하는 계획

넓은 도시 지역에서는, 지자체들이 경계를 서로 접하고 있어서, 이들의 도시 숲을 관리하는 데 대한 접근과/이나 관리할 수 있는 능력에서 차이가 많은 지자체 기관을 가진 개별 행정 구역이 연속되어 있는 것이 보통이다. 대규모 도심에서 도시화된 지역 전체를 에워싸고 있는 도시 숲으로부터의 잠재적인 편익을 효과적으로 극대화하기 위해서는, 지속가능한 도시 임업에 작용하는 제약을 지자체 수준에서는 해소해야 한다. 앞서 지적한 바와 같이, 이러한 제약은 부족한 재정, 장비, 인력, 정책, 또는 계획수립의 형태를 취할 수 있는데, 이를 지자체 간 협력을 통해 극복하는 것도 대안이 될 수 있다. Hulst & van Montfort(2012)에 의하면, 지자체 간 협력은 규모와 범위의 경제를 창출하고, 여러 장애물을 극복하며, 개별 지자체 내의 서비스, 재화(財貨, goods), 효과적인 정책에 대한 시민들의 높아가는 기대치를 충족시키는 도구가 될 수 있다. 이러한 지자체 간 협력은 비공식적인 합의(예, 장비 공유)로부터 공식적인 합의(예, 둘 또는 더 많은 지자체들 간의 계약에 의한 합의)에 이르기까지 범위가 넓다.

SEMCOG(Southeast Michigan Council of Governments)는 미시간주 내 14개 지역 계획수립 단위 중 하나이다. 1968년 미시간주에 의해 설립되어 권한을 부여받은 회원제 조직인 이 기구는 현재 7개 카운티 지역에 있는 140개 도시에 걸쳐 작업을 수행하고 있다. SEMCOG의 목적은 교통, 환경, 지역 성장, 교육 분야에서의 협력관계 개발을 용이하게 함으로써 지역의 단위 정부 내 효율성을 제고하는 데 있다. 예를 들면, SEMCOG는 각 지자체가 공원도로 교목의 구매비용을 약 10% 절감할 수 있는 지자체 간 계약서를 작성하기 위해 그로스 포인트(Grosse Pointe), 그로스 포인트 파크(Grosse Pointe Park), 그로스 포인트 쇼어즈(Grosse Pointe Shores)와 함께 일을 하였다. 그러나 Dodge(1993)는 지자체 간 협력의 참된 힘은 계획수립 과정에 있다고 주장하는데, 특히 이는 공통의 도전을 확인하고 대두되는 문제에 효과적으로 대응하기 위한 정책을 포함한 공통적인 전략을 개발하는 것과 연계되어 있기 때문이다.

결론

조직 내 더 높은 수준에서, 관리자들은 해당 지자체의 요구에 반응적이어야 한다. 그런 의미에서, 도시 임업 부서 관리자는 다른 지자체 부서(예, 공공사업 부서)의 관리자, 외부 협력자, 시 행정가들과의 의사소통 시스템을 확립하고 유지하는 것이 매우 중요하다. 공직자(公職者, public official)와 이와 관련된 행정 지시는, 어쩌면 매 선거 주기별로, 변할 수 있기 때문에 후자가 특히 중요하다. 도시 임업 프로그램의 방향과 기능에서의 일관성을 확보하기 위해, 시 임정관은 공직자의 관심을 살 수 있는 기회를 적극적으로 찾아내야 한다. 앞서 언급한 바와 같이, 시 임정관의 목적과 목표는 지자체의 그것과 다를 수 없다. 만약 이들이 서로 다르면, 임정관은 정보/교육 프로그램을 통해 지자체 목적에 영향을 미치거나, 아니면 지자체의 목적을 프로그램의 목적으로 받아들일 필요가 있다. 많은 경우, 유효한 장기 관리는 지자체 가치를 완전하게 이해하고, 이 가치에 기반을 둔 목적과 목표를 개발하며, 단기 관리 의사결정을 유도하는 데 도움이 될 수 있도록 매일같이 이 목적을 이용할 것을 요구한다.

인용 문헌

Angerer, D. 2011. "Should Your City Consider Privatization?" *Technical Bulletins.* Municipal Technical Advisory Service, University of Tennessee–Knoxville (http://trace.tennessee.edu/utk_mtastech/39).

Barker, P. A. 1976. "Planting Strips in Street Rights-of-Way: A Key Public Resource." *Trees and Forests for Human Settlements* (pp. 263–274). Toronto: University of Toronto.

Bartenstein, F. 1982. "Meeting Urban and Community Needs through Urban Forestry." In Proceedings, Second National Urban Forestry Conference (pp. 21–26). Washington, DC: American Forestry Association.

Callahan, J. C., & T. P. Bunger. 1976. "Economic Costs of Managing Street Trees on a Crisis Basis." *Trees and Forests for Human Settlements* (pp. 245–262). Toronto: University of Toronto.

Center for Business and Economic Research. 2006. *Outsourcing in State and Local Governments: A Literature Review and a Report on Best Practices* (http://www.nashville.gov/portals/0/

SiteContent/SocialServices/docs/Outsourcing_Lit_Review_Final_0926.pdf).

Dodge, W. R. 1993. "The Metropolitan Perplex: The New Intercommunity Governance." *Nation's Cities Weekly* (http://www.thefreelibrary.com/The+metropolitan+perplex%3A+the+new+intercommunity+governance.-a014706777).

Elmendorf, W. F., V. J. Cotrone, & J. T. Mullen. 2003. "Trends in Urban Forestry Practices, Programs, and Sustainability: Contrasting a Pennsylvania, U.S., Study." *Journal of Arboriculture* 29:238–248.

Ferris, J., & E. Graddy. 1986. "Contracting Out: For What? With Whom?" *Public Administration Review* 46:332–344.

Green, T. L., H. W. Schroeder, & T. J. Howe. 2002. "Community Tree Programs in Illinois: Attitudes, Status, and Needs." Final Report to the Illinois Community Tree Program Surveys.

Hager, B. C., W. N. Cannon, & D. P. Worley. 1980. "Street Tree Policies in Ohio Towns." *Journal of Arboriculture* 6(7):185–191.

Hauer, R., & D. Tutton. 2009. *Trees in Your Community: Results from a 2008 Questionnaire for the Urban Forestry Program, Wisconsin Department of Natural Resources, Division of Forestry.* Final Report Prepared for Wisconsin Department of Natural Resources, Urban and Community Forestry Program.

Hoefer, P. 1982. "Negotiating Successful Contracts and Agreements." In Proceedings, Second National Urban Forestry Conference (pp. 233–237). Washington, DC: American Forestry Association.

Hulst, J. R., & A. J. G. M van Montfort. 2012. "Institutional Features of Inter-Municipal Cooperation: Cooperative Arrangement and Their National Contexts." *Public Policy and Administration* 27:121–144.

Kalmbach, K. L., & J. J. Kielbaso. 1979. "Resident Attitudes toward Selected Characteristics of Street Tree Planting." *Journal of Arboriculture* 5(6):124–129.

Kielbaso, J. J., & V. Cotrone. 1990. "The State of the Urban Forest." In Proceedings, Fourth Urban Forestry Conference (pp. 11–18). Washington, DC: American Forestry Association.

Lobel, D. F. 1983. "Managing Urban Forests Using Forestry Concepts." *Journal of Arboriculture* 9(3):75–78.

Lough, W. B. 1991. "Contracting for Urban Tree Maintenance." *Journal of Arboriculture* 17(1):16–17.

Maco, S. E., & E. G. McPherson. 2002. "Assessing Canopy Cover Over Street and Sidewalks in Street Tree Populations." *Journal of Arboriculture* 28:270–276.

Miller, R. H., & R. W. Miller. 1991. "Planting Survival of Selected Street Tree Taxa." *Journal of Arboriculture* 17(7):185–191.

Nelson, D. 2012. Personal communication. City Forester, Kenosha, Wisconsin.

Nighswonger, J. 1982. "Urban-Community Forestry, Any Which Way You Can." In Proceedings, Second National Urban Forestry Conference (pp. 317–321). Washington, DC: American Forestry Association.

Nowak, D. J., M. Kuroda, & D. E. Crane. 2004. "Tree Mortality Rates and Tree Population Projections in Baltimore, Maryland, USA." *Urban Forestry & Urban Greening* 2:139–147.

Nowak, D. J., J. R. McBride, & B. A. Beatty. 1990. "Newly Planted Street Tree Growth and Mortality." *Journal of Arboriculture* 16(5):124–129.

Polanin, N. 1991. "Removal History and Longevity of Two Street Tree Species in Jersey City, New Jersey." *Journal of Arboriculture* 17(10):303–305.

Portland Parks & Recreation. 2003. *Portland Urban Forestry Management Plan 2004.* Resolution 36189. Portland, OR: Portland Parks & Recreation.

Robson, H. L. 1984. "Urban Forestry in the Chicago Suburbs." *Journal of Arboriculture* 10(4):113–116.

Roman, L. A., & F. N. Scatena. 2011. "Street Tree Survival Rates: Meta-Analysis of Previous Studies and Application to a Field Survey in Philadelphia, PA, USA." *Urban Forestry & Urban Greening* 10:269-274.

Sass, L., R. Hildebrandt, & S. Key. 2010. *Illinois Urban and Community Tree Programs: An Update of the Protection, Care, and Management of Our Urban Forests* (INHS Technical Report 2010 [52]). Champaign, IL: Illinois Natural History Survey.

Schroeder, H., & P. Appelt. 1985. "Public Attitudes toward a Municipal Forestry Program." *Journal of Arboriculture* 11(1):18–21.

Schroeder, H. W., & W. N. Cannon Jr. 1982. "The Contribution of Trees to Residential Landscapes in Ohio." In Proceedings, Annual Meeting of the Society of American Foresters (pp. 333–335).

Schroeder, H. W., & W. N. Cannon Jr. 1987. "Visual Quality of Residential Streets: Both Street and Yard Trees Make a Difference." *Journal of Arboriculture* 13(10):236–239.

Sievert, R. 2011. Personal communication. City Forester, Minneapolis, Minnesota.

Sturm, W. 2011. Personal communication. City Forester, Oshkosh, Wisconsin.

Tate, R. L. 1984. "Municipal Tree Management in New Jersey." *Journal of Arboriculture* 10(8):229–233.

Tate, R. L. 1986. "Contracting for City Tree Maintenance Needs." *Journal of Arboriculture* 12(4):97–100.

Tate, R. L. 1993. "How to Compete for Budget Dollars by Privatizing the Tree Care Operation." *Journal of Arboriculture* 19(1):44–47.

Thompson, R. P. 2006. *The State of Urban and Community Forestry in California: Status in 2003 and Trends Since 1988* (Technical Report No. 13). San Luis Obispo, CA: Urban Forest Ecosystems Institute.

Treiman, T., & J. Gartner. 2004. "Community Forestry in Missouri, U.S.: Attitudes and Knowledge of Local Officials." *Journal of Arboriculture* 30:205–213.

Tschantz, B. A., & P. L. Sacamano. 1994. *Municipal Tree Management in the United States.* Kent, OH: Davey Tree Expert Company.

Wisconsin Department of Natural Resources. 2011. *A Technical Guide to Developing Urban Forestry Strategic Plans and Urban Forest Management Plans.* Madison: Wisconsin Department of Natural Resources.

Wolf, K. 2005. "Business District Streetscapes, Trees, and Consumer Response." *Journal of Forestry* 103(8):396–400.

Zhang, Y., B. Zheng, D. Laband, & J. L. Sibley. 2007. "Public Attitudes toward Urban Trees and Supporting Urban Tree Programs." *Environment and Behavior* 39:797–814.

제11장

가로수 관리:
식재

일리노이주 시카고

제10장에서 가로수 관리를 지역사회 어메니티를 제공하기 위해 공공 통행로(公共通行路, right-of-way)에 교목 군집을 조성하고 유지관리하는 것으로 정의했다. 가로수 관리 프로그램의 전반적인 목적은 발생하는 비용 대비 해당 군집으로부터 최고의 편익을 확보하는 것이다. 교목의 가치는 가로수 관리에서 중요한 개념이다. 도시 숲의 집단가치(集團價値, collective value)를 평가하기 위해 수많은 방법이 개발되었다. 이들에 대한 계산은 제13장에서 소개하고 있는데, 이는 의사결정자들에게 도시 숲 관리 전략을 평가하고/거나 교목 조성과 유지관리와 관련된 비용을 정당화하는 기회를 제공한다. 경관 교목의 화폐적인 가치를 결정하는 교목/경관감정인협의회(CTLA, Council of Tree and Landscape Appraisers)의 방법은 교목의 위치, 수종, 상태를 고려한다(제5장). 이들 요소는 가로수와 관련이 있기 때문에, 이들은 상당한 관리 통제하에 있다. 시 임정관은 식재될 위치와 수종을 선정하고 관리를 통해 교목의 상태에 영향을 미친다. 정상적인 가로수와 공원수 현황조사 절차하에서 상태 등급은 쉽게 추정될 수 있다는 것에 유의해야 한다. 따라서 가로수 현황조사를 통해 생성된 자료로부터 얻은 CTLA 가치는 도시 숲을 집단적으로 구성하는 개별 교목의 가치에 대한 추정치이다. 반대로 교목 사정 중에 상태 등급을 평가하는 것은 교목 생장과 건강에 영향을 미치는 부지 요소와 교목의 모든 구조적인 구성요소를 자세하게 조사하는 철저하고 시간이 많이 필요한 과정이다.

관리 의사결정에 교목의 화폐적인 가치를 사용하는 것은 해당 지자체가 가로수 군집을 소중하게 생각한다는 것을 의미하고, 이것이 도시 임업 프로그램이 처음부터 존재하는 이유이다. 그러나 항상 그런 것은 아니다. 최근 공공 교목으로 인해 많은 비용이 발생하였거나(예, 호리비단벌레, 얼음폭풍이나 폭풍우 등), 심각한 예산 제약을 경험하고 있는 지자체들은 가로수에 대해 낮거나 부정적인 태도를 가질 수도 있다. 이러한 상황하에서, 주민들, 공공 행정가, 도시 숲 관리를 책임지고 있는 기관들 사이에 지역사회의 요구와 가치에 대한 명확한 이해를 공유하는 것은 매우 중요한 것이다. 이 장과 제12장의 교목 가치에 관한 고찰은 해당 지자체가 가로수를 소중하게 생각하고 선출직 공무원과 정책 위원회가 효과적인 정보/교육 프로그램을 통해 교목 군집의 화폐적, 생태적, 어메니티적 가치를 잘 알고 있다고 가정한다.

일단 가로수 프로그램에 대한 목적이 설정되면, 관리 계획은 이러한 목적에 어떻게 도달할 것인가를 기술해야 한다. 전반적인 가로수 관리 프로그램은 수종 선택, 구매, 실제 식재; 전정, 시비(施肥, fertilization), 보호를 포함한 일정계획된 또는 계획되지 않은 유지관리; 필요한 경우 제거, 처분, 대체 등을 포함한 교목의 조성으로 구성되어 있다.

가로수 조성

가로수는 지자체 임업 부서, 인접한 토지 소유자, 서비스 단체에 의해, 또는 단체와/나 개인의 협력적인 노력을 통해 녹지대(綠地帶, tree lawn)에 식재된다. 교목 식재 활동은 모든 교목이 개인의 노력에 의해 식재되는 지자체로부터 모든 식재가 지자체의 임업부서에 의해 수행되는 지자체에 이르기까지 다양하다. 그러나 대부분의 지자체는 가로수 조성을 위해 공공과 개인의 노력을 어느 정도 결합하는 방식을 택한다. 이들 프로그램이 무엇이든, 교목 조례(喬木條例, tree ordinance)는 녹지대의 모든 식재에 대해 지자체의 통제를 규정하고 이 통제를 강제하는 허가 제도를 확립하는 것이 좋다. 법적인 관점에서, 녹지대는 공공 통행로에 있고, 대부분의 지자체에서 지방정부는, 누가 식재했느냐와 무관하게, 녹지대에 있는 모든 교목에 대해 궁극적으로 책임을 진다.

수종 선정

가로수 식재 프로그램의 첫 단계는 적절한 승인된 교목 수종 목록을 개발하는 것이다. 궁극적으로 이 목록은 다양한 범위에 작용할 것이다. 지자체 전체 범위에 대해, 이는 해당 도시 숲의 바람직한 구성을 규정하고 지시한다. 더 작은 범위에서는, 광범위한 개인 식재 부지와 여건에 적합한 교목 수종을 선택하는데 유연성과 방향을 제시한다. 순수하게 기계론적인 관점에서 보면, 승인된 교목 수종은 가끔 가로수 조례 내에서 참고용이거나 조례에 포함되지 않는다. 참고용인 경우 시 임정관은 공식적으로 가로수 조례를 개정하지 않고도 해당 목록을 갱신할 수 있는 권한을 가진다. 승인된 교목 수종 목록에 더하여, 금지된 교목 수종 목록도 개발하는 것이 좋다. 금지된 교목 수종은 해당 도시 숲에 들어오는 것이 부적당하다는 공개된 기록으로서의 기능이 있다. 금지된 교목 수종 목록은 이들 수종의 부정적인 속성이 예측할 수 있는 장래에 제거될 가능성이 낮기 때문에 가로수 조례에 더 자주 포함된다. 적극적이고 광범위한 교목 식재 허가 절차를 가진 지자체에서는, 승인 및 금지된 교목 수종 목록이 종종 식재 절정기가 시작되기 전에 다양한 매체를 통해 공중에게 공개된다.

아마 승인된 교목 수종 목록만큼 중요한 것은 연 1회 또는 2회 바람직한 식재 교목 수종 목록을 개발하는 것이다. 느릅나무시듦병의 영향에도 불구하고, 많은 지자체의 가로수 구성은 여전히 상대적으로 적은 수의 교목 수종으로 구성되어 있다. 도시 환경 내에서 이들 수종이 성공적인 것으로 입증됨에 따라, 꽤 자주 이들과 매우 유사한 수종이나 이들의 품종(品種, cultivar)이 승인된 가로수 수종 목록에 포함될 것이다. 이처럼 이들 수종이 앞으로도 포함될 가능성이 높음에 따라, 수종 다양성을 높이려는 노력이 방해를 받을 가능성이 높다(이 장 뒤쪽 다양성과 안정성에 관한 고찰 참조). 이미 가로수 군집에서 높은 비율을 차지하고 있는 교목 수종을 계속 식재하는 경향을 극복하는 방법은 승인된 목록에서 다가오는 식재 주기에 사용될 교목의 부분집합(部分集合, subset)을 개발하는 것이다. 가로수 현황조사로부터 생성된 자료는 각 교목 수종에 대한 군집 한도를 설정하고 바람직한 교목 수종 식재 목록의 구성을 제시하는 데 사용할 수 있다.

승인된 교목 수종 목록과 개별 부지에 대한 수종을 선정하는 과정은 수종 선정 모델을 사용하면 도움이 될 수 있다(**그림 11-1**). 이 모델에는, 세 가지 주된 요소가 수종 선정에 영향을 미친다: 부지(敷地, site), 사회적(社會的, social), 경제적(經濟的, economic).

부지 요소. 부지 요소는 재배적(栽培的, cultural) 및 환경적(環境的, environmental) 제약(制約, constraint)으로 구성된다. 재배적 제약은 인공적인 구조물과 인간 활동에 의해 유발된 해당 부지

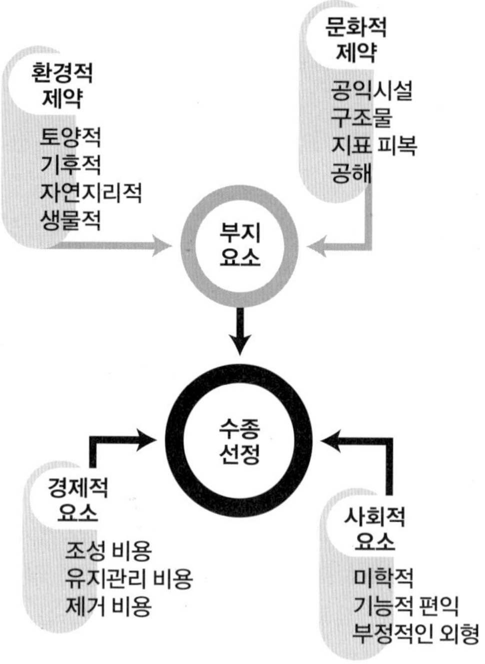

그림 11-1 수종 선정 모델.

의 물리적인 제한을 의미한다. 여기에는 지상과 지하의 공익시설; 건물의 크기, 형태, 근접성; 단단한 지표면의 존재, 유형, 크기를 포함한 녹지대의 폭; 오염물질 등이 있다. 지상의 공익시설은 수관 발달을 제한할 수 있고, 지하의 공익시설은 식재부지에 교목을 배치시키는 것을 제한한다. 뉴올리언스주 가로수에 대한 조사 결과, 가공 전선(架空電線, overhead wire)으로 인한 반복적인 강도 높은 전정이 불량한 교목 상태와 강한 상관관계가 있는 것으로 나타났다(Talarchek 1987). 지상 공익시설 근처에 가로수를 식재하는 설계를 할 때, Bloniarz & Ryan(1993)은 교목/전선의 충돌을 피하고 더 좋은 질의 교목 군집을 제공하기 위해 교목 식재 후퇴(後退, setback), 천천히 자라고 작게 성숙하는 수종 또는 원추형 변종(變種, variety)을 활용할 것을 권고했다(**그림 11-2**). 마찬가지로, 지상과 지하 구조물과의 충돌은 교목의 발달을 방해할 수 있고 교목으로부터 얻는 순 편익(純便益, net benefit)을 감소시킬 수 있는 추가적인 유지관리가 필요할 수 있다. 만약 올바르게 선정되면, 구조물 가까이 식재된 수종은 빈번하고 비용이 들어가는 전정을 하지 않고도 정상적인 수관을 발달시킬 수 있을 것이다. 예를 들면, 캘리포니아주 도시와 지자체 임업의 현상에 관한 보고에 의하면, 생장 공간의 제약이 수종 선정을 지배하는 영향력이 가장 큰 단일 요소이며, 이로 인해 성숙한 수관의 크기가 작은 교목을 사용하는 경향이 현저하게 증가한 것으로 나타났다(Thompson 2006).

근처 건조물과 건물의 후퇴 거리는 수관 발달과 관련된 선정에 영향을 준다. 수관을 펼치는 키가 큰 수종은 주변이 2층에서 3층 주택으로 된 지역에 가장 큰 미학적 효과와 환경적인 편익을 주겠지만, 좀 더 작은 수종은 단층 주택으로 된 가로에 더 적합할 것이다. 건물 후퇴가 적거나 없는 좁은 가로는 제한적인 공간을 제공하여 원주형(圓柱形, columnar) 수종이 가장 적합할 수 있다(**그림 11-3**).

Clark & Kjelgren(1989)은 수종을 선정할 때, 특히 일사 부하(日射負荷, radiation load), 기온, 수분 가용성, 토양 부피(soil volume)에 관한 상세한 부지 분석을 권고한다. 교외의 가로에 잘 자라는 수종이 미기후(微氣候, microclimate)로 인한 스트레스가 극심하고 토양 부피가 제한적인 도심 상업지구의 고립된 보도에는 적응하지 못할 수도 있다.

녹지대의 폭은 수종 선정에 강하게 영향을 미칠 것이다. 보도와 보차도경계석(步車道境界石, curb)에 대한 적지 않은 피해는 녹지대가 너무 좁은 곳에 식재된 빨리 자라고, 직경이 굵고, 뿌리를 얕게 뻗는 수종 때문에 발생할 수 있다(**그림 11-4**). Wager & Barker(1983)는 좁은 녹지대에는 성숙된 크기가 더 작은 천천히 자라는 수종을 식재할 것을 제안한다. 이들은 이러한 특성을 가진 품종을 번식할 것을 권고하고, 또한 수종 내에서도 피해에 대한 변이가 있다고 보고한다. 반대로,

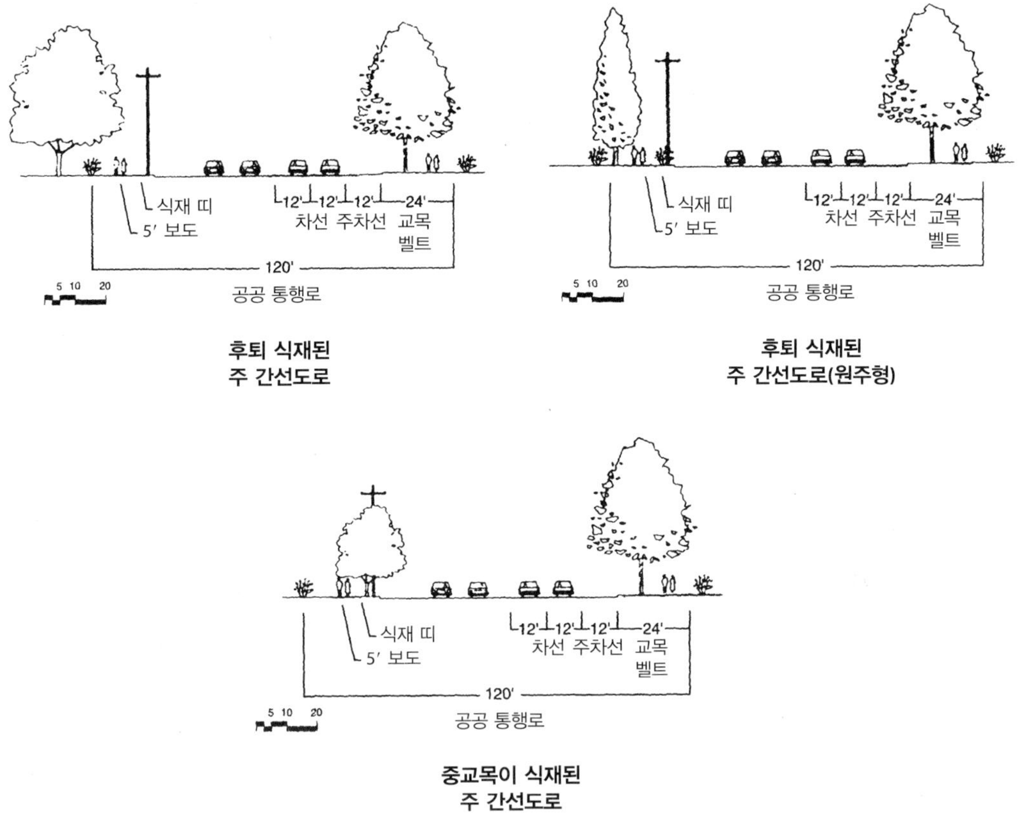

그림 11-2 교목과 전선을 조화시키기 위한 설계 대안(Bloniarz & Ryan 1993).

훨씬 더 큰 교목을 수용할 수 있는 식재 띠에 상투적으로 소교목을 식재하는 것은 도시 숲으로부터 얻을 수 있는 삼새적인 환경적 편익의 수준에 부정적인 영향을 미칠 수 있다.

대기 오염은 대부분의 대도시에서 고질적이다. 지자체 전반을 통해 오염물질(汚染物質, pollutant)의 유형과 수준을 확인하고 측정한 다음 식재할 수 있는 저항성 수종을 선정해야 한다. 많은 대도시에서 대기 오염물질은 지역별, 강도별로 지도가 작성되어 있고, 이 정보는 지역 오염 모니터링 기관에서 구할 수 있다. 북쪽 지방에서는 해빙염(解氷鹽, deicing salt)을 도로로부터 녹지대나 경관으로 치우는 것이 토양과 교목 모두에게 부정적인 영향을 미칠 수 있다. 해빙염 적용이 겨울철 도로 관리의 표준인 지역의 가로에는 염에 민감한 교목 수종을 피하는 것이 좋다. 그러나 토양 내 과도한 염이 축적되어 있고/거나 지상이 해빙염에 장기적으로 노출되어 있으면 해당 부지를 점하고 있는 교목은 수종에 관계없이 피해를 유발할 수 있다. Pedersen 등(2000)은 교목과 도로변 가장자리 사이 거리를 늘리는 것이 해빙염으로 인한 잠재적인 피해를 줄이는 데 가장 효과적인 수단이었다고 주장하였다.

수종 선정에서 부지 요소로서의 환경적 제약은 해충, 병, 기후와 미기후, 토양으로 구성된다. 도시 교목은 시골 교목보다 훨씬 더 스트레스에 크게 노출되어 있다. 산림에서는 중요성이 낮은 해충과 병 문제가 도시 환경에 의해 스트레스를 받는 교목에게는 큰 문제가 될 수 있다. 새로이 시장에 나온 종이나 품종을 광범위하게 식재하기 전에 해충과 병 문제가 발생할 가능성을 확인하기 위해 현장 실험(現場實驗, field test)을 해야 한다.

선정된 수종은 식재될 기후대에 대한 내한성이 있어야 한다. 도시 내에서의 열섬(heat island) 효과 때문에, 교목이 타고난 내한성 한계의 범위를 초과하는 경향이 있다. 그러나 더 추운 내한성 지역에서 어떤 교목을 죽이는 것은 평균적인 겨울이 아니라 주기적인 평균 기온을 하회하는 가혹한 겨울이며, 이로 인해 광범위한 교목 손실이 발생할 수 있다. 미기후의 존재도 개별 부지별로 중요하다. 예를 들면, 도시 지역은 봄과 가을철에 높은 고사율을 나타낼 수 있는 서리 주머니(frost pocket)가 있을 수 있다. 마찬가지로, 도시에는 건물로부터의 빛 반사(light reflection)로 인해 기온이 더 높고 증발산속도(蒸發散速度, evapotranspiration rate)가 빠른 지역이 있어서, 이것이 해당 지역에 대한 올바른 수종 선정에 영향을 미친다.

도시 토양은 시골 토양과 다르다. 이들은 일반적으로 고도로 교란되어 있고, 가끔 부피 측면에서 심각하게 제한되어 있고, 크게 답압되어 있을 가능성이 높고, 화학적으로 변성되어 있고, 표토(表土, topsoil)가 부족하고, 건축 폐기물(建築廢棄物, building debris)을 내포하고 있고, 콘크리트나 아스팔트로 피복된 경우가 많다. 교목 수종은 자신이 선호하는 토양 유형(土壤類型, soil type)과 자신이 견딜 수 있는 토양 조건(土壤條件, soil condition)에 따라 달라질 수 있다. 따라서 필요한 토양 부피, 선호하는 토양의 물리적 화학적 성질의 범위, 지하 생물학적 군집(群集, association)에 대한 이해가 수종 선정 의사결정을 하는 데 도움을 줄 수 있다. 교목과 이들의 토양과의 상호작용에 관련된 문제를 전체적으로 다루는 것은 이 책의 범위를 벗어나는 것이지만, 토양 부

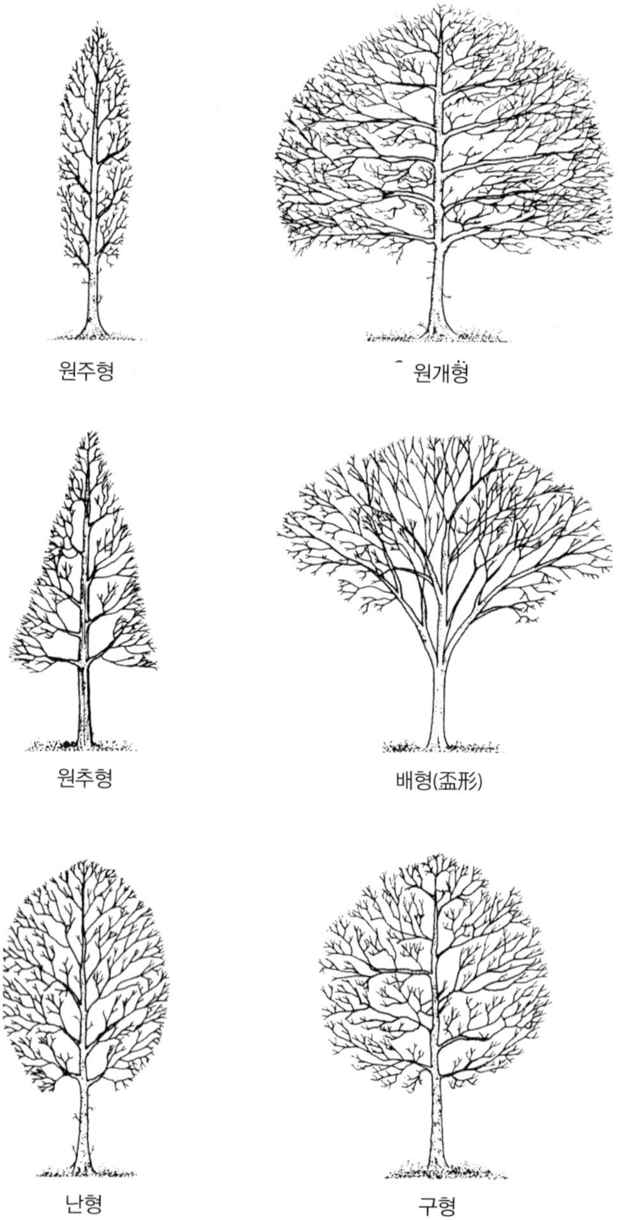

그림 11-3 전형적인 녹음수 수형(New Jersey Federation of Shade Tree Commissions).

그림 11-4 교목 뿌리에 의해 들어 올려진 보도. (William Fountain, University of Kentucky, Bugwood.org 제공.)

피에 관한 문제는 이 장의 후반에 다룰 예정이다. 도시 토양의 성질과 토양 분석 및 교정에 관해 자세히 알고 싶은 독자는 *Urban Soil Primer*(Scheyer & Hipple 2005)와 *Arboriculture: Integrated Management of Landscape Trees, Shrubs, and Vines*(Harris 등 2004)를 참고하기 바란다.

사회적 요소. 사회적 요소에는 이웃과 지역사회의 가치, 기능적 유용성(機能的有用性, functional utility), 수종의 아름다움, 공중의 안전, 부정적인 사회적 외부효과(社會的外部效果, social externality) 등이 있다. 공공 교목에 대한 태도는 이웃별, 지역사회별, 지역별, 인종적인 배경별로 서로 다를 수 있다. 이웃, 지역, 지역적인 가치를 아는 것은 가로수 수종을 선정하는 데 매우 중요하다. 서로 다른 인종 집단은 때로는 서로 다른 수종을 선호할 수 있다. 예를 들면, 위스콘신주 밀워키의 어떤 이웃 주민들은 피나무 꽃으로 와인을 담그는 인종적인 풍습 때문에 피나무류(*Tilia* spp.)만 식재한다.

기능적인 유용성에는 난방과 냉방 비용 감축, 빗물과 오염물질 가로채기와 같은 생태적 공학적 기능이 있다. 또한 여기에는 옥외 안락함과 관련된 미기후 조절, 부동산 가치 증대, 야생동물 서식지와 다양성 제고 등이 포함된다. 일반적으로 기능적인 유용성은 수관면적(樹冠面積, canopy area) 더 구체적으로는 엽면적(葉面積, leaf area)과 긍정적인 상관관계가 있다.

교목 미학(美學, aesthetics)은 주관적인 평가이기 때문에 사람에 따라 차이가 있을 것이다. 앞 장에서 고찰한 바와 같이, 도시 주민들은 대교목이 늘어선 가로를 선호한다. 성숙한 후의 크기는 생육 공간에 의해 제약을 받지만, 과도한 유지관리 없이도 해당 공간을 완전하게 활용하는 수종이 높은 우선순위를 차지해야 할 것이다. 보행자와 자동차 통행을 위한 전정 표준이 교목 조례에 규정되어 있고, 이는 매력적인 교목이 무엇인가에 대해 가로수의 외관과 지역사회 가치 모두에 영향을 미친다. 수종을 선정할 때 다른 미학적 고려에는 계절적인 잎의 색깔, 잎의 크기, 가지를 뻗는 습성, 꽃, 수피, 잔가지 색깔, 수관 형태, 성목의 크기 등이 있다.

공중 안전은 가로수 선정에서 매우 중요하다. 올바르고 계획된 전정에 더하여, 가지 부착 각도, 목재 강도(木材强度, wood strength), 부후 저항성 등은 강풍과 얼음 폭풍에서 개별 교목 수종의 파손 감수성에 영향을 미친다(**그림 11-5**). 크거나 유독한 열매, 가시, 알레르기원(-源, allergen) 방출 등의 문제가 있는 수종은 수종 선정을 통해 회피할 수 있는 공적인 관심사(public concern)들이다.

부정적인 사회적 외부효과는 공중의 안전을 위협하지는 않지만 해당 교목에 대해 공중의 불만이 발생하는 요소들이다. 과도한 결실(結實, fruiting), 오래 지속되는 많은 양의 낙엽, 떨어지는 수피, 과도한 근맹아 발생, 고약한 냄새 등은 모두 가로수로서 바람직하지 못한 수종이다. 유해한 야생동물과 자동차에 감로(甘露, honeydew)를 떨어뜨리는 진딧물(aphid)과 같은 해충을 유인하는 수종은 피해야 하고, 짙은 그늘을 만들어 잔디를 죽이는 조밀하고 잎이 많은 수관을 가진 수종도 마찬가지다.

경제적 요소. 경제적 요소에는 활착(活着, establishment), 유지관리, 제거 비용 등이 포함된다. 가로수 조성의 경제성에는 구매와 식재 비용은 물론 주어진 활착 기간에 걸친 교목 수종의 생존도 고려해야 한다. 활착 기간은 이식과 관련된 고사율이 정상적인 감모 수준으로 떨어지는 데 필요한 기간이다. 제10장에서 고찰한 바와 같이, 연구에 의하면 미국의 북부지역에서 가로수가 완전히 활착되는데 약 4년이 걸리는 것으로 나타났다. 생물학적 관점에서, 활착 기간의 길이, 어떤 면에서는

그림 11-5 폭풍 피해를 입은 가로수. (사진: ValeStock/Shutterstock.com 제공.)

활착 기간 동안의 생존율은 이식되는 교목의 크기에 의해 영향을 받는 것으로 보인다(Gilman 등 1998; Struve 등 2000). 일반적으로 활착 기간의 길이는 이식되는 수간 직경에 정적 상관관계(正的相關關係, positive relationship)가 있는 반면, 생존은 이식되는 수간 직경에 부적 상관관계(否的相關關係, negative relationship)가 있다.

장기적으로 보면, 높은 고사율을 가진 싼 교목 수종보다 높은 생존율을 가진 비싼 교목 수종을 구입하는 것이 더 경제적일 수 있다(**표 11-1**). 활착 기간 동안 수종의 유지관리 요구에 관해 비슷한 경제성 평가를 할 수 있는데, 활착 기간 동안 빈번한 유지관리가 필요한 값싼 수종이 장기적으로는 비용이 더 들어갈 수 있다.

교목의 상태(狀態, condition)와 생장 속도(生長速度, growth rate)는 개별 교목의 대체 가치와 도시 교목으로부터 얻을 수 있는 환경적 편익의 크기에 영향을 미친다. 따라서 이들 요소도 수종 선정 과정에 포함되어야 한다. 만약 가치가 높은 교목 군집이 관리 목표라면, 활착 기간 말에 높은 상태 가치와 양호한 생장 속도를 가진 수종이 낮은 상태 가치와 크기를 가진 종보다 더 높은 순 가치를 가질 것이다(**표 11-2**). 마찬가지로, 수관 기준으로 환경적 편익을 극대화하는 것이 목표인 도시 숲 관리도 식재될 교목 수종에 강한 영향을 미칠 것이다. 예를 들면, 오래 살고, 빨리 자라고, 최소량의 유지관리만 필요하고, 기능적인 수명이 끝날 때 상업적인 가치를 가지고 있는 교목은 더 오랜 기간에 걸쳐 더 많은 대기 중 탄소를 격리시킬 것이다.

새로이 식재된 교목에 대한 반달리즘(vandalism)이 문제인 지역에는 목재가 강한 수종을 식재하는 것이 좋다. 대부분의 반달리즘은 어린이들에 의해 발생하기 때문에, 피나무류(*Tilia* spp.)보다 미국주엽나무(*Gleditsia triacanthos* var. *inermis*)가 훨씬 더 부러뜨리기 어려울 것이다. 일반적으로 큰 나무를 심으면 반달리즘에 더 저항적이겠지만, 큰 식재 교목이 반달리즘을 저지시키는 편익이 활착 기간의 길이가 증가하고 생존율이 떨어지는 것을 상쇄하지 못한다.

유지관리 비용은 수종과 부지 상태에 따라 크게 차이가 날 수 있다. 가로수는 전정 비용과 관련하여 자신들의 가치를 최고로 유지하기 위해서는 규칙적인 주기로 전정할 필요가 있다(Miller

표 11-1 두 수종의 교목당 최종 활착 비용 비교

	수종 A	수종 B
교목당 구입 가격	$100.00	$150.00
교목당 식재 비용	50.00	50.00
기타 활착 기간 5년 동안 유지관리	+ 100.00	+ 100.00
교목당 총 활착 비용	$250.00	$300.00
식재된 교목 총수	× 100	× 100
총 식재 비용	$25,000.00	$30,000.00
5년 후 생존율	60%	80%
생존 교목 수	60그루	80그루
생존 교목당 비용	$416.67	$375.00

결론: 수종 A가 낮은 비용으로 시작했지만, 생존 교목당 비용 기준으로 평가해보면 수종 B가 더 나은 선택이다.

표 11-2 4년 후 두 수종의 순 가치 비교

	수종 A	수종 B
교목 직경	10 cm(4인치)	8 cm(3인치)
대체에 의해 결정된 기본 가치[a]	$430.00	$290.00
수종 등급	90%	90%
상태 등급	80%	60%
위치 등급	70%	70%
총 가치	$217.00	$109.00

결론: 두 수종은 활착하는 데 동일한 비용이 들어가지만, 수종 A가 부지 조건에 더 잘 적응하고 더 빨리 자라서 더 높은 상태 등급을 나타냈다. 물론 이는 두 수종이 활착할 때 초기 상태가 동일하였다는 것을 가정한 것이다.

[a] 기본 가치는 CTLA(2000)의 *Guide for Plant Appraisal*을 사용하여 계산하였다.

& Marano 1986). 원하는 성숙된 수형을 확보하기 위해서는 빈번하고/거나 집중적인 전정이 요구되는 수종은 유지관리하는 데 비용이 더 들어가기 때문에 향후 엄청나게 많은 전정 예산이 필요할 것이다. 해충과 병 문제는 방제하는데 비용이 많이 들기 때문에 도시의 가로에 사용할 수 있는 수종에서 제외될 수 있다. 유전적으로 가지 부착 각도가 좁은 수종은 찢어질 가능성이 높아서 보강 시스템(support system)을 설치할 필요가 있을 수 있다. 성숙하면 크게 되는 교목을 지지하는 뿌리 판은 보도와 보차도경계석을 들어 올릴 수 있어서 콘크리트가 교체될 때 뿌리 절단이 필요할 수도 있다.

제거 비용은 몇 가지 요소에 따라 다를 수 있다: 수고(樹高, tree height), 수관 폭, 인접한 구조물과 공익 시설. 성목의 크기가 큰 수종은 제거하는 데 더 많은 비용이 소요될 것이며, 이는 큰 교목에 대한 지역사회의 선호도에 역행하는 가중치를 부여해야 한다. Kalmbach & Kielbaso(1979)는 미시간주의 3개 시 거주자들은 7.6 m(25피트)가 넘는 교목을 선호했지만, 이 크기의 교목은 다른 많은 수종의 잠재적인 성목 크기와 비교하면 그렇게 큰 것이 아니라고 보고했다. 수관 폭과 구조물 및 공익시설에 대한 근접성도 제거 비용에 영향을 미쳤다. 넓은 수관 폭을 가진 수종은 이들이 구조물과 가공 전선에 인접해 있기 때문에 제거하는 데 더 어려운 경우가 많다. 반대로, 수관 폭이 넓은 수종은 더 큰 그늘을 제공하여 미기후 조절 능력이 더 컸다.

생태적으로 그리고 경제적으로 효과적인 승인된 수종 목록은 일반적으로 기록관리가 잘 되고 있다. 이상적으로, 지자체들은 부지 특성(예, 녹지대 폭, 공익시설 등), 수종의 실적(예, 생존율), 관련된 유지관리 요구(예, 전정 빈도, 병해충 방제 등) 등을 나타내는 일련의 척도를 이용하여 가로수 정보를 수집한다. 이러한 정보는 시 임정관이 해당 지자체의 도시 임업 목적과 재정적인 건전성 입장에서 개별 교목 수종의 전반적인 실적을 평가할 수 있게 한다.

다양성과 안정성

응용적인 의미에서, 다양성(多樣性, diversity)은 주어진 부지를 점유하고 있는 서로 다른 유기체의 수와 상대적인 풍부도의 측도이다. 보다 이론적인 측면에서, 다양성은 어떤 생태계 내의 에너지와 자원의 흐름에 있어서의 효율성과, 이의 혼란과 변화에 저항하는(안정성으로 알려진) 타고난 능력을 설명하기 위한 측정 기준이다. 어떤 생태계 내부의 다양성 증가는 더 높은 효율성과 기능적인 과정, 종 구성, 생태계 구조에서 변화에 대한 저항성이 향상되는 결과를 가져오는 경향이 있다. 반대로, 낮은 다양성을 가진 생태계는 효율이 낮고 외부 요인에 의해 유발된 변화에 더 감수성인 경향이 있다.

도시 숲 내부에서, 미국에서의 느릅나무시듦병(*Ophiostoma ulmi*; *O. novi-ulmi*) 도입으로 인한 미국느릅나무(*Ulmus americana*) 황폐화는 다양성과 변화에 대한 저항성의 관계를 매우 효과적으로 보여주었다. 19세기 후반에서 20세기 초입까지, 미국느릅나무는 도시 환경에 내성이 있고, 토착 해충과 병에 거의 영향을 받지 않았고, 매우 바람직한 구조적인 수형으로 크게 자랐으며, 식재하고 유지관리하는 데 경제적이었기 때문에 북미에서는 가로수로 가장 선호되는 수종이 되었다. 이에 따라 이 수종은 많은 가로수 군집 내에서 거의 단일재배(單一栽培, monoculture)를 이룰 정도의 밀도로 식재되었다. 그러나 느릅나무시듦병은 미국에서 비자생적인 곰팡이 병원체이고, 미국느릅나무는 이 병원체와 싸울 타고난 저항 수단을 가지고 있지 못했다. 이로 인해 느릅나무시듦병의 우연한 도입은 가로수 군집을 우점하고 있던 미국느릅나무의 재앙적인 폐사율로 이어지는 치명적이고 급속한 확산을 유발하였다.

느릅나무시듦병의 충격은 많은 북미 도시 숲의 역사적인 구성과 구조를 철저히 그리고 완전히 변화시켰고 도시 숲이 어떻게 개발되고 유지관리되어야 하는가에 대한 인식의 대전환(paradigm shift)을 촉발시켰다. 도시 임업가, 시 관리자, 어느 정도는 공중들까지 느릅나무시듦병의 빠른 확산과 결과적 재앙적인 효과가 크게 보면 수종 다양성 부족의 산물이었다는 것을 인식하게 되었다. 지속가능하고 건강한 도시 숲은 더 높은 수준의 다양성을 요구한다는 것이 분명하게 되었다.

불행하게도 모든 교목 수종이 도시 환경에 적합한 것이 아니기 때문에, 도시 임업가들이 선택할 수 있는 교목 메뉴가 매우 제한적일 수 있다. 20세기 후반 동안, 미국느릅나무를 대체하기에 적합한 도시 교목 수종의 제한된 선택 대안 때문에 가로수 군집의 대부분이 상대적으로 소수의 교목 수종과/이나 품종으로 집중되는 결과가 되었다. 예를 들면, 위스콘신주 3개 시에서의 식재 기록을 보면 23개 품종이 공통적으로 식재되었는데, 이들 품종은 단지 10개 수종에서 유래한 것이었다. 두 시에서는 4개 교목 수종이 84%를 차지했고, 이들 수종의 88%가 4년 동안 식재되었다(Miller 1989). 가로수 군집의 상당한 부분이 하나의 교목 수종에서 개발된 다양한 품종에 집중되는 것은 여전히 심각한 위험을 나타내고 수종의 다양성을 높이는 데 도움을 주지 못한다.

가로수 군집 내의 기존 다양성 평가는 여러 가지 방법으로 할 수 있다. 다양성 평가를 수행하는 데 대한 장애물 중 하나는 가로수 군집을 평가하는 적합한 분류학적 수준을 결정하는 것이다. 이에 관한 생태학적 연구는 관심을 가진 유기체에 따라 다양하다. Raupp 등(2006)은 기주/병해충 상호작용은 단일 교목 수종이나 품종을 공격하는 단일 병해충으로 거의 제한된다고 한다. 그러므로 다양성 평가는 거의 항상 가장 낮은 분류학적 분류 수준으로 종을 사용하여 수행된다.

수많은 연구가 가로수 다양성을 평가하기 위해 Shannon 지수나 Simpson 지수와 같은 생태적 다양성 지수를 사용하였다(Sun 1992). 이들 수학적인 공식은 해당 군집으로부터 추출된 두 교목의 표본이 같은 종일 가능성을 예측하거나(Simpson) 한 군집 내에서 수종 사이의 유사성 정도(Shannon)를 설명한다. 이들 지수는 분명히 많은 생태학적 연구에서 유용하게 사용되어 왔지만, 이들이 많은 도시 숲 관리자들에게 폭넓은 지지를 받은 것은 아닌 것 같다. 아마 다양성을 평가하는 가장 현실적인 방법은 교목 수종을 총 군집에서 이들이 차지하는 비율을 단순히 나열하는 것이다. 이 정보는 기존의 가로수 현황조사 데이터베이스로부터 쉽게 추출할 수 있다. 그러나 도시숲 군집 내의 교목 수종의 계산된 다양성 값과 분포는 정적이고 특정한 시점에 대한 평가를 나타낸다. Muller & Bornstein(2010)에 의하면, 갱신된 가로수 현황조사를 유지관리하는 것이 매우 중요하고, 가끔 간과되지만, 캘리포니아주의 많은 지자체가 다양화를 위해 계속 노력하는 부분 또한 중요하다.

수종 다양성에 대한 가장 큰 장애물은 전형적으로 교목 확보 가능성과 적절한 수준의 다양성에 근거한 의사결정이다. 적절한 수준의 다양화를 확인하는 것은 어려운데, 특히 기후가 가혹하여 도시 환경에 적응할 수 있는 교목 수종의 선택 후보군이 자연적으로 제약을 받을 때에는 더욱 그러하다. 이러한 환경하에서 Richards(1983)는 다음과 같이 경고한다: "대체 식재에서 수종 다양성을 지나치게 강조하면 오래된 군집에서 적응이 입증된 수종의 부적절한 교체를 유발하여 안정성을 더욱 위협할 수 있다." 이러한 제한이 없는 경우에, Barker(1975)는 지자체들이 전체 가로수 군집의 백분율로 개별 수종에 대한 최대 군집 밀도를 설정할 것을 권고하고 어떤 수종이든 한 수종이 5%를 넘지 않을 것을 제안한다. Miller & Miller(1991)는 보다 관대한 제안을 하였는데, 입증된 수종은 10%를 넘지 않게 그리고 검정되지 않은 수종은 보다 제한적으로 사용할 것을 제안했다. 그러나 기주/병해충 상호작용의 관점에서 볼 때, Santamour(1990)는 "100,000그루를 가진 '이상적인' 시의 경우, 10개 수종을 각각 10,000그루씩 식재하는 것이 일편(一片, modicum)의 균일성을 나타내는 것은 아니다"라고 언급하면서, 다양성에 기반을 둔 개별 교목 수종의 백분율이 안정성을 보장할 것이라고 주장하였다. 이에 따라 그는 한 종(種, species) 10%, 한 속(屬, genera) 20%, 한 과(科, family) 30%를 기준으로 하는 교목 구성 공식을 제안하였다. 반면, Richards(1993)는, 다양성이 입증된 수종의 자리에 입증되지 않았거나 적응하지 못하는 수종을 식재하도록 부추긴다면, 수종에 대한 수적인 제한을 설정하는 것은 논리적이지 못하다고 생각한다. 그는 다른 입증된 수종을 구할 수 있음에도 불구하고 어떤 수종을 우선적으로 식재한다면, 해당 수종이 남용되었다고 주장한다.

Santamour의 의견과 지적에 근거한다고 할 수 있는데, 타당한 다양성 목표를 수립하는 데 도움이 되는 생각할 수 있는 한 가지 대안은 병해충 감수성(感受性, susceptibility) 지수를 개발하는 것이다(**표 11-3**). 이러한 지수는 가로수 군집을 해충의 만연(蔓延, infestation)과 병의 감염(感染, infection)에 대해 보고된 경우에 기반을 둔 기주 감수성 범주(예, 선호 기주[選好寄主, preferred host], 비정기 기주[非定期寄主, occasional host], 희귀 기주[稀貴寄主, rare host])로 분류할 수 있다. 이러한 접근은 지역적인 규모에서 효과적으로 개발될 수 있으며, 이를 통해 같은 생태지역(生態地域, eco-region)을 점유하고 있는 지자체들의 중복된 노력을 줄일 수 있을 것이다(Raupp 등 2006). 계획수립 관점에서 보면, 감수성 지수를 기존의 가로수 현황조사에서 얻은 자료에 연결하여 만연/감염 전선을 이동시키는 것과 관련된 영향과 비용을 추정할 수 있다(**표 11-4**). 또한 이들 지수는 승인된 교목 수종을 수정하여 위협이 적은 수종을 포함시키거나 연간 식재 전략의 방향을 제시하는 데 사용할 수 있다. 예를 들면, 높은 정도의 폐사율을 유발할 수 있는 병해충에 대해 낮은 수준의 감수성을 가진 교목 수종은 알려진 생물적 위협에 감수성이 높은 교목 수종보다 더 선호될 것이다. 비슷한 평가가 해충/병 경감 비용을 평가하기 위해 수행될 수 있다.

표 11-3 장수하늘소(ALB, Asian longhorned beetle)에 대한 기주 감수성 지수 예(일부 목록)

속[a]	일반명	기주 풍부도 및 비고[b]	방제된, 조사된[c]
미국에서의 선호 기주[d]			
Acer	단풍나무류	매우 흔한 교목. 미국에 모든 수종에 기록 많음: 특히 선호-노르웨이단풍, 적단풍, 은단풍, 설탕단풍, 버즘단풍, 네군도단풍; 덜 선호-신나무; 드물게 공격-단풍나무.	예
Aesculus	칠엽수류	상당히 흔한 교목. 미국에 몇몇 기록 있음. 일부 수종 심하게 만연됨.	예
Betula	자작나무류	상당히 흔한 교목. 미국에 몇몇 기록 있음: 회색자작, 펜둘라자작, 흑자작. 일부 회색자작에 많은 탈출구. 단풍나무보다 분명히 덜 선호됨.	예
Salix	버드나무류	상당히 흔한 교목. 미국에 몇몇 기록 있음: 매우 선호-수양, 갯버들, 서양흰버들; 덜 선호-흑버드나무(산란만).	예
Ulmus	느릅나무류	매우 흔한 교목. 미국에 기록 많음: 미국느릅, 비술나무, 참느릅. 단풍나무보다 분명히 덜 선회됨.	예
미국에서 비정기 및 희귀 기주[d]			
Albizia	자귀나무류	가끔 관상수로 이용. 탈출구: 뉴욕 현장에서 2회 기록. 실험실에서 추가로 발생. 중국에서 기록 없음.	예
Fraxinus	물푸레나무류 (특히 붉은물푸레)	매우 흔한 교목이지만, 기주 풍부성에 비해 피해 빈도가 낮음. 미국에 몇몇 기록 있는데, 모두 일리노이주이며, 대부분 입증되지 않음(적어도 두 탈출공은 확인됨). 중국 논문에 있는 기주. 중국 현장실험에서 붉은물푸레에서 탈출구.	예
Platanus	런던버즘나무	흔한 도시 교목. 미국에 기록 12개(뉴욕에서 탈출구가 발견된 4개 포함); 양버즘나무에 대한 기록 없음. 중국 논문에 있는 기주. 중국에서 탈출구 관찰됨.	예
Populus	사시나무류	꽤 흔한 교목. 다양한 그룹. 적합성 매우 다양; 중국에서 일부 종과 잡종이 주된 기주임. 미국에 7개 기록(뉴욕, 뉴저지). 발삼포플러, 길레아드 발삼나무, 미루나무, 미국시시니무, 미동정 포플러류를 포함하여 미국에 7개 기록. 미국사시나무에 탈출구, 현장에서 수집된 미루나무로부터 실험실에서 성충 사육.	예
Sorbus	마가목	가끔 관상수로 이용. 탈출구: 뉴욕 현장에서 2회 기록. 실험실에서 추가 발생을 포함하여 일리노이 현장에서 1개 기록. 중국에서 기록 없음. 주: *Sorbus*는 장미과에 속함.	예

[a] 기주 속명은 범주 내 알파벳 순으로 나열함.

[b] 기주 풍부도는 (a) 기록과 뉴욕, 일리노이, 뉴저지의 만연된 지역에 대한 관찰에 근거함; (b) Radnor, PA 소재 USDA 산림청 NE Forest Experiment Sta.가 발행하고 E.G. McPherson 등이 저술한 Gen. Tech. Rep. NE-186인 *Chicago's Urban Forest Ecosystem: Results of the Chicago Urban Forest Climate Project*의 pp. 3-18에 실린 D.J. Nowak(1994) "Urban Forest Structure: The State of Chicago's Urban Forest", (c) 몇 현장 지침의 범위와 풍부도에 대한 기술.

[c] 일리노이, 뉴욕, 뉴지지의 USDA 협력적 장수하늘소(ALB) 박멸 프로그램에 의해 조사되고 화학 방제된 것을 포함하였음.

[d] 기주 상황은 미국의 만연 기록, 중국에 식재된 북미 교목에 대한 현장 연구, 중국 논문에 근거하였음. 실험실과 온실 환경에서의 기주 범위 실험은 언급된 것 외에는 고려하지 않았음.

출처: Sawyer 2010.

표 11-4 병해충 취약성 행렬의 예

			참나무	물푸레나무	버즘나무	콩배나무				
I, D, S	사소함	유력한 요인	참나무류	물푸레 나무류	버즘 나무류, 런던 버즘나무	콩배나무	감염되는 교목 수종 비율	감염되는 교목 군집 비율	비고	문제 내용
		병해충 중첩 →	71%	57%	71%	14%				
		병해충 수 →	5	4	5	1				
		여기 있는 각 교목 수종의 비율 입력	0.25	0.4	0.25	0.1				
D		흰가루병 (다른 것과 결합)	1	1	1	1	100%	100%	흔하지만, 거의 피해 없음.	
D		탄저병	1	1	1		75%	90%	여러 병원체, 비슷한 병징.	갈색 잎, 엽맥을 따라 죽은 부위. 옅은 반점.
I		진딧물	1		1		50%	50%	혹도 포함.	끈적한 감로, 그을음병, 또는 허물.
I		식엽성 애벌레	1		1		50%	50%	다양한 해충, 비슷한 효과.	저작된 잎.
I		장수하늘소		1	1		50%	65%	아직 없음.	수간에 구멍.
D		청고병		1			25%	40%	드물지만 치명적.	잎이 갈변, 탈색, 황화, 시듦.
D		아밀라리아뿌리 썩음병	1				25%	25%	과다 관수 시 흔함.	잎 변색, 시듦, 조기 낙엽.
I	MI	방패벌레	1				25%	25%	중요하지 않음.	잎 반점 또는 구멍.

I = 해충, D = 병, S = 2차 병해충.

기호: ≈ = 해당 교목의 속 내 일부 종이나 품종은 해당 문제에 저항성이 있음.
□ = 심각성 낮음
□ = 심각성 중간
■ = 심각성 높음

출처: Elsevier의 허락을 받아 Laćan, I., & J.R. McBride. 2008. "Pest Vulnerability Matrix (PVM): A Graphic Model for Assessing the Interaction between Tree Species Diversity and Urban Forest Susceptibility to Insects and Diseases." *Urban Forestry & Urban Greening* 7(4):291–301에서 전재.

다양성은 가로수 관리에서 종과 수령 관점 모두에서 중요하다. 건축적 통일성과 유지관리 효율은 한 구획이나 여러 구획에 하나의 수종을 심어서 확보할 수 있다. 다양성은 가로별 그리고 구획별로 규칙적인 방식으로 교목 수종을 변경시킴으로써 도입된다(**그림 11-6**). 병에 대한 위험 관점에서, Guries & Smalley(1985)는 다음과 같이 말한다: "10개 식수대로 각각에 10개 품종 중 하나를 식재하는 것은 10개 품종을 섞어서 10개 식수대로에 식재하는 것과 다를 바가 없을 것이다." 그러나 한 구획이나 일련의 구획에 대해 한 수종이나 품종을 식재하면 새로운 병, 해충, 기타 분류단위 특이적 문제가 발생하는 경우 이들 구획에 있는 교목을 전부 상실하는 문제를 안고 있다. 어떤 지자체는 비슷한 수관 구조, 생장 속도, 외관별로 수종을 분류하여 자신들의 가로수 기본계획에 특정 구획이나 지구에 두 종 이상이 식재되도록 지정한다.

수령 다양성은 두 가지 원인으로 발생한다: 식재 계획, 대체. 많은 지자체에서, 전체 구획을 소구획별로 또는 재앙적인 손실이 있은 후에 대체 식재를 한 번에 한다. 새로운 식재는 구획별로 또는 이웃별로 같은 영급을 창출하는 데 비해, 개별 교목의 대체는 인접 지역 내 수령 다양화를 유발한다. 가로수 수명에 근거하여(제10장에서 고찰한 바와 같이), 수령 다양화는 대부분의 지자체에서 수종 다양화보다 관심을 덜 가지는 경향이 있다. 그러나 McPherson & Rowntree(1989)가 지적한 바와 같이, 지자체의 가로수 군집으로부터 발생되는 편익의 범위와 유형은 수종 구성과 영급 구조에 의해 결정된다. 어느 정도는, 가로수 다양성과 영급 구조의 향상은 광범위한 환경적 서비스에 걸쳐 편익의 수준을 제고시키는 경향이 있다. 그러므로 수종 구성과 영급/직경급 분포에 대한 모니터링과 적극적인 관리는 강력하게 도시 숲에 의해 제공되는 환경적인 서비스의 지속가능성에 영향을 미치고, 예산 계획수립 과정에 도움을 주며, 단기/장기 관리계획 개발에 도움을 줄 것이다. 아마 영급 다양화를 관리하는 데 가장 효과적이고 효율적인 접근은 지속적으로 식재할 공간이 생길 때마다 이를 보충 식재를 하는 것이다.

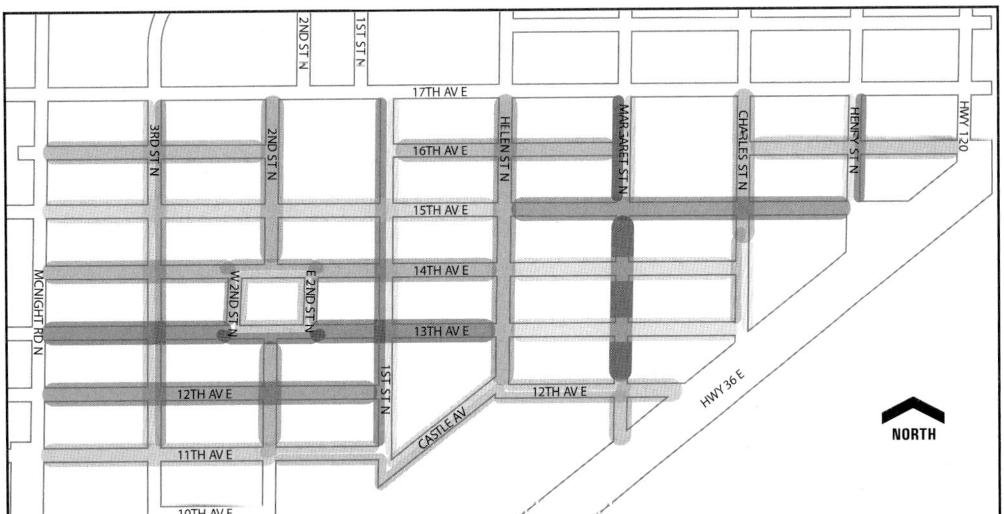

그림 11-6 미네소타주 미니애폴리스의 주변에 대한 다양화된 식재 계획의 한 예. (Simons & Johnson 2008 제공.)

때로는 도시 식재에 도입되거나 외래종(外來種, exotic species)을 사용하는 것에 우려를 표시하고 이를 정당화한다. 일부 도입종(導入種, introduced species)은 재배지를 벗어나서 자생 서식지를 침범하여 이들의 구조를 변경시키고 토착종(土着種, indigenous species)을 몰아내기도 한다. 이러한 우려는 가끔 자생종(自生種, native species)만 사용하도록 하는 일괄 추천(一括推薦, blanket recommendation)으로 이어졌다. Ware(1994)는 지역적으로 토착적인 수종은 일반적으로 개방된 공원과 기타 우호적인 부지에서는 잘 자라지만, 가로를 따라 그리고 주차장과 같이 좀 더 까다로운 도시 지역에서는 오래 살지 못한다는 것을 확인한다. 이에 따라 그는 가혹한 부지에 대한 수종 선정은 자생종과 비자생종 모두를 대상으로 강변의 낮은 땅(river bottom)과 사바나(savanna)와 같이 교목에 좀 더 어려운 서식지에서 이루어져야 한다고 주장한다.

도시 여건에 적응한 것이 입증되고 침입적이지 않다는 것이 확인될 정도로 오랜 기간 사용되어 온 외래종은 토착 생태계의 통합에 위협이 되지 않는다. 어떤 상황에서는, 이들이 일부 식재 부지에 가용한 유일한 선택이 될 수도 있다. 그러나 지역 생태계에 대한 도입종의 영향이 알려지지 않은 경우에는 적절하게 검정되기 전까지 이의 사용을 피하는 것이 현명할 것이다. 비자생 식물의 이용과 도입에 관한 최적관리실무가 일부 지역에서 개발되었다. 이들의 지침은 비자생 식물의 잠재적인 침입성에 대해 이들을 평가하는 기작(機作, mechanism)을 제공한다.

교목 공급원

가로수는 전형적으로 지자체 농장에서 키우거나, 민간 재배자로부터 구매하거나, 야생에서 이식한다. 옛날에는 야생의 유묘와 실생묘를 작은 지지체 농장으로 이식하여 더 키운 다음 시의 가로에 식재했다. 20세기 초반, 돈이 들지 않는 실생묘와 낮은 인건비를 활용하면 민간 농장에서 교목을 구입하는 것보다 비용 효과적이었다. 처음에 미국의 동부와 중서부 도시들은 이런 방식으로 식재하였기 때문에 미국느릅나무(*Ulmus americana*)와 설탕단풍나무(*Acer saccharum*)가 도시 가로를 점령하게 되었다(Tate 1977).

병 피해와 도시에서의 점증하는 환경 스트레스는 이러한 교목 생산 시스템에 종언을 구하게 되었다. 이들 수종을 대체하고 도시의 스트레스에 대처하기 위해 자생종의 품종과 외래종이 도입됨에 따라 야생 식물의 사용은, 특히 가로수의 공급원으로서, 거의 중단되었다. 오늘날 대부분의 지자체는 민간 농장으로부터 바로 식재가 가능한 교목을 구매하거나 지자체 농장으로부터 유묘를 구매한다.

지자체 농장

1970년대 동안 위스콘신주의 지자체 임업 프로그램에 관한 연구에 의하면, 조사된 56개 지자체 중 11개(19.6%)가 지자체 농장을 가지고 있었다. 이들 11개 지자체 중에서, 3개 지자체는 자신들의 식재 수목의 대부분을 종자나 실생묘로부터 생산했으며, 나머지는 민간 농장에서 구매하는 수목을 보관하기 위해 자신들의 농장을 사용했다(Miller & Bate 1978). 위스콘신주에서의 보다 최근 조사에 의하면, 조사된 지자체의 8%만이 농장을 유지했다(Hauer & Tutton 2009). Tate(1984)는 미국 북동부에는 자체 농장을 가지고 있는 지자체의 비율이 더 낮다고 보고했다. 표본 추출된 233개 지자체 중에서, 24개(10.3%) 지자체가 자체 농장이 있다고 보고했다. 다른 지자체들은 자신들의 농장 수목 전부 또는 대부분을 민간 농장으로부터 구매하였다. 농장을 가지고 있는 지자체의 54%가 자신들의 식재 수목 절반 이상을 공급하는데 자체 농장을 이용하였고, 3개 지자체만 자신들의 수목을 모두 키우고 있었다. 두 지자체는 자신들 농장 수목의 일부를 야생으로부터 수집하고, 한 지자체는 자신의 생산 중 일부를 종자를 이용한다고 보고했다. 미국 전체의 지자체 임업 프로그램에 대한 조사 결과, 응답한 지자체의 23%가 지자체 교목 농장을 가지고 있는 것으로 나타났다(Tschantz & Sacamano 1994).

Tate(1977)는 미시간주의 지자체 교목 농장에서 키운 식재 수목의 비용은 민간 농장에서 구매한 비슷한 교목 비용의 84%라고 보고했다. 밀워키시는 민간 생산자로부터 유묘를 구입하여 이를 시 가로에 식재하기 전에 4~6년 정도 키운다(Griffith & Associates 1993). 이를 통해 이 시는 민간 공급원으로부터 교목을 구매하는 것보다 더 낮은 비용으로 교목을 생산할 수 있었다.

지자체의 농장과의 계약. 시 임정관은 일반적으로 자신의 지자체에 다양한 교목을 식재하기 위해 노력하지만, 가끔 원하는 수종을 민간 농장에서 구할 수 없거나 충분한 수량을 구할 수 없다. 자신의 농장을 가지고 있는 시는 이들 수종을 키울 수 있고, 아니면 해당 시가 민간 농장과 이들을 키우는 계약을 체결할 수 있다. 계약은, 키울 교목의 수량과 수종이 명시되고 이를 통해 어떤 종의 교목이 요구되며 이들 중 얼마나 많은 수가 식재될 것인가를 추정을 통해 확인할 수 있기 때문에, 농장에도 유익하다. 계약 재배는 시 당국은 구하기 어려운 종을 확보할 수 있고 농장은 계약이 없으면 대량으로 키울 수 없는 수종에 대한 구매자를 확보할 수 있게 한다. 많은 시들이 가로에 식재할 수 있는 교목과 유묘를 식재 계절에 맞추어 생산할 수 있도록 충분한 시간을 갖고 사전에 농장과 계약을 체결한다. 이는 해당 시가 농장 수목에 대한 경쟁이 가장 심한 식재 시기 동안 입찰을 하지 않음으로써 비용을 절감하게 된다. 예를 들면, 뉴욕시의 2007 MillionTreesNYC 선언으로 연간 14,000그루의 가로수를 추가적으로 심을 수 있게 되었다. 이에 따라 뉴욕시는 이처럼 증가된 수요를 충족시키는 고품질의 교목에 대한 적합한 공급을 확보하기 위해 해당 지역 내 재배자들과 공급 계약을 체결하였다. 시와 계약 체결 대상자로 선정되기 위해서는, 재배자는 필기시험을 통과하고, 고품질의 교목을 재배하고 인도하는 데 필요한 경험을 가지고 있다는 것을 보여주고, 다양한 군집의 교목을 키울 수 있는 능력을 입증해야 했다.

최근의 추세는, 특히 소규모 지자체들 간에, 컨소시엄(consortium)을 형성하는 것이다. 컨소시엄의 주된 편익은 개별 지자체의 구매 협상력이 증대되고 수종 선정이 향상되는 것이다. 일부 주와 지역에서는, 한 지자체나 지자체들의 컨소시엄이 민간 농장과 장기 계약에 들어갈 수 있도록 하는 법정 권한(法定權限, statutory authority)을 개발할 필요가 있다. 예를 들면, 시카고 광역도시 지역에서는, West Central Municipal Conference와 Suburban Tree Consortium이 지자체가 지역 농장들과 계약 관계에 들어갈 수 있는 기간의 햇수를 연장하기 위해 함께 노력했다. 이제 일리노이주 법률은 지자체가 공원도로 교목을 확보하기 위해 10년까지 장기적인 계약 관계에 들어갈 수 있도록 허가하고 있다.

민간 농장

민간 농장들은 가로에 직접 식재될 대부분의 교목을 공급하고 지자체 농장에 식재된 유묘의 대부분을 공급한다. 민간 농장으로부터 현장 식재가 가능한 교목을 구매하는 장점은 다음과 같다(Tate 1977):

1. 민간 교목은 뿌리나 가지 전정을 할 필요 없이 도착 즉시 식재할 수 있다.
2. 해당 교목이 계약 규격을 충족하지 못하면, 해당 시에 비용 부담 없이 거절할 수 있다.
3. 민간 농장에서 재배된 교목은 일반적으로 해당 산업의 경쟁적인 본질과 지자체 직원이 부여한 다른 요구 때문에 보다 집중적인 관리를 받는다.

민간 농장으로부터 양호한 수목을 구매하기 위해서는 구매될 대상, 실제 비용, 보증, 계약 규격을 충족하지 못할 경우 도착 시 해당 수목을 거절할 수 있는 권리 등을 구체적으로 기술한 세심하게 표현된 서면 계약서를 작성해야 한다. 이들 명세서는 다음 사항을 포함한다(Harris 등 2004);

1. 각 수목에 학명(學名, scientific name)별 종과/이나 품종을 표시한 라벨을 부착하고;
2. 이식하는 방법(예, 근분, 나근, 또는 용기 재배 등);
3. 뿌리 상태, 특성, 수용 불가능 결함(특히 용기에서 재배한 수목);
4. 이식 방법별 수고 대비 뿌리 뻗음;
5. 수고/직경 비율과 초살;
6. 수관 배치와 가지 뻗기 유형;
7. 활기;
8. 수용 불가능 피해와 병해충;
9. 인도 일자.

미국에서는, AmericanHort(2014)가 교목을 측정하기 위한 농장 재배수목에 대한 표준(ANSI Z60.1 American Standard for Nursery Stock)을 설정하고 크기 규격, 수고/직경 관계, 뿌리 분의 치수 등을 규정한다. 이들 표준은 입찰 초청과 계약서를 작성할 때 포함되어야 한다.

식재

정상적인 상황하에서, 가로수 식재 프로그램의 목표는 장래 일정 시점에 가용한 모든 부지에 가로수를 식재하는 것일 것이다. 빈 공간은 현황조사를 하는 동안 확인되고, 자연 감모를 통해 생긴 이러한 공간은 순서에 입각해서 채워져야 할 것이다. 추가적인 공간도 개발이나 재개발 프로젝트, 경쟁하는 개인 식생의 제거, 도시에 의한 병합 등을 통해 발생할 수 있다.

관리 고려사항

지자체는 자신들의 가로수 군집을 다루는데 다음 네 가지 전략을 활용한다:

1. **식재를 하지 않거나 대체 수준 이하로 식재.** 교목은 이들이 죽거나 위험하게 됨에 따라 제거되고, 이들 군집은 식재를 하지 않거나 최소 식재로 인해 시간이 지나면서 점점 줄어든다.

2. **대체.** 교목은 이들이 제거됨으로써 대체(代替, replacement)되어 군집의 순 증가가 발생하지 않는다. 그러므로 지자체가 완벽 식재 수준에 이르렀거나 이에 가까운 수준이면 해당 교목 군집이 현재 상태를 유지할 것이고; 인구가 증가한다면 일인당 공공 교목 수량은 더 낮아질 것이며; 처음부터 낮은 가로수 군집을 가지고 있었다면 더 이상 늘어나지 않을 것이다.
3. **완벽 식재 목표.** 가로수의 최대 식재를 조성하고 유지하기를 원하는 지자체는 고사 교목에 대한 식재와 대체 및 지자체 확장 수준을 초과하는 식재를 허용할 것이다.
4. **최적 식재.** 최적 식재(最適植栽, optimum stocking) 유지관리나 식재 수준 백분율에 의해 정의될 수 있다. 최적 유지관리 식재는 교목 관리를 위한 현재와 예상되는 예산을 고려한다. 가로수는 이들이 정기적으로 계획된 전정과 기타 유지관리를 받을 때 가장 높은 가치에 도달하고 지자체에 가장 큰 기여를 하게 된다(제12장 참조). 유지관리 예산의 증액 없이 가로수의 수를 늘리면 적정 가치 이하의 교목 군집으로 이어질 것이고, 위험과 안온방해 문제 때문에 교목에 대해 지자체의 부정적인 태도를 유발할 수 있다. Richards(1993)는 관리자가 최적 식재 전략을 사용할 때에는, 교목의 간격 확보와 크기를 고려할 것을 제안하는데, 왜냐하면 표준 거리확보 지침이 일부 가로의 과도한 식재를 유발할 수 있기 때문이다. 대교목이 성숙하게 되면, 이들 교목의 1/3까지 없어도 전체 교목의 가치는 크게 훼손되지 않을 수 있다. 이러한 상황하에서 개별 교목을 대체 식재하는 것은, 기존 교목이 만드는 그늘이 새로 식재한 교목의 활착을 어렵게 만들기 때문에, 비현실적일 수 있다. Richards는 손실이 2/3에 이를 때까지 가로수 식재가 부족하다고 생각하지 않아도 된다고 하는데, 이 시점(2/3 손실)에서 교목 가치가 하락하고 빈 곳에 식재할 공간이 생길 것이다. 일리노이주 어배너(Urbana)에서 50년의 시차를 두고 실시한 두 현황조사를 비교한 결과, 이러한 주장을 뒷받침하고 있는데, 해당 지역의 교목 수는 41%가 감소했지만 교목들의 총 흉고 단면적(胸高斷面績, basal area)은 12%밖에 감소하지 않았다(Dawson & Khawaja 1985).

만약 해당 지자체에 대한 교목 대체가치가 관리 목표로 사용된다면, 개별 교목의 크기가 커짐에 따라 그리고 시간이 지남에 따라 가로수 군집의 가치는 증가할 것이다. 다른 한편, 교목 식재에 비용이 많이 들어가기 때문에 식재를 줄이면 해당 지자체는 예산을 절감할 수 있을 것이다. 가로수의 가치는 식재와 연관되어 있기 때문에 가로수 군집의 순 가치는 교목 가치에서 식재 비용을 차감하면 확인할 수 있다.

순 교목가치(교목가치 − 관리 비용)를 계산하기 위한 가로수 관리 모의실험을 사용할 때, 식재가 순 교목가치에 미치는 영향을 확인하기 위해 3개 식재 시나리오가 40년 동안 검정되었다: (1) 식재하지 않음, (2) 제거에 대한 대체, (3) 10년 내 완벽 식재(Miller & Marano 1986). 순 교목가치는 주로 교목의 생장으로 인해 세 시나리오 모두에서 시간이 지남에 따라 증가하였다. 모의실험의 결과는 교목 군집의 순 가치는 초기에 첫 번째 시나리오에서 가장 빠르게 증가했는데, 이는 식재 비용의 절감 때문이었다(**그림 11-7**). 세 번째 시나리오는 처음에는 해당 군집의 가치가 순 감소를 보였으나, 장기적으로는 가장 높은 가로수 군집 순 가치를 보였는데, 이는 다른 관리비용(전정과 제거)의 증가에도 불구하고 교목 군집이 더 자랐기 때문이었다. 전국에 걸쳐, 연구는 도시숲으로부터 얻는 총합적인 편익이 관리비용을 초과한다는 것을 보여주고 있다(제5장 참조). 이러

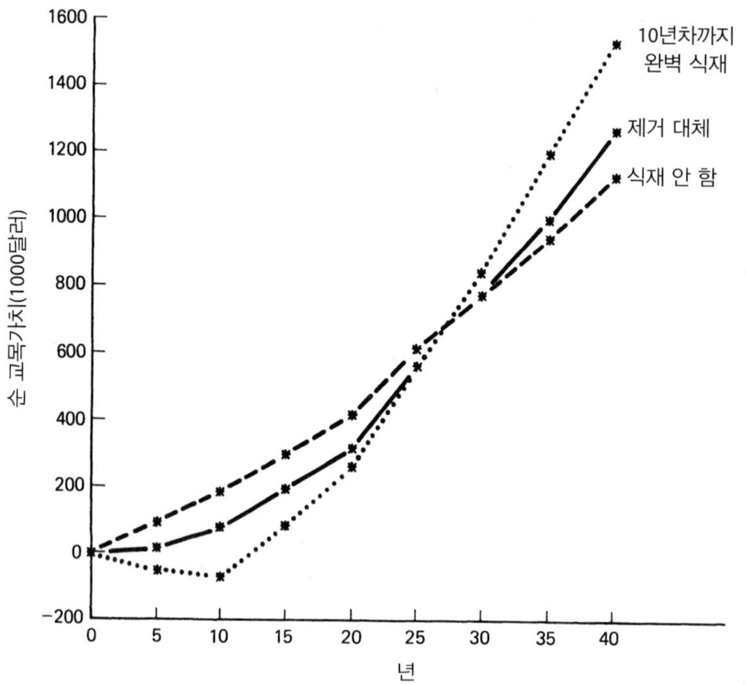

그림 11-7 세 교목 식재 시나리오에 대한 40년 동안의 순 교목가치(Miller & Marano 1986).

한 발견을 입증하는 또 다른 방법은 수관 기준(canopy-based) 편익의 결과를 자세히 살펴보는 것이다(즉, 서로 다른 관리전략에 대해 시간을 두고 모의 실험한 비용분석). 편익과 비용을 추정하기 위해 사용된 지표는, 크게 보아, 교목 밀도와 교목 크기에 의해 결정된다. 따라서 이러한 모의실험의 결과는 개별 교목의 총합적인 대체 가치(代替價値, replacement value)를 기준으로 하는 것과 비슷할 것이라고 예상하는 것이 합리적이다.

가로수의 전반적인 생존율은 지자체별로, 그리고 지자체 내에서도 차이가 매우 크다(제10장). 그러나 교목 고사율은 활착 기간 중에, 특히 새로이 식재된 교목에 대해 유지관리를 하지 않거나 거의 하지 않으면, 더 높은 경향이 있다. 교목을 키우거나 구매하는 것은 지자체에 상당한 투자이기 때문에 생존 가능성을 최대한 높이지 않는 것은 엄청난 비용 낭비이다. 이러한 손실의 대부분은 활착 기간 동안 추가적인 관리를 함으로써 식재 교목을 올바르게 돌보면 피할 수 있다. 식재 교목은 적절한 깊이로 식재되어야 하고, 올바르게 전정되고, 관수되고, 멀칭되어야 한다. 지주는 해당 교목을 보호하거나 해당 교목이 완전히 활착될 때까지 뿌리를 고착시키기 위해 반드시 필요한 경우에만 설치하는 것이 좋다. Foster & Blaine(1978)은 보스턴에서 자동차나 반달리즘보다 지주목이, 해당 시의 한 구획에서는 84%가, 더 많은 교목 피해를 유발했다고 보고했다. 새로이 식재된 가로수는 첫 생육기(生育期, growing season) 동안 후속 관리가 필요하다. 이러한 관리에는 건조한 기후 동안 관수하기, 지주목 피해 점검하기, 생육기 말에 지주목 제거하기 등이 있다. 예산이 이러한 집중적인 후속 유지관리에 제약을 가하겠지만, 효과적인 홍보(弘報, public information) 캠페인이 인접 주택 주인이 새로이 식재된 교목에 관수를 하도록 할 수 있다(**그림 11-8**).

그림 11-8 집 주인에게 식재된 교목 수종과 유지관리 요구를 알려주기 위해 사용된 손잡이 걸이(door-knob hanger). (시더버그[Cedarburg]시 Parks and Recreation Department의 Kevin Westphal 제공.)

장기적으로, 적절한 수준의 유지관리를 보장하기 위해서는 교목을 덜 식재하는 것이 더 좋다. 일상적인 유지관리는 수명을 늘리고, 구조적인 파손과 장래의 유지관리 비용을 줄여주고, 생존하고 있는 교목당 총비용을 낮추게 된다. 올바른 교목 식재 절차와 식재 후 관리에 관해 더 배우고 싶은 독자는 *Arboriculture: Integrated Management of Landscape Trees, Shrubs, and Vines* (Harris 등 2004)와 *Modern Arboriculture*(Shigo 1991)를 읽어볼 것을 권고한다.

반달리즘이 종종 새로이 식재된 교목에 대한 폐사의 주된 요인으로 인용된다. Black(1978)은 워싱턴주 시애틀(Seattle)시가 실시하여 해당 시의 반달리즘으로 인한 손실을 50% 감축한 3단계를 소개한다. 이들 단계는 물리적(物理的, physical) 변화, 관리적(管理的, managerial) 변화, 공중의 참여(public involvement)이다. 물리적 변화는 식재 교목의 크기를 바꾸고, 목재가 강한 교목 수종을 선정하고, 지주목 시스템을 재설계하는 것이다. 관리적 변화는 반달리즘이 자주 발생하는 위치를 확인하고 그곳에는 식재를 하지 않거나 물리적인 식재 방법을 변경하는 것이다. 기타 관리 변화는 주민의 바람에 민감하게 반응하고 가로수에 대한 고품질의 식재 및 유지관리를 제공하는 것이다. 마지막으로, Black은 지역사회의 교목 소유의식에 대한 자긍심을 자극하기 위한 강력한 공중 참여 프로그램을 권고한다.

간격 확보

많은 개인의 경우 어린 교목을 색재할 때 즉각적인 시각적 효과를 위해 서로 가깝게 심는 경향이 있다. 초기의 많은 가로수 식재 프로그램은 미국느릅나무(*Ulmus americana*), 설탕단풍나무(*Acer saccharum*), 은단풍(*Acer saccharinum*)과 같은 수종 간에 20~30피트 정도로 좁은 간격 확보를 강조했다. 확실한 문제는 느릅나무시듦병(*Ophiostoma ulmi*)과 같은 경우에 뿌리접(root graft)을 통한 병의 전파이다. 그리고 확실하지는 않지만 향후 관리 비용에 대한 영향이다. 서로 가까이 식재된 교목은 이들이 성목이 되면 전정하는데 더 많은 비용이 들게 될 것이다. 상호차광(相互遮光, mutual shading)은 더 많은 죽은 목재를 만들 것이고, 살아 있는 가지는 인접한 교목과 서로 얽히기 때문에 접촉지점에서 파손될 위험을 줄이기 위해서는 추가 전정이 필요할 것이다. 과밀(過密, overcrowding)하게 되면 교목이 도시 환경에서 경험하고 있는 이미 높은 외부 스트레스 수준을 더욱 높일 수 있다. 고질적으로 스트레스를 받는 교목은 해충과 병 문제에 감수성이 더욱 높아질 것이고, 이 문제를 완화하기 위해서는 추가적인 처리가 필요하고 추정되는 유지관리 비용을 증가시키는 결과를 가져올 것이다.

교목 조례는 모서리, 진입로, 골목길 후퇴; 소화전(消火栓, hydrant)과 전신주 후퇴; 간격 확보에 관한 지자체 표준을 규정해야 한다. 모서리, 진입로, 골목길 후퇴는 통행 부하, 가로 폭, 지정된 속도 제한 등에 근거를 두어야 한다. 일반적으로 후퇴 거리는 혼잡하고/거나 높은 속도 제한을 수용하도록 설계된 가로에서는 늘어날 것이다. 조례는 전형적으로 교차로로부터 최소 9.1 m(30피트), 진입로와 골목길로부터 최소 4.5 m(15피트)의 후퇴 거리를 설정한다. 소화전과 전신주에 대한 후퇴거리는 보통 3 m(10피트)이다.

간격 확보 표준은 모든 가로에 대해 15 m(50피트)처럼 전체 지자체에 걸쳐 균일하게 적응할 수도, 성숙했을 때 추정되는 교목 크기를 기준으로 지자체마다 다르게 적용할 수도 있다. 예를 들면, 성숙했을 때의 크기가 소교목이면 최소 7.6 m(25피트), 중교목이면 10.6 m(35피트), 대교목이면 16.5 m(55피트)의 간격을 각각 확보하여 식재해야 할 것이다. 그러나 성숙한 교목 크기를 기준으로 하는 간격확보는 각각의 크기 등급에 해당하는 교목이 생육하는 데 필요한 식재 띠의 폭과 토양 부피도 고려해야 한다. 대교목은 보도와/나 보차도경계석에 피해를 주지 않도록 적절한 지지 시스템을 확보하기 위해서는 추가적인 공간이 필요하다. 또한 대교목은 더 많은 자원, 특히 물이 필요할 것이다(제12장 참조). 어떤 지자체는 정책이나 조례를 통해, 폭이 0.9 m 또는 1.2 m(3 또는 4피트) 미만인 녹지대에는 대교목 식재를 금지한다.

간격 확보 표준은 각 지자체의 특성과 요구에 기반을 두어야 한다. 녹지대의 폭과 기타 가용한 생장 공간에 대한 제약은 식재를 위해 선택되는 수종의 크기에 영향을 미친다. 필지의 폭도, 각 집의 주인은 자신의 집 앞에 있는 교목에 권한을 가지고 있다고 생각할 수 있기 때문에, 간격 확보 표준을 설정하는 데 중요하다. Kalmbach & Kielbaso(1979)는 중서부 5개 시의 가로수 식재에 대한 주민 태도 조사에서, 한 집당 한 그루의 밀도로 식재하는 것이 응답자의 대부분을 만족시켰다고 보고했다. 일단 지자체의 간격확보 표준이 조례에 규정되면, 해당 지자체 전반에 적용되어야 한다. 만약 여러 간격확보 범주가 해당 지자체 내에 허용되면, 가로수 기본계획은 앞서 살펴본 고려사항에 근거하여 각 가로에 대한 간격확보 지침을 규정해야 한다.

우선순위

지자체 임업을 위해 가용한 예산에 제한이 없다면, 식재에 대해 우선순위를 부여할 필요가 없을 것이다. 확인된 빈 부지는 모두 즉시 채워질 수 있어서 완벽 식재가 달성될 것이다. 그러나 교목 식재를 위한 재원은 제한되어 있기 때문에, 지출되는 예산으로 지자체에 가장 큰 편익을 제공하기 위해서는 지자체 가치에 대한 완전한 이해를 통한 우선순위 설정이 중요하다. 예를 들면, 주민들이 나이가 들어서 낙엽을 제거하는 데 관심이 없거나, 특정한 지역의 녹지대 내 또는 인접하여 가까운 장래에 새로운 상수도나 하수도관을 설치할 계획이 있는 경우에는 낮은 식재 우선순위가 부여될 수 있다. 가로를 따라 늘어선 개인 주택의 앞마당에 많은 수의 교목이 있으면 가로수의 가시적인 효과가 훨씬 낮기 때문에, 개인 주택 앞마당에 교목이 많은 가로도 낮은 식재 우선순위를 받을 수 있다(Schroder & Cannon 1987). 또한 개인 교목에 의한 그늘도 생존 확률이 높고 최고의 공공재(公共財, public good) 역할을 할 수 있는 곳에 식재해야 하는 가로수의 생장과 발달을 방해할 수 있다.

의사결정을 원활하게 하기 위해, 책임자는 범주별 위치별로 우선순위를 설정할 수 있다. 가로수 식재 우선순위는 종종 토지 이용의 세 가지 광범위한 범주를 이용하여 개발할 수 있다: 주거용, 상업용, 산업용. 주거 지구가 가장 높은 우선순위를 부여받는 경우가 많으며, 다음으로 상업지구와 산업지구 순이다. Getz 등(1982)은 미시간주 디트로이트의 도심 거주자들을 조사한 결과 이들이 공공 교목 프로그램에 대해 가장 높은 우선순위를 부여한 것은 주거지 주변의 가로수였고, 산업지역과 주차장의 교목에 대한 지지는 제한적이라는 것을 발견하였다. 토지 이용별 식재 우선순위는 지자체에 따라 다를 수 있고, 지자체 내에서도 시간이 흐름에 따라 변할 수 있다. 예를 들어, 상업지구의 대규모 재개발 사업은 1년 또는 몇 년 동안 대부분의 식재 예산을 지출하는 단기적으로 우선순위가 높은 사업일 수 있다.

지역별 식재 우선순위를 결정하는 것은 지역별로 또는 부지별로 할 수 있다. 많은 경우, 부지 우선순위는 전체 구획이나 길이가 긴 가로 구역에 부여될 수 있다. 부지 특이적 우선순위는 지역사회의 요구와 필요와 함께 각 부지의 특별한 물리적 특성과 관련이 있다. 예를 들면, 주민들에게 더 높은 우선순위가 부여되는 지역에는 새로운 주거지역의 가로, 상업지역, 학교, 교회 등이 있다. 낮은 우선순위가 부여되는 부지는 식재 고사율이 높은 지역이나 기존의 장애물(낮은 가공 전선이나 지하 공익시설과 같은)이 있거나, 집 주인이 교목을 식재하겠다는 시의 제안을 거절한 경우 등이다. 부지와 지역에 대한 우선순위 등급은 예외에 대한 유연성을 가진 일반적인 지침으로만 사용하는 것이 좋다.

완벽 식재 목표

가로수 관리계획은 모든 가용한 식재 부지를 완전히 채우는 것을 장기 목표로 하는 것이 좋다. 그러나 이 목표는 시의 확장, 예산상 제약, 예상하지 못한 교목 폐사(예, 폭풍, 해충, 또는 병) 등으로 인해 달성하기 어렵다는 것을 알게 될 것이다. 자금이 있음에도 불구하고, 항상 여러 이유로 식재할 수 없는 부지가 있고, 매년 폐사가 계속해서 새로운 빈 공간을 만들어낼 것이다. 완벽 식재의 목표에 도달하는 것에 잠재적인 문제가 있음에도 불구하고 이는 중요한 관리 목표로 남겨 두는 것이 좋다.

완벽 식재(完璧植栽, full stocking)라는 목표에 대한 계획을 수립하기 위해, 책임자는 다음 사항을 결정해야 한다: 완벽 식재를 달성할 수 있는 현실적인 시한(時限, time frame), 식재를 위해 가용한 빈 공간의 수, 예상되는 식재 생존율. 현실적인 시한은 현재의 재원 조달 수준으로 완벽 식재를 달성하는 데 얼마나 오랜 시간이 걸릴 것인가와 함께 교목이나 공원 위원회의 자문에 근거한다. 일단 이들 변수를 알게 되면, 목표 일자까지 완벽 식재에 도달하기 위해 매년 얼마나 많은 교목을 식재할 필요가 있는가를 확인하기 위해 이를 공식에 대입한다:

$$N = \frac{(R + V) \ / \ G}{S}$$

N = 연간 식재
R = 연간 제거
V = 기존 빈 부지
G = 완벽 식재 목표 달성을 위해 남은 연수
S = 예상되는 식재 생존율(R이 식재 고사율을 포함하고 있지 않을 경우에만 사용됨)

연간 제거는 과거 평균 연간 제거를 기준으로 하고, 빈 부지는 해당 시의 교목 현황조사로부터 확보하고, 예상되는 생존율은 식재 성공에 대한 역사적인 기록을 기준으로 한다. 이 공식에 사용되는 값들은 예상하지 못한 폐사나 시 확장으로 인해 변할 수 있다. 정해진 시한에 전반적인 완벽 식재 목표는, 외부 영향을 조절하기 위해 사용되는 식재 빈도를 변화시키면서, 가능하면 변함없이 유지하는 것이 좋다.

예를 들어, 어떤 지자체가 1,624개의 빈 부지(V)를 가지고 있고, 전년도 제거량(R)이 120그루이고, 이 지자체의 완벽 식재 목표(G)가 8년 안에 완전히 식재하는 것이고, 시 임정관의 예상 식재 생존율(S)이 80%라고 하면,

$$N = \frac{(R + V) \ / \ G}{S}$$

$$= \frac{(120 + 1{,}624) \ / \ 8}{0.80}$$

$$= 404\text{그루}$$

즉, 이 시는 8년 안에 완전히 식재한다는 자체 목표를 달성하기 위해서는 매년 404그루의 교목을 식재할 필요가 있을 것이다.

완벽 식재 목표는 시 조례나 정책에 규정된 바와 같이 간격 확보 표준과 연계되어 있다. 식재 부지는 이 표준에 따라 확인되어야 하고, 제거가 계획된 교목도 같은 기준에 따라 교체 식재 권고 여부를 결정해야 할 것이다. 일단 가로수 기본계획이 수립되고 나면, 기존 교목 군집보다 낮은 식재 목표를 설정할 수 있다. 이러한 상황은 해당 지자체가 현재 간격확보 표준을 기준으로 과잉 식재되었을 때 발생할 수 있다.

교목 선정 평가

제한된 예산 범위 내에서 품종 선정 과정이 해당 지자체에 최대의 편익을 확실하게 제공하도록 하기 위해서는, 책임자가 몇 가지 요소를 고려해야 한다: 해당 지자체에 대한 편익, 기록 관리 실무, 비용, 관리와 유지관리 활동.

농장으로부터 다양한 품종과 등급을 구할 수 있고, 시 임정관은 해당 시에 대한 장기 편익을 기준으로 선정 작업을 해야 한다. 예를 들면, 당장의 가시적인 효과를 위해서는 큰 교목을 식재하는 것이 바람직하겠지만, 많은 연구가 더 작은 교목이 더 빨리 자라서 식재 후 2~3년 후에 더 큰 교목을 따라잡게 된다고 보고하고 있다(Litzow & Pellett 1982; Struve 등 2000; Watson 2005).

시간이 경과하면서 성실한 기록 관리는, 기록된 정보가 장래 수종 선정을 위한 의사결정에 기초를 제공할 수 있기 때문에, 성공적인 교목 선정 과정에서 필수적이다. 수집되는 자료는 총비용과 마찬가지로 교목 조성과 관련된 변수(새로이 식재된 교목의 지역 여건과 위치와 같은)를 반영해야 한다. 기록 관리는 지역 여건에 따라 교목 활착 기간인 3~4년 동안을 포함하고 있어야 한다. 새로이 식재된 각 교목의 위치가 기록되어야 하고, 해당 교목의 공급처(지자체 농장, 민간 농장 A 등)도 확인되어야 한다. 일단 최초 자료가 기록되면, 활착 기간 동안 전반을 통해 매년 현장을 방문하여 생존과 고사 원인을 기록해야 한다. 활착 기간의 말에는 식재 방법별, 농장별 각 수종의 생존율이 확인되고 고사 원인이 분석되어야 한다(**표 11-5**). 이러한 생존 결과분석은 생존 교목당 총비용과 해당 시의 교목 군집에 추가된 순 가치를 확인하는 데 사용된다.

교목의 총비용을 확인하기 위해, 농장별 그리고 식재 유형별 교목 공급 원가(原價, initial cost)가 식재 및 전정, 관수, 시비, 멀칭 등과 같은 식재 후 유지관리와 관련된 비용과 함께 기록된다. 생존 교목당 비용은 활착 기간의 마지막에 생존하고 있는 교목의 수에 의해 결정될 것이다(**표 11-6**). 만약 발생한 비용 대비 최고 가치의 가로수 군집을 개발하는 것이 관리 목적이라면, 교목당 순 가치를 확인하기 위해 생존 교목의 평가된 가치에서 조성비용을 차감하는 추가적인 분석이 필요할 것이다.

관리와 유지관리 활동도 생존 교목당 비용과 해당 교목 군집에 추가된 순 가치에 영향을 미치는데, 이는 다시 해당 지역에 가장 적합한 수종을 확인하는 데 도움을 준다. 두 유형의 활동에 대한 분석은 개선이 필요한 그릇된 관행은 물론 유지되어야 하는 올바른 관행도 보여주어야 한다. 관리 활동은 두 방향으로 분석되어야 한다: 교목 생존과 조성비용에 영향을 미치는 요소를 포함하는 부지 분석(敷地分析, site analysis) (예, 토양 유형, 녹지대 폭)과, 다양한 부지 요소 시나리오 하에서의 개별 교목 수종의 성과를 평가하는 수종 분석.

표 11-5 조성 기간 말에 실시한 식재 고사 분석

	수종 1						수종 2					
	농장 A			농장 B			농장 A			농장 B		
고사 원인	**1″ BR**	**1½″ BR**	**2″ BB**	**1″ BR**	**1½″ BR**	**2″ BB**	**1″ BR**	**1½″ BR**	**2″ BB**	**1″ BR**	**1½″ BR**	**2″ BB**
건조	1	2		1	2		3			1	3	
해충								1				
병					1	2				1	2	
자동차	1		1		2	1		1	1	3	3	
반달리즘	11	2	1	14		1	1		1	5	2	
기부 손상		8	3		2		2		5		1	
공사			2		1			4	1		2	
미상	2		1	1		2		20	10		10	3
식재 수량	30	50	50	40	60	60	25	100	100	60	75	40
고사 수량	15	12	8	16	9	6	6	26	18	10	23	3
생존율(%)	50	76	84	60	85	90	76	74	82	83	69	92

BR = 나근 식재목(bare-root stock)
BB = 포장 근분 식재목(Balled and burlapped stock)

표 11-6 조성 기간 말에 실시한 교목 식재 비용 분석

	수종 1						수종 2					
	농장 A			농장 B			농장 A			농장 B		
비용	**1″ BR**	**1½″ BR**	**2″ BB**	**1″ BR**	**1½″ BR**	**2″ BB**	**1″ BR**	**1½″ BR**	**2″ BB**	**1″ BR**	**1½″ BR**	**2″ BB**
조달	$35.00	$50.00	$100.00	$30.00	$45.00	$90.00	$32.50	$40.00	$105.00	$25.00	$35.00	$95.00
식재	30.00	35.00	50.00	30.00	35.00	50.00	30.00	35.00	50.00	30.00	35.00	50.00
지주목 설치	10.00	10.00	12.00	10.00	10.00	12.00	10.00	10.00	12.00	10.00	10.00	12.00
멀칭	8.00	8.00	10.00	8.00	8.00	10.00	8.00	8.00	10.00	8.00	8.00	10.00
전정	4.00	4.00	6.00	4.00	4.00	6.00	4.00	4.00	6.00	4.00	4.00	6.00
보호	—	—	—	—	—	—	4.00	4.00	5.00	4.00	4.00	5.00
지주목 제거	8.00	8.00	10.00	8.00	8.00	10.00	8.00	8.00	10.00	8.00	8.00	10.00
총비용	$95.00	$115.00	$188.00	$90.00	$110.00	$178.00	$96.50	$109.00	$198.00	$89.00	$104.00	$188.00
생존율(%)	50	76	84	60	85	90	80	74	82	83	69	92
비용/생존 교목	$190.00	$151.32	$223.81	$150.00	$129.41	$197.78	$120.63	$147.30	$241.46	$107.23	$150.72	$204.35
평균 평가 가치	$317.00	$340.00	$377.00	$261.00	$308.00	$322.00	304.00	$381.00	$378.00	$324.00	$414.00	$351.00
순 가치/교목	$127.00	$188.68	$153.19	$111.00	$178.59	$124.22	$183.37	$233.70	$136.54	$216.77	$263.28	$146.65

BR = 나근 식재목(bare-root stock)
BB = 포장 근분 식재목(Balled and burlapped stock)

표 11-5와 11-6에서 보여주는 자료는 기록관리가 관리 의사결정에 어떻게 영향을 미치는가를 보여주는 좋은 예이다. 예를 들면, 표 11-5가 보여주는 바와 같이, 수종 1의 1인치 굵기 나근묘는 반달리즘 피해로 인해 낮은 비용이 스스로의 낮은 생존율을 상쇄하고 있다. 그러나 수종 2의 1인치 나근묘(裸根苗, bare-root stock)는 심하게 반달리즘 피해를 입지 않아서, 교목 가치 기준으로 같은 수종의 2인치 굵기 포장 근분묘(包裝根盆苗, balled and burlapped stock)를 능가하였다. 표 11-6이 보여주듯이, 농장 B는 처음에는 가격이 싸지만, 수종 1에 대한 식재 묘목의 좋은 공급원이 아니다. 전반적으로 수종 2가, 조성비용과 해당 교목 집단에 추가되는 순 가치 측면 모두에서, 해당 지자체에게 더 나은 투자이다. 포장 근분묘는 전반적인 생존율은 더 높지만 나근묘의 낮은 초기 비용 때문에 상쇄된다.

외주 식재

많은 지자체가 교목 식재를 위해 계약을 체결한다(제10장). Tate(1984)는 뉴저지주에서 조사한 도시의 63%가 계약을 통해 교목을 식재한다고 보고했고, Robson(1984)도 일리노이주 시카고시 교외에 있는 8개 도시 임업 프로그램에 대한 조사에서 비슷한 결과를 보고했다. 외주 식재(外注植栽, contract planting)가 가로수를 조성하는 데 선호되는 방법인 것처럼 보이지만, 이들 교목의 생존율은 외주업자의 전문성에 따라 차이가 클 것이다. Foster & Blaine(1978)은 보스턴의 4개 교목 식재 외주업자들의 1년 후 생존율이 97%에서 62%까지 폭이 넓었다고 보고하였다. 이들은 고사율이 높은 가장 불량한 외주업자는 식재 수목을 부주의하게 다루었기 때문이라고 생각한다.

외주 식재는 시 당국에 의한 식재와 마찬가지로 성공의 척도로 활착 기간 후의 생존 교목당 비용을 이용하여 자세히 검토해야 한다. 외주업자들은 반달리즘, 자동차 충돌 등과 같은 외부적인 문제 외의 원인에 의해 죽은 모든 교목을 대체함으로써 1년 동안 생존을 보증해야 한다. 생존 보증이 포함된 외주 입찰은 한 생육기 동안 또는 생존을 보장하기 위해 필요하다면 더 오랜 기간 동안 외주업자에 의한 관수(灌水, watering)를 포함할 수 있다(Gilman 등 1998).

교목 식재 계약에 일반적으로 사용되는 입찰에는 두 가지 유형이 있다: 정액 또는 단위당. 정액 입찰에서는, 해당 입찰의 명세나 개별적인 요소가 없이 전체 계약을 완료하는 데 필요한 금액이 주어진다. 외주업자가 해당 계약의 일부를 완수하지 못하거나 어떤 일을 추가할 것을 요청받으면, 이들 변동의 적정한 비용을 결정하는 것이 어렵다. 단위당 입찰은 해당 계약의 개별 요소들의 비용이 나열되어 있기 때문에, 해당 계약이 발효하게 되면 계약 변경을 쉽게 할 수 있다(Foster 1978). 시 임정관은 과거 불량한 실적을 보인 외주업자로부터의 어떤 입찰도 거절할 권리를 가져야 한다.

허가와 지역권 제도

인접 부지 소유자에 의한 공공 통행로 내의 교목 식재는 일반적으로 지자체에 의해 허가되고, 어떤 경우에는 이들이 가로수의 유일한 공급원이 될 수 있다. 대부분의 지자체에서, 가로수 군집은 공공 부문과 민간 부문 모두를 자신의 공급원으로 하고 있다. 공공 통행로에서의 민간 교목 식재를 공적으로 통제하는 것은 효과적인 관리계획을 위해 필수적이고 지자체 임업 부서가 관리하는 허가제도에 의해 통제되는 것이 가장 좋다.

허가제도가 가장 먼저 고려해야 하는 것은 공공 안전이다. 식재 위치는 식재 간격에 의해 조절되고 후퇴 요구는 지자체 교목 조례에 명시되어 있다. 공공 안전 문제나 안온방해를 야기한 것으로 확인된 적이 있는 수종은 시의 가로에 식재되는 것이 금지된다. 만약 지자체가 일정계획이 수립된 공공 교목 유지관리 프로그램을 가지고 있지 않으면, 인접한 부동산 소유자가 공공의 안전을 위하여 전정할 의무를 질 수 있다. 이에는 가로와 보도의 여유 공간 확보, 교통 신호와 교통 표지판 장애물 제거, 가로등 차단 예방 등을 위한 전정이 포함된다.

허가제도는 일반적으로 부동산 소유자가 선택할 수 있는 승인된 교목의 목록과 시 조례에 의해 금지된 수종의 목록을 제시한다. 가로수 기본계획을 가지고 있는 지자체는 해당 계획에 따라 허가되는 수종에 대한 매우 제한된 선택을 제안하면서 허가서를 발급하는데, 이러한 제한은 좀 더 까다로울 수 있다. 해당 가로수에 대한 향후 유지관리 책임은 해당 허가에 의하는데, 모든 유지관리 책임을 부동산 소유자에게 부여하거나 해당 시가 그 교목에 대한 소유권과 모든 유지관리 책임을 넘겨받도록 하는 주도 있다(**그림 11-9**).

녹지대가 좁거나, 가공 전선이 낮거나, 공공 교목을 위한 공간이 없는 가로의 경우, 만약 교목 조례가 민간 부지에 식재를 할 수 있는 지역권(地役權, easement)을 허용한다면, 보도 배후에 식재할 수 있다(**그림 11-10**). 지역권은 일반적으로 자발적인 것으로 시가 해당 교목에 대한 식재와 주기적인 유지관리를 수행한다. 이 경우 시가 소유권을 가지고 있어서, 해당 부지 소유자는 관리 당국으로부터 허가를 받지 않으면 해당 교목을 제거하거나, 전정하거나 변경할 수 없다.

식수분

식재 부지가 제한된 중심 상업지구에서는 가로수 식재를 위해 높게 조성된 식수분(植樹盆, container) (**그림 11-11**)이 하나의 대안이 될 수 있다(Williams 1978). 그러나 교목과 기타 경관식물을 위해 식수분을 이용하면 비용이 많이 들고, 잘 못 설계하면 아름다움에 부정적인 영향을 미치고 식물에 피해를 줄 수 있다. 식수분 안의 교목은 제한된 토양, 과도한 건조와 과습, 뿌리에 대한 겨울 동해, 양분 부족, 업소, 스트레스 관련 문제로 피해를 입기 쉽다. 이들 문제는, 심각하지만, 올바른 식수분 설계와 빈번한 모니터링과 유지관리를 통해 어느 정도 극복될 수 있다.

Cervelli(1984)는 소교목 수종 기준으로 직경이 2.4~3 m(8~10피트) 이상, 최소 깊이가 0.9 m(3피트)는 되어야 한다고 권고한다. 또한 그는 제자리에 고정되어 있고, 미학적으로 배열되어 있고, 주변 구조물과 조화를 이루도록 설계할 것을 권고한다. Williams(1978)는 기준 이하의 배수에 대해 배수를 향상시키기 위해 식수분 토양을 개량하고, 주기적인 시비와 관수를 시행할 것을 제안한다. 추운 날씨에는, 정상적으로 내한성을 가진 수종의 뿌리는 지상 식수분에 있는 경우 극한적인 추위에 피해를 입을 수 있기 때문에, 보온처리가 권고된다. 고인 물(standing water)은 추운 날씨에 얼기 때문에 적절하게 배수를 해주지 않으면 식수분 수목을 손상시킬 수 있다. 식수분에 식재된 대교목은 뿌리째 뽑히거나 기울어지는 것을 방지하기 위해 영구적인 당김줄(guying)이 필요할 수도 있다. 식수분은 도시 미화운동에서 인기 있는 요소이지만, 주의 깊게 설계되어야 하고 유지관리하는 데 비용이 많이 소요된다. 식수분은, 제한된 생장 환경과 관련된 스트레스 때문에, 계획된 관수, 추운 지역에서는 겨울철 배수, 교목과 기타 식물에 대한 집중적인 유지관리 등이 요구

뉴올리언스시

공원/공원도로국

시장
Mitchell J. Landrieu

국장
Ann E. MacDonald

교목 식재 허가서

귀하의 ______________________(주소)에 대한 ________(수종) 000그루 식재를 허가합니다.

✓ 귀하는 해당 교목을 제공하고, 식재하고, 유지관리(관수 포함) 하는 데 동의하였습니다.

주의 사항:

1. 만약 해당 위치에 녹지대가 없으면, 귀하의 책임 하에 보도에 식재 구덩이를 파야 합니다. 이 작업에 대한 허가를 받기 위해 공공사업/교통시설국의 Alan Yrle(658-8050)을 접촉하세요. 충분한 공간이 없더라도, 식재 구덩이가 클수록 향후 해당 교목이 더 잘 자랄 수 있다는 것을 명심하십시오. 일반적으로, 최소 면적 4피트 × 4피트 또는 3피트 × 6피트가 적당합니다. 그러나 보행자를 위해 최소 4피트의 보도 폭을 확보하세요.

2. 공익시설 표시가 있는 곳을 굴착할 때에는 적어도 48시간 전에 루이지애나주 대표전화(1 800 272-3020)로 전화하세요.

3. 어느 정도의 학대에 견딜 수 있는 크기의 건강한 교목을 구매하세요. 직경 1½인치 교목이 수용 가능 최소 크기입니다.

4. 교목 식재 적기는 그 해의 서늘한 계절입니다. 이 시기에 식재된 교목은 뿌리 시스템이 활착을 시작할 수 있습니다. 따라서 더운 기후에 의해 유발되는 스트레스를 더 잘 견딜 수 있도록 해줍니다.

5. 관수는 첫해에 매우 중요합니다. 해당 교목에 매주 3회 흠뻑 스며들도록 관수해 주세요. 비가 충분히 오거나 해당 교목이 잘 활착되어 감에 따라 관수 일정을 조정하세요.

신청인

서명: ____________________

이름: ____________________

우편 주소: ____________________

시, 주, 우편번호: ____________________

전화: ____________________

E-mail: ____________________

승인:

____
공원/공원도로국

일자: ____________________

뉴올리언스 시 공원/공원도로국
2829 Gentilly Boulevard, New Orleans, Louisiana 70122
(504) 658-3200/(504) 658-3227 FAX
Parksandparkways@cityofno.com
An Equal Opportunity Employer

그림 11-9 공공 통행로에 식재하기 위한 교목 식재 허가서(뉴올리언스시 공원/공원도로국).

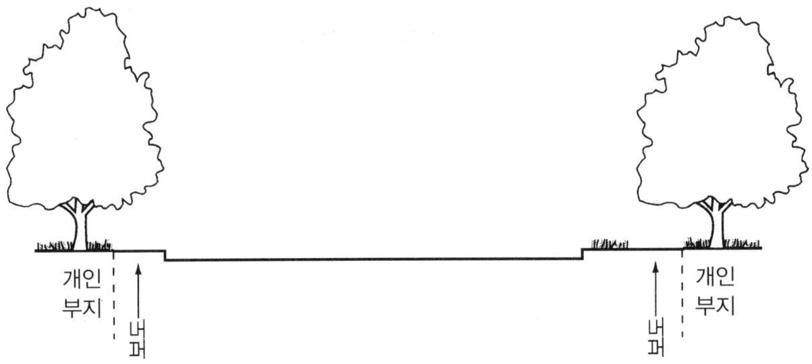

그림 11-10 녹지대가 너무 좁거나 존재하지 않은 경우 개인 부지에 대한 지역권에 식재된 교목.

그림 11-11 지면 위 식수분에 식재된 가로수. (사진: Rudy Umans/Shutterstock.com 제공).

된다. 이러한 식수분을 사용하기 전에, 유지관리를 위한 예산이 준비되어야 하는데, 그렇지 않으면 지자체의 자산으로 의도된 것이 순식간에 부채로 바뀔 것이다.

식재 장비

식재 작업에 사용되는 장비는 작업의 규모와 지자체의 예산에 따라 단순한 것으로부터 매우 복잡한 것에 이르기까지 다양할 수 있다. 수작업 식재는 삽, 곡괭이, 갈퀴와 같은 흔한 도구를 사용하고 식재 수목을 운반하기 위해 트럭이 사용된다. 마르는 것을 방지하기 위해, 식재할 교목의 잎이 나오기 시작하면 차량을 덮어주어야 한다. 어떤 경우든 식재에 필요한 일반적인 자재에는 멀칭 자재, 지주목 설치가 필요한 경우 지주목과 결속 자재 등이 있다. 물의 공급원(물차 또는 견인차에 달린 물탱크와 같은)은 식재 수목의 생존에 필수적이다.

대규모 작업에서는 식재 구덩이를 파기 위해 오거(auger)를 활용하지만, 오거가 식재 구덩이 측면에 반질거리는 면을 만들어서 뿌리 침투를 어렵게 할 수 있기 때문에 중점토(重粘土, heavy soil) 토양에서는 사용에 주의를 요한다. 일부 지자체는 식재 구덩이를 파는데 자신들이 가지고 있는 그루터기 마쇄기(stump grinder)를 사용함으로써 반질거리는 문제를 피하고 특정한 장비에 대한 추가적인 용도를 개발하기도 한다. 어떤 경우든, 매몰된 공익시설 선로가 작업자에게 심각한 피해를 줄 수 있기 때문에 식재 구덩이를 팔 때에는 극도의 주의를 기울여야 한다. 만에 하나 선로가 절단되면 수선하는 데 많은 비용이 많이 들고 서비스가 중단되는 결과를 가져온다. 지금은 대부분의 공익시설이 지자체나 주민들에게 무료로 공익시설 선로가 표시된 위치 서비스(locating service)를 제공하고 있다. 미국에서는, 지역 공익시설에 굴착을 통보하는 수단인 전국적인 '811 Call Before you Dig' 시스템이 있다.

유압식 트리스페이드(tree spade)가 교목을 이식하는 방법으로 인기가 점점 높아지고 있다(**그림 11-12**). 그러나 트리스페이드의 유용성은 녹지대의 폭, 토양 유형, 비오는 날 등에 의해 제한될 수 있다. 지자체 임업 부서는 자체 농장을 가지고 있거나 다른 교목 공급원을 가지고 있기 때문에, 트리스페이드에 투자하기에 앞서 사용 빈도가 얼마나 될 것인가를 고려해야 한다. 교목을 운반하는 데 많은 장비와 작업 시간이 소요되기 때문에 한 그루를 옮기기 위해 한 번 사용한다면 비효율적일 것이다. 이는 특히 공급원과 식지 부지 사이 거리가 굉장히 먼 경우 더욱 그러하다. 그러나 트리스페이드는 농장 수목을 굴취하여 식재지까지 트럭 운송을 위해 와이어 바스켓(wire basket)에 옮기거나 역사적인 사건이나 개인적인 일을 기념하기 위한 것과 같이 매우 소중한 교목을 이전하기 위해 사용할 때에는 매우 효율적이다.

민간 농장으로부터 대규모 물량이 배달되는 경우와 같이, 해당 교목들이 즉시 식재되지 않을 때에는 식재 수목을 위한 임시 보관지역이 필요하다. 근분 수목은 건조를 막기 위해 멀칭 자재로

그림 11-12 유압식 교목 식재 스페이드는 지하 공익시설이 없는 곳에서 가로수를 식재하는데 사용될 수 있다. (Dutchman 모델 330i 트리스페이드, Dutchman Industries Inc. 제공.)

근분을 덮어주어야 하며, 일정 계획에 따라 물을 뿌려주어야 한다. 나근 수목은 바람을 막을 수 있는 곳에 두고 이들의 뿌리가 항상 수분을 유지하도록 해야 한다. 용기에서 키운 수목은 관수를 해주고 용기 바깥 줄은 직사광선을 차단해주어야 한다.

인용 문헌

AmericanHort. 2014. *American Standard for Nursery Stock* (ANSI Z60.1-2014). Columbus, OH: AmericanHort.

Barker, P. A. 1975. "Ordinance Control of Street Trees." *Journal of Arboriculture* 1(11):212–216.

Black, M. E. 1978. "Tree Vandalism: Some Solutions." *Journal of Arboriculture* 4(5):114–116.

Bloniarz, D. V., & H. D. P. Ryan III. 1993. "Designing Alternatives to Avoid Street Tree Conflicts." *Journal of Arboriculture* 19(3):152–156.

Cervelli, J. A. 1984. "Container Tree Plantings in the City." *Journal of Arboriculture* 10(3):83–86.

Clark, J. R., & R. K. Kjelgren. 1989. "Environmental Factors Affecting Urban Tree Growth." In Proceedings, Fourth National Urban Forestry Conference (pp. 88–92). Washington, DC: American Forestry Association.

Council of Tree and Landscape Appraisers (CTLA). 2000. *Guide for Plant Appraisal*. Savoy, IL: International Society of Arboriculture.

Dawson, J. O., & M. A. Khawaja. 1985. "Change in Street-Tree Composition of Two Urbana, Illinois Neighborhoods After Fifty Years: 1932–1982." *Journal of Arboriculture* 11(11):344–348.

Elmendorf, W., H. Gerhold, & L. Kuhns. 2008. *Planting and After Care of Community Trees.* Pennsylvania State University, College of Agricultural Sciences.

Foster, R. 1978. "City Tree Planting." *American Nurseryman* 158(7):13, 117–120.

Foster, R. S., & J. Blaine. 1978. "Urban Tree Survival: Trees in the Sidewalk." *Journal of Arboriculture* 4(1):14–17.

Getz, D. A., A. Karow, & J. J. Kielbaso. 1982. "Inner City Preferences for Trees and Urban Forestry Programs." *Journal of Arboriculture* 8(10):258–263.

Gilman, E. F., R. J. Black, & B. Dehgan. 1998. "Irrigation Volume and Frequency and Tree Size Affect Establishment Rate." *Journal of Arboriculture* 24(1):1–9.

Griffith & Associates. 1993. Comprehensive Review of the Services, Operations, Organization, Financing, Management, and Staffing of the Bureau of Forestry. Milwaukee, Wisconsin.

Guries, R. P., & E. B. Smalley. 1985. "Elms for Urban Forests." *Wisconsin Arborist* 4(2):1–2.

Harris, R. W., J. R. Clark, & N. P. Matheny. 2004. *Arboriculture: Integrated Management of Landscape Trees, Shrubs, and Vines.* Upper Saddle River, NJ: Pearson Education.

Hauer, R. J., J. O. Dawson, & L. P. Werner. 2006. *Trees and Ice Storms: The Development of Ice Storm-Resistant Urban Tree Populations* (2nd ed.). Joint Publication 06-1, College of Natural Resources, University of Wisconsin-Stevens Point and the Department of Natural Resources and Environmental Sciences and the Office of Continuing Education, University of Illinois at Urbana–Champaign.

Hauer, R. J., & D. Tutton. 2009. *Trees in Your Community: Results from a 2008 Questionnaire for the Urban Forestry Program, Wisconsin Department of Natural Resources, Division of Forestry.* Final Report Prepared for Wisconsin Department of Natural Resources, Urban and Community Forestry Program.

Kalmbach, K. L., & J. J. Kielbaso. 1979. "Resident Attitudes toward Selected Characteristics of Street Tree Plantings." *Journal of Arboriculture* 5(6):124–129.

Laćan, I., & J. R. McBride. 2008. "Pest Vulnerability Matrix (PVM): A Graphic Model for Assessing the Interaction between Tree Species Diversity and Urban Forest Susceptibility to Insects and Diseases." *Urban Forestry & Urban Greening* 7(4):291–301.

Litzow, M., & H. Pellett. 1982. "Establishment Rates for Different Bareroot Grades of Trees." *Journal of Arboriculture* 8(10):264–266.

McPherson, E. G., & R. A. Rowntree. 1989. "Using Structural Measures to Compare Twenty-Two U.S. Street Tree Populations." *Landscape Journal* 8:13–23.

Miller, R. H. 1989. Frequency of Use and Survival of Selected Street Tree Taxa in Three Wisconsin Communities. MS Thesis, University of Wisconsin–Stevens Point.

Miller, R. H., & R. W. Miller. 1991. "Planting Survival of Selected Street Tree Taxa." *Journal of Arboriculture* 17(7):185–191.

Miller, R. W., & T. R. Bate. 1978. "National Implication of an Urban Forestry Survey in Wisconsin." *Journal of Arboriculture* 4(6):125–127.

Miller, R. W., & M. S. Marano. 1986. "Urban Forest: A Street Tree Management Simulation." In Proceedings, Forestry Microcomputer Software Symposium, Morgantown, West Virginia.

Muller, R. N., & C. Bornstein. 2010. "Maintaining the Diversity of California's Municipal Forests." *Arboriculture & Urban Forestry* 36(1):18–27.

Pedersen, L. B., T. B. Randrup, & M. Ingerslev. 2000. "Effects of Road Distance and Protective Measures on Deicing NaCl Deposition and Soil Solution Chemistry in Planted Median Strips." *Journal of Arboriculture* 26(5):238–245.

Raupp, M. J., A. B. Cumming, & E. C. Raupp. 2006. "Street Tree Diversity in Eastern North America and Its Potential for Tree Loss to Exotic Borers." *Arboriculture & Urban Forestry* 32(6):297–304.

Richards, N. A. 1983. "Diversity and Stability in a Street Tree Population." *Urban Ecology* 7(2):159–171.

Richards, N. A. 1993. "Optimum Stocking of Urban Trees." *Journal of Arboriculture* 18(2):64–68.

Robson, H. L. 1984. "Urban Forestry in the Chicago Suburbs." *Journal of Arboriculture* 10(4):113–116.

Santamour, F. S., Jr. 1990. "Trees for Urban Planting: Diversity, Uniformity, and Common Sense." In Proceedings, Seventh Conference of The Metropolitan Tree Improvement Alliance (METRIA) (pp. 57–65). Lisle, IL: The Morton Arboretum.

Sawyer, A. 2010. Asian Longhorned Beetle: Annotated Host List. USDA-APHIS-PPQ, Center for Plant Health Science and Technology.

Scheyer, J. M., & K. W. Hipple. 2005. *Urban Soil Primer.* Lincoln, NE: USDA Natural Resources Conversation Service, National Soil Survey Center.

Schroeder, H. W., & W. N. Cannon. 1987. "Visual Quality of Residential Streets: Both Street and Yard Trees Make a Difference." *Journal of Arboriculture* 13(10):236–239.

Shigo, A. L. 1991. *Modern Arboriculture.* Durham, NH: Shigo and Trees, Associates.

Simons, K., & G. R. Johnson. 2008. *The Road to a Thoughtful Street Tree Master Plan: A Practical Guide to Systematic Planning and Design* (http://www.myminnesotawoods.umn.edu/wp-content/uploads/2008/12/Street-Tree-Manual.REVISED_20082.pdf).

Struve, D. K., L. Burchfield, & C. Maupin. 2000. "Survival and Growth of Transplanted Large-and Small-Caliper Red Oaks." *Journal of Arboriculture* 26:162–169.

Sun, W. Q. 1992. "Quantifying Species Diversity of Streetside Trees in Our Cities." *Journal of Arboriculture* 18(2):91–93.

Talarchek, G. M. 1987. "Indicators of Urban Forest Condition in New Orleans." *Journal of Arboriculture* 13(9):217–224.

Tate, R. L. 1977. "The Worth of Municipally-Owned Tree Nurseries." *Journal of Arboriculture* 3(9):169–171.

Tate, R. L. 1984. "Status and Operating Costs of Selected, Municipally-Owned Tree Nurseries in the Northeast United States." *Journal of Arboriculture* 10(10):286–288.

Thompson, R. P. 2006. *The State of Urban and Community Forestry in California: Status in 2003 and Trends Since 1988* (Technical Report No. 13). San Luis Obispo, CA: Urban Forest Ecosystems Institute.

Tschantz, B. A., & P. L. Sacamano. 1994. *Municipal Tree Management in the United States.* Kent, OH: Davey Tree Expert Company.

Wagar, J. A., & P. A. Barker. 1983. "Tree Root Damage to Sidewalks and Curbs." *Journal of Arboriculture* 9(7):177–181.

Ware, G. H. 1994. "Ecological Basis for Selecting Urban Trees." *Journal of Arboriculture* 20(2):98–103.

Watson, W. T. 2005. "Influence of Tree Size on Transplant Establishment and Growth." *Hort-Technology* 15(1):118–122.

Williams, D. J. 1978. "Handling Plants in Landscape Containers." *Journal of Arboriculture* 4(8):184–186.

제12장

가로수 관리: 유지관리

이탈리아 알바(Alba)

산림에서 자란 교목은 자신들의 환경에 적응하고 생존할 수 있는 능력을 가지고 있어서, 이들은 특별한 산림 관리 목표 때문에 다르게 요구하지 않는 한 스스로 유지관리하고 있다. 가로수는 산림 환경으로부터 유래되거나 산림 교목의 품종이지만, 이들은 집중적인 관리(수목관리 작업)가 필요한 낯선 환경으로 이식된 것이다. 가로수는 고도로 교란되고, 화학적으로 그리고 물리적으로 변형되며, 매우 빈번하게 자신의 크기를 심각하게 제한되는 토양에서 자란다. 이들 교목은 양분과 수분을 두고 잔디를 비롯한 다른 고밀도의 하층식생(下層植生, understory plants)과 경쟁해야 하고, 다양한 오염물질에 노출되어 있고, 불투수성 지표 피복 아래에서 뿌리를 뻗어야 하고, 병해충 문제에 저항성을 가지고 있어야 하고, 자동차, 잔디 깎기 기계, 사람들에 의한 물리적 학대를 견뎌내야 한다. 또한 가로수는 지자체의 아름다움과 가치에 기여해야 한다. 이들 요소의 일부는 교목 개량과 수종 선정을 통해 개선될 수 있지만, 나머지는 재배적인 작업을 통해 확보해야 한다. 이들 작업에는 올바른 식재(제10장), 전정(剪定, pruning), 멀칭(mulching), 시비(施肥, fertilization), 병해충 방제(病害蟲防除, insect and disease control), 관수(灌水, watering), 줄당김(cabling)과 쇠조임(bracing), 특수한 환경 하에서 상처와 공동 치료 등이 있다.

전정

시는 공공 통행로에서의 공공 안전에 대한 책임이 있고, 여기에는 가로수도 포함된다. 일부 지자체는 식재 허가서를 발급하고 가로수에 대한 유지관리 책임을 인접 부지 소유자에게 부과하지만, 상해나 재산 피해가 발생하면 해당 지자체나 지자체 공무원이 여전히 피고인이 될 수 있다(제5장). 산림에서 자란 교목은 근접한 간격과 낮은 가지에 대한 그늘로 인해 자연낙지(自然落枝, self-pruning)가 발생하지만, 도시에서 자라는 교목은 개방된 공간에서 자라서 수관의 낮은 곳에 있는 살아 있는 가지가 자연적으로 떨어지지 않을 것이다. 가로수를 돌보지 않고 방치하면 통행, 표지판, 가로등을 가릴 수 있고, 가공 전선(架空電線, overhead conductor)에 저촉되고, 빠르고 지속적인 수관 확장으로 인해 다른 위험도 나타나게 된다. 이들 문제는 수립된 전정 계획에 따라 주기적으로 전정하여 줄여주거나 제거해야 한다.

근본적으로, 전정은 수목의 일부를 제거하는 것이다. 교목 전정에는 생장 에너지를 조절 또는 재배분하거나 구조적으로 튼튼한 성숙한 수형을 창출하기 위해 살아 있는 조직과 죽은 조직을 제거하는 것이 있다. 가로수에는 두 가지 보편적인 유형의 전정 처리를 한다: 구조(構造, structural) 전정과 유지관리(維持管理, maintenance) 전정. 구조전정은 전형적으로 이식 직후에 시작하여 해당 교목이 성숙된 수형으로 자랄 때까지 계속되는 주기적으로 수행하는 작업이다. 이러한 접근은 개방 공간에서 자란 교목과 관련된 잠재적인 위험을 완화시키고 장래의 전정 요구와 관련된 비용을 감소시킨다. 구조전정의 핵심 원리는 다음과 같다(Gilman 2003):

1. **가장 낮은 영구 골격지(骨格枝, scaffold branch)를 결정하고 이보다 낮은 모든 가지를 제거하라.** 새로이 식재된 교목에 부착된 대부분의 가지들은 임시적이어서 도로와 보도의 여유 공간 표준을 준수하기 위해서는 제거되어야 한다. 예정된 구조전정 주기에 따라 구조적인 통합성을 저해하기 전에 이들 가지를 제거하거나 나중에 제거될 때까지 이들 낮은 가지를 일시적으로 억제한다.
2. **하나의 그리고 중앙의 주지(主枝, leader)를 결정하고 유지관리하라.** 대부분의 교목에서, 성숙된 수형의 구조는 단일의 그리고 중앙의 주지를 가지고 있는 것이 좋다. 기존 중앙 주지의 생장과 지속적인 발달에 유리하도록 주기적인 전정을 통해 주지와 경쟁하는 가지를 제거하거나 길이를 줄여주어야 한다.
3. **살아 있는 수관 비율을 50~60% 유지하라.** 교목의 건강과 수많은 도시 스트레스 요인으로부터 회복하는 능력은 수관 면적과 직접 연관되어 있다. 50~60%의 살아 있는 수관 비율(live crown ratio; 수관 높이/총 수고)은 미성숙 가지와 교목이 파손되는 위험을 줄여주면서 교목의 활력을 유지시켜준다.
4. **영구 골격지를 확인하라.** 구조적 안정성 관점에서, 생장하는 마디당 하나의 가지만 있는 것이 좋고, 이들 가지는 해당 교목이 성숙했을 때의 수고에 따라 간격을 확보하는 것이 좋다(성목 수고의 5% 간격이 권장되는데, 즉 성숙 수고 6.1 m[20피트]의 경우 골격지 간격 0.3 m[1피트] 확보).

유지관리 전정은 죽은, 죽어가는, 병든, 부러지거나 손상된, 약하게 부착된 가지를 제거하는 작업이다. 공공장소에서, 이들 가지 또는 교목의 부분들은 사람의 상해나 재산상의 피해로 이어질 수 있는 굵은 가지나 교목의 파손 가능성을 줄이기 위해 가능한 한 신속하게 확인하고 제거해야 한다. 이를 위해 많은 지자체들이 고위험 상황을 확인하기 위해 공공 부지에 있는 교목을 주기적으로(3~5개월마다) 점검한다. 개별적인 처리로서, 유지관리 전정은 전형적으로 구조 전정 사이에 필요에 따라 또는 일단 성숙한 수형과 구조가 확립되면 주기적으로 실시한다. 해당 교목이 성숙한 수령에 도달하기 전에는, 유지관리 전정이 가끔 구조 전정과 동시에 수행될 수도 있다.

일반적으로 전정은 측지(側枝, lateral branch; 자신이 발생한 줄기보다 더 가는 가지)와 동일 세력 줄기(codominant stem; 크기가 같은 줄기)를 제거하거나 가지/줄기의 길이를 축소(이후 억제/subordinate라고 부름)하는 것이다. 모든 살아 있는 측지나 새살(woundwood)이 해당 가지의 기부를 아직 감싸지 못하는 죽어가는/죽은 가지에 대해서는, 지피융기선(枝皮隆起線, branch bark ridge)과 줄기/가지 깃(stem/branch collar) 바로 바깥을 절단하여 제거하고, 가끔 굵은 가지는 일련의 3회 절단을 한다(**그림 12-1**). 가지/주지를 억제하거나 동일 세력 줄기를 제거할 때에도 최종 절단의 위치를 확인하기 위해 이와 동일한 표적을 활용한다.

일부 지역에서는, 허리케인(hurricane)이나 이와 유사한 유형의 폭풍이 매년 발생하거나 그 발생을 예측할 수 있기 때문에 제3의 전정 유형의 필요성이 제기된다. 이 전정 방법은 수관의 전반적인 크기를 줄임으로써 해당 교목 수관의 견인부하(牽引負荷, drag load)를 줄이는 데 목적이 있다. 전형적으로, 이러한 예방 전정(豫防剪定, preventive pruning)에는 길이를 줄이기 위한 주 골격지에 대한 억제 절단(抑制切斷, subordinate cut) (**그림 12-2**)과/이나 해당 수관을 솎기 위한 가

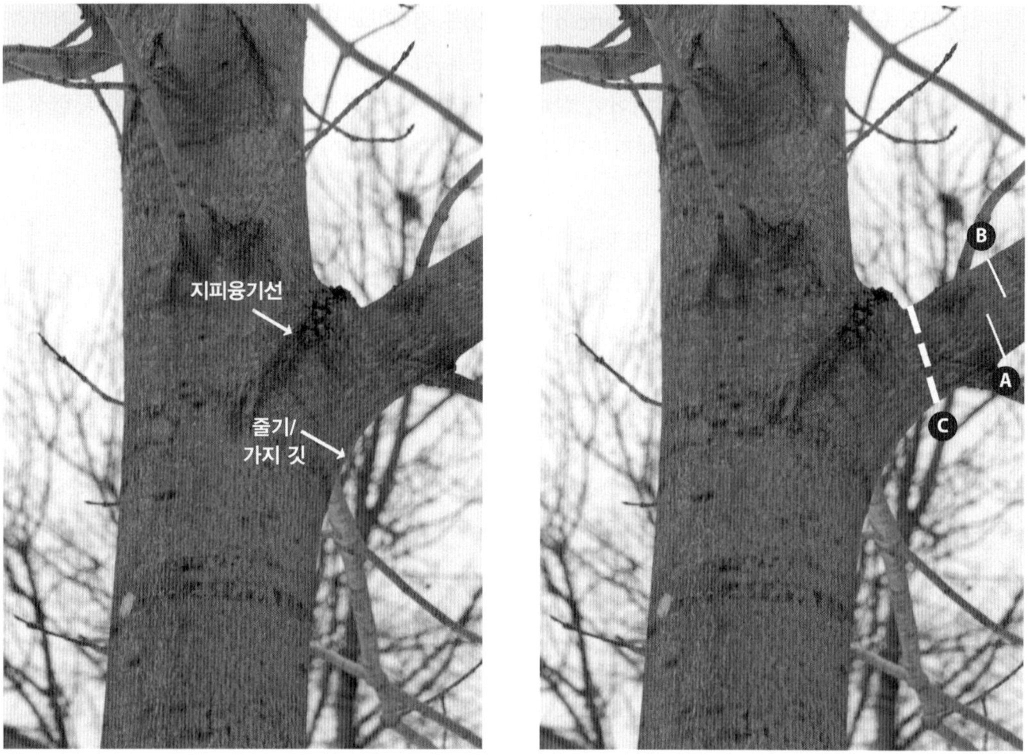

그림 12-1 (위, 왼쪽과 오른쪽) 측지의 표적 전정은 절단 A, B, C로 이루어진다. 처음 두 절단(A와 B)은 수피가 벗겨지지 않도록 해당 가지의 무게를 제거한다. 최종 절단(C)은 지피융기선과 줄기/가지 깃 바로 바깥에서 이루어진다. (사진: L. Werner 제공.)

그림 12-2 (왼쪽) 억제 전정에서 최종 절단은 각도 ABC를 이등분하는 것이 좋다. (사진: L. Werner 제공.)

지 제거(**그림 12-3**)가 있다(Gilman 등 2008). 마디 사이(가지 사이) 전정이라고 정의되는 두절(頭切, topping)은 피해야 한다. 이러한 절단은 내부 부후의 급속한 확산과 약하게 부착된 수많은 가지를 유발한다(**그림 12-4**). 더 자세한 정보는 *Arboriculture: Integrated Management of Landscape*

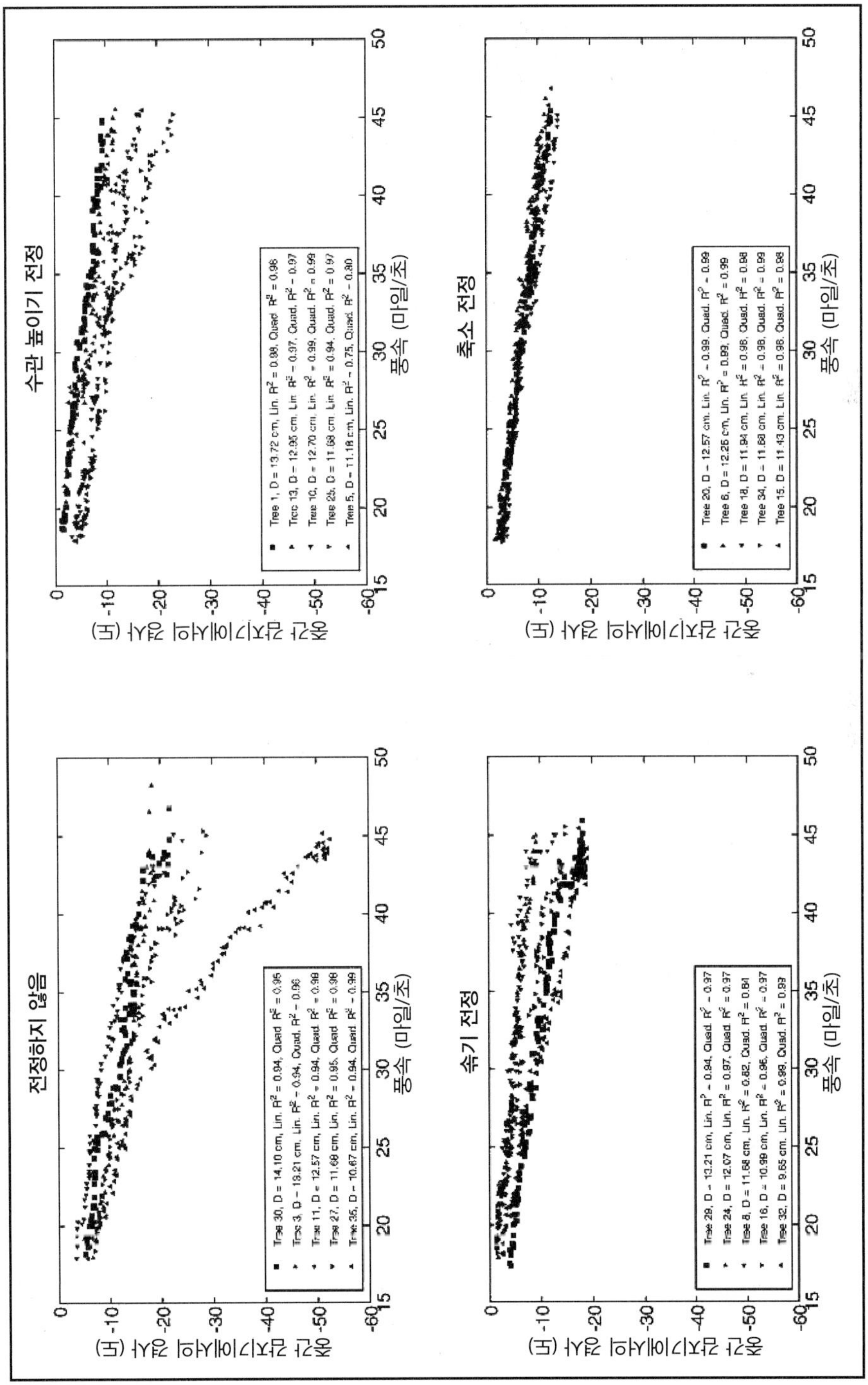

그림 12-3 다양한 전정 방법이 교목 수간의 휨에 미치는 영향(Gilman 등 2008).

그림 12-4 두절(마디 사이 절단)은 과도한 가지 발생과 파손되기 쉬운 약하게 부착된 가지를 유발할 수 있다(왼쪽). 가끔 커다란 부후 주머니가 두절 후에 형성된다(위). (사진: A. Schauer 제공.)

Trees, Shrubs, and Vines(Harris 등 2004)와 *Modern Arboriculture*(Shigo 1991)의 관련 내용을 참고하기 바란다.

전기가 흐르는 송전선과 접촉하는 지자체 교목은 이들 전선으로부터 정해진 거리 안쪽은 제거되어야 한다. 그러나 지자체 전정담당 직원이나 외주업자들은 안전과 책임 문제 때문에 송전선 주위를 전정하지 않는다. 공익시설 통행로 내의 선로 정리와 식생관리(植生管理, vegetation management)는 공익시설 수목관리자와 임업가의 책임이고 이에 대해서는 제15장에서 살펴볼 것이다.

지자체 전정

모든 지자체 교목 관리 활동 중에서, 장기적인 교목 안전과 생존에 가장 중요한 것은 전정이다. 순전히 경제적인 관점에서, 전정이 해당 교목의 내용연수(耐用年數, service life)와 제5장에서 상술한 바 있는 모든 관련 기능적인 편익을 연장시킨다. 그러나 1986년 조사된 지자체의 39%만이 교목 관리에 체계적으로 접근하고 있다고 보고했는데, 이는 1980년의 50%보다 하락한 것이다(Kielbaso 1989). 1994년 지자체 임업 프로그램에 관한 조사에서 응답자의 44%가 연간 또는 계절적인 전정 일정 계획을 가지고 있다고 보고했지만, "연간(annual)"이나 "계절적(seasonal)"에 관한 정의는 명확하지 않았다(Tschantz & Sacamano 1994).

시 공무원에 의한 지자체 전정 작업은 다섯 가지 접근 중 하나 또는 이들이 결합되어 일정계

획이 수립된다: 요청(request) 전정, 위기(crisis) 전정, 과업(task) 전정, 수종(species) 전정, 계획된 (programmed) 유지관리(Yamamoto 1985). 요청 전정은 자신의 부동산 가까이 있는 교목을 전정해달라는 시민의 요청에 근거하여 계획된다. 위기 전정은 즉시 수행되어야 하는 명확한 위험을 제거하는 것이다. 과업 전정은 병해충에 걸린 가지를 제거하거나 가로의 통행로를 정리하는 것과 같은 특별한 이유 때문에 수행한다. 수종 전정은 비슷한 처리가 필요한 같은 수종에 속하는 모든 교목에 대해 집단적으로 실시하는 전정이다.

계획된 유지관리(지역, 격자, 또는 예정된 유지관리라고도 부른다)는 해당 지자체의 주어진 지역 내 모든 교목에 대해 순환적으로 관리하는 것이다. 이는 해당 지역의 각 교목에 대해 필요한 모든 전정 절단을 수행하는 것이며, 줄당김과 쇠조임 또는 해당 교목 기부 주위의 멀칭 자재 보충과 같은 다른 유지관리 활동을 포함할 수도 있다. 분명, 서비스 요청, 위험, 과업, 수종 요구도 무시할 수 없지만, 합리적인 주기로 수립된 계획된 전정은 이들 다른 이유로 인한 전정을 위해 시간을 할애해야 하는 필요성을 현저하게 줄여준다.

캘리포니아주 머데스토(Modesto)시는 요청, 위기, 과업, 수종 요구에 근거한 전정 일정계획 수립을 7년 주기의 계획된 유지관리로 전환하였다. 이 과정에서의 첫 조치는 주민들에게 잘 알고 있는 요청 시스템(request system) 대비 계획된 전정(programmed pruning)의 장점을 알리기 위해 효과적인 공중 교육 노력을 하는 것이었다. 시 공무원들에게도 이들이 주민들에게 계획된 전정을 설명할 수 있도록 이 시스템의 편익을 교육하였다. 이 노력은 성공적이어서, 교목 유지관리의 70%가 계획에 의거 수행되었다. 더 중요한 것은, 전정된 교목의 수를 기준으로 측정된 공무원의 생산성이 두 배로 향상되었다. 이러한 생산성 향상은 주로 절약된 수송비용과 더욱 효율화된 과업 일정계획 수립에 기인하였다(Yamamoto 1985). 이에 따라 해당 시는 3년 주기로 변경하고, 어린 교목은 2년 주기로 더 자주 전정을 실시하였다. Gilstrap(1990)은, 다른 편익으로, 3년 주기 전정은 교목 점검을 더 자주 할 수 있게 하고, 더 가는 직경이 절단이 가능하고, 더 나은 공중관계(公衆關係, public relations)가 형성되고, 교목 서비스 요구가 급격하게 감소하고, 넘어지는 교목이 줄어들고, 정리와 겨우살이(mistletoe) 감염 방제를 위한 과업 전정이 감소하는 것 등이다.

Hudson(1990)은 11년 동안 캘리포니아주 산타마리아(Santa Maria)시에서 계획된 전정 시간 대비 요청 전정 시간을 비교하였다. 계획된 전정은 1그루당 평균 1.03시간이 걸린 반면, 요청 전정은 2.38시간이 걸렸으며, 그 차이는 비생산적인 작업자 이동과 준비 시간 때문이었다. 생물학적 관점에서 보면, 계획된 구조 전정 작업을 할 때 정상적으로 확인되고 교정될 수 있는 가지 부착이나 전반적인 교목 구조상 결함이 요청 및 위기 전정 프로그램 하에서는 그대로 존속하게 된다. 결함의 본질이 결국 스스로 나타나게 되면, 교정 활동은 더 크고, 더 광범위한 상처를 유발하는 결과를 가져온다. 이처럼 더 큰 교정 전정 상처는 부후의 침입과 빠른 확산으로 이어져 해당 교목의 수명을 단축시키게 되고(Wiseman 등 2006), 궁극적으로 이들 교목으로부터 얻게 되는 장래의 편익에 부정적인 영향을 미칠 것이다.

전정 주기

전정 주기(剪定週期, pruning cycle)는 계획된 유지관리를 통해 해당 지자체 내에 존재하는 모든 가로수를 전정하는 데 걸리는 햇수이다. 전정 주기가 6년인 시는 매년 가로수의 1/6을 전정하여, 각 교목은 6년마다 한 번씩 유지관리를 받게 된다. 전정 주기의 길이는 주로 해당 지자체 내 교목의 수량과 유지관리를 위해 가용한 재원에 달렸다. 한편, 최적의 전정 주기는 해당 교목 군집의 상태, 수종, 수령과 해당 지역의 기후 특성에 따라 다를 것이다.

해당 교목 군집의 상태, 수종 구성, 수령, 지리구(地理區, geographic region)가 해당 군집에 대한 최적 전정 주기에 영향을 미친다. 교목/경관감정인협의회(CTLA, Council of Tree and Landscape Appraisers)가 기술한 바와 같이 높은 상태 등급이 부여된 교목은 잘 발달된 수관, 양호한 가지 배치, 그리고 작은 전정 상처를 수반하게 된다. 빈번한 전정은, 특히 아직 성숙한 수형을 발달시키고 있는 교목인 경우, 앞서 언급한 특성을 가진 수관을 창출하여 성숙했을 때 전형적으로 급진적인 전정을 통한 교정 필요성을 감소시킨다. 이는 높은 상태 등급으로 이어진다. 수종도 전정 빈도에 영향을 미치는데, 이는 성숙했을 때의 크기, 생장 속도, 가지 구조, 목재 강도, 부후에 대한 저항성이 다르기 때문이다. 해당 교목의 나이도 전정 빈도와 관련이 있다. 일반적으로 어린 교목은 생장 속도가 빠르고, 통행로에 걸쳐 있는 낮은 가지, 정지(整枝, training) 필요성 때문에 더 빈번한 전정이 필요하다. 수분이 충분한 따뜻한 기후에서 자라는 교목은 더 빨리 자라기 때문에 기후가 좋지 않은 곳의 같은 교목보다 더 자주 전정해주어야 할 것이다.

특정 지자체의 최적 전정 주기를 결정하는 방법은 전정의 한계비용(限界費用, marginal cost)을 전정의 한계수입(限界收入, marginal return)과 비교해보는 것이다. 위스콘신주 밀워키시 일부에 대해 교목의 상태와 계산된 교목 가치를 기록한 컴퓨터화된 시스템을 이용하여 현황조사를 하였다. 상태등급(狀態等級, condition class)이 교목 가치에 영향을 미치기 때문에, 전정과 상태등급 사이의 상관관계를 확인하기 위해 마지막 전정 일자와 현황조사를 실시한 각 작업 단위의 평균 상태등급에 대해 회귀분석을 실시하였다(**그림 12-5**). 한계비용은 전정 주기를 1년 연장할 때마다 교목가치의 손실을 계산하기 위한 회귀방정식(回歸方程式, regression equation)에 의해 산출된 상태등급을 사용하여 계산했다. 한계수입은 전정 주기를 1년 연장할 때마다 전정 비용을 절감하는 것이다(**표 12-1**). 한계비용과 한계수입의 상관관계(**그림 12-6**)는, 밀워키시의 관리 목표가 지출된 비용 대비 최고 가치의 교목 군집을 제공하는 것이라고 가정하면, 최적 전정 주기는 5년이라는 것을 보여주고 있다(Miller & Sylvester 1981).

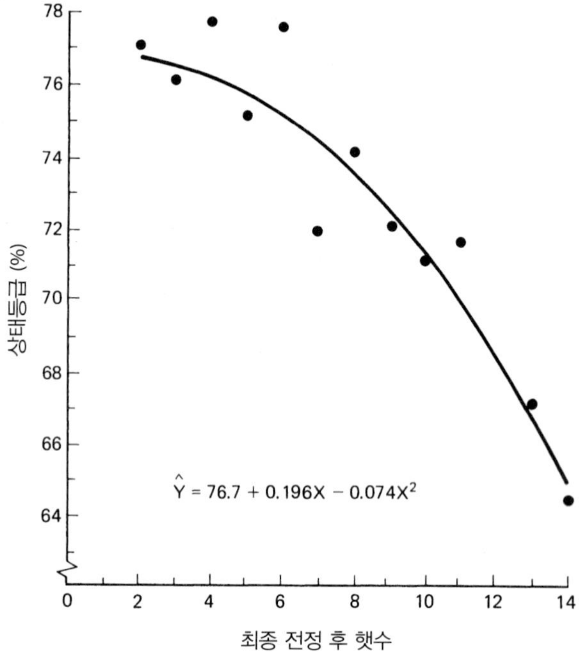

그림 12-5 평균 교목 상태등급과 최종 전정 이후 햇수 간의 상관관계(유의확률 0.005) (Miller & Sylvester 1981).

5년 내외의 주기는, 특히 어린 교목이 절대 다수를 차지하고 있지 않으면, 온대기후에 있는 대부분의 지자체에 합리적

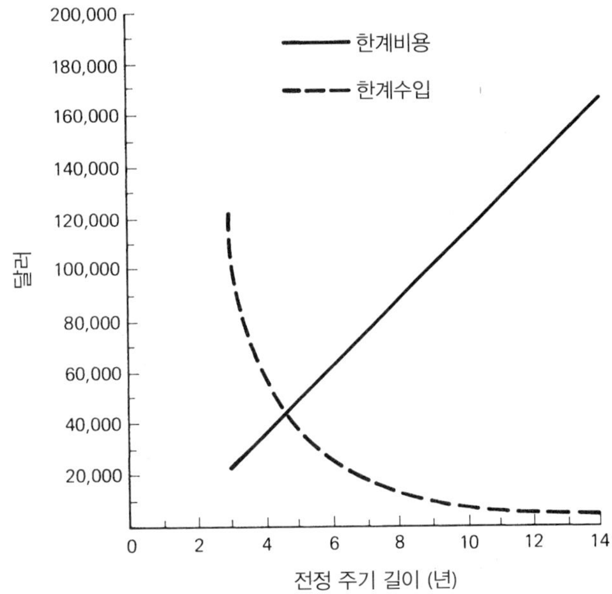

그림 12-6 위스콘신주 밀워키의 다양한 전정 주기별 교목 가치 손실 대비 전정 비용 절감 비교(Miller & Sylvester 1981).

표 12-1 다양한 전정주기별 교목 가치와 전정 비용[a]

전정 주기(년)	평균 상태등급[b](%)	교목 가치[b]	한계 비용	연간 전정 비용[b]	한계 수입
2	76.8	$20,381,000		$337,000	
3	76.7	20,358,000	$23,000	224,000	$113,000
4	76.6	20,321,000	37,000	168,000	56,000
5	76.4	20,272,000	49,000	135,000	33,000
6	76.2	20,210,000	62,000	112,000	23,000
7	75.9	20,134,000	76,000	96,000	16,000
8	75.5	20,046,000	88,000	84,000	12,000
9	75.2	19,944,000	102,000	75,000	9,000
10	74.7	19,829,000	115,000	67,000	8,000
11	74.2	19,702,000	127,000	61,000	6,000
12	73.7	19,561,000	141,000	56,000	5,000
13	73.1	19,407,000	154,000	52,000	4,000
14	72.5	19,239,000	168,000	48,000	4,000

[a] 위스콘신주 밀워키에 있는 가로수 40,808그루 기준. 교목 그루당 평균 전정비용 $16.50 가정.

[b] 제시된 전정 주기당.

출처: Miller & Sylvester 1981.

인 목표가 될 것이다. 어린 교목은 성숙했을 때 바람직한 구조를 확립하고 가로와 보도를 장애물 없이 유지시키기 위해 종종 성숙한 교목보다 더 자주 전정할 필요가 있다. 어떤 지자체는 두 가지 전정 주기를 사용한다: 예를 들면, 확립된 성숙한 수형을 갖추지 못한 교목에 대해서는 3년, 성숙한 교목에 대해서는 6년. 전정 주기의 길이는 궁극적으로 특정한 교목 군집, 관리 우선순위, 예산상의 제약 등을 기준으로 하는 지역적인 결정이다.

Sisinni 등(1995)은 뉴욕주 로체스터(Rochester)의 경우 상이한 수종에 대한 얼음 폭풍의 영향을 보고하였다. 자신들의 관찰을 근거로, 이들은 얼음 폭풍의 영향을 최소화하기 위해 성목에 대해서는 5~10년의 전정 주기를, 어린 교목에 대해서는 3년의 전정 주기를 권고하고 있다. 유사하게, Hauer 등(1993)은 1990년 일리노이주 어배너-샴페인(Urbana-Champaign)을 강타한 얼음 폭풍의 결과처럼 성숙한 은단풍(*Acer saccharinum*)에 대한 피해 가능성은 해당 시에 의해 수행된 빈번한 전정에 의해 부분적으로 완화되었다고 주장했다.

일단 전반적인 전정 주기가 결정되면, 전정 지역 할당과 작업자 배치를 위해 가로수 군집을 크기별 수종별로 공간적인 정리를 해야 한다. 작업자 규모와 필요한 장비는 전정될 교목의 크기와 수종에 의해 결정된다. 구획별 또는 가로 부분별 수령급과 수종의 개발을 명시한 가로수 기본계획은 작업자와 장비 할당을 단순화시킨다. 가로수 현황조사는 구획이나 작업 단위 내의 가로수의 크기별과 수종 구성의 분포에 관한 자세한 정보를 제공하기 때문에 계획된 유지관리를 착수할 때 유용하다. 이들 자료는 해당 지자체를 동일한 작업 부하를 가진 작업 지역으로 세분하고 전정 순서에 대한 우선순위를 부여하는 데 사용된다. 계획된 유지관리 시스템은 연간 기준으로 작업자와 장비가 동등한 작업부하가 되도록 작성되어야 한다.

만약 두 가지 다른 전정 주기를 사용해도 그 과정은 동일하다. 예를 들면, 모두 성숙한 교목이 있는 지역은 이들의 전정 주기에 의해 나누어져야 하고, 지속적인 구조 개발이 필요한 교목이 있는 지역은 이들의 주기에 따라 나누어져야 한다(**그림 12-7**). 구조 개발 전정에서 성목 전정으로의 전환은 수종과 지역적인 생장 속도에 의해 영향을 받는다. 전환 결정을 할 수 있는 시기에 대한 징후는 해당 교목의 주된 골격지가 발달하고 이의 전정 필요성이 주로 죽은 목재 제거와 사소한 교정 절단에 한정될 때이다.

어떤 지자체에서 전정 주기가 잘 설정되면, 일부 교목은 특정한 관리단위에 대한 작업을 할 때 전정이나 다른 유지관리 작업이 불필요할 수도 있다. 그러나 전정 주기는 공무원으로 하여금 공공 안정을 유지하는 데 중요한 고려 사항인 모든 교목에 대한 정기적인 점검이 가능하게 할 것이다.

UNIT 1	UNIT 2	UNIT 3
1997 D,M 2000 D 2003 D,M 2006 D	1998 D,M 2001 D 2004 D,M 2007 D	1999 D,M 2002 D 2005 D,M 2008 D
1997 D 2000 D,M 2003 D 2006 D,M	1998 D 2001 D,M 2004 D 2007 D,M	1999 D 2002 D,M 2005 D 2008 D,M
UNIT 4	UNIT 5	UNIT 6

그림 12-7 작업 단위가 6개인 이 지자체에서는, 두 가지 전정 주기를 가지고 있다: 구조 발달(D) 중인 교목에는 3년 전정 주기, 성숙한(M) 교목에는 6년 전정 주기.

전정 예산과 장비

잘 수립된 계획적인 유지관리 시스템은 매년 동일한 예산을 발생시킬 것이다. 연간 전정 예산은 직경급별 교목 수량에 관한 명세를 제공하는 현황조사 정보를 사용하여 결정된다. 이를 이용하여 각 직경급에 대한 시간과 장비 요구를 기준으로 전정 비용을 추정한다. 직경급별 교목 수량은 각각의 직경급에 해당하는 평균 전정 비용을 곱하고, 모든 직경급을 합계한 다음 전정 주기로 나누어 준다(**표 12-2**). 만약 전정 주기가 해당 시의 예산에 의해 결정된다면, 이 방법은 전정 주기의 길이를 결정하는 데에도 사용될 수 있다. 해당 지자체 전체에 대한 연간 전정 비용 추정치는 전정 주기에 걸쳐 전정 일정계획을 수립하기 위해 작업 단위별로 세분될 수 있다. 다음 페이지의 **표 12-3**은 20개 작업 단위와 5년 전정 주기에 대한 연간 전정 예산이 $20,000인 한 지자체를 보여주고 있다.

대부분의 전정이 계획된 일정에 따라 수행되는 것이 바람직하지만, 일부 요청, 과업, 위기 전정에 대한 필요성은 항상 존재한다. 일단 특정한 주기에 대한 전정 비용이 결정되면, 요청에 의한 서비스와 같은 주기를 벗어나는 전정 요구를 충족시킬 수 있는 추가적인 예산을 요구해야 한다. 앞서 살펴본 바와 같이, 이러한 종류의 전정을 위해 필요한 재원의 크기는 시간이 지나면서 시가 첫 번째 전정 주기를 완료하거나 해당 시가 더 짧은 전정 주기로 옮아감에 따라 감소할 것이다.

표 12-2 연간 전정 비용 계산

직경급 (인치)	교목 수량	교목당 전정 비용($)[a]	직경급별 전정 비용($)[b]
2	92	10	920
4	2,973	10	29,730
6	2,147	16	34,352
8	1,119	25	27,975
10	435	34	14,790
12	307	43	13,201
14	254	52	13,208
16	224	61	13,664
18	206	70	14,420
20	232	79	18,328
22	229	88	20,152
24	220	97	21,340
26	185	106	19,610
28	150	115	17,250
30	90	124	11,160
32	52	133	6,916
34	19	142	2,698
총비용			$279,714
5년 전정 주기 비용			$55,943

[a] 교목당 전정 비용은 전정 시간([y = −15.12 + 6(DBH)]/60)과 $45/시간(임금 + 복리후생비)을 곱하여 추정하였다.
[b] 교목 수량 × 교목당 전정 비용.

주기를 벗어난 전정 예산 요구는 전년도의 경험에 근거할 수 있고, 시간이 경과하면서 전정 주기가 변함에 따라 조정될 수 있다. 그러나 이러한 비용을 정확하게 추정하기 위해서는 계획되지 않은 교목 유지관리 사건을 완료하는데 배정된 인력, 시간, 재원에 관한 정보가 기록되고 유지되어야 한다.

작업자가 계획된 유지관리 작업을 수행하는 데 필요한 장비는 가로수 군집의 특성에 따라 다를 것이다. 전형적인 교목 유지관리 작업을 수행하는 작업자는 손톱(hand saw)과 체인톱(chain saw), 연료, 윤활유, 개별 작업자를 위한 개인 안전 장비(적어도 안전모, 청력 및 시력 보호, 적절한 신발, 톱날을 얽매는 체인톱용 바지로 구성된), 고지 전정가위와 고지 톱, 교목 등반용 사다리, 전정 가위 등이 필요할 것이다. 작업자와 장비, 해당 작업장에서 나오는 폐기물을 운반하기 위한 트럭도 필요할 것이다. 이들 차량은 양호한 작동 상태에 있어야 하고, 일정한 형태의 통신 장비(예, 무전기, 휴대전화), 보행자와 차량 통행 모두를 통제하기 위한 표지판과/이나 장벽, 관련 산

표 12-3 5년 전정 주기에 대한 유지관리 주기 예산

<table>
<tr><th>작업 단위</th><th>단위당 비용</th><th>연간 비용</th></tr>
<tr><td>1</td><td>$5,000</td><td rowspan="4">$20,000</td></tr>
<tr><td>2</td><td>4,000</td></tr>
<tr><td>3</td><td>6,000</td></tr>
<tr><td>4</td><td>5,000</td></tr>
<tr><td>5</td><td>5,000</td><td rowspan="3">$20,000</td></tr>
<tr><td>6</td><td>8,000</td></tr>
<tr><td>7</td><td>7,000</td></tr>
<tr><td>8</td><td>4,000</td><td rowspan="5">$20,000</td></tr>
<tr><td>9</td><td>3,000</td></tr>
<tr><td>10</td><td>4,000</td></tr>
<tr><td>11</td><td>3,000</td></tr>
<tr><td>12</td><td>6,000</td></tr>
<tr><td>13</td><td>10,000</td><td rowspan="4">$20,000</td></tr>
<tr><td>14</td><td>2,000</td></tr>
<tr><td>15</td><td>3,000</td></tr>
<tr><td rowspan="2">16[a]</td><td>5,000</td></tr>
<tr><td>3,000</td><td rowspan="5">$20,000</td></tr>
<tr><td>17</td><td>5,000</td></tr>
<tr><td>18</td><td>2,000</td></tr>
<tr><td>19</td><td>5,000</td></tr>
<tr><td>20</td><td>5,000</td></tr>
<tr><td>총 전정 비용</td><td colspan="2">$100,000</td></tr>
</table>

[a] 작업 단위 16을 전정하는 총비용은 $8,000이다.

업계가 승인한 구급상자(救急箱子, first-aid kit), 사용되는 장비의 현장 유지관리 요구를 충족하기 위해 필요한 수리 공구 등을 구비하여야 한다. 장비 파손으로 인해 작업자가 할 일 없이 앉아 있으면 많은 비용이 낭비되기 때문에, 수리 공구는 작업자의 효율적인 작업을 위해 필수적이다. 불완전하게 유지관리된 장비와 쉬고 있는 작업자는 임업 작업에 대해 매우 부정적인 공중 이미지를 유발하여, 장기적으로 도시 임업 작업을 위한 재원 조달에 영향을 미칠 수 있다.

등반 기술이 사용되는 경우에는, 밧줄과 안전벨트 안전선(safety line), 굵은 가지를 내리기 위한 밧줄 등이 필요할 것이다(**그림 12-8**). 고소 작업을 수행하는 데 필요한 모든 등반 장구(登攀裝具, climbing gear)와 안전 장비(安全裝備, safety equipment)는 산업표준을 따라야 한다. 파쇄기(chipper)도 가끔 운전자가 필요한데, 이 장비가 전정된 굵은 가지의 부피를 줄여주어 전정 폐기물의 적하를 용이하게 하기 때문이다. 차량과 마찬가지로 파쇄기도 양호한 작동 상태를 유지해야 한다. 고소 타워가 탑재된 트럭이 인건비를 절감하기 위해 가끔 가로수를 전정하는 데 사용된다(**그림 12-9**). 그러나 비상시를 위해 또는 유압식 붐(boom)으로 접근이 불가능한 수관 부위를 전정하기 위해 손으로 등반할 수 있는 장비를 준비하고 있는 것이 여전히 좋은 관행이다.

그림 12-8 밧줄과 안전벨트를 이용한 가로수 전정. (사진: L. Werner 제공.)

그림 12-9 고소 타워를 이용한 가로수 전정. (사진: 위스콘신주 정션 시티(Junction City)의 First Choice Tree Service 사장 Ken Ottman 제공.)

안전 표준

매우 중요하지만 가끔 간과되는 것으로, 교목 유지관리 작업자에 대한 예산 항목 중에서 교목 관리 작업과 관련된 안전 교육훈련과 안전 표준의 준수이다. 미국 노동통계국(Bureau of Labor Statistics 2009)에 의하면, 1992년부터 2007년까지 교목관리산업 내에서 1,285명이 사망하였는데, 이는 매년 약 80명이 사망한 것이 된다. 이들 조사된 사망자 중에서, 31%는 추락사고로, 29%는 전기 감전으로, 20%는 타격에 기인하였다. 또 다른 면에 관해 언급하면, 사망자의 70%는 안전 훈련이 비공식적이거나 현장에서 일어난 것으로 분류할 수 있다. 2007년 Ball & Vosberg(2010)은 안전 훈련 프로그램의 수준과 범위를 조사하기 위해 미국의 506개 민간 교목관리 회사를 조사하였다. 이들은 조사 기업의 약 56%가 매년 일정 수준의 공식적인 안전 훈련을 실시한다고 보고하였고, 대부분의 훈련은 사내 직원에 의해 수행되었다.

미국에서 교목관리 작업을 수행하기 위해 수목관리자를 고용하는 민간 회사는 연방 직업안전 · 보건국(OSHA, Occupational Safety and Health Administration)이 설정한 연방 안전 표준을 준수해야 한다. 또한 수목관리작업에 관한 미국국가표준-안전요구(ANSI Z133, American National Standard for Arboricultural Operations-Safety Requirements)가 모든 수목관리 작업에 적용되는 포괄적인 안전 표준이다. 수목관리산업협회(TCIA, Tree Care Industry Association)에 의하면 ANSI Z133을 준수하는 것은 자발적이다(TCIA 2012). 그러나 ANSI Z133 표준은 OSHA가 현재 안전 표준을 유지하지 않는 상황이 발생하는 경우에 참고가 된다. 1970년 OSHA의 원래 규정에 의하면, 연방 표준은 상업적인 회사에 적용하지만, 주와 지방 단위의 정부에는 반드시 적용되지는 않는다고 되어 있다. 이러한 현격한 간극을 바로잡기 위해, 많은 주정부가 주 관할 하에 있는 주 기관과 정부 기관은 적어도 표준을 연방 OSHA 표준과 동등하게 채택하고 집행할 것을 요구하는 법령을 제정하였다. 이에 따라, 많은 지자체가 수목관리자에게 매년 안전 훈련에 참여할 것을 요구하고 있다. 일자, 주된 내용, 훈련에 참여하는 개인과 같은 정보가 포괄적인 안전 훈련 프로그램의 부분으로서 유지된다. 마찬가지로 중요하다고 생각되는데, 이제 전국에 걸쳐 고용을 확보하거나 유지하기 위해 국제수목관리학회(ISA, International Society of Arboriculture)를 통한 수목관리자 자격을 요구하는 지자체의 수가 증가하고 있다(제9장). 자격시험에 통과하기 위해서, 응시자는 교목 작업자 안전 분야에서의 능력을 보여주어야 한다(Lilly 2010).

국제적으로, 많은 국가에서 수목관리자 안전 표준이 개발되어 왔다. 유럽산업안전보건청(European Agency for Safety and Health at Work)은 임업과 농업 작업자와 관련된 안전 표준을 가지고 있다. 일부 유럽 국가들은 구체적으로 교목관리와 관련된 추가적인 표준을 가지고 있다. 호주는 어메니티 교목 전정(Pruning of Amenity Trees, AS4373-2007)과 체인톱-안전요구(Chainsaw-Safety Requirements, AS2726-2004)와 같은 교목관리 활동에 대한 국가 표준을 가지고 있다.

외주 유지관리

많은 지자체들은 전정과 기타 계획된 유지관리 활동에 대한 외주계약을 체결하고 있다. Tate (1984)는 91개 뉴저지 도시 중 53%가 전정 계약을 가지고 있다는 것을 발견했고, Robson(1984)은 시카고 교외 8개 지자체 중 5개 지자체가 전정의 모두 또는 일부에 대한 계약을 가지고 있다고 보

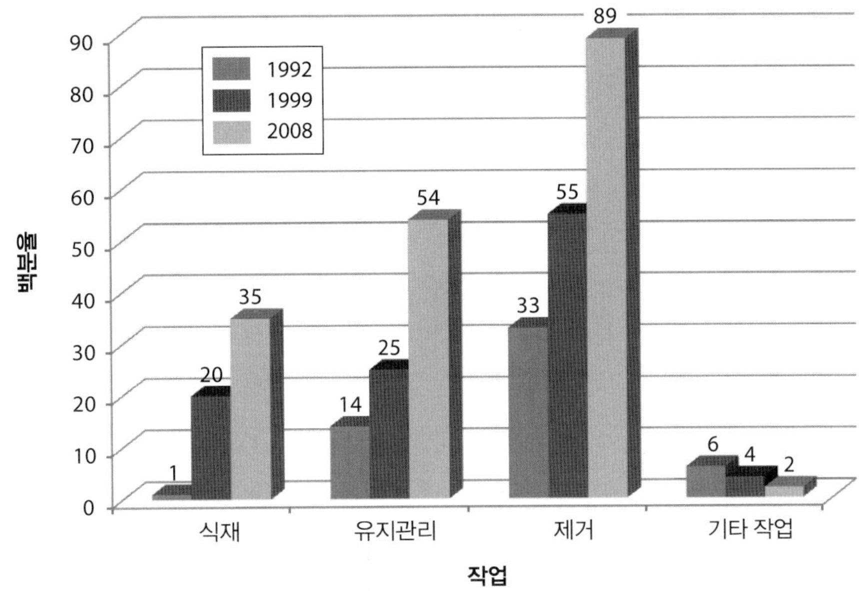

그림 12-10 외부의 계약 작업자에 의해 수행되는 지자체 교목 서비스(Hauer & Tutton 2009).

고했다. Hauer & Tutton(2009)은 위스콘신주 350개 지자체에 대한 조사에서 응답자의 64%가 외주업자들을 이용한다고 보고했다. 가장 흔한 서비스 계약은 교목 제거(지자체의 89%), 교목 유지관리(54%), 교목 식재(35%)이었다. 또한 이들은 1992년과 2008년 사이에 제거, 유지관리, 식재에 관한 계약이 2배에서 4배까지 증가하였다고 보고했다(**그림 12-10**).

계약을 체결하는 지자체는 전형적으로 다음 세 단계 과정을 거친다: 입찰 전 고시, 입찰 제출, 낙찰. 입찰 전 고시는 전정될 교목의 위치, 식생급별 및 수종별 교목의 개요와 같은 정보를 제공하고, 수행해야 할 전정 유형을 광범위하게 정의한다. 미국에서, 입찰 전 고시는 가끔 미국국가표준원(American National Standards Institute 2008)이 녹색 산업(예, 상업 수목관리자, 공익시설 수목관리자, 지자체 수목관리자, 경관 시공자)과 ISA와 같은 전문 기구의 대표자들과 함께 개발한 전정 표준을 인용할 것이다. 이 표준의 의도는 교목의 유지관리 계약의 개발을 위한 공통적이고 일관된 틀을 제공하는 데 있다. 이처럼 이들은 수목관리 관련 용어를 정의하고, 적절한 도구, 장비, 전정 절단을 설명하며, 특정한 유지관리 분야(예, 도시, 주거, 공익시설)에 대한 다양한 유형의 전정 간 차이를 구분한다. 해당 표준은 5년마다 경신되기 때문에 입찰을 위해 경쟁하는 유망한 단체들은 가장 최근의 표준에 완전히 익숙해야 한다. 지자체들은 자신들의 전정 시방서(示方書, specification)를 개발할 수도 있는데, 이들은 종종 현재의 산업 표준과 관행에 기반을 둔다(부록 E는 미시간주 헌팅턴우즈(Huntington Woods)시가 개발한 전정 시방서 사례이다). 요구되는 완료 일자와/나 주기적인 작업 품질 점검을 상술하는 실행 용어가 입찰 전 고시에 포함될 수도 있다.

제출 과정에는 봉인된 입찰 양식이 가장 흔히 이용된다. 제출할 때에는, 일반적으로 계약체결 회사는 적합성을 입증하는 서류, 가끔 지정된 책임보험과 작업자 보상보험의 수준, 입찰과 동등한 금액의 보증보험(保證保險, bond insurance), 이와 유사한 계약의 성공적인 완료에 대한 증명 등을 같이 제출해야 한다.

향후 전정 비용

현재의 전정 예산을 작성하는 것은 해당 지자체의 모든 교목을 전정하는 비용을 결정한 다음 바람직한 전정 주기로 나누는 일이다(표 12-2 참조). 그러나 시간이 경과함에 따라 가로수가 생장하기 때문에 전정 비용도 증가할 것이기 때문에, 재원 조달을 늘리거나 관리 우선순위를 변화시킬 필요가 있다. 장래에 대한 전정 비용은 현재의 전정 비용, 교목 생장 속도, 현재 가로수 현황조사를 이용하여 예측할 수 있다.

Churack 등(1994)은 미래의 전정 예산 요구를 추정하기 위해 밀워키시의 전정 시간, 폐목재 생산, 생장 속도를 분석하였다. 전정 작업자들이 교목 4개 수종을 전정할 때 7개 직경급에 걸쳐 이들의 시간을 측정하였다. 직경급은 5 cm(2인치) 단위로 분류하였고, 수종은 미국주엽나무(*Gleditsia triacanthos*), 붉은물푸레(*Fraxinus pennsylvanica*), 작은잎피나무(*Tilia cordata*), 노르웨이단풍(*Acer Platanoides*) 등 4종이었다. 전정 시간은 수종별로 다소 차이가 있었지만, 수종 간 평균하면 전정 시간의 크기는 직경 1 cm당 2.36분(직경 1인치당 6분)의 비율로 증가하였다(**그림 12-11**).

표본 교목의 생장 속도를 확인하기 위해 생장추(生長錐, increment borer)가 사용되었다. 모든 수종에 걸쳐 연간 평균 생장 속도는 1.27 cm(0.5인치)이었다. 유의할 것은, 교목의 고사와 대체 때문에, 개별 교목의 생장 속도는 교목 군집의 생장 속도와 다르다는 것이다(즉, 큰 교목이 제거되고 작은 교목으로 대체됨). 가로수 군집의 생장 속도를 확인하고 장래의 전정 비용을 추정하는 데 도움을 주기 위해 가로수 모의실험 모델인 CITYTREES를 사용하였다. 모의실험 입력 내용은 다음과 같다: 생장 속도 연간 1.27 cm, 밀워키시의 역사적인 기록에 근거한 연간 교목 고사율, 군집에서 제거된 교목은 재식재한다는 지시. 모의실험 시작 시점의 가로수 군집 중앙 직경은 18.5 cm(7.4인치)이었다. 해당 군집의 직경은 65년차에 36.1 cm(14.2인치)로 절정에 달했다가, 더 큰 직경급에서의 감모가 작은 대체 교목 식재로 균형을 찾는 85년차에 32.8 cm(12.9인치)에서 안정되었다(**그림 12-12**). 이 곡선의 절정이 나타나는 것은 모의실험 시작 시점에 직경이 작은 교목이 주를 이루고 있었기 때문이다. 교목 군집은 폭풍과 유행성 병해충에 의한 교란 때문에 이러한 곡선을 그대로 따라갈 가능성은 낮다.

군집 생장 곡선은 하나의 중앙 수명(中央壽命, median life span)에 해당하는 장기 계획수립 대상기간 내에서 전정 비용을 추정하는 데 사용될 수 있다. 예를 들면, 만약 매년 10,000그루(또는 5년 주기로 50,000그루)를 전정하고 있고 현재의 군집 평균 직경이 8인치라면, 10년차에 인년(人年/person years, 인당 시간)으로 전정 비용은 어떻게 될까? (주: 아래에서 보여주는 계산에는 지상인력에 대한 시간은 포함되지 않았다. 일반적으로 한 사람의 지상인력이 몇 사람의 등반자(登攀者, climber)를 돌볼 수 있다.)

- 한 그루당 전정 시간 = 0.5인시
- 인당 연간 작업 시간 = 2,000
- 전정 인시 = 2.5년
  10,000그루×0.5인시 = 5,000 전정 시간
  5,000 전정 시간 / 2,000인당 연간 작업 시간

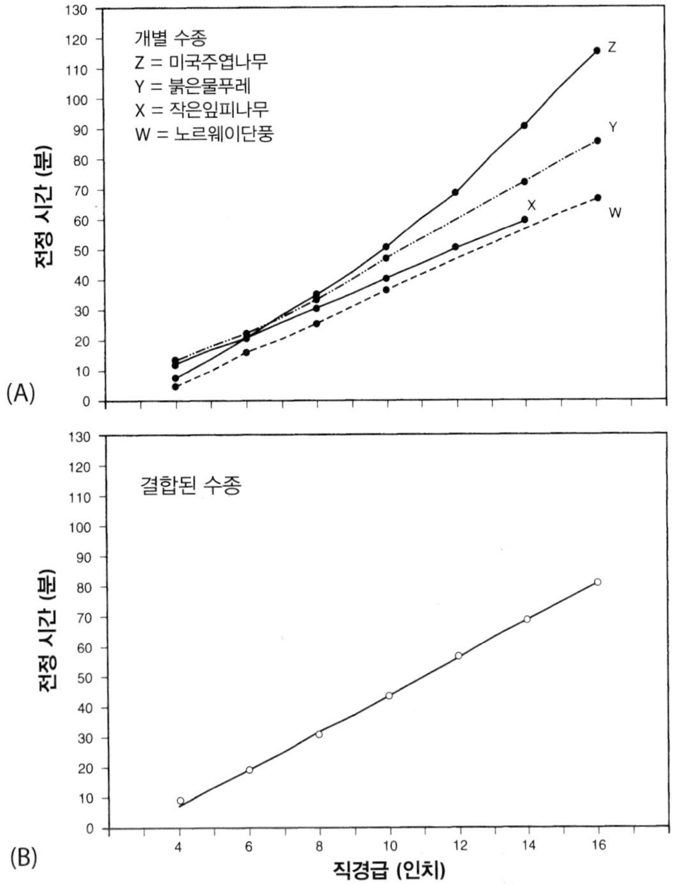

그림 12-11 개별 수종(A)과 결합된 모든 수종(B)에 대한 전정 시간과 직경간 상관관계(Churack 등 1994).

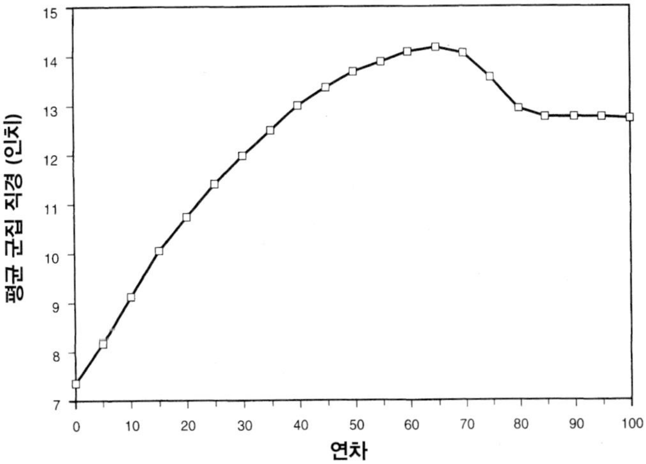

그림 12-12 모의 실험된 군집의 시간 경과에 따른 평균 직경 변화(Churack 등 1994).

- 10년 차에 평균 직경 증가 = 1.8인치
- 그루당 전정 시간 증가 = 0.18시간
  (6분 × 1.8인치)/60분
- 10년 차에 전정을 위해 필요한 추가 인력 = 0.9인
  (0.18시간 × 10,000그루)/2,000시간

수목 건강관리

수목 건강관리(PHC, plant health care)는 도시 경관의 교목관리에 대한 상대적으로 최근의 접근방향이다. 이는 건강한 교목이 더 적은 유지관리가 필요하고 더 오랜 기간 동안 더 많은 편익을 제공할 것이라는 근본적인 가정에 근거한 통합적이고 교목 중심의(tree-oriented) 접근이다. 따라서 수종 선정과 병해충, 양분, 토양과 수분관리 개념이 하나의 종합적인 계획에 통합된다. 예를 들면, Cregg & Dix(2001)에 의하면, 수분 스트레스를 받은 경험이 있는 붉은물푸레 품종(*Fraxinus pennsylvanica* 'Marshall's Seedless')과 루브라참나무(*Quercus rubra*)가 해충이 꾀는 경향이 더 높았다. 이들 해충은 집중적인 농약(農藥, pesticide) 적용을 통해 방제할 수도 있지만, 이러한 농약 살포 요구는 계획수립 단계에서 성목의 크기가 해당 부지에 더 적합한 수종을 선정하거나, 해당 교목의 예상되는 수명에 걸쳐 충분한 양의 토양을 확보하고 식재된 후 뿌리 구역 위에 유기물 멀칭을 유지관리하도록 했다면 피할 수 있었을 것이다.

토양

토양은 교목이 자라는 매체(媒體, medium)이다. 따라서 토양은 적절한 양의 수분과 필수 무기원소를 제공해야 하는데, 이 둘은 토양 부피, 관련된 화학적(化學的, chemical), 물리적(物理的, Physical), 생물적(生物的, biological) 특성(特性, characteristics)에 의해 강하게 영향을 받는다. 도시 토양을 검토하고 토양과 교목 간의 상관관계를 자세히 살펴보는 것은 이 책의 범위를 벗어나는 일이다. 따라서 여기서는 계획수립 과정에서 제기될 수 있는 토양관련 문제에 초점을 맞추고자 한다. 도시 토양 관리에 관해 추가적인 정보가 필요한 독자들은 *Arboriculture: Integrated Management of Landscape Trees, Shrubs, and Vines*(Harris 등 2004)나 ISA의 최적관리실무(Best Management Practices) 시리즈를 참고하기 바란다.

그림 12-13은 동시에 식재된 세 교목에 대한 생장과 발달에 토양 부피가 미치는 영향을 보여준다. 가장 큰 토양 부피로 인해 늘어난 수분과 필수무기원소에 접근할 수 있었던 교목은 더 제한된 토양 부피에서 자라는 교목보다 현저하게 더 큰 직경과 수관면적을 발달시킨다. 토양의 부피를 변경시킬 수 있는 가능성은, 토양의 물리적 및 화학적 성질과 마찬가지로, 교목이 경관 내에 잘 정착된 후에는 낮고 가끔은 비현실적이다. 그러므로 성숙했을 때에 적합한 부피의 토양을 확보하는 것은 계획수립 과정 중에 일어나야 한다(제11장). 성숙한 수관 폭(樹冠幅, canopy spread)이 9.1 m(30피트)인 교목인 경우, 19.5 m^3(688 ft^3)의 토양 부피가 필요할 것이다. 적절한 토양 부피 요구에 대한 중요성을 인식하면서, 점점 더 많은 지자체가 성숙했을 때의 수관 폭이나 수간 직경을 기준으로 최소 토양 부피 기준을 설정하고 있다. 예를 들면, Kitchener(2012)의 *Development*

*Manual*에 있는 도시에서는, 부지를 점유하고 있는 교목의 수간 직경과 수량을 기준으로 도시 숲의 식재와 조성에 필요한 토양 부피 요구에 관한 부록을 제공하고 있다(**표 12-4**). 독특하게도, 해당 시는 한 지역을 점유하고 있는 여러 그루의 교목에 의해 공유될 토양의 백분율을 감안한다. 공통적인 권고는 추정되는 성숙한 수관 피복 m^2당 0.6 m^3(2 ft^3)를 할당하는 것이다. 적절한 부피의 토양을 제공하는 것과 관련된 추가적인 편익은 빗물 유출량(流出量, runoff)의 감소이다. 크고 건강한 수관과 지지하고 있는 토양 부피가 강우 차단, 수분 침투와 저장을 증가시킬 것이다.

많은 대도시의 도심 지역 내에서, 이처럼 바람직한 부피의 토양을 확보하는 것은 보행자와 차량을 수용하기 위해 필요한 불투수성 지표면의 규모 때문에 문제가 될 수 있다. 석력토양(石礫土壤, structural soil)으로 건설하거나 Silva Cell을 도입하는 것이 이러한 도심 환경에서는 토양이

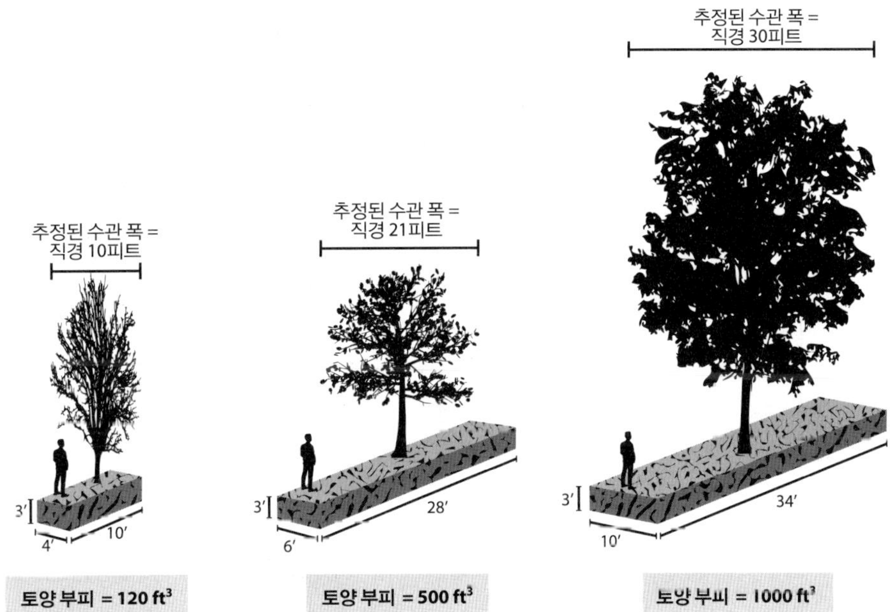

그림 12-13 토양 부피는 교목 생장과 건강에 영향을 미친다. (Casey Trees 제공.)

표 12-4 성목에 대한 최소 토양 부피

	대교목	중교목	소교목
성숙 시 직경	≥ 60 cm(24인치)	≥ 40 cm(16인치)	≤ 20 cm(8인치)
단일 교목에 필요한 최소 토양 부피	45 m^3	28 m^3	17 m^3
토양 부피가 공유되는 경우 교목당 최소 토양 부피	30 m^3	18.5 m^3	11 m^3
허용 가능 공유된 토양 부피	15 m^3	9.5 m^3	6 m^3

출처: City of Kitchener 2012.

수행해야 하는 역할의 이중성(二重星, dual nature)을 잘 나타내고 있다. **그림 12-14**는 석력토양에 대한 건설과 설계를 보여주는 개략도(槪略圖, schematic drawing)이다. 석력토양의 설계와 사용에 관해 더 자세한 정보가 필요한 독자는 Bassuk 등(2005)의 *Using CU-Structural Soil™ in the Urban Environment*를 참고하기 바란다. Silva Cell은 포장 지지 기둥과 교목 생장을 지원할 토양을 결합한 공중에 떠 있는 포장 시스템이다(**그림 12-15**). 다른 모든 관리 규범에서와 같이, 이들 토양을 시공하는 비용은 이들이 지지하는 해당 교목으로부터 발생되는 편익과 비교 평가되어야 한다. 이들 시스템의 사용은 빗물 관리와 결부될 수 있다. 이러한 맥락에서, 빗물 관리에 관한 설계비용은 빗물을 모아서 밖으로 보내는 전통적인 빗물관리 시스템과 맞먹는다(US Environmental Protection Agency 2013).

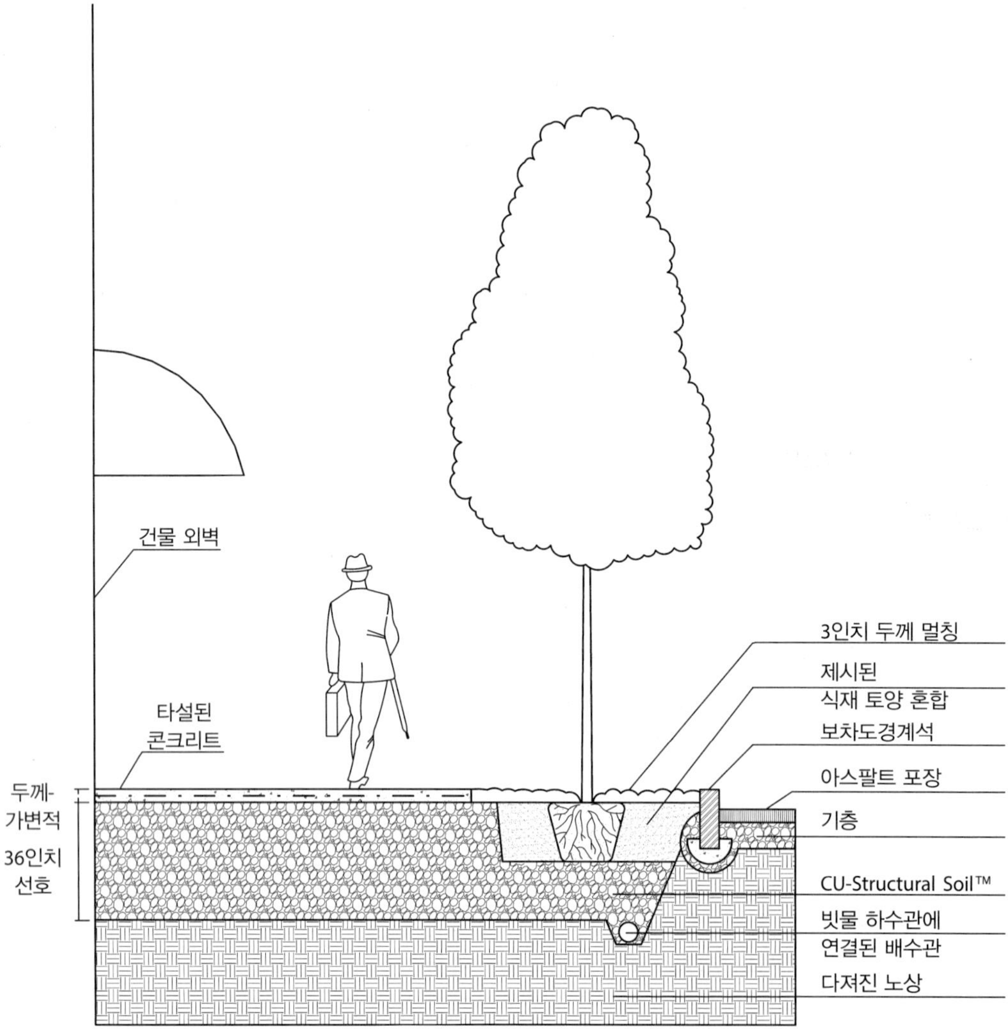

그림 12-14 도심 환경의 설계 요구와 교목의 토양 요구를 충족시키기 위해 석력토양을 사용할 수 있다. (이미지: N. Bassuk, Urban Horticulture Institute, Department of Horticulture, Cornell University 제공.)

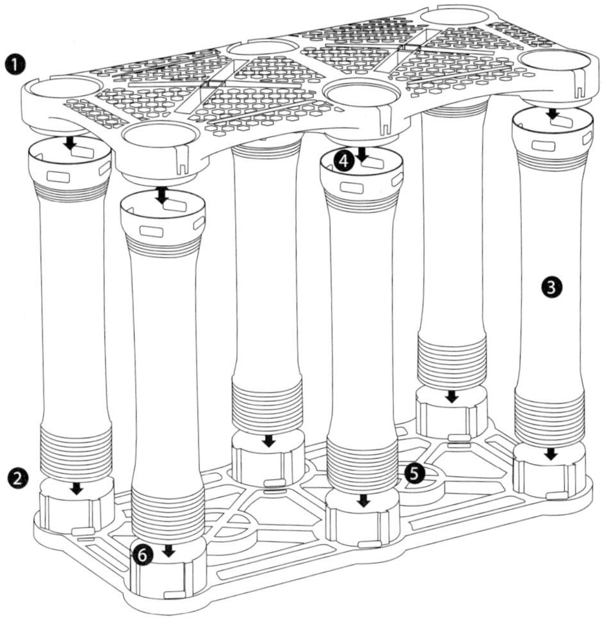

❶ **데크**
조립체의 상단 조각. 데크는 물이 아래 토양으로 쉽게 통과할 수 있는 넓은 개구를 가진 투수성이다. 끼워맞춤 공차(-公差, fit tolerance)가 커서 제거할 수 있고 재사용할 수 있다.

❷ **기반**
Silva Cell 2 조립체의 바닥 부분.

❸ **기둥**
기둥은 포장 부하를 다져진 노반을 향해 수직으로 아래로 전달한다. 이들은 크기가 두 종류이다: 1x와 2x. 둘을 연결하면 가장 긴 3x가 만들어진다.

❹ **잠금 접속**
여러분의 부지 요구에 따라 서로 다른 크기의 기둥을 잠금 연결하여 서로 다른 높이를 만든다.

❺ **발판(footpad)**
발판은 설치 중에 해당 시스템을 걸어 다니기에 안전하고 편리하게 해준다.

❻ **기반 컵**
1/4 정도 돌리면 기둥이 기부 컵으로 잠긴다.

그림 12-15 도심 환경의 설계 요구와 교목의 토양 요구를 충족시키기 위해 Silva Cells를 사용할 수 있다. (DeepRoot Green Infrastructure 제공.)

양분 관리

필수무기원소(必須無機元素, essential mineral elements)를 적절하게 공급받는 교목은 양분이 심각하게 제한된 교목보다 더 빠르고 더 크게 자라서 더 긴 시간에 걸쳐 더 많은 편익을 제공할 것이다. 필수무기원소의 가용량은 근본적으로 두 가지 문제로 좁혀진다: 공급(供給, supply)과 용해성(溶解性, solubility). 공급은 해당 교목이 자원을 인출할 수 있는 예금 계좌라고 생각할 수 있다. 이는 해당 토양의 무기물 구조(無機物構造, mineral structure), 유기물 퇴적의 양과 질, 유기물을 분해하는 해당 토양 내 미생물의 활동 등에 의해 조절된다. 필수무기원소의 용해성은 주로 토양 pH에 의해 조절된다. **그림 12-16**은 필수무기원소의 목록과 일반적으로 확인할 수 있는 토양 내 pH 범위에 걸쳐 이들의 수분 내 용해성을 보여준다. 관리 관점에서 보면, 시 임정관과 수목관리자는 공급에는 높은 정도로, 용해성에는 어느 정도로 영향을 미칠 수 있다.

역사적으로, 도시 경관에서 교목의 생장을 촉진하거나 영양 결핍(營養缺乏, nutrient deficiency)을 완화시키기 위해 무기질비료(無機質肥料, inorganic fertilizer)를 적용해왔다. 예를 들면, van de Werken(1981)은 "P와 K(각각 30 ppm과 20 ppm)가 중간 수준인 토양에서 자리는 이런 녹음수는 질소 134~168 kg N/ha(120~150 파운드 N/에이커)의 지표 적용에 생장 속도가 유의하게 증가하는 반응을 보였다고 보고하였다." 이러한 처리를 받은 교목들은 활착된 지 8년 후에 대조군의 교목보다 수관면적이 평균 32% 증가한 것으로 나타났다. 그러나 도시 경관에서의 고질적

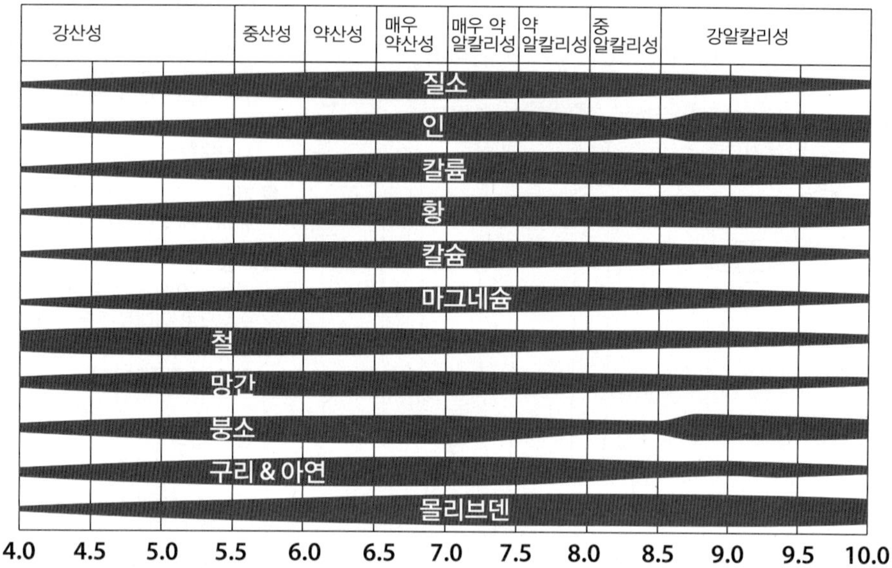

그림 12-16 토양 pH 범위에 걸쳐 무기질 토양 내 필수원소의 가용성. 위 원소에서 막대의 폭이 가장 넓은 부분이 가장 높은 가용성 수준을 나타낸다. (Brady 1974에서 전재.)

인 비료 적용의 잠재적인 부정적 환경 부작용에 관한 우려로(Miller 1998, 2000) 토양비옥도(土壤肥沃度, soil fertility)와 교목 생장을 관리하기 위해 무기질 비료와 농약 사용을 멀리하는 운동으로 이어졌다. 예를 들면, Werner & Jull(2009)은 서양팽나무(*Celtis occidentalis*)의 지상부 조직 내에서 비료에 있는 질소의 약 15%를 찾아내었다. 이는 비료에 있는 질소의 상당한 양이 목표로 하지 않은 수용처(受容處, sink)에 축적된다는 것을 의미한다. 대신, 유기 개량제(멀칭 자재, 퇴비)와 균근 접종(菌根接種, mycorrhizal inoculation)이나 퇴비 차(compost tea)와 같은 생물적 첨가제가 양분 공급을 관리하기 위한 시도로 사용되어 왔다. 예를 들면, 위스콘신주 시더버그(Cedarburg)시는 자신들의 공원과 육상 경기장(陸上競技場, athletic field)에 영양 공급을 관리하기 위해 퇴비 차를 사용한다(Westphal 2010). 직관적으로는, 생물적 개량제(生物的改良劑, biological amendment)가 교목 영양을 관리하는 데 올바른 방향의 한 단계로 보인다. 그러나 지금까지의 연구는 생물적 개량제가 적게는 일관성이 없고, 많게는 효과가 없다고 주장한다. 예를 들면, 도시 경관에 있는 교목의 뿌리에 대한 균근 감염이 감소한 것이 확인되었음에도 불구하고(Bainard 등 2011), 많은 연구가 인공적인 접종이 교목의 생장과/이나 균근 감염 농도를 높이지 못했다는 것을 보여주고 있다(Appleton 등 2003; Gilman 2001). 따라서 공공 부지에 생장하고 있는 교목에 생물적 개량제를 적용하는 시 단위의 프로그램은 이로 인한 비용이 이를 통한 편익을 초과할 수 있다.

시골 삼림 지대(森林地帶, forested land)의 도시화는 주택건설과 이와 관련된 사회기반시설(社會基盤施設, infrastructure)에 대한 수요 때문에 교목 밀도 감소를 초래할 수 있다. 이와 함께 비료와 농약 사용 또는 주기적인 교목 낙엽 제거와 같은 경관관리 작업이 추가되면, 토양에 추가되는 유기물과 이들이 방출하는 질소와 같은 필수무기원소의 양이 크게 줄어들게 된다. 이로 인한 결과는 교목 생장에 영향을 줄 뿐만 아니라 토양의 미생물 군집과 양분순환(養分循環, nutrient cycling)에 부정적인 영향을 미칠 가능성이 있다. 토양에 대한 유기 개량제(有機改良劑, organic amendment) 공급은 토양 온도를 완화시키고, 식물에 가용한 수분의 양을 증가시키며(Lloyd 등 2003), 미생물 군집을 제고시키는(Tiquia 등 2002) 효과가 있다는 것이 입증되었으며, 유기물 유입, 미생물 활동, 영양 공급 등의 감소와 관련된 문제를 경고하기 시작했다.

수분 관리

어림잡아서 1 g의 조직을 생산하는데 500 g의 물이 필요하기 때문에, 물이 가장 흔하게 교목의 생장과 발달을 제한하는 자원이 된다. 미국과 세계의 많은 지역에서, 물이 점점 부족한 물자가 되어가고 있다. 예를 들면, 조지아주 애틀랜타(Atlanta)에서는, 빈번한 평년 이하의 연간 강우와 증가하는 물 수요/소비의 결합으로 인해 일상적으로 정부가 교목에 대한 관수와 같은 야외 목적을 위해 물을 사용하는 것에 제한을 가하는 조치를 취한다. 물 공급이 점점 제한되기 시작하는 지역에서 건강하고 활력이 좋은 교목으로부터 유래하는 편익을 극대화하기 위해서는 효과적인 물 관리 프로그램이 필요하다. 물 관리 프로그램은 교목의 물에 대한 수요와 토양 내 가용한 수분을 보충할 수 있는 자연적 또는 인위적 능력 사이에 균형을 맞추어야 한다. 가뭄이 지속되고 있는 기간 중에는, 물 관리 전략의 목표는 교목의 생장을 촉진시키는 것으로부터 해당 교목의 생존을 보장하는 방향으로 변경될 수 있다. 미국의 남서부에 있는 많은 지자체들은 관수되는 교목이나 경관 지역의 일일 물 요구량을 계산하여 이를 기준으로 관수 전략을 채택했다(Costello 등 1993). 활착된 교목에 공급해야 하는 물의 양은 해당 토양의 포장용수량(圃場容水量, field capacity)에서의 보수력(保水力, water holding capacity)과, 강우 이벤트나 관수 주기 사이에 증발산(蒸發散, evapotranspiration)으로 인해 발생하는 수분 손실량에 의해 결정된다. 토양의 부피 기준 함수량(含水量, water content)은 토성, 토양입단화(土壤粒團化, soil aggregation), 토양 유기물에 달렸다. 일반적으로 고운 질감의 토양(점토)은 거친 질감의 토양(모래)보다 배수 후에 더 높은 부피 기준 함수량을 가진다. 증발산은 토양 표면으로부터의 증발(蒸發, evaporation)과 잎의 기공(氣孔, stomata)을 통한 수분 손실(증산작용, transpiration)로 인한 수분 상실을 나타낸다. 증산작용으로 인한 수분 손실은 수관의 크기(수관의 면적과 농도)와 해당 식물의 탄소 고정 방식(예, C3, C4, CAM)에 의해 영향을 받는다.

전통적으로, 보충 관수(補充灌水, supplemental watering)는 수학적으로 다음과 같은 방법으로 설명된다:

$$ET_c = K_c ET_o$$

ET_c = 작물 증발산(crop evapotranspiration) (인치/일, mm/일)
K_c = 작물 계수(crop coefficient)
ET_o = 증발산 포텐셜(evapotranspiration potential) (인치/일, mm/일)

이러한 접근은 잔디와 농업용 작물에 잘 작동한다. 그러나 조성된 경관에서는 수종과 이들의 배치가 복잡하기 때문에 이 공식에 대한 변형이 필요한데, 특히 작물 계수(K_c)를 경관 계수(landscape coefficient, K_L)로 대체해야 한다. 따라서 수분 손실/관수율을 결정하기 위한 경관 공식(landscape formular)은 다음과 같이 표현할 수 있다:

$$ET_c = K_L ET_o$$

그리고 경관 계수(K_L)는 다음과 같이 계산된다:

$$K_L = k_s \times k_d \times k_{mc}$$

K_L = 경관 계수
k_s = 수종 요소
k_d = 식물 다양성 요소
k_{mc} = 미기후 요소

잔디와 농업용 작물의 작물 계수를 확립하는 데 엄청나게 많은 연구가 수행되어 오고 있다. 그러나 불행하게도 경관 식물, 특히 교목에 대해 발표된 자료는 제한적이다. 구할 수 있는 자료도 가끔 지역적인 연구에 의해 수행되어 기후가 다른 외부 지역에는 적용하는 데 한계가 있다. 이러한 문제를 해결하기 위해 Harris 등(2004)은 폭넓은 적용을 위해 캘리포니아 자료를 변형하였다(**표 12-5**).

미국에서 계산된 수분 손실(증발산)은 바람직한 수준의 토양 수분량을 유지하는 데 필요한 물의 양을 갤런(gallon)으로 추정하는 데 사용될 수 있다.

$$\text{갤런/일} = \text{면적}(\text{ft}^2) \times ET_c(\text{인치}) \times 0.623\text{갤런/인치/ft}^2$$

미터법(metric system)을 채택하고 있는 지역에서는, 비슷한 공식을 이용하여 수분 손실량 추정치를 리터(liter)로 추정할 수 있다.

$$\text{리터/일} = \text{면적}(\text{m}^2) \times ET_c(\text{mm}) \times 1\text{리터/mm/m}^2$$

표 12-5 선발된 식생 유형에 대한 경관 계수 결정을 위해 사용된 수종, 식재 밀도, 미기후에 대해 추정된 계수들

식생 유형[a]	수종 요소 (k_s)			밀도 요소 (k_d)			미기후 요소 (k_{mc})		
	고	평균	저	고	평균	저	고	평균	저
교목	0.9	0.6	0.2	0.2	1.0	0.5	1.4	1.0	0.5
관목	0.7	0.5	0.2	1.1	1.0	0.5	1.3	1.0	0.5
지피	0.7	0.5	0.2	1.1	1.0	0.5	1.2	1.0	0.5
혼합(교목, 관목, 지피)	1.0	0.6	0.2	1.3	1.1	0.6	1.4	1.0	0.5
잔디	0.8	0.7	0.6	1.4	1.0	0.6	1.2	1.0	0.8

k_s = 높은 값은 수분 요구가 높은 수종을 나타낸다. 낮은 값은 수분요구가 낮은 수종용이다.
k_d = 추정치는 60% 이상의 면적이 식물로 덮인 것을 1.0으로 한다. 높은 값은 식생이 혼합되어 있거나 복층으로 된 경관용이다.
k_{mc} = 높은 값은 태양과 바람에 완전히 노출되어 있고 열을 흡수하고 반사하는 지표면으로 둘러싸인 부지에 적용된다. 낮은 값은 그늘지고, 바람으로부터 보호되고, 낮은 열 흡수/반사 지표면을 나타낸다. 평균값은 양지지만 다른 특성이 없는 곳에 적용된다.

[a] 교목, 관목, 지피 범주에 해당하는 값은 해당 경관이 전적으로 대표적인 식생 유형으로 구성되어 있음을 나타낸다.

출처: Harris 등 2004.

관수 전략을 개발하기 위한 이러한 접근은 비자생적(非自生的, nonnative) 물 공급원을 사용하는 데 따른 고비용과 물 적용의 효과를 극대화할 필요 때문에 정당화된다. 자기 지방의 물이 풍부한 지역에서는 관리 전략이 건조한 기간 동안 적시에 해당 교목에 물을 제공하는 데 초점을 두는 경향이 있다. 또한 해당 교목들이 과잉 관수가 되지 않도록 확실하게 하기 위해 같은 공식을 사용할 수 있다. 오랫동안 지속되는 토양 포화(土壤飽和, soil saturation)도 장기간 지속되는 가뭄과 마찬가지로 해당 교목의 건강과 수명에 장애가 될 수 있다. 관수한 물이 적시에 토양 속으로 그리고 토양을 통과하여 이동할 수 있도록 주의를 기울여야 한다.

병해충 관리

건전한 PHC 프로그램이 작동하고 있더라도, 여전히 병해충 특히 외래 해충과 병에 대한 방제 필요성은 존재할 수 있다. 외래 병해충은 천적(天敵, natural enemy)이 거의 없는 경향이 있기 때문에, 이들의 군집과 이들이 유발하는 지속적인 피해는 재앙적인 규모에 이를 수 있다. 느릅나무시듦병(*Ophiostoma ulmi*; *O. novi-ulmi*)과 호리비단벌레(*Agrilus planipennis*)는 광범위한 방제 노력을 필요로 하는 외래 병해충의 두 사례이다.

모든 병해충 관리 프로그램에서 중요한 고려사항은 파생되는 편익에 대하여 방제하는 비용이다. 느릅나무시듦병으로 인해 발생한 손실에도 불구하고, 이들에 대한 방제의 경제성에 관해 많은 것을 배웠다. Cannon 등(1982)은 느릅나무를 제거하는 것보다 비용이 덜 들어가서 느릅나무시듦병으로 인해 잃는 교목의 수를 줄이는 방제 기술은 모든 지자체의 예산을 절감한다고 주장한다. 이들은 조기 탐지, 병든 교목에 대한 환상박피(環狀剝皮, girdling), 신속한 제거 등을 결합한 위생(衛生, sanitation) 프로그램이 비용을 절감하고, 궁극적으로는 느릅나무를 구했다고 보고했다.

3개 위스콘신 지자체에서 4개의 느릅나무시듦병 방제 시나리오 하에서 가로수 군집의 향후 순 가치를 확인하기 위해 컴퓨터 보의실험을 하였다. 4개의 방제 수준은 다음과 같다:

1. 방제 안 함(연간 고사율 18%)
2. 보통 수준 방제(연간 고사율 5%)
3. 착실한 방제(연간 고사율 3.5%)
4. 최선의 방제(연간 고사율 1%)

모의실험은 20년 동안 가동되었고, 교목은 5년 주기로 전정되었으며, 제거된 교목은 대체되었다. 교목 가치는 CTLA(Council of Tree and Landscape Appraisers)의 지침을 사용하여 계산했고, 식재, 전정, 제거를 위한 관리비용은 각 병 방제 시나리오 하에서 평가되었다. 각 시나리오에 대한 비용은 관리 비용에 가산되었다. 세 지자체 모두에서, 순 교목가치(교목 가치 – 관리 비용)는 20년 동안의 모의실험 내내 최선의 방제 시나리오 하에서 가장 높았다(**그림 12-17**) (Miller & Schuman 1981). 처리 대안을 평가하기 위한 경제성 분석에 사용된 보다 자세한 조사 내용은 제13장에서 다루고 있다.

호리비단벌레(*Agrilus planipennis*) 진정을 위한 몇 가지 대안적인 관리 방안이 VanNatta 등(2012)에 의해 평가되었다. 이들 대안은 (1) 아무 조치도 취하지 않고 호리비단벌레로 인해 물푸

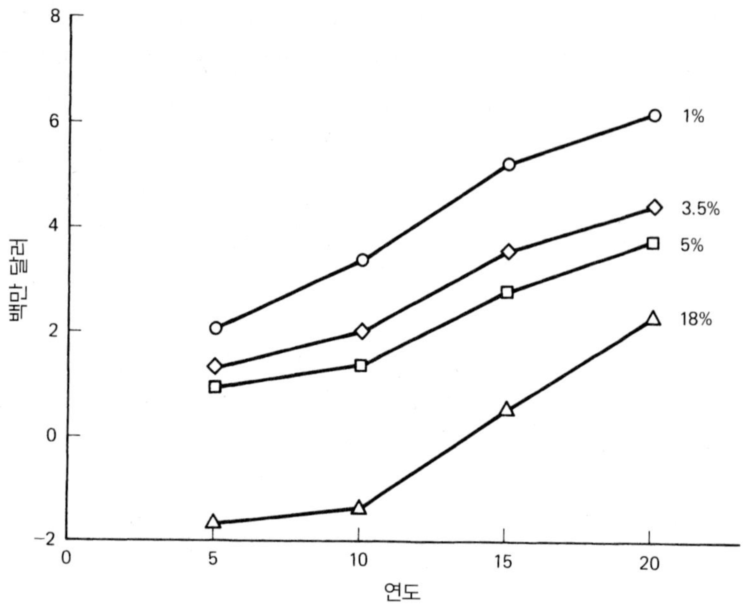

그림 12-17 4가지 느릅나무시듦병 방제 시나리오 하에서 예상되는 순 산림 가치. 컴퓨터 모의실험은 32,229그루를 대상으로 하였으며, 이 중 3,178그루가 미국느릅나무였다(Miller & Schuman 1981).

레나무가 죽도록 방치한 다음 죽은 후에 제거하는 방안, (2) 고사를 예방하기 위해 살충제를 처리하는 방안, (3) 호리비단벌레가 침범하기 전에 물푸레나무를 선제적으로 제거하는 방안, (4) 선제적 제거 및 물푸레나무가 아닌 교목으로 대체 식재하는 방안 등이다. 순 현가 분석(純現價分析, net present value analysis) 결과에 의하면, 살충제로 물푸레나무를 처리하는 것이 가장 높은 순 현가를 나타냈으며, 아무 조치도 취하지 않는 것이 두 번째 최선의 방안이었다(Hauer 2012). 선제적인 제거가 가장 낮은 순 현가를 보였으며, 선제적 제거에 이어 교목을 대체 식재하는 것이 20년 기간에 걸쳐 교목을 식재하지 않는 것보다 나았다.

기타 가로수 유지관리

기타 가로수 유지관리에는 교목위험 점검, 줄당김과 쇠조임, 뿌리 전정 등이 있다. 위험 점검은 교목 생물학(喬木生物學, tree biology)과 생체역학(生體力學, biomechanics)에 대해 충분한 이해를 하고 있는 사람에 의해 적어도 1년에 한 번은 수행하는 것이 좋다. 고위험 교목은 다음 두 범주에 해당해야 한다: (1) 해당 교목이나 해당 교목의 일부가 파손을 유발할 수 있는 구조적인 문제의 존재, (2) 피해 대상(target)의 존재(Matheny & Clark 1994; Smiley 등 2011). 개별 가로수는 분명히 많은 피해 대상을 가지고 있고, 사람들이 빈번하게 이용하는 장소에 있는 공원 교목도 마찬가지다. 위험 점검은 해당 교목의 제거 또는 해당 문제를 경감시키기 위한 교정 활동(전정이나 줄당김과 같은)을 권고하는 것으로 이어질 수 있다. 감지된 고위험 상황에 대한 우려를 표시하는 공중으로부터의 전화는 현장 점검을 통해 신속하게 처리해야 한다. 마찬가지로, 모든 임업 공무원과 외주업자들은 고위험 시나리오를 인식할 수 있도록 훈련되어야 하고, 이들이 일상적인 활동 중에 관찰되는 모든 잠재적인 위험 상황을 보고하도록 지시되어야 한다. 일단 교목 또는 교목의 일부가 파손될 위험이 높다고 판단되면, 이는 적시에 처리하는 것이 좋은데, 왜냐하면 일단 고위험 상황이 확인되면 교정에 대한 기대와 배상 책임의 수준이 높아지기 때문이다. 위험 분석, 점검, 지자체의 준비성에 관한 자세한 정보는 제6장에 기술되어 있다.

줄당김과 쇠조임은 비용이 많이 드는 작업이기 때문에 해당 문제를 교정하기 위해 전정이나 교목 대체에 무게를 두는 것이 좋다. 줄당김과 쇠조임에 의해 유용한 수명이 장기간 연장될 수 있는 활력이 좋은 교목은 이러한 유형의 좋은 작업 대상이 된다. 그러나 지지 케이블과/이나 조임 막대의 설치는 높아진 파손 위험을 인식하는 것을 나타낸다는 것임을 알아야 한다. 만약 해당 교목의 안전에 관해 어떤 의문이라도 있다면, 줄당김과 쇠조임이 되어 있다 하더라도 즉시 제거하는 것이 좋다. 구조적인 안정성을 높이기 위해 사용된 어떤 그리고 모든 보강 시스템은 여전히 유효한지, 또는 교목의 결함이 진행되지 않았는지를 확인하기 위해 매년 점검되어야 한다. 나중에 줄당김과 쇠조임을 통해 문제를 교정하는 것보다 해당 교목을 정지(整枝, training)할 때 공격적인 가지를 전정하는 것이 훨씬 비용이 덜 든다는 사실을 명심하는 것이 중요하다.

정상적인 전정 작업에 이어 페인트로 칠하거나 도려내는 것과 같은 상처 치료(傷處治療, wound treatment)는 불필요하고 해당 교목에 피해가 될 수 있다(Shigo 1983). 상처도포제(傷處塗布劑, wound dressing)는 화장품이기 때문에 사용한다면 얇게 발라주는 것이 좋다. 예외적으로, 만약 전정 또는 기타 유형의 상처가 병원균의 관심을 끌 수 있고, 도포를 통해 해당 병원균에게 그 부위를 무관심하게 만들 필요가 있을 경우 사용할 수 있다. 다른 수간 손상은 찢어진 수피를 손상되지 않은 형성층(形成層, cambium)에 이르기까지 도려내어 치료할 수 있다. 그러나 도려낼 때에는 건강한 수피를 가능하면 적게 제거해야 하고 어떤 특정한 형태를 만들 필요는 없다(Harris 등 2004).

대개는 지자체가 보차도경계석(步車道境界石, curb)의 유지관리에 책임이 있고, 인접한 부지 소유자는 교목 뿌리가 포장을 들어 올리거나 파손하는 경우 수선과/이나 교체를 포함한 보도의 유지관리에 책임을 진다. 교목 뿌리에 의한 보차도경계석과 보도 피해는 일반적으로 기존 녹지의 폭을 감안할 때 수종을 잘못 선정하거나 교목이 정착하고 난 후에 보도나 가로를 확장하여 녹지대의 폭이 축소되었기 때문에 발생한다. 대부분의 지자체에서는 시설관리부(施設管理部, engineering department)가 수선이 필요한 보차도경계석과 보도 부위를 확인하기 위해 주기적인 점검을 한다. 표준은 다소 차이가 있겠지만, 일단 보도의 전위(轉位, displacement)가 공공 위험이 있는 수준에 이르면, 교체 지시가 내려지고 시 직원이나 외주업자가 그 작업을 수행한 다음 집 주인에게 해당 작업 비용을 청구한다.

보도 교체 필요성이 발생하기 전에 뿌리 전정(root pruning)을 하면 집 주인의 비용부담을 덜어주고 해당 교목이나 임업부서에 대한 부정적인 감정을 피할 수 있을 것이다. 그러나 뿌리 절단이 종종 해당 교목에게 과도한 생리적인 피해를 초래한다. 뿌리를 깊이 절단하여 뿌리 판(ZRT, zone of rapid taper; 대교목인 경우 수간으로부터 1~2미터 이내에 있는 뿌리로, 더 바깥쪽 뿌리와 달리 상당한 이차비후(二次肥厚, secondary thickening)를 보이는 부위—역자 주) 안쪽에 있는 지지 뿌리(support root)가 너무 많이 절단되면 교목의 안정성을 해칠 수 있다. 다음 페이지의 **그림 12-18**은 ZRT와 주된 지지 뿌리를 보여주고 있다. 뿌리 전정의 깊이는 최소 조례 표준, 즉 보도 기부 아래 15 cm(6인치)를 초과하지 않는 것이 좋다(**그림 12-19**). 만약 뿌리 절단 후에 교목의 안정성에 대한 우려가 있는 경우, 제거해야 한다. Smiley(2008)는 수간 직경의 3배 이내에 있는 뿌

그림 12-18 뿌리 판(ZRT)은 뿌리시스템의 구조적인 지지의 대부분을 제공한다(Cassel 2012).

그림 12-19 보도 교체공사 중에 뿌리 판(ZRT) 안으로의 절단은 구조적인 지지를 훼손하여 교목이 넘어지는 위험을 높인다. (사진: 미네소타대학교 Gary Johnson 제공.)

리가 절단되었을 경우 교목을 당겨서 넘어뜨리는 데 필요한 힘이 유의하게 감소했다고 보고했다. 또한 그는 절단되는 구조 뿌리의 수가 증가할수록 필요한 힘이 감소한다는 것을 관찰하였다. 뿌리 전정이 시의 시설관리부서 직원과/이나 외주업자에 의해 빈번하게 수행되기 때문에, 시 임정관은 이러한 과정에 관여하고 있는 시 기술자와 긴밀한 연락을 유지하는 것이 중요하다.

시간 경과에 따른 관리 요구

교목들은 크기가 커감에 따라 과거와 다른 관리 전략을 요구한다. 교목의 크기를 세 가지 범주로 구분하여 각 크기 등급에 대해 다른 수준과 유형의 유지관리를 처방하는 것이 유용할 수 있다. 다음은 크기와 연계된 관리시스템의 한 예이다:

1. **작은 교목:** 직경 15 cm(6인치) 미만
   - 필요하면 관수
   - 시비(施肥, fertilization)
   - 필요하면 멀칭
   - 구조 전정(構造剪定, structural pruning)
   - 병해충 관리
2. **성장하고 있는 교목:** 직경 15~30 cm(6~12인치)
   - 구조 및 유지관리 전정
   - 병해충 관리
   - 뿌리 전정
3. **성목(成木, mature tree):** 직경 30 cm(12인치) 초과
   - 유지관리 전정
   - 병해충 관리
   - 줄당김과 쇠조임

위의 크기 등급은 지역과 생장 속도에 따라 다를 수 있고, 크기 등급의 수도 마찬가지다. 그러나 교목은 이들이 성숙해 감에 따라 다른 서비스가 필요하고, 일찍부터 빈번하게 유지관리를 하는 프로그램이 구조적으로 튼튼하며, 해당 부지에 적응하고, 유지관리가 덜 필요한 교목을 발달시킨다는 것을 인식하는 것이 중요하다.

지구별 관리

지자체 내에서, 가로수는 다양한 토지 이용 범주에 존재한다. 이에 따라 토지 이용 범주별로 관리 전략을 차별화하는 것이 유용할 수 있다. 토지 이용은 세 가지 일반적인 지구로 나눌 수 있다: 주거용, 상업용, 산업용. 선정된 교목의 유형과 각 지구에 처방된 유지관리 수준은 각 지구에 대해 설정된 목적과 우선순위에 따라 다양할 수 있다. **표 12-6**은 일반적인 토지 이용에 의해 지구가 설정된 지자체와 이에 따른 교목 관리활동의 한 사례이다. 이 사례에서, 지자체는 주거지 주위

표 12-6 상이한 관리활동을 위해 토지이용에 따라 지구를 나눈 지자체

구획	식재 우선순위	수종 선정	유지관리 주기	중앙 수명	서비스 요구[a]
주거	높음	• 보통의 생장 속도 • 단일 주지	• 3년과 6년 • 정지와 유지관리	30년	높은 우선순위
상업	중간	• 느린 생장 • 관상과 강한 목재	• 매년 • 정지와 유지관리	8년	높은 우선순위
산업	낮음	• 빠른 생장 • 오염 저항성	• 6년 • 유지관리	15년	낮은 우선순위

[a] 정상적인 상태 기준

에 완벽 식재를 조성하는 데 가장 높은 식재 우선순위를 부여하였고, 이로 인해 식재 예산의 대부분을 주거지 식재에 배분할 것이다. 주거지구 식재를 위해 선정된 수종의 특성은 상업이나 산업지구를 위해 선정된 수종과 다르고, 이로 인한 생장 속도나 가지 발달 구조의 차이는 서로 다른 수준의 유지관리를 필요로 한 것이다. 주거 지구에는 정지하기 쉽고 가용한 생장 공간에 적합한 수종이 선정될 수 있다. 상업 지구에 식재되는 수종은 이들의 관상적 가치(ornamental value), 반달리즘으로부터의 피해를 저지할 수 있는 강한 목재, 지상과 지하의 가용 공간 밖으로 빠르게 자라지 않는 느린 생장 속도 때문에 선정될 수 있다. 상업 지구에서는 사업의 안전한 유통을 조장할 수 있도록 교목을 빈번하게 유지관리할 필요성이 있을 것이다.

우선순위와 관리활동은 지자체별로, 그리고 관리 목적이 진화하고 교목 군집이 변함에 따라 지자체 내에서도 시간이 흐름에 따라 다를 것이다. 서비스 수준과 예산은 책임자가 지자체의 다른 지구는 다른 수준의 서비스가 필요하다는 것을 인식할 때 더욱 효과적이고 효율적으로 배분될 수 있다. 가로수 기본계획은 지구별로, 지구 내 부지 특성에 부합되는 수종별로, 그리고 각 지구에 맞게 개발된 관리 처방별로 세분화될 수 있다. 각 지구 내에서, 특정 가로 구역은 일반적인 크기 범주와 해당 교목 군집의 수종 특성을 기준으로 관리될 수 있다.

제거와 대체

모든 가로수는 궁극적으로 제거되어 교체될 것이다. 교목 제거에는 그루터기 제거가 포함되는데, 이는 이들이 보행자에게 명백한 위험을 유발하고 장래의 식재에 방해가 되기 때문이다. 그루터기 제거는 지면 아래까지 갈아내고 흙으로 되메우거나 가라앉도록 지면 약간 위까지 갈아내는 방법으로 수행된다. 교목 제거의 전형적인 원인은 고사, 쇠락, 안전 위험, 피해, 안온방해, 가로 확장, 도시 재개발 사업 등이다. 분명히, 죽었거나 거의 죽은 교목은 공공 안전을 위해 제거되어야 한다. 쇠락의 초기 단계에 있거나 아직 넘어질 위험이 높지 않은 교목은 더욱 어려운 상황을 야기한다. 제거는 필요하지만, 공중의 의견은 해당 교목을 구하기 위한 압력을 가할 수 있다. 그러나 전문가인 시 임정관이 해당 교목의 위험성이 높다고 판단하면, 제거 이유를 공중에게 알려야 하고 해당 교목은 제거되어야 한다.

침입성이 최소 수준인 IML 저항기록 시스템(resistograph system) (IML, Inc.)이나 비침입적

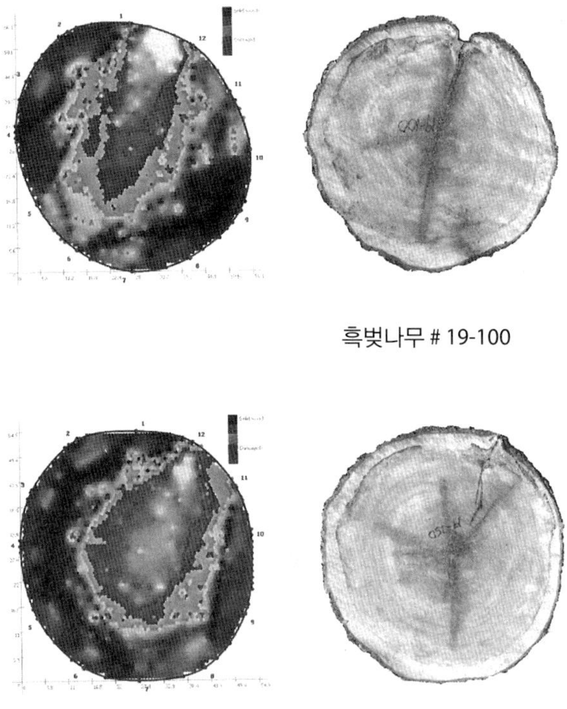

흑벚나무 # 19-100

흑벚나무 # 19-150

그림 12-20 비침입적 부후 탐지 장치인 PiCUS 음파단층촬영기에 의해 탐지된 내부 부후. (사진: Dr. R. Bruce Allison 제공.)

인 PiCUS 음파단층촬영기(sonic tomography) (Argus Electronics GmbH)와 같은 부후 탐지 장비의 발전으로 서 있는 교목의 부후 정도를 조사할 수 있는 능력이 향상되었다(Gilbert & Smiley 2004). **그림 12-20**은 PiCUS 음파단층촬영기에 의해 생성된 내부 부후 패턴을 보여준다. 이러한 기술을 적용하면 유명하거나 역사적인 교목을 제거하는 의사결정을 지원하는 데 필요한 정보를 확보할 수 있을 것이다. 그러나 대부분의 지자체에서는 이를 위한 장비와/나 관련된 훈련에 필요한 비용은 이를 이용하는 빈도가 낮은 특성 때문에 허용되지 않는다. 이의 필요성이 발생하면, 이들 서비스는 해당 지자체에는 훨씬 낮은 비용으로 장비와 필요한 전문성을 보유한 공인된 민간 수목관리자를 이용하는 계약을 체결하여 확보할 수 있다. 다른 어떤 기술을 사용할 때와 마찬가지로, 시 임정관은 여전히 부후 정도가 강도 손실에 어떻게 영향을 미치는가에 대한 우리의 현재 이해를 바탕으로 그 결과를 설명할 책임을 진다.

안온방해(安穩妨害, nuisance) 교목은 공중의 의견이 교목의 제거 여부를 두고 분열될 수 있기 때문에 또 다른 어려운 문제이다. 해당 교목이 시 조례를 위반한 상태에 있고 그 조례가 역사적으로 집행되어 왔다면, 제거할 필요가 있을 것이다. 그러나 해당 교목이 조례를 위반하지 않고 대다수의 공중 의견이 유지를 선호한다면 해당 교목은 보존되는 것이 좋을 것이다. 이로 인한 정치적인 결과는 심각하기 때문에 책임자는 조례를 선별적으로 집행하지 않아야 한다.

도로 확장과 기타 공사 활동은 가로수에 큰 피해를 준다. Foster & Blaine(1978)은 보스턴에서 계속되는 공사가 미성숙 교목 폐사의 주된 원인이라고 보고하였다. 폐사가 증가하는 것은 대부분 해당 교목을 손상시키는 결과나 생장 환경을 바꿈으로써 발생한다. 울타리를 치고 다른 보호 수단을 통해 공사 중에 보호된 교목은 생존할 가능성이 높다. 그러나 만약 광범위한 피해가 임박하고 피할 수 없으며, 해당 교목이 공사 완료 후 2, 3년 이내에 쇠락하거나 죽을 가능성이 높은 것이 명백하다면, 기존 교목의 제거와 교체할 교목의 구입비용이 공사 예산의 일부로 포함되어야 한다. 그러나 사건이 발생하고 난 후에 죽어가는 교목을 제거하고 이를 교체하는 비용은 일반적으로 임업 재원에서 지출될 것이다.

이상적으로는, 매년 제거가 시간이 경과함에 따라 상대적으로 일정한 비율과 비용으로 발생하는 것이다. 정상적인 환경 하에서, 교체와 교목 감모를 합하면 일반적으로 광범위한 스펙트럼의 영급이 형성되기 때문에, 이는 규칙이 될 것이다. 예외는 대규모 식재(특히 같은 수종)가 거의 동시에 노쇠하게 되는 동령의 군집을 만드는 지자체에서 발생한다.

교체는 가로수 기본계획에 기술된 대로 목표와 전반적인 관리 계획에 의해 결정된다. 교목 조례에 의해 설정된 가로수 간격 확보 표준은 교목이 제거된 후 교체할 것인가를 결정할 것이다. 이후 실제 식재 일자는 토지이용과 부지 우선순위에 의해 결정될 것이다.

제거에 사용될 장비는 일반적으로 전정할 때 사용하는 것과 동일하다. 전선과 구조물 위에 걸쳐 있는 대교목은 때로는 안전한 제거를 위해 크레인을 사용할 필요가 있다. 공익시설 회사는 전형적으로 제거할 때 손상이나 피해 발생 위험을 부담하기보다 전선을 떨어뜨리고 전원을 차단할 것이다. 대형 표본목인 경우, 통나무나 전단 적재기(front end loader)와 평상 트럭(平床-, flat bed truck)과 같은 추가적인 장비가 필요할 수 있다. 앞서 언급한 바와 같이, 호리비단벌레(*Agrilus planipennis*)와 같은 유행성 해충은 한 지자체 내에서 수천 그루의 교목을 죽일 능력을 가지고 있다. 이 경우 이러한 교목을 적시에 효율적인 방법으로 제거해야 할 필요가 있으면 무엇보다 중요하다. 2010년 위스콘신주 오크 크리크(Oak Creek)시는 5일이라는 기간 동안 516그루의 물푸레나무를 제거하기 위해 기계화된 목재 수확기계와 포워더(forwarder)를 사용하였다(**그림 12-21**). 수확된 교목의 직경은 25 cm에서 43 cm에 달했고, 총비용은 약 $26,000이 들었다.

폭풍과 전염성 병해충

폭풍과 치명적인 전염성 병해충(pest epidemic)은 비정상적인 상황을 유발하여 광범위한 교목 손실로 이어진다. 폭풍 피해 발생 시 공익시설 서비스의 빠른 복구, 가로 청소, 위험 제거 또는 수선을 제공할 수 있도록 비상 계획(非常計劃, contingency plan)이 수립되어 있어야 한다. 직원들은 빠른 기동이 가능하도록 해야 하고 초과근무 보상을 위한 비상 재원도 준비되어 있어야 한다. 피해가 시 직원이 처리할 수 있는 범위를 초과하는 경우에는, 폭풍 청소를 도와줄 수 있도록 협력적인 민간 외주업자 목록을 가지고 있어야 한다. 비상 재원은 가끔 재앙적인 피해를 입은 지자체를 도와줄 상위 수준의 정부에서 구할 수 있다.

폭풍 재난 계획수립과 경감은 다음 순차적인 3단계로 구성된다(Burban & Andresen 1994):

1. **준비(準備, preparation)**—재난 계획수립과 경보 활동. 행동 사례: 가혹한 기상에 대한 조기 경보 시스템의 확인, 재난 대응계획 개발, 재난 시 다양한 개인과 지자체 부서의 역할 확인, 필요 시 접촉할 집단이나 지자체 확인.

그림 12-21 위스콘신주 오크 크리크시의 기계화된 목재 수확 작업. (사진: 위스콘신주 오크 크리크시 임정관 Rebecca Lane 제공.)

2. **대응**(對應, response)—재난 중과 후의 즉각적인 행동. 행동 사례: 교목 피해 청소, 현장에서 사무실로의 교신 방법 확인, 폐기물 처분 방안 결정, 효율적인 기록 유지 방법 사용.
3. **복구**(復舊, recovery)—재난 후에 재난 이전의 상태로 회복하기 위해 시도하는 활동. 활동 사례: 공공 및 민간 교목 식재와 돌봄, 정지(整枝, training), 교목 식재 인식 행사와 축전, 지원 봉사자, 시민, 지자체 작업자, 기타 참여자들의 활동에 대한 감사.

수종 선정과 유지관리가 폭풍에 대비한 계획수립 과정의 중요한 부분이다. 앞서 언급한 바와 같이, 일련의 억제와 수관높이기 절단을 통해 개별 교목의 수관 크기를 축소하면 재앙적인 폭풍 사태 동안 교목의 생존율을 상당히 높일 수 있다. 시 임정관, 수목관리자, 과학자들은 전정을 통해 올바르게 정지된 교목은 잘못 전정되거나 전혀 전정되지 않은 교목보다 폭풍 피해를 덜 입는다고 지속적으로 보고하고 있다(Sisinni 등 1995). 이전에 두절(頭切, topping)되어 수관이 부후된 수간에 수많은 맹아지(萌芽枝, epicormic branch)가 약하게 부착된 교목은 특히 폭풍 피해에 취약하다.

그림 12-22 느릅나무시듦병(*Ophiostoma ulmi*; *O. novi-ulmi*)이 미국느릅나무(*Ulmus americana*)를 죽인다. 이 병으로 인한 재앙적인 손실 이후에 가로수의 다양성과 식재 간격에 관해 많은 것을 배웠다. (사진: USDA Forest Service, Bugwood.org의 Joseph O'Brien 제공.)

전염성 병해충에 의한 손실은 폭풍보다 장기적이지만 마찬가지로 파괴적일 수 있다. 북미 도시에서 가장 파괴적인 전염병은 느릅나무시듦병으로 과거에 발생하여 현재에도 진행 중이다(**그림 12-22**). 이 병으로 인한 피해 정도는 해당 지자체의 느릅나무 빈도, 식재 간격, 분포, 그리고 방제 노력에 따라 차이가 있다. 느릅나무 개체 수는 방제하지 않은 경우 12년 안에 1/10로 줄어들 수 있고, 방제 노력을 하면 수십 년 동안 지속될 수 있을 것이다(Cannon & Worley 1979). 호리비단벌레(*Agrilus planipennis*)도 도시와 시골 교목에 대해 동일한 유력한 파괴자가 될 잠재력을 가지고 있음에 틀림없다. 이러한 유행성 병해충이 발생하면, 이 문제를 처리하기 위해 관리 목적, 우선순위, 계획들이 일시적으로 또는 영구적으로 변경된다. 이러한 병해충이 발생한 지자체들은 이로 인한 손실이 관리 가능한 수준에 이를 때까지 재원을 식재, 전정, 기타 관리 활동에서 병해충 방제와 교목 제거로 전환하게 된다.

활용

교목 관리활동에서 나오는 목재 잔해의 가치는 제5장에서 살펴보았다. 역사적으로, 가로수 제거로부터 발생하는 목재의 활용은 처리비용이 가끔 목재 가치를 초과하기 때문에 수익성 사업이라기보다 잔해를 경제적으로 처분하는 수단에 가까웠다. Bratkovich(2001)에 의하면, 매년 도시 경관에서 2억 입방야드 이상의 유기 잔해가 발생한다. 이 중 15%가 약 38억 보드피트(board feet)의 목재를 내포하고 있는 "파쇄되지 않은 목재"이다. 최근까지 폐기물로 생각했던 것을 부가가치 제품으로 활용하는 민간 기업이 점점 더 많이 생기고 있다(**그림 12-23**). 예를 들면, 일리노이주 스코키(Skokie)에 있는 Horigan Urban Forest Products, Inc.는 시카고 광역도시의 도시 숲에서 발생되는 목재를 제재하여 유기 폐기물을 줄이는 일에 전념하고 있다. Horigan Urban Forest Products가 생산한 제재목은 바닥재(flooring)나 가구 제작에 사용되고 있다. 현재 이 회사는 약 100,000보드피트의 킬른 건조된(kiln dried) 제재목을 생산하고 있지만 이러한 생산량은 시간이 지남에 따라 급격하게 증가할 것으로 예측되고 있다. 또한 제재과정 중에 발생하는 톱밥과 죽데기(flitch wood)는 멀칭용으로 인근 회사로 보내진다.

규모를 확대해 보면, 많은 지자체가 기존의 석탄 연소 발전소를 열병합발전소(CHP, combined heat and power)로 개발하거나 전환했다. 병합 발전으로 알려진 CHP는 공급용 열과 전기를 동시에 생산하는 것이다. CHP 발전소를 가동할 수 있는 연료 중 하나는 청정한 도시 목재 잔해이다. 예를 들면, 과거 석탄연소 발전소였던 St. Paul Cogeneration Biomass Plant는 1993년 이래 미네소타주 St. Paul의 도심 지구를 둘러싸고 있는 수천의 상업건물과 주택에 전기와 온수를 공급해오고 있나. 이 발전소의 주된 연료 공급원은 도시 목재 잔해이다. 이러한 투자는 두 가지 문제를 해결한 것으로 보인다: 이는 재생가능한 에너지원(renewable source of energy)을 생성하는 수단이고, 지자체 교목 작업을 통해 발생되는 목재 폐기물과 기타 유기 잔해를 효과적으로 처리하는 능력이 있다. 가로수 군집의 크기와 수량이 커짐에 따라, 발생하는 목재 잔해량도 비례적으로 늘어나서 이러한 에너지 생산시설에 목재를 안정적으로 공급할 수 있게 한다. 예를 들면, Churack 등(1994)은 위스콘신주 밀워키의 가로수를 전정하는데 소비되는 1분당 1.4 kg(3파운드)의 목재 잔해가 나온다고 보고하였다.

제거 계약

다른 교목 관리활동의 경우와 마찬가지로, 교목과 그루터기 제거는 시 공무원 또는 계약에 의해 수행될 수 있다. Tate(1984)는 뉴저지주에서 조사한 91개 지자체 중 69%가 교목 제거 계약을, 43%가 그루터기 제거 계약을 가지고 있었다. Robson(1984)은 시카고 교외 지자체 8개 중 6개가 모든 또는 일부에 대한 교목과 그루터기 제거에 대한 계약을 가지고 있다는 것을 확인하였다.

교목 제거 계약은 제10장에 기술된 바와 같이 시방서를 준수해야 한다. 제거될 대상과 작업 시기가 제거 계약에 정확하게 기술되어야 한다. 해충이나 병을 방제하는 경우에는, 해당 외주업자는 조례와/나 계약에 명시된 기간에 제거 작업을 수행해야 한다. 침투되거나 병든 잔해의 처분은 계약서에 구체적으로 기술되어야 한다.

그림 12-23 (A) 도시 물푸레나무 목재가 이러한 바닥재를 만들기 위해 사용되었다. (B) 도시의 물푸레나무 목재가 위스콘신주 밀워키 Clock Shadow Building의 다섯 계층 계단용 디딤판을 만드는 데 사용되었다. (사진: Wudeward Urban Forest Products의 Dwayne Sperber 제공.)

과업 일정계획

연간 기준의 과업 일정계획은 전반적인 가로수 기본계획에 기술된 단기, 중기, 장기 목표를 충족시키도록 설계된다. 작업 일정계획 수립과 직원과 장비의 효율적인 배분에 더하여, 과업 일정은 비상사태가 발생하면 이를 수용하고 취급할 수 있도록 충분히 탄력적이어야 한다. 수목관리적 관점에서, 교목 관리 활동을 수행하기에 최적의 시기가 있고, 이 시기는 효율적인 작업 부하 배분과 결합하여 계절적인 활동에 관한 계획을 수립하는 데 사용된다. 그러나 교목 관리 활동을 최적기 동안에 수행하거나 완벽한 효율성을 확보하는 작업 일정계획을 수립하는 것이 항상 가능한 것은 아니다. 이들 두 요소는 서로 영향을 미치기 때문에 작업을 완료하기 위해서는 타협이 필요하다.

온대지방에서, 낙엽수는 가을이나 봄이 이식 최적기이고 휴면기에 전정해야 하며, 제거는 언제든지 할 수 있다(Harris 등 2004). 그러나 이러한 지침에 수종별로 유의한 예외가 있다. 일부 수종은 가을이나 봄에 이식하는 것이 더 좋지만 원하는 시기에 가용하지 않을 수도 있다. 전정을 하는 계절이 해당 수종의 병해충 확산이나 생장 속도에 영향을 미칠 수 있다. 위생을 목적으로 하는 제거는 해당 문제가 진단되었을 때 수행해야 하며, 신속한 잔해 처리가 뒤따라야 한다.

우선순위

가로수 관리 활동에 대한 우선순위는 관리 계획수립의 전반적인 지침과 일일 작업 활동의 일정계획 수립을 위해 설정되고 활용되어야 한다. 가로수 관리의 주된 세 가지 활동은 식재, 전정, 제거이다. 이 중에서 제거는 가로수 관리계획에서 최우선 순위여야 한다. 죽고, 죽어가고, 손상된 교목은 피해나 상처가 발생하는 경우 시나 시 공무원이 고소를 당할 수 있는 공공 위험을 내포하고 있다. 병해충에 감염된 교목은 다른 건강한 교목으로 병이나 해충이 확산되는 것을 방지하기 위해 신속하게 제거해야 한다.

전정과 다른 유지관리 활동은 예산 계획을 수립할 때 두 번째 우선순위에 두는 것이 좋다. 가로수 군집에 추가로 교목을 추가하기에 앞서 기존의 교목을 수용 가능한 안전과 미적 수준으로 유지관리하는 것이 필수적이다. 전반적인 유지관리 프로그램 내에서, 서비스 요구에 의한 고위험 교목의 제거는 계획된 유지관리보다 더 높은 우선순위가 주어지지만, 앞서 언급한 바와 같이, 계획된 유지관리는 위험이 높고 서비스 요구를 받는 교목의 수를 감소시킬 것이다.

과업 일정계획 수립과 예산 배정에서 가장 낮은 우선순위는 식재에 두는 것이 좋다. 만약 재원이 전문적인 표준에 따라 기존 교목 군집을 유지관리하기에 충분하지 못하다면, 식재 자금을 구조적이고 유지관리적인 전정으로 전환하는 것이 좋다. 이미 기준에 미치지 못하거나 잘못 관리되고 있는 군집에 교목을 추가하는 것은 장래의 관리 문제를 심화시키기만 할 것이다. 불행하게도 정치적인 관점에서 가끔 선출직 공무원 중에서 식재에 가장 높은 우선순위를 부여하기도 한다. 가로에 새로운 교목의 영향은 쉽게 눈에 띄고 정당화된다. 반면, 전정과 다른 유지관리 활동은 잘 보이지 않고 전정하지 않거나 장기 전정 주기의 부정적인 효과는 현실화되는데 오랜 시간이 걸린다. 유감스럽게도 감축되거나 삭감될 가능성이 가장 높은 지자체 예산 항목은 전정이고, 삭감될 가능성이 가장 낮은 항목은 식재이다.

이상적인 여건하에서는, 관리 우선순위를 지지하는 선출직 공무원이 당선되어 식재, 전정,

다른 유지관리 활동, 그리고 제거를 위한 재원이 적절하게 확보되는 것이다. 우선순위 단계를 따라 적절한 재원 조달을 위해서는 공무원과 지역사회에 대한 교육이 필요하다. 예산이 삭감되어야 한다면, 관리 우선순위에 따라 삭감되어야 할 것이다.

연간 작업

일단 우선순위가 설정되고 재원이 확보되면, 연간 작업 일정이 작성될 것이다. 일일 기준으로, 작업 할당은 공공 안전을 위해 설정된 우선순위를 따르는 것이 좋지만, 이들은 전반적인 장기 관리 목적과 수목관리적인 원칙을 준수해야 한다. 다음은 북반구 온대 기후에 위치한 지자체의 일반화된 과업 일정이다:

1~2월: 장비 유지관리와 수리, 일부 계획된 구조 및 유지관리 전정, 식재 위치 확인, 식재 수목 주문, 점검과 평가.

3~4월: 계획된 유지관리, 시비, 교목 식재, 지자체 농장에서의 굴취, 조기 병해충 관리 활동, 위험 점검과 평가.

5~6월: 식재, 계획된 유지관리, 병해충 조사, 위험 점검과 평가.

7~8월: 계획된 유지관리, 병해충 방제, 제거, 위험 점검과 평가.

9~10월: 계획된 유지관리, 제거, 병해충 방제, 위험 점검과 평가, 시비, 식재

11~12월: 계획된 유지관리, 제거, 장비 유지관리와 수리, 위험 점검과 평가.

인용 문헌

American National Standards Institute. 2008. A300—Part 1. American National Standard for Tree Care Operations—Tree, Shrub and Other Woody Plant Management—Standard Practices (Pruning). Londonderry, NH: Tree Care Industry Association.

Appleton, B., J. Koci, S. French, M. Lestyan, & R. Harris. 2003. "Mycorrhizal Fungal Inoculation of Established Street Trees." *Journal of Arboriculture* 29:107–110.

Ball, J., & S. Vosberg. 2010. "A Survey of United States Tree Care Companies: Part I—Safety Training and Fatal Accidents." *Arboriculture & Urban Forestry* 36(5):224–229.

Bassuk, N., J. Grabosky, & P. Towbridge. 2005. *Using CU-Structural Soil™ in the Urban Environment.* Ithaca, NY: Urban Horticulture Institute, Cornell University.

Bainard, L. D., J. N. Klironomos, & A. M. Gordon. 2011. "The Mycorrhizal Status and Colonization of 26 Tree Species Growing in Urban and Rural Environments." *Mycorrhiza* 21:91–96.

Brady, N. C. 1974. *The Nature and Property of Soils* (8th ed.). New York: MacMillan.

Bratkovich, S. M. 2001. *Utilizing Municipal Trees: Ideas from across the Country* (NA-TP-06-01). Washington, DC. USDA Forest Service, Northeastern Area.

Burban, L. L., & J. W. Andresen. 1994. *Storms Over the Urban Forest* (2nd ed.). Saint Paul, MN: USDA Forest Service, Northeastern Area.

Bureau of Labor Statistics. 2009. "Work-Related Fatalities Associated with Tree Care Operations—United States, 1992–2007." *Morbidity and Mortality Weekly Report* 58:389–393.

Cannon, W. N., J. H. Barger, & D. D. Worley. 1982. "Dutch Elm Disease Control: Economics of Girdling Diseased Elms to Improve Sanitation Performance." *Journal of Arboriculture* 8(5):129–135.

Cannon, W. N., & D. P. Worley. 1979. *Dutch Elm Disease Control: Performance and Costs, Update to 1979* (Res. Paper NE-457). Washington, DC: USDA Forest Service.

Cassel, B. 2012, January 19. Critical Root Zone and Root Plate Zone. Presentation to the Colorado Tree Coalition and Front Range Urban Forestry Council.

Churack, P. L., R. W. Miller, K. Ottman, & C. Koval. 1994. "Relationship between Street Tree Diameter Growth and Projected Pruning and Waste Wood Management Costs." *Journal of Arboriculture* 20(4):231–236.

City of Kitchener. 2012. *City of Kitchener Development Manual*. Appendix C, Urban Forest—Tree Planting & Establishment. Kitchener, Ontario, Canada: City of Kitchener.

Costello, L. R., N. P. Matheny, & J. R. Clark. 1993. *Estimating Water Requirements of Landscape Planting—The Landscape Coefficient Method*. University of California Cooperative Extension Leaflet 21493.

Cregg, B. M., & M. E. Dix. 2001. "Tree Moisture Stress and Insect Damage in Urban Areas in Relation to Heat Island Effects." *Journal of Arboriculture* 27(1):8–17.

Foster, R. S., & J. Blaine. 1978. "Urban Tree Survival: Trees in the Sidewalk." *Journal of Arboriculture* 4(1):14–17.

Gilbert, E. A., & E. T. Smiley. 2004. "PiCUS Sonic Tomography for the Quantification of Decay in White Oak (*Quercus alba*) and Hickory (*Carya* spp.)." *Journal of Arboriculture* 30(5):277–280.

Gilman, E. F. 2001. "Effect of Nursery Production Method, Irrigation, and Inoculation With Mycorrhizae-Forming Fungi on Establishment of *Quercus virginia*." *Journal of Arboriculture* 27:30–39.

Gilman, E. F. 2002. *An Illustrated Guide to Pruning* (2nd ed.). Albany, NY: Delmar.

Gilman, E. F., F. Masters, & J. C. Grabosky. 2008. "Pruning Affects Tree Movement in Hurricane Force Wind." *Arboriculture & Urban Forestry* 34(1):20–28.

Gilstrap, C. 1990. Personal communication. Parks and Recreation Department, Modesto, California.

Harris, R. W., J. R. Clark, & N. P. Matheny. 2004. *Arboriculture: Integrated Management of Landscape Trees, Shrubs, and Vines*. Englewood Cliffs, NJ: Prentice-Hall.

Hauer, R. J. 2012. "Emerald Ash Borer Economics, Management Approaches, and Decision Making." *Tree Care Industry* 23(8):14–17.

Hauer, R. J., & D. Tutton. 2009. *Trees in Your Community: Results from a 2008 Questionnaire for the Urban Forestry Program, Wisconsin Department of Natural Resources, Division of Forestry*. Final Report Prepared for the Wisconsin Department of Natural Resources, Urban and Community Forestry Program.

Hauer, R. J., W. Wang, & J. O. Dawson. 1993. "Ice Storm Damage to Urban Trees." *Journal of Arboriculture* 19(4):187–193.

Hudson, B. 1990. Personal communication. Recreation and Parks Department, Santa Maria, California.

Kielbaso, J. J. 1989. "City Tree Care Programs: A Status Report." In G. Moll and S. Ebenreck (eds.), *Shading Our Cities*. Washington, DC: Island Press.

Lilly, S. J. 2010. *Arborists' Certification Study Guide*. Champaign, IL: International Society of Arboriculture.

Lloyd, J. E., D. A. Herms, B. R. Stinner, & H. A. J. Hoitink. 2003. "Organic Mulches Enhance Overall Plant Growth." *Turfgrass Trends* 11(4):1–5.

Matheny, N. P., & J. R. Clark. 1994. *A Photographic Guide to the Evaluation of Hazard Trees in Urban Areas* (2nd ed.). Savoy, IL: International Society of Arboriculture.

Miller, R. W. 1998. "Tree Fertilization, Science, Myth and Ethics." *Arborist News* 7(6):26–27.

Miller, R. W. 2000. "Practical Applications: Are We Asking the Right Questions and Looking in the Right Places." In A. Siewert, B. Rao, and D. Marion (eds.), *Tree and Shrub Fertiliza-*

tion. Proceedings from an International Conference on Tree and Shrub Fertilization, May 17–18, Fairlawn, Ohio.

Miller, R. W., & S. P. Schuman. 1981. "Economic Impact of Dutch Elm Disease Control as Determined by Computer Simulation." In Proceedings, Dutch Elm Disease Symposium Workshop, October 5–9 (pp. 325–344). Winnipeg: Manitoba Department of Natural Resources.

Miller, R. W., & W. A. Sylvester. 1981. "An Economic Evaluation of the Pruning Cycle." *Journal of Arboriculture* 7(4):109–111.

Occupational Safety and Health Administration. 1970. Occupational Safety and Health Act of 1970. Public Law 91-596, 84 US Stat. 1590.

Robson, H. L. 1984. "Urban Forestry in the Chicago Suburbs." *Journal of Arboriculture* 10(4):113–116.

Shigo, A. L. 1983. "Targets for Proper Tree Care." *Journal of Arboriculture* 9(11):285–294.

Shigo, A. L. 1991. *Modern Arboriculture.* Durham, NH: Shigo and Trees, Associates.

Sisinni, S. M., W. C. Zipperer, & A. G. Pleninger. 1995. "Impacts from a Major Ice Storm: Street Tree Damage in Rochester, New York." *Journal of Arboriculture* 21(3):156–167.

Smiley, E. T. 2008. "Root Pruning and Stability of Young Willow Oak." *Arboriculture & Urban Forestry* 34(2):123–128.

Smiley, E. T., N. Matheny, & S. Lilly. 2011. *Tree Risk Assessment.* Champaign, IL: International Society of Arboriculture.

Tate, R. L. 1984. "Municipal Tree Management in New Jersey." *Journal of Arboriculture* 10(8):229–233.

Tiquia, S. M., J. Lloyd, D. A. Herms, H. A. J. Hoitink, & F. C. Michel Jr. 2002. "Effects of Mulching and Fertilization on Soil Nutrients, Microbial Activity and Rhizosphere Bacterial Community Structure Determined by Analysis of TRFLPs of PCR-Amplified 16S rRNA Genes." *Applied Soil Ecology* 21:31–48.

Tree Care Industry Association. 2012. Regulatory compliance. http://tcia.org/safety/regulatory-compliance. Accessed 1-14-14.

Tschantz, B. A., & P. L. Sacamano. 1994. *Municipal Tree Management in the United States.* Kent, OH: Davey Tree Expert Company.

US Environmental Protection Agency. 2013. *Case Studies Analyzing the Economic Benefits of Low Impact Development and Green Infrastructure Programs* (EPA 841-R-13-004). Washington, DC: US Environmental Protection Agency.

van de Werken, H. 1981. "Fertilization and Other Factors Enhancing the Growth Rate of Young Shade Trees." *Journal of Arboriculture* 7(2):33–37.

VanNatta, A. R., R. H. Hauer, & N. M. Schuettpelz. 2012. "Economic Analysis of Emerald Ash Borer (Coleoptera: Buprestidae) Management Options." *Journal of Economic Entomology* 105(1):196–206.

Werner, L. P., & L. G. Jull. 2009. "Fertilizer Uptake, Partitioning, and Recovery in Container-Grown Common Hackberry (*Celtis occidentalis*) Trees." *Arboriculture & Urban Forestry* 35:252–262.

Westphal, K. 2010. Personal communication. City Forester, Cedarburg, Wisconsin.

Wiseman, D., P. Smethurst, L. Pinkard, T. Wardlaw, C. Beadle, M. Hall, C. Baillie, & C. Mohammed. 2006. "Pruning and Fertilizer Effects on Branch Size and Decay in Two *Eucalyptus nitens* Plantations." *Forest Ecology & Management* 225:123–133.

Yamamoto, S. T. 1985. "Programmed Tree Pruning and Public Liability." *Journal of Arboriculture* 11(1):15–17.

제13장

프로그램 집행과 분석

캘리포니아주 인디언웰스

앞선 장에서 지자체 임업 프로그램을 통한 공공 교목의 계획수립, 조성, 관리에 관해 다루었다. 이 장에서는 재원 조달, 조직, 프로그램 분석, 인력 관리, 공중 관계에 초점을 맞춤으로써 도시 임업 프로그램의 집행과 관리에 관해 살펴본다. 주로 지자체 임업에 초점을 두고 있지만, 취급하는 내용의 대부분이 민간 수목관리와 공익시설 임업을 포함한 도시 숲을 다루는 모든 조직의 집행과 관리에도 적용할 수 있다. 이 세 분야 모두에서, 책임자는 경제적 유효성, 효율성, 형평성, 공중이나 고객의 만족을 강조해야 한다.

재원조달

가로수 관리 프로그램에 필요한 재원은 지역, 주, 연방기관, 그리고 비영리 조직과 같은 다양한 원천으로부터 구할 수 있다. 그러나 때로는 재원을 확보하는 이면의 이유가 가끔 불명확할 때가 있다; 예를 들면, 교목 식재가 이해하기 쉽고 긍정적인 편익(즉, 즉각적인 가시적 효과, 담당 기관, 집단, 개인에 대한 인정, 도시 주민에 의한 가치 부여)이 있기 때문에 교목 식재를 위한 재원은 일반적으로 유지관리를 위한 재원보다 확보하기가 더 쉽다. 어떤 도시에서는 다른 가로수 관리 활동에 대한 재원의 원천이 훨씬 더 제한적인데, 이는 이들 활동의 가시적인 효과가 미미하여 이들에 대한 인지도가 낮고, 이들의 가치에 대한 정당성에 대해 도시 주민의 이해가 크게 부족하기 때문이다(Grado 등 2006; Stevenson 등 2008; VanderWeit & Miller 1986).

도시 교목을 유지관리하기 위해 필요한 재원 조달은 대교목에 대한 주민들의 선호를 충족시키기 위해 중요한데(Heimlich 등 2008), 이는 도시 교목 피복이 부동산에 더 큰 프리미엄을 지불하거나 교목이 부동산에 가치를 추가한다는 인식 등을 통해 사람들이 도시 숲에 가치를 부여하는 방법으로 스스로를 입증해야 한다(Payton 등 2008; Schroeder 등 2006). 앨라배마(Alabama)주 주민의 90% 이상이 지방정부의 재원조달이 공공 부지에 교목을 식재하고 유지관리하기 위해 매우 중요하고(69%) 어느 정도 중요하다는(24%) 의견을 나타내었다(Zhang 등 2007).

재원조달은 인구와도 상관관계가 있다. 2006년 3,130개 지자체가 전국식목일재단(NADF, National Arbor Day Foundation)에 제출한 재원조달 보고서에 의하면 인구가 10,000명 미만인 지자체는 일인당 $10.58을 지출한 데 비해, 100,000명 이상인 지자체는 일인당 $5.38을 지출한 것으로 나타났다. 미국 지자체가 NADF로부터 트리시티(Tree City) 자격을 얻고자 하는 경우, 적어도 일인당 $2의 연간예산을 가진 임업 프로그램을 가지고 있어야 한다. 그러나 좀 더 현실적인 평균은 일인당 $5이다(American Public Works Association 2007).

책임자는 항상 지자체의 도시 환경에 대한 목적과 요구를 인식해야 하지만, 또한 자신들의 예산 제약 범위 내에서 일해야 하기 때문에, 재원의 원천과 재원을 확보하는 능력이 항상 책임자들에게는 당면한 문제가 될 것이다. 그러므로 다양한 재원조달 기회를 개발해야 하는데, 예를 들면 부동산 가치가 클수록 해당 지자체는 자신의 도시 임업 프로그램의 재원이 되는 부동산 세수를 더 많이 거둘 가능성이 있다는 사실이다. 충분한 재원조달을 못하면 지역의 도시 임업 프로그램에 대한 잠재적인 장벽이 된다(Grado 등 2006).

지방 재원조달

전반적인 가로수 관리를 위한 대부분의 재원은 지방 정부 당국에서 나온다. 이들 재원은 가로수 프로그램에 대한 지역사회의 지지, 가로를 장애물 없이 유지하기 위한 필요성, 전반적인 지역사회 복지와 안전에 대한 관심 때문에 가능하다. 제8장에서 살펴본 바와 같이, 지방 정부는 주(州, state)의 허가에 의해 존재하고, 이 허가에는 지방세(地方稅, local tax)를 부과할 권한이 포함되어 있다. 아래에 기술된 재원조달 원천은 일반적으로 주 정부에 의해 허가된 것인데, 이 중 일부는 특별 입법(special legislation)을 요구하기도 한다.

일반세입. 일반세입(一般歲入, general revenues) 재원의 원천은 지방 재산세(財産稅, property tax)이다. 시 임정관이나 교목위원회(喬木委員會, tree board)는 연간 예산 요구서를 시 의회에 직접 또는 공원이나 공공사업 부서와 같은 상위 기간을 통해 제출한다. 일반 재원은 식재, 유지관리, 제거를 포함한 전체 프로그램에 사용된다. 정상적인 여건하에서, 일반세입은 교목 식재 이외의 활동을 위한 가장 확실한 재원조달 원천이다. 그러나 최근에는 유일한 재원조달 원천으로서의 일반세입은 지자체 임업 프로그램에 대한 다른 재원조달 원천에 비해 줄어들어오고 있다. Kielbaso(1988)는 1986년에 지자체의 94%가 임업 프로그램을 부분적으로 또는 전체적으로 운영하기 위해 지자체의 일반 재원을 받았다고 보고한 데 비해, Tschantz & Sacamano(1994)는 1994년에 그 비율이 67%로 떨어졌다고 보고했지만 일반 재원조달이 여전히 지자체 도시 임업에 지출하는 총금액에서 거의 85%를 차지하고 있었다. 기타 지자체 또는 비지자체 재원조달 원천은 일반세입 재원조달에 대한 의존 필요성을 감소시킬 수 있다. Zhang & Zheng(2011)은 앨라배마주 주민들이 지자체 교목 프로그램을 지원하는 지방 재산세에 대해 엇갈린 태도와 선호가 있다는 것을 확인했다.

지방채. 지방채(地方債, local bonds)는 다수의 투표자가 승인하면 특별한 필요를 위한 자본(資本, capital)을 조성하기 위해 지자체가 발행 수 있다. 이 재원조달 원천은, 강풍이나 얼음 폭풍과 같은 재앙적인 사태로 가로수 군집이 크게 피해를 받았을 경우를 제외하고, 교목 프로그램의 일반적인 재원으로 사용되지 않는다. 채권으로부터 확보한 수입은 주로 교목을 식재하는 데 사용된다.

설비개량기금. 설비개량기금(設備改良基金, capital improvement fund)은 일반세입에서 나오고 프로젝트 성격이다. 이 자금은 공공건물과 공원을 조경하거나 재개발 사업의 일환으로 교목을 식재하기 위해 사용된다. 따라서 설비개량 사업 중에는 교목이 자본자산(資本資産, capital asset)으로 간주된다. 위스콘신주 밀워키시는 교목을 자신의 도시 기반시설(基盤施設, infrastructure)의 일체화된 부분으로 간주하여, 교목을 도로 건설 예산에 포함시킨다(**그림 13-1**). 이러한 접근은 포함되는 교목이 건설 예산의 부수적인 부분으로 되이(해당 프로젝트 총비용의 2.2%) 교목에 대한 비용 부담이 시설부서로 전환된다(Skiera 1988).

허가. 이 경우, 인접한 부동산 소유자가 공공 통행로에 교목을 식재하기를 원하면, 해당 소유자는 교목 허가에 대해 수수료를 지급하고 시가 이들의 부동산 앞에 가로수를 식재하고 유지관리한다.

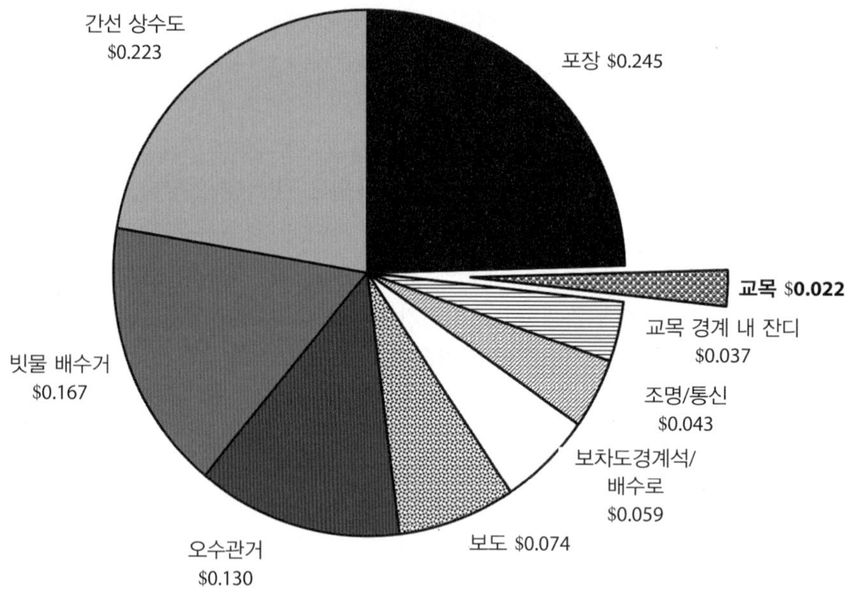

그림 13-1 위스콘신주 밀워키시의 각 항목 지출 금액 기준의 도로건설 프로젝트 내역(Skiera 1988).

이는 자발적인 프로그램이거나 의무적인 프로그램일 수도 있다. 허가는 해당 교목 비용의 일부 또는 전부에 해당할 수 있다. 유지관리는 추가적인 평가 없이 제공된다.

접도세. 접도세(接道稅, frontage tax)는 도로 정면에 대해 개인 부동산 소유자에게 부과된다. 이런 유형의 세금은 시행에 앞서 주 정부로부터 입법 허가를 받아야 한다. 재원은 연간 기준으로 징수되고 전적으로 가로수 관리 프로그램을 위해 사용된다. 주 정부로부터 허가를 받으면, 이 세금은 시 의회의 투표에 의해 부과될 수도 있다. 오하이오주 신시내티(Cincinnati)에서는 정면 1피트당 $0.19(2014년 가치)를 부과하여 부동산 소유자에게 매년 평균 $7이 부담되며, 해당 프로그램에서 연간 1.8백만 달러가 조성된다(Davey Resource Group 2012; Gamstetter 2015). 오하이오주 다른 시는 정면 피트당 $0.35에서 $1.16을 부과한다.

편익지구 과세. 특정한 구획이나 지역의 주민들이 해당 부동산 소유자들의 과반수 투표에 의해 "편익지구(便益地區, benefit district)"를 설정하고 스스로 가로수 프로그램에 대해 세금을 납부할 수 있다(Nighswonger 1982). 이 세금은 일반적으로 접도 정도에 의해 과세되고, 입법 허가를 받아야 한다. 편익지구 세금은 모든 가로수 관리 활동에 대한 비용지급을 위해 사용된다. 이 방법의 단점은 부재지주(不在地主, absentee landlord)에 의해 소유된 주택의 비율이 높은 지역에서는 이 세금을 부과하기 위한 충분한 득표를 확보하기 어려울 수 있다는 것이다.

펜실베이니아주 피츠버그(Pittsburgh)는 교목 식재와 유지관리를 위한 재원을 조성하기 위해 지역 개선 지구를 설정하였다(Davey Resource Group 2012). 미네소타주 법률(§429.021)은 가로수를 식재하고, 전정하고, 돌보고, 제거하기 위한 재원조달을 위해 특별한 과세를 허용한다(League of Minnesota Cities 2011). 해당 과세가 효력을 발휘하기 위해서는 특별 편익 시험이 실시되어야 한다.

1. 해당 토지가 개선으로 인해 특별한 편익을 받는가?
2. 해당 과세가 개선으로 인한 시장가치의 증가에 의해 측정된 특별 편익에 미달하지 않는가?
3. 해당 과세가 과세된 지역 내 같은 등급의 부동산에 동일하게 적용되는가?

조세 담보 금융. 어떤 주는 지자체가 제한된 지구 내 지역사회를 개량하는 도시 재개발, 사회기반시설, 프로젝트를 위한 조세 담보 금융(租稅擔保金融, Tax Increment Financing)이 가능하도록 해당 지자체의 일부를 지정하도록 허가한다. 재개발 채권이 발행되면, 일반세입 재원을 사용하지 않고, 해당 지구 내에서 징수된 재산세를 사용하여 해당 채권을 상환한다. 재개발 과정의 일부로 경관 설계와 교목 식재가 포함될 수도 있다.

건축 허가 과세. 건물 허가마다 수수료가 부과되고, 새로운 건물 정면에 교목을 구매하고 식재하는 데 사용된다. 식재가 불가능하면, 이 재원은 해당 지자체의 다른 지역에 교목을 식재하는 데 사용된다(Nighswonger 1982). 이 수수료는 허가 과정 중에 전문적이고 행정적인 도움에 대한 비용을 의미하는 표준적인 방법이다. 마찬가지로 수목관리적 및 도시 임업적 전문성에 대한 요금은 개발부지 점검과 검토와 관련된 비용을 지원한다.

배상 지불. 공익시설 설치나 재배치, 도로 확장, 건설, 차량 피해, 반달리즘, 기타 공공 교목에 대한 피해는 배상 지불(賠償支拂, compensatory payments)을 통해 임업 프로그램을 위한 재원의 원천 역할을 할 수 있다. 오하이오주 신시내티시는 이러한 활동으로 인해 피해나 손실을 입은 공공 교목의 현금 가치를 평가하기 위해 CTLA(Council of Tree and Landscape Appraisers) (제5장)를 이용하고, 1980년대에 배상 지불로 연간 약 $15,000을 받았다(Sandfort & Runck 1986). 이러한 지불은 계속되어 2004년과 2013년 사이에 연간 평균 $24,445을 수금하였다(Gamstetter 2013). 다른 지자체들은 수종, 위치, 상태와 관계없이 공공 교목의 손상이나 파괴에 대한 벌금으로 직경당 요율(예, 직경 cm당 $39.40 또는 직경 인치당 $100)을 적용하여 해당 시에 대한 배상 지불을 계산한다(Ottman 등 1996).

분필 조례. 분필(分筆, subdivision) 또는 경관(景觀, landscape) 조례는 개발업자가 새로이 분할된 필지에 가로수를 식재할 것을 요구할 수도 있다(제9장). 건축업자는 식재에 관한 시의 시방서를 충족시켜야 하고 일정한 기간 동안 교목의 생존을 보장해야 한다. 이러한 요구는 개발업자가 제출하는 이행보증(performance bond)에 가로수에 대한 모든 요구가 충족되면 반환되도록 포함될 수도 있다.

개발자 수수료. 개발자가 직접 교목을 식재하도록 하는 것보다, 개발자 수수료(developer fee)가 새로이 개발된 지역에 교목을 식재하는 재원이 될 수 있다. 개발자 수수료는 분할에 서비스를 제공하는 공공시설에 대해 비례해서 지불하는 데 사용된다(American Public Works Association 2007). 이러한 수수료로 조성된 재원은 공공시설인 공공 교목을 식재하고 유지관리하는 데 사용될 수 있다.

목재 잔해 판매. 칩(chip), 장작(firewood), 제재목(製材木, sawlog) 판매로부터 조성된 수입은 교목 식재 작업을 위한 재원으로 사용된다. 제5장에서 목재 잔해로부터 수입을 얻을 수 있는 방법에 관한 많은 사례를 보여주고 있다. 최소한, 목재 잔해 판매가 처리비용을 상쇄하는 데 사용될 수 있다. 오하이오주 신시내티는 연간 총 $65,000에 달하는 목제품 판매와 피해 배상 수입을 가로수를 식재하는 데 사용한다(Gamstetter 2013).

공과금 청구서 기부. 공과금 청구서(公課金請求書, utility bill)가 도시 숲 작업을 지원하는 원천이 될 수 있다. 주민으로부터 청구서 금액을 달러 단위로 절상하도록 허락을 받거나 각 청구서에 특정 금액을 가산하도록 허락을 받는다. 워싱턴주 스포캔(Spokane)과 텍사스주 알링턴(Arlington)시는 모두 자발적인 공과금 청구서 기부를 이용하고 있다. 스포캔시는 이 프로그램의 첫해인 2011년 동안 $4,600을 받았다(Spell 2012). 앨라배마(Alabama)주에 주민들은 도시 임업 프로그램의 자발적인 재원조성에 압도적인 지지를 표시했지만 스스로 지불할 가능성은 낮았다(Zhang & Zheng 2011).

주 재원조달

미국에서 도시 임업 프로그램에 대한 주 재원조달은 거의 지원이 없는 것으로부터 폭넓은 지원 프로그램에 이르기까지 다양하다. 대부분의 주에서, 가용한 재원은 주의 임업 프로그램을 통해 집행되고, 주 고속도로 기금과 같은 다른 원천으로부터 가용한 금액은 크지 않다. 2002년, 지역 프로그램에 대한 기술적 및 재정적 도움을 주기 위한 주의 도시와 지자체 임업 프로그램 재원 조달을 위해 연방과 주 자금이 결합된 약 30.7백만 달러에 달하는 금액이 사용되었다(Hauer & Johnson 2008).

주 산림청. 많은 주 산림청(state forest service)은 자신들과 관련이 있는 지자체 수준의 부서에 매우 깊이 관여하고 있다. 주 임업 기관은 기술 지원, 연구, 농장 식재 수목, 보조금(補助金, grant), 훈련, 지자체 임업 지원으로 명시된 연방자금의 배분 등을 통해 도시 임업 프로그램을 지원한다. 도시 임업 프로그램이 있는 지자체는 주의 지원을 받을 가능성이 더 높다(Ries 등 2007). 지방의 도시 임업 활동에 대한 주 지원은 매년 2.1% 증가해왔으며, 이 중 기술적인 지원이 가장 많이 증가한 활동이었다(Hauer, Johnson, & Kilgore 2011). 주의 도시 및 지자체 임업 프로그램에 대한 주 재원조달과 재정적인 지원도 지역의 도시 임업 활동에 영향을 미친다.

모든 주가 도시 임업 지원을 제공하고 주 프로그램을 지원하기 위해 연방재원을 사용한다. 이제 60% 이상의 주가 자신들의 경상예산(經常豫算, operating budget)의 일부를 특별히 지자체 임업 지원에 할당한다(Hauer & Johnson 2008; Hauer 등 2008; Ries 등 2007). 지역 프로그램에 대한 주 재원조달은 가끔 지역 도시 임업 역량을 향상시키는 방법으로 집행된다(Hauer, Johnson, & Kilgore 2011). 연방의 협력적 임업 지원(Federal Cooperative Forestry Assistance)은 1986년 32% 주에만 집행된 데 비해 2002년에는 주의 82% 이상에 집행되었으며, 연방 자금은 전형적으로 재정적인 지원을 통해 지자체를 지원하기 위해 보조금의 형태로 공급된다(Hauer 등 2008). 보조금으로 지원된 연방과 주 자금은 매 달러당 1달러 이상의 연계 재원이 지역의 도시 임업 활동에 지출되었다.

주 고속도로 기금. 미국의 고속도로 기금은 휘발유세에 의해 조성되고 교통 분야에 투자되어야 한다. 이 기금의 일부가 교통 통로의 조경을 포함한 고속도로 미화에 사용할 수 있다. 지자체는 도시 가로, 식수대로, 공원도로 등의 유지관리를 위해 주 고속도로 기금에 접근할 수 있고, 일부 주에서는 여기에 공사와 복원 공사 중의 조경을 포함하기도 한다.

긴급 및 특별 자금. 강풍과 얼음 폭풍, 그리고 다른 자연 재난은 지자체 교목 군집에 심각한 피해를 유발한다. 주의 긴급 자금이 청소 작업을 지원하는 데 쓸 수 있으며, 때로는 상실된 교목을 재식재하는 데 사용할 수 있다. 특별 재원조달은 일부 주에서 병해충으로 인한 심각한 손실을 입은 지자체에 사용할 수 있게 되었다. 1975년부터 1982년까지 미네소타주는 느릅나무시듦병(*Ophiostoma ulmi*)을 방제하고 시 가로수를 재식재하는데 지자체를 도와주기 위해 60백만 달러를 초과하는 대응교부금(對應交付金, matching grant)을 제공하였다(Hauer 2005; Willeke 1982). 위스콘신주 법률(§23.097)은 교목 잔해 제거와 재식재 자금 조성이 가능한 도시 임업 재난 폭풍 보조금(urban forestry catastrophic storm grants)을 승인하였다. 미네소타주 법률(§16A.695)은 호리비단벌레(*Agrilus planipennis*)가 만연한 지구로 지정된 지역 내의 물푸레나무 제거와 이러한 해충과 폭풍으로 인해 상실된 교목을 교체하기 위한 지자체 임업 채권발생 보조금으로 3백만 달러를 배정했다.

연방 재원조달

연방 기관으로부터 도시 임업, 특히 교목 식재를 위해 사용할 수 있는 재원은 다양하다. 이들 재원의 가장 큰 원천은 지자체 재개발과 경제적 지원을 담당하고 있는 기관들이다. 연방 재원의 전체 목록은 미국 예산관리국(Office of Management and Budget)이 매년 발간하는 연방의 국내지원 목록(CFDA, Catalog of Federal Domestic Assistance)에서 확인할 수 있다(http://www.cfda.gov). 다음은 도시 식생과 관련하여 가용한 일부 연방 재원 원천을 간략하게 설명한 것이다.

협력적 임업 지원. 미국 농무부 산림청(USDA Forest Service)의 '주와 민간 임업'(S&PF, State and Private Forestry) 프로그램은 주의 임업 기관에 '도시와 지자체 임업'(U&CF, Urban and Community Forestry) 지원을 제공한다(Hauer & Johnson 2008). 협력적 임업지원법(Cooperative Forestry Assistance Act)에 의한 연방 자금은 주의 U&CF 프로그램을 위한 재원으로 제공된다. 주의 U&CF 프로그램은 차례로 지역의 U&CF 프로그램에 기술적 및 재정적 지원을 제공한다. 재원들은 전형적으로 대응교부금 프로그램 하에서 경쟁적인 과정을 통해 지자체에 제공된다. 가끔 다른 재원이 협력적 임업을 통해 가용되기도 한다.

1970년대 후반, 느릅나무시듦병 박멸 방법에 관한 시범사업(示範事業, demonstration project)을 설정하기 위해 S&PF를 통해 6개 주에 자금이 제공되었다(Hauer 2005). 집시나방(*Lymantria dispar*), 유리알락하늘소(*Anoplophora glabripennis*), 호리비단벌레(*Agrilus planipennis*)와 같은 외래 해충을 모니터하고 관리하기 위한 재원은 S&PF 프로그램과 미국 농무부의 동식물검역소(Animal and Plant Health Inspection Service)의 식물 보호와 검역(Plant Protection Quarantine) 프로그램을 통해 주에 제공될 수 있다.

지역개발 포괄 보조금. 지역개발 포괄 보조금(Community Development Block Grant)은 미국 주택도시개발부(US Department of Housing and Urban Development) 산하 지역계획개발청(Office of Community Planning and Development)이 관리한다. 이들 장기 보조금은 해당 시의 가난한 지역에 대한 도시 재개발을 하는 지자체를 지원한다. 지자체는 이들의 물리적, 경제적, 사회적 여건을 향상시키기 위한 자금지원을 받을 수 있도록 지정된 지역 내에 도시 교목을 식재하는데 이들 보조금의 일부를 지출할 수도 있다.

경제개발 보조금. 미국 상무부(US Department of Commerce) 산하 경제개발청(Economic Development Administration)이 시 주택의 재개발을 위해 지정된 보조금 프로그램을 관리한다. 이 보조금은 연간 기준으로 결정된다. 이들 재원의 일부는 개발 사업의 일부로서 경관 설계와 교목 식재를 위해 사용될 수도 있다.

연방 고속도로 기금. 연방 고속도로 기금(federal highway fund)은 연방 휘발유세를 통해 모금된다. 이 기금은 MAP-21(Moving Ahead for Progress in the 21st Century Act) 2012를 통해 주 정부가 주 및 연방 고속도로와 다른 교통수단을 유지관리하는 데 사용할 수 있다. 이 기금은 또한 도로 안전을 향상시키고, 침입성 수종의 확산을 방지하며, 침식 조절을 제공하기 위해 식생을 관리하는 데 사용될 수 있다. 빗물 관리를 위한 오염 방지와 저감을 포함한 환경적인 완화 활동에도 사용될 수 있다. 경관 조성과 다른 경관 미화는 더 이상 지원 받을 수 있는 활동인 독립적인 교통 향상 사업으로 명시적으로 규정되어 있지 않다. 그러나 경관 조성과 가로 조경은 연방 지원 고속도로 건설사업의 일부로서 그리고 MAP-21 하의 사업 경감활동으로 지원을 받을 수도 있을 것이다.

긴급 및 기타 연방 기금. 주 긴급 기금과 마찬가지로, 지자체가 연방 정부에 의해 재난지역으로 지정될 수 있고, 복구 자금을 받을 수 있다. 미국 연방재난관리청(FEMA, Federal Emergency Management Agency)은 교목 잔해와 설정된 교목 위험 문턱값을 초과하는 교목을 제거하기 위해 재난 선포지역에 기금을 제공한다(Hauer 등 2011). 다른 도시 교목에 대한 연방 재원 원천이나 기술 지원에는 자원보존개발위원회(RC&D, Resource Conservation & Development Councils), 협력적 대외지원(CES, Cooperative Extension Service), 미국 농무부의 자연자원보호청(NRCS, Natural Resources Conservation Service) 등이 있다(Hauer & Johnson 2008).

중소기업청. 미국 중소기업청(SBA, Small Business Administration)은 1991년부터 1997년 사이에 도시 교목 식재에 자금을 지원했다. 전국 중소기업 교목 식재(National Small Business Tree Planting) 프로그램이 공원, 소매업 지역, 임대주택 단지에 대한 교목 식재에 자금을 지원하기 위해 주 임업기관에 보조금으로 45백만 달러를 제공했다. 중소기업청은 중소기업이 도시 교목을 관리하고 유지하기 위한 기술을 개발하도록 경쟁적인 보조금 지원을 제공한다.

민간 자금원

가로수를 위한 재원은 다양한 민간 원천으로부터 구할 수 있다. 시민단체와 서비스 단체는 해당 지자체에 편익을 주는 사업을 찾고 있다. 교목 식재는 가시성이 높고 단기간에 달성될 수 있기 때문에 이상적인 서비스 사업이 될 수 있다. 지역 사업체와 단체는 가끔 지역사회 미화를 위

그림 13-2 일리노이주 시카고의 이 교목들은 이 상업 가로에 대한 쇼핑의 질을 높이기 위해 지역 사업자 협회와 협력하여 식재되었다. (사진: R. Hauer 제공.)

한 교목 식재 기금에 기부를 할 것이다. 많은 지자체의 상인협회는 쇼핑객들에게 좀 더 매력적으로 보이도록 하기 위해 자신들의 상업 지구에 대한 교목 식재를 위해 기꺼이 기금을 조성할 것이다(**그림 13-2**). 근린 단체(近隣團體, neighborhood association)도 주거지 가로에 같은 노력을 해왔다. 트리 트러스트(tree trust)가 지자체 내에 설립되어 민간 기부로부터 확보한 이자를 가로수 관리에 사용할 수 있다. ACTrees(Alliance for Community Trees)는 지속가능한 재원 조달 원천을 조성하는 데 도움을 주기 위한 보조금과 상금을 통해 지역 교목 조직을 지원하는 전국 조직이다.

지정된 사람에게 명예를 부여하기 위해 기념 교목을 식재할 수 있다. 식재 조건에는 교목의 소유권, 해당 교목이 죽으면 어떻게 되는지, 장래의 유지관리 등이 명확하게 기술되어야 한다. 모금행사를 개최하거나 지자체 활동으로부터의 수익금을 도시 임업용으로 지정할 수도 있다. 기부기금(寄附基金, endowment fund)의 조성도 가능한 재원조달 원천이다. 예를 들면, Casey Tree는 워싱턴 DC의 도시 숲 운영에 자금을 제공하는 데 사용되는 기부기금이다.

재원조달 전략

특정 지자체를 위한 재원조달 전략(funding strategy)은 지역적인 특성과 재원조달 원천에 기반을 둘 것이다. 그러나 모든 경우, 책임자의 우선순위가 가로수 관리 프로그램의 방향을 제시하게 된다. 단기적인 자금이 가용하다는 이유만으로 제대로 유지관리할 수 있는 것보다 더 많은 교목을 식재하는 것은 바람직한 책임자의 결정이 아니다. 위에 언급된 대부분의 재원조달 원천은 일회성으로, 주로 교목 식재와 다른 경관조성 활동을 위해, 자금이 공급된다. 되풀이되는 연간 기준으로 가용한 재원은 도시 임업 프로그램의 중추이다. 이들 재원은 일반세입, 가로수 관리용으로 지정된 특별세, 허가 수수료, 트리 트러스트 등에서 나온다. 다른 원천은 가로수 조성을 위해 유용하고 때로는 필요하지만, 각각의 새로운 교목은 시간이 경과하면서 관리 비용을 증가시키기 때문에, 적절한 유지관리를 제공하기 위해서는 예산 증액이 필요하다.

지속가능한 도시 숲은 설계, 조성, 유지관리, 제거 단계마다 장래에 대한 고려가 필요하다. 시 임정관은 임업 직원이 유지관리할 식생이 포함되는 도시 경관의 계획수립과 설계에 참여하는 것이 좋다. 충분한 유지관리 재원이 확보되지 않은 잘못 설계된 경관은 지자체의 자산이 아닌 부채로 빠르게 바뀔 것이다. 이러한 지역은 부정적인 공중 의견을 유발하여 장래 식재 프로그램에 부정적인 영향을 미칠 수 있다. 고도의 유지관리가 필요한 경관은 아름답지만 이의 일생에 걸쳐 유지관리를 위해 지출할 예산상의 확약이 있어야 한다. 만약 예산상의 약속이 없으면, 해당 경관은 현재의 유지관리 예산에 적합하도록 재설계되어야 한다. 마찬가지로, 잘못된 수종 선정도 기본 경관 설계가 효율적으로 유지관리됨에도 불구하고 유지관리 비용을 크게 증가시킬 수 있다. 장래의 유지관리 비용을 합리적인 범위 이내로 유지하기 위해서는, 이 임업 직원들이 설계와 마찬가지로 수종 선정에 참여해야 한다.

조직

대부분의 공공 기관과 중소 사업체는 고전적인 베버식(Weberian) 수직적(垂直的, vertical; 또는 라인 스태프/line and staff) 조직에 기반을 둔다(**그림 13-3**). 수직적 조직은 권한이 위에서 아래로 전달되는 구조이다. 직원은 조직적인 구조에서 자신의 직속 상사에게 보고하도록 명확한 지휘 계통(指揮系統, chain of command)이 존재한다. 각자는 특정한 분야나 일습의 직무에 책임을 진다. Hudson(1983)은 수직적으로 이루어진 조직의 일반적인 기능 6가지를 다음과 같이 기술한다:

1. 상방향과 하방향 모두에 대해 공식적인 의사소통 경로를 제공한다.

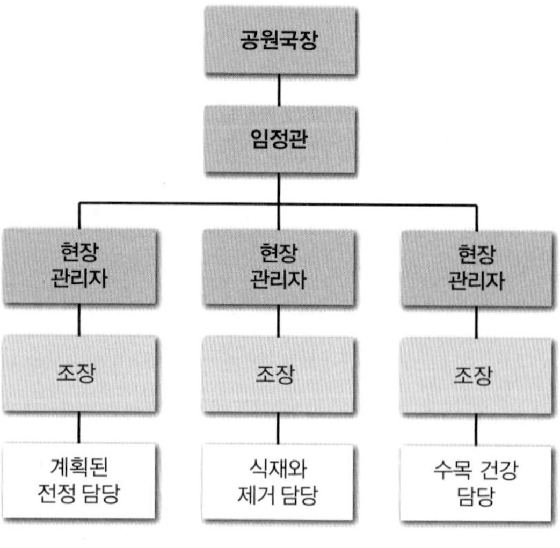

그림 13-3 전통적인 수직적 조직구조의 예. 이 구조는 구간분석(interval analysis)만 가능하고 폐쇄적인 것처럼 보인다. (Hudson 1983에서 전재.)

2. 자원과 활동의 통제를 용이하게 한다.
3. 통일된 운영 자료를 수집할 수 있다.
4. 직원의 행동을 통제한다.
5. 인력의 분할을 용이하게 한다.
6. 내부의 조직적인 분석을 조장한다.

수직적인 구조를 가진 조직은 이러한 목적을 매우 잘 수행하지만, Hudson은 다음과 같은 이유 때문에 회사나 기관 내에 터널시야(— 視野, tunnel vision)를 만들 수도 있다 하였다:

1. 서비스 사용자의 요구를 확인하기 위한 해당 조직 외부의 계획수립과 분석을 장려하지 않는다.
2. 중요한 내부 사업을 위해 언제 조직적인 계통을 가로질러 인력과 기타 재원의 협력을 구해야 할지 확인하지 않는다.
3. 공공의 편익을 반영하지 않는다.

Hudson(1983)은 또한 지자체 임업 부서는 조직구조를 보완하기 위해 부서의 외부 프로그램 관심사(예, 비용과 마케팅)를 공공의 요구와 편익에 연계되도록 설계된 내부의 수평적 의사소통 통로를 확립할 것을 제안한다. Clark 등(1997)은 도시 숲 목적과 목표를 달성하기 위한 시 부서들 간 협조의 중요성을 강조한 도시 임업 지속가능 모델을 개발했다.

민간 분야와 마찬가지로 공공 분야에서도 전통적인 수직적 조직 내에 수평적인 구조가 중요하다(**그림 13-4**). 모든 구성원이 전체 조직의 목적과 목표에 대한 이해와 공중(고객)의 요구와 관심에 대한 민감도(敏感度, sensitivity)는 조직이 더욱 효율적이 되도록 할 것이고, 민간 분야에서는 수익성이 더 높은 조직이 될 것이다. 확립된 내부 의사소통 경로는 직원 간 의견 차이를 해결하는 데 도움이 되어 직원과 장비 배분을 더욱 효율적으로 만들 것이다.

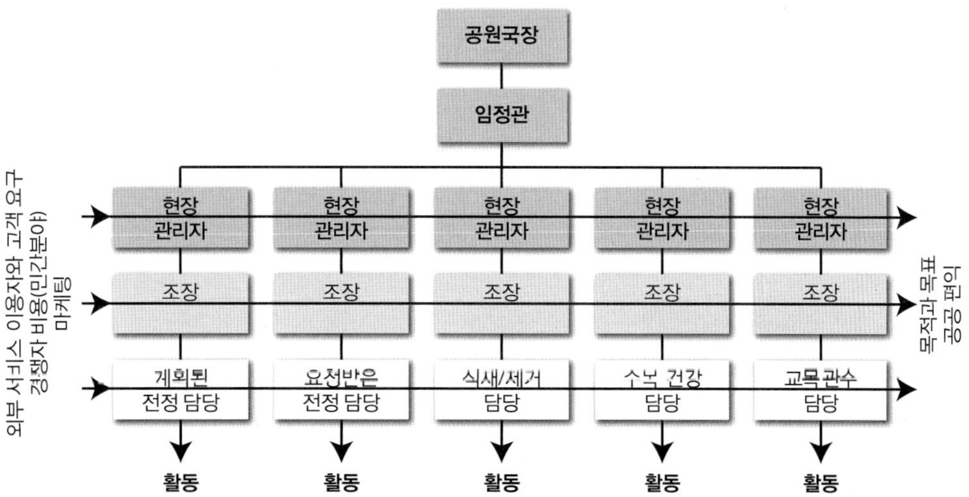

그림 13-4 내부와 외부 환경 분석이 가능한 전통적인 수직적 조직 구조. (Hudson 1983에서 전재.)

조직도는 개인의 일반적인 역할을 기술하고 권한(權限, authority)과 책임(責任, responsibility)의 계통을 확립하는 데 사용될 수 있지만, 경직되게 적용하면 역효과가 날 수 있다. 조직도의 직무 분장(職務分掌, job description)은 작성 당시에 그 자리를 차지하고 있는 사람을 위해 기재되는 것으로 인사이동이 발생하면 관련이 없을 수도 있다. 조직은 그림으로 그릴 수 있지만, 이는 사람들이 자신의 특정한 기술과 재능을 개발할 수 있도록 탄력적이어야 하는데, 이를 통해 장기적으로는 해당 회사나 기관에 더 좋은 서비스를 제공할 것이다(Peters & Waterman 1982).

지자체 임업 프로그램 조직

지자체는 두 절대적인 권력, 즉 입법 부문(시 의회)와 집행 부문(시장 또는 시 행정담당관)에 의해 운영된다. 대부분의 지자체 집행부문은 시 의회와는 독립적으로 선출된 시장이나 시 의회에 의해 지명된 시 행정담당관이다. 입법 부문(시 의회)은 세율 설정, 조례 통과, 예산 승인 등을 포함한 주요한 정책 결정 주체로서의 역할을 하는 선출된 대리인들로 구성된다(USDA Forest Service 2004).

지자체 임업 프로그램은 다양한 방법으로 지자체 행정부 조직에 자리를 잡을 수 있다. 많은 지자체에서, 자문(諮問, advisory)이나 정책결정 기능을 수행하기 위해 독립적인 교목 또는 공원 위원회(tree or park board)가 존재한다. 공원 위원회는 독립적인 기관 또는 지자체 내 다른 부서에 위치하면서 임업 프로그램(forestry program)을 다룬다. 자문 위원회는 선출된 공무원에 의해 지명되고 정책과 예산 문제에 관한 자문기능을 수행한다. 선출된 위원회는 시 위원회와 독립적으로 운영되고 정책과 예산 결정, 그리고 과세를 할 수 있는 힘을 가진다(USDA Forest Service 2004).

시 임업 프로그램의 조직적인 위치는 매우 다양하다. 전형적인 위치는 공원 부서, 공공사업 부서, 위생 부서의 내부에 또는 독립적인 임업 부서로 존재할 것이다. Johnson(1982)은 미국의 6개 지리구(地理區, geographic region)를 대표하는 12개 도시 임업 프로그램에 대한 분석을 수행했다. 그는 이를 통해 이들 프로그램의 다양한 조직적인 위치를 발견했다. 조사된 임업 프로그램의 목적과 가장 잘 조화를 이루는 경우는 공원과 휴양 부서에 위치하는 것으로 확인되었지만(**그림 13-5**), 공공사업이나 이와 유사한 부서 내에 위치한 임업 조직은 더 많은 재원이 가용하여 결과적

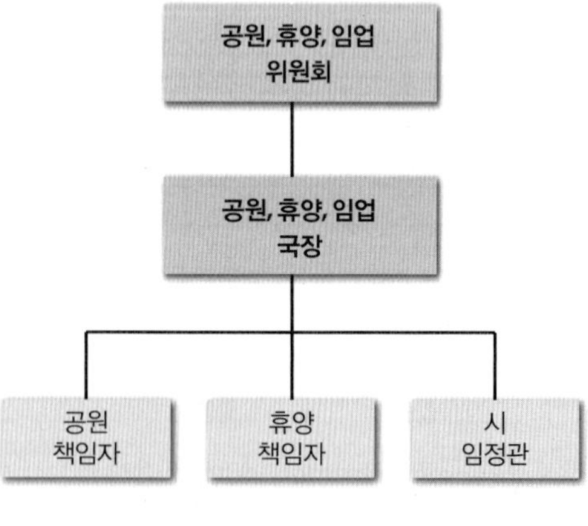

그림 13-5 지자체 임업 활동을 담당하고 있는 사람은 공원, 휴양, 임업 국장에게 보고한다. 공원, 휴양, 임업 위원회가 모든 임업 작업을 감독한다.

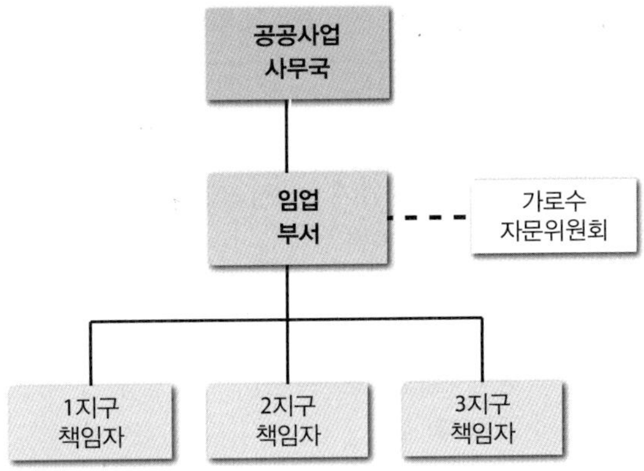

그림 13-6 공공사업 사무국 내에 위치하고 가로수 자문위원회의 자문을 받는 임업 부서.

으로는 실행가능성이 더 높았다(**그림 13-6**). 이처럼 실행능력이 더 큰 것은 필요한 경우 더 많은 인력과 장비에 접근할 수 있기 때문이다.

시 임업 프로그램은 가로수 관리 외에 매우 다양한 관리 책임을 가질 수 있다. 미국 내 지자체 임업 프로그램에 대한 1994년 조사에 의하면 조사된 시에서 19개의 다른 분야에 대한 책임이 있는 것으로 확인되었다(**표 13-1**). 가로수 관리 외에 공원이 가장 흔한 관리 분야로, 임업 프로그

표 13-1 교목 관리를 책임지고 있는 부서의 또 다른 담당 분야

담당 분야	응답자 백분율
공원	51.7
휴양지 유지관리	28.2
기타	25.1
조경	21.5
가로	21.2
물 관리	16.8
건물 유지관리	15.4
잔디 관리	14.8
중앙분리대/도로/공공 통행로 유지관리	13.7
일반적인 유지관리	10.3
공동묘지	10.1
행정관청	9.5
하수도	7.0
특별 프로그램	7.0
신규 건설	5.9
위생 시설	5.9
기념일 장식	3.6
제설작업	3.1
송전선로 정리	0.8

출처: Tschantz & Sacamano 1994.

표 13-2 지지체 수목관리자 협회 회원이 보고한 녹색 공간 관리

녹색 공간 유형	응답자 백분율
가로수	87.7
작은 포켓 공원(개별 면적 3에이커 이하)	76.7
공공건물의 지면	75.0
큰 공원(개별 면적 3에이커 초과)	73.2
자연지역	69.1
공익시설(공공 통행로 등)	39.1
공동묘지	35.7
기타	24.4

출처: Young, R.F. 2013. "Mainstreaming Urban Ecosystem Service: A National Survey of Municipal Foresters." *Urban Ecosystem* 16(4):703–722. Springer Science and Business Media의 허가를 받음.

램의 50% 이상이 공원에 있는 교목을 관리하는 데 관여하고 있었다. Young(2013)도 가로수 외 가장 공통적인 관리 분야가 공원 교목 관리라는 것을 발견하였는데, 지자체 수목관리자 협회(Society of Municipal Arborists)의 거의 75%가 이러한 사실을 보고했다(**표 13-2**).

조직을 초월하여

Wellman & Tipple(1989)은 10개의 매우 주목되고 성공적인 도시 임업 프로그램의 집행자들과 면담을 하고 10개 프로그램 모두에 공통적인 특성 몇 가지를 기술한다. 이들은 다른 무엇보다 기술적인 역량(力量, competence)이 필요하지만, 그렇다고 성공적인 프로그램의 유일한 요소는 아니라는 것을 발견하였다. 이들의 지자체에 의해 매우 중시되는 프로그램은 환경적인 관심, 지자체 생활의 질, 지자체의 이미지와 같은 사회적 가치에 더 크게 연계되어 있었다. 이처럼 이들 프로그램은 의사결정에 다른 부서를 포함시키기 위해 행정적인 경계를 넘어서 작동하였으며, 이들의 집행자들은 선거로 다른 이데올로기(ideology)를 가진 시장과 시 의회가 들어올 때 변화를 조정할 수 있는 능력을 가지고 있었다.

Skiera(1994)는 시 임업담당자가 도시 임업 정치와 관련된 다음 사항을 이해하고 실행할 것을 권고한다:

1. 정치적 계획수립 대상 기간은 선거와 선거 사이 기간에 불과하다.
2. 임업 프로그램의 유효성은 예산 승인과 관련되어 있다.
3. 정책 입안자가 잘 알고 있도록 하라 – 놀라게 하지 마라.
4. 도시 임업에 관해 설명하기 위해 선출된 공직자와 시간을 가져라.
5. 정치적인 책임자와 현장에서 시간을 가져라.
6. 언론 발표와 관련된 행동에는 앞장서라.
7. 예산 요구를 할 때에는 도표를 이용하라.

8. 시민 단체와 함께 일하라.
9. 식목일과 같이 기회 있을 때마다 임업 프로그램을 홍보하라.
10. 관료적인 적이나 정치적인 적을 만들지 마라.
11. 폭풍, 병 등과 같은 중요한 사건을 활용하라.
12. 지저분한 패자가 되지 마라 – 다음 기회에 싸우기 위해 살아남아라.
13. 항상 신속하고 전문적이 되어라.
14. 신뢰와 완수의 평판을 조성하라.

프로그램 분석

의사결정에 도움을 주고 프로그램의 유효성(有效性, effectiveness), 효율성(效率性, efficiency), 형평성(衡平性, equity)을 분석하기 위해 활용할 수 있는 방법은 많이 있다(**그림 13-7**). 유효성은 성취 정도를 통한 산출물이나 일련의 목표에 대한 결과에 의해 측정된다. 이러한 주관적이거나 질적인 척도는 가끔 올바른 일(the right thing)을 완수하고 이를 잘 수행했다라고 표현된다. 효율성은 산출에 대한 투입의 척도로, 산출물 1단위를 확보하기 위해 사용된 투입량을 수량화한다. 양적 척도인 효율성은 자원의 최선 또는 가장 최적의 사용을 평가하기 위해 사용된다. 형평성은 사람들이나 집단의 사람들이 투입의 공급과 산출을 향유하는 것에서 얼마나 차이가 나는가를 평가하기 위해 사용된다. 예를 들면, 형평성은 교목 수관 결핍이 어떤 지역에서 더 크게 발생하는가를 평가한다. 여기서는 의사결정에 도움이 되는 도구로서 비용 분석, 업적 표준, 현재와 미래 가치, 편익/비용 분석, 순 현가, 내부수익률 등의 경제적인 접근을 통해 도시 임업 활동과 결과를 평가하는 방법에 대해 다룰 것이다. 이는 예산의 예측과 배분에도 활용된다.

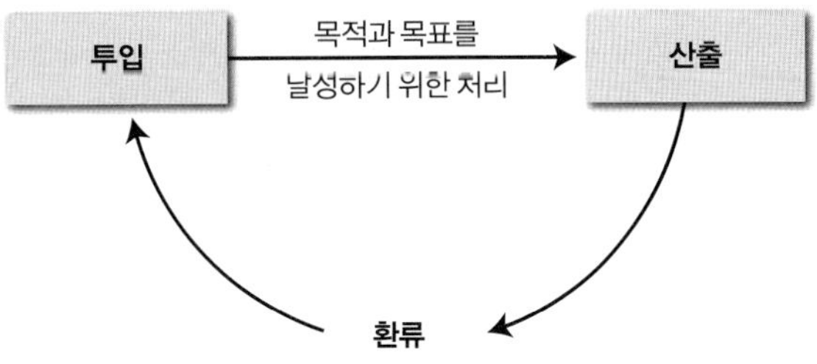

그림 13-7 시스템을 통해 흐르는(처리) 자원(투입)은 원하는 상품과 서비스(산출)를 얻기 위해 사용된다. 분석은 프로그램의 목적과 목표를 충족시키는 효율성과 유효성을 향상시키기 위해 변화(환류)가 필요한가를 확인하게 위해 사용된다.

비용 분석

지자체 임업은 이익 지향적이 아니라는 점에서 민간 수목관리와 다르지만 고객(납세자)을 만족시켜야 한다는 점에서는 비슷하다. Hudson(1983)은 지자체 임업이 이익 지향적이지는 않지만 사업적인 유사성을 적용하여 효율성을 제고하면 편익을 얻을 수 있다고 주장했다. 비용 분석(費用分析, cost analysis)의 첫 번째 단계는 각 활동의 비용이 얼마인가를 자세히 확인하기 위해 그리고 절감 가능성을 확인하기 위해 내부 운영비용을 분석하는 것이다. 이들 비용은 두 범주로 나눌 수 있다: 직접비(direct cost)와 간접비(indirect cost). 직접비는 장비, 도구, 자재의 구매, 마케팅과 광고, 임차료와 유틸리티, 직원 훈련과 임금 등과 같은 부서 프로그램을 수행하는 것과 관련된 지출이다. 간접비는 직원을 위한 복리후생비(보험 부보, 유급 휴가, 퇴직 연금)와 같은 항목들이다.

다음 단계는 내부 기록과 서류를 분석하는 것이다. 각 작업에 관한 노동과 장비 시간을 기록한 일일 작업 기록을 이용하면 예산이 실제로 어디에 지출되었는가를 평가하고 어디에 비효율이 있는가를 확인할 수 있을 것이다(Hudson 1983).

미시간주 그랜드래피즈(Grand Rapids)시의 임업부서 효율성 연구에서 비슷한 절차를 따랐다(Overbeek 1979). 직원들에게 작업 위치, 수행된 작업, 노동과 장비 기록, 완료된 작업 단위 등에 대한 일일 기록을 유지하도록 요구했다. 직원에 대한 효과를 확인하기 위해 5가지 변수를 도출했다: 직원 규모, 직원의 구성이나 성격, 장비 할당, 작업 경로, 수행된 작업의 유형. 직접 및 간접비에 해당하는 모든 비용이 이들 변수의 가장 효율적인 배치를 확인하기 위해 컴퓨터화된 비용회계 시스템을 이용하여 분석하였다. 2년간의 연구와 효율성 변화를 수행한 끝에 다음과 같은 결과를 얻었다.

1. 교목 전정 작업은 11% 증가하고 비용은 9.5% 감소하였다.
2. 교목 제거는 21.7% 증가하고 비용은 4% 감소하였다.
3. 교목 식재 작업은 단위 비용이 4.7% 감소한 상태에서 52.2% 증가하였다.
4. 유지관리된 교목의 수는 작업자 1인과 고소 타워 1대 추가만으로 거의 100% 증가하였다. 작업 단위당 비용은 11.4% 감소하였다.
5. 뿌리 절단은 19.6% 증가하였고 비용은 66.3% 감소하였다.

비용 분석할 때에는, 어떤 활동의 총 편익이 인지되어야 한다. 예를 들면, 더 높은 정도의 교목 보호를 보장하기 위한 재원을 두고 다툼이 있을 때, 비용 분석은 공사나 다른 활동으로부터의 교목 피해로 인한 비용을 확인하는 데 유용할 수 있다. 위스콘신주 밀워키의 가로수에 대한 공사 피해에 관한 연구에서, 공사가 없었던 가로와 비교하면, 가로 확장과 마찬가지로 보차도경계석과 보도 교체가 유의하게 더 높은 폐사를 유발하고 교목의 상태 등급을 낮춘 것으로 나타났다(Hauer 등 1994). 6.6백만 달러로 평가되는 약 6,000그루의 교목이 매년 피해를 입는다. 교목 피해는 이들 교목의 상태 등급이 6.1% 상실되어 매년 그 가치 손실이 $521,500에 달했다. 피해를 입은 교목의 폐사율은 정상적인 폐사율보다 4.1% 더 높아 추가적인 손실이 $270,600이었다. 매년 6,000그루의 교목이 피해를 입는다고 가정하면, 밀워키시의 가로와 보도 재공사로 인한 연간 손실은 $792,100($521,500 + 270,600)이었다. 이 연구가 수행된 이후, 밀워키의 적극적인 공사피해 회피 프로그램으로 공사 활동이 교목의 건강에 미치는 영향은 크게 줄어들었다. 이제 공사의 대상이 된 교목은 상태와 폐사에서 2%만 감소하여 비공사 지역의 교목과 차이가 없게 되었다(Hauer 2009; Ottman 등 1996). 교목 보호 프로그램의 연간 비용은 해당 프로그램 이전의 도시 교목 가치 손실보다 더 작다. 교목으로부터의 보차도경계석과 보도에 대한 사회기반시설 피해는 올바른 교목 선정을 통해 줄일 수 있다. 1996년에 수집된 자료를 기준으로, 캘리포니아주에 있는 지자체는 교목 뿌리 충돌과 인공 구조물 피해를 해결하기 위해 매년 70.7백만 달러를 지출한 것으로 추정되었다

(McPherson 2000; Randrup 등 2003).

비용 분석은 예상되는 비용이 이들의 계속적인 이용을 정당화하는지 또는 이들을 교체하는 것이 최선인지 등을 결정하기 위해 개별 교목이나 수종에 적용할 수 있다. 백합나무(*Liriodendron tulipifera*)는 높은 유지관리 비용을 유발하여 캘리포니아주 버클리(Berkeley)시의 기후와 부지 여건에 대한 적합성이 입증되지 않았다. 400그루의 백합나무를 400그루의 런던버즘나무(*Platanus × acerifolia*)로 교체하는 결정은 이들 백합나무를 20년 동안 유지하기 위해 예상되는 비용 $354,000와 이들을 교체하는데 예상되는 20년 동안의 비용 $223,000을 비교한 결과이다(Dreistadt & Dahlsten 1986).

Browning & Wiant(1997)는 송전선 교목 유지관리를 연기한 것에 대한 경제적인 영향을 연구했다. 최적의 전정 주기는 5~6년이었다. 연간 송전선로 정리 예산을 20% 삭감한 결과 12년 후에는 전정 주기가 5년에서 9년으로 늘어났다. 늘어난 주기는 교목이 송전선 위로 자라도록 하여 전정을 위해 필요한 시간이 늘어났다. 지연된 유지관리비 1달러는 1년 후에 주기로 되돌아가는데 $1.21를 지출해야 했다. 최적 주기보다 2년을 연장시키면, 지연된 유지관리비 1달러는 주기로 되돌아가는데 $1.39의 비용이 들었다. 이 연구에서, 지연된 유지관리는 더 큰 향후 지출을 야기하였고, 하락된 서비스 신뢰성, 서비스 복구비용, 핫스포팅(hotspotting), 고객의 계획되지 않은 유지관리 요구에 대한 응대 등과 같은 잠재적인 추가 비용은 포함되지 않았다. 유지관리를 연기하는 것은 비용 절감이 향후 비용보다 더 크면 바람직하다. 하나의 사례가 아스팔트로 포장된 가로의 녹음수 효과로, 이는 슬러리 실(slurry seal, 박층포장) 유지관리 적용 사이의 기간을 연장시켰다(McPherson & Muchnick 2005). 그늘진 가로는 30년 동안 그늘이 없는 가로에 비해 지연된 유지관리로 $7.17/m^2$($0.66/ft^2$)을 절감하는 것으로 예측되었다.

도시 숲 군집에 대한 외래 병해충의 잠재적인 비용과 종합적병해충관리(IPM, integrated pest management) 방제 접근은 고려해야 할 중요한 분석이다. Nowak 등(2001)은 유리알락하늘소(*Anoplophora glabripennis*)에 감수성인 도시 교목의 손실로 인한 영향을 6,690억 달러로 추정하였다. 집시나방(*Lymantria dispar*)은 도시 교목을 죽일 가능성은 낮지만(폐사율 약 0.1%), 도리어 이 해충은 미학적인 이유로 인한 해충 방제 조치 때문에 재정적인 부담을 유발하였다(Onstad 등 1997). Smith & Raupp(1986)가 실시한 IPM 프로그램 평가에 의하면, IPM을 통해 2년 동안 해충관리를 위한 전반적인 비용을 21.9% 줄이고, 살충제(殺蟲劑, insecticide) 사용을 전통적인 방법인 수관살포(cover spray)와 비교해서 농약 사용을 82%나 줄일 수 있다는 것을 발견하였다. 마찬가지로, Schultz & Sivyer(2006)는 IPM 프로그램을 이용하여 방제 척도(오렌지줄무늬참나무잎벌레[*Anisota senatoria*]로 인한 잎 상실의 미학적 문턱값을 25%라고 가정)를 적용하면, 살충제 비용을 2년 후에 $6,795에서 $877로 줄이고, 그 이후 14년 동안 농약 비용이 발생하지 않는다는 것을 확인하였다.

미국에서, 호리비난벌레(*Agrilus planipennis*)를 억제하지 않고 방치했다면 동부 25개 주에 약 100억 달러의 영향을 주었을 것으로 예측되었다(Kovacs 등 2010). McKenney 등(2012)은 가로수에 대해 CAD$524, 그리고 개인 정원 교목에 대해 CAD$366의 비용을 추정하였다. VanNatta 등(2012)은 호리비단벌레에 대한 세 가지 관리방안을 비교하였다: 적극적인 관리를 하지 않는 경우, 화학적 방제를 하는 경우, 예방적인 제거를 하는 경우. 이들 중 20년의 모의실험 기간에 걸쳐 화학적 방제 방안이 비용이 가장 많이 들어갔으나 도시 숲으로부터의 순 편익도 가장 높았다. 총 편익으로부터 세 군집을 관리하는 데 들어가는 비용을 차감하여 도시 숲의 순 가치를 계산할 수 있다. 책임자는 관리 목표와 함께 물푸레나무의 잠재적인 수명과 가치를 고려해야 한다(Hauer 2012). McCullough & Mercader(2012)에 의하면, 매년 물푸레나무 군집의 20%를 처리하면 10년 동안 물푸레나무 교목의 99%를 보호할 수 있고 방제를 하지 않는 방안보다 비용이 1/5밖에 들지 않았다고 한다.

업적 표준

업적 표준(業績標準, performance standards)은 수행된 직무와 관련된 직원의 활동을 기록하고 유지함으로써 개발할 수 있다(**그림 13-8**). 서로 다른 크기나 유형의 교목을 이식하는 작업에 필요한 인시(人時, person hours)의 수, 서로 다른 크기와/나 유형의 교목을 전정하는 데 필요한 시간의 수는 직원과 개인의 업적을 평가하기 위한 표준이 될 수 있다. 업적 표준은 작업 활동에서의 계절적인 차이를 평가하기 위해 사용될 수 있다.

O'Brien 등(1992)은 교목 관리 작업의 업적 표준을 개발하기 위해 오하이오주 톨레도(Toledo)시 임업국의 데이터베이스에 있는 6,272 작업 기록을 사용하였다. 이들은 직경급이 교목의 전정과 교목/그루터기의 제거 모두에 대한 소비 시간에 유의하게 영향을 미친 데 반해, 교목의 수종은 영향을 미치지 않는다는 것을 확인하였다. 또한 이들은 교목과 그루터기 제거에 유의한 계절적인

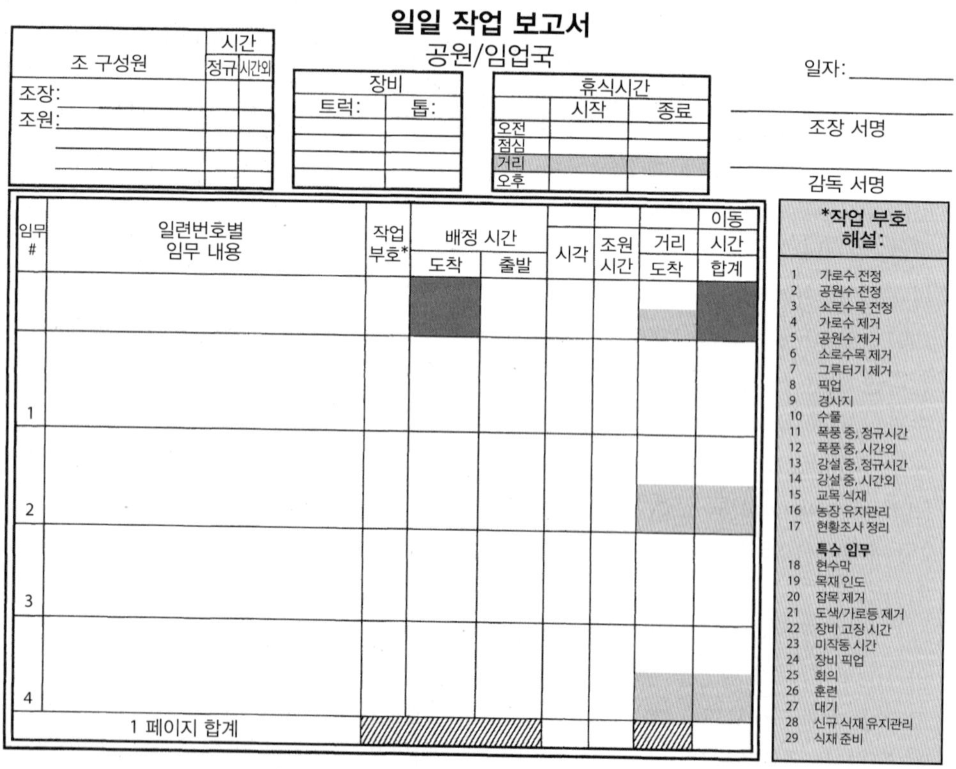

그림 13-8 작업 카드의 예(O'Brien & Joehlin 1992).

차이가 있다는 것도 발견하였다. 교목 제거시간은 봄과 여름에, 특히 직경이 30 cm(12인치)를 초과하는 교목인 경우, 더 높았다. 그루터기 제거는 동결된 지반과 더 높은 장비 파손율로 인해 겨울에 더 많은 비용이 들었다. Zillmer 등(2000)은 수습기간(修習期間, probationary period) 동안 새로이 고용한 수목관리자 훈련생을 평가하기 위해 교목 등반 숙련 제도를 사용하였다. 이 제도는 교목 직경급별로 평균 전정 시간을 평가하는 교목 전정 시간연구에 기반을 두고 있다. 교목에 대한 표준 전정 시간은 실제 전정 시간과 비교하여 일일 생산성 백분율을 계산하는 데 사용되었다. 이들은 교목을 전정하는데 직경 cm당 약 2.9분(직경 인치당 7.4분)이 걸린다는 것을 발견했다. Wagner(1970)는 3인조 송전선로 정리가 다른 대안보다 더 효율적이고, 자연적 선별 전정(natural selective pruning)을 활용하는 것이 교목을 두절하는 것보다 3.5배 더 빨랐으며, 올바른 훈련, 감독, 검사가 생산적인 작업 결과에 매우 중요하다는 것을 발견하였다.

일단 실적 표준이 설정되면 서비스 수준은 예상되는 결과에 의해 측정될 수 있다. 목적이 매년 주어진 수량의 교목을 보충하여 가로수를 늘리는 것이거나 전정 주기를 더 짧게 전환하는 것이라면, 책임자는 이러한 목적을 충족할 수 있는 예산을 준비할 수 있다. 정책 입안자들이 자신들의 공중에게 제공하고자 하는 서비스의 수준을 선택할 수 있도록 하기 위해 상이한 재원조달 수준에 따른 결과와 시민 만족의 범위를 기술하는 예산을 제출할 수도 있다(Cole 1993).

현재가치와 미래가치

시간 경과에 따라 교목을 유지관리하는 것과 관련된 예상 편익과 비용을 종합하는 것은 유용하지만 화폐에 대한 시간의 영향이 고려되지 않는다. 화폐는 일반적으로 미래보다 현재에 더 큰 가치가 있는데, 이 때문에 사람들은 화폐를 현재 사용하는 것을 지연시키는 데 대해 이자 지불로 보상하는 것이다. 이처럼 미래의 화폐는 가치가 낮기 때문에, 이의 현재 가치(現在價値, present value)를 결정하기 위해서는 널리 적용되는 이자율(利子率, interest rate)로 할인하여 현재 시간으로 되돌려야 한다. 만약 시간상으로 서로 다른 시점에 지출되거나 수령하는 화폐를 비교하고자 한다면, 유효한 비교를 위해 시간상으로 공통적인 시점으로 해당 화폐를 할인해야 한다. 화폐의 미래가치(未來價値, future value)를 현재가치로 환산하기 위해 사용하는 공식은 다음과 같다:

$$\mathrm{PV} = \frac{\mathrm{FV}}{(1+i)^n}$$

i = 이자 할인율
n = 매래의 햇수
FV = 미래가치
PV = 현재가치

현재가치를 미래가치로 환산하기 위해 사용하는 공식은 다음과 같다:

$$\mathrm{FV} = \mathrm{PV}(1+i)^n$$

이자 할인율은 대안적인 수익률(收益率, rate of return) 또는 자본비용(資本費用, cost of capital)으로도 생각할 수 있고, 해당 화폐에 내재되어 있는 기회비용(機會費用, opportunity cost)의 요소를 가지고 있다. 사용하는 이자율은 시장 이자율이나 비슷한 위험을 가진 사업에 대한 일정 기간의 투자에 대한 잠재 수익률과 같은 합리적인 값에 근거를 두어야 한다. 공공기관은 공공사업의 내부 분석을 위한 할인율을 주기적으로 창출하고 조정한다.

예를 들어 교목과 철제쉼터를 이용하여 버스 정류장에 그늘을 지우는 효용을 비교하는 것으로 할인 값을 설명할 수 있다. 40년에 걸쳐 이들 두 그늘을 제공하는 방법의 미래와 현재의 총 가치를 비교하였다(McPherson & Biedenbender 1991). 교목 그늘의 현재가치 비용은 쉼터를 이용하는 것보다 50%가 작았다. 초기 몇 년 교목이 생장하는 동안 부족한 그늘을 고려하더라도, 분석결과는 교목이 20% 정도 비용을 절감하여 쉼터보다 여전히 유리하였다.

어떤 변수의 영향은 손실이 미래에 발생하면 지연될 수 있는데, 미래가치를 계산하기 위해 할인율을 사용하지 않으면 그 가치의 영향이 과대평가될 수 있을 것이다. 예를 들면, 캐나다 지자체에서 호리비단벌레(*Agrilus planipennis*)의 비용을 추정하는데 할인율을 0, 2, 4, 그리고 10%를 사용하였다(McKenney 등 2012). 만약 낮은 확산 속도와 처리를 하지 않는 시나리오를 사용하는 경우, 할인율이 높아짐에 따라 호리비단벌레의 비용은 CAD$468(0%)에서 CAD$413(2%), CAD$373(4%), 그리고 CAD$292(10%)로 각각 감소하였다.

편익/비용 분석

만약 무언가의 현재 비용(現在費用, present cost)을 예상되는 미래 편익(未來便益, future benefit)과 비교하고 싶다면, 해당 지출이 타당한가를 확인하기 위해 미래 편익을 현재로 할인하면 된다. 만약 미래 편익의 현재가치가 현재 비용을 초과하면, 해당 지출은 타당하다고 생각할 수 있다. 순 편익(純便益, net benefit)은 편익에서 비용을 차감한 것의 합계인데, 만약 결과가 1보다 크면, 편익이 관련된 비용보다 더 클 것이다. 우리는 현재 비용으로 현재 편익(現在便益, present benefit)을 나누면, 경제학자들이 편익/비용 비율(便益費用比率, benefit/cost[B/C] ratio)이라고 말하는 것을 얻을 수 있다. 만약 그 비율이 1을 초과하면 이는 현명한 지출이라고 간주되지만, 1보다 작으면 해당 비용은 해당 편익에 의해 정당화되지 못한다. B/C 분석은 가장 경제적으로 합리적인 접근이 선택될 수 있도록 대안적인 관리 전략을 비교하는 데도 사용될 수 있다(Schwarz & Wagar 1987).

예를 들면, 보도에 대한 교목 뿌리 피해를 피하는데 몇 가지 대안이 존재한다(Morgenroth 2008; Randrup 등 2003; Smiley 2008). 어떤 방안이 이 비용과 관련된 편익을 최대로 제공할 것인가를 확인하기 위해서, 책임자는 각 방안에 대한 B/C 비율을 계산해야 한다. 첫 번째 방안은 보도를 교목 뿌리에 의해 들어 올려지는 것으로부터 보호하기 위해 교목을 식재할 때 $100의 비용을 들여 방근(防根, root barrier)을 설치하는 것이다. 만약 이 방법으로 해당 시가 15년 차에 뿌리 전정을 위한 비용 $100과 25년 차에 보도 수리를 위한 비용 $400을 절감할 수 있다면, 지출할 가치가 있을까? 할인율 5%를 적용하면, 15년 차에 절감한 $100의 현재가치는 $48이고, 25년 차에 절감한 보도 수리비용 $400의 현재 가치는 $118이다. 이를 합한 총 편익(總便益, total benefit)은 $166을 비용 $100로 나누면 B/C 비율은 1.66이고 이는 호의적인 비율이다.

Sherwood & Betters(1981)는 콜로라도주 몇몇 지자체를 대상으로 가장 비용 효과적인 느릅나무시듦병(*Ophiostoma ulmi*) 방제 대안을 선정하기 위해 B/C 분석을 사용하였다. 이들은 구해진 미국느릅나무(*Ulmus americana*)의 현재가치를 결정하기 위해 CTLA 방법을 사용했고, 다양한 강도의 처리와 관련된 미래의 방제와 제거 비용을 할인했다. 이들은 가장 강도 높은 방제 대안의 B/C 비율이 2.41로 가장 좋다는 것을 확인하였다. 물푸레나무 흰파리(*Siphoninus phillyreae*)의 화학적 방제 프로그램에 대한 B/C 분석에 의하면, 이를 위한 비용 1.2백만 달러는 캘리포니아주의 물푸레나무류(*Fraxinus* spp.)와 배나무류(*Pyrus* spp.)에 대한 미적인 피해를 피함으로써 얻는 도매 기준 편익 324백만 달러와 소매 기준 편익 412백만 달러보다 작았다(각각의 B/C 비율은 265:1과 337:1이었다).

더욱 광범위한 B/C 분석은 미국 농무부 산림청의 시카고 도시 숲 기후 프로젝트(Chicago Urban Forest Climate Project)의 일환으로 수행되었다(McPherson 1994). 30년 동안의 편익 흐름과 가로, 고속도로, 공원, 주거지 마당, 공공건물 부지에 대한 95,000그루의 교목 식재와 관련된 비용을 비교하기 위해 모델을 개발하였다. 비용에는 식재, 전정, 제거, 폐기물 처리, 점검, 사회기반시설 보수, 배상책임/소송, 프로그램 관리 등이 포함되었다. 편익에는 에너지 절감, 대기 질 향상, 이산화탄소(二酸化炭素, carbon dioxide)의 회피와 격리(隔離, sequester), 빗물 유출 감축, 에너지 생성(-生成, energy generation)에서 절약된 물, 기타 편익 등이 포함되었다. 기타 편익 값은 매년 증가하는 교목 가치에서 에너지 절감, 이산화탄소 격리와 회피 등으로부터의 모든 편익과 동등한 가치를 차감하는 계산을 하기 위해 CTLA 공식을 사용하여 계산되었다. 분석 결과 할인율 4, 7, 10%에서 긍정적인 B/C 비율을 얻었다. 이 중에서 7%의 할인율을 사용하여 예측된 B/C 비율은 주거지와 공공건물 부지(3.5)에 대해 가장 높았고 공원(2.1)과 고속도로(2.3)에 대해서는 가장 낮았다. 교목 식재와 유지관리에 대한 할인된 회수기간(回收期間, payback period)은 식재 부지에 따라 9년에서 15년까지 다양하였다. Maco & McPherson(2003)은 캘리포니아 주 데이비스(Davis)의 공공 가로수 B/C 비율은 3.8:1인 것을 확인했다. 도시 숲은 추가적으로 몇몇 지자체에서 순 편익을 산출한다는 것을 보여주었나(McPherson 등 2005). B/C 비율이 낮게는 캘리포니아 버클리의 1.37에서 높게는 노스다코타 비스마르크의 3.09 범위인 것으로 보고되었다(**표 13-3**).

캘리포니아 머데스토(Modesto)시의 B/C 분석에 의하면, 제시된 공공 교목의 편익은 비용 대비 2배 정도 컸다(McPherson 등 1999). 연간 2.6백만 달러의 교목 예산(한 그루당 $28.77)은 4.95백만 달러의 편익($54.33)을 생산하는 교목 군집에 해당했다. 교목 수종은 이들의 순 편익(편익 – 비용)과 B/C 비율이 달랐다(McPherson 2003). 순 편익(교목당 연간 달러)은 런던버즘나무(*Platanus* × *acerifolia*) ($178.57), 팽나무(*Celtis sinensis*) ($148.42), 머데스토 물푸레나무(*Fraxinus velutina* 'Modesto') ($126.16)를 비롯한 대교목이 콩배나무 품종(*Pyrus calleryana* cvs.) ($33.65), 황련목(*Pistacia chinensis*) ($64.98), 녹나무(*Cinnamomum camphora*) ($71.36)를 비롯한 소교목보다 더 컸다. B/C 분석은, 버즘나무(24.3:1), 은행나무(*Ginkgo bioloba*) (7.4:1), 녹나무(7.3:1) 등이 가장 큰 B/C 비율을 보이고 있어서, 이러한 경향을 따라가지 않았다. 미국풍나무(*Liquidanbar styraciflua*) (2.4:1), 배나무류(2.6:1), 황련목(3.3:1), 머데스토 물푸레나무(3.6:1)의 B/C 비율은 낮았다. 팽나무와 머데스토 물푸레나무의 B/C 비율이 낮은 것은 이들 교목이 자신의 기능적인 수명의 말에 도달하면 이들에 대한 관리비용이 높기 때문이었다.

순 현재가치

순 현재가치(純現在價値, NPV/net present value) 분석은 누적 순 편익이나 수입을 기준으로

표 13-3 다섯 지자체 도시 숲의 편익과 비용에 의해 추정된 순 편익

지역별	Ft. Collins	Cheyenne	Bismarck	Berkeley	Glendale
편익					
에너지	112,025	186,967	84,348	553,061	116,735
CO_2	40,454	29,134	27,268	49,588	12,039
대기 질	18,477	11,907	3,715	−20,635	32,571
빗물	403,597	55,297	496,227	215,648	37,298
재산가치 상승	1,596,247	402,723	367,536	2,449,884	467,213
총 편익	**2,170,799**	**688,029**	**979,094**	**3,247,545**	**665,856**
비용					
식재	111,052	45,913	5,880	95,000	21,100
전정	405,344	84,677	94,850	770,000	88,412
제거/처분	130,487	23,337	50,061	70,000	12,710
폐기물	94,394	97,840	38,241	195,000	65,813
사회기반시설/배상책임	72,200	0	21,490	1,062,000	3,000
행정/점검/기타	184,161	76,130	106,118	180,000	85,401
총비용	**997,638**	**327,897**	**316,640**	**2,372,000**	**276,436**
순 편익	**1,173,161**	**358,133**	**662,454**	**875,545**	**389,421**
편익/비용 비율	**2.18**	**2.09**	**3.09**	**1.37**	**2.41**

출처: McPherson 등 2005.

잠재적인 관리 의사결정의 순위를 매기는 데 도움을 준다. 도시 교목의 NPV 분석은 할인된 편익에서 교목 군집을 관리하는 데 발생하는 할인된 비용을 차감한 후 합계한 것을 기준으로 한다. 이처럼 투자 가치의 결정은 확보한 자산(資産, asset) (예, 값, 수입, 가치)과 해당 자산을 확보하는 데 소요된 비용과의 차이에 의한다. NPV는 현재순가치(present net value, present net worth), 할인된 현금흐름(discounted cash flow)이라고도 부른다. 이는 다음과 같은 공식으로 나타낸다:

$$NPV = \sum_{t=0}^{n} [B_t - C_t] \frac{1.0}{(1.0 + i)^t}$$

B_t = t년의 편익
C_t = t년의 비용
i = 이자율
t = 연차
n = 투자 기간

NPV를 계산하는 것은 다음과 같은 과정에 의한다: 비용과 편익(수입)이 발생하는 연수를 결정하고, 합리적인 할인율을 사용하여 현재 가치로 할인한 다음, 그 결과를 종합한다. Scott & Betters (2000)는 NPV를 사용하여 미국느릅나무(*Ulmus americana*)의 교목 교체비용을 경제적으로 결정하였다.

McPherson(2007)은 NPV 방법을 만들어서 캘리포니아주 데이비스 가로수인 다섯 그루의 황련목(*Pistacia chinensis*)에 대해 편익 기반의 교목 평가와 CTLA(제5장 참조)를 이용한 비용 접근 방법을 비교하였다. 편익 기반 시스템은 식재 15년 후 $8,756인 수간 공식(비용 기반) 가치에 비해 더 낮은 $476(할인율 10%)에서 $-3,765(할인율 0%) 범위의 NPV 범위를 보였다. 예측된 편익을 초과하는 향후 추정 보도 수선비용은 낮고 마이너스 NPV 값을 의미한다. 따라서 공원도로에 교목을 식재하는 것은, 미래 교목 편익이 예상되는 미래 보도 수선으로 인한 관리 비용보다 작기 때문에, 건전한 책임자의 의사결정이 아니었다. 인접한 관목 상(灌木床, shrub bed)에 다섯 그루의 황련목을 식재하는 것은 40년에 걸쳐 $1,102(할인율 10%)에서 $12,460(할인율 0%)을 절감하여, NPV의 범위가 $1,578(10%)에서 $8,695(할인율 0%)가 되었다.

적절한 송전선로 정리를 위해 교목 제거와 교체 대비 계속적인 전정은 송전선 임업가들이 당면하는 관리 의사결정이다. Eckert & Simpson(1994)은 제거와 송전선로 아래에서 양립할 수 있는 교목으로 교체하는 것과 지속적인 정리 전정을 하는 방안에 대한 NPV 분석을 실시하였다. 자본 이자율은 8.3%로 가정하였다. 8년 동안의 선로 정리 전정 비용($3,575)을 지출하지 않으면 제거된 교목의 절반에 대한 교목 제거($1,398)와 교체 식재($2,100)에 들어가는 총비용($3,498)을 충당하였다. 오하이오주의 교목 교체 프로그램의 비용은 $92.42(할인 전)인 데 비해 전정 주기당 교목당 비용은 $29.47(할인 전)이었다(Struve 등 1995). 따라서 3~4 전정 주기 후에는, 교목 교체 프로그램이 전정보다 비용이 덜 들었다.

내부수익률

미래의 실재 할인율이 어떻게 될 것인가를 예측할 수 없기 때문에, B/C나 NPV 분석을 위한 적절한 할인율이나 이자율을 선정하는 것은 어려운 일이다. 이에 대한 한 가지 대안적인 방법으로 내부수익률(內部收益率, IRR/internal rate of return) 방법을 사용한다. 이를 정의하면 IRR은 NPV가 0이 되도록 만드는 할인율이다(Bettinger 등 2009). 따라서 이 방법은 나음과 같은 방법으로 비용과 편익 모두의 현재가치를 동일하게 만드는 이자율이나 할인율을 계산한다:

$$\frac{\text{편익의 현재가치}}{\text{비용의 현재가치}} = 1$$

현재의 지출이 향후 (t)년의 연간 절감의 결과로 이어질 것인가를 확인하기 위해서는, 다음과 같은 공식으로 계산한다:

$$\text{NPV} = \sum_{t=0}^{n} \frac{C_t}{(1+r)^t} = 0$$

여기서

C_t = t년의 비용

n = 투자 기간

r = 이자율

t = 연차

다양한 할인율을 사용하여 분자가 분모와 같아질 때까지, 즉 그 율이 IRR이 될 때까지, 여러

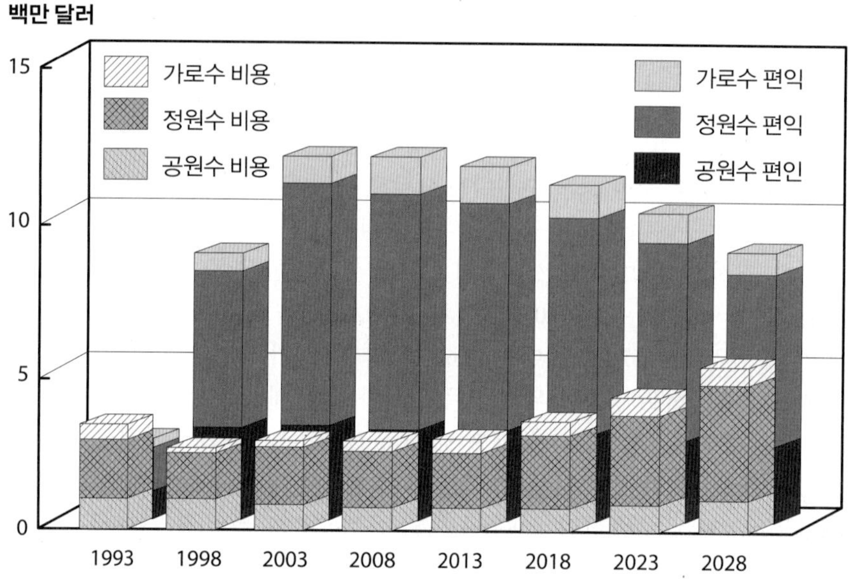

그림 13-9 공원, 정원, 주거지 가로에 식재된 교목에 대해 예측된 연간 평균 편익과 비용. (McPherson 1991.)

번의 계산을 하게 된다. 미래의 연간 편익이 할인되어야 하거나 미래의 편익과 비용이 매년 차이가 없이 주기적인 경우 다른 공식을 사용해야 한다.

내부수익률은 관리자가 해당 수익률이 투자를 보장하기에 충분히 높은가를 확인해야 한다. 이러한 확인은 이 할인율을 현재의 이자율이나 대안적인 관리 계획과 비교하여 수행할 수 있다. 예를 들어, 여러분이 송전선 임업가이고 여러분의 회사가 송전선로에 저촉되는 대교목을 제거하고 이들을 성숙된 수고가 작은 교목으로 교체하려는 계획을 고려하고 있다고 하자. 이는 여러분 회사에 교목당 $350의 비용을 부담시키지만 4년마다 교목당 전정 비용 $85을 절감시켜 줄 것이다. 그리고 교체된 교목은 32년 동안 살아 있을 것으로 예상된다. 이는 대안적인 수익률 3.5%와 비교할 때 바람직한 투자인가? 계산 결과 이 프로그램의 IRR이 4.1%이기 때문에 매력적인 투자라고 할 수 있다.

1989년, 자원봉사자 조직인 Trees for Tucson이 애리조나주 투손의 사막에 적응된 교목 500,000그루를 식재하는 것을 목표로 설정했다. McPherson(1991)은 이들 교목을 조성하고 유지관리하는 연간 비용과 예상되는 에너지 절감, 모래 먼지 차단, 빗물 유출 감축으로부터의 연간 편익을 비교하는 사례 연구를 개발했다. 그는 최초 5년 동안에는 비용이 편익을 초과하지만, 이후 25년에는 편익이 비용을 초과한다고 했다. 마지막 10년 동안에는 더 많은 대교목이 죽어서 제거됨에 따라 비용이 편익을 따라잡기 시작한다 하였다(**그림 13-9**). 전체 사업에 대한 IRR은 7.1%로 계산되었고, 주거지 교목은 14%, 공원 교목은 5%, 가로수는 2%로 나타났다.

작업량 예측

기록으로부터 도시 숲 요구에 대한 관리계획을 작성하는데 필요한 자료를 추출하는 방법은 여러 가지가 있다. 가로수 현황조사(inventory) 프로그램(제6장 참조)은 책임자가 위치별 환경별 작업부하의 변화를 예상하는 데 필요한 대부분의 정보를 제공할 수 있다. Wagar(1991)는 유지관리와 현황조사 경신업무를 수행하는 직원의 작업 부하 기록을 이용하여 직경급별 수종의 성적 자료를 개발하라고 제안한다. 한 수종의 직경급별 전정에 소비된 시간 기록은 크기별 시간을 확인하기 위해 요약될 수 있고, 이 정보는 예상되는 생장속도와 함께, 예산계획 수립용으로 장래의 수종별 크기 분포를 예측하는 데 사용될 수 있다. McCabe(2001)는 뉴욕시 스태튼아일랜드(Staten Island)의 가로수에 대한 수요를 예측하기 위해 예측가능 모델을 개발했다. 작업 지시를 예측하는데 약 63%의 가변성이 존재하는 것은 해당년의 월에 의해 설명되었다. 예측된 작업 수요는 생육기에 가장 높았는데, 7월 하반기에 절정을 이루었다. 이 모델에서의 나머지 가변성 37%는 기후와 주민들의 욕구와 요구의 변화와 같은 요소에 의해 설명된다. 5년 전정 주기 하에 있는 전정된 관리지역에 있는 교목 1,000그루당 서비스 요구가 유의하게 7.8회 더 적게 나타나 계획된 유지관리가 서비스 요구를 감소시킬 수 있다(Luley 등 2002).

밀워키시의 임업국은 교목 군집이 바뀜에 따라 자신들의 전정 주기를 5년 주기에서 3년과 6년의 2단(二段, two stage) 주기로 전환하도록 변경했다(Griffith & Associates 1993). 1980년부터 1992년까지 교목 군집의 평균 직경은 5 cm(2인치) 증가했고 가로수 수량은 26,000그루 증가했다. 10년 이상의 기간 동안, 해당 시는 5년 전정 주기를 가지고 있었지만, 부분적으로 더 많은 교목, 교목 생장, 수목관리자 수의 감소 등으로 그 주기가 점점 6년으로 증가하고 있다는 것을 확인했다. 12년 주기도 주기를 벗어난 전정 요구의 횟수가 증가한다는 것을 보여주었다. 제기된 전정에 대한 요구를 분석한 결과 대부분의 요구가 25 cm에서 35 cm(10~14인치) 직경급에서 나타났는데, 이는 이들 직경급에서의 빠른 수관 확장으로 5년 주기보다 더 빈번한 전정이 필요하다는 것을 나타낸다. 직경급별 군집의 윤곽은 많은 교목이 자라 12년 동안 이들 직경급으로 들어왔다는 것과, 다음 10년 동안 훨씬 더 많은 수의 교목이 이들 직경급의 교목이 될 가능성이 있다는 것을 의미하였다.

더 작은 교목이 정지(整枝, training)를 위해 더 자주 진정될 수 있는지, 그리고 문제가 있는 교목이 요구 전정(要求剪定, request prune)의 빈도를 줄이기 위해 더 자주 전정될 수 있는지를 확인하기 위해 몇 가지 전정 시나리오를 점검했다. Churack 등(1994)이 수행한 밀워키의 정기적인 전정 연구를 이용하여 5년과 6년 주기, 3/6년 주기와 4/8년 주기에 대한 연간 전정 시간을 계산했다. 2단 주기는 직경 30 cm(12인치) 이하의 교목은 짧은 주기로 다른 모든 교목은 긴 주기로 전정하는 것이다. 주기당 매년 소비되는 추정 시간이 **표 13-4**에 요약되어 있다. 이 분석을 근거로, 6년 주기가 가장 비용 효과적인 것으로 보인다. 그러나 요구 전정은 주기 전정(週期剪定, cycle prune)보다 비용이 2배 이상 들어가기 때문에(제12장 참조), 서비스 요구를 감소시키는 서로 다른 주기가 더 비용 효과적일 수 있다. 예를 들면, 1992년의 경우, 전정된 모든 교목의 26%가 요구 전정이었다. 다음 계산에 의하면, 74%(100−26)를 6년 주기에 적용하면 모든 전정을 위한 총 시간은 연간 49,100시간이 된다:

표 13-4 밀워키시의 전정 주기 시나리오별 추정된 연간 시간

전정 주기	연간 전정 시간
5년	34,428
6년	28,890
3년과 6년	43,130
4년과 8년	32,356

출처: Griffith and Associates 1993.

28,890 / 0.74 = 39,040시간
39,040 – 28,890 = 10,150시간
10,150 × 2 = 20,300시간(요구 전정은 시간이 2배 걸림)
28,890 + 20,300 = 49,190시간

총 49,190시간은 1992년 교목부서에서 보고한 전정에 소비된 실제 시간 수에 매우 근접한다. 만약 보수적으로 가정해서 2단 주기가 전정 요구를 50% 줄일 수 있다면, 4개 전정 시나리오에 대해 전정하는데 소비되는 총 시간이 **표 13-5**에 제시되어 있다. 3년과 6년의 2단 주기는 비용에서 6년 주기에 가까우며, 어린 교목을 정지하는 작업을 더 잘 수행하고 요구 전정의 수를 줄이게 될 것이다. 요구 전정은 종종 주기 전정 비용의 2배 이상 들기 때문에 비용이 예상보다 더 작을 것이고, 요구 전정이 50% 이상 감소할 가능성이 있다.

표 13-5 밀워키의 요구 전정을 포함한 연간 추정 총 전정 시간

전정 주기	주기 전정	요구 전정	총 시간
6년	28,890	203,300	48,190
3년과 6년	43,130	10,150*	53,280
4년과 8년	32,356	10,150*	42,506

*2단 전정 주기의 경우 요구 전정이 50% 감소하는 것으로 가정함.

출처: Griffith and Associates 1993.

예산 배정

가로수 군집의 유지는 가로수 기본계획과 식재, 유지관리, 교목 제거/교체 등으로 구성되어 있다. 프로그램의 유효성을 평가하는 한 가지 방법은 이러한 다양한 활동에 할당되는 재원의 구성 비율을 확인하는 것이다. Kielbaso(1988)는 미국의 지자체 임업 프로그램에 대한 1986년 조사로부터 임업 재원의 실제 배정과 적합한 재원조달이 가능한 이상적인 경우를 비교하였다:

	이상적	실제
전정/기타 유지관리	40%	28%
제거	14%	22%
식재	10%	14%
기타	36%	36%

“이상적” 배정은 높게 평가된 프로그램을 가지고 있다고 알려진 조사 대상 지자체를 기준으로 하였으며, “실제”는 전국 평균을 기준으로 했다. 이는 교목 식재에 지출되는 예산이 $1면 유지관리를 위한 예산은 $4이 되어야 한다는 것을 의미한다. 재원조달이 부족한 프로그램은 비례적으로 유지관리에 덜 지출된다.

미국 중서부에 있는 6개 대도시의 도시 임업 프로그램에 대한 Miller(미발표 자료)의 조사에 의하면, 재원조달과 관리에 대한 도시 간 차이가 크다는 것을 나타낸다(**표 13-6**). A, B, C시는

표 13-6 미국 중서부 6개 대도시의 도시 임업 프로그램 비교

시	가로 길이 (마일)	가로수 개체 수	빈 공간	식재 (1992)	제거 (1992)	전정 (1992)	전정 주기	1992년 예산	정규 직원	식재 구성비	그루/ 마일
A	1,000	150,000	12,000	4,700	2,200	33,000	4.5	5.9백만 달러	91.5	92.6%	150.0
B	3,800	470,000	64,000[a]	13,000	8,000	60,000	7.8	12백만 달러	318	88.0%[a]	123.7
C	1,400	200,000	4,000	3,621	3,490	40,000	6	5.0백만 달러	120	98.0%	142.9
D	1,200	71,000	31,000	540	1,300	5,400	13.1	1.5백만 달러	32	69.6%	59.2
E	1,000	62,000	30,000	5,100	700	5,500	11.3	1.06백만 달러	9[b]	67.4%	62.0
F	3,400	120,000	240,000	1,000	1,500	500	None	1.3백만 달러	14	33.3%	35.3

[a] 가로 마일당 140그루를 기준으로 추정함.
[b] 모두 외주 유지관리임.

출처: Griffith and Associates 1993.

표 13-7 미국 중서부 6개 대도시의 교목당 지출과 직원당 교목 수

시	1992년 교목당 지출	1992년 직원당 교목 수
A	$39.33[a]	1,639
B	25.53	1,478
C	25.00	1,923
D	21.13	2,219
E	17.10	6,889
F	10.83	8,571

[a] 쉽게 분리되지 않는 다른 지출이 포함되어 있음.

출처: Griffith and Associates 1993.

자신들이 제거하는 것보다 더 많은 교목을 식재하여 완벽 식재 상태에 있거나 이에 근접하고, 8년 이하의 일정이 수립된 전정 주기를 가지고 있다. **표 13-7**은 한 그루당 지출과 직원당 교목의 수를 기준으로 이들 도시를 비교한다. 이 자료에 의하면, 정규직원 1인당 평균 1,500에서 2,000그루인 프로그램은 잘 유지관리된 가로수의 완벽 식재를 유지하기에 충분한 지원을 받고 있는 것으로 생각될 수 있다. Kielbaso(1988)는 1986년 직원당 평균 교목 수가 3,798그루라고 보고했는데, 이 숫자는 자신들의 교목을 외주계약으로 유지관리하는 시를 분리하지 않았다.

인사

사업체나 기관의 효율적인 관리를 위해서는 3가지 기본적인 기량(技倆, skill)이 필요하다: 기술적, 인간적, 개념적(**그림 13-10**). 도시 임업과 수목관리에서, 기술적인 기량에는 부여된 식생관리 과업을 수행할 지식과 능력, 해당 분야에 진입하는 전문가로서의 근본적인 자질 등이 있다. 인간적 기량도 마찬가지로 중요한데, 공중 관계, 인사 관리, 갈등해결(葛藤解決, conflict resolution), 의사소통, 교수(教授, teaching), 동기유발 등이 있다. 개념적 기량은 처음에는 크게 중요하지 않지

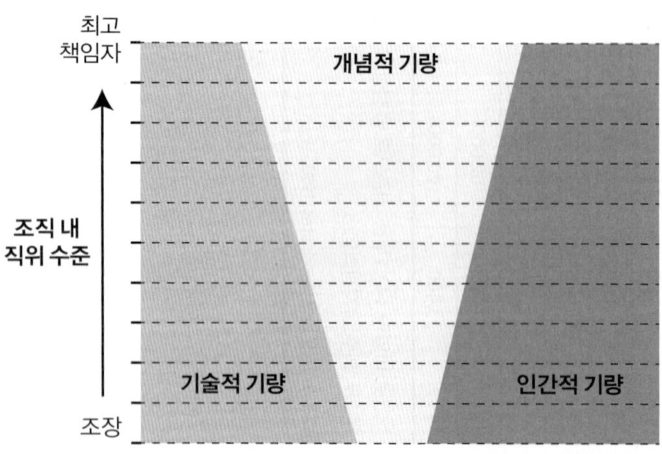

그림 13-10 한 조직 내에서 필요한 관리적인 기량의 구성(Lynch 1985).

만, 조직 내에서 관리자로 승진됨에 따라 점점 중요하게 된다. 조장은 조직의 정책과 목적에 대한 개념적인 이해와 함께 실제 현장 작업을 감독할 수 있는 기술적 및 인간적 기량 모두의 좋은 결합이 필요하다. 더 높은 경영층에 있는 사람은 매일매일의 기술적 및 인간적인 일에 시간을 덜 쓰게 되는데, 이에 따라 계획수립, 조정, 정책 수립 등에 더 큰 중점을 두게 된다(Lynch 1985).

시간 관리

시간은 민간 수목관리자와 지자체 임정관에게는 주된 비용 항목으로 관리가능비(管理可能費, controllable expense)의 약 50%를 차지하는 것으로 추정된다. 시간의 효율적인 사용은 경상예산(經常豫算, operating budget)의 상당한 절감으로 이어질 것이다. 시간을 보다 효율적으로 관리하기 위해서는, 세 가지 사항을 알아야 한다(Long & Love 1983):

1. 시간이 어떻게 사용되어야 하는가?
2. 시간에 실제로 어떻게 사용되고 있는가?
3. 시간 관리를 향상시킬 수 있는 기술.

시간 사용. 해당 직무에 대한 시간 사용은 세 가지 일반적인 범주로 나눌 수 있다: 비생산적(非生産的, nonproductive), 생산적(生産的, productive), 관리(管理, management). 비생산적인 시간은 해당 작업에 전혀 기여하지 못하는 일을 하는 데 사용된 시간이다. 생산적인 시간은 기관이나 회사의 목표와/나 이익에 기여하기 위해 사용된 시간이다. 관리는 일상적이거나 감독 업무, 그리고 계획수립과 의사결정에 사용된 시간이다. 일상적이거나 감독 활동은 작업 인부의 일정계획을 수립하거나 자재를 주문하는 것과 같은 주기적이거나 되풀이되는 성질의 일이다. 계획수립과 의사결정은 회사나 기관의 장기 목표와 함께 이러한 목표를 달성하기 위한 전략을 개발하기 위해 사용되는 시간이다. **그림 13-11**은 관리 수준을 기준으로 조식 내에서 시간이 어떻게 배분되는가를 보여주고 있다(Long & Love 1983).

시간 관리에서 문제는 사람들이 생산적인 일을 하는 데 시간을 쓰고 있지만 이들이 수행하

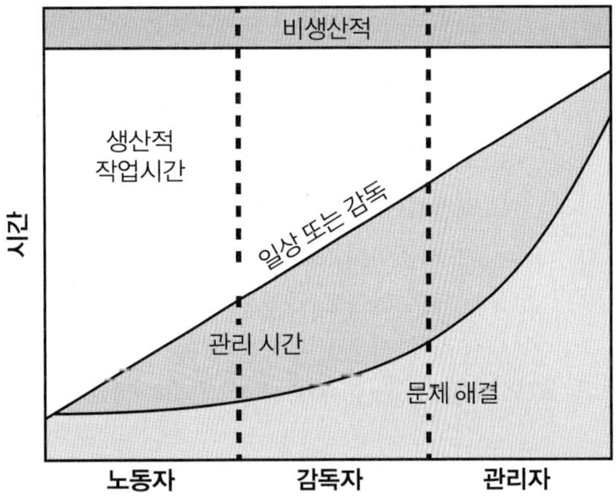

그림 13-11 사람들이 업무시간을 사용하는 방법 (Long & Love 1983).

기로 되어 있는 작업 수준 이하의 일을 수행할 때 발생한다. 예를 들어, 감독자가 자신이 직원을 감독하거나 보고서를 작성해야 할 때 현장 작업을 수행하는 것이다. 해당 작업은 수행될 필요가 있지만, 고임금을 받는 직원이 저임금을 받는 직원 구성원들에 의해 수행되어야 하는 일을 하고 있으면 시간(그리고 돈)이 낭비된다. 시간이 어떻게 사용되어야 하는가는 책임자에 의해 결정되지만, 시간이 실제로 어떻게 사용되는가는 시간 사용 일지에 의해 결정될 수 있다. 서로 다른 과업에 쓰이는 시간의 양, 과업 내용, 시간이 각 과업에 어떻게 사용되는가에 대한 사항이 일지에 기록되고 며칠 후에 정리된다(Long & Love 1983).

개별 직원의 시간 사용을 향상시키는 방법. 만약 시간이 직원에 해당하는 책임 수준에서 최적의 방식으로 사용되고 있지 않으면, 다음 세 가지 기술을 적용하면 시간 사용에서 현저한 향상을 가져올 수 있다(Long & Love 1983):

1. **더 많은 권한 위양.** 감독자와 관리자는 부하에게 과업을 위양할 수 있고 이렇게 하는 것이 좋다. 다음 범주는 위양을 고려할 수 있는 과업들을 평가하기 위해 사용될 수 있다:
   a. 위양할 때:
      - 어떤 사람이 자신보다 해당 일을 더 잘 수행할 수 있을 때,
      - 시간적인 제약 때문에 자신이 수행하기 어려울 때,
      - 부하직원이 소요되는 시간과 비용 측면에서 해당 업무를 더 잘 할 수 있을 때,
      - 비용, 시간, 위험 부담이 작아서 위양이 부하직원을 개발하는 데 도움이 될 때,
      - 해당 업무가 반복적일 때.

   b. 위양하지 않을 때:
      - 해당 업무를 만족스럽게 수행할 수 있는 사람이 없을 때,
      - 자신의 권위가 필요할 때,
      - 자신이 사례를 만들고자 할 때,
      - 해당 업무가 기밀을 요하거나 부하의 권한과 책임을 초과할 때,
      - 자신이 해당 업무에 친숙해질 필요가 있을 때.
2. **직원 훈련과 개발.** 잘 훈련되어 자기가 해야 할 일이 무엇이고 왜 하고 있는가를 이해하는 직원은 유능한 직원이다. 직원 훈련과 개발에 투자하는 시간과 돈은 만약 그 훈련이 해당 조직의 장기적인 인력 요구와 일치한다면 보통 장기적으로 회수된다.
3. **조직화된 기록.** 많은 조직에서 문제는 되풀이해서 발생하고 해결되는데, 이는 아무도 과거의 해결책에 대한 기록을 유지하도록 괴롭히지 않거나, 기록이 유지되었다면 이들을 찾지 못하기 때문이다. 조직화된 경영정보시스템(經營情報-, MIS/management information system)이 필수적이고, 오늘날의 소프트웨어와 기술로는 쉽게 개발하고 유지관리할 수 있다. 다양한 조직에 적응할 수 있는 사용자 친화적(使用者親和的, user friendly) 소프트웨어 패키지(software package)가 이제 수목관리 기업에게 가용하다.

권한을 위양했다고 해서 관리자가 책임까지 위양하는 것은 아니기 때문에, 위양을 할 때에는

주의를 기울여야 한다. 수목관리 회사의 직원이 병해충 방제를 위한 농약 살포 권한을 부여받고 부주의로 제초제(除草劑, herbicide)를 사용했다면, 해당 기업의 고용주나 관리자는 궁극적으로 해당 직원의 행위에 책임이 있다. 마찬가지로, 만약 가로수 제거 권한을 가지고 있는 지자체 임업 작업 조장이 작업 과정에 재산에 피해를 유발했다면, 시 임정관이 해당 책임을 져야 한다.

목표 관리

경영의 실제(*The Practice of Management*)에서, Peter Drucker(1954)는 목표관리(目標管理, MBO/management by objectives)라는 용어를 소개했다. Mali(1986)는 MBO를 "조직 구성원의 목표와 만족을 충족시키면서 경영자가 원하고 확보할 필요가 있는 방향으로 계획을 수립하고 결과를 얻는 전략"이라고 정의하였다. 너무 빈번하게, 기업이나 기관의 직원들은 서로 반대되는 방향으로 일을 하여 충돌과 생산성 손실로 이어진다. 어떤 경우에는 관리자들이 당일의 활동에 사로잡혀 자신들이 달성하기로 설정되어 있는 목표를 잊어버린다. MBO는 특정한 시간 프레임(time frame) 내에서 개별 계획과 관리자의 요구를 공통의 목표를 향해 조화시키고, 해당 조직 내의 관리 절차의 단순화를 꾀한다. MBO는 다섯 가지 기본 개념으로 구성되어 있다: 목표 설정, 시간 전략 개발, 종합관리, 개인 동기유발, 확인과 환류(Mali 1986).

1. **계획수립과 목표 설정**. 여기서의 목표(目標, objectives)는 해당 조직의 전반적인 경영계획에 제시된 목표나 업적을 말한다. 목표는 확인되고(즉, 우리가 가지고 있는 것 대비 우리가 원하는 것) 계획수립 과정을 통해 결정되어야 한다(제8장). 예를 들면, 수목관리 회사는 매출을 15% 높이는 계획을 설정할 수 있고, 지자체 임업 부서는 가로수에 대해 도시 숲 유지관리 시스템을 요구에 의한 서비스에서 계획된 유지관리로 전환하기를 원할 수도 있다.
2. **시간 전략**. 시간 전략(時間戰略, time strategy)은 경영계획의 목표를 충족시키기 위해 관리자들의 노력을 조율하기 위한 시간표를 확정하는 것이다. 매출 증대 목표는 악천후(惡天候, inclement weather)나 비수기(非需期, off season) 동안 이루어지는 새로운 고객과의 접촉을 통해 1년이라는 시간 프레임 내에 이루어져야 할 것이다. 가로수의 계획된 유지관리로의 전환을 완료하는 것은 유지관리 주기의 길이와 동일한 시간계획을 가져야 할 것이다(즉, 5년의 전정 주기는 완전히 실행하는 데 5년이 걸릴 것이다). 시간 전략은 구성요소가 필요한 경우 완료되어야 하는 작업이 있을 수도 있다. 만약 송전선로 아래 식생 피복 유형이 바뀌어야 한다면, 새로운 식재가 시작되기 전에 기존 식생은 제거되어야 한다.
3. **종합관리**. 종합관리(綜合管理, total management)는 조직 목표에 도달하도록 개별 관리자의 노력을 조정하는 것이다. 새로운 고객을 확보하는데 특별히 재능이 있는 조장은 이 일을 하는 데 더 많은 시간이 주어져야 하고, 반면 현장 관리에 더 적합한 조장은 새로운 접촉에 덜 관여하도록 하여 관리 책임을 늘려주어야 할 것이다. 지자체의 교목 유지관리 조장과 현장 작업 감독자는, 보다 집중적인 계획된 유지관리를 통해 요구에 의한 서비스 필요를 상쇄함으로써 이를 감소시킬 수 있도록, 계획된 유지관리의 일정을 가장 효율적으로 계획해야 한다.
4. **개인 동기유발**. MBO의 기본적인 전략은 달성하고자 하는 욕구와 자발성을 발휘시킴으로써 직원이 공통의 목표를 향해 일하도록 동기를 유발하는 것이다. 이는 모든 직원이 전반적인

계획수립, 목표 설정, 관리 과정에 참여함으로써 실현된다. 직원이 경영계획 수립에 참여하면 현실적인 목표와 시간 전략을 수립하는 데 도움이 되고 이러한 목표를 달성하는 데 더 큰 동기를 유발할 것이다.

5. **확인과 환류.** 설정된 목표의 정당성은 직원의 적극적인 참여를 통해서, 시간 전략의 타당성 확인에 의해서, 해당 목표를 달성하는 개인의 약속을 통해서 해당 조직의 모든 수준에서 확인될 수 있다. 목표 달성을 위한 실행 과정 중에, 책임자는 직원의 실적을 모니터링할 기회가 있고 환경 변화에 민감할 수 있으며, 이는 목표 수정으로 이어질 수 있다.

직무 분석. 직무분석(職務分析, job analysis)은 MBO를 실행하는 데 유용한 관리 도구이다. 일단 목표가 설정되어 확인되고 나면, 최고 관리자로부터 직무분석 절차가 시작되어 조직도를 따라 아래로 진행되며, 궁극적으로는 모든 직원으로 확대될 것이다. MBO는 모든 직원이 해당 목표를 달성하도록 동기가 유발될 때에만 완전히 성공할 수 있을 것이다. 직원 불만은 가끔 자기 조직의 목표가 무엇인지, 자신들의 상사가 자신들에게 기대하는 것이 무엇인가를 알지 못할 때 발생한다. 직무분석 기술은 4가지 부분으로 구성된다: 직무, 권한, 통제, 자원(Love & Long 1983).

1. **직무.** 개별 직원의 직무(職務, duty)는 목표와 시간 프레임에 관하여 기술되어야 한다. 모든 직원은 자신들이 무슨 일을 할 것으로 기대되고 있는가를 알아야 하고, 작업의 양과 질 모든 면에서 최소 수용 가능한 실적의 수준이 무엇인가를 이해해야 한다.
2. **권한.** 감독자와 조원은 자신들이 자신의 일에 영향을 미치는 의사결정을 하는 데 얼마나 많은 권한(權限, authority)을 가지고 있는가를 알아야 한다. 일단 직무가 부여되면, 개인은 자신의 직무를 완수하기에 충분한 권한을 가져야 한다. 여기에는 부하직원에 대한 권한 위양(權限委讓, delegation of authority)이 포함되는데, 이것은 대부분의 사람에게 어려운 일이다.
3. **통제.** 통제(統制, control)는 경영 목표 달성과 관련된 직원의 실적을 평가하기 위해 사용된다(환류). 감독자의 경우, 통제는 위양된 권한이 경영 목표를 달성하기 위해 어떻게 잘 사용되고 있는가를 평가하기 위해 사용된다. 공식적인 보고서, 간헐적인 점검, 계획된 관찰, 비공식 보고서 등이 모두 실적을 평가하기 위해 사용되는 방법들이다.
4. **필요한 자원.** 필요한 자원(resources needed)에는 감독자와 조원이 자신들에게 부여된 과업을 수행하기 위해 필요한 교육, 장비, 물품 등이 포함된다. 자원에 대한 분석은 통제를 통해 작업 실적이 부여된 과업에 미달하는 것으로 나타나는 경우 필요한 것이 무엇인가를 평가하기 위해 사용될 수도 있다.

직무분석은 조직의 목표가 무엇이고, 직원들로부터 무엇을 기대하고 있고, 자신들의 일을 수행하기 위해 자신들이 가지고 있는 권한이 무엇인가를 명확하게 기술함으로써 직원과의 의사소통 수단이 된다. 이는 직원의 지식과 실적을 측정하여 유인(誘因, incentive)과 보상(報償, reward)을 제공하기 위해 사용될 수 있는 평가와 동기유발 도구이다. 직무분석은 최종적으로 개별 직원이 자신의 직무를 수행하기 위한 지식, 기술, 도구를 보유할 수 있도록 하는 훈련 도구인 것이다. **그림 13-12**는 직무분석이 수목관리 회사의 MBO 과정에 의해 결정된 목표를 실행하기 위해 해당 회사

직무 분석

직위: 조장/시간제 판매원
성명: Jay Bay

	직무	권한	통제	필요한 자원과 훈련
1.	매출 $15,000/주 산출	장비 수리 또는 수리 의뢰	작업 지시와 판매 부과	근로 감독 기술, 장비, 훈련된 작업자
2.	인시당 수입 $60	감독, 관리자의 허락을 받아 직원 해고	월간 작업보고서	장비와 작업 절차에 관한 지식
3.	금년 고객 400개소 서비스	개별 고객 접촉(5분간 전화)과 세부 기록	수시 점검과 고객의 매출 목록	사람을 만나서 작업을 설명할 수 있는 능력
4.	해당 연도 동안 고용된 정규직원	비오는 날 작업에 대한 계획과 목록	비생산적인 비가동 시간의 양(총시간 대비 %)	직무 요구의 목록 작성, 우선순위 부여
5.	초과집행이 총액의 10% 미만이 되도록 비용 추정	작업지시서 점검과 시방서 충족	작업 일지	직무 추정과 작업 감독
6.	총 인건비 50% 미만의 인건비	부서에 배정된 작업자의 일정계획 수립과 감독	근로보고서와 월간 작업보고서	적합한 장비, 감독과 직무 계획수립 기량
7.	과거 2년의 고객에 추가하여 새로운 고객 100곳 접촉 (선임 조원이 이들 중 10% 접촉)	3월과 4월에 40개 새로운 가능 고객 접촉	가능 고객 목록 완성	판매와 계획수립 기량
8.	일일 작업 일정과 계획	경영층과의 회합과 작업 일정계획 수립	수시 점검	이동과 직무 시간을 최소화하기 위해 지역과 자격요건에 관한 지식

그림 13-12 직무분석 기술의 사례(Love & Long 1983).

의 소장이 필요한 직무, 권한, 통제, 자원을 기술하기 위해 어떻게 활용되는가를 보여주는 사례이다(Long & Long 1983).

훈련

직원의 동기유발과 실적은 근무 중 훈련(勤務中訓練, in-scrvice training) 프로그램을 통해 향상될 수 있다. 그러나 효과적인 훈련 프로그램은 단순히 기술 정보를 제공하는 것을 넘어서 전반적인 직원 관리 프로그램의 일부가 되어야 한다. 직원은 과업을 어떻게 수행하는가를 알아야 할 뿐만 아니라 왜 해야 하고 다르게 수행되거나 수행되지 않으면 무슨 일이 발생하는지도 아는 것이 좋다. Tate(1981)는 근무 중 훈련 프로그램은 세 가지 요소로 구분할 것을 제안한다: 교육 내용, 준비, 발표. 네 번째 요소로 해당 프로그램의 평가가 추가될 수도 있다.

교육 내용. 근무 중 훈련 프로그램의 주된 내용은 직무 요구와 관련되어 있기 때문에, 배운 기술이 즉시 활용되어 배운 것이 강화될 수 있도록 해당 계절이 시작될 때 이루어지는 것이 좋다. 훈련 프로그램은 요구되는 기능, 부족한 부분, 해당 직무에 대해 최대의 효율을 가져올 수 있는 것이 어디인가를 기준으로 우선순위를 부여하는 것이 좋다. 도시 임업과 수목관리 전문 분야에 대한 근

무 중 훈련 과정의 일반적인 주요 내용은 다음과 같다:

1. 이식(移植, transplanting)
2. 전정—어린 교목 정지
3. 전정—밧줄과 안전벨트를 이용한 성목
4. 전정—고소 타워를 이용한 성목
5. 병해충 관리—병
6. 병해충 관리—해충
7. 농약 표시, 혼합, 적용, 비율 결정, 안전 절차
8. 교목 보강 시스템(줄당김, 쇠조임, 당김줄, 지지대)
9. 교통안전
10. 체인톱 사용, 점검, 안전
11. 차량 사용, 점검, 안전
12. 파쇄기 사용, 점검, 안전
13. 응급처치(first aid)
14. OSHA(Occupational Safety and Health Act) 규정
15. 환경청(EPA, Environmental Protection Agency) 규정
16. 회사/기관의 조직과 목표
17. 정기적으로 일정 계획된 안전 프로그램
18. 공중 관계

위에 나열될 주제(主題, subject matter)의 대부분은 두 분야의 훈련으로 뚜렷하게 구분할 수 있다: 이론적, 실무적. 예를 들면, 전정에 관한 시간에는 이론적인 관점에서 부후 구획화(腐朽區劃化, decay compartmentalization)의 개념이 포함될 수 있고, 이어서 구획화가 전정과 상처 처리에 어떻게 관련되어 있는가를 설명할 것이다. 분명히 근무 중 훈련 시간에 의해 다루어져야 할 필요가 있는 다른 주제들도 있다.

준비. Tate(1981)는, 일단 주제가 선정되고 나면, 근무 중 훈련 프로그램은 다음 다섯 가지 핵심 요소를 준비할 것을 제안한다:

1. **목표.** 이는 분명하고 주어진 시간에 실현가능해야 하고, 직원 의견(employee input)을 포함할 수 있다. 또한 목표(目標, object)는 프로그램의 유효성을 평가하기 위해 프로그램의 끝에 사용된다.
2. **과정 내용.** 이는 주제, 가용한 시간, 새로운 기술, 직원 요구 등에 기반을 둘 것이다. 목표 설정에서와 마찬가지로, 과정 내용을 선정하는 것은 직원 의견을 포함하는 것이 좋다.
3. **과정 윤곽.** 포함될 내용은 가장 중요한 정보를 빠짐없이 다루도록 우선순위를 부여하는 것이 좋다. 난이도가 가장 낮은 주제를 먼저 가르치는 것이 좋고, 이론은 실무적인 적용 전에 다루는 것이 좋다.
4. **교육용 재료와 훈련 보조물.** 도시 임업과 수목관리 주제(主題, topic)에 관한 정보는 책, 전문잡지, 정부 간행물, 대학교 등을 포함한 다양한 원천으로부터 구할 수 있다. 이 정보는 그대로 나누어주거나 개별 참가자를 위해 과정 윤곽에 요약될 수 있다. 훈련 보조물에는 칠판, 화이트보드, 프로젝터, 녹음된 매체 등이 있다. 전문적인 협회와 시청각 자재 기업으로부터 내장된 강의 프로그램을 구할 수도 있다. 훈련 보조재는 학생들의 관심을 끄는 데 도움이 되고 주제를 보다 빠르게 다룰 수 있도록 도와준다.

5. 교안(教案, lesson plan). 교안은 제목, 목표, 서론, 발표, 요약으로 구성되어 있다. 잘 설계되면, 교안은 주제를 논리적인 방식으로 구성하고 강의하는 사람에게 확신을 준다.

발표. 가르치는 능력은 개인 간에 차이가 클 것이다. 어떤 사람은 여러 사람 앞에 서는 요령이 있는 반면, 발표가 짧지 않을까 하는 심각한 불안감을 경험하는 사람도 있다. 대부분의 사람들에게 가르치는 것은 경험이 쌓임에 따라 향상되는데, 이는 다시 자신감을 키우게 된다. 견고한 교안과 강의 재료에 의해 뒷받침되는 잘 준비된 교안이 생애 첫 공중에 대한 발표를 하는 사람에게도 필요한 자신감을 제공하는 데 크게 도움을 줄 것이다. 다양한 발표 방법이 훈련 중에 정보를 기억하는 데 중요하다. Nichnadowicz(2007)는 읽거나 듣거나 물체를 보면 정보의 20~30%를 기억한다고 주장한다. 기억하는 수준은 보는 것과 듣는 것을 모두 사용하면 약 50%로 향상된다. 정보를 보고 듣고 토론하는 것을 결합하면 70%의 보유율(保有率, retention rate)로 이어진다. 마지막으로 사람들이 보고, 듣고, 토의하고, 배운 것을 실습하면 해당 사항을 90% 기억한다.

평가. 일단 훈련 과정이 종료되면, 목표가 충족되었는지 그리고 이를 다시 가르치기 전에 무엇을 보완해야 하는가를 확인하기 위해 평가(評價, evaluation)를 실시하는 것이 좋다. 훈련 과정을 평가하는 한 가지 방법은 과정이 종료된 뒤에 참가자들을 대상으로 시험을 치는 것이다. 시험은 직원에게 불안감을 줄 수 있지만 참가자가 아닌 과정을 평가하기 위해 사용된다면 이러한 걱정은 최소화될 수 있을 것이다. 이를 수행하는 가장 간단한 방법은 직원이 시험에 자신의 이름을 적지 않도록 하는 것이다. 다른 평가 방법에는 과정이 끝난 다음 직원에게 과정에 대한 설문을 하거나 훈련 전후에 현장 작업을 평가하는 것 등이 있다.

직무 훈련. 근무 중 훈련은 형식적인 교실 수업으로 제한하지 않는 것이 좋다. 새로운 직원은 자신의 직속 상사로부터 지속적인 지휘와 훈련을 받아야 한다. 과업을 수행하는 방법은 이를 수행하는 목적과 함께 자세히 설명해주어야 한다. 과업을 수행하는 방법과 이유에 관해 훈련을 받고, 의사결정을 할 수 있는 기회를 부여받고, 승진과 인정을 받은 직원은 조직에 장기적인 자산이 될 것이다. 또한 이들 직원은 고객과 일반 공중에 대해 기업/기관을 잘 대변할 것이다.

의사소통과 공중관계

의사소통(意思疏通, communication)과 공중관계(公衆關係, public relations)는 두 수준의 의사소통으로 이루어진다: 다른 전문가와의 의사소통과 공중과의 의사소통. Johnson(1982)은, 도시 임업 프로그램의 정치적 요소와 행정적 요소에 대한 조사에서, 도시 임업가들 사이의 접촉 증대와 도시 임업 프로그램의 공공 서비스와 참여 기술의 향상에 대한 요구가 존재한다고 보고한다. Janse & Konijnendijk(2007)은 공공정책 수립에의 공중 참여와 사회적인 참여를 통한 임업 계획수립 방법에 대해 연구했다. 이들은 상호 신뢰를 구축하기 위해서는 다음과 같은 단계별 과정이 필요하다고 보고했다: 매력적인 방법으로 공중 구성원에게 정보를 제공하고, 공중의 의견을 확인하고, 사람들이 의사결정에 충분히 참여하도록 유도. 전문적인 접촉과 공중 참여 모두 의사소통 기술이 필요하고, 성공적인 도시 임업가는 전문적인 능력이 있을 뿐만 아니라 훌륭한 의사소통자가 되어야 한다.

전문적 의사소통

전문적인 의사소통은 공식 및 비공식 환경 모두에서 발생하는 진행 중인 과정이다. 공식적인 의사소통은 일반적으로 전문적인 조직(제1장에서 간단히 살펴본 것과 같은)을 통해 발생한다. 이들 조직은 회의, 워크숍, 심포지엄과 함께 상업적인 문헌(전문 잡지와 소식지와 같은)을 후원한다. 이들 조직에 대한 회원가입과 참여는 도시 임업가와 수목관리자가 자신의 직업에서 현재의 흐름에 뒤지지 않도록 하는 데 필수적이다. 어떤 사람이 도시 임업이나 수목관리 분야에 진입하기 위해 준비하는 데 필요한 공식적인 교육은 전문성 개발을 위한 기준틀(reference frame)을 제공할 뿐이다. 능력 있는 관리자로의 성장과 개발은 동료와 감독자로부터의 해박한 기술(learned skill)과 다른 전문가들과의 의사소통을 통해 해당 직무에서 일어난다.

전문적인 의사소통으로부터의 편익은 수없이 많다. 관리자들은 장소와 관계없이 공통적인 문제에 당면하지만 이들 문제를 혼자서 해결하기 위해서는 엄청나게 많은 시간이 필요하다. 같은 문제를 다른 관점에서 다룬 다른 사람들로부터 많은 것을 배울 수 있다. 빈도가 증가함에 따라 새로운 기술이 진화하고 있기 때문에, 관리자들은 이들 기술이 더 좋은 성과와/나 비용을 절감할 수 있다면 이들을 적용할 수 있도록 최신 상태를 유지해야 한다. 발전하고 있는 관리자가 새로운 것을 배우고 도전적인 기회를 가질 수 있고, 기존 관리자는 새로운 직원을 채용하는 채널로 사용할 수 있는 전문적인 의사소통 통로를 통해 가능하다.

비공식 의사소통은 종종 공식적인 의사소통에 의해 확립된 통로를 통해 일어난다. 지자체 임정관과 상업 및 송전선 수목관리자들의 비공식적인 모임이 지역적으로 흔히 존재한다. 이들 집단은 공통적인 관심사를 논의하기 위해 비공식적으로 모임을 갖는다. 다른 모임은 특정한 문제를 다루기 위해 결성된 다음 해당 문제가 해결되면 해산한다. 의사소통 기술은 전문가 네트워크가 지리적으로 넓은 지역으로 확장될 수 있게 한다. 이들 네트워크는 참여자들이 자신들에 영향을 주는 문제에 대해 최신 상황을 유지시켜주는 역할을 한다. 때로는 기존 전문 조직이 공통적인 사안과/이나 문제를 다루기 위해 다른 전문 집단과 단기 또는 장기 제휴를 형성한다.

집단, 조직, 제휴, 또는 네트워크의 공식성이나 비공식성과 무관하게, 이는 정보 교환이 발생하는 곳에 존재한다. 전문적인 관리자는 홀로 작업을 수행하고 자신의 직무를 수행하는 과정에서 충분한 정보를 얻는 길을 선택할 수도 있고, 전문적인 의사소통에 참여함으로써 정보에 대한 접근을 확실히 하는 길을 선택할 수도 있다.

공중관계

공중관계는 공중과 상호작용하는 모든 조직이 의도적이든 아니든 관계없이 가지고 있는 중요한 것이다. 지자체 임업부서, 민간 수목관리자, 조경업자, 송전선 임업부서 등은 모두 공중 이미지(public image)를 가지고 있다. 이 이미지는 실질적일 수도 상상적일 수도 있지만 어쨌든 존재한다.

좋은 이미지의 첫 번째 인상은 일을 잘 수행하는 것이다. 기관이나 기업이 일을 잘 하고 있다고 공중이 확신을 가지도록 공중관계 프로그램이 아무리 잘 작동하고 있더라도, 견실하지 못한 일이 일상적으로 일어나면 그 이미지가 약화되는 것은 시간문제일 뿐이다. 다른 한편, 공중이 무슨 일이 일어났는가를 알지 못하면 훌륭한 일을 했다고 반드시 좋은 공중 이미지가 보장되지는 않을 것이다. 좋은 이미지나 나쁜 이미지와 마찬가지로 무 이미지도 있다.

공중관계에 관해 생각할 때 첫 단계는 관리자가 자신이 하는 일이 무엇인가에 대해 스스로 질문하는 것이다. 시 임정관은 교목을 돌보는가 아니면 공중에게 어메니티를 제공하는가? 민간 수목관리자는 교목을 돌보는가 아니면 사람들의 경관을 관리하는가? 송전선 임업가의 책임은 송전선로가 정리된 상태로 유지하는 것인가 아니면 송전선 통행로의 식생을 관리하는 것인가? 이들 세 경우 모두 답은 후자이지만, 일부 관리자들은 자신들은 답이 전자라고 믿고 있는 것처럼 행동한다. 대부분의 개인은 식생에 관심이 있기 때문에 도시 임업이나 수목관리 분야에 진입하지만, 호/불호와 관계없이, 이들은 사람들에게도, 특히 자신들의 고객에게 관심을 가져야 한다.

공중관계나 정보 교육은, 때로는 공공 기간에서 요구되기 때문에, 고객이나 공중과 접촉하는 모든 사람들의 직무기술서의 일부가 되어야 하는 사항이다. 여기에는 관리자, 사무실 직원, 현장감독, 조원 등이 포함된다. 최선의 교목 서비스 수행이 무례한 직원을 보상하지 못할 것이다. 잘 훈련된 직원은 자신이 하고 있는 일이 무엇이고 이를 왜 하는가에 관한 질문에 예의 바르고 똑똑하게 대답할 수 있을 것이다. 자신이 이러한 질문에 대한 대답을 할 수 없으면, 해당 대답을 어디서 찾을 수 있는지 또는 고객이 어디에 물어보면 되는가를 알아야 한다.

공중관계는 직원이 매일 수행하는 작업 경험의 일부이고, 이는 직원들이 공중과 직접 접촉하지 않을 때에도 이미지를 창출하고 있다. 가끔 교목 작업이 원래 지저분함에도 불구하고, 직원들은 복장을 단정하게 하고 공중에게 긍정적인 이미지를 보여줘야 한다. 직원 보상의 일부로 피복수당(被服手當, uniform allowance)을 지급하여 회사나 기관의 제복이나 작업복을 착용하면 호의적인 인상을 형성하는 데 도움이 될 수 있다. 장비는 깨끗하게 유지되고 규칙적으로 점검되어야 하며, 차량은 기관이나 기업을 나타내는 로고로 인식되는 것이 좋다. 동력 장비는 시끄럽고 파괴직이기 때문에 소리를 효과적으로 줄여주어야 한다. 구매를 위한 입찰 요청을 할 때에는 데시벨(decibel) 수준을 명시하는 것이 좋다. 지저분한 트럭으로 현장에 도착한 시나 민간 수목관리 직원들이 체인톱이 작동하지 않는다는 이유로 한 시간 동안 둘러앉아 있으면 이 직업의 청구서 대금을 지급하는 사람(납세자나 고객)에게 확신을 주지 못할 것이다.

계획된 유지관리나 교목 서비스는 절대로 시민이나 고객을 놀라게 하지 않는다. 시나 외주업자 직원이 도착하기 전에, 계획된 유지관리를 수행하기로 된 작업 단위가 속한 지역의 주민들에게는 적절한 매체(지역 신문, 다이렉트 메일)를 통해 작업이 수행되는 이유에 대한 설명과 함께 통보되어야 한다. 제거될 교목 인근의 부동한 소유자에게 통보하는 것과 왜 제거해야 하는가를 세심하게 설명하는 것은 특히 중요하다. 개인 부지에서의 상업적인 작업은 몇 개월 앞서 일정이 잡히지만, 예의상 갈등을 피할 수 있도록 고객에게 작업을 시작하기 며칠 전에 통보하는 것이 좋다. 언제나 작업은 혼란이 최소화되도록 일정이 수립되어야 한다. 러시아워(rush hour) 동안 통행을 차단하거나 아침 6시에 체인톱을 사용하는 교목 작업자는 공중으로부터 열광적인 환영을 받지 못할 것이다.

공중관계와 지자체 임업

기술적인 역량과 관계없이, 공중의 이해, 지지, 재정적인 약속 없이는 어떤 공공 프로그램도 오래 지속될 수 없을 것이다. 경제적인 상황이 좋은 시기에는 재원조달이 쉽겠지만, 지자체 정부가 비용을 삭감할 필요가 있을 경우, 공중과 선출된 공무원은 가장 어려운 처지에 있는 프로그램에 가장 낮은 우선순위를 부여할 가능성이 높다. 공공 교목 프로그램을 잘 알고 이들이 제공하는 편익에 관한 지식이 있는 지자체는 재원을 배분할 때 이 프로그램에 더 높은 우선순위를 부여할 것이다. 공무원이 제공되는 서비스에 관심을 가지고 있는 일련의 공중에게 서비스를 제공하고, 이들 공중이 스스로 이들 서비스를 수용 가능 수준 이하라고 생각하면 적극적이 된다(Tate 1976). 시 임업 프로그램의 서비스를 받는 공중은 교목과 공원을 사랑하고 지속적으로 알고 있는 사람, 국립오듀본협회(National Audubon Society)나 시에라클럽(Sierra Club) 같은 자연보호 단체, 정원 클럽, 수목관리 활동(교목 절단, 계획된 유지관리 등)에서 소외된 사람, 제공되는 서비스를 갈망하는 일반 공중 등이다. 이들은 지자체 임업 공중관계 프로그램이 미치는 범위 안에 있는 사람과/이나 단체로서, 이 프로그램은 해당 부서가 제공하는 서비스가 무엇인가를 포함하고 있어야 하고 행정 목표와 우선순위를 설정하는 데 공중을 참여시켜야 한다(제8장). 좋은 공중관계 프로그램은 정보를 전파하고 주민의 의견을 모으기 위해 사용되는 양방향 도로이다.

공중관계 프로그램을 통한 공중에 대한 정보의 전파는 도시 숲의 편익, 문제, 비용에 관해 공중이 눈뜨게 하는 것이다. 이 정보는 두 가지 주요 부분으로 나눈다(Tate 1976):

1. 식재, 병해충 관리, 유지관리 실무를 포함한 구체적인 교목 관리 정보. 이 정보는 공공 교목에 필요한 작업에 관해 공중을 계몽할 뿐만 아니라 이들에게 자신의 식생을 관리하는 방법에 관한 정보도 제공한다.
2. 공중이 교목 관리와 공공지원(公共支援, public assistance)에 지출되는 세금의 편익을 관찰할 수 있도록 이들에게 지자체 임업 프로그램을 노출한다.

가장 효과적인 공중관계 노력은 공중과의 직접적인 대면접촉(對面接觸, face to face contact)을 통해서이다. 그러나 시간적인 제약으로 인해 직접적인 공중 접촉의 기회는 제한적이기 때문에 간접 접촉을 위해 지역 매체를 사용할 필요가 있다. 따라서 공중관계는 두 수준에서 일어난다: 직접과 간접.

직접 공중관계. 앞서 언급한 바와 같이, 공중과 접촉하는 모든 직원은 전문적이고 예의 바르게 상호작용을 할 수 있도록 훈련되어야 한다. 전화를 통한 서비스 요구는 임업 직원에 의해 즉시 다루어져야 하고 그 결과를 관련된 시민에 보고함으로써 사후관리를 해야 한다. 임업 부서의 관할 내에 속하지 않는 요청은 해당 기관에 알려주어야 한다.

시 직원은 가로수에 대한 작업을 할 때 많은 주의를 끌어서, 이들이 무슨 일을 하고 있고 왜 그 일을 하고 있는지에 대한 질문은 물론 개인 식생에 관한 정보성 질문을 하는 등 수많은 질문을 받게 된다. 이러한 질문에는 예의 바르게 응해야 하지만 직원들은 장시간 길어지는 대화로 인해 주어진 작업이 방해를 받아서는 안 된다. 일반적으로 간단하면서도 예의 바른 대답이면 대부분의 사람들에게 충분하다. 더 어려운 문제나 화난 시민은 추가적인 설명이나 논의를 위해 임업부서 사무실로 안내하는 것이 좋다. 공통적인 교목 유지관리 활동을 기술하는 유인물은 좋은 공중관계와 교육 도구로서의 역할을 하기 때문에 모든 직원이 휴대하는 것이 좋다. 교목 현황조사, 올바른 전정 기술, 교목과 관목을 식재하는 방법, 권고되는 수종, 새로운 해충이나 병과 같은 발생하고 있는 교목 문제와 같은 주제는 공중에게 공통적인 관심사이기 때문에 잘 받아들여질 것이다(**그림 13-13**).

일부 교목 관리활동은 그 일의 특성 때문에 공중 접촉이 어려울 수 있다. 시민들에게 해충이나 병으로 인해 자신들의 구획에 있는 가로수를 제거해야 한다고 통보하는 것은 대단히 충격적인 경험이 될 수 있다. 더욱 힘든 것은 개인 부지에 있는 교목을 제거하는 것이 전면적인 대립으로 이어질 수 있다. 이는 최고의 인내, 기지, 그리고 경청 기술을 요구한다. 시 직원이 지나친 시민에게 "자기의 생각을 거리낌 없이 말한다면" 아무런 도움도 되지 않을 것이다. 이렇게 하고 나면 직원은 기분이 좋을지 모르지만 좋지 못한 감정은 종종 오랫동안 지속된다. 때로는 시 공무원은 곧 닥칠 개인 느릅나무 손실에 정면으로 맞게 되는데, 이것도 자기 직무의 일부이다.

또 다른 수준의 직접 접촉은 근린집단(近隣集團, neighborhood group), 서비스 클럽, 정원과/이나 자연보호 클럽, 학교 등과 같은 조직을 통해서 이루어진다. 근린 조직과의 접촉은 교목 식재, 병해충 관리, 경관조성을 포함하는 재개발 등과 같은 특정 사업에 앞서 이루어져야 한다. 이들 조직은 계획을 수립하고 관리 목표를 설정할 때 훌륭한 주민 의견의 공급원으로서의 역할을 한다. 가끔 근린집단은 실제 교목 식재와 자신들이 그 과정의 일부를 담당한 경우 후속 유지관리에 도움을 줄 것이다. 참여한 사람들은 새로운 경관과 일체감이 형성되어 새로 식재된 교목을 보호하는 데 열심일 것이다.

그림 13-13 교목 현황조사 직원이 도시 임업 연구 사업을 홍보하기 위한 손잡이 걸이(door hanger). (미네소타대학교 Gary Johnson 제공.)

서비스 클럽은 항상 노출될 기회를 찾고 있어서 많은 경우 회원의 교목에 대한 관심이 높다. 지자체 임업과 관련된 다양한 주제에 관한 향후 회의에서 얘기할 이들 그룹의 담당자와 자원봉사자를 접촉하라. 서비스 조직에 대한 효과적인 발표를 통해 지자체 임업 프로그램에 대한 관심이 고조되는 것을 보면 놀라울 것이다. 서비스 클럽은 종종 지역사회 향상 사업을 찾고 있고, 교목 식재는 지역사회의 지지와 이들의 참여에 대한 인식을 높이는 가시성이 매우 높은 활동이다. 공공부문과 민간부문 모두의 지역사회 지도자들이 서비스 클럽의 회원이기 때문에, 임업을 홍보할 또 다른 수단이 된다.

정원과/이나 자연보호 클럽은 당연히 지자체 임업부서의 일에 관심을 가지고 있을 것이다. 이들 그룹에게는 단순한 발표 외에, 주요 식생 향상 사업의 지원을 요청할 수 있고, 이들은 장기적인 후속 유지관리를 제공하기도 할 것이다. 적절한 관계가 형성되고 나면 도시 임업을 정치적인 관점에서도 지원할 것이다. 이들 집단 중 일부는 농약 사용에 대해 강한 의견을 가지고 있어서, 농약 사용이 정당화되지 않거나 임업부서가 적절한 대안을 고려하지 않았다고 생각되면 이의 사용에 반대하는 적대적인 역할을 할 수 있기 때문에 주의를 요한다. 어떤 경우든, 이들 집단은 병해충 관리 의사결정을 할 때 고려하고 참여시키는 것이 좋다.

근린집단, 서비스 클럽, 정원과/이나 자연보호 클럽은 교목 관리 기술을 다루는 진단에 잘 반응한다. 발표와 진단은 잘 준비해야 하고, 가능하면 원하는 메시지를 전달하는 데 도움을 주는 고품질의 시각 보조 교재를 포함하는 것이 좋다. 빈약하게 계획되고, 작성되고, 실시된 발표는 교목 관리 활동에 대해 많은 지원을 얻지 못할 것이다.

학교는 도시 식생에 대한 긍정적인 태도를 창출하는 훌륭한 기회를 제공한다. 도시 교목의 고마움과 이해를 증진시키기 위해 설계된 프로그램은 반달리즘을 감소시키고 장기적으로는 지자체 임업을 지지하는 성인으로 자랄 수 있다. 또한 어린 학생들은 정보를 집으로 전달하는 통로가 된다. 아이는 자기가 학교에서 배운 것을 부모에게 얘기하기를 좋아하기 때문에 이들은 수준 높은 정보를 집으로 가져가고 싶어 한다. 그러나 어린 학생들에게 얘기할 때에는 세 가지 사항을 기억하는 것이 중요하다: 짧게 하라, 이들의 나이와 이해 가능 수준을 고려하라, 시각적인 보조 교재로 재미있게 만들어라.

간접 공중관계. 지자체 내 모든 주민이나 단체들과 개인적인 접촉을 구축하는 것은 불가능에 가깝기 때문에, 접촉은 언론 매체(言論媒體, media)나 다른 수단을 통해 간접적으로 이루어질 수 있다. 매체를 통한 간접 공중관계는 지역 신문, 텔레비전과 라디오 방송과 함께 일하는 것이다. 다른 공중 접촉 수단은 전시회, 소식지, 특별 우편발송, 보고서 배부, 전단, 포스터, 광고판, 대중교통 광고, 도로 표지판, 천연기념물이나 노거수 프로그램, 사용자 조사, 연차보고서, 사회적 매체, 식목일(植木日, Arbor Day) 행사 등을 통해 이루어질 수 있다(Nichnadowica 2007).

공중매체. 매체를 통해 공중에 다가가는 첫 단계는 지역 신문, 텔레비전, 라디오 등의 인사와 좋은 관계를 맺는 것이다. 이를 위해서는 소개뿐만 아니라 재미와 고품질의 정보를 제공해야 한다. 공중이 식생관리에 관심을 가지고 있고 매체 인사들도 이를 알고 있지만, 빈약하게 작성된 보도자료(報道資料, news release), 중요하지 않는 뉴스거리, 과도한 접촉은 회피의 빌미를 제공할 것이다. 공중매체(公衆媒體, public media)를 통한 공중 접촉 방법은 여러 가지가 있다.

1. **뉴스**. 뉴스(news)는 짧은 시간에 공중이 관심을 가지는 정보이다. 교목 식재, 특정 지역에 대한 계획된 유지관리, 교목 헌정, 식목일 활동, 교목 피해 등이 여기에 속한다(**그림 13-14**). 뉴스를 통해 공중에게 다가가는 방법에는 두 가지가 있다: 보도 자료와 뉴스 팁(news tip). 보도 자료는 임업 담당자가 작성하여 지역 신문, 라디오와 텔레비전 방송국에 배포된다. 보도 자료는 간단하고 비전문적인 방식으로 작성하고 다음 여섯 개의 질문에 대답하는 것이 좋다: 누가, 무엇을, 언제, 어디서, 왜, 어떻게. 이들 질문을 다루면 보도 자료에서 필요한 정보를 빠짐없이 제공하게 될 것이다.

   뉴스 팁은 뉴스거리가 될 수 있는 다가오는 행사를 뉴스 담당자에게 알려주는 것이다. 이때 해당 주제가 분명히 뉴스 관심이 있음을 분명히 하고 임업 담당자에게만 관심이 있는 사항에 대해 과도한 팁을 제공하지 않아야 한다. 지나치게 밀어붙이지 말고, 뉴스 담당자가 해당 주제의 가치 유무를 결정하도록 하라. 많은 것이 특정한 날의 행사에 달려 있을 것이다. 뉴스거리가 없는 날에는 전형적으로 시청자의 관심이 낮은 행사가 더 많은 관심을 받을 수 있다(예, 대형 화재는 그 날의 다른 뉴스거리 대부분을 가릴 것이다). 보도 자료에서와 마

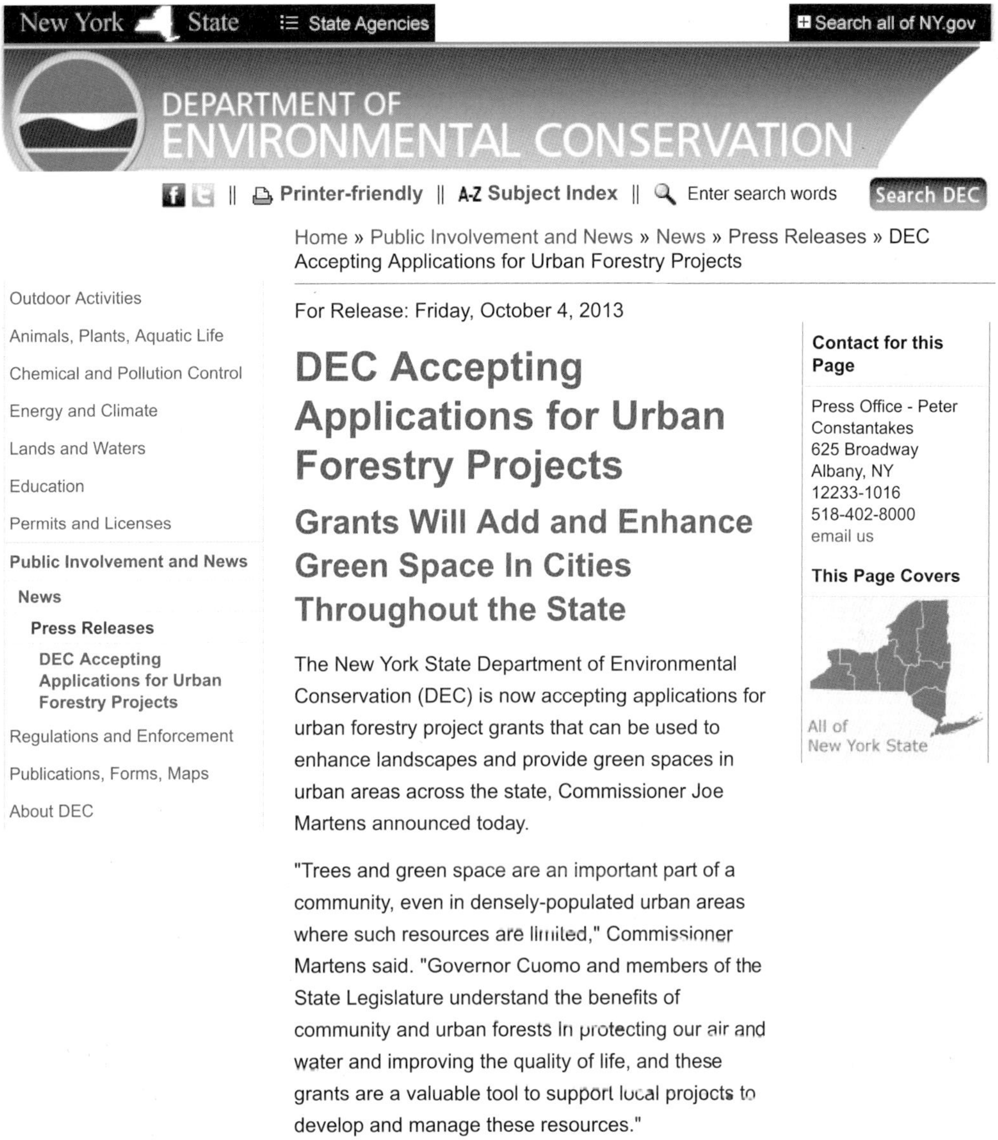

New York State | State Agencies | Search all of NY.gov

DEPARTMENT OF ENVIRONMENTAL CONSERVATION

|| Printer-friendly || A-Z Subject Index || Enter search words Search DEC

Home » Public Involvement and News » News » Press Releases » DEC Accepting Applications for Urban Forestry Projects

Outdoor Activities
Animals, Plants, Aquatic Life
Chemical and Pollution Control
Energy and Climate
Lands and Waters
Education
Permits and Licenses
Public Involvement and News
News
Press Releases
DEC Accepting Applications for Urban Forestry Projects
Regulations and Enforcement
Publications, Forms, Maps
About DEC

For Release: Friday, October 4, 2013

DEC Accepting Applications for Urban Forestry Projects

Grants Will Add and Enhance Green Space In Cities Throughout the State

The New York State Department of Environmental Conservation (DEC) is now accepting applications for urban forestry project grants that can be used to enhance landscapes and provide green spaces in urban areas across the state, Commissioner Joe Martens announced today.

"Trees and green space are an important part of a community, even in densely-populated urban areas where such resources are limited," Commissioner Martens said. "Governor Cuomo and members of the State Legislature understand the benefits of community and urban forests in protecting our air and water and improving the quality of life, and these grants are a valuable tool to support local projects to develop and manage these resources."

Contact for this Page

Press Office - Peter Constantakes
625 Broadway
Albany, NY
12233-1016
518-402-8000
email us

This Page Covers

All of New York State

그림 13-14 도시 임업 보도 자료 예.

찬가지로 매체 담당자는 누가, 무엇을, 언제, 어디서, 무엇을, 어떻게에 관심이 있을 것이다.

2. **특집.** 특집기사(特輯記事, feature story)는 자주 일요일 신문과 지역 라디오나 텔레비전 잡지에서 다룬다. 특집이 진짜 뉴스거리는 아니지만 오히려 일반 공중이 관심을 가진 일이나 상황을 다룬다. 지자체 임업과 관련된 특집기사 가능성이 있는 것으로는 그린벨트 숲의 관리, 지자체 임업의 개관, 공중의 교목 식재 참여, 병해충 관리, 역사적인 교목 등이다.
3. **칼럼.** 어떤 신문은 정원 가꾸기와 기타 경관 조성과 유지관리를 다루는 정기 칼럼(column)을 가지고 있다. 지자체 임업 담당자는 가끔 이 칼럼에 올바른 식재, 전정(剪定, pruning), 병해

충 관리, 기타 식생관리 사항에 대한 제안을 담은 기고를 정기적으로 한다.

4. **토크 쇼.** 많은 라디오와 텔레비전 방송국은 프로그램 진행자가 개인과 대담을 하고 시청자들로부터의 질문에 대답하는 지역 토크 쇼(talk show)를 크게 다룬다. 이들 쇼는 공중에게 개괄적인 도시 임업 프로그램, 특정 프로젝트(교목 식재나 식목일과 같은), 전반적인 올바른 교목 유지관리에 관한 정보를 제공하는 훌륭한 형식이 된다. 경관 주제에 관한 공중의 관심은 계절에 따라 다르고, 찬조 출연도 이러한 관심과 일치한다.

5. **공익 광고.** 미국의 텔레비전과 라디오 방송국은 연방 규정에 따라 공익 광고(公益廣告, public service announcement)를 방송해야 한다. 이 광고는 15초에서 30초 정도 되기 때문에 세심하게 준비하면 공중에게 교목 관리에 관해 많은 정보를 제공할 수 있다. 공익 광고는 지역적으로 준비될 수 있고, 공공 서비스 기관과 식목일 재단(植木日財團, Arbor Day Foundation)과 같은 민간 조직으로부터 확보할 수도 있다(**그림 13-15**).

전시회. 지역 전시회, 회의, 박람회, 가든 쇼, 식목일 축제, 수목원(樹木園, arboretum) 등이 종종 무료로 교육적인 전시를 위한 공간을 제공한다. 지자체 임업 활동을 특집으로 하는 전시회는 무료 공간에 대한 교육적인 범주를 충족하여 공중에게 높은 노출을 확보할 것이다. 전시물은 운반과 설치가 용이하고, 매력적이고, 단순한 정보적인 메시지를 전달하는 것이 좋다. 공중은 되풀이해서 나타나는 같은 메시지에는 금방 지치기 때문에, 전시물은 메시지가 위치, 주제, 계절에 부합하게 변경될 수 있도록 구성하는 것이 좋다. 메시지는 임업 프로그램에 관한 정보뿐만 아니라 집 주인이 자신의 경관을 스스로 관리하는 데 도움을 줄 수 있는 정보도 포함하는 것이 좋다. 전시회를 개발하기 전에 해당 주제를 다루는 논문을 찾아보는 것이 가장 좋으며, 아니면 자금이 허용하는 경우에는 개발에 도움을 줄 수 있는 컨설턴트를 고용하라. 계약에 의해 전시회를 설계하고 건설하는 기업이 많이 있다.

인쇄물. 도시 임업과 수목관리 작업에 관한 주제를 다루는 기사가 정원 클럽, 자연보호 조직, 수목원에 의해 발간되는 지역 소식지에 게재될 수 있다. 전단이나 유인물 형태의 문헌은 대학교 대외협력 기관과 민간 재단으로부터 명목적인 비용이나 무료로 구할 수 있다(**그림 13-16**). 이러한 인쇄물은 교목 유지관리의 특정 분야에 대한 자세한 정보가 필요한 시민들에게 나누어줄 수 있다.

지자체 임업부서도 다른 제공원에서 구할 수 없거나 특정한 지역 문제와 상태에 적합한 주제를 다루는 유인물을 스스로 개발할 수 있다. 교목 식재 프로그램은 무슨 일을 수행하며 일단 식재되고 나면 해당 교목을 어떻게 관리할 것인가를 설명하는 유인물로 인접 주택 소유자에게 우편으로 발송될 수 있다. 사전에 문제가 무엇이고 이를 어떻게 해결할 것인가를 설명하는 통보를 우편으로 발송한 다음 병해충 관리 활동을 수행하면 문제와 관리를 위해 사용되는 기술에 대한 공중의 염려를 완화시키는데 도움이 될 것이다.

공공 표지. 특정 교목관리 주제를 다루는 포스터(poster)는 관계 기관과 민간 재단에서 구할 수 있고, 지역적으로 제작할 수도 있다. 이들 포스터는 학교, 공공건물, 공원, 대중교통 차량에 부착될 수 있다(**그림 13-17**). 광고판을 빌릴 수도 있고, 때로는 기부를 받을 수도 있고, 중요한 공공 서비스 메시지를 운전자에게 보여줄 수도 있다.

그림 13-15 공익광고 예. (Alliance for Community Trees, http://www.ACTrees/org 제공.)

버지니아 협력적 대외 지원

PUBLICATION 430-210

교목을 죽이는 24가지 방법

Bonnie Appleton, 대외지원 전문가

우리 주변의 교목 중에서 "나이가 들어서" 죽는 경우는 드물다. 기계적인 피해와 그릇된 교목관리가 병해충보다 더 많은 교목을 죽인다. 아래 그림에서 보여주고 있는 교목을 손상시키는 실수를 저지르지 마라. 이들 항목 중 혼자서 교목을 죽이는 것은 거의 없지만 복합적인 문제는 교목에게 분명히 스트레스를 주고 결국에는 죽일 수 있다.

1. 교목을 약화시키는 도장지 발생을 조장하고 병해충 감염을 조장하기 위해 교목을 "두절"하라.
2. 바람과 폭풍이 불 때 잘 찢어지도록 "V" 자 형 생장과 동일세력 줄기를 방치하라.
3. 보호하는 수피를 마찰시켜 상처를 유발하도록 가로지르는 가지를 방치하라.
4. 해충과 병 피해를 무시하라.
5. 유합을 지연시켜 병해충 문제를 조장하도록 페인트로 전정 절단면을 도포하라.
6. 병해충 감염을 조장하도록 부러진 가지를 절단하지 않고 방치하라.
7. 교목을 약화시키도록 뿌리 구역 위에 승인되지 않은 제초제를 살포하라.
8. 잔디깎기 기계로 뿌리와 수간을 손상시켜라.
9. 도랑을 팔 때 뿌리를 거칠게 절단하라.
10. 적절한 교목과 뿌리 생장 공간이 줄어들도록 집이나 장애물 가까이 식재하라.
11. 수피가 손상되도록 교목에 물체를 부착하고, 철사와 밧줄로 가지를 매어라.
12. "가지터기"가 남도록 무작위로 전정하라.
13. 상처 유합이 지연되도록 평절(flush cut)하라.
14. 당김줄 철사가 수간을 옥죌 때까지 지주목이 설치된 교목을 방치하라.
15. 수간 생장을 압박하고 수피가 부후하도록 싸개를 방치하라.
16. 설치류 피해와 수피 부후를 조장하도록 과도한 멀칭 자재를 쌓아라.
17. 멀칭 자재 아래에 투수가 안 되는 검은 비닐을 깔아라.
18. 토양이 답압되도록 뿌리 위에 자재를 쌓아라.
19. 수간을 옥죄도록 근분 포장 밧줄을 방치하라.
20. 과도한 물이 공급되도록 낙수 홈통 근처에 식재하거나 얕은 뿌리 생장을 조장하도록 가볍게 관수하라.
21. 뿌리를 옥죄도록 철사 바구니의 상단을 그대로 두어라.
22. 뿌리 생장을 방해하도록 처리되거나 합성의 포장재를 그대로 두어라.
23. 적절한 뿌리 확산을 억제하도록 구덩이를 너무 좁게 파거나 되메우기 토양을 과도하게 개량하라.
24. 구덩이를 너무 깊게 파거나 물이 모이게 하여 뿌리가 침수되도록 자갈로 되메우기를 하라.

www.ext.vt.edu

VirginiaTech Invent the Future

Produced by Communications and Marketing, College of Agriculture and Life Sciences, Virginia Polytechnic Institute and State University, 2009

Virginia Cooperative Extension programs and employment are open to all, regardless of race, color, national origin, sex, religion, age, disability, political beliefs, sexual orientation, or marital or family status. An equal opportunity/affirmative action employer. Issued in furtherance of Cooperative Extension work, Virginia Polytechnic Institute and State University, Virginia State University, and the U.S. Department of Agriculture cooperating. RIck D. Rudd, Interim Director, Virginia Cooperative Extension, Virginia Tech, Blacksburg; Alma C. Hobbs, Administrator, 1890 Extension Program, Virginia State, Petersburg.

VIRGINIA STATE UNIVERSITY

(계속)

교목을 죽이지 않는 방법

1. 교목을 두절하지 마라. 수고는 도장지 발생을 자극하지 않는 올바른 수관 축소 전정으로 낮출 수 있다.

2. 교목이 어릴 때, 하나 또는 경쟁하는 직립의 가지 중에서 하나를 선택하여 주지가 되도록 하고 다른 것은 잘라내어라.

3. 수피 상처를 예방하기 위해 가로지르고 마찰하는 가지는 제거하라.

4. 병해충을 모니터하고 이들이 발견되면 적절하게 방제하라.

5. 전정 절단이나 상처를 덮기 위해 어떤 것도 사용하지 마라 - 교목은 스스로 상처를 유합한다.

6. 부러진 가지는 가지 깃에서 절단하라.

7. 잔디에는 교목에 피해를 주지 않는 제초제를 살포하라.

8. 잔디깎기 기계가 수간을 가격하는 것을 피하고 지표면 뿌리를 보호할 수 있도록 교목 주변을 멀칭하라.

9. 가능한 경우 뿌리 둘레를 굴착하고, 이것이 불가능하면 뿌리의 교목 측에 대해 깨끗하게 절단하라.

10. 교목이 얼마나 크게 자라는지(수고와 폭)를 확인하고 이에 따라 주택과 기타 장애물로부터 공간을 확보하라.

11. 철선이나 줄이 부착될 수 있도록 교목에 못이나 나사를 설치하라. 교목은 못이나 나사에 의해 생긴 작은 상처 주위는 유합할 것이다.

12. 가지가 죽어 들어가는 가시터기를 남기지 않도록 가지를 부착지점에서 절단하라.

13. 평절을 하지 마라. 가지 깃 바깥에서 절단하라.

14. 일반적으로 작은 주거지 교목에는 지주목이 필요 없지만, 필요한 경우, 피해가 발생하지 않도록 1년 후에는 제거하라.

15. 동물이 문제가 되는 경우에만 넓은 철망을 두르는 것 외 어떤 것으로도 수간을 감싸지 마라.

16. 멀칭 자재가 수간과 접촉하지 않도록 설치하고, 뿌리 위에 2~3인치만
쌓아라.

17. 멀칭 자재 밑에는 어떤 유형의 직물이나 플라스틱 자재도 깔지 마라.

18. 뿌리 위에 자재를 쌓지 마라. 답압을 유발한다.

19. 교목 수간 주위의 근분 포장재는 제거하라. 해당 교목이 용기 안에 있으면, 식재하기 전에 용기를 제거하라.

20. 습한 토양을 좋아하지 않는 교목의 뿌리로부터 물의 방향을 바꾸고, 관수를 하는 경우에는 뿌리가 깊게 자라도록 깊이 관수하라.

21. 바구니에서 상단의 수평의 둥근 철선을 제거하라. 전체 바구니를 제거할 필요는 없다.

22. 유형을 불문하고 근분의 상단에서 근분의 측면을 따라 5~6인치 아래로 포장재를 제거하라. 포장재를 모두 제거할 필요는 없다.

23. 근분으로부터 측근의 생장을 조장하기 위해 적어도 뿌리 시스템의 2배 넓이의 구덩이를 파라. 개별 교목의 구덩이에 대한 되메우기 토양을 개량하지 마라. 전체 식재 지역이 동일하게 개량되는 경우에만 개량하라.

24. 구덩이는 뿌리 시스템의 깊이만큼 만 파고, 수직적인 물을 적극적으로 멀리 끌어내기 위한 배수 시설을 설치하는 경우가 아니면, 식재 구덩이 아래에 자갈을 깔지마라.

Additional Extension publications that can help you with tree planting and pruning: 430-295 and 430-455 through 430-462 at www.ext.vt.edu

Poster concept designed by Bonnie Appleton
Poster initally funded by a Virginia Urban and Community Forestry assistance grant.
Reviewed by; Dan Goerlich, Adam Downing, Guy Mussey and Roger Harris

2

그림 13-16 대학교 대외지원 도시 임업 유인물 예. (버지니아 테크, 버지니아주립대학교의 비지니아 협력지 대외지원처 Bonnie Appleton 제공.)

그림 13-17 빗물 유출 감축으로 인한 편익을 알리는 버스에 부착된 포스터. (위스콘신주 스티븐스 포인트시 임정관 Todd Ernster 제공.)

또 다른 기회는 교목 관리 활동을 수행할 때 얻을 수 있다. 무슨 일을 왜 하고 있는가를 설명하는 표지판은 질문에 답을 할 뿐만 아니라 무엇이 올바른 교목 관리인가에 대한 정보를 공중에게 제공할 것이다. 이들 표지판은 간단하고 별도의 설명이 필요 없는 것이 좋고, 교통 위험을 유발하지 않는 곳에 이들을 위치시키는 것이 좋다.

소셜 미디어. 많은 사람들은 소셜 미디어(social media)를 통해 연결되어 있다. 페이스북(Facebook), 트위터(Twitter), 유튜브(YouTube), 링크드인(linkedIn), 핀터레스터(Pinterest), 인스타그램(Instagram)은 다른 사람들과 의사소통을 할 때 사용하는 소셜 미디어 네트워크의 사례들이다. 이러한 인터넷 기반의 응용 프로그램(application)들은 사용자 생성 콘텐츠(使用者生成-, user generated content)의 개발과 창출을 용이하게 한다(Kaplan & Haenlein 2012). 이들 프로그램은 정기적인 경신을 제공하는 사용하기 편한 수단으로 연결된 사용자에게 정보를 거의 즉시 보낸다. 소셜 미디어가 새로운 혁명처럼 보이지만, 소셜 미디어는 1970년대에 사용자 및 뉴스 집단과 함께 자신의 뿌리를 발달시켰다. 블로그(Blog)와 온라인 토론 포럼(discussion forum)은 사용자들이 정보를 공유하고 도시 임업 내의 현재 주제를 토론할 수 있는 또 다른 형태의 미디어이다. Treebuss.com은 2015년 3월 현재 8,700명의 수목관리자 회원을 연결시켜주는 토론 포럼이다.

유산 또는 거목 프로그램. 유산 교목(遺産喬木, heritage tree)은 어떤 지역사회에 역사적이거나 특별한 미학적 중요성을 가진 교목이다. 이러한 교목들은 이들이 존재할 때 발생한 역사적인 사건, 나이 또는 경관에서의 빼어남 등과 같은 특별한 속성을 기술하는 소책자(brochure)와 정보를 제공하는 표지판을 통해 공중에게 인식될 수 있다. 이러한 교목을 지정하는 것은 항상 매체의 관심을 끌어서 지자체 교목 관리를 증진시키는 데 활용될 수 있다.

American Forests(1875년 설립된 비영리단체)는 가장 큰 것으로 알려진 각 수종의 표본(標本, specimen)의 이름, 크기, 위치에 대한 목록인 National Register of Big Trees를 가지고 있다. 기타 거목(巨木, big tree) 등록은 일부 개별 주에 존재한다. 이러한 등록은 주와 국가 등록에 등재하기 위해 지역 내 거목에 대한 지역적인 조사를 지원하는 데 활용될 수 있고, 지자체가 자신의 거목 프로그램을 지원할 수 있다. 일단 확인되면, 지정 기념식과 정보를 제공하는 표지판 설치는 지역사회 단체와 매체가 참여하는 훌륭한 기회를 제공한다.

교목 산책. 많은 지자체가 공중에 대한 배부용으로 일련의 교목 산책(喬木散策, tree walk) 안내서를 개발해왔다. 이들 안내서는 자가-교육적(self-instructional)이고, 산책 지도, 교목의 위치, 수종 동정(樹種同定, species identification), 개별 교목의 특별한 속성에 관한 고찰 등을 포함하고 있다. 교목 산책 안내서는 학교 그룹, 정원 클럽, 교목 동정과 지자체 임업에 관심이 있는 개인 등에 의해 활용된다. 부록 F에 위스콘신주 매디슨시를 위해 개발한 교목 산책의 사례가 제시되어 있다.

식목일. 식목일(植木日, Arbor Day)은 1872년 1월 4일 J. Sterling Morton이 주 농업위원회(State Board of Agriculture) 회의에서 "네브래스카(Nebraska)주에서 교목 식재를 위해 특별히 하루를 별도로 지정하고 주 농업위원회가 이날을 식목일(Arbor Day)이라고 명한다"라고 하는 결의안을 제출하면서 네브래스카주에서 시작되었다(Everard 1926). 이 결의안은 통과되었고, 네브래스카 주에서 첫 식목일에 1백만 그루가 넘는 교목이 식재되었다. 식목일은 매국의 50개 주 모두에서 채택하고 있으며, 어떤 주는 식목주(Arbor Week) 또는 식목월(Arbor Month)까지도 지정하고 있다.

식목일의 기능은 지역사회, 농장, 산림에 교목을 식재해야 하는 필요성에 대해 주의를 환기시키는 것이다. 식목일은 교목 식재에 공중을 참여시키고 공중에게 공공 및 개인 부지 모두에 교목을 식재하고 유지관리 할 필요성을 알려주는 매우 좋은 기회를 제공한다. 잘 계획되고 잘 집행된 식목일 행사는 뉴스 매체의 관심을 끌어서 지자체 임업 프로그램에 대한 특집 기사로 이어질 수 있다. 지자체 지도자, 학교, 정치가, 서비스 조직이나 비즈니스 단체, 자연자원 기관, 노령자 그룹, 청년 단체, 정원 클럽, 뉴스 매체 등을 모두 교목 식재 프로그램에 참여하도록 초정할 수 있다. 전형적인 식목일 활동에는 다음과 같은 것이 있다:

1. 학교 교목 식재와 묘목 나눠주기 프로그램
2. 공원이나 기타 공공장소에서 교목 식재 기념식
3. 올바른 수목관리 기술에 관한 공공 세미나 또는 워크숍
4. 가로나 공원 교목 식재 사업
5. 기념수(紀念樹, memorial tree) 식재
6. 교목 식재 부지까지 식목일 달리기

이들 및 기타 식목일 사업에 관한 정보는 네브래스카주 링컨(Lincoln)에 있는 식목일재단(Arbor Day Foundation)과 주와 국가 임업 기관에서 구할 수 있다.

공중관계와 민간부문

민간부문에서의 공중관계도 더 중요하지 않다고 하더라도 공공 부문에서와 마찬가지로 중요하다. 민간부문에서의 공중관계의 영향은 고객 상실과 좋지 못한 평판 조성을 통해 직접적이다. 성공적인 수목관리 기업의 구성요소는, 서비스 산업에서 고객의 구매는 종종 신뢰에 기반을 두기 때문에, 20%의 교목 관리와 80%의 마케팅일 가능성이 높다(Ball 1992). 민간부문에서의 공중관계 활동 기회는 공공부문에 비해 더 제한적이지만 기회는 분명히 존재한다. 민간 기업은 지자체 임업 기관이 수행하는 모든 정보적인 활동에 참여할 수 있고 자기 자신의 프로그램을 지원할 수 있다. 교목 관리 정보를 포함한 광고는 수목관리 회사와 도시 식생 조성과 관리를 취급하고 있는 다른 회사에게 좋은 공중관계 도구가 될 것이다.

교목 관리 시연, 무료 또는 싼 교목, 전단과 소책자, 포스터, 수행하고 있는 작업을 설명하는 공공 표지판 등이 모두 공중에게 메시지를 전달하는 데 도움이 되고, 또한 서비스를 광고하게 된다. Ball(1992)은 연간 광고예산을 편성하고, 전화를 걸어오는 사람에게 자기 회사에 관해 어떻게 듣고 있는지 물어보고, 마케팅 방법을 이용하여 연간 매출을 추적할 것을 제안한다. 업종별 전화번호부(Yellow Page)는 인쇄 상태와 온라인의 인명부 서비스(directory service)이다. Ball(1992)은 이 광고방법은 전화가 가장 많이 걸려오지만 매출 기회는 가장 적었는데, 이는 주로 교목 제거에 관한 것이었다. 교목 관리 기술을 설명하고 경관 관리에 대한 다른 사실에 관한 기사를 싣는 고객 소식지(消息誌, newsletter)는 관리 서비스에 더 많은 관심을 갖게 할 것이다. 소식지는 전문적인 시각에서 제대로 작성될 필요가 있다. 회사 내부 기술이 훌륭한 소식지를 만들기에 부족하다면, 전문가를 고용하는 것이 낫다(Ball 1992; Pancoast 1991). 소식지는 교목의 필요성과 특정 서비스가 필요한 이유에 관해 고객을 교육시키는 비용 효과적인 매체이다(Pancoast 1991). 이는 회사, 직원, 새로운 제품과 서비스에 관한 뉴스도 담을 수 있다. 부록 G는 민간 수목관리 회사가 발생한 소식지의 한 예이다.

민간 기업의 가장 중요한 공중관계 도구는 적정 가격으로 유능한 직원에 의해 수행되는 질 높은 작업이다. 이를 위해서는 예의 바르고 상황을 잘 아는 작업자가 깨끗하고 잘 유지관리된 장비를 사용해야 한다. 최선의 광고는 만족하는 고객이라고 가끔 얘기되는데, 이것이 경관 조성과 유지관리 사업보다 더 잘 맞는 곳은 없다.

도시 임업에서의 자원봉사자

자원봉사자(自願奉仕者, volunteer)는 요즘 지자체 임업 프로그램에서 점점 더 많은 역할을 수행하고 있다. 이들은 새로운 아이디어, 조직에서 구할 수 없는 기술, 늘어나는 공중 지원, 더 많은 일을 수행할 수 있는 능력을 유발한다(Westphal & Childs 1994). 비록 자원봉사자들을 이용하는 것이 비용을 대폭적으로 절감할 가능성이 높지는 않을지라도, 자원봉사자가 지자체 임업에 대한 지지 수준을 높이는 것은 분명하다(Ball 1986). Stiegler(1989)는 도시 임업에 대한 인식을 확인하기 위해 미네소타주 미니애폴리스(Minneapolis)시 교외 지자체에 살고 있는 주민에 대한 조사를 수행했다. 그는 조사 집단의 도시 숲 개념에 대한 인식과 이해가 부족했다고 보고하고, 이들 공중을 교육시키기 위해 도시 임업 전문가에 대한 필요성이 매우 높다고 결론지었다. 자원봉사자 프로그램은 지자체 내의 도시 임업에 대한 인식 수준을 높일 수 있다. Still & Gerhold(1997)는 자원봉사자들은 교육이 공중의 지원을 얻는 방향으로 지향된 중요한 과업이라고 믿고 있다는 것을 확인했다.

자원봉사자들은 교목을 식재할 수 있고, 이들에 대한 초기 관리를 제공할 수 있으며, 작은 교목에 대한 일부 기본적인 수준의 전정까지도 제공할 수 있다. 자원봉사자 조직인 TreePeople은 1973년 이래 로스앤젤레스(Los Angeles)에 수백만 그루의 교목을 식재하고 돌보아 왔다. Sommer 등(1994)은 캘리포니아주 프레즈노(Fresno)에서 자기 자신이 가로수를 식재한 주민과, 시가 가로수를 식재한 가로에 사는 주민 간의 가로수에 대한 만족 수준을 비교하였다. 이들은 식재에 참여한 주민들이 그렇지 않은 주민들보다 결과에 대한 만족도가 높았고, 이들 교목에 대한 비용을 지급한 주민들은 만족도가 더 높았다. 느릅나무시듦병(*Ophiostoma ulmi*) 조사 프로그램에 자발적으로 참여한 주민들은 자신들의 도시 숲에 관해 더 많은 지식을 가지고 있었고 자신들의 주변에 대한 만족도가 더 컸다(Nannini 등 1998). 다른 연구에서는 자신의 주변을 향상시키는 것이 자원봉사의 주된 이유였다(Still & Gerhold 1997).

자원봉사자 단체의 다양성과 이들의 도시 숲 역량에 미치는 영향은 대단히 넓다. 다음은 미국 내 이들 단체의 몇 가지 사례들이다.

- 오리건주 포틀랜드의 Friends of Trees(http://www.friendsoftrees.org)
- 콜로라도주 덴버(Denver)의 The Park People(http://www.theparkpeople.org)
- 캘리포니아주 산호세(San Jose)의 Our City Forest(http://www.ourcityforest.org)
- 뉴욕주 뉴욕시의 Trees New York, Citizen Pruner Program(http://www.treesny.org)
- 미시간주 디트로이트의 The Greening of Detroit(http://www.greeningofdetroit.com)
- 캘리포니아주 샌프란시스코의 Friends of the Urban Forest(http://www.fuf.net)
- 텍사스주 포트워스(Fort Worth)의 Cross Timbers Urban Forestry Council(http://www.ctufc.org)

Nichnadowicz(2007)는 자원봉사자들을 지자체 임업 프로그램에 포함시켜야 하는 이유 몇 가지를 제시했다:

1. 여러분 프로그램의 사명(使命, mission)에 동의한 자원봉사자들은 여러분이 가지고 있지 않은 기술을 제공할 수 있다. 여러분이 수목관리 분야에 전문성을 가지고 있는 데 비해 이들은 컴퓨터, 광고, 글쓰기, 정책 등에 대한 지식을 가지고 있을 수 있다. 이러한 기술들은 모두 여러분 지자체의 교목 프로그램을 크게 향상시키는 데 활용될 수 있다.
2. 자원봉사자들은 여러분에게 다른 관점과 연줄을 제공할 수 있다. 어떤 자원봉사자는 여러분의 프로그램을 지원하는 문제에 관해 얘기할 수 있는 선출직 공무원을 알고 있을 것이다. 다

른 자원봉사자는 스스로 하나의 자원봉사조직을 운영하고 있어서 자원봉사자 프로그램을 지속적으로 유지시키는 데 대해 굉장한 조언을 해줄 수도 있다.

3. 좋은 자원봉사자는 헌신적이고 친절한 청중이다. 이들은 여러분이 성공하면 박수를 보내고 일이 잘못되면 재기하는 데 도움을 줄 것이다. 여러분 지자체를 위한 훌륭한 교목 프로그램을 가지지 못해 실망스럽지만 이를 아는 사람은 거의 없다. 여러분의 프로그램에 아이디어를 제공할 수 있는 좋은 자원봉사자가 있으면(예, 이들이 식재할 교목의 유형을 선정하는 데 도움을 주었다면), 이들은 잘 수행된 과업을 소개하고 박수를 보낼 것이다.
4. 열광적인 자원봉사자는 성장하여 보다 복잡한 자원봉사 직무에 참여하게 될 수 있다. 새로운 자원봉사자가 경험을 쌓음에 따라, 이들은 식목일 행사를 조직할 수 있고, 연사 사무국(speakers' bureau)을 개발할 수 있고, 교목에 관해 어린이들을 가르치기 위해 학교에도 갈 수 있다.
5. 마지막으로 가장 명백한 것은, 자원봉사자는 여러분의 교목 프로그램을 확대하는 데 도움을 줄 수 있다.

그러나 자원봉사자들이 지자체 임업 프로그램에 기여를 할 수 있게 하기 위해서는 교육을 받고 지도를 받을 필요가 있는데, 이는 시간과 재원이 필요하다(Ball 1986). 1993년 미네소타대학교 대외지원처(Extension)와 미네소타 임업국은 Tree Care Advisor(TCA) 프로그램을 만들었다. 이 프로그램의 의도는 미네소타의 모든 주민에게 도시와 지자체 임업을 장려하는 일에 주 기관과 지자체를 지원할 수 있는 훈련되고 지역사회 기반의 자원봉사자 네트워크를 개발하는 것이었다. TCA 프로그램은 36시간의 훈련과 첫 3년 내 100시간의 자발적인 서비스, 그리고 자문가가 이러한 TCA 위치를 유지하기 위해서는 3년마다 적어도 12시간의 계속 교육을 받을 것을 요구한다. 이 과정을 끝낸 이후, 자원봉사자들은 자신의 지자체에 대해 보수적으로 추정해서 70,000시간이 넘는 도시 임업 서비스와 프로그램에 대한 지원을 제공했다(Johnson 2012). 자원봉사자에 대한 투자 회수는 도시 임업에 대한 대폭적인 정치적 지지를 보내는 교육을 받은 핵심적인 시민과 이들 지자체의 도시 임업에 대한 견실한 공헌이다. 자원봉사자들은 교목 관리가 자신들에게 최고의 만족을 주고 잠재적인 자원봉사자들이 교목 식재에 의해 자극을 받는다고 생각한다(Still & Gerhold 1997). 이들은 기금 모금이나 정치인들에게 로비를 하는 데는 관심을 덜 가지지만, 계획수립과 의사결정에 대한 참여에는 정말로 강한 욕망을 보인다.

자원봉사자는 가끔 비용이 들지 않는 공짜 노동의 공급원으로 생각된다. 그러나 자원봉사자를 활용하기 위해서는 적절한 훈련, 지휘, 부여된 과업에 대한 완성도 수준 등과 관련된 직접 및 간접적인 비용이 들어간다. Bloniarz & Ryan(1996)은 매사추세츠주에서 교목 현황조사 자료를 수집하는 것과 관련된 정확도(正確度, accuracy)와 비용에 대해 자원봉사자와 전문가의 효과를 비교하였다. 자료를 수집하기 위한 전문가의 비용은 전형적으로 $1~$2 사이에 있는 데 반해, 자원봉사자를 훈련시키고 지원하는 데 드는 비용은 $1.02였다. 수집된 자료의 정확도는 차이가 있었는데, 속(屬, genus) 수준에서의 정확한 동정은 91%에서 96%였고, 속/종 수준에서의 자원봉사자와 공인 수목관리자(certified arborist) 사이의 합치율(合致率, agreement)은 46%에서 96%였다. 사우스다코타(South Dakota)에서는, 자원봉사를 하는 마스터가드너(master gardener)가 당시의 교목을 98.8% 정확하게 동정하였다(Ball 등 2007). 또한 자원봉사자들은 관리상 필요로 교목 전정과 제거를 공인 수목관리자들보다 25% 더 자주 권고하였다(Bloniarz & Ryan 1996). 전문가와 자원봉사자 그룹 간 교목의 상태(예, 양호, 보통, 불량, 고사, 위험)에 관한 합치율은 83%였으며, 상태 그룹을 두 그룹(예, 양호/보통 또는 불량/고사/위험)만 사용하면 합치율은 96%로 증가하였다.

인용 문헌

American Public Works Association (APWA). 2007. *Urban Forestry Best Management Practices for Public Works Managers: Budgeting & Funding*. Kansas City, MO: American Public Works Association.

Ball, J. 1986. "Urban Forestry and Volunteer Management." *Journal of Arboriculture* 12(7):182–184.

Ball, J. 1992. "Marketing Arboricultural Services." *Journal of Arboriculture* 18(4):205–208.

Ball, J., S. Mason, A. Kiesz, D. McCormick, & C. Brown. 2007. "Assessing the Hazard of Emerald Ash Borer and Other Exotic Stressors to Community Forests." *Arboriculture & Urban Forestry* 33(5):350–359.

Bettinger, P., K. Boston, J. Siry, & D. L. Grebner. 2009. *Forest Management and Planning*. New York: Academic Press.

Bloniarz, D. V., & H. D. P. Ryan. 1996. "The Use of Volunteer Initiatives in Conducting Urban Forest Resource Inventories." *Journal of Arboriculture* 22(2):75–82.

Browning, D. M., & H. V. Wiant. 1997. "The Economic Impacts of Deferring Electric Utility Tree Maintenance." *Journal of Arboriculture* 23(3):106–112.

Churack, P. L., R. W. Miller, K. Ottman, & C. Koval. 1994. "Relationship between Street Tree Diameter Growth and Projected Pruning and Waste Wood Management Costs." *Journal of Arboriculture* 20(4):231–236.

Clark, J. R., N. P. Matheny, G. Cross, & V. Wake. 1997. "A Model of Urban Forest Sustainability." *Journal of Arboriculture* 23(1):17–30.

Cole, P. D. 1993. "Reinventing Municipal Urban Forestry Budgets." In Proceedings, Sixth Urban Forestry Conference (pp. 26–29). Washington, DC: American Forestry Association.

Davey Resource Group. 2012. *Pittsburgh Urban Forest Master Plan*. Kent, OH: Davey Resource Group.

Dreistadt, S. H., & D. L. Dahlsten. 1986. "Replacing a Problem Prone Street Tree Saves Money: A Case Study of the Tuliptree in Berkeley, California." *Journal of Arboriculture* 12(6):146–149.

Drucker, P. F. 1954. *The Practice of Management*. New York: HarperCollins.

Eckert, K., & P. Simpson. 1994. "Assessing the Feasibility of Collaborative Utility—Municipal Tree Removal and Replanting." *Journal of Arboriculture* 20(3):190–195.

Everard, L. C. 1926. "Arbor Day: Its Purpose and Observance." *Farmer's Bulletin*, No. 1492. Washington, DC: US Department of Agriculture.

Gamstetter, D. 2013. Personal communication. Natural Resource Manager, Cincinnati Park Board, Ohio.

Gamstetter, D. 2015. Personal communication. Natural Resources Manager, Cincinnati Park Board, Ohio.

Grado, S. C., D. L. Grebner, M. K. Measells, & A. L. Husak. 2006. "Status, Needs, and Knowledge Levels of Mississippi's Communities Relative to Urban Forestry." *Arboriculture & Urban Forestry* 32(1):24–32.

Griffith and Associates. 1993. *Comprehensive Review of the Services, Operations, Organization, Financing, Management, and Staffing of the Bureau of Forestry*. Milwaukee, WI: Griffith and Associates.

Hauer, R. J. 2005. Urban Forestry and Urban Forest Capacity: Defining Capacity and Models of Capacity Building. Doctoral Dissertation. University of Minnesota, Saint Paul.

Hauer, R. J. 2009. "Trees and Construction—A Quarter Century Grey and Green Infrastructure Battle." *Minnesota Shade Tree Advocate* 11(1):5–7.

Hauer, R. J. 2012. "Emerald Ash Borer Economics, Management Approaches, and Decision Making." *Tree Care Industry* 23(8):14–17.

Hauer, R. J., A. J. Hauer, D. R. Hartel, & J. R. Johnson. 2011. "Rapid Assessment of Tree Debris Following Urban Forest Ice Storms." *Arboriculture & Urban Forestry* 37(5):236–246.

Hauer, R. J., & G. R. Johnson. 2008. "State Urban and Community Forestry Program Funding, Technical Assistance, and Financial Assistance within the 50 United States." *Arboriculture & Urban Forestry* 34(5):280–289.

Hauer, R. J., G. R. Johnson, & M. I. Kilgore. 2011. "Local Outcomes of Federal and State Urban & Community Forestry Programs." *Arboriculture & Urban Forestry* 37(4):152–159.

Hauer, R. J., R. W. Miller, & D. M. Ouimet. 1994. "Street Tree Decline and Construction Damage." *Journal of Arboriculture* 29(2):94–97.

Hauer, R. J., C. J. Widerstrand, & R. W. Miller. 2008. "Advancement in State Government Involvement in Urban and Community Forestry in the 50 United States: Changes in Program Status from 1986 to 2002." *Arboriculture & Urban Forestry* 34(1):5–12.

Heimlich, J., T. D. Sydnor, M. Bumgardner, & P. O'Brien. 2008. "Attitudes of Residents toward Street Trees on Four Streets in Toledo, Ohio, U.S. before Removal of Ash Trees (*Fraxinus* spp.) from Emerald Ash Borer (*Agrilus planipennis*)." *Arboriculture & Urban Forestry* 34(1):47–53.

Hudson, B. 1983. "Private Sector Business Analogies Applied in Urban Forestry." *Journal of Arboriculture* 9(10):253–258.

Janse G., & C. C. Konijnendijk. 2007. "Communication Between Science, Policy and Citizens in Public Participation in Urban Forestry—Experiences from the Neighbourwoods Project." *Urban Forestry & Urban Greening* 6(1): 23–40.

Johnson, C. 1982. "Political and Administrative Factors in Urban-Forestry Programs." *Journal of Arboriculture* 8(6):160–163.

Johnson, G. R. 2012. Personal communication. http://www.mntca.org/

Kaplan, A. M., & M. Haenlein. 2012. "Invited Comment on the Theme of the Special Issue 'Social Media: Back to the Roots and Back to the Future.'" *Journal of Systems and Information Technology* 14(2):101–104.

Kielbaso, J. J. 1988. "Trends in Urban Forestry Management." Baseline Data Report 20(1). Washington, DC: International City Management Association.

Kovacs, K. F., R. G. Haight, D. G. McCullough, R. J. Mercader, N. W. Siegert, & A. M. Liebold. 2010. "Cost of Potential Emerald Ash Borer Damage in U.S. Communities." *Ecological Economics* 69:569–578.

League of Minnesota Cities. 2011. *Special Assessment Guide* (Publication 515A1A.3). Saint Paul, Minnesota.

Long, D. L., & H. G. Love. 1983. "Time Management." *Journal of Arboriculture* 9(2):54–56.

Love, H. G., & D. L. Long. 1983. "Job Analysis: A Management Tool for Instituting Management by Objectives." *Journal of Arboriculture* 9(2):44–47.

Luley, C. J., S. Sisinni, & A. Pleninger. 2002. "The Effect of Pruning on Service Requests, Branch Failures, and Priority Maintenance in the City of Rochester, New York, U.S." *Journal of Arboriculture* 28(3):137–143.

Lynch, D. L. 1985. "Developing Administrative Skills." *Journal of Arboriculture* 11(2):50–53.

Maco, S. E., & E. G. McPherson. 2003. "A Practical Approach to Assessing Structure, Function, and Value of Street Tree Populations in Small Communities." *Journal of Arboriculture* 29(2):84–97.

Mali, P. 1986. *MBO Updated: A Handbook of Practices & Techniques for Managing by Objectives*. New

York: John Wiley & Sons.

McCabe, J. J. 2001. "A Summary and Forecast of Demand for Municipal Street Tree Service on Staten Island, New York." *Journal of Arboriculture* 27(5):277–280.

McCullough, D. G., & R. J. Mercader. 2012. "SLAM in an Urban Forest: Evaluation of Potential Strategies to Slow Ash Mortality Caused by Emerald Ash Borer (*Agrilus planipennis*)." *International Journal of Pest Management* 58(1):9–23.

McKenney, D. W., J. H. Pedlar, D. Yemshanov, D. B. Lyons, K. L. Campbell, & K. Lawrence. 2012. "Estimates of the Potential Cost of Emerald Ash Borer (*Agrilus planipennis* Fairmaire) in Canadian Municipalities." *Arboriculture & Urban Forestry* 38(3):81–91.

McPherson, E. G. 1991. "Environmental Benefits and Costs of the Urban Forest." In Proceedings, Sixth Urban Forestry Conference (pp. 52–54). Washington, DC: American Forestry Association.

McPherson, E. G. 1994. "Benefits and Cost of Tree Planting and Care in Chicago." In E. G. McPherson, D. J. Nowak, and R. A. Rowntree (eds.), *Chicago's Urban Forest Ecosystem: Results of the Chicago Urban Forest Climate Project* (Gen. Tech. Rep. NE-186). Radnor, PA: USDA Forest Service, Northeastern Forest Experiment Station.

McPherson, E. G. 2000. "Expenditures Associated with Conflicts between Street Tree Root Growth and Hardscape in California, United States." *Journal of Arboriculture* 26(6):289–297.

McPherson, E. G. 2003. "A Benefit-Cost Analysis of Ten Street Tree Species in Modesto, California, U.S." *Journal of Arboriculture* 29(1):1–8.

McPherson, E. G. 2007. "Benefit-Based Tree Valuation." *Arboriculture & Urban Forestry* 33(1):1–11.

McPherson, E. G., & S. Biedenbender. 1991. "The Cost of Shade: Cost-Effectiveness of Trees versus Bus Shelters." *Journal of Arboriculture* 17(9):233–242.

McPherson, E. G., & J. Muchnick. 2005. "Effects of Street Tree Shade on Asphalt Concrete Pavement Performance." *Journal of Arboriculture* 31(6):303–310.

McPherson, E. G., J. R. Simpson, P. J. Peper, S. E. Maco, & Q. Xiao. 2005. "Municipal Forest Benefits and Costs in Five US Cities." *Journal of Forestry* 103(8):411–416.

McPherson, E. G., J. R. Simpson, P. J. Peper, & Q. Xiao. 1999. "Benefit-Cost Analysis of Modesto's Municipal Urban Forest." *Journal of Arboriculture* 25(5):235–248.

Morgenroth, J. 2008. "A Review of Root Barrier Research." *Arboriculture & Urban Forestry* 34(3):84–88.

Nannini, D. K., R. Sommer, & L. S. Meyers. 1998. "Resident Involvement in Inspecting Trees for Dutch Elm Disease." *Journal of Arboriculture* 24(1):42–46.

Nichnadowicz, J. 2007. "Community Involvement in Urban Forestry Programs." In J. E. Kuser (ed.), *Handbook of Urban and Community Forestry in the Northeast* (pp. 121–135). New York: Kluwer Academic/Plenum.

Nighswonger, J. 1982. "Urban-Community Forestry: Any Which Way You Can." In Proceedings, Second National Urban Forestry Conference (pp. 317–321). Washington, DC: American Forestry Association.

Nowak, D. J., J. E. Pasek, R. A. Sequeira, D. E. Crane, & V. C. Mastro. 2001. "Potential Effect of *Anoplophora glabripennis* (Coleoptera: Cerambycidae) on Urban Trees in the United States." *Journal of Economic Entomology* 94(1):116–122.

O'Brien, P. R., & K. A. Joehlin. 1992. "Use of Municipal Tree Standards." *Journal of Arboriculture* 18(5):273–277.

O'Brien, P. R., K. A. Joehlin, & D. J. O'Brien. 1992. "Performance Standards for Municipal Tree Maintenance." *Journal of Arboriculture* 18(6):307–315.

Onstad, D. W., D. J. Nowak, & M. R. Jeffords. 1997. "Potential Defoliation of Trees by Outbreak Populations of Gypsy Moth in the Chicago Area." *Journal of Arboriculture* 23(2):57–64.

Ottman, K., K. Genich, & J. Boeder. 1996. "Street Trees and Construction." *Arborist News* 5(6):26–32, 34.

Overbeek, J. A. 1979. "Increased Efficiency in Urban Forestry." *Journal of Arboriculture*

5(11):262–264.

Pancoast, D. A. 1991. "The Changing Face of Arboricultural Communications." *Journal of Arboriculture* 17(5):123–126.

Payton, S., G. Lindsey, J. Wilson, J. R. Ottensmann, & J. Man. 2008. "Valuing the Benefits of the Urban Forest: A Spatial Hedonic Approach." *Journal of Environmental Planning and Management* 51(6):717–736.

Peters, T. J., & R. H. Waterman. 1982. *In Search of Excellence.* New York: Warner Books.

Randrup, T. B., E. G. McPherson, & L. R. Costello. 2003. "A Review of Tree Root Conflicts with Sidewalks, Curbs, and Roads." *Urban Ecosystems* 5(3):209–225.

Ries, P. D., A. S. Reed, & S. J. Kresse. 2007. "The Impact of Statewide Urban Forestry Programs: A Survey of Cities in Oregon, U.S." *Arboriculture & Urban Forestry* 33(3):168–171.

Sandfort, S., & R. C. Runck III. 1986. "Trees Need Respect, Too!" *Journal of Arboriculture* 12(6):141–145.

Schroeder, H., J. Flannigan, & R. Coles. 2006. "Residents' Attitudes toward Street Trees in the U.K. and U.S. Communities." *Arboriculture & Urban Forestry* 32(5):236–246.

Schultz, P. B., & D. B. Sivyer. 2006. "An Integrated Pest Management Success Story: Orangestriped Oakworm Control in Norfolk, Virginia, U.S." *Arboriculture & Urban Forestry* 32(6):286–288.

Schwarz, C. F., & J. A. Wagar. 1987. "Street Tree Maintenance: How Much Should You Spend Now to Save Later?" *Journal of Arboriculture* 13(11):257–261.

Scott, J. L., & D. R. Betters. 2000. "Economic Analysis of Urban Tree Replacement Decisions." *Journal of Arboriculture* 26(2):69–77.

Sherwood, S. C., & D. R. Betters. 1981. "Benefit-Cost Analysis of Municipal Dutch Elm Disease Control Programs in Colorado." *Journal of Arboriculture* 7(11):291–298.

Skiera, R. W. 1988. Personal communication. Bureau Chief (retired), Milwaukee Bureau of Forestry, Wisconsin.

Skiera, R. W. 1994. Personal communication. Consulting Urban Forester, Milwaukee, Wisconsin.

Smiley, E. T. 2008. "Comparison of Methods to Reduce Sidewalk Damage from Tree Roots." *Arboriculture & Urban Forestry* 34(3):179–183.

Smith, D. C., & J. J. Raupp. 1986. "Economic and Environmental Assessment of an Integrated Pest Management Program for Community-Owned Landscape Plants." *Journal of Economic Entomology* 79(1):162–165.

Sommer, R., F. Learey, J. Summit, & M. Tirrell. 1994. "The Social Benefits of Resident Involvement in Tree Planting." *Journal of Arboriculture* 20(3):170–175.

Spell, A. 2012. Personal communication. Urban Forester, City of Spokane, Washington, Parks and Recreation.

Stevenson, T. R., H. D. Gerhold, & W. F. Elmendorf. 2008. "Attitudes of Municipal Officials toward Street Tree Programs in Pennsylvania, U.S." *Arboriculture & Urban Forestry* 34(3):144–151.

Stiegler, J. H. 1989. "Public Perception of the Urban Forest." In Proceedings, Fourth National Urban Forestry Conference (pp. 40–45). Washington, DC: American Forestry Association.

Still, D. T., & H. D. Gerhold. 1997. "Motivations and Task Preferences of Urban Forestry Volunteers." *Journal of Arboriculture* 23(3):116–130.

Struve, D. K., G. Kaster, & T. Smith. 1995. "Tree Replacement Programs in Ohio." *Journal of Arboriculture* 21(6):296–301.

Tate, R. L. 1976. "Public Relations in Urban Forestry." *Journal of Arboriculture* 2(8):170–172.

Tate, R. L. 1981. "Guidelines for In-Service Training for Urban Tree Managers." *Journal of Arboriculture* 7(7):188–190.

Tschantz, B. A., & P. L. Sacamano. 1994. *Municipal Tree Management in the United States.* Kent, OH: Davey Tree Expert Company.

USDA Forest Service. 2004. *Urban Forestry Manual.* Athens, GA: Southern Center for Urban

Forest Research & Information.

VanderWeit, W. J., & R. W. Miller. 1986. "The Wooded Lot: Homeowner and Builder Knowledge and Perception." *Journal of Arboriculture* 12(5):129–134.

VanNatta, A. R., R. H. Hauer, & N. M. Schuettpelz. 2012. "Cost Analysis of Emerald Ash Borer (*Agrilus planipennis*) Management Strategies." *Journal of Economic Entomology* 105(1):196–206.

Wagar, J. A. 1991. "Computerized Management of Urban Trees." In Proceedings, Fifth National Urban Forestry Conference (pp. 151–155). Washington, DC: American Forestry Association.

Wagner, J. F. 1970. "Time Study of Tree Trimming." In Proceedings, Forty-Sixth International Shade Tree Conference (pp. 97–101).

Wellman, J. D., & T. J. Tipple. 1989. "A Model for Successful Management of Urban Forests." In Proceedings, Fourth National Urban Forestry Conference (pp. 145–151). Washington, DC: American Forestry Association.

Westphal, L., & G. Childs. 1994. "Overcoming Obstacles Creating Volunteer Partnerships." *Journal of Arboriculture* 92(1):28–32.

Willeke, D. 1982. "The Springtime of Urban Forestry." In Proceedings, Second National Urban Forestry Conference (pp. 207–214). Washington, DC: American Forestry Association.

Young, R. F. 2013. "Mainstreaming Urban Ecosystem Services: A National Survey of Municipal Foresters." *Urban Ecosystems* 16(4):703–722.

Zhang, Y., A. Hussain, J. Deng, & N. Letson. 2007. "Public Attitudes toward Urban Trees and Supporting Urban Tree Programs." *Environment and Behavior* 39(6):797–814.

Zhang, Y., & B. Zheng. 2011. "Assessments of Citizen Willingness to Support Urban Forestry: An Empirical Study in Alabama." *Arboriculture & Urban Forestry* 37(3):118–125.

Zillmer, R. E., J. L. Boeder, & K. G. Genich. 2000. "A Productivity Timing System for Tree Climbing Training." *Journal of Arboriculture* 26(2):97–105.

제14장

공원과 오픈 스페이스 식생 관리

호주 브리즈번(Brisbane)

도시 숲 식생은 제1장에서 토지이용 연속체(連續體, continuum)에 존재하는 것으로 기술되어 있다. 이 연속체는 조성된 공원 여기저기에 있는 개별 교목으로부터 스스로 갱신(更新, regeneration)하는 산림과 이와 관련된 생태계인 자연에 이르기까지를 포함한다. 개별 교목의 관리는 수목관리학(樹木管理學, arboriculture)의 핵심인 반면, 산림 생태계 관리는 조림학(造林學, silviculture)에 속한다. 제10장에서 13장까지는 수목관리학적 원리를 종합적으로 사용하는 가로수 관리를 다루었다. 공공의 요구에 대한 고찰에 이어서 이 장에서는 생태계 관점에서 토지이용 계획수립을 다시 살펴보고 이 관점을 토지이용 배분을 유도하는 데 활용한다. 다음으로 장기적인 생태계 관리 개념을 사용하여 공원과 오픈 스페이스(open space) 식생관리를 설명한다.

도시 숲 연속체는 공공 토지와 개인 토지 모두에 존재한다. 공공 토지의 숲 식생관리는 주로 공공 기관에 의해 수행되고, 개인 토지의 관리는 소유주나 소유주가 고용한 컨설턴트에 의해 이루어진다. 이 장에서의 숲 식생관리는 주로 공공 토지 관리 관점에서 고찰하지만, 여기에 사용된 조림학적 원리는 개인 토지에도 마찬가지로 적용한다. 두 경우 모두, 관리 계획수립은 소유자의 요구에 초점을 맞추고, 기존 식생과 양립할 수 있는 관리 계획을 수립하며, 경제적으로 타당해야 한다.

공중의 요구

도시 지역에 있는 공원과 오픈 스페이스 식생을 관리하는 것은 포괄적인 관리계획을 개발하는 것이다. 제8장에 기술된 계획수립 모델은 이 장에서 기술된 바와 같이 관리계획 수립의 기초가 된다. 복습하면, 이 모델은 다음과 같이 구성되어 있다:

1. 무엇을 가지고 있는가? (What do we have?)
2. 무엇을 원하는가? (What do we want?)
3. 원하는 것을 어떻게 얻을 것인가? (How do we get what we want?)
4. 환류(Feedback)

"무엇을 가지고 있는가"에는 식생 현황조사(제7장)와 공중의 요구 평가와 자원을 관리할 수 있는 능력이 포함된다. "무엇을 원하는가"는 비전 선언(vision statement)과, 평가와 식생 현황조사로부터 개발된 목표로 구성된다. "원하는 것을 어떻게 얻을 것인가"는 목표의 확인 및 우선순위 부여와 세부적인 행위로서, 여기서는 궁극적으로 관리계획 내에 기록될 구체적인 수목관리와 조림적 권고를 포함할 수 있다. 환류는 행정가와 관리자에게 전략을 평가하고 관리계획을 경신하기 위한 정보를 제공한다.

공중의 요구(public needs)는 도시 숲 관리를 통해 충족될 수 있는 지자체 내 모든 공중의 요구를 평가함으로써 확인된다. 각 공중의 요구에 부여된 크기와 우선순위는 지역적인 여건에 따라 다를 수 있지만, 도시 숲의 다목적 이용(多目的利用, multiple use)을 통해 종종 충족될 수 있는 일반적인 범주로 나뉜다. 다목적 이용이 모든 토지가 모든 기능을 위해 이용된다는 것을 의미하기보다 가능한 경우 다기능(多技能, multiple function)이 부여될 수 있다는 것을 의미한다. 어떤 이용은 서로 양립할 수 없으며, 다른 이용은 특정 지역 전체에 대한 지정을 요구한다.

독일의 국가 법률은 전국을 통해 산림의 다목적 이용을 강제하고 있고, 이러한 강제는 도시 숲에도 마찬가지로 적용된다. 독일의 다목적 이용 관리는 인간의 요구를 충족시키는 산림의 세 가지 기본적인 기능을 기반으로 한다: 휴양적(休養的, recreation), 환경적(環境的, environmental), 제품 생산(producing products) (Schabel 1980). 이러한 관리 모델은 도시 숲 관리계획을 개발하는데 훌륭한 기반을 제공하고 관련된 고찰에 사용된다.

휴양

도시 공원과 임야(林野, forest land)를 휴양활동을 위해 사용하는 것은 관리자가 자주 최우선 순위를 부여하는 분야다. 이러한 활동은 특별히 준비된 고도로 유지관리되는 장소에서의 집중적인 휴양으로부터 전형적으로 낮은 수준의 유지관리를 받는 지역에서의 소극적인 휴양활동에 이르기까지 폭넓게 걸쳐 있다. 따라서 관리자가 제공할 수 있는 휴양 기회의 폭은 해당 지자체의 요구와 욕구에 따라 광범위하다.

Talbot & Kaplan(1984)은 미시간주 디트로이트의 도심 주민들은 야외에서 즐길 수 있는 기회에 가치를 부여하지만, 잘 유지관리되고 피크닉 쉘터(picnic shelter)와 공 놀이터(ball field)와 같은 붙박이 시설을 갖춘 장소에서 더 안락함을 느낀다고 보고했다. 또한 응답자들은 수풀이 밀집된 지역은 교목과 관목이 너무 많다고 말하면서 무질서하고 안전하지 못하다고 느끼고 있었다. 여러 유럽의 연구(Jorgensem 등 2002; Tzoulas & James 2010)는 유지관리 수준과 수풀지역의 구조 특히 수동적인 휴양활동이 많이 일어나는 숲 가장자리(林緣, forest edge)는 안전에 관한 인식에 영향을 준다는 것을 확인하였다. 제대로 유지관리되지 않은 조밀하고 다층으로 된 숲 가장자리는 종종 불안전한 환경이라는 생각이 들게 한다. 이러한 발견은 Schroeder(1982)의 발견을 강화했는데, 그는 시카고의 오래된 도시 주민들은 교외나 시골 주민들보다 더 개방된 부지를 선호했다고 보고했다. Dwyer(1983)는 도시 거주자들은 숲, 흩어져 있는 교목, 초원, 물이 혼재되어 있는 휴양 경관을 선호한다고 느꼈다.

전반적인 요구는 다양한 휴양 요구를 수용할 수 있는 지역사회 내 잘 유지관리된 피복 유형의 혼합인 것으로 보인다. Driver & Rosenthal(1978)은 서로 다른 이용을 지원할 수 있는 다양한 녹색공간이 가용하도록 하고, 이들 공간은 필요로 하는 곳 가까이에 위치하도록 조성할 것을 권고한다. 또한 이들은 "모든 개별 장소를 '모든 사람의 비위를 맞출 수 있도록' 관리하는 것은 좋지 않다. 대신 각 장소는 해당 장소에 가장 적합한 편익(또는 경험할 수 있는 기회)을 제공하도록 설계되고 관리되는 것이 좋다"라고 말한다.

환경보호

환경보호(環境保護, environmental protection) 기능을 위한 도시 숲 이용은 제4장에 기술되어 있다. 역사적으로, 산림 평가는 지속적인 생산을 극대화하고 지원할 수 있도록 설계된 관리 활동과 함께 수확할 수 있는 제품(예, 목재, 놀이)에 연계되어 왔다. 우리는 오래전부터 건강하고 무성한 숲이 제공하는 환경적인 편익을 인지하고 있었지만, 이 가치를 수량화하여 관리 의사결정 과정에 반영할 수 있었던 것은 최근 2,30년 정도에 불과하다. 예를 들면, Nowak 등(2006)은 연속된 임관(林冠, forest canopy)을 유지하면 도시 지역의 낮 동안의 대기 질을 2% 정도 향상시킬 수 있다고 보고한다. 또한 이들은 미국 본토 48개 주의 도시 숲에 의해 제거되는 오염의 연간 가치가 38억 달러(오염물질 700,000MT)에 이른다고 추정한다. 이들 가치는 대단하다. 그러나 이 등식의 편익 측은 조성비용과 총 영향에 의해 차감되어야 한다(Pataki 등 2011). 미국 내에서는, 연방 대기 오염 방지법(Clean Air Act)과 수질 오염 방지법(Clean Water Act)이 대기와 수질의 기준점(基準點, benchmark)을 설정하여, 개별 주가 이 수준에 미달되는 모든 지역에 대해 이들 기준점에 도달할 수 있는 계획을 수립할 것을 요구한다(Nowak 등 2006). 임지(林地, forested land)의 조성과 유지관리는 이러한 기준점 가치를 충족시키는 것을 목표로 하는 많은 종합적인 환경 관리계획의 근본적인 구성요소이다. 숲 관리계획 수립에서, 독일 임업가들은 토양, 물, 배출(排出, emission), 시각(視覺, visual), 기후, 경관 등의 보호가 고도로 도시화된 지역 내외에서의 적법한 숲 관리에 의한 산물이라고 인식한다(Miller 1983). 예를 들면, 독일의 슈투트가르트(Stuttgart)와 프라이부르크(Freiburg) 주변의 숲 벨트는 이들 모든 기능, 특히 기후 보호를 제공하기 위해 관리된다. 도시 열섬(heat island)의 상승하는 더운 공기는 도심을 관통하는 녹색 통로를 통해 도시 안으로 신선한 공기를 끌어들인다(**그림 14-1**).

임산물

도시 숲에서 얻을 수 있는 제품에는 목 섬유, 야생동물(소비성 및 비소비성), 물 등이 있다.

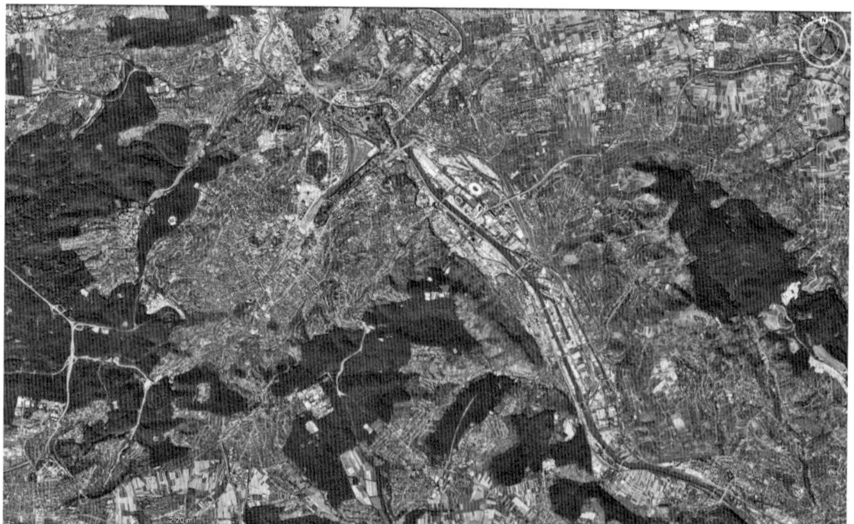

그림 14-1 도시 지역, 주변의 숲 벨트, 도시 중심으로부터 방사상으로 뻗은 녹색 바퀴살을 보여주는 독일 슈투트가르트. (Google Earth 제공.)

가끔 도시 산림에서 구할 수 있는 다른 제품들로는 광물, 토양 자재, 사료(forage) 등이 있다. 역사적으로, 북미의 도시 숲은 목 섬유와 같은 특정한 임산물(林產物, forest product)을 위해 전형적으로 관리되지 않았고, 도리어 휴양과 환경적인 기능에 더 많이 공헌하였다. 그러나 도시 숲으로부터 임산물을 수확하는 것은 지구상의 다른 나라에서, 특히 목재가 귀한 지역에서 흔한 활동이다. 노르웨이 오슬로(Oslo)는 180,000 ha(450,000에이커)의 숲으로 둘러싸여 있고, 이 중 70%를 개인이 소유하고 있다. 이 숲의 관리는 다음을 위한 법제화된 목표에 기반을 두고 있다(Mjaaland & Andresen 1986):

1. 가능하면 많은 사람들이 풍부하고 다양한 자연적인 환경에서 가장 폭넓은 야외 활동을 추구할 수 있는 기회를 줄 수 있는 최적의 여건을 제공하기 위해,
2. 건설적인 자연 보전에 의해 강화된 생물적으로, 기술적으로, 경제적으로 건전한 방법으로 숲을 유지관리하기 위해,
3. 숲 관리가 음용수(飮用水, drinking water) 보호를 담당하고 있는 물과 건강 당국의 바람과 요구를 충족시킬 수 있도록 적응하기 위해,
4. 야생동물 보전과 스포츠 낚시(sports fishing) 유지관리를 위한 생태적으로 정밀한 여건을 제공하기 위해.

목재 관리는 독일의 거의 모든 숲에서 실시되는데, 2009년 독일은 목재 섬유의 106백만 m^3(449억 보드피트)를 수입하였다(Federal Ministry of Food, Agriculture and Consumer Protection 2011). 외곽의 도시 숲에서는, 목재 관리가 휴양과 환경적인 기능에 의해 강하게 영향을 받지만, 대부분의 토지에서 시행되고 있다. 작업종(作業種, silvicultural system)은 다른 이용과 공존할 수 있도록 선택되고, 목재 판매에서 나오는 수입은 휴양을 포함한 다른 모든 관리 활동을 지원한다(Miller 1983).

도시 숲 관리의 한 제품인 야생동물은 도시 주민들에게는 높은 가치를 가진다. 도시 숲 야생동물 용도의 대부분은 새와 다른 동물 관찰, 먹이 주기(feeding), 동정 등과 같은 활동을 포함하여 비소비적이다. 소비적 이용(사냥과 채집)은 대부분의 북미 도시 숲에서 행해지지 않지만, 유럽에서는 존재한다. 유럽에서 모든 사냥과 마찬가지로 도시 숲에서의 사냥도 신중하게 통제된다. 수렵면허(狩獵免許, hunting license)는 비싸고 엄격한 시험을 통과해야 하며, 사냥꾼은 자기가 사냥한 고기를 갖고 싶으면 마리당 요금이 부과된다. 수렵면허와 고기 판매를 통해 발생한 수입은 나중에 숲 관리를 지원하는 데 사용된다. 많은 경우, 독일 임업가는 사냥을 목재 수확과 마찬가지로 숲 관리 도구로 생각하고 있다. 광범위한 새싹 조사를 통해 관리 단위 내의 동물 밀도를 추정하고 얼마나 많은 동물을 사냥해야 하는가를 결정한다(**그림 14-2**). 연간 사냥 할당량(割當量, quota)은 해당 숲의 발전적 갱신(發展的更新, advanced regeneration)과 장기적인 건강을 조장하기 위해 엄격하게 집행된다(Federal Ministry of Food, Agriculture and Consumer Protection 2011). 아마도 더욱 중요한 것은, 일반 공중이 독일 임지를 효과적으로 관리하는데 사냥이 중요한 역할을 하고 있다고 인식하여 수렵 활동에 우호적이기 때문일 것이다.

미국의 많은 지역에서, 수렵에 반대하는 규정이 도시 임업가에게 심각한 관리문제를 야기

그림 14-2 독일에서 흰전나무(*Abies alba*)가 뜯어 먹힌 피해.
(사진: L. Werner 제공.)

하고 있다. DeNicola 등(2000)은 주거지에 근접한 곳에서 총기(銃器, firearm)를 사용하는 데 따른 안전에 대한 우려, 야생동물을 조절하는 것(예 사냥)에 대한 상충하는 사회적인 태도, 총기 발포를 금지하는 규정, 이와 관련된 법적 책임 우려 등이 많은 도시와 교외 임지에서 흰꼬리사슴(*Odocoileus virginianus*)이 폭발적으로 증가하는 데 기여했다고 주장한다. 예를 들면, 시카고 보안림(保安林, forest preserve)의 Cook 카운티 내 사슴 밀도는 제곱킬로미터당 50마리(제곱마일당 130마리)가 넘고 매년 400에서 500마리의 사슴이 자동차와 충돌한다. 숲 관리 관점에서 보면, 과도한 사슴 개체로 인한 뜯어먹히는(browsing) 피해는 교목 갱신을 심각하게 지연시킬 수 있고, 어떤 경우에는 산림 천이(山林遷移, forest succession)를 중단시킬 수도 있다(DeNicola 등 2000).

어떤 도시 숲은 원래 지자체의 유역(流域, watershed) 토지로 확보되었으나, 물 공급 이상의 다른 용도로 더 중요하게 되었다. 수질(水質, water quality)이 최우선인 토지에 대해서는, 다른 관리 활동은 수질을 훼손하지 않는 방법으로 수행되어야 한다. 독일의 관리 모델에서, 이러한 토지는 환경보호 기능하의 물 보호 지역으로 지정된다. 보호 이상으로, 식생관리도 적극적인 방식으로 수질에 영향을 미칠 수 있다. Smith(1969)는 활엽수의 잎이 물에 들어가지 않도록 하기 위해 개울과 저수지 둑에 침엽수를 조성할 것을 제안한다. 활엽수 잎의 분해 산물은 염소(鹽素, chlorine)와 반응하여 음료수에 불쾌한 맛을 낼 수 있다. 목재 수확은, 물의 수요가 공급을 초과하게 만드는 결정적인 요소인 증산작용(蒸散作用, transpiration)을 일시적으로 줄어들게 하여 단기간 동안 물의 생산이 증가할 수 있다(Smith 1969).

2008년은 중요한 시점으로, 역사적으로 세계 인구의 50%가 도시 지역에 사는 첫해가 되었다. UN(United Nations)은 2050년까지 그 비율이 70%에 근접할 것이고 증가의 대부분은 개발도상국(開發途上國, developing country)에서 일어날 것으로 예측한다(United Nations Population Fund 2011). 너무 자주, 사람들이 도심으로 몰려듦에 따라 이들을 부양할 지역사회의 능력(즉, 직업, 주택 등을 제공한 능력)을 초과함으로써 광범위한 빈곤, 인간의 건강 우려, 근교도시(近郊都市,

표 14-1 도시 숲의 전통적 임업과 사회적 임업을 통한 주요 편익

다목적 도시 개발 임업	
전통적 임업	**사회적 임업**
• 소음 감축	• 식량 제공
• 대기 오염 감축	• 연료 제공
• 기후 변화 감축	• 사료 제공
• 도시와 지구 냉각	• 목재 제공
• 에너지 절감	• 울타리 자재 제공
• 아름다움과 그늘 제공	• 약품, 기름 제공
• 수질 향상	• 원재료, 섬유 등 제공
• 빗물 조절	• 현금/생계 소득 증대
• 야생동물 서식지 제공	• 일자리 제공
• 휴양가치 제고	• 원예 여건 향상
• 건강/웰빙 제고	• 모든 전통적 임업의 기능 포함

출처: Kuchelmeister 1993.

peri-urban) 지역의 낙후로 이어진다(Slinger 2000).

도시 숲은 개발도상국의 시와 소도시(town) 주민의 요구를 충족시키는 데 중대한 역할을 할 수 있다. Kuchelmeister(1993)는, 선진국(先進國, developed country)은 도시 숲을 주로 어메니티 관점에서 생각하고 있지만, 개발도상국의 도시 숲은 가난을 완화하고 주민의 거주 환경(居住環境, living environment)을 향상시키는 데 도움을 주도록 사용할 수 있고 사용되어야 한다고 주장한다. 그는 도시 숲의 편익을 전통적인 임업으로부터 제공되는 것과 사회적인 임업으로부터 제공되는 것으로 분류하고(**표 14-1**), 모든 활동은 지역 주민들에게 수용 가능해야 한다고 주장한다. 도시 지역에서의 산림복합경영(山林複合經營, agroforestry) 사업이 가장 두드러지게 나타나고 있는 사회적 서비스의 기능적인 역할은 사람들이 도심으로 계속 이주해 옴에 따라 중요성이 틀림없이 증가할 것이다. 좁은 지리적 면적에 사람의 높은 집중으로 인한 영향을 최소화하는 목표는 효과적이고 포괄적인 장기 계획수립을 통해서만 달성할 수 있다.

토지 이용 계획

오픈 스페이스와 도시 숲에 관한 계획수립은, 제8장에서 고찰한 바와 같이, 토지이용 계획수립과 관련이 있다. 1976년 French & Sharpe은 다음과 같이 말했다: "도시 임업은 다목적 토지이용을 구체화하고 임업의 보속생산(保續生産, sustained yield) 가치를 증진시킨다. 이는 또한 우리의 전체 생태계를 관리하는 데 필요한 통합적 접근방법(統合的接近方法, holistic approach)의 일부로서 도시 내에 고립된 것으로 보아서는 안 된다." 예를 들면, 독일의 다목적 이용 법률은 소유권에 관계없이 모든 임지에 적용된다. 경관보호 규정은 계획수립 당국의 허가를 받지 않으면 토지이용을 변경할 수 없는 경관보존지구 지정을 요구한다. 여기에는 식생 피복의 중대한 변화(예, 산림을

그림 14-3 독일의 숲 기능 지도. 이 지도는 전면적인 자원 현황조사와 "사람들"의 요구를 확인하여 작성하였다. 관리계획은 각 지역의 일차적인 기능을 강조한다. (Saxon State Office for Environment, Agriculture and Geology 2004).

농지로 또는 초지를 산림으로)를 포함한다.

독일의 전반적인 숲 관리는 각 관리 단위 내 모든 임지의 일차적인 기능을 확인하는 지도제작시스템(地圖製作-, mapping system)으로부터 시작한다. 목재 관리는 어디에나 있지만, 특별히 확인되지 않으면 반드시 일차적인 기능일 필요는 없다. 각 관리단위에 대해 확인된 일차적인 기능은 해당 단위 내에서 최우선 순위를 부여받으며, 다른 모든 용도는 그 기능에 대한 관리 목표에 상응해야 한다(**그림 14-3**).

McHarg(1995)는 기본도(基本圖, base map)와 개발 기능의 제한을 표시한 중첩도면(重疊圖面, overlay)을 결합하여 토지이용 계획수립에 대한 의사결정을 할 것을 권고하였다. 만약 어떤 지역을 주택지로 개발하고자 한다면, 계획을 수립하는 사람은 중요한 자원인 지형, 토양, 지하수면(地下水面, water table), 배수, 교통 접근과 기타 필요한 기반시설 등을 고려해야 한다. 각 기능의 제약 정도는 중첩도의 명암을 이용해 시각적으로 나타낼 수 있는데, 예를 들면 가장 진하게 어두운 지역은 보호되는 것이 좋고, 가장 약하게 어두운 지역은 개발 대상으로 지정되는 것이 좋을 것이다. 토지이용을 배분하는 이 방법은 숲 관리 지역 내의 용도를 배분하는 데에도 사용될 수 있다.

오늘날에는, 지리정보시스템(地理情報-, GIS/geographic information systems)의 폭넓은 이용과 고해상 위성 이미지(즉, IKONOS, SPOT)의 활용 가능성이 지자체와 토지이용 계획수립가에게 생태적 기능을 평가할 수 있는 수단을 제공하고(Walker & Briggs 2007), 도시 환경에 도움이 되는 축척으로 효과적인 계획수립 서류를 생성하고, 더욱 중요할 것으로 예상되는 새로운 정보를 얻게 되면 빠르게 서류를 수정할 수 있는 능력을 제공할 것이다. 공적으로 소유하고 있는 도시 숲은 가끔 과도하고 상충되는 이용 수요가 발생한다. 이러한 경우, McHarg(1995)의 계획수립 절차가 특정한 활동을 가장 잘 수용할 수 있는 지역에 할당하는 데 도움을 주어서 잠재적인 충돌을 줄일 수 있을 것이다.

북미에서의 오픈 스페이스 계획수립은 해당 토지의 공적인 취득이나 해당 토지에 대한 개발권(開發權, development right) 확보를 수반한다. 취득하는 이유는 계획된 용도와 주민의 요구에 따라 다양하다. 워싱턴주 시애틀시는, 시의 지형적인 문제 때문에, 가파른 경사지에 대한 건설 어려움으로 인해 개인 소유지에 사실상의 숲으로 뒤덮인 그린벨트를 가지고 있다. 그러나 최근 이러한 토지의 일부를 개발할 수 있는 새로운 건설 기술이 개발됨에 따라 시는 영구적인 그린벨트로 이들 토지의 일부를 구입하고 있다(Black 1982). 유사하게, 일리노이주 Cook 카운티의 Forest Preserve District는 해당 카운티의 12%인 30,351 ha(75,000에이커)에 대한 소유권 확보를 목표로 하고 있다. 2012년 현재 해당 District는 이 목표의 89%에 해당하는 27,519 ha(68,000에이커)를 취득하였다(Preckwinkle 2012).

계획수립과 다양성. 보존생물학(保存生物學, conservation biology)은 생물학적인 다양성을 보존하는 과학으로 폭넓게 정의되어 있고, 구성, 구조, 기능적 다양성을 포함한다. 구성 다양성(構成多樣性, compositional diversity)은 종 풍부성, 종 내의 유전적 풍부성, 경관의 생태계 다양성을 포함한다. 구조적 다양성(構造的多樣性, structural diversity)은 종, 서식지, 군집(群集, community)의 다양성이 경관에 걸쳐 그리고 특정 생태계(生態系, ecosystems) 내에서 시간과 공간적으로 어떻게 배열되어 있는가를 나룬다. 기능적 다양성(機能的多樣性, functional diversity)은 교란체제(攪亂體制, disturbance regime), 생태계 상호작용, 에너지 전달(-傳達, energy transfer), 물과 양분의 순환과 같은 광범위한 생태학적 과정을 포함한다(Anderson 1993). 역사적으로, 생태계는 불, 홍수, 바람, 얼음, 기후 변화, 해충, 병, 그리고 사람이 영향에 의한 반복되는 교란체제의 대상이 되어 왔다. 이러한 생태계에 있는 종(種, species)도 마찬가지로 교란을 견디거나 이를 이용하면서 진화해왔다. 근대 토지이용, 그리고 이와 관련된 인간이 주도하는 도시 환경 내의 개발과 관리는 서식지를 조각내고, 외래종을 도입하고, 물과 양분 순환의 역사적인 패턴을 바꿈으로써 종의 보존에 역행하는 일을 하는 경향이 강했다(Kaye 등 2006; Niemelä 1999).

도시개발(都市開發, urban development)은 인간과 공존할 수 없는 종(대형 포식자와 같은), 또는 분할이나 교란 체제의 변화에 적응하지 못하는 종의 손실을 초래할 것이다. Anderson(1993)은 경관에서 인간의 영향이 증가함에 따라 생태계는 기능과 구성에서 더욱 단순화되어 가고, 도심에서는 단순성(單純性, simplicity)이 최고조에 이른다는 것을 관찰하였다. 이러한 관찰은 생물학적 과정(biological process; 예, 탄소, 질소 순환) 속도가 고도로 개발된 도심에서 가장 낮았다고 보고한 Kaye 등(2006)의 주장을 강화하는 결과를 가져왔다. 그러나 신중한 계획수립과 관리는 도시 생물다양성과 생태계 기능을 보호하고, 회복하고, 향상시킬 수 있다.

올바르게 이루어진다면, 토지이용 계획수립이 중요한 서식지를 확인하고 보호하며, 녹색공간의 수, 크기, 위치를 전반적인 토지이용 계획에 고려할 것이다. 섬생물지리학(島生物地理學, island biogeography) 이론은 많은 수의 더 작은 지역보다 더 적은 수의 큰 유보가 다양성을 더 잘 보존한다고 주장한다. 이처럼 녹색공간을 녹색 통로(綠色通路, green corridor)로 연결하면 적합한 서식지로의 접근을 증대시킬 수 있으며, 특히 통로가 서로 다른 생태계(예, 골짜기와 산마루 정상)을 연결하거나(Lindenmayer 1993) 수변지역(水邊地域, riparian zone)을 따라가면 더욱 그러하다(**그림 14-4**). 계획수립가는 해당 지역에 고유한 생태계를 보존하거나 재현하는 데 초점을 맞추는 것이 좋으며, 관리자는 식생의 지속적인 존재를 제공하는 방법으로 식생을 조종해야 한다. 이를 위해서는, 기능적으로, 개발의 모든 단계를 통해 주어진 생태계를 점유하고 있는 유기체의 요구와, 이들 생태계 내의 중요한 과정(예, 물과 양분의 순환 패턴)이 생동할 수 있는 상태를 유지하도록 하기 위해 필요한 여건과 관련된 지식을 통합하는 것과 함께 이들이 부응해서 유지될 수 있는 물리적 능력(物理的能力, physical ability)도 요구된다. 또한 Anderson(1993)과 Niemelä(1999)는 특

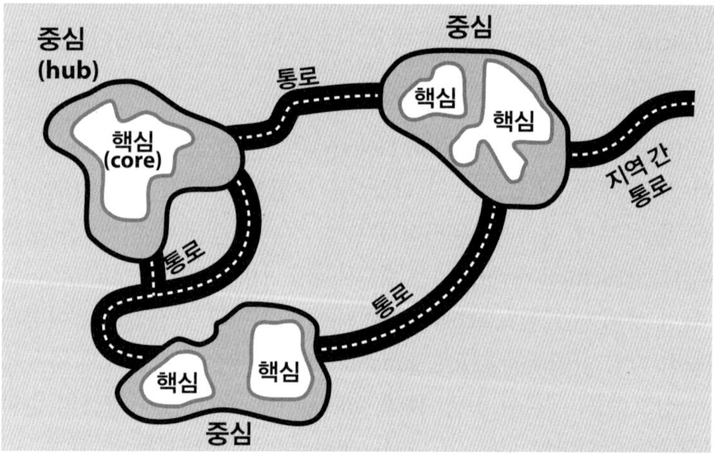

그림 14-4 (A) 독특한 생태계 또는 "중심(hub)"은 생태계 다양성과 기능성을 향상시키기 위해 녹색 통로로 연결될 수 있다(US Environmental Protection Agency 2013). (B) 영국 코츠월드(Cotswold)에 있는 녹색 통로(Matthew Dixon/Shutterstock.com).

정한 생태계의 개발과 유지관리의 모든 천이상(遷移相, seral stage)을 나타내는 것과 같은 구조적 다양성의 창출과 유지관리, 그리고 주기적인 모니터링과 외래종 통제를 통해 생물다양성 보존을 향상시킬 수 있다고 주장한다.

Dunster & Dunster(1992)는 계획수립가들이 토지 이용 계획을 수립할 때 환경적 취약지역(環境的脆弱地域, ESA/environmentally sensitive areas)을 확인할 것을 권고한다. 이들은 ESA를 다음과 같이 정의한다:

> 크든 작든, 공공의 통제하에 있든 민간의 통제하에 있든, 모든 토지 구획은 바람직한 환경적인 속성을 이미 가지고 있거나 교정 활동으로 확보할 수 있다. 이들 속성은 야생동물 서식지의 유지와/나 창출, 토양 안정, 물 보유나 재충전, 식생 피복, 유사한 생기 넘치는 생태적 기능에 기여한다. 환경적 취약지역은 크기에서 작은 조각으로부터 광범위한 경관 특징에 이르기까지 범위가 넓다. 이들은 희귀하거나 흔한 서식지, 식물, 동물을 포함할 수 있다. 종합하면, 잘 정의되고 보호된 환경적 취약지역의 네트워크는 도시와 시골 경관 내에서 필요한 생태적 기능을 수행한다. 이 네트워크는 해당 지역 내부와 주변에 살고 있는 모든 종의 전반적인 삶의 질에 매우 중요한 기여를 하고, 시와 도시 경관의 건강과 거주성(居住性, livability)을 유지하는 데 특히 중요한 역할을 한다.

이러한 정의에 이어서, 이들은 더 큰 연속적인 오픈 스페이스를 유지하고, 생태적 연속성을 보존하고, 물 유출량의 순증(純增, net increase)이 발생하지 않도록 ESA와 녹색공간을 네트워크로 연결할 것을 권고한다.

생물학적 다양성을 보호하는 것은 다른 녹색공간으로 연결하는 녹색공간 패턴을 도입함으로써 개별 개발계획으로 확대할 수 있다. 집 주인과 다른 부동산 소유자는 자신들의 개인적인 경관계획을 통해 기여하기 위해 노력할 것이다. Nassauer(1993)는 교목과 관목이 거의 없고 잡초가 없는 잔디밭은 야생동물 서식지에 거의 기여하지 못하지만 자생식물 군집과 다양한 종의 상(床, bed)이 있는 덜 전통적인 경관조성이, 특히 비슷한 설계의 이웃하고 있는 부지와 연속해 있으면, 다양성을 향상시킨다는 것을 관찰하였다. 해당 경관이 지역사회의 미학적 기대와 조화되고 해당 부동산의 일부가 더욱 전통적인 경관을 유지하고 있다면, 부동산 소유자가 생태적인 과정을 더 잘 이해하도록 도와주는 교육이 내안적인 경관조성을 채택하도록 할 것이다.

유역에서의 계획수립. 도시화는 유역(流域, watershed)에 있는 물의 양과 질 모두를 급격하게 변화시킨다. 도시화된 지역 내의 건물과 이와 연관된 교통 통로는 토양 속으로 침투될 수 있는 물의 양을 감소시킨다. 또한 도시화 과정은 자연 식생 피복의 범위를 줄이고, 많은 경우 해당 지역에 역사적으로 존재하던 식생 피복의 유형을 바꾸어놓는다. 증가된 불투수성 지표면과 줄어든 식생 피복의 결합으로 비가 올 때에는 도시화된 지역으로부터의 빗물 배출량이 증가하게 된다. 많은 지자체에서, 유출을 흡수하는데 근처 수체(예, 강, 개울, 호수 등)를 사용하지만, 불행하게도 유출되는 도시 빗물의 양과 질은 가끔 이들 인접 시스템이 효과적으로 관리할 수 있는 능력을 초과한다. 이로 인해 도시화된 중심에 근접한 개울과 강은 종종 심각하고 빈번한 홍수 사태를 경험하며, 인접한 호수는 이들의 장기적인 건강을 훼손할 수 있는 오염물질과 영양소(營養素, nutrient)를 축적시키는 경향이 있다.

따라서 도시화된 중심의 내부와 주변에 대한 유역 계획수립은 배출되는 빗물의 양과 이 빗물에 포함된 오염물질과 영양소의 양을 줄이는 데 초점을 둔 토목공학(土木工學, civil engineering)

과 숲 관리 정책이 결합되어 통합되어야 할 것이다. 도시 지역이 확대됨에 따라, 계획수립은 도시화가 유역에 미치는 부정적인 영향을 줄일 수 있도록 기존 수변지역과 습지(濕地, wetland)를 보호하고; 지속가능성을 조성하고 유지관리하며; 건강한 식생 피복; 투과성 포장, 생태수로(生態水路, bioswale), 저류지(貯溜池, retention pond), 빗물정원(rain garden), 빗물처리기술 등에 중점을 두는 것이 좋다.

공원 식생 관리

여기서는 고찰을 위해 공원 식생(公園植生, park vegetation)을 산재한 녹음수, 개방된 잔디, 관목과 화단으로 구성된 경관으로 정의한다. 관리는 활동 일정계획 수립, 유지관리 주기, 안정적인 시스템 개발에 초점을 둔다. 구체적인 재배 기술은 잔디 관리, 수목관리, 화훼원예(花卉園藝, floriculture), 관상원예(觀賞園藝, ornamental horticulture)를 다루는 참고서에 기술되어 있다.

공원 식생 관리는 이용, 비용, 사용자 선호를 기준으로 조심스럽게 가중치를 부여해야 한다. 식생 관리 체계가 현재의 이용과 요구가 아닌 역사적인 관리에 기반을 두는 경우가 많다. 달리 말하면 "우리는 항상 이러한 방법으로 해왔다"라고. 일반적으로 해당 지역에서 자연적으로 발견되지 않은 생태계보다 자연적인 생태계를 유지관리하는 것이 비용이 덜 들어간다. 습한 온대기후에 있는 숲은 스스로 유지하는(self-maintaining) 생태계지만, 사바나(savana) (공원)는 숲이 발전하는 것을 방지하기 위한 잔디깎기, 방화, 기타 관리를 통해 천이를 저지해야 한다. 마찬가지로 건조한 지역에 있는 잔디, 공원, 숲은 관수가 필요한 반면, 지역 여건에 적응된 식생 군집은 유지관리하는데 비용이 덜 들 것이다.

공원에 대한 식생 관리 계획을 작성할 때에는, 적합한 식생 피복을 선정하기에 앞서 각 지역의 이용을 고려하는 것이 좋다. 광활한 면적의 잔디를 깎는 것은 주된 용도가 잔디를 요구하거나 지자체가 이러한 방법을 선호하고 유지관리 비용을 부담할 용의가 있으면 정당화될 수 있다. 그러나 관목상과 같은 다른 지표면 피복이 유지관리 비용이 더 낮을 수 있고, 일부 지역을 자연 상태로 전환하는 것을 허용하는 것이 상당한 비용 절감과 생태적인 편익을 산출할 수 있다. 화단(花壇, flowering bed)은 조성하고 유지관리하는 데 비용이 많이 들지만, 사용자의 높은 만족을 가져온다면 이 비용은 정당화된다. 대부분의 공원 식생 체계는 인건비가 훨씬 낮았을 때 개발되었다. 이후의 예산 제약은 기준 이하의 관리를 유발하게 됨에 따라 오래된 시스템을 되살리려고 시도하고 있다. 인건비 상승과 제한적인 재원에 당면하게 됨에 따라, 창조적인 식생관리가 합리적인 비용으로 고품질의 공원경관을 만들 수 있게 되었다.

공원 식생과 범죄

미국 법무부(Department of Justice) 통계에 의하면 2004년에서 2008년 사이에 폭력범죄(violent crime)의 약 1%가 공원이나 유사한 휴양지역에서 발생했다고 한다. 식생이 무성한 지역과 폭력범죄가 관련되어 있다는 위험에 대한 인식은 범죄와 관련된 피복을 줄이고 안전을 향상시키고자 하는 희망 때문에 많은 공원의 식생이 광범위하게 제거되었다. 이는 이들 공원에서의 아름다움과 야생동물 서식지 손실로도 이어졌다. Hull & Michael(1995)이 실시한 범죄와 공원의 식생에 관한 연구에 의하면, 식생이 공원의 범죄에 기여할 수 있는 것으로 나타났고, 이들은 범죄행위가 문제가 되는 곳에서는 공원에 대해 다음과 같은 관리적인 접근을 제안한다.

1. 대대적인 식생제거는 불필요하다. 식생이 범죄의 유일한 원인이 아니며 가끔은 문제를 유발하지 않는다.
2. 법의 집행(law enforcement)이 범죄의 일차적인 억제력이다.
3. 공원 담당자는 특정한 지역에 대한 식생 관리에 초점을 두고 사람들이 믿음을 가지고 이용할 수 있는 안전한 장소를 창출하는 것이 좋다.
4. 문제 지역을 확실히 겨냥하라. 공원의 일부 지역은 반복적인 범죄행위가 발생하는 "핫 스팟(hot spot)"이 된다. 경찰과 공원 기록을 통해 이 위치를 확인할 수 있다. 식생관리는 단속, 교통 접근, 일정계획과의 공동 노력의 일부가 될 수 있다.
5. 시야 통로를 개방하고 유지하라. 통행 도로나 건물로부터 전략적인 장소로의 시야는 감시를 가능하게 하여 안전을 향상시킬 수 있을 것이다.
6. 은폐(隱蔽, concealment) 기회를 제공하는 순환패턴(circulation pattern) 근처에는 식생을 최소화하라. 주차장, 음수대, 오솔길, 기타 공원 이용자들이 모이는 장소 주위에는 식생을 낮게 유지하라.
7. 식생이 두텁게 조성된 구역을 몇 개의 얇은 조각으로 전환시켜 퇴로(退路, escape route)를 최소화하라. 두터운 식생으로 된 지역은 도망가는 범인을 숨겨주는 미로가 되고, 조각으로 된 식생은 여전히 공원을 매력적으로 만드는 자연적인 요소의 시각적인 볼륨감을 제공할 수 있다.

유사하게, Kuo & Sullivan(2001)은 광범위한 공간을 차지하고 있고 높은 수관을 가진 교목은 가시성을 제고하고 은폐 가능 지역을 줄여준다고 주장한다. 또한 식생이 있는 공원이 이용객을 유인한다. 도심 공원 내에서는 수많은 이용자가 단순히 공원이용과 관련된 감시를 증가시키기 때문에 범죄를 억제할 수 있다(Kuo & Sullivan 2001). 그러므로 안전한 도시공원을 설계하기 위해서는 수종 선정, 식물의 위치와 밀도, 주기적인 유지관리를 제공하는 약속 등을 자세히 제시하는 식생 계획이 요구된다.

공원 교목 관리

개별 공원 교목 관리는 가로수 관리와 비슷하다. 교목은 식재되고, 정지되고, 보호되고, 전정되고, 수선되고, 궁극적으로는 제거되어야 한다. 공원의 환경적인 여건은 일반적으로 시내 가로만큼 가혹하지 않기 때문에, 공원 교목은 공중의 이용이 매우 높은 지역이 아니면 일반적으로 전반적인 유지관리 요구가 낮다.

식재. 공원에 교목을 식재하는 것은 각 지역에 대해 원하는 전반적인 교목 피복을 근거로 하는 것이 좋다. 비소식적인 스포츠와 같은 활동을 위해 오픈 스페이스가 사용되기도 하기 때문에 모든 지역이 식재되어야 하는 것은 아니다. 이들 활동에 인기 있는 부지의 중앙에 새로이 식재된 교목은 수명이 매우 짧을 가능성이 높다.

교목 식재에 앞서 공원 식생 현황조사(現況調査, inventory)를 실시하는 것이 좋다. 공원 교목 현황조사는 현재의 수령 구조를 확인하기 위해 각 크기 계급(size class)의 수종별 교목 수를 확인하는 것이 좋다. 공원 교목에 대한 장기 관리계획은 최적 식재밀도, 수종과 영급(齡級, age class)의 다양성 조성을 위해 필요한 유지관리 수준을 기준으로 하는 것이 좋다.

Green(1984)은 공원 교목의 건강도와 수명을 평가하기 위해 설계한 현황조사 시스템을 제시한다(제7장 참조). 개별 교목에 부여된 상태 등급은 크기와 건강을 나타내고, 수명을 추정하며, 필요하면 즉각적인 제거를 권고하고 식재 공간을 확인한다. 시 공원에서 시험해본 결과, 이 시스템은 기존 교목의 53% 이상이 20년 안에 사라질 것이라고 예측했다. 교목 관리 프로그램이 공원에 대해 권고한 것은 다음과 같다:

1. 이식 폐사에 대해 허용하는 손실을 초과하는 식재를 하여 교목 밀도를 높여라.
2. 손실률이 가장 높을 것으로 예상되는 지역에 식재하라.
3. 다시 식재할 때에는 다양성을 강조하라(즉, 한 종이 10~15%를 넘지 않도록).
4. 지역 토양과 기후에 적응한 자생종을 강조하라.
5. 손실률을 낮추기 위해 쇠락하는 교목에 대한 교정적인 유지관리를 하라.

또한 Green(1984)은 손실률이 높을 것으로 예상되는 공원에서는 해당 경관의 특성을 변화시키지 않고 교체를 초과하는 식재 속도를 제안한다.

교목이 작은 숲을 이루고 있는 곳에서는 개별적인 교체를 위해 교목을 식재하는 것은 현실적이지 않을 수 있다. 내음성이 있는 교목일지라도 둘러싸고 있는 교목의 수관에 의해 그늘이 지면 천천히 자랄 것이다. 작은 숲과 개방 지역으로 구분된 경관에서는, 쇠락하기 시작하는 숲을 교체하기 위해 개방 지역에 새로운 작은 숲을 조성하는 것이 더 낫다. 언젠가는 쇠락하는 숲이 완전히 제거되어 개방 지역으로 전환될 수 있다.

유지관리. 새로이 식재된 공원 교목은 가로수에 필요한 것과 같은 정지(整枝, training) 기간이 필요하다. 보도와 도로 공간 확보를 위한 전정은 불필요하지만, 보행자 통행과 잔디깎기 작업자를 방해하지 않도록 해당 교목이 성장함에 따라 수관을 높여주어야 한다. 따라서 공원 교목, 특히 이용도가 높은 지역 안과 주위에 위치한 교목에 대해서는 계획된 유지관리 주기가 설정되어야 한다. 앞서 언급한 바와 같이, 공원 교목에 대한 유지관리 주기의 길이는 통행 제약이 적고 기반시설과의 충돌도 적기 때문에 가로수의 주기보다 더 길 수 있다. 그러나 안전에 대한 고려는 여전히 중요하다; 피해나 상해를 유발하는 소홀하거나 부실하게 유지관리된 교목은 해당 지자체가 배상책임을 부담할 수 있는 소송의 원인이 될 수 있다. 따라서 공원 교목은 잠재적인 고위험 상황을 확인하기 위해 주기적으로 모니터링되어야 한다. 계획된 유지관리 예산은 현황조사 자료와 이전의 유지관리 예산으로부터 예측할 수 있을 것이다.

제거/교체. 공원은 수많은 방문객을 불러들이고, 지자체 공원부서는 합리적으로 안전하게 교목을 유지관리할 책임이 있다. 공원 교목은 다음 두 조건에 해당하면 수용할 수 없는 수준의 위험을 보

인다: 파손될 가능성이 있는 구조적 결함(構造的缺陷, structural defect)이 있고, 피해대상(被害對象, target)이 있는 경우. 죽고 죽어가는 교목, 찢어진 분기, 광범위한 공동(空洞, cavity), 수간 갈라짐, 뿌리 부후의 증거, 죽은 굵은 가지, 기타 결함은 잠재적인 파손의 지표이고; 이는 피해대상이 존재하는 경우 재산 피해나 인명 상해의 위험을 증대시킬 수 있다. 사람들이 빈번히 왕래하는 지역 내 또는 부근이 아닌 산림에 있는 결함을 가진 교목은 주의가 필요한 위험한 수준이 아닐 수 있다. 그러나 그 교목이 오솔길 위로 기울어져 있거나 건물, 피크닉 지역, 기타 개발된 부지 근처에 있으면, 잠재적인 재산 피해나 인명 상해를 예방하기 위해 즉각적인 주의가 필요한 수준의 위험이 된다. 핵심은 파손되면 어디에 떨어질 것인가, 그리고 무엇을 타격할 것인가에 대한 고려이다. 이용도가 높은 지역에 있는 공원 교목에 대한 매년 점검은 해당 교목과 관련된 위험 수준을 평가하고 수선 또는 제거에 관한 권고를 할 수 있는 지식이 있는 직원이나 컨설턴트에 의해 수행되는 것이 좋다. 교목 피해를 유발할 수 있는 폭풍이 지나간 후에는 추가적인 점검을 권고한다. 어떤 교목이 파손 가능성이 매우 높은 것으로 확인되면, 가능하면 빨리 제거한 다음 필요한 경우 교체해주는 것이 좋다. 교목 위험 평가에 대한 종합적인 지침은 국제수목관리학회(ISA, International Society of Arboriculture; http://www.isa-arbor.com)에서 구할 수 있다. 연간 제거예산은 이전의 제거와 점검을 통해 예측할 수 있다.

잔디 유지관리

잔디관리(turf management) 활동에는 시비(施肥, fertilization), 통기(通氣, aeration), 깎기(mowing), 병해충관리 등이 있다. 교목 관리와 마찬가지로, 잔디관리 비용도 올바른 계획수립을 통해 최소화할 수 있다. 예를 들면, 대부분의 유지관리 활동이 이제는 특수한 장비를 이용하여 수행하기 때문에, 이러한 장비를 효율적으로 사용할 수 있도록(예, 회전 반경) 공원을 설계하면 유지관리 비용을 낮출 수 있을 것이다. 어떤 부지는 피음(被陰, shading)으로 인해 잔디 피복에 적합하지 않을 수도 있는데, 이를 잔디에 적합한 부지로 만들려고 시도하면 의심할 여지없이 유지관리 비용이 증가할 것이다. 많은 사례에서, 이러한 지역은 멀칭을 하거나 식물성 지피를 식재하면 위와 같은 수준의 집중적인 관리가 필요 없을 것이다.

잔디 비료는 일반적으로 질소(窒素, N) 비율이 높다. 한지형 잔디(寒地形-, cool season grass)가 있는 온대지방에서는 가을에 지효성(遲效性, slow-release)의 질소 기반 비료를 적용하는 것이 권장된다. 추가 적용은 속효성(faster-release) 비료를 봄과 초여름에 적용할 수도 있다. 관수(灌水, irrigation)와 함께 잦은 시비는 매우 빠른 생장을 유발하여 더 자주 깎아주어야 한다는 것을 명심하라. 시비와 관수는 깎기 예산과 균형을 맞추는 것이 좋다. 어떤 상황에서는, 식물생장조절제(植物生長調節劑, PGR/plant growth regulator)를 이용하여 잔디의 생장속도를 조절할 수 있는데, 이를 통해 깎기 비용을 줄이고 잔디의 밀도는 높이는 부수적인 편익을 얻을 수 있다.

집중적인 이용의 대상이 되는 세립질 토양(細粒質土壤, fine textured soils)은, 특히 젖어 있을 때, 답압되기 쉽다. 이런 부지에서 자라는 잔디는 토양 산소 부족으로 인해 건강이 악화되고, 가끔 잔디의 밀도가 낮아질 것이다. 기계적인 통기는 뿌리가 발달하는 위쪽 토양층에 구멍을 뚫어줌으로써 이러한 문제를 완화시킬 수 있다. 그러나 에어레이터를 교목의 수간 가까이에서 사용하면 뿌리 피해가 발생할 수 있으므로 교목과의 거리를 유지해야 한다. 기계적인 에어레이터의 상시 사용은 경토(輕土, light soil; 정지나 경운이 쉬운 토양)나 이용도가 낮은 지역에 대해서는 가끔 불필요하다. 잔디의 상태를 관찰하고 현장 점검을 위한 토양 조사 지도를 이용하면 처리가 필요한 지역을 확인할 수 있을 것이다. 통기는 일반적으로 일 년에 한 번 봄에 실시하지만, 필요한 경우 언제든지 실시할 수도 있다.

깎기는 생육기(生育期, growing season)에 걸쳐 일정계획을 수립해놓는 것이 좋지만, 시비, 관수 속도, 그리고/또는 PGR을 이용하면 빈도를 조절할 수 있다. 보다 집중적으로 이용되는 지역은 건강한 잔디를 유지하기 위해 보다 빈번한 깎기를 포함한 집중적인 관리를 받을 것이다. 일반적으로 잔디는 서늘한 기후에서는 더 짧게 깎아도 피해를 입지 않는다. 덥고 건조한 기후에서는 잔디를 더 높게 깎아주는 것이 좋다. 잔디의 지역별 관리는 이용 수준, 미적인 목표, 예산 제약 등에 따라 결정하는 것이 좋다.

잔디의 병해충 관리는 원하지 않은 곤충, 병, 식물을 방제/조절하는 것이다. 전통적인 잔디관리는 예방적인 유지관리 차원에서 비료, 살충제(殺蟲劑, insecticide), 살균제(殺菌劑, fungicide), 제초제(除草劑, herbicide)를 적절하게 혼합하여 광범위하게 적용하도록 처방한다. 적용은 지역의 기후에 따라 생육기 동안 몇 차례 이루어진다.

관목과 지피 유지관리

관목(灌木, shrub)은 개별적으로도 매력적이지만 상(bed)에 군식을 하면 유지관리도 쉽고 더 매력적일 수 있다. 깎는 기계가 개별 관목 사이를 다니면서 깎는 것보다 지정된 관목상 바깥을 통과하게 되면 깎는 비용이 낮아질 것이다. 관목은 양분과 수분을 두고 잡초와 경쟁할 필요가 없으면 빠르게 자라고 보다 활기찰 것이다. 관목 상 유지관리 비용은 해당 상 안에 멀칭 층을 두면 낮게 유지할 수 있다. 멀칭은 토양 수분 환경을 향상시키고, 유기물의 분해와 무기화작용(無機化作用, mineralization)을 통해 필수 영양소의 공급원이 되고, 상으로의 잡초 침입을 줄여준다.

교목 관리에서와 같이, 관목도 필요에 따라 식재되고, 전정되고, 교체되어야 한다. 관목에 대한 전정은 교목에 대한 전정보다 더 자주 필요한데, 때로는 죽은 가지나 줄기를 제거하고 솎기 위해, 크기를 조절하기 위해, 그리고 이들을 재생시키기 위해 매년 실시하기도 한다. 전정 시기는 꽃이 피는 관목의 전정에서 매우 중요하다. 이전 생육기 중에 꽃눈을 맺는 관목은 개화가 끝날 때까지 전정하지 않는 것이 좋고, 반면 이번 생육기 중에 맺힌 눈에서 꽃이 피는 관목은 휴면 중에 전정하는 것이 좋다.

적절한 위치에서는, 지피(地皮, ground cover)가 잔디를 대체하는 매력을 제공할 수 있다. 이들 지역에서는 보행자 통행으로부터 보호되어야 하는데, 이는 회복력이 잔디보다 못하기 때문이다. 조성 중에는 빈번한 잡초제거가 필요하지만, 일단 조성되면 지피는 가끔 잡초를 제거하고 어쩌면 시비를 해주는 정도만 필요하여 유지관리에 비용이 많이 들지 않는다. 조성비용도 식재 전에 적합한 제초제를 사용하고 식재 후에는 식물 사이를 멀칭 해줌으로써 줄일 수 있다.

화단 유지관리

화단(花壇, flower bed)은 단위 면적 기준으로 유지관리 하는 데 비용이 가장 많이 드는 식생이지만, 공중으로부터 가장 호의적인 반응을 끌어낸다. 한해살이(annual) 화초를 위한 화단은 경운하고, 식재하고, 시비하고, 관수하고, 일구고, 잡초를 제거하고, 필요하면 병해충을 방제해야 하는데, 이 모든 작업이 노동집약적(勞動集約的 labor intensive)이다. 다년생(多年生, perennial) 화초와 구근(球根, bulb)은 매년 심을 필요는 없지만 다른 비용은 동일하다. 그러나 일부 구근은 분구(分球, separation)와/나 겨울 저장을 위해 매년 파내야 한다.

화단은 적절한 수분 공급을 유지하기 위한 목적 외에 잡초를 재거하고, 전정하고(즉, 죽은 꽃 제거), 병해충을 모니터하기 위해 매주 유지관리를 해주어야 한다. 유지관리 비용은 현지에 적응하여 스스로 유지관리가 가능한 종을 선정하면 줄일 수 있다. 현지화된 화단은 자연스럽기 때문에, 화분이나 유지관리된 잔디와 섞어놓는 것보다 경계 또는 교목과 관목 아래에 조성하는 것이 좋다. 화단은 가장 많은 사람이 볼 수 있는 두드러진 장소(예, 공원 입구, 지자체 건물 정면, 식수대로 중앙분리대)에 위치하는 것이 가장 좋다.

도시 조림

도시 조림(都市造林, urban silviculture)은 생태학적 원리의 적용을 통해 도시 지역에서 숲이 주는 편익의 지속적인 산출을 계속적으로 얻기 위해 숲을 재생하고 관리하는 기술로 정의할 수 있다. 전통적인 조림은 목재 생산에 중점을 두는 데 비해, 도시 조림은 휴양과 환경보호가 일차적인 기능이지만 목재 섬유 생산을 배제하지는 않는다. 수목관리(樹木管理, arboriculture)에서 조림으로의 관리 개념 전이(轉移, transition)는 도시 숲 관리에서 어느 정도 독단적일 수 있다. 수목관리는 개별 교목을 돌보는 것이고 조림은 교목 군집의 관리이지만, 도시 임업에서 숲 군집(forest community)은 전체적으로 조작되어 있고 이 군집에 있는 교목은 개별적인 관리를 받는다. 또한 공간적인 관점에서 보면, 공원 식생에 대한 관리가 조림으로 되는 경우, 특히 비형식적인 교목, 잔디, 관목 피복으로부터 사바나, 임지 또는 숲 군집으로 전이되는 곳에서도 구분하기 어렵다. 조림과 수목관리 원리가 모두 적용되는 지역이 있을 수 있고, 이들은 관리계획에 그렇게 표시되어야 한다. 이러한 겹침에 대한 이해를 바탕으로, 다음의 도시 조림에 관한 고찰은 주로 숲 군집의 조작을 다룬다.

조림, 생태계 관리, 그리고 도시 숲

산림생태학(山林生態學, forest ecology)은 조림 실무의 기반을 형성하는데, 이는 범위가 개별 종의 생태적 요구의 이해로부터 교목 군집의 기능과 광범위한 경관에 걸친 숲 군집의 상호작용에 이른다. 전통적으로 임업 실무는 개별 교목 임분에 초점을 맞추고 그 임분으로부터 얻고자 하는 바람직한 가치의 최적화를 추구한다. 이러한 접근은 임산물의 높은 산출을 가져오는데 성공적인 반면, 이는 가끔 경관에서의 생물학적 다양성을 유지관리하는 데 역행한다. 종 다양성의 최적화는, 개별 종이 희귀한 것으로 확인되었을 때 이를 구조하기 위해 노력하는 것보다, 경관 규모에서 자생 서식지나 생태계를 보호하는 관점에서 접근하는 것이 가장 좋다(Franklin 1993). 숲 계획수립에서, 종 다양성의 최적화는 현재의 상태를 평가하고, 인간의 "관리"가 시작되기 전에 해당 생태계의 형체를 만든 역사적인 여건과 교란을 이해하기 위해 노력하고, 해당 경관 내 모든 종의 공간적이고 시간적인 요구를 충족시키는 계획을 설계하는 것 등을 포함한다. 이 개념을 생태계 관리(生

態系管理, ecosystem management)라고 부르고, 이는 이제 대부분의 공공 토지와 점진적으로 민간 토지에 대한 숲 관리의 기본이 되고 있다.

도시 지역에서 발견되는 교란의 수준과 개발의 범위가 시골 생태계에서 인식되는 모든 범주를 충족시킬 수 없겠지만, 이 장의 앞에서 언급한 바와 같이, 도시 숲 생태계의 계획수립과 관리에 보존 생물학적인 측면을 적용할 수 있다. 가끔 간과되지만, 도시 지역은 공원, 공동묘지, 습지, 수변 통로, 공업지역, 주거지 주변, 미개발지 등에서 매우 높은 식물과 동물 다양성을 보유하고 있는 경우가 많다. 녹색공간의 위치, 크기, 형태; 이들의 서로 간 연결과 공공 토지와 민간 토지에 있는 식생의 의도적인 이용과의 연결 등 이 모두가 도시 지역의 생물 다양성에 영향을 미친다. 조림을 통한 이 행렬(行列, matrix) 내부 식생의 조작은 다양성을 높일 수도 있고 생태에 관한 과학과 생태계 관리에 관해 도시 공중을 교육시키는 데 이용될 수도 있다.

도시 숲에 대한 숲 관리계획은 먼저 해당 숲에 대해 원하는 목적과 목표를 설정한 다음 구체적인 조림적인 처방을 위해 임분(林分, stand)으로 세분한다. 임분은 조림에서 가장 작은 관리단위이고, 비슷한 종과 영급의 식물 군집이 차지하고 있는 비슷한 부지 여건을 가진 경관의 일부이다. 이해해야 하는 가장 중요한 생태학적 개념은 숲 군집의 동적인 본성이다. 숲 임분에서는, 식물 천이(遷移, succession)가 진행되거나 자연과 인간에 의해 유발된 사건에 의해 주기적으로 방해되기 때문에, 변화가 예외라기보다 법칙이다.

불행하게도, 숲 군집의 동적인 본성이 일반 공중은 잘 이해하지 못하고 있는 개념이다. 공중은 교목의 군집을, 가만히 두어도 어떤 다른 것으로 변하게 되는 일시적인 군집이라기보다는, 해당 경관의 영구적인 특성으로 보는 경향이 있다. 그러나 공중의 이러한 인식도 도시 임업가에게는 숲 관리계획을 개발하는 동안 공중이나 특별히 관심을 가진 그룹과 대화 통로를 구축할 수 있는 기회가 된다. 계획수립 과정을 통해, 임업가는 공중이 원하는 것이 무엇이고 장기적으로 해당 숲이 어떻게 되기를 희망하는가에 대한 지식을 얻을 수 있다. 이렇게 하여, 공중은 생태계의 동적인 본성과 교란(攪亂, disturbance)이 생태계 발달과 유지관리에서 하는 역할을 더 잘 이해하게 될 것이다. 도시 숲 임분에서 교란을 완전히 배제하면 시간이 지남에 따라 교란에 의존적인 유형의 식생이 사라지게 될 것이다. 불행하게도, 식생이 사라짐에 따라 관련된 야생동물에게도 같은 현상이 일어난다. 조림적인 처방은, 천이를 후퇴시키거나, 천이를 가속화시키거나, 식생 유형을 바꾸거나, 노령림(老齡林, old growth) 상태의 발달을 용이하게 하거나, 쇠락하기 시작한 임분을 갱신하기 위해 사용할 수 있다. 올바르게 수행된다면, 조림 작업은 다소 자연적인 교란 사태를 반복할 수 있다. 많은 도시 주민들이 관리된 숲이 미학적으로 더 보기 좋고 환영한다는 사실에도 불구하고, 이들은 숲 임분 내에서의 벌채가 효과적이고 적절한 관리 활동일 수 있고 그런 활동이라는 것을 인지하지 못할 수도 있다.

Brush(1981)는 매사추세츠주에서 휴양용 산림을 소유하고 있는 사람들을 대상으로 숲의 미학에 관한 조사를 수행했다. 20장의 임분 사진을 보고 자신의 미학적 관점에서 점수를 부여해줄 것을 요청한 결과 응답자들은 수십 년 동안 관리하에 있었던 임분을 가장 매력적이라고 평가했다. 이들 임분은 대교목을 가지고 있었고, 보다 개방적이었고(에이커당 극히 적은 교목), 낮은 가지가 제거된 수간을 가지고 있었는데, 이러한 상태는 간벌(間伐, thinning), 제벌(除伐, improvement cutting), 전정을 통해 쉽게 확보할 수 있는 것이다. 미학은 벌채를 통해 손상되기보다 향상될 수

표 14-2 보호되는 그린벨트 식생 대비 상업적 산림의 생태적 특성

항목	상업적 산림	그린벨트 식생
종 다양성	낮음(전형적으로 단일 재배)	높음(혼합된 종)
수령 구조	동령	다연령
연간 생장 증가	높음	낮음
층화	단층(대부분 임관 수목)	다층(지피와 하층이 잘 발달되어 있음)
무기염류 순환	보다 개방적(용탈과 유출로 손실되기 쉬움)	보다 폐쇄적(높은 임분 내 보유 및 순환)
도태압력	빠른 생장, 햇빛에 적응된 종(종종 침엽수)	느린 생장, 내음성 수종(종종 활엽수)
유지관리 비용(재식재, 시비, 병해충 방제, 간벌 등)	높음("관리"가 필요함)	낮음(자가 유지관리)
안정성(외부 교란에 대한 저항성)	낮음	높음
전반적인 기능	시장성 있는 제품과 상품 생산	인간의 환경에 대한 질 보호

출처: Odum 1971.

있기 때문에, 도시 조림에 대한 공중의 수용은 숲 생태 교육의 문제이다. 도시 숲에 대해 처방되는 조림 시스템은 미학을 일차적인 고려사항으로 하여 조심스럽게 선택되어야 한다. 도시 숲에서의 대규모 개벌(皆伐, clear cutting)은, 이것이 아무리 생태적으로 건전할 수 있다고 하더라도, 교육의 양과 무관하게 공중의 수용을 받아낼 수 없을 것이다.

Odum(1971)은, 생태학적 원리와 도시 숲에 관한 고찰에서, 관리에서 다양성이 가장 중요한 고려사항이고 수종 선정은 그 다음이라고 주장한다. 생태적 특성과 관리 목적의 관점에서 도시 그린벨트 숲과 상업적인 숲을 대비하고(**표 14-2**), 더딘 천이 단계와 신중한 부지/종의 조화를 권고한다. 그러나 다양성 개념은 임분뿐만 아니라 전체 숲에도 마찬가지로 적용된다는 사실을 인식하는 것이 중요하다. 도시 숲은 숲이 아닌 지역을 포함하여 매우 상이한 천이 단계를 나타내는 임분의 모자이크로 구성되어 있을 때 더 다양하고 가장 안정적이나. 어떤 개별적인 임분은 초기 천이 수종들과 다른 상황인 단일 재배(單一栽培, monoculture)로 접근할 수 있다. 임분 내 그리고 임분 간 다양성을 고려하는 것뿐만 아니라 생물적 다양성이 전체 경관에 걸쳐 서로 다른 숲 유형의 수와 위치에 대한 계획을 수립하는 것도 중요하다. 이들 패턴은, 희귀종(稀貴種, rare species)에 대해 중요한 서식지가 이들의 생존을 위해 필요한 시점에 충분히 존재하는 한, 시간이 경과함에 따라 천이와 교란으로 변할 수 있다.

야생동물 고려. 야생동물(野生動物, wildlife)은 도시 숲의 중요한 부분으로, 다양한 천이 단계로 이루어진 매우 다양한 숲이 서식지와 다양한 야생동물 군집 측면에서 가장 큰 다양성을 제공할 것이다(Leedy 등 1978). 다양한 군집 사이의 가장자리가 중요하고, 고도로 층화된 군집도 마찬가지다. 그러나 Soule(1991)은 야생동물 다양성을 유지하는 최선의 접근은, 특히 빠르게 개발되는 지역에서, 서식지 단편화(棲息地斷片化, habitat fragmentation)을 최소화하는 것인데, 이는 현실적으로 장기적인 계획수립을 통해서만 달성할 수 있다.

도시 숲 관리계획을 수립할 때 도시민의 즐거움을 위해 야생동물의 다양한 군집을 확보하기 위해서는 다음과 같은 단계를 거치는 것이 좋다(Leedy 등 1978):

1. 서식지를 확인하고 이들의 야생동물로서의 상대적인 가치를 결정하라.
2. 멸종 위기종(滅種危機種, endangered species)과 절멸 위기종(絕滅危機種, threatened species)의 서식지를 확인하라.
3. 야생동물에 가치가 있는 식물 종 그룹을 확인하라.
4. 인접한 토지 이용을 분석하라.
5. 연속적인 오픈 스페이스/야생동물 통로 시스템을 개발하라.

부지 계획. 식생관리 계획을 착수하기에 앞서, 관리계획 개발을 위한 데이터베이스를 제공하기 위해 전체 지역에 대한 완전한 자원 현황조사(資源現況調査, resource inventory)가 필요하다. 많은 지역에서, 현재의 군집을 확인하기 위한 목적뿐만 아니라 천이 경향과 관리 권고를 제공하기 위해 서식지 분류 시스템이 개발되어 왔다(제7장 참조). 현존하는 종, 수령/직경급 분포(즉, 임분 구조), 천이 단계, 토양 특성, 야생동물 서식지, 수원(水源, water source), 미적인 특성, 기타 관리계획에 영향을 미치는 독특한 특성을 확인하기 위해 각 임분을 동정하고 현황조사를 실시한다. 다음으로 임분에 주된 또는 다목적 이용 범주를 부여하고 나면, 아래에 기술되는 조림 기술을 이용하여 적절한 식생 관리 시스템을 개발할 수 있다. 어떤 조작도 바람직하지 않은 독특한 생태계나 지역이 있을 수 있는데, 이는 해당 관리계획에 기술해 두는 것이 좋다.

관리계획은 각 생태계의 동적인 본질을 인지해야 한다. 이에 따라 조림적 처방은 관리 목적에 따라 생태계를 형상화하는 데 사용하는 것이 좋다. 각 군집의 천이를 가속화하거나, 후퇴시키거나, 또는 현 상태를 유지하는 것이 바람직할 수 있다. Noyes(1971)는 토지이용을 배당할 때 다음과 같은 기본적인 접근을 고려할 것을 제안한다:

1. 각 용도를 위해 가용한 또는 유보할 수 있는 토지의 위치와 크기를 결정.
2. 토지가 지정될 주된 용도나 결합된 용도가 무엇인가에 대한 의사결정.
3. 이러한 목표를 달성하기 위해 식생을 조작하거나 적응시킬 수 있는 가능성.

대부분의 경우, 천이, 경쟁, 다양성, 층화와 같은 생태적 경향에 역행하게 작업하는 것보다 자가 유지관리 생태계의 군집을 관리하는 것이 비용이 덜 들 것이다.

장기적인 영향. 생태계는 자신의 본성에 따라 시간이 경과하면서 변화한다. 실무적인 관점에서, 이러한 변화가 일어날 시간 프레임은 종종 관리 계획의 범위를 훨씬 초과할 수 있다. 과도한 영양소가 수중 생태계(水中生態系, aquatic ecosystem)의 빠른 부영양화(富榮養化, eutrophication)를 초래하는 것과 같은 외부적인 사건이 천이를 가속화시키면 예외가 발생한다. 그러나 정상적인 환경과 계획수립 범위 내에서는, 천이는 자가 유지관리 군집이 특정 부지에서 울체(鬱滯, stasis)에 도달하는 지점에서 발생한다. 정상적인 천이가 방해되면, 해당 군집은 다양한 방향으로 반응할 것이다. 식생의 변경은 숲 군집에 네 가지 일반적인 장기 영향을 미칠 것이다:

1. 수관 감소가 나머지 교목의 생장을 가속화시키겠지만, 추가적인 층(層, strata)의 발달을 조장하여 천이를 가속화시킬 것이다.
2. 해당 생태계로 새로운 종을 도입하면 기존 종 중에서 하나 이상의 빈도를 감소시키게 될 것이다.
3. 현재 임분에서 발생한 각 변화는 미래 임분에서의 영구적인 변화를 초래할 가능성이 있다.
4. 야생동물은 모든 조림적인 조작에 연계될 것이다.

사회적 고려. 이 장의 앞에서 언급한 바와 같이, 조심스럽게 선정된 조림적인 시스템이 도시 주민들에게 미학적으로 보기 좋은 임분을 조성할 것이다. 그러나 도시 숲 임분에 대한 최종적인 조림적 처방을 하기 전에 경고할 말이 있다. 전문적으로 훈련된 임업가는 그 태도와 인식에서 조림적인 활동의 시각적인 영향을 볼 때 일반 공중과 다를 수 있다. Willhite & Sise(1974)는 상이한 조림 처방을 보여주는 사진들에 대해 임학전공 학생과 비전공 학생의 반응을 비교하였다. 이들은 임학전공 학생들은 각 사진을 관리 판단을 하기에 앞서 생태적인 관점에서 분석하는 경향이 있는데 비해, 비전공 학생들은 관리를 주로 아름다움에 근거하여 평가했다. 이들은 임업가의 능력을 경관의 외관으로 판단하기 때문에 조림 활동은 결과적인 경관이 공중에게 수용되기 위해서는 경치의 질을 고려해야 한다고 결론지었다. 도시 숲에서 식생을 조작할 때 이보다 중요한 것은 없다.

도시 조림에서 시점과 작업 방법도 중요한 사회적 고려사항이다. 체인톱과 현대식 목재 수확장비는, 안전 문제는 말할 필요도 없고, 전형적으로 도시 숲에서 고독이나 휴양을 추구하는 사람들과 잘 어울리지 못한다. 교목 절단은 땅이 얼어 있거나 건조한 기후 동안과 같이 부지 이용이 적고, 이어지는 수확된 통나무의 운송/제거로 인한 패인 흔적이 최소화될 수 있는 시기 동안 수행되도록 일정을 잡는 것이 좋다.

도시 지역의 개인이 소유한 토지나 도시 주민이 소유한 시골 토지에 대한 관리계획은 임업가가 토지를 소유하는 동기를 이해하면 더욱 효과적인 수 있을 것이다. 도시화된 지역에서, 토지공조(土地貢租, soil rent) 분석을 해보면 취득 가격과 기타 비용이 전형적으로 목재 판매로부터 나오는 수입을 초과하기 때문에, 목재 생산은 그 목적을 위해 토지를 소유하는 것을 정당화할 정도로 충분한 화폐적인 수입을 제공하지 못한다. 이 토지는 휴양, 아름다움, 또는 투기(投機, speculation)와 같은 다른 이유로 가지고 있다. 예를 들면, 미네소타주 산림자원부(Department of Forest Resources)의 2005년 보고서에 의하면, 비산업적 민간 산림(NIPF, nonindustrial private forest) 소유자가 산림 토지를 구매한 주된 이유는 휴양용, 부동산 투자용, 이차적인 계절적 주거 가능성 등인 것으로 나타났다(Donnay 등 2005). 따라서 임업가는 관리 권고를 하기 전에 이러한 이유를 알아야 한다. 많은 경우, 관리계획을 작성할 때 주된 고려사항은 아름다움일 것이다(Miller 등 1978).

도시 임지 관리계획을 성공적으로 집행하는 데 가장 큰 장애물은 아마 관리될 구획의 크기일 것이다. 많은 나라에서, NIPF 토지로 소유하고 있는 토지의 규모가 과거 2,30년 동안 급격하게 증가되어 왔다. 이에 따라 전에 하나의 단위로 관리되었을 때처럼 관리를 하지 않는 것과 함께 매우 다양한 관리 전략이 존재한다. 소유 패턴의 변화에 추가하여, 구획의 크기도 축소되어 왔다. 예를 들면, 유럽 연합(EU, European Union)의 12백만 NIPF 토지 소유자의 임지 구획 평균 크기는 4.9헥타르(12에이커)였다(Du Bus de Warnaffe 등 2006). 처방된 조림적 처리를 실행하는 것을 가끔 주저하게 되는데, 이는 벌목꾼들의 투자에 대한 수입이 더 많은/거나 고품질의 수확 가능한 목재를 보유하고 있는 더 큰 구획의 토지에서 얻을 수 있는 것보다 일반적으로 훨씬 더 작기 때문이다(Kittredge 등 1996). 더 작은 구획 여러 개를 하나의 목재 수확 계약으로 결합하는 것이 벌목회사에게 더 매력적일 수 있다. 이로 인해 조림적인 처방의 시기와 유형이 모든 구획들에 비슷하게 되면 특히 효과적이 될 것이다.

동령임분 대비 이령임분

일단 숲이 임분으로 세분화되고 토지이용이 결정되고 나면, 관리자는 각 식생 군집이 그대로 유지관리 될 수 있는지와 이렇게 관리되는 것이 좋은지, 또는 이것을 다른 어떤 것으로 바꾸는 것이 좋은지를 결정해야 한다. 전형적으로 변화의 선택 대안은 숲의 구성을 바꿀 것인가 아니면 구조를 바꿀 것인가 일 것이다. 그러므로 각 임분의 연령 구조를 아는 것이 해당 임분이 이용이나 변화에 어떻게 반응할 것인가를 이해하는 데 필수적이며, 이는 임분 분석 기술을 통해 확인될 수 있고, 이 기술을 이용하여 직경급을 빈도별 도표로 나타낼 수 있다(**그림 14-5**). 이 도표에 나타난 임분 수령 구조는 천이 경향을 보여줌으로써 구체적인 관리계획을 개발하는 데 기초를 형성한다.

숲 임분을 관리하는 데 조림적 처방을 적용하기 위해서는 관리될 수종의 내음성(耐陰性, shade tolerance)을 이해할 필요가 있다. 내음성이 약한 수종은 임관(林冠, forest canopy)이 만드는 그늘에서 생존하지 못하지만, 일단 전광(全光, full sunlight)에서 부분적인 햇빛에서 활착하고 나면 잘 살아갈 것이다. 내음성 수종은 임관 아래에서 번식하고 생존할 것이다. 전형적으로 비산림 상태하에서 시작된 숲 천이는 양수(陽樹, intolerant species)에서 중간 수종(intermediate species)을 거쳐 내음성 수종으로 진행될 것이다.

관리자가 당면하는 기본적인 임분 관리 시스템은 두 가지가 있다: 동령임분(同齡林分, even-aged forest) 관리 또는 이령임분(異齡林分, uneven-aged forest) 관리. 동령임분은 윤벌령(輪番齡, rotation age)의 1/5 안에 들어가는 교목으로 구성되어 있는데, 윤벌령은 해당 교목이 얼마나 오랫동안 자라도록 허용될 것인가로 정의된다. 어떤 경우에는 동령임분이 성숙한 상층(上層, overstory)과 어린 하층(下層, understory)으로 뚜렷하게 구분되는 두 직경급을 포함할 수 있다. 이령임분은 3개 이상의 뚜렷한 영급을 포함하고 있고, 치수(稚樹, seedling)에서 성숙한 표준목에 이르기까지 모든 영급을 나타내는 모든 수령으로 구성될 수 있다. 동령임분은 전형적으로 심각한 교란으로 인해 발생하고 일반적으로 양수로 구성되어 있으며, 천이를 통해 결국에는 이령임분이 될 것이다. 관리 관점에서 보면, 양수에서 중간수종은 동령임분으로 관리되는 데 비해 중간수종에서 음수는

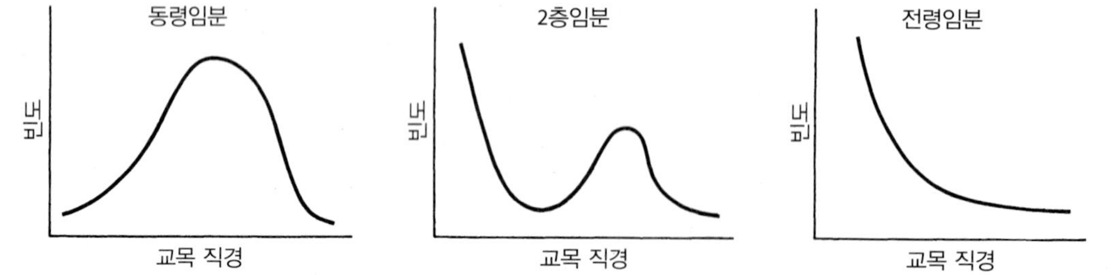

그림 14-5 동령, 2층, 전령(全齡, all-aged)임분의 윤곽.

표 14-3 북미 주요 산림 교목의 상대적인 하층 내성

유형	극음수	음수	중간수	양수	극양수
미국 동부					
침엽수	캐나다솔송나무 발삼전나무	루벤스가문비 흑가문비나무 서양측백나무	스트로브잣나무 캐나다가문비 낙우송 화이트시더	연필향나무 미국적송 리기다소나무 단엽송 버지니아소나무 테다소나무 슬래시소나무	미국낙엽송 뱅크스소나무 대왕송
활엽수	너도밤나무 호랑가시나무 설탕단풍나무 미국산딸나무 감나무 줄무늬단풍	적단풍 은단풍 네군도단풍 피나무 니사나무 태산목 칠엽수 서우나무 녹색물푸레	황자작나무 밤나무 백참나무 루브라참나무 미국느릅나무 샤그박히코리 플라타너스	종이자작나무 흑벚나무 흑호두나무 버터넛 사사프라스 백합나무 흑물푸레나무 미국풀푸레	버드나무 북미사시나무 빅투스사시나무 미루나무 발삼포플러 회색자작 핀벚나무 아까시나무
미국 서부					
침엽수	미국솔송나무 태평양은전나무 태평양주목 레드우드	시트카가문비 엥겔만가문비 마운틴솔송나무 그랜드전나무 흰전나무 서브알파인전나무 포트오포드시더	몬티콜라잣나무 슈가파인 라디아타소나무 미송 청가문비나무 노블전나무	폰데로사소나무 제퍼리소나무 자이언트세쿼이아	서부낙우송 브리스콜소나무 로지폴소나무 로키산향나무
활엽수	큰잎단풍나무	탄오크	자이언트친쿠아핀 오리건물푸레 매드로나	적오리나무 켈로그참나무 오리건참나무	북미사시나무 미루나무

출처: Burns & Honkala 1990.

이령임분으로 관리된다. **표 14-3**은 북미에서 흔한 수종에 대한 내음성을 요약한 것이다.

도시 숲 관리자에게도 기존의 임분 수령 구조와/나 원하는 수령 임분 구조를 기준으로 활용할 수 있는 조림적인 처리가 다양하다. 이 범위는 중간벌채(中間伐採, intermediate cutting)를 통한 조성 기술에서 수확과 갱신 시스템에 걸쳐 있는데, 모든 교목을 유지하거나 기존 군집을 갱신할 수도 있고, 원하는 목표를 충족시키기 위해 해당 군집을 바꿀 수도 있다. 기타 조림적인 기술에는 위생/구조벌(衛生/救助伐, sanitation/salvage cutting), 산불 관리, 독특한 생태계 보호 등이 있다.

비수림지 식생 조성

비수림지(非樹林地, nonforest) 식물 군집은 활엽초본(forb), 잡초, 관목의 침범에 의해 침범된 목초지나 과거 목장, 습지, 초원, 그리고 버려진 들판에서 시작된다. 과거에 도시 임업 관리자들은 숲 군집을 조성하기 위해 서둘러 적합한 부지에 교목을 식재하였다. 그러나 최근에 들어서는 많은 관리자들이 이들 지역을 경관과 서식지 다양화를 제공할 수 있도록 숲 식생이 없는 지역으로 유지하려고 시도하고 있다. 예를 들면, 지금 미국 중서부의 많은 지자체는 농경지가 확대되기 전 해당 지역의 지배적인 식물 피복이 무엇이었는가를 보여주는 작은 견본을 보존하도록 설계된 적극적인 초원 복원 프로젝트를 수행하고 있다(**그림 14-6**). 비수림지 식물 군집에 대한 관리 접근은 세 종류로 이루어질 수 있다: 기존 군집을 그대로 유지하거나, 해당 군집이 자연 천이를 통해 변화도록 허용하거나, 해당 군집을 식재에 의한 직접적인 간섭으로 변화시키는 것.

비수림지 유지관리. 옛날에는 자연적인 피복이 숲이었던 지역에 사람들과 자연이 주기적인 산불

그림 14-6 미국에서는 초원 복원이 흔하게 시행되고 있다. 많은 고유의 초원을 농업이 사라지게 했고, 복원 프로젝트가 이들 독특한 생태계를 보존하는 데 도움이 되고 있다. (사진: 위스콘신주 웨스트필드 Prairie Nursery의 Neil Diboll 제공.)

(wildfire)이나 방목(放牧, grazing)을 통해 비수림지 군집을 유지하였다. 이러한 방법들은 과거와 마찬가지로 효과적이지만, 도시 지역에서는 사용하거나 용인되기 어려울 수 있다. 오늘날 많은 국가의 시골 임업에서 통제된 소각(controlled burning)이 광범위하게 시행되고 있지만, 도시 환경에서는 공중의 수용과 대기 오염표준이 이러한 관행을 어렵게 하게 있다. 그러나 초원이나 다른 식물 군집을 유지하기 위한 통제된 소각이 일부 시에서 시행되고 있다. 위스콘신주 매디슨시는 위스콘신대학교 수목원 내의 초지에 대한 통제된 소각을 허용하고 있다. 통제된 소각에는 분명한 위험이 수반되고, 불은 극도로 주의를 하면서 사용되어야 한다. 소방대원이 현장에 대기해야 하고, 경험이 많은 화재관리 전문가가 계획을 수립하고 그 소각을 수행해야 한다.

가축이나 야생동물에 의한 방목도 초원 상태를 유지할 것이다. 독일에서 시골과 도시 지역 산림의 공지를 유지하기 위해 방목 허가를 발급한다. 가축에 의한 방목이 야생동물에 의한 방목보다 초원을 유지하는 더 확실한 시스템이지만, 가축의 개체수가 해당 범위에 비해 너무 크게 되면 불쾌함에 대한 불평을 초래할 수도 있다. 또한 가축에 의한 선택적이고/거나 과도한 방목은 목장과 다른 식물 군집을 퇴화시킬 수 있다.

주기적인 깎기는 비수림 군집을 유지하는 또 다른 방법이다. 이 방법은 너무 자주일 필요는 없고 일반적으로 매년 1회나 2회면 충분하다. 봄 깎기가 바람직한데, 이는 침입성 목본식물(木本植物, woody plant)은 절단하지만 원하는 잔디와 활엽잡초는 손상시키지 않기 때문이다. 그러나 목본식물을 방제하기 위해 가장 좋은 깎기 시기는 한여름으로, 해당 식물의 에너지 비축이 가장 낮은 시기이다. 독일의 경관 보호법은 경관보호지구 내 개인 토지소유자들은 들판이 산림으로 전환되는 것을 막기 위해 매년 이들을 깎아줄 것을 요구한다.

목본식물을 억제하기 위해 광역(廣域, broad spectrum) 또는 선택성제초제(選擇性除草劑, selective herbicide)를 잎이나 기부에 살포하거나, 수간 박피 후 처리(frilling), 주사, 절단 후 그루터기 처리 등을 할 수 있다. 목본식물의 잎에 직접 살포하는 것은 비용이 덜 들고 효과적이지만, 목표가 아닌 유기체로의 비산(飛散, drift) 위험을 수반하고 적용에 내해 논생이 심한 수단이다. 기부 살포, 수간 박피 후 처리, 주입은 비산 문제를 완화시키지만, 경관에서 교목이 처지고 죽어가는 것은 눈에 거슬린다. 절단 후 그루터기 처리는 해당 식물에 직접 제초제를 비르는 것으로, 맹아발생과 비산, 쇠락하는 것을 방지하여 도시 숲에서 매우 바람직한 방법이다. 선택적 이행성제초제(選擇性移行性除草劑, selective systemic herbicide)도 과립이나 정제 형태로 적용된다. 이들 제초제는 원하지 않은 목본식물의 기부 주위에 흩뿌리면 선택적으로 죽이게 된다. 그러나 일부 지역사회에서는 도시 숲과 공원지역에 제초제를 사용하는 것에 반대하는 강한 공중의 정서가 있다.

자연적인 천이. 비수림 식생을 관리하는 두 번째 접근방법은 너그러운 방법인 방치이다. 이들 지역은 점진적으로 목본의 관목과 교목이 침범하여 결국에는 매래 어느 시점에는 숲 임분으로 변할 것이다(**그림 14-7**). 미래 임분의 구성은 해당 지역에 정착(定着, colonization)할 수 있는 수종과 이들 수종이 일단 조성된 후에 해당지역에 대한 적응능력에 의해 결정될 것이다. 그러나 수종 구성은 식재와 중간 처리(예, 수종 제거)를 통한 정착과정 동안의 간섭을 통해 형성될 수 있다.

식재. 대부분의 경우, 식재는 어린 나무를 사용하여 수행하지만, 때로는 직접 파종이나 광역 파종이 산림 임분을 조성하는 데 효과적인 방법이다. 식재는 교목이 없는 곳에 이를 조성하기 위해,

그림 14-7 오래된 들판에 침엽수가 침투하면 점차 숲 임분으로 바뀌게 될 것이다. (사진: L. Werner 제공.)

수종 구성을 바꾸기 위해, 자연 갱신을 도와주기 위해, 그리고 갱신 기간을 단축시키기 위해 임업에서 이용된다. 도시 숲 관리자들은 도시 수림지에 교목을 식재할 때 또 다른 목표가 있다. Noyes (1971)는 이들 목표 네 가지를 다음과 같이 기술한다:

1. 개방된 경관을 다소 개방된 경관이나 폐쇄된 경관으로 바꾸기 위해,
2. 단일 교목과 관목이나 교목과 관목 집단으로 구성된 경관에 교목의 밀도를 높이기 위해,
3. 개벌된 지역이나 보다 값비싸거나 관상 수종을 식재하여 개방된 곳의 수종 구성을 개선시키기 위해,
4. 도로, 수체(水體, water body), 들판을 따라 조망(vista)을 향상시키기 위해.

도시 숲에서의 식재는 다양성, 자연성, 아름다움을 강조하는 미리 결정된 경관 계획을 따르는 것이 좋다(**그림 14-8**). 1970년대와 1980년대 동안 일리노이주 쿡 카운티의 숲 보존지구(Forest Preserve District)에서의 교목 식재는 해당 지역에 자생적인 낙엽성 숲을 조성하도록 설계되었다(Buck 1982). 활엽수 묘목이 해당 지역의 농장에서 재배되어 기계에 의해 보존된 토지에 식재했다. 기하학적으로 개별된 곳에 기계를 이용한 일열 식재는 일반적으로 몇 가지 수종으로 구성된 그룹으로 된 식재보다 덜 매력적으로 보인다. 또한 기하학적 형태에는 개방 공간을 만들 필요가 없는데, 곡선 형태로 끌고 다닌 교목 식재 기계는 교목의 모습이 줄지어 늘어선 모습을 완화시키는 데 도움을 줄 수 있다.

그림 14-8 북부 활엽수 아래에 스트로브잣나무(*Pinus strobus*)를 이용한 하층 식재의 한 사례. (사진: USDA Forest Service Manfred Mielke 제공, Bugwood.org.)

숲 관리에서의 중간 처리 방법

일단 교목이 조성되고 나면, 추가적인 간섭은 해당 임분의 미래 구성과 특성에 극적인 영향을 미칠 수 있다. 이러한 간섭은 중간 처리(中間處理, intermediate treatment)의 형태를 취한다. 중간처리는 조성 시점과 최종 수확 사이에 숲 생태계를 조절하기 위해서 사용하는 벌채, 산불, 제초제, 기타 행위이나. 숲 관리에서 중간 처리의 일반적인 목표는 숲의 구성과 질을 향상시키고 경쟁을 낮춤으로써 수확할 교목의 생장을 촉진시키는 것이다. 도시 숲에서는 다음과 같은 목표가 주가 된다:

1. 개별 교목과 수종의 특별한 미적 질을 향상시키기 위해,
2. 지역적인 오염물질에 대한 해당 수종의 저항성을 향상시키기 위해,
3. 해당 수종이 도시 스트레스에 의해 유발된 문제를 덜 경험할 수 있도록 하기 위해,
4. 해당 수종이 높은 야생동물 가치를 가지도록 하기 위해,
5. 다양성을 향상시키기 위해,
6. 공공의 안전 위험을 줄이기 위해,
7. 표본목을 확인하고 이웃과의 경쟁을 줄이기 위해. 표본목은 주변 교목의 생장을 방해하지만 상업적인 가치는 거의 없는 개별교목(폭목/暴木, wolf tree라고 정의된) 또는 거대 교목일 수 있다.

중간 처리에는 청소(淸掃, cleaning)와 개방(開放, release) 벌채, 가지치기(pruning), 향상 벌채와 간벌 등이 있다.

청소와 개방. 청소 또는 잡초제거는 수령과 수고가 같은 치수 임분에 대해 수종 구성을 향상시키고 원하지 않은 줄기를 제거하기 위해 처방된다. 바람직하지 않은 것으로 고려될 수 있는 것은 부분적으로 토지 이용과 소유권에 의해 결정된다. 도시 숲에서 구부러지거나 변형된 줄기는 튼튼할 수도 있고 미적인 관심을 끌 수 있지만, 바람직하지 않은 줄기는 안전문제를 유발시킬 수 있는 줄기이다. 개방 벌채(開放伐採, release cutting)는 재생(再生, regeneration)을 뒤덮고 있는 최근 수확 벌채 후의 잔해나 빠르게 자라는 바람직하지 않은 표본목을 제거하는 것이다. 청소(淸掃, cleaning)와 개방 벌채는 수관형, 수피, 잎, 가을 단풍, 잔가지 색깔, 꽃 등과 같은 특별한 미적 속성을 가진 종과 교목에 유리한 기회를 제공한다(Noyes 1971). 청소와 개방 벌채는, 이들 벌채를 통해 크게 바뀔 수 있기 때문에, 미래 임분에 깊은 영향을 미친다. 청소에는 두 가지 일반적인 방법이 흔히 사용된다: 기계적(機械的, mechanical), 화학적(化學的, chemical).

기계적 청소는 보호될 수종과 줄기를 동정하고 간격 확보 요구를 잘 알고 있는 훈련된 직원이 필요한 노동집약적인 작업이다. 도끼, 정글도(brush axe), 마체테(machete)를 포함한 손공구(hand tool)가 일반적으로 사용된다. 표적이 된 바람직한 교목을 둘러싸고 있는 경쟁하는 교목들은 제거되거나 낮은 위치까지 절단된다(**그림 14-9**). 많은 경우, 교목 전체를 제거할 필요는 없는데, 이는 해당 교목의 수관 상단을 제거하면 바람직한 수종에게 생존하는 데 필요한 경쟁적인 지위를 제공하기 때문이다. 기계적인 청소에는 일반적으로 동력 공구가 필요하지 않지만, 개방 벌채에서 남은 교목을 쓰러뜨릴 때 유용할 수도 있다. 갱생 임분의 밀도가 너무 높으면 때로는 정체되어 개별 교목의 생장이 매우 느려질 수 있다. 구성을 향상시키기보다 정체를 완화시키는 것이 목표라면, 갱생의 긴 띠를 기계적으로 절단하거나 제거함으로써 인접한 교목이 경쟁적인 우위를 점할 수 있도록 할 수 있다.

그림 14-9 바람직한 교목과 경쟁하는 원하지 않은 교목을 제거하는 것(개방 간벌)은 남은 교목에 대한 생장을 향상시킬 것이다. (사진: L. Werner 제공.)

제초제를 이용한 화학적 처리는 비용이 덜 들고 효과적인 청소와 개방 방법이다. 침엽수가 선호된다면, 선택성 페녹시 제초제(phenoxy herbicide)를 적정한 농도와 연중 시기에 적용하면 침엽수에 피해를 거의 주지 않고 활엽수를 죽일 것이다. 이들 제초제는 갱신 지역 위에 광범위하게 살포될 수 있고, 기부 살포로 적용되거나 개별 교목에 주입될 수도 있다. 이 작업이 비록 비용이 덜 들고 효과적이라 하더라도 시골 임업에 논쟁을 유발할 수 있기 때문에, 도시 숲에 사용된다면 매우 폭발력이 있는 쟁점이 될 수 있다.

가지치기. 임업에서 가지치기(pruning)의 목표는 해당 교목이 어릴 때 수간으로부터 아래 가지를 제거함으로써 고품질, 무절재(無節材, knot-free)의 목재를 생산하는 것이다. 가지치기는 또한 산불 피해를 입기 쉬운 임분에서 산불 위험 감축 기술의 하나로 아래 가지를 제거하기 위해 수행된다. 가지치기에 대한 목재관리 접근은, Brush(1981)가 수행한 조사에 대한 응답자들이 가지치기된 임분에 더 높은 점수를 부여했기 때문에, 미적인 이점도 가지고 있다. 그러나 아래 가지의 제거는 도시 숲 임분에서 긍정적이 효과와 부정적인 효과 모두를 유발할 수 있다.

숲 가지치기는 숲을 더욱 매력적으로 만들고 낮은 가지의 물리적인 장애물을 제거함으로써 임분을 더 많은 공중이 이용할 수 있도록 개방할 것이다. 오솔길을 따라 있거나 많은 사람이 이용하는 지역에 있는 낮은 가지는 위험할 수 있어서 공중 안전을 위해 제거하는 것이 좋다. 가지치기는 임분 내 경치 조망(scenic vista)을 향상시킬 수 있어서 방문자들이 해당 임분 너머를 볼 수 있게 해줄 것이다. 부정적인 관점에서 보면, 가지치기는 집중적인 이용이 바람직하지 않은 지역의 이용을 더욱 조장할 수 있다. 증가된 이용으로 인한 압력의 결과로 토양은 답압(踏壓, compaction), 토양 침식 증가, 지피 파괴 등으로 피해를 입을 수 있다. 비수림지에 인접한 임분의 가장자리를 가지치기하면 화재 위험을 줄이지만, 바람직한 차폐도 동시에 상실될 것이다. 마지막으로 숲의 가장자리를 따라 살아 있는 낮은 가지를 광범위하게 가지치기하면 귀중한 야생동물 은신처를 제거하게 될 것이다.

숲 임분의 가지치기에 관한 개념은 도시 숲으로 확대되어 수목관리적 가지치기 요소를 포함하는 것이 좋다. 피크닉 부지, 야영장, 대중 산책로와 같이 고강도의 휴양적 용도로 사용되는 지역은 위험이 높은 교목이 없도록 유지되어야 한다. 개별 교목은 매년 죽거나 파손된 가지에 대한 점검을 실시하는 것이 좋고 위험 감축 프로그램이 수립되어야 한다. 역사적 교목, 표본목, 경관의 특징이 되는 교목은 확인되고 이들의 가치를 극대화될 수 있도록 주기적인 유지관리 프로그램으로 관리되는 일정계획이 수립되어야 한다.

제벌과 간벌. 제벌(除伐, improvement cutting)은 바람직하지 않은 수종이나 수형의 우세목(優勢木, dominant tree)을 제거하는 것이고, 간벌(間伐, thinning)은 남은 교목의 생장 속도를 향상시키도록 설계되어 있다. 실제로 제벌은 가끔 임분의 질과 생장 속도 모두를 향상시키기 위해 과거에 관리되지 않은 임분에 대해 이루어지는 최초의 벌채이다. 간벌은 관리되는 임분의 벌기(伐期, rotation)에 걸쳐 계획되어 있는 것으로 사전에 선정된 수확목과 경쟁하는 교목이 제거된다. 임분 구성, 생장 속도, 활력 등을 향상시키는 것과 함께, 제벌과 간벌은 도시 숲 임분에서 다음과 같은 추가적인 편익을 제공할 수 있다(Noyes 1971; Rudolf 1967):

1. 임분 다양성을 향상시키고,
2. 구조적으로 튼튼하지 않고 위험이 높은 다른 교목을 제거하고,

3. 조망을 개방하고,
4. 야생동물 서식지, 차폐를 향상시키고, 숲 갱신 층의 발달이 시작될 수 있도록 층화를 증대시키고,
5. 관목과 야생화의 생장을 촉진하여 아름다움을 향상시키고,
6. 표본목을 자극하고,
7. 보기에 좋지 않은 교목을 제거하고(가치 판단임),
8. 향후 휴양 이용이 개방된 임분을 요구하는 곳에서 내풍성이 강한 교목을 발달시키고,
9. 바람직한 하층을 개방하고 다연령 임분(多年齡林分, multi-aged stand)을 창출하여 천이를 가속화시킨다.

임분 연령 구조는 제벌과 간벌을 할 때 중요한 고려사항이다. 동령림(同齡林, even-aged stand)은 간벌되어서, 일반적으로 상층 수종(上層樹種, overstory species)보다는 음수인 수종으로 구성된 갱신 층(更新層, regeneration layer)을 형성한다. 정기적인 간벌로 이 층이 지속되고 기존 상층이 최종적으로 수확되면 다음 임분이 형성된다. 그러나 기존 임분이 갱신되어야 한다면, 갱신의 점진적인 발달이 지체되도록 상층에 대해 더 가볍고 빈도가 낮은 간벌이 권고된다. 다음 천이 단계를 억제하기 위한 통제된 소각이나 수확 작업 후에 기계적 또는 화학적 방제의 적용과 같은 다른 조절 수단이 사용될 수도 있다.

만약 관리계획의 목표가 특정한 임분을 가능하면 오랫동안 유지하는 것이라면, 성숙을 지연시키기 위해 가벼운 간벌이나 간벌을 하지 않는 것이 바람직할 수도 있다. 그러나 과밀로 인해 활력이 약화되어 해충이나 병이 발생하게 되면 내음성이 매우 약한 임분은 일찍이 사라질 수도 있다.

추정된 흉고 단면적(胸高斷面績, basal area)은 서로 다른 수종에 대한 간벌 강도의 지침이 된다. 흉고 단면적은 가슴 높이(1.37 m 또는 4.5피트)에서의 헥타르(에이커)당 제곱미터(피트)의 목재 면적이다. 주 또는 지방 임업 관서는 상업적으로 가치 있는 수종에 대한 흉고 단면적을 기준으로 하는 간벌 지침을 가지고 있을 것이다. 이들 지침은 최적의 목재 생산을 기준으로 하고 있기 때문에 도시 숲 관리 목표를 위해 수정이 필요할 수도 있다. 간벌 지침은 상업적인 가치가 거의 또는 전혀 없는 수종으로 구성된 임분에는 소용이 없을 수도 있을 것이다. 그러나 비슷한 생태적 특성과 부지 요구를 가진 수종에 대한 지침은 상업성이 없는 임분을 관리하는 데 유용성이 입증될 수 있다.

이령 또는 전령(全齡, all-age) 임분도 간벌과 제벌의 편익을 누릴 수 있다. 관리되고 있는 이령 임분은 주기적인 수확 작업으로 인해 다양한 영급을 포함하고 있다. 필요한 장비가 현장에 있을 때 수확 작업 중에 미성숙 교목 집단을 간벌하는 것이 항상 가장 경제적이다. 내음성 수종에 대한 간벌과 관리 지침도 지방이나 주 임업 관서에서 구할 수 있다.

제벌과 간벌을 통해 조성된 숲 임분의 전반적인 유지관리는 토지 이용 목표와 연계되어 있을 것이다. 높은 임분 밀도는 보기 싫은 경관을 차폐하기 위해 바람직한 반면, 과중한 휴양 이용에 대한 하층의 저항성을 조장하기 위해서는 낮은 임분 밀도가 필요할 것이다(Richards 1974). Rudolf(1967)는 더욱 매력적인 휴양용 배경을 제공하고 더 좋은 야생동물 서식지를 제공하기 위

해서 개방적이고 조밀한 임분의 혼합을 권고한다.

고사목. 우리는 숲에 있는 살아 있는 교목에 대해서는 임산물, 미학적 가치, 야생동물 서식지 가치 등과 같은 잠재력의 중요성을 쉽게 인식할 수 있다. 그러나 고사목(枯死木, dead tree)을 가치가 거의 또는 전혀 가치가 없는 것으로 쉽게 생각하기 때문에 제거할 수밖에 없다. 사실, 서 있는 고사목은 궁극적으로 해당 교목을 살아 있는 군집으로 되돌려 순환시키는 식물과 동물의 기주에 대한 서식지를 제공함으로써 수십 년 동안 생태계에 기여할 것이다. 넘어진 후, 해당 교목은 임상으로 서서히 분해됨에 따라 중요한 서식지를 계속 제공할 것이다. 만약 고사목이 숲 이용자들에게 거의 또는 전혀 위험하지 않은 곳에 위치하고 있다면, 이를 절단할 필요가 거의 없으며 서 있는 상태 그대로 남겨둘 좋은 이유가 된다. 마찬가지로, 살아 있는 교목이 조림적인 작업으로 제거될 때, 일부는 해당 생태계의 건강과 다양성을 향상시키기 위해 환상박피되어 서 있는 상태로 남겨둘 수 있다.

갱신 시스템

목 섬유 생산을 위해 관리되는 숲은 주기적으로 수확되는데, 허용되는 연간 벌채는 연간 생장과 경제성에 의해 결정된다. 앞서 고찰한 바와 같이 도시 숲도, 가끔 휴양 용도와 환경 보호에 비해 우선순위에서 뒤지지만, 많은 나라에서 목재 생산용으로 관리된다. 미국에서, 대부분의 도시 숲은 목재 생산용으로 관리되지 않고, 주로 휴양지역, 그린벨트, 유역 보호용으로 관리된다. 이는 현재의 목재 과잉과 1세기 전 미국 숲의 과잉 개발을 잘 알고 있는 공중 때문이다. 이는 또한 미국의 도시들이 그린벨트 숲을 소유하고 관리한 시간이 상대적으로 짧다는 것을 가리킨다. 이들 숲이 성숙되고 기존 임분이 쇠락함에 따라, 조림작업을 통해 이들 생태계를 조절하는 것에 대한 관심이 증가할 것이다.

도시 숲의 목재 수확 작업을 고려하게 만드는 또 다른 강제적인 이유가 있는데, 이는 예측 중에서 부정적으로 보는 것은 2,30년 내에 세계 목재 공급이 부족할 것이라는 예측이다. 도시 지역 숲 생태계를 어떻게 관리하는 것이 최선인가에 대해 현재의 관점에서 보면, 중요한 고려사항은 다음과 같다:

1. 임분 위생과 구조. 해충과 병의 유행 확산은 종종 만연되거나 감염된 교목의 즉각적인 제거에 의해 조절될 수 있다. 이들 교목은 처리되어야 하고, 지역 시장이 있으면 빈번하게 판매될 수 있다.
2. 과성숙(過成熟, overmature) 교목은 시간이 지남에 따라 쇠락하여 결국에는 제거되어야 한다. 목재가 아직 시장성이 있을 때 제거하면 숲 관리나 적어도 정부의 담당 조직에 필요한 수입을 제공할 것이다.
3. 쇠락하고 있고 불안전한 교목은 공중의 안전 관점에서 제거되어야 한다
4. 전반적인 관리계획의 일환으로 추가적인 정리(整理, clearing)가 필요하면, 해당 정리로 인해 수확된 목재로부터 발생된 수입은 해당 정리 부지를 유지관리하고 이를 교목이 없도록 유지하는 데 사용될 수 있다.

5. 벌채가 없으면, 천이는 숲 생태계를 후기 천이 군집으로 몰아가서 상이한 피복 유형의 수, 아름다움, 야생동물 다양성의 감소로 이어질 것이다.
6. 과성숙 임분은 쇠락하여 죽을 것이고, 이에 따라 휴양 이용과 관련된 위험을 증대시킬 것이다.
7. 원하는 숲 임분은 적절한 조림적 시스템에 의해 재생될 수 있다.
8. 피복 유형이 변경될 수 있다.
9. 도시 숲은 증가하는 도시 공중을 위한 바람직한 숲 관리를 시연하는 데 사용될 수 있다.

도시 숲에서의 모든 목재 관리 활동은 집중적인 정보와 도시 주민들이 숲의 재생 가능한 본질을 이해할 수 있도록 설계된 교육 프로그램과 함께 진행되어야 한다. 이들은 또한 다양한 피복 유형의 바람직함과 간섭이 없는 임분은 결국 쇠락한다는 것을 알아야 한다.

조림 시스템의 다섯 가지 유형은 다음과 같다: 단목택벌(單木擇伐, single tree selection), 군상택벌(群狀擇伐, group selection), 산목(傘木, shelter-wood), 모수(母數, seed tree), 개벌(皆伐, clear-cutting). 적합한 시스템의 선택은 관리되고 있는 군집의 내음성 또는 천이 수준과 관련이 있는데, 내음성이 가장 강한 수종은 단목택벌로 관리되고, 그리고 내음성이 가장 약한 수종은 개벌이나 모수 방법에 의해 관리된다. 내음성이 중간인 수종은 군상택벌이나 산목 벌채에 의해 관리된다. 두 유형의 택벌은 이령 임분을 유발하는 데 비해 산목, 모수, 제벌은 동령의 임분을 창출한다.

도시 숲 임분에 대한 두 유형의 택벌과 조림 시스템의 적용에는 미학이 일차적인 고려사항이다. 갱신 벌채로부터의 시각적인 영향은 공중 이용 지역과 관련된 벌채 단위의 크기와 위치를 조절함으로써 최소화할 수 있다. 관리계획은 긴 벌기와 대교목으로 구성된 매력적인 임분을 개발하는 데 중점을 두는 것이 좋다. 조림 시스템에 대한 다음 고찰은 시각적인 영향이 증가하는 순서이다. 그러나 이는 뒤에 언급한 방법을 사용해서는 안 된다는 것을 의미하는 것이 아니라 도시 숲의 시각적인 영향을 최고로 고려하면서 사용되어야 한다는 뜻이다.

단목택벌. 이 수확 및 갱신 방법은 내음성이 높거나 매우 높은 수종으로 구성된 이령임분에 가장 적합하다. 일반적으로 임관에서 우세한 위치를 점하고 있는 개별 교목은 제거 대상이 되고, 이로 인해 임관이 개방되어 갱신을 위해 충분하거나 내음성이 가장 강한 수종에 대해 충분할 정도의 빛을 통과시킨다(**그림 14-10**). 허용가능 벌채량은 임분의 연간 생장량을 수확 벌채 사이의 햇수(회귀년/回歸年, cutting cycle)를 곱한 것을 기준으로 한다. 예를 들면, 관리되고 있는 임분 내의 연간 생장량이 7 m^3/ha/년이고 수확주기가 10년이면 제거될 목재량은 70 m^3이다. 단목택벌은 최소한의 가시적인 영향을 미칠 것이지만, 폭넓게 적용하면 전체 숲이 점진적으로 후기 천이 군집으로 전환될 것이다.

군상택벌. 군상택벌에서, 교목은 소그룹으로 수확된다. 군상택벌의 크기는 전형적으로 0.2 ha(0.5 에이커) 이하지만, 기존 임분 특성(즉, 수고)과 토지소유자의 목표(주로 해당 벌채 후 도입하고자 하는 수종과 관련된 햇빛 요구도)에 따라 변경될 수도 있다. 이 전략은 임분을 이령 구조로 전환되도록 유도하거나 해당 임분에 새로운 양수를 도입하기 위해 사용될 수 있다(**그림 14-11**). 이들

그림 14-10 설탕단풍(*Acer saccharum*) 임분에서의 단목 택벌 관리. (Tess Radke 제공.)

그림 14-11 군상택벌 수확 작업. (W. Cook 제공.)

공지(空地, opening)의 미기후(微氣候, microclimate)는 둘러싸고 있는 임분에 의해 변화되지만 벌채 구역은 내음성 및 중간 수종과 함께 씨앗을 뿌리기에 충분한 햇빛을 받는다. 이 벌채는 단목택벌보다 시각적으로 더 분명하지만, 공지의 크기가 작기 때문에 전반적인 영향은 최소화된다. 단목택벌과 같이, 허용 가능한 벌채(즉, 해당 군상에 포함될 부피의 합계)는 정해진 회기년 동안의 누적된 생장을 근거로 한다.

산목. 산목 수확은 상층을 윤번령(輪番齡, rotation age)의 1/5 기간 이내에 2번 이상 제거함으로써 동령의 임분을 갱신한다(**그림 14-12**). 이들 수확 벌채는 임상을 상층으로부터 치수에게 개방하여, 최종 수확 벌채가 시행될 때까지 진전된 갱신을 유발한다. 중간수에서 양수는 이 시스템에 잘 반응한다. 가시적인 영향은 앞선 두 택벌 방법보다 더 강하지만, 진전된 갱신이 존재하여 이러한 영향을 완화시킨다. 진전된 갱신도 양호한 관리가 처방되고 있다는 것을 공중에게 확신시켜준다.

그림 14-12 산목 수확 시스템. (사진: Tess Radke 제공.)

모수와 개벌. 이 두 방법은 모두 한 번의 수확 벌채에 모든 또는 대부분의 상층을 제거한다. 모수 방법에서는 종자 공급원으로 헥타르당 2~4그루의 교목(에이커당 5~10그루)이 남겨진다. 일단 갱신이 조성되고 나면 모수는 제거된다. 개벌은 주변의 임분으로부터 종자가 들어오거나, 식재되거나 맹아나 임상에 남아 있던 씨앗으로부터 갱신된다(**그림 14-13**). 극양수(極陽樹, very intole-

그림 14-13 모수 수확 시스템. (사진: 오클라호마주립대학교 Bugwood.org Robert F. Wittwer 제공.)

rant species)는 이 방법에 의해 쉽게 갱신이 되지만 가시적인 영향은 심각하다. 이들 방법은 관리계획에 의해 필요하다고 생각되는 경우, 초기 천이 수종을 갱신하는 데 필요하다. 모수가 존속되고, 제벌 단위가 작게 유지되고, 불규칙한 형태를 취하고(비 기하학적), 이용도가 높은 지역에서 잘 분리(分離, separation)되면 시각적인 영향을 줄일 수 있다. 분리는 시각적인 완충지대와/나 거리를 확보함으로써 달성될 수 있다.

극양수에서 중간 수를 갱신할 때 자주 당면하는 문제는 다음 천이 단계를 구성하는 진전된 갱신이 존재하는 것이다. 앞서 언급한 바와 같이, 상층이 수피가 두껍고 내화성(耐火性, fire resistance) 수종(예, 미국 남동부의 대왕송/*Pinus palustris*)이면 통제된 소각이 이들 갱신을 억제할 것이다. 산불에 의해 쉽게 피해를 입는 수종을 취급하거나 산불 이용이 비현실적인 상황에서는 다른 방법이 사용될 수 있다. 벌목이나 벌목과 뒤이은 청소 중이나 후에 기계적인 표토 파헤치기가 원하는 수종의 조성에 도움이 될 것이다. 제초제도 이와 관련하여 유용할 수 있지만, 앞서 언급한 바와 같이, 공중의 반응이 호의적이지 않을 수도 있다.

때로는 갱신 기간 중에 이용도가 높을 수 있는 지역을 보호할 필요가 있다. 사람이 이용하는 경우, 접근 지점을 공고하거나 폐쇄하면 교란이 감소될 것이다. 해당 지역이 이러한 방법으로 보호될 수 없는 경우에는 임시 울타리 설치가 필요할 수 있다. 풀을 뜯는 야생동물의 개체수가 많으면, 갱신이 사실상 불가능하기 때문에 조절이 필요하게 된다. 많은 유럽 도시 숲에서는 사슴 개체수를 억제하기 위해 사냥을 활용하고 있으며, 울타리와 기피제(忌避劑, repellent)도 사용한다. 사냥에 대한 일반 공중의 접근과 사냥에 반대하는 정서로 인해 북미의 도시 숲에서 사냥을 사슴과 기타 초식동물을 조절하기 위한 수단으로 활용하는 것이 비현실적인 여건이 되고 있다. 이들 동물의 개체수가 너무 많아져서 이러한 숲에서 갱신이 일어날 수 없을 때에는, 기피제, 울타리 설치, 덫, 장소 이전 등이 필요하다.

도시 숲 임분에서 벌목 후에 잔해 처분이 필요할 수 있다. 택벌과 산목 시스템에서의 벌채로부터 발생하는 잔해는 길이를 줄여서 자연적으로 분해되도록 내버려두는 식으로 처분하기도 한다. 수확되는 교목의 가지와 상단부는 기계적인 수확 장비가 토양에 미치는 영향을 줄이기 위해 이들 기계 정면에 버릴 수 있다. 이러한 상황에서 해당 잔해 위를 차를 몰고 지나가면 기계적인 수확 작업의 시각적인 영향을 감소시키고, 분해 속도를 높이며, 토양 답압을 줄인다. 어떤 경우에는, 굵은 가지와 직경이 가는 통나무는 장작으로 팔릴 수 있기 때문에, 잔해의 전반적인 양을 줄이게 된다. 생물연료(生物燃料, biofuel)에 대한 수요가 많은 곳에서는, 수확 작업에서 발생하는 잔해가 추가적인 수입원이 될 수도 있다. 잔해의 과도한 축적은 가끔 화재 위험과 미관상 문제를 유발할 것이다. 공중이 허용하고 수용가능하다면, 산발적인 소각(broadcast burning)이나 한 곳에 모아서 소각하는 것이 효과적인 잔해 처리 방법이다. 그러나 너무 크게 쌓는 것이 위험할 수 있고 수용되지 않으면, 이러한 문제를 야기하지 않는 조림적인 시스템이 선택되어야 한다.

자투리 숲

토지 개발 후에 가끔 개발지 내에 소공원과 그린벨트로서의 기능을 수행할 수 있도록 자투리 숲(remnant forest)을 남겨둔다. 이 자투리는 종종 크고 폐쇄된 숲 시스템으로부터 남겨져서 이들의 가장자리가 노출되면 변화가 시작된다. 빈번하게 외래종이 하층을 침범하고, 산림 교목이 바람과 기타 기후 변화에 노출되어 풍도(風倒, windthrow)와 수관 쇠퇴가 발생할 수 있다. 이처럼 가장자리에 더 많은 햇빛이 들어오면 하층 발달과 생장을 자극할 것이다. 자투리 숲이 자연적인 특성을 유지하기 위해서, Clark & Matheny(1991)는 외래종과 상층/우세 수종의 갱신을 통제할 것을 권고한다. 또한 자투리 소구획의 가장자리를 최소화하면 이러한 무생물적 효과를 줄일 수 있다.

도시 가까이에 있는 숲은 노출된 가장자리에서 자주 쓰러지기 쉬운 어리고, 빨리 자라며, 동령의 임분으로 구성되어 있다. Agee(1995)는 바람의 저항을 줄이기 위해 침엽수의 수관에 대한 바퀴살 솎기(가지 바퀴에서 가지를 하나 걸러 솎아주는 것)와 벽효과(壁效果, wall effect)를 줄이기 위해 임분의 가장자리를 솎아줄 것을 권고한다. 나아가 그는 바람이 해당 임분의 상단으로 솟아오르도록 가장자리에 식생을 조성할 것을 제안한다. 임분의 내부는 남은 교목의 더 양호한 생장과 수관 발달이 가능하도록 하고 대체 교목의 갱신을 자극하기 위해 간벌을 실시할 수 있다. Dunster (1995)는 브리티시컬럼비아(British Columbia) 밴쿠버(Vancouver) 근처의 개발지에 남겨진 많은 자투리 숲의 크기가 너무 작고, 남겨진 교목은 너무 껑충하여 임관이 개방될 후에 오래 존속될 수 없었다고 보고하였다. 그는 건물을 가격할 거리 안에 있는 모든 교목은 건설 전에 제거해야 하지만, 해당 토지는 최소한의 교란으로 유지되고 환경이 변화된 상황에 적응할 수 있는 새로운 교목이 조성되어야 한다고 권고한다.

유역 관리

지자체 유역은 이들의 일차적인 목표가 도시에서 사용할 물을 생산하는 것이기 때문에 그린벨트나 휴양용 숲과는 다르다. 그러나 많은 경우 이들 토지는, 특히 이들이 지역사회에 가까이 있으면, 높은 휴양 수요에 노출되기 쉽다. 이들 토지의 관리는 고품질의 물을 보호하고 생산하는 것이 일차적인 목적이 될 것이며, 목재 관리와 휴양은 이차적인 목표가 될 것이다.

유역에 대한 조림 작업의 시각적 및 수질 영향을 줄이기 위해 사용될 수 있는 기술로는 다음 여섯 가지가 있다(Hartley & Spencer 1978):

1. **벌채 시스템.** 시각적인 영향을 줄이고 수질을 보호하기 위해 모든 활엽수 임분에 대해 단목 및 군상 택벌을 사용한다. 침엽수 조림지는 처음에는 열상 간벌(列狀間伐, row thinning) (매 세 번째 열)을 한 다음 이후 선택적으로 간벌을 실시한다. 개벌은 내음성이 약한 침엽수 임분에 제한적으로 사용된다. 개벌은 작게 유지하고 공공 도로와 저수지에서 먼 곳에서 실시한다.

2. **차폐와 완충대.** 완충대(緩衝帶, buffer strip)는 모든 공공 통로, 개울, 저수지를 따라 유지된다. 이들 구역은 벌채 위치와 지형에 따라 폭이 15 m에서 60 m(50~200피트)에 이르기까지 범위가 넓다.

3. **벌목 후 작업.** 벌목 작업이 끝난 후, 다음 활동이 실시된다:

   a. 심각하게 손상된 교목은 절단된다.

   b. 잔해는 지면 가까이에 깔아놓을 수 있도록 자른다.

c. 침식을 줄이기 위해 지상부는 활주 통로에 위치시킨다.
d. 원목 유치대(原木誘致臺, log deck) 잔해를 제거한다.
e. 접근로는 재정지하고 물 차단봉(water bar)은 교체한다.
f. 원목유치대와 벌목 도로에 파종을 한다.

4. **시각적 향상**. 산재되어 있는 대교목은 식재를 위해 정리한 부지에 남겨둔다.
5. **공보 자료**. 조림 작업의 의도에 관해 공중에게 정보를 제공하기 위해 벌채 지역에 표지판을 세운다.
6. **타협**. 관리는 공중의 의견과 타협을 허용하는 유연성을 가져야 한다. 독특한 아름다움을 보유하고 있거나 공중에 의해 집중적으로 이용되는 임분은 제쳐두고, 구조 기준으로 죽은 교목만 벌목한다.

산불 관리

주기적인 기상 여건이 가연성의 식생 유형과 결합되는 지역에 위치한 도시는 파괴적인 산불이 발생할 가능성이 높고, 이로 인해 재산과 인명을 잃게 된다. 산불 관리에 대한 역사적인 접근은 즉각적인 진압과 공공 교육 프로그램을 통한 예방이었다. 불행히도 이러한 접근은 많은 생태계가 산불에 의해 강하게 형상화되고, 사실 생태계를 파괴하는 바로 그 산불에 의해 갱신된다. 자연적인 환경 하에서 이들 생태계는 주기적인 간격으로 불이 나서 축적된 연료를 제거함으로써 심각한 화재 위험을 줄여준다. 장기적인 억제와 예방은 연료가 극단적인 기후 상태하에서 통제가 불가능한 재앙적인 화재가 발생할 수 있는 지점까지 축적되도록 하는 결과가 된다(**그림 14-14**). 예를 들면, 1991년 캘리포니아주 오클랜드(Oakland)의 인구 밀집 지역을 관통하여 태우는 산불로 25명이 사망하고 3,011채의 주택이 파괴되었다. 오클랜드-버클리 힐스(Oakland-Berkeley Hills) 산불의 경우, 주민이 정착하기 전 식생은 대부분 풀로 구성되어 있었다. 불에 탄 식생은 식재되거나 재배 포장에서 이탈하여 자란 품종이었고, 이들은 오클랜드-버클리 힐스 지역에서 발견되는 환경과 비슷한 화

그림 14-14 산불 억제와 예방 노력은 재앙적인 산불로 이어질 수 있는 연료 축적을 조장시킬 수 있다(Smith & Arno 1999).

재 교란 환경 하에서 진화되지 않은 불에 타기 쉬운 외래종으로 구성되어 있었다(Svihra 1992).

Clark(1995)는 개별 부동산 소유자가 산불로 인한 부동산 피해 위험을 줄일 수 있다고 주장하고, 주택과 기타 구조물 근처에 화재 안전 환경을 조성하기 위해 다음 사항을 권고한다:

1. 식생을 구조물로부터 분리시켜라.
2. 부동산에 화재 연료의 전반적인 양을 줄여라.
3. 불 사다리(fire ladder, 아래 가지)를 제거함으로써 수직적인 확산을 방지하라.
4. 연료 차단(fuel break)을 통해 화재의 연속성을 감소시켜라.
5. 경관과 구조물 모두를 연결하여 화재 관리를 통합하라.
6. 지형을 포함한 화재 잠재력을 잘 알고 있어라.

미국소방협회(NFPA, National Fire Protection Association)의 화재위험인식 지자체 프로그램(Firewise Communities Program)은 주택과 부동산에 대한 산불 피해를 최소화하기 위해 방어적인 공간 접근을 제안한다. 이 접근의 의도는 산불이 타고 있을 때 주택 발화의 원천으로 작용할 수 있는 식생의 양을 제한하는 것이다. 주택 발화 구역은 구조물로부터 30 m에서 60 m(100~200 피트)에 걸쳐 있고, 허용되는 식생은 수종별, 성숙 시의 수고별, 밀도별로 다양한 세 가지 구역으로 나눈다(**그림 14-15**). 예를 들면, 구조물에 인접한 구역(Zone 1)의 허용 식생은 낮게 자라고, 넓은 간격을 확보하고, 발달하는 산불로부터의 복사열(輻射熱, radiant heat)에 의해 쉽게 발화되는

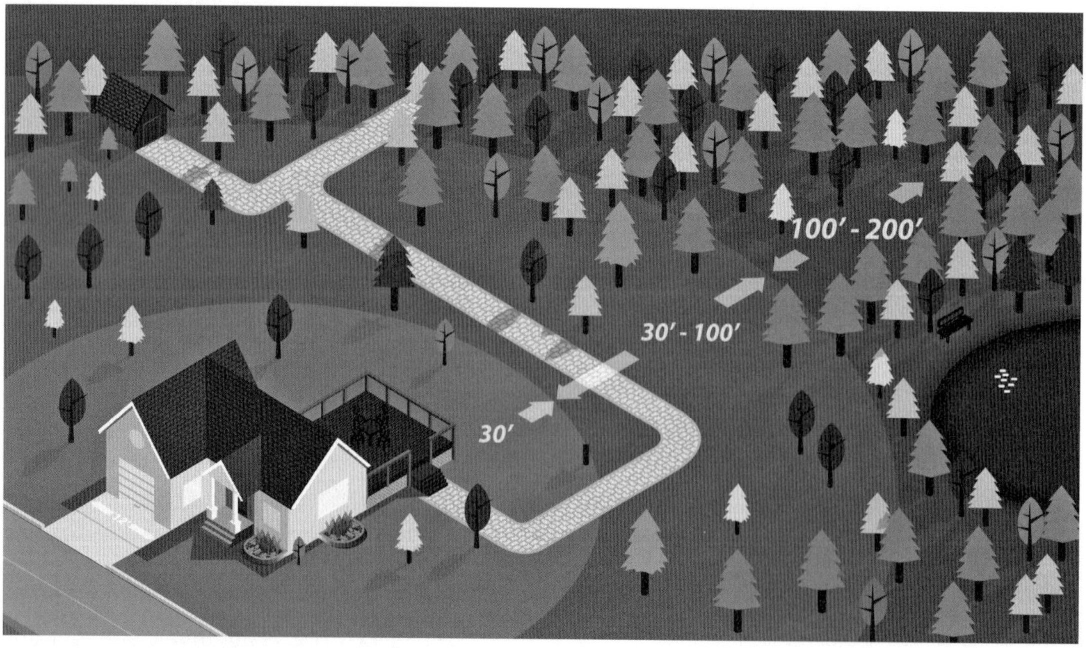

그림 14-15 주택 발화 구역 내의 식생 관리는 확산되는 산불로부터 재산 피해를 줄일 수 있다. (NFPA 웹사이트에서 전재, © NFPA 2015.)

수지, 기름이나 왁스를 생산하지 않아야 한다. 따라서 Zone 1의 예상을 충족시키는 기존 식생은 제거되거나 교체되어야 한다. 일반적으로 허용 식생의 밀도와 수고는 구조물로부터의 거리와 함께 증가한다.

지자체 산불 보호 계획. Ewing 등(2002)에 의하면, 도시 난개발은 저밀도와 도시 중심이 이전에 비도시 경관을 향해 밖으로 팽창하는 것으로, 황무지-도시경계(WUI, wildland-urban interface)라고도 부른다. 전형적으로 이러한 개발은 시의 지원 서비스 운영 한계 바깥에서 일어나고, 가끔 계획되지 않고, 산발적이고, 성긴 도로망을 가지고 있다. 미국 농무부(USDA)의 2013년 보고서에 의하면 미국 주택의 약 32%와 주택을 가진 모든 토지의 10%가 WUI에 위치하고 있는 것으로 나타났다(Stein 등 2013). 결과적으로 과도한 연료 부하 축적으로 이어진 역사적인 화재 억재 노력과 기후 변화의 결합은 산불이 흔히 발생하거나 산불 발생 가능성이 높은 지역은 극심한 위험에 놓여 있음을 의미한다. 지자체 산불 보호계획(CWPP, community wildfire protection plan)의 개발과 시행은 WUI에서의 산불로 인한 재산 피해와 진압 노력과 관련된 비용 모두를 경감시키는 데 도움이 될 수 있다.

이 계획이 효과적이기 위해서는, CWPP의 개발과 시행이 관심 있는 당사자, 지방 정부, 지역 소방서, 주 기관, 적용가능하다면 연방기관들 사이의 공동협력(共同協力, collaborative effort)으로 이루어져야 한다. 미국에서 CWPP는 이들의 범위에서 다양하지만, 모든 유효한 CWPP에 공통적인 목표는 다음과 같다:

- 위험한 연료 감축 처리를 위한 주변 토지의 확인과 우선순위 부여,
- 연료 감축 전략에 대한 권고,
- 협력적인 산불 진압의 능력과 효율성 평가와 향상,
- 산불에 적응된 경관과 생태계의 창출/유지관리,
- 구조적 인화성을 줄이기 위한 권고 제공,
- 고위험 지역에 대한 산불 교육과 봉사 전략의 개발,
- 행정과 법적 기관의 평가.

CWPP 결의안은 지역적 또는 카운티 수준으로부터 개별 지자체 내의 구획 수준에 이르기까지 다양하다. 예를 들면, 콜로라도주 콜로라도스프링스(Colorado Springs)시의 CWPP는 구획 수준에서 발생하는 화재 위험 평가와 이에 따른 연료 감축 전략에 기반을 두었다(**그림 14-16**). 그러나 종합적인 CWPP의 개발과 관련된 단계를 자세히 다루는 것은 이 책의 범위를 벗어난다. 보다 자세한 정보는 *Preparing a Community Wildfire Protection Plan: A Handbook for Wildland-Urban Interface Communities*(http://www.na.fs.fed.us/fire/cwpp/guidance/preparing_cwpp.pdf)에서 확인할 수 있다.

산불은 환경적인 요소의 하나로 산불과 함께 진화해온 생태계를 가진 지역에서 생태계를 조작하는 관리도구로 사용될 수 있다. 산불은 위험하고 통제 불능상태가 되면 엄청난 손실로 이어질 수 있다. 그러나 산불이 생태계의 통합된 부분의 하나인 경우, 해당 생태계의 생존을 위해 필요하

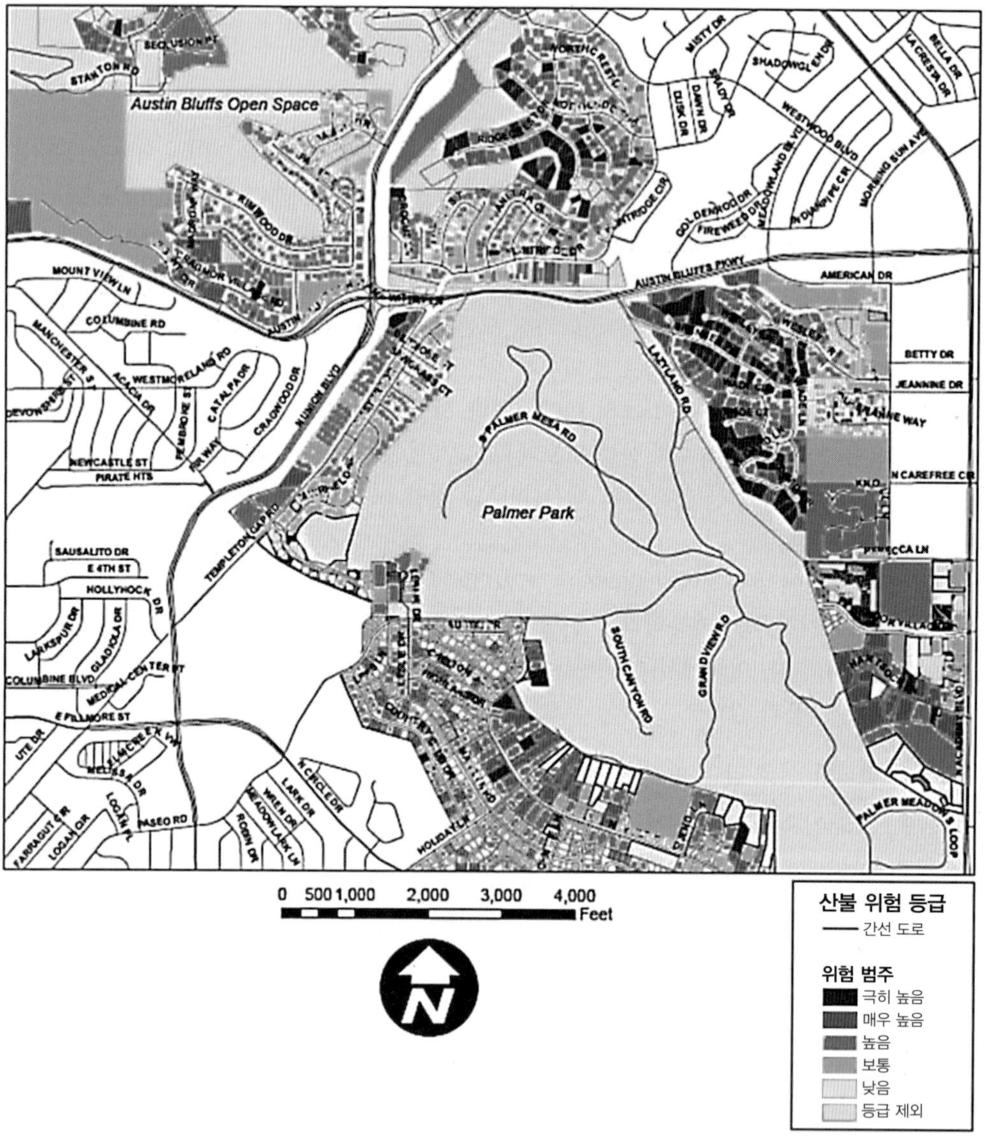

그림 14-16 콜로라도주 콜로라도스프링스시의 화재위험 평가 지도는 지자체 산불보호계획의 일환이다 (City of Colorado Springs 2011).

다. 산불 관리는 연료의 위험한 축적을 예방하고 해당 식물 군집에 유익한 생태계의 주기적인 통제된 소각을 포함한다. 이는 또한 위에 언급한 이유들 때문에 산불을 진압하지 않는다. 산불 관리의 다른 전략은 통제된 소각과 화재 진압을 위한 연료 차단의 유지관리, 관리 접근로의 유지관리, 고위험 지역의 비인화성 생태계의 조성과 관리 등이 있다.

도시 숲 보호

산불 관리 외에 도시 숲에서는 다른 보호 수단이 필요하다. 해충, 병, 과도한 이용 등이 도시 관리자들에게 공통적인 문제들이다. 도시 숲에서의 해충과 병의 발발은, 오염(汚染, pollution)과 과용으로 인해 유발된 스트레스가 이러한 문제를 더욱 가중시킬 수도 있지만, 시골 숲에서 경험한 것들과 비슷하다. 지역 및 주 임업 기관의 도움과 함께 다양한 참고서적들이 숲과 녹음수 병해충의 방제를 기술하고 있다.

도시 숲의 과도한 이용과 관련된 문제도 해결되어야 한다. 토양 답압(踏壓, compaction), 면상침식(面狀侵蝕, sheet erosion), 지피 식물의 파괴, 숲 군집의 궁극적인 쇠락이 모두 과도한 이용, 시비, 멀칭, 몇 개 지역을 통한 이용 순환 등과 관련이 있다. 임상 식생을 자극하기 위해 임관 밀도를 줄이는 것과 함께, 지피를 이용에 더 저항적인 종으로 변경하는 것이 권고된다.

독특하거나 위기에 처한 생태계에는 특별한 문제가 존재한다. 이들 지역은 종종 공중에 매력적이어서, 해당 생태계에 대한 과용과 피해로 이어진다. 보호 수단에는 이용 제한, 이용자들을 오솔길에 머물도록 하기 위한 물리적인 울타리 유지관리, 노출되고/거나 답압된 토양에 대한 멀칭, 지역이 회복할 수 있도록 이용금지 기간 설정 등이 있다. 어떤 경우에는 일반 공중에 대해 이들 지역을 폐쇄할 필요가 있을 수도 있다.

인용 문헌

Agee, J. K. 1995. "Management of Greenbelts and Forest Remnants in Urban Forest Landscapes." In G. A. Bradley (ed.), *Urban Forest Landscapes: Integrating Multidisciplinary Perspectives* (pp. 128–138). Seattle: University of Washington Press.

Anderson, E. M. 1993. "Conservation Biology and the Urban Forest." In Proceedings, Sixth National Urban Forestry Conference (pp. 234–238). Washington, DC: American Forestry Association.

Black, M. E. 1982. "The Seattle Urban Forestry Experience." In Proceedings, Second National Urban Forestry Conference (pp. 38–41). Washington, DC: American Forestry Association.

Brush, R. O. 1981. "Forest Esthetics: As the Owners See It." *American Forests* 87(5):15–19.

Buck, R. L. 1982. "The Forest Preserve District of Cook County: The Success Story of a Major Forest Recreation System." In Proceedings, Second National Urban Forestry Conference (pp. 157–161). Washington, DC: American Forestry Association.

Burns, R. M., & B. H. Honkala (tech. coord.). 1990. *Silvics of North America* (Agriculture Handbook #654). Washington, DC: USDA Forest Service.

City of Colorado Springs. 2011. *Community Wildfire Protection Plan*. Colorado Springs, Colorado (http://www.springsgov.com/units/fire/wildfire/COS_CWPP_2011.pdf).

Clark, J. R. 1995. "Fire-Safe Landscapes." In G. A. Bradley (ed.), *Urban Forest Landscapes: Integrating Multidisciplinary Perspectives* (pp. 164–172). Seattle: University of Washington Press.

Clark, J. R., & N. P. Matheny. 1991. "Management Concepts for 'Natural' Urban Forests." In Proceedings, Fifth National Urban Forestry Conference (pp. 22–29). Washington, DC: American Forestry Association.

DeNicola, A. J., K. C. VerCauteren, P. D. Curtis, & S. E. Hygnstrom. 2000. *Managing White-Tailed Deer in Suburban Environments: A Technical Guide.* A publication of the Cornell Cooperative Extension, the Wildlife Society–Wildlife Damage Management Working Group, and the Northeast Wildlife Damage Research and Outreach Cooperative.

Donnay, J. S., M. A. Kilgore, & S. A. Snyder. 2005. *A Look at Past and Present Forest Landowner Preferences and Intentions in Northern Minnesota* (Staff Paper Series Number 184). St. Paul: University of Minnesota, Department of Forest Resources.

Driver, B. L., & D. Rosenthal. 1978. "Social Benefits of Urban Forests and Related Green

Spaces in Cities." In Proceedings, First National Urban Forestry Conference (ESF Pub. 80-003, pp. 98–111). Syracuse, NY: SUNY.

Du Bus de Warnaffe, G., M. Deconchat, S. Ladet, & G. Balent. 2006. "Variability of Cutting Regimes in Small Private Woodlots in South-Western France." *Annals of Forest Science* 63:915–927.

Dunster, J. 1995. "Effective Tree Retention in New Developments: An Undisturbed Land Base is the Key to Success." In Proceedings, Trees and Buildings Conference. Savoy, IL: International Society of Arboriculture.

Dunster, K., & J. Dunster. 1992. *The Nature of Burnaby: An Environmentally Sensitive Areas Strategy.* Bowen Island, BC, Canada: Dunster and Associates.

Dwyer, J. F. 1983. "Management Technologies for Outlying Forests: A Summary and Synthesis." In Proceedings of the Seminar, Management of Outlying Forests for Metropolitan Populations (pp. 27–31), P. F. Folliott and W. H. Banzhaf (tech. coord.), Temperate Forests Directorate of the U.S. Man and Biosphere Program, Milwaukee, Wisconsin.

Ewing, R., R. Pendall, & D. Chen. 2002. Measuring Sprawl and Its Impact: Volume I (http://www.smartgrowthamerica.org/research/measuring-sprawl-and-its-impact).

Federal Ministry of Food, Agriculture and Consumer Protection. 2011. *German Forests: Nature and Economic Factor.* Berlin, Germany: BMVEL.

Franklin, J. F. 1993. "Preserving Biodiversity: Species, Ecosystems, or Landscapes?" *Ecological Applications* 3(2):202–205.

French, J. R. J., & R. Sharpe. 1976. "Urban Forests for Australian Cities." In Proceedings of Symposia, Trees and Forests for Human Settlements (pp. 123–135). Toronto: University of Toronto.

Green, T. L. 1984. "Maintaining and Preserving Wooded Parks." *Journal of Arboriculture* 10(7):193–197.

Hartley, B. A., & W. G. Spencer. 1978. "Management Problems and Techniques on a City Watershed." In Proceedings, First National Urban Forestry Conference (ESF Pub. 80-003, pp. 410–420). Syracuse, NY: SUNY.

Hull, R. B. IV, & S. E. Michael. 1995. "Paving Over Paradise: How to Decrease Crime in Public Areas." News release, February 1. Savoy, IL: International Society of Arboriculture.

Jorgensen, A., J. Hitchmough, & T. Calvert. 2002. "Woodland Spaces and Edges: Their Impact on Perception of Safety and Preference." *Landscape and Urban Planning* 60:135–150.

Kaye, J. P., P. M. Groffman, N. B. Grimm, L. A. Baker, & R. V. Pouyat. 2006. "A Distinct Urban Biogeochemistry?" *Trends in Ecology and Evolution* 21:192–199.

Kittredge, D. B., M. J. Mauri, & E. J. McGuire. 1996. "Decreasing Woodlot Size and the Future of Timber Sales in Massachusetts: When is an Operation Too Small?" *Northern Journal of Applied Forestry* 13:96–101.

Kuchelmeister, G. 1993. "Trees, Settlements and People in Developing Countries." *Arboricultural Journal* 17:399–411.

Kuo, F. E., & W. C. Sullivan. 2001. "Environment and Crime in the Inner City: Does Vegetation Reduce Crime?" *Environment and Behavior* 33:343–367.

Leedy, D. L., R. M. Maestro, & T. M. Franklin. 1978. *Planning for Wildlife in Cities and Suburbs.* Washington, DC: US Fish and Wildlife Service.

Lindenmayer, D. B. 1993. "Ecological Principles for the Design of Wildlife Corridors." *Conservation Biology* 7:627–630.

McHarg, I. L. 1995. *Design with Nature.* Garden City, NY: Doubleday.

Miller, R. W. 1983. "Multiple Use Urban Forest Management in the Federal Republic of Germany." In Proceedings of the Seminar, Management of Outlying Forests for Metropolitan Populations (pp. 21–23), P. F. Folliott and W. H. Banzhaf (tech. coord.), Temperate Forests Directorate of the U.S. Man and Biosphere Program, Milwaukee, Wisconsin.

Miller, R. W., R. S. Bond, & B. R. Payne. 1978. "Land and Timber Values in an Urban

Region." *Journal of Forestry* 76(3):165–166.

Mjaaland, B., & J. W. Andresen. 1986. "Amenity and Service Functions of Oslo's Municipal Forest." *Arboricultural Journal* 10:101–112.

Nassauer, J. I. 1993. "Ecological Function and the Perception of Suburban Residential Landscapes." In P. H. Gobster (ed.), *Managing Urban and High-Use Recreation Settings* (Gen. Tech. Rep. NC-163, pp. 55–60). St. Paul, MN: USDA Forest Service.

Niemelä, J. 1999. "Ecology and Urban Planning." *Biodiversity and Conservation* 8:119–131.

Nowak, D. J., D. E. Crane, & J. C. Stevens. 2006. "Air Pollution Removal by Urban Trees and Shrubs in the United States." *Urban Forestry & Urban Greening* 4(3–4):115–123.

Noyes, J. H. 1971. "Managing Trees and Woodlands to Improve the Aesthetics of Communities." *Trees and Forests in an Urban Environment* (Plann. Res. Dev. Ser. No. 18, pp. 115–120). Amherst: University of Massachusetts.

Odum, E. P. 1971. "Ecological Principles and the Urban Forest." In Proceedings, Symposium on Trees and the South's Urban Environment (pp. 78–80). Athens: University of Georgia.

Pataki, D. E., M. M. Carreiro, J. Cherrier, N. E. Grulke, V. Jennings, S. Pinceti, R. V. Pouyat, T. H. Whitlow, & W. C. Zipperer. 2011. "Coupling Biogeochemical Cycles in Urban Environments: Ecosystem Services, Green Solutions, and Misconceptions." *Frontiers in Ecology and the Environment* 9:27–36.

Preckwinkle, T. 2012. Forest Preserve District of Cook County, Illinois Executive Budget Recommendation. http://fpdcc.com/downloads/2012-FPDCC-Executive-Budget-Recommendation-Book.pdf. Accessed 2-15-12.

Richards, N. A. 1974. "Greenspace Silviculture." In Proceedings, Forestry Issues in Urban America (pp. 80–84). Washington, DC: Society of American Foresters.

Rudolf, P. O. 1967. "Silviculture for Recreation Area Management." *Journal of Forestry* 65(6):385–390.

Saxon State Office for Environment, Agriculture and Geology. 2004. *Waldfunktionenkartierung. Grundsätze und Verfahren zur Erfassung der besonderen Schutz- und Erholungsfunktionen des Waldes im Freistaat Sachsen*. Dresden, Germany: Sächsisches Landesamt für Umwelt, Landwirtschaft und Geologie.

Schabel, H. G. 1980. "Urban Forestry in the Federal Republic of Germany." *Journal of Arboriculture* 6(11):281–286.

Schroeder, H. W. 1982. "Preferred Features of Urban Parks and Forests." *Journal of Arboriculture* 8(12):317–322.

Slinger, V. 2000. "Peri-Urban Agroforestry in the Brazilian Amazon." *Geographical Review* 90(2):177–190.

Smith, D. M. 1969. "Adapting Forestry to Megalopolitan Southern New England." *The Massachusetts Heritage* 7(2).

Smith, H. Y., & S. F. Arno, eds. 1999. *Eighty-Eight Years of Change in a Managed Ponderosa Pine Forest* (Gen. Tech. Rep. RMRS-GTR-23). Ogden, UT: USDA Forest Service, Rocky Mountain Research Station.

Soulé, M. E. 1991. "Land Use Planning and Wildlife Maintenance: Guidelines for Conserving Wildlife in an Urban Landscape." *Journal of American Planning Association* 57:313–323.

Stein, S. M., J. Menakis, M. A. Carr, S. J. Comas, S. I. Stewart, H. Cleveland, L. Bramwell, & V. C. Radeloff. 2013. *Wildfire, Wildlands, and People: Understanding and Preparing for Wildfire in the Wildland-Urban Interface—A Forests on the Edge Report* (Gen. Tech. Rep. RMRS-GTR-299). Fort Collins, CO: USDA Forest Service, Rocky Mountain Research Station.

Svihra, P. 1992. "The Oakland–Berkeley Hills Fire: Lessons for the Arborist." *Journal of Arboriculture* 18(5):257–261.

Talbot, J. F., & R. Kaplan. 1984. "Needs and Fears: The Response to Trees and Nature in the Inner City." *Journal of Arboriculture* 10(8):222–228.

Tzoulas, K., & P. James. 2010. "Peoples' Use of, and Concerns About, Green Space Networks:

A Case Study of Birchwood, Warrington, New Town, UK." *Urban Forestry & Urban Greening* 9:121–128.

United Nations Population Fund (UNFPA). 2011. *State of World Population 2011: People and Possibilities in a World of 7 Billion*. New York: United Nations Population Fund.

US Environmental Protection Agency. 2013. National Infrastructure (http://www.epa.gov/region03/green/infrastructure.html).

Walker, J., & J. M. Briggs. 2007. "An Object-Oriented Approach to Urban Forest Mapping in Phoenix." *Photogrammetric Engineering & Remote Sensing* 73:577–583.

Willhite, R. G., & W. R. Sise. 1974. "Measurement of Reaction to Forest Practices." *Journal of Forestry* 71(9):567–571.

제15장

상업적 및 공익시설 수목관리

태국 방콕

이 책의 전반을 통해 기술한 도시 숲 관리에 관한 원리와 기술은 공공과 민간 부문 모두에 적용된다. 공공 도시 임업과 수목관리에 보다 많은 비중이 주어졌지만, 고찰된 대부분의 방법론(方法論, methodology)은 상업적 및 공익시설 수목관리에도 적용될 수 있다. 예를 들면, 현황조사, 계획된 유지관리, 조림적 기술, 기타 많은 활동이 지자체에 의해 수행되는 작업들과 동일한 방법으로 수목관리 서비스를 제공하는 기업에 의해 수행될 수 있다.

이 장의 목적은 민간 부문의 현재 상태, 동향, 기술 혁신, 이 산업에 독특한 기본 경영 원리를 기술함으로써 민간 부문에 집중하는 것이다. 상업적 수목관리와 공익시설 수목관리 간의 차이는, 많은 기업이 민간 고객은 물론 공익시설 회사와 계약에 의해 선로 정리작업에 대한 수목관리 서비스를 모두 제공하기 때문에, 분명하지 않은 면이 있다. 고찰 목적상, 이 장은 이 문제를 두 가지 별개의 범주로 나누어 다룬다: 상업적 수목관리와 공익시설 수목관리.

상업적 수목관리

만약 상업적 수목관리(商業的樹木管理, commercial arboriculture)를 수수료를 받고 교목에 대한 서비스를 수행하는 것으로 정의한다면, 지역사회에 교목이 존재하는 한 이 직업은 우리 주변에 존재한다. 교목을 절단하여 제거하거나 가지를 톱으로 자르는 것과 같은 교목에 대해 어떤 일을 하도록 고용된 사람은 이 정의 하에서 모두 상업적 수목관리자(樹木管理者, arborist)였고, 지금도 그러하다. 그러나 만약 상업적 수목관리를 전문적인 교목관리 서비스를 제공하는 것으로 정의하면, 좀 더 최근의 직업이고, 미국에서는 역사가 약 150년 정도 된다(Felix 1978). 이 정의에서 핵심적인 용어는 "전문적인 교목 관리"로, 해당 작업이 견고한 과학적 기초를 가지고 있고, 자격을 가진 사람에 의해 수행되고, 항상 전반적인 경관 관리계획의 일환인 것을 의미한다.

수목관리 서비스

역사적인 관점에서 보면, 전문적인 수목관리 서비스는 처음에는 대규모 사유지에 대해 수행되었으며, 크고 오래되고 부후된 교목에 대한 공동(空洞, cavity) 작업이 대부분을 차지하였다. 이러한 시장의 한계를 인식한 일부 초기 수목관리자들은 새롭게 진화하는 전기와 전화 산업에 대한 선로 정리 서비스를 제공하는 데 특화하였다. 제2차 세계대전 이후, 교외 개발이 경관 관리 서비스에 대한 수요를 창출하여 상업적 수목관리자들에 대한 시장을 확대시켰다. 1960년대에 들어, 증가하는 환경에 대한 인식과 교목이 인간 환경에서 펼치는 역할에 대한 보다 높은 이해는 수목관리 서비스에 대한 더 많은 수요로 이어졌다(Abbott & Joy 1978; Felix 1978). 현재 미국에서 운영되고 있는 82,000개의 지역 수목 관리회사가 약 160,000명의 작업자를 고용하고 있고 연간 거의

90억 달러에 달하는 총수입을 올리고 있는 것으로 추정된다(Hall 등 2005; O'Bryan 등 2007). 이러한 추정은 1995년에 Felix가 보고한 가치보다 크게 증가한 것으로 하나의 추세를 나타낸다. 예를 들면, O'Bryan 등(2007)은 1992년부터 2002년 사이에 수목관리 서비스를 제공하는 일을 수행하는 회사의 수가 매년 21%의 속도로 증가하였고 관련된 미국 노동자가 12% 증가하였다.

지금의 상업적 수목관리 회사가 일반적으로 제공하는 서비스의 구성은 초기 수목관리 회사의 구성과 크게 다르다. 1975년 이 산업에 대한 조사가 금액 기준의 구성비를 나타낸 서비스 통계를 보고하였다. 전정(37%), 농약살포(18%), 제거(16%)가 가장 높은 서비스 구성비를 차지하고 있는 데 비해, 식재(2%), 공동 작업(1%), 진단(1%)은 구성비가 가장 낮았다(Abbott & Joy 1978). 2007년 국제수목관리학회 서부지부(Western Chapter of the International society of Arboriculture) 소속 179개 회원사에 대한 조사를 보면(WCISA 2009) 상업적 수목관리 작업의 핵심은 교목 식재, 전정, 제거(그루터기 마쇄와 같은 관련 서비스 포함)에 집중되어 있는 것으로 나타났지만, 수목관리와 도시 생태 관련 과학의 발전과 인간과 환경적인 건강에 대한 관심으로 인해 도시 경관에 있는 교목을 관리하는 데 보다 종합적인 접근이 필요한 관리 전략과 기술을 요구하고 있다. 예를 들면 수목 건강관리(樹木健康管理, PHC/plant health care) 개념은 전정, 시비, 병해충 방제와 같은 전통적인 교목 중심 접근과 함께 부지 요소(예, 수분 공급, 토질[土質, soil quality], 경쟁)를 관리할 것을 강조한다. 이에 따라 많은 상업적 수목관리 회사들은 이제 토양의 건강을 관리하고 향상시키며, 교목 수종 선정을 하층 식생과 조화시키고, 토양에 대한 유기물 투입을 관리하며, 표적 특이적, 체계적인 기술, 또는 생물적 방제를 이용한 병/해충 문제의 관리 등에 초점을 두는 서비스를 제안하고 있다.

기타 수목관리 서비스에는 교목 보호(예, 피뢰/避雷, lightning protection), 경관 관리계획 수립, 경관 조성, 지자체 임업 자문 등이 있다. 많은 지자체가 이제는 토지 개발 중에 기존 교목과 기타 식생을 보호하도록 설계된 교목 보호 조례(tree protection ordinance)를 가지고 있다(제9장). 어떤 수목관리 기업은 공사 중에 교목이 피해를 받지 않도록 보호하기 위해 그리고 교란 후에 교목 회복 작업을 도와주기 위해 토지 개발업자와 접촉한다. 상업적 수목관리 회사가 교목 위험 평가(喬木危險評價, tree risk assessment) 과정에 참여하는 사례가 점점 늘어나고 있다. 교목 위험 평가를 위해서는 교목에 작용하는 힘에 관한 교목 생체역학(生體力學, biomechanics)과 교목 생물학(生物學, biology)에 관한 철저한 이해가 필요하다. 이처럼 이러한 서비스를 제공하는 회사들은 고도의 훈련과 교육을 받은 인력을 고용하고 이러한 평가를 수행하는데 필요한 장비를 구입하기 위해 상당한 금액의 돈을 투자하고 있다.

대규모 개발업자는 종종 개발된 지역의 일부를 공중이 이용할 수 있는 오픈 스페이스로 기부한다. 이러한 일은 계획된 단위 개발이나 집단 주택개발 사업에서 흔히 발생한다(제8장). 상업적 수목관리 기업이나 도시 임업 기업은 가끔 보존과 휴양용으로 적합한 지역과/이나 식생 유형을 선정하는 데 도움을 주기 위해 개발업자에게 고용되기도 한다. 일단 어떤 지역이 오픈 스페이스와 휴양용으로 지정되고 나면, 상업적 수목관리 회사는 기존 식생을 보존하고, 피복 유형을 변경하고(필요한 경우), 또는 새로운 식생을 조성하기 위한 식생 관리계획을 설계하는 데 참여하게 될 수 있다. 이 계획에는 주거지 주변, 식수대로와 공공 공간, 가로변에 새로이 조성되는 경관에 대한 관리 권고도 포함될 수 있다.

소규모 지자체는 가끔 자신들이 가로수 관리계획을 수립하고 싶지만 해당 과업을 수행하는데 필요한 내부 전문가를 보유하고 있지 않거나 시 임정관을 정규직(正規職, full-time)으로 고용하는 것을 정당화할 수 없는 상황에 처할 수 있다. 이런 지자체는 많은 경우, 민간 도시 임업 자문회사가 지자체 공무원과 협조하여 필요한 관리 계획을 개발하는 데 필요한 전문성을 제공할 수 있다. 예를 들면, 위스콘신주에서는 주 자연자원국(DNR, Department of Natural Resources)이 모든 지자체의 도시 숲 관리의 촉진과 발전에 적극적으로 개입한다. 이를 위해 자연자원국은 지자체가 도시 임업 관리계획 개발을 위한 자금조달을 도와주는 주 자금을 사용할 수 있는 경쟁적 비용분담 교부금(交付金, grant) 프로그램을 운영하고 있다. 도시 임업 개발 보조금을 받는 지자체는 선택 대상인 잠재적 자문회사 중에서 자격이 없는 회사의 목록을 전달받는다(Rideout 2012). 자문기업이 이들 지자체에 제공하는 서비스에는 가로수 현황조사, 가로수 관리계획, 식재와 유지관리 시방서, 조례 개발 등이 있다.

상업적 수목관리 산업

영리사업의 하나로, 상업적 수목관리는 이 사업이 시작된 이후 미국에서는 전반적으로 꾸준한 성장을 해오고 있다. 자신의 개인적인 경관에 대한 공중의 최근 관심과 도시 생활의 질을 향상시키기 위한 지자체 수준의 노력 덕분에 이 산업은 지속적인 성장을 경험하고 있다(O'Bryan 등 2007).

이 산업 자체는 다음과 같이 특징지어져 왔다(Abbott & Joy 1978):

1. 이 산업은 계절에 따라 2명에서 5명을 고용하는 수많은 소규모 기업으로 구성되어 있다. 더 작은 회사는 교목 제거가 자신들의 가장 큰 매출액이라고 보고하였다.
2. 대부분의 기업은 교목 관리를 경관 조성, 농장 또는 원예 용품점(garden center) 운영으로 보충한다.
3. 대부분의 서비스는 경쟁 위주의 입찰이다.
4. 이 산업은 전문적인 문제를 해결하기 위해 통합되지 않고, 이들 기업의 소수가 전문적인 단체에 소속되어 있다.

보다 최근 연구와 조사는 이러한 특성이 오늘날에도 여전히 적용된다고 주장하고(O'Bryan 등 2007), 이 산업을 통합시키고 더 많은 회사가 전문적인 단체에 가입하도록 조장하는 발전이 일부 진행되어 왔다. 개인 교목 관리회사의 42%가 지적하는 가장 큰 전문적인 도전은 산업표준(産業標準, industry standards)을 준수하지 않는 회사들과의 경쟁이라고 한다(WCISA 2009).

이러한 사실에도 불구하고, 이 산업을 통합하고 상업적 수목관리에 영향을 미치는 전문적인 문제에 역점을 두고 다루기 위한 뜻있는 연구가 수행되어 왔다. 수목관리산업협회(TCIA, Tree Care Industry Association)는 회원이 주로 상업적 수목관리회사 소유자와 이들의 종업원으로 구성된 국제적, 전문적 단체이다. TCIA는 수목관리 표준의 준수를 통해 건전한 사업 경영전략을 장려하고 안전 훈련과 교육을 통해 작업 환경을 향상시키기 위해 자신의 회원들과 적극적으로 활동하고 있다. TCIA가 이를 달성하기 위한 주된 수단은 제3자 자격인증 프로그램을 통해서이다. 자격인증 과정은 소비자와 수목관리 서비스 공급자 모두에게 편익을 준다. 이는 소비자에게 자신들의 지역 내 전문적인 수목관리 회사를 평가하고 선정하는 기작(機作, mechanism)을 제공한다. 또한 자격제도는 상업적 수목관리와, 어느 정도는, 상업적 수목관리 사업의 전문적인 이미지를 강화시킨다. 예를 들면, TCIA 평가자들은 사업체의 산업 표준 준수, 고객 만족, 법규 준수에 근거하여 이들을 평가한다. 또한 TCIA는 사업 경영, 마케팅, 보험, 예산 등과 같은 분야에 대한 교육적인 훈련을 제공한다. 현재 TCIA에는 2,000개가 넘는 회원사가 있다.

동향

가까운 그리고 더 먼 장래에 수목관리 산업에 영향을 미치고 있거나 미칠 여러 가지 중요한 동향이 있다. 이들 동향은 중요하며, 다음과 같이 요약될 수 있다:

1. 20세기 후반과 21세기 초반의 건축 붐 기간 동안에 건축된 주택 주변의 경관은 성숙하기 시작해서 많은 교목과 관목이 관리를 필요로 하고 있다(**그림 15-1**).
2. 경관 조성을 포함한 자연의 모든 측면에 대한 관심이 높아졌다. 이는 그 자체가 도시와 교외 거주자들이 개별 경관에 대해 상당한 수준의 긍지를 가지고 있고 관리할 필요가 있다는 것을 입증하고 있다(Black 1981). 수목관리 산업에 미치는 영향은 전통적인 서비스에 대한 요구와 함께 특화되고, 독특하거나 "자연적인" 경관 조성에 대한 요구 증가로 나타날 것이다.
3. 과거 10년 동안의 불안한 경제는 많은 회사의 수익성에 영향을 미쳤고 앞으로도 계속 영향을 미칠 것이기 때문에, 이들은 수목관리 서비스를 보다 창의적이고 효율적으로 제공하도록 압력을 가할 것이다(WCISA 2009).
4. 인건비와 변화하는 기술은 사업 수행비용을 계속 인상시킬 것이다. 이로 인해 수목관리 회사들은 효율 향상에 초점을 맞춘 사업 전략을 개발할 것이다. 예를 들면, 수목관리와 경관 유

그림 15-1 경관이 성숙해감에 따라 교목의 유지관리와 수목관리 서비스에 대한 수요는 증가할 것이다. (사진: Google Earth 제공.)

지관리 산업을 위해 특별히 만들어진 소프트웨어 프로그램을 구할 수 있다. 일반적인 사업에 적용 가능한 여러 가지 프로그램을 소개하면 다음과 같다.

a. 데이터베이스 관리 시스템(database management system). 이 프로그램은 전자 파일링 시스템(electronic filing system)에 정보를 저장하고, 정보를 검색하고, 파일을 검색하고, 파일 요약을 제공하는 역할을 한다.
b. 총계정원장(總計定元帳, general ledger) 회계, 외상매입금(外上買入金, account payable), 외상매출금(外上賣出金, account receivable) 프로그램.
c. 부품과 자재의 변동을 추적하기 위한 재고관리 프로그램.
d. 급여를 계산하고 필요한 공제를 할 수 있도록 설계된 급여관리 프로그램(payroll program).
e. 상업적 수목관리자를 위한 그래픽 기능이 있는 현황조사 프로그램도 구할 수 있다. 이 프로그램을 사용하면 쉽게 부동산의 지도를 그릴 수 있고, 교목의 위치와 수량을 확인할 수 있고, 특정 교목을 설명하고 관리 요구를 나타내는 정보를 기록할 수 있고, 작업지시서를 작성할 수 있다. 또한 이 프로그램은 작업기록을 유지하고 고객에게 보낼 수 있는 보고서를 생성하는 데 사용될 수 있다.

이 산업은 사업가와 잘 훈련된 개인에게 기회를 제공하면서 성장하고 있고 앞으로도 지속적으로 성장할 것이다. 양질의 서비스를 제공하고, 예의바르고 자격을 갖춘 종업원을 고용하고, 정당한 가격을 부과하고, 자신의 작업을 보증하는 대기업과 소기업은 모두 성공할 것이다. 이들 기업은 작업의 질과 효율을 높이면서도 고객에게 비용이 절감되는 새로운 기술을 채택하고 개발할 것이다.

공익시설 수목관리

공익시설 수목관리(公益施設樹木管理, utility arboriculture)나 임업은 주로 송전선(送電線, transmission line)과 배전선(配電線, distribution line) 망(網, networks)을 따라 그리고 그 내부에 있는 식생을 관리하는 것이다(**그림 15-2**). 간단하게 말하면, 발전소에서 생산된 전기는 지상 송전

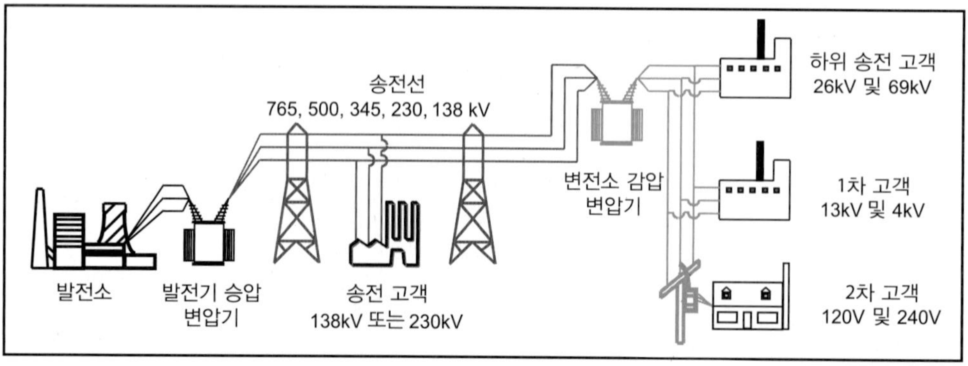

그림 15-2 전기 송배전 망의 예. (U.S.-Canada Power System Outage Task Force 2004.)

선을 통해 장거리 운송을 위해 고압(高壓, high voltage; 138,000에서 765,000볼트)으로 변형(승압/昇壓, step-up)된다. 고압 송전선으로부터 받은 고압의 전기는 지역 변전소(變電所, substation)에서 더 낮은 전압 수준(26,000에서 69,000볼트)으로 감압(체강/遞降, step down)된 다음 일차 배전선 망을 따라 더 가까운 거리에 이송된다. 일차 배전선의 전압은 이차 배전선을 따라 송출되기 위해 지역 변전소에서 또 다시 변압(4,000에서 13,000볼트로 체강)을 거친다. 마지막으로 이차 배전선의 전기는 가공(架空, overhead) 또는 지하의 인입선(引入線, service line)을 통해 주택과 사업체에 도달되기 전에 주상 변압기(柱上變壓器, pole transformer)에서 감압(120에서 240볼트)된다.

공익시설 회사는 고압송전선이 통과하는 토지를 소유하거나 개인/공공 토지를 통과하여 전기를 송출할 수 있도록 수용권(收用權, eminent domain)을 가진 기관의 지역권(地役權, easement)을 구매한다. 수용 기관의 지역권은 당연히 공익시설 회사가 해당 토지에 대한 접근을 허용하고, 송전선로 안쪽과 주위에서의 활동을 통제할 수 있는 권리와 지역권의 목적(이 경우 송전할 수 있는 능력)을 훼손하지 않는 방법으로 식생을 포함한 해당 토지를 관리할 권한을 부여한다(**그림 15-3**). 지역권은 전형적으로 배전망을 따라서는 구매하지 않는 것이 사실임에도 불구하고, "공익사업(公益事業, public utilities)"인 전기 공급회사는 배전선로를 둘러싸고 있는 공역(空域, airspace) 내의 식생을 관리할 권한을 유지한다.

식생 특히 교목이 전기 공급을 방해할 가능성은 송전망과 배전망 수준 모두에서 존재한다. 단 한 번의 단전(斷電, outage)으로 인한 경제적인 영향도 엄청날 수 있다. 예를 들면, 1996년 대교목의 가지가 고압 송전선과 접촉하게 되고 이로 인해 합선(合線, short circuit)으로 인한 대규모 정전(停電, blackout)이 발생하여 미국 서부 14개 주에서 거의 6시간 동안 2백만 가구와 사업체가 피해를 입었다(Amin 2004). Simpson & Van Bossupt(1996)는 1989년에서 1994년 사이 미국 동부지역 전기회사에 의해 보고된 예방가능한 단전의 40%를 교목 파손이 차지한다고 추정하였다. Goodfellow(2005)는 교목과/이나 가시가 전기선과 접촉하면 이들은 고장전류(故障電流, fault current)라고 불리는 전기 흐름에 대한 또 다른 통로를 제공한다고 지적한다. 고장전류는 전선을

그림 15-3 관리되고 있는 장거리 송전선 아래의 식생. (사진: L. Werner 제공.)

통한 전기의 흐름을 차단하는 보호 장치를 활성화시키거나 이의 발동을 유발함으로써, 최종 소비자에 대한 단전으로 이어진다. 전기가 흐르는 전선과 접촉하게 되는 가지/교목의 크기와, 그리고 어느 정도는 수종도 전기전도도(電氣傳導度, electrical conductivity)와 고장전류를 유발할 수 있는 능력에 영향을 미칠 수 있다. 일반적으로 매끈한 수피를 가진 직경이 굵은 가지와 교목이 고장전류를 유발할 가능성이 가장 높다. Goodfellow(2005)는, 가는 가지의 끝은 항상 건조되어 타버리기 때문에, 교목으로 인한 단전이 전선 안으로 자라는 교목 때문은 아니라고 주장하였다. 이러한 주장은 교목 관련 단전은 단전이 발생하기 전에 확인되거나 경감될 수 있다는 것을 의미한다. 이의 대부분의 단순한 형태는, 공공 통행로(公共通行路, ROW/right-of-way) 관리 과정이 가공 전선 주변의 식생 현황조사를 통해 잠재적인 위협을 확인하고 사전적인 식생관리 프로그램을 시행하는 것이다.

1970년대 이후, 전기회사들은 대부분의 경우 교목 관련된 단전은 송전선로와 배전망을 따라 적절한 식생관리를 통해 감축하고/거나 예방할 수 있다는 것을 인식했다. 북미에서 전기회사는 식생관리에 매년 20억에서 100억 달러 사이의 돈을 쓰고 있다(Guggenmoos 2007). 송전 통로 내의 식생은 송전선을 향해 자라거나 이를 가로질러 쓰러질 수 있는 교목을 배제하도록 관리된다(**그림 15-3**). 지상 배전망에 있는 식생은 일반적으로 개인이나 지자체가 소유하고 있고, 송전선 아래나 가까이에는 소교목을 식재하도록 권장하거나 단전이나 상해 위험을 줄이기 위해 대교목을 전정하는 방식으로 관리된다(**그림 15-4**). 앞서 언급한 바와 같이, 전기회사 식생관리의 일차적인 목적은 신뢰할 수 있는 서비스를 제공하고 공중의 안전을 확보하는 것이다. 전선 아래나 가까이의 식생을 누가 소유하고 있느냐와 무관하게, 전기회사는 자신의 전선에 접근하여 서비스를 방해할 수 있는 교목을 전정할 수 있는 법적인 권한을 가지고 있다.

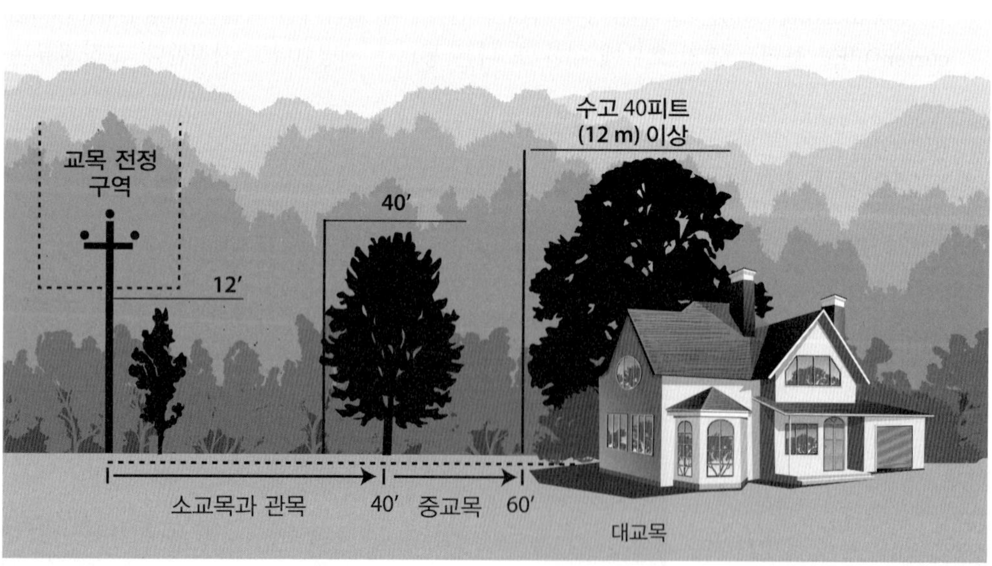

그림 15-4 송/배전선 아래와 주위에 대한 식생관리 전략에는 수종 선정과 전정이 있다. (Edison Electric Institute에서 전재.)

공공 통행로: 송전선로

미국에서는, 송전 통로 내 식생관리는 북미전력신뢰회사(NERC, North American Electric Reliability Corporation)의 표준을 준수해야 하며, 이 표준은 미국 연방 에너지규제 위원회(US Federal Energy Regulatory Commission)의 감독을 받는다. FAC-003-1 표준은 사용 중인 송전선 소유자가 ROW 통로 내와 주위의 식생으로 인한 단전을 줄이고/제거함으로써 신뢰할 수 있는 전기 흐름을 보장하는 송전선 식생관리 프로그램(TVMP, transmission vegetation management program)을 개발하고 최신 상태를 유지할 것을 요구한다.

TVMP는 ROW 식생관리에 관한 목적(目的, goal), 목표(目標, objective), 전략(戰略, strategy)의 윤곽을 나타내는 계획에서 출발한다. 앞서 언급한 바와 같이, TVMP의 목적은 신뢰할 수 있고 부단한 전기의 흐름을 유지하는 것이다. 일반적으로 TVMP의 목표는 낮게 자라고 초기 천이 단계 식물(잔디, 초본성 다년생 식물, 관목)을 창출하고 유지관리하여 단전을 유발할 수 있는 표적 식물 종(교목)의 조성과 생장을 억제하는 것이다. ROW 관리자는 제시된 목적과 목표를 달성하기 위해 물리적, 기계적, 생물적, 그리고 화학적 식생관리 전략을 종합적으로 고려한다. 다양하고 잠재적인 전략의 결합을 통해 ROW 관리자는 폭넓은 토지이용에 걸쳐 있는 식생과 환경적으로 건전한 방법으로 자생 식생 유형을 효과적으로 관리할 수 있게 된다. 올바르게 수행되면, TVMP는 교목 관련 단전 빈도를 줄이고, 야생동물 서식지를 향상시키고, 침입종(侵入種, invasive species)을 억제하고, 생태계 기능을 향상시킬 수 있다(Johnstone 2010).

TVMP 계획은 송전선 전체 길이에 대해 개발되어야 하고, 마주치는 각각의 독특한 토지이용/피복유형을 다루어야 한다. 도시 숲을 관리하기 위해 개발하는 계획과 마찬가지로, TVMP를 개발하기 위해 필요한 기초 정보는 송전선로 내와 주위에 존재하는 기존 식생에 대한 현황조사를 통해 확보된다. 현황조사가 다루는 물리적인 면적은 해당 전선에 흐르는 전기부하(電氣負荷, electrical load)에 의해 결정된다. 일반적으로 평가 대상 면적은 전선의 전기부하가 높아짐에 따라 늘어나는데, 어느 정도는 기존 식생의 피복 유형(예, 임지 대비 습지)에도 영향을 받는다. 현황조사는 송전선 아래나 근처의 교목 피복유형의 구성과 구조, 이들의 밀도, 식경, 수고 등을 기술해야 하고, 송전선로를 따라 마주치는 개별 피복유형에 대한 관리 우선순위 평가(예, 즉시, 높음, 중간, 낮음)를 부여해야 한다. 송전선로와 배전망 전체 거리를 효과적으로 관리하기 위해, 대부분의 전기회사는 현황조사 과정에 GIS 기술을 접목한다. 현황조사를 통해 수집된 정보는 효율적이고 효과적인 관리 전략을 개발하는 데 도움을 주고 현재와 미래의 유지관리 비용을 예측하는 데 사용될 수 있다. 제10장에서 언급한 바와 같이, 현황조사는 기본적인 정보를 제공한다. ROW 통로에 대한 관리전략의 효율성을 평가하기 위해, 송전선로에 있는 식생에 대한 현황조사를 주기적으로 실시하는 것이 좋다. 전형적으로 ROW 통로 내의 식생에 대해서는 정기적인 간격, 예를 들면 5년마다 현황조사를 하고 있다.

피복유형 변환과 ROW 유지관리. 산림지역에서, 송전선 통로는 전선을 설치하기에 앞서 교목을 완전히 제거한다. 그러나 식생 천이 성향은 공공 통행로에 대한 교목 수종의 지속적인 침입을 초래하여, 지속적인 통제 수단의 필요성을 유발한다. 이 통로 내에서, 교목 침입에 저항하는 식물 군집을 개발하고 유지하는 것이 TVMP의 핵심 목표이다. Bramble & Byrnes(1983)는 제초제의 선택적인 사용이 산림 교목에 의한 침입에 저항하는 조밀하고 안정적인 초본, 관목, 잔디로 된 군집을 유발했다고 보고했다(**그림 15-5**). 선택적인 살포는 제초제를 개별 교목에 적용하는 것으로, 일반

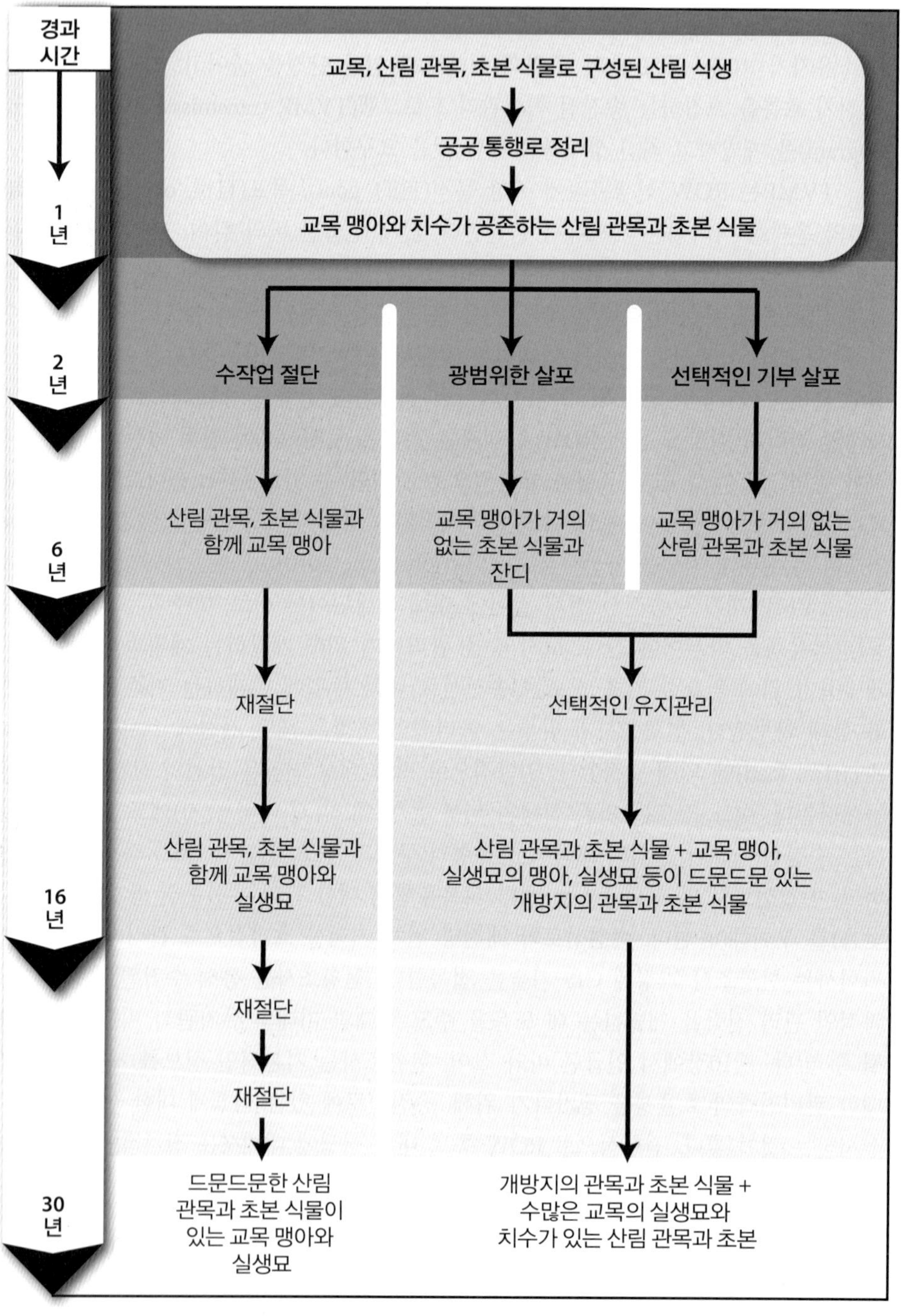

그림 15-5 공공 통행로 식생 발달에 대한 단순화된 모델로, 지배적인 식물상을 보여준다(Bramble & Byrnes 1983).

적으로 수간이나 그루터기에 적용한다. 이 기술은 뿌리 시스템을 포함한 전체 교목을 죽여서 맹아가 발생하지 못하게 한다. 잘라내는 것은 살포의 대안이지만, 치리되는 토지 단위당 비용이 더 많이 들고, 특정 교목 수종을 포함한 많은 목본식물(木本植物, woody plant)이 여전히 살아 있는 뿌리 시스템으로부터 맹아를 발생시킬 수 있기 때문에 편익도 거의 없다. Johnstone(1990)은 개별 교목에 대한 선택적인 제초제 사용이 잘라내기(mowing)보다 다음과 같은 이유에서 더 우수하다고 주장한다:

1. 제초제는 손 공구, 체인톱, 정글 도끼를 사용하는 것보다 작업자에게 더 안전하다.
2. 살포는 교목의 흡지 발생을 배제하고, 야생화, 고사리, 관목으로 된 미학적으로 보기 좋은 군집의 조성이 가능하게 한다.
3. 원하지 않은 교목을 제거하면 식물 군집 조성이 가능하게 되어, 연속적인 토양 피복을 유지함으로써 침식을 줄일 수 있다.
4. 관목, 잔디, 초본 군집은 교목 흡지(吸枝, sucker)보다 더 다양한 야생동물 서식지를 제공한다.
5. 제초제는 벌채나 잘라내기보다 비용이 덜 든다.

그러나 제초제의 안정성에 대한 공중의 우려는 일부 전기회사가 잘라내기를 선호하고 살포를 줄이도록 만들었다. Nowak 등(1993)은, 만약 기계적인 제어가 식생관리의 주된 방법이 되면, 중요한 야생동물 서식지와 미적인 가치를 잃을 것이라고 경고한다.

공익시설 통행로의 비수림지 식생은 산불을 이용하여 유지관리될 수도 있다. Arner(1979)는 공익시설 통로의 목본 식생을 제어하는데 미시시피주와 앨라배마주에서는 처방된 소각(prescribed burning)이 잘라내기나 제초제를 사용하는 것보다 비용 효율적이었다고 보고하였다. 송전선 통래의 가장자리를 따라 방화선(防火線, fire line)을 경운하고, 0.4 km에서 0.8 km(1/4에서 1/2마일) 간격으로 송전선 통로를 가로지르는 방화대(防火帶, fire break)를 조성하였다. 소각은 3년 주기로 실시하고, 가파른 경사에 있는 소방도로(消防道路, fire lane)는 침식을 방지하기 위해 잔디를 파종한다.

배전망 공공 통행로 관리

앞서 언급한 바와 같이, 전형적으로 배전망을 따라 지역권을 구매하지는 않는다. 그러나 수용권은 전기회사에게 전기 배전선을 둘러싸고 있는 지상공간(地上空間, airspace)을 관리할 권한을 부여한다. NERC FAC-003-1 표준은 배전선에는 적용되지 않지만, 전부는 아니지만 대부분의 전기회사는 배전선망을 따라 식생을 관리하는 계획을 수립한다. (1) 지역권 권한의 불충분과 (2) 배전망 내의 단전을 유발할 능력이 있는 대부분의 식생이 전기회사가 소유하지 않은 부동산에 위치하고 있는 것 때문에 식생관리 전략이 수정된다. 교목 식재, 잘라내기, 제한된 범위 내에서의 제거 등이 배전망을 따라 존재하는 식생을 관리하는 주된 수단이다.

교목 식재. 교목은 성숙된 수고가 선선과 접촉할 정노로 자라지 않으면, 배전선 아래와 주변에 식재되고 유지관리될 수 있다. 전형적으로 식재 높이 제한은 전선의 높이와 예상되는 해당 교목의 성목 수고를 기준으로 한다. 일반적으로 소교목은 큰 걱정 없이 가공 전선(架空電線, overhead conductor) 바로 아래에 식재될 수 있다. 중교목과 대교목은 전선으로부터 최소 자신의 성목 수고와 동일한 거리를 두고 위치한다면 배전선 가까이에 식재되어 유지관리될 수 있다(그림 15-3). 대부분의 전기회사는 자신들이 영업을 하는 지역에 적합한 교목 수종의 목록을 개발하고 유지한다. 부록 H는 Dairyland Power Cooperative와 위스콘신대학교 스티븐즈 포인트(Stevens Point) 캠퍼스가 개발한 교목 수종 목록의 예이다(Hauer 등 2008).

전선 아래 또는 가까이에 천천히 자라고 성목의 수고가 낮은 교목을 식재하는 것이 전선 아래의 교목 수관을 유지관리하는 데 가장 경제적인 선택이 될 것이다. 여러 가지 공익시설 선 아래에 있는 빨리 자라는 교목 수종은 거의 매년 가지 절단 작업을 해주어야 할 것이다. 펜실베이니아주 이리(Erie) 지역에 전기를 공급하고 있는 회사인 Penelec은 주민, 지방 정부, 이리 녹음수 위원회(Erie Shade Tree Commission)의 집중적인 자문을 거쳐 1960년에 자신들의 전선 아래 양립 가능한 교목 12종 3,000그루를 식재하였다. 대부분의 교목은 보도와 보차도경계석 사이에 식재되었다. 25년이 지난 후 실시한 조사결과 이들 교목의 39%가 여전히 존재하고 양호한 상태를 유지하고 있는 것으로 나타났으며, 이들 중 식재 후 전정이 필요한 교목은 전혀 없었다(Rossman & Harrington 1986). 많은 공익사업체들이 부동산 소유자와 지자체가 기꺼이 기존 대교목을 제거하고 공익시설과 조화되는 수종으로 대체하도록 하는 교목 대체 프로그램을 제안해오고 있다. 공익사업체가 제거와 대체 비용을 지불하지만, 단전과 수리비를 절감하고 전정 비용을 줄임으로써 장기적으로는 비용을 절약하게 된다(Barnes & Greenlee 1991; Bauer 등 1990).

시 임업부서가 대부분의 가로수 식재를 수행하는 지자체에서는, 지역 공익시설 회사와 협력하여 2차 배전선 아래에 위치한 부지에 식재할 승인된 수종 목록을 개발할 수 있을 것이다. 부동산 소유자가 가로수를 식재하는 지자체에서는, 지역 교목 조례가 교목 식재에 허가를 요구하고 가공 공익시설 선 아래와 주변에 식재하기 적합한 수용가능한 수종 목록을 구체적으로 제시한다.

교목 가지 정리. 빈번하게 공익사업체의 가장 큰 예산 항목은 배전망을 따라 서비스를 방해하거나 방해를 위협하는 교목을 전정하는 것이다. Perry(1977)는 공익사업체가 비용을 통제할 의무가 있고, 이는 "서비스의 안전과 지속성에 대한 세심한 고려와 함께 가능한 한 경제적으로 선로를 건설하고, 유지관리하고, 운영하는 것"을 의미한다고 말했다. 유지관리 비용은 수입에서 차감되기 때문에, 교목 전정 예산은 서비스의 신뢰성과 고객의 가지 정리 작업에 대한 수용성 사이에 균형을 맞추어야 한다. 항상 그런 것은 아니지만, 좀 더 가혹한 전정이 비용을 절감할 수 있지만, 교목에 대한 가시적인 영향을 수용하기는 어려울 것이다. Perry(1977)는 교목 전정 예산을 결정할 때 고려할 세 가지 요소를 제시한다:

1. 이 비용이 총 경상예산(經常豫算, operating budget)에 얼마나 영향을 미치는가?
2. 전정 비용과 서비스 중단의 빈도 사이에는 어느 정도 관련이 있는가?
3. 수용 가능한 믿을만한 서비스 수준은 어느 정도인가?

Ulrich(1983)는 펜실베이니아주 Metropolitan Edison Company의 교목 전정 예산이 서비스 수준에 미치는 영향에 관해 연구했다. 분명히, 교목에 의한 단전을 '0'으로 낮추기 위해 노력하면 수입이 감소하는 지점에 도달할 것이다. 그러나 특정한 전정 비용이 단전을 수용 가능한 수준으로 유지시키는 지점이 있을 것이다. 예를 들면 Cleveland Electric Illuminating Company는 교목으로 인한 단전을 자신들의 총 단전의 8%로 유지하는데 연간 2백만 달러가 든다고 보고했다(Perry 1977). Duke Power로부터 확보한 자료를 바탕으로, Guikema 등(2006)은 정상적인 운전 상태하에서(즉, 심각한 폭풍이 없는 상태) 전정 주기(剪定週期, pruning rotation length)가 단전 발생에 미치는 영향을 모델화했다. 이들은 배전선 주위에 대한 전정 주기를 1년 단축하면 전기 회선당 단전 회수가 0.9 감소했다고 보고했다. 거꾸로, Ulrich(1983)는 Metropolitan Edison이 긴축 정책(緊縮政策, austerity) 기간 동안 전정예산을 삭감했을 때, 이 전기회사는 교목으로 인한 단전이 급격하게 증가한 것을 경험했다고 보고했다(**그림 15-6**). 전정 주기 기간이 단전 회수보다 더

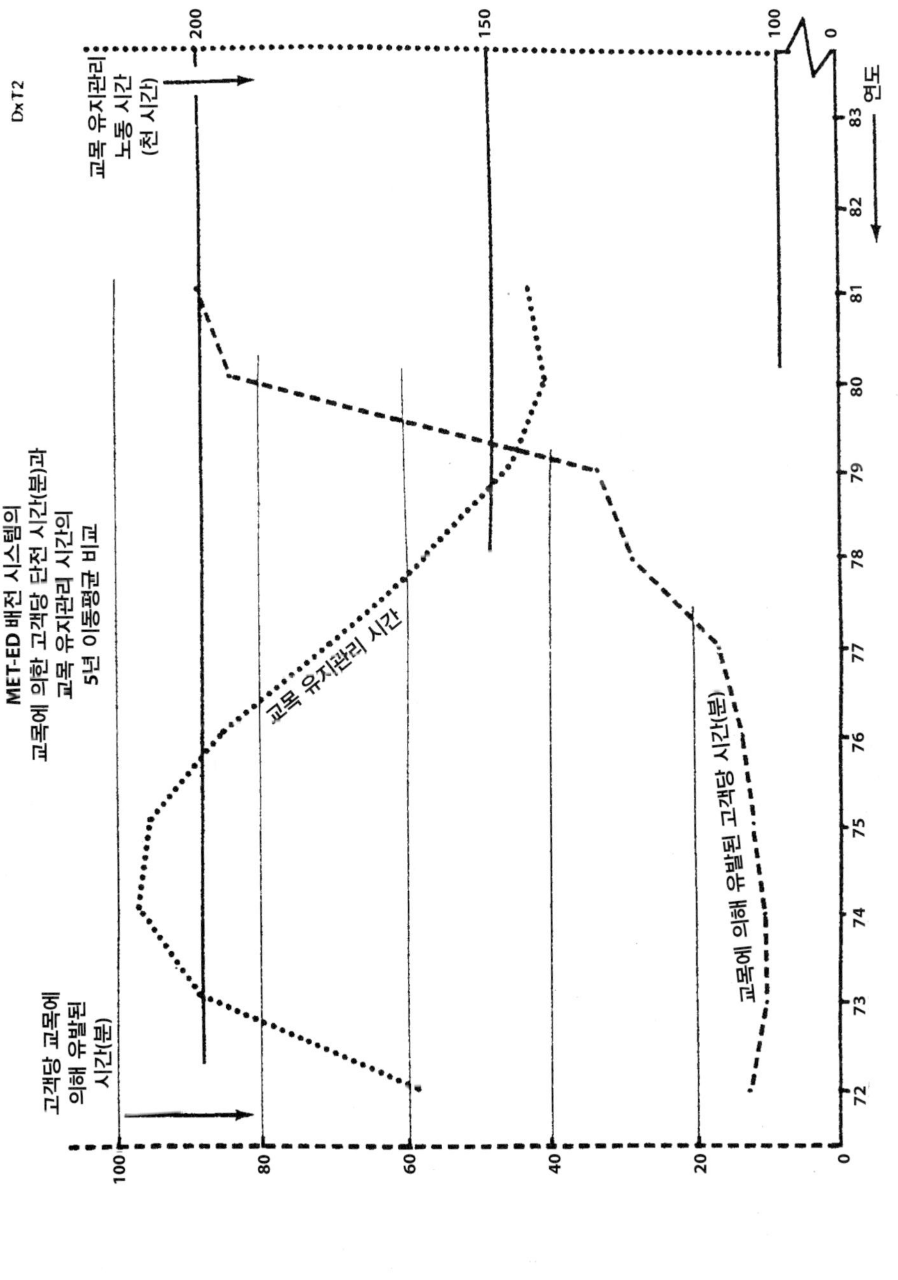

그림 15-6 Metropolitan Edison 배전 시스템에 대해 고객당 교목에 의해 유발된 단전 시간(분)과 교목 유지관리 시간의 5년 이동평균 비교(Ulrich 1983).

큰 영향을 미쳤다. Browning & Wiant(1997)는 전정 작업 사이 기간을 늘리면 개별 교목을 전정하는 시간과 비용이 증가하여 교목당 제거되는 생물량(生物量, biomass)이 유의하게 증가하였다. 유지관리 빈도는 지역적인 식생 생장 속도와 서비스의 수용 가능한 수준에 따라 다양할 것이다. Van Bossuyt(1984)는 오리건주 포틀랜드의 습하고 온화한 기후에서의 경험을 바탕으로 3년의 전정 주기를 권고한 반면, Ulrich(1983)는 이보다 추운 펜실베이니아에서는 4년에서 5년 주기면 충분하다고 주장하였다. 테네시주 멤피스(Memphis)에서는 전정 주기를 혼합하여 사용하는데, 시내의 배전선 주변에는 2년과 1.5년 주기를, 인접한 시골지역에는 3년 주기를 적용하였다(Wallace & Heuberger 1984).

공익시설 선로 정리를 위한 교목 전정 시방서(示方書, specification)는 유지관리 비용을 수용 가능한 수준으로 유지시키는 데 필수적이다. 미국 내에서는, 전선 주변에서의 교목 전정은 자격이 있는 선로정리 수목관리자만 수행할 수 있으며, 모든 전정 작업은 미국국가표준원의 교목관리 작업에 대한 표준(ANSI A300 Standards for Tree Care Operations)과 전기 위험 관련 수목관리 작업에 대한 안전 표준(ANSI ZZ133 Safety Standards for Arboricultural Operations-Electrical Hazards)을 준수하는 것이 좋다. 과거의 선로 정리 작업은 교목에 부착된 가지 중에서 전선에 닿는 모든 가지를 전선으로부터 정해진 거리까지 잘라버리거나, 전선 아래에서 자라는 교목이 전선 안으로 자라지 않도록 하기 위해 일률적으로 잘라버리는 것이었다(**그림 15-7**). 이들 두 경우 모두, 결과는 절단 지점에서의 엄청난 맹아 발생, 해당 교목에 대한 심각한 피해, 짧은 재작업 기

그림 15-7 선로 정리 표준을 충족시키기 위해 굵은 가지를 잘라버리거나 교목을 일률적으로 절단하면 과도한 맹아발생으로 이어져 앞으로 선로정리 전정의 필요성이 증가하게 된다. (미국 산림청 Joseph O'Brien 제공, Bugwood.org.)

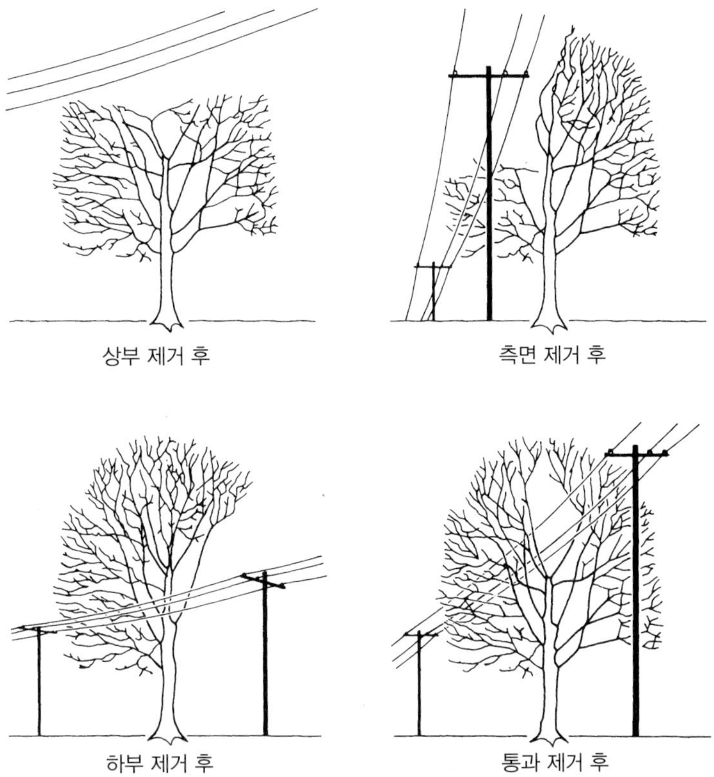

그림 15-8 측지에 대한 상부, 측면, 하부, 통과 제거는 교목이 더 건강하고, 더 자연스럽게 보이게 하며, 향후 급격한 전정 필요성을 줄일 것이다(Holewinski 등 1983).

간, 높은 장기 비용 등이었다. 방향유도 전정(方向誘導剪定, directional pruning)은 전기선과 충돌하거나 충돌할 가능성이 있는 주지를 측지가 있는 곳까지 후퇴해서 제거하는 것이다. 이런 유형의 전정은 향후 생장이 선선으로부터 멀리 향하도록 하여 교목에 변형과 피해를 줄이고, 맹아 발생을 감소시키며, 전형적으로 향후 전정 주기에서의 전정 강도를 낮춘다. 방향유도 전정을 위한 제거에는 네 가지 일반적인 유형이 있다: 상부 제거, 측면 제거, 하부 제거, 통과 제거(**그림 15-8**)(Holewinski 등 1983; Johnstone 1983). Shigo(1990)는 방향유도 전정을 활용하는 것보다 충돌하는 가지를 전부 제거하는 것이 더 좋을 수 있다고 주장하였는데, 특히 방향유도 전정이 새로운 가지를 빠르게 전선 쪽으로 자라도록 하거나 선로 정리 요구를 충족시키기 위해 제거해야 하는 살아 있는 가지와 잎의 양이 많아 해당 가지가 죽을 수 있는 경우에 더욱 그러하다. Guggenmoos (2007)는 정해진 정리 거리 바깥에 위치한 위에 드리워진 가지가 단전 위험을 높일 수 있기 때문에, 교목으로 인한 단전 위험을 낮추기 위한 수단의 하나로, 지면에서 허공까지(ground-to-sky) 완전히 측면 전정을 하거나 측면 제거와 걸쳐 있는 가지에 대한 방향유도 전정을 결합할 것을 제안하였다(**그림 15-9**).

방향유도 전정이 일률적인 절단(두절)보다 더 비용효과적인 것으로 확인되었다. Goodfellow 등(1987)은 일률적인 절단에 비해 방향유도 전정 후에 조성된 맹아발생이 더 적었다고 밝혔다. 메릴랜드, 버지니아, 델라웨어의 일부에 대해 전기를 공급하는 Delmarva Power Company는 전정 비용을 통제하기 위해 방향유도 전정, 보다 효율적인 직원 일정계획 수립, 생장조절제(生長調節

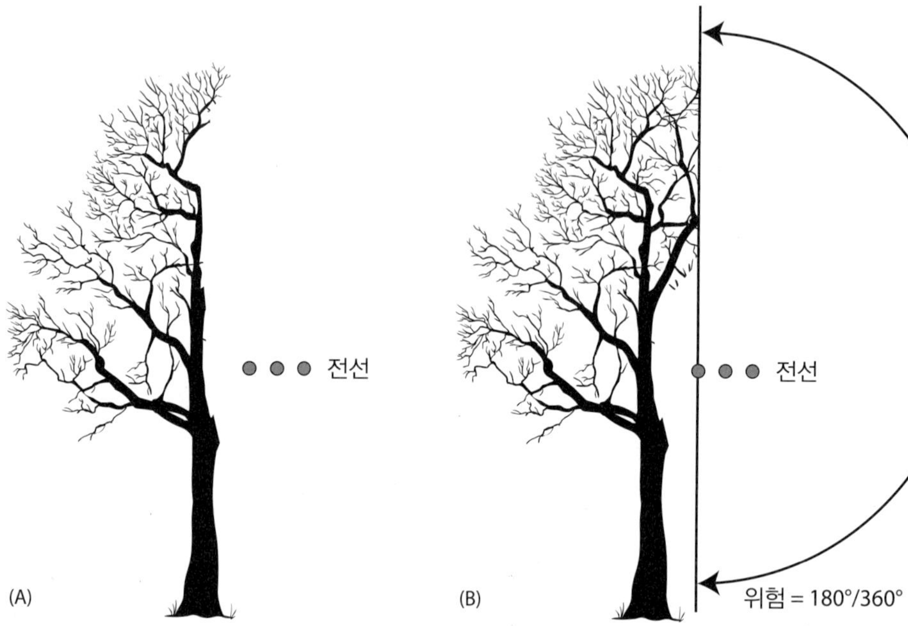

그림 15-9 전선 주위에 대한 지면에서 허공까지 완전 제거(A)와 변형된 지면에서 허공까지 완전 제거(B) 전정의 예. 두 전정 유형 모두 굵은 가지 파손으로 인한 단전 위험을 줄인다. (Guggenmoos, S. 2007. "Increased Risk of Electric Service Interruption Associated with Tree Branches Overhanging Conductors." *UAA Quarterly* 15(4).)

劑, growth regulators) 활용을 반영한 프로그램을 시행하였다. 이 프로그램은 매년 전정되는 교목의 수를 18% 감소시켰고, 교목당 전정 시간을 30% 줄였고, 전기 공급 중단을 56% 감소시켰다(Johnstone 1988). Goodfellow(1995)는 교목당 전정 물량은 모든 전선을 한 쪽으로 길게 뻗은 팔에 걸치는 전신주 시스템을 사용하거나 서로 더 가까이 걸어놓을 수 있는 절연 전선(絕緣電線, insulated wire)을 이용하면 줄일 수 있다고 주장한다. 연장된 팔은 전선을 교목으로부터 더 멀리 위치시킬 수 있고, 더 가까운 간격으로 놓인 절연 전선은 더 작은 공간을 차지함으로써 필요한 전정이 줄어들게 된다.

공익사업 회사는 시 가로에 대한 선로 정리 책임이 있는데, 여기에는 시 소유의 가로수를 전정하는 것도 포함된다. 공익시설 수목관리자는 송전선 아래에 가로수 식재를 위한 수종 선정 과정에 의견을 제시함으로써 지자체 임정관과 다른 시 공무원과 함께 일을 하게 된다. 시 임업부서가 대부분의 가로수 식재를 수행하는 지자체에서는, 승인된 수종 목록을 개발하기 위해 협력적인 노력을 이용할 수 있다. 지자체 가로수 계획은 교목과 전선이 같은 공간을 차지하고 있는 가로에 대해 전선과 양립할 수 있는 수종을 권고하는 것이 좋다. 부동산 소유자가 가로수를 식재하는 지자체에서는, 지역의 교목 조례가 교목 식재 허가를 요구하고 수용 가능한 수종의 목록을 구체적으로 제시하는 것이 좋다. 공익시설 전정이 필요하지만, 자신의 가로수가 심각하게 전정되는 것을 보는 것은 부동산 소유자에게 고통일 수 있다. Morell(1988)은 공익시설 전정에 앞서 이러한 작업이 필요한 이유에 대한 적절한 설명과 함께 부동산 소유자에게 통보할 것을 권고한다.

내부 대비 외주업체 직원

공익시설 회사는 공공 통행로 식생을 유지관리하기 위해 회사 내부 직원과 외주업체 직원 모두를 이용한다. 내부 직원과 외주업체 직원에 의해 수행된 작업의 구성비는 회사에 따라 차이가 매우 크다. 어떤 회사는 외주업체에 지나치게 의존하는 반면, 다른 회사는 기본적으로 모든 유지관리를 회사 직원을 이용하여 수행하는데, 궁극적으로 최종적인 혼합은 회사 정책과 지역적인 요구를 고려한 경영층의 의사결정에 달렸다.

일반적으로, 외주업체 직원은 주로 경쟁적인 입찰로 인해 내부 직원보다 제공되는 서비스당 비용이 싸다. Higgins(1981)는 뉴욕의 Central Hudson Gas and Electric Corporation의 경우, 외주업체 직원이 내부 직원보다 30% 절감된 비용에 선로를 정리했다고 보고했다. 이러한 절감에도 불구하고, 회사는 내부 직원들이 비상시에 더 빨리 대응할 수 있고, 해당 지역을 잘 알고, 고객의 요구에 더 민감하고, 안정적인 인력을 상징하기 때문에 상당한 수의 내부 직원을 유지한다. 또한 선로 작업이 적은 기간 동안에 선로 전공(線路電工, lineman)을 전정 직원으로 활용할 수 있다.

공익시설 정리 계약(utility line clearing contract)의 입찰자에게는 세 가지 기본적인 형태의 계약이 있다(Goodfellow 1985):

1. **시간과 자재 계약.** 입찰자가 계약을 체결할 때 인력과 장비에 대한 시간급(時間給, hourly rate)과 자재에 대한 단가를 이용한다. 이들 비용은 일정 계획 기준으로 해당 회사에 청구된다.
2. **단가 계약.** 정리된 거리, 직경급별 면적별 제거된 교목에 비례하여 등과 같이 수행된 작업 단위당 고정된 가격으로 입찰된다.
3. **고정가 계약.** 전체 작업이 입찰 대상이 되고 전체 계약에 대해 단일 가격이 청구된다.

공익시설 정리작업에 대한 전통적인 계약체결 방법은 시간과 자재계약(time and materials contract)이지만, Goodfellow(1985)는 고정가 입찰(fixed-price bidding)이 이 방법에 대한 비용-효과적 대안이었다고 보고하였다. 그러나 그는 사업의 시방서는 주의 깊게 작성되어야 하고 각 사업의 범위는 자격을 갖춘 입찰자가 최대로 참여할 수 있는 크기가 되어야 한다고 주의를 환기시켰다. 작은 사업은 입찰할 가치가 없는 데 비해, 너무 큰 사업은 많은 잠재적인 입찰자를 단념시킬 것이다.

내부 직원이든 외주업체 직원이든 항상 공익시설 수목관리자와 임업가는 서비스의 신뢰성과, 비용 및 전문적인 교목과 기타 식생관리 표준 사이에 균형을 유지해야 한다. 내부 직원은 어떻게 해야 전선이 안전한가는 물론 공공 통행로에 있는 교목과 다른 식생의 전문적인 관리에 관해서도 잘 훈련되어야 한다. 공익사업 고객은 전기가 중단되기 전에는 관심이 없지만, 자신들이 좋아하는 교목에 대한 미숙한 전정 작업은 공익사업 회사에 대한 자신들의 불만을 오래 동안 되새길 것이다. 마찬가지로 가장 싼 입찰자는 표준 이하의 작업을 통해 단기간에 해당 회사에 비용을 절감시켜주지만, 이러한 절감은 불만을 가진 고객에 의해 상실된 호의를 상쇄하지 못할 것이다.

인용 문헌

Abbott, R. E., & J. W. Joy. 1978. "Services of Commercial and Utility Arborists." In Proceedings, First National Urban Forestry Conference (ESF Pub. 80-003, pp. 448–456). Syracuse, NY: SUNY.

Amin, M. 2004. "North American Electricity Infrastructure: System Security, Quality, Reliability, Availability, and Efficiency Challenges and Their Societal Impacts." In National Science Foundation, *Continuing Crises in National Transmission Infrastructure: Impacts and Options for Modernization* (chapter 2). Arlington, VA: National Science Foundation.

Arner, D. H. 1979. "The Use of Fire in Right-of-Way Maintenance." *Journal of Arboriculture* 5(4):93–96.

Barnes, B., & J. Greenlee. 1991. "Seattle City Light Urban Tree Replacement." *Journal of Arboriculture* 17(4):98–102.

Bauer, I. O., Jr., T. D. Mayer, & W. T. Rees Jr. 1990. "Tree Replacement Program at Baltimore Gas and Electric Company." *Journal of Arboriculture* 16(2):42–44.

Black, W. M. 1981. "Innovations in the Tree Care Industry." *Journal of Arboriculture* 7(12):326–328.

Bramble, W. C., & W. R. Byrnes. 1983. "Thirty Years of Research on Development of Plant Cover on an Electric Transmission Right-of-Way." *Journal of Arboriculture* 9(3):67–74.

Browning, D. M., & H. V. Wiant. 1997. "The Economic Impact of Deferring Electric Utility Tree Maintenance." *Journal of Arboriculture* 23(3):106–112.

Felix, R. 1978. "The Arborists Role." In Proceedings, First National Urban Forestry Conference (ESF Pub. 80-003, pp. 607–614). Syracuse, NY: SUNY.

Felix, R. 1995. Personal communication. National Arborist Association, Executive Director.

Goodfellow, J. W. 1985. "Fixed Price Bidding of Distribution Line Clearance Work: Another Look." *Journal of Arboriculture* 11(4):116–120.

Goodfellow, J. W. 1995. "Engineering and Construction Alternatives to Line Clearance Tree Work." *Journal of Arboriculture* 21(1):41–49.

Goodfellow, J. W. 2005. "Investigating Tree-Caused Faults." *Transmission and Distribution World* 57:8.

Goodfellow, J. W., B. Blumreich, & G. Nowacki. 1987. "Tree Growth Response to Line Clearance Pruning." *Journal of Arboriculture* 13(8):196–200.

Guggenmoos, S. 2007. "Increased Risk of Electrical Service Interruption Associated with Tree Branches Overhanging Conductors." *Utility Arborist Association Quarterly* 15:8–14.

Guikema, S. D., R. A. Davidson, & H. Liu. 2006. "Statistical Models of the Effects of Tree Trimming on Power System Outages." *IEE Transactions on Power Delivery* 21:1549–1557.

Hall, C. R., A. W. Hodges, & J. J. Haydu. 2005. *Economic Impacts of the Green Industry in the United States.* Final report to the National Urban and Community Forestry Advisory Committee.

Hauer, R., M. Demchik, J. DuPlissis, A. Koser, & A. Noth. 2008. *A Cooperative Guide: Growing Trees and Vegetation within Electrical Transmission Line Corridors.* University of Wisconsin–Stevens Point, College of Natural Resources and Dairyland Power Cooperative.

Higgins, A. L. 1981. "Contract vs. Company Tree Crews." *Journal of Arboriculture* 7(4):96–98.

Holewinski, D. E., J. W. Orr, & J. P. Gillon. 1983. "Development of Improved Tree-Trimming Equipment and Techniques." *Journal of Arboriculture* 9(5):137–140.

Johnstone, R. A. 1983. "Management Techniques for Utility Tree Maintenance." *Journal of Arboriculture* 9(1):17–20.

Johnstone, R. A. 1988. "Economics of Utility Lateral Pruning." *Journal of Arboriculture* 14(3):74–77.

Johnstone, R. A. 1990. "Vegetation Management: Mowing to Spraying." *Journal of Arboriculture* 16(7):186–189.

Johnstone, R. A. 2010. "New Age Integrated Vegetation Management: A Green Approach to ROW Management." *Tree Care Industry* 21:26–29.

Morell, J. D. 1988. "Utility and Municipal Communications Relating to the Urban Forest." *Journal of Arboriculture* 14(11):273–275.

Nowak, C. A., L. P. Abrahamson, & D. J. Raynal. 1993. "Powerline Corridor Vegetation Management Trends in New York State: Has a Post-Herbicide Era Begun?" *Journal of Arboriculture* 19(1):20–25.

O'Bryan, C. M., T. J. Straka, S. R. Templeton, & J. D. Caldwell. 2007. "Economic Patterns in U.S. Arboriculture." *Arboriculture & Urban Forestry* 33:292–299.

O'Connor, W. R. 1983. "Transmission Right-of-Way Management Plans." *Journal of Arboriculture* 9(2):48–50.

Perry, P. B. 1977. "Management's View of the Tree Trimming Budget." *Journal of Arboriculture* 3(8):157–160.

Rideout, R. 2012. Personal communication. Wisconsin State Urban Forestry Coordinator.

Rossman, W. R., & C. J. Harrington. 1986. "An Attractive Alternative to Tree Trimming for Line Clearance." *Journal of Arboriculture* 12(1):20–23.

Shigo, A. L. 1990. *Pruning Trees Near Electric Utility Lines.* Durham, NH: Shigo and Trees Associates.

Simpson, P., & R. Van Bossuyt. 1996. "Tree-Caused Electric Outages." *Journal of Arboriculture* 22:117–121.

Ulrich, E. 1983. "Correlating Tree Disturbances, Tree Work, and Tree Budgets." *Journal of Arboriculture* 9(3):79–84.

U.S.–Canada Power System Outage Task Force. 2004, April. *Final Report on the August 14, 2003 Blackout in the United States and Canada: Causes and Recommendations* (http://energy.gov/sites/prod/files/oeprod/DocumentsandMedia/BlackoutFinal-Web.pdf).

Van Bossuyt, D. P. 1984. "Restructuring the PGE Line Clearance Program." *Journal of Arboriculture* 10(7):198–201.

Wallace, J., & M. Heuberger. 1984. "Municipal Line Clearance." *Journal of Arboriculture* 10(3):95–96.

Western Chapter of the International Society of Arboriculture (WCISA). 2009. "WCISA Commercial Arborist Survey Results." Porterville, CA: WCISA.

부록

부록 A: 병해충 방제 조례 – 미네소타주 세인트 클라우드(Saint Cloud)시

부록 B: 지자체 교목 조례 – 메인주 배스(Bath)시

부록 C: 교목 보호 조례 – 일리노이주 하일랜드 파크(Highland Park)시

부록 D: 차폐 조례 – 미네소타주 브레이너드(Brainerd)시

부록 E: 교목 전정 시방서 – 미시간주 헌팅턴우즈(Huntington Woods)시

부록 F: 교목 산책로 – 위스콘신주 매디슨(Madison)시

부록 G: 고객 소식지 견본

부록 H: 공공 통행로(ROW) 식생

부록 A

병해충 방제 조례 –
미네소타주 세인트 클라우드(Saint Cloud)시

1045편—느릅나무시듦병, 참나무시듦병, 호리비단벌레

1045:00항. 정책 선언. 세인트 클라우드시는 느릅나무와 참나무 교목들의 건강이 느릅나무시듦병(Dutch Elm Disease)과 참나무시듦병(Oak Wilt Disease)이라고 알려진 치명적인 병에 의해 위협받고 있다는 것을 확인하였다. 또한 시는 물푸레나무 교목들의 건강도 호리비단벌레(Emerald Ash Borer)라고 알려진 해충에 의해 위협받고 있다는 것을 확인하였다. 나아가 공공과 민간 부지에서 자라는 느릅나무, 참나무, 물푸레나무 교목들의 손실이 부동산의 가치를 크게 떨어뜨리고 공중의 안전, 바람직한 질서, 전반적인 복지와 편의를 심각하게 손상시킨다는 것을 확인하였다. 이에 따라 이들 병과 해충을 방제하고 확산을 방지하는 것이 세인트 클라우드시의 의지임을 선언하고, 이 조례는 이러한 목적을 위해 제정된 것이다.

1045:05항. 녹음수 병 프로그램. 미네소타주 법령(Minnesota statutes) 18G.12항에 의해 부여된 권한에 따라 식물 병해충 방제 프로그램을 시행하는 것이 세인트 클라우드시의 의지이다. 이 프로그램은 특히 느릅나무시듦병과 참나무시듦병, 호리비단벌레에 감염된 교목의 제거에 초점을 두며, 미네소타주 농무장관(Commissioner of Agriculture)과 주 법령의 권고에 따라 집행된다. 시 임정관은 이 프로그램을 집행할 때 주 농무장관, 세인트 클라우드시, 세인트 클라우드시의 공원휴양국 사이의 조정자(調停者, coordinator) 역할을 수행할 것이다.

1045:10항. 선언된 안온방해. 다음 항목은 세인트 클라우드시 내 어디에서 발견되든 공적 안온방해(公的安穩妨害, public nuisance)이다:

(a) 느릅나무시듦병균(*Ceratocystis ulmi*[Buisman] Mureau)에 조금이라도 감염되었거나, 느릅나무좀(elm bark beetle) (*Scolytus multistrialus*[Eich.] 또는 *Hylnrgopinus rufipes*[March]) 어느 것이라도 잠복하고 있는 상태로 살아 있거나 서 있는 느릅나무 교목.

(b) 참나무시듦병균인 *Ceratocystis fagacearum*에 조금이라도 감염된 상태로 살아 있거나 서 있는 느릅나무 교목.

(c) 호리비단벌레인 *Agrilus planipennis*에 조금이라도 감염된 상태로 살아 있거나 서 있는 물푸레나무 교목.

(d) 통나무, 가지, 그루터기, 장작 또는 기타 자재를 포함하여 모든 죽은 느릅나무, 물푸레나무, 참나무.

1045:11항. 예외. 세인트 클라우드 용도지구 조례(用途地區條例, zoning ordinance)에 의해 시골 주거지나 농지로 지정된 지역은 이 조례 1045편의 적용에서 제외된다.

1045:15항. 제거. 누구든 이 항에서 규정한 어떤 안온방해든 자신이 소유한 부지 구내에 남아 있도록 허용하는 것은 법률 위반이다. 이러한 안온방해는 이 조례에서 처방한 방법으로 제거될 것이다.

1045:20항. 점검과 조사.

1호. 공원국장, 그의 대리인, 자신에게 배속된 공무원은 이 항에 부여된 직무가 무엇이든 이를 수행할 목적으로 합리적인 시간에는 언제나 개인의 영역에 들어가는 것이 허용된다.

2호. 공원국장은 안온방해의 존재 여부를 확인하기 위해 가능한 한 자주 세인트 클라우드시 내 모든 영역과 장소를 점검할 것이다.

3호. 해당 병에 대한 긍정적인 진단이 나오기 전까지는 감염된 교목을 제거하기 위한 행위를 해서는 안 된다.

1045:25항. 시 소유지에 대한 느릅나무시듦병, 참나무시듦병, 호리비단벌레 안온방해의 제거. 공원국장은 1045.10항에 정의된 모든 안온방해를 가로, 식수대로, 공공통행로(부지 경계에서 경계까지)를 포함한 세인트 클라우드시 부지로부터 제거하도록 조치해야 하고, 이러한 안온방해를 위생처리하거나 호리비단벌레, 느릅나무시듦병이나 참나무시듦병의 곰팡이의 확산을 가능한 한 완전히 박멸하고 예방할 수 있도록 효과적으로 처리해야 한다. 제거절차는 세인트 클라우드시에 의해 설계되고 미네소타주의 농무부의 규정 및 요구사항과 일치하는 기술적이고 전문적인 방법과 계획에 따라 수행되어야 한다. 공원국장은 이와 일치하는 교목 제거와 처분 방법에 대한 절차를 수립해야 한다

1045.30항. 개인 소유지에 대한 느릅나무시듦병, 참나무시듦병, 호리비단벌레 안온방해의 제거. 공원국장이 1045.10항에 정의된 안온방해가 세인트 클라우드시 내의 다른 정부 기관에 의해 통제되는 부지와 시의 모든 공공 도로나 부지 바깥에서 존재한다는 것을 합리적인 확실성으로 확인하면 언제나, 시 임정관이나 이의 권한을 위임받은 대리인은 해당 부동산 소유자에게 해당 안온방해의 존재를 우편으로 통지하고 해당 통지로부터 15역일(曆日, calendar day) 이내에 제거하고 소각하거나 다른 승인된 방법으로 효과적으로 처리할 것을 지시할 것이다. 또한 이 통지는 만약 해당 안온방해가 주어진 시간 내에 소유자에 의해 제거되지 않으면 세인트 클라우드시가 해당 안온방해를 제거하고 그 비용을 해당 부동산에 부과한다는 것을 언급할 것이다. 이러한 안온방해

가 위치하고 있는 개인이나 공공 부지의 소유자가 이러한 통지에 응하지 않는 경우에는, 공원국장, 그의 대리인, 자신에게 배속된 공무원은 이 시 소유지에 있는 이러한 안온방해를 제거하기 위해 처방된 방법으로 해당 안온방해를 제거하는 절차를 진행할 것이다. 세인트 클라우드시 또는 승인된 외주업체가 이 일을 수행하는 데 발생하는 모든 비용은 앞서 언급된 부동산에 대한 요금과 유치권(留置權, lien)이 되어, 미네소타주 법령 Chapter 18G.12에 규정된 것과 같은 방법으로 특별 과세(特別課稅, special assessment)로 징수될 것이다.

1045:35항. 부과금 징수. 모든 안온방해를 제거하기 위해 세인트 클라우드시에 의해 발생된 비용과 매년 11월 1일 이전에 소유자에 의해 변상되지 않은 비용은 공원국장에 의해 시장실을 거쳐 시 의회에 보고될 것이다. 의회는 해당 부과금을 과세하고, 해당 안온방해가 존재하던 부지와 부동산에 대해 이 비용에 해당하는 금액이 다른 특별 과세처럼 일시에 또는 미네소타주 법령 Chapter 18G.12에 규정된 것과 같은 방법으로 특별 과세로 징수될 수 있도록 조치할 것이다.

1045:36항. 느릅나무, 물푸레나무, 참나무 운송 금지. 누구든 공원국장의 허가를 받지 않고 세인트 클라우드시 내에서 수피가 붙어 있는 느릅나무나 참나무 목재를 운송하는 것은 불법이다. 물푸레나무 목재의 운송은 엄격하게 금지된다.

1045:40항. 방해 금지. 누구든 공원국장, 그의 대리인, 고용인이나 외주업자가 이 조례에 의해 부여된 직무를 수행하고 있는 동안에는 이들을 막거나, 지체시키거나 방해하면 불법이다.

1045:45항. 시 임정관의 지위. 공원국장은 법률, 규정, 주 농무장관, 시장, 시 의회가 제시한 정책의 범위 내에서 이 조례를 집행하고 제거 프로그램을 조정할 책임이 있다.

이력: 조례 2436 7-27-09.

부록 B

지자체 교목 조례 – 메인주 배스(Bath)시

Chapter 6장. 공동묘지와 공원

5조. 배스(Bath) 지자체 임업 조례

6-101항 목적. 이 조례의 목적은 시 소유의 공공 통행로를 포함한 배스(Bath)시 부지에 대한 교목, 관목, 기타 식물의 식재, 보호, 유지관리, 제거에 관한 규정을 마련함으로써 공중의 건강, 안전, 그리고 전반적인 후생을 증진하고 보호하는 것이다.

6-102항 시행과 집행. 이 조례의 시행과 집행은 공동묘지/공원/휴양국장(Director of Cemeteries, Parks and Recreation)과/이나 그가 지명한 사람의 책임이다. 누구든 결정이나 명령일로부터 7일 이내에 시행정 담당관(City Manager)에게 이의신청서(異議申請書, notice of appeal)를 제출함으로써 공동묘지/공원/휴양국장과/이나 그가 지명한 사람에 의해 발급된 모든 결정이나 명령에 대해 서면으로 이의를 신청할 수 있다.

6-103항 배스 지자체 임업위원회

A. 설치: 이 조례에 의하여 배스 지자체 임업위원회(Bath Community Forestry Committee)가 설치된다.

B. 임무: 이 위원회는 이 조례의 시행과 집행, 배스 지역사회 임업 트러스트(Bath Community Forestry Trust)의 목적과 활동, 배스 지역사회 임업 관리계획(Bath Community Forestry Management Plan)과 배스 지자체 숲에 영향을 미치는 다른 활동을 감독할 임무와 책임을 진다.

C. 당연직 위원: 공동묘지/공원/휴양국장과 시 수목관리자는 의결권이 없는 당연직 위원(當然職

委員, ex officio member)으로 활동한다.

D. 보수. 이 위원회의 모든 위원은 무보수로 활동한다.

6-104항 적용범위. 이 조례의 용어와 규정은 시 공공 통행로(ROW)를 포함한 공공 부지에 위치한 모든 공공 교목에 적용된다.

6-105항 용어 정의. 이 조례의 목적상 다음 용어들은 규정된 의미를 가진다. 정의되지 않은 용어는 이들의 용도와 문맥에 의해 표현되지 않으면 이들의 일상적이고 관례적인 의미를 가진다. "shall"이라는 단어가 사용되면, 이는 단순히 방향제시적이 아닌 의무라고 여겨진다('해야 한다'로 해석함).

이웃 토지 소유자(abutter). 자신의 토지가 다른 사람 부동산의 경계를 따라 또는 돌출된 부위와 접촉하고 있거나 인접하고 있는 사람.

임업 부서(Forestry Division). 공공 교목이 자신의 관할 하에 있는 배스 지자체의 지정된 기관. 이는 공동묘지/공원/휴양국(Cemeteries, Parks and Recreation Department)이다.

사람(person). 모든 개인, 기업, 조합(組合, partnership), 협회, 공사, 회사, 단체, 법적으로 설립된 모든 종류의 법인.

부지 소유자(property owner). 배스 시 과세 사정관의 기록에 의해 제시된 부지를 소유하고 있는 사람이나, 사가다호크 카운티(Sagadahoc County) 등기소(登記所, Registry of Deeds)의 목록이나 기록에 반영된 가장 최근의 양수인(讓受人, transferee).

공중 위해. 자연인이나 재산에 위해를 가할 수 있는 우리 시 내 모든 공공 교목이나 비공공 교목/관목/기타 식물 자체나 이들 일부의 상태, 또는 공공 교목이나 다른 비공공 교목/관목/기타 식물에 잠재적인 위협이 되는 해충이나 병이 은신처를 제공하는 것이다.

공공 부지(public property). 배스시가 소유하고, 임차하고, 점유하고 있는 모든 부지를 포함한다.

공공 교목. 시 공공 통행로를 포함한 공공 부지에 있는 모든 교목, 관목, 기타 식물을 포함한다.

석력토양(石礫土壤, skeletal soil). 다음 물질로 구성된 불연속 입도 자갈(gap-graded gravel) 사이에 토양이 채워진 혼합물(soil matrix mixture)이다: 각이 많이 지고 미세한 입자가 없는 ¾~1½ 인치 범위 이내의 분쇄된 자갈; 2~5%의 유기물이 포함된 미국 토양분류 시스템에 근거한 식양토(埴壤土, clay loam); 혼합과 시공 중에 자갈과 토양이 분리되는 것을 방지할 수 있는 점착제(粘着劑, trackifier) 역할을 할 수 있는 소량으로 첨가된 하이드로젤(hydrogel). 혼합비율은 자갈:식양토가 4:1.4가 되어야 한다. 이 혼합물은 다짐밀도(compaction density)가 95% 프록터 밀도(Proctor density) 이내가 되도록 설치되고 다져져야 한다.

가로 또는 고속도로. 공공 도로나 공공 통행로가 차량이나 보행자 통행을 위해 사실상 공중이 이용하도록 개방된 경우 이 모두의 전체 폭.

두절(頭切, topping). 정상적인 수관을 제거하여 해당 교목의 미관을 손상시킬 정도로 해당 교목의 수관 내에서 직경 3인치(7.5 cm)보다 굵은 가지를 가지터기를 남기고 강하게 절단하는 것.

교목 크기:

대교목(大喬木, large tree). 일반적으로 성목의 수고가 45피트(13.5 m) 이상이 되는 교목 수종을 가리킨다.

중교목(中喬木, medium tree). 일반적으로 성목의 수고가 30피트(9 m)에서 45피트(13.5 m)에 이르는 교목 수종을 가리킨다.

소교목(小喬木, small tree). 일반적으로 성목의 수고가 30피트(9 m) 이하인 교목 수종을 가리킨다.

6-106항 허가.

A. 허가 필요: 공공 교목을 전정, 식재, 이식, 치료, 제거하는 사업을 운영하거나 직업을 가지고 있는 사람은 모두 이러한 활동을 하기에 앞서 허락을 받아야 하고, 이 허가는 공동묘지/공원/휴양국장과/이나 그의 지명인이 발급한다.

B. 허가 요건:

(1) 모든 신청인은 유효한 메인주 수목관리자 면허를 소지하고 이에 대한 입증을 해야 하고, 공인 양묘가(certified nurseryman), 수목관리산업협회(TCIA, Tree Care Industry Association)의 인증, 또는 국제수목관리학회(ISA, International Society of Arboriculture)의 자격을 가지고 있어야 한다.

(2) 모든 신청인은 메인주 일반법(the State of Maine General Law)에 따른 편익이나 발생할 수 있는 다른 작업자의 비슷한 보상 요구를 제공하는 보험에 들어 있어야 한다. 또한 신청인은 1백만 달러($1,000,000) 이상의 사용자배상책임담보(employer's liability), 폭넓은 형태의 보상을 포함하는 일반책임(general liability), 자동차 손해배상 책임(automobile liability)을 포괄하는 보험과, 여기에 언급된 일을 수행하면서 발생하는 상처나 피해를 입는 시 또는 모든 사람에게 배상할 수 있는 1십만 달러($100,000) 이상의 재산 피해를 보상하는 보험에 들어야 한다.

(3) 이 조항에 의해 발급된 모든 허가는 위 6-106(B)(1)항에 언급된 신청인의 면허가 정지되거나 기한이 만료되면, 또는 위 6-106(B)(2)항에 언급된 요구되는 신청인의 보험담보 범위가 만기가 되거나 기간이 경과되면 무효가 된다.

(4) 발급된 모든 면허는, 별도로 정하거나 위 6-106(B)(3)항에 따라 종료되지 않으면, 발급일자로부터 1년을 초과할 수 없다.

C. 통지 의무: 모든 활동을 시작하기에 앞서, 허가를 받은 사람은 해당 작업 개시 48시간 이상의 시간 이전에 공공 교목에 대한 작업 장소에 관해 공동묘지/공원/휴양국장과/이나 그의 지명인에게 통보해야 한다.

D. 예외: 공동묘지/공원/휴양국장과/이나 그의 지명인의 감독과 운전 하에서 자원봉사자나 시 공무원에 의해 공공 교목에 실시하는 전정, 식재, 제거 또는 다른 모든 수목작업은 이 항의 허가를 받을 필요가 없다. 전기회사에 의한 공공 교목에 대한 작업도 시의 허가를 받을 필요

가 없다.

6-107항 계약 감독과 점검. 이 조례의 범위 내의 작업과 관련하여 시에 의해 또는 시를 대신하여 집행되는 계약의 모든 규정을 감독하고 집행하는 것은 공동묘지/공원/휴양국장과/이나 그의 지명인의 의무이다.

6-108항 경관조성. 공공 부지에 대한 경관계획과 경관조성, 배스 계획수립 위원회가 승인을 받기 위해 제출하는 경관계획과 경관조성은 배스 지자체 임업위원회의 도움을 받아 공동묘지/공원/휴양국장과/이나 그의 지명인에 의해 검토되어야 한다. 배스 계획수립 위원회가 승인을 받기 위해 제출하는 모든 경관조성 계획에는 공동묘지/공원/휴양국장과/이나 그의 지명인에 의해 검토되고 승인된 교목 보존 계획(tree preservation plan)이 포함된다. 제출된 교목 보존 계획은 우리 시의 교목보존지침(Tree Preservation Guideline)을 따라야 한다.

6-109항 시방서와 표준. 식재를 위한 최소한의 표준으로 미국국가표준원 계약 시방서(American National Standards Institute[ANSI] Contract Specification)나 이후 개정이나 대체된 사항을 준수하고 집행해야 한다. 모든 전정 작업은, 최소한의 표준으로, 전국수목관리자협회(National Arborist Association; 현재 TCIA/수목관리산업협회)나 유사한 국가 단체에서 발행한 녹음수에 대한 전정 표준을 충족하여야 한다. 임업부서는 마찬가지로 준수해야 할 정책, 절차, 규정을 수립할 수 있다. 이들 자료의 사본들은 공동묘지/공원/휴양국장 사무실에서 일반 공중이 구할 수 있을 것이다.

6-110항 교목 식재, 유지관리, 제거

A. 공공 부지에 대한 교목 식재와 제거에 대한 권한

인접한 부동산 소유자나 다른 사람들에 의해 공공 부지에 식재되는 교목은 이 조례의 6-110(B-G)항 교목 식재(Tree Planting)와 임업부서 정책에 따라 선정되고 위치되어야 한다. 모든 식재에 앞서 공동묘지/공원/휴양국장에게 통보하고 승인을 받아야 한다. 또한 모든 식재에 앞서 Dig Safe(지하매설물을 관리하는 조직), 배스 공공사업부, 배스 상수도국의 자문을 받아야 한다.

B. 공공 부지에 식재될 교목 수종

메인주 도시와 지자체 임업 위원회(Maine Urban & Community Forestry Council)나 이의 후임자에 의해 발간된 권고된 교목 수종 목록(Recommended Tree Species List)을 사용해야 한다. 이 목록은 일반 공중이 공동묘지/공원/휴양국장실에서 구할 수 있어야 하며, 이는 민간 식재를 장려하는 데에도 활용되어야 한다. 공동묘지/공원/휴양국장과/이나 그의 지명인이 결정할 때 비슷한 내한성 지구에 있는 교목을 확인하는 방법을 활용할 수 있다.

C. 공공 부지에 대한 식재를 위한 간격과 최소 면적/부피

(1) 공동묘지/공원/휴양국장과/이나 그의 지명인에 의해 설계되거나 승인된 특별한 식재를 제외하고, 시 소유 교목의 간격확보는 이 조례 6-105항의 정의에 따라 나열된 수종 크기에 따라야 하고, 어떤 교목도 다음에 규정된 간격보다 더 가까이 식재하지 않는 것이 좋다:

수종 크기	교목 간격확보: 아래 거리 이상
소교목	20피트(6 m)
중교목	30피트(9 m)
대교목	40피트(12 m)

(2) 공동묘지/공원/휴양국장과/이나 그의 지명인에 의해 설계되거나 승인된 특별한 식재를 제외하고, 식재된 모든 교목은 다음과 같이 공기와 물에 개방된 제한되지 않은 토양 표면적을 확보해야 한다:

수종 크기	면적: 아래 면적 이상
소교목	36제곱피트(3.3 m^2)
중교목	48제곱피트(4.5 m^2)
대교목	60제곱피트(5.6 m^2)

(3) 공동묘지/공원/휴양국장과/이나 그의 지명인에 의해 설계되거나 승인된 특별한 식재를 제외하고, 시 공공 통행로 안이나 보도에 인접하여 식재되는 모든 교목은 해당 교목의 성목 크기에 따라 다음과 같은 적합한 토양 부피를 확보해야 한다:

수종 크기	토양 부피: 아래 부피 이상
소교목	36입방피트(1.0 m^3)
중교목	48입방피트(1.4 m^3)
대교목	60입방피트(1.7 m^3)

이러한 토양 부피는 보도 설계나 수리 공사를 할 때 6-105항에 정의된 석력토양을 활용함으로써 달성될 수 있다. 이러한 모든 설계는 식재에 앞서 공동묘지/공원/휴양국장과/이나 그의 지명인에게 제출되어 승인을 받아야 한다.

D. 공공 부지에서의 보차도경계석, 보도, 가로 모퉁이, 진입로와 건물과의 거리

보차도경계석이나 보차도경계석 선, 보도, 가로 모퉁이, 건물과 보도로부터 식재될 거리는 이 조례 6-105항의 정의에 따라 나열된 수종 크기를 따라야 한다. 어떤 교목도 다음 거리보다 보차도경계석, 보도, 진입로, 건물이나 가로 모퉁이에 더 가까이 식재하지 않는 것이 좋다:

수종 크기	보차도경계석이나 보도와의 거리	진입로와 건물과의 거리	가로 모퉁이와의 거리
소교목	2피트(0.6 m)	10피트(3 m)	20피트(6 m)
중교목	3피트(0.9 m)	10피트(3 m)	20피트(6 m)
대교목	4피트(1.2 m)	10피트(3 m)	20피트(6 m)

E. 공익시설과 소화전

어떤 공공 교목도 모든 소화전이나 지하 공익시설로부터 10피트(3 m)이내에 식재해서는 안 된다. 소교목 만이 가공 전선으로부터 10피트(3 m) 아래나 이내에 식재될 수 있다.

F. 공공 교목 관리

(1) 임업 부서는 공공 안전을 확보하거나 공공장소의 아름다움을 향상시키기 위해 필요한 경우 공공 교목에 대한 전정, 살포, 유지관리, 제거를 할 권한이 있다. 살포는 주 법률에 따라 수행되어야 한다. 해당 공공 통행로의 이웃 토지 소유자에게는 시 소유의 공공 통행로 공공 교목에 대한 제거, 광범위한 전정이나 살포의 목적을 서면으로 통보해야 한다. 반대하는 사람은 누구나 통지일로부터 7일 이내에 서면으로 제안된 작업에 관한 공청회(公聽會, public hearing)를 요구할 수 있다. 이러한 이웃 토지 소유자로부터 서면 요구를 받으면, 공동묘지/공원/휴양국장과/이나 그의 지명인은 이 요구를 받은 날로부터 14일 이내에 제안된 작업에 관한 공청회를 개최해야 한다. 해당 작업은 이 공정회가 끝나기 전에 수행해서는 안 된다.

(2) 임업 부서는, 만약 공동묘지/공원/휴양국장과/이나 그의 지명인이 공공 교목이 교통 제어 장치(交通制御裝置, traffic control device)의 가시성을 방해하거나 통행이나 차량 통행을 방해한다고 판단하는 의견이 있으면, 어떤 공공 교목도 전정할 권한을 가진다. 도로 지표면 위 14피트(4.2 m) 또는 보도 지표면 위 8피트(2.4 m)에 대한 통행공간은 유지되어야 한다. 만약 방해하는 공공 교목이 개인 부동산에 있으면, 공동묘지/공원/휴양국장과/이나 그의 지명인은 해당 부동산 소유자에게 전정 의사를 통보해야 한다. 해당 부동산 소유자는 위 6-110(F)(1)항의 요건에 따라 서면으로 반대할 권리가 있고, 이 규정에 따라 공청회가 개최되어야 한다.

(3) 임업 부서는, 공공 교목이 이의 본성 때문에 하수도, 전기 선, 가스 배관, 상수도, 기타 서비스에 피해를 입히거나 손상시키거나, 유해한 곰팡이, 병, 곤충, 기타 병해충에 감염된 경우, 해당 교목 전부 또는 일부를 제거할 수 있다. 이 경우 이웃 토지 소유자는 24시간 전에 통보를 받을 것이다. 이웃 토지 소유자는 6-110(F)(1)항의 요건에 따라 서면으로 거절할 권리가 있고, 이 규정에 따라 공청회가 개최되어야 한다.

(4) 공동묘지/공원/휴양국장과/이나 그의 지명인에 의해 비상사태라고 결정된 경우에는, 서면 통지 없이 해당 작업을 수행할 수도 있다.

G. 교목 두절

사람이나 시는 누구도 공공 교목을 두절(頭切, tipping)하는 것은 불법(不法, unlawful)이다. 폭풍이나 기타 원인에 의해 심각하게 손상된 교목은 공동묘지/공원/휴양국장과/이나 그의 지명인의 결정에 의해 이 금지로부터 예외가 될 수도 있다. 두절 대신, 다른 전정 작업이 비현실적이거나 수목관리적으로 건전하다고 생각되지 않는 송전선이나 다른 장애물 아래에 있는 공공 교목은 공동묘지/공원/휴양국장과/이나 그의 지명인에 의해 제거될 수도 있다.

6-111항 공공 부지에 있는 교목의 보호

A. 굴착 또는 공사 중

모든 건물, 구조물, 도로 작업을 하기 위한 굴착이나 공사장 근처에 있는 모든 교목은 해당 교목을 중심으로 둘레에 높이 4피트(1.2 m) 이상의 튼튼한 울타리, 틀, 상자 등으로 보호되고, 64제곱피트(5.9 m^2)의 면적 또는 해당 교목으로부터 흉고직경(DBH, diameter at breast height)인 수간의 직경(인치)과 같은 피트의 거리(즉, 흉고직경의 12배) 중 더 큰 수치에서 에워싸여야 하며, 모든 건축 자재, 흙, 기타 잔해는 해당 울타리 바깥에 있어야 한다.

누구도 공동묘지/공원/휴양국장과/이나 그의 지명인의 사전 서면 허가를 받지 않고는 모든 시 소유 교목으로부터 반경 10피트(3 m) 이내에서 도랑, 터널, 구덩이를 파거나 차도를 부설하는 일을 해서는 안 된다.

B. 공공 부지에 자재 쌓기

누구도 공공 부지에서 자라는 모든 교목의 뿌리로 물, 공기나 비료가 자유롭게 통과하는 것을 방해할 수 있는 물건을 공공 부지에 놓아두거나, 저장하거나, 유지해서는 안 되며, 공동묘지/공원/휴양국장과/이나 그의 지명인의 서면 허가를 받은 경우에는 예외로 한다.

C. 공공 부지에 있는 교목의 학대나 절단

어떤 상황 하에서도, 누구든 어떤 공공 교목을 절단하고, 새기고, 이식하고, 제거하지 못하고; 공공 교목에 어떤 밧줄, 전선, 못, 광고 포스터, 기타 장치를 부착하지 못하고; 교목에 해가 되는 모든 기체, 액체, 고체 물질이 어떤 공공 교목과 접촉하는 것을 불허하며; 열기가 모든 공공 교목의 어떤 부분을 손상시킬 수 있는 불을 놓거나 태우기 위한 어떤 불도 허락하지 않는다.

D. 공공 부지에 있는 교목의 파손

과실, 중과실(重過失, gross negligence)이나 의도적인 행위의 결과로 공공 위험을 초래하거나 파손될 공공 교목은 모두, 제거와 처분 비용 및 최소 직경 2인치(5 cm) 교목의 교체 비용, 이의 식재, 식재 후 초기 3년 동안의 관수를 포함한 돌봄과 유지관리 비용을 더한 총 교체비용을 고려하여, 공동묘지/공원/휴양국장과/이나 그의 지명인에 의해 평가되어야 한다. 파손되는 교목의 위치가 6-110항의 요구조건을 충족하지 못하는 경우, 공동묘지/공원/휴양국장과/이나 그의 지명인은 자신이 선정한 다른 장소에 해당 공공 교목을 대체할 수 있다.

6-112항 임업 부서 공무원의 방해. 어떤 사람도, 이 조례 6-110항에 부여된 바와 같이, 공공 교목에 대한 식재, 육성, 멀칭, 전정, 살포, 또는 제거 작업을 수행하고 있는 동안, 임업 부서 공무원, 자원봉사자, 임업부서가 고용한 외주업체를 막고, 지연시키고, 방해하는 것은 불법이다.

6-113항 위반. 조건, 제약, 규정, 이 조례에 따라 발급된 모든 통지를 하나라도 준수하지 못하면 위반에 해당한다.

6-114항 처벌. 이 조례의 어느 한 규정이라도 위반한 사람은 누구나 위반 일수당 $100.00까지 배스시에 지급해야 하는 벌금의 대상이 된다. 통지에 의해 명령된 복원이 지정된 기한 내에 완수되지 않는 경우를 제외하고, 통지 기간 동안 행위를 취하지 않은 것에 대해서는 처벌이 부과되지 않는다.

또한 이 조례의 규정 위반의 결과로, 공공 교목의 손상, 절단, 고사 사고가 발생한다면, 처벌에는 이 조례 6-111(D)항에 따라 계산된 공공 교목의 교체 비용이 포함되어야 한다.

6-115항 분할성. 이 조례의 어떤 항, 문장, 규정이 법원에 의해 효력이 없다고 선언되면, 무효라고 선언된 부분 외의 이 조례 전체 또는 부분에 대한 효력에는 영향을 미치지 아니한다.

참고 자료

Buchanan, Tim, City Forester, City Forestry Standards and Specification. 1986. Municipal Code Fort Collins, Colorado.

1919 Code of the City of Bath, Maine re: City Forester.

Memo from Bath, Maine City Manager, Larry D. Cilley, to Therriault & Golin, City Solicitors, dated 5/9/78, re: Clarification of City Forester's Responsibilities and Authorities.

Memo from City Manager, Duncan Ballantyne, to Denis Hebert, dated 6/27/93, re: Transfer of Forestry Division to Cemeteries and Parks Department, Bath, Maine.

Municipal Tree Ordinance Manual. Revised Edition 1990. International Society of Arboriculture in cooperation with the Municipal Arborist and Forester Society, Savoy, IL.

Sample Municipal Tree Ordinance designed for mid-western communities. (General).

Sample Municipal Tree Ordinance for Stevens Point, Wisconsin.

South Portland, Maine, Tree Ordinance. 1975.

Maine State Law Title 30-A, Sections 3101, 3252-3264, 3282-3291; Title 12, Sections 8101-8305; Title 23, Sections 2702 and 2952.

Tree City USA Bulletin, No. 9, How to Write a Municipal Tree Ordinance. 1993. The National Arbor Day Foundation, Nebraska City, Nebraska.

Waterville, Maine, Tree Ordinance. 1990.

Westbrook, Maine, Tree Ordinance. 1972.

Tree Preservation Guidelines, 2006, and any amendments thereto.

부록 C

교목 보호 조례 –
일리노이주 하일랜드 파크(Highland Park)시

교목 보존

94.401항 의도와 목적

우리 시 내 토지의 합리적인 향상을 도모하는 한편, 가능하면 우리 시 내 교목 군집에 추가하고, 우리 시 내 기존 교목에 대해 가능하면 최대한의 유지관리를 하는 것이 우리 시의 선언된 공공 정책이다. 우리 시에 추가적인 교목을 식재하는 것과 기존 교목을 보존하는 것은 가능하면 다음 목표를 달성하기 위해서다:

(A) 우리 시의 삶의 질(quality of life)과 공공복지(公共福祉, general welfare)를 향상시키고, 우리 시의 독특한 특성과 물리적, 역사적, 미학적 환경을 향상시키는 중요한 공공 자원으로서 교목을 보존하기 위해,

(B) 숲으로 우거진 지역사회를 통해 이들 지역의 피복과 기본적인 생태적 특성을 보존하기 위해,

(C) 대기 오염물질에 대한 교목의 여과 효과와 대기를 산소로 보충하는 것을 통해 우리 시의 대기 질을 향상시키고 보존하기 위해,

(D) 교목의 소음 확산에 대한 차단과 장벽 효과를 통해 우리 시 내 소음을 감소시키기 위해,

(E) 교목 뿌리의 토양 유보 효과를 통해 표토(表土, topsoil) 침식을 감소시키기 위해,

(F) 교목이 필지 내에 적절하게 위치하고 있음으로써, 교목의 바람 차단과 그늘 효과를 통해 에너지 소비를 감소시키기 위해,

(G) 새와 다른 야생동물을 위한 보금자리 면적의 보존과 향상을 포함하여, 그리고 이는 다시 해충 방제에도 도움이 되는, 새와 야생동물을 위한 서식지와 먹이를 제공하기 위해,

(H) 빗물 유출수 감축을 통해 표토 침식과 이와 관련된 비용을 줄이고, 지하수 공급을 보충하기

위해,

(I) 가치를 보호하고 증대시키기 위해,

(J) 사업체와 방문객을 유치함으로써 경제적인 안정성을 향상시키기 위해.

94.402항 용어 정의와 해석

(A) 이 조례의 본문에 있는 용어는 다음의 해석 원칙(rule of construction)에 따라 해석되어야 한다.

(1) 단수(單數, singular number)는 복수(複數, plural number)를 포함하고, 복수도 단수를 포함한다,

(2) 단어 “shall(해야한다)”은 의무적이고; 단어 “may(해도 좋다)”는 허용적이다,

(3) 남성(男性, masculine gender)은 여성과 중성을 포함한다.

(B) 지금부터 이 조례에서 사용되는 다음 단어와 구(句, phrase)는, 이 조례의 목적을 위해, 본문에서 다르게 의미하는 경우를 제외하고, 각각 아래 항에서 기술하는 의미를 가진다.

합산 직경(aggregate diameter): 가슴 높이에서 측정된 다수간(多樹幹, multiple trunk) 교목의 합산된 직경.

건축 행위 지역(building activity area): 공사와 건축 활동이 제한되는 건축 활동이 일어날 수 있는 토지의 구획이나 필지의 가장 작은 면적의 필지 내 건축 가능 지역으로, 기존 교목에 최대의 주의를 기울여야 하는 예정된 공사와 관련된 건축과 정지(整地, grading)에 의해 영향을 받는 전체 지역을 포함한다.

직경(直徑, caliper): 기존 지표 또는 예정된 식재 지표 6인치(15 cm) 위에서의 수간 지름. 직경은 일반적으로 새로운 식새를 위한 농장 수목에 관련하여 적용된다.

수관 구역(canopy zone): 교목의 가지와 잎에 의해 각인된 지역.

손상(損傷, damage): 시 임정관이나 그의 지명인에 의해 확인된 바와 같이, 교목의 고사, 거의 고사, 가치 상실, 미학적 가치 상실, 상당한 피손으로 이어지거나, 해당 교목이 병들거나 인명이나 재산에 위해하게 되도록 만드는 모든 행동.

흉고직경(胸高直徑, DBH/diameter at breast height): 해당 교목 기부의 기존 지표 위 4½피트(135 cm)에서 측정된 교목의 직경.

종합건설업자(綜合建設業者, general contractor): 부동산 소유자 또는 부동산 소유자와 직접 계약을 체결하여 건축허가 발급이 필요한 부동산 소유자의 부동산에 대한 프로젝트를 수행하거나 관리하는 개인, 조합, 회사, 협회, 합작기업, 정부 기관, 또는 민간 기관.

유산 교목(遺産喬木, heritage tree): 다음 속(屬, genus)이나 종(種, species)에 속하는 교목:

흉고직경이 30인치(76.2 cm) 이상인 참나무속(*Quercus*)의 모든 교목,

흉고직경이 40인치(102.6 cm) 이상인 미국느릅나무(*Ulmus americana*),

흉고직경이 20인치(50.8 cm) 이상인 히코리속(*Carya*)의 모든 교목,

흉고직경이 30인치(76.2 cm) 이상인 가래나무속(*Juglans*)의 모든 교목.

핵심 교목(核心喬木, key tree): 다음 속이나 종으로 보호되는 모든 교목:

설탕단풍나무(*Acer saccharum*),

히코리속(*Carya*)의 모든 교목,

낙우송(*Taxodium distichum*),

서양팽나무(*Celtis occidentalis*),

은행나무(*Ginkgo biloba*),

켄터키커피나무(*Gymnocladus dioicus*),

가래나무속(*Juglans*)의 모든 교목,

미송(*Pseudotsuga menziesii*),

스트로브잣나무(*Pinus strobus*),

독일가문비나무(*Picea abies*),

흑참나무(*Quercus velutina*),

버오크(*Quercus macrocarpa*),

미국참나무(*Quercus alba*),

루브라참나무(*Quercus rubra*),

비콜로르참나무(*Quercus bicolor*),

필지 또는 등기 필지(lot of record): 주된 정면이 가로에 접해 있는 분명한 구획으로 평가되고 구분되며 세분되고, 우리 시의 시장과 시 의회에 의해 승인된 구획 또는 소구획의 도면을 창출하고 표시되는 구분된 토지에 해당하는 부분으로, 일리노이주 레이크 카운티(Lake County) 등기소에 기록된 토지.

대유행(大流行, pandemic): 레이크 카운티, 일리노이주, 미국, 또는 세계의 넓은 지리적인 지역에 걸쳐 유행하는.

수목 목록(plant palette): 시 임정관의 의견에 따른 수종의 목록: (i) 우리 시 또는 주변 지역의 자생종, (ii) 우리 시의 다른 수목에 해롭지 않은 수종, (iii) 우리 시에 꽤 성공적으로 자랄 수 있는 수종. 수목 목록은 다음 세 가지 범주로 나뉜다: 녹음수(범주 A), 상록수(범주 B), 낙엽관상수(범주 C).

보호 교목(protected tree): 갈매나무속(*Rhamnus* sp.)과 버드나무속(*Salix* sp.)의 교목을 제외한, 흉고직경이 8인치(20 cm) 또는 합산 흉고직경이 15인치(38.1 cm) 이상인 모든 교목.

규제 대상 공익사업체: 하일랜드 파크시의 시 경계 내 고객에게 서비스를 제공하는 일리노이주 상업위원회(Illinois Commerce Commission)의 인가를 받은 모든 공익사업체.

제거(除去, removal): 실질적 물리적 교목 제거의 유발 또는 수행, 또는 손상시키거나 독약을 주입하거나 기타 교목이 죽음에 이르거나 이를 가능성이 있는 직접 또는 간접적인 행동을 통한 효과적인 제거.

뿌리구역(root zone): 해당 교목의 수간 중심에 중심점을 두고 흉고직경 1인치당 1피트(흉고직경의 12배)에 해당하는 반지름을 가진 교목 아래 지면에 그은 가상적인 선에 의해 표시된 지역.

급경사 구역(急傾斜區域, steep slope zone): "급경사 구역"은 이 법령(Code) 150장의 150.202항에 기술된 의미를 가진다.

교목(喬木, tree): 분명히 드러난 줄기나 수간 또는 다수간 시스템, 다소 잘 드러난 수관, 성목의 수고가 적어도 8피트(2.4 m)인 근계(根系, root system)를 포함한 자립이 가능한 목본 식물(木本植物, woody plant). "교목"은 용기 속 교목이나 재판매용으로 유지관리되는 농장 재배 교목은 포함하지 않는다.

교목 유지관리(tree maintenance): 전정, 관수, 시비, 쇠조임(bracing), 줄당김(cabling), 교목의 뿌리, 수간, 수관의 상태를 향상시키는 것을 포함한 교목의 건강, 상태, 수형을 제고하기 위해 취해지는 실질적 물리적 행위의 유발 또는 수행.

교목 보존 지역(tree preservation area): 흉고직경 6인치(15 cm) 이상의 모든 교목이 보호될 토지 필지의 지역.

교목 보존 계획(tree preservation plan): 공사 중에 기존 교목을 보존하기 위해 사용되는 방법을 나타낸 본문과/이나 삽화로 된 서면 계획으로, 이 계획은 (i) 교목 조사를 포함하고, (ii) 대상 부지에 예정된 모든 공익서비스 선로를 표시해야 한다.

교목 제거 허가: 제거를 위해 발급되는 이 장에 의해 요구되는 허가:

1. 우리 시 경계 내의 모든 보호되고, 핵심 또는 유산 교목,
2. 우리 시 경계 내의 급경사 구역에 있는 모든 교목.

교목 조사(tree survey): 해당 필지 내 흉고직경 6인치(15 cm) 이상인 모든 기존 교목에 내한 그래픽 표시로, 이 조사는 각 교목의 뿌리 구역의 대략적인 윤곽도 포함해야 한다. 시 위정관이 요구하면 이 조사는 각 교목의 크기와 수종과 공인 수목관리자로부터 각 교목의 상태와 수형에 대한 의견도 확인해야 한다.

가시 삼각형(可視三角形, vision triangle): "가시 삼각형"은 이 법령 150장의 150.202항에 기술된 의미를 가진다.

용도지역법(zoning code): 이 법령의 150장.

94.403항 일반 규정

(A) 누구든 우리 시에 의해 교목 제거 허가가 발급되기 전에 보호되고, 핵심 또는 유산 교목을 제거하거나 손상시키는 것은 불법이다. 이 94.403항의 규정에 따라 보호되고, 핵심 또는 유산 교목의 제거 권한을 부여하는 교목 제거 허가는 다음 이유에 따라 우리 시에 의해 발급될 수 있다:

(1) 보호되고, 핵심 또는 유산 교목이 죽거나 죽어가고 있는 경우,

(2) 보호되고, 핵심 또는 유산 교목이 병에 걸린 경우,

(3) 보호되고, 핵심 또는 유산 교목이 죽을 가능성이 높거나 병에 걸리거나, 인명이나 재산에 위해가 될 정도로 손상된 경우,

(4) 보호되거나 핵심 교목의 제거가 바람직한 임업 작업에 해당하는 경우,

(5) 보호되거나 핵심 교목의 제거가 시 임정관이 자신의 전문적인 판단에 의거 적절하다고 생각되는 경우,

(6) 보호되거나 핵심 교목의 제거가 해당 필지에 위치한 또 다른 자연이나 주택에 경제적인 어려움이나 곤경을 회피하거나 경감시킬 수 있는 경우.

(B) 시 임정관은 다음의 경우를 제외하고는 이 94.403항에 따라 교목 제거 허가를 발급해서는 안 된다: (1) 이 장 94.405항에 따라 완전한 신청서를 받고, (2) 요청된 교목 제거 허가의 발급이 이 장 94.403(A)에 따라 허가되기로 결정된 경우.

(C) 교목 대체:

(1) 이 장 94.403(C)(2)항에 기술된 경우를 제외하고, 대체되는 교목은 교목 대체가 요구되는 이 장 94.404(B)(6)항에 따라 시 임정관에 의한 결정이나, 다음 각 사례의 보호되고 핵심 또는 유산 교목의 제거된 경우, 94.403(C)항에 따라 식재되어야 한다:

(a) 해당 교목이 이 장 94.403(A)(6)항이나 94.407항에 의거 발급된 교목 제거 허가에 따라 제거된 경우,

(b) 해당 교목이 자연적인 원인 이외의 원인에 의해 손상되었을 경우,

(c) 해당 교목이 교목 제거 허가를 받지 않았거나 교목 제거 허가를 위반하여 제거되었을 경우.

(2) 이 장 94.403(C)(1)항에도 불구하고, 시 임정관이 자신의 단독적이고 절대적인 자유재량으로 결정된 바에 따라, 보호되거나 핵심 교목의 제거가 바람직한 임업 작업에 해당하는 경우에는 94.403(C)항에 따른 교목 대체를 할 필요가 없다.

(3) 교목 대체가 94.403(C)항에 의해 필요한 경우, 모든 제거된 보호 교목은, 수목 목록의 범주로부터 선정된 수종으로, 직경이 3인치(7.6 cm) 이상 되는 2그루의 새로운 교목이나 어린나무로 대체되어야 한다. 그러나 새로운 교목이 상록 교목이거나 다수간 교목이고 수고가 최소 8피트(2.4 m)인 경우, 새로운 교목의 직경이 3인치(7.6 cm) 미만일 수도 있다. 만약 보호 교목이 동시에 핵심 교목인 경우, 이 장 94.403(C)(4)항의 요구조건이 94.403(C)(3)항에 우선한다. 만약 보호되는 교목이 동시에 유산 교목인 경우, 이 장 94.403(C)(5)항의 요구조건이 94.403(C)(3)항에 우선한다.

(4) 만약 94.403(C)항에 의거 교목 대체가 요구되면, 모든 제거된 핵심 교목은 수목 목록의 범주 A 또는 B(범주 C는 아님)에서 선정된 수종으로, 직경이 3인치(7.6 cm) 이상 되는 세 그루의 새로운 교목이나 어린나무로 대체되어야 한다. 그러나 새로운 교목이 상

록 교목이거나 다수간 교목이고 수고가 최소 8피트(2.4 m)인 경우, 새로운 교목의 직경이 3인치(7.6 cm) 미만일 수도 있다. 만약 핵심 교목이 동시에 유산 교목인 경우, 이 장의 94.403(C)(5)항의 요구조건이 94.403(C)(4)항에 우선한다.

(5) 만약 94.403(C)항에 의거 교목 대체가 요구되면, 모든 제거된 유산 교목은 수목 목록의 범주 A(범주 B와 C는 아님)에서 선정된 수종으로, 직경이 3인치(7.6 cm) 이상 되는 네 그루의 새로운 교목이나 어린나무로 대체되어야 한다.

(6) 시 임정관이 자신의 단독적이고 절대적인 자유재량으로 94.403(C)항에 따라 요구되는 완전한 교목 대체가 해당 필지에 대해 비합리적인 교목 밀집으로 이어질 수 있다고 판단하는 경우, 허가 신청인는 이러한 대체를 수행하는 대신 이에 해당하는 Annual Fee Resolution에 정해진 금액으로 우리 시에 납부해야 한다.

(7) 건축허가가 필요한 사업과 관련되어 발급되는 모든 교목 제거 허가에 대해서는, 94.403(C)항에 따라 요구되는 모든 교목 대체는 이 법령의 170장에 의한 조건부 점유허가(占有許可, certificate of occupancy)의 발급일자로부터 6개월 이내에 완료되어야 한다. 요청이 있는 경우, 시 의회는, 의무는 아니고, 94.403항에 의해 요구되는 모든 교목 대체의 완료를 6개월 미만으로 연장을 허락할 수 있는 권한이 있다.

(D) 만약 교목 대체가 이 장의 94.403항에 의해 요구되지 않으면, 허가 신청인은 제거된 병들거나, 죽거나, 죽어가거나, 자연적인 원인에 의해 손상된 보호/핵심/유산 교목을 대체하도록 권장된다.

(E) 급경사 지구에 있는 교목은 이 장의 94.403항과 용도지역법 XIX항의 규정이 적용되는 경우를 제외하고는 제거되거나 손상되어서는 안 된다. 이 장의 94.403항과 용도지역법 XIX항의 규정 사이에 충돌이 있는 경우에는, 용도지역법 XIX항의 규정이 우선한다.

(F) 이 장의 94.403(A)(1)항에서 94.403(A)(3)항까지 열거된 것을 제외하고, 이 장의 94.407항에 따라 용도구역 진정위원회(Zoning Board of Appeals)의 승인을 받은 경우를 제외하고, 유산 교목에 대해서는 94.403항에 따른 어떠한 교목 제거 허가도 발급되지 않는다.

94.404항 공사와 관련된 교목 보존

(A) 건축허가가 필요한 사업과 관련하여, 건축허가 신청서와 함께 교목 보존 계획이 제출되어야 한다. 모든 건물, 건물 부속물, 기타 구조물(진입로를 포함)은 우리 시의 용도구역법이 요구하는 다양한 후퇴와 일치하면서 교목 손상과/이나 제거를 최소화하는 방법으로 토지의 필지에 위치시켜야 한다. 교목 보존 계획은 다음 사항을 명시해야 한다:

(1) 건축허가 신청서가 제출된 토지의 필지에 대한 교목 보존 지역과 건축 활동 지역,

(2) 종합건설업자의 이름.

(B) 이 장의 94.403(A)(1)항에서 94.403(A)(3)항까지에서 언급된 경우를 제외하고는, 우리 시가 다음 사항에 따라 예정된 개발의 건축적인 배치와 설계에 기존의 보호/핵심/유산 교목을 보존하기 위한 모든 합리적인 노력이 수행되었다고 인정되지 않는 한 건축 허가 신청인에게

어떤 교목 제거 허가도 발급되지 않는다:

(1) 건물 배치와 진입로, 보도와 주차 지역은 보호/핵심/유산 교목의 불필요한 제거를 피하는 방법으로 설계되어야 한다.

(2) 필요한 배수와 정지 계획은 가능하면 보호/핵심/유산 교목의 제거를 피하는 방법으로, 교목 보존 지역에 위치한 흉고직경 6인치(15 cm) 이상 되는 남겨진 보호/핵심/유산 교목이 지표나 수분 변화로 인한 손실 위험으로부터 보호되도록 작성되어야 한다.

(3) 모든 공익시설 선로는 시 임정관이나 그의 지명인이 다른 방법에 대한 서면 허가가 없으면 교목 보존 지역을 관통하는 터널을 뚫어야 한다. 종합건설업자는 규제 대상 공익사업체가 규제되는 공익사업 서비스 선로의 예정된 위치에 대해 경계심을 갖도록 하기 위해 교목 보존 계획과 이 규정의 사본을 규제 대상 공익사업체에 제출해야 한다.

(4) 이 장이 요구하는 교목 대체를 반영하기 위해 예비 경관 계획수립이 수행되어야 하며, 이 계획수립에는 기존의 건강한 보호/핵심/유산 교목의 보존이 포함되어야 한다.

(5) 건설 활동이 일어날 문제의 필지에 인접한 필지에 있는 보호/핵심/유산 교목의 뿌리 구역과 수관구역은 교목 보존 계획을 작성하는 동안 세심하게 점검되고 고려되어야 한다. 보호/핵심/유산 교목의 뿌리구역과 수관구역에 대한 민감성을 통해 예정된 개발의 건축적인 배치와 설계를 하는 동안 인접한 필지에 있는 이들 교목을 보전할 수 있도록 최선을 다해야 한다. 교목 조사와 교목 보존 계획이 계획된 건설 행위가 유산 교목, 이의 뿌리구역이나 수관구역 어디에든 영향을 미치는 것으로 나타나면, 시 임정관은 건설 행위가 시작되기 전에 서면으로 해당 계획을 승인해야 한다.

(6) 소유자가 건물, 진입로, 보도나 주차 지역의 배치에 의해 영향을 받은 보호/핵심/유산 교목을 보존하기로 결정했음에도 불구하고, 만약 시 임정관이 자신의 전문성을 활용하여 영향을 받은 교목이 건설 행위의 직접 또는 간접적인 결과로 공사 완료 일자로부터 1년 이내에 죽을 가능성이 상당히 높다고 판단하면, 시 임정관은 이 장의 94.403(C)항의 조건에 따라 소유자에게 대체 교목을 식재할 것을 요구할 수 있다. 대체 교목은 소유자에게 대체 교목 식재를 요구하는 시 임정관의 결정에 대한 서면 통지를 한 날로부터 6개월 이내에 식재되어야 한다.

(C) 이 장의 94.403(A)(1)항, 94.403(A)(2)항, 94.403(A)(3)항에 따라 교목 제거 허가가 발급된 경우를 제외하고, 승인된 교목 조사와 교목 보존 계획이 건축 허가 신청서와 함께 제출되지 않았거나 종합건설업자가 공사에 앞서 시 임정관이 점검하고 승인하는 필요한 보호용 울타리를 설치하지 않으면, 우리 시는 건축 허가 신청인에게 어떠한 건축 허가도 발급해서는 안 된다. 종합건설업자는 모든 보호/핵심/유산 교목과 교목 보존 지역 내 흉고직경 6인치(16 cm) 이상의 교목이 보존되고 교목 보존 지역이 건축 행위 지역으로부터 물리적으로 보호될 수 있도록 교목 보존 지역 주위에 임시 울타리나 다른 물리적 방벽을 건설, 조립, 유지관리할 책임이 있다. 모든 요구되는 울타리나 다른 물리적인 방벽은 공사 시작 전에 교목 보존 지역 주위에 설치되어야 하고 시 임정관에 의해 승인되어야 한다. 울타리나 다른 물리적인 방벽

은 공사 차량, 자재, 굴착 토양, 장비가 교목 보존 지역 안이나 위로 침범하는 것을 방지하기 위해 전체 공사 기간 동안 제자리에 남아 있어야 한다. 모든 울타리는 단단한 자재(예, 목 선반, 체인 링크)로 만들어져야 하고, 간격이 10피트(3 m) 이상 떨어지지 않고 땅속에 박아 넣은 철제 기둥에 고정되어야 한다.

(1) 해당 필지에 대해 우리 시가 교목 보존 계획의 준수 여부에 대한 점검을 완료할 때까지 해당 필지에 대한 작업을 시작할 수 없다. 일단 우리 시가 울타리나 물리적 방벽의 배치를 승인하고 나면, 시 임정관이나 그의 지명인의 사전 서면 승인을 받기 전에는 울타리나 물리적 방벽을 게거하지 못한다.

(2) 승인된 교목 보존 계획은 작업 시작 전에 그리고 해당 사업의 공사 중 언제나 해당 필지에서 확인할 수 있어야 한다. 종합건설업자는 해당 필지에서 작업하는 모든 다른 외주업자와 해당 교목 보존 계획이 적용되는 필지에 인접한 부동산 소유자에게 통지할 의무가 있다.

(D) 공사 중에는, 보호/핵심/유산 교목(시 임정관이 제거될 것이라고 명시된 교목 제외)의 손상을 방지하는 데 필요한, 다음 사항을 포함한, 모든 합리적인 조치를 취해야 한다:

(1) 시 임정관이나 그의 지명인으로부터 사전 승인을 받지 않으면, 건축 행위 지역 바깥이나, 교목 보호 구역 안이나, 보호 교목의 수관 구역에서는 공사 행위, 이동과/이나, 장비나 자재의 배치 또는 굴착 토양의 보관 등이 금지된다.

(2) 보존이 요구되는 모든 교목의 뿌리 구역 내에는 과도한 토양, 추가적인 매립, 액체, 또는 공사 폐기물을 쌓아두어서는 안 된다.

(3) 나머지 보호 교목의 보호를 위해 적절한 보호 울타리를 임시로 설치해야 한다. 이 울타리를 설치한 후에는, 공사가 완료될 때까지, 시 임정관과 그의 지명인의 사전 서면 허가 없이 이 울타리를 이동시키거나, 변형시키거나, 변경시키거나 제거해서는 안 된다.

(4) 공사 기간 중에는, 부착물, 울타리나 전선, 기타 서조임, 당김줄(Guying), 또는 감싸기를 위해 승인된 것 외의 자재를 교목에 부착해서는 안 된다.

(5) 피승인권자는 공사 전, 중, 후에 걸쳐 교목 보존 계획에 적시된 모든 교목 유지관리 수단을 수행해야 하는데, 여기에는 보호/핵심/유산 교목의 뿌리 전정(root pruning)이 포함될 수 있다.

(6) 교목 제거 허가에 의해 재가 받지 않으면, 남겨져야 할 모든 보호/핵심/유산 교목의 뿌리 구역 내에서 토양을 제거해서는 안 된다.

(7) 공사 부지 내의 건축 행위 지역은 시행정 담당관(City Manager)이 설정한 표준에 따라 대략적으로 정지하고 뒤채움을 한 다음, 우리 시에 의한 점검이 끝나야만 외주업자는 추가적인 부지정리 작업을 시작할 수 있도록 허가된다.

(8) 인입선(引入線, service line)을 포함한 모든 공익시설은 교목 보존 계획에 따라 설치되어야 한다. 이 장의 94.404(B)(3)항에 따라 교목 보존 계획의 통보를 받은 규제 대상 공

익사업체는 필요한 공익시설 인입선을 설치하는 동안 해당 교목 보존 계획을 준수할 의무가 있다.

(E) 모든 규제 대상 공익사업체를 포함한 개인, 기업, 법인이 건축 허가나 교목 제거 허가 발급의 기준이 되는 모든 교목 보존 계획의 조건을 준수하지 않으면 불법이 된다.

(F) 우리 시는 이 법령의 적용 가능한 규정에 기술된 바와 다음의 추가적인 환경에 따라 작업 중단지시서(work stop order)를 발급할 수 있다:

(1) 필요한 사전 교목 제거 허가를 받지 않고 보호/핵심/유산 교목에 대한 제거작업이 수행된 경우,

(2) 요구되는 보호 울타리가 손상되거나, 파손되거나, 이동되거나, 아니면 요구되는 목적에 비추어 비효과적인 상태가 된 경우,

(3) 교목 보존 계획에 명시된 필요한 예방조치가 공사 시작 전에 수행되지 않았고/거나, 보호/핵심/유산 교목에 대한 손상이 발생했거나 공사 중에 발생할 가능성이 있는 경우,

(4) 공사 부지 내 건축 행위 지역이 시행정 담당관이 설정한 표준에 따라 대략 정지되거나 뒤채움 되지 않았거나 추가적인 부지 정리 작업이 우리 시에 의한 공사 부지 점검 전에 시작된 경우. 작업 중단 지시서는 피승인권자가 관련 규정을 준수할 때까지, 보호/핵심/유산 교목에 대한 손상이 발생했거나 발생할 가능성이 있는 경우에는, 우리 시가 수용 가능한 이러한 교목에 대한 모든 손상을 경감시키기 위한 교정 행위가 이루어질 때까지 유효하다.

(G) 작업 중지 지시서의 철회에 대한 수수료는 Annual Fee Resolution에 의해 설정된 금액으로 한다.

94.405항 교목 제거 허가 신청

(A) 교목 제거 허가를 신청하는 사람은 시 임정관에게 신청서를 제출해야 하는데, 이 신청서에는 다음 사항을 포함하여 필요한 사항이 기술되어 있어야 한다:

(1) 신청인의 이름과 주소,

(2) 제거하고자 하는 보호/핵심/유산 교목이 위치한 필지나 부동산의 일반적으로 알려진 주소,

(3) 보호/핵심/유산 교목의 제거에 대한 이유를 나타내는 서면 진술서,

(4) 수종과 크기를 포함한 제거될 보호/핵심/유산 교목의 전반적인 명세,

(5) 교목 제거에 책임을 질 예정인 외주업자나 사람의 이름과 주소,

(6) 이 장 94.4055(C)항에 의거 요구되는 교목 제거 허가 수수료 납부.

(B) 교목 제거 허가가 건축 허가를 요구하는 공사와 관련이 있는 경우, 신청인는 다음 사항도 첨부해야 한다:

(1) 해당 필지에 대한 교목 조사서; 1인치 = 30피트 이상의 축척으로 그리고, 흉고직경 6인

치(15 cm) 이상인 모든 교목을 나타내고, 공사 행위에 의해 영향을 받은 흉고직경 6인치(15 cm) 이상인 모든 교목의 수종 목록을 포함한다. 개발 행위가 해당 부지의 전체보다 더 작은 곳에서 일어나는 부지에 대해서는, 우리 시는 해당 부지 중에서 해당 개발 행위에 의해 영향을 받지 않을 것으로 확인되는 부분은 교목 조사에서 제외시킬 수도 있다.

(2) 94.404항의 요구조건을 충족시키는 교목 보존 계획,

(3) 우리 시가 요구하는 경우, 공인 수목관리자의 보고서. 수목관리자의 보고서는 해당 부지와 공사 행위가 인접 부지에 있는 보호/핵심/유산 교목에 영향을 미칠 경우의 인접 부지에 있는 모든 교목의 수종, 상태 크기를 확인해야 한다. 이 보고서는 (i) 교목 보존 계획과 (ii) 신청인이 계획된 행위로 인해 공사 전, 중, 후에 다른 교목에 발생할 가능성이 있는 손상을 경감시키기 위한 방법을 확인하는 교목 손상 경감 계획도 반영해야 한다.

(C) 수수료

(1) 이 장에 따라 교목 제거 허가서를 발행하기 전에, 신청인은 Annual Fee Resolution에 의해 설정된 금액의 수수료를 납부해야 한다. 그러나 다음과 같은 경우에는 교목 제거 허가에 수수료를 납부할 필요가 없다: (a) 이 법령에 따라 건축 허가가 필요한 작업과 연관이 없는 경우, (b) 이 장의 94.403(A)(1), 94.403(A)(2), 94.403(A)(3)에 따라 발급되는 경우.

(2) 이 장에 따라 제거가 허락된 교목이 핵심 교목이면서 보호 교목인 경우, 핵심 교목의 제거에 대한 Annual Fee Resolution의 수수료가 적용되어야 한다. 이 장에 따라 제거가 허락된 교목이 유산 교목이면서 보호 교목인 경우, 유산 교목의 제거에 대한 수수료가 적용되어야 한다. 이 장에 따라 제거가 허락된 교목이 핵심 및 유산 교목이면서 보호 교목인 경우, 유산 교목의 제거에 대한 수수료가 적용되어야 한다.

94.406항 비상사태

(A) 인명과 재산에 대한 위험이나 위해를 피하기 위해, 보호/핵심/유산 교목의 즉각적인 절단이나 제거가 요구되는 비상사태 상황에서는, 이 장의 94.405장에 따라 요구되는 것과 같은 형식적인 신청 없이 우리 시에 의해 교목 제거 허가가 발급된다.

(B) 이러한 비상사태인 경우에는, 임박한 위험이나 위해를 피하기 위해 필요한 정도의 교목이나 교목들의 절단을 진행하는 것은 적법하다. 이러한 경우에, 절단을 수행한 사람은 취한 행위를 48시간 이내에 우리 시에 보고해야 한다.

94.407항 양호한 상태의 유산 교목 제거

이 장의 94.403(A)(1)항에서 94.403(A)(3)까지 규정된 것을 제외하고, 유산 교목에 대한 교목 제거 허가는 발급되지 않는데, 다음 사항에 따라 용도구역 진정 위원회에 의해 발급되는 경우에는 예외로 한다:

(A) 절차

(1) 신청. 유산 교목에 대한 교목 제거 허가를 신청하는 사람은 다음 사항의 한 가지 이상을 포함하는 신청서를 제출해야 한다: (a) 이 장의 94.405항에 따라 요구되는 모든 정보, (b) 공인 수목관리자의 보고서로, 이 보고서에는 이 장의 94.405(B)(3)항에 따라 요구되는 모든 정보가 포함되어야 한다.

(2) 통지. 신청자는 요구되는 변화에 대한 신청을 다루는 회의 15일 이전까지 미국 우편을 통해 (a) 해당 신청의 대상인 부지에 연속되거나, (b) 공공이나 개인 가로, 소로, 모든 유형의 지역권을 가로질러 위치하는 해당 신청 대상 부지 바로 반대편의 모든 부지 소유자에게 신청 사실을 서면으로 통지해야 한다. 그 통지에는 해당 신청이 다루어질 회의의 일자, 시간, 장소, 신청자의 이름, 부지의 주소, 제거가 예정된 교목의 간단한 설명 등이 나열되어 있어야 한다.

(3) 공청회. 용도구역 진정 위원회는 시 임정관이 교목 제거 허가 신청을 받은 후 30일 이내와 이 장의 94.407(A)(2)항에 규정된 적용가능 통지 요구에 따라 30일 이내에 시작되는 공청회에서 요청된 변화를 다루어야 한다.

(4) 결정. 용도구역 진정 위원회는 요청된 교목 제거 허가 신청을 승인하거나 조건부로 승인하거나 거절해야 한다. 용도구역 진정 위원회의 결정은 결정일 이후 30일 이내에 신청인에게 서면으로 통보되어야 한다.

(B) 표준. 용도구역 진정 위원회는 이 장의 94.407(B)(1)항에 규정된 사실 중 하나를 확인하고 이 장의 94.407(B)(2)항에 규정된 사실을 적어도 두 가지를 확인하는 경우를 제외하고, 이 94.407항에 의한 교목 제거 허가를 발급하는 승인을 해서는 안 된다:

(1) 의무 확인사항.

(a) 해당 유산 교목의 제거가 해당 주변의 근본적인 특성을 변경시키지 않을 것이다.

(b) 해당 유산 교목의 제거가 공공복지에 실질적으로 해롭지 않거나 다른 부지의 유희, 이용, 개발이나 가치, 또는 주변의 향상에 피해가 가지 않을 것이다.

(c) 해당 유산 교목의 제거가 인접 부지에 대한 적절한 햇빛과 공기 공급을 악화시키지 않고, 화재 위험을 증대시키지 않고, 자연 배수를 방해하거나 인접 부지에 대한 배수 문제를 야기하지 않고, 공공 안전을 위태롭게 하지 않고, 주변에 있는 부동산의 가치를 현저히 감소시키거나 해치지 않을 것이다.

(d) 주어진 해당 부지의 본질과 해당 부지에 대해 제안된 모든 향상을 고려할 때, 제안된 해당 유산 교목의 제거에 대한 현실적인 대안이 없다.

(e) 해당 유산 교목의 제거가 해당 부지의 합리적인 이용을 위해 필요하다.

(2) 선택적 확인사항.

(a) 해당 유산 교목의 제거가 현재 해당 부지의 재산적 이익을 가진 사람에 의해 유발되지 않았고, 해당 소유자의 의지 여부와 관계없는 고충 때문에 필요하다.

(b) 해당 유산 교목의 제거를 해당 소유자나 점유자가 단순히 해당 필지가 속한 용도구역 지구 내 다른 필지의 소유자나 신청자에게는 가용하지 않은 어떤 특별한 특권이나 추가적인 권리를 누릴 수 없기 때문에, 또는 단순히 해당 부지로부터 더 많은 이익을 누리기 위한 욕망 때문이 아니라, 신청인이 해당 부지의 합리적인 이용을 용이하게 하고 싶은 욕구 때문에 신청한다.

(c) 당 유산 교목의 제거가 해당 부지에 특수한 독특한 환경으로, 용도구역 지구 내 다른 부지에는 일반적으로 적용할 수 없는 환경 때문에 필요하다.

(d) 해당 부지 특유의 물리적 환경이나 지역 여건(법적인 적합성 여부와 무관하게 기존의 이용, 구조물, 표지가 존재하고; 불규칙하거나 표준 이하의 형태나 크기; 예외적인 지형적 특성; 기타 비정상적인 물리적 상태)이, 해당 유산 교목이 제거되지 않으면, 해당 소유자에게 단순한 불편과는 구별되는 특별한 어려움을 준다.

(C) 대체. 이 94.407항에 따라 승인된 교목 제거 허가의 신청인은 이 장의 94.403(C)항에 따라 요구되는 모든 대체 교목을 제공해야 한다.

94.408항 유보

12/14/09 통과된 Ord. 71-09, J. 35, p. 255-279 또는 이전의 의회 조치에 의한 위 조례.

양식 4.2

허가 번호: ______________
수수료: ______________

노스브룩 시
공공사업국
655 Huehl Road
Northbrook, Illinois 60062
847/272-4711 FAX: 847/272-3629
www.northbrook.il.us

교목 제거 신청

해당되는 항목에 체크하시오.

❒ 건설 프로젝트용 제거 ❒ 비 건설프로젝트용 제거

부지 주소 ______________ 일자 ______________

부지 정보

소유자 성명 ______________
소유자 주소 ______________
소유자 전화번호 ______________ e-mail ______________

교목 제거업체

회사명 ______________
주소 ______________ 시 ______________ 주 ______________ 우편번호 ______________
전화번호 ______________ Fax ______________ e-mail ______________

주 연락처 * ______________
e-mail ______________ 전화번호 ______________ FAX ______________

모든 검토 서신과 승인된 허가서류는 e-mail을 통해 주 연락처로 보낸다.

교목 정보 * **승인된 교목 제거 목록** ❒ (체크된 경우)

	교목 직경(인치) 지상 4.5피트에서 측정	교목 유형	제거 사유	위치
1.				
2.				

*등재 교목이 두 그루를 초과하거나 스케치가 필요하면 이 양식의 뒷면을 이용하시오.

서명 ______________ 자필 기명 ______________

주의사항: 1. 신청인이 주택 소유자 협회 소속이면, 협회로부터 교목 제거 허가를 받을 필요가 있다.
2. 허가 승인과 발급 이전에 교목을 제거하면 부동산 소유자에게 최소 $250의 벌금이 부과된다.
3. 이 양식의 제출이 신청 대상 교목에 대한 제거가 승인되었다는 것을 의미하는 것은 아니다.

담당 공무원용

검토자 ______________ 승인 일자 ______________

교목이 민간 부지에 대체되어야 하는가? ❒ 예 ❒ 아니오

교목의 직경(인치) ______________ 허가 수수료 $______________

교목의 대략적인 수량 ______________ 징수된 보증금 $______________

검토 의견 합계 $______________

2페이지 중 1

그림 C-1 일리노이주 노스브룩(Northbrook)시의 교목 제거 신청서 예.

추가적인 교목 제거/승인된 교목 제거 목록

	교목 직경(인치) 지상 4.5피트에서 측정	교목 유형	제거 사유	위치
3.				
4.				
5.				
6.				
7.				
8.				
9.				
10.				
11.				
12				
13.				
14.				
15.				
16.				
17.				
18.				
19.				

교목 위치에 내한 스케치

5-23-13
P:\1-Building Permits\Forms (Public & Web)\1-ready forms\Tree –Removal-Form-4.2.docx

2페이지 중 2

부록 D

차폐 조례 – 미네소타주 브레이너드(Brainerd)시

20절 경관조성, 녹색 공간과 차폐 요구사항

515-20-1: 목적과 의도. 이 절의 목적은 모든 구획에 적용할 수 있는 일반적인 경관조성, 녹색 공간과 요구되는 차폐(遮蔽, screening)를 위한 표준을 설정하는 것이다. 차폐를 위해 조경 자재를 사용할 때에는 이 자재가 건강한 경관을 향상시킬 식물의 유형과 크기에 부합되어야 한다. 이 표준은 용도와의 친화성을 보장하고 브레이너드 시 주민의 건강, 안전, 공공복지를 증진시키는 데 그 의도가 있고 그렇게 설계되어 있다.

515-20-2: 최소 요구조건. 이 절의 요구조건은 최소 요구조건으로, 어떤 상황에서도 더 광범위한 경관조성에 합의할 때 부동산 소유자와 시의 능력을 배제해서는 안 된다.

515-20-3: 일반적인 경관조성.

A. 이 절에서 요구되거나 허가된 경우, 개발 계약이나 시 의해의 승인에 의해 제공된 경우를 제외하고, 이면도로 주차, 이면도로 상차(上車, loading), 보도, 진입로, 건물 부지와/나 다른 요구를 위해 제공되고 난 후에 남은 부지는 건물 점거(building occupancy) 일자 이전에 멀칭 자재나 조경석, 잔디, 관상용 초본, 관목, 다른 식생이 수용 가능한 교목이나 일반적으로 경관조성에 사용되는 처리와 같은 지피를 사용하여 경관이 조성되어야 한다. 공익시설 지역권에 위치한 울타리, 벽, 교목은 공익시설의 유지관리나 향상을 위해 필요한 경우 해당 부지 소유자의 비용으로 제거될 수 있다.

B. 요구되는 교목 식재. 이 조례 채택 이전에 개발된 한 세대 필지와 두 세대 필지는 예외로 하고, 새로운 개발에서는 3,000제곱피트(278.7 m^2)당 1그루의 비율로 또는 이 절에 규정하지

않은 특별한 경관조성 요구를 위해 개발된 후에 남은 포장되지 않은 개방 지역에 대해 상록과 낙엽 교목을 혼합하여 식재해야 한다. 요구되는 교목은 일정한 간격으로, 무작위로, 또는 집단으로 식재될 수 있다. 새로이 식재되는 교목은 이 조례의 요구조건을 준수해야 한다. 개발 후에 부지에 보존되는 교목은 요구되는 총 식재에서 차감될 수 있다.

515-20-4: 녹색 공간.

A. 비주거지 개발과 재개발. 새로운 개발에는 총 부지 면적의 최소 15%를 녹색 공간으로 할애해야 한다. 요구되는 녹색 공간의 최소 50%는 가장 통행이 잦고 시계가 좋은 가로 전면을 따라 위치해야 한다. 50% 요구는 주거용으로 지정되어 있거나 사용되고 있는 부지로부터 해당 가로를 건너서 또는 인접하여 위치해야 한다. 빗물정원(rain garden)으로 설계된 경우에는, 빗물 저류지역이 녹색 공간 요구를 충족시키기 위해 사용될 수도 있다. 개발과 재개발이 기존 부지에서 일어날 경우, 요구되는 녹색 공간은 총 부지의 10%까지 감소될 수 있으며, 50% 배분 요구조건은 그대로 유효하다.

B. 추가 녹색 공간에 대한 보상. 15% 최소 녹색 공간 요구에 추가하여, 추가적인 녹색 공간을 창출하고/거나 해당 부지에 경관 조성을 추가하면 보상이 주어진다. 녹색 공간 면적이 5% 증가할 때마다 이면도로 주차 요구가 10% 감소될 수 있다. 30% 이상의 녹색 공간이 제공되면 요구되는 총 주차장 공간에서 30%까지 감축될 수 있다.

515-20-5: 차폐.

A. 경관 조성 계획. 건축 허가를 받기 전에, 다음과 같은 식재되는 교목의 크기와 수종, 부지 위치를 포함한 경관 계획과 시방서 요구사항에 대한 승인을 받아야 한다. 이 경관 계획은 다음 지역에 중점을 두고 개발되어야 한다:

1. 다른 부지와 인접하는 해당 부지의 경계나 둘레.
2. 해당 구조물의 바로 인접한 둘레.
3. 주차와 적화지역 둘레.

B. 이 경관 조성 계획에 통합된 모든 경관 조성은 다음 표준과 범주를 지켜야 한다:

1. 모든 식물은 적어도 다음의 최소 크기와 같아야 한다:

	용기/나근 또는 포장 근분
녹음수*	직경 2인치(5 cm)
관상수(꽃사과, 산사나무 등)	직경 1½인치(3.8 cm)
상록수	수고 4~5피트(1.2~1.5 m)
대관목과 울타리용(상록성 또는 낙엽성)	수고 3~4피트(0.9~1.2 m)
소관목: 낙엽성	24~30인치(61~76 cm)
상록성	24~30인치(61~76 cm)
넓게 퍼지는 상록성	18~24인치(46~61 cm)

*유형과 형태는 식재 계절, 확보 가능성, 부지 여건(토양, 기후, 지하수, 인공 관수, 부지 정지 등)에 따라 달라질 수 있다.

2. 간격 확보.

   a. 요구되는 차폐용으로 사용되는 경관 수목은 식재 3년 이내에 적어도 지상 6피트(1.8 m)에서 측정했을 때 요구되는 시각적인 장벽이 형성될 것이라고 합리적으로 예상될 수 있도록 두 줄로 된 간격이 좁고 중심과 중심의 거리가 15피트(4.5 m) 미만으로 엇갈리게 식재된 상록수로 구성되어야 한다. 중심과의 거리가 10피트(3 m)로 식재된 첫 줄의 상록수 차폐는 엇갈리게 두 번째 줄을 식재하기에 공간이 불충분하다는 서면 지적이 있으면 대체될 수 있다. 상록수로 된 첫 번째 줄은 식재 3년 이내에 지상 6피트(1.8 m)에서 측정된 가시적인 장벽을 제공해야 한다.

   b. 낙엽성 수목은 최소 요구 연도 내내 불투명한 가시적 차폐가 유지되는 경우 사용될 수 있다. 주거용으로 지정되거나 사용되는 부지에 인접하여 차폐가 요구되는 곳은 어디든 해당 차폐는 부지 정지와 일반적인 공사가 시작되기 전에 설치되어야 하는데, 이러한 행위가 해당 차폐를 손상시키는 경우에는 예외로 한다.

3. 설계.

   a. 부지 경계선 내 포장되지 않고 진입로, 주차장이나 저장 공간으로 할애되지 않은 모든 외부 지역(또는 측면 정지가 그 이상 확장되어 있으면, 그 이상)은 적어도 종자나 뗏장으로 조성되어야 한다.

   b. 경사 3:1을 초과하는 경사면에 새로이 잔디를 조성하거나 창출하는 것은 시 공무원의 승인을 받지 않으면 금지된다.

   c. 위에 걸쳐 있는 건물 지붕 아래의 모든 지면은 이 조례에 규정된 바에 따라 조경되어야 한다.

   d. 모든 건물은 경관의 유지관리가 수행될 수 있도록 외부에 물 접근(water access) 장치를 가지고 있어야 한다.

4. 경관 보증. 새로운 모든 식물은 식재가 완료된 일자로부터 만 1년 동안 보증되어야 한다. 모든 식물은 살아 있고 보증기간의 말에 만족스럽게 생장하고 있어야 하며, 그렇지 않으면 대체되어야 한다.

515-20-6: 한 가구와 두 가구 필지. 점유 허가(占有許可, Certificate of Occupancy)를 발급하기 전에, 한 세대와 두 세대가 거주하는 필지는 모든 마당이 파종이나 뗏장으로 시작되도록 해야 한다.

515-20-7: 다세대 주택 개발

A. 일반적인 부지 경관 조성. 515-20-3항의 요구조건에 추가하여, 세대 단위당 4그루의 관목을 식재해야 한다. 요구되는 차폐로 활용되는 관목은 이러한 요구를 충족시키는 데 산입해서는 안 된다.

B. 사생활 차폐. 다세대 주거지가 뒷면이 공공 또는 개인 가로에 대해 정면으로 개방되어 있거나 파티오(patio)로 설계되어 있는 경우, 80%가 가려진 높이 6피트(1.8 m)의 조경된 사생활

차폐가 제공되어야 한다. 해당 차폐는 교목, 관목, 둔덕과/이나 울타리(벽이 아닌)의 결합으로 구성되어야 한다.

515-20-8: 모든 용도구역 지구의 비주거용.

A. 일반적인 부지 조경. 해당 부지의 개발된 모든 부분은 차폐가 요구되는 경우를 제외하고 515-20-3항의 일반적인 경관조성 요구조건을 준수해야 한다.

B. 차폐. 주거용으로 지정되어 있거나 사용되고 있는 토지에 바로 인접해서 비주거용 토지가 있거나, 주거용으로 사용되고 있거나 지정되어 있는 토지로부터 좁은 길 건너편에 비주거용 토지가 있는 경우에는, 연중 80%의 불투명성을 제공하는 높이 6피트(1.8 m)의 울타리나 조경된 차폐를 설치해야 한다. 6피트(1.8 m) 높이 차폐의 일부로 둔덕(berm)*을 사용할 수 있지만 요구되는 높이의 3피트(0.9 m)를 초과하여 사용되어서는 안 된다. 최대 간격으로 울타리나 벽의 바깥을 따라(소로에 인접한 경우 제외) 제공된 경관 식물에 대한 요구조건은 다음과 같다:

경관 조성 유형	식재 요구조건
관목	직선 40피트(12 m)당 5그루

*주차장 요구조건에 관해서는 20-9항 참조.

515-20-9: 주차장

A. 정면과 측면 도로 마당에 10대 이상 요구되는 공간의 노출된 모든 주차지역은 높이가 3피트(0.9 m)보다 낮지 않거나 4피트(1.2 m)보다 높은 조성된 경관으로 차폐되어야 한다. 해당 조경은 연중 50%의 불투명성을 유지해야 한다.

B. 주차장이 주거용이나 주거 지구로부터 소로에 인접하거나 건너편에 있는 경우, 요구되는 차폐의 높이는 6피트(1.8 m)로 높아져야 한다.

C. 둔덕이 이면도로 주차장 차폐의 일부로 사용될 수 있는데, 이때 해당 둔덕은 높이가 2피트(0.6 m) 미만이 되어야 한다. 둔덕에 조성된 경관은 높이가 3피트(0.9 m)보다 낮지 않거나 4피트(1.2 m)보다 높고 연중 80%의 불투명성을 유지해야 한다.

D. 석축, 벽돌, 목재, 비닐로 설치된 4피트(1.2 m) 높이의 벽이나 울타리는 요구되는 차폐로 사용될 수 있다. 주차장과 벽이나 울타리 사이 지역은 잔디를 식재하거나 경관 식물로 조성해야 한다.

E. 널판이 있거나 없는 철책선(chain link fence)은 차폐 요구를 만족시키지 못한다.

F. 경관 식물은 울타리 바깥을 따라 다음과 같은 최대 간격 확보가 요구된다:

경관 조성 유형	식재 요구조건
관목	직선 40피트(12 m)당 5그루

G. 20열 이상의 내부 주차열을 가진 이면도로 주차시설은 이들 열의 끝에 관수되는 조경된 섬(island)을 가지고 있어야 한다. 조경된 섬은 폭이 최소 6피트(1.8 m)가 되고, 해당 주차 열의 길이만큼 연장되어 있어야 한다. 이 섬은 돋우어지고 보차도경계석으로 둘러싸인 상 안에 들어 있어야 한다.

H. 관수되는 섬 대신 내건성(耐乾性, drought tolerance) 식물 재료를 사용할 수도 있다. 내건성을 입증하는 식물 재료 정보가 제공되어야 한다.

I. 내부 조경 면적의 최소 50%는 포복성 관목, 지피 또는 교목과 같은 살아 있는 식물 재료로 덮여야 한다.

J. 이 항의 의도는 해당 사업이 주차장 크기와 무관하게 통행의 안전과 효율적인 흐름을 향상시키는 데 필요한 섬이나 반도(半島, peninsula) 설치 의무를 덜어주는 것이 아니다.

K. 어떤 경관 조성이나 차폐도 차량이 진입하고, 회전하거나 구내를 나가는 것에 대한 운전 또는 보행자 가시성을 방해해서는 안 된다.

515-20-10: 장비 차폐. 공기 압축기, 수영장 펌프, 변압기, 스프링클러 펌프, 공기 조화기(空氣調和機, air conditioner), 이와 유사한 장비와 같이 지상에 고정된 기계 장치는 건물을 향한 면을 제외한 전 측면을 차폐해야 한다. 80% 불투명성 시각 차단막은 두께가 적어도 6인치(15 cm)가 되어야 하고 높이는 장비의 수직 높이를 초과해야 한다.

515-20-11: 설치와 유지관리. 경관 자재의 설치와 유지관리가 요구되는 경우, 다음과 같은 표준을 준수해야 한다:

A. 설치. 경관 조성은 제조업자에 의해 권고되는 방식으로 설치되어야 한다. 근분 둘레의 전선과 밧줄 바구니, 분해되지 않는 포장재는 식재할 때 제거되어야 한다. 경계선을 따라 조성되는 경관은 공사 전에 설치되어야 하는데, 이 경관이 공사 중에 파손될 수 있는 경우에는 예외로 한다.

B. 차량으로부터의 보호. 조성된 경관은 보차도경계석이나 주차장의 바퀴 스토퍼(wheel stopper)를 사용하여 차량으로부터 보호되어야 한다. 경관 지역은 제설(除雪, snow removal), 염분, 기타 위해로부터 식물을 보호할 수 있도록 포장 위 적절한 높이로 설치되어야 한다.

C. 파종이나 뗏장/비수기 식재 요구사항. 필지나 소구획은 점유나 부동산 이용에 앞서 씨앗이나 뗏장으로 조성되어야 한다. 식물을 식재할 수 없는 비수기(非需期, off-season) 중에 개발이 완료되면, 소유자는 요구되는 경관 조성을 다음 식재시기에 설치할 것을 보장하는 이행보증(履行保證, performance guarantee)을 제공해야 한다.

D. 유지관리. 이 조례의 요구에 의해 조성된 경관은 건강하고, 깨끗하고, 질서 있는 모습으로 유지관리되어야 한다. 건강하고, 깨끗하고, 질서 있는 모습이라 함은 올바르게 전정하고, 잔디를 주기적으로 깎아주고, 모든 쓰레기를 제거하고, 죽었거나 건강하지 못한 식물 재료를 대체하는 것을 말한다. 건강하지 못하고 죽은 식물 재료는 브레이너드시의 통보에 따라 즉시 대체되어야 하며, 시기가 식재에 적합하지 않은 경우에는 다음 식재 시기가 시작할 때 이러한 식물 재료를 대체해야 한다.

E. 모든 조성된 경관 지역은 물을 쉽게 구할 수 있고 적절한 물의 공급이 가능해야 하는데, 이를 위해 조성되고 유지관리되어야 하는 모든 식물 재료로부터 300피트(90 m) 이내에 적어도 하나의 수도꼭지(spigot)가 위치해야 한다. 교목, 관목, 기타 식물과 잔디 지역은 생육기(生育期, growing season) 내내 주기적으로 관수되어야 한다.

F. 요구되는 완충식재(緩衝植栽, buffer planting)의 유지관리는 부동산 소유자 개인 또는 가능한 경우 주택소유자 협회의 책임이다.

G. 벤치, 옹벽(擁壁, retaining wall), 화단 가장자리(edging) 등과 같은 건설되거나 제작된 모든 경관 요소들은 양호한 상태와 깨끗한 모습으로 유지관리되어야 한다. 부후되고, 열화되고, 손상된 경관 요소들은 수선되고, 대체되고, 제거되어야 한다. 요구된 완충을 위한 경관 자재나 식재의 대체는 원래 차폐 설계와 조화를 이루어야 한다. 요구된 완충에서의 식재에 대한 모든 수선과 대체는 우리 시의 서면 통지로부터 10일 이내에 이루어져야 한다.

부록 E

교목 전정 시방서 – 미시간주 헌팅턴우즈(Huntington Woods)시

서론

교목과 다른 목본식물은 전정(剪定, pruning)과 다른 유지관리 작업에 독특하고 예측 가능한 방법으로 반응한다. 이러한 반응에 대한 주의 깊은 연구는 전정을 교목의 아름다움, 구조적인 통합성, 기능적인 가치와 함께 보행자와 차량의 안전을 가장 잘 보존하고 향상시키는 작업으로 이끌었다.

교목 구조와 건강의 보존을 조장하는 관행을 장려하기 위한 노력의 일환으로, 다음과 같은 정책을 수립하였다. 이 시방서(示方書, specification)는, 교목이 수형과 구조에서 개별적으로 독특하고 이들의 전정 요구가 언제나 엄격한 규칙에 적합하지 않다는 것을 인식하면서, 작업 지침으로서 제시된다.

시방서 개관

시 교목에 대해 수행되는 모든 교목 작업은 우리 시의 시방서에 따라 수행되어야 한다. 전정의 목적에 따라 전정에 대해 기준이 서로 다르다.

모든 시방서는 국제수목관리학회(ISA, International Society of Arboriculture), 수목관리산업협회(TCIA, Tree Care Industry Association), 미국국립표준원(ANSI, American National Standards Institute)의 표준에 근거한다. 이것이 헌팅턴우즈시 가로수가 가능한 최선의 관리를 받는다는 것을 보증한다.

입찰자는 수행되어야 할 작업의 본질과 이와 관련된 전반적인 상태에 관해 스스로 판단하기 위해 첨부된 시방서와 제안된 작업 부지 위치를 주의 깊게 확인해야 한다. 제안서를 제출한다는 것은 해당 입찰자가 필요한 조사를 완료하고 당면할 상태, 수행되어야 할 작업의 특성, 질과 양에 대해 만족한다는 증거라고 생각한다. **외주업자는 입찰서를 제출하기 전에 현장을 방문할 것을 권한다. 임의적인 입찰 전 설명회(說明會, walk-through)가 2012년 10월 9일 화요일 오후 2:30** Huntington Woods, Scotia Road, 26415(MI 48070)에 있는 헌팅턴우즈 공공 도서관(지하)에서 있을 예정이다.

공통적인 요구조건

다음 요구조건은 시 교목에 대해 수행되는 모든 허가된 작업 중에 사용된다.

a. 발생하는 모든 교목 잔해의 올바른 처분. 모든 교목 폐기물은 공공시설국(DPW, Department of Public Work) 국장이 정한 지정된 장소인 헌팅턴우즈 시 DPW 야적장에 버릴 수 있다.

b. 효과적인 교통 통제와 공중에 대한 최소한의 방해 보장. 우리 시는 운전자에게 위험을 경고하기에 충분한 거리에서 양방향에서 접근하는 통행에 대해 두 위치에 도로 표지를 비치할 것을 요구한다.

c. 피고용인과 공중에 대한 적절한 안전 보장.

시 교목에 대한 모든 작업을 시작하기에 앞서, 외주업체(外注業體, contractor)는 Huntington Woods, Scotia Road, 26815(MI 48070)에 있는 헌팅턴우즈시 DPW와 계약체결전 회의 일정을 잡고 참석해야 한다.

이 회의에서, 해당 교목 작업에 명시된 바와 같이, 해당 사업에 관련된 일정, 과정, 기타 모든 질문이 논의되어야 하고, 필요하면 우리 시가 해명을 할 것이다.

허가와 면허

외주업자는 미시간(Michigan)주의 ISA Arborist로서 사격을 가지고 있거나 헌팅턴우즈시에 의해 승인된 다른 면허를 가지고 있어야 한다.

공인 수목관리자

주: 시와 계약을 맺은 모든 교목관리회사는 국제수목관리학회(ISA)에 의해 발급된 공인 수목관리자(Certified Arborist)를 정규직으로 현장(現場, *on-site*)에 고용해야 한다. 이 사람은 해당 외주업체의 직원이 우리 시 시방서에 따라 작업을 수행하고 있다는 것을 보장할 책임이 있다. 주 연락자는 시 교목의 올바른 전정을 보장하기 위해 DWP 관리자나 그의 지명인과 매주 3회 만나야 한다. 문제와/질문이 있으면, **DWP 관리자나 지명인은 휴대번호를 통해 항상 접촉할 수 있다.**

구체적인 교목 전정 시방서

A. 시 교목에 대해 교목 작업을 수행하는 모든 사람은 국제수목관리학회에서 수용하는 교목 관

리 표준에 따라 훈련되어야 한다.

B. 일차 전선 내 또는 주위에 있는 시 교목에 대해 교목 작업을 수행하는 모든 사람은 캘리포니아주의 모든 개정과 수정을 포함한 "전기안전명령(Electrical Safety Orders)"에 따라 수행할 수 있도록 훈련되어야 한다.

C. 교목 전정 절단이 측지(側枝, side limb)에서 이루어지는 경우, 이 남겨지는 측지는 기부 직경이 절단되는 줄기 직경의 적어도 1/3이 되어야 한다. 이러한 절단은 합리적인 시간 이내에 절단된 줄기의 전정 절단을 유합할 능력이 있는 목재 생장을 생산할 수 있는 적절한 잎을 유지하기에 충분할 정도로 활력적일 때에만 올바르다고 판단되어야 한다.

✓ **직경 2인치(5 cm) 이하의 가지에 대한 모든 전정 절단은 손 전정 도구(체인톱이 아닌)로 완료되어야 한다.**

✓ **외주업체는 이들 작은 가지를 버킷 트럭(bucket truck)이 아닌 해당 교목을 등반하여 전정해야 한다. 버킷 트럭은 해당 교목에 접근하여 내부 가지가 아닌 해당 교목의 바깥 끝을 전정하기 위한 플랫폼(platform)을 제공하기 위해 사용된다. 외주업체는 해당 교목의 내부 구조에서 버킷 트럭의 사용을 피함으로써 해당 교목에 대한 모든 손상을 피해야 한다.**

✓ **외주업체는 빠르고 부주의한 전정이 아닌 양질의 전정 작업이 되도록 각각의 개별 교목에 충분한 시간을 소비해야 한다. 해당 작업이 이 표준에 따라 수행되지 않는다고 판단되면, 외주업체에게 작업의 중단을 명령하고 우리 시는 지금까지 완료한 전정 작업의 검토를 수행할 것이다.**

D. 모든 최종 전정 절단은 자연적인 유합조직 생장에 의해 해당 목재가 가능하면 가장 빨리 덮일 수 있도록 이루어져야 한다. 커다란 상처를 만들거나 그 절단이 해당 교목을 약화시키는 평절(平切, flush cut)을 해서는 안 된다. 가지 깃(branch collar)이 제거되어서는 안 된다.

E. 교목의 굵은 가지는 해당 교목의 다른 부분에, 다른 식물이나 공공 또는 개인 부동산에 피해를 유발하지 않도록 제거되거나 조절되어야 한다.

F. 전염성 수목병을 가지고 있는 것으로 알려진 교목에 사용된 모든 도구는 이러한 교목에 대한 작업을 완료하기 직전과 직후에 10% 표백 용액이나 웨인주립대학교(WSU, Wayne State University) 퓨알럽 연구/대외지원센터(Puyallup Research and Extension Center)가 권고하는 다른 승인된 절차에 따라 적절하게 소독되어야 한다. 모든 주요 병해충 문제는 즉시 DPW 관리자에게 보고해야 한다.

G. 교목 전정에 사용되는 모든 절단 도구와 톱은 최종 절단이 거칠지 않은 목재 표면을 야기하고 수피를 온전히 유지될 수 있도록 날카롭게 유지되어야 한다. 직경 6인치(15 cm) 이하인 모든 교목은 손 도구에 의해서만 전정되어야 한다. 체인톱은 직경 6인치(15 cm) 이하인 어떤 교목에도 허용되지 않는다. 이는 교목이 해충과/이나 병 문제에 노출되게 하는 형성층 조직에 대한 어떠한 불필요한 찰과상(擦過傷, abraision)도 예방하기 위해서다.

H. 전정 절단을 할 때에는 언제나, 제거하는 가지가 너무 커서 절단 작업 중에 한 손으로 잡고 있을 수 없으면, 해당 가지는 먼저 의도하는 최종 절단 위 1~2피트(30~60 cm)에서 절단되

어야 한다. 다음으로 수피와 목재가 불필요하게 찢어지는 것을 예방하는 방법으로 최종 절단이 이루어져야 한다. 이러한 절단은 DPW 관리자의 사전 승인 없이 직경 6인치(15 cm)를 초과하는 살아 있는 건강한 굵은 가지를 제거하는 것까지 포함하지 않는다.

I. 우리 시는 **모든 교목의 수관으로부터 살아 있는 목재의 25% 이상**을 제거하지 않을 것을 요구한다. 축소절단이나 "사자꼬리(lion's tail)" 전정은 허용되지 않는다. 교목은 솎기만 가능하다.

J. 교목 생장을 방해하는 불필요한 금속, 전선, 고무 또는 기타 물체(예, 지주목과 결속자재)는 가능하면 항상 제거되어야 한다.

K. 결함이 있거나 약화된 교목은 모두 DPW 관리자에게 보고되어야 한다. 특히, 교목의 구조적인 약점인 부후된 수간이나 가지는 모두 도로 주소별 해당 교목의 위치와 해당 교목 내에서 발견된 위해의 내용을 기록하여 서면으로 보고되어야 한다.

L. 교목 전정 작업에서 등반용 박차나 스파이크 신발의 사용은 금지된다.

M. 유익한 동물이나 새 둥지나 서식 공동은 위해를 유발하지 않으면 가능한 한 보존되고 보호되어야 한다.

완벽한 전정 시방서

완벽한 교목 전정은 교목의 향후 건강, 견고성, 매력을 위협할 수 있는 죽거나 살아 있는 가지를 전부 제거하는 것이다. 특히, 교목은 다음과 같은 목적을 위해 전정되어야 한다:

A. 안전한 공공 통행의 요구조건을 방해하는 가지와 잎 방지. 가로 위 통행 공간은 최소 가로의 포장된 표면 위 16피트(4.8 m), 보차도경계석 위 15피트(4.5 m), 공공 보도나 보행로 표면 위 8피트(2.4 m)를 유지해야 한다. 이러한 전정으로 회복할 수 없이 손상될 수 있는 어린 교목에 대해서는 예외가 허용된다. 교목의 가지는 지붕과 현관의 가장자리로부터 수평으로 측정하여 **주택으로부터 최소 8피트(2.4 m) 거리를 유지해야 한다**.

B. 모든 죽거나 죽어가는 가지와 직경 1/2인치(1.3 cm) 이상의 가지터기(stub) 제거. **외주업자는 잘못된 전정 절차로 인해 가지터기, 평절, 절단 아래에 찢어진 수피 부위를 남겨두어서는 안 된다**. 외주업자는 부주의로 인해 교목에 체인톱 피해가 절대로 발생하지 않도록 해야 한다.

C. 모든 부러지거나 느슨한 가지(걸려 있는 가지) 제거.

D. 교목의 구조적인 강도와 건강한 발달을 방해하는 모든 살아 있는 가지 제거. 다음 사항을 포함한다:

1. 더 중요한 가지와 마찰하고 이를 마멸하는 가지.
2. 해당 교목의 골격에 중요하지 않은 약한 구조의 가지.
3. 자라도록 방치하면 더 중요한 가지의 연결부위에 끼어들어 밀어내는 가지.
4. 단일 주지 유형의 교목에서 다수의 주지를 형성하는 가지.
5. 해당 가지가 지지해야 하는 더 많은 무게를 만들거나 더 큰 바람에 대한 저항을 야기하는

가지 끝 가까이에 있는 가지.

6. 바람직하지 않은 흡지(吸枝, sucker)와 맹아 생장의 선택적인 제거로, 맹아의 “옹두리(burl)”에 흠집을 내거나 손상시키지 않도록 특별한 주의가 필요하다.
7. 다수의 가지 생장이 부러지거나 남은 가지터기의 끝 가까이에 존재하는 경우, 발달하는 하나 이상의 주지에 대한 선택적인 제거.
8. 건물이나 다른 구조물, 교통 표지판을 방해하는 가지의 선택적인 제거. 이러한 조치가 교목에 심각한 손상을 주지 않는다면, **일반적으로 주택이나 다른 구조물에 6피트(1.8 m) 이내로 근접하는 가지는 제거하는 것이 좋다.**
9. 방치하면 대칭적인 형태가 바깥으로 크게 벗어날 것으로 예상되는 가지의 제거. 이는 수관의 측면뿐만 아니라 수관의 상단을 벗어나서 너무 멀리 자랄 것으로 예상되는 가지를 포함한다. 외주업체는 수관 축소(두절/頭切, heading cut)보다 해당 교목을 솎아주어야 한다.

E. 과도한 과부하가 지지하고 있는 가지의 파손으로 이어질 가능성이 높으면 가지의 끝을 절단하여 무게를 줄여라.

F. 교목의 맹아나 흡지 생장은 최소 지상 8피트(2.4 m) 높이까지 정리하라. 이러한 전정 행위로 회복할 수 없는 피해를 입을 수 있는 어린 교목에 대해서는 예외가 허용된다.

G. DPW 관리자의 허가를 받은 경우가 아니면, 해당 교목의 바로 반대편 가로의 반대편에서 볼 때 균형적인 모습을 확보하라. 교목 내와 교목 수간을 휘감는 모든 덩굴식물을 제거하라. 덩굴식물의 덩굴손(tendril)은 해당 교목에 피해를 주지 않고 제거되어야 한다.

수용할 수 없는 전정

다음 절차 또는 교목 쇠락으로 이어지는 절차는 허용되지 않는다(폭풍 피해나 다른 정상참작이 가능한 환경은 예외):

A. 모든 생장하는 가지를 심하게 잘라내는 것으로, 일반적으로 두절, 두목작업(頭木作業, pollarding 또는 hatracking)이라고 부른다.

B. 절단이 수간이나 가지의 표면과 평행하게 이루어지는 평절 절단으로, 가지 깃과 지피융기선(枝皮隆起線, branch bark ridge)을 제거한다.

C. 가지 깃과 지피융기선 위 약 1/4인치(0.6 cm) 이상 돌출되도록 가지의 기부에서 가지 제거가 이루어지는 가지터기 절단(stub cutting).

D. 송전선 정리가 아닌 이유로 건강한 주된 주지를 제거하는 것.

E. 국제수목관리학회나 우리 시 표준을 초과하는 과도한 절단이나 수관 높이기.

F. 가지에서 모든 내부 생장을 제거하여 안전성이 떨어지는 “사자꼬리(lion's tail)” 또는 말단을 무겁게 만드는 전정.

부록 F

교목 산책로 –
위스콘신주 매디슨(Madison)시

출처: R. B. Allison. 1981. *Tree Walks in Madison and Dane County*. Madison, WI: Wisconsin Books.

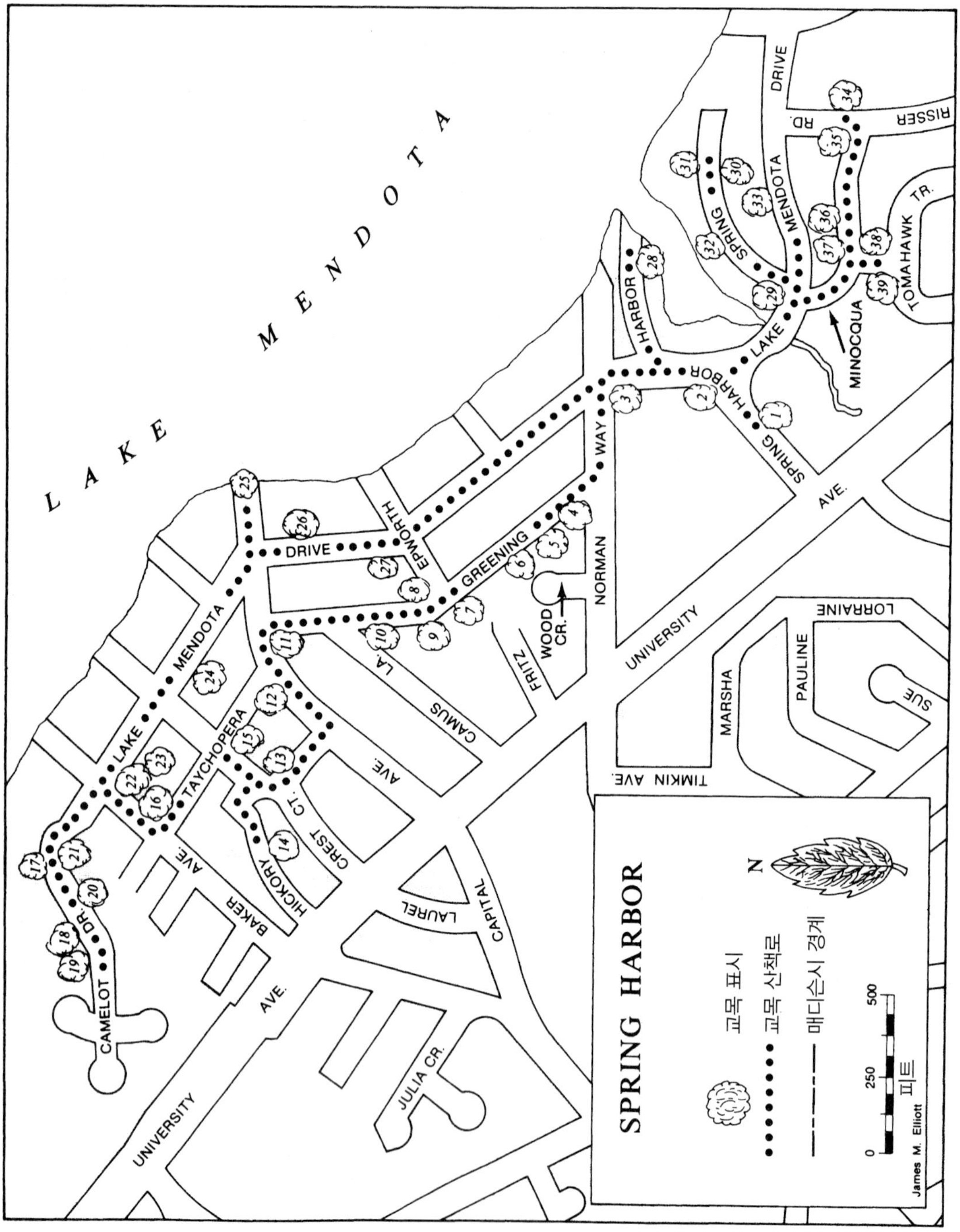
LAKE MENDOTA
SPRING HARBOR
교목 표시
교목 산책로
매디슨시 경계
N
0
250
500
피트
James M. Elliott
LAKE MENDOTA DRIVE
SPRING HARBOR
LAKE MENDOTA RD.
SPRING HARBOR DRIVE
RISSER
TOMAHAWK TR.
MINOCQUA
GREENING WAY
NORMAN
WOOD CR.
FRITZ
EPWORTH
LA CAMUS
TAYCHOPERA
HICKORY
CREST CT.
BAKER AVE
CAMELOT DR.
LAUREL
CAPITAL AVE
UNIVERSITY AVE.
JULIA CR.
LORRAINE
PAULINE
MARSHA
SUE
TIMKIN AVE.

스프링 하버 공원 (Spring Harbor Park)

1. 거친 수피 히코리(*Carya ovata*): 스프링 하버 공원에 많이 있다. 거친 수피와 복엽에 유의.
2. 흰버들(*Salix alba*): 보도 근처 남쪽에 있는 5~6그루의 키 큰 나무 행렬.
3. 연필향나무(*Juniperus virginiana*): Lake Mendoto로 5321 번지의 옆 마당; 도로 옆 3그루의 풍겐스가문비(*Picea pungens*)에 유의.
4. 흰색전나무(*Abies concolor*): Norman로와 Greening로의 교차점에 인접한 Greening로, 옆 마당.
5. 종이자작(*Betula papyrifera*): Greening로 5409, 앞마당; 작은 목련과 가시 없는 주엽나무(*Gledisia triacanthos inermis*)에 유의.
6. 서양측백(*Thuja occidentalis*): Greening로 5431과 5433 사이 마당에 있는 생울타리; 마당 반대편의 주목(*Taxus cuspidata*)에 유의; 길 건너 키가 가장 큰 나무가 독일가문비나무(*Picea abies*).
7. 구주적송(*Pinus sylvestris*): 독특한 모양을 가진 교목으로, 주목 앞에 주목에 의해 둘러싸인 어린 캐나다솔송나무(*Tsuga canadensis*)와 같이 위치.
8. 흑호두나무(*Juglans nigra*): 소화전 옆 Epworth 교차로 근처 Greening로에 있는 정원수.
9. 스트로브잣나무(*Pinus strobus*): Greening로 5505의 진입로 옆 미국적송(*Pinus resinosa*)과 함께 앞마당에 있다. 도로 건너 보차도경계석 옆의 러시아올리브(*Elaeagnus angustifolia*)에 유의.
10. 흑호두나무: Greening로와 Camus로 교차로의 측면도로에 있나.
11. 낙엽송(*Larix kaempferi*): Greening로의 남쪽으로 Capital로와 Greening로의 교차점.
12. 비술나무(*Ulmus pumila*): Capital로 1832의 우체통과 전신주 사이의 보차도경계석 쪽.
13. 꽃개오동(*Catalpa speciosa*): Laurel Crest로 1801; 교차로 분리대에 있는 독일가문비에 유의.
14. 미국피나무(*Tilia americana*): Hickory로 1721부터 가로질러서, 가로장 울타리 끝에 있는 도로 근처; 역사적인 "Hickory House" 마당에 있는 흑호두나무는 George Washinton의 Vernon 산에서 채종하여 위스콘신의 보존학자 W. Scott에 의해 생육된 것이다. 또한 앞마당의 큰 은단풍(*Acer saccharinum*) 두 그루에 유의.
15. 솔란지아나목련(*Magnolia* x *soulangiana*): Techopera로 5613, 앞마당의 작은 교목.
16. 유럽물푸레(*Fraxinus excelsior* 'Hessei'): Techopera로 5730과 Baker로 교차로의 진입로 근처.
17. 미루나무(*Populus deltoides*): Camelot 1822 차고 옆 높이 솟아 있는 정원수.
18. 미국사시나무(*Populus tremuloides*): Camelot로 1802, 앞문 옆. 집 뒤로 유럽낙엽송(*Larix decidua*)이 보인다.
19. 흑참나무(*Quercus velutina*): Camelot로 1750, 공사 중 지표면이 높아지더라도 수목을 보전할 수 있도록 설치된 앞마당 석축 안쪽.
20. 버오크(*Quercus macrocarpa*): Camelot로 1813, 큰 미국사시나무 옆 앞마당.
21. 청색풍겐스가문비(*Picea pungens* 'Glauca'): Camelot로 1821, 앞마당의 오래된 두 그루; 측면 정원 경계선을 따라 늘어선 버오크 행렬, 건설과 도시화에 의한 잠식에도 살아남았다.
22. 뽕나무(*Morus alba*): Lake Mendota로 5725, 앞마당.
23. 미국물푸레(*Fraxinus americana*): Lake Mendota로 5709, 서쪽 도로변의 어린 수목; 앞마당 동쪽의 붉은물푸레(*F. pennsylvanica*)와 수간과 잎의 특징을 비교해 보라.
24. 세로티나벚나무(*Prunus serotina*): Lake Mendota로 5631과 5639 사이 정원에 있다; 도로 옆 진입로 동쪽에 있는 작은 유럽갈매나무(*Rhamnus cathartica*)를 유의하라.
25. 흰버들과 아까시나무(*Robinia pseudoacacia*) 군집: 바위가 많은 호수 가장자리에 있는 Capital Court로의 끝; 호수 건너편에 Shorewood Hills의 울창한 산림이 보인다.
26. 미국물푸레: Lake Mendota로 5516
27. 사과나무(*Malus pumila*): Lake Mendota로 5511 동쪽 옆 마당.
28. 뽕나무: Harbor Court로 5209, 호수 옆.
29. 양버즘나무(*Platanus occidentalis*): Spring Ct.로, Lake Mendota로, Minocqua Crescent로가 만나는 곳에 도로 위를 뒤덮고 있다. 밝고 반점의 수피로 확인할 수 있다.
30. 쓴열매히코리(*Carya cordiformis*): 아스팔트 진입로 옆 Spring Court 5121에 있는 주택의 북쪽에 있다 주 챔피온(Champion)!
31. 흰가문비(*Picea glauca*): Spring Court로 5132.
32. 미국떡갈나무: Spring Court로 5152, 앞마당; 길 양쪽에 늘어선 버오크에 유의하라.
33. 버오크: Lake Mendota로 5110, 재미있는 모습을 하고 있다.
34. 켄터키커피나무(*Gymnocladus dioica*): Risser로 1133, 앞마당에서 키가 가장 큰 나무, 복엽으로 확인; 진입로 남쪽에 있는 스트로브잣나무와 캐나다솔송나무 두 그루, 북쪽에 있는 흰색전나무, 미국낙엽송(*Larix larcina*), 양버즘나무 등을 포함한 색다른 어린 교목이 있다.
35. 좁은잎은단풍(*Acer saccharinum* 'Wieri'): Risser로 1130, 앞마당에 있고, 깊이 파인 잎으로 확인 가능.
36. 백합나무(*Lirriodendron tulipifera*): Minocqua Crescent로 5106, 키가 작은 서양측백나무 줄 사이에 있는 진입로 서쪽의 두 그루.
37. 미국참나무(*Quercus alba*): Minocqua Crescent로 5130, 도로 옆 앞마당, 굵고 수평으로 넓게 뻗은 가시.
38. 미국적송: Minocqua Crescent로 5120, 마당에 두 그루; 길 건너 마당의 유럽흑송(*Pinus nigra*) 두 그루에 유의, 수간과 침엽의 특징을 비교해 보라.

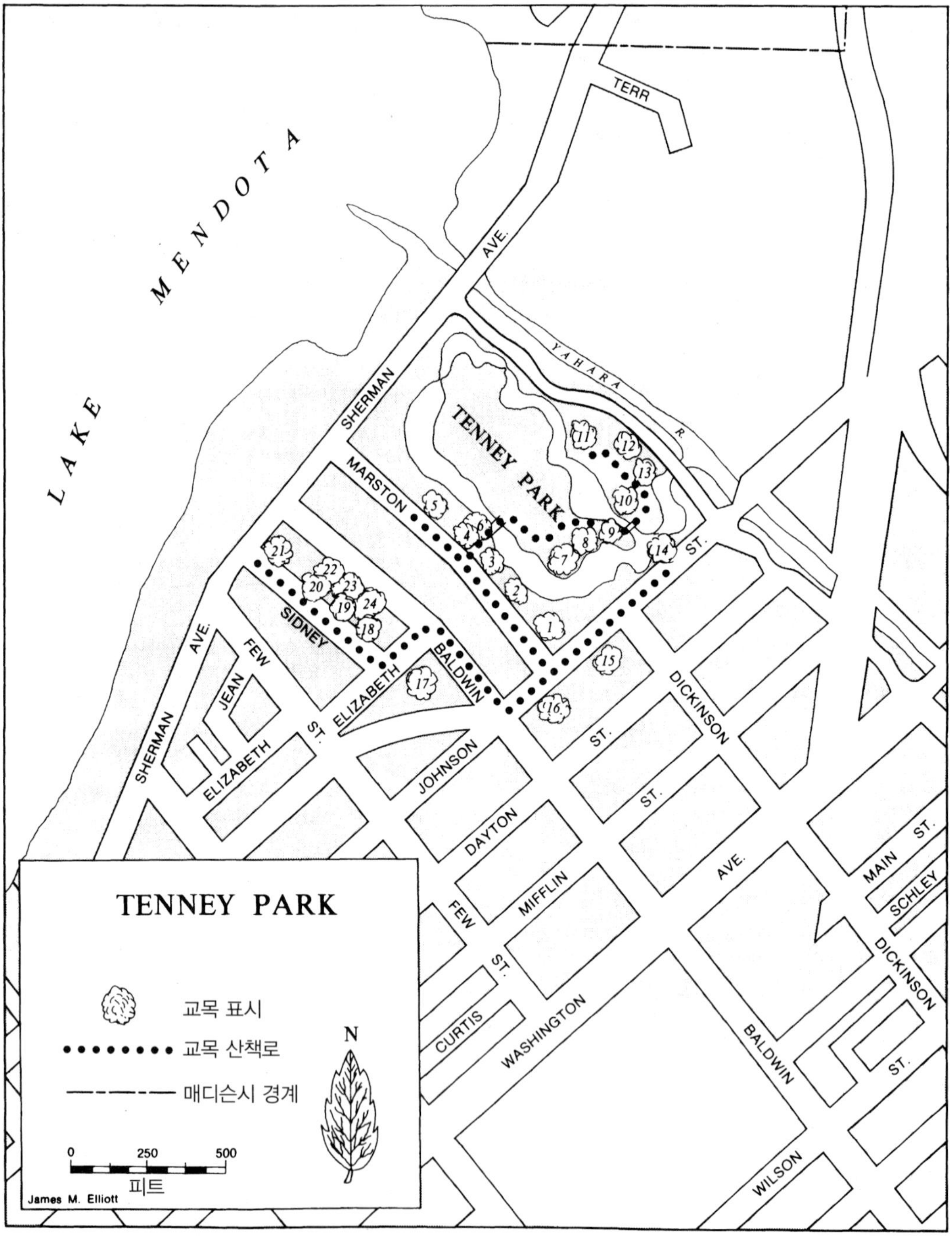
TENNEY PARK
교목 표시
교목 산책로
매디슨시 경계
N
0 250 500
피트
James M. Elliott
LAKE MENDOTA
SHERMAN AVE.
TERR
YAHARA R.
TENNEY PARK
MARSTON
SIDNEY
ELIZABETH ST.
BALDWIN
JOHNSON ST.
DAYTON ST.
MIFFLIN ST.
WASHINGTON AVE.
FEW ST.
JEAN
CURTIS
DICKINSON
MAIN ST.
SCHLEY
WILSON
ST.

테니 공원
(Tenney Park)

1. 서양팽나무(*Celtis occidentalis*): Marston로 326부터 길 건너, 도로로부터 3피트(90 cm), 흉고둘레 5'8"(163 cm); 인접한 루브라참나무(*Quercus rubra*)에 유의.

2. 노르웨이단풍(*Acer platanoides*): Marston로 408부터 시작.

3. 미국피나무(*Tilia americana*): Marston로 408부터 시작, 노르웨이단풍 옆에 두 그루; 가장 큰 교목, 흉고둘레 4'7"(138 cm).

4. 붉은물푸레(*Fraxinus pennsylvanica*): Marston로 426부터 422까지에 걸쳐 모여 있는 4그루.

5. 양버즘나무(*Platanus occidentalis*): Marston로 450부터 시작, 흉고둘레 5'9"(173 cm), 밝고 반점이 있는 수피, 작고 가시 돋친 둥근 열매; 인접한 루브라참나무(*Quercus rubra*)와 Marston로 450 앞의 꽃개오동(*Catalpa speciosa*).

6. 유럽낙엽송(*Larix decidua*): 다리 왼쪽 서비스 도로를 따라, 흉고둘레 3'11"(118 cm), 섬세한 침엽을 가진 낙엽성 침엽수; 다리 오른쪽에 있는 아까시나무(*Robinia pseudoacacia*)에도 유의.

7. 종이자작(*Betula papyrifera*): 섬 안에, 희고 종이 같은 수피로 동정.

8. 버오크(*Quercus macrocarpa*): 자연스럽게 조성된 물가로부터 12피트(3.6 m), 흉고둘레 3'11"(118 cm).

9. 유럽오리나무(*Alnus glutinosa*): 섬의 수변을 따라 몇 그루와 공원 내 곳곳에.

10. 물자작나무(*Betula nigra*): 다리와 대피소 근처 물가를 따라 보여 있는 어린 교목; 벗겨지는 황갈색의 수피.

11. 물참나무(*Quercus bicolor*): 테니스장 북서쪽, 크고 넓게 자라는 교목, 흉고둘레 8'7"(258 cm).

12. 붉은물푸레(*Fraxinus pennsylvanica*): 테니스장 북쪽의 두 그루, 큰 것의 흉고둘레 7'2"(215 cm).

13. 서양팽나무(*Celtis occidentalis*): 테니스장 북쪽 도로 옆, 흉고둘레 5'11"(178 cm).

14. 미국피나무(*Tilia americana*): Johnson로 1415로부터 일단의 수목과 관목 안. 흉고둘레 8'4"(250 cm).

15. 루브라참나무(*Quercus rubra*): E. Johnson로 1343의 앞마당, 흉고둘레 12'3"(368 cm).

16. 미국참나무(*Quercus alba*): E. Johnson로 1317의 앞마당, 흉고둘레 8'3"(248 cm).

17. 은단풍(*Acer saccharinum*): Elizabeth로 1241의 가로수, 흉고둘레 11'(330 cm); 바로 옆의 설탕단풍나무(*Acer saccharum*)에 유의.

18. 노르웨이단풍(*Acer platanoides*): Sydney로 409, 가로수.

19. 연필향나무(*Juniperus virginiana*): Sydney로 429, 앞마당 현관의 양쪽에 있는 두 그루의 작은 상록수.

20. 청색풍겐스가문비(*Picea pungens* 'Glauca'): Sydney로 441의 정원수.

21. 주목(*Taxus*)과 캐나다솔송나무(*Tsuga canadensis*): Sydney로와 Sherman가의 모퉁이 집 보도 옆의 측면입구에 있다.

22. 흰가문비(*Picea glauca*): N. Baldwin로 450, 정원수.

23. 미루나무(*Populus deltoides*): N. Baldwin로 430의 마당, 흉고둘레 16'3"(488 cm).

24. 미국참나무(*Quercus alba*): N. Baldwin로 428, 식재된 어린 가로수.

“견과류 교목을 이용한 경험은 중년 이후의 사람들에게 특히 권고할 만하다. 다가오는 세월의 고통 중 하나는 이 친구들의 쇠퇴기이다. 한 사람씩 세상을 떠나고, 남아 있는 사람들은 외로운 고독감을 느끼게 된다. 그러나 나무를 사랑하는 사람은 이들 일단의 친구(교목)들이 자신과 같이 머물러 있고, 자신과 교목의 나이가 들어감에 따라 더 좋아지고, 커지고, 사랑스러워진다는 것을 알게 된다.”

— J. Russell Smith
Tree Crops, 1953년 판(Devin-Adair 출판사, Old Greenwich, Conn.)

부록 G

고객 소식지 견본

(Wachtel Tree Science 제공.)

Wachtel TREE SCIENCE Find us on Facebook

"Keeping Trees Healthy and Beautiful Since 1935"

ACCREDITED · TREE CARE INDUSTRY ASSOCIATION · ETHICS · QUALITY · CONFIDENCE · WI-002

THE PLANT DOCTOR'S Seasonal Report

$5.00 Summer 2012 VOL. 21 / NO. 3

262-538-1900
www.healthytrees.com
wachtel@wachteltree.com
Find us on Facebook

Wrong-Way Roots

by Ron Gumz, Certified Arborist MN-0324A

Sometimes things you cannot see can be a problem. Certainly this is the case with most root problems of trees. Stem girdling roots are one type of root issue that can cause big troubles for a tree without ever being seen.

Stem girdling roots (SGR's) are roots that have been misdirected and grow around or across the trunk of the tree. Left unchecked, these roots will start causing problems for trees that watering, fertilization and pruning cannot correct. Some early symptoms of girdling roots include:

- Reduced or slowed growth
- Deformation of the natural shape of the crown
- Lack of or no visible root flare present where the trunk enters the ground (like a telephone pole)
- Thinning of or lack of leaves in the crown
- Trunk splitting or cracking

Left: Exposed girdling roots. Right: Offending roots removed.

These symptoms start to appear just as the tree is getting large enough to become an important part of the landscape. The reason for this delay is because it takes some time for the roots and the tree to grow large enough to cause the conflict. As the roots grow and the tree grows, the SGR's act as a noose, restricting the movement of water, nutrients and food within the tree which can lead to the death of the tree.

Any type of tree can be susceptible to SGR's. Certain types of trees like maples and lindens are more prone to this problem than others.

Early intervention is key to helping the tree survive, if SGR's are becoming a problem. Performing a root collar exam with an air spade may be recommended. An air spade, which is based on a compressed air system, is used to move the soil away from the trunk of the tree so the problematic roots and the root collar may be examined.

Once the area around the trunk is exposed, the offending roots can be pruned out if possible. After the exam, the area around the trunk should remain exposed so reoccurrence is less likely. Prevention of SGR's is important. Keep mulch and soil away from the trunk of the tree to avoid girdling roots. **Avoid mulch volcanoes!** A proper tree evaluation cannot be done without being able to assess the root collar.

If tree roots do not have soil around the trunk of the tree to grow into, they will not create a problem. The root tips will dry out if not protected by the moist soil and will self prune when exposed to the air. This is why **planting depth is absolutely critical to the tree's long-term survivability!** Planting too deep may rank up there with improper pruning as two of the most crippling procedures done to trees.

Another preventive measure to avoid girdling roots is to perform a root collar exam as a preventive measure on any tree that has been in the landscape for approximately 5 to 10 years. This will check for excessive soil buildup around the trunk and enable removal of roots before they create problems when the tree is larger. This preventive measure is very similar to going to the dentist to have your teeth cleaned and examined to avoid bigger problems in the future.

So the next time you look at your tree, ask yourself, "Do I see a good root flare? Or does it look more like the base of a telephone pole?" If you suspect a problem, get in touch with your Wachtel Certified Arborist.

Construction Does Affect Your Trees

by Jean Ferdinandsen, Certified Arborist WI-0149A

Trees are a large component of a home site. Retaining trees in good condition is worth the effort, especially during a construction project.

In order to give your trees their best chance of survival, during and after construction, get a Certified Arborist involved early in the process. Develop and follow a tree preservation plan before starting any work.

The main causes of tree decline and death during construction are soil compaction, grade change, and root loss. Even seemingly small activities that compact or move soil can kill roots. Soil compaction or fill cuts off air and water to the roots. The damage and stress caused by construction weakens the tree and also sets it up for other issues caused by insects, disease, and drought.

Trees vary in their response to construction depending on species, age, condition, location, and extent of damage. **Not every tree should be saved.** Focus on preserving healthy, young to middle-aged trees, species more resistant to construction, and high value trees.

Decline issues may show up immediately or even up to 10-15 years after construction. **Symptoms of decline include:**

- Basal suckering or suckering in general.
- Decrease in annual growth or leaf size.
- Wilted or scorched leaves.
- Early fall color.
- Abnormal dieback.
- Excessive amounts of seed.

The overall goal of tree protection is to minimize root loss. The critical root zone (CRZ) contains 80-85% of the tree's root mass. Damage within this zone will reduce tree health and survival. Identify and protect the CRZ from construction damage. The CRZ is generally 1.25 to 1.5 feet of radius for every inch of diameter at breast height (dbh). For example, a tree that is 20 inches dbh will have a CRZ extending up to 30 feet. Avoid the CRZ as much as possible.

Follow a four-step plan for tree protection:

I. Plan:
- a. Identify and map trees on the site and determine their CRZ.
- b. Predict the extent of damage and make adjustments as necessary to house size, etc.
- c. Remove trees within ten feet of construction.
- d. Talk with all contractors to include them in the plan and incorporate necessary access of equipment, cement trucks, utilities, etc.
- e. Fence off CRZs, limit grade changes in the site grading plan to outside of the CRZ.
- f. Cushion and protect root zones with six inches of wood chips and ¾-inch plywood for traffic.

II. Pre-condition trees for disturbance:
- a. Remove competition from weeds, lawn, etc.
- b. Prune out weak or dead branches and those that will conflict with construction.
- c. Aerate the soil within the CRZs and prune roots at the boundary of the construction zone.
- d. Follow arborists' recommendations for root zone therapy (fertilizer, root stimulants, compost tea, mycorrhizal fungi, growth regulators, etc.).
- e. Mulch.
- f. Water one inch per week if nature does not provide it.

III. Supervise the construction:
- a. Meet with all contractors to obtain their commitment to tree preservation.
- b. Maintain the protection measures.
- c. Set up penalties for damage to trees.

IV. After-care:
- a. Commit to long-term maintenance.
- b. Maintain mulch and continue watering.
- c. Aerate the soil to help mitigate compaction.
- d. Protect against insects and disease.
- e. Treat root zones, as recommended.
- f. Prune appropriately and as needed.

Wachtel Tree Science has decades of cumulative experience regarding trees and construction. Call us before you start your next construction project to maintain the trees and the value of your property.

New Faces at Wachtel Tree Science

The UW–Stevens Point has proven to be a great resource for hiring enthusiastic, knowledgeable arborists to care for our clients' trees and this year's new hires are no exception!

Left to right: Chris Frankulin, Tony Seidl, and Matthew Kornely

Matthew Kornely graduated in May of 2012 with a BS in Urban Forestry. There is where he fell in love. Both he and his fiancée are from Manitowoc and attended grade school there. Little did they know the magic of love would begin once they met in college!

Chris Frankulin graduated in May of 2012 with a BS in Urban Forestry and Forestry Recreation. Chris has amazing energy and endurance. He rides his bicycle to work every day. I suspect this will change with our cold and blustery Wisconsin winters.

Tony Seidl is currently in his junior year at UWSP and plans to graduate in December of 2013. Tony, sporting a paint brush, has worked part-time painting homes, but is far more comfortable and capable with his arborist tools in hand. We are pleased he decided to join us this summer as an intern.

Wachtel Volunteers

Ron Gumz, Dan Barwinski and Tim Bull represented Wachtel Tree Science at a Day of Service in Kenosha sponsored by the Wisconsin Arborist Association. The work was done at the Shalom Center, their mission is to serve the community by providing emergency food, housing and support in ways that meet needs and respect human dignity. There were several large trees that had a lot of deadwood causing the playground to be closed. After a day of work by WAA volunteers, the playground was reopened to the children's delight!

Spruce in the Balance

by Anthony C. Arnoldi, Board-Certified Master Arborist WI-0102B

Many spruces are deteriorating rapidly. Only a short drive around the neighborhood will reveal how prevalent the condition is. Their needles are browning on the inside portions of the branches, causing the trees to thin more and more.

The problem is a fungus that attacks the needles – **Rhizosphaera Needlecast.** Since so many spruces have become infected, it is imperative that it be mentioned again.

A two- or three-spray program of carefully selected fungicides is administered to the foliage in spring and summer to block the infection from the **newly formed needles.** The older needles are **not** protected by the fungicides and many will eventually fall, as they are probably already infected. This **fungicide protection must be repeated uninterrupted,** usually over a five-year period, so that enough needle growth is replaced to allow beauty and health to return. Because the bulk of the needles may already be infected when spraying is initially begun, a spruce may look worse before it gets better. Consistent care, however, is what wins. **Patience is definitely needed, but is rewarded.**

Another very important aspect to success in managing needlecast fungi is the need to avoid water stress. Infected needles take from four to seventeen months to finally fall off. Water stress shortens this time considerably.

Give supplemental water to these spruces. Watering has been sporadic, if given at all. Also, many people in suburban areas rely on their wells to supply this water. The concern is constantly voiced that watering their trees will burn out their well or make it go dry, or that repeatedly dragging hoses and sprinklers is especially difficult for them. All of these are valid concerns.

Conserve the moisture that *does* fall or that *can* be given. **Mulching** spruces or increasing the size of the root area mulched will help, as will increasing mulch depth to a full four inches (but be sure to avoid wetting the *foliage*, especially if watering in the evening, to avoid promoting fungal infection of the needles).

However, if more moisture is not forthcoming, increased spruce mortality will surely be the result. For those spruces already damaged by the effects of water stress, **treatment to encourage the replacement of fine feeder roots** will be necessary. This is because spruces with reduced feeder roots (lost from the dehydrating effects of dry soil) will struggle to pull in water, even if rains return! **Root zone injections of nutrients, root biostimulants or mycorrhizae** may be prescribed. Call your professional Wachtel Certified Arborist for help in assessing your spruce's situation.

The Wonderful World of Conifers

by Bill Reichenbach, Certified Arborist WI-0188A

As landscape plants, conifers are invaluable for screening or hiding unwanted views or creating a sense of enclosure. They blend beautifully with deciduous trees, shrubs and perennials, creating a kaleidoscope of wonderful form, color, and texture. Conifers also can stand alone in the landscape as specimens, offering year-round appeal.

Spruces and pines are large-scale evergreens that dominate our landscape. Unfortunately, typically only a few species are planted. Additionally, they are often misplaced or poorly spaced in the landscape. An example is Colorado spruce. Colorado spruce is coveted by many for its classic shape and color. However, it is disease prone and seldom matures to its full potential. Fortunately, the diversity of available conifers is tremendous. There are a great many species and varieties of pine, spruce, fir, juniper, arborvitae, larch, false cypress and more, to choose from. They offer a wide variety of forms, ranging from the classic, upright, pyramidal forms, globose shapes, narrow, upright or columnar forms, as well as weeping habits. Some have erratic growth patterns, while others are ground-hugging and wider than tall.

Color is more variable in conifers than most realize. Many shades of green **(green is a color too)**, yellow and blue are available. Others have bicolor foliage with silvery undersides to the needles. Most conifers exhibit new growth in spring much lighter than the older growth, rivaling any floral display. Some conifers display cones or seed bearing fruits that are brightly colored and decorative during certain seasons of the year.

There is a group of conifers classified as dwarfs. Keep in mind that dwarf is a relative term. Dwarfs are certainly smaller in stature than the standard species, however, **trees do not stop growing until they are dead!** Dwarf conifers grow at a much reduced rate than is typical of the species and some are, in fact, very slow growing and are considered miniature. Dwarf conifers certainly have a place in our landscape. They fit into spaces that would not allow a full-sized tree to grow long term. As with all landscape plants, understanding the ultimate size of maturing plants is important for spacing them properly from each other and from homes, walks and driveways, etc. Do not plant tall-growing trees under power lines. Nursery tags can be deceiving, often understating the ultimate dimensions of the mature plant.

We need to diversify our landscapes. Over-planting of one particular type of tree can create problems in the landscape. The great variety of conifers available offers us the chance to expand our palette of plants to include in our yards. This will lessen the potential for disease outbreaks as well as add variability in the aesthetics of our landscape. **'Diversity is the spice of life.'**

It may take a little more searching to find some of these conifer gems in the nursery trade, but your efforts will be rewarded with a beautiful and distinct landscape.

As with any planting, proper selection of the right plant and placement in the landscape is critical to long-term viability. We need to match existing site conditions with the right plant; your Wachtel Tree Science Certified Arborist is able to help you find the right tree for the right place to create your truly unique landscape!

WACHTEL TREE SCIENCE

"Keeping Trees Healthy and Beautiful Since 1935"

P.O. Box 716 • Merton, WI 53056-0716

RETURN SERVICE REQUESTED

SUMMER & FALL PLANT HEALTH CARE CALENDAR

(262) 538-1900

	JULY				AUG.				SEPT.				OCT.				NOV.			
Water Birches, Spruces and new trees if less than 1" rain/week	■	■	■	■	■	■	■	■	■	■	■	■	■	■	■	■				
Bark beetle control on evergreens	■	■	■	■	■	■	■													
Treat chlorosis with soil injected iron	■	■	■	■	■	■	■	■	■	■	■	■								
Protect Elms from Dutch elm disease	■	■	■	■	■	■	■													
Protect Oaks from oak wilt	■	■	■	■	■	■	■													
Mite control		■	■	■	■	■	■													
Treat Sycamore anthracnose	■	■	■	■	■	■	■													
Root zone aerification in compacted soils	■	■	■	■	■	■	■	■	■	■	■	■	■	■	■	■	■	■		
Carpenter ant spray	■	■	■	■	■	■	■	■	■	■	■	■								
Japanese beetle control	■	■	■	■	■	■	■	■	■	■										
Prune evergreen shrubs	■	■	■	■	■	■	■	■												
Check for and control scale insects	■	■	■	■	■	■														
Arborvitae leaf miner control						■	■	■	■	■										
Zimmerman pine moth control							■	■	■	■										
Honeylocust leaf hopper control for 2013 season												■	■	■	■	■	■			
Emerald ash borer control for 2013 season												■	■	■	■	■	■			
Birch leaf miner / ash plant bug control for 2013 season												■	■	■	■	■	■			
Check for gypsy moth egg masses													■	■	■	■	■	■	■	■
Treat chlorosis with trunk injected iron															■	■	■	■	■	
Prune Oaks and Elms											■	■	■	■	■	■	■	■	■	■
Fall fertilization and root biostimulants												■	■	■	■	■	■	■	■	■
Plant trees and shrubs							■	■	■	■	■	■	■	■	■	■				
Add mulch for moisture retention, weed control and temp. moderation	■	■	■	■	■	■	■	■	■	■	■	■	■	■	■	■	■	■	■	■

Drought Alert! Our trees are stressed.
WATER, WATER, WATER!

Call your Arborist
to evaluate your trees.

부록 H

공공 통행로(ROW) 식생

배전선로 내 식재 적합 수목

일반명	학명	품종
트리폴리아고추나무	*Staphylea trifolia*	
화살나무	*Euonymus alata*	
꽃사과류	*Malus* spp.	'Camzon', 'Lanzam', Lollizam, Mary Potterr, Red Jade, Sargent
흰가문비나무	*Picea glauca*	Conica
시베리아가문비나무	*Picea omorika*	Nana, Pimoko
흑자작	*Betula nigra*	'Little King', Tecumseh Compact TM
버지니아이팝나무	*Chionanthus virginicus*	
홉트리	*Ptelea trifoliata*	
파비아칠엽수	*Aesculus pavia*	
북미붉나무	*Rhus glabra*	
사슴뿔붉나무	*Rhus hirta*	
란타나	*Viburnum lantana*	
윈터베리	*Ilex verticullata*	

출처: Hauer, R., M. Demchik, J. DuPlissis, A. Koser, & A. Noth. 2008. *A Cooperative Guide: Growing Trees and Vegetation within Electrical Transmission Line Corridors*. University of Wisconsin-Stevens Point, College of Natural Resources and Dairyland Power Cooperative.

배전선로 중심 전선으루부터 40~60피트(12~18 m)에 식재할 수 있는 수목

일반명	학명	품종
미국서어나무	*Carpinus caroliniana*	
미국팥배나무	*Sorbus americana*	
미국자두나무	*Prunus americana*	
개벚지나무	*Prunus maackii*	
다릅나무	*Maackia amurensis*	
신나무	*Acer ginnala*	
그란디플로라채진목	*Amelanchier x grandiflora*	
서양측백나무	*Thuja occidentalis*	
초크체리	*Prunus virginiana*	'Canada Red'
캐나다자두	*Prunus nigra*	
향나무	*Juniperus chinensis*	
연필향나무	*Juniperus virginiana*	
캐나다박태기	*Cercis canadensis*	
산사나무류	*Crataegus* spp.	
개회나무	*Syringa reticulata*	
큰별목련	*Magnolia x loebneri*	
뮤고소나무	*Pinus mugo*	
렌타고분꽃나무	*Viburnum lentago*	
자엽자두	*Prunus cerasifera*	'Newportii'
미국층층나무	*Cornus alternifolia*	
핀체리	*Prunus pennsylvanica*	
채진목류	*Amelancheier* spp.	
만주고로쇠	*Acer truncatum*	
인카나오리나무	*Alnus incana*	
별목련	*Magnolia stellata*	
줄무늬수피단풍	*Acer pennsylvanicum*	
복자기	*Acer triflorum*	
처진배나무	*Pyrus salicifolia*	
미국풍년화	*Hamamelis virginiana*	

배전선 아래 또는 60피트(18 m) 이내에 식재할 수 없는 일반적으로 수고 40피트(12 m)를 초과하는 교목

일반명	학명	품종
미국피나무	*Tilia americana*	
미국느릅나무	*Ulmus americana*	
발삼전나무	*Abies balsamea*	
비터넛히코리	*Carya cordiformis*	
흑호두나무	*Juglans nigra*	
네군도단풍	*Acer negundo*	
버오크	*Quercus macrocarpa*	
풍겐스가문비	*Picea pungens*	
미루나무	*Populus deltoides*	
캐나다솔송나무	*Tsuga canadensis*	
스트로브잣나무	*Pinus strobus*	
은행나무	*Ginkgo biloba*	
붉은물푸레	*Fraxinus pennsylvanica*	
서양팽나무	*Celtis occidentalis*	
미국주엽나무	*Gleditsia triacanthos*	
켄터키커피나무	*Gymnocladus dioicus*	
루브라참나무	*Quercus rubra*	
독일가눈비	*Picea abies*	
종이자작나무	*Betula papyrifera*	
꽃단풍	*Acer rubrum*	
레지노사소나무	*Pinus resinosa*	
흑자작나무	*Betula nigra*	
은단풍나무	*Acer saccharinum*	
설탕단풍나무	*Acer saccharum*	
비콜로르참나무	*Quercus bicolor*	
미국물푸레나무	*Fraxinus americana*	
미국참나무	*Quercus alba*	
흰가문비나무	*Picea glauca*	
버드나무류	*Salix* spp.	

찾아보기
Index

국문

ㄱ

ㄴ

ㄹ

ㅁ

ㅂ

ㅇ

ㅈ

ㅊ

ㅎ

영문

A

B

C

D

E

F

G

O

P

Q

R

S

T

U

V

W

Y

Z